河南林业真菌

Forestry Fungi in Henan of China

林晓民　郑　伟
侯　颖　王少先　著

中国林业出版社

图书在版编目(CIP)数据

河南林业真菌/林晓民等著. —北京:中国林业出版社,2014.3
ISBN 978-7-5038-7410-9

Ⅰ.①河… Ⅱ.①林… Ⅲ.①林木-植物真菌病-病害-防治-河南省 ②林业-真菌-研究-河南省 Ⅳ.①S763.15 ②S718.81

中国版本图书馆 CIP 数据核字(2014)第 046762 号

出 版 中国林业出版社(100009 北京西城区刘海胡同 7 号)
E-mail forestbook@163.com **电话** (010)83222880
网址 http://lycb.forestry.gov.cn
发 行:中国林业出版社
印 刷 北京北林印刷厂
版 次:2014 年 3 月第 1 版
印 次:2014 年 3 月第 1 次
开 本:787mm×1092mm 1/16
印 张:30 彩插 32 页
字 数:840 千字
印 数:1~1000 册
定 价:110.00 元

内 容 提 要

林业真菌是指与林业生产具有密切关系或常见于林木生境中的真菌。本书是反映河南省林业真菌研究成果的学术著作，书中记述了在河南省已发现的林业真菌 832 种、异名 5435 个；采用基于分子生物学和超微结构等研究成果的最新真菌分类系统对这些真菌进行了系统编目，它们隶属于 4 门、15 纲（含 1 个未确定的纲级分类单位）、47 目（含 4 个未确定的目级分类单位）、137 科（含 11 个未确定的科级分类单位）；对每种真菌的记述包括学名引证、形态特征、生态习性、经济意义和在河南省的分布。书中记述的绝大多数真菌物种都是作者鉴定过的，少数真菌物种作者未见到，在书中专门做了说明，并列出了引用的文献。有些作者未见到而据报道在河南有分布的真菌，因原报道的文献记述得过于简单，且根据作者长期的调查和这些真菌的生物学特性，对其在河南的分布存疑，故在书中未予记述。书中附有照片 330 幅，这些照片均是作者在研究真菌过程中拍摄的。对于进一步开展相关研究、控制真菌危害、保护和可持续地利用真菌资源，本书具有重要的参考价值。

Summary

Forestry fungi refer to those fungi which have close relationship with the forestry production or generally grow in forest habitats. This book is an academic work on fungal flora of forestry in Henan province of China, in which 832 species, including 5435 synonyms, of forestry fungi found in Henan are detailed. According to the latest taxonomic system of fungi based on the research of molecular biology and ultrastructure, these fungi belong to 4 phyla, 15 classes, 47 orders, and 137 families. The account of every species comprises scientific names, synonyms, citations of author and literature, morphological characteristics, ecological habits, economic significance and distribution areas in Henan province. 330 fungal photos are contributed in this book, and these photos were all taken by one of authors, Lin Xiaomin. This book has an important reference value for further relevant research, management of fungal damage, protection and sustainable utilization of fungal resources.

前言 Preface

真菌是一个具有重要经济意义的生物类群，例如，香菇、平菇、双孢蘑菇等食用真菌为人类提供了美味的营养；青霉素、头孢霉素等由真菌代谢产物制成的现代药物拯救了无数人的生命；很多真菌是菌根菌，在促进植物生长、保护生态环境方面具有十分重要的作用；还有许多真菌是植物、动物乃至人类的病原菌，植物病害中由真菌引起的种类最多，造成的损失最大。

相对于植物和动物而言，人们对真菌的认识还处于非常初级的阶段，人类已认识（科学描述）的真菌种类可能还不到自然界实存真菌种类的6%，还有许多真菌的经济意义尚未被人们认识。研究真菌、控制有害真菌、保护和可持续地利用有益真菌是人类面临的重要课题，目前人类面临的许多问题都可能通过对真菌的研究、利用而得到解决。由于人类对环境的过度影响，地球生态环境正在遭受着严重的破坏，包括真菌在内的一些生物物种已从地球上永远地消失或正处于濒危状态。

林业真菌是指与林业生产具有密切关系或常见于林木生境中的真菌，包括林木上的植物病原真菌、林木菌根菌、木材腐朽真菌、林木内生真菌、林下枯枝落叶上的腐生真菌、常见于林下土壤的腐生真菌等。本书是反映河南省林业真菌研究成果的学术著作，对目前在河南省已发现的林业真菌的学名、异名、形态特征、生态习性、经济意义和在河南省的分布等做了科学的记述，采用基于分子生物学和超微结构等研究成果的最新真菌分类系统对这些真菌进行了系统编目。

河南地域广泛且自然地理环境差异很大，关于河南林业真菌的研究需要一代代真菌科学工作者长期持久地探索。笔者及其课题组对河南林业真菌的研究既是探索自然的科学活动，也是科学文化的传承，前人的研究为我们的探索提供了许多便利。

笔者长期在河南从事真菌及其相关学科的教学与科研工作，对河南省真菌区系开展了比较广泛深入的探索，并赴河南农业大学、河南科技学院、信阳农业高等专科学校、西北农林科技大学和南开大学等单位的相关实验室，对其保存的部分河南真菌标本进行了鉴定记录。因机遇、志趣、工作安排等原因，本书的其他几位作者和另外几位同事与笔者结合成立了真菌研究课题组，在共同的研究中我们结下了深厚的友谊，收获了难得的快乐，也吃了不少的苦头。本书记述的绝大多数真菌物种都是作者鉴定过的，少数真菌物种作者未见到，在书中专门做了说明并列出了引用的文献。有些我们未见到而据报道在河南有分布的真菌，由于原报道的文献记述得过于简单，且根据我们长期的调查和这些真菌的生物学特性，对其在河南的分布存疑，故在书中未予记述。书中所附的照片均是笔者在研究过程中拍摄的。出版该书是我们长期以来的一桩心愿，希望能对学科发展和经济建设起到积极的促进作用。

林晓民

2014 年 1 月于河南科技大学

目录 Contents

001. 黏菌之一种——暗红团网菌 *Arcyria denudata* 的孢囊

005. 黏菌之一种——鹅绒菌 *Ceratiomyxa fruticulosa* 的柱状产孢结构

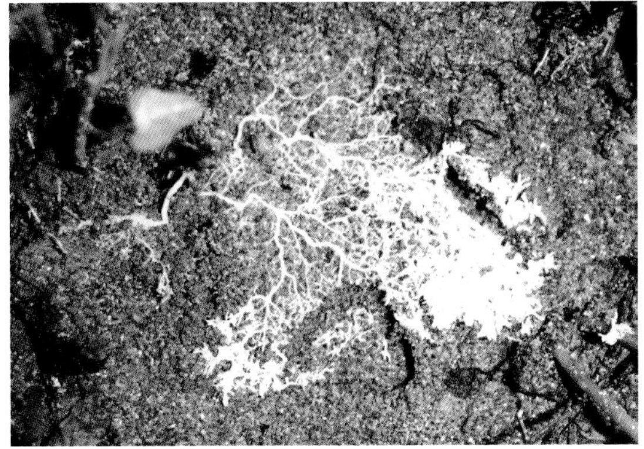

002. 黏菌之一种——美发网菌 *Stemonitis splendens* 的原质团

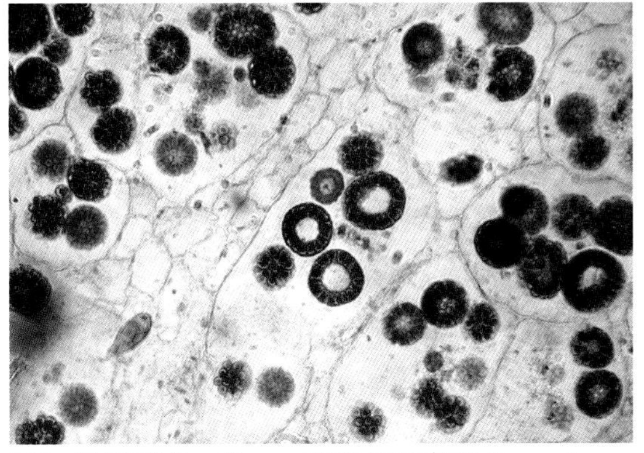

006. 根肿菌之一种——婆婆纳球壶菌 *Sorosphaera veronicae* 在婆婆纳细胞内的休眠孢子团切面，可以看出休眠孢子团是空芯的。

003. 黏菌之一种——美发网菌 *S. splendens* 长在木头上的孢囊

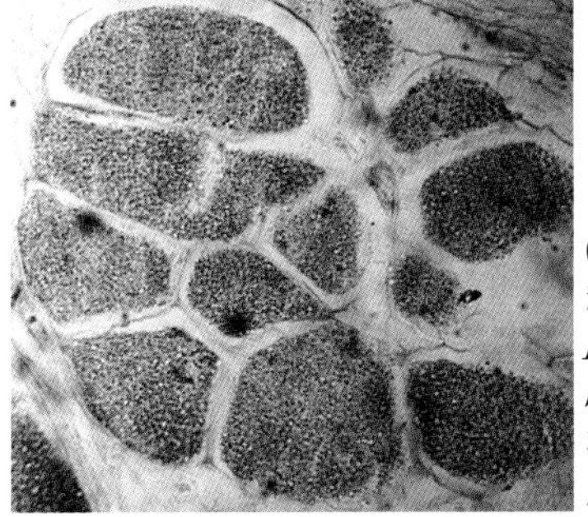

007. 根肿菌之一种——芸苔根肿菌 *Plasmodiophora brassicae* 在甘蓝根细胞中的的原质团

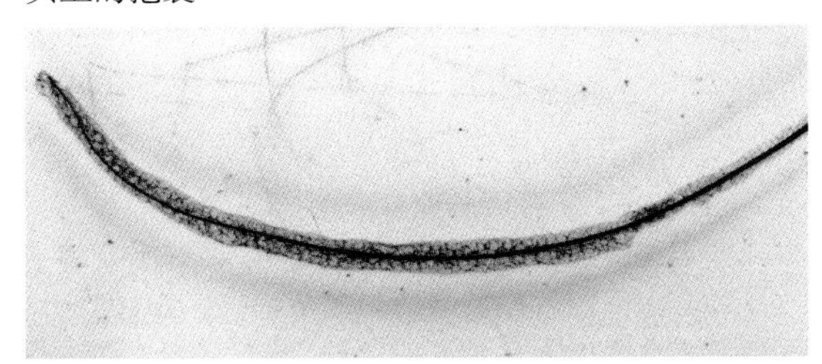

004. 黏菌之一种——美发网菌 *S. splendens* 的单个孢囊放大

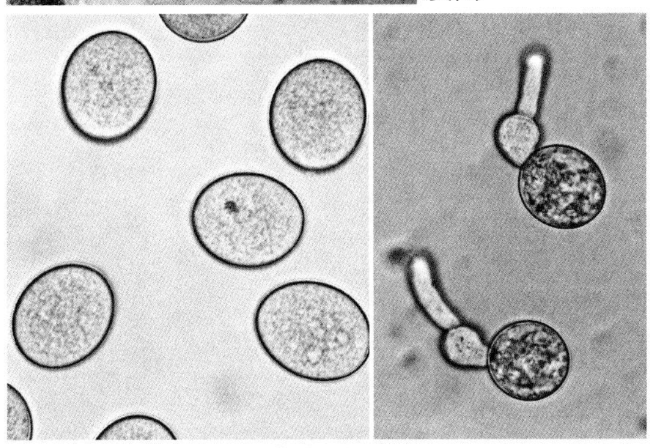

008. 卵菌之一种——寄生霜霉 *Peronospora parasitica* 孢子囊及孢子囊在玻片上水滴中的萌发状

图版 2

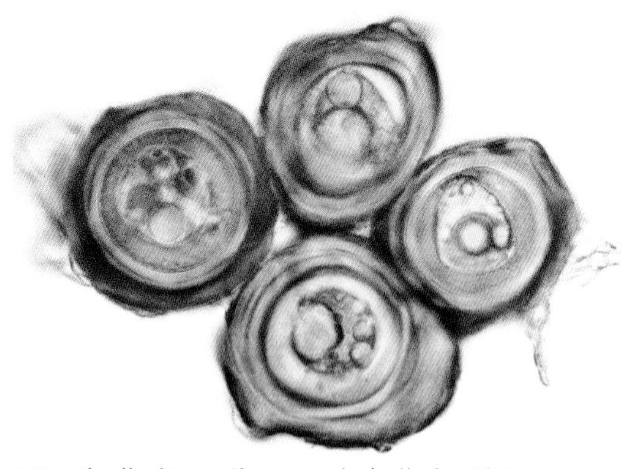

009. 卵菌之一种——禾生指梗霉 *Sclerospora graminicola* 的卵孢子

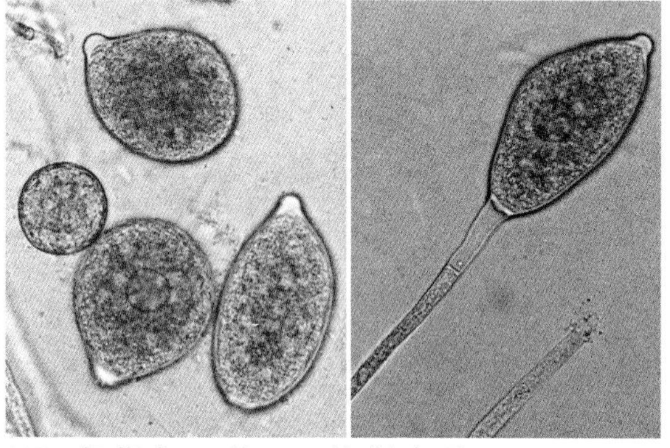

010. 卵菌之一种——辣椒疫霉 *Phytophthora capsici* 的孢囊梗与孢子囊

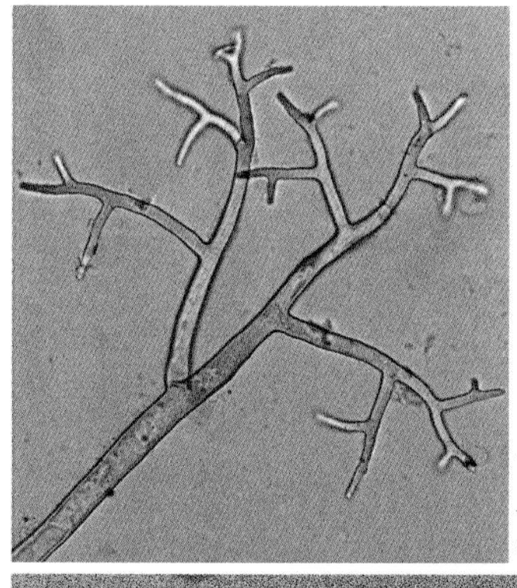

011. 卵菌之一种——古巴假霜霉菌 *Pseudoperonospora cubensis* 的孢囊梗

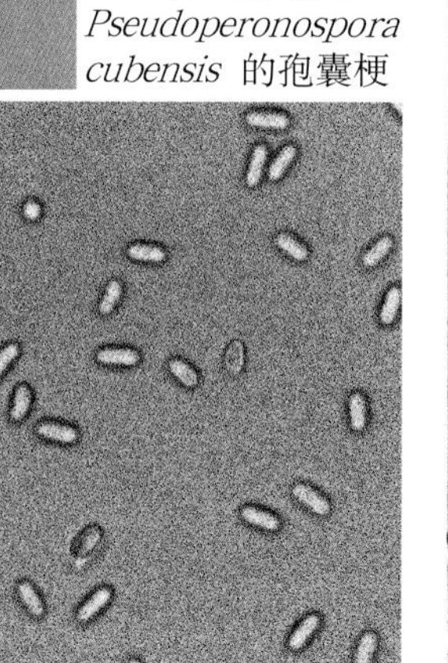

012. 微孢子虫之一种——蝗虫微孢子虫 *Antonospora locustan*，曾被归在原生动物中，现归类于真菌。

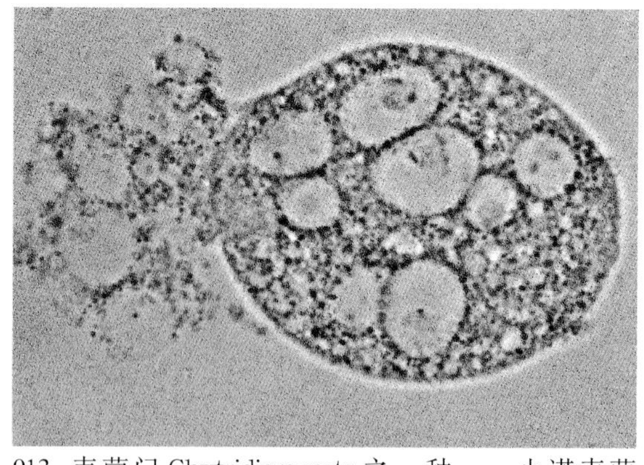

013. 壶菌门 Chytridiomycota 之一种——小诺壶菌 *Nowakowskiella* sp. 正在释放游动孢子的游动孢子囊

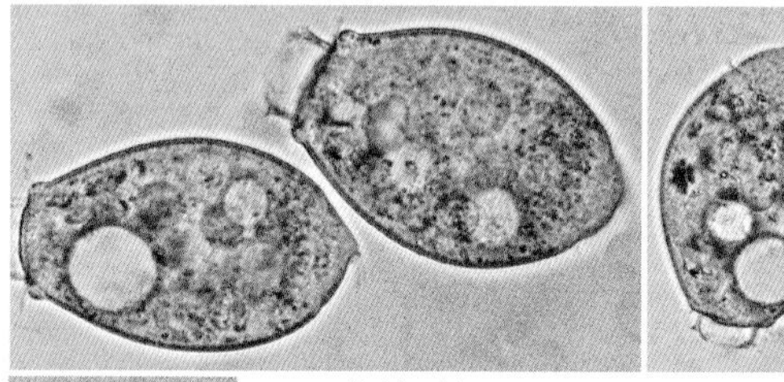

014. 芽枝霉门 Blastocladiomycota 之一种——异水霉 *Allomyces* sp. 的休眠孢子囊

015. 蜜环菌 *Armillaria mellea* 子实体

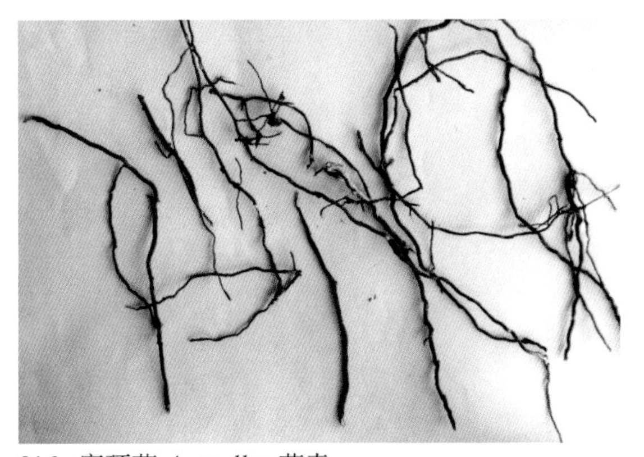

016. 蜜环菌 *A. mellea* 菌索

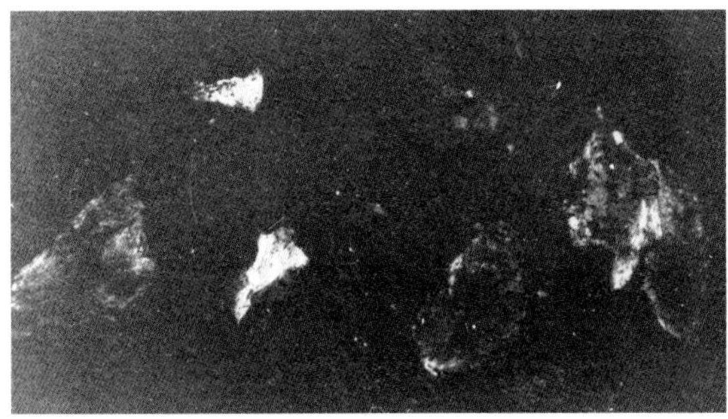

017. 蜜环菌 *A. mellea* 菌丝体的发光现象

018. 利用蜜环菌 *A. mellea* 栽培的天麻

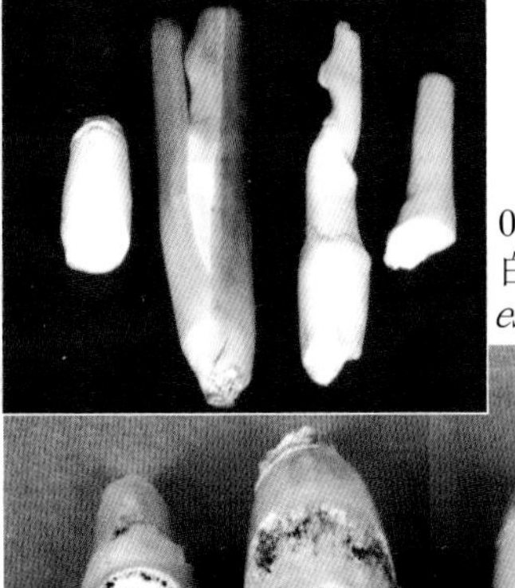

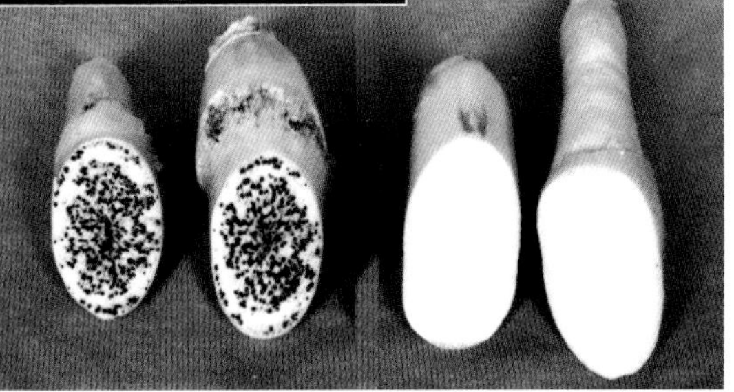

019. 茭白及其被茭白黑粉菌 *Ustilago esculenta* 感染的状况

020. 松树的外生菌根(1)

021. 松树的外生菌根(2)

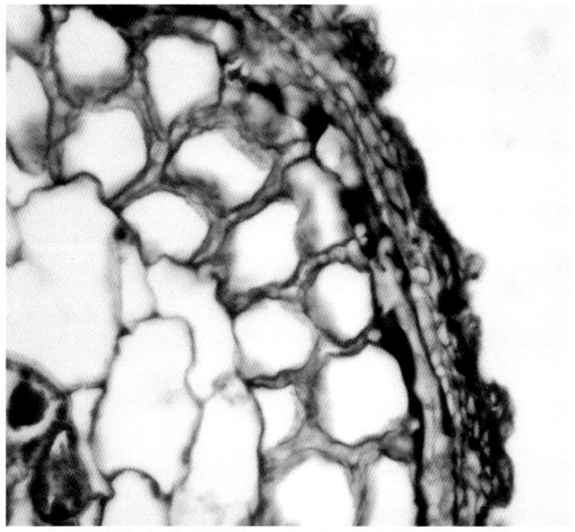

022. 栎树外生菌根横切面，有明显的哈蒂氏网

023. 硅化木化石

图版 4

024. 枯木上的菌丝束

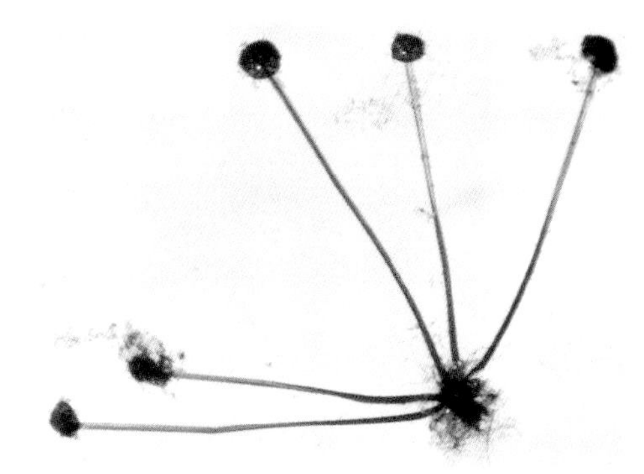

027. 一种根霉 *Rhizopus* sp. 的孢子囊与假根

025. 树干上的大型寄生真菌子实体

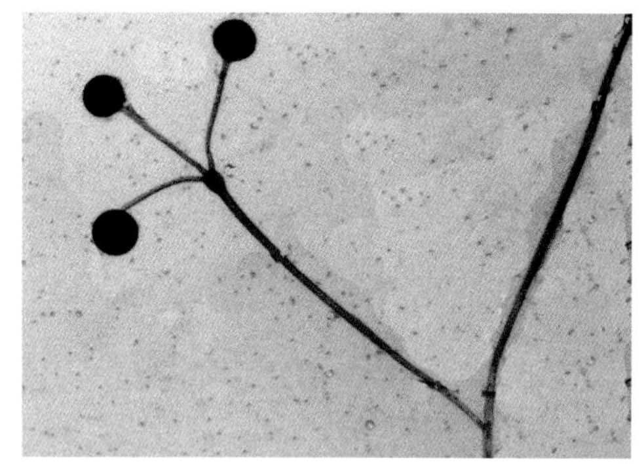

028. 一种犁头霉 *Absidia* sp. 孢子囊及其着生情况

026. 一种毛霉 *Mucor* sp. 的幼嫩孢子囊（白色）和老熟孢子囊（暗色）

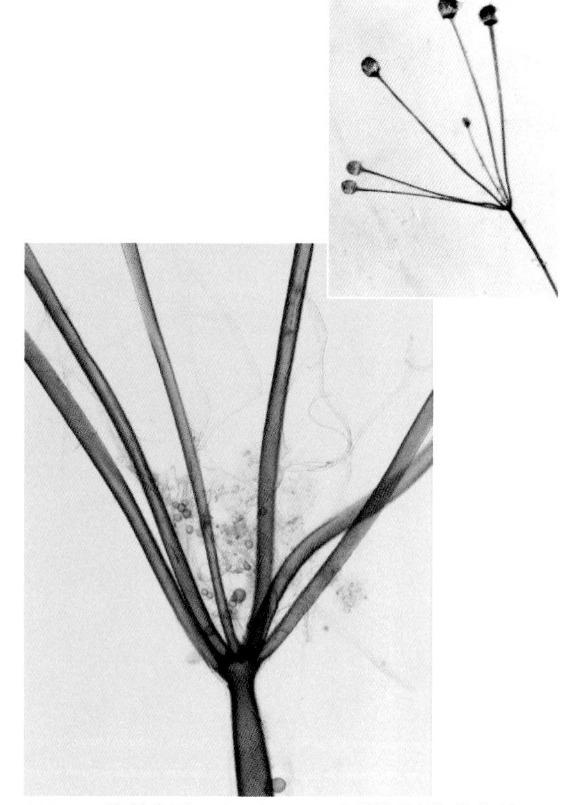

029. 一种犁头霉 *Absidia* sp. 孢囊梗的轮状分枝

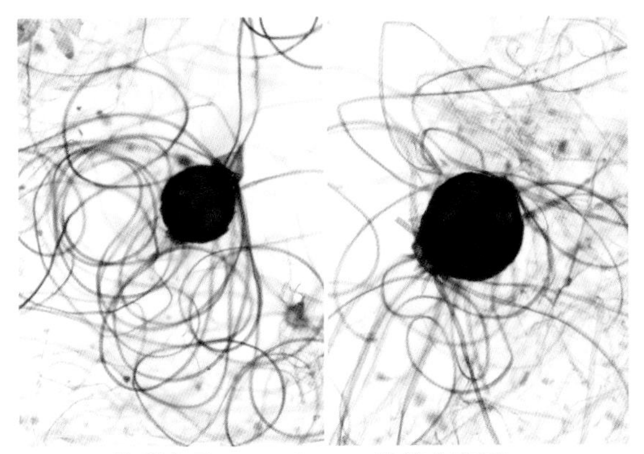

030. 一种犁头霉 *Absidia* sp. 的接合孢子

031. 一种毛壳菌 *Chaetomium* sp. 的子囊壳（两个）和子囊孢子

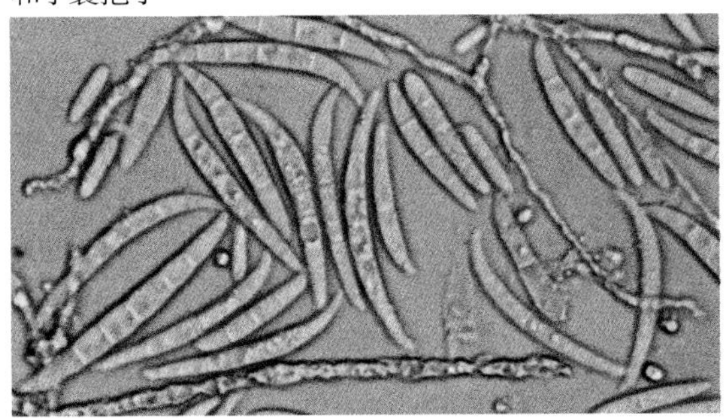

032. 一种镰刀菌 *Fusarium oxysporum* 的大型分生孢子

033. 一种担子菌在枯树叶上的菌丝束

034. 生在单片树叶上的小菇属 *Mycena* 真菌 2 个子实体

035. 生在单片树叶上的小菇属 *Mycena* 真菌 1 个子实体

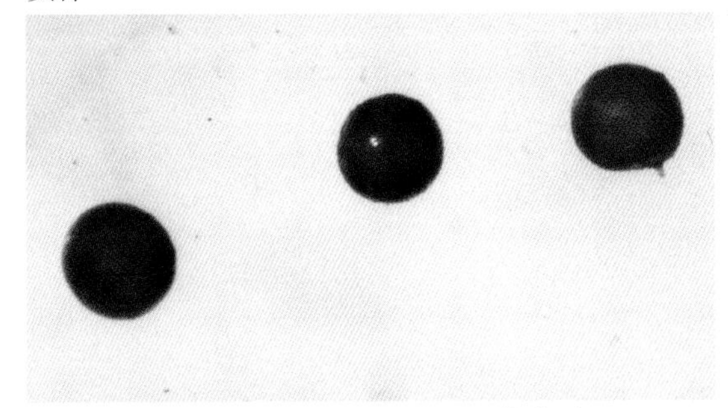

036. 摩西球囊霉 *Glomus mosseae* 的孢子

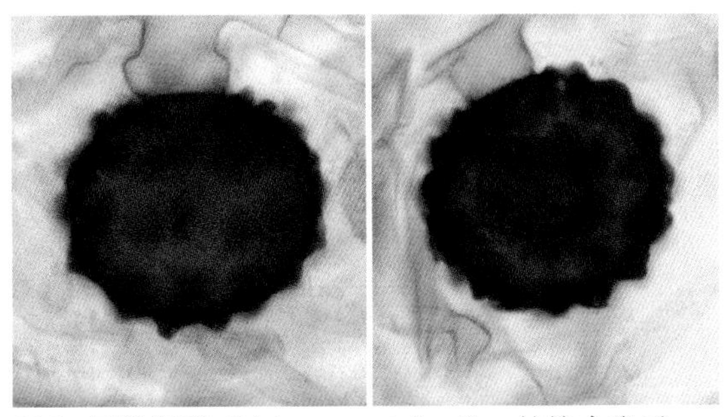

037. 匍枝根霉 *Rhizopus stolonifer* 的接合孢子

图版 6

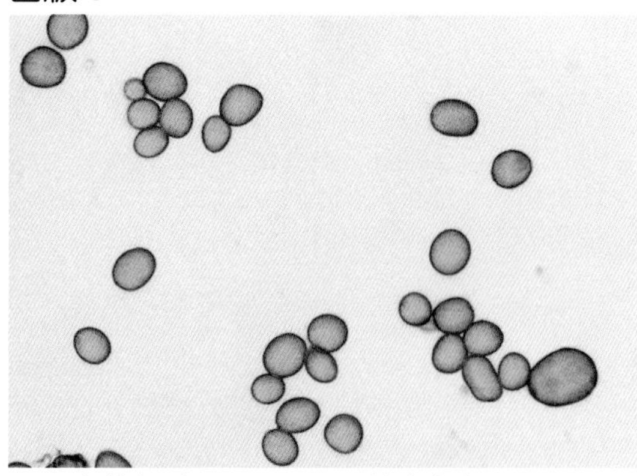
038. 匍枝根霉 *R.stolonifer* 的孢囊孢子

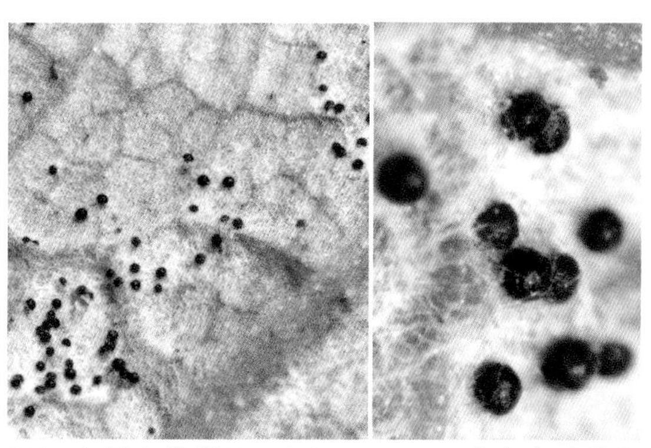
042. 本间白粉菌 *Erysiphe hommae* 在寄主叶片上的闭囊壳与菌丝体

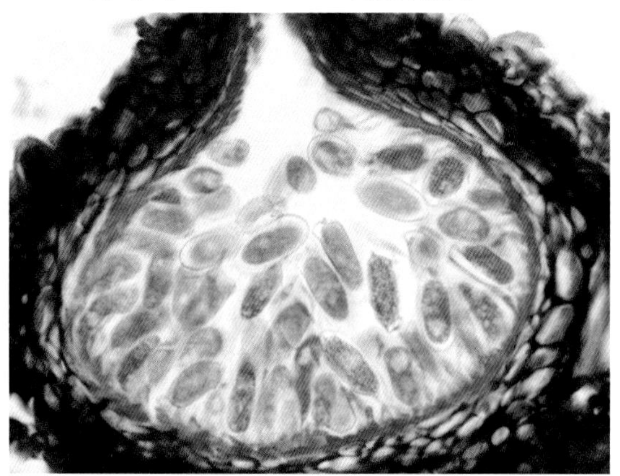
039. 黄杨盘球壳菌 *Discosphaerina miribelii* 的分生孢子器

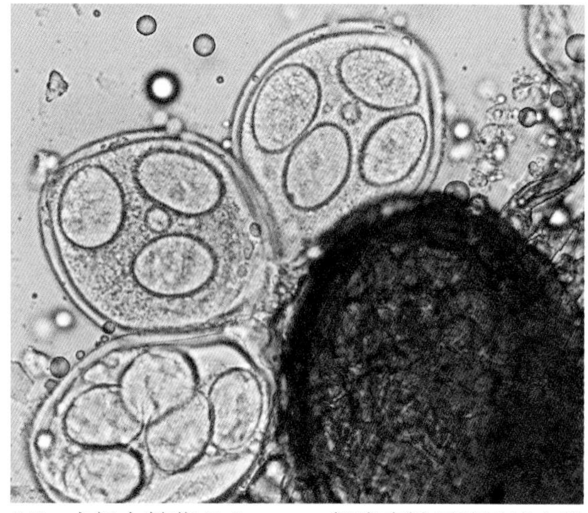
043. 本间白粉菌 *E.hommae* 闭囊壳被压破后挤出的3个含有子囊孢子的子囊

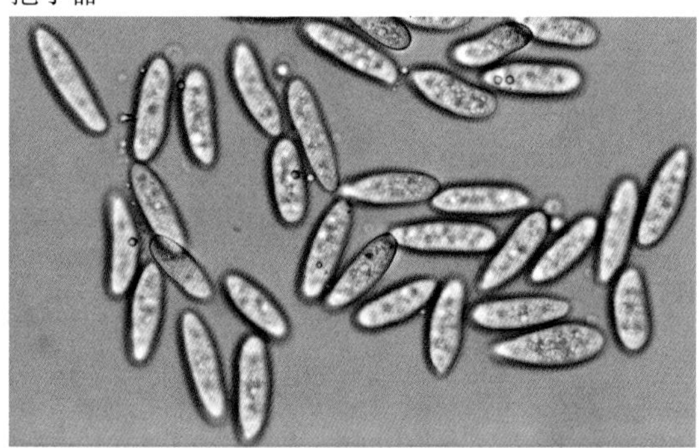
040. 黄杨盘球壳菌 *D.miribelii* 的分生孢子

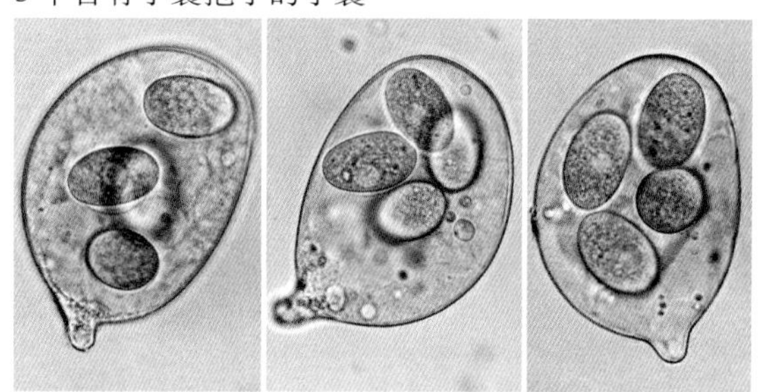
044. 本间白粉菌 *E.hommae* 的子囊

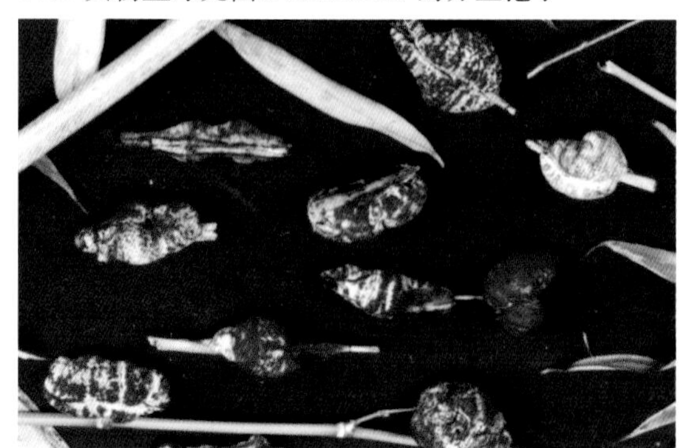
041. 竹黄 *Shiraia bambusicola* 的子座

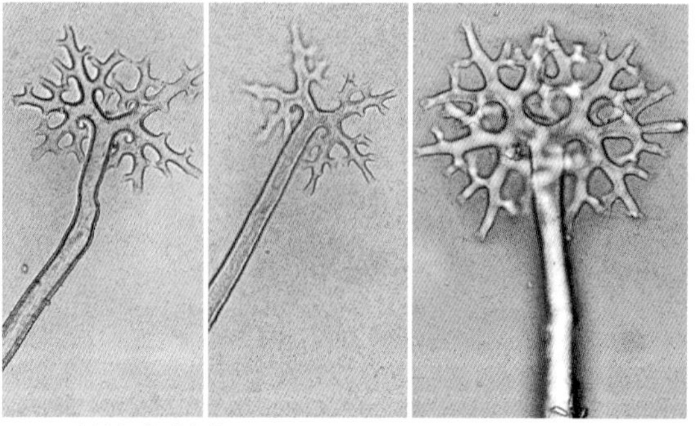
045. 刺槐白粉菌 *Erysiphe robiniicola* 闭囊壳上的附属丝

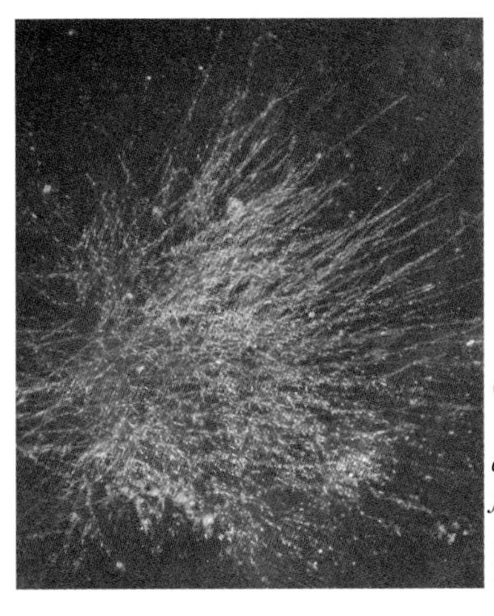

046. 大叶黄杨白粉菌 *Oidium euonymi-japonici* 在寄主叶片上菌落的微观状况

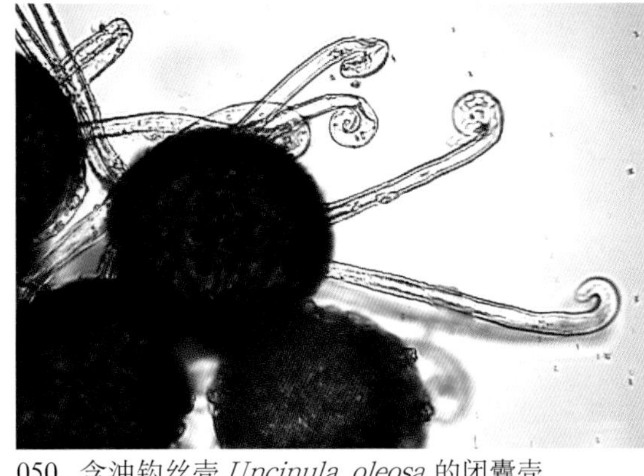

050. 含油钩丝壳 *Uncinula oleosa* 的闭囊壳

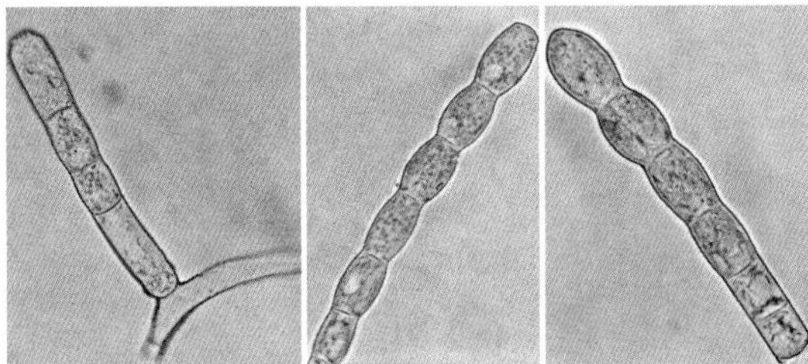

047. 大叶黄杨白粉菌 *O. euonymi-japonici* 分生孢子梗上串生的分生孢子

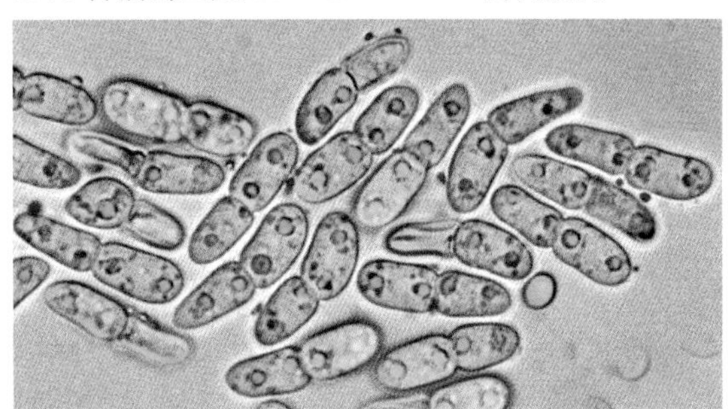

051. 蔷薇双壳菌 *Diplocarpon rosae* 的分生孢子

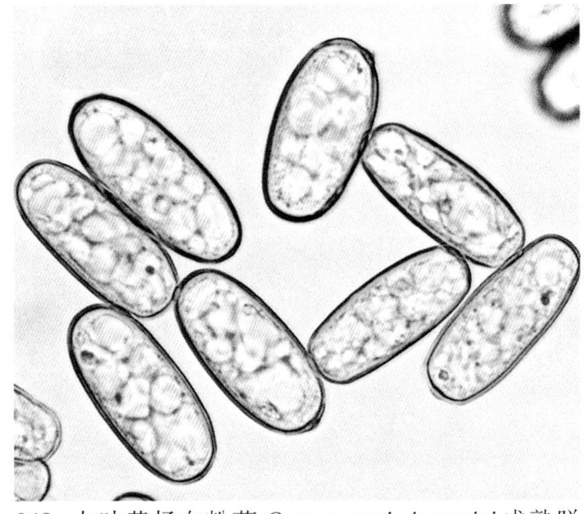

048. 大叶黄杨白粉菌 *O. euonymi-japonici* 成熟脱落的分生孢子

052. 黄地锤菌 *Cudonia lutea* 子实体

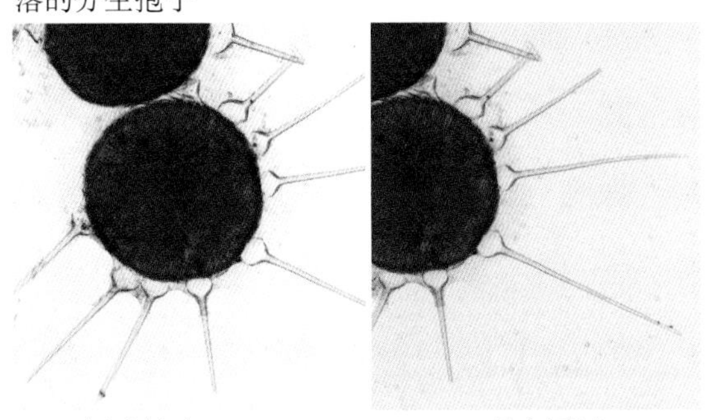

049. 栎球针壳 *Phyllactinia roboris* 的闭囊壳

053. 羊肚菌 *Morchella esculenta* 子实体

图版 8

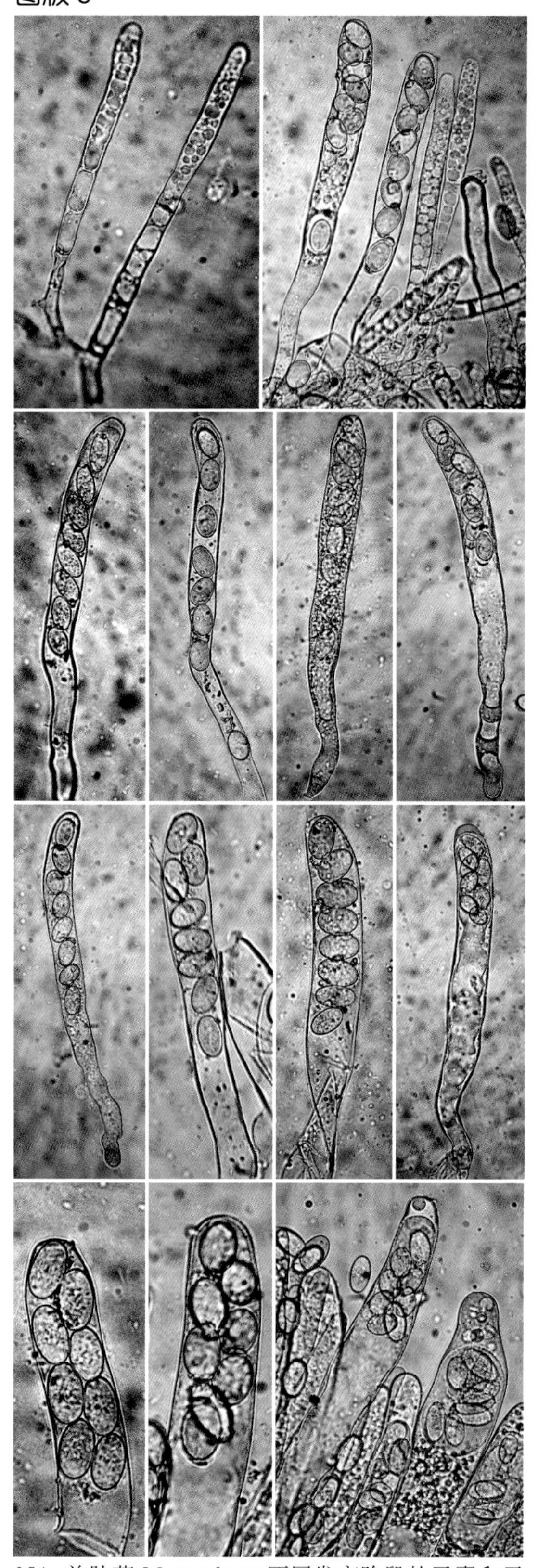

054. 羊肚菌 *M. esculenta* 不同发育阶段的子囊和子囊孢子

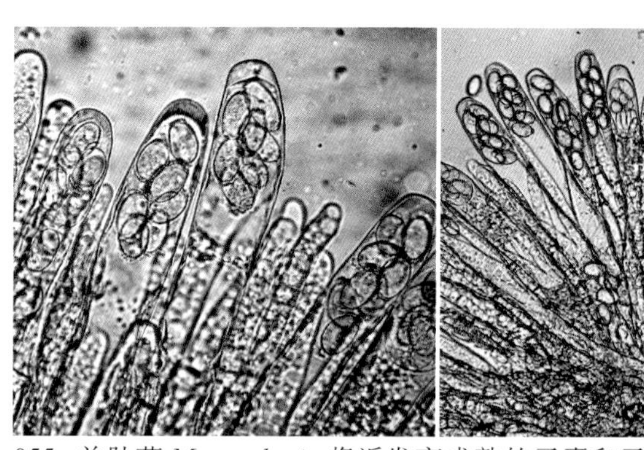

055. 羊肚菌 *M. esculenta* 将近发育成熟的子囊和子囊孢子

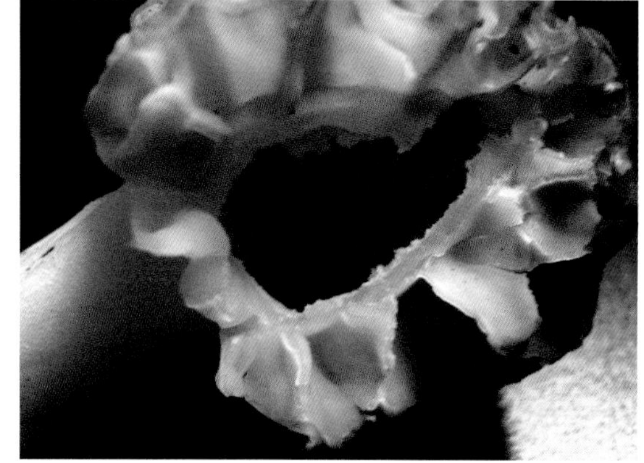

056. 羊肚菌 *M. esculenta* 的子实体的局部切面，显示子实体内部是空的。

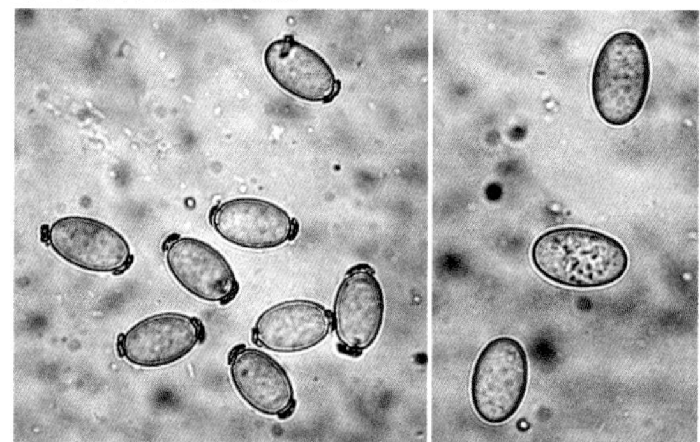

057. 羊肚菌 *M. esculenta* 不同发育阶段的子囊孢子

058. 红毛盘菌 *Scutellinia scutellata* 子囊盘

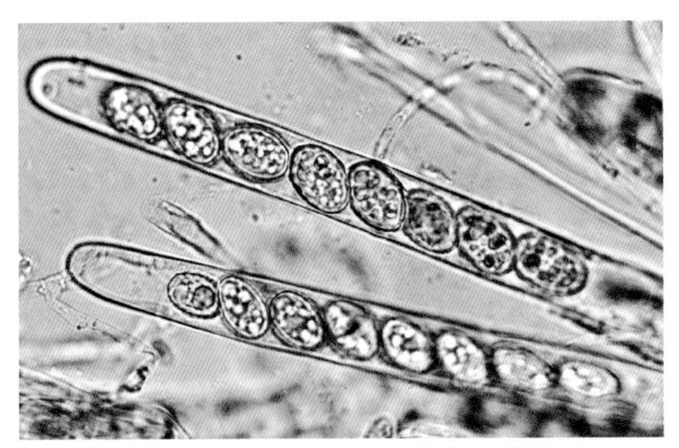

059. 红毛盘菌 *S. scutellata* 的子囊与子囊孢子

060. 红毛盘菌 *S. scutellata* 子囊盘边缘的刚毛

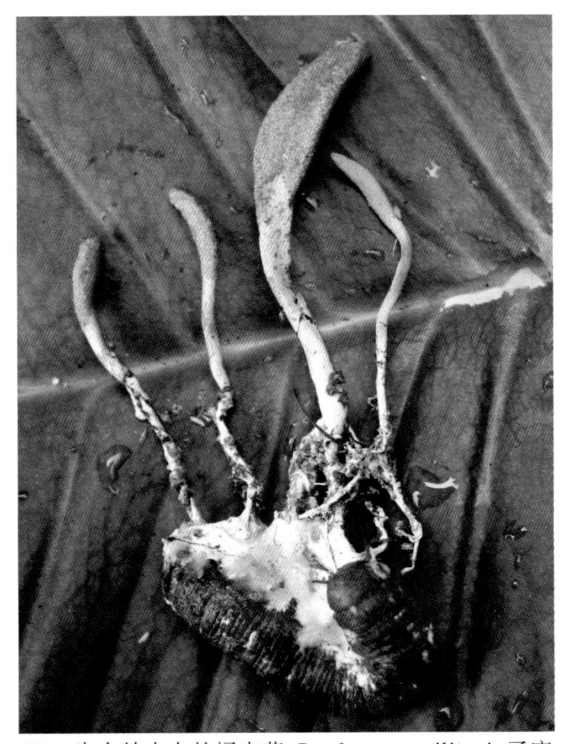

061. 生在幼虫上的蛹虫草 *Cordyceps militaris* 子座

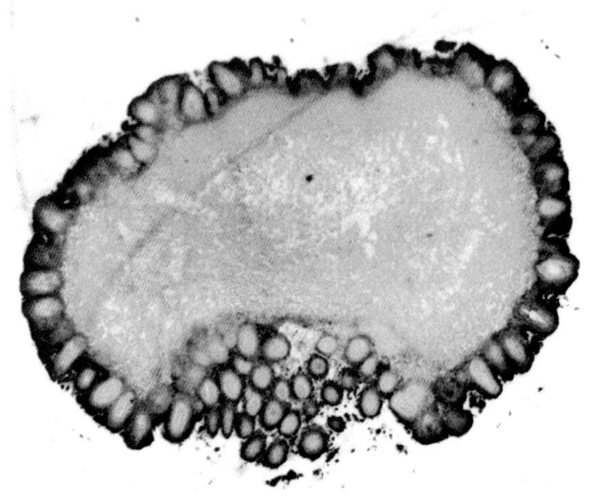

062. 蛹虫草 *Cordyceps militaris* 子座横切面，可以看到子座周围排列的子囊壳

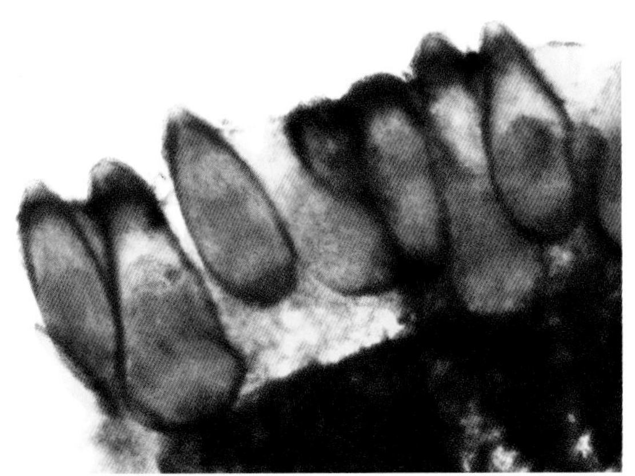

063. 蛹虫草 *Cordyceps militaris* 子座外围排列的子囊壳

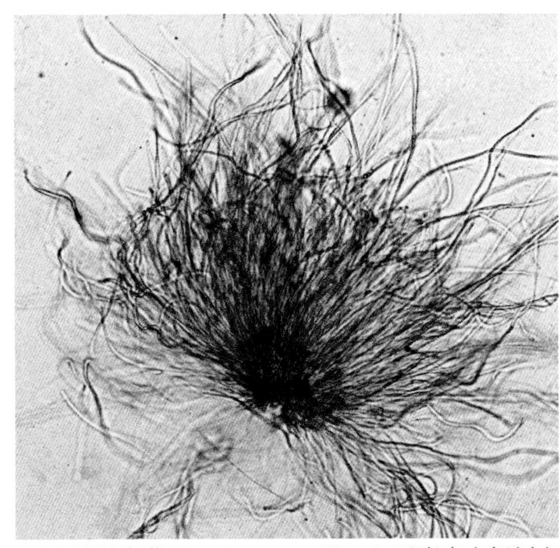

064. 从蛹虫草 *Cordyceps militaris* 子囊壳中解剖出的一丛幼子囊

图版 10

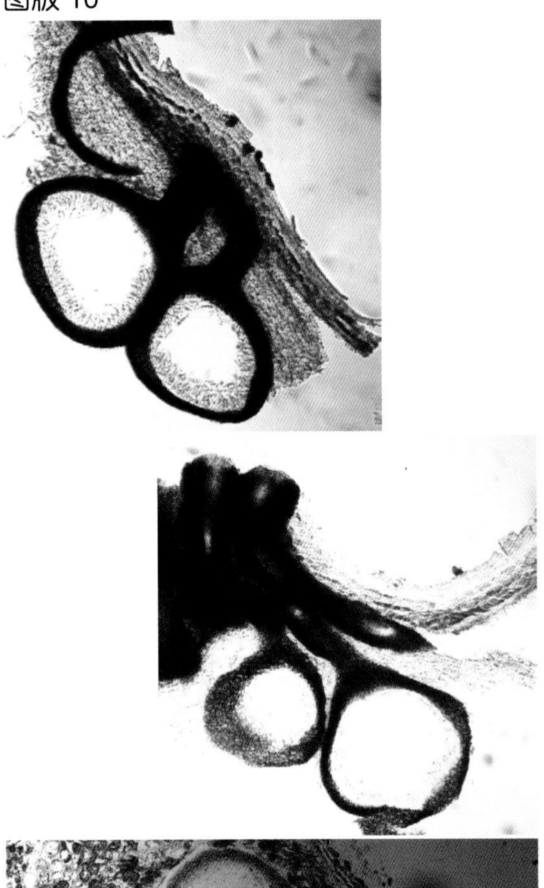

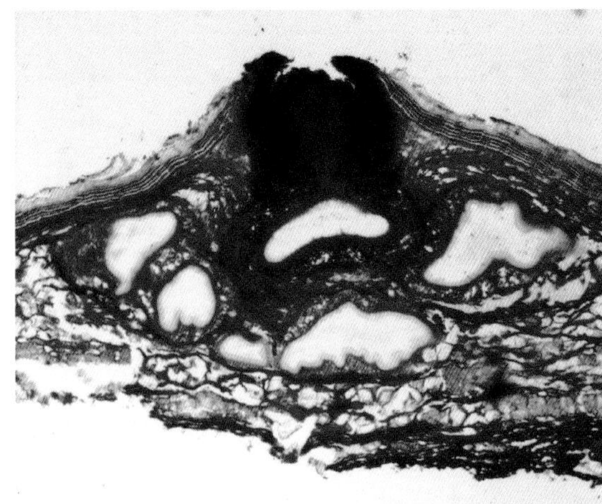

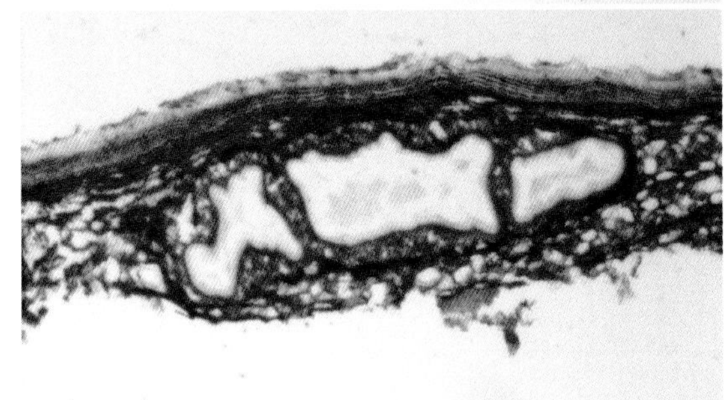

066. 苹果黑腐皮壳 *V. mali* 外子座切面，可以看出分生孢子器几个腔室在一个平面上的排列情况

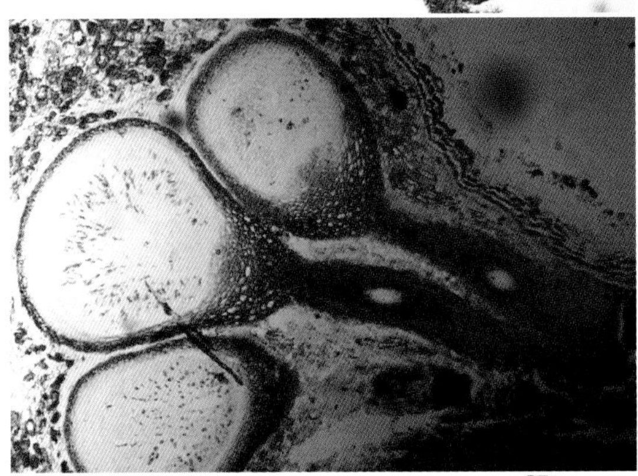

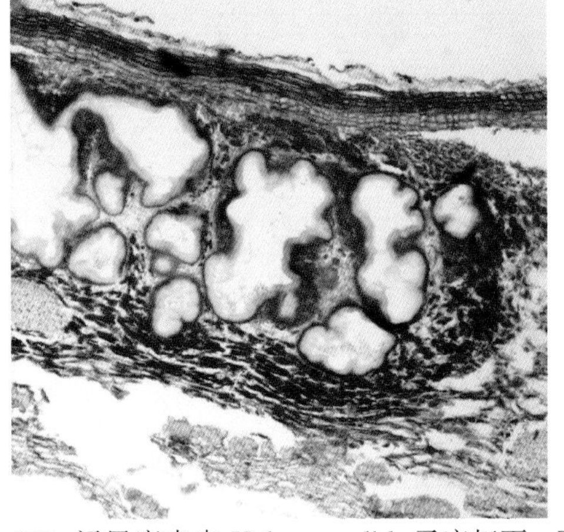

067. 污黑腐皮壳 *Valsa sordida* 子座切面，可以看出分生孢子器几个腔室在一个平面上的排列情况

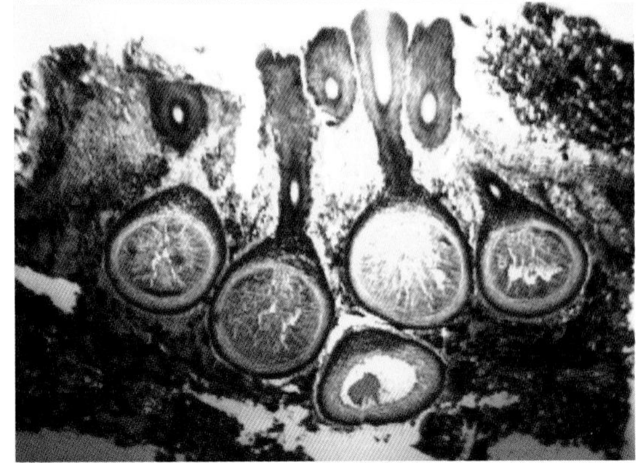

065. 苹果黑腐皮壳 *Valsa mali* 内子座切面，可以看出子囊壳的颈聚集在一起

068. 黑轮层炭壳 *Daldinia concentrica* 子座剖面

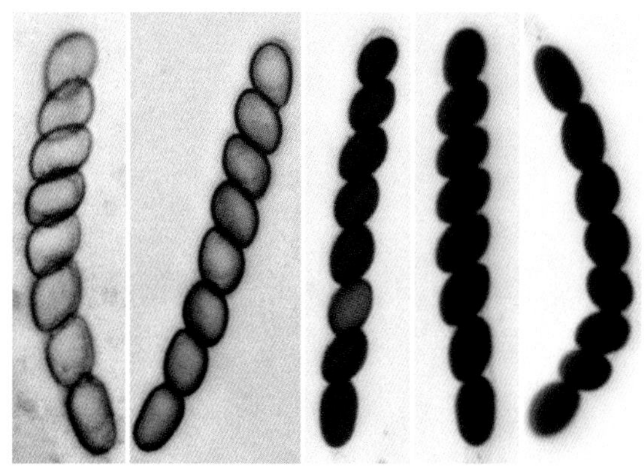

069. 黑轮层炭壳 *D. concentrica* 发育程度不同的子囊和子囊孢子

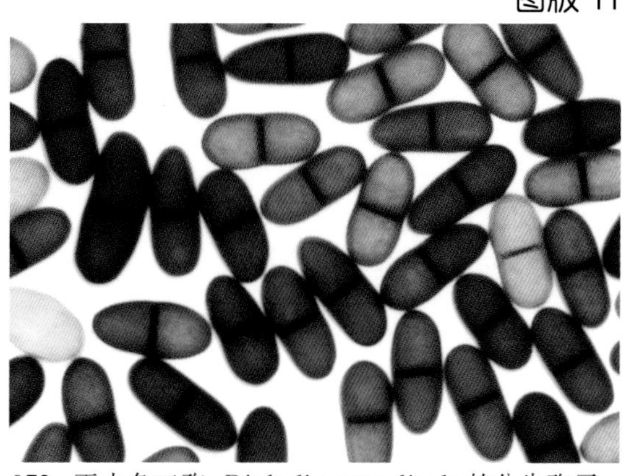

072. 正木色二孢 *Diplodia ramulicola* 的分生孢子

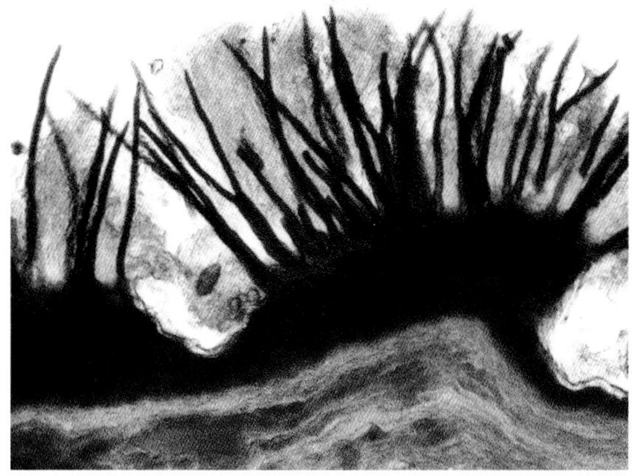

070. 围小丛壳 *Glomerella cingulata* 分生孢子盘上的刚毛

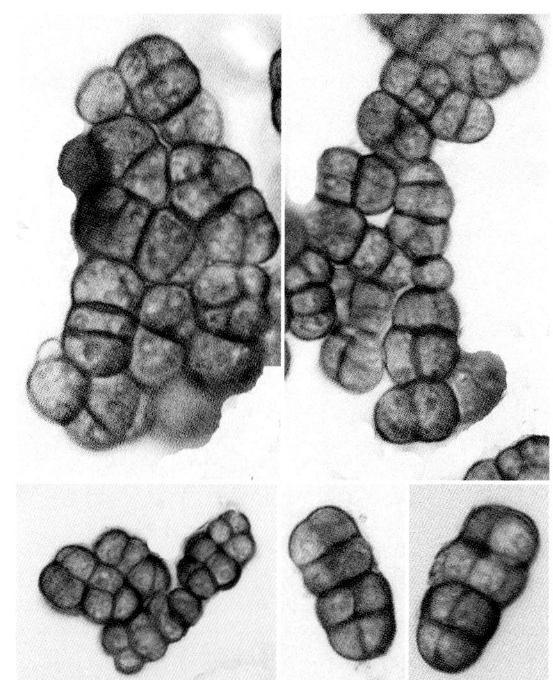

073. 橄榄链脱菌 *Sirodesmium olivaceum* 的分生孢子

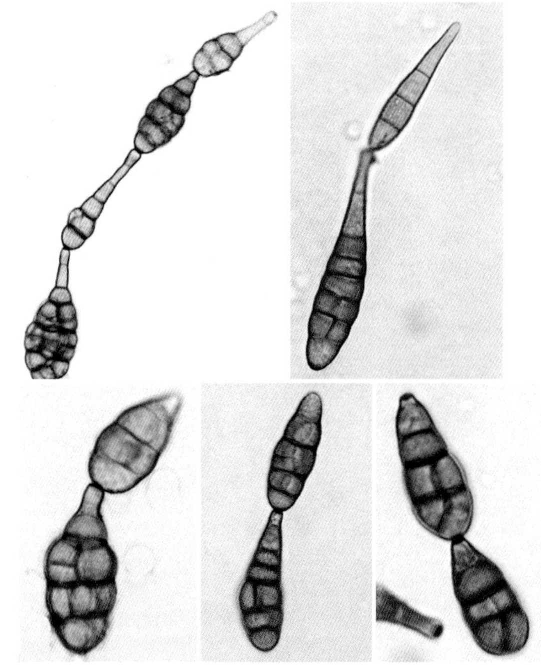

071. 链格孢 *Alternaria alternata* 的分生孢子

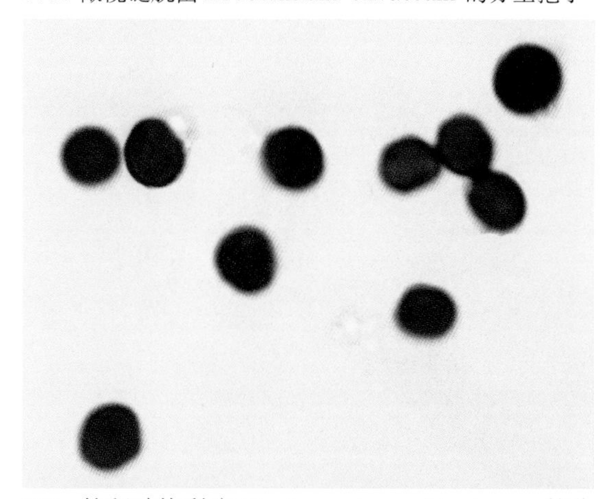

074. 竹秆砖格梨孢 *Coniosporium shiraianum* 的分生孢子

图版 12

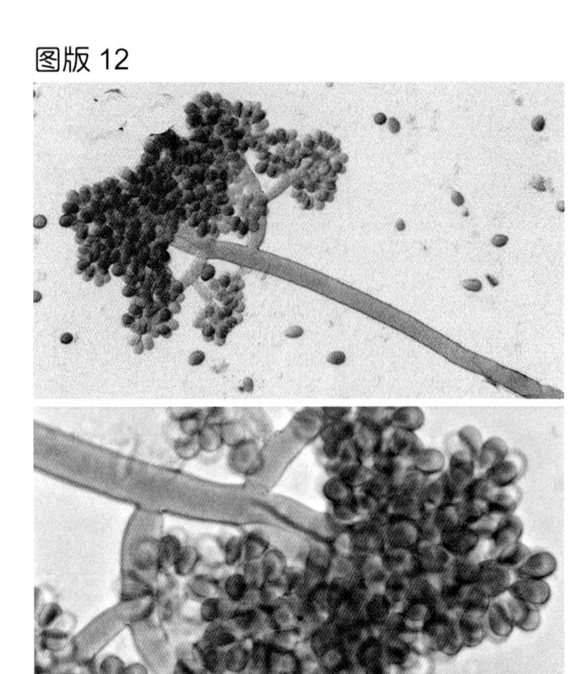

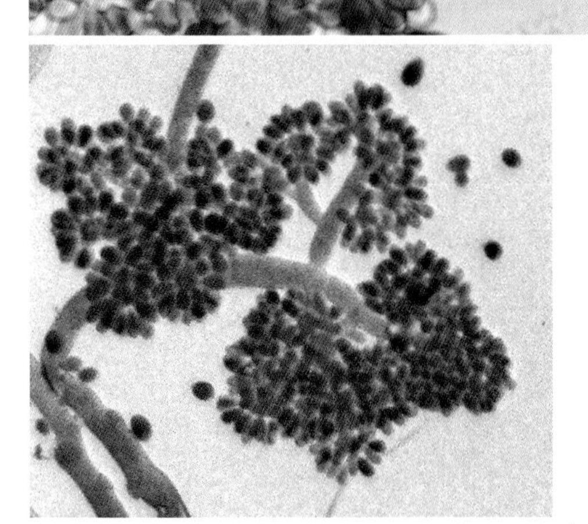

075. 灰葡萄孢 *Botrytis cinerea* 分生孢子梗与分生孢子（染色后）

076. 灰葡萄孢 *B.cinerea* 分生孢子梗与分生孢子（染色后），可以看出产孢细胞环痕式延伸的情况

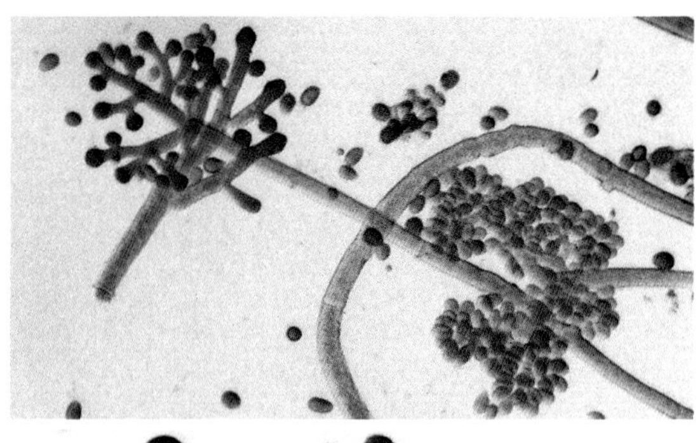

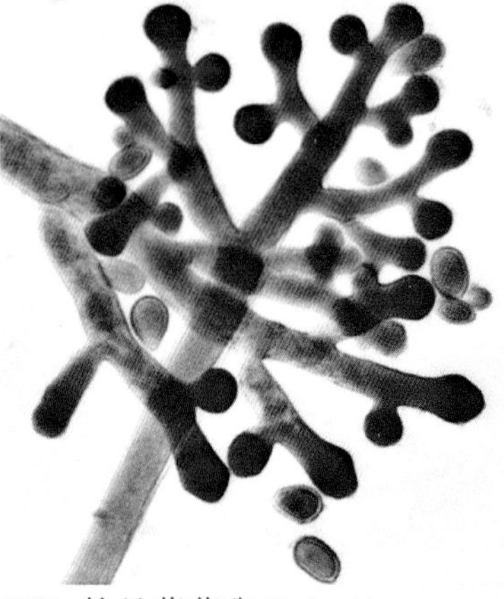

077. 牡丹葡萄孢 *Botrytis paeoniae* 分生孢子梗与分生孢子（染色后）

078. 绿色木霉 *Trichoderma viride* 分生孢子梗和分生孢子（染色后）

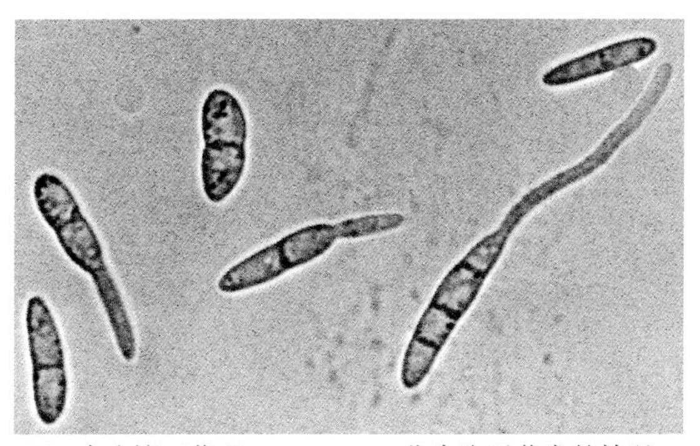

079. 尖孢镰刀菌 *F. oxysporum* 分生孢子萌发的情况

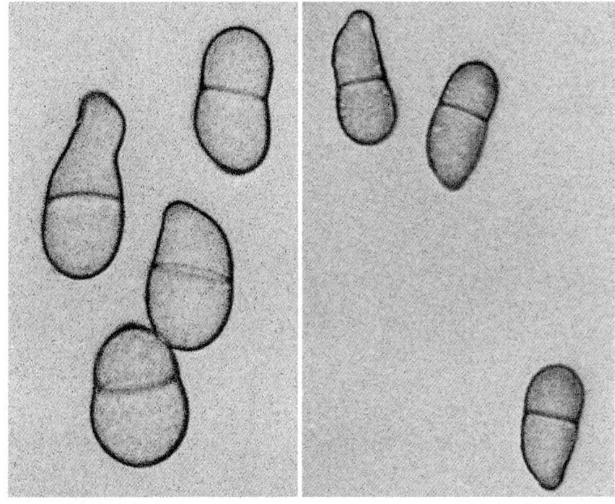

080. 粉红单端孢 *Trichothecium roseum* 的分生孢子

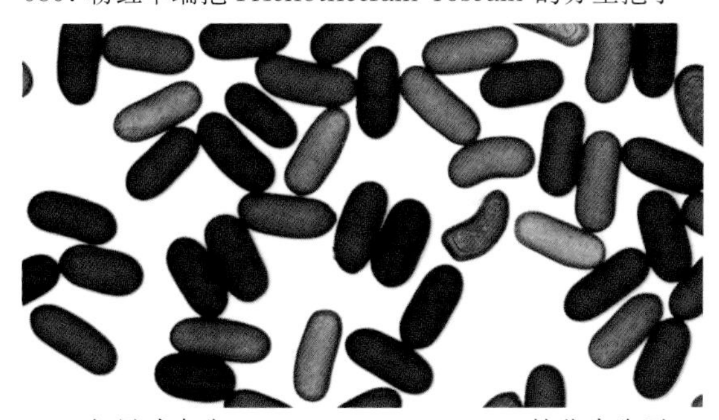

081. 仁果球壳孢 *Sphaeropsis pomorum* 的分生孢子

082. 灰褐蘑菇 *Agaricus halophilus* 的子实体

083. 灰褐蘑菇 *A. halophilus* 的子实体，以人为参照，可以看出子实体的大小。

084. 雀斑蘑菇 *Agaricus micromegethus* 子实体

085. 头状马勃 *Calvatia craniiformis* 的子实体

图版 14

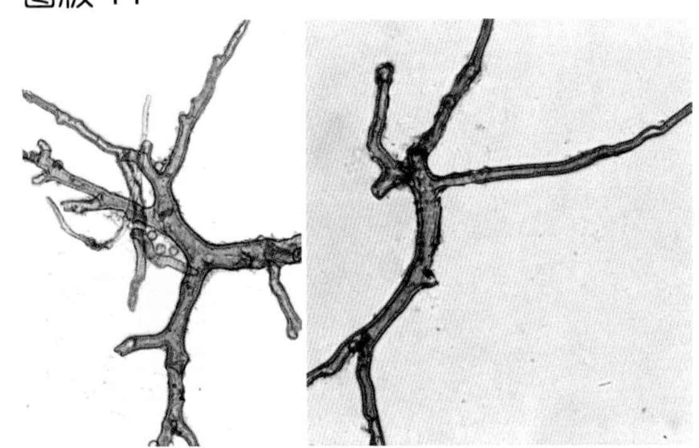

086. 头状马勃 *C. craniiformis* 的孢丝

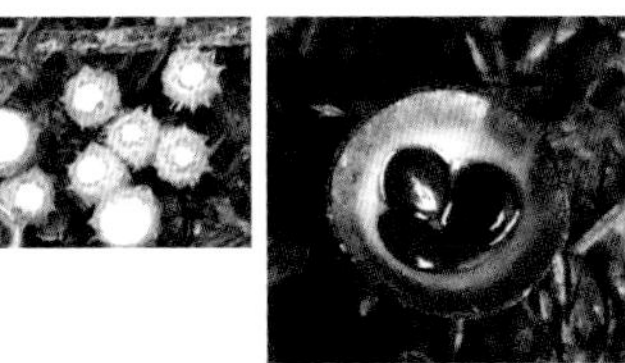

089. 隆纹黑蛋巢菌 *Cyathus striatus* 的幼嫩子实体（左）和成熟子实体（右）

090. 隆纹黑蛋巢菌 *C. striatus* 的成熟子实体

087. 大马勃 *Calvatia gigantea* 子实体，以人为参照，可以看出子实体的大小

091. 小柄马勃 *Lycoperdon pedicellatum*（左）与网纹马勃 *L. perlatum*（右）子实体

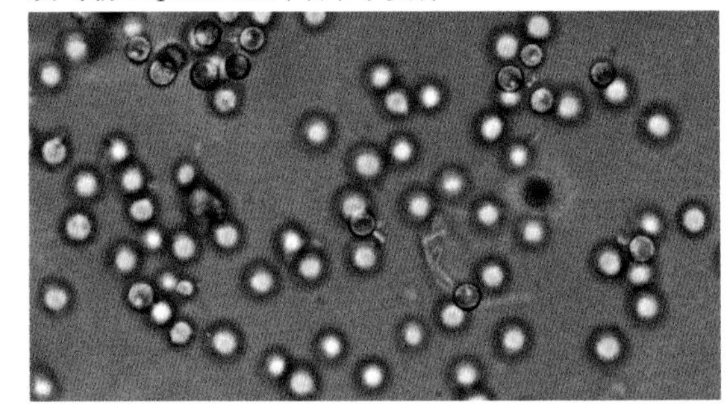

092. 梨形马勃 *Lycoperdon pyriforme* 担孢子

088. 紫色秃马勃 *Calvatia lilacina*（左）与大青褶伞 *Chlorophyllum molybdites*（右）子实体

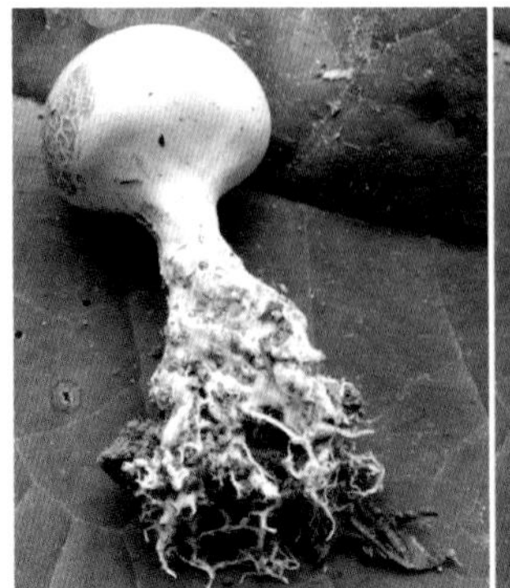

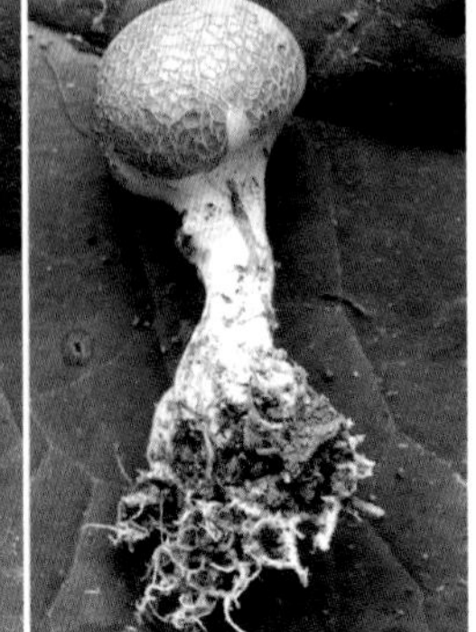

093. 长柄梨形马勃 *Lycoperdon pyriforme* var. *excipuliforme* 的新鲜子实体

094. 长柄梨形马勃 *L. pyriforme* var. *excipuliforme* 的干子实体

095. 白刺马勃 *Lycoperdon wrightii* 子实体

096. 高大环柄菇 *Macrolepiota procera* var. *procera* 子实体

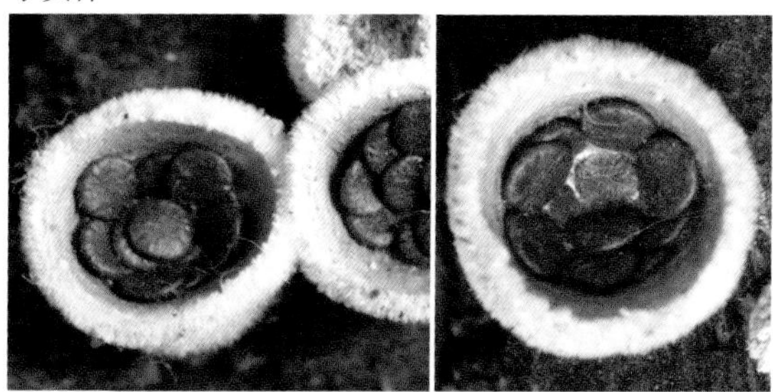

097. 白绒蛋巢菌 *Nidula niveotomentosa* 子实体

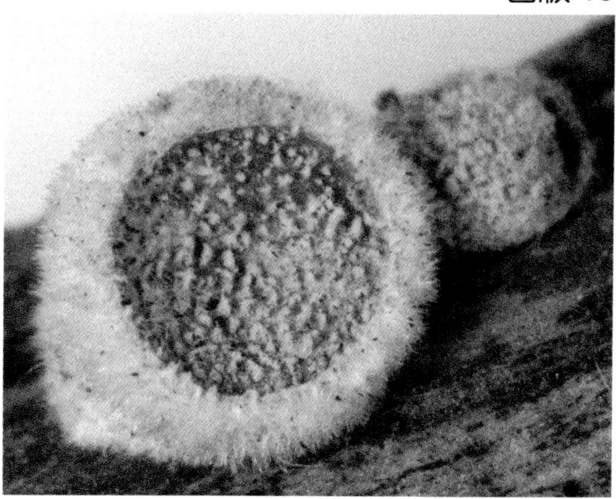

098. 白绒蛋巢菌 *N. niveotomentosa* 未成熟的子实体（有盖膜）

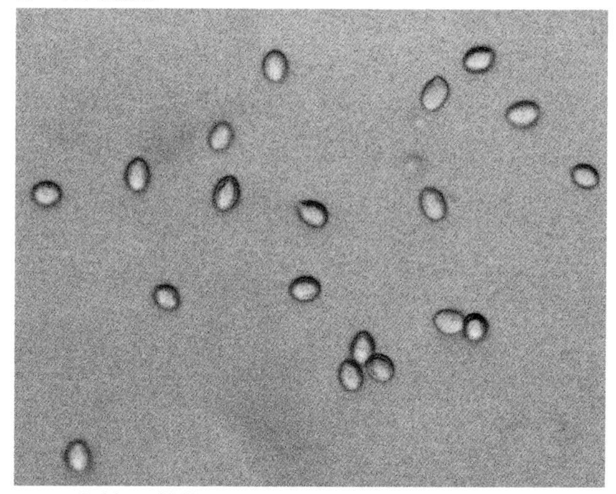

099. 白绒蛋巢菌 *N. niveotomentosa* 担孢子

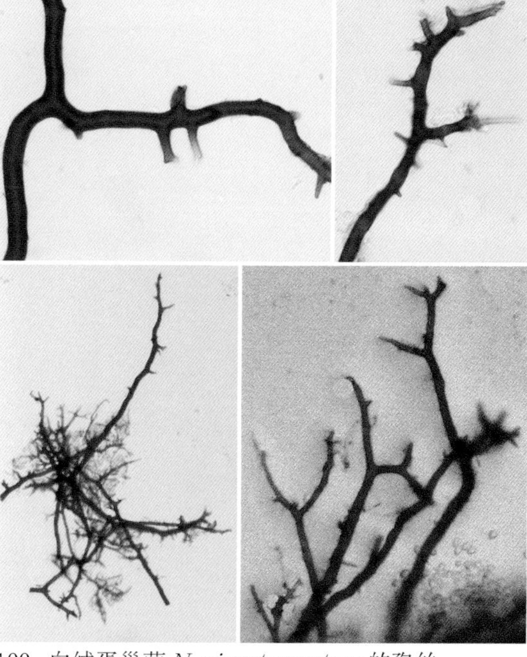

100. 白绒蛋巢菌 *N. niveotomentosa* 的孢丝

图版 16

101. 橙盖鹅膏 *Amaniat caesarea* 子实体

105. 角鳞灰鹅膏 *Amanita spissacea* 子实体

102. 柯克氏鹅膏 *Amanita cokeri* f. *roseotincta* 子实体

106. 白毒鹅膏 *Amanita verna* 子实体

103. 褐托柄鹅膏 *Amanita fulva* 子实体

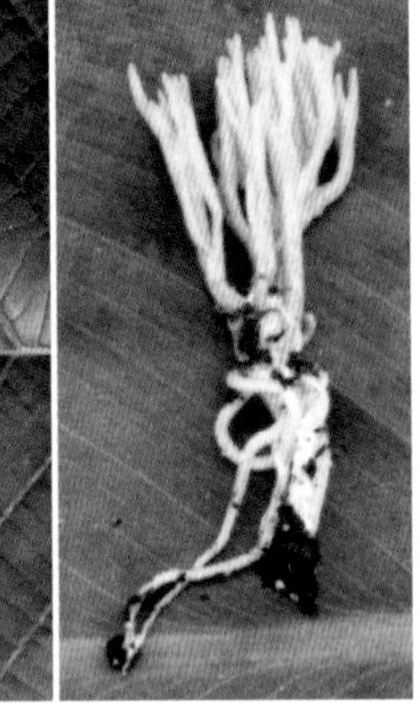

107. 豆芽菌 *Clavaria vermicularis*（左）和角拟锁瑚菌 *Clavulinopsis corniculata*（右）子实体

104. 黄盖鹅膏 *Amanita gemmata* 子实体

108. 赤褶菇 *Entoloma rhodopolium* 子实体

109. 双色蜡蘑 *Laccaria bicolor* 子实体

113. 条纹白蚁伞 *T. striatus* 子实体假根与地下的白蚁巢相连

110. 凸顶橙红湿伞 *Hygrocybe cuspidata* 子实体

114. 条纹白蚁伞 *T. striatus* 在白蚁巢上形成的白色小球状菌落

111. 星孢寄生菇 *Asterophora lycoperdoides*——长在另一种蘑菇上的蘑菇

115. 白蚁在白蚁巢上取食条纹白蚁伞 *T. striatus* 菌丝

112. 条纹白蚁伞 *Termitomyces striatus* 子实体

116. 硬柄皮伞 *Marasmius oreades* 形成的蘑菇圈

图版 18

117. 琥珀小皮伞 *Marasmius siccus* 子实体

118. 假蜜环菌 *Armillaria tabescens* 子实体在枯树桩基部的生长状况

119. 假蜜环菌 *A. tabescens* 子实体

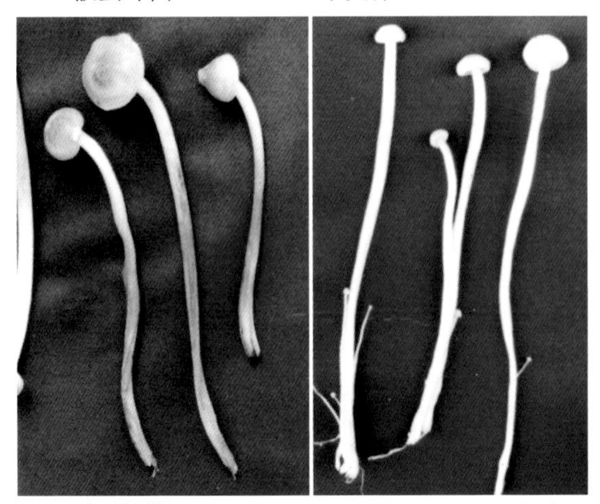

120. 金针菇 *Flammulina velutipes* var. *velutipes* 黄色品种和白色品种的子实体

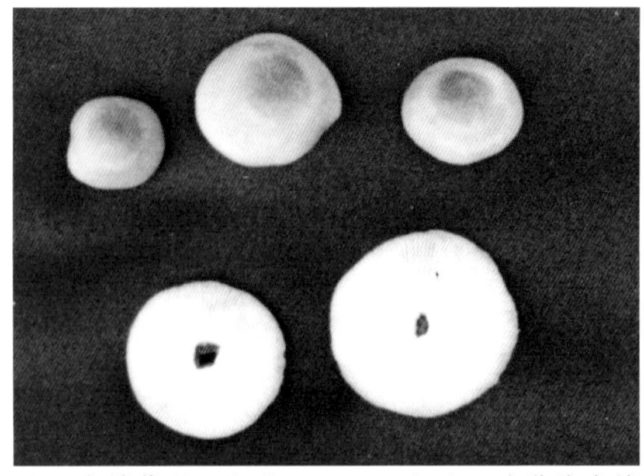

121. 金针菇 *F. velutipes* var. *velutipes* 也称为金钱菌，去掉菌柄的菌盖形似金钱

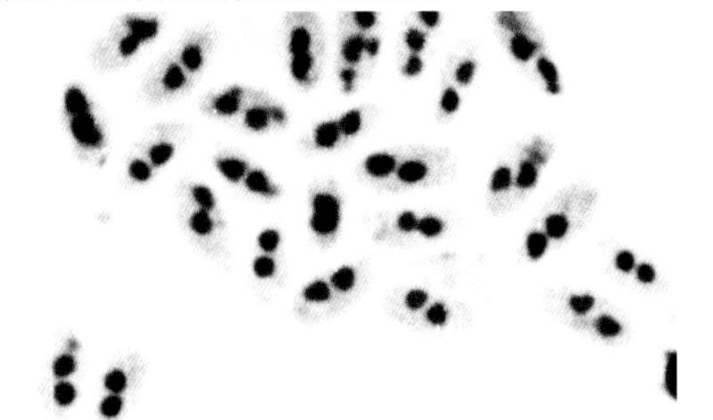

122. 金针菇 *F. velutipes* var. *velutipes* 担孢子。这些担孢子已经染色处理，可以清晰地看到每个担孢子中有 2 个细胞核

123. 金顶侧耳 *Pleurotus citrinopileatus* 子实体

124. 糙皮侧耳 *Pleurotus ostreatus* 浅色子实体

125. 糙皮侧耳 *P. ostreatus* 深色子实体

126. 糙皮侧耳 *P. ostreatus* 子实体断面的电镜照片，可以看到菌丝上的锁状联合

127. 白小鬼伞 *Coprinellus disseminatus* 子实体

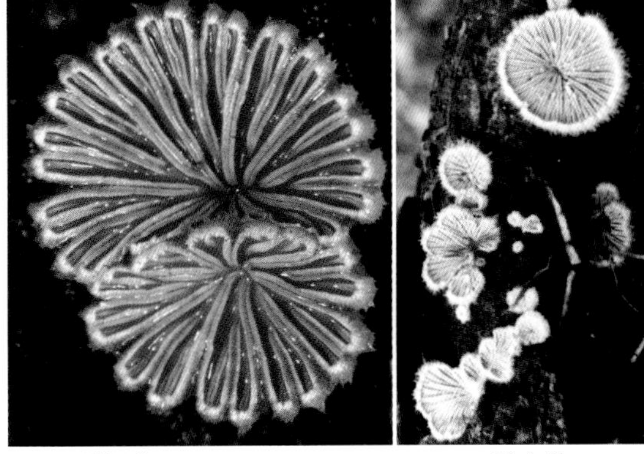

128. 裂褶菌 *Schizophyllum commune* 子实体

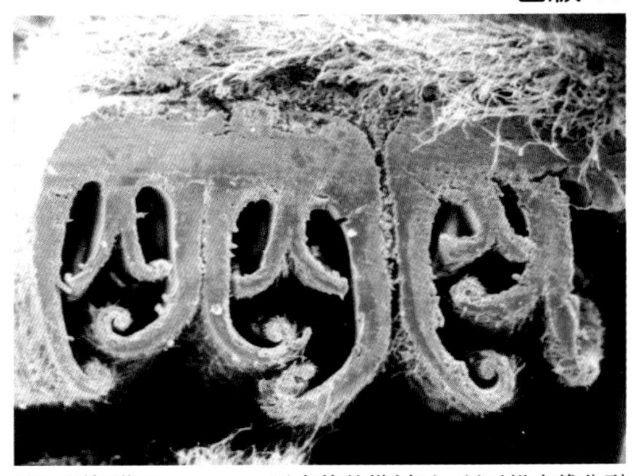

129. 裂褶菌 *S. commune* 子实体的纵剖面，显示沿中线分裂为二的菌褶及菌褶边缘分别向两侧内卷的状况（电镜照片）

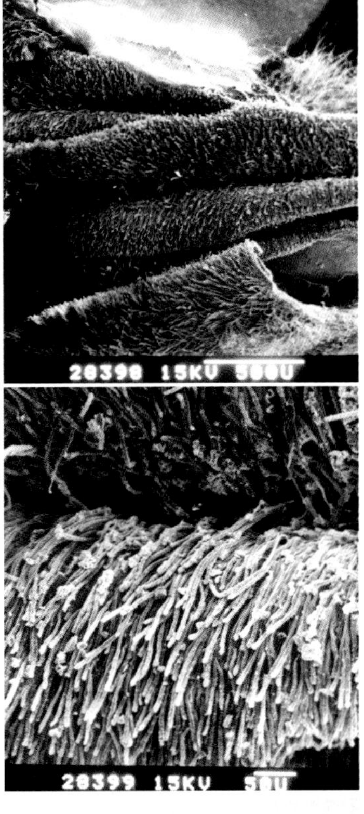

130. 裂褶菌 *S. commune* 子实体菌褶沿中线裂缝中的菌丝（电镜照片）

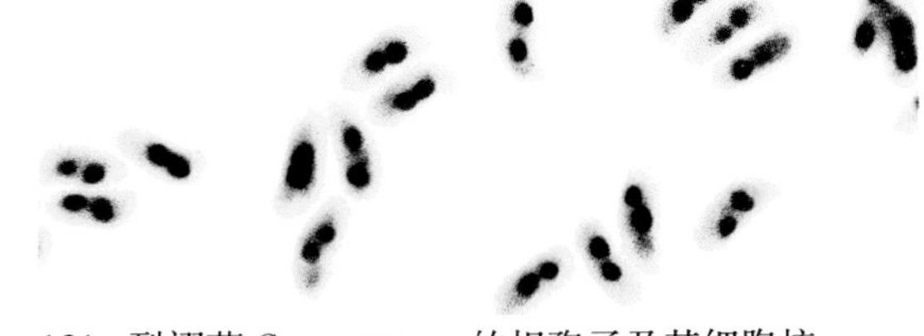

131. 裂褶菌 *S. commune* 的担孢子及其细胞核

图版 20

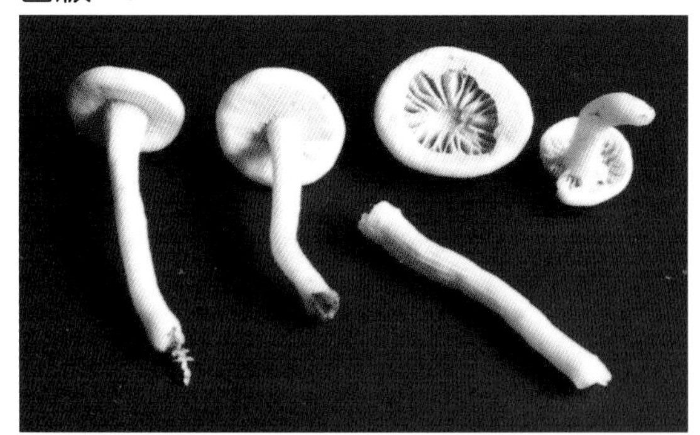

132. 田头菇 *Agrocybe praecox* 子实体

136. 土黄拟口蘑 *Tricholomopsis sasae*（左）和泽生牛肝菌 *Boletus paluster*（右）的子实体

133. 荷叶滑锈伞 *Hebeloma sinuosum* 子实体

137. 大台原牛肝菌 *Boletus odaiensis* 子实体

134. 黄伞 *Pholiota adiposa* 子实体

135. 花脸香蘑 *Lepista sordida* 子实体

138. 粉被牛肝菌 *Boletus pulverulentus* 子实体

139. 裂皮疣柄牛肝菌 *Leccinum extremiorientale* 子实体

140. 半裸松塔牛肝菌 *Strobilomyces seminudus*（左）和松塔牛肝菌 *Strobilomyces strobilaceus* 子实体

141. 彩色豆马勃 *Pisolithus arhizus* 子实体

142. 彩色豆马勃 *P. arhizus* 被掰开的子实体，可见大量的小包，形似豆沙包，该菌即因此而得名。

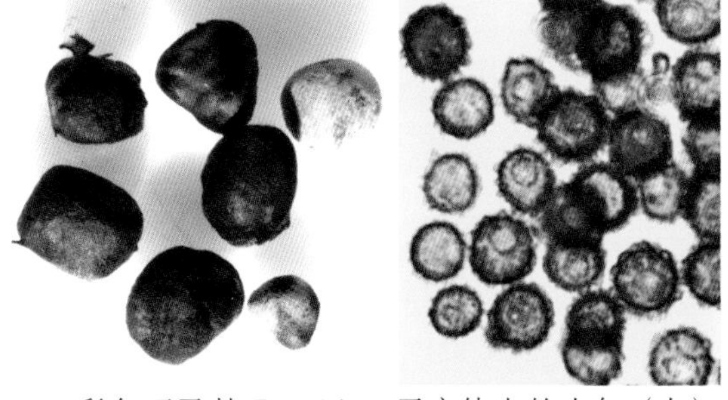

143. 彩色豆马勃 *P. arhizus* 子实体中的小包（左）和担孢子（右）

144. 疣硬皮马勃 *Scleroderma verrucosum* 子实体

145. 疣硬皮马勃 *S. verrucosum* 子实体，其中 3 个子实体被切开了，可以看到成熟子实体内部的状况

图版 22

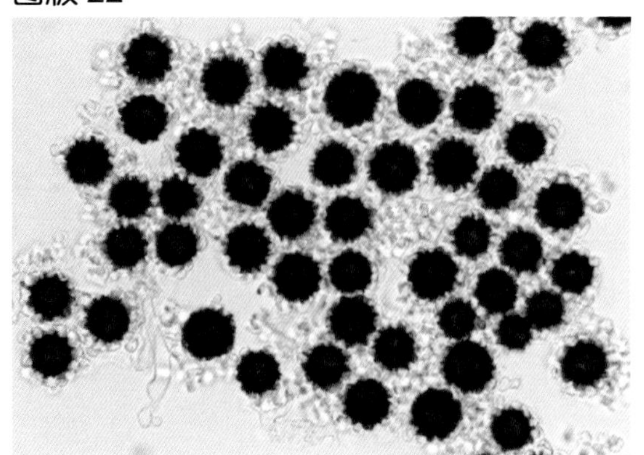

146. 疣硬皮马勃 *S. verrucosum* 的担孢子

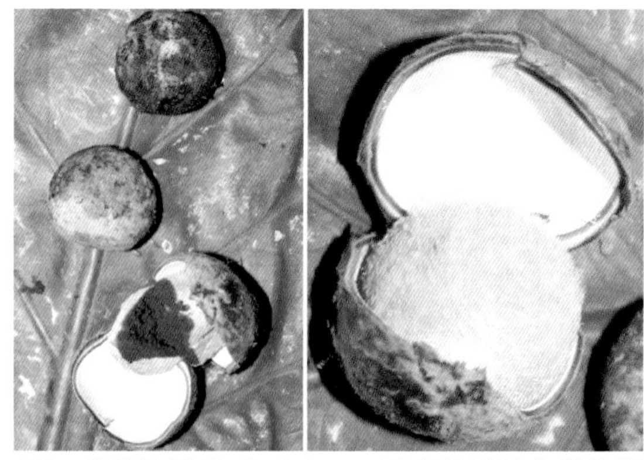

150. 毛嘴地星 *G. fimbriatum* 子实体开裂之前的形态及未开裂子实体被掰开的状况

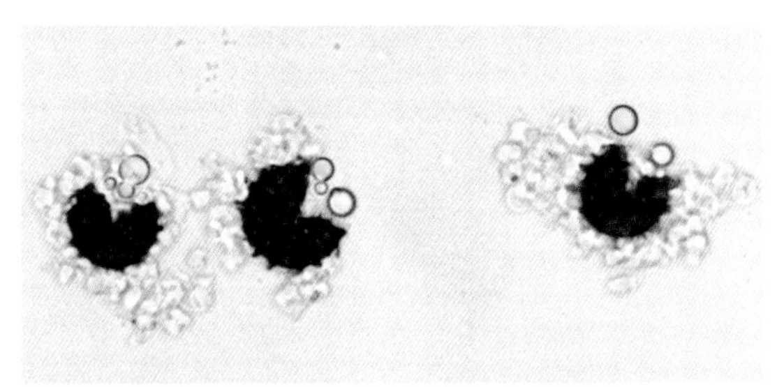

147. 疣硬皮马勃 *S. verrucosum* 的新鲜担孢子被压破后的状况

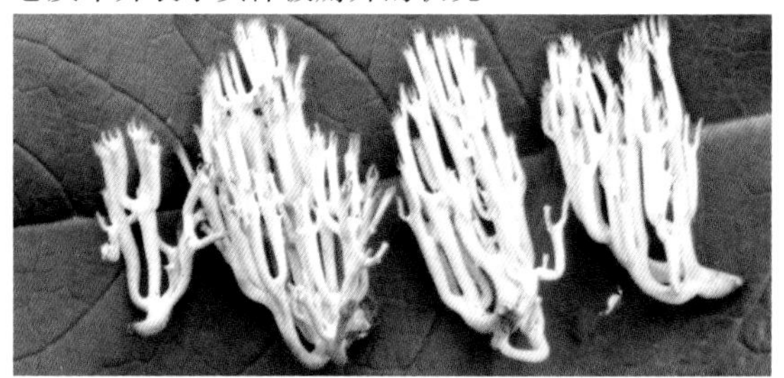

151. 小孢密枝瑚菌 *Ramaria bourdotiana* 子实体

148. 厚环黏盖牛肝菌 *Suillus grevillei* 子实体

152. 密枝瑚菌 *Ramaria stricta* 子实体

149. 毛嘴地星 *Geastrum fimbriatum* 子实体开裂后外包被反卷的形态

153. 棱柱散尾菌 *Lysurus mokusin* 子实体

154. 棱柱散尾菌中华变型 *Lysurus mokusin* f. *sinersis* 子实体

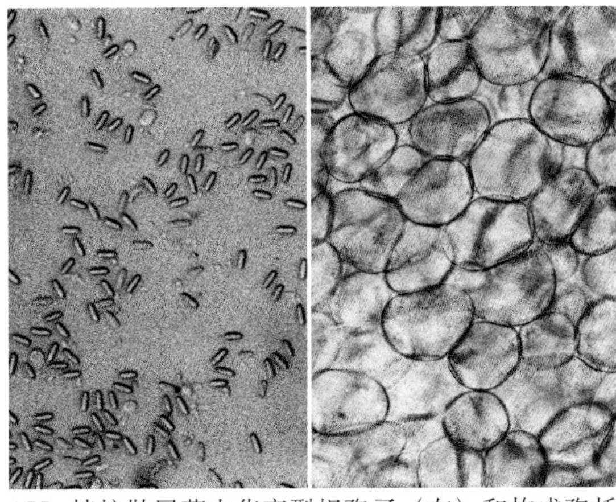

155. 棱柱散尾菌中华变型担孢子（左）和构成孢托的泡囊状组织（右）

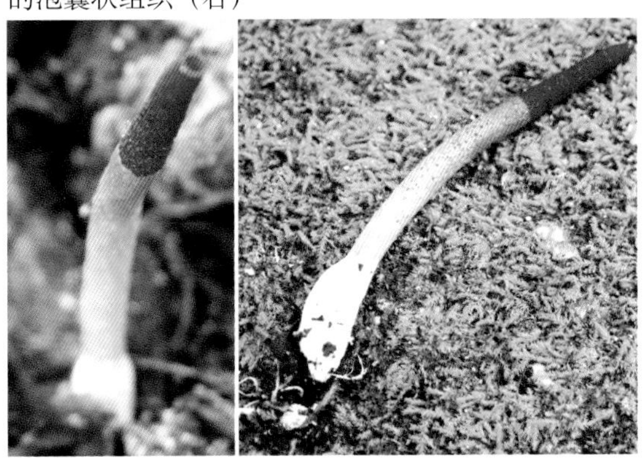

156. 竹林蛇头菌 *Mutinus bambusinus* 子实体

157. 竹林蛇头菌 *M. bambusinus* 畸形子实体——一个菌托内长出两个孢托（1）

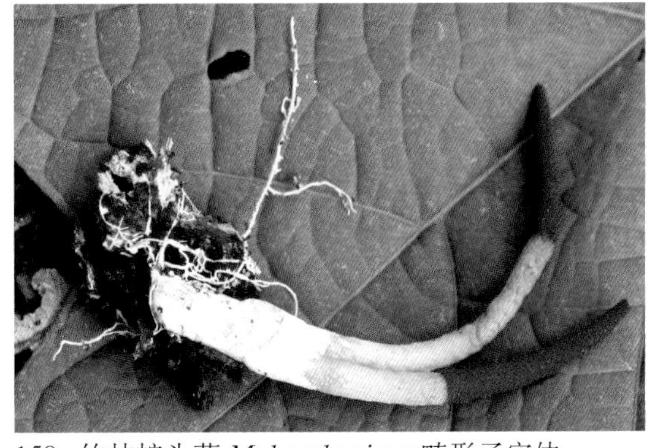

158. 竹林蛇头菌 *M. bambusinus* 畸形子实体——一个菌托内长出两个孢托（2）

159. 香鬼笔 *Phallus fragrans* 子实体

160. 红鬼笔 *Phallus rubicundus* 子实体

图版 24

161. 木耳 *Auricularia auricula-judae* 子实体

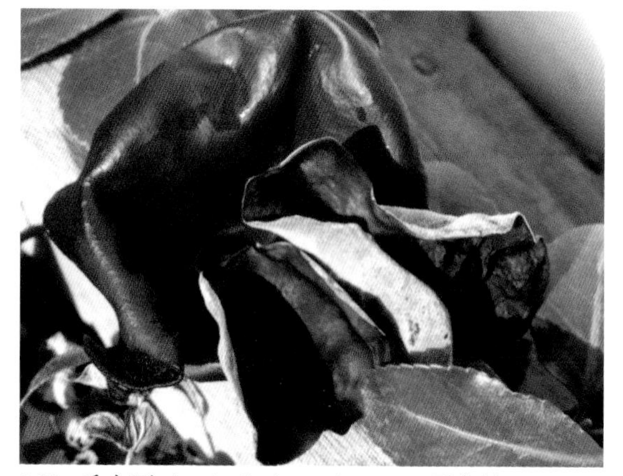

162. 毛木耳 *Auricularia polytricha* 子实体

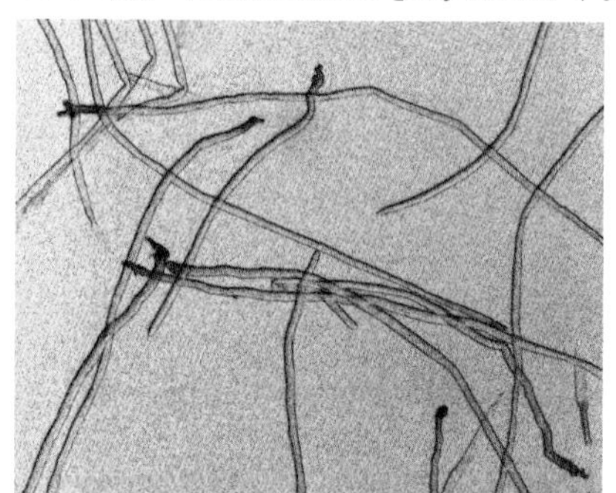

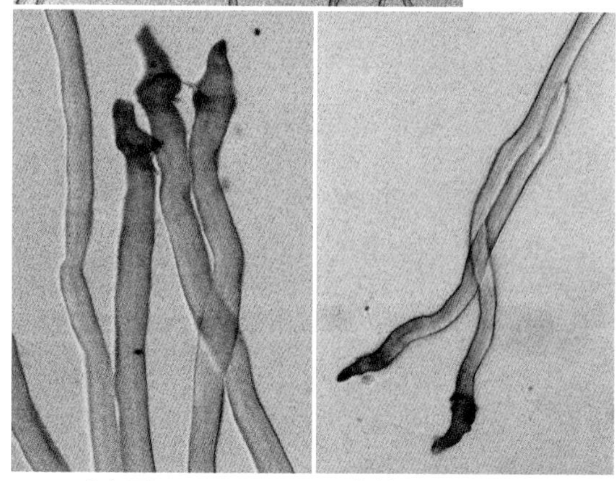

163. 毛木耳 *A.polytricha* 子实体不孕面绒毛拔下来后的特征

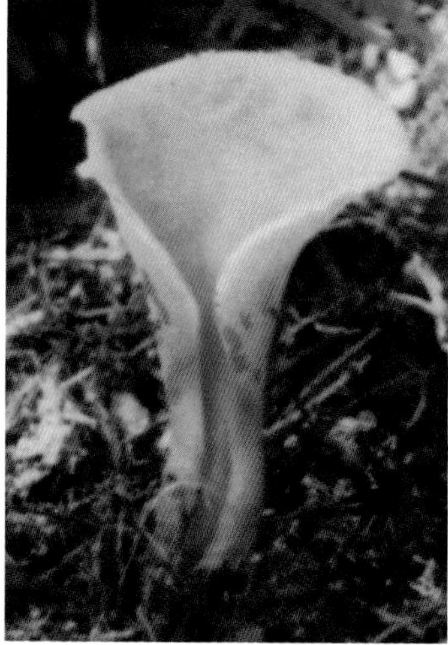

164. 焰耳 *Guepinia helvelloides* 子实体

165. 冠锁瑚菌 *Clavulina coralloides* 子实体

166. 变红齿菌 *Hydnum repandum* 子实体

167. 射纹皱芝 *Polystictus radiatorugosus* 子实体

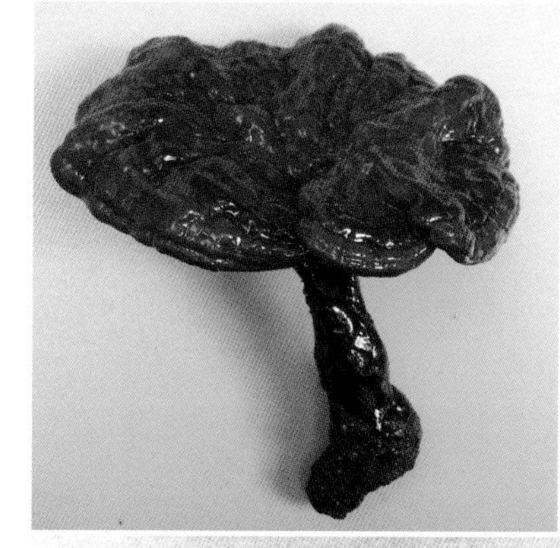

168. 松生拟层孔菌 *Fomitopsis pinicola* 子实体

169. 密环树舌 *Ganoderma densizonatum* 子实体

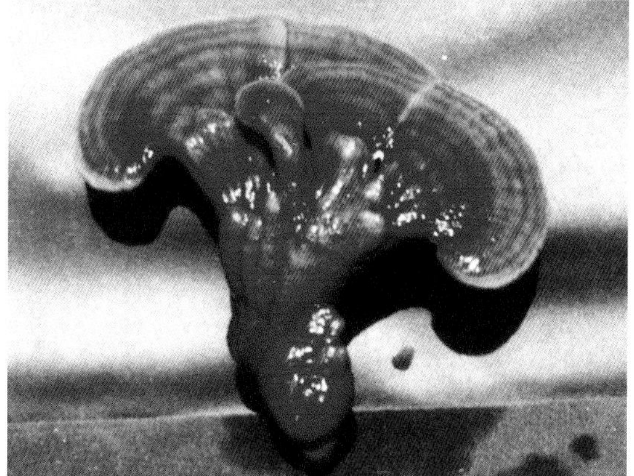

170. 灵芝 *G. lucidum* 子实体

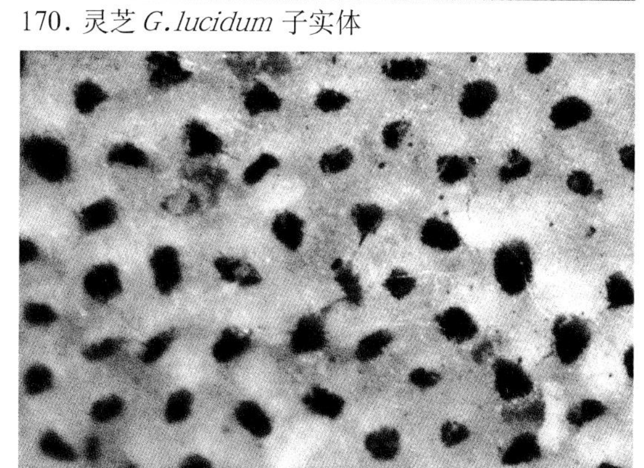

171. 灵芝 *Ganoderma lucidum* 的菌孔

172. 灵芝 *G. lucidum* 担孢子的扫描电镜照片

图版 26

173. 灵芝 *G. lucidum* 担孢子经破壁处理后的扫描电镜照片

176. 雷丸 *Laccocephalum mylittae* 的菌核

174. 巨盖孔菌 *Meripilus giganteus* 子实体

177. 粗毛韧伞 *Lentinus strigosus* 子实体

175. 木蹄层孔菌 *Fomes fomentarius* 子实体

178. 桦褶孔菌 *Lenzites betulina* 子实体

179. 白蜡多年卧孔菌 *Perenniporia fraxinea* 子实体

180. 骨质多年卧孔菌 *Perenniporia minutissima* 子实体

181. 宽鳞大孔菌 *Polyporus squamosus* 子实体(盖面)

182. 宽鳞大孔菌 *P. squamosusFavolus* 子实体(腹面)

183. 猪苓多孔菌 *Polyporus umbellatus* 菌核

184. 朱红密孔菌 *Pycnoporus cinnabarinus* 子实体（左）及其菌孔（右）

图版 28

185. 东方栓菌 *Trametes orientalis* 子实体（盖面）

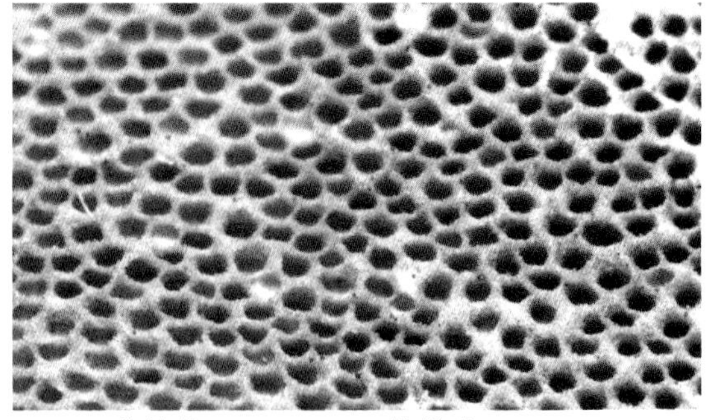

188. 云芝栓菌 *T. versicolor* 的菌孔

186. 东方栓菌 *T. orientalis* 子实体（腹面）

189. 茯苓 *Wolfiporia extensa* 的菌核

190. 白茯苓（中药）——用茯苓 *W. extensa* 菌核切成的茯苓块

187. 云芝栓菌 *Trametes versicolor* 子实体

191. 生在松果上的耳匙菌 *Auriscalpium vulgare* 子实体

192. 猴头菌 *Hericium erinaceus* 子实体

193. 橘色乳菇 *Lactarius aurantiacu* 子实体

194. 脆香乳茹 *Lactarus fragilis* 子实体

195. 白乳菇 *Lactarius piperatus* 子实体

196. 毛头乳菇 *Lactarius torminosus* 子实体

197. 绒白乳菇 *Lactarius vellereus* 子实体

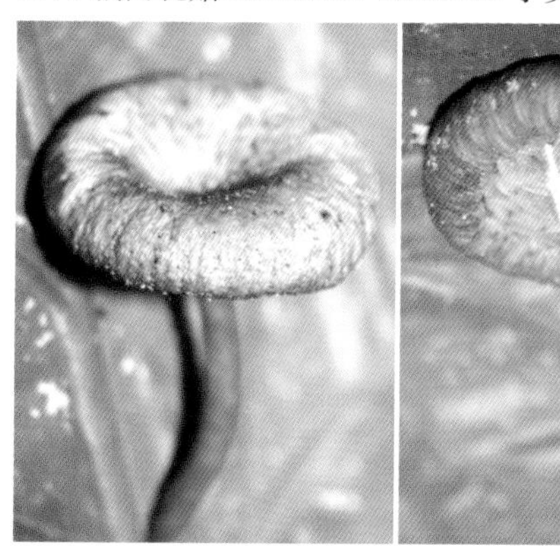

198. 多汁乳茹 *Lactarius Volemus* 子实体

199. 毒红菇 *Russula emetica* 子实体

图版 30

200. 非白红菇 *Russula exalbicans* 子实体（1）

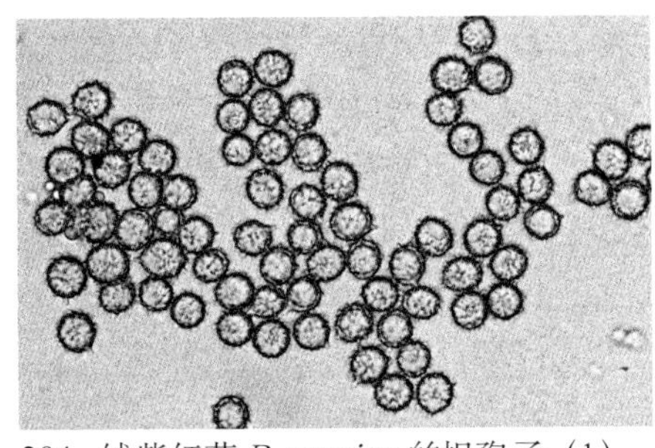

204. 绒紫红菇 *R. mariae* 的担孢子（1）

201. 非白红菇 *R. exalbicans* 子实体 (2)

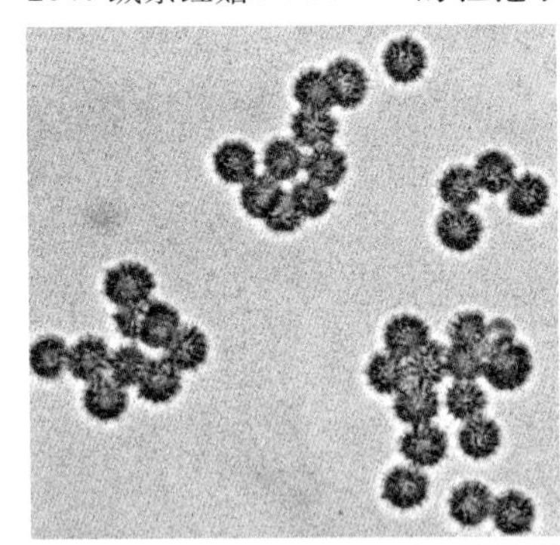

205. 绒紫红菇 *R. mariae* 的担孢子（2）

202. 臭黄红菇 *Russula foetens* 子实体

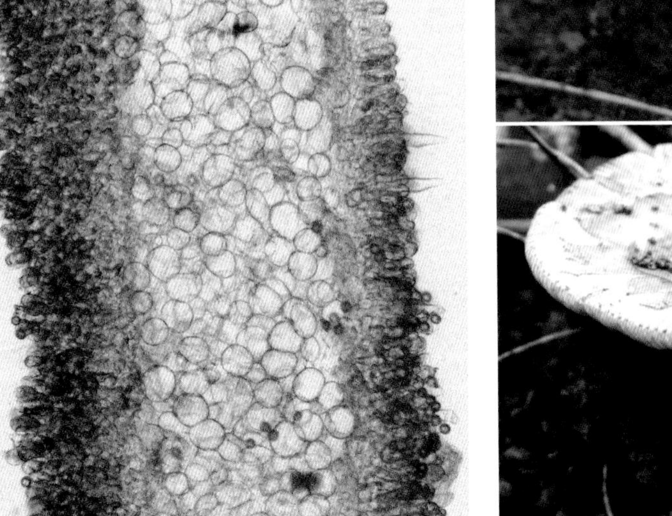

203. 绒紫红菇 *Russula mariae* 菌髓与子实层

206. 点柄黄红菇 *Russula senecis* 子实体

207. 粉红菇*Russula subdepallens* 子实体

211. 桂花耳*Dacryopinax spathularia*（左）与茶银耳*Tremella foliacea*（右）子实体

208. 微紫柄红菇*Russula violeipes*子实体

212. 银耳*Tremella fuciformis*子实体

209. 黄孢红菇*Russula xerampelina*子实体

213. 金黄银耳*Tremella mesenterica*子实体

210. 金丝韧革菌*Xylobolus spectabilis*子实体

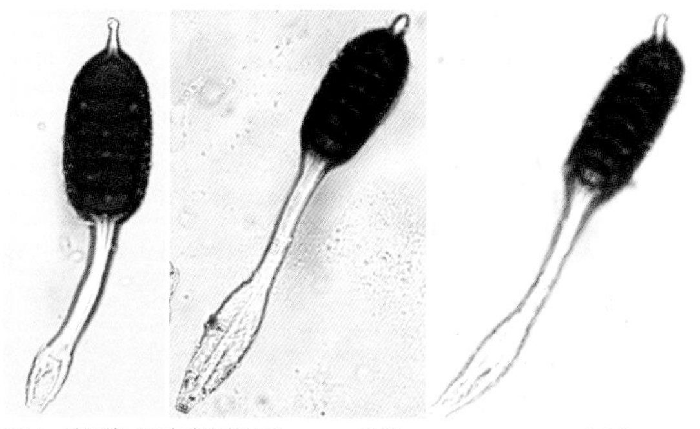

214. 蔷薇多胞锈菌*Phragmidium rosae-multiflorae*冬孢子

图版 32

215. 亚洲胶锈菌 *Gymnosporangium asiaticum* 冬孢子聚集成的冬孢子角

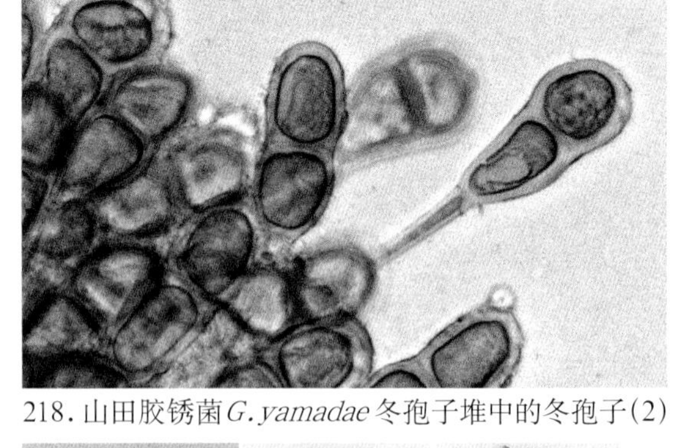

218. 山田胶锈菌 *G. yamadae* 冬孢子堆中的冬孢子(2)

216. 山田胶锈菌 *Gymnosporangium yamadae* 在苹果树叶上的锈孢子器外观

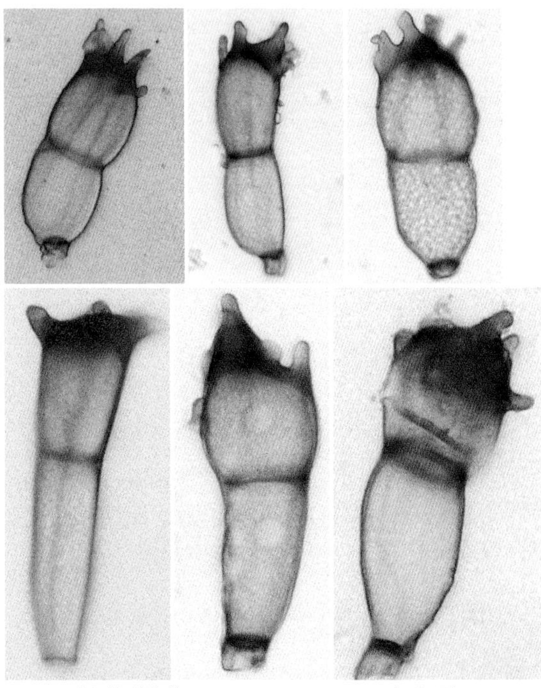

219. 禾冠柄锈菌 *Puccinia coronata* 冬孢子

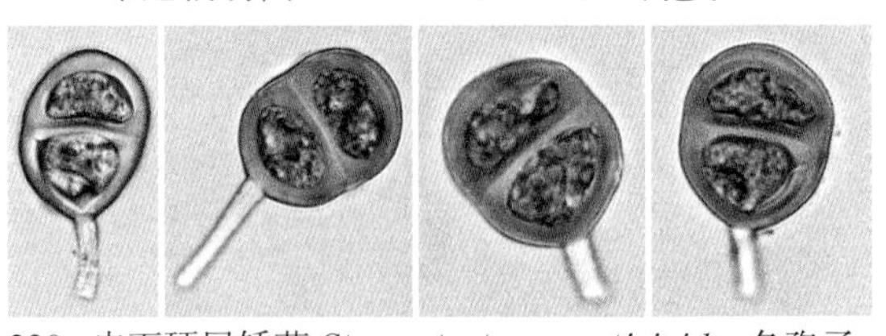

220. 皮下硬层锈菌 *Stereostratum corticioides* 冬孢子

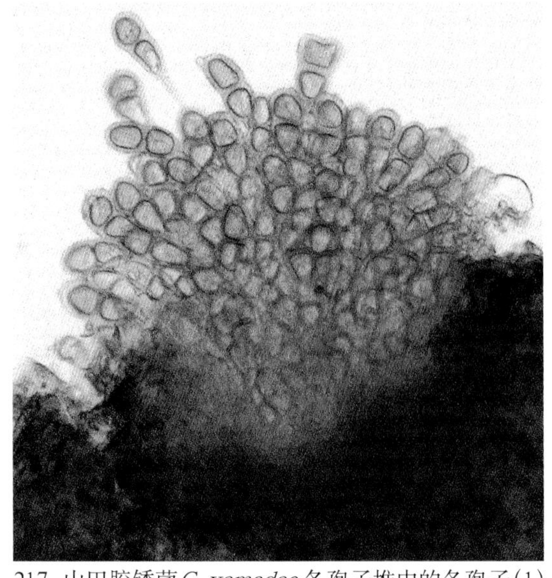

217. 山田胶锈菌 *G. yamadae* 冬孢子堆中的冬孢子(1)

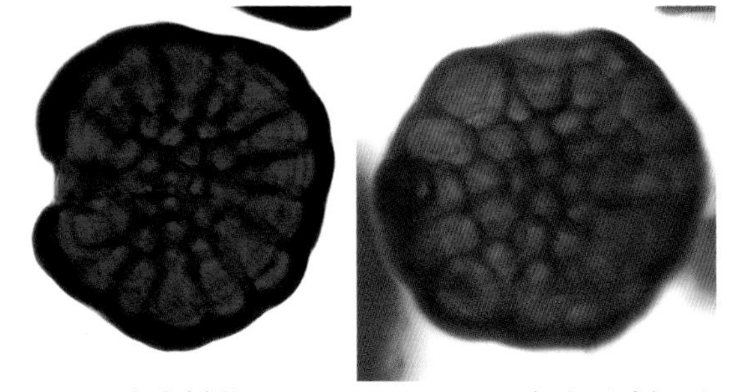

221. 日本伞锈菌 *Ravenelia japonica* 冬孢子球切面

1　导论 Introduction

1.1　真菌及其类群 Fungi and their groups

1.1.1　“真菌”含义的变化 The change of fungus meaning

关于“真菌”一词的含义，在不同的时期是有明显差异的，我们姑且以“旧真菌”和“现代意义的真菌”这两个概念来表示较早时期认识上的真菌和目前认识上的真菌，以说明它们的差别。“旧真菌”包含的生物类群范围较广，除了包含“现代意义的真菌”所代表的生物外，还包含卵菌、黏菌、根肿菌和丝壶菌等，卵菌、黏菌、根肿菌和丝壶菌都是生物类群的名称，它们各自还包含不同等级的许多生物类群。“旧真菌”所代表的其实是一个多元的复系类群（polyphyletic group），即由不同祖先的后裔组成的生物类群，这种类群也被称为异源类群（heterogeneous group）。“现代意义的真菌”包含的生物类群范围相对较窄，根据现在的认识，它们属于一个单系类群（monophyletic group），即由同一个祖先的全部后裔构成的生物类群。

“真菌”含义的变化与人们对生物系统发育关系认识的变化有关。人们对生物系统发育关系的认识是一个渐进的过程，“真菌”一词所代表的生物类群也在发生着逐渐的变化。比较明显的变化包括如下两个方面：

其一，过去长期被当作真菌的一些生物，被从“真菌”中剔除了出去，即不再把它们视为真菌了。如过去长期被当作真菌的卵菌、黏菌、根肿菌和丝壶菌等生物类群，由于认识到它们在进化历史的早期已与“现代意义的真菌”分离，在新的生物分界系统中，已将它们从真菌界剔除，不再把它们视为真菌了，本书图版部分有作者在研究中拍摄的部分这类生物照片，其中图版 001 ~ 005 显示的生物属于黏菌，图版 006 ~ 007 显示的生物属于根肿菌，图版 008 ~ 011 显示的生物属于卵菌。

值得说明的是，根肿菌在一些文献中也将其归入黏菌类群，根据现代生物系统学的研究成果，根肿菌在生物系统中的地位尚难确定，但可以肯定，它们在进化历史的早期已与“现代意义的真菌”分离，并且也不能归入黏菌类。另外，所谓的“黏菌”，本身也是来自不同祖先的复系类群，这在下面的图 1-1 及其说明中有更清晰的显示。

其二，过去一直未被当作真菌的一些生物，现在被纳入到了真菌这一生物类群中，也被视为真菌了。这样的生物主要有两个类群——微孢子虫类（Microsporidia）生物和肺孢子虫属（*Pneumocystis*）生物。国际植物命名法规为了适应这两类生物分类地位的变化，专门对有关条款做了修改。

微孢子虫类（Microsporidia）生物统称为微孢子虫，是一类分布广泛、极其古老的专性细胞内寄生的生物，能感染从无脊椎动物到人的众多动物，目前已发现的微孢子虫种类超过 1500 种，隶属于约 120 个属。图版 012 是蝗虫微孢子虫［*Antonospora locustan*（E. U. Canning）C. H. Slamovits et al.］的显微照片。过去微孢子虫类（Microsporidia）生物被归在原生动物界，根据现代生物系统学的研究结果，它们与其他“现代意义的真菌”具有很近的亲缘关系，美国生物技术信息中心（NCBI）2002年已将微孢子虫归类于真菌。

肺孢子虫属（*Pneumocystis*）也称为肺囊虫属、肺炎菌属、肺孢子菌属，目前已报道了8个种、6个特殊变型，它们都是人和其他哺乳动物的细胞外寄生生物，主要寄生在宿主肺部，附在肺上皮细胞表面，很少侵入细胞内。关于肺孢子虫属（*Pneumocystis*）生物的分类地位一直存在明显的争议，过去学术界倾向于将其归在原生动物界，根据现代生物系统学的研究结果，它们应归类于真菌，其汉语名称也宜改为肺孢子菌属，目前它们的分类地位是真菌界（Fungi）、子囊菌门（Ascomycota）、外囊菌亚门（Taphrinomycotina）、肺孢子菌纲（Pneumocystidomycetes）、肺孢子菌亚纲（Pneumocystidomycetidae）、肺孢子菌目（Pneumocystidales）、肺孢子菌科（Pneumocystidaceae）。

下面再对生物系统学研究上与真菌有关的一些情况作以简单概述，从中可以进一步看出“真菌”含义变化的一些情况与过程。

最古老的生物分界系统是1753年由林奈建立的动物界和植物界两界系统，在这一系统中，“旧真菌”所代表的生物被隶属于植物界，这种分类系统从林奈时代直到20世纪50年代，一直得到绝大多数生物学工作者的承认。

1959年Whittaker建立了包括植物界、动物界、原生生物界和真菌界的四界生物分类系统，首次将“旧真菌”所代表的生物独立为一个界——真菌界，1969年Whittake又将其建立的四界分类系统调整为包括原核生物界、原生生物界、植物界、动物界和真菌界的五界分类系统，这一五界生物分类系统在我国有较广泛的影响。为了将Whittake五界分类系统中的“真菌界”与现代意义上的真菌界相区别，在这儿我们将其称为“旧真菌界”，在《真菌辞典》第7版（1983）的分类系统中，“旧真菌界”纲以上的分类体系如下：

- 真菌界（Kingdom Fungi）
  - 黏菌门（Myxomycota）
    - 原生（黏）菌纲（Protosteliomycetes）
    - 鹅绒（黏）菌纲（Ceratiomyxomycetes）
    - 网柄（黏）菌纲（Dictyosteliomycetes）
    - 集胞（黏）菌纲（Acrasiomycetes）
    - 黏菌纲（Myxomycetes）
    - 根肿菌纲（Plasmodiophoromycetes）
    - 网黏菌纲（Labyrinthulomycetes）
  - 真菌门（Eumycota）
    - 鞭毛菌亚门（Mastigomycotina）
      - 壶菌纲（Chytridiomycetes）
      - 丝壶菌纲（Hyphochytridiomycetes）
      - 卵菌纲（Oomycetes）
    - 接合菌亚门（Zygomycotina）
      - 接合菌纲（Zygomycetes）
      - 毛菌纲（Trichomycetes）
    - 子囊菌亚门（Ascoycotina）（未分纲，直接分为37个目）
    - 担子菌亚门（Basidiomycotina）

层菌纲(Hymenomycetes)
腹菌纲(Gasteromycetes)
锈菌纲(Urediniomycetes)
黑粉菌纲(Ustilaginomycetes)
半知菌亚门(Deteromycotina)
丝孢纲(Hyphomycetes)
腔孢纲(Coelomycetes)

根据现代生物系统学的研究成果,特别是依据 rDNA 分子序列的比较,发现 Whittake(1969)五界分类系统中的真菌界其实是一个复系类群,其中的黏菌门和隶属于真菌门鞭毛菌亚门的卵菌纲和丝壶菌纲的成员与现代意义的真菌亲缘关系较远(图 1-1)。

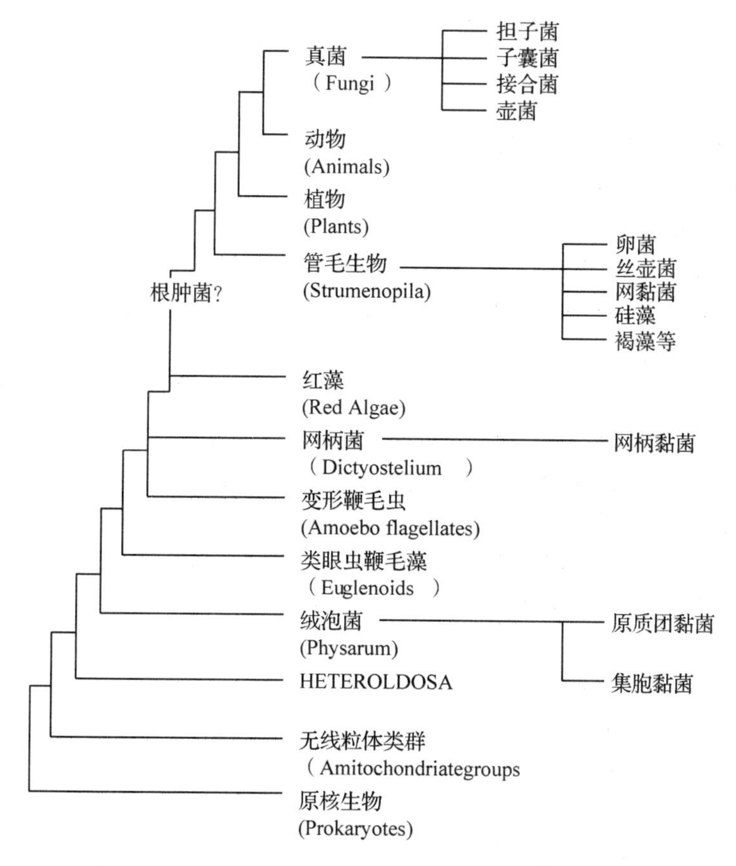

图 1-1 显示旧真菌界多元状态复系类群的系统发育树

图 1-1 显示的系统发育树是根据不同生物核糖体小亚基中 rRNA 的基因序列建立的,从图中可以看出,由现代意义的真菌、卵菌、黏菌、根肿菌和丝壶菌组成的旧真菌界显然是一个由不同祖先的后裔组成的复系类群(polyphyletic group)或称为异源类群(heterogeneous group);由担子菌、子囊菌、接合菌和壶菌组成了一个单系生物类群;卵菌、丝壶菌、网黏菌、硅藻和褐藻等也组成一个单系生物类群;而所谓的"黏菌"本身也是来自不同祖先的复系类群;曾被归在真菌界黏菌门(Myxomycota)的根肿菌,还不能确定其在系统进化上的位置;真菌和动物也组成了一个单系生物类群,根据这一点可以说,即使把真菌与动物归为一类也比把真菌与植物归为一类合理,但若把真菌与动物归为一类,就需要一个新的名称来表示包括真菌和动物的生物类

群，过去人们没有对这个生物类群给出一个名称，目前似乎也无必要，但有一点是可以肯定的，过去人们把真菌归于植物界是非常错误的，从图 1-1 可以看出包括真菌在内的植物界明显是一个偏系类群（paraphyletic group，也叫并系类群，是由同一祖先的部分后裔组成的生物类群），因为植物和真菌的共同祖先的一些后裔，也即动物被排除在这个类群之外。

卡瓦利—史密斯（Cavalier-Smith，1981，1987，1988）根据生物系统学的研究进展，提出了如下的生物八界分类系统：

细菌总界 Empire Bacteria

1. 真细菌界 Kingdom Eubactetia
2. 古细菌界 Kingdom Archaebacteria

真核总界 Empire Eukaryota

3. 源真核生物界 Kingdom Archezoa
4. 原生动物界 Kingdom Protozoa
5. 植物界 Kingdom Plantae
6. 动物界 Kingdom Animalia
7. 真菌界 Kingdom Fungi
8. 假菌界 Kingdom Chromista

八界生物分类系统中的真菌界是一个单系类群（monophyletic group），其与 Whittake（1969）五界分类系统中的真菌界有明显的差异，与现代意义的真菌亲缘关系较远的卵菌、黏菌、根肿菌和丝壶菌已被从这一真菌界中排除。

在前面所述的《真菌辞典》第 7 版（1983）介绍的真菌分类系统中，卵菌和丝壶菌分别隶属于真菌门（Eumycota）鞭毛菌亚门（Mastigomycotina）中的卵菌纲（Oomycetes）和丝壶菌纲（Hyphochytridiomycetes），它们被从真菌界中剔除之后，被归在八界生物分类系统中的假菌界 Kingdom Chromista。这样，原来鞭毛菌亚门（Mastigomycotina）中的生物只有壶菌纲（Chytridiomycetes）的种类仍属于真菌。“黏菌”其实也是一个异源类群（heterogeneous group），在《真菌辞典》第 7 版（1983）介绍的真菌分类系统中，“黏菌”和根肿菌全隶属于黏菌门（Myxomycota）。它们被从真菌界中剔除之后，其中的网黏菌纲（Labyrinthulomycetes）被作为一个门——网黏菌门（Labyrinthulomycotina），置于假菌界（Kingdom Chromista）之中，其他的原黏菌门（Myxomycota）成员，则被归在了原生动物界（Kingdom Protozoa）。

丝壶菌的种类很少，目前全世界仅发现了 7 属 20 余种，在河南未发现；原黏菌门中原生（黏）菌纲（Protosteliomycetes）、网柄（黏）菌纲（Dictyosteliomycetes）、集胞（黏）菌纲（Acrasiomycetes）和网黏菌纲（Labyrinthulomycetes）的种类均很少，每个纲已发现的物种均在 50 种以下，在河南未发现；卵菌和原黏菌门中黏菌纲（Myxomycetes）的生物种类相对多一些，在河南均有发现；原黏菌门中根肿菌纲（Plasmodiophoromycetes）和鹅绒（黏）菌纲（Ceratiomyxomycetes）的种类也都很少，但在河南已有发现。

本书所述的真菌，若无特殊的说明，则是指作为一个单系类群（monophyletic group）的真菌，即“现代意义的真菌”。

1.1.2 真菌的现代分类系统 Modern taxonomic system of fungi

真菌分类系统是真菌学家根据相关类群真菌在形态、生理、生化、遗传、生态、超微结构及分子生物学等多方面特征的异同进行归类而建立起来的分类系统。由于不同真菌分类学家的观点存在分歧,不同的学者提出了很多不同的真菌分类系统。同时,随着研究的不断深入,真菌分类系统也得以不断的修改、完善和补充。目前世界上最广泛使用的真菌分类系统有两个,其一为英国出版的"Dictionary of the fungi"(后期版本的书名为"Ainsworth & Bisby's Dictionary of the Fungi",简称为"Dictionary of the fungi",该书中文译名为《真菌字典》或《菌物字典》)上介绍的真菌分类系统,因1943年出版的《真菌字典》第一版的作者是G. C. Ainsworth,故这一真菌分类系统被称为Ainsworth真菌分类系统;其二为美国出版的"Introductory Mycology"(中文译名为《真菌学概论》或《菌物学概论》)上介绍的真菌分类系统,因1952年出版的《真菌学概论》第一版的作者是C. J. Alexopoulos,故这一真菌分类系统被称为Alexopoulos真菌分类系统。"Dictionary of the Fungi"和"Introductory Mycology"这两部著作都在不同的时期出版过不同的版本,不同版次"Dictionary of the Fungi"和"Introductory Mycology"中介绍的真菌分类系统也有一定的差异。

相对而言,Ainsworth真菌分类系统比Alexopoulos真菌分类系统在我国的影响更为广泛。

2008年出版的最新版(第十版)"Ainsworth & Bisby's Dictionary of the Fungi"中,真菌界Fungi下设7个门,纲以上分类单位的名称及系统关系如下:

真菌界 Fungi
- 壶菌门 Chytridiomycota
  - 壶菌纲 Chytridiomycetes
  - 单毛壶菌纲 Monoblepharidimycetes
- 芽枝霉门 Blastocladiomycota
  - 芽枝霉纲 Blastocladiomycetes
- 新丽鞭毛菌门 Neocallimastigomycota
  - 新丽鞭毛菌纲 Neocallimastigomycetes
- 球囊霉门 Glomeromycota
  - 球囊霉纲 Glomeromycetes
- 接合菌门 Zygomycota
  - 虫囊菌亚门 Entomophthoromycotina(该亚门下未设纲,直接设目)
  - 亚门 Kickxellomycotina(该亚门下未设纲,直接设目)
  - 毛霉菌亚门 Mucoromycotina
    - 接合菌纲 Zygomycetes
  - 捕虫霉菌亚门 Zoopagomycotina(该亚门下未设纲,直接设目)
- 子囊菌门 Ascomycota
  - 盘菌亚门 Pezizomycotina(=子囊菌亚门 Ascomycotina)
    - 星裂菌纲 Arthoniomycetes
    - 座囊菌纲 Dothideomycetes
    - 散囊菌纲 Eurotiomycetes
    - 虫囊菌纲 Laboulbeniomycetes
    - 茶渍菌纲 Lecanoromycetes
    - 锤舌菌纲 Leotiomycetes
    - 异极菌纲 Lichinomycetes
    - 圆盘菌纲 Orbiliomycetes

盘菌纲 Pezizomycetes
粪壳菌纲 Sordariomycetes
酵母菌亚门 Saccharomycotina
酵母菌纲 Saccharomycetes
外囊菌亚门 Taphrinomycotina
新盘菌纲 Neolectomycetes
肺炎菌纲 Pneumocystidomycetes
裂殖酵母菌纲 Schizosaccharomycetes
外囊菌纲 Taphrinomycetes
担子菌门 Basidiomycota
伞菌亚门 Agaricomycotina
伞菌纲 Agaricomycetes
花耳纲 Dacrymycetes
银耳纲 Tremellomycetes
柄锈菌亚门 Pucciniomycotina
伞型束梗孢菌纲 Agaricostilbomycetes
小纺锤菌纲 Atractiellomycetes
Classiculomycetes
隐寄生菌纲 Cryptomycocolacomycetes
囊担子菌纲 Cystobasidiomycetes
小葡萄菌纲 Microbotryomycetes
混合菌纲 Mixiomycetes
柄锈菌纲 Pucciniomycetes
黑粉菌亚门 Ustilaginomycotina
黑粉菌纲 Ustilaginomycetes
外担菌纲 Exobasidiomycetes
微球黑粉菌纲 Microbotryomycetes
亚门未划定的纲
节担菌纲 Wallemiomycetes

最新版(第十版)Ainsworth & Bisby's Dictionary of the Fungi 中,真菌界 7 个门的各级分类单位(纲、目、科、属和种)数目见表 1-1:

表 1-1　真菌界 7 个门的各级分类单位数目

门	纲	目	科	属	种
壶菌门 Chytridiomycota	2	4	14	105	706
芽枝霉门 Blastocladiomycota	1	1	5	14	179
新丽鞭毛菌门 Neocallimastigomycota	1	1	1	6	20
球囊霉门 Glomeromycota	1	4	9	12	169
接合菌门 Zygomycota	1	10	27	168	1065
子囊菌门 Ascomycota	15	68	327	6355	64163
担子菌门 Basidiomycota	15	52	177	1589	31515
总计	36	140	560	8249	97817

本书基本采用了第十版“Ainsworth & Bisby's Dictionary of the Fungi”中的真菌分类系统，因“亚门”和“亚纲”这两级分类阶元的设置在近些年变化较频繁，本书没有采用，并结合最新的研究报道，在其他方面有少量改变，基本反映了真菌系统发育研究的最新进展。

如上所述，在第十版“Ainsworth & Bisby's Dictionary of the Fungi”中的真菌分类系统中，真菌界下划分为7个门，分别是壶菌门 Chytridiomycota、芽枝霉门 Blastocladiomycota、新丽鞭毛菌门 Neocallimastigomycota、球囊霉门 Glomeromycota、接合菌门 Zygomycota、子囊菌门 Ascomycota、和担子菌门 Basidiomycota。其中新丽鞭毛菌门 Neocallimastigomycota 的真菌目前在全世界仅发现了约20种，在我国尚未发现。壶菌门 Chytridiomycota 和芽枝霉门 Blastocladiomycota 的真菌在河南省发现有少数种类，但都不属于林业真菌的范畴。所以本书的文字部分仅涉及了球囊霉门 Glomeromycota、接合菌门 Zygomycota、子囊菌门 Ascomycota 和担子菌门 Basidiomycota 中的相关种类。但在图版部分也附了几幅作者在河南采集的壶菌门 Chytridiomycota 和芽枝霉门 Blastocladiomycota 真菌种类的照片，其中图版013显示的真菌属于壶菌门，图版014显示的真菌属于芽枝霉门。

1.2 林业真菌 Forestry fungi

林业真菌是指与林业生产具有密切关系或常见于林木生境中的真菌。与林业生产具有密切关系的真菌主要包括寄生于林木上的植物病原真菌、林木菌根菌、林木内生真菌、木材腐朽真菌；常见于林木生境中的真菌主要包括腐生于林下枯枝落叶等凋落物上的真菌、常见于林下土壤的腐生真菌等。

任何生物种都不能孤立地生存，只能生长在与其他生物及其周围环境所构成的生态系统中，从而组成了地球上极为复杂多样的生态系统。根据《中国生物多样性国情研究报告》(中国环境科学出版社，1998)，中国陆地生态系统类型有森林212类，灌丛113类，竹林36类，沼泽37类，草甸77类，草原55类，荒原52类，高山冻原、垫状和流石滩植被17类，共计599类。其中森林、灌丛和竹林都可视为与林业密切相关的生态系统，它们占中国陆地生态系统类型的多数，有时它们被统称为森林生态系统。森林生态系统为真菌提供了最适宜生存的环境，在已记述的大型真菌中，生于森林生境的种类约占80%，生于其他生境的种类约占20%。研究林业真菌不但对促进林业生产、保护生态环境具有重要的作用，而且对整个真菌学科的发展都具有重要的意义。

与林业生产具有密切关系的真菌中，有的对林业生产具有直接的促进作用，如菌根菌；有的对林业生产具有直接的危害，如寄生于林木上的植物病原真菌、引起木材腐朽的木腐菌。常见于林木生境中的其他真菌，通过在生态系统中的作用，也与林业生产有一定的关系。

事实上，自然界生物之间的关系是相当复杂的，林业真菌与树木或林业生产的关系也是相当复杂的，有些作用，从一方面考虑是有害的，从另一方面考虑，则可能是有益的。例如，寄生于树木上的真菌能引起树木生病，属于病原生物，它们对树木的危害是显而易见的，但很少有人考虑到病原生物对自然界生物的进化也起着积极的作用。正是由于多样化的病原生物与作为寄主的生物长期共存、相互作用、协同进化，才使得寄主生物产生出了各种各样的抗性，从而能适应自然界多变的环境。

单从人类的利益考虑，许多林业真菌也不宜简单地划分为有益的或有害的，例如，蜜环菌[*Armillaria mellea*(Vahl)P. Kumm. = *Armillariella mellea*(Vahl)P. Karst.]是一种严重危害林木的病原真菌，可寄生于数百种树木，引起树木根部腐烂，从林业生产方面看，蜜环菌是一种有害真菌。但蜜环菌的子实体营养丰富,味道鲜美,并具有多种医疗保健功效,是重要的食药兼用真菌,在东北俗称榛蘑,是重要的"山珍"之一,全国许多地区也都有采食传统。蜜环菌还与传统珍稀中药天麻和猪苓都具有特殊的共生关系,在天麻和猪苓人工栽培生产上具有不可替代的作用,另外,蜜环菌还是一种发光真菌,其菌丝体能发荧光,在发光生物的开发利用上有重要的潜能(图版015~018)。

研究真菌与其他生物之间的关系,对于保护和可持续地利用真菌资源、控制真菌危害,都具有重要的意义。下面举一个典型的例子。

茭白[*Zizania latifolia*(Griseb.)Stapf]是一种禾本科植物,目前在我国和越南作为蔬菜栽培。在唐代以前,茭白被当作粮食作物栽培,它的种子叫菰米或雕胡,是古代文献上所称的"六谷"(稻、黍、稷、粱、麦、菰)之一。茭白被茭白黑粉菌(*Ustilago esculenta* Henn.)侵染后,由于黑粉菌的刺激作用,茎部不断膨大,植株变得粗短,不能抽穗结籽,这对以收获菰米为目的的栽培来讲,是有害的,是需要防治的病害,但人们在实践中发现,因受茭白黑粉菌侵染而膨大的茭白嫩茎,肉质洁白,烹饪后味道鲜美,可作为蔬菜食用,于是人们从以收获种子(菰米)为目的的茭白栽培转向了以收获嫩茎作蔬菜为目的的茭白栽培。现在,在生产茭白的地区,茭白均可自然感染黑粉菌,偶有抗病不感染的,反而被人们作为无用的而剔弃(图版019)。

真菌所致的植物病害一直是林业和农业生产上的重大问题。人类在控制植物病害方面一直做着不懈的努力。从目前的情况看,有些病害得到了有效的控制,但还有些病害似乎越来越严重了。上述关于茭白与茭白黑粉菌方面的一个例子可能会在哲学上给人们一些新的启发。自然界的生物具有多样性,病害也具有多样性,防治植物病害的观点、方法也需要具有比目前更丰富的多样性。

事实上,许多林业真菌的经济价值和在生态系统中的作用,尚未被人们认识,或未被充分地认识。下面对几类在经济价值和维持生态系统平衡方面作用比较明显的林业真菌的特性作简要介绍。

1.2.1 菌根真菌 Mycorrhiza fungi

菌根是真菌与维管束植物根共生所形成的复合生命体。能形成菌根的真菌称为菌根真菌(简称菌根菌),能与菌根菌形成菌根的植物为菌根植物。地球上的菌根植物种类约占高等植物种类的90%,在自然界菌根是一种普遍的共生现象。

菌根是植物与真菌长期协同进化的结果。在这种共生体中,植物与真菌互利互助,互通有无,从而有利于双方的生存与发育。在有些菌根真菌与植物的共生组合中,双方的关系已发展到互为依赖、不能分开的程度。也就是说植物在缺乏菌根菌、不能形成菌根的情况下就无法生存下去,而菌根菌在缺乏与之共生的植物根系时,也无法完成生活史,无法继续繁衍下去。

菌根可分为丛枝菌根、外生菌根、内外生菌根等几大类,其中丛枝菌根最普遍,地球上绝大多数的维管束植物都能形成丛枝菌根,包括裸子植物、被子植物、蕨类植物和苔藓植物;能形成外生菌根和内外生菌根的维管束植物约占3%,主要是裸子植物和被子植物,具有其他类型菌根的维管束植物约占4%。

形成丛枝菌根的真菌称为丛枝菌根菌,全都属于球囊霉门,它们对菌根植物虽有一定的选择性,但没有表现出严格的专一性。

形成外生菌根的真菌被称为外生菌根菌,它们基本上都是大型真菌。牛肝菌、鸡油菌、红菇等类群中的大多数种类都是外生菌根菌。形成外生菌根的植物基本上都是木本植物,关于外生菌根的研究基本上都集中在林木方面。外生菌根菌在外生菌根上形成的菌套和哈蒂氏网是外生菌根的主要特点(图版020~022)。

菌套(Mantle)是外生菌根菌在植物营养根表面聚集成的菌丝层,由于菌套的存在使得外生菌根与普通根在形状、颜色等方面有明显的区别。菌套内层的一些菌丝可穿过根部表皮进入皮层组织,但这些进入皮层组织的菌丝并不进入根的细胞内,只在根的细胞间隙蔓延,并将这部分根的细胞包围起来,从外生菌根横切面上看,菌丝呈网状包围根细胞,这一现象是由德国植物病理学家 T. Hartig 于 1840 年首次发现的,后人称其为哈蒂氏网(Hartig net),以纪念 Hartig 的发现。菌套和哈蒂氏网是外生菌根菌在植物根部形成的两道机械屏障,它们能有效地阻止病原生物对根的侵入。

菌根在促进植物生长发育、抗病、抗逆,以及保持水土、维护生态系统的良性循环方面都具有重要的作用,现分述如下:

(1)菌根扩大植物的吸收范围

菌根菌具有庞大的菌丝系统,这种菌丝系统的少部分伸入到植物的根组织中,而更多的菌丝则在根围的基质中蔓延,这些在基质中蔓延的庞大菌丝体系是菌根的主要吸收器官。因而,具有菌根的植物有更强的抗旱、耐瘠薄能力。

(2)菌根菌可将基质中不溶状态的营养转化为可溶状态

土壤或其他基质中的矿质营养,只有处于可溶性状态时才有可能被植物吸收利用,许多所谓的缺磷、缺铁等缺素土壤,其实并非真正缺素,而只是缺乏一些可溶性的矿质元素。以磷素营养为例,土壤中约有1/3~1/2,甚至95%~99%的磷不能被植物直接吸收,因为它们处于不可溶的状态。菌根菌依靠其特殊的酶系,可将一些不溶状态的矿质营养转变为可溶性状态,有些菌根菌甚至可分解、吸收石头中的一些营养成分,而供植物和菌根菌利用。在自然界常可见到石头缝中生长着高大的松、柏等树木,即与菌根的作用有一定的关系。

(3)菌根菌刺激植物生长

许多菌根菌在生长发育过程中可产生一些生长刺激物质,如吲哚乙酸、赤霉素、细胞分裂素、细胞生长素等,从而具有刺激植物生长的作用。在对照试验中,接种菌根菌的植物比未接种菌根菌的植物生长得更快,这一方面是由于菌根帮助植物吸收了更多的营养,另一方面也与菌根菌产生的生长刺激物质有关。

(4)菌根提高植物的抗病性

菌根提高植物抗病性的机制主要包括以下几个方面:①机械屏障作用:菌套和哈蒂氏网是外生菌根菌在植物根部形成的两道机械屏障,它们能有效地阻止病原生物对根的侵入。例如,Marx 等(1969)在研究中发现,引起松树根腐病的樟疫霉很难越过松苗菌根的菌套,并且当人为地摘除菌套之后再接种病菌时,病原菌侵入到哈蒂氏网区时也停止蔓延,不再继续发展。②抗生素作用:许多菌根菌对植物病原菌具有一定的拮抗作用。受到拮抗作用的病菌表现为生长缓慢、繁殖受抑甚至死亡等现象。从云杉白桩菇(*Leucopaxillus cerealis* var. *piceina*)与美国短叶松形成的菌根中已提取出了纯的抗生素物质晴基穿孔蕈炔素(Diatretyne nifrile)和穿孔蕈炔素-3(Diatretyne-3)。此外,在牛肝菌(*Boletus*)、乳牛肝菌(*Suillus*)、红菇(*Russula*)、乳菇(*Lactarius*)、口蘑(*Tricholoma*)等属的一些菌根菌纯培养物中也提取出了对多种植物病原菌有抑制作用的抗生素物质。菌根和纯培养的菌根菌中都提取到了纯的抗生素物质,如穿孔蕈炔素和晴基穿孔蕈炔素等。③改善根际微生物的群落结构:在健康的土壤生态系统中,菌根菌占根围微生物群体重量的较大比例,这本身即造成了有利于植物而不利于病害的条件。此外,有菌根菌生长的土壤与无菌根菌的土壤相比，有更多的对植物有益的微生物，而病原微生物的数量则明显地少。相对于菌根的其他抗病机理而言，菌根周围特有的微生物区系是防止病菌侵袭的最外层防卫。④空间和营养竞争作用：在菌根共生体中，菌根菌占据了根内几乎所有适宜于真菌生存的空间，这就使得植物病原真菌因无生存空间和营养竞争而难在根内定植。

(5)菌根提高植物的抗逆性

菌根可提高植物对干旱、盐碱、极端温度及有害金属元素等的抵抗性，其机理有些已经探明或部分探明，另一些尚需进一步研究。

菌根提高植物抗旱性的机理显然与菌根菌扩大了植物根的吸水范围有关，但这并不是唯一的原因。例如，板栗苗接种菌根菌后，增加了对多种营养元素的吸收，叶的肉质化程度提高，蒸腾作用减小，从而抗旱力增强。接种了外生菌根菌彩色豆马勃(*Pisolithus tinctorius*)的琉球松能生长于铝含量很高的煤矿废弃土上，经电镜扫描及元素光谱分析发现，大量的铝被阻隔在菌根的菌套部位，在根皮层及中柱细胞中测不到铝的存在。

(6)菌根使一定群落的植物根系在地下连成一个网络

在健康的生态系统中，菌根菌的菌丝可将一定群落中的植物根系在地下连成一个大的网络，同一网络中可包括不同种类的植物及不同种类的菌根菌。生态学工作者将这样的一个网络称为一个超级生物(super-organism)。实验表明，菌根菌菌丝可根据营养平衡状况改变物质的运输方向，从而使营养物质在不同的植株间不断地交流。具有这种网络的土壤被称为有生命的土壤(living soil)，无这种网络的土壤被称为无活力的死土(inert"dirt")。在天然林中，郁闭程度很高的林下常茂盛地生长着许多植物，这一方面与这些植物的耐阴程度有关，另一方面也与上述菌丝网络引起的植株间营养交流有关。

(7)菌根有利于良好土壤结构的形成与保持

在良好土壤结构的形成与保持方面，真菌被认为是将土壤结合在一起的生物胶(biological glue)。土壤中的菌根菌菌丝及其分泌的粘胶性物质可将土壤微粒结合起来形成一定的团粒结构，这样的土壤结构有利于水分和空气在其中的运转与交流，并可使土壤微粒不被水流冲走和风吹去，从而在控制水土流失、抑制沙尘暴方面具有直接的有益作用。

除了自然存在的菌根菌和菌根之外，人们也在植树造林、植被恢复等生态工程项目中人为地接种菌根菌。随着研究的深入和技术的进步，菌根菌在促进植物生长、保护环境方面的价值正变得越来越大。

1.2.2 木材腐朽菌 Wood-decaying fungi

木材的主要成分为纤维素(占木材干重的40%～50%，由β-1,4-右旋葡萄糖的长直链组成)、半纤维素(占干重的25%～40%，由葡萄糖、甘露己糖、木糖、阿拉伯糖等聚合而成)和木质素(占干重的20%～35%)。木质素很难被酶催化降解，由于它们参与木材组织中细胞壁的构成，使木材难以被分解。

木材腐朽菌能将木材中的木质素、纤维素和半纤维素降解为相对简单的小分子物质。这种作用一方面可使木材和木制品的利用价值降低，甚至丧失，造成巨大的经济损失，另一方面也对自然界的物质循环具有重要的积极作用。分解与合成是自然界物质循环中对立统一的两个方面，植物不断地将无机物合成为有机物，这些有机物以及由它们转化成的其他有机物最终必须被分解为无机物，否则，地球将被动植物残体和垃圾淹没，在自然历史长河中，也确实有一些木材因特殊的环境条件，未被分解变成了硅化木化石(图版023)。木材是自然界比较难降解的有机物质，其降解主要是靠木材腐朽菌的作用。木材上常见的大型真菌子实体、菌索、菌丝束等即是能被人们肉眼感知的木材腐朽菌(图版024)。

大多数木材腐朽真菌都会导致木材的经济价值下降甚至完全丧失，但也有例外的情况，牛舌菌即是这方面的一个例子。牛舌菌能提高木材的经济价值，因为在牛舌菌侵染的早期能改变木材的色彩。当白色的橡材因受牛舌菌的侵染而变为棕色后，其价值就比普通的橡材要高得多。

木材腐朽菌对木材的腐朽作用主要有三种类型，即白色腐朽、褐色腐朽和木材软腐，根据造成木材腐朽的类型，可将木材腐朽菌划分为白色腐朽菌、褐色腐朽菌和木材软腐菌。

白色腐朽菌产生纤维素酶和木质素酶，理论上它们能将木材细胞壁的所有成分降解。木材腐朽菌中约有90%的种类造成白色腐朽。白色腐朽菌既可生长在阔叶树木材上，也可生长在针叶树木材上，但多数种类更常见于阔叶树木材上。白色腐朽菌都属于担子菌。

木材被白色腐朽菌降解后，一般表现为逐渐丧失韧性，软而多孔或多层，通常比原木的颜色浅，腐朽后期木材呈线状或片状。虽然典型的白色腐朽使木材被漂白，颜色比原木浅，略呈白色，但其本质是产生纤维素酶和木质素酶，有些白色腐朽菌造成的木材腐朽并不呈白色，甚至是呈褐色，例如，沙棘嗜蓝孢孔菌[*Fomitiporia hippophaeicola*(H. Jahn) Fiasson&Niemela]和杨生锐孔菌[*Oxyporus populinus* (Schumach. :Fr.) Donk]都是白色腐朽菌，它们造成的木材腐朽通常呈褐色。

大部分白色腐朽菌将木材中的木质素、纤维素和其他多糖以同样的速度降解，在木材腐朽过程中，木材组成成分的比例基本不变，这种腐朽形式被称为同步腐烂。同步腐烂主要发生在阔叶树木材上，分解后的木材呈脆性断裂。但有些白色腐朽菌能以较快的速度降解木质素和半纤维素，在木材腐朽过程中，保留的纤维素比例较高，但在腐朽前期被保留下来的纤维素在后期也被分解掉，这种腐朽形式被称为选择性脱木质化作用。选择性脱木质化作用在针叶树木材和阔叶树木材上都可发生，分解后的木材呈塑性断裂。

褐色腐朽菌只产生纤维素酶，不产生木质素酶，它们只能降解木材中的纤维素和半纤维素，不能降解木质素。褐色腐朽对木材中高分子物质的降解只能达到65%～70%。木材发生褐色腐朽时，由于保留了细胞的木质素框架，所以细胞的形状变化不大，只有到细胞壁崩溃之后，其木材才不能保持原来的形状。褐色腐朽的木材一般表现为很快丧失韧性，强烈收缩，呈破裂或颗粒状，在腐朽的后期，残留的木材一般表现为变形，易碎，块状。褐色腐朽的残留物主要成分为木质素，它们在土壤中的存留期可达3000年，这种物质对针叶林生态系统更新是必不可少的。有研究发现，天然林中的针叶树幼树经常生长成一排，这是由于种子发芽后，其幼苗存活于倒下的大针叶树的褐色腐朽残留物上。褐色腐朽残留物具有增加土壤的通气和保水能力、促进外生菌根形成等作用。褐色腐朽菌主要生长在针叶树木材上，个别种类也可生长在阔叶树木材上。褐色腐朽菌都属于担子菌。

木材软腐菌仅限于在非常潮湿和水渍条件下才能对木材进行分解，并且只分解纤维素，木质素被完整地保留下来，它们属于子囊菌和半知菌。关于木材软腐的研究相对较少。

1.2.3 植物寄生真菌 Fungi as plant Parasites

植物寄生真菌能从活的有机体上获得营养，寄生真菌的寄生将导致寄主生病，所以寄生真菌也称为病原真菌。植物病害中由真菌引起的种类最多，造成的损失也最大，植物病理学从一开始即与真菌学有密切的关系。林木上的植物寄生真菌有些其营养体(菌丝体)和子实体都很微小，只有利用显微镜才能看清，也有一些可产生大型子实体（被称为大型真菌），其特征显而易见，这类由大型真菌寄生引起的植物病害相对于由微小真菌引起的植物病害，比较容易诊断（图版 025）。

植物寄生真菌包括活体营养的寄生真菌（也称为专性寄生真菌）和死体营养的寄生真菌（也称为兼性寄生真菌）两类。活体营养的寄生真菌只能从活的寄主生物上获得营养，寄主死后即不能在其上生长。这类真菌一般不能在人工培养基上培养。死体营养的寄生真菌既可营寄生生活，也可营腐生生活。它们在寄主上生活时是先分泌对寄主有毒害作用的物质，杀死寄主的细胞，然后从死亡的组织上获得营养。

林木上的活体营养寄生真菌主要有锈菌和白粉菌两大类，这两类真菌主要侵染寄主植物的叶片和其他较幼嫩的组织，但有些锈菌也可侵染林木的枝干，如世界三大林木病害之一的松疱锈病的病原真菌茶藨生柱锈菌（*Cronartium ribicola* J. C. Fischer：Rab.），在松树上侵染为害的就是松树的枝干。活体营养寄生真菌由于只能从活的寄主组织上获得营养，寄主死后即不能在其上生长，在与寄主植物长期的协同进化中形成了这样的特性，即它们侵染寄主后并不迅速导致寄主细胞与组织的死亡。活体营养寄生真菌的寄主范围一般都较窄。在活体营养寄生真菌的种内，有明显的寄生性分化，植物病理学工作者常根据寄生性的差异，对活体营养寄生真菌划分出一些种下类群，称为不同的专化型（forma species，缩写为 f. sp.）或生理小种。专化型和生理小种都是依据寄主范围划分的，一个专化型的寄主范围一般限于一个属内，一个生理小种的寄生范围一般限于一种作物的部分品种。

许多寄生于林木上的寄生真菌是兼性寄生菌，可营腐生生活，它们也是木材腐朽菌，例如裂褶菌，这是最为常见的一种木生真菌，其子实体广泛分布于各种腐木上。许多人都认为它是仅生长于枯木上的腐生菌，其实它的菌丝体可在活的树木上进行一定的寄生生活，并且是导致树木局部或全部死亡的原因之一。

1.2.4　分解落叶的真菌 Decomposition fungi on Litter

森林地面累积物中落叶约占半数，分解落叶的腐生真菌在落叶的分解上起着十分重要的作用。落叶的主要成分为纤维素、半纤维素、木质素，还包括一些粗蛋白、粗脂肪、钙、铁等，落叶上的真菌群落有一定的消长规律。叶片落地后，属于接合菌的一些腐生真菌，如毛霉（*Mucor* sp.）、根霉（*Rhizopus* sp.）、犁头霉（*Absidia* sp.）（图版 026 ~ 030）等往往先在落叶上生长，它们可以认为是落叶上的初生腐生真菌，这些真菌因只能利用简单的糖类物质，所以也被称为糖真菌，这些真菌生长速度快，但分解多聚体物质的能力较差，当它们把落叶上的简单糖类物质利用完时，即失去在环境中的竞争优势，而被次生腐生真菌替代。落叶上次生腐生真菌的种类因环境条件的差异而不同，常见的如毛壳菌（*Chaetomium* sp.）、镰刀菌（*Fusarium* sp.）（图版 031 ~ 032）、木霉（*Trichoderma* sp.）等，它们可以分解利用纤维素，所以也被称为纤维素分解菌。最后在落叶上成为优势类群的真菌多数都是高等担子菌，如小菇（*Mycena* sp.）和一些多孔菌（*Polyporus* sp.）等，它们可以分解利用木质素，所以也被称为木质素分解菌，它们的生长速度与落叶上的初生腐生真菌、次生腐生真菌相比，是最慢的（图版 033）。有一些小菇属真菌可在单片树叶上产生出子实体，构成典型的生态特征（图版 034 ~ 035）。

初生腐生真菌（糖真菌）、次生腐生真菌（纤维素分解菌）和木质素分解菌也可能是几乎同时定殖于落叶上的，因初生腐生真菌（糖真菌）生长速度快，所以最先成为落叶上的优势真菌类群，但当落叶上的简单糖类物质被利用完时，这些糖真菌便不能再继续发展，从而使次生腐生真菌(纤维素分解菌)发展为落叶上的优势真菌类群,当落叶上的纤维素类物质被利用完时,纤维素分解菌也不能继续发展了,最后因落叶上的物质主要是木质素,生长速度最慢的木质素分解菌在营养上独具优势,从而发展为优势真菌类群。

1.2.5 内生真菌 Endophytic fungi

关于内生真菌的概念和范畴,目前的认识还不统一。1866 年 DeBary 首先提出了 Endophyte 一词,特指生活在植物组织内的菌类生物,与 Endophyte 相对应的词语是 Epiphyte,是指生活在植物表面的菌类生物。在汉语中,Endophyte 和 Epiphyte 可分别译为"内生菌"和"表生菌"。在许多文献中,也以 Endophyte 表示"内生真菌",实际情况是,直到 20 世纪末,关于内生菌(Endophyte)研究所涉及的也都是内生真菌,最近才有少量关于植物内生细菌的报道(Tapia-Hernández et al. ,2000)。精确地讲,内生菌(Endophyte)包含内生真菌和内生细菌,所以目前的多数文献上以"Endophytic fungus"来表示"内生真菌"。

1986 年 Carroll 将内生真菌定义为生活在植物地上部分、活的组织内并不引起明显病害症状的真菌,按照这一个概念,内生真菌的范畴不包含植物病原菌和菌根菌。1991 年 Petrini 将内生真菌定义为那些在其生活史中的某一段时期生活在植物组织内,对植物组织没有引起明显病害症状的真菌,根据这个定义,内生真菌也包括那些其生活史中的某一阶段在植物表面生活的腐生菌,对宿主暂时没有伤害的潜伏性病原菌(Latent pathogens)和菌根菌。本书作者基本上采纳 Carroll(1986)提出的内生真菌定义,并吸收 Petrini(1991)关于内生真菌定义的部分内容,将内生真菌界定为在其生活史的全部或部分时期生活在活的植物组织内,不引起明显病害症状,也不属于菌根菌的真菌。

关于内生真菌研究已有一百多年的历史,但是,在 1980 年以前,这一领域一直未受到人们的重视,只有很少几篇有关内生真菌的研究报道。从 20 世纪 80 年代开始,内生真菌研究逐渐被相关研究人员重视,目前,内生真菌是真菌研究的重要热点之一。目前人们对内生真菌的认识还很肤浅,但可以推断内生真菌在植物体内是普遍存在的,在已进行过内生真菌研究的植物中,还没有发现哪一种植物中不存在内生真菌。有植物学研究人员从野外采集叶片提取 DNA,目的是利用分子方法对植物进行系统发育研究,但从叶片中提取出的全是内生真菌的 DNA,结果变成了对这些叶片中内生真菌的研究,而不是对这些植物的研究。

从目前的研究结果来看,内生真菌主要是由子囊菌及其无性型组成,也包括少数担子菌和接合菌(Sinclair & Cerkauskas,1996; Zheng & Jiang,1995)。有科学家估计世界上真菌的物种总数约为 150 万种,但在这种关于自然界真菌物种数量的估算中,没有考虑内生真菌的因素(Hawksworth,1991)。通过对内生真菌与宿主植物专一性的分析,得出了平均每种宿主植物有 4~5 种专性内生真菌的结果,根据这一结果,按地球目前已知 25 万种植物计算,可推断出内生真菌总数将可能超过 100 万种(Petrini,1991)。

从以上论述可以看出,内生真菌在植物体内的存在是普遍的,内生真菌的物种多样性是极其丰富的。

研究人员根据内生真菌的来源和系统特征,将其划分为两大生态类群,其一是从草本植物内分离出来的被称为"麦角类系统禾草内生真菌";第二个生态类群被称为"树木和灌丛内生真菌",这一类群中也包括部分从禾草分离出来的非麦角类系统内生真菌。林业真菌范畴的内生真菌显然属于"树木和灌丛内生真菌"。"树木和灌丛内生真菌"与"麦角类系统禾草内生真菌"相比,具有如下几方面的特点:分类单元的多样性很丰富;多数内生真菌的寄主范围较窄;在植物不同组织内的分布具有限制性;宿主植物可同时被多种内生真菌侵染。

内生真菌长期生活在植物体内的特殊环境中,并与宿主植物协同进化,在演化过程中二者形成了互惠共生的关系,一方面宿主植物为内生真菌生长发育提供了营养和适宜的环境条件,另一方面内生真菌也对宿主植物的生长发育有重要的有益作用。关于内生真菌的作用,人们的认识还很有限,根据目前的研究,已知内生真菌的作用至少包括以下几个方面:内生真菌通过产生植物生长激素或通过增强宿主植物营养吸收而促进宿主植物的生长;内生真菌增强宿主植物抗干旱的能力;内生真菌产生的一些代谢产物可增强宿主植物对病虫害的抵抗能力,例如研究表明,欧洲赤松(*Pinus sylvestris* 商品名有"苏格兰松"等)的一种内生真菌针叶树散斑壳(*Lophodermium conigenum*),可抑制一种散斑壳属(*Lophodermium*)病原真菌对欧洲赤松针叶的侵染,这种散斑壳属病原真菌能引起欧洲赤松针叶的枯死。另有研究表明,松针中的内生真菌 *Elytroderma torres-juanii*,和水杉针叶中的内生真菌帕克皮裂盘菌(*Rhabdocline parkeri*)都能产生使食叶昆虫和动物拒食的物质(Carroll,1992)。

有些内生真菌还可产生对防治人类疾病有重要作用的药物,下面以能够产生抗肿瘤活性药物——紫杉醇的内生真菌为例来进一步说明内生真菌的作用及其开发利用价值。

紫杉醇(Taxol)为美国于 1992 年最先开发上市的植物抗癌药物,最初批准的临床用途为治疗晚期卵巢癌与非小细胞肺癌,后来发现也可用于结直肠癌、膀胱癌、乳癌等的治疗,有"晚期癌症的最后一道防线"之称。最初的紫杉醇原料药是从红豆杉属(*Taxus*)植物树皮中提取,或自欧洲观赏红豆杉嫩枝条或树叶等可再生资源中提取出紫杉醇的前体物,经半合成得到紫杉醇。由于紫杉醇在红豆杉树皮中含量仅约 0.01%,每提取 1kg 需砍剥 1000 ~ 2000 棵红豆杉的树皮,致使全球红豆杉濒临灭绝。

1993 年美国蒙大拿州立大学获得了可生产紫杉醇的红豆杉内生真菌——安德鲁紫杉菌(*Taxomyces andreanae*)受到各国重视。1996 年又陆续从红豆杉与其他植物分离出了可生产紫杉醇的其他内生真菌,如 Strobel 等自西藏红豆杉(*Taxus wallichiana*)中分离到一株产生紫杉醇的内生真菌小孢拟盘多毛孢(*Pestalotiopsis microspora*),培养液中紫杉醇含量达 50 mg/L,尼泊尔盘端鹿角菌(*Seimatoantlerium nepalense*)培养液中紫杉醇含量达 62 ~ 80mg/L。

真菌自生和共生条件的代谢途径有差异,内生真菌脱离植物体后,次级代谢产物多停止或延缓,故在培养产紫杉醇内生真菌的发酵液中加入红豆杉针叶萃取物可激活紫杉醇的合成,进而提高紫杉醇产量。在培养产紫杉醇内生真菌的发酵液中添加合成紫杉醇的前趋物[如 Baccatin III、醋酸盐(Acetate)、苯丙胺酸(Phenylalanine)、苯甲酸(Benzoic acid)、白胺酸(Leucine)等],或在不同发酵时期加入适宜的糖类,也有助于提高紫杉醇的产量。还可通过遗传工程方法建构高产紫杉醇的内生真菌工程菌株,从而提高对产紫杉醇内生真菌的开发利用效果。

综上所述,内生真菌不但与宿主植物具有密切的关系,而且通过对内生真菌的研究与开发,可为人类提供重要的服务。但很遗憾,关于河南的林木内生真菌目前尚缺乏研究。

1.3　河南省自然地理概况 An outline introduction to natural geography in Henan province of China

河南省位于我国中部偏东地区,全境处于东经 110°21′ ~ 116°39′,北纬 31°23′ ~ 36°22′之间,东西长约 580km,南北长约 550km,总面积 16.7 万 km^2。河南地表形态复杂多样,不仅有绵延高峻的山地,也有坦荡无垠的平原,既有波状起伏的丘陵,还有山丘环抱的盆地。境内有四大水系(黄河、长江、淮河、海河),四大山系(太行山、伏牛山、桐柏山、大别山)。平原主要是东部的黄淮海冲积平原,盆地主要是西南部被伏牛山半包围的南阳盆地,丘陵多与山地相伴分布。各类地形所占的百分比大约为:平原占 45%,山地占 26.5%,丘陵占 17.7%,盆地占 10.8%。

中国大陆地貌自西向东呈现出三个逐级急剧降低的地貌台阶,河南省位于第二级地貌台阶和第三级地貌台阶的过渡地带。西部的太行山、崤山、熊耳山、嵩山、外方山及伏牛山等山地属于第二级地貌台阶,一般在海拔 1000m 以上,最高峰为灵宝市境内的老鸦岔(海拔 2413.8m)。东部平原、南阳盆地及其以东的山地丘陵,为第三级地貌台阶的组成部分,其中除江淮分水岭主脊桐柏山主峰地段及东部的商城一带,山顶海拔在 1100m 以上外,其他地段都属平原和低山丘陵。总体上看,全省地势西高东低,东西差异明显。西部海拔高而起伏大,东部地势低且平坦,从西到东依次由中山到低山,再从丘陵过渡到平原。全省最高处与最低处相差 2390.6m。

河南省的山地主要集中分布在豫西、豫北和豫南地区。豫西山地为秦岭东延的余脉,在省境西部以 5 个支脉呈扇形向东北和东南展开,这 5 个支脉以伏牛山为最大的一支,也可以说伏牛山是豫西山系的主脉,所以也称豫西山系为伏牛山系。伏牛山系的 5 个支脉从北向南排列,第一支(最北的一支)为小秦岭,是著名的西岳华山的东延部分,至灵宝南部西涧河而终,在河南范围内大致呈东西走向,东西长约 40km,宽 5 ~ 15km,海拔大多在 1500 ~ 2000m 之间;第二支为崤山,其余脉邙山沿黄河南岸向东延伸,终止于郑州西部;第三支为熊耳山,为伊河与洛河的分水岭,基本终止于洛阳龙门;第四支为外方山,其东北端的嵩山海拔 1440m,耸立于低山丘陵之间;最南的一支为伏牛山,是最大的一支,为黄河、淮河、长江水系的分水岭,突出的高峰众多,不少高峰都在 2000m 以上,是南阳盆地之西北东的三面屏障。各余脉山势自西向东南逐渐降为低山、丘陵,其间亦有地势平缓的河川地和山间盆地,低山海拔 500 ~ 1000m,坡度在 15° ~ 25°之间,丘陵海拔 200 ~ 500m,坡度 15°以下,再往东至海拔 100m,即进入黄淮平原和淮北平原。

太行山是豫北山地的主体,在河南境内,太行山从河南、河北、山西三省交界地沿河南与山西的省界延伸,走势大体为由北而南再转向西,太行山及其附近地区的主要地貌类型有中山、低山、丘陵和山间盆地。省内太行山最高峰为济源市境内的鳌背山主峰,海拔高达 1929.6m,中山海拔一般为 1000 ~ 1500m,因断层作用常形成 1500m 左右的单面山,山前为低山丘陵地貌,一般海拔 400 ~ 800m,低山丘陵间多为平缓的宽谷和山间盆地。

桐柏山、大别山横卧于河南省南部(桐柏山位于秦岭向大别山的过渡地带,东接大别山),山脉走向大致为由西北向东南绵延,海拔一般 500 ~ 800m,少部分海拔 1000m 以上。丘陵地带地势低缓,多系冲积而成,海拔为 100 ~ 200m,坡度 5° ~ 15°,呈较平缓的垄岗,长达数公里到数十公里,宽约 1 ~ 2km。往北接平缓的河川地和沿淮河洼地。

河南省的平原主要属于黄淮海平原,另外,南阳盆地也属平原地形。

黄淮海平原也称为华北平原,主要由黄河、淮河和海河冲积而成,是中国第二大平原,跨越河北、山东、河南、安徽、江苏、北京、天津等省(直辖市)以及山西的局部地区,河南省境内的黄淮海平原只是整个黄淮海平原的一部分。在河南省境内,黄淮海平原西起太行山和豫西山地东麓,南至大别山北麓,东面和北面至省界。地势以郑州至兰考东坝头的黄河河床为脊轴,分别向东北和东南倾斜,坡度 1/5000 ~ 1/8000,海拔 40 ~ 100m。地势平坦,土壤肥沃。黄河横贯黄淮海平原中部,将其分为南北两部分,南面又称为黄淮平原,北面为黄海平原(也称为海河平原)。

整个黄淮海平原根据不同区域的特征，可分为四个亚区平原：辽河下游平原、黄海平原（也称为海河平原）、黄泛平原和淮北平原，河南省境内的黄淮海平原包括了黄海平原的局部、淮北平原的局部和黄泛平原的大部分地区。

黄海平原是由海河和黄河冲积形成的，位于燕山以南，黄河以北，太行山以东地区。南北距离达500km，"千里大平原"的称谓即由此而来。在河南省内的部分位于黄河以北，太行山以东，东面和北面至省界。

淮北平原是由黄河泛滥和淮河冲积形成的，在河南省境内位于伏牛山以东，淮河以北，沙河以南。这里地势低，大部分属于河间微倾斜平原和低平地，海拔一般40～100m。

黄泛平原位于黄海平原和淮北平原之间，是黄河冲积形成的，是地势最平坦的地区。

南阳盆地位于河南省西南部，面积约2.6万km^2，是河南最大的山间盆地，盆地西、北、东三面被伏牛山和桐柏山环绕，中间开阔，向南敞开与湖北襄樊盆地相连，地势自西、北、东向盆地内倾斜，坡度1/3000～1/5000，盆中平原海拔80～100m。地貌形态结构具有明显的环状和阶梯状特征，外围为低山丘陵环抱，边缘为波状起伏的岗地和岗间凹地，岗地以下是倾斜和缓的平原。南阳盆地和淮北平原之间，有一宽约10km左右的方城缺口相连通。

河南省地跨淮河、长江、黄河、海河四大流域，其流域面积分别为8.61万、2.77万、3.60万、1.53万km^2。全省100km^2以上的河流有493条。其中，流域面积超过10000km^2的河流9条，为黄河、洛河、沁河、淮河、沙河、洪河、卫河、白河、丹江；流域面积5000～10000km^2的河流8条，为伊河、金堤河、史河、汝河、北汝河、颍河、贾鲁河、唐河；流域面积1000～5000km^2的河流43条；流域面积100～1000km^2的河流433条。因受地形影响，大部分河流发源于西部、西北部和东南部的山区。

从气候特征上看，河南省地处北亚热带和暖温带地区，过渡性明显，地区间气候差异性显著。我国划分暖温带和亚热带的地理分界线（秦岭淮河），基本上穿过境内的伏牛山脊和淮河干流。此线以北属于暖温带半湿润半干旱地区，面积占全省总面积的70%，此线以南为亚热带湿润半湿润地区，面积占全省总面积的30%。由于受季风气候的影响，加上南北所处的纬度不同和东西地形的差异，使河南的热量资源南部和东部多，北部和西部少，降水量南部和东南部多，北部和西北部少。全省年平均气温12.8～15.5℃，冬冷夏炎，四季分明，具有冬长寒冷雨雪少，春短干旱风沙多，夏日炎热雨丰沛，秋季晴和日照足的特点。

从土壤类型上看，河南省由于气候、地貌、水文等自然条件的多样化，加以农业开发历史悠久，因而土壤类型繁多，有黄棕壤、棕壤、褐土、紫色土、红黏土、新积土、风砂土、石质土、粗骨土、沼泽土、潮土、砂礓黑土、碱土、盐土、水稻土、山地草甸土、火山灰土等17大类。大致以秦岭—淮河线为界，南北土壤的类型有明显不同。在线南的山地上部，分布着地带性的黄棕壤；而在线北的广大地区，伏牛山和太行山的上部，分布着暖温带典型土壤——棕壤。而于低山、丘陵阶地和缓岗部位上则广泛分布着褐土。但是，秦淮线实际上是一宽窄不等的条带，在这条线两侧的土壤类型也有相互渗透的现象。

河南省复杂多样的地形地貌，多样的气候与土壤等自然地理特征，为天然林的分布和发展人工林提供了优越的条件，也为真菌和其他生物的生存与发展提供了必要的条件。

1.4　河南省林业概况 A brief survey of forestry in Henan province of China

河南省的山区是全省森林资源的主要分布区，全省92%的森林资源分布在此，特别是豫西和豫南的山地,面积较大,是河南省森林资源的最主要分布区域,其中豫西山地的森林资源以天然阔叶林为主,豫南山地的森林资源以天然针叶林为主。平原地区的林业资源主要由农田林网和四旁树(村旁、宅旁、路旁和水旁)构成。天然阔叶林以麻栎、栓皮栎和刺槐为最常见的树种,天然针叶林以油松、侧柏、马尾松、杉木为最常见的树种,农田林网和四旁树以泡桐和杨树为最常见的树种。此外,各地的果园,在林业方面属于经济林的范畴,也是较大的一部分林业资源。

下面的一些数据是对河南林业概括的具体反映,但随着林业和其他经济建设的发展,这些数据是在不断变化的。

河南省土地总面积 1670 万 hm^2,其中林业用地面积 456.41 万 hm^2,占 27.33%。在林业用地中,有林地面积 270.30 万 hm^2,占林业用地面积的 59.22%;疏林地面积 9.03 万 hm^2,占 1.98%;灌木林地面积 59.83 万 hm^2,占 13.11%;未成林造林地面积 35.64 万 hm^2,占 7.81%;苗圃地面积 3.07 万 hm^2,占 0.67%;无林地面积 78.54 万 hm^2,占 17.21%。在有林地中,林分面积 197.72 万 hm^2,占有林地面积的 73.15%;经济林面积 70.80 万 hm^2,占 26.19%;竹林面积 1.78 万 hm^2,占 0.66%。在林分中,用材林面积 87.73 万 hm^2,占林分面积的 44.37%;防护林面积 94.67 万 hm^2,占 47.88%;薪炭林面积 5.97 万 hm^2,占 3.02%;特用林面积 9.35 万 hm^2,占 4.73%。

河南全省森林覆盖率 16.19%;灌木林地覆盖率 3.58%;四旁树覆盖率 2.87%(四旁树占地面积 47.98 万 hm^2,四旁树占地面积按 1650 株/hm^2 计)。

全省天然林面积 109.19 万 hm^2,占全省森林面积的 40.40%。天然林面积中林分面积 107.25 万 hm^2,占天然林面积的 98.22%;经济林面积 1.61 万 hm^2,占 1.48%;竹林面积 0.33 万 hm^2,占 0.30%。全省天然疏林地面积 3.70 万 hm^2,占全省疏林地总面积的 40.97%。

全省人工林面积 161.11 万 hm^2,占全省森林面积的 59.60%。人工林面积中林分面积 90.47 万 hm^2,占人工林面积的 56.15%;经济林面积 69.19 万 hm^2,占 42.95%;竹林面积 1.45 万 hm^2,占 0.90%。全省人工疏林地面积 5.33 万 hm^2,占全省疏林地总面积的 59.03%。

1.5 撰写本书的目的 The purpose of writing this book

研究真菌,从纯科学方面看,是探索自然界的秘密,从应用方面考虑,是为了保护和可持续地利用真菌资源、控制真菌危害。目前人类面临的许多问题都有可能通过对真菌的开发利用得到解决。对于林业真菌来讲,人们的认识还很有限,许多林业真菌还未被鉴定、命名,在已被鉴定、命名的种类中,还有许多林业真菌的分布、利用价值及在生态系统中的作用尚不了解,广泛深入地研究林业真菌,无论在理论和实践上都具有重要的意义。

本书作者长期以来结合科研和教学工作,对河南省的真菌区系进行了比较广泛深入的研究,其中关于植物病原真菌区系研究的范围几乎包括河南省的所有县市,关于大型真菌和其他真菌的区系研究主要在豫西和豫南进行,并赴河南农业大学、河南科技学院、信阳农业高等专科学校、西北农林科技大学和南开大学的相关实验室,对保存的部分河南真菌标本进行了鉴定记录,本书是将这些研究中涉及林业真菌的内容加以总结,并参考其他学者对河南林业真菌的研究报道撰写而成的。希望能对学科发展、控制真菌危害、保护和可持续地利用林业真菌资源起到积极的促进作用。

2　球囊霉门 Glomeromycota

2.1　球囊霉纲 Glomeromycetes

2.1.1　原囊霉目 Archaeosporales

2.1.1.1　两性囊霉科 Ambisporaceae

【格氏两性囊霉】

Ambispora gerdemannii **(S. L. Rose, B. A. Daniels & Trappe) C. Walker, Vestberg & A. Schüssler**, In: Walker, Vestberg, Demircik, Stockinger, Saito, Sawaki, Nishmura & Schüssler, Mycol. Res. 111 (2): 148 (2007)

Appendicispora gerdemannii (S. L. Rose, B. A. Daniels & Trappe) Spain, Oehl & Sieverd., In: Spain, Sieverding & Oehl, Mycotaxon 97:174(2006)

Archaeospora gerdemannii (S. L. Rose, B. A. Daniels & Trappe) J. B. Morton & D. Redecker, Mycologia 93(1): 186(2001)

Glomus gerdemannii S. L. Rose, B. A. Daniels & Trappe, Mycotaxon 8(1):297(1979)

孢子球囊状,无色到浅黄色,不透明,表面粗糙。大小 140 ~ 200μm。孢壁 2 层,厚 5 ~ 10μm。外层壁无色,为易逝壁,粗糙。内层壁为层积壁,有时可分离。可被 18SrDNA 引物(TGCTAAAIAGCCAGGCTGY)扩增。

与牡丹的根共生,为内生菌根菌。

分布:洛阳。

2.1.2　多孢菌目 Diversisporales

2.1.2.1　无梗囊霉科 Acaulosporaceae

【细齿无梗囊霉】

Acaulospora denticulate **Sieverd. & S. Toro**, Angew. Bot. 61(3 ~ 4):217(1987)

孢子侧生于锥形菌丝上,黄棕色至红棕色,球形或近球形,直径 130 ~ 180μm。孢子壁 4 层(W1、W2、W3、W4)2 壁组,外壁(W1)为一个壁组,黄色至红棕色,厚 2 ~ 7μm,有不可分的多边形修饰;W2,W3,W4 形成另一壁组,每层厚 0.5 ~ 1.5μm,均为透明膜状壁。

与牡丹的根共生,为内生菌根菌。

分布:洛阳。

【丽孢无梗囊霉】

Acaulospora elegans **Trappe & Gerd.**, Mycol. Mem. 5:34(1974)

孢子单生于土中,侧生于产孢子囊菌丝上,暗棕色,球形或近球形,直径 140 ~ 330μm。孢子壁二层(L1、L2):L1 为易逝壁,无色,厚 0.5 ~ 1μm,成熟孢子常脱落,L2 层状,暗棕色,表面布满圆柱形的刺,表面刺脊形成网状凹坑,刺粗约 2μm,长 5 ~ 6μm。孢子壁在 Melzer's 试剂中不反应。芽壁两层(GW1,GW2):GW1 膜状,无色,两层(GW1-L1 和 GW1-L2),难分开,各厚约 1μm,在 Melzer,s 试剂中不反应;GW2 两层(GW2-L1 和 GW2-L2),GW2-L1 膜状,无色,厚 0.5μm,表面布满极小的珠状纹饰,不与 Melzer′s 试剂反应;GW2-L2 厚 1 ~ 2μm,在 Melzer's 试剂中呈淡红色至红色。产孢子囊大多数球形,直径 150 ~ 250μm,无色,表面光滑,单层壁,厚 2 ~ 4μm,孢子成熟时产孢子囊空瘪,通常从成熟的孢子上脱落。

与牡丹的根共生,为内生菌根菌。

分布:洛阳。

【凹坑无梗囊霉】

***Acaulospora excavate* Ingleby & C. Walker**, Mycotaxon 50:100(1994)

孢子圆形,棕黄色,孢壁分三层(W1、W2、W3),W1 为层状壁,上有近圆形大凹坑,珠状纹饰;W2 为无色透明膜状壁;W3 为无色透明无定形壁。连孢菌丝宽 2μm,漏斗形。

与牡丹的根共生,为内生菌根菌。

分布:洛阳。

【孔窝无梗囊霉】

***Acaulospora foveata* Trappe & Janos**, In:Janos & Trappe, Mycotaxon 15:516(1982)

孢子单生于土壤中,侧生于连孢菌丝上,深棕黄色至淡棕红色,近圆形,230 ~ 340μm。孢壁两层(W1、W2),W1 棕黄色,厚 8 ~ 12μm,表面有圆形、近圆形或不规则形凹坑纹孔,W2 无色透明,厚 1 ~ 2μm,在 Melser's 中为浅棕黄色。

与牡丹的根共生,为内生菌根菌。

分布:洛阳。

【浅窝无梗囊霉】

***Acaulospora lacunose* J. B. Morton**, Mycologia 78(4):643(1986)

孢子单生于土壤中,侧生在连孢菌丝上,连孢菌丝近端有一球形或近球形产孢子囊,内含物白色-黄色,孢子成熟后易萎缩脱落。孢子橘黄色至暗黄色,球形或近球形,直径 125 ~ 155μm,孢壁总厚 5 ~ 10μm,表面布满规则至不规则的锥形、碟形坑,碟形坑大小 0.5 ~ 2μm × 0.5 ~ 4μm,深 0.2 ~ 1.5μm。发芽壁双层,无色透明,有弹性,压碎孢子后易分开。

与牡丹的根共生,为内生菌根菌。

分布:洛阳。

【光壁无梗囊霉】

***Acaulospora laevis* Gerd. & Trappe**, Mycol. Mem. 5:33(1974)

孢子单生于土壤中,侧生于菌丝上,球形或近球形,100 ~ 250μm,浅黄色至深黄色。孢壁厚 4 ~ 8μm,分三层(W1、W2、W3),W1 厚 2 ~ 5μm,浅棕黄色,表面光滑。W2 和 W3 为等厚的透明膜壁,Melzer's 试剂染色后反应不明显。

与茶树的根共生,为内生菌根菌。

分布:信阳、商城。

【蜜色无梗囊霉】

Acaulospora mellea **Spain & N. C. Schenck**, In: Schenck, Spain, Sieverding & Howeler, *Mycologia* 76(4): 689 (1984)

孢子单生于土壤中,侧生在近端有产孢子囊的菌丝上,浅黄色至蜂蜜色,圆形或近圆形,有时椭圆形。直径 90 ~ 120μm。孢子壁三层(W1、W2、W3),W1 为易逝壁,厚约 1μm,无色透明。W2 为层积壁,黄色至棕黄色,厚 2 ~ 5μm。W3 为均一壁,厚约 1μm,第一、二层壁较难分开;发芽壁 2 层(GW1、GW2),GW1 无色至浅黄色,厚 0.5 ~ 1μm。GW2 双层,无色透明,膜质,厚约 0.5μm。最内层在 Melzer's 试剂中染成紫褐色。产孢子囊无色透明,成熟孢子通常只有一个封闭的连点孔。

与牡丹的根共生,为内生菌根菌。

分布:洛阳。

【瑞氏无梗囊霉】

Acaulospora rehmii **Sieverd. & S. Toro**, Angew. Bot. 61(3 ~ 4): 219(1987)

孢子浅黄色至棕色,老的孢子常呈深红棕色至黑色,球形,近球形,偶有不规则形,直径 82 ~ 175μm。孢子无柄或者生于带有小孢子囊的柄上,柄长 2 ~ 4μm。孢壁 4 层(L1、L2、L3、L4)。L1 黄色至深红棕色,厚 3 ~ 13μm,外表纹饰曲折,似迷宫,脊宽 1 ~ 4.5μm,脊高 1 ~ 5μm,脊间距1 ~ 4.5μm;L_2为无色膜状壁,厚0.5 ~ 2.0μm;L3 与 L4 紧连,厚0.5μm,在 Melzer's 试剂中略呈紫色。孢子内含物颗粒状。

与牡丹、茶树的根共生,为内生菌根菌。

分布:洛阳、信阳、商城。

【细凹无梗囊霉】

Acaulospora scrobiculata **Trappe**, Mycotaxon 6(2): 363(1977)

孢子单生于土壤中,侧生在漏斗状连孢菌丝上。菌丝近端有一大小与孢子相仿的产孢子囊,孢子完全成熟后产孢子囊即萎缩变空。孢子圆形至近圆形,淡黄至黄褐色,110 ~ 150μm。孢壁 4 层(W1、W2、W3、W4)。W1 淡黄色至黄褐色,厚 5 ~ 6μm,表面密布凹坑形纹饰。内三层为无色透明膜状壁,W3 有时有粗糙不平的麻点,W4 易与外面的壁分离,并在 Melzer's 试剂中成深红色。

与牡丹的根共生,为内生菌根菌。

分布:洛阳。

【刺无梗囊霉】

Acaulospora spinosa **C. Walker & Trappe**, Mycotaxon 12(2): 515(1981)

孢子单生于土壤中,侧生于菌丝上,球形,近球形至不规则,90 ~ 300 × 110 ~ 350μm,幼时浅黄色,成熟时变为深棕黄色,孢壁厚 4 ~ 8μm,分为 3 层(L1、L2、L3),3 层壁易分开,在 Melzer's 试剂中反应不明显。

与牡丹、刺槐的根共生,为内生菌根菌。

分布:洛阳、伊川、三门峡、渑池。

【疣状无梗囊霉】

***Acaulospora tuberculata* Janos & Trappe**, Mycotaxon 15:519(1982)

孢子单生于土中,圆形或近圆形,240~300μm,幼时淡棕黄色,成熟后棕红色。孢壁三层,W1为层状壁,浅黄色,厚8~10μm,表面有疣状小颗粒纹饰,纹饰高0.5~1.5μm,宽约1μm。W2为膜状壁,厚约1μm,棕红色。W3无色透明,易与外面两层分开,厚约1μm,在Melzer's试剂中孢子呈黄棕色。

与牡丹的根共生,为内生菌根菌。

分布:洛阳。

2.1.2.2 巨孢囊霉科 Gigasporaceae

【微白巨孢囊霉】

***Gigaspora albida* N. C. Schenck & G. S. Sm.**, Mycologia 74(1):85(1982)

孢子单生于土壤中,乳白色,略带黄绿色,球形,近球形,直径143~350μm,平均265μm;偶有椭球形,232~252μm×234~250μm。孢壁厚4~12μm,分为3层(L1、L2、L3)。L1坚硬,光滑;L2黄色到棕黄色,在PVLG试剂中略呈棕色,在Melzer's试剂中呈深红棕色到深紫红色;L3与L2紧连在一起,颜色一致,内表面有疣状突起,高1.6~4μm。土生辅助细胞近球形,或椭球形,浅乳白色,4~20个一簇,着生在紧紧缠绕的菌丝上。辅助细胞表面有浅的突起,宽1.5~2.0μm,高2.0~10.0μm。

与牡丹的根共生,为内生菌根菌。

分布:洛阳。

【易误巨孢囊霉】

***Gigaspora decipiens* I. R. Hall & L. K. Abbott**, Trans. Br. mycol. Soc. 83(2):204(1984)

孢子单生于土壤中,球形或近球形,直径280~490μm,幼时无色、白色或浅黄色;成熟时黄色、金黄色或浅棕色,外层常有深色晕圈。孢壁3层(L1、L2、L3),L1无色,厚2~4μm,与L2紧连,有时难以观察到;L2黄色,层状,厚>15μm;L3有乳头状细小突起,常于发芽前形成,通常难以观察到。鳞茎状柄样细胞颜色比孢子浅。

与茶树的根共生,为内生菌根菌。

分布:信阳、商城。

【极大巨孢囊霉】

***Gigaspora gigantea*(T. H. Nicolson & Gerd.)Gerd. & Trappe**, Mycol. Mem. 5:29,1974)

Endogone gigantea T. H. Nicolson & Gerd., Mycologia 60(2):321(1968)

孢子单生于土壤中,球形或近球形,直径250~335μm,淡黄色至黄色。孢子壁2层,总厚为5~13μm,外壁薄,透明,易碎,厚2~4μm,内层黄色,厚3~9μm。胚柄状细胞圆形到椭圆形,35~50μm×50~70μm,壁厚1~2μm。

与牡丹的根共生,为内生菌根菌。

分布:洛阳。

【沙生盾巨孢囊霉】

Scutellospora arenicola Koske & Halvorson, Mycologia 81(6):927(1990)[1989]

孢子单生于土中或根内，球形，近球形，或不规则形，浅黄棕色或橘黄棕色，偶见黄色，160～360μm×120～310μm。孢子壁5层(L1、L2、L3、L4、L5)。L1为单一壁，光滑，较脆，黄棕色至橘黄棕色，0.8～1.5μm；L2为层状壁，颜色比L1浅，3.5～12μm，在Melzer's试剂中呈黑红棕色；L3为无色膜状壁，厚0.8～1.5μm；L4为革质壁，无色至浅黄色，1～2μm；L5为无形壁，无色，1～3μm，在Melzer's试剂中呈深紫红色。盾室黄棕色，120～140μm×120～140μm，不规则。桩样细胞端生在连孢菌丝上，35～47μm，黄棕色至橘黄棕色。土生辅助细胞2～7个一簇，浅黄棕色，20～41μm×20～40μm。

与牡丹的根共生，为内生菌根菌。

分布：洛阳。

【西瑞达盾巨孢囊霉】

***Scutellospora cerradensis* Spain & J. Miranda**, Mycotaxon 60:130(1996)

Dentiscutata cerradensis(Spain & J. Miranda) Sieverd., F. A. Souza & Oehl, Mycotaxon 106:311～360(2009)

孢子球形、近球形或不规则形，直径220～380μm，无色透明至白色。柄样细胞32～45μm。发芽盾室多圆形，浅棕黄色至深棕黄色。孢壁4层(W1、W2、W3、W4)。W1透明，表面有瘤饰；W2透明，在Melzer's试剂中为桃红色；W3透明至浅黄色，在Melzer's试剂中变为红色；W4较薄。

与茶树的根共生，为内生菌根菌。

分布：信阳、商城。

【红色盾巨孢囊霉】

***Scutellospora erythropus*(Koske & C. Walker) C. Walker & F. E. Sanders**[as '*erythropa*'], Mycotaxon 27:181(1986)

Gigaspora erythropus Koske & C. Walker[as '*erythropa*'], Mycologia 76(2):250(1984)

Quatunica erythropus(Koske & C. Walker) F. A. Souza, Sieverd. & Oehl, In: Oehl, Souza & *Sieverding*, *Mycotaxon* 106:348(2008)

Racocetra fulgida(Koske & C. Walker) Oehl, F. A. Souza & Sieverd., Mycotaxon 106:311～360(2009)

孢子单生于土中或根内，扁球形或椭球形，长165～230μm，宽180～250μm，近透明至黄绿色，端生于橙棕色的球茎状连孢菌丝上。球茎状连孢菌丝宽34.3μm，其上多有1～2个短而钝圆的桩样突起，突起之上有时可见纤细的菌丝伸向孢子。球茎状连孢菌丝的近孢处壁厚约6μm，远孢处壁厚约3μm。菌丝比球茎状连孢菌丝色浅，有隔有突。孢壁2组5层(W1、W2、W3、W4、W5)，总厚约9μm。最外面的W1为单一壁，浅黄光亮，脆，厚约6μm。W2和W3均为单一壁，透亮，厚度小于0.5μm。W4为层状壁，有韧性，淡黄色，厚约2.0μm。W5为膜状壁，厚约0.5μm。芽盾位于两组之间，浅黄色，多呈不规则形，发芽菌丝透亮，淡黄色，粗约5.0μm。

与牡丹的根共生，为内生菌根菌。

分布：洛阳。

【网纹盾巨孢囊霉】

***Scutellospora reticulate*(Koske, D. D. Mill. & C. Walker) C. Walker & F. E. Sanders**, Mycotaxon 27:181

(1986)

Dentiscutata reticulate(Koske,D. D. Mill. & C. Walker) Sieverd. ,F. A. Souza & Oehl,Mycotaxon 106:311 ~ 360 (2009)

Gigaspora reticulate Koske,D. D. Mill. & C. Walker,Mycotaxon 16(2):429(1983)

孢子单生于土壤中,不规则形,直径 240 ~ 250μm,棕黑色,表面有凸起的五边形网格,网格大小为 10μm,网格上有圆锥形的刺,刺长 100μm。孢壁结构复杂。

与柳树的根共生,为内生菌根菌。

分布:栾川。

2.1.3 球囊霉目 Glomerales

2.1.3.1 球囊霉科 Glomeraceae

【聚丛球囊霉】

***Glomus aggregatum* N. C. Schenck & G. S. Sm.** , Mycologia 74(1):80(1982)

孢子在土壤中松散成束,黄色至横褐色,球形、近球形或梨形,直径 38 ~ 67μm。孢壁厚 2 ~ 4μm,2 层,外壁(W1)为层积壁,较厚,黄色至黄棕色;内壁(W2)也为层积壁,较薄,黄色,轻压易与外壁分离。连点处大多开口或由细隔封闭,宽 5 ~ 10μm,壁厚 1.5 ~ 2μm,连孢菌丝筒状、直立或在基部突然弯曲。未见孢子果。

与茶树的根共生,为内生菌根菌。

分布:信阳、商城。

【白色球囊霉】

***Glomus albidum* C. Walker & L. H. Rhodes**[as '*albidus*'],Mycotaxon 12(2):509(1981)

孢子单生,淡黄色,球形,直径 80 ~ 120μm。孢壁厚 2.0 ~ 3.5μm,2 层,外壁(W1)厚 1 ~ 2.5μm,无色透明;内壁(W2)厚 1 ~ 2μm,浅黄色,层状壁。在 Melzer's 试剂中,外壁橘红色,内壁黄色。孢子内含物为大小不等的白色透明圆珠状油滴。连点处呈圆筒形或略有收缩,不封闭,宽 7 ~ 13μm。连孢菌丝单根,淡黄色,宽 7 ~ 15μm,壁厚 1 ~ 2μm,2 层,由孢壁延伸而成。

与牡丹的根共生,为内生菌根菌。

分布:洛阳。

【近明球囊霉】

***Glomus claroideum* N. C. Schenck & G. S. Sm.** , Mycologia 74(1):84(1982)

Glomus fistulosum Skou & I. Jakobsen,Mycotaxon 36(1):274(1989)

Glomus maculosum D. D. Mill. & C. Walker,Mycotaxon 25(1):218(1986)

孢子在土壤中单生或成松散的一簇,圆形至椭圆形,或不规则形,幼嫩时淡黄色,老熟后变棕黄色,80 ~ 140μm。孢壁两层(W1、W2),W1 为层积壁,厚 5 ~ 6μm,浅黄色透明至黄棕色,W2 为无色透明膜状壁,厚度 <1μm。连孢菌丝直或呈小喇叭形。菌丝无色透明至淡黄色,基部连点处宽 15 ~ 18μm,菌丝壁厚 3 ~ 4μm,孢子内含物为颗粒状的油滴。在 Melzer's 试剂中孢子外壁呈橘黄色,内壁呈浅黄色。

与牡丹的根共生,为内生菌根菌。

分布:洛阳。

【苏格兰球囊霉】

Glomus caledonium **(T. H. Nicolson & Gerd.) Trappe & Gerd.** [as ' *caledonius* '], In: Gerdemann & Trappe, Mycol. Mem. 5:56(1974)

*Endogone macrocarpa*var. *caledonia* T. H. Nicolson & Gerd. , Mycologia 60(2):322(1968)

孢子单生于土壤中,球形至近球形,直径60~102μm,淡黄色。孢壁三层,分两组:A组一层,无色透明,1~2μm,在连点处稍增厚,易和壁分离。B组两层,淡黄色,层状壁,2~10μm。孢子与连孢菌丝的连点宽10~35μm,直或喇叭状,外壁伸入连孢菌丝一段距离,连点处(偶在连点下方15μm以内)有一薄壁。连孢菌丝宽22~36μm,色较浅。在Melel' 试剂中,外壁粉红色,内壁鲜黄色至橘黄色。连孢菌丝红色。在棉兰试剂中,外壁和连孢菌丝均蓝色,内壁不着色。

与牡丹、榆树、杨树、刺槐的根共生,为内生菌根菌。

分牡丹布:洛阳、伊川、三门峡、渑池。

【缩球囊霉】

Glomus constrictum **Trappe**[as ' *constrictus* '], Mycotaxon 6(2):361(1977)

孢子单生或松散聚生于土壤中,球形至近球形,直径150~190μm,红棕色至黑棕色,表面光滑、发亮。孢壁单层,厚8~11μm。多数连孢菌丝基部直,偶有漏斗形,壁增厚堵塞连点或仅留一狭小孔道,连点缢缩至13~19μm,连孢菌丝在连点下迅速度膨大至20~32μm,颜色由红棕色渐变为淡黄色,连孢菌丝膨大部分的下面常有二叉状分枝。有些孢子的菌丝向孢子一侧弯曲。

与牡丹、榆树、泡桐、柳树、臭椿、杨树、刺槐的根共生,为内生菌根菌。

分布:洛阳、伊川、三门峡、渑池。

【沙漠球囊霉】

Glomus deserticola **Trappe, Bloss & J. A. Menge**, Mycotaxon 20(1):123(1984)

孢子单生于土壤中,近球形,直径240~250μm,红棕色至黄色,成熟孢子连点处直径5μm,壁单层,厚8μm。连孢菌丝壁在近连点处加厚可达9μm,连点不阻塞。

与牡丹、榆树的根共生,为内生菌根菌。

分布:洛阳、伊川、三门峡、渑池。

【透光球囊霉】

Glomus diaphanum **J. B. Morton & C. Walker**, Mycotaxon 21:433(1984)

孢子单生于土壤中,淡黄色,球形或近球形,直径170~230μm。孢壁两层,第一层无色透明,3~4.5μm;第二层无色透明,膜状,厚约1μm,和外壁一起进入连点。连点宽15μm,直或小喇叭形,有隔。连孢菌丝无色透明,易断。

与臭椿、泡桐的根共生,为内生菌根菌。

分布:洛阳、伊川、三门峡、渑池。

【长孢球囊霉】

Glomus dolichosporum **M. Q. Zhang & You S. Wang**, In:Zhang, Wang & Xing, 菌物系统 16(4):241(1997)

孢子单生于土壤中,红棕色,椭球形至球形,直径110~180μm。孢壁三层。连孢菌丝黄棕色，在连点处增厚，向下渐薄，颜色也渐浅。

与刺槐的根共生，为内生菌根菌。

分布：洛阳、伊川、三门峡、渑池。

【幼套球囊霉】

Glomus etunicatum **W. N. Becker & Gerd.** [as '*etunicatus*'], Mycotaxon 6(1):29(1977)

孢子单生于土壤中，黄色至棕红色，球形或近球形，直径 80 ~ 130μm，表面光滑。孢壁厚 4 ~ 13μm，分 2 层，外壁(W1)厚 3 ~ 6μm，为透明的易逝壁；内壁(W2)厚 4 ~ 7μm，棕黄色，为层积壁。连点宽 7 ~ 12μm，有隔或由壁增厚封闭，连孢菌丝单根，壁厚 1 ~ 2μm，无色易断。未发现孢子果。

与牡丹、茶树的根共生，为内生菌根菌。

分布：洛阳、信阳、商城。

【福摩萨球囊霉】

Glomus formosanum **C. G. Wu & Z. C. Chen**, Taiwania 31:71(1986)

孢子果棕黄色至浅棕红色，球形、近球形或不规则形，350 ~ 500μm × 450 ~ 500μm，由菌丝包被，菌丝有隔、薄壁、交织，直径 2.5 ~ 10μm。孢子常聚生于土中，无菌丝包被，棕黄色至浅棕红色，球形或近球形，直径 70 ~ 150μm。孢壁一层，棕黄色至浅棕红色，厚 5.5 ~ 12μm，在连点处可加厚达 20μm。具 1 ~ 4 条或分叉的连孢菌丝，通常 2 条贴近的连孢菌丝联在一起或在连点处稍分离，直径 8 ~ 15μm。连点张开或孢壁加厚到几乎堵塞，基部厚 5 ~ 10μm。

与牡丹的根共生，为内生菌根菌。

分布：洛阳。

【地球囊霉】

Glomus geosporum **(T. H. Nicolson & Gerd.) C. Walker**, Mycotaxon 15:56(1982)

Endogone macrocarpa var. *geospora* T. H. Nicolson & Gerd., Mycologia 60(2):318(1968)

Glomus macrocarpum var. *geosporus*(T. H. Nicolson & Gerd.) Gerd. & Trappe, Mycol. Mem. 5:55(1974)

孢子单生于土壤中，近球形，直径 250 ~ 280μm，黄棕色，壁光滑。孢壁总厚度 11μm，分三层，外层无色透明，厚约 1μm，成熟后常脱落；第二层黄棕色，层状壁，8μm；最内层淡黄色，膜状壁，厚约 1μm。连点宽 35μm，直或小喇叭状。连孢菌丝在连点处有隔，由内壁形成。连孢菌丝宽 12μm，直桶形，其壁在连点处厚 8μm，向下逐渐薄。

与榆树、牡丹的根共生，为内生菌根菌。

分布：洛阳、伊川、三门峡、渑池。

【木薯球囊霉】

Glomus manihotis **R. H. Howeler, Sieverd. & N. C. Schenck**, In: Schenck, Spain, Sieverding & Howeler, Mycologia 76(4):695(1984)

孢子单生于土壤中，黄色，球形至近球形，直径 135 ~ 180μm。孢壁 2 层，外壁(W1)厚 4 ~ 9μm，无色至浅黄色；内壁(W2)厚 2.5 ~ 5μm，黄色至黄棕色，连点宽 14 ~ 25μm，有一由内壁形成的隔。连孢菌丝单根，淡黄色，壁 2 层，厚 2 ~ 4μm，，有孢壁延伸而成。

与牡丹的根共生,为内生菌根菌。

分布:洛阳。

【黑球囊霉】

Glomus melanosporum **Gerd. & Trappe**[as '*melanosporus*'],Mycol. Mem. 5:46(1974)

孢子果由多个孢子组成,浅黄棕色,外包松散的菌丝套。孢子单生于土中或在孢子果内,成熟时棕黑色至黑棕红色,球形、近球形、卵形或椭圆球形,直径 165 ~ 250μm,表面常附着不均一的薄壁菌丝。孢壁单层,厚 8 ~ 15μm,层状,从外向内由棕红色逐渐变为黄色、浅黄色。连孢菌丝不易观察到。

与牡丹的根共生,为内生菌根菌。

分布:洛阳。

【微丛球囊霉】

Glomus microaggregatum **Koske,Gemma & P. D. Olexia**,Mycotaxon 26:125(1986)

孢子群生于土壤中,黄棕色,球形、近球形,直径 24 ~ 55μm。孢壁单层,厚 3 ~ 5μm,表面光滑。连点宽 7 ~ 9μm,连点没有封闭或由壁堵塞。

与牡丹、刺槐、茶树的根共生,为内生菌根菌。

分布:洛阳、伊川、三门峡、渑池、信阳、商城。

【单孢球囊霉】

Glomus monosporum **Gerd. & Trappe**[as '*monosporus*'],Mycol. Mem. 5:41(1974)

孢子单生于土壤中,球形,直径 120 ~ 120μm,深黄色至浅红棕色。孢壁厚 9μm,分为两层,外层透明,厚度 2μm;内层为层状壁,厚 6μm。孢子在内层上形成小刺突。连孢菌丝直,基部柱形至漏斗形,不缢缩。连点宽 22μm,连孢菌丝壁淡黄色至透明,厚 7μm。在距离连点 25μm 处菌丝迅速变窄。距离连点 115μm 处菌丝分叉。

与泡桐的根共生,为内生菌根菌。

分布:洛阳、伊川、三门峡、渑池。

【摩西球囊霉】

Glomus mosseae(**T. H. Nicolson & Gerd.**)**Gerd. & Trappe**,Mycol. Mem. 5:40(1974)

Endogone mosseae T. H. Nicolson & Gerd. ,Mycologia 60(2):314(1968)

孢子单生于土壤中,球形,直径 160 ~ 260μm,棕色,表面光滑。孢壁总厚度 10μm,分两层:外层为浅黄色层状壁,厚 4μm;内层为棕色的层状壁,厚 5μm。两层紧贴在一起不易分。连点宽 26μm。连点处菌丝壁加厚 8μm,呈柱状(基部微喇叭形)(图版 036)。

与牡丹、茶树、榆树的根共生,为内生菌根菌。

分布:洛阳、伊川、三门峡、渑池、信阳、商城。

【网状球囊霉】

Glomus reticulatum **Bhattacharjee & Mukerji**[as '*reticulatus*'],Sydowia 33:14(1980)

孢子单生于土壤中,球形或不规则形,90 ~ 130μm,深棕黑色,表面有龟裂状网状花纹。孢壁二组三层,厚6~10μm。外组壁2层(W1、W2),W1为透明均一壁,厚1~2μm。W2为层积壁,厚3~4μm,棕黑色有网状纹饰。内组壁1层,为均一壁,无色透明,厚2~3μm,表面有比较规则的几何图形网状纹,网纹间隔7~11μm。连孢菌丝无色透明或菌丝壁带褐色,壁较薄,厚1~3μm,连点宽6~8μm,连丝呈直筒状或略呈漏斗状。连孢菌丝与孢子连通,无隔断,基部增厚延伸40μm,菌丝易断。

与牡丹的根共生,为内生菌根菌。

分布:洛阳。

【台湾球囊霉】

Glomus taiwanense **(C. G. Wu & Z. C. Chen) R. T. Almeida & N. C. Schenck**, Mycologia 82(6):711(1990)

Glomus taiwanense(C. G. Wu & Z. C. Chen) R. T. Almeida & N. C. Schenck: Y. J. Yao, In: Yao, Pegler & Young, Kew Bull. 50(2):306(1995)

Sclerocystis taiwanensis C. G. Wu & Z. C. Chen, Trans. Mycol. Soc. Rep. China 2(2):78(1987)

孢子单生于土壤中,黄棕色至棕红色,球形,直径80~100μm,或近圆形至椭球形,100~150μm×75~120μm,孢壁一层,厚5~12μm,连点处增厚可达19μm,连点宽13~34μm。连点处有隔,连孢菌丝壁由连点处厚5~8μm向下逐渐薄,至10~40μm后菌丝壁厚为12μm。

与榆树的根共生,为内生菌根菌。

分布:洛阳、伊川、三门峡、渑池。

【黏质球囊霉】

Glomus viscosum **T. H. Nicolson**, In: Walker, Giovannetti, Avio, Citernesi & Nicolson, Mycol. Res. 99(12):1502(1995)

孢子成簇存在于植物根际土壤中,透明至白色,由于孢子表面常黏有其他有机杂质及土壤碎屑等而模糊不透明,孢子球形至近球形,大小为50~120μm,孢壁两层,外壁层为一极薄(约0.5μm)的透明壁,常与内壁层黏在一起而不易观察到。内壁层为透明的层状壁,厚1~3μm。在孢子外还常存在一个黏质外套,其上黏有许多土壤颗粒,黏质外套厚1~2μm,较厚处可达5μm,甚至更厚。连孢菌丝单根,直或偏斜,圆柱形至略扁平,偶尔会出现稍微缢缩的情况,连点处宽8~11μm,连点的封闭情况由于多粘有土壤颗粒而不易观察,幼龄孢子连点孔不阻塞。

与刺槐的根共生,为内生菌根菌。

分布:洛阳、伊川、三门峡、渑池。

3 接合菌门 Zygomycota

3.1 接合菌纲 Zygomycetes

3.1.1 毛霉目 Mucorales

3.1.1.1 毛霉科 Mucoraceae

【梨形毛霉】

***Mucor piriformis* A. Fisch.**, Rabenh. Krypt. -Fl., Edn 2 1(4):191(1892)

Hydrophora fischeri Sumst., Mycologia 2(3):133(1910)

Mucor alboater Naumov, Tab. Opred. Predst. Mucor.:31(1915)

Mucor alboater var. *sphaerosporus* Naumov, Opred. Mukor., Edn 2:49(1935)

Mucor wosnessenskii Schostak., Ber. Dt. Bot. Ges. 16:91(1898)

孢囊梗不分枝或偶尔分枝,粗 35~95μm;孢子囊直径 180~310μm,初期白色,老时黑色,老孢子囊的壁稍粗糙。囊轴圆柱形至梨形,高达 230μm,宽 150μm;孢囊孢子形态变化较大,大多卵形,6~16μm×4~11μm。

寄生于梨,引起黑霉病。易从软腐的甘薯、橘、柑上分离到。

分布:广泛分布于河南各地。

【总状毛霉】

***Mucor racemosus* Fresen.**, Beitr. Mykol. 1:12(1850)

Mucor oudemansii Váňová, eská Mykol. 45(1~2):25(1991)

菌落成疏松的絮状,高一般在 1cm 以内,起初白色,后变浅黄色至灰褐色。生长快,人工培养时菌落很快长满培养基,培养基背面淡黄色。菌丝较粗,壁薄,无隔。孢子梗自菌丝长出,长短不一,单生或分枝生,梗的顶端着生孢子囊。孢子囊球形,浅黄色至黄褐色,成熟时孢囊壁消解,孢囊壁消解后孢囊孢子播散于空气中。孢囊孢子短卵形至近球形。

栖生于信阳茶树老枝下部;易从土壤、腐殖质、粪、种子、食品、酒糟、蔫花、腐烂物等基质上分离到;空气中飘浮有许多该菌的孢囊孢子。可用于生产蛋白酶。

分布:广泛分布于河南各地。

【匍枝根霉】

***Rhizopus stolonifer*(Ehrenb.) Vuill.**, Revue Mycol., Toulouse 24:54(1902)

Ascophora mucedo(L.) Tode, Fung. Mecklenb. Sel. 1:13(1790)

Mucor artocarpi Berk. & Broome, J. Linn. Soc., Bot. 14(2):137(1875)

Mucor ascophorus Link, In: Willdenow, Willd., Sp. Pl., Edn 4, 6(1):85(1824)

Mucor mucedo(L.) Spreng., Syst. Veg., Edn 16, 4(1):539(1827)

Mucor mucedo(Tode)Pers. ,Syn. Meth. Fung. 1:201(1801)

Mucor mucedo L. ,Sp. Pl. 2:1655(1753)

Mucor stolonifer Ehrenb. ,Sylv. Mycol. Berol. :25(1818)

Rhizopus artocarpi(Berk. & Broome)Boedijn,Sydowia 12(1 ~6):328(1959)

Rhizopus artocarpi Racib. ,Parasit. Alg. Pilze Java's 1:11(1900)

Rhizopus nigricans Ehrenb. ,Nova Acta Phys. -Med. Acad. Caes. Leop. -Carol. Nat. Cur. 10:198(1821)

菌丝初无色,后变暗褐色,形成匍匐枝和假根,假根处簇生孢囊梗。孢囊梗直立,暗褐色,顶端着生 1 个孢子囊。孢子囊球形至椭圆形,大小 65 ~350μm,褐色或黑色,内含很多孢囊孢子。囊轴球状或卵形至不规则形。孢囊孢子近球形或卵形至多角形,大小 5. 5 ~13. 5μm × 7. 5 ~8μm,单胞,褐色或蓝灰色,表面具线纹。接合孢子球形至卵形,大小 160 ~220μm,黑色,表面有突起(图版 037 ~038)。

栖生于豫南茶树老枝上部或下部;寄生于苹果、桃、甘薯、百合、棉花,引起软腐病;寄生于梨,引起黑霉病。

分布:广泛分布于河南各地。

4 子囊菌门Ⅰ Ascomycota Ⅰ

子囊菌门Ⅰ包括了根据有性生殖结构命名的子囊菌。仅根据无性生殖阶段命名的子囊菌（传统上被归在半知菌或叫不完全菌 imperfect fungi 类群中）在后面的子囊菌门Ⅱ记述。

4.1 座囊菌纲 Dothideomycetes

4.1.1 煤炱目 Capnodiales

4.1.1.1 新球腔菌科 Davidiellaceae

【蔷薇新球腔菌】

***Davidiella rosigena*(Ellis & Everh.) Aptroot**, Mycosphaerella and Its Anamorphs: 2. Conspectus of Mycosphaerella: 172(2006)

Mycosphaerella rosigena(Ellis & Everh.) Lindau: McMurran, Bulletin of the New York State *Agricultural Experiment* Station 328: 389(1910)

Sphaerella rosigena Ellis & Everh., J. Mycol. 3(4): 45(1887)

寄生于月季，引起枝枯病。

分布：河南。

讨论：Davidiellaceae 是由 Mycosphaerellaceae（球腔菌科）划分出来的一个科，过去没有汉语名称，作者将其译为新球腔菌科，并将 *Davidiella* 译为新球腔菌属。在过去的国内文献上，该菌的名称为蔷薇球腔菌 *Mycosphaerella rosigena*(Ell. et Ev.) Lindau。作者未见到该菌，关于该菌在河南的分布是依据《中国真菌总汇》（戴芳澜，1979，科学出版社）。

4.1.1.2 球腔菌科 Mycosphaerellaceae

【油桐球腔菌】

***Mycosphaerella aleuritis* (I. Miyake) S. H. Ou**[as '*aleuritidis*'], Sinensia, Shanghai 11: 183(1940)

Cercospora aleuritis I. Miyake[as '*aleuritidis*'], Botanical Magazine, Tokyo 26: 66(1912)

Pseudocercospora aleuritis(I. Miyake) Deighton, Mycological Papers 140: 138(1976)

假子囊壳多在寄主叶斑背面埋生，黑色球形，直径 60 ~ 100μm，以乳头状突起外露。子囊成束，圆管形至棍棒形，内含 8 个椭圆形、双胞、无色的子囊孢子。子囊孢子双行排列，大小9 ~ 15μm × 2.5 ~ 3.2μm。子囊间无假侧丝。分生孢子座黑褐色，上丛生淡褐色分生孢子梗。分生孢子尾形，直或弯，有 2 ~ 12 个横隔膜，近无色至浅褐色，大小为 71 ~ 114μm × 3 ~ 4.5μm。

寄生于油桐，引起黑斑病。以假子囊壳在病叶、病果的病斑内越冬，翌年油桐展叶期，子囊孢子成熟，风雨传播，萌发后由气孔侵入叶片。病部产生的分生孢子可进行多次再侵染。叶片上的病斑初期为圆形褐色小斑点，后扩大成多角形，呈暗褐色。多个病斑相连后，使叶枯焦早落。后期在高湿条件下，病斑两面长出黑霉状的分生孢子梗和分生孢子。桐果染病后，生淡褐色圆斑，圆斑扩大后成近圆形黑褐色硬疤，稍凹陷，潮湿时也可长出黑色霉状物。

分布：南阳、西峡、信阳、商城。

【樱桃球腔菌】

***Mycosphaerella cerasella* Aderh.**，Ber. Dt. Bot. Ges. 18：246（1900）

Cercospora cerasella Sacc.，Michelia 1（2）：266（1878）

Cercospora cerasella var. *cerasella* Sacc.，Michelia 1（2）：266（1878）

Cercospora circumscissa Sacc.，Fungi Venet. Nov. Vel. Crit.，Ser. 5：189（1878）

Passalora circumscissa（Sacc.）U. Braun，Mycotaxon 55：230（1995）

Pseudocercospora circumscissa（Sacc.）Y. L. Guo & X. J. Liu，真菌学报（2）：31（1989）

Sphaerella cerasella（Aderh.）Sacc. & P. Syd.，Syll. Fung. 16：469（1902）

子囊座球形或扁球形，大小72μm，生于落叶上。子囊腔浓褐色，球形，大小53.5～102μm×53.5～102μm，多生于寄主组织中，具短嘴喙。子囊圆筒形或棍棒形，大小28～43.4μm×6.4～10.2μm。子囊孢子纺锤形，大小11.5～17.8μm×2.5～4.3μm。分生孢子梗浅橄榄褐色，大小10～65μm×3～5μm，具隔膜1～3个，有明显膝状屈曲，屈曲处膨大，向顶渐细。分生孢子橄榄色，倒棍棒形，大小30～115μm×2.5～5μm，有1～7个隔膜。

寄生于樱桃、杏、桃、碧桃，引起褐斑穿孔病。以菌丝体在寄主的病叶或枝梢病组织内越冬，翌春气温回升，降雨后产生分生孢子，借风雨传播，侵染叶片、新梢和果实。病部产生的分生孢子可进行再侵染。主要侵害寄主叶片，也可侵害新梢和果实。叶片染病，初生圆形或近圆形病斑，大小1～4mm，边缘紫色，略带环纹。后期病斑上长出灰褐色霉状物，中部干枯脱落，形成穿孔，穿孔的边缘整齐，穿孔多时叶片脱落。

广泛分布于河南各地。

【松针褐斑球腔菌】

***Mycosphaerella dearnessii* M. E. Barr**，Contr. Univ. Mich. Herb. 9：587（1972）

Cryptosporium acicola Thüm.，Flora，Jena 61：178（1878）

Dothidea acicola（Dearn.）M. Morelet，Annales de la Société des Sciences Naturelles et d'Archéologie de Toulon et du Var 177：9（1968）

Dothistroma acicola（Thüm.）Schischkina & Tsanava，Nov. Sist. Niz. Rast.，1967 4：227（1967）

Eruptio acicola（Dearn.）M. E. Barr，Mycotaxon 60：438（1996）

Lecanosticta acicola（Thüm.）Syd.，In：Sydow & Petrak，Annls mycol. 22（3/6）：400（1924）

Lecanosticta pini Syd.，In：Sydow & Petrak，Annls Mycol. 20（3/4）：211（1922）

Oligostroma acicola Dearn.，Mycologia 18（5）：251（1926）

Scirrhia acicola（Dearn.）Sigg.，Phytopathology 29：1076（1939）

Septoria acicola（Thüm.）Sacc.，Syll. Fung. 3：507（1884）

Systremma acicola（Dearn.）F. A. Wolf & Barbour，Phytopathology 31：70（1941）

分生孢子座生在松针两面的皮下叶肉组织中，平行于针叶长轴，黑色，块状或纽扣状，宽100～275μm，高75～225μm，长度变化较大，可达1mm以上。子座上方平展或呈浅盘状。分生孢子梗淡褐色，无分枝，长15～25μm，直径3μm，紧密排列成栅状，被黏液包围。分生孢子黄褐色或烟褐色，圆筒形，长为22～51μm，直径3～5μm，直或弯曲，厚壁，基平截，先端圆，有1～6个隔膜，多数有3个隔膜。有性阶段在我国尚未发现。

寄生于松树，引起松针褐斑病。染病松针先产生褪色小斑点，斑点大多为圆形或近圆形，随后变为褐色，并稍有扩大，直径1.5～2.5mm，有时也可形成长3～4mm的褐色段斑。随后在病斑上产生灰黑色、针头大小或长形的小疱（子实体）。子实体充分成熟后，小疱常自一侧或两侧破裂，自裂缝中挤出褐色分生孢子堆。针叶枯死后，无病斑的死组织上也能产生子实体。两至三个病斑可连成3～4mm的褐色段斑。典型病松针明显分为三段，上段变褐枯死，中段褐色段斑与绿色健康组织相间，下段仍保持绿色。新生嫩松针染病可不表现典型症状，从尖端开始枯死，死组织上长出子实体。以子实体及病斑组织中的菌丝体在树上病叶或落叶上越冬，分生孢子借雨水冲溅飘扬而传播。

分布：泌阳、确山。

【松针褐枯球腔菌】

***Mycosphaerella gibsonii* H. C. Evans**, Mycol. Pap. 153:61(1984)

Cercoseptoria pini-densiflorae (Hori & Nambu) Deighton, Mycol. Pap. 140:167(1976)

Cercospora pini-densiflorae Hori & Nambu, Journal of Plant Protection, Tokyo 4:353(1917)

Pseudocercospora pini-densiflorae (Hori & Nambu) Deighton, Trans. Br. Mycol. Soc. 88(3):390(1987)

分生孢子梗丛生，色暗，稍弯曲，有1～2个隔膜。分生孢子单生，成熟后脱落，略呈淡黄色，长棍棒状或鞭状，稍弯曲，有2～5个隔膜。未见有性世代。

寄生于松树，引起叶枯病。受侵害的松树针叶从尖端开始一段一段地发黄，最后变成深褐色，病叶干枯后下垂、扭曲，但不脱落，沿气孔纵行排列有许多黑色霉点，即病原菌的分生孢子梗和分生孢子。

分布：新县、桐柏、泌阳、方城、确山、商城。

【东北球腔菌】

***Mycosphaerella mandshurica* Miura**, Flora of Manchuria and East Mongolia, Ⅲ Cryptogams, Fungi (Industr. Contr. S. Manch. Rly, 27):161(1928)

子囊座近球形、黑色，具短孔口，直径70～140μm，初埋生于寄主茎皮内或残叶背面，散生、群生或几个连生，越冬后翌年春季成熟突破寄主。子囊双层壁，长椭圆形或棍棒形，无柄，无假侧丝，内含8个孢子，大小为35～70μm×14μm。子囊孢子近双行排列，近梭形至椭圆形，中间有一个横隔，隔膜处不缢缩，无色，大小为14～17μm×4～5μm。分生孢子盘成熟后，突破表皮或皮层外露，宽40～160μm。分生孢子梗褐色，有1～2个横隔。分生孢子梭形，大小为25～40μm×6～11μm，一端作钝角状弯曲，具2～3个横隔，上数第三个细胞稍大，壁厚。

寄生于杨树，引起叶部的灰斑病、顶梢的黑梢病和茎干的肿茎溃疡病。越冬后的分生孢子或翌年在子囊座内形成的子囊孢子是杨树灰斑病的初次侵染来源。无性型一年内可多次重复发生，有性型一年只发生一次。染病寄主不同部位产生的症状不同，在叶部为灰斑病，在顶梢为黑梢病，也叫黑脖子病，在茎干皮部则产生肿茎溃疡病。发病初期，叶片、顶梢、幼茎嫩皮生出水渍斑，然后水渍斑渐褐色，失水下陷，变黑，再变灰白色，周边褐色，最后生墨绿色霉状物，即分生孢子盘。茎干病斑处纵裂扩大产生愈伤组织，形成肿茎溃疡。在肿茎或残叶上生半突起的黑点，为子囊座。

分布：汝南、南阳、泌阳、卢氏。

【桑球腔菌】

Mycosphaerella mori(Fuckel)F. A. Wolf,J. Elisha Mitchell Scient. Soc. 51:165(1935)

Cercosporella maculans(Berenger)F. A. Wolf,J. Elisha Mitchell Scient. Soc. 51:165(1935)

Mycosphaerella morifolia(Pass.)Tomilin,Nov. Sist. Niz. Rast. 10:106(1973)

Mycosphaerella morifolia(Pass.)Cruchet,Bull. Soc. Vaud. Sci. Nat. 55:43(1923)

Phloeospora maculans(Berenger)Allesch. ,Rabenh. Krypt. -Fl. ,Edn 2,1(6):935(1900)

Phloeospora mori(Lév.)Sacc. ,Michelia 1(2):175(1878)

Phloeosporella maculans (Berenger)Höhn. ,Mitt. Bot. Inst. Tech. Hochsch. Wien 4:77(1927)

Septoria mori Lév. ,Annls Sci. Nat. ,Bot. ,Sér. 3,5:279(1846)

Sphaerella mori Fuckel,Jb. Nassau. Ver. Naturk. 23~24:106(1870)

分生孢子盘初埋生在寄主叶片的表皮下,成熟后外露,大小 60~150μm。分生孢子梗丛生在分生孢子盘表面,单胞,无色,圆筒形,大小 5~15μm×2.5~3μm,其上着生分生孢子。分生孢子棍棒状至圆筒形,两端圆,大小 30~50μm×3~4μm,顶部稍细,成熟时具隔膜 3~5 个,隔膜处不缢缩。未见有性世代(图版 039~040)。

寄生于桑树,引起褐斑病。染病叶片在正反两面产生芝麻粒大小的暗色水浸状病斑,病斑扩大后为近圆形、暗褐色,继续扩大,因受叶脉限制呈多角形或不规则形,边缘暗褐色,中部色淡,直径约 2~10mm,病斑正、背两面均生淡红色粉质块,粉质块内有许多黑色小点(分生孢子盘)。以分生孢子和分生孢子盘在病叶上或以分生孢子在树体上越冬。寄主生长季节产生的分生孢子可引起再侵染。

分布:信阳、夏邑、郑州、许昌、新郑、西华、镇平、嵩县。

【柿叶球腔菌】

***Mycosphaerella nawae* Hiura & Ikata**,Res. Bull. Gifu. Imper. Coll. of Agric. 5:1(1929)

子囊果初埋生在寄主叶表皮下,后顶端突破表皮,洋梨形或球形,大小 53~100μm,黑褐色,顶端具孔口。子囊生于子囊果底部,圆筒状或香蕉形,大小 24~45μm×4~8μm,无色。子囊内含有 8 个排列成两列的子囊孢子。子囊孢子无色,双胞,纺锤形,大小 6~12μm×2.4~3.6μm,具 1 隔膜,分隔处稍缢缩。分生孢子在自然条件下一般不产生,但在培养基上易形成,无色,圆筒形至长纺锤形,具 1~3 个隔膜。

寄生于柿,引起圆斑病。造成柿早期落叶,柿果提早变红。主要为害叶片、也能为害柿蒂。叶片染病,初生圆形小斑点,叶面浅褐色,边缘不明显,后病斑转为深褐色,中部稍浅,外围边缘黑色,病叶在变红的过程中,病斑周围现出黄绿色晕环,病斑直径 1~7mm,一般 2~3mm,后期病斑上长出黑色小粒点(子囊果)。柿蒂染病,病斑圆形褐色,病斑较小。以未成熟的子囊果在病落叶上越冬,翌年 6 月中下旬至 7 月上旬子囊果成熟,形成了囊孢子,借风传播,子囊孢子从气孔侵入,经 2~3 个月潜育,于 8 月下旬至 9 月上旬显症,9 月下旬进入盛发期,病斑迅速增多,10 月上中旬引致落叶,病情扩展就此终止。该菌不产生无性孢子,每年只有 1 次侵染。

分布:博爱、林县、辉县、汝州。

【苹果斑点球腔菌】

***Mycosphaerella pomi*(Pass.)Lindau**,In:Engler & Prantl,Nat. Pflanzenfam. ,Teil. I 1:424(1897)

Coniothyrium pomi(Schulzer & Sacc.)Kuntze,Revis. Gen. Pl. 3:459(1898)

Phoma limitata(Peck)Boerema,Jaarboek. Plantenziektenkundige Dienst,1964 142:138(1965)

Phyllosticta limitata Peck, Ann. Rep. N. Y. St. Mus. 49:115(1897)

Phyllosticta mali Prill. & Delacr., Bull. Soc. Mycol. Fr. 6:180(1890)

Pseudocercosporella pomi (C. Brooks) Noordel. & Boerema, Jaarb. Plziektenk. Dienst. 166:110(1988)

子囊座生于越冬寄主病叶上,大小70～100μm,子囊长40～66μm,宽8～10μm,子囊孢子19～3.5μm。分生孢子器初期埋生于寄主表皮下,后外露,分生孢子线状,大小5～8μm×1.5～2μm。营寄生生活的主要是无性世代。

寄生于梨、苹果,引起枝枯病。主要为害果实,枝梢和叶片也可受害。枝干染病,产生圆形或近圆形褐色斑点,后期病斑上长出黑色小粒点。叶片染病产生圆形或近圆形褐色斑点,后期病斑上长出黑色小粒点。果实染病,先围绕皮孔出现深褐色至黑褐色或墨绿色病斑,病斑大小不一,小的似针尖状,大的直径5mm左右。病斑形状不规则,稍凹陷,果肉稍有苦味,周围有红色晕圈,后期病斑上长出黑色小粒点。在受害果及病落叶上越冬。翌春受害果腐烂,子囊壳产生孢子传播侵染,被害落叶在翌春也可产生孢子进行侵染为害。

分布:河南。

作者未见到该菌,关于该菌在河南的分布是依据《中国真菌总汇》(戴芳澜,1979,科学出版社)。

【梨球腔菌】

***Mycosphaerella pyri*(Auersw.) Boerema**, Neth. Jl Pl. Path. 76(3):166(1970)

Mycosphaerella sentina(Fr.) J. Schröt., In: Cohn, Krypt. -Fl. Schlesien 3. 2(3):334(1894)

Septoria nigerrima Fuckel, Jb. Nassau. Ver. Naturk. 23～24(1870)

Sphaerella pyri Auersw., In: Gonnermann & Rabenhorst, Mycol. Eur. Abbild. Sämmtl. Pilze Eur. 5～6:11(1869)

Sphaerella sentina(Fr.) Sacc., Syll. Fung. 1:482(1882)

Sphaeria sentina Fr., Syst. Mycol. 2(2):520(1823)

子囊腔球形或扁球形,直径50～100μm,黑褐色。子囊棍棒状,大小45～60μm×15～17μm,无色透明。子囊孢子纺锤形或圆筒形,大小27～34μm×4～6μm,稍弯曲,无色,有一个隔膜,两个细胞大小相等。分生孢子器球形或扁球形,直径80～150μm,暗褐色,有孔口。分生孢子针状,大小50～83μm×4～5μm,无色,有3～5个隔膜。

寄生于梨,引起斑枯病(褐斑病)。仅为害叶片,最初生圆形或近圆形的褐色病斑,以后病斑逐渐扩大。病斑相互愈合呈不规则形的大斑块,后期病斑中间灰白色。病斑上密生黑色小点。以分生孢子器及子囊壳在落叶的病斑上过冬。第二年春季分生孢子或子囊孢子通过风雨散播,引起初次侵染。寄主生长季节产生的分生孢子可引起再侵染。

分布:广泛分布于河南各地梨产区。

【蔷薇生球腔菌】

***Mycosphaerella rosicola* B. H. Davis: Deighton**, Trans. Br. Mycol. Soc. 50(2):328(1967)

Mycosphaerella rosicola B. H. Davis, Mycologia 30(3):296(1937)

Phaeosphaerella rosicola(Davis: Deighton) Tomilin, Opredelitel' Gribov Roda Mycosphaerella Johans:285(1979)

Phaeosporella rosicola(B. H. Davis) Tomilin, Opredelitel' Gribov Roda Mycosphaerella Johans:285(1979)

子囊腔在落叶上形成,多生于叶背表皮下,成熟后顶部外露,单生,直径65～105μm(一般为75～80μm),黑色。子囊棍棒状,大小为36～57μm×9～11μm,顶部壁略厚。无侧丝。子囊孢子橄榄色,椭圆形,大小13～17μm×4～5.3μm,双细胞,二个细胞不等大,小细胞朝向子囊顶部,分隔处无缢缩,孢子一边略弯曲,另一边平直。无子座,或由少数褐色细胞组成简单子座。分生孢子梗成松散小簇,2~20 梗一束,略有分枝,直或波纹状,或有屈曲 1 至多处,顶端圆至圆锥形,有时有 1~2 个隔膜,大小 20~120μm×3~6μm,橄榄褐色,上部色淡,下部色深。分生孢子倒棍棒形,大小为 20~75μm×3~5μm,直立或微弯,基部倒圆锥形至长圆锥平截状,顶端略钝圆,有隔膜 1~6 个,淡橄榄色。

寄生于月季,引起叶斑病。以菌丝体在病组织内,或病落叶上越冬,有时子囊壳也可以在落叶上越冬。翌年春夏之季,条件适宜时,产生分生孢子或以子囊孢子侵染危害寄主。主要侵害月季的叶片,叶柄和托叶也易受侵染。病叶表面最初出现淡紫色小点,逐渐扩大呈圆形病斑,病斑直径 1~4mm,中央浅褐色至黄褐色,或灰色,边缘紫褐色或红褐色,有时病斑周围环绕一条狭窄的紫色环带。后期病斑上散生许多黑色小霉点。相邻的斑点可联合成不规则形的大斑。叶背病斑颜色较浅。

分布:河南。

注:作者未见到该菌,关于该菌在河南的分布是依据《中国真菌总汇》(戴芳澜,1979,科学出版社)。

【茶球腔菌】

***Mycosphaerella theae* Hara**, Tea Journal 14:9(1919)

Sphaerella theae(Hara) Sacc., Syll. Fung. 24(2):888(1928)

子囊座生于寄主组织下,单个散生,较少群集,初期壶形或鸭梨形,后期圆球形、椭圆形,褐色至黑褐色,具有拟孔口,后期突破表皮外露,直径 31.2~114μm。子囊棍棒形,大小 18~48μm×4.8~8.4μm,无柄,无色,束生,内含 8 个双行排列的子囊孢子。子囊孢子无色或淡亮绿色,鞋底形、长椭圆形, 6~12μm×1.8~3.6μm,一端稍大,双胞,隔膜基本在中间,隔膜处多不缢缩。分生孢子座生于寄主表皮下,后期外露,椭圆形、扁球形,少数不规则形,直径 16.8~103μm,褐色至黑褐色。分生孢子梗从子座长出,丛生,淡黄色到黄褐色,多为单胞,少数双胞,偶尔多胞,顶端细圆或宽广近平截,色淡,几乎与孢子同色,基部壁厚,颜色深,不分枝。因分生孢子梗短,看起来像是子座的周生细胞或延伸细胞,大小 2.4~24μm×2.4~6.8μm。分生孢子披针形、棍棒形,大小 14.4~68.4μm×1.2~4.8μm,向顶渐细成圆锥状,基部近平截,直或弯曲,近乎无色或淡亮黄色。孢子隔膜隐约可见,或具有 3~10 个细胞。

栖生于茶树芽、叶、枝等器官。据外省报道,可寄生于黄栀子(Gardenia jasminoides Ellis),引起褐纹斑病。

分布:信阳。

4.1.1.3 裂盾菌科 Schizothyriaceae

【果树裂盾菌】

***Schizothyrium pomi*(Mont. & Fr.) Arx**, Proc. K. Ned. Akad. Wet., Ser. C, Biol. Med. Sci. 62:336(1959)

Botryodiplodia pomi(Mont. & Fr.) Cif., Atti Ist. Bot. Univ. Lab. Crittog. Pavia, Ser. 5, 5:311(1946)

Leptothyrium pomi (Mont. & Fr.) Sacc., Michelia 2(6):113(1880)

Microsticta pomi(Mont.) Desm., Annls Sci. Nat., Bot., Sér. 3, 11:360(1849)

Microthyriella paludosa C. Booth, Kew Bull. 13(2):423(1958)

Microthyriella rubi Petr., Annls Mycol. 21(1/2):15(1923)

Schizothyrina rubi(Petr.) Bat. & I. H. Lima, In: Batista, Publções Inst. Micol. Recife 56:375(1959)

Zygophiala jamaicensis E. W. Mason, In: Martyn, Mycol. Pap. 13:5(1945)

分生孢子器半球形、圆形或椭圆形,小,黑色发亮,器壁由略呈放射状排列的细胞组成。未见有性世代。

寄生于苹果,引起蝇粪斑病;寄生于葡萄,引起煤点病。在寄主果面形成由十数个或数十个小黑点组成的斑块,黑点光亮而稍隆起,小黑点之间由无色菌丝沟通,形似苍蝇粪,用手难以擦去,也不易自行脱落。该菌可在苹果芽、果台及枝条上寄生越冬,翌春末,形成分生孢子器,产生分生孢子,借雨水传播,侵染为害。

分布:灵宝、洛宁。

讨论:该菌在国内文献上的名称多为仁果细盾霉 *Leptothyrium pomi*(Mont. et Fr.) Sacc.。*Schizothyrium pomi* 以前没有汉语译名,作者暂译为果树裂盾菌。

4.1.2 座囊菌目 Dothideales

4.1.2.1 座囊菌科 Dothioraceae

【黄杨盘球壳菌】

***Discosphaerina miribelii*(Aa) Sivan.**, Bitunicate Ascomycetes and Their Anamorphs: 151(1984)

Columnosphaeria miribelii(Aa) M. E. Barr[as '*miribelli*'], Harvard Pap. Bot. 6(1): 28(2001)

Guignardia miribelii Aa, Persoonia 8(3): 283(1975)

Macrophoma miribelii (Fr.) Berl. & Voglino [as '*mirbellii*'], Atti Soc. Veneto-Trent. Sci. Nat. 10 (1): 179 (1886)

Phoma miribelii (Fr.) Sacc. [as '*mirbellii*'], Michelia 2(6): 90(1880)

Sarcophoma miribelii (Fr.) Höhn., Hedwigia 60: 133(1918)

Sphaeria miribelii Fr., Linnaea 5: 548(1830)

Sphaeropsis miribelii(Fr.) Lév., Annls Sci. Nat., Bot., Sér. 3, 5: 296(1846)

分生孢子器群生于寄主叶片两面,埋在寄主表皮下使表皮凸起,近球形,黑色,直径 250 ~ 350μm,孔口穿过表皮而外露。分生孢子椭圆形或长方形,18 ~ 40μm × 8 ~ 11μm,有颗粒状内含物。分生孢子梗短,圆柱形,6 ~ 12μm × 2.5 ~ 3.5μm。未见有性世代(图版 039 ~ 040)。

生于大叶黄杨的枯叶上。

分布:洛阳。

讨论:在国内文献中,该菌的名称多为无性世代名称黄杨大茎点菌 *Macrophoma mirbelii* (Fr.) Berl. & Vogl.。*Discosphaerina* 属以前没有汉语译名,作者暂译为盘球壳菌属,并将 *Discosphaerina miribelii* 译为黄杨盘球壳菌。

4.1.3 多腔菌目 Myriangiales

4.1.3.1 痂囊腔菌科 Elsinoaceae

【蔷薇痂囊腔菌】

***Elsinoë rosarum* Jenkins & Bitanc.**, Mycologia 49(1): 98(1957)

Gloeosporium rosarum(Pass.) Grove, British Stem-and Leaf-Fungi(Coelomycetes) 2: 224(1937)

Phyllosticta rosarum Pass., Erb. Critt. Ital., Ser. 2, Fasc.: no. 1092(1881)

Sphaceloma rosarum(Pass.) Jenkins, Journal of Agricultural Research 45: 330(1932)

分生孢子器埋生于寄主表皮下,后外露,球形或近球形,浅褐色。分生孢子梗极短小。分生孢子卵形至椭圆形,单细胞。未见有性世代。

寄生于月季,引起叶斑病。主要为害叶片,多发生在叶尖或叶缘处。染病叶片先出现黄色小病斑,病斑随后迅速向叶内侧扩展,形成不规则形大病斑,病部褪绿黄化,受害严重的全叶三分之二干枯,最后叶片变褐干枯脱落,有时病叶表面着生稀疏黑色小点。以菌丝体和分生孢子器在病残体上越冬,翌年条件适宜时,产生分生孢子进行初侵染。寄主生长季节产生的分生孢子可引起再侵染。

分布:嵩县。

4.1.4 格孢腔菌目 Pleosporales

4.1.4.1 小球腔菌科 Leptosphaeriaceae

【盾壳霉小球腔菌】

***Leptosphaeria coniothyrium*(Fuckel) Sacc.**,G. Bot. Iital.,N. S. 7:317(1875)

Clisosporium fuckelii(Sacc.) Kuntze,Revis. Gen. Pl. 3:458(1898)

Coniothyrium fuckelii Sacc.,Fungi Venet. Nov. Vel. Crit.,Ser. 5:200(1878)

Diapleella coniothyrium(Fuckel) M. E. Barr,In:Barr,Rogerson,Smith & Haines,Bull. N. Y. St. Mus.:30(1986)

Kalmusia coniothyrium(Fuckel) Huhndorf,Bull. Ill. Nat. Hist. Surv. 34(5):500(1992)

Melanomma coniothyrium(Fuckel) L. Holm,Symb. Bot. Upsal. 14(3):56(1957)

Microsphaeropsis fuckelii (Sacc.) Boerema,Persoonia 18(2):160(2003)

Sphaeria coniothyrium Fuckel,Jb. Nassau. Ver. Naturk. 23~24:115(1870)

多个子囊壳生在子座内,球形,孔口外通处为盘状结构。子囊圆筒形,大小 20~50μm×6~8μm。子囊孢子椭圆形,单胞,无色,大小 8~11μm×3~4μm。子座初埋于寄主表皮下,后突破表皮开口外露。病菌的分生孢子器着生在子座内。分生孢子器为扁三角瓶状。分生孢子卵形,无色,单胞,大小为 5~11μm×2~3μm。

寄生于月季,引起枝枯病。以菌丝体、分生孢子器或子囊壳在病残体上越冬,病部产生孢子可进行再侵染。主要侵害寄主的茎部,受害部初生褐色不规则小病斑,病斑呈水渍状,逐渐干枯下陷,后中央为浅褐色,有紫红色边缘,后期病部散生黑色小粒点,即分生孢子器。在潮湿的环境下病部溢出浅黄色孢子角。

分布:郑州。

4.1.4.2 黑星菌科 Venturiaceae

【嗜果黑星菌】

***Venturia carpophila* E. E. Fisher**,Trans. Br. Mycol. Soc. 44(3):339(1961)

Cladosporium carpophilum Thüm.,Öst. Bot. Z. 27:12(1877)

Fusicladium carpophilum(Thüm.) Oudem.,Verh. K. Akad. Wet.,Tweede sect.:388(1900)

Fusicladium pruni Ducomet,Recherches Sur Le Développement De Quelques Champignons Parasites à Thalle Subcuticulaire:137(1907)

Fusicladosporium carpophilum(Thüm.) Partr. & Morgan-Jones,Mycotaxon 85:362(2003)

Megacladosporium carpophilum(Thüm.) Vienn.-Bourg.,Les Champignons Parasites des Plantes Cultivees 1:489(1949)

分生孢子梗弯曲,大小为 48~60μm×4.5μm,具分隔,暗褐色。分生孢子椭圆形或瓜子形,大小为 12~30μm×4~6μm,无色或浅橄榄色。有性阶段为嗜果黑星菌(*Venturia carpophi-*

lum),我国尚未发现。

寄生于杏、桃,引起疮痂病。在枝梢的病部或芽的鳞片中过冬。主要侵害寄主的果实,也侵害枝梢和叶片。果实发病多在肩部,先产生暗绿色圆形小斑点,后呈黑痣状,紫黑色或红黑色,病斑逐渐扩大至 2 ~ 3mm,可聚合成片。寄主枝梢受害时,起初在表面发生浅褐色椭圆形斑点。病斑大小约 3mm × 6mm,边缘为紫褐色。随后病斑变为紫色或黑褐色,并进一步扩大,病部隆起,常由病斑处产生流胶现象。病斑表面密生黑星粒点,翌年春病斑变为灰色。叶片发病多在背面叶脉之间,起初为多角形或不规则形灰绿色病斑,继而病斑正反两面均变为暗绿色、褐色或紫红色,最后病部枯死,常常脱落穿孔。

分布:河南省桃产区均有分布。

【苹果黑星菌】

***Venturia inaequalis*(Cooke) G. Winter**, Mycoth. Univ. 3: no. 261(1875)

Cladosporium dendriticum Wallr., Fl. Crypt. Germ. 2:169(1833)

Didymosphaeria inaequalis(Cooke) Niessl, In: Rabenhorst, Fungi Europ. Exsicc.: no. 2663(1881)

Endostigme inaequalis(Cooke) Syd., Annls Mycol. 21(3/4):171(1923)

Fusicladium dendriticum(Wallr.) Fuckel, Jb. Nassau. Ver. Naturk. 23 ~ 24:357(1870)

Fusicladium pomi (Fr.) Lind, Danish Fungi:521(1913)

Passalora dendritica(Wallr.) Sacc., Michelia 1(2):265(1878)

Sphaerella inaequalis Cooke, Handb. Brit. Fungi 2: no. 2758(1871)

Spilocaea pomi Fr., Novit. Fl. Svec. 5(cont.):79(1819)

Spilosticta inaequalis(Cooke) Petr., Annls Mycol. 38(2/4):193(1940)

子囊座在寄主的落叶上形成,埋生于落叶的叶肉组织中,黑褐色,有乳头状孔口,孔口周缘长有刚毛。子囊长棍棒形,大小 55 ~ 75μm × 6 ~ 12μm,无色。子囊孢子暗褐色,大小 11 ~ 15μm × 4 ~ 8μm,双胞,顶细胞较小,基部细胞较大。分生孢子梗棕褐色,短棒状,大小 50 ~ 60μm × 4 ~ 6μm,直立或弯曲,不分枝,单胞,偶有 1 ~ 2 个隔膜,孢痕明显。分生孢子顶生,初无色,后变为橄榄色,梭形或卵圆形,大小 12 ~ 22μm × 6 ~ 9μm,单胞,少数为双胞。菌丝初无色,后变为橄榄色。

寄生于苹果,引起黑星病。主要侵害叶片和果实,也可侵害叶柄、嫩梢、花、果梗等部位。病斑生于叶片正背两面,近圆形,大小不等,有烟煤状霉(分生孢子梗及分生孢子)。病斑边缘因菌丝在角质层下放射状扩展,呈细碎的冰纹状。果实上的病斑淡黄绿色,圆形,渐扩大,凹陷,随果实长大而硬化,表面有裂纹,生烟煤状霉。主要以落叶上形成的子囊座越冬,也可以菌丝体在枝干溃疡或芽鳞内越冬,翌年春季子囊孢子成熟,随气流传播引起初侵染,病部形成的分生孢子可进行再侵染。

分布:汝南、西华。

【梨黑星菌】

***Venturia pirina* Aderh.**, Landwirtschaftliche Jahrbucher 25:875(1896)

Fusicladium pyrorum(Lib.) Fuckel[as '*pirinum*'], Jb. Nassau. Ver. Naturk. 23 ~ 24:357(1870)

Fusicladium pyrorum f. *pyrorum*(Lib.) Fuckel, Jb. Nassau. Ver. Naturk. 23 ~ 24:357(1870)

Fusicladium virescens Bonord., Handb. Allgem. Mykol.:80(1851)

Helminthosporium pyrorum Lib. [as '*Helmisporium*'], Pl. Crypt. Arduenna, Fasc. 2: no. 188(1832)

Megacladosporium pyrorum (Lib.) Vienn. -Bourg. [as '*pirinum*'], Les Champignons Parasites des Plantes Cultivees 1:489(1949)

Venturia pirina f. *pirina* Aderh. , Landwirtschaftliche Jahrbucher 25:875(1896)

分生孢子梗暗褐色,散生或丛生,直立或稍弯曲, 8.0 ~32.0μm ×3.2 ~6.4μm,顶端或中部着生分生孢子,孢子脱落后在梗上留有瘤状的痕迹。分生孢子淡褐色或橄榄色,纺锤形、椭圆形或卵圆形,8.0 ~24.0μm ×4.8 ~8.0μm,单胞,少数萌发前可产生一个隔膜。子囊壳一般在过冬后的落叶上产生,埋生于落叶的叶肉组织中,成熟后有喙部突出叶表,状如小黑点,在落叶的正反两面均可形成,但以反面居多,并有成堆聚生的习性。子囊壳圆球形或扁圆球形,平均大小为 118.6μm ×87.1μm,颈部较肥短,黑褐色,壳壁由 2 ~4 层胞壁加厚的细胞组成。子囊生于子囊壳的底部,棍棒状,37.1 ~61.8μm ×6.2 ~6.9μm,无色透明。每个子囊内含 8 个子囊孢子。子囊孢子双胞,上大下小,状如鞋底,11.1 ~13.6μm ×3.7 ~5.2μm,淡黄绿色或淡黄褐色。

寄生于梨,引起黑星病(疮痂病)。为害梨的果实、果梗、叶片、叶柄和新梢等部位。果实上的病斑初为淡黄色,圆形,逐渐扩大后病部稍凹陷,并生黑霉,后期病斑木栓化,表面粗糙,坚硬,凹陷并龟裂。幼果因病部生长受阻碍,变成畸形。果梗染病,出现黑色椭圆形的凹斑,上长黑霉。叶片染病,初在叶背主、支脉之间产生圆形、椭圆形或不整形的淡黄色斑,不久病斑上沿主脉边缘长出黑色的霉。危害严重时,许多病斑互相愈合,整个叶片的背面布满黑色霉层。叶脉受害,常在中脉上形成长条状的黑色霉斑。叶柄上症状与果梗相似。新梢受害,初生黑色或黑褐色椭圆形的病斑,病斑逐渐凹陷,表面长出黑霉。最后病斑呈疮痂状,周缘开裂。主要以分生孢子或菌丝体在腋芽的鳞片内越冬,也能以菌丝体在枝梢病部越冬,或以分生孢子、菌丝体及未成熟的子囊壳在落叶上越冬。翌年春季新梢基部最先发病,病梢上产生的分生孢子通过风雨传播到附近的叶、果上侵染为害。

分布:河南省梨产区均有分布。

4.1.4.3 科未确定 Incertae sedis for family

【竹黄】

***Shiraia bambusicola* Henn.** , Bot. Jb. 28(1900)

子座先为肉质,渐变木栓质,粉红色,不规则瘤状,大小 1.5 ~4.5 ×1 ~2.5cm,表面初平滑后龟裂。子囊壳近球形,埋生于子座内,直径 480 ~580μm。子囊长圆柱形,280 ~340μm ×22 ~35μm,含有 6 个单行排列的子囊孢子。子囊孢子长椭圆形至近纺锤形,42 ~92μm ×13 ~35μm,具纵横隔膜,无色或近无色,两端尖锐(图版 041)。

寄生于竹类植物,引起赤团子病。子座春夏季生于竹子的枝秆上,为传统中药,具多种医疗功效。

分布:信阳、新县、商城。

4.1.5 葡萄座腔菌目 Botryosphaeriales

4.1.5.1 葡萄座腔菌科 Botryosphaeriaceae

【贝伦格葡萄座腔菌】

***Botryosphaeria berengeriana* De Not.** , Sfer. Ital. :82(1863)

Botryosphaeria berengeriana f. sp. *pyricola* Kogan. & Sakuma[as '*piricola*'], Bulletin of the Fruit Tree Research

Station, Series C 11:58(1984)

Guignardia pyricola(Nose) W. Yamam. [as '*piricola*'], Sci. Rep. Hyogo Univ. Agric., Ser. Agr. Biol. 5(1):11 (1961)

Melanops berengeriana(De Not.) Weese, Ber. Dt. Bot. Ges. 37:94(1919)

Physalospora pyricola Nose[as '*piricola*'], Ann. Agric. Exper. Stat. Gov. -Gen. Chosen 7:156(1933)

子座埋生于寄主皮层组织内,后突破表皮外露。子囊腔黑色,炭质,近圆形或扁圆形,180 ~ 260μm × 210 ~ 250μm,单生或数个聚生于子座内,具乳头状孔口。子囊束生,棍棒状,具无色双层壁,顶壁较厚,100 ~ 120μm × 18 ~ 20μm,有拟侧丝。子囊内有子囊孢子 8 枚,子囊孢子单胞,无色,椭圆形,19 ~ 22μm × 6 ~ 8μm。无性型为聚生小穴壳菌 *Dothiorella gregaria* Sacc. 等,分生孢子器数个聚生或单生于子座内,近圆形,180 ~ 210μm × 160 ~ 230μm,有明显孔口。分生孢子梗和分生孢子无色,分生孢子单细胞,长椭圆形或纺锤形,20 ~ 27μm × 5 ~ 7μm。常见的为其无性型,有性型较少出现。

寄生于杨树、油桐、海棠、黄檗,引起溃疡病。在树干的病斑内越冬。越冬病斑内产生的分生孢子是当年侵染的主要来源。病菌的子囊孢子在侵染中远不如分生孢子重要。越冬后的病斑内虽有活的菌丝存在,但越冬后的病斑并不扩展。病菌主要由伤口侵入,但对皮孔和无伤表皮接种也能发病。自然条件下,病斑往往与皮孔和小伤口相连。主要危害衰弱和新移栽树木,以当年定植的幼树受害最重,未移植的苗木一般不发病或病害很轻,一经移植,水分失去平衡,病害便易于发生。在杨树树干上形成近圆形、直径约 1cm 左右的溃疡斑。病斑有两种类型。水泡型:这是最具特征的病斑,即在皮层表面形成一个约 1cm 大小的圆形水泡,泡内充满树液,破后有褐色带腥臭味的树液流出。水泡失水干瘪后,形成一个圆形稍下陷的枯斑,灰褐色;枯斑型:树皮上先出现数毫米大小的水浸状圆斑,稍隆起,手压有柔软感,后干缩成微陷的圆斑,黑褐色。水泡型病斑只出现于幼树树干和光皮树种的枝干上。在春季出现的病斑上,5 月下旬至 6 月上旬产生许多黑色小点,即病菌的分生孢子器。秋季形成的病斑,分生孢子器往往至翌年才形成。病斑下的皮层变褐坏死,其范围大于病斑表面。几乎长年存在具侵染力的接种体。但病害的发生却不是连续的,而是呈现春 - 夏,夏 - 秋两个几乎是间断的高峰期。这与病菌的潜伏侵染特性、温湿度的季节性改变以及寄主的生长节律有关。有文献指出,春季发病高峰是上年秋季,而不是当年春季侵染的结果。春季造林时,初定植幼树上的新病斑也是上年在苗圃感染所致。

寄生于苹果、梨,引起轮纹病。在苹果、梨上寄生的,有性态少见,常见的无性态为轮纹大茎点 *Macrophoma kawatsukai* Hara,分生孢子器扁球形或球形,直径 383 ~ 425μm,具乳头状孔口。产孢细胞棒形,其上着生分生孢子。分生孢子无色,单胞,纺锤形或长椭圆形,24 ~ 30μm × 6 ~ 8μm。子囊壳 1 ~ 3 个生在黑色子座内,球形或扁球形,170 ~ 310μm × 230 ~ 310μm,具孔口。子囊长棍棒状,110 ~ 130μm × 17. 5 ~ 22μm,无色,顶端稍大,壁厚,无孔口,基部较窄,具侧丝。子囊内有 8 个子囊孢子,双列或斜列。子囊孢子单胞,无色,椭圆形,24. 5 ~ 26μm × 9. 5 ~ 10. 5μm。主要危害枝干和果实,叶片较少发病。果实多在近成熟期和贮运中发病。初期病斑以皮孔为中心,呈水渍状褐色小圆点,后逐渐扩大为红褐色圆斑或近圆斑,具明显深浅色泽不同的同心轮纹,自中央部分陆续形成散生的小黑点(分生孢子器)。枝干染病也从皮孔开始,形成圆形或椭圆形,直径多约 0. 3 ~ 3cm,平均 1cm 左右的红褐色病斑。病部质地坚硬,中央突起呈疣状物,后期病斑颜色变深,青灰色至黑褐色,边缘龟裂,病健部界线分明。翌年病斑中部亦产生小黑点,天气潮湿时释放出乳白色卷丝状孢子角。同时病健部的裂缝逐渐加深,致使病组织翘起如马鞍状。枝干发病严重时,许多病斑连成一片,使表皮粗糙,故别名"粗皮病"。主要以菌丝体和分生孢子器在枝干病斑中越冬。

分布:河南各地都有分布。

讨论:关于葡萄座腔菌有性世代学名与无性世代学名的对应关系,还有不少问题需进一步研究。目前文献中的无性世代学名主要有聚生小穴壳 *Dothiorella gregaria* Sacc.、轮纹大茎点 *Macrophoma kawatsukai* Hara 和七叶树壳梭孢 *Fusicoccum aesculi* Corda 等。

【葡萄座腔菌】

***Botryosphaeria dothidea*(Moug.)Ces. & De Not.**, Comm. Soc. Crittog. Ital. 1(4):212(1863)

Caumadothis dothidea(Moug.)Petr., Sydowia 24(1~6):277(1971)

Dothiorella mali var. *fructans* Dearn., Mycologia 33:361(1941)

Sphaeria dothidea Moug., In: Fries, Syst. Mycol. 2(2):423(1823)

子囊壳埋生于子座内,子座初期埋生在表皮下,后突破表皮外露,黑色,近圆形,直径200~400μm。子囊棒形,有短柄,壁双层透明,顶壁稍厚,易消解,大小 49.0 ~ 68.0μm × 11.0~21.3μm。子囊内含孢子8个,中部成双行斜列,下部为单列。子囊间有假侧丝。子囊孢子单细胞,无色,倒卵形或椭圆形,大小 15.0~19.4μm×7.0~11.400μm。无性时期为聚生小穴壳 *Dothiorella gregaria* Sacc.,较常见。分生孢子器球形,暗褐色,单生或聚生于子座内,大小 97~233.0μm×97~184.3μm。分生孢子梗短,不分枝。分生孢子单胞,梭形,无色,19.4~29.1μm×5.0~7.0μm。

寄生于核桃、猕猴桃、白椿、泡桐、榆树,引起溃疡病;寄生于苹果,引起干腐病;寄生于板栗、枣,引起黑腐病;寄生于石榴,引起枝枯病。在树木病皮内越冬,一般树皮上也常带菌。病菌孢子借风、虫等传播,多由树木的皮孔或伤口侵入。主要表现为溃疡型,一般在皮孔的边缘形成褐色、近圆形小泡状溃疡病斑,直径约1cm,流出黏液,或出现近圆形水泡,水泡破裂后流出淡褐色液体,有腥臭味,遇空气氧化成赤褐色,并把病斑周围染成黑褐色,最后病部干缩凹陷,中央有一纵裂小缝,受害严重的树木,病斑扩展或汇合,树皮上病疤密集,相互联结,并包围树干,以致养分不能输送,植株逐渐死亡。

分布:广泛分布于河南各地。

【仁果葡萄座腔菌】

***Botryosphaeria obtusa* (Schwein.) Shoemaker**, Can. J. Bot. 42:1298(1964)

Amerodothis ilicis(Cooke)Theiss. & Syd., Annls Mycol. 13(3/4):295(1915)

Botryodiplodia juglandicola(Schwein.)Sacc., Syll. Fung. 3:377(1884)

Botryosphaeria ambigua(Schwein.)Sacc., Syll. Fung. 1:459(1882)

Diplodia griffonii Sacc. & Traverso, Syll. Fung. 20:1228(1911)

Diplodia juglandicola(Schwein.)Curr., Trans. Linn. Soc. London 22:275(1859)

Engizostoma juglandicola(Schwein.)Kuntze[as '*jugandicolum*'], Revis. Gen. Pl. 3:474(1898)

Macroplodia malorum(Peck)Kuntze, Revis. Gen. Pl. 3:492(1898)

Melanops ambigua(Schwein.)Weese, Ber. Dt. Bot. Ges. 37:94(1919)

Melanops cupressi(Berk. & M. A. Curtis)Petr. & Syd., Annls Mycol. 23(3/6):253(1925)

Melanops cydoniae(G. Arnaud)Petr. & Syd., Feddes Repert. Spec. Nov. Regni Veg., Beih. 42:151(1926)

Peyronellaea obtusa (Fuckel)Aveskamp, Gruyter & Verkley, Stud. Mycol. 65:33(2010)

Physalospora cupressi(Berk. & M. A. Curtis)Sacc. ,Syll. Fung. 1:439(1882)

Physalospora cydoniae G. Arnaud,Annals d'École National d'Agric. de Montpellier,Série 2,12(1):9(1911)

Physalospora malorum Shear,N. E. Stevens & Wilcox,Journal of Agricultural Research 28:596(1924)

Physalospora obtusa(Schwein.)Cooke,Grevillea 20(95):86(1892)

Physalospora thyoidea(Cooke & Ellis)Sacc. ,Syll. Fung. 1:445(1882)

Psilosphaeria eunotiaespora(Cooke & Harkn.)Cooke,Grevillea 16(78):50(1887)

Sphaeria ambigua Schwein. ,Trans. Am. Phil. Soc. ,New Series 4(2):206(1832)

Sphaeria eunotiaespora Cooke & Harkn. ,Grevillea 13(65):18(1884)

Sphaeria juglandicola Schwein. ,Schr. Naturf. Ges. Leipzig 1:37(1822)

Sphaeria obtusa Rabenh. ,Deutschl. Krypt. -Fl. 1:175(1844)

Sphaeria obtusa Schwein. ,Trans. Am. Phil. Soc. ,New Series 4(2):220(1832)

Sphaeropsis malorum Peck,Ann. Rep. N. Y. St. Mus. Nat. Hist. 34:36(1883)[1881]

Valsa juglandicola(Schwein.)Cooke,Grevillea 13(66):38(1884)

Wallrothiella eunotiaespora(Cooke & Harkn.)Berl. & Voglino,Syll. Fung. ,Addit. 1 ~ 4:68(1886)

分生孢子器多聚生,初埋生于寄主表皮下,后突破表皮,近圆形或卵圆形,直径 144 ~ 360μm,黑色。分生孢子单胞,椭圆形,大小 20 ~ 32μm × 10 ~ 14μm,暗褐色。子囊壳黑色,扁球形,大小 200 ~ 400μm × 180 ~ 324μm,顶部具短颈。子囊无色,棍棒状,大小 130 ~ 180μm × 21 ~ 32μm。子囊孢子椭圆形,大小 23 ~ 38μm × 7 ~ 13μm ,单胞,无色或黄褐色。该菌一般只形成分生孢子,有时产生子囊孢子。

寄生于苹果、梨,引起黑腐病。主要为害果实、枝干和叶片。幼果染病,产生丘疹状红色或紫色斑点,果实成熟后迅速扩展。成熟果实染病,产生边缘有红晕的病斑,或形成黑褐色相间的轮纹,病斑坚硬,常散生黑色小粒点(分生孢子器)。枝干染病,初现红褐色凹陷斑,自皮层下突出许多黑色小粒点,树皮粗糙或开裂。叶片染病,初生紫色小黑点,后扩展成边缘紫色的圆斑,中部黄褐色或褐色,似蛙眼状,直径 4 ~ 5mm。以菌丝体和分生孢子器在病斑上或树上溃疡斑、落叶及僵果中越冬,翌年春季,寄主绽芽后释放出分生孢子,随雨水飞溅进行传播。一般在寄主花瓣脱落后 4 ~ 6 周可产生子囊孢子,子囊孢子随气流传播蔓延。

分布:郑州、开封、许昌、鄢陵、汝南。

注:在国内文献中,该菌的名称多为仁果囊孢壳 *Physalospora obtusa*(Sahw.)Cooke。

无性世代为仁果球壳孢 *Sphaeropsis malorum* Peck. 。

【山茶球座菌】

***Guignardia camelliae*(Cooke)E. J. Butler:Petch**,Fungi of India:62(1923)

Laestadia camelliae(Cooke)Berl. & Voglino,Syll. Fung. ,Addit. I ~ IV:62(1886)

Sphaerella camelliae Cooke,Grevillea 13(65):4(1884)

分生孢子盘散生在寄主表皮之下,成熟时突破表皮外露,底部为灰黑色子座,大小 187 ~ 290μm。分生孢子盘四周生刚毛,刚毛针状,基部粗,顶端渐细,暗褐色,具隔膜 1 ~ 3 个,大小 40 ~ 70μm × 3 ~ 5μm。分生孢子梗短线状,单根无色,大小 9 ~ 19μm × 3 ~ 3. 5μm,顶生 1 个分生孢子。分生孢子圆筒形或长椭圆形,两端圆或一端略粗,直或稍弯,单胞无色,内具 1 空胞或多个颗粒,大小 10 ~ 21μm × 3 ~ 6μm。厚垣孢子球形,浅褐色,具油球 2 ~ 3 个。子囊壳散生在寄主病部两面,半埋生,球形至扁球形,黑色,大小 160 ~ 200μm,孔口直径 7 ~ 18μm。子囊卵形或棍棒形,顶端圆,基部具小柄,大小 40 ~ 66. 5μm × 9 ~ 18μm,内含 8 个子囊孢子。子囊孢子排成2列,纺锤形,单胞,无色,大小10~18μm×3~6μm。

寄生于油茶、山茶,引起炭疽病。以菌丝体或分生孢子盘和子囊果在茶树病部或土表落叶中越冬。翌春条件适宜时越冬的子囊果产生子囊孢子,分生孢子盘也可产生分生孢子,由茶树的表皮或伤口侵入。病斑上产生的分生孢子可进行多次再侵染。主要侵害寄主的叶片、新梢、枝条及果实。叶片染病产生圆形至不规则形水浸状病斑,病斑初呈黄绿色或黄褐色,后期渐变为褐色,病部生有波状褐色、灰色相间的云纹,最后从中心部向外变成灰色,其上生扁平圆形黑色小粒点,小粒点轮纹状排列。枝条染病产生灰褐色斑块,斑块椭圆形略凹陷,其上生灰黑色小粒点。果实染病病斑黄褐色或灰色,圆形,上生灰黑色小粒点。

分布:信阳、桐柏、淅川、新县、商城、郑州。

4.1.6 目未确定 Incertae sedis for order

4.1.6.1 科未确定 Incertae sedis for family

【红点明斑腔菌】

***Thyridaria rubronotata*(Berk. & Broome)Sacc.** ,Syll. Fung. 2:141(1883)

Cyclothyrium juglandis(Schumach.)B. Sutton,Mycol. Pap. 141:56(1977)

Cytoplea juglandis(Schumach.)Petr. ,In:Petrak & Sydow,Beih. Reprium Nov. Spec. Regni Veg. 42:449(1927)

Cytospora juglandis(Schumach.)Rabenh. ,(1844)In:Saccardo,Sylloge Fungorum 3:267(1884)

Melogramma rubronotatum Berk. & Broome,Ann. Mag. Nat. Hist. ,Ser. 3,3:20(1859)

Naemaspora juglandis Schumach. ,Enum. Pl. 2:178(1803)

分生孢子器埋生在寄主表皮的子座中,形状不规则,多室,黑褐色,具长颈,成熟后突破寄主表皮外露,大小144~324μm×96~108μm,颈长48~54μm,分生孢子香蕉状,大小1.9~2.9μm×0.4~0.6μm,单细胞,无色。有性世代未见。

寄生于核桃,引起腐烂病。以菌丝体或子座及分生孢子器在寄主病部越冬。主要侵害寄主的枝干。幼树主干或侧枝染病,病斑初近梭形,暗灰色水渍状肿起,用手按压流有泡沫状液体,病皮变褐有酒糟味,后病皮失水下凹,病斑上散生许多小黑点即分生孢子器。湿度大时从小黑点上涌出橘红色胶质物,即孢子角。病斑扩展致皮层纵裂流出黑水。大树主干染病初期,症状隐蔽在韧皮部,外表不易看出,当看出症状时皮下病部已扩展20~30cm以上,流有黏稠状黑水。枝条染病后干枯,其上产生黑色小点,在剪锯口处可生明显病斑。

分布:太康、禹州、郑州、南阳。

讨论:在国内文献上,该菌的名称多为胡桃壳囊孢 *Cytospora juglandis*(DC.)Sacc. ,*Thyridaria rubronotata* 过去没有中文译名,作者将其暂译为红点明斑腔菌。

4.2 散囊菌纲 Eurotiomycetes

4.2.1 散囊菌目 Eurotiales

4.2.1.1 发菌科 Trichocomaceae

【间型散囊菌】

***Eurotium intermedium* Blaser**,Sydowia 28(1~6):41(1976)

Aspergillus chevalieri Thom & Church,The Genus Aspergillus:111(1926)

Aspergillus chevalieri var. *intermedius* Thom & Raper,Misc. Publ. U. S. Dept. Agric. 426:24(1941)

分生孢子梗顶端膨大成为顶囊,顶囊一般呈球形。顶囊表面长满一层或两层辐射状小梗(初生小梗与次生小梗)。最上层小梗瓶状,顶端着生成串的球形分生孢子。菌丝有隔膜。在幼小而活力旺盛时,菌丝体产生大量的分生孢子梗。有性世代未见。

腐生于土壤、木材、皮革等基物上。可产生柠檬酸。

分布:河南。

注:作者未见到该菌,关于该菌在河南的分布是依据《中国真菌总汇》(戴芳澜,1979,科学出版社)。

4.3　锤舌菌纲 Leotiomycetes

4.3.1　白粉菌目 Erysiphales

4.3.1.1　白粉菌科 Erysiphaceae

【钩状白粉菌】

***Erysiphe adunca* var. *adunca*(Wallr.)Fr.**,Syst. Mycol. 3(1):245(1829)

Alphitomorpha adunca Wallr.,Verh. Ges. Nat. Freunde Berlin 1(1):37(1819)

Alphitomorpha guttata var. *salicis* (DC.)Wallr.,Verh. Ges. Nat. Freunde Berlin 1(1):42(1819)

Erysiphe adunca(Wallr.)Fr.,Syst. Mycol. 3(1):245(1829)

Erysiphe salicis DC.,In:Lamarck & de Candolle,Fl. Franç.,Edn 3 2:273(1805)

Uncinula adunca(Wallr.)Lév.,Annls Sci. Nat.,Bot.,Sér. 3,15:151(1851)

Uncinula adunca var. *adunca*(Wallr.)Lév.,Annls Sci. Nat.,Bot.,Sér. 3,15:151(1851)

Uncinula salicis(DC.)G. Winter,Rabenh. Krypt.-Fl.,Edn 2,1.2:40(1884)

菌丝体生于叶的两面,或仅生于正面,当形成闭囊壳时,白粉层消失或不消失,闭囊壳聚生或散生,扁球形,直径85~168μm,每个闭囊壳有附属丝14~112根。附属丝直或弯曲,少数波浪状,个别近屈膝状,长为闭囊壳直径的1~2倍,向上渐粗,基部少数有一隔,无色,顶端钩状或卷曲1~1.5圈,少数2圈。子囊4~15个,卵形,广卵形,不规则卵形,大多数有柄,40.6~101.6μm×27.9~63.5μm,每个子囊有子囊孢子3~7个,极少数为8个。子囊孢子长卵形或矩圆形,卵形,17.8~33μm×11.4~15.2μm,淡黄色。

寄生于柳树,引起白粉病。典型症状是在叶的两面形成大小不等的白色粉斑,有的扩展到全叶,有时绿色枝条上也生白粉。秋初,在白粉中生出黄褐色到深褐色的小黑点。有的当子囊壳出现时,白粉层消失。以闭囊壳在落叶上或在枝条上越冬,第二年春季释放出子囊孢子行初次侵染,分生孢子可引起再侵染。

分布:洛宁、嵩县。

注:在国内文献上,该菌的名称多为钩状钩丝壳 *Uncinula adunca* (Wallr.:Fr.)Lev.。

【木通白粉菌】

***Erysiphe akebiae*(Sawada)U. Braun & S. Takam.**,Schlechtendalia 4:5(2000)

Microsphaera akebiae Sawada,Bull. Gov. Forest Exp. St. Tokyo 50:116(1951)

闭囊壳球形,直径98~120μm,黑褐色,有附属丝,每个闭囊壳内生2~8个子囊。附属丝顶端4~6次叉状分枝。子囊卵形,42~49μm×34~35μm,每个子囊有4~8个子囊孢子。子囊孢子椭圆形,17~26μm×9~15μm,单胞,无色。

寄生于三叶木通,引起白粉病。寄主叶片染病,在正、反面形成薄片状白粉层,秋季潮湿时在白粉层中产生黄白色至黑褐色小颗粒。严重时叶片发生扭曲皱缩,提早脱落。以闭囊壳在寄主的病落叶上越冬。春天遇雨放射出子囊孢子,引起初侵染。寄主生长季节病部产生的分生孢子可进行多次再侵染。

分布:嵩县、巩义、信阳。

注:在国内文献上,该菌的名称多为木通叉丝壳 *Microsphaera akebiae* Salw. 。

【粉状白粉菌】

***Erysiphe alphitoides* (Griffon & Maubl.) U. Braun & S. Takam.** ,Schlechtendalia 4:5(2000)

Erysiphe quercina Schwein. ,Syn. Fung. Amer. Bor. :no. 2492(1834)

Microsphaera alphitoides Griffon & Maubl. ,Bull. Soc. Mycol. Fr. 28(1):103(1912)

Phyllactinia quercus(Mérat) Homma,J. Coll. Agric. ,Hokkaido Imp. Univ. 38:415(1937)

菌丝体生于寄主叶的两面,叶面上的存留,叶背上的近存留,展生,最后形成斑片;闭囊壳聚生或散生,暗褐色,扁球形,直径 70 ~ 150(平均 102. 9)μm,壁细胞 12. 5 ~ 17. 5μm × 7. 5 ~ 12. 5μm;附属丝 4 ~ 27 根,常为 6 ~ 18 根,长 72 ~ 150μm,为闭囊壳直径的 0. 7 ~ 2. 5 倍,常为 0. 8 ~ 1. 2 倍,多与子囊直径等长,基部粗 5 ~ 10μm,平滑或下部稍粗糙,无隔膜或具 1 个隔膜,极少具 2 隔膜,无色或基部特别是隔膜下为浅褐色,顶部 3 ~ 7 次双分叉,常为 4 ~ 6 次双分叉,末枝顶端指状或钝圆,平截或其他各种形状,多不反卷;子囊 2 ~ 14 个,多为 4 ~ 9 个,卵形或亚球形,44 ~ 74μm × 29 ~ 54μm,具短柄;子囊孢子 4 ~ 8 个,常为 7 ~ 8 个,罕为 4 或 5 个,椭圆形或矩圆形,13. 8 ~ 22. 5μm × 8. 8 ~ 14. 4μm。

寄生于栎树,引起表白粉病。

分布:信阳、洛阳、南阳、镇平、信阳。

注:在国内文献上,该菌的名称多为粉状叉丝壳 *Microsphaera alphitoides* Griff. & Maubl. 。

【南方白粉菌 】

***Erysiphe australiana*(McAlpine) U. Braun & S. Takam.** ,Schlechtendalia 4:17(2000)

Uncinula australiana McAlpine,Fitopatología 24:302(1899)

Uncinuliella australiana(McAlpine) R. Y. Zheng & G. Q. Chen,Acta Bot. Yunn. 4(4):364(1982)

闭囊壳暗褐色,散生或聚生,球形至扁球形,大小 90 ~ 125μm。附属丝有长短两种类型,多不分枝。短附属丝 10 ~ 28 根,大小 8. 3 ~ 22. 9μm × 2. 5 ~ 5. 2μm。每个闭囊壳含 3 ~ 5 个卵形子囊,子囊大小 48. 3 ~ 58. 4μm × 30. 5 ~ 40. 6μm。每个子囊内含 5 ~ 7 个子囊孢子,子囊孢子卵形至矩圆形,大小 17. 8 ~ 22. 9μm × 10. 2 ~ 15. 2μm。分生孢子梗棍棒状,大小 64. 5 ~ 81. 4μm × 6. 4 ~ 9. 2μm。分生孢子单个顶生在孢子梗上,卵形至椭圆形,大小 31. 0 ~ 39. 7μm × 12. 4 ~ 17. 4μm。

寄生于紫薇,引起白粉病。

分布:信阳。

注:在国内文献上,该菌的名称多为南方小钩丝壳 *Uncinuliella australiana*(McAlp.) Zheng & Chen。

【秋海棠白粉菌】

***Erysiphe begoniae* R. Y. Zheng & G. Q. Chen**,微生物学报 20(4):361(1980)

闭囊壳散生,黑褐色,扁球形,直径 90 ~ 105μm。附属丝 13 ~ 25 根,一般不分枝,个别分枝一次,直或弯曲至扭曲状,长为子囊果直径的 1 ~ 2 倍,向上渐细或上下等粗,有 0 ~ 7 个隔膜,褐色至深褐色,个别淡褐色。子囊大小两型同时存在,大子囊 50 ~ 63μm × 33 ~ 45μm,小子囊 33 ~ 40μm × 25 ~ 33μm。大子囊内含 3 ~ 5 个子囊孢子,子囊孢子大小 18 ~ 22μm × 11 ~ 13μm,小子囊内有 2 ~ 4 个子囊孢子,子囊孢子大小 12 ~ 15μm × 8 ~ 11μm。子囊孢子都为近卵形,带黄色。分生孢子桶柱形,23 ~ 38μm × 13 ~ 16μm。

寄生于海棠,引起白粉病。海棠叶、叶柄、茎及花均可受害。病部生边缘不定的近圆形白色粉霉斑,霉层较稀薄,后期白粉斑常互相融合覆满整叶,其中散生黄褐色至黑褐色小粒点(闭囊壳)。以闭囊壳在寄主及病残体上越冬,翌年子囊孢子借风雨传播进行初侵染。病部产生分生的分生孢子可进行再侵染。

分布:嵩县。

【小檗白粉菌】

***Erysiphe berberidicola*(F. L. Tai) U. Braun & S. Takam.**, Schlechtendalia 4:6(2000)

Microsphaera berberidicola F. L. Tai, Bull. Torrey Bot. Gl., 123:115(1946)

闭囊壳近球形,84 ~ 122μm × 89 ~ 122μm,黑褐色,附属丝 7 ~ 16 根,二叉状分枝,有隔,长度为闭囊壳直径 1 倍以上。子囊 3 ~ 7 个,卵形或近球形,48 ~ 80μm × 50 ~ 58μm,有短柄,内含 4 ~ 8 个子囊孢子。子囊孢子椭圆形,20 ~ 25μm × 10 ~ 1 6μm。

寄生于小檗,引起白粉病。寄主染病后,在叶正背两面(以正面为主)生白粉斑,以后变灰色,后期粉斑上生许多黑色小粒点。受害后嫩梢弯曲,叶片卷缩,严重时萎缩干枯,整株死亡。病菌以菌丝体在病叶病株残体上越冬。翌年产生分生孢子或子囊孢子借气流传播,侵染嫩梢叶片。

分布:嵩县、信阳。

注:在国内文献上,该菌的名称多为小檗叉丝壳 *Microsphaera berberidicola* Tai。

【本间白粉菌】

***Erysiphe hommae*(U. Braun) U. Braun & S. Takam.**, Schlechtendalia 4:9(2000)

Microsphaera hommae U. Braun, Mycotaxon 15:124(1982)

菌丝体生于寄主叶的两面生,存留,常形成白色不规则斑块;闭囊壳散生,或由聚生到散生,深褐色,球形或扁球形,直径 70 ~ 105μm,平均直径一般在 85μm 左右,闭囊壳的壁细胞宽 7 ~ 15μm;每个闭囊壳有附属丝 5 ~ 16 根,常为 7 ~ 10 根,附属丝直或弯,长 62 ~ 125μm,为子囊果直径的 0.8 ~ 1.6 倍,多与子囊果直径等长,外壁粗糙或平滑,间或生一隔膜,无色透明,基部淡褐色,顶部具 2 ~ 6 次双分叉,常为 4 ~ 5 次双分叉,第一分枝常较其他分枝为长,多不反卷,少数反卷,顶端尖,或钝圆或平截,基部粗 5 ~ 10μm;每个闭囊壳含子囊 2 ~ 7 个,常为 4 ~ 5 个,子囊球形、亚球形、广卵形或宽椭圆形,41 ~ 59μm × 29 ~ 53μm,无柄或具短柄;每个子囊含 3 ~ 8 个子囊孢子,子囊孢子椭圆形、卵形、短腊肠形或矩椭圆形,15.0 ~ 22.5μm × 8.8 ~ 13.8μm(图版 042 ~ 044)。

寄生于榛子,引起白粉病。

分布:嵩县、信阳。

注:在国内文献上,该菌的名称多为本间叉丝壳 *Microsphaera hommae* Braun.。

【忍冬白粉菌】

***Erysiphe lonicerae* DC.** ,In:de Candolle & Lamarck,Fl. franç. ,Edn 3,6:107(1815)

Erysiphe penicillata f. *lonicerae* (DC.)Fr. ,Syst. mycol. 3(1):244(1829)

Microsphaera lonicerae(DC.)G. Winter,Rabenh. Krypt. -Fl. ,Edn 2,1. 2:36(1884)

闭囊壳散生,球形,大小 65 ~ 100μm,深褐色。每个闭囊壳具 5 ~ 15 根附属丝,附属丝长 55 ~ 140μm,是闭囊壳直径的 0. 7 ~ 2. 1 倍,无色,无隔或具 1 隔膜,3 ~ 5 次双分叉。每个闭囊壳具子囊 3 ~ 7 个,子囊卵形至椭圆形,大小 34 ~ 58μm × 29 ~ 49μm。每个子囊具子囊孢子 2 ~ 5 个,子囊孢子椭圆形,大小 16. 3 ~ 25μm × 8. 8 ~ 16. 3μm。菌丝体表生于寄主叶两面,分生孢子梗直立,大小 50 ~ 94μm × 7 ~ 10μm。分生孢子 2 ~ 3 个串生,少数单生,椭圆形、筒形,向基型产生,大小 28 ~ 49μm × 12 ~ 20μm。

寄生于金银花。

分布:信阳。

注:在国内文献上,该菌的名称多为忍冬叉丝壳 *Microsphaera lonicerae* (Dc.)Wint. 。

【刺槐白粉菌】

***Erysiphe robiniicola* U. Braun & S. Takam.** ,Schlechtendalia 4:13(2000)

Microsphaera robiniae F. L. Tai,(1946)Bull. Torrey Bot. Gl. ,123:118(1946)

菌丝体生于寄主叶的两面,大多生于叶正面,也可生于荚果上;闭囊壳密聚生,扁球形或半球形,直径 71 ~ 146μm;附属丝 5 ~ 25 根,常为 5 ~ 10 根,长 216 ~ 278μm,常为闭囊壳直径的 1. 8 ~ 2. 5 倍,弯曲或直,曲折或屈膝状,主干外壁平滑,基部壁较厚,无隔或具 1 ~ 5 隔膜,无色或呈淡褐色,双叉状分枝 3 ~ 7 次,分枝较密,顶端多尖削,少数顶端钝圆或平截;每个闭囊壳内有 4 ~ 21 个子囊,子囊卵形或长卵形、椭圆或卵 ~ 矩圆形,40 ~ 67μm × 26 ~ 41μm,有短柄;每个子囊内有 4 ~ 8 个子囊孢子,子囊孢子卵形或椭圆形,14. 5 ~ 23. 3μm × 9. 1 ~ 14. 6μm(图版 045)。

寄生于刺槐、胡枝子,引起白粉病。

分布:洛阳、中牟、信阳。

注:在国内文献上,该菌的名称多为刺槐叉丝壳 *Microsphaera robiniae* Tai。

【锡金白粉菌】

***Erysiphe sikkimensis* Chona,J. N. Kapoor & H. S. Gill**,Indian Phytopath. 13:72(1960)

菌丝体生于寄主叶面,个别情况下也可生叶的背面,叶面上的存留至近存留,形成薄而无定形的白色斑片,常互相愈合,叶背上的消失。闭囊壳聚生并布满全叶,有时零星地散生在叶背,暗褐色,扁球形,直径 60 ~ 95μm,壁细胞不规则多角形,细胞直径 6. 3 ~ 21. 5μm。每个闭囊壳有 0 ~ 45 根附属丝,2 ~ 4 个子囊。附属丝不分枝、近双叉状分枝或不规则地分枝 1 ~ 3 次,呈珊瑚状,直或稍弯,长 6 ~ 68μm,约为闭囊壳直径的 0. 1 ~ 0. 8 倍,上下近等粗,宽 3. 0 ~ 7. 5μm,壁薄至中等厚,表面粗糙,一般无隔膜,黄色至近无色。子囊近球形、广卵形,40. 0 ~ 58. 4μm × 32. 5 ~ 53. 3μm,无柄至近无柄,个别有短柄。每个子囊含 3 ~ 8 个子囊孢子。子囊孢子卵形、矩圆-卵形或长矩圆-卵形, 17. 5 ~ 25. 4μm × 11. 3 ~ 15. 2μm,带黄色。

寄生于栎树,引起白粉病。

分布：西峡。

【中国叉丝壳】

***Microsphaera sinensis* Y. N. Yu**, In：Yu & Lai，东北林业大学学报 12(4)：32(1982)

Erysiphe castaneigena U. Braun & Cunningt. , In：Braune, Delhey, Dianese & Hosagoudar, Schlechtendalia 14：85 (2006)

Erysiphe sinensis(Y. N. Yu) U. Braun & Cunningt. , In：Braun, Cunnington, Brielmaier-Liebetanz, Alé-Agha & Heluta, Schlechtendalia 10：92(2003)

菌丝体生于寄主叶的两面，大多生于叶正面，存留，展生或形成斑块；闭囊壳聚生或由散生到聚生，扁球形，直径 70 ~ 115(平均 88.1)μm，暗褐色，壁细胞 10 ~ 17.5μm × 7.5 ~ 15μm；附属丝 4 ~ 13 根，多为 5 ~ 10 根，长 65 ~ 145μm，为闭囊壳直径的 0.7 ~ 1.6 倍，常为 0.8 ~ 1.1 倍，约与闭囊壳直径近等长，基部粗 7.5μm，上下近等粗，或基部稍粗，平滑或粗糙，多数无色，无隔膜，偶尔基部浅褐色并具 1 隔膜，顶部 3 ~ 7 次双分叉，常为 4 ~ 5 次分叉，第一次分叉角度常较大(120° ~ 180°)，末枝多反卷，少数不反卷，顶部指状、平截或钝圆；每个闭囊壳内有 2 ~ 6 个子囊，多为 3 ~ 4 个，子囊卵形、椭圆形或亚球形，43 ~ 63μm × 34 ~ 54μm，具短柄或无柄；每个子囊内有 7 ~ 8 个子囊孢子，多为 8 个，子囊孢子椭圆形或长卵形，12.5 ~ 23.8μm × 8.4 ~ 15.0μm。

寄生于板栗，引起表白粉病，可侵害板栗叶片、嫩梢和叶芽。在染病叶片、嫩梢和芽等幼嫩组织表面着生一层灰白色粉霉状物为板栗表白粉病的特征。秋季在白粉层上产生淡黄色-棕黄色-黑褐色的小球状物，即闭囊壳。以闭囊壳在板栗病落叶、病梢或土壤中越冬。翌年春，由闭囊壳放出子囊孢子，借气流传播到寄主的嫩叶、嫩梢上进行初侵染。

分布：西峡、嵩县、信阳、桐柏。

【山田叉丝壳】

***Microsphaera yamadai* Syd. & P. Syd.** , Annls Mycol. 12(2)：160(1914)

菌丝体生于寄主叶的两面，易消失至近存留，展生或形成斑片；闭囊壳由聚生到散生，球形或扁球形，直径 62 ~ 126(平均 84.7)μm，壁细胞 9 ~ 15μm × 6.3 ~ 12.5μm；附属丝 5 ~ 16 根，附属丝坚硬，直或曲，有时作膝状弯曲，长 60 ~ 190μm，个别有长达 280μm 的，多数附属丝长度为闭囊壳直径的 1 ~ 2 倍，个别不到 1 倍或高达 3.5 倍，主干粗细常较匀，或上细下粗，或基部较细，基部一般粗 7 ~ 9μm，平滑或粗糙(具小疣)，有时长有瘤突，无隔膜或具 1 ~ 3 个隔膜，基部或隔膜下褐色或浅褐色，1 ~ 5 次双分叉，多为 3 次双分叉，间或出现 3 分叉，分枝常较松散而不对称，第一分枝常较其余分枝为长，末枝反卷或旋卷，或不卷，或呈锚状；每个闭囊壳内有 2 ~ 8 个子囊，子囊广卵形或亚球形或矩圆形，38 ~ 74μm × 27 ~ 49μm，具短柄或近无柄；每个子囊内有 3 ~ 8 个子囊孢子，常为 5 ~ 8 个，子囊孢子椭圆形或卵形、矩圆形或长卵形，16.3 ~ 23.9μm × 7.4 ~ 13.8μm。

寄生于核桃，引起白粉病。染病寄主叶片背面出现明显的块状白粉层，即该菌的菌丝、分生孢子梗及分生孢子。秋后，在白粉层上产生初为黄白色，后成黄褐色，最后变成黑褐色的小颗粒(闭囊壳)。以闭囊壳在落叶上越冬，次春放出子囊孢子，借气流传播，进行初次侵染。在核桃生长季节产生的分生孢子可进行多次再侵染。

分布：郑州、禹州、开封、许昌、太康。

【大叶黄杨白粉菌】

***Oidium euonymi-japonici*(Arcang.)Sacc.** ,in Salmon,*Annls mycol.* 3(1):5(1905)

菌丝体生于寄主叶的两面和新梢上。分生孢子梗棍棒状,基部细胞稍曲扭,大小 65 ~ 75μm ×26 ~38μm。分生孢子链生于分生孢子梗顶端,椭圆形至矩圆形,大小 25 ~37μm × 12 ~16μm。

寄生于大叶黄杨,引起白粉病。主要危害幼嫩新梢和叶片。发病时,先在病部产生白粉小园斑,病斑逐渐扩展成白粉层,老病斑上的白粉层渐变灰白色。严重时,整个叶片布满白粉(图版 046 ~048)。

分布:广泛分布于河南各地。

讨论:该菌为白粉菌的无性型,*Oidium* 的汉语译名为粉孢属,因白粉菌无性型与有性型的关系很明确,本书不将其安排在子囊菌门Ⅱ。白粉菌的无性型很多,本书仅以此种为代表予以记述。

【多隔拟钩丝壳】

***Parauncinula septata*(E. S. Salmon)S. Takam. & U. Braun**,Mycoscience 46(1):14(2005)

Uncinula septata E. S. Salmon,J. Bot. ,Lond. 38:27(1900)

菌丝体叶背生,消失。闭囊壳散生,一般生在叶背,个别可见于叶正面,暗褐色,扁球形,直径 163 ~219μm,壁细胞很清楚,不规则多角形,直径约 5. 1 ~13. 8μm,常作辐射状排列。每个闭囊壳有附属丝 80 ~220 根,子囊 6 ~18 个。附属丝自闭囊壳的上部生出,互相紧靠在一起,直或稍弯曲,不分枝,长度约为闭囊壳直径的 0. 25 ~0. 5 倍,长 31 ~112μm,长短不一,上下近等粗或在下部稍粗,向上稍渐细,上部宽 3. 5 ~5. 6μm,下部宽 4. 3 ~7. 6μm,薄壁,大多平滑,少数在上部稍粗糙,一般不缢缩,有的在隔膜之间缢缩,有 1 ~10 个隔膜,隔膜有的均匀地分布于附属丝上,或较集中地分布于附属丝的下部 2/3,紧靠钩状部分的下面往往有一隔膜,个别的还可以在钩上形成隔膜,黄至琥珀色,顶部无色,顶端钩状部分卷曲 1 ~1. 5 圈,少数简单钩状或卷曲 2 圈,圈紧。子囊矩圆-卵形、倒卵-梨形、矩圆- 椭圆形,直或略弯,无柄或近无柄,35. 6 ~71. 3μm ×20. 0 ~43. 8μm,每个子囊有 4 ~6 个子囊孢子。子囊孢子腊肠形、长矩圆 -椭圆形, 25. 4 ~ 40. 6μm ×11. 4 ~16. 5μm,常略弯,带黄色。

寄生于栎树,引起白栎里白粉病。

分布:新县、桐柏。

注:在国内文献上,该菌的名称多为多隔钩丝壳 *Uncinula septata* Salm. 。

【臭椿球针壳】

***Phyllactinia ailanthi*(Golovin & Bunkina)Y. N. Yu & S. J. Han**,微生物学报 18(2):114(1978)

菌丝体叶背生,易消失,有时形成斑块。分生孢子单生,棍棒形,51 ~69μm ×18 ~22μm。闭囊壳密聚生或散生,黑褐色,扁球形至双凸透镜形,直径 156 ~302μm,多为 190 ~250μm。附属丝 6 ~32 根,常为 9 ~18 根,针形,顶端尖削,基部膨大成球形,宽 30 ~50μm,有时中部也稍呈球形膨大,间或在球状基部以上分枝,最多可分 6 小枝,长 93 ~439μm,为子囊果直径 的 0. 6 ~1. 8 倍,多为 0. 8 ~1. 6 倍,1 ~1. 5 倍更为常见。子囊 10 ~45 个或更多,常为 20 ~30 个,长椭圆形或卵形,有柄,54 ~103μm ×22 ~39μm;内含子囊孢子 2 个,间或为 3 个或 1 个。子囊孢子卵形、矩圆形或椭圆形,19. 7 ~39. 4μm × 14. 8 ~24. 6μm。

寄生于白椿，引起白粉病。染病叶片表面褪绿呈黄白色斑驳状，叶背现白色粉层构成的斑块，秋季白色粉层上形成小颗粒（闭囊壳），黄白色或黄褐色，后期变为黑褐色。白色粉层偶尔也生在叶面。以闭囊壳在落叶或病梢上越冬，翌春条件适宜时，弹射出子囊孢子，借气流传播，由寄主的气孔侵入，在臭椿生长季节可进行多次再侵染。

分布：广泛分布于河南各地。

【榛球针壳】

***Phyllactinia guttata*(Wallr.) Lév.**, Annls Sci. Nat., Bot., Sér. 3 15:144(1851)

Alphitomorpha guttata Wallr., Verh. Ges. Nat. Freunde Berlin 1(1):42(1819)

Erysiphe betulae DC., In: de Candolle & Lamarck, Fl. Franç., Edn 3, 6:107(1815)

Erysiphe guttata(Wallr.) Link, In: Willdenow, Willd., Sp. Pl., Edn 4, 6(1):116(1824)

Erysiphe guttata f. *corylea* (DC.) Fr., Syst. Mycol. 3(1):246(1829)

Erysiphe guttata f. *guttata*(Wallr.) Link, In: Willdenow, Willd., Sp. Pl., Edn 4, 6(1):116(1824)

Phyllactinia corylea(Pers.) P. Karst., In: Salmon, Monograph of Erysiphaceae: 224 ~ 229(1900)

Phyllactinia suffulta(Rebent.) Sacc., Michelia 2(6):50(1880)

闭囊壳黑褐色，球形，表面有 5 ~ 18 根球针状附属丝，内有 5 ~ 45 个子囊。子囊近圆形到长圆形，具短柄，内有子囊孢子 2 个，偶有 3 个。子囊孢子椭圆形，无色，有时略带淡黄色。分生孢子梗从营养菌丝体的垂直方向长出，无色细长，大小为 167 ~ 236μm × 5 ~ 8μm，有 3 ~ 4 个隔膜，顶端膨大后分割作分生孢子。分生孢子无色，单胞，短棍棒状，大小为 66 ~ 86μm × 19 ~ 26μm。

寄生于楸树，引起白粉病。染病叶片在叶背出现明显的块状白粉层（菌丝、分生孢子梗及分生孢子）。秋后，在白粉层上产生初为黄白色，后成黄褐色，最后变成黑褐色的小颗粒（闭囊壳）。以闭囊壳在落叶上越冬，次春放出子囊孢子，借气流传播，进行初次侵染。以分生孢子进行多次再侵染。

分布：信阳、嵩县。

【胡桃球针壳】

***Phyllactinia juglandis* J. F. Tao & J. Z. Qin**, In: Tao, Qin & Li, 微生物学报 17(4):293(1977)

闭囊壳球状，直径 140 ~ 210μm，表面轮生基部膨大的针状附属丝，内生 5 ~ 45 个子囊。子囊圆筒形，直径 60 ~ 105μm × 25 ~ 40μm，内有 2 个子囊孢子。子囊孢子大小 17 ~ 48μm × 12 ~ 29μm，无色，单胞。

寄生于核桃、枫杨、化香，引起白粉病。染病叶片正、反面形成薄片状白粉层，秋季在白粉层中长出黄白色至黑褐色小颗粒。以闭囊壳在病落叶上越冬，春天遇雨放射出子囊孢子侵染为害。病部产生的分生孢子可进行多次再侵染。

分布：桐柏、南召、信阳、西华、新县、方城。

【柿生球针壳】

***Phyllactinia kakicola* Sawada**, Report of the Department of Agriculture, Government Research Institute of Formosa 49:80(1930)

菌丝体叶背生。分生孢子棍棒形，60 ~ 116μm × 27 ~ 44μm，具乳突。闭囊壳散生至聚生，扁球形，直径 135 ~ 281μm。附属丝 5 ~ 18 根，针形，顶端钝圆，基部扩大成球形，长 146 ~

465μm，无隔膜，无色。子囊 4～19 个，椭圆形、长椭圆形，49～94μm×24～40μm，有柄。子囊孢子 2 个，矩圆形或卵形，23～40μm×17～25μm。

寄生于柿，引起白粉病。染病叶片夏季现黑色病斑，秋季老叶背面呈现白粉状斑块，，后期白粉中产生初为黄色，后变为黑色的小粉点。以子囊壳在落叶上越冬。翌年柿树萌芽时，子囊壳内的子囊孢子成熟，随风进行传播，从寄主气孔侵入。产生的分生孢子可进行多次再侵染。

分布：开封、西峡、确山、镇平。

【梨球针壳】

Phyllactinia mali (**Duby**) **U. Braun**, Feddes Repert. Spec. Nov., Beih. 88(9～10): 657(1978)[1977]

Erysiphe guttata var. *mespili* Castagne, Catal. Plantes... Marseilles, Suppl.: 53(1851)

Erysiphe pyri Castagne, Cat. Pl. Mars.: 190(1845)

Phyllactinia mespili (Castagne) S. Blumer, Beitr. Kryptfl. Schweiz 7(1): 396(1933)

Phyllactinia pyri (Castagne) Homma, J. Coll. Agric., Hokkaido Imp. Univ. 38: 412(1937)

外生菌丝多长期生存，具隔膜，形成瘤状附着器。内生菌丝主要通过叶上气孔侵入，在叶肉细胞间隙产生数个疣状突起，在突起上形成吸器，吸器刺入叶片海绵细胞吸取营养。分生孢子梗由外生菌丝向上垂直长出，稍弯曲，0～3 个隔膜。分生孢子着生在分生孢子梗的顶端，棍棒状或瓜子形，大小 63～104μm×20～32μm，无色，表面粗糙。闭囊壳扁圆球形，直径224～273μm，黑褐色，具球针状附属丝。子囊 15～21 个，长椭圆形，内含 2 个子囊孢子。子囊孢子长椭圆形，大小 34～38μm×17～22μm，无色至浅色。

寄生于梨，引起白粉病。主要为害寄主的老叶，病斑近圆形，叶背面有白色粉状物，后在病斑中产生小颗粒，小颗粒逐渐变为黑色。新梢也可受害。以闭囊壳在落叶及黏附于短枝梢上越冬。

分布：河南省梨产区均有分布。

【桑生球针壳】

Phyllactinia moricola (**Henn.**) **Homma**, Trans. Sapporo nat. Hist. Soc. 11(3): 174(1930)

分生孢子梗自菌丝上垂直长出，无色，具隔膜，顶端膨大成分生孢子。分生孢子无色，棍棒状，大小 60～86μm×19～26μm。闭囊果扁球形，直径 183～283μm，周边具球针状附属丝 5～18 根，有时多至 32 根，内含子囊 9～14 个。子囊无色，圆形，大小 60～105μm×25～40μm，基部有短柄，内有子囊孢子 2～3 个。子囊孢子无色或淡黄色，单胞，椭圆形，大小 30～49μm×19～26μm。

寄生于桑树，引起桑里白粉病。主要危害桑树老叶片，发病初期叶背出现圆形白粉状小霉斑，后扩大连片，严重时白粉布满叶背，叶面与病斑对应处可见淡黄褐斑，后期白色霉斑中出现黄色小颗粒，小颗粒渐由黄变褐色再变为黑色。也能危害桑树枝梢、嫩叶，但受害较轻。以闭囊果在桑树干或病叶中越冬，翌年条件适宜时，散出子囊孢子，随风、雨传播至桑叶上。产生的分生孢子可进行再侵染。

分布：西峡、西平、卢氏、商丘、夏邑、郑州、信阳、南召、淮阳、镇平、嵩县。

【杨球针壳】

Phyllactinia populi (**Jacz.**) **Y. N. Yu**, In: Yu & Lai, 微生物学报 19(1): 18(1979)

闭囊壳呈褐色球形状，外壁有球针状的附属丝。子囊卵圆形至棍棒形，内含 2～8 个子囊孢子。子囊孢子椭圆形，单细胞，无色。分生孢子单细胞，椭圆形。

寄生于杨树，引起白粉病。主要危害杨树叶部，有时也为害新梢、幼芽。染病叶片初期显褪绿斑点，斑点圆形或不规则形，后在叶片及叶背长出白色粉状物，严重时，整个叶片呈白粉状，后期病斑上产生黄褐色小粒点。以闭囊壳在病落叶或病枝上越冬，翌年初夏放出子囊孢子，成为初侵染源。分生孢子可进行再侵染。

分布：郑州、卢氏、内乡、封丘、洛宁、泌阳、登封、尉氏、南阳、西华。

【栎球针壳】

***Phyllactinia roboris*(Gachet) S. Blumer**, Beitr. Kryptfl. Schweiz 7(1):389(1933)

闭囊壳黑褐色，球形，上生基部膨大成球状、上部针状的附属丝。菌丝体可产生大量分生孢子梗，梗上单生分生孢子。分生孢子孢子顶端尖(图版 049)。

寄生于栎树，引起里白粉病。染病叶片先出现不规则形的褪绿斑，后在叶背面产生灰白色菌丝层和分生孢子。秋季形成黄褐色至黑色的小粒点(闭囊壳)。染病嫩梢长满白色菌丝层、分生孢子，严重时新梢扭曲、枯死。以闭囊壳在落叶和病梢上越冬。第二年春季闭囊壳产生并放出子囊孢子，借风传播。分生孢子可引起多次再侵染。

分布：栾川、信阳、桐柏、西峡。

【三孢半内生钩丝壳】

***Pleochaeta shiraiana*(Henn.) Kimbr. & Korf**, Mycologia 55(5):624(1963)

分生孢子梗细长，具 2～4 个隔膜，宽约 5.1～8.1μm，长约 96～170μm，基部旋扭 2～4 周。分生孢子单生，长椭圆形、倒棍棒形至椭圆形，40.6～71.1μm×12.7～20.3μm，顶端钝尖或钝圆，表面粗糙。闭囊壳主要在寄主叶背生，叶面很少，聚生到散生，暗褐色，扁球形，直径 170～315μm，壁细胞不规则多角形，直径 5.6～21.0μm。每个闭囊壳有附属丝约 80～450 根，附属丝直或弯曲，少数略作波状，长 16～210μm，为闭囊壳直径的 0.1～0.7 倍，基部稍细，向上渐粗，到顶端又变细，较细部分宽 3.0～7.3μm，较粗部分宽 5.1～12.2μm，表面平滑，少数在顶部略粗糙，无隔膜，无色，顶端简单钩状或卷曲 1～1.5 圈，少数 2 圈。每个闭囊壳有 19～66 个子囊，子囊长矩圆形至椭圆形、矩圆形至卵形，55.9～109.2μm×21.0～40.6μm，直或稍弯，有明显的柄，少数柄有分叉，每个子囊有子囊孢子 2～4 个，绝大多数为 3 个。子囊孢子矩圆形、卵形、长卵形，15.8～43.2μm×12.7～23.1μm。

寄生于朴树，引起白粉病。

分布：嵩县、栾川、信阳。

讨论：戴芳澜(Tai，1946，1979)等认为应该把 *Pleochaeta shiraiana*(P. Henn.) Kimbr. & Korf 合并到 *Pleochaeta polychaeta*(Berk. & Curt.) Kimbr. & Korf 种内。另有一些作者〔Homma (1937)，Kimbrough 和 Korf(1903)〕认为它们是各自独立的种。*Pleocharta polychaeta* 的每一个子囊内总是只有 2 个子囊孢子，*Pleochaeta shiraiana* 每一个子囊在大多数情况下有 3 个子囊孢子，在少数情况下可以有 4 个子囊孢子，只有在例外的情况下才有 2 个子囊孢子，两者的界限是很清楚的。每一个子囊内总是 2 个子囊孢子的 *Pleochaeta polychaeta* 仅见于美洲，亚洲尚未有过报道。

【隐蔽叉丝单囊壳】

***Podosphaera clandestina* var. *clandestina*(Wallr.)Lév.**, Annls Sci. Nat., Bot., Sér. 3, 15: 136(1851)

Alphitomorpha clandestina Wallr., Verh. Ges. Nat. Freunde Berlin 1(1): 36(1819)

Alphitomorpha oxyacanthae(DC.) Wallr., Ann. Wetter. Gesellsch. Ges. Naturk. 4: 242(1819)

Erysiphe clandestina(Wallr.) Link, In: Willdenow, Willd., Sp. Pl., Edn 4, 6(1): 103(1824)

Erysiphe oxyacanthae DC., In: de Candolle & Lamarck, Fl. Franç., Edn 3, 6: 106(1815)

Oidium crataegi Grognot, In: Roumeguère, Fungi Selecti Galliaei Exs.: no. 881(1882)

Podosphaera clandestina(Wallr.) Lév., Annls Sci. Nat., Bot., Sér. 3, 15: 136(1851)

Podosphaera minor Howe, Bull. Torrey Bot. Club 5: 3(1874)

Podosphaera oxyacanthae (DC.) de Bary, Beitr. Morph. Phys. Pilz. 1(13): 48(1870)

菌丝体叶背生,稀疏,形成白色斑片,存留。闭囊壳聚生,暗褐色,球形。附属丝生于闭囊壳‘赤道’上部,有2~9个隔膜,长度为闭囊壳直径的0.7~5.2倍,稍弯曲,顶端双叉状分枝,下部较粗,上部分叉处变细。子囊单个,圆形、椭圆形、不正椭圆形,有短柄。子囊孢子多为8个,长椭圆形、长矩圆形、肾形。

寄生于山楂,引起白粉病。主要为害叶片、新梢及果实。叶片染病,产生白色粉状斑,严重时白粉覆盖整个叶片,表面长出黑色小粒点。新梢染病初生粉红色病斑,后期病部布满白粉。幼果染病,果面覆盖一层白色粉状物,病部硬化、龟裂;果实近成熟期受害,产生红褐色病斑,果面粗糙。

分布:西峡、信阳、新县、林县、济源。

【木槿生叉丝单囊壳】

***Podosphaera hibiscicola*(Z. Y. Zhao) U. Braun & S. Takam.**, Schlechtendalia 4: 30(2000)

Sphaerotheca hibiscicola Z. Y. Zhao, 微生物学报 21(3): 294(1981)

闭囊壳球形,直径75~90μm,褐色至暗褐色,壁细胞明显,壁厚,不规则形至多角形,大小10~25μm。每个闭囊壳含1个子囊,有3~5根附属丝。附属丝生在子囊果的基部,丝状,略带曲膝状弯曲,少数不规则状分枝,附属丝的长度短于子囊果直径,褐色,粗7~7.5μm,有0~4个隔膜。子囊椭圆形,大小77.5~92.5μm×57.5~75μm,具短柄,含8个子囊孢子。子囊孢子长椭圆形,大小15~25μm×11.3~17.5μm。

寄生于木芙蓉(*Hibiseus mutabilis* L.),引起白粉病。染病叶片正面出现白色粉状物,斑的四周无明显边缘,多个小霉斑可融合成片,病叶上布满白粉。秋末病部产生很多黑色小粒点。以闭囊壳在病株残体上越冬,翌春,子囊孢子借气流传播引起初侵染,病部产生分生孢子靠气流传播进行再侵染。

分布:镇平、信阳。

注:在国内文献上,该菌的名称多为木槿生单囊壳 *Sphaerotheca hibiscicola* Z. Y. Zhao。

【白叉丝单囊壳】

***Podosphaera leucotricha*(Ellis & Everh.) E. S. Salmon**, Mem. Torrey Bot. Club 9: 40(1900)

Albigo leucotricha(Ellis & Everh.) Kuntze, Revis. Gen. Pl. 3: 442(1898)

Oidium farinosum Cooke, Grevillea 16(77): 10(1887)

Sphaerotheca leucotricha Ellis & Everh., J. Mycol. 4(6): 58(1888)

分生孢子梗棍棒形,大小20.0~62.5μm×2.0~5.0μm。分生孢子串生在分生孢子梗上,无色，单胞，广卵圆形至近圆筒形，大小 20.0 ~ 31.0μm × 10.5 ~ 17.0μm。闭囊壳近球形，大小 75 ~ 100μm × 70 ~ 100μm，壳壁由多角形厚壁细胞组成，黄褐色到暗褐色。附属丝有两种，一种着生在壳的基部，无色，较短并呈丛状，另一种着生在壳的上部，无色至浅褐色，较长而分散，具有隔膜。大多数附属丝的顶端不分叉，少数产生 1 ~ 2 次两歧式分叉。子囊在闭囊壳内单生，圆球形或近圆球形，大小 42.5 ~ 75.0μm × 37.5 ~ 55.5μm，无色。子囊内含有 8 个不规则排列的子囊孢子。子囊孢子卵形至近球形，大小 22 ~ 26μm × 12 ~ 14μm，无色。

寄生于苹果，引起白粉病。主要为害实生幼苗及大树的芽、梢、嫩叶，也为害花及幼果。病部满布白粉。后期逐渐变为褐色，并在叶背的叶脉、支脉、叶柄及新梢上产生成堆的小黑点，即病菌闭囊壳。以菌丝体在病芽内越冬。第二年病芽萌发形成病梢，表面形成大量分生孢子，通过气流传播，侵染嫩叶、幼果。子囊孢子在在病害发展中的作用还不清楚，一般认为子囊孢子在侵染循环中不起作用。

分布：河南省苹果产区均有分布。

【葎草叉丝单囊壳】

***Podosphaera macularis*(Wallr.) U. Braun & S. Takam.**, Schlechtendalia 4:30(2000)

Albigo humuli(DC.) Kuntze, Revis. Gen. Pl. 3:442(1898)

Alphitomorpha humuli (DC.) Wallr., Verh. Ges. Nat. Freunde Berlin 1(1):35(1819)

Alphitomorpha macularis Wallr., Verh. Ges. Nat. Freunde Berlin 1(1):35(1819)

Desetangsia humuli (DC.) Nieuwl., Am. Midl. Nat. 4:385(1916)

Erysiphe humuli DC. [as 'humili'], In: de Candolle & Lamarck, Fl. Franç., Edn 3, 6:106(1815)

Erysiphe macularis(Wallr.) Fr., Syst. Mycol. 3(1):237(1829)

Leucothallia macularis(Wallr.) Trevis., Spighe Paglie 1:23(1853)

Sphaerotheca humuli(DC.) Burrill, Bulletin of the Ill. St. Labor. Nat. Hist. 2:400(1887)

Sphaerotheca macularis(Wallr.) Magnus, Bot. Zbl. 77:10(1899)

闭囊壳聚生或散生，黑褐色，球形或扁球形，直径 75 ~ 105μm。每个闭囊壳含 1 个子囊，有 12 ~ 26 根附属丝。附属丝长且直，深褐色，不分枝，0 ~ 5 个隔膜。每子囊含 6 ~ 8 个子囊孢子。子囊孢子矩圆形，16 ~ 24μm × 12 ~ 15μm，无色。

寄生于玫瑰，引起白粉病。染病叶片两面或枝茎上先生出白色粉状斑，以后长出黑色小点。以闭囊壳随病残体越冬，翌春雨后吸水放射出子囊孢子，进行初侵染，发病后，病部产生分生孢子，靠气流传播进行再侵染。

分布：河南。

注：在国内文献上，该菌的名称多为葎草单囊壳 *Sphaerotheca humuli* (DC.) Burr.。作者未见到该菌，关于该菌在河南的分布是依据《中国真菌总汇》(戴芳澜，1979，科学出版社)。

【蔷薇叉丝单囊壳】

***Podosphaera pannosa*(Wallr.) de Bary**, Abh. Senckenb. Naturforsch. Ges. 3:48(1870)

Acrosporium leucoconium (Desm.) Sumst., Mycologia 5(2):58(1913)

Albigo pannosa(Wallr.) Kuntze, Revis. Gen. Pl. 3:442(1898)

Alphitomorpha pannosa Wallr., Verh. Ges. Nat. Freunde Berlin 1(1):43(1819)

Erysiphe pannosa(Wallr.) Link, In: Willdenow, Willd., Sp. Pl., Edn 4, 6(1):104(1824)

Erysiphe pannosa (Wallr.) Fr., Syst. Mycol. 3(1):236(1829)

Leucothallia pannosa(Wallr.)Trevis.,Spighe Paglie 1:23(1853)
Oidium forsythiae Bunkina[as '*forsithiae*'],Kamarovskei Chteniya 21:86(1974)
Oidium leucoconium Desm.,Pl. Crypt. Nord France,Edn 1:no. 303(1846)
Oidium leuconium Desm.,Annls Sci. Nat.,Bot.,Sér. 1 17:102(1829)
Sphaerotheca macularis f. *rosae* Jacz.,Karm. Opred. Grib.,Vip. 2. Muchn. -rosj. Griby(1927)
Sphaerotheca pannosa(Wallr.)Lév.,Annls Sci. Nat.,Bot.,Sér. 3 15:138(1851)
Sphaerotheca rosae(Jacz.)Z. Y. Zhao,微生物学报 21(4):439(1981)

闭囊壳近球形,大小 90~110μm,内含 1 个子囊,附属丝少且短。子囊大小 80~100μm×60~75μm,含 8 个子囊孢子。子囊孢子椭圆形,大小 20~27μm×12~15μm。分生孢子椭圆形至腰鼓形,大小 23~29μm×14~16μm,串生,无色。

寄生于月季、野蔷薇,引起白粉病。叶片、叶柄、花蕾及嫩梢等均可受害。发生初期,病叶上显黄斑,逐渐扩大,后显一层白色粉末,严重时布满白粉。染病叶片反卷、皱缩、变厚,有时为紫红色。叶柄及嫩梢染病,被害部位稍膨大,向反面卷曲。染病花蕾表面布满白粉。后期病部出现小黑点。以菌丝体在病芽上越冬,分生孢子耐寒能力强,是重要初侵染源。

分布:郑州、开封、洛阳、许昌、信阳。

注:在国内文献上,该菌的名称多为蔷薇单囊壳 *Sphaerotheca pannosa*(Wallr.)Lev. 或 *Sphaerotheca rosae*(Jacz.)Zhao。

【三指叉丝单囊壳】

***Podosphaera tridactyla*(Wallr.)de Bary**,Abh. Senckenb. Naturforsch. Ges. 7:408(1870)
Alphitomorpha tridactyla Wallr.,Fl. Crypt. Germ. 2:753(1833)
Erysiphe bertolinii Roum.,Revue mycol.,Toulouse 2:174(1880)
Erysiphe tridactyla(Wallr.)Rabenh.,Deutschl. Krypt. -Fl. 1:237(1844)
Oidium passerinii Bertol.,Nuovo Giorn. Bot. Ital.:394(1879)
Podosphaera clandestina var. *tridactyla*(Wallr.)W. B. Cooke,Mycologia 44(4):572(1952)
Podosphaera oxyacanthae var. *tridactyla*(Wallr.)E. S. Salmon,Mem. Torrey Bot. Club 9:36(1900)

分生孢子梗基部细胞肥大。分生孢子串生于分生孢子梗上,球形或椭圆形,无色。闭囊壳球形、近球形,直径 60~95μm,散生,褐色到暗褐色,壁细胞多角形,壁厚。附属丝 1~7 根,以 2~6 根的占多数,簇生于闭囊壳的顶部,直或弓形弯曲,长 100~340μm,约为闭囊壳直径的 1~5 倍,上部稍细,下部稍粗,基部褐色或褐色部分的长度占附属丝全长的 4/5,有 1~6 个隔膜,顶部 2~5 次双叉状分枝,第一次分枝较长,第二次分枝短于第一次分枝,但比其他分枝长,最末次分枝短而粗。每个闭囊壳内有单个子囊,子囊球形、近球形或宽椭圆形,50~85μm×37.5~80μm。每个子囊内有 8 个子囊孢子,子囊孢子椭圆形、宽椭圆形,16.3~32.5μm×12.5~20μm。

寄生于桃,引起白粉病。桃叶染病,正面产生褪绿、边缘极不明显的淡黄色小斑,斑上生白色粉状物、。夏末秋初时,病斑上生许多黑色小点粒。果实以幼果较易感病,病斑圆形,被覆密集白粉状物,果形不正。以菌丝潜伏于寄主组织上或芽内越冬,也可以闭囊壳在落叶上越冬。翌年早春寄主发芽至展叶期,以分生孢子和子囊孢子随气流和风传播形成初侵染,分生孢子可引起再侵染。

分布:河南省桃产区均有分布。

【二角叉钩丝壳】

Sawadaea bicornis **(Wallr.) Homma**, J. Coll. Agric., Hokkaido Imp. Univ. 38:371(1937)

Alphitomorpha bicornis Wallr., Verh. Ges. Nat. Freunde Berlin 1(1):38(1819)

Erysiphe aceris DC., In: de Candolle & Lamarck, Fl. Franç., Edn 3, 6:104(1815)

Erysiphe bicornis (Wallr.) Fr., Syst. Mycol. 3(1):244(1829)

Oidium aceris Rabenh., Flora, Jena 36(12):207(1854)

Sawadaea aceris (DC.) Miyabe [as '*Sawadaia*'], In: Sawada, Special Report of the Agricultural Experimental Station Formosa 9:50(1914)

Sawadaea negundinis Homma, J. Coll. Agric., Hokkaido Imp. Univ. 38:375(1937)

Uncinula aceris (DC.) Sacc., Syll. Fung. 1:8(1882)

Uncinula bicornis (Wallr.) Lév., Annls Sci. Nat., Bot., Sér. 3, 15:153(1851)

Uncinula negundinis (Homma) F. L. Tai, Fung. Dis. Cult. Pl. Jilin Prov.:358(1966)

闭囊壳散生或聚生，暗褐色，扁球形，大小122～215μm，底部凹陷呈碗状。每个闭囊壳有约20～90根附属丝，附属丝着生在闭囊壳的上部，直或弯，顶端卷曲并分叉，长50～150μm。每个闭囊壳有8～12个子囊，子囊卵形至近球形，大小54～81μm×36～58μm，有短柄或无柄。每个子囊有6～8个子囊孢子，子囊孢子矩圆形至卵形，大小16～23μm×12～16μm。

寄生于槭树，引起白粉病。菌丝体生在寄主叶面或叶背，在叶面和叶背面形成近圆形、薄的白色霉斑。秋季白色霉斑内生黑色小粒点（闭囊壳）。以菌丝体、闭囊壳在病组织内或芽鳞中越冬，翌年条件适宜时，产生子囊孢子进行初侵染，发病后病部产生分生孢子进行再侵染。

分布：嵩县、信阳。

【栾棒丝壳】

Typhulochaeta koelreuteriae **(I. Miyake) F. L. Tai**, Bull. Torrey bot. Club 73:125(1946)

Uncinula koelreuteriae I. Miyake, Bot. Magaz. Tokyo 27:39(1913)

气生菌丝体稀薄，叶背生，不形成病斑。闭囊壳散生，黑色，半球径，直径150～300μm，由直径8～16μm的不规则形状细胞组成。附属丝多达100根，无色，无隔膜，直或稍弯曲，顶端突然变细且同时内卷，长24～35μm，宽7～12μm。每子囊壳内有约20个子囊，子囊倒卵形、长椭圆形或不规则形状，有短柄，长64～100μm，宽34～48μm，顶部壁薄，规则地含8个子囊孢子；子囊孢子椭圆形，较少卵形，15～18μm×10～13μm，无色至带青色，含有1～2个大油滴。

寄生于复羽叶栾树，引起白粉病。

分布：河南。

注：作者未见到该菌，关于该菌在河南省的分布是依据《中国真菌总汇》（戴芳澜，1979，科学出版社）。

【草野钩丝壳】

Uncinula kusanoi **Syd. & P. Syd.**, Herb. Boiss. (4):4(1900)

Erysiphe kusanoi (Syd. & P. Syd.) U. Braun & S. Takam., Schlechtendalia 4:20(2000)

菌丝体叶的两面生；闭囊壳散生至近聚生，暗褐色. 扁球形，直径85～100μm，壁细胞不规则多角形。每个闭囊壳有8～15根附属丝，4～5个子囊。附属丝直或弯曲，长度约为闭囊壳直径的0.77～1.5倍，长74～136μm，无色，一般无隔膜，个别的在基部有一个隔膜，顶端简单钩状或卷曲1～1.5圈，少数卷曲2圈，壁粗糙，上部薄壁。子囊近球形、广卵形或不规则卵形，多数无柄,少数有短柄,47.3~57.8μm×38.1~47.3μm,每个子囊内有4~6个子囊孢子。子囊孢子卵形,淡黄色,18.9~24.2μm×12.7~16.8μm。

寄生于朴树,引起白粉病。

分布:嵩县。

【含油钩丝壳】

***Uncinula oleosa* R. Y. Zheng & G. Q. Chen**,微生物学报17(4):290(1977)

Erysiphe oleosa(R. Y. Zheng & G. Q. Chen) U. Braun & S. Takam.,Schlechtendalia 4:22(2000)

菌丝体叶的两面生,以叶面为主。闭囊壳暗褐色,扁球形,直径90~110μm,壁细胞不规则多角形。每个闭囊壳有12~17根附属丝,3~5个子囊。附属丝大多直,较少弯曲,个别近曲折状,长度约为闭囊壳直径的1.5~2倍,长150~200μm,附属丝往往有油摘状的内合物,顶端钩状部分简单钩状或卷曲1~1.5圈。子囊球形、卵形,无柄或近有柄,43.8~58.4μm×33.0~45.7μm,每个子囊内有5~8个子囊孢子。子囊孢子长卵形、矩圆-长形,15.0~22.8μm×8.9~13.9μm(图版050)。

寄生于椴树,引起白粉病。

分布:嵩县。

【中国钩丝壳】

***Uncinula sinensis* F. L. Tai & C. T. Wei**,Sinensia,Shanghai 3(4):112(1932)

Erysiphe sinensis(F. L. Tai & C. T. Wei) U. Braun & S. Takam.,Schlechtendalia 4:23(2000)

菌丝体叶的两面生,稀薄。闭囊壳聚生或散生,扁球形,直径92~160μm,壳壁细胞直径10~15μm。每个闭囊壳有附属丝12~29根,子囊4~8个。附属丝长度为闭囊壳直径的1~1.7倍,直或稍弯曲,细,无色,无隔膜,有时在基部有一个隔膜且带褐色并粗糙,顶端紧钩状或简单地钩状。子囊矩圆-卵形或广卵形,有短柄,49~68μm×30~49μm,每个子囊内有4~6个子囊孢子。子囊孢子椭圆形或矩圆形,19~31μm×10~17μm。

寄生于槐、黄栌、黄连木。

分布:郑州、开封。

【漆树钩丝壳】

***Uncinula verniciferae* Henn.**,Bot. Jb. 29:149(1900)

Erysiphe verniciferae(Henn.) U. Braun & S. Takam.,Schlechtendalia 4:24(2000)

菌丝体叶面生、叶背生或叶的两面生,消失、近存留到存留,展生,形成薄而无定形的斑片到形成厚而白的斑片。分生孢子串生,柱形、桶-柱形,27.0~39.5μm× 12.5~16.6μm,无色。闭囊壳聚生到散生,暗褐色,扁球形,直径70~135μm,壁细胞不规则多角形,直径5.1~25.4μm。每个闭囊壳有5~42根附属丝,3~ 13个子囊。附属丝直或弯,有时屈膝状或曲折状,个别结节状,长度约为闭囊壳直径的1~1.5倍,少数更长一些,长60~244μm,上下近等粗,到顶端变狭细或向上稍渐细,少数粗细不匀,个别向上渐粗到中部后又向上渐细,基部宽约5.1~8.9μm,有时还可以有个别的特别狭细的附属丝,宽约3~4μm,壁厚,上部稍薄,到下半部常互相愈合,平滑或在下半部稍粗糙,无隔膜或在基部有1个隔膜,无色或在基部的细胞带黄至褐色,顶端钩状部分卷曲1~1.5圈或简单钩状,少数可卷曲2圈左右,有时先弯后卷曲,圈紧。子囊卵形、不规则卵形、近球形、矩圆-椭圆形，无柄、近无柄到有短柄，32.5 ~ 81.3μm × 26.3 ~ 47.5μm。每个子囊有 4 ~ 8 个子囊孢子。子囊孢子长卵形、卵形、矩圆-卵形，15.0 ~ 29.1μm × 10.2 ~ 15.2μm，带黄色。

寄生于黄栌、黄连木、漆树，引起白粉病。主要为害叶片，也可侵染枝条。叶片染病，初期出现白色针尖状斑点，逐渐扩大形成近圆形斑。病斑周围呈放射状，后期病斑连接成片，叶面上布满白粉。秋季在叶面上形成黄至黄褐色，最后变为黑褐色的小颗粒。以闭囊壳在落叶上或枝条上越冬，闭囊壳具后熟作用，翌年夏初闭囊壳吸水开裂放出子囊孢子进行初侵染。亦可以菌丝在寄主芽内越冬，翌年温、湿度适宜时，直接产生分生孢子进行初侵染。寄主生长季节以分生孢子进行多次再侵染。

分布：南召、嵩县、登封、镇平、西峡。

4.3.2　柔膜菌目 Helotiales

4.3.2.1　皮盘菌科 Dermateaceae

【苹果双壳菌】

***Diplocarpon mali* Y. Harada & Sawamura**, In: Harada, Sawamura & Konno, Ann. Phytopath. Soc. Japan 40 (5):415(1974)

Ascochyta coronariae Ellis & Davis [as '*coronaria*'], In: Davis, Trans. Wis. Acad. Sci. Arts Lett. 14 (1): 94 (1903)

Leptothyrella mali (Henn.) Hara, Byogaichu-Hoten (Manual of Pests and Diseases):215(1948)

Marssonia coronariae Sacc. & Dearn., In: Saccardo, Annls mycol. 10(3):313(1912)

Marssonia mali Henn., Engler's Bot. Jahrb. 37:164(1905)

Marssonina coronariae (Ellis & Davis) Davis [as '*coronaria*'], Trans. Wis. Acad. Sci. Arts Lett. 17:881(1914)

Marssonina mali (Henn.) S. Ito, Bot. Mag., Tokyo 32:206(1918)

分生孢子盘初埋生于寄主表皮下，成熟后突破表皮外露。分生孢子盘上有呈栅栏状排列的分生孢子梗。分生孢子梗无色，单胞，棍棒状。分生孢子大小为 13.2 ~ 18μm × 7.2 ~ 8.4μm，无色，双胞，上胞较大而圆，下胞较窄而尖，内含 2 ~ 4 个油球。山东报道曾发现该菌的有性阶段。子囊盘肉质，钵状，大小为 105 ~ 200μm × 80 ~ 125μm。子囊棍棒状，有囊盖，大小为 40 ~ 49μm × 12 ~ 145μm。子囊内含有 8 个香蕉形双孢的子囊孢子，大小为 24 ~ 30μm × 5 ~ 6μm。

寄生于苹果，引起褐斑病。主要侵害寄主的叶片，叶上病斑初为褐色小点，以后发展成 3 种类型病斑。①同心轮纹型：病斑圆形，中心为暗褐色，四周为黄色，周围有绿色晕，病斑中出现呈同心轮纹状排列的黑色小点（分生孢子盘）。②针芒型：病斑似针芒状向外扩展，病斑小，布满叶片，后期叶片渐黄，病斑周围及背部绿色。③混合型：病斑多为圆形或数斑连成不规则形，暗褐色，病斑上散生无数黑色小粒，边缘有针芒状索状物。后期病叶变黄，而病斑周围仍为绿色。以菌丝块或分生孢子盘在病叶上越冬，春季产生的分生孢子，随雨水冲溅至较近地面的叶片上，成为初侵染源，苹果生长季节产生的分生孢子可引起再侵染。

分布：广泛分布河南省各苹果产区。

【蔷薇双壳菌】

***Diplocarpon rosae* F. A. Wolf**, Bot. Gaz. 54:231(1912)

Actinonema rosae(Lib.)Fr., Summa Veg. Scand., Section Post.:424(1849)

Asteroma rosae Lib., Mém. Soc. Linn. Paris 5:404(1827)

Dicoccum rosae Bonord., Bot. Ztg. 11:282(1853)

Dothidea rosae Schwein., Trans. Am. Phil. Soc., New Series 4(2):235(1832)

Fabraea rosae(F. A. Wolf)Seaver, North American Cup-fungi, (Inoperculates):190(1951)

Marssonia rosae Trail, Scott. Natural., N. S. 4(10):73(1889)

Marssonia rosae(Bonord.)Briosi & Cavara, Funghi Parass. Piante Colt. od Utili, Fasc. 3 ~ 4(51 ~ 100):no. 97(1889)

Marssonina rosae(Lib.)Died., Krypt. -Fl. Brandenburg Augr. Gebiete 9:830(1915)

Phyllachora rosae(Schwein.)Sacc., Syll. Fung. 2:611(1883)

分生孢子盘生在寄主植物的角质层下，密集或分散生，多与菌丝相连，分生孢子梗极短，不明显，无色；分生孢子长卵形至椭圆形，双细胞，无色，大小不相等，一端细胞较狭小，分隔处略缢缩，直或稍弯，18 ~ 20μm × 5μm。有性阶段在我国尚未发现。据文献记载，子囊盘生在寄主角质层下，暗褐色，圆形，直径 100 ~ 250μm。子囊圆筒形，有短柄，大小 70 ~ 80μm × 15μm。侧丝线形，具隔膜，顶端膨大。子囊孢子矩圆形或椭圆形，双细胞，大小不等，分隔处缢缩，无色，大小 20 ~ 25μm(图版 051)。

寄生于蔷薇、月季，引起黑斑病。以菌丝体在寄主芽鳞、叶痕、枯枝及落叶上越冬，春季雨后产生分生孢子，借风雨传播蔓延。主要危害叶片、叶柄和茎及花梗、花蕾。寄主叶片染病后，叶面出现黑褐色近圆形至不规则形病斑，大小 3 ~ 21mm，边缘具分枝状菌丝束呈放射状向外扩展，后期病斑连结成不规则形大斑。幼茎和叶柄染病后，产生的病斑多为长椭圆形，紫红色，周围组织略皱曲。

分布：郑州、开封、洛阳。

【点状偏盘菌】

***Drepanopeziza punctiformis* Gremmen**, Nova Hedwigia 9:172(1965)

Gloeosporium brunneum Ellis & Everh., J. Mycol. 5(3):154(1889)

Marssonia brunnea(Ellis & Everh.)Sacc., Syll. Fung. 10:478(1892)

Marssonina brunnea(Ellis & Everh.)Magnus, Hedwigia 45:88(1906)

Marssonina populina(Schnabl)Magnus, Hedwigia 45:88(1906)

分生孢子盘生于寄主病叶角质层下面，宽 110 ~ 350μm。分生孢子狭窄，倒卵形，直立或稍弯，大小为 12 ~ 20.5μm × 4.5 ~ 8.5μm，无色，双细胞，上胞大，钝圆，下胞小，略尖。有性世代未见。

寄生于杨树，引起黑斑病。主要侵害杨树叶片。在青杨派树种上，病斑主要在叶背；在黑杨派和白杨派树种上，叶面和叶背都产生病斑。叶斑初期为针刺状发亮的小点，后扩大成直径约 1mm 的近圆形黑褐色病斑。在少数树种上，病斑为角状或不规则形，直径 1 ~ 2mm。该菌可以菌丝体、分生孢子盘或分生孢子在落叶中或 1 年生枝梢的病斑中越冬。越冬分生孢子和第二年新产生的分生孢子均可作为初侵染源。在杨树生长季节产生的分生孢子，可进行再侵染。

分布：广泛分布于河南各地。

注：在国内文献上，该菌的名称多为杨盘二孢 *Marssonina brunnea*(Ell. et Ev.)Magn.（无性

名称）。

4. 3. 2. 2 晶杯菌科 Hyaloscyphaceae

【中国亚棘盘菌】

***Erinellina sinensis*（Teng）Teng**，中国的真菌：760（1964）

Erinella sinensis Teng，Sinensia 5（5～6）：457（1934）

子囊盘散生至聚生，有短柄或近无柄，直径 0. 5～2. 5mm，近平至稍凹，且边缘内卷，外部白色或近白色，有毛，老后稍带褐色，并完全变为疏丝组织。子实层新鲜时黄色，干时黄橙色。毛粗糙，多弯曲，有稀少的隔膜，无色至淡锈色，60～150μm×3～4μm。柄长 0. 5mm，有毛。子囊圆柱形至棍棒形，90～120μm×7. 5～9μm，顶端近尖，内含 8 个孢子。孢子多行排列，线形，稍直，无色，成熟时有 7～10 个隔膜，45～60μm×1. 5～2μm。侧丝很多，线形至披针形，比子囊长，有稀少的隔膜，110～140μm×2～2. 5μm。

生于腐木和树皮上。

分布：河南。

注：作者未见到该菌，关于该菌在河南省的分布是依据《中国真菌总汇》（戴芳澜，1979，科学出版社）。

4. 3. 2. 3 核盘菌科 Sclerotiniaceae

【桑实杯盘菌】

***Ciboria shiraiana*（Henn. ）Whetzel**，In：Whetzel & Wolf，Mycologia 37（4）：489（1945）

Sclerotinia shiraiana Henn. ，Engl. Jahrb. 28：278（1900）

分生孢子梗丛生，基部粗，顶端细小，上生分生孢子。分生孢子单胞，卵形，无色。菌核萌发产生 1～5 个子囊盘，盘内侧生子囊，侧丝细长，子囊内有 8 个子囊孢子，子囊孢子椭圆形，无色，单胞。

寄生于桑树，引起桑葚菌核病。以菌核在土壤中越冬。翌年条件适宜时，菌核萌发产生子囊盘，并释放出子囊孢子，借气流传播到雌花上，菌丝侵入子房内形成分生孢子梗和分生孢子，最后菌丝形成菌核。被侵染的花被厚肿，灰白色，病椹膨大，中心有一黑色菌核，病椹破后散出臭气。

分布：信阳。

【果生链核盘菌】

***Monilinia fructigena* Honey**，In：Whetzel，Mycologia 37（6）：672（1945）

Acrosporium fructigenum（Pers. ）Pers. ，Mycol. Eur. 1：24（1822）

Monilia fructigena（Pers. ）Pers. ，Syn. Meth. Fung. 2：693（1801）

Oidium fructigenum（Pers. ）Fr. ，Syst. Mycol. 3（2）：430（1832）

Sclerotinia fructigena（Pers. ）J. Schröt. ，Arb. K. Biol. Aust. （Aust. -Reichsanst. ）Berl. 4：430（1905）

Sclerotinia fructigena（J. Schröt. ）Norton，Arb. K. Biol. Aust. （Aust. -Reichsanst. ）Berl. 4：430（1905）

Sclerotinia fructigena Aderh. ，Arb. K. Biol. Aust. （Aust. -Reichsanst. ）Berl. 4：430（1905）

Stromatinia fructigena（J. Schröt. ）Boud. ，Hist. Class. Discom. Eur. （Paris）：109（1907）

Torula fructigena Pers. ，Ann. Bot. （Usteri）15：26（1794）

分生孢子梗无色，单胞，丝状，其上串生分生孢子。分生孢子椭圆形或柠檬形，11～31μm×

85～17μm,念珠状排列,无色,单胞。菌核黑色,不规则,大小1mm左右,从菌核上萌发出子囊盘。子囊盘漏斗状,大小3～5 mm,盘梗长5～30 mm,灰褐色,外部平滑,色泽较浅。子囊棍棒状,125～215μm×7～10μm,无色,内含8个单行排列的子囊孢子。子囊孢子卵圆形,10～15μm×5～8μm,无色,单胞。自然条件下有性阶段不常发生。

寄生于梨、苹果,引起褐腐病。主要侵害寄主近成熟的和贮藏及运输期的果实,也可侵染花和果枝。发病初期产生淡褐色水渍状圆形小病斑,后病部迅速扩展,可导致全果腐烂,病部常产生灰白色至灰褐色小绒球状突起、呈同心轮纹状排列的霉丛(菌丝团)。病果多早期脱落,少数形成僵果残留于树上。贮藏期间,病果呈现特异的蓝黑色斑块。花和果枝受害发生萎蔫或褐色溃疡。主要以菌丝体或孢子在僵果内越冬,翌春产生分生孢子,借风、雨传播,从寄主伤口或皮孔侵入。

分布:栾川、西华、登封、灵宝、卢氏、郑州、长葛、禹州。

注:在国内文献上,该菌的名称多为果产核盘菌 *Sclerotinia fructigena* Aderh. et Ruhl.。

【约翰逊链核盘菌】

***Monilinia johnsonii* (Ellis & Everh.) Honey**, Am. J. Bot. 23:105(1936)

Ciboria johnsonii Ellis & Everh., Proc. Acad. Nat. Sci. Philad. 46:348(1894)

Monilia crataegi Died., Annls Mycol. 2(6):529(1904)

子囊盘盘状,肉质,灰褐色,盘径3～12mm,盘柄长1～18mm。子囊棍棒形,大小84～150μm×7～12μm,排列成一层,无色,子囊间有侧丝。子囊孢子椭圆形或卵圆形,大小7～16μm×
5～7μm,单胞,无色。分生孢子单胞,柠檬形,12～21μm×12～17μm,串生,分生孢子间有梭形的连接体,孢子串可分枝。

寄生于山楂,引起花腐病。主要为害山楂花、叶片、新梢和幼果,造成病部腐烂。花期该菌从柱头侵入,使花腐烂。嫩叶染病,初现褐色斑点或短线条状小斑,后扩展成红褐色至棕褐色大斑,潮湿时病斑上生灰白色霉状物。新梢病斑由褐色变为红褐色,逐渐凋枯死亡。幼果上初现褐色小斑点,后色变暗褐,腐烂,表面有黏液,具酒糟味,病果脱落。以菌丝体在落地僵果上越冬,翌年春季从地表潮湿处的病僵果上产生子囊盘,子囊孢子借风力传播。在病部产生的分生孢子可进行重复侵染。

分布:辉县。

【核果链核盘菌】

***Monilinia laxa* (Aderh. & Ruhland) Honey**, In: Whetzel, Mycologia 37(6):672(1945)

Monilia cinerea Bonord., Handb. Allgem. Mykol.:76(1851)

Oospora cinerea (Bonord.) Sumst., Mycologia 5(2):50(1913)

Sclerotinia laxa Aderh. & Ruhland, Arb. K. Gesundheits. Bd. 4:427(1905)

分生孢子椭圆形或柠檬形,5～23μm×4～20μm,无色。子囊盘漏斗状或盘状,高0.5～3mm,柄褐色,盘色较浅,直径5～15mm;子囊圆筒形,121～188μm×7.5～11.8μm;子囊孢子无色,椭圆形,7～19μm×4.5～8.5μm。

寄生于李、杏、桃,引起褐腐病。该菌在病僵果中越冬,翌年产生分生孢子,借风雨传播,经伤口或皮孔侵入果实,在果实近成熟时发病。

分布:河南省李、杏、桃产区普遍发生。

注:在国内文献上,该菌的名称多为桃褐腐核盘菌 *Sclerotinia laxa*(Ehrenb.) Aderh. et Ruhl.。

【核盘菌】

Sclerotinia sclerotiorum **(Lib.) de Bary**, Vergl. Morph. Biol. Pilze:56(1884)

Hymenoscyphus sclerotiorum(Lib.) W. Phillips, Man. Brit. Discomyc.:115(1887)

Peziza sclerotiorum Lib., Pl. Crypt. Arduenna, Fasc.:no. 326(1837)

Sclerotinia libertiana Fuckel, Jb. Nassau. Ver. Naturk. 23 ~ 24:331(1870)

Sclerotium varium Pers., Syn. Meth. Fung. 1:122(1801)

Whetzelinia sclerotiorum(Lib.) Korf & Dumont, Mycologia 64(2):250(1972)

菌核近球形至豆瓣形、鼠粪状,直径 1 ~ 10mm,表皮黑色,内部灰白色,萌发产生子囊盘 4 ~ 5 个。子囊盘杯盘形,淡红褐色,直径 0.5 ~ 11mm。子囊圆筒形,大小 114 ~ 160μm × 8.2 ~ 11μm。子囊孢子椭圆形或梭形,大小 8 ~ 13μm × 4 ~ 8μm,无色,单胞,两端各具一个油球。

寄生于杨树、枫杨、大白菜、胡萝卜、芹菜、莴苣、甘蓝、油菜、茄子等,引起菌核病。可侵染寄主的茎、叶、蒴果等。幼苗染病初在茎部、下部叶片及主脉出现红褐色病斑,后期病部变湿润状、软腐。成株期染病茎部病斑呈椭圆形,浅褐色,病健交界处有较深色褐纹。叶上病斑褐色,不规则形,湿度大时,病部产生白色絮状霉。后期在病株的蒴果及髓部产生黑色鼠粪状菌核。初侵染源为混杂在土壤、病残体或种子中的菌核,菌核在干燥条件下可存活 3 年以上,潮湿条件下可存活 1 年。条件适宜时,菌核萌发产生子囊盘、子囊和子囊孢子。子囊孢子随风传播为害。

分布:广泛分布于河南各地。

4.3.3 锤舌菌目 Leotiales

4.3.3.1 胶陀螺科 Bulgariaceae

【胶陀螺】

***Bulgaria inquinans*(Pers.) Fr.**, Syst. Mycol. 2(1):167(1822)

Ascobolus inquinans(Pers.) Nees, Syst. Pilze 39:296(1816)

Peziza inquinans Pers., Neues Mag. Bot. 1:113(1794)

Peziza turbinata Relhan, Fl. Cantab.:467(1785)

Peziza vesiculosa var. turbinata(Pers.) Pers., Mycol. Eur. 1:229(1822)

Phaeobulgaria inquinans(Pers.) Nannf., Nova Acta R. Soc. Scient. Upsal., Ser. 4, 8(2):311(1932)

Tremella turbinata Huds., Fl. Angl., Edn 2, 2:563(1778)

子实体为较小的子囊盘,黑褐色,直径约 4cm,高 2 ~ 3cm,质地柔软具弹性。子实层面光滑,其他部分密布簇生短绒毛。子囊近棒状,35 ~ 40μm × 3 ~ 3.5μm,内含 4 ~ 8 个子囊孢子。子囊孢子卵圆形,近梭形或肾脏形,10 ~ 15μm × 5.4 ~ 7.6μm。侧丝细长,线形,顶端稍弯曲,浅褐色。

夏秋季子实体群生或丛生于桦树、柞木等阔叶树的树皮缝隙处。有毒,但据报道,该菌对人的毒性因人而异,有人采食,也有人食后中毒,发病率达 35%。中毒的潜伏期较长,发病后面部肌肉抽搐,火烧样发热,手指和脚趾疼痛,严重者皮肤出现颗粒状斑点,皮肤发痒难忍。发病过程中伴有轻度恶心,呕吐。该菌的毒素属光过敏物质卟啉(porphyrins),故经光照后产生过敏反应,中毒类型为日光过敏性皮炎型症状,在日光下病情严重。也见于栽培香菇、木耳的段木上,为香菇、木耳段栽培中的杂菌。在东北地区,该菌比较常见,俗称"猪嘴蘑",因其干品类似木耳,水泡后极像猪嘴,故而得名。称其为"猪嘴蘑"还有一个原因,是人吃了这种蘑菇若中毒,嘴唇会肿得像猪嘴。也有人认为,食用该菌中毒否,与清洗和烹饪方法有关。

分布:信阳。

4.3.4 斑痣盘菌目 Rhytismatales

4.3.4.1 地锤菌科 Cudoniaceae

【黄地锤菌】

Cudonia lutea **(Peck) Sacc.**, Miscell. Mycol. 2:15(1889)

子囊果锤状,似蜡质。上部扁半球形,直径 0.5 ~ 2cm,肉桂色至浅土黄色。菌柄圆柱形,有时基部略显膨大,浅黄色,长 2cm,粗 0.2 ~ 0.5cm。子囊棒状,90 ~ 120μm × 9 ~ 12μm,每个子囊内含 8 个子囊孢子。子囊孢子线形,48 ~ 68μm × 2.5μm,无色,多行排列。侧丝线形,直径约 2μm,顶端弯曲(图版 052)。

夏秋季子实体群生或散生于云杉,冷杉等针叶林地上的苔藓间或腐木上。

分布:卢氏。

4.3.4.2 斑痣盘菌科 Rhytismataceae

【汉德尔皮下盘菌】

Hypoderma handelii **Petr.**, Sydowia 1(4 ~ 6):371(1947)

Hypoderma cunninghamiae Teng, Sinensia, Shanghai 7(2):261(1936)

Hypoderma strobicola f. *cunninghamiae* Keissl., Acad. Wiss. Wien Anzeiger, Math. -Naturwiss. Kl. 61:13(1924)

Ploioderma handelii (Petr.) Y. R. Lin & C. L. Hou, 真菌学报 13(3):178(1994)

子囊盘长 0.6 ~ 1.2mm,宽 0.25 ~ 0.45 mm,高 0.2 mm。子囊棒状,有短柄,大小 90 ~ 125μm × 17 ~ 19μm,内含 8 个长圆形无色的子囊孢子。子囊孢子大小 18 ~ 25μm × 4.5 ~ 5.5μm,最初无隔,后生一隔膜。侧丝顶端膨大。

寄生于柳杉,引起球果干僵病。

分布:信阳、罗山、确山。

讨论:作者未见到该菌,关于该菌的特征与在河南省的分布是依据《河南经济植物病害志》(王守正主编,1994,河南科学技术出版社)。据林英任和侯成林报道,侵染杉木球果同时也侵染针叶的病菌鉴定较为混乱,国内的研究者常将其鉴定为 *Hypoderma cunninghamiae* Teng 等,经他们鉴定实为舟皮盘菌属 *Ploioderma* 的成员,因此将其修定为舟皮盘菌属一新组合——汉德尔舟皮盘菌 *Ploioderma handelii* (Petraikii) Y. R. Lin et Hou。现将侯成林(2000)记述的 *Ploioderma handelii* 鉴定特征摘录如下:

子囊果生于球果鳞片的外被,有时两个以上连合,外表中部黑褐色,边缘较淡,椭圆形至长椭圆形,无周边线,820 ~ 1370μm × 310 ~ 480μm,近中部一纵缝开裂,无唇细胞,子囊果表皮下生。子囊圆柱棍棒状,65 ~ 110μm × 14 ~ 20μm ,具短柄,含 8 个孢子。子囊孢子圆柱形或近纺锤形,14 ~ 21μm × 4 ~ 6μm,成熟时中部一分隔,外被 2 ~ 3μm 厚胶质鞘。侧丝分隔,分枝或顶端膨大。在针叶上,子囊果 数生于叶表面,外表椭圆形,410 ~ 850μm × 270 ~ 470μm ,子囊大小为 45 ~ 105μm × 14 ~ 23μm。子囊孢子大小为 16 ~ 25μm × 4.5 ~ 7μm ,其余特征与球果上特征基本相同(侯成林等,2000,杉木五种斑痣盘菌科病菌的识别及学名商榷。森林病虫通讯)。

【扰乱散斑壳】

Lophodermium seditiosum **Minter, Staley & Millar**, Trans. Br. Mycol. Soc. 71(2):300(1978)

Leptostroma austriacum Oudem., Proc. K. Ned. Akad. Wet., Ser. C, Biol. Med. Sci.:208(1904)

Leptostroma rostrupii Minter, Can. J. Bot. 58(8):912(1980)

子囊盘长椭圆形,表面灰色,湿度大时呈黑色。周边线明显,子囊盘生于寄主表皮,稍突出于松针表面。基壁线为黑色。子囊盘顶部开口处有唇状细胞结构,多无色,有时为灰色。子囊圆筒形。子囊孢子线形,单胞,无色。侧丝较直,顶端膨大不明显,有时弯曲。分生孢子短杆状,无色,单胞。

寄生于松树,引起落针病,也危害杉苗。主要危害当年生的松针,有时也危害2年生松针。7月下旬松针尖部变成浅褐色,或在叶两面产生淡黄色褪绿斑,逐渐发展变成黄褐色病斑。病斑常出现流脂现象。8月中、下旬在干枯的松针上产生小突起,为该菌的分生孢子器,有时出现未成熟的梭形子囊盘。受害后干枯的松针提早脱落。2年生的病针上常有紫红色或红褐色条斑。该菌以菌丝体或子囊盘在松针上越冬,翌年春季在松针上产生大量的分生孢子器和子囊盘。在阴雨天或潮湿的条件下,子囊盘和分生孢子器吸水膨胀而张开,溢出乳白色的内含物,即子囊孢子和分生孢子,孢子借雨滴反溅和气流传播。孢子萌发产生的芽管由气孔侵入松针,也可由微伤侵入。一般无再侵染。

分布:信阳、新县、商城、方城、南召、西峡、卢氏。

【杉叶散斑壳】

Lophodermium uncinatum **Darker**, Contr. Arnold Arbor. 1:76(1932)

Lophodermina uncinata(Darker) Tehon, Illinois Biol. Monogr. 13(4):110(1935)

子囊果生于寄主叶的两面,多分布在叶基和叶中部,广椭圆形,大小为0.8~1.5mm×0.4~0.6mm,黑色,边缘灰黑色,无周线,角质层下生,中央有一纵裂,裂口无唇细胞。子囊棍棒形,大小为63.5~155.0μm×8.5~15.0μm,有短柄,内含8个子囊孢子。侧丝线形,顶端弯曲。子囊孢子线形,大小为43~78μm×2.1~3.6μm,无色,单胞,呈束排列。分生孢子器散生于寄主叶片的两面,近球形,初橘红色,后变黑色,中央有孔口。分生孢子单胞,无色,杆状,大小为6.8μm×1.2μm。

寄生于柳杉,引起叶枯病。主要侵染杉木的二年生针叶。受害杉叶初期叶尖和叶缘失绿变黄,变色区逐渐向下和向内扩展,叶面上出现黄红色斑块,最后整叶变黄枯死。在枯死针叶上,产生许多初为橘红色、后变黑的疱状小点,即该菌的分生孢子器,后来沿叶脉两侧出现黑色米粒状的子囊盘,这时有的枯死病叶上还出现黑色线纹。病叶枯死后不立即脱落。该菌以菌丝体和子囊盘在病叶上越冬。翌年3~4月以后子囊孢子陆续成熟,在雨天或潮湿的条件下,子囊盘吸水膨胀而裂开,露出乳白色的子囊群。子囊孢子从子囊内挤出,随气流传播,从气孔侵入杉叶。在整个生长季节中,子囊孢子都可侵染杉叶,但侵染最多的时期为五月中、下旬至七月上旬。分生孢子不萌发,无侵染力,所以杉木叶枯病无再次侵染。该菌为杉林的习居菌,寄生性较弱。平时在健康杉株基部枝条的少数叶片上寄生,对杉木生长影响不大,甚至还有促进杉林自然整枝的作用。一旦杉木生长衰弱,杉叶散斑壳就会扩展蔓延,酿成病灾。

分布：新县、罗山、信阳、商城、方城、息县、确山。

【槭斑痣盘菌】

Rhytisma acerinum **(Pers.) Fr.**, K. Svenska Vetensk-Akad. Handl.:104(1819)

Melanosorus acerinus(Pers.) De Not. [as '*acerinum*'], G. Bot. Ital. 2(7-8):49(1847)

Melasmia acerina Lév., Annls Sci. Nat., Bot., Sér. 3, 5:276(1846)

Polystigma acerinum(Pers.) Link, Handbuck zur Erkennung der Nutzbarsten und am Häufigsten Vorkommenden Gewächse 3:391(1833)

Rhytisma pseudoplatani Müll. Berol., Zentbl. Bakt. ParasitKde, Abt. 2, 36:67(1913)

Xyloma acerinum Pers., Neues Mag. Bot. 1:85(1794)

Xyloma acerinum var. acerinum Pers., Neues Mag. Bot. 1:85(1794)

Xyloma gyrans Wallr., Fl. Crypt. Germ. 2:410(1833)

Xyloma lacrymans Wallr., Fl. Crypt. Germ. 2:410(1833)

子座内有多个子囊盘，子囊盘直径1～2mm。子囊120～130μm×9～10μm。子囊孢子60～80μm×1.5～3μm。

寄生于槭树，引起漆斑病。多发生于寄主的叶片上。病斑圆形或不规则形，初期黄色，后期黑色，具漆状光泽，周围有一黄色包围圈。以子囊盘在被害叶上越冬，翌年春天形成子囊，子囊孢子成熟后飞散到新叶上侵染为害。后由菌丝与寄主叶面表皮细胞紧密纠结形成黑色子座，覆盖在病斑上成漆状。

分布：信阳、新县、确山、内乡、嵩县。

【忍冬生斑痣盘菌】

Rhytisma lonicericola **Henn.**, Bot. Jb. 32:43(1903)

子囊盘生在黑色菌核状的子座上，以不规则的唇状裂片开口。子囊中有子囊孢子8个。子囊孢子线形，两头尖，无色。侧丝线形。

寄生于金银木，引起黑痣病。主要为害寄主的叶片。初生小病斑，后逐渐扩展为黑色有光泽的近圆形至不整形病斑，病斑大小不一，叶背病斑略凹陷。以子囊盘在病树上或随病落叶在土壤中越冬，5～6月子囊孢子成熟后弹射出来，借风雨传播进行初侵染和再侵染。

分布：嵩县。

【柳斑痣盘菌】

Rhytisma salicinum **(Pers.) Fr.**, Syst. Mycol. 2(2):568(1823)

Melasmia salicina Lév., In: Tulasne, Select. Fung. Carpol. 3:119(1865)

Xyloma leucocreas DC., In: Lamarck & de Candolle, Fl. Franç., Edn 3, 2:303(1805)

Xyloma leucocreas var. leucocreas DC., In: Lamarck & de Candolle, Fl. Franç., Edn 3, 2:303(1805)

Xyloma salicinum Pers., Neues Mag. Bot. 1:85(1794)

Xyloma salicinum var. *salicinum* Pers., Neues Mag. Bot. 1:85(1794)

子座黑色，近圆形或不规则圆形，直径2～5mm，厚约3mm，表面具皱纹，规则地呈镶嵌式缝状开裂，内含多个子囊盘。子囊盘麦秆色。子囊窄棍棒状，具细长柄，130～215μm×13～15μm，内含8个子囊孢子。子囊孢子成束排列于子囊内，无色，线形，60～90μm×1.5～3.5μm，两端较尖细，单胞，多少有些弯曲，外面被有一层不明显的胶质壳。侧丝线形，长190～

250μm,顶端稍膨大。分生孢子器埋生于子座内,在显微镜下观察呈粒点状,分生孢子梗无色,柱状,8～14μm×2μm。分生孢子倒卵圆形至椭圆形,2.5～3μm×1.5～2μm,无色,单胞。

寄生于柳树,引起漆斑病(黑痣病)。染病叶正面出现不规则散生的淡黄色圆形,近圆形或不规则圆形斑点,不久在病斑中央形成突出、有光泽的盾状漆黑色斑点(子座),周边有一圈淡黄色的晕圈。病斑直径约2～5mm,或更大。以子座及子囊盘随病叶在地上越冬,翌年产生子囊及子囊孢子,引起侵染。据报道,分生孢子仅起性孢子功能,无侵染作用。

分布:栾川。

4.4　盘菌纲 Pezizomycetes

4.4.1　盘菌目 Pezizales

4.4.1.1　平盘菌科 Discinaceae

【鹿花菌】

***Gyromitra esculenta*(Pers.)Fr.**,Summa Veg. Scand.,Section Post.:346(1849)

Helvella esculenta Pers.,Comm. Schaeff. Icon. Pict.:64(1800)

子实体分菌盖和菌柄两部分。菌盖皱曲呈脑髓状,褐色、咖啡色或褐黑色,表面粗糙。高8～10cm,直径4～8cm,边沿有部分与菌柄连接。菌柄短粗,污白色,内部空心,表面粗糙且凸凹不平,长4～5cm,粗0.8～2.5cm。子囊中孢子单行排列。孢子椭圆形,18～22μm×8～10μm,含两个小油滴。侧丝细长,粗5～8μm,分叉,有隔,顶部膨大,有色。

春季至夏初子实体单生或群生于林中沙土地上。有毒,一般食后大约6～12小时发病。首先出现腹痛,腹泻等胃肠道病症,主要表现为溶血症状。有文献记载为条件食用菌,即在一定条件下可食,经水浸泡、煮沸后多次冲洗可食用,但仍有危险。该菌在有些地区被称为"河豚菌",其食毒特点与河豚有相似之处。

分布:卢氏、陕县。

4.4.1.2　马鞍菌科 Helvellaceae

【棱柄白色马鞍菌】

***Helvella crispa*(Scop.)Fr.**,Syst. Mycol. 2(1):14(1822)

Helvella nigricans Schaeff.,Fung. Bavar. Palat. 4:102,tab. 154(1774)

Helvella nigricans var. *nigricans* Schaeff.,Fung. Bavar. Palat. 4:102(1774)

Phallus costatus Batsch,Elench. Fung.:129(1783)

Phallus crispus Scop.,Fl. Carniol.,Edn 2,2:475(1772)

菌盖初马鞍形,后张开呈扭曲的瓣片状,直径2～4cm,白色到淡黄色。子实层生于菌盖表面。菌柄白色,圆柱形,长5cm,粗2cm,有纵列深槽,形成纵棱。子囊圆柱形,240～300μm×12～18μm;每个子囊含8个子囊孢子,子囊孢子单行排列于子囊内。子囊孢子宽椭圆形,13～20μm×10～15μm,无色。侧丝丝状,顶端膨大。

夏末秋初子实体单生或群生于林中地上。可食用。

分布:卢氏、陕县。

【马鞍菌】

***Helvella elastica* Bull.**,Herb. Fr. 6:tab. 242(1785)

Helvella albida Schaeff. [as '*Elvella*'], Fung. Bavar. Palat. 4: tab. 282(1774)
Helvella fuliginosa Dicks., Syn. Pl. Crypt. 2: 25(1790)
Helvella klotzschiana Corda, In: Sturm, Deutschl. Fl., 3 Abt. 3: tab. 57(1831)
Helvella pulla Holmsk., Beata Ruris Otia Fungis Dangicis 2: 49(1799)
Leptopodia elastica(Bull.) Boud., Icon. Mycol. 2: pl. 232(1907)
Patella albida(Schaeff.) Seaver, North American Cup-fungi: 175(1928)
Peziza hemisphaerica Schumach., Enum. Pl. 2: 422(1803)
Peziza hirsuta Holmsk., Beata Ruris Otia Fungis Dangicis 2: 37(1799)
Peziza hispida Huds., Fl. Angl., Edn 2, 2: 635(1778)

菌盖马鞍形,宽2~4cm,蛋壳色至褐色或近黑色,表面卷曲、平滑,边缘与柄分离。菌柄圆柱形,长4~9cm,粗0.6~0.8cm,蛋壳色至灰色。子囊近圆柱形,200~280μm×14~21μm,内含8个单行排列的子囊孢子。侧丝上端膨大,粗6.3~10μm。子囊孢子无色,椭圆形,17(16.5)~22(23)μm×10~14μm,含一大油滴,多数孢子表面光滑,有的孢子表面粗糙。

夏秋季子实体群生于林中地上。在分布区调查时有人反映可以食用,但也有人说有毒。

分布:卢氏、陕县。

【棱柄马鞍菌】

***Helvella lacunosa* Afzel.**, K. Vetensk-Acad. Handl. 4: 303(1783)
Helvella cinerea(Bres.) Rea, Trans. Br. Mycol. Soc. 13: 254(1928)
Helvella lacunosa var. *sulcata*(Afzel.) S. Imai, Science Rep. Yokohama Nat. Univ., Section 2, 3: 20(1954)
Helvella leucophaea Pers., Syn. Meth. Fung. 2: 616(1801)
Helvella mitra Schaeff., Fung. Bavar. Palat. 4: 105(1774)
Helvella sulcata Afzel., K. Vetensk-Acad. Handl. 4: 305(1783)
Phallus brunneus Batsch, Elench. Fung.: 129(1783)

菌盖褐色或暗褐色,马鞍形,宽2~5cm,表面平整或凸凹不平,边缘不与菌柄连接。菌柄灰白至灰色,长3~9cm,粗0.4~0.6cm,表面具纵向沟槽。子囊近圆柱形,200~280μm×14~21μm,内含8个单行排列的子囊孢子。侧丝细长,有隔或无隔,顶部膨大,粗达5~10μm。子囊孢子椭圆形或卵形,15~22μm×10~13μm,表面光滑,无色,内含一大油滴。

夏秋季子实体单生或群生于林中地上。在分布区调查时有人反映可以食用,但也有人说有毒。

分布:卢氏、陕县。

4.4.1.3 羊肚菌科 Morchellaceae

【黑脉羊肚菌】

***Morchella angusticeps* Peck**, Bull. N. Y. St. Mus. 2: 19(1887)

子实体中等大小,整体高6~12cm。菌盖锥形或近圆柱形,顶端一般尖,高4~6cm,粗2.3~5.5cm,表面有许多凹坑,凹坑界于长方形与圆形之间,淡褐色至蛋壳色,棱纹比凹坑的颜色暗,常纵向排列,有横脉交织,边缘与菌柄连接在一起。菌柄近圆柱形,长5.5~10.5cm,粗1.5~3cm,乳白色,上部略有颗粒,基部往往有凹槽。子囊近圆柱形,128~280μm×15~23μm,内含8个单行排列的子囊孢子。侧丝基部有的有分隔,顶端膨大,粗8~13μm。子囊孢子椭圆形,20~26μm×13~15.3μm。

春末子实体生于林地、旷野、村旁等处的地上。可食用,味道鲜美,属珍稀的野生食用菌。具药用价值。

分布:辉县、卢氏、陕县。

【粗腿羊肚菌】

***Morchella crassipes*(Vent.)Pers.**,Syn. Meth. Fung. 2:621(1801)

Morchella esculenta var. *crassipes*(Vent.)M. M. Moser,In:Gams,Kl. Krypt. -Fl.,Rev. Edn 5,2a:85(1983)

Morchella esculenta var. *crassipes*(Vent.)Kreisel,Boletus,SchrReihe 1:29(1984)

Morchella esculenta var. *crassipes*(Vent.)Bresinsky & Stangl,Z. Pilzk. 27(2~4):104(1962)

Phallus crassipes Vent.,Ann. Bot. 21:509(1797)

子实体中等大小。菌盖近圆锥形,长5~7cm,宽5cm,表面有许多凹坑,凹坑近圆形或不规则形,大而浅,淡黄色至黄褐色,棱纹窄,交织成网状。菌柄粗壮,长3~8cm,粗3~5cm,基部膨大,表面常有凹槽。子囊圆柱形,230~260μm×18~21μm,内含8个单行排列的子囊孢子。侧丝顶部膨大。子囊孢子椭圆形,15~26μm×12.5~17.5μm,无色。

春末子实体生于林地、旷野、村旁等处的地上。可食用,味道鲜美,属珍稀的野生食用菌。可利用菌丝体进行深层发酵培养,培养的菌丝体可做调味品。具药用价值。

分布:辉县、信阳。

【小羊肚菌】

***Morchella deliciosa* Fr.**,Syst. Mycol. 2(1):8(1822)

Morchella conica var. *deliciosa* (Fr.) Cetto, Enzyklopädie der Pilze, Band 4: Täublinge, Milchlinge, Boviste, Morcheln, becherlinge u. a.:403(1988)

Morilla deliciosa(Fr.)Quél.,Compt. Rend. Assoc. Franç. Avancem. Sci. 20(2):465(1892)

菌盖圆锥形或近圆锥形,高1.7cm~5cm,宽0.8~1.5cm,菌盖上布满凹坑,凹坑往往长形,浅褐色,棱纹常纵向排列,且不规则地相互交织,棱纹的颜色较凹坑浅。菌柄白色或淡黄色,长1.5~2.5cm,粗0.5~0.8cm,基部往往膨大,并有凹槽。子囊近圆柱形,有孢子部分约100μm×16μm,每个子囊含子囊孢子8个,子囊孢子单行排列于子囊内。子囊孢子椭圆形,18~20μm×10~11μm;侧丝丝状且顶端膨大。

春末子实体生于林地、旷野、村旁等处的地上。可食用,味道鲜美,属珍稀的野生食用菌。具药用价值。

分布:卢氏、陕县。

【羊肚菌】

***Morchella esculenta* (L.)Pers.**,Syn. Meth. Fung. 2:618(1801)

Helvella esculenta(L.)Sowerby,Col. Fig. Engl. Fung. Mushr. 1:pl. 51(1797)

Morchella rotunda var. *esculenta*(L.)Jacquet.,In:Jacquetant & Bon,Docums Mycol. 14(56):1(1985)

Morellus esculentus(L.)Eaton,Man. Bot.,Edn 2:324(1818)

Phallus esculentus L.,Sp. Pl. 2:1178(1753)

Phallus esculentus var. *esculentus* L.,Sp. Pl. 2:1178(1753)

子实体主要包括菌盖和菌柄两大部分。菌盖椭圆形至卵圆形,顶端钝,高5~8cm,直径4~6cm,表面有不规则至近圆形小凹坑,凹坑蛋壳色或浅黄色,干后褐色或黑色,直径4~

12mm。棱纹色较浅,不规则交叉。菌柄粗壮,中空,近白色,高 5 ~ 8cm,直径 2 ~ 4cm,基部略膨大。菌盖凹坑内布满子实层,子囊圆柱形,成熟时 250 ~ 320μm × 17 ~ 22μm,含 8 个子囊孢子。子囊孢子单行排列,无色,椭圆形,20 ~ 24μm × 12 ~ 14μm。侧丝顶端膨大,粗达 12μm(图版 053 ~ 057)。

春季子实体单生或群生于树木稀疏的林地、林缘空旷处、耕地边。可食用,味道鲜美,营养丰富,为名贵的食用菌之一。可利用菌丝体进行深层发酵培养,培养的菌丝体可做调味品。具药用价值。

分布:洛阳、新安、孟津、汝阳、栾川、信阳。

【尖顶羊肚菌】

***Morchella vulgaris*(Pers.)Boud.**,(1897)

Morchella conica Pers.,Traité Sur Les Champignons Comestibles:257(1818)

子实体较小,整体高 5 ~ 7μm。菌盖近圆柱形,高 3 ~ 5cm,宽 2 ~ 3.5cm,顶端尖,表面有许多长形凹坑,凹坑多纵向排列,浅褐色。菌柄白色,长 3 ~ 5cm,粗 1 ~ 2.5cm,有不规则排列的纵沟。子囊近圆柱形,250 ~ 300μm × 17 ~ 20μm,内含 8 个单行排列的子囊孢子。侧丝细长,无色,顶端稍膨大。子囊孢子椭圆形,20 ~ 24μm × 12 ~ 15μm。

春末子实体生于林地、旷野、村旁等处的地上。可食用,味道鲜美,属珍稀的野生食用菌。具药用价值。

分布:栾川、卢氏、陕县。

4.4.1.4 盘菌科 Pezizaceae

【森林盘菌】

***Peziza arvernensis* Boud.**,Bull. Soc. Bot. Fr. 26:26(1879)

Aleuria silvestris Boud.,Icon. Mycol. 2:Pl. 261(1907)

Galactinia sylvestris (Boud.)Svrček,Česká Mykol. 16:111(1962)

Peziza silvestris(Boud.)Sacc. & Traverso,Syll. Fung. 20:317(1911)

子囊盘浅盘形或小碗形,直径 3 ~ 8cm,子实层生盘(碗)的内表面,外面白色,内表面淡褐色。表面光滑,碗口不整齐、内卷。无柄。子囊 260 ~ 280μm × 12 ~ 16μm,含 8 个子囊孢子。子囊孢子单行排列于子囊内,宽椭圆形,15 ~ 20μm × 8 ~ 11μm,表面光滑,无色。侧丝线形,长 3.5 ~ 6μm,顶端稍粗。

子囊盘单生或群生于林中地上。可食用。

分布:卢氏。

4.4.1.5 火丝菌科 Pyronemataceae

【红毛盘菌】

***Scutellinia scutellata*(L.)Lambotte**,Mém. Soc. Roy. Sci. Liège,Série 2,1:299(1887)

Humariella scutellata(L.)J. Schröt.,In:Cohn,Krypt.-Fl. Schlesien 3.2(1 - 2):37(1893)

Lachnea scutellata(L.)Sacc.,Champignons de France,Discom.:57(1879)

Patella scutellata(L.)Morgan,J. Mycol. 8(4):187(1902)

Peziza aurantiaca Vent.,Hist. Champ. France:index,tab. 10(1812)

Peziza scutellata Schumach.,Enum. Pl. 2:432(1803)

Peziza scutellata L. ,Sp. Pl. 2:1181(1753)

子囊盘红色,扁平,盾状,直径 0.1 ~ 1cm,子实层面鲜红色或橘红色,平滑,干时褪色。边缘有栗褐色刚毛,周边刚毛长达 2mm,刚毛硬直,顶端尖,有分隔,壁厚。子囊圆柱形,190 ~ 200μm × 12 ~ 18μm。子囊孢子在子囊中单行排列,椭圆形至宽椭圆形,14 ~ 20μm × 10 ~ 15μm,初期光滑,成熟后表面有小疣,内含 1 ~ 2 个油滴。侧丝线形,长 7 ~ 9μm,无分隔或有分隔,无色,顶端膨大(图版 058 ~ 060)。

夏秋季子实体群生于腐木上。

分布:汝阳、栾川。

4.4.1.6　肉盘菌科 Sarcosomataceae

【大胶鼓】

***Galiella celebica*(Henn.)Nannf.** ,Mycologia 49(1):108(1957)

子囊盘倒圆锥形,无柄或几乎无柄,直径 4 ~ 7cm,高 3 ~ 4cm,黑褐色,橡胶状,有弹性。子实层面几乎平坦,灰黑色,盘缘及外侧被短绒毛。外被层厚 30 ~ 50μm,由 2 ~ 3 层褐色细胞组成。髓层由 3 层组成。子实下层厚约 100μm,呈淡褐色。子囊圆筒形,400 ~ 500μm × 12 ~ 18μm,壁厚,上部粗,向下渐细,内含 8 个子囊孢子。子囊孢子纺锤形,30 ~ 45μm × 18μm,无色或淡黄色,用绵蓝染色后,表面可见到蓝色的疣状突起。侧丝丝状,直径 2.5 ~ 3.5μm,有横隔,上部含褐色颗粒。

夏秋生于阔叶林中或山涧附近的腐木上,我们见到的生于竹林中的枯竹根上。该菌仅生长在湿度大、无污染的环境中,可作为表征雨量、空气湿度、大气污染的指示菌类。

分布:卢氏。

【爪哇盖尔盘菌】

***Galiella javanica*(Rehm)Nannf. & Korf**,Mycologia 49(1):108(1957)

Sarcosoma javanicum Rehm,Hedwigia 32:226(1893)

子囊盘圆锥形或陀螺形,较小,直径 3 ~ 5.5cm,高 4 ~ 6.5cm,胶质,有弹性,子实层体灰褐色至黑色,平展略下陷,边缘有细长毛,外侧密被一层烟黑色绒毛,毛暗褐色,有横隔,长可达 1500μm 以上,粗 8 ~ 18μm,表面粗糙,向上渐细。子囊长筒形,430 ~ 560μm × 15 ~ 22μm,有孢子部分 150 ~ 260μm。每个子囊内有子囊孢子 8 个。子囊孢子椭圆形至长椭圆形,24 ~ 39μm × 11 ~ 16μm,无色或淡黄色,壁厚,单行排列于子囊内,不等边,表面有细疣。侧丝无色,丝状,细长,顶部略膨大,450 ~ 580μm × 2.5 ~ 4μm。

夏秋季子实体群生于壳斗科等阔叶树的腐木上。

分布:卢氏。

【红白毛杯菌】

***Sarcoscypha coccinea*(Jacq.)Sacc.** ,Syll. Fung. 8:154(1889)

Calycina cyathoides(L.)Kuntze[as '*cyathodes*'],Revis. Gen. Pl. 3:447(1898)

Geopyxis bloxamii Massee[as '*bloxami*'],Grevillea 22(104):98(1893)

Geopyxis coccinea(Scop.)Massee,Brit. Fung. -Fl. 4:377(1895)

Geopyxis coccinea var. *lactea* Massee,British Fungi:496(1911)

Geopyxis insolita(Cooke)Sacc. ,Syll. Fung. 10:3(1892)
Helvella coccinea Scop. ,Fl. Carniol. ,Edn 2,2:479(1772)
Helvella coccinea Schaeff. ,Fung. Bavar. Palat. 4:100,tab. 148(1774)
Lachnea coccinea (Jacq.)Gillet,Champignons de France,Discom. :66(1880)
Macroscyphus coccineus(Jacq.)Gray,Nat. Arr. Brit. Pl. 1:672(1821)
Molliardiomyces eucoccinea F. A. Harr. ,Mycotaxon 38:434(1990)
Octospora cyathoides(L.)Timm,Fl. Megapol. Prodr. :260(1788)
Peziza coccinea (Scop.)Pers. ,Observ. Mycol. 2:75(1800)
Peziza coccinea Bolton,Hist. Fung. Halifax 3:104(1790)
Peziza coccinea Jacq. ,Fl. Austriac. 2:tab. 163(1774)
Peziza cyathoides L. ,Fl. Suec. :1273(1755)
Peziza insolita Cooke,Mycogr. ,Vol. 1. Discom. :fig. 375(1878)
Plectania coccinea(Jacq.)Fuckel,Jb. Nassau. Ver. Naturk. 23 ~24:324(1870)
Plectania coccinea(Scop.)Fuckel:Seaver,North American Cup-fungi:191(1928)
Sarcoscypha coccinea(Scop.)Sacc. :Durand,Bull. Torrey Bot. Club 27:477(1900)
Sarcoscypha coccinea f. *lactea* (Massee) Chevtzoff, Bulletin Semestriel de la Fédération des Associations Mycologiques Méditerranéennes 17:31(2000)
Sarcoscypha coccinea var. *albida* Massee,Brit. Fung. -Fl. 4:377(1895)

子囊盘杯状,有柄至近无柄,直径1.5 ~5cm,边缘常内卷。子实层面(内面)朱红色至土红色,干时褪色。外面近白色,有微细绒毛。绒毛无色,多弯曲。菌柄长0.5 ~1.5cm,粗0.4 ~0.5cm,上部往往稍粗。侧丝细线形,粗2 ~3μm,顶端稍膨大,内含红色小颗粒。子囊圆柱形,240 ~400μm ×12 ~15μm,每个子囊含8 个单行排列的子囊孢子。子囊孢子长椭圆形,22 ~30μm ×9 ~12μm,无色,往往含油滴,表面光滑。

夏秋季子囊盘单生或散生于林中枯枝上。有记载可食用。

分布:卢氏。

【大丛耳菌】

***Wynnea gigantea* Berk. & M. A. Curtis**,J. Linn. Soc. ,Bot. 9(1867)
Midotis gigantea(Berk. & M. A. Curtis)Sacc. ,Syll. Fung. 8:547(1889)

子囊盘以一个柄与地下菌核相连有(偶见有分枝的柄),子囊盘几个到十多个成丛地从柄上产生,兔耳状,高3 ~8cm,宽1 ~3cm,两侧向内稍卷,紫褐色至褐色,子实层红褐色,平滑,外部色较浅且皱缩。菌柄不规则柱状,长3 ~7cm,粗1 ~2cm,表面具瘤、皱,黑褐色。子囊圆柱形,400 ~500μm ×14 ~18μm ,内含8 个单行排列的子囊孢子。子囊孢子长椭圆形至肾形,22 ~38μm ×12 ~15μm。侧丝细长,顶部稍粗达4 ~5μm。

夏秋季子囊盘生于林中树根旁。有记载可食,但也有人怀疑有毒。

分布:信阳。

4.5　粪壳菌纲 Sordariomycetes

4.5.1　肉座菌目 Hypocreales

4.5.1.1　生赤壳科 Bionectriaceae

【亚麻生赤壳】

***Bionectria byssicola*(Berk. & Broome) Schroers & Samuels**, Z. Mykol. 63(2):152(1997)

Byssonectria byssicola(Berk. & Broome) Cooke[as '*byssiseda*'], Grevillea 12(64):109(1884)

Cucurbitaria byssicola(Berk. & Broome) Kuntze, Revis. Gen. Pl. 3:460(1898)

Nectria byssicola Berk. & Broome, J. Linn. Soc., Bot. 14(2):116(1875)

子座发达,突破树皮。子囊壳密集聚生(最多达 60 个)于子座表面,少数单生,球形或近球形,高 196 ~ 400μm,直径 140 ~ 344μm,浅橙色、橙色或橘黄色,顶部无乳突或有小乳突,表面具疣状物,表面的细胞多角形或近球形,细胞壁厚度不均一。子囊壳壁由 2 或 3 层组成,外层由多角形细胞构成;中层(若有)由交错菌丝构成;内层由扁长形细胞构成。子囊棒状,43 ~ 77μm × 5.9 ~ 12μm,顶部平或钝,有顶环,每个子囊含 4 ~ 8 个子囊孢子。子囊孢子在子囊上部双列排裂,下部单列排列,椭圆形至纺锤形,8.5 ~ 17μm × 3.2 ~ 5.8μm,无色或淡黄色,表面具小刺,有 1 个分隔,分隔处稍镒缩或不缢缩。在人工培养基上可产生分生孢子。

腐生于枯枝上、枯叶上、树皮上。

分布:信阳。

【淡色丛赤壳】

***Bionectria ochroleuca*(Schwein.) Schroers & Samuels**, Z. Mykol. 63(2):151(1997)

Creonectria ochroleuca(Schwein.) Seaver, Mycologia 1(5):190(1909)

Cucurbitaria ochroleuca(Schwein.) Kuntze, Revis. Gen. Pl. 3:461(1898)

Cucurbitaria vulgaris(Speg.) Kuntze, Revis. Gen. Pl. 3(2):460(1898)

Nectria gliocladioides Smalley & H. N. Hansen, Mycologia 49(4):533(1957)

Nectria ochroleuca(Schwein.) Berk., Grevillea 4(29):16(1875)

Nectria vulgaris Speg., Anal. Soc. Cient. Argent. 12(5):210(1881)

Polystigma vulgare(Speg.) Gola, L'Erbario Micologico di P. A. Saccardo:159(1930)

Sphaeria ochroleuca Schwein., Trans. Am. Phil. Soc., New Series 4(2):204(1832)

子座发达,突破树皮。子囊壳聚生(最多达 100 个)于子座表面,少数单生,近球形至球形,高 109 ~ 344μm,直径 113 ~ 259μm,新鲜时为浅橙色至橘黄色,顶部无乳突或有小乳突,表面粗糙或具较低的疣状物,干后少数顶部凹陷,多数不凹陷。子囊壳表面细胞多角形或近球形。子囊壳壁由 2 或 3 层组成:外层由多角形细胞构成;中层(若有)由交错菌丝构成;内层由扁长形细胞构成。子囊棒状,41 ~ 65μm × 4.8 ~ 10.6μm,顶端平或钝,有顶环,每个子囊含 8 个子囊孢子。子囊孢子在多数子囊内上部呈双列排列,下部单裂排列,少数下部也双列排列。子囊孢子椭圆形、长方椭圆形至纺锤型,8.0 ~ 13.1μm × 2.2 ~ 4.3μm,无色或淡黄色,表面具小刺或小的疣状物,有 1 个分隔,分隔处稍缢缩或不缢缩。在人工培养基上可产生分生孢子。

腐生于枯枝上、竹茎上,有时生于其他真菌上。

分布:信阳。

【红色水球壳】

***Hydropisphaera erubescens* (Roberge: Desm.) Rossman & Samuels**, In: Rossman, Samuels, Rogerson & Lowen, Stud. Mycol. 42:30(1999)

Calonectria crescentiae Seaver & Waterston, Mycologia 32(3):404(1940)

Calonectria erubescens(Roberge: Desm.) Sacc., Michelia 1(3):309(1878)

Dialonectria erubescens(Roberge: Desm.) Cooke, Grevillea 12(64):111(1884)

Nectria erubescens(Roberge: Desm.) W. Phillips & Plowr., Grevillea 10(54):70(1881)

无子座。子囊壳散生或聚生(最多达 13 个)于基质表面,近球形,顶部稍尖,表面光滑,干后顶部凹陷,新鲜时棕色或红棕色,孔口处颜色深,高 176 ~ 240μm,直径 224 ~ 272μm。子囊壳壁有 2 层,外层细胞多角形,内层细胞长形。子囊纺锤形,41 ~ 54μm × 6.4 ~ 10.3,顶部窄圆,有顶环。每个子囊含 8 个子囊孢子,子囊孢子在子囊内多列排列。子囊孢子纺锤形,17 ~ 26μm × 3.0 ~ 3.5μm,弯曲,具油滴,无色或淡黄色,表面光滑,3 个分隔,分隔处不缢缩。在 PDA 培养基上,分生孢子梗直接从菌丝处生出,简单无分支,光滑,无色,长 19 ~ 44μm,基部宽 3.0 ~ 3.4μm,顶部宽 1.2 ~ 1.5μm;分生孢子柱形,0 ~ 1 分隔,无色,表面光滑,15 ~ 23μm × 2.2 ~ 2.8μm。

与其他真菌伴生生于枯枝上。

分布:信阳。

【鸡公山水球壳】

***Hydropisphaera jigongshanica* W. Y. Zhuang & Y. Nong**, Fungal Diversity 19:98(2005)

子囊壳单生或聚生(最多达 18 个)于子座表面,近球形,高 310 ~ 323μm,直径 267 ~ 348μm,表面光滑,干后顶部凹陷呈盘状,新鲜时为淡脏黄色。子囊壳壁外层的细胞多角形。子囊棒状,43 ~ 55μm × 5.2 ~ 6.3μm,顶部钝,有顶环。每个子囊含 8 个子囊孢子,子囊孢子在子囊的上部为双列排列,下部为单列排列。子囊孢子椭圆形至纺锤形,9.4 ~ 13.7μm × 2.5 ~ 3.5μm,有 1 个分隔,淡黄色,幼嫩时表面具小刺,成熟后变光滑。

腐生于枯枝上。

分布:信阳。

【石榴小赤壳】

***Nectriella versoniana* Sacc. & Penz.**, Michelia 2(7):256(1881)

Dialonectria versoniana(Sacc. & Penz.) Cooke, Grevillea 12(64):109(1884)

Schizoparme versoniana(Sacc. & Penz.) Nag Raj & Lowen, Mycotaxon 46:480(1993)

分生孢子器球形,56 ~ 144μm × 62 ~ 131μm,浅褐色,埋生至半埋生,器壁较薄,产孢区呈垫状隆起,器中央有 1 孔口,顶部不突出。产孢细胞圆柱形从基部垫状隆起处伸出,无色,光滑,内壁芽生瓶体式产孢。分生孢子纺锤形,无色、浅褐色,直或略弯,大小 10 ~ 19μm × 2.5 ~ 3.5μm。有性态为不常见。子囊壳褐色,表生,直径 166 ~ 277μm,喙长 44 ~ 65μm,内壁上生满周丝。子囊梭形至棍棒形,大小 42 ~ 53μm × 8 ~ 11μm,顶壁特厚。无侧丝。子囊孢子梭形,大小 11 ~ 14μm × 4 ~ 6μm,无色。

寄生于石榴,引起干腐病。主要为害寄主的花、花梗和果实。染病花梗、花托上出现褐色凹陷斑,重病花提早脱落。染病果实病部变灰黑色,松软,渐失水干缩,后期其上密生黑色小粒点(分生孢子器)。以菌丝体或分生孢子器在病部越冬,翌春产生分生孢子,经风雨传播进行

初侵染,靠分生孢子可进行再侵染,

分布:开封、延津、荥阳、嵩县、商丘。

4.5.1.2　虫草科 Cordycipitaceae

【亚香棒虫草】

***Cordyceps hawkesii* Gray**, Nat. Arr. Brit. Pl. 1(1821)

子座由寄主前端生出,单生。子座的柄长 6 ~ 8cm,粗 2mm,多弯曲,黑色,有纵皱或棱纹,上部光滑,下部有细毛。子座的头部短圆柱形,长 12mm,粗 3.5mm,顶端圆,茶褐色,无不孕顶端。子囊壳埋生于子囊座内,椭圆形至卵形,600 ~ 700μm × 230 ~ 260μm,孔口黑色 。子囊大小为 400 ~ 500μm × 5μm。孢子线形,易断成 8 ~ 9μm × 0.5 ~ 1μm 的小段。生子座的虫体表面有白色菌膜,除去菌膜后,露出棕褐色或褐色的虫体角皮,虫体上有环纹 20 ~ 30 道,有黑点状气门;头部红褐色或紫黑色,腹部有足 8 对;虫体质脆易折断,断面黄白色。

子座由林中落叶层下的鳞翅目幼虫上生出。可食用。据报道,与冬虫夏草的成分类似。

分布:信阳。

【蛹虫草】

***Cordyceps militaris* (L.) Link**, Handbuck zur Erkennung der Nutzbarsten und am Häufigsten Vorkommenden Gewächse 3:347(1833)

Clavaria granulosa Bull., Hist. Champ. France 10:199, tab. 496:1(1791)

Clavaria militaris L., Sp. Pl. 2:1182(1753)

Corynesphaera militaris (L.) Dumort., Comment. Bot. (1822)

Hypoxylon militare (L.) Mérat, Nouv. Fl. Environs Paris:137(1821)

Xylaria militaris (L.) Gray, Nat. Arr. Brit. Pl. 1:510(1821)

僵虫(假菌核)因寄主昆虫种类不同而不同,一般蛹壳棕褐色或黑褐色,表面光滑或黏附菌丝,纵切面灰白色,新鲜时有鱼腥味。子座数个从寄主头部发出,有时从节间发出,有时单生,初生时淡黄色至橙黄色,成熟时橘红色或紫红色,内部淡黄色,大多不分枝,全长 2 ~ 5cm。子座的头部多数为棒形。子囊壳半埋生,粗棒状,外露部分近圆锥形,呈棕褐色,500 ~ 1098μm × 132 ~ 264μm,成熟时由壳口喷出白色胶质孢子角或小块。子囊蠕虫形,142 ~ 574μm × 4 ~ 6μm,内含 8 枚平行排列的子囊孢子。子囊孢子线形,透明无色,易断裂为 2 ~ 4μm × 1μm 的小段(图版 061 ~ 064)。

夏秋季子座常从林地土壤中的昆虫上生出。寄主范围较广,包括鳞翅目、鞘翅目等的近 200 种昆虫,寄生的虫态除蛹(茧)外还包括成虫和幼虫,以舟蛾科、刺蛾科、枯叶蛾科和天蛾科等昆虫的蛹较为常见。具药用价值。现已人工栽培。

分布:汝阳、卢氏、陕县。

【垂头虫草】

***Cordyceps nutans* Pat.**, Bull. Soc. Mycol. Fr. 3(2):127(1887)

Ophiocordyceps nutans (Pat.) G. H. Sung, J. M. Sung, Hywel-Jones & Spatafora, In: Sung, Hywel-Jones, Sung, Luangsa-ard, Shrestha & Spatafora, Stud. Mycol. 57:45(2007)

子座全长 9 ~ 22cm,其中柄部长 4 ~ 16cm,粗 0.5 ~ 1mm。柄部稍弯曲,黑色似铁丝,有光泽,硬,靠近头部红色,后变橙色,老后褪为黄色。头部梭形至短圆柱形,长 5 ~ 12mm,粗 1.5 ~

3mm,红色,后变橙色,老后褪为黄色。子囊壳埋生于子囊座内,狭卵圆形,500～630μm×145～200μm。子囊长500μm左右,粗3～6μm,内含8个孢子。孢子线形,易断裂为5～10μm×1～1.5μm的小段。

子座常从林地蛴科昆虫上生出。具药用价值。

分布:信阳。

【蝉花虫草】

***Cordyceps sobolifera*(Hill:Watson)Berk. & Broome**[as '*Cordiceps*'],J. Linn. Soc.,Bot. 14(2):110(1875)

Sphaeria sobolifera Hill:Watson,J. Bot.,Lond. 2:207(1843)

子座单个或2～3个成束地从寄主虫体前端生出,长2.5～6cm,中空,柄部肉桂色,干燥后深肉桂色,直径1.5～4mm,有时具有不孕的小分枝,头部棒状,肉桂色,干燥后浅腐叶色,长7～28mm,直径2～7mm。子囊壳埋生在子座内,长卵形,约600μm×200μm,孔口稍突出于子座。子囊长圆柱状,200～380μm×6～7μm。子囊孢子线形,具有多个横分隔,易断裂成8～16μm×1～1.5μm大的单细胞节段。

子座常从林地蝉蛹或蝉的幼虫体上生出。具药用价值。

分布:卢氏、陕县。

4.5.1.3 丛赤壳科 Nectriaceae

【硬丛白壳】

***Albonectria rigidiuscula*(Berk. & Broome)Rossman & Samuels**,In:Rossman,Samuels,Rogerson & Lowen,Stud. Mycol. 42:105(1999)

Calonectria lichenigena Speg.,Boletín de la Academia Nacional de Ciencias de Córdoba 11(4):530(1889)

Calonectria rigidiuscula(Berk. & Broome)Sacc.,Michelia 1(3):313(1878)

Calonectria sulcata Starbäck,Bih. K. svenska VetenskAkad. Handl.,Afd. 3 25(1):29(1899)

Calonectria tetraspora(Seaver)Sacc. & Trotter,Syll. Fung. 22:487(1913)

Fusarium decemcellulare Brick,Jahrb. Vereinig. Angew. Bot. 6:227(1908)

Fusarium rigidiusculum W. C. Snyder & H. N. Hansen,Am. J. Bot. 32:664(1945)

Fusarium spicariae-colorantis Sacc. & Trotter: De Jonge [as '*spicaria-colorantis*'], Rec. Trav. Bot. Néerl. 6(1909)

Nectria rigidiuscula Berk. & Broome,J. Linn. Soc.,Bot. 14(2):116(1875)

Scoleconectria tetraspora Seaver,N. Amer. Fl. 3:27(1910)

子座发达,突破树皮而生。子囊壳聚生(最多达70个)于子座表面,球形至近球形,高192～400μm,直径147～357μm,顶部无乳突或乳突很小,表面具粗糙白色疣状物,干后多数不凹陷,部分侧面凹陷,新鲜时为肉色、淡肉色、淡黄色或白色,干后淡黄色至白色,孔口处颜色稍深。子囊壳表面疣状物高11～76μm,细胞近球形或多角形7～22μm×6.5～22μm,细胞壁厚度不均一。子囊壳壁厚22～57μm,2层:外层厚11～37μm,细胞多角形或近球形7.5～28μm×4.5～20μm,细胞壁厚1.0～2.5μm,最厚可达4.3μm;内层厚8～25μm,细胞长形9.5～27μm×2.7～7.5μm,细胞壁厚1.0～2.1μm。子囊棒状至近纺锤形,65～107μm×(8.0～)9.5～15μm,顶部圆,无顶环。每个子囊含1～6个子囊孢子,子囊孢子在子囊内单列或双行排列。子囊孢子椭圆形,20～34μm×6.4～10.7μm,无色或淡黄色,表面光滑或具有极细的纵条纹,有3个分隔,个别1个或4个分隔,分隔处稍缢缩或不缢缩。在PDA培养基上产生的分生孢子梗不分枝或单轮分枝,长 25 ~ 109μm,基部宽 2.4 ~ 3.0μm,顶部宽 1.7 ~ 2.0μm。小型分生孢子椭圆形,5.3 ~ 14.4μm × 2.1 ~ 5.4μm,一端稍尖,无分隔,无色,表面光滑,串生。大型分生孢子镰刀状,21 ~ 60μm × 3.2 ~ 5.7μm,3 ~ 6 个分隔。

腐生于枯枝上、树皮上。

分布:信阳。

【小赤壳】

***Cosmospora diminuta*(Berk. & M. A. Curtis) Rossman & Samuels**, In: Rossman, Samuels, Rogerson & Lowen, Stud. Mycol. 42:120(1999)

Nectria diploa var. diminuta Berk. & M. A. Curtis, N. Amer. Fung. :no. 818(1875)

子座无或很小。子囊壳单生或聚生(最多达 10 个),表生或半内生于黑色核菌上,梨形至阔梨形,高 126 ~ 232μm,直径 110 ~ 167μm,顶部圆或钝,顶部直径 44 ~ 82μm,表面光滑、粗糙或覆盖一层白色菌丝,干后不凹陷或侧面凹陷,新鲜时为红色或橘红色。子囊壳壁厚 14 ~ 30μm,细胞长形或多角形,细胞空腔大小为 3.5 ~ 14μm × 1.5 ~ 4.3μm,细胞壁厚 1.6 ~ 2.3μm。子囊棒状至近纺锤形,63 ~ 94μm × 8.8 ~ 15.9 ~ 16.7μm,顶部圆。每个子囊含 2 ~ 8 个子囊孢子,子囊孢子在子囊内双列排列。子囊孢子多为纺锤形,少数椭圆形,24.6 ~ 38μm × 6.6 ~ 14μm,幼嫩时无色,成熟后淡黄色,具很多小油滴,表面具很多小刺,小刺排列成纵条纹,有 1 个或 3 个分隔,分隔处稍缩或不缢缩。

生于枯枝上的其他真菌上。

分布:信阳。

【河南赤壳】

***Cosmospora henanensis* Y. Nong & W. Y. Zhuang**, Fungal Diversity 19:96(2005)

无子座。子囊壳密集聚生于基质表面,梨形高 221 ~ 276μm,直径 162 ~ 219μm,顶部钝,顶部直径 110 ~ 123μm,表面光滑,干后侧面凹陷,少数不凹陷,新鲜时为血红色。子囊壳壁厚 15 ~ 30μm,细胞多角形或长形。子囊柱状,80 ~ 100μm × 6.0 ~ 8.2μm,顶部钝,有顶环。每个子囊含 8 个子囊孢子,子囊孢子在子囊内单列排列。子囊孢子椭圆形,10.7 ~ 13.5 × 6.4 ~ 7.5μm,两端对称,浅黄棕色,表面被疣,疣状物隐约相互连接,形状不规则,双细胞,分隔处稍缢缩。无性型类似顶孢霉属(Acremonium),在 PDA 培养基上产生的分生孢子梗不分支或很少分支。产孢细胞近柱形,向顶部渐尖,无色。分生孢子椭圆形或腊肠形,3 ~ 6μm × 1.1 ~ 3.3μm,无色,表面光滑,无分隔。

生于树皮上。

分布:信阳。

【麦里奥赤壳】

***Cosmospora meliopsicola* (Henn.) Rossman & Samuels**, In: Rossman, Samuels, Rogerson & Lowen, Stud. Mycol. 42:123(1999)

Nectria meliopsicola Henn., Pflanzenw. Ost-Afrikas Nachbarg., Teil C:32(1895)

子座发达或小,生于别的真菌上。子囊壳聚生(最多达 26 个)于子座表面,近梨形,高 164 ~ 232μm,直径 123 ~ 200μm,顶部尖或圆,表面光滑或具较低的疣状物,干后不凹陷或侧面凹陷,少数顶部凹陷,新鲜时红色,鲜红色或暗红色。子囊壳壁厚 17 ~ 40μm,1 ~ 2 层;外层厚 5 ~ 30μm,细胞多角形或近球形,细胞大小 5 ~ 17μm × 4 ~ 10μm,细胞壁厚 1.8 ~ 3μm;内层厚 3 ~ 13μm,细胞扁长,薄壁。子囊圆柱形至窄棒状,60 ~ 100μm × 5.8 ~ 10.7μm,顶部钝,有顶环。每个子囊含 8 个子囊孢子子囊孢子,在子囊内单列排列。子囊孢子椭圆形至近卵形,9 ~ 18 × 5.2 ~ 7.3μm,两边对称,淡黄褐色,表面光滑或具较小的疣状物,双细胞,分隔处不缢缩。无性型类似顶孢霉属(Acremonium)。

生于生于枯枝上的其他真菌上。

分布:信阳。

【浆果赤霉】

***Gibberella baccata*(Wallr.)Sacc.**,Michelia 1(3):317(1878)

Botryosphaeria moricola Ces. & De Not.,Sfer. Ital.:83(1863)

Fusarium lateritium Nees,Syst. Pilze:31(1816)

Gibberella baccata var. *moricola*(Ces. & De Not.)Wollenw.,Z. ParasitKde 3(3):377(1931)

Gibberella lateritium W. C. Snyder & H. N. Hansen,Am. J. Bot. 32:664(1945)

Gibberella moricola(Ces. & De Not.)Sacc.,Michelia 1(3):317(1878)

Gibberella pulicaris subsp. *baccata*(Wallr.)Sacc.,Michelia 1(3):317(1878)

Sphaeria baccata Wallr.,Fl. Crypt. Germ. 2:838(1833)

分生孢子座埋生在寄主的木栓层皮下,由致密的菌丝组成。分生孢子座上密生无色具隔的短分生孢子梗,大小 10 ~ 15μm × 3 ~ 4μm,顶生分生孢子。分生孢子新月形,大小 27 ~ 40μm × 3 ~ 4.5μm,一端稍弯,无色或浅红色,具 3 ~ 5 个隔膜。有性世代未见。

寄生于苹果,引起芽腐病。

分布:辉县

【竹赤霉】

***Gibberella bambusae*(Teng)W. Y. Zhuang & X. M. Zhang**,In:Zhang & Zhuang,Index of Fungi 7:560(2003)

子座小。子囊壳表生,单生或聚生(最多达 14),近球形至卵形,高 233 ~ 296μm,直径 234 ~ 276μm,顶部乳突小,表面粗糙或有较低的疣状物,干后两侧凹陷或不凹陷,新鲜时黑紫色。子囊壳壁厚 27 ~ 38μm,2 层,外层厚 17 ~ 32μm,细胞多角形或近球形,细胞大小为 7.5 ~ 16μm × 4.5 ~ 9μm,细胞壁厚 2.1 ~ 3.1μm;内层厚 5 ~ 16μm,细胞扁长,壁厚 1.5μm。子囊圆柱状或棒状,64 ~ 75μm × 6.4 ~ 9.6μm,短柄。每个子囊含 4 ~ 8 个子囊孢子,子囊孢子在子囊内单行排列或上部双列下部单列。子囊孢子椭圆形,11 ~ 18.2 × 4.7 ~ 7.2μm,黄褐色,表面具小刺或细条纹,双细胞,分隔处稍缢缩。

腐生于腐烂的竹杆上。

分布:信阳。

【三线赤霉】

***Gibberella tricincta* El-Gholl,McRitchie**,Schoult. & Ridings,Can. J. Bot. 56(18):2206(1978)

Fusarium citriforme Jamal.,Valt. Maatalousk. Julk. 123:11(1943)

Fusarium sporotrichiella var. *tricinctum*(Corda)Bilaĭ,Mikrobiol. Zh. 49(6):7(1987)

Fusarium sporotrichioides var. *tricinctum*(Corda) Raillo, Fungi of the Genus *Fusarium*: 197(1950)

Fusarium tricinctum(Corda) Sacc., Syll. Fung. 4: 700(1886)

Selenosporium tricinctum Corda, Icon. Fung. 2: 7, fig. 33(1838)

在马铃薯葡萄糖琼脂培养基上,气生菌丝生长茂盛,棉絮状,呈白色、洋红色、红色至紫色。小型分生孢子散生在气生菌丝中或聚成假头状,梨形或柠檬形、卵形—椭圆形,纺锤形 - 近披针形或稍呈镰刀形,0 ~ 1 隔。大型分生孢子生于分生孢子梗座及气生菌丝中,镰状弯曲或椭圆形弯曲,脚胞很明显。3 ~ 5 隔。3 隔的 26 ~ 38μm × 3 ~ 4.7μm,5 隔的 34 ~ 53μm × 3 ~ 4.8μm。厚垣孢子球形,壁光滑,间生,单生或成串。有性世代未见。

寄生于槐树,引起烂皮病。

分布:郑州。

【血赤壳】

***Haematonectria haematococca*(Berk. & Broome) Samuels & Rossman**, In: Rossman, Samuels, Rogerson & Lowen, Stud. Mycol. 42: 135(1999)

Cucurbitaria haematococca (Berk. & Broome) Kuntze, Revis. Gen. Pl. 3: 461(1898)

Dialonectria haematococca(Berk. & Broome) Cooke, Grevillea 12(64): 110(1884)

Fusarium eumartii C. W. Carp., J. Agric. Res., Washington 5: 204(1915)

Fusarium martii Appel & Wollenw., Arbeiten Kaiserl. Biol. Anst. Ld. - u. Forstw. 8: 83(1910)

Fusarium solani (Mart.) Sacc., Michelia 2(7): 296(1881)

Fusarium solani f. *eumartii* (C. W. Carp.) W. C. Snyder & H. N. Hansen, Am. J. Bot. 28: 740(1941)

Fusarium solani var. *eumartii* (C. W. Carp.) Wollenw., Z. ParasitKde 3: 452(1931)

Fusarium solani var. *martii*(Appel & Wollenw.) Wollenw., Fusaria Autographica Delineata: no. 1034(1930)

Fusarium solani var. *striatum*(Sherb.) Wollenw., Z. ParasitKde 3: 451(1931)

Fusarium striatum Sherb., Memoirs of the Cornell University Agricultural Experimental Station 6: 255(1915)

Haematonectria haematococca var. haematococca(Berk. & Broome) Samuels & Nirenberg, In: Rossman, Samuels, Rogerson & Lowen, Stud. Mycol. 42: 135(1999)

Hypomyces haematococcus(Berk. & Broome) Wollenw., Angew. Bot. 8: 191(1926)

Hypomyces haematococcus var. *breviconus* Wollenw., Fusaria Autographica Delineata: no. 828(1930)

Hypomyces haematococcus var. cancri(Rutgers) Wollenw., Fusaria Autographica Delineata: no. 829(1930)

Hypomyces haematococcus var. haematococcus(Berk. & Broome) Wollenw., Angew. Bot. 8: 191(1926)

Nectria haematococca Berk. & Broome, J. Linn. Soc., Bot. 14(2): 116(1875)

Nectria haematococca f. sp. *piperis* F. C. Albuq. & Ferraz, Experientia 22(6): 136(1976)

Nectria haematococca var. *brevicona*(Wollenw.) Gerlach, Fusarium: Diseases, Biology, and Taxonomy: 422(1981)

子座较小或无。子囊壳表生,散生或聚生(最多达 66 个),近球形,高 196 ~ 400μm,直径 150 ~ 340μm,干后不凹陷或侧面凹陷,少数顶部凹陷,新鲜时红色或橘红色,顶部有乳突或无乳突,表面具粗糙疣状物,疣状物高 11 ~ 76μm。子囊壳壁厚 20 ~ 60μm(不包括疣状物),1 ~ 2 层,外层厚 8 ~ 46μm,细胞多角形;内层厚 5 ~ 22μm,细胞长形,细胞壁薄。子囊棒状,59 ~ 123μm × 4.2 ~ 13.7μm,顶部钝,无顶环。每个子囊含 4 ~ 8 个子囊孢子,子囊孢子在子囊内单列或上部双列下部单列排列。子囊孢子椭圆形或阔椭圆形,9.3 ~ 19μm × 4.2 ~ 8.4 μm,两端对称,无色至黄褐色,具两油滴,表面具细的纵条纹,双细胞,分隔处稍缢缩。

无性世代为茄病镰刀菌 *Fusarium solani*,大型分生孢子纺锤形至镰刀形,无色,顶细胞较短，足细胞有或无，壁稍厚，3～5 隔膜，多为 3 个隔膜，3 个隔膜者大小为 15～35μm×4～6μm。可产生厚壁孢子，厚壁孢子椭圆形至矩圆形，无色或淡黄色，顶生或间生，单生或二个成串，表面光滑。小型分生孢子极多，在瓶梗状的产孢细胞上聚集成团，椭圆形或卵圆形，形态变化较多，大多单胞，极少数 1 个隔膜，无色透明，3～15μm×2～4μm。

有性世代生于悬钩子属植物的枯枝上、树皮上，见于信阳。

无性世代栖生于信阳茶树叶上，寄生于桃等，引起圆斑根腐病。

分布：广泛分布于河南各地。

【藤血赤壳】

***Haematonectria ipomoeae* (Halst.) Samuels & Nirenberg**, In: Rossman, Samuels, Rogerson & Lowen, Stud. Mycol. 42:136(1999)

Cucurbitaria ipomoeae(Halst.) Kuntze, Revis. Gen. Pl. 3:461(1898)

Hypomyces ipomoeae(Halst.) Wollenw., Phytopathology 3(1):34(1913)

Hypomyces solani f. *cucurbitae* W. C. Snyder & H. N. Hansen, Am. J. Bot. 28:741(1941)

Nectria haematococca var. *cucurbitae*(W. C. Snyder & H. N. Hansen) Dingley, N. Z. Jl Agric. Res. 4:337(1961)

Nectria ipomoeae Halst., Report of the New Jersey State Agricultural Experimental Station:281(1891)

Nectria solani f. *cucurbitae*(W. C. Snyder & H. N. Hansen) G. R. W. Arnold, Z. Pilzk. 37(1～4):193(1972)

子座小或无；子囊壳表生，散生或聚生（最多达 40 个），近球形，高 182～315μm，直径 170～298μm，顶部乳突小或无，干后不凹陷或侧面凹陷，新鲜时红色，表面具粗糙疣状物，疣状物高 17～68μm。子囊壳表面细胞多角形，10～50μm×7～27μm，细胞壁厚 1.6～2.7μm。子囊壳壁厚 19～63（不包括疣状物），1～2 层，外层厚 10～53μm，细胞多角形，9～36μm×5～28μm，细胞壁厚 1.2～2.7μm；内层厚 4～20μm，细胞长形，22～35μm×4.3～6.5μm，薄壁。子囊棒状，52～117μm×4.3～11μm，顶部钝圆，无顶环。每个子囊含 4～8 个子囊孢子，子囊孢子在子囊内不规则单列排列。子囊孢子椭圆形，9.7～14.8μm×4.5～7.0μm，两端对称，淡黄色，表面具细的纵条纹，双细胞，分隔处稍缢缩。无性型为镰刀菌（*Fusarium* sp.），在 PDA 培养基上产生的分生孢子梗无分枝或 1～3 次轮状分枝，长 19～81μm，基部宽 2.0～4.0μm。小型分生孢子椭圆形或腊肠形，5.5～9.6μm×1.2～2.8μm，无分隔，无色，表面光滑，聚集于小液滴内。大型分生孢子镰刀状，37～48μm×3.5～4.3μm，无色，4 隔。

有性世代腐生于枯枝上，见于信阳。无性型广泛分布于各地。据报道，无性型的 *Fusarium javanicum* Koord. 在实验室条件下可经常产生有性世代。

【弯毛壳】

***Lanatonectria flocculenta*(Henn. & E. Nyman) Samuels & Rossman**, In: Rossman, Samuels, Rogerson & Lowen, Stud. Mycol. 42:138(1999)

Actinostilbe macalpinei(Agnihothr. & G. C. S. Barua) Seifert & Samuels, In: Rossman, Samuels, Rogerson & Lowen, Stud. Mycol. 42:138(1999)

Kutilakesopsis macalpinei Agnihothr. & G. C. S. Barua[as '*macalpineae*'], J. Indian Bot. Soc. 36:309(1957)

Nectria flocculenta (Henn. & E. Nyman) Höhn., Sber. Akad. Wiss. Wien, Math.-naturw. Kl., Abt. 1, 121:360 (1912)

Nectriella flocculenta Henn. & E. Nyman, Monsunia 1:160(1900)

Sarcopodium macalpinei(Agnihothr. & G. C. S. Barua) B. Sutton, Trans. Br. Mycol. Soc. 76(1):99(1981)

有发达的子座，子座突破树皮。子囊壳聚生（最多达43个）于子座表面，近球形，高212～264μm，直径191～263μm，干后不凹陷，少数两侧凹陷，新鲜时橙色或红色，顶部乳突小而尖。子囊壳表面具密集的毛状物，毛状物近圆柱形，长16～80μm，基部宽5.8～8μm，壁厚1.0～1.4μm，直立，无色，有分隔，顶部圆、彭大、弯曲成钩状，表面具小刺。子囊壳壁厚19～33μm，2层，外层厚8～25μm，细胞多角形或球形，6～22μm×5～11μm，细胞壁厚1.4～3.2μm，具油滴；内层厚3～13μm，细胞长形。子囊棒状，44～68μm×5.4～8.7μm，顶部钝或平，具顶环。每个子囊含8个子囊孢子，子囊孢子在子囊内双行排列或上部双行排列下部单行排列。子囊孢子椭圆形、长椭圆形或纺锤形，10.7～15μm×3.3～4.8μm，两端对称，无色，表面由小刺组成纵条纹，有1个分隔，分隔处不缢缩或缢缩。无性型为*Actinostilbe macalpinei*（Agnihothrudu et Barus）Seifert et Samuels.，在PDA培养基上产生的分生孢子梗不分枝或单轮轮状分枝，长55～115μm，基部宽2.7～3.7μm。分生孢子长方椭圆形，8.5～16μm×3.0～4.3μm，双细胞，无色，表面光滑，聚集在小液滴内。

腐生于枯枝上。

分布：信阳。

【长孢弯毛壳】

***Lanatonectria oblongispora* Y. Nong & W. Y. Zhuang**, Fungal Diversity 19：98（2005）

子座发达。子囊壳聚生于子座表面，近球形，高188～255μm，直径174～230μm，干后不凹陷，新鲜时橘红色至红色，干后棕色，顶部乳突小而尖。子囊壳表面具稀疏的毛状物，毛状物近圆柱形，长30～78μm，基部宽7.5～9.7μm，向顶部渐尖，无色，直立，多为4～5个分隔，表面光滑，壁厚1.0～2.3μm。子囊壳壁厚15～28μm，1～2层，外层厚6～28μm，细胞为空腔，多角形或长形，4～16μm×1.8～6.0μm，壁厚1～2.5μm；内层厚5～10μm，细胞扁长形。子囊棒状至纺锤状，43～59μm×5.3～7.6μm，顶部圆，有顶环。每个子囊含6～8个子囊孢子，子囊孢子在子囊内双行排列。子囊孢子长椭圆形，9.5～14μm×2.2～3.9μm，两端对称，无色，表面具小刺，双细胞，分隔处不缢缩。

腐生于枯枝上。

分布：信阳。

【朱红丛赤壳】

***Nectria cinnabarina*（Tode）Fr.**，Summa veg. Scand.，Section Post.：388（1849）

Cucurbitaria ochracea（Grev. & Fr.）Kuntze, Revis. Gen. Pl. 3：461（1898）

Cucurbitaria purpurea（L.）Kuntze, Revis. Gen. Pl. 3：462（1898）

Ephedrosphaera decolorans（Pers.）Dumort.，Comment. Bot.：90（1822）

Helvella purpurea（L.）Schreb.，Spicil. Fl. Lipsiens.：112（1771）

Knyaria purpurea（L.）Pound & Clem.，Minn. Bot. Stud. 1（Bulletin 9）：732（1897）

Knyaria vulgaris（Tode）Kuntze, Revis. Gen. Pl. 2（1891）

Nectria cinnabarina var. *ribis*（Tode）Wollenw.，Fusaria Autographica Delineata：no. 787（1930）

Nectria ochracea（Grev.：Fr.）Sacc. & Roum.，Reliq. Libert 2：no. 208（1875）

Nectria purpurea（L.）G. W. Wilson & Seaver, J. Mycol. 13：51（1907）

Sphaeria cinnabarina Pers.，Traité Sur Les Champignons Comestibles：150（1818）

Sphaeria cinnabarina Tode, Fung. Mecklenb. Sel. 2（1791）

Sphaeria fragiformis Sowerby, Col. Fig. Engl. Fung. Mushr. 3(1803)

Sphaeria ochracea Grev. : Fr., Elench. Fung. 2:79(1828)

Tubercularia confluens Pers., Syn. Meth. Fung. 1:113(1801)

Tubercularia vulgaris Tode, Fung. Mecklenb. Sel. 1(2):18(1790)

子座发达,突破树皮。子囊壳聚生(最多达 50 个)于子座表面,近球形,高 276 ~ 588μm,直径 221 ~ 500μm,干后不凹陷或顶部凹陷,新鲜时红色或暗红色,孔口区颜色明显加深。子囊壳表面细胞多角形 10 ~ 22μm × 5.5 ~ 14.5μm,壁厚 2.0 ~ 3.2μm,具疣状物,疣状物高 12 ~ 38μm。子囊壳壁厚 36 ~ 68μm(不包括疣状物),1 ~ 2 层,外层厚 22 ~ 43μm,细胞多角形或球形,往里变为扁长形,8 ~ 22μm × 4.5 ~ 13μm,壁厚 1.1 ~ 2.7μm;内层厚 16 ~ 34μm,细胞扁长形。子囊窄棒状或棒状,58 ~ 103μm × 6.0 ~ 9.6μm,具细柄,顶部窄圆,无顶环。每个子囊含 8 个子囊孢子,子囊孢子在子囊内双列或上部双列下部单列。子囊孢子椭圆形或长方椭圆形,13.7 ~ 20μm × 3.5 ~ 6.1μm,两端对称,无色,表面光滑,双细胞,分隔处不缢缩,部分弯曲。无性型为普通瘤座孢(Tubercularia vulgaris Tode: Fr.),在 PDA 培养基上产生的分生孢子梗直接生于菌丝上,不分枝,近圆柱形,很短,长 3.8 ~ 18μm,基部宽 1.1 ~ 2.1μm。分生孢子长椭圆形或柱形,5.3 ~ 18μm × 1.7 ~ 3.2μm,表面光滑,无色,单细胞或双细胞。

与其他核菌伴生于悬钩子属(*Rubus*)植物的枯枝上。

分布:信阳。

【猩红丛赤壳(绯球丛赤壳)】

Nectria coccinea(Pers.)Fr., Summa Veg. Scand., Section Post.:388(1849)

Chitinonectria coccinea(Pers.) M. Morelet, Annales de la Société des Sciences Naturelles et d'Archéologie de Toulon et du Var 178:6(1968)

Creonectria coccinea(Pers.) Seaver, Mycologia 1(5):188(1909)

Cucurbitaria coccinea(Pers.) Gray, Nat. Arr. Brit. Pl. 1:508,519(1821)

Nectria coccinea var. *longiconia* Wollenw., Z. ParasitKde 1:159(1928)

Nectria coccinea var. *minor* Wollenw., Fusaria Autographica Delineata 1(1):157(1928)

Neonectria coccinea(Pers.) Rossman & Samuels, In: Rossman, Samuels, Rogerson & Lowen, Stud. Mycol. 42:158(1999)

Sphaeria coccinea Pers., Icon. Desc. Fung. Min. Cognit. 2:47(1800)

子座突破树皮生,发育良好。子囊壳聚生(最多达 16 个)于子座表面,近球形或近梨形,高 250 ~ 404μm,直径 212 ~ 396μm,乳突小,表面粗糙,干后多数不凹陷,个别两侧凹陷,新鲜时暗红色,孔口区颜色稍深。子囊壳壁厚 27 ~ 52μm,细胞扁长形,壁厚 1.5 ~ 2.1μm。每个子囊含 8 个子囊孢子,子囊孢子在子囊内单列或上部双列下部单列。子囊近柱形或棒状,9.6 ~ 18μm × 4.3 ~ 6.5μm,两端对称,无色或淡黄色,表面光滑或具小刺,顶部圆,顶环椭圆形或无顶环,双细胞,分隔处不缢缩或稍缢缩。无性型为柱孢霉属的 *Cylindrocarpon candidum*(Link) Wollenw.,在 PDA 培养基上产生的分生孢子梗无分枝或单轮分枝,近圆柱形,向顶部渐尖,长 3 ~ 60μm,基部宽 2.2 ~ 3.1μm,顶部宽 2.1μm。分生孢子圆柱形,无色,表面光滑,0 ~ 5 个分隔,无隔的 7.5 ~ 14μm × 1.7 ~ 3.7μm,1 隔的 15 ~ 26μm × 2.2 ~ 3.0μm,2 隔的 21.5 ~ 34μm × 3.1 ~ 3.3μm,3 隔的 32 ~ 46μm × 2.9 ~ 4.4μm,4 ~ 5 隔的 45 ~ 63μm × 4.4 ~ 5.3。

腐生于树皮上;寄生于木槿,引起枝枯病。

分布:信阳、郑州。

【球壳生丛赤壳】

***Nectria episphaeria*(Tode)Fr.**, Summa veg. Scand., Section Post.:388(1849)

Cosmospora episphaeria(Tode)Rossman & Samuels, In: Rossman, Samuels, Rogerson & Lowen, Stud. Mycol. 42: 121(1999)

Cucurbitaria episphaeria(Tode)Kuntze, Revis. Gen. Pl. 3:461(1898)

Dialonectria episphaeria(Tode)Cooke, Grevillea 12(63):82(1884)

Dialonectria episphaeria var. *verruculosa* Cooke, Grevillea 12(63):82(1884)

Dialonectria sanguinea(Bolton)Cooke, Grevillea 12(64):110(1884)

Fusarium episphaeria(Tode)W. C. Snyder & H. N. Hansen, Am. J. Bot. 32:662(1945)

Sphaeria episphaeria Tode, Fung. Mecklenb. Sel. 2:21(1791)

Sphaeria sanguinea Bolton, Hist. Fung. Halifax 3:121(1790)

无子座。子囊壳聚生(最多达26个)于基质表面,近球形至近梨形高163~260μm,直径128~246μm,顶部盘状,顶部直径110~166μm,具颈部,表面光滑或稍粗糙,干后不凹陷或侧面凹陷,新鲜时为红色至暗红色。子囊柱状,47~67μm×4.0~6.2μm,顶部钝或阔圆,有顶环。每个子囊含8个子囊孢子,子囊孢子初期在子囊内单行排列,成熟后上部双行排列,下部单行排列。子囊孢子椭圆形,8.3~12.5μm×3.2~5.8μm,两边对称,黄棕色,表面光滑或具很低的疣状物,双细胞,分隔处不缢缩或稍缢缩。

生于枯枝上的核菌上。

分布:信阳。

【里氏丛赤壳】

***Nectria rishbethii* C. Booth**, Mycol. Pap. 73:92(1959)

Cosmospora rishbethii(C. Booth)Rossman & Samuels, In: Rossman, Samuels, Rogerson & Lowen, Stud. Mycol. 42: 124(1999)

子座发达无或。子囊壳表生,单生或密集聚生(最多达50个),球形至梨形,高277~319μm,直径144~259μm,顶部乳突圆或尖,表面光滑,干后不凹陷,少数侧面凹陷,新鲜时红色、血红色、暗红色。子囊壳壁厚17~30μm,1或2层:外层细胞多角形,细胞大小为4~30μm×2.8~9.5μm。子囊柱状至棒状,60~93μm×5.0~9.8μm,顶部平或阔圆,有顶环。每个子囊含8个子囊孢子,子囊孢子在子囊内单行排列或不规则单行排列。子囊孢子椭圆形,8.0~15×4.2~6.2μm,无色或淡黄色,具2~3个油滴,表面具疣状物,双细胞,分隔处稍缢缩或不缢缩。无性型类似顶孢霉属(*Acremonium*)。在PDA培养基上产生的分生孢子梗近圆柱形,无分枝,长11~44μm,基部宽1.3~2.3μm,顶部宽1.2μm。分生孢子椭圆至腊肠形,4.7~13μm×1.4~3.2μm,无色,表面光滑,单细胞,少数双细胞。

生于枯枝上。

分布:信阳。

【仁果癌新丛赤壳】

***Neonectria galligena*(Bres.)Rossman & Samuels**, In: Rossman, Samuels, Rogerson & Lowen, Stud. Mycol. 42: 159(1999)

Cylindrocarpon heteronema(Berk. & Broome)Wollenw. [as '*heteronemum*'], Fusaria Autographica Delineata,

Edn 2: no. 460(1916)

Cylindrocarpon mali(Allesch.)Wollenw., Phytopathology: 225(1928)

Dialonectria galligena var. *major*(Wollenw.)Z. Moravec, ?　eská Mykol. 10: 89(1956)

Fusarium heteronemum Berk. & Broome, Ann. Mag. Nat. Hist., Ser. 3, 15: 444(1865)

Fusarium mali Allesch., Ber. Bot. Ver. Landshut 12: 130(1892)

Nectria galligena Bres., In: Strasser, Verh. zool. -bot. Ges. Wien 51: 413(1901)

Nectria galligena var. *major* Wollenw., Angew. Bot. 8: 189(1926)

Ramularia heteronema(Berk. & Broome)Wollenw. [as '*heteronemum*'], Fusaria Autographica Delineata: no. 460(1916)

子座白色,子囊壳鲜红色,球形或卵形,直径100~150μm,子囊圆筒形或棍棒形,大小72~92μm×8~10μm。子囊孢子双细胞,无色,长椭圆形。分生孢子盘无色或灰色,盘状或平铺状;分生孢子梗短,分生孢子37.5~47.5μm×4.9~5.2μm,3个隔膜的21.0~27.5μm×4.0~5.0μm。小孢子卵圆形或椭圆形,单胞或双胞,大小4.0~6.0μm×4.0~2.0μm。

寄生于苹果,引起枝溃疡病。以菌丝体在寄主病组织中越冬,翌春产生分生孢子,借风雨或昆虫传播,从各种伤口侵入为害。小孢子在侵染循环中不起作用。主要侵害寄主的枝条,以2~3年枝条受害重。染病枝上初生红褐色的圆形小斑点,斑点渐扩大,中央凹陷,边缘降起,呈梭形。病斑可产生裂缝,空气潮湿时,裂缝四周产生白色霉状物,即分子孢子座。后期,病疤上坏死皮脱落,木质部裸露,四周产生隆起的愈伤组织。翌年,病斑继续向外蔓延,呈梭形同心轮纹状,年复一年地成圈扩展。

分布:河南。

注:作者未见到该菌,关于该菌在河南省的分布是依据《中国真菌总汇》(戴芳澜,1979,科学出版社)。

4.5.2　间座壳目 Diaporthales

4.5.2.1　隐丛赤壳科 Cryphonectriaceae

【屈曲阿非菌】

***Amphilogia gyrosa*(Berk. & Broome)Gryzenh.**, H. F. Glen & M. J. Wingf., In: Gryzenhout, Glen, Wingfield & Wingfield, Taxon 54(4): 1017(2005)

Cryphonectria gyrosa(Berk. & Broome)Sacc. & D. Sacc., Syll. Fung. 17: 784(1905)

Cucurbitaria gyrosa(Berk. & Broome)Kuntze, Revis. Gen. Pl. 3: 461(1898)

Diatrype gyrosa(Schwein.)Berk. & Broome, J. Linn. Soc., Bot. 14(2): 124(1875)

Endothia gyrosa(Berk. & Broome)Höhn., Sber. Akad. Wiss. Wien, Math. -naturw. Kl., Abt. 1, 118: 1480(1909)

Endothia gyrosa(Schwein.)Fr. [as '*gyrosum*'], Summa veg. Scand., Section Post.: 226(1849)

Endothia tropicalis Shear & N. E. Stevens, Bulletin of the U. S. Department of Agriculture 380: 20(1917)

Melogramma gyrosum(Schwein.)Tul. & C. Tul., Select. Fung. Carpol. 2: 87(1863)

Nectria gyrosa Berk. & Broome, J. Linn. Soc., Bot. 15(1): 86(1876)

Sphaeria gyrosa Schwein., Schr. naturf. Ges. Leipzig 1: 24(1822)

寄生于栎树,引起枝枯病。

分布:方城、信阳。

讨论:《河南经济植物病害志》(王守正主编,1994,河南科学技术出版社)中记述了屈曲内座壳 *Endothia gyrosa* 在河南省的分布,根据国外文献,*Endothia gyrosa* 为 *Amphilogia gyrosa* 的异名，*Amphilogia gyrosa* 尚无汉语名称，作者暂将其译为屈曲阿菲菌。作者未见到该菌，关于该菌在河南省的分布是依据《河南经济植物病害志》。

【寄生隐丛赤壳】

***Cryphonectria parasitica*(Murrill) M. E. Barr**, Mycol. Mem. 7:143(1978)

Diaporthe parasitica Murrill, Torreya 6:189(1906)

Endothia gyrosa var. *parasitica*(Murrill) Clinton, Rept. Conn. Exp. Sta. (1907)

Endothia parasitica(Murrill) P. J. Anderson & H. W. Anderson, Phytopathology 2:262(1912)

Valsonectria parasitica(Murrill) Rehm, Annls Mycol. 5(2):210(1907)

子座圆锥状，红棕色，大小1.5～2.5mm，内生分生孢子器。分生孢子器多室，内腔形状不固定，内腔壁上密生分生孢子梗。分生孢子梗简单，少数具分枝，无色。分生孢子圆筒形至长椭圆形、无色，大小5.2～7.8μm ×2.3～2.6μm。一个子座里含数个至十数个子囊壳。子囊壳暗黑色，锥瓶状或球形、颈长，开口在子座顶部，内含棍棒状子囊。子囊无色，一个子囊有8个囊孢子。子囊孢子双胞，椭圆形，无色。

寄生于板栗，引起干枯病。以分生孢子器或菌丝在寄主的病树皮上越冬。主要侵害寄主的枝干。枝干染病，初在树皮上形成红褐色、不整形病斑，病斑稍凸起，病组织松软，常有黄褐色汁液从病斑上流出，树皮腐烂后散发出浓酒糟味，经一段时间扩展，病斑失水干缩，病皮变成灰白色至青黑色，皮下常产生黑色小粒点，小粒点突破表皮后外露。湿度大时病部常涌出丝状扭曲的橙黄色孢子角。后期病部干缩开裂，或在病部四周产生愈伤组织。幼树染病，多始于树干基部，致病部以上枯死。

分布：新县、罗山、信阳、确山、林县。

4.5.2.2　间座壳科 Diaporthaceae

【含糊间座壳】

***Diaporthe eres* Nitschke**, Pyrenomycetes Germanici 2:245(1870)

Cucurbitaria quercus(Fuckel) Sacc., Syll. Fung. 1:737(1882)

Diaporthe ambigua Nitschke, Pyrenomycetes Germanici 2:311(1870)

Diaporthe badhamii(Curr.) Sacc. [as '*badhami*'], Syll. Fung. 1:635(1882)

Diaporthe brachyceras Sacc., Syll. Fung. 1:643(1882)

Diaporthe cerasi Fuckel, Jb. nassau. Ver. Naturk. 25～26(1871)

Diaporthe ciliaris(Curr.) Sacc., Syll. Fung. 1:676(1882)

Diaporthe conorum(Desm.) Niessl, Hedwigia 15:2(1876)

Diaporthe controversa(Desm.) Nitschke, In: Fuckel, Jb. Nassau. Ver. Naturk. 25～26(1871)

Diaporthe discutiens(Berk.) Sacc., Syll. Fung. 1:677(1882)

Diaporthe malbranchei Sacc., Michelia 1(5):509(1879)

Diaporthe nucleata(Curr.) Sacc., Syll. Fung. 1:617(1882)

Diaporthe obscurans Sacc., Fungi Venet. Nov. Vel. Crit., Ser. 4:7(1875)

Diaporthe protracta Nitschke, Pyrenomycetes Germanici 2:255(1870)

Diaporthe quadrinucleata(Curr.) Sacc., Syll. Fung. 1:689(1882)

Diaporthe quercus Fuckel, Jb. Nassau. Ver. Naturk. 27～28(1874)[1873～74]

Diaporthe rehmii Nitschke, Pyrenomycetes Germanici 2:301(1870)

Diaporthe resecans Nitschke, Pyrenomycetes Germanici 2:314(1870)

Diaporthe rhododendri Feltgen, Vorstud Pilzfl. Luxemb., Nachtr. III:141(1903)

Diaporthe velata(Pers.) Nitschke, Pyrenomycetes Germanici 2:287(1870)

Diaporthe viridarii Sacc., Michelia 2(7):301(1881)

Phoma ambigua(Nitschke) Sacc., Grevillea 1(4):52(1873)

Phoma anceps Sacc., Michelia 2(7):273(1881)

Phoma conorum Sacc., Syll. Fung. 3:150(1884)

Phoma occulta Desm., Pl. Crypt. Exsicc.: no. 1868(1841)

Phoma ophites Sacc., Syll. Fung. 3:89(1884)

Phoma velata Sacc., Michelia 2(6):96(1880)

Phomopsis ambigua Traverso, Fl. ital. crypt., Pars 1: Fungi. Pyrenomycetae. Xylariaceae, Valsaceae, Ceratostomataceae 2(1):266(1906)

Phomopsis conorum(Sacc.) Died., Annls Mycol. 9(1):22(1911)

Phomopsis controversa(Sacc.) Traverso, Fl. Ital. Crypt., Pyrenomycetae 2(1):273(1906)

Phomopsis ophites(Sacc.) Traverso, Fl. Ital. Crypt., Pyrenomycetae 2(1):254(1906)

Sclerophoma pithya(Sacc.) Died., Annls Mycol. 9(3):281(1911)

Sclerophomella occulta(Desm.) Höhn., Hedwigia 60:129(1918)

Sphaeria ciliaris Curr., Quart. J. Microscop. Sci. 7:231(1859)

Sphaeria discutiens Berk., In: Smith, Engl. Fl., Fungi Edn 2, 5(2):245(1836)

Sphaeria quadrinucleata Curr., Trans. Linn. Soc. London 22:325(1859)

Sphaeria velata Pers., Syn. Meth. Fung. 1:32(1801)

Sphaeronaema pithyum Sacc., Syll. Fung. 3:192(1884)

子囊壳瓶形,褐色至黑色,大小 320 ~ 550μm。子囊圆筒形或棍棒状,大小 60 ~ 96μm × 7 ~ 14μm,内含 8 个子囊孢子。子囊孢子椭圆形或纺锤形,大小 14 ~ 21μm × 3.5 ~ 8μm,双细胞,隔膜处有缢缩。分生孢子器扁球形,淡褐色或棕色,大小 640μm × 1600μm,器内生两种类型的分生孢子。一种为卵形,内含 2 油球,大小 7 ~ 13μm × 2 ~ 3.5μm;另一种两端尖,呈丝状弯曲,大小 12 ~ 22μm × 1 ~ 1.5μm,两种孢子均为无色的单细胞。

寄生于梨,引起洋梨干枯病。以菌丝或分生了也子器在寄主的老病斑上越冬。染病枝干上生红褐色病斑,随病斑的扩大,开始干枯凹陷,病健交界处裂开,病斑也形成纵裂,最后枝枯死。病斑上形成黑色突起,为分生孢子器或子囊壳。

分布:广泛分布于河南省梨产区。

4.5.2.3 日规壳科 Gnomoniaceae

【核桃日规壳】

***Gnomonia leptostyla* (Fr.) Ces. & De Not.**, Schem. di Classif. Sferiacei: 232 (1863) *Marssoniella juglandis* (Lib.) Höhn., Sber. Akad. Wiss. Wien, Math. -naturw. Kl., Abt. 1, 125(1 ~ 2):82(1916)

Marssonina juglandis(Lib.) Magnus, Hedwigia 45:89(1906)

Neomarssoniella juglandis(Lib.) U. Braun, Nova Hedwigia, Beih. 53(3 ~ 4):304(1991)

Ophiognomonia leptostyla(Fr.) Sogonov, Stud. Mycol. 62:1 ~ 79(2008)

Sphaeria juglandis DC., In: de Candolle & Lamarck, Fl. Franç., Edn 3, 6:130(1815)

Sphaeria leptostyla Fr., Syst. Mycol. 2(2):517(1823)

分生孢子盘生在寄主角质层下,后外露,直径 106 ~ 213μm,分生孢子梗排列在分生孢子盘内,大小 3 ~ 4μm × 2 ~ 2.5μm,分生孢子镰刀形,大小 18 ~ 28μm × 4 ~ 6μm,无色,双胞,上部尖,弯如钩状,内有油球。有性世代未见。

寄生于核桃,引起褪斑病。主要侵害寄主叶片和嫩梢。核桃叶片染病,产生灰褐色圆形至不规则形病斑,后期病部生出黑色小点(分生孢子盘)。发病重的叶片枯焦,提早落叶。嫩梢染病,产生黑褐色、长椭圆形、略凹陷的病斑。苗木染病常形成枯梢。以菌丝、分生孢子在病叶或病梢上越冬,翌年条件适宜时,分生孢子借风雨传播,从叶片侵入,发病后病部产生的分生孢子可进行多次再侵染。

分布:西峡、栾川、许昌、郑州、洛阳。

4.5.2.4 黑盘壳科 Melanconidaceae

【胡桃黑盘壳】

Melanconis juglandis **(Ellis & Everh.) A. H. Graves**, Phytopathology 13:311(1923)

Diaporthe juglandis Ellis & Everh., New Fung. Proceed. Acad. N. Sc. Philad.:448(1893)

有性阶段少见。子囊壳埋生在子座里,烧瓶状,直径 426 ~ 761μm,具长颈,颈长 819 ~ 1170μm,深埋于子座中,仅颈端伸出子座外,呈短柱状。子囊圆筒形,90 ~ 139μm × 10 ~ 18μm,具短柄。子囊孢子单行排列或双行排列,梭形至长椭圆形,18 ~ 25μm × 8 ~ 13μm,双胞,无色,外面有一层胶膜。侧丝线形,早期消解。据报道无性世代有两种,分别是:*Melanconium juglandinum* Kunze 胡桃黑盘孢和 *Melanconium oblongum* Berk. 矩圆黑盘孢。文献报道的两种无性世代的特征如下:

Melanconium juglandinum Kunze 胡桃黑盘孢:分生孢子盘群生,初埋生于寄主皮层下,暗色,圆形,呈光滑的乳头状突起,后突破皮层,直径为 0.8 ~ 2mm。分生孢子初期无色,后变褐色,长方形或椭圆形,很少倒卵形,16 ~ 30μm × 8 ~ 15μm。孢子涌出时堆积在分生孢子盘口部,呈黑色的孢子堆或形成孢子角。分生孢子梗长 20 ~ 50μm × 3 ~ 5μm,多数单生,很少分枝,紧密排列于分生孢子盘中。

Melanconium oblongum Berk. 矩圆黑盘孢:分生孢子盘初埋生在寄主表皮下,后突破表皮露出;分生孢子梗密生在分生孢子盘上,不分枝,浅灰色或无色,大小 25 ~ 50μm × 3 ~ 4μm;分生孢子着生在分生孢子梗顶端,卵圆形至椭圆形,大小 16 ~ 27μm × 8 ~ 13μm,多两端钝圆,有的一端略尖,暗褐色,单胞。

寄生于核桃,引起溃疡、枝枯病。主要侵害寄主的枝条,尤其是 1 ~ 2 年生枝条。枝条染病先从顶梢嫩枝开始,后向下蔓延至枝条和主干。染病枝条皮层初呈暗灰褐色,后变成浅红褐色或深灰色,并在病部形成很多黑色小粒点,即分生孢子盘。染病枝条上的叶片逐渐变黄后脱落。以分生孢子盘或菌丝体在枝条、树干病部越冬,翌年条件适宜时,产生的分生孢子借风雨或昆虫传播蔓延,从伤口侵入。

分布:郑州、栾川。

【溃疡黑盘壳】

Melanconis modonia **Tul. & C. Tul.**, Select. Fung. Carpol. 2:141(1863)

Coryneum castaneae (Sacc.) Petr., Bull. Govt Forest Exp. Stn Meguro 226:35(1970)

Coryneum kunzei var. *castaneae* Sacc., Syll. Fung. 3:778(1884)

Coryneum modonium (Sacc.) Griffon & Maubl., Bull. Soc. Mycol. Fr. 26:379(1910)

Exosporium modonium(Sacc.)Höhn.,Mitt. Bot. Inst. Tech. Hochsch. Wien 2(4):125(1925)

Hyalomelanconis modonia(Tul. & C. Tul.)Naumov,In:Kursanov,Naumov,Krasil'nikov & Gorlenko,Opredelitel' Nizshikh Rastenii(Key to Lower Plants),3,Griby(Fungi):276(1954)

Melanconidium modonium(Tul. & C. Tul.)Kuntze,Revis. Gen. Pl. 3:493(1898)

Pseudovalsa modonia(Tul. & C. Tul.)Höhn.,Annls Mycol. 16(1/2):125(1918)

Pseudovalsella modonia(Tul. & C. Tul.)Tak. Kobay.,Bull. Govt Forest Exp. Stn Meguro 226:35(1970)

Stilbospora modonia Sacc.,Syll. Fung. 3:772(1884)

有性世代很少见。子座黑色,内有6~11个子囊壳,略聚颈,颈口均突出在皮孔处。子囊壳灰黑色至黑褐色,扁球形,具长颈,孔口处稍大,有缘丝,壳内壁拟薄壁细胞色浅,壳外壁拟薄壁细胞深褐色。子囊壳平均0.9mm×1.1mm,最大1.1mm×1.4mm,最小0.8mm×1.0mm,颈长达1~1.2mm。子囊孢子未形成时,子囊壳多无颈。成熟度大的颈较长。子囊圆筒形或棍棒形,无色,无侧丝,头部厚,略平截,尾部稍削长,微尖,无柄,72~86.4μm×13.2~18μm,不规则地着生于子囊壳底部。子囊孢子椭圆形或纺锤形,排列不整齐,绝大多数为茶褐色孢子,无色孢子占0.1%,双细胞,隔膜处不隘缩(无色孢子微隘缩),两胞等大,少数为三个细胞,大小19~20μm×10μm,最大为23.4μm×10.8μm,最小14.4μm×5.4μm,孢子内有2~4个油滴。分生孢子盘浅埋生,碟状或垫状,大小1~2mm×0.5~1mm。分生孢子梗分枝或不分枝,无色至淡褐色,10.8~30μm×3~4μm。分生孢子顶生于孢子梗上,褐色,直或弯曲,具横隔4~8个,分隔处不隘缩,大小一般46.8~52μm×10~13.2μm,最大79.2μm×13.2μm,最小36μm×8.3μm。PDA培养基上生长的分生孢子比自然状态下大些,且直。

寄生于板栗、栎树,引起溃疡病。该病害在板栗的主干、主枝和侧枝上表现为典型的溃疡病斑,在小枝和苗上则表现为枝枯型病斑。在病死树皮上密生黑色颗粒状物。溃疡型病斑中以有性子实体为主,枯枝型病斑中以无性子实体为主。在光滑的板栗枝、干上病部有红褐色或紫红褐色长条状不规则形斑。当树液流动时病皮略显肿胀,后来局部坏死,出现几个暗褐色凹陷斑,后期相互连接呈梭形溃疡斑,其中部,往往纵向开裂。病树皮的皮孔明显增大,黑色子座在病皮下0.1~0.2cm处。肉眼可见灰黑色子囊壳若干个,干燥时可见有一层银灰色的膜包在每个子囊壳处,大小在1~1.5mm之间。枝枯型表现为小枝干枯,枯前树皮不规则型肿胀,少数病斑有红褐色斑纹。

分布:罗山、信阳、新县、登封。

4.5.2.5 萨度壳科 Sydowiellaceae

【榆盾孢壳菌】

***Stegophora oharana*(Y. Nisik. & H. Matsumoto)Petr.**,Annls Mycol. 38(2/4):267(1940)

Gnomonia oharana Y. Nisik. & H. Matsumoto,Agric. And Hort. 4:655(1929)

子囊壳球形至扁球形,埋生于基物中,直径180~380μm,高120~280μm,黑色,有比较发达的喙状孔口,多偏于子囊壳的一侧。子囊丛生于子囊壳内底部,棍棒形,40~60μm×10~20μm,直或稍弯曲,无色,壁薄,顶端壁厚,中央有沟槽通至孔口,下端有细长的柄,内含8个子囊孢子。子囊孢子长倒卵形,10~16μm×3.6~6μm,在子囊内呈不规则双行排列,双胞,无色。子囊孢子的两个细胞大小不等,下部的细胞很小。分生孢子盘群生于黑色子座组织上,覆盖于角质层下,最后裂开露于叶片上表皮。分生孢子长椭圆形至卵形,4.5~8μm×1.5~2.5μm,无色,单胞。

寄生于榆树,引起榆树黑斑病(炭疽病)。病害发生在榆树叶上,最初在叶表面形成近圆形乃至不规则形的褪色或黄色小斑,以后病斑扩大,直径 3 ~ 10mm,边缘不整齐,并在斑内产生略呈轮状排列的黑色小突起,如同蝇粪,为该菌的分生孢子盘。雨后或经露水湿润,从盘中排出淡黄色乳酪状的分生孢子堆。秋末,病斑上出现圆形黑色小粒点,为该菌的子囊壳,这时病斑呈疮痂状。有时几个病斑联合在一起呈不规则形的大斑。该菌子囊壳在秋末仅发育成雏形,然后即以子囊壳雏形在落叶中越冬,来年春季发育成子囊和子囊孢子,子囊孢子借风、雨水传播而侵染新叶。7 ~8 月并又形成子囊孢子及分生孢子,进行再次侵染,继续为害叶片。

分布:南阳、信阳、巩义。

4.5.2.6 黑腐皮壳科 Valsaceae

【白孔座壳】

***Leucostoma persoonii*(Nitschke) Höhn.** ,Mitt. Bot. Inst. tech. Hochsch. Wien 5:78(1928)

Cytospora leucostoma(Pers.)Sacc. ,Michelia 2(7):264(1881)

Engizostoma leucostomum(Pers.)Kuntze,Revis. Gen. Pl. 3:474(1898)

Sphaeria leucostoma Pers. ,Ann. Bot. 11:23(1794)

Valsa leucostoma(Pers.)Fr. ,Summa veg. Scand. ,Section Post. :411(1849)

Valsa persoonii Nitschke,Pyrenomycetes Germanici 2:222(1870)

子囊壳埋生在子座内,球形或扁球形,有长颈。子囊棍棒状,或纺锤形,无色透明,基部细,侧壁薄,顶壁较厚。每个子囊内有 8 个子囊孢子。子囊孢子香蕉形,单胞,无色,微弯。寄主病部的小黑点为该菌的子座。分生孢子器埋生于子座内,扁圆形或不规则形。一个子座内有1 ~ 6 个分生孢子器。分生孢子梗单胞,无色,顶端着生分生孢子。分生孢子香蕉形,略弯,两端钝圆,单胞,无色。

寄生于桃树,引起腐烂病。主要为害枝干,造成树皮腐烂。初期病部皮层稍肿起,略带紫红色并流胶,最后皮层变褐色枯死,有酒糟味,表面产生灰褐色钉头状突起,如撕开表皮,可见许多似眼球状的黑色突起,表面产生小黑点,潮湿条件下小黑点上可溢出橘黄色丝状孢子角。以菌丝体、子囊壳及分生孢子器在枝干病组织中越冬,翌年产生孢子借风雨及昆虫传播,主要从伤口侵入危害,也可经皮孔侵入。侵入后主要在皮层内扩展危害,严重时也可侵害浅层木质部。该病自早春到晚秋都可发生,但以 4 ~6 月份发病最盛。

分布:郑州、荥阳、孟州、扶沟。

注:国内文献上,该菌的名称为核果黑腐皮壳 *Valsa leucostoma*(Pers.)Fr. 。

【苹果黑腐皮壳】

***Valsa mali* Miyabe & G. Yamada**,M. Miura Agr. Exp. Stn Bull. 4:17(1915)

Cytospora mali Grove,British Stem- and Leaf-Fungi(Coelomycetes)1:279(1935)

外子座生于寄主病部表皮下,锥形,渐穿破寄主表皮,内有 1 个分生孢子器。分生孢子器生于子座外层,形状不规则。分生孢子器成熟时形成几个腔室,各室相通,有一个共同的孔口通向外面。分生孢子梗无色透明,线状,分枝或不分枝。分生孢子无色,单胞,腊肠形,4 ~ 10μm ×0. 8 ~1. 7μm,两端圆,内有油球。内子座形成在外子座下面或其周围,外观为大型疣状物,与寄主组织之间有明显的黑色界线,每个内子座中群生 3 ~14 个子囊壳。子囊壳球形或烧瓶形,直径 320 ~860μm,颈长 450 ~860μm,子囊壳的颈聚集在一起,孔口露出于子座顶端。子囊长椭圆形或纺锤形,28 ~35μm ×7 ~ 10. 5μm,一端较宽,顶端钝圆或较平,含 8 个子囊孢子。子囊孢子在子囊内排成两行或不规则排列,单胞,无色,腊肠形,7.5 ~ 10μm × 1.5 ~ 1.8μm(图版 065 ~ 066)。

寄生于苹果,引起腐烂病。主要为害枝干,也可为害果实。枝干上的病斑有溃疡和枝枯两种类型。溃疡型:病部呈红褐色,水渍状,略隆起,病组织松软腐烂,常流出黄褐色汁液,有酒糟味。后期干缩,下陷,病部有明显的小黑点,潮湿时,从小黑点中涌出橘黄色卷须状物。枝枯型:多发生在小枝、果台、干桩等部位,病部不呈水渍状,迅速失水干枯造成全枝枯死,上生黑色小粒点。果实上的病斑暗红褐色,圆形或不规则形,有轮纹,呈软腐状,略带酒糟味,病斑中部常有明显的小黑点。以菌丝体、分生孢子器和子囊壳在病树组织及残体内越冬,病菌可在病部存活 4 年左右。春季遇雨时,分生孢子和子囊孢子从分生孢子器和子囊壳中排出,通过雨水飞溅和昆虫活动传播,从伤口、叶痕、果柄痕和皮孔侵入寄主。菌丝体经一定时期发育后在病部表皮下形成外子座。秋季在外子座下面或其周围形成内子座。该菌具潜伏浸染特性,苹果树地上部树皮带菌普遍,当树体或其局部组织衰弱、抗病力低下时,病菌迅速生长,产生毒素,杀死其周围的活细胞,并向四周扩展蔓延,导致皮层组织腐烂。当侵染点组织健康、树势强壮时,病菌又停止扩展,处于潜伏状态。

分布:广泛分布于河南省苹果产区。

【苹果黑腐皮壳梨变种】

***Valsa mali*var. *pyri* Y. J. Lu**,植物病理学报 22(3):200(1992)

内子座中群生子囊壳 3 ~ 14 个。子囊壳烧瓶状,直径 270 ~ 400μm,壁厚 19 ~ 25μm,颈长 350 ~ 625μm,内充满子囊。子囊棍棒,顶端圆至平截,大小 36 ~ 53μm × 7.6 ~ 10.5μm,内含 8 个子囊孢子。子囊孢子单细胞,无色,腊肠状,大小 6.9 ~ 11.6μm × 15 ~ 2.4μm。外子座扁圆锥形,直径 875 ~ 2000μm,高 375 ~ 1000μm,颈长 150 ~ 487μm,内含 1 个分生孢子器。分生孢子器具多个腔,排成辐射状,腔连在分生孢子器颈下部,具 1 共同孔口,颈部四周无疏丝组织或不显著。分生孢子器内壁生有细长而密集的分生孢子梗,分生孢子梗无色,分枝或不分枝。分生孢子无色,单细胞,腊肠状,大小 3.5 ~ 5μm × 1μm。

寄生于梨树,引起腐烂病。该菌在梨树树皮上越冬,翌年春暖时产生孢子借风雨传播,从伤口侵入。病菌先在树皮的落皮层组织上扩展,条件适宜时,向健组织侵袭。梨树腐烂病多发生在梨树的枝干上。病部初期稍隆起,水浸状,按之下陷,轮廓呈长椭圆形。病组织松软、糟烂,有时溢出红褐色汁液,发出酒糟气味。当梨树进入生长期后,病部扩展减缓,干缩下陷,病健交界处龟裂,病部表面生满黑色小粒,即子座及分生孢子器。潮湿时形成淡卷丝状孢子角。春季发生的小溃殇斑在梨树展叶开花进入旺盛生长期后,有一些停止活动,被愈伤的周皮包围,失水形成干斑,病健部开裂,入冬后病害继续扩展,穿过木栓层形成红褐色坏死斑,湿润进一步扩展,即导致树皮腐烂。夏秋季发病,主要产生表面溃疡,溃疡沿树皮表层扩展,略湿润,轮廓不明显,病组织较软,只有局部深入,后期停止扩展稍凹陷。晚秋初冬,在枝干粗皮边缘死皮与活皮邻接处出现坏死点。入冬后溃疡继续扩展。

分布:广泛分布于河南省梨树产区。

【泡桐黑腐皮壳】

***Valsa paulowniae* Miyabe & Hemmi**,Bot. Mag. ,Tokyo 30:312,fig. 4(1916)

外子座内有一个分生孢子器。分生孢子器扁圆形,单腔,但器壁有皱折,直径 687 ~

2500μm，高 950 ~ 1200μm，颈长 625 ~ 725μm，颈四周有发达的菌丝体，器壁厚 45 ~ 75μm，内壁密生分生孢子梗。分生孢子梗具 2 ~ 3 次轮生或对生分枝。分生孢子单胞，无色，香蕉形，大小 4.9 ~ 6.3μm × 1.4μm，分生孢子发芽前膨大呈椭圆形或卵圆形，10.2 ~ 15.0μm × 6.8 ~ 7.7μm。一个内子座内一般集生 20 ~ 30 个子囊壳，多的可达 40 多个，直径 2 ~ 5mm。子囊壳基部近球形，直径 217 ~ 670μm，壁厚 35 ~ 50μm，颈长 832 ~ 1332μm，壳内密生子囊。子囊棒形，43.8 ~ 62.5μm × 8.5 ~ 10.2μm，内含 8 个子囊孢子。子囊孢子单胞，无色，腊肠形，10.0 ~ 16.8μm × 2.5 ~ 3.1μm，孢子萌发前膨大呈长圆柱形，为 17.0 ~ 28.9μm × 6.8 ~ 10.2μm。

寄生于泡桐，引起腐烂病。为害树干，大树主干上的病斑椭圆形，少数为不规则形，下陷，病皮腐烂成褐色，深至木质部，但外表不变色。5 ~ 8 月病皮内产生许多黑色小点，顶破木栓层外露，为分生孢子器孔口处。湿度大时，分泌灰黄色丝状体。剥开病皮，可见木栓层下有较大的扁圆形黑色小颗粒。有时还有成堆的圆形黑色小颗粒，直径约 0.5mm，一般约 20 ~ 30 个成一堆，为该菌的子囊壳。病斑于每年冬、春季节向外扩展一圈，宽窄不一，纵向比横向扩展快。1 ~ 3 年生幼树干部发病，病斑很明显，褐色。病皮木栓层下有黑色扁圆形小颗粒。以分生孢子器、分生孢子、子囊壳和子囊孢子越冬。越冬的和当年产生的分生孢子和子囊孢子均是侵染来源。以分生孢子出现的机率多，侵染占优势，而且分生孢子的侵染致病力比子囊孢子强。

分布：郑州、禹州、临颍、淮阳。

【污黑腐皮壳】

***Valsa sordida* Nitschke**，Pyrenomycetes Germanici 2：203（1870）

Cytospora chrysosperma（Pers.）Fr.，Sylv. Mycol. berol.：28（1818）

Engizostoma sordidum（Nitschke）Kuntze，Revis. Gen. Pl. 3：475（1898）

Naemaspora chrysosperma Pers.，Syn. meth. fung. 1：108（1801）

子座尖球形或扁球形，初埋生寄主于寄主表皮下，后稍突出于寄主表皮外。子囊壳埋生于子座内，长颈烧瓶状，直径 350 ~ 680μm，高 580 ~ 890μm。数个子囊壳的长颈聚生于假子囊座顶部，且突出于外。子囊棍棒状，两端稍尖，无色，内生 8 个子囊孢子。子囊孢子腊肠形，大小为 2.5 ~ 3.5μm × 10 ~ 19.5μm，双行排列，单细胞，无色。分生孢子器埋生于子座中，形状不规则，黑褐色，单室或多室，具明显的孔口。分生分生孢子单细胞，无色，肾形，大小为 0.8 ~ 1.4μm × 3.7 ~ 6.8μm（图版 067）。

寄生于杨树、柳树，引起腐烂病。该病菌属于弱寄生菌，以菌丝和分生孢子器及子囊壳在病组织内越冬。症状主要表现为干腐型和枝枯两种类型。干腐型多发生在主干、大枝及分岔处，受害处初期呈水渍状褐色病斑，稍隆起，后病斑失水而下陷，皮层腐烂变软，呈现溃疡症状，病斑有明显的褐色边缘。后期病斑上长出许多针尖大小的黑色小突起，雨后小突起上有橘红色胶质丝即分生孢子角出现。条件适宜时，病斑扩展迅速，腐烂部逐渐包围树干，使其上部枯死，韧皮部腐烂深至形成层，有时达木质部边材部分。秋季，在死亡的病组织上可长出一些黑色小点，即子囊壳。枯枝型主要发生在小枝上，染病幼枝迅速枯死，病枝上可产生小黑点。

分布：民权、郑州、鲁山、睢县、郑州、林县、泌阳、洛阳、博爱。

4.5.3　炭角菌目 Xylariales

4.5.3.1　圆孔壳科 Amphisphaeriaceae

【柏木莱颇特菌】

***Lepteutypa cupressi*（Nattrass，C. Booth & B. Sutton）H. J. Swart**，Trans. Br. Mycol. Soc. 61（1）：79（1973）

Cryptostictis cupressi Guba, Monograph of Monochaetia and Pestalotia: 47(1961)
Monochaetia unicornis(Cooke & Ellis) Sacc. & D. Sacc., Syll. Fung. 18: 485(1906)
Pestalotia unicornis Cooke & Ellis, Grevillea(1878)
Rhynchosphaeria cupressi Nattrass, C. Booth & B. Sutton, Trans. Br. Mycol. Soc. 46(1): 103(1963)
Seiridium cupressi(Guba) Boesew., Trans. Br. Mycol. Soc. 80(3): 545(1983)
Seiridium unicorne(Cooke & Ellis) B. Sutton, Mycol. Pap. 138: 74(1975)

分生孢子盘黑色,大小 100 ~ 260μm.。分生孢子梭形,直或略弯曲,具4个分隔,中部有色细胞深橄榄色,顶生1根附属丝,具小柄。有性世代未见。

寄生于楸子[*Malus prunifolia*(Willd.) Borkh.],引起叶斑病。染病叶片上产生圆形至不规则形病斑,病斑灰色至灰褐色,边缘具紫褐色条带。后期病斑上生出黑色小粒点(分生孢子盘)。以分生孢子盘在寄主病组织中越冬,翌年产生分生孢子,借风雨传播,进行初侵染,寄主生长季节产生的分生孢子可引起多次再侵染。

分布:河南。

讨论:在国内文献中,该菌的名称多为单角盘单毛孢 *Monochaetia unicornis*(Cooke et Ell.) Sacc.。*Lepteutypa* 属以前没有汉语译名,作者暂译为莱颇特菌属,并将 *Lepteutypa cupressi* 译为柏木莱颇特菌。作者未见到该菌,关于该菌在河南省的分布是依据《中国真菌总汇》(戴芳澜,1979,科学出版社)。

4.5.3.2 炭角菌科 Xylariaceae

【黑轮层炭壳】

***Daldinia concentrica*(Bolton) Ces. & De Not.**, Comm. Soc. Crittog. Ital. 1(4): 197(1863)
Daldinia tuberosa(Scop.) J. Schröt., Jber. schles. Ges. Vaterl. Kultur 59: 464(1881)
Hemisphaeria concentrica(Bolton) Klotzsch, Nova Acta Acad. Leop. Carol. Ac. Naturf. Fo. 19: 241(1843)
Hemisphaeria tuberosa(Scop.) Kuntze, Revis. Gen. Pl. 3: 482(1898)
Hypoxylon concentricum(Bolton) Grev., Scott. Crypt. Fl. 6: pl. 324(1828)
Hypoxylon tuberosum(Scop.) Wettst., Verh. zool. -bot. Ges. Wein 35: 591(1885)
Lycoperdon atrum Schaeff., Fung. Bavar. Palat. 4: 131(1774)
Lycoperdon fraxineum Huds., Fl. Angl., Edn 2, 2: 641(1778)
Peripherostoma concentricum(Bolton) Gray, Nat. Arr. Brit. Pl. 1: 513(1821)
Sphaeria concentrica Bolton, Hist. Fung. Halifax, App.: 180(1792)
Sphaeria fraxinea Sibth., Fl. Oxon.: 401(1794)
Sphaeria tuberosa(Scop.) Timm, Fl. Megapol. Prodr. 1: 279(1788)
Sphaeria tunicata Tode, Fung. Mecklenb. Sel. 2: 59(1791)
Stromatosphaeria concentrica(Bolton) Grev., Scott. Crypt. Fl. 6: pl. 324(1828)
Valsa tuberosa Scop., Fl. Carniol., Edn 2, 2: 399(1772)

子座半球形至球形,直径 1.5 ~ 4cm,厚 1 ~ 2.5cm,无柄或近无柄,初期紫褐色,后变黑色,表层近炭质,硬。内部暗褐色,纤维质,剖面具同心环纹。子囊壳埋生,近棒状至长卵形,开口于子座表面,孔口点状至稍明显。子囊圆筒形,有孢子部分 75 ~ 85μm × 8 ~ 10μm,含8个子囊孢子,柄长约 60μm。孢子单行斜列,不等边椭圆形,11 ~ 16μm × 5 ~ 9μm,初期色浅,随着发育颜色逐渐加深,最后呈暗褐色(图版 068 ~ 069)。

子座单生、群生于阔叶树的枯干及树皮上,有时多个相互连接。引起木材白色腐朽。是香菇、木耳段木栽培上的杂菌之一。具药用价值。

分布:汝阳、新县、商城。

【褐座坚壳】

***Rosellinia necatrix* Berl. : Prill.** , Bull. Soc. Mycol. Fr. 20:34(1904)

Dematophora necatrix R. Hartig, Untersuch. Forstbot. Inst. München 3:126(1883)

Hypoxylon necatrix(Berl. : Prill.) P. M. D. Martin, Jl S. Afr. Bot. 42(1):73(1976)

Hypoxylon necatrix(Berl. : Prill.) P. M. D. Martin, Jl S. Afr. Bot. 34:187(1968)

Pleurographium necator(R. Hartig) Goid. , Annali Bot. , Roma 21(1):48(1935)

在寄主表面形成菌丝膜,菌丝膜内部的菌丝壁薄,直径2μm,也有小于1μm的。其外部的菌丝壁厚,直径4μm,常形成厚垣孢子。菌核在腐朽的木质部形成,块状,不定形,大小1mm×0.5mm,最大达5mm,黑褐色。分生孢子梗具有横隔膜,淡褐色,上部分枝,无色,基部集结成束状,形成孢梗束。分生孢子卵圆形,单胞,无色,大小2~3μm。有性时期形成子囊壳,但不常见。子囊壳黑色、球形,着生于菌丝膜上,顶端有乳头状突起,子囊壳内有很多子囊。子囊无色,圆筒形,220~300μm×5~7μm,有长柄。子囊内含8个排成一列的子囊孢子。子囊孢子单胞,暗褐色,纺锤形,42~44μm×4~6.5μm。

寄生于山楂、苹果、梨,引起白纹羽病。在寄主病根上有根状菌索缠绕根状菌索,初白色,后变为灰褐色,病根腐朽,剥开皮层后,可见菌丝体集结成扇状,紧贴木质部,并形成菌核。病树逐渐衰弱,终致枯死。以根状菌索、菌核在土壤中寄生或腐生越冬。

分布:辉县、林县、洛阳、新乡、焦作、郑州、荥阳、汝南。

【果生炭角菌】

***Xylaria carpophila*(Pers.) Fr.** , Summa veg. Scand. , Section Post. :382(1849)

Hypoxylon carpophilum (Pers.) Link, Handbuck zur Erkennung der Nutzbarsten und am *Häufigsten Vorkommenden* Gewächse 3:348(1833)

Sphaeria carpophila Pers. , Observ. Mycol. 1:19(1796)

子座枝状,下部不分枝,顶部分枝,长0.5~2.5cm,粗0.15~0.25cm,表面有纵向皱纹,内部白色,头部近圆柱形,顶端有不孕小尖。柄长短不一,粗约1mm,基部表面有绒毛。子囊壳球形,直径400μm,埋生,孔口外露,疣状。子囊圆筒形,含8个单行排列的子囊孢子,有孢子部分100~120μm×6μm,柄部长约50μm。子囊孢子不等边椭圆形或肾形,12~16μm×5μm,褐色。

夏秋季子座单个或数个生于枫香等脱落的坚果上。

分布:信阳。

【多形炭角菌】

***Xylaria polymorpha*(Pers.) Grev.** , Fl. Edin. :355(1824)

Hypoxylon polymorphum(Pers.) Mont. , Annls Sci. Nat. , Bot. , Sér. 2, 13:349(1840)

Sphaeria polymorpha Pers. , Comm. fung. clav. :17(1797)

Xylaria rugosa Sacc. , Annls Mycol. 4(1):74(1906)

Xylosphaera polymorpha(Pers.) Dumort. , Comment. Bot. (1822)

子座上部呈棒形、圆柱形、椭圆形、亚铃形、近球形或扁曲,高3~12cm,粗0.5~2.2cm,表皮皱,暗色或黑褐色至黑色,内部肉色。柄部一般细长,直接从木头上生出的基部往往有绒毛。有的几个在基部连在一起。干时质地硬。子囊壳埋生于子座中,近球形至卵圆形,直径500~800μm,孔口外露,疣状。子囊圆筒状,150~200μm×8~10μm,有长柄。子囊孢子在子囊中单行排列,梭形或不等边梭形,20~33μm×6~11.4μm,褐色至黑褐色。

子座单生或数枚群生于腐木上或树皮上,有的从埋于地下的腐木上生出,为木材分解菌。

分布:信阳。

4.5.4 黑痣菌目 Phyllachorales

4.5.4.1 黑痣菌科 Phyllachoraceae

【黄檀黑痣菌】

***Phyllachora puncta* subsp. *dalbergiicola*(Henn.)P. F. Cannon**,Mycol. Pap. 163:161(1991)

Catacauma dalbergiicola(Henn.)Theiss. & Syd.,Annls Mycol. 13(3/4):388(1915)

Catacauma hammarii (Henn.)Theiss. & Syd. [as '*hammari*'],Annls Mycol. 13(3/4):389(1915)

Catacauma paolense(Rehm)Theiss. & Syd. [as '*paulense*'],Annls Mycol. 13(3/4):388(1915)

Catacauma tephrosiae Chardón,Mycologia 32(2):188(1940)

Phyllachora apuleiae Speg.,Anal. Mus. Nac. Hist. Nat. B. Aires 23(6):90(1912)

Phyllachora dalbergiae var. *macrasca* Sacc.,Syll. Fung. 9:1007(1891)

Phyllachora dalbergiicola Henn.,Hedwigia 36:224(1897)

Phyllachora hammarii Henn. [as '*hammari*'],Hedwigia 41:110(1902)

Phyllachora paolensis Rehm,Annls Mycol. 5(6):471(1907)

Phyllachora tephrosiarum Petr.,Sydowia 10(1~6):296(1957)

子囊座生于寄主叶肉组织中,顶部与寄主表皮愈合成黑色的盾状座,子囊壳埋生于子囊座内。子囊壳近球形或扁球形,直径245~343μm。子囊棍棒形,大小为60~102μm×8.4~15.6μm,内有8个子囊孢子。子囊孢子卵形,15.6~18μm×7.2~9.6μm,单胞,无色。

寄生于黄檀,引起黑痣病。主要侵害寄主叶片,染病叶片初期呈现黄色透明斑点,在黄斑中出现一个或几个圆形的小黑点,以后小黑点随着黄斑的扩大而增大为隆起的小黑痣,小黑痣增大互相合并成一个大的表面光亮的黑色盾状座(子囊座),直径0.5~3mm。叶背相应处有不明显的淡黄色斑。后期子座周围有灰黄色圈。也可生于寄主叶柄、果实和果柄上。在树上的病叶或病落叶上越冬,成为翌年的初次侵染来源。

分布:新县、商城。

【中国黑痣菌】

***Phyllachora sinensis* Sacc.**,Philipp. J. Sci.,C,Bot. 18:600(1921)

子座生于寄主叶片上表面橙黄色的小病斑上,近圆形,黑色,稍凸,直径0.5~1.5mm。子囊壳均埋生在子座内,有孔口,扁球形或球形,直径300~450μm,高120~200μm。子囊圆柱形,110~180μm×10~12μm。子囊间有侧丝。子囊孢子单行排列于子囊内,梭形,16~30μm×7~9μm,两端钝。

寄生于竹类植物,引起黑痣病(叶疹病)。染病叶片初生苍白色小斑点,斑点扩大以后为圆形、椭圆形或纺锤形病斑,颜色亦渐变为橙黄色至赤色。翌年4~5月在病斑上发生疹状隆起、有光泽的小黑点(子座),其外围有明显的橙黄色圈。同一叶上可产生一至数百个小黑点,有的互相合并成不规则形黑斑。以菌丝体或子座在病叶中越冬。翌年4～5月子实体成熟，释放子囊孢子，并借风雨传播为害。

分布：桐柏、信阳、南召、南阳、方城、鲁山、洛宁、伊川、确山、镇平、内乡、嵩县、灵宝。

【杏疔座霉】

***Polystigma deformans* Syd.** ,Annls Mycol. 34(6):417(1936)

子座生于寄主叶内，大小239.4～378μm×163.8～352.8μm，橙黄色，上生黑色圆点状性孢子器。性孢子线形，大小18.6～45.5μm×0.6～1.1μm，弯曲，单胞，无色。子囊壳近球形，大小239～327μm×252～315μm。子囊棍棒形，内生8个子囊孢子，大小91～112μm×12.4～16.5μm。子囊孢子单胞无色，椭圆形，大小13～17μm×4～7μm。

寄生于杏，引起杏疔病。主要为害杏的新梢、叶片，也可为害花和果实。新梢染病节间缩短，其上叶片变黄，变厚，从叶柄开始向叶脉扩展，以后叶脉变为红褐色，叶肉呈暗绿色，变厚，并在叶正反两面散生许多小红点（性孢子器），后期从性孢子器中涌出淡黄色孢子角，孢子角卷曲成短毛状或在叶面上混合成黄色胶层。叶片染病叶柄变短，变粗，基部肿胀，节间缩短，后期叶片质地变硬，卷曲，叶背面散生小黑点（子囊壳）。染病花多不易开放，花苞增大，花萼、花瓣不易脱落。果实染病生长停滞，果面生淡黄色病斑，其上有红褐色小粒点，病果后期干缩脱落或挂在树上。以子囊壳在病叶内越冬，春季从子囊壳中弹射出子囊孢子随气流传播到幼芽上，条件适宜时萌发侵入，随新叶生长在组织中蔓延；性孢子不侵染寄主。一年中只侵染一次，无再侵染。

分布：林县、修武、灵宝、郑州、

注：许多文献上将该菌的“性孢子”称为“分生孢子”。

【红疔座霉】

***Polystigma rubrum* subsp. *rubrum* (Pers.) DC.** , In: de Candolle & Lamarck, Fl. franç. , Edn 3, 5/6: 164 (1815)

Dothidea rubra (Pers.) Fr. ,Syst. Mycol. 2(2):553(1823)

Guignardia circumscissa (Sacc.) Traverso, Fl. Ital. Crypt. 2:381(1906)

Laestadia circumscissa Sacc. ,Annls Mycol. 1(1):24(1903)

Libertella rubra (Pers.) Bonord. ,Handb. Allgem. Mykol. :55(1851)

Polystigma rubrum (Pers.) DC. ,In: de Candolle & Lamarck, Fl. franç. ,Edn 3,5/6:164(1815)

Polystigma rubrum f. *pruni-domesticae* Sacc. ,Mycotheca Veneti: no. 638(1876)

Polystigma rubrum f. *pruni-spinosae* Sacc. ,Mycotheca Veneti: no. 637(1876)

Polystigma rubrum var. *amygdali* Rehm, Annls Mycol. 4(1):70(1906)

Polystigmina rubra (Desm.) Sacc. ,Syll. Fung. 3:622(1884)

Polystigmina rubra f. *ramipetiolicola* Sacc. ,Annls Mycol. 1(1):26(1903)

Polystigmina rubra var. *amygdalina* Desm. ,Annls Sci. Nat. ,Bot. ,Sér. 2,19:343(1843)

Septoria rubra (Pers.) Desm. ,Annls Sci. Nat. ,Bot. ,Sér. 2,19:343(1843)

Sphaeria rubra (Pers.) Fr. ,Observ. Mycol. 1:172(1815)

Xyloma rubrum Pers. ,Observ. Mycol. 2:101(1800)

子座生于寄主叶组织内，橘红色。分生孢子器（性孢子器）埋生在子座内，近球形，直径112～320μm。分生孢子梗长达26μm，宽2～3.5μm。分生孢子（性孢子）钩状，无隔膜，大小

30～45μm×0.5～1μm。子囊壳埋生在子座内，近球形，大小 186～240μm×10～12μm，顶端具乳头状突起，孔口外露。子囊倒棒状，无色，大小 78～87μm×10～12μm，内生 8 个排成一列或不规则排成的子囊孢子。子囊孢子椭圆形或卵形，无色，单胞，正直或略弯，大小 10～13μm×4.5～6μm。

寄生于李，引起红点病。主要为害叶片，也能为害果实。叶片染病，初生橙黄色近圆形病斑，微隆起，病健部界线明显，后病叶渐变厚，颜色加深，其上密生暗红色小粒点（分生孢子器）。秋末病叶多转为深红色，卷曲，叶面病部下陷，叶背病部突起，并产生黑色小粒点（子囊壳）。果实染病，产生橙红色圆形斑，稍隆起，无明显边缘，最后病部变为红黑色，其上散生许多深红色小粒点。病果常畸形。以子囊壳在病叶上越冬，翌春开花末期，产生大量子囊孢子，随风雨传播。分生孢子在侵染中不起作用。一年中只侵染一次，无再侵染。

分布：镇平、桐柏、信阳、嵩县、灵宝、济源。

4.5.5 目未确定 Incertae sedis for order

4.5.5.1 小丛壳科 Glomerellaceae

【围小丛壳】

***Glomerella cingulata* (Stoneman) Spauld. & H. Schrenk**, In: Schrenk & Spaulding, Science, N. Y. 17: 751 (1903)

Ascochyta rufomaculans (Berk.) Berk., Outl. Brit. Fung.: 320 (1860)

Caulochora baumgartneri Petr., Annls Mycol. 38 (2/4): 341 (1940)

Colletotrichum annonicola Speg. [as '*anonicola*'], Anal. Mus. nac. B. Aires, Ser. 3, 20 (13): 406 (1910)

Colletotrichum brachysporum Speg., Boletín de la Academia Nacional de Ciencias de Córdoba 23: 589 (1919)

Colletotrichum coffeophilum Speg., Boletín de la Academia Nacional de Ciencias de Córdoba 23: 589 (1919)

Colletotrichum dracaenae Allesch., Rabenh. Krypt. -Fl., Edn 2, 7: 560 (1902)

Colletotrichum exiguum Penz. & Sacc., In: Arti, Atti Inst. Veneto Sci. Lett., Sér. 6, 2: 577 (1884)

Colletotrichum fructigenum (Berk.) Vassiljevsky, Fungi Imperfecti Parasitici 2: 296 (1950)

Colletotrichum gloeosporioides (Penz.) Penz. & Sacc., In: Arti, Atti Inst. Veneto Sci. Lett., Sér. 6, 2: 670 (1884)

Colletotrichum intermedium (Sacc.) Sawada, Special Publication College of Agriculture, National Taiwan University 8: 169 (1959)

Colletotrichum iresines F. Stevens, Illinois Biol. Monogr. 11 (2): 206 (1927)

Colletotrichum montemartinii f. *rohdeae* Traverso [as '*rhodeae*'], In: Sydow, Annls Mycol. 1 (3): 231 (1903)

Colletotrichum passiflorae F. Stevens & P. A. Young, Bulletin of the Bernice P. Bishop Museum, Honolulu, Hawaii 19: 146 (1925)

Colletotrichum peregrinum Pass., Atti R. Acad. Naz. Lincei, Mem. Cl. Sci. Fis., Matem. 6: 468 (1890)

Colletotrichum xanthii Halst. [as '*xanthi*'], Bull. Torrey Bot. Club 20: 251 (1893)

Gloeosporium anceps Penz. & Sacc., Malpighia 15: 238 (1902)

Gloeosporium aurantiorum Westend., Bull. Acad. R. Sci. Belg., Cl. Sci., Sér. 5 21 (2): 236 (1854)

Gloeosporium catechu Syd. & P. Syd., Annls Mycol. 11 (1): 64 (1913)

Gloeosporium citricola Speg., Boletín de la Academia Nacional de Ciencias de Córdoba 11 (4): 610 (1889)

Gloeosporium cocophilum Wakef., Bull. Misc. Inf., Kew: 105 (1913)

Gloeosporium crini Sacc., Annls Mycol. 6 (6): 556 (1908)

Gloeosporium depressum Penz., Michelia 2 (8): 447 (1882)

Gloeosporium fructigenum Berk., Gard. Chron., London: 245 (1856)

Gloeosporium hesperidearum Catt. ,Rendoconti R. Istituto Lombardi,Milano,Ser. 2,12:322(1879)

Gloeosporium intermedium Sacc. ,Michelia 2(6):118(1880)

Gloeosporium intermedium f. *limoniae-australis* Penz. ,Atti Inst. Veneto Sci. Lett. ,ed Arti,Sér. 6,2:682(1884)

Gloeosporium intermedium var. *subramulosum* Sacc. ,Michelia 2(6):168(1880)

Gloeosporium macropus Sacc. ,Michelia 1(2):217(1878)

Gloeosporium magnoliae Pass. ,Atti R. Acad. Naz. Lincei,Mem. Cl. Sci. Fis. ,Matem. 6:468(1890)

Gloeosporium mutinense Traverso,Annls Mycol. 1(3):230(1903)

Gloeosporium nitidulum Speg. ,Boletín de la Academia Nacional de Ciencias de Córdoba 11(4):611(1889)

Gloeosporium nubilosum Pass. ,Atti R. Acad. Naz. Lincei,Mem. Cl. Sci. Fis. ,Matem. 6:468(1890)

Gloeosporium oleandri Sacc. ,Annls Mycol. 6(6):556(1908)

Gloeosporium patella Penz. & Sacc. ,Atti Inst. Veneto Sci. Lett. ,ed Arti,Sér. 6,2:658(1884)

Gloeosporium peleae F. Stevens,Bulletin of the Bernice P. Bishop Museum,Honolulu,Hawaii 19:144(1925)

Gloeosporium puiggarii Speg. ,Boletín de la Academia Nacional de Ciencias de Córdoba 23:528(1919)

Gloeosporium rhododendri Briosi & Cavara,Funghi Parass. Piante Colt. od Utili:no. 198(1892)

Gloeosporium roseolum Bres. ,Annls Mycol. 13(2):105(1915)

Gloeosporium rufomaculans(Berk.)Thüm. ,Fungi Pomicoli:61(1879)

Gloeosporium spegazzinii Sacc. ,Syll. Fung. 10:449(1892)

Gloeosporium sphaerelloides f. *major* Penz. ,Michelia 2(8):449(1882)

Gloeosporium tabernaemontanae Speg. ,Revista Argent. Hist. Nat. 1(2):153(1891)

Gloeosporium torquens Syd. & P. Syd. ,Annls Mycol. 11(1):65(1913)

Glomerella acaciae Yamam. {?} & S. Ito,In:Yamamoto,Sci. Rep. Hyogo Univ. Agric. ,Ser. Agr. Biol. 5(1):2 (1961)

Glomerella bromeliae F. Stevens & Weedon,Illinois Biol. Monogr. 11(2):201(1927)

Glomerella cincta(Stoneman)Spauld. & H. Schrenk,Science,N. Y. 17:751(1903)

Glomerella cingulata var. *cingulata* (Stoneman) Spauld. & H. Schrenk, In: Schrenk & Spaulding, Science, N. Y. 17:751(1903)

Glomerella cingulata var. *migrans* Wollenw. ,Z. ParasitKde 14:262(1949)

Glomerella cingulata var. *minor* Wollenw. ,Z. ParasitKde 14:261(1949)

Glomerella fructigena(Berk.)Sacc. ,Syll. Fung. 17:573(1905)

Glomerella microspila Syd. ,Annls Mycol. 37(3):213(1939)

Glomerella phormii(J. Schröt.)D. F. Farr & Rossman,In:Farr,Aime,Rossman & Palm,Mycol. Res. 110(12): 1403(2006)

Glomerella piperata(Stoneman)Spauld. & H. Schrenk,Science,N. Y. 17:751(1903)

Glomerella rubicola(Stoneman)Spauld. & H. Schrenk,Science,N. Y. 17:751(1903)

Glomerella rufomaculans(Berk.)Spauld. & H. Schrenk,Science,N. Y. 17:751(1903)

Glomerella rufomaculans var. *rufomaculans*(Berk.)Spauld. & H. Schrenk,Science,N. Y. 17:751(1903)

Gnomoniopsis cincta Stoneman,Bot. Gaz. ,Chicago 26:106(1898)

Gnomoniopsis cingulata Stoneman,Bot. Gaz. ,Chicago 26:101(1898)

Gnomoniopsis fructigena(Berk.) G. P. Clinton, Bulletin of the Illinois agricultural Experimental Station 69:211 (1902)

Gnomoniopsis piperata Stoneman,Bot. Gaz. ,Chicago 26:104(1898)

Gnomoniopsis rubicola Stoneman,Bot. Gaz. ,Chicago 26:108(1898)

Guignardia cephalotaxi(Syd. ,P. Syd. & Hara)Sacc. ,Shirai's List of Japanese Fungi 24:153(1927)

Hypostegium phormii(J. Schröt.)Theiss.,Verh. zool. -bot. Ges. Wien 66:384(1916)
Laestadia cephalotaxi Syd.,P. Syd. & Hara,Annls Mycol. 11(1):57(1913)
Neozimmermannia elasticae(Zimm.)Koord.,Verh. K. ned. Akad. Wet.,2 Sectie 13(4):68(1907)
Phomatospora elasticae Zimm.,Bulletin Inst. Bot. Buitenzorg 10:15(1901)
Physalospora acaciae Kaz. Itô & Shibuk.,Bull. Govt Forest Exp. Stn Meguro 92:60(1956)
Physalospora coffeicola Speg.,Boletín de la Academia Nacional de Ciencias de Córdoba 23:555(1919)
Physalospora phormii J. Schröt.,In:Cohn,Krypt. -Fl. Schlesien 3. 2(3):347(1894)
Septoria rufomaculans Berk.,Gard. Chron.,London:676(1854)
Vermicularia gloeosporioides Penz.,Michelia 2(8):450(1882)
Vermicularia microchaeta Pass.,Atti R. Acad. Naz. Lincei,Mem. Cl. Sci. Fis.,Matem. 6:464(1890)

分生孢子盘常产生在寄主病斑上,其上生褐色刚毛,刚毛具隔膜1~4个,大小33~121μm×3.3~4.8μm。分生孢子单胞,无色,长椭圆形至椭圆形,内含1个或数个小油球,大小8.9~14.4μm×3.3~4.4μm。盘上分生孢子聚集时为橘红色黏质状。在PDA培养基上菌丝初白色,后变墨绿色,菌落表面生的褐色分生孢子成轮状排列(图版070)。有性世代未见。

寄生于柿、桃、葡萄、枣、板栗、刺槐、大叶黄杨、佛手、柑橘、枸杞、桂花、核桃、猕猴桃、泡桐、山楂、山茱萸、月季,引起炭疽病。以菌丝在寄主种子内或病残组织里越冬。染病叶片上初生浅黑色近圆形病斑。

广泛分布于河南各地。

讨论:无性世代的炭疽菌(*Colletotrichum* sp.)原来曾划分为1000多个种,经过重新整理的炭疽菌属(*Colletotrichum*)仅被承认200多个种,其中最常见的是该菌的无性阶段名称胶孢炭疽菌(*C. gloeosporioides*),该菌寄主房屋广泛,原来炭疽菌属半数以上的物种(约600种)被视作它的异名。

4.6 外囊菌纲 Taphrinomycetes

4.6.1 外囊菌目 Taphrinales

4.6.1.1 外囊菌科 Taphrinaceae

【畸形外囊菌】

***Taphrina deformans*(Berk.)Tul.**,Annls Sci. Nat.,Bot.,Sér. 5,5:122(1866)
Ascomyces deformans Berk.,Intr. Crypt. Bot.:284(1857)
Ascosporium deformans(Berk.)Berk.,Outl. Brit. Fung.:449(1860)
Exoascus deformans(Berk.)Fuckel,Jb. Nassau. Ver. Naturk. 23~24(1870)

子囊生于寄主叶片的表皮下,栅状排列成子实层。子囊圆筒形,大小25~40μm×8~12μm,顶端扁平,底部稍窄,无色,内生8个或不足8个子囊孢子。子囊孢子椭圆形或圆形,大小6~9μm×5~7μm,单胞,无色。子囊孢子在子囊里面或外面可通过芽殖法产生很多芽孢子。芽孢子卵圆形,2.5~6μm×4.5μm。由于芽孢子的存在,有时可见子囊内有8个以上的孢子。芽孢子比子囊孢子为小,有薄壁与厚壁两种类型,薄壁芽孢子可再行芽殖,而厚壁芽孢子(休眠孢子)能抵抗不良环境并越冬、越夏。

寄生于桃,引起缩叶病。主要危害叶片,也可危害嫩枝和幼果。春天发芽时,染病嫩叶卷曲状,发红,叶片长大后增厚、变脆、卷曲,呈红褐色,在叶片表面有银白色粉状物,最后病叶变褐色,焦枯脱落。嫩枝染病,呈灰绿色或黄色,节间缩短,略粗肿,病枝上常簇生卷缩的病叶。

幼果染病,初生黄色或红色病斑,病斑微隆起,随果实增大,渐变褐色。后期病果畸形,果面龟裂,有疮疤,易早期脱落。较大的果实受害,果实变红,病部肿大,茸毛脱落,表面光滑。以子囊孢子或芽孢子在桃芽鳞片内外越夏和越冬,翌年春天侵染为害。该菌只能侵染幼嫩的枝叶,一般只有初侵染,很少引起再侵染。

分布:河南省桃产区均有分布。

【李外囊菌】

***Taphrina pruni* Tul.** ,Annls Sci. Nat. ,Bot. ,Sér. 5 ,5:129(1866)

Ascomyces pruni(Tul.)W. Phillips,Man. Brit. Discomyc. :400(1887)

Exoascus pruni (Tul.)Fuckel,Jb. Nassau. Ver. Naturk. 23 ~24:29(1870)

Taphrina insititiae(Sadeb.)Johanson,Öfvers. Kongl. Svensk. Vetensk. -Akad. Förhandl. (1):33(1886)

子囊生于寄主叶片的表皮下,栅状排列成子实层,单个子囊细长圆筒状或棍棒形,大小24 ~80μm ×10 ~15μm,内含8个子囊孢子。子囊孢子球形,能在子囊中产生芽孢子。

寄生于李,引起袋果病。染病果实畸变,中空如袋,故名袋果病。染病果实在落花后即显症,初呈圆形或袋状,后渐变狭长略弯曲,浅黄色至红色,皱缩后变成灰色至暗褐色或黑色。枝梢染病,呈灰色,略膨胀,组织松软。叶片染病,在展叶期开始变成黄色或红色,叶面皱缩不平。5 ~6 月份病部表面着生白色粉状物。以子囊孢子或芽孢子在芽鳞缝内或树皮上越冬,翌年春天侵染为害。只有初侵染,很少引起再侵染。除寄生于李外,还可寄生于樱桃、山樱桃、短柄樱桃、豆樱、黑刺李等。

分布:信阳、登封。

5　子囊菌门Ⅱ Ascomycota Ⅱ
(无性子囊菌 Anamorphic Ascomycetes)

该部分记述的是仅根据无性生殖阶段命名的子囊菌,这部分子囊菌连同仅根据无性生殖阶段命名的担子菌传统上被归在半知菌(或叫不完全菌 imperfect fungi)的类群中。

关于这部分真菌的分类体系,一直处于不太稳定的状态。在第七版《真菌字典》(1983)的分类体系中,半知菌被作为1个亚门,亚门下分纲、目、科、属和种。1989年Kendrick提出用有丝分裂孢子真菌(Mitosporic fungi)代替半知菌(imperfect fungi)这一名称,第八版《真菌字典》(1995)采纳了这一意见,并取消了原半知菌亚门,把它们归在相近的子囊菌门和担子菌门中类群中。在第九版《真菌字典》(2001)中,这类真菌被以无性真菌(Anamorphie fungi)列为一类,按字母顺序排列在一起,未建立分类系统。第十版《真菌字典》(2008)中未将分类系统专门列出,在相应的条目中将这部分真菌归在相应的子囊菌门和担子菌门中类群中,但有许多分类阶元尚处于不确定状态。

本书根据当前的研究进展,将传统的半知菌分别归在子囊菌门和担子菌门中,其中属于担子菌门的种类很少,附在担子菌门的后边,归在子囊菌门的种类很多,作为专列的一部分,这样既反映了当前对这些真菌分类地位的认识,也区别于根据有性生殖结构命名的种类。从本书也可以看出,这类真菌的有些分类阶元仍处于不确定状态。

5.1　座囊菌纲(无性)Anamorphic Dothideomycetes

5.1.1　煤炱目(无性)Anamorphic Capnodiales

5.1.1.1　煤炱科(无性)Anamorphic Capnodiaceae

【烟霉薄层菌】

***Leptoxyphium fumago*(Woron.)R. C. Srivast.**, Arch. Protistenk. 125(1~4):333(1982)

Caldariomyces fumago Woron., Annls Mycol. 25(3/4):261(1927)

Fumago vagans Pers., Mycol. Eur. 1:9(1822)

分生孢子梗简单,直立,上部似呈膝状弯曲,黄褐色至深褐色,3~16个分隔,16~2μm×3.6~6μm。分生孢子顶生、侧生,串生呈链状,椭圆形、卵形或长椭圆形,深橄榄色,5~16μm×3~6.5μm,初期单细胞,后生隔膜,形成双细胞、十字形四胞,孢子相连呈多细胞,孢子间相连很紧密,不易分离。厚垣孢子呈不规则形、椭圆形、卵形、长椭圆形或球形,2至数个纵横分隔,呈橄榄褐色到深褐色,7~23μm×5~10μm。有性态为一种煤炱菌 *Capnodium* sp.,不常见,据报道,子囊座瓶状,表生,座壁由球形细胞组成。子囊棒状,含8个子囊孢子。子囊孢子多细胞,有纵横隔膜,砖格形。

寄生于忍冬金银花、杨树、枣、柳树、桃、烟草,引起煤污病。该病发生的主要诱因是介壳虫、蚜虫等刺吸式口器昆虫在寄主上取食,排泄的粪便及其分泌物,此外通风透光不良、温度高，湿气滞留发病重。

分布：全省各地均有发生。

讨论：该菌在国内文献上的名称多为散播烟霉 *Fumago vagans* Pers.。*Leptoxyphium* 属以前没有汉语译名，作者暂译为薄层菌属，并将 *Leptoxyphium fumago* 译为烟霉薄层菌。根据目前的研究，*Leptoxyphium* 属被认为是青皮炱属 *Aithaloderma* 的一个无性时期。

5.1.1.2 新球腔菌科（无性）Anamorphic Davidiellaceae

【牡丹枝孢】

***Cladosporium paeoniae* Pass.**, Mycoth. Univ. 7: no. 670（1876）

分生孢子梗 3～7 根簇生，黄褐色，线形，具隔膜 3～7 个，大小 27～73μm×4～5μm。分生孢子卵形至纺锤形，大小 10～13μm×4～4.5μm，黄褐色，1 或多个细胞。

寄生于牡丹，引起叶霉病。以菌丝和分生孢子在病残体上越冬。主要侵害寄主叶片，染病叶上初生圆形褐色病斑，大小 6～15mm，后期病斑上微具浅褐色轮纹，四周暗紫褐色，叶背病斑上常生墨绿色绒霉层。茎染病生长条形紫褐色病斑。

分布：洛阳、郑州、镇平。

5.1.1.3 球腔菌科（无性）Anamorphic Mycosphaerellaceae

【臭椿尾孢】

***Cercospora ailanthi* Syd.** {?} In: Saccardo, Sylloge Fungorum 16: 1068（1902）

无子座。分生孢子梗不呈簇生，青黄褐色，色泽均匀，长梗宽度规则，短梗基部较宽，向顶变狭，直立或稍弯曲，分枝，不呈曲膝状，顶部钝圆、圆锥形至平截，无隔膜，长 50.0～200.0μm×4.0～6.5μm。分生孢子倒棍棒至圆柱形，15.0～60.0μm×4.0～6.0μm，浅青黄褐色，5～7 个隔膜，隔膜初不缢缩。

寄生于白椿，引起褐斑病。

分布：河南各地都有发生。

【紫荆尾孢】

***Cercospora chionea* Ellis & Everh.**, Bull. Torrey Bot. Club 11: 122（1884）

Passalora chionea（Ellis & Everh.）U. Braun, Mycotaxon 48: 290（1993）

Pseudocercospora chionea（Ellis & Everh.）X. J. Liu & Y. L. Guo, In: Guo & Liu, 真菌学报（2）: 231（1989）

子座发达，圆形，略呈淡褐色，突出叶面，直径 20～50mm。分生孢子梗密集成束生于子座上，基部淡褐色，顶端色浅至无色，呈圆锥形，不分枝，隔膜 0～4 个，分生孢子梗大小 8～50μm×4～6μm。分生孢子线形或圆筒形，大小 40～100μm×4～5.5μm，直或弯曲，无色，基部平切或圆，稍窄，中部略宽，顶端钝，具 1～6 个隔膜，隔膜不明显。

寄生于紫荆，引起叶斑病。以菌丝体或子座在残落的病叶中越冬，翌年温湿度适宜时产生分生孢子侵染为害寄主植物。病斑呈多角形，褐色至深红褐色，上生黑褐色小霉点。

分布：河南。

注：作者未见到该菌，关于该菌在河南省的分布是依据《中国真菌总汇》（戴芳澜，1979，科学出版社）。

【臭牡丹尾孢】

***Cercospora clerodendri* I. Miyake**, Bot. Mag., Tokyo 27:53(1913)

Pseudocercospora clerodendri(J. Miyake) Deighton, Mycol. Pap. 140:141(1976)

分生孢子梗生于寄主叶面,20~30根成簇,暗色,多隔膜,大小55~70μm×4~5μm。分生孢子倒棍棒状,大小35~50μm×2.5~3.5μm,青色至无色,多呈波浪状弯曲,多隔膜。

寄生于海州常山,引起褐斑病。主要为害叶片,叶斑圆形或近圆形,直径2~5mm,边缘深褐色,略隆起,中央褐色,有轮纹,几个病斑融合在一起可形成大病斑。以菌丝块或分生孢子在病残体或种子上越冬。翌春条件适宜,菌丝块上长出分生孢子,借气流或雨水传播蔓延。寄主生长季节病部产生的分生孢子可进行再侵染。

分布:镇平。

【坏损尾孢】

***Cercospora destructiva* Ravenel**, J. Mycol. 3(2):13(1887)

Pseudocercospora destructiva(Ravenel) Y. L. Guo & X. J. Liu, 真菌学报 11(2):131(1992)

子座发达,生于寄主表皮下,球形至长形,黑色。子座上丛生分生孢子梗,分生孢子梗,不分枝,膝曲状,大小5~25μm×2~3μm,丛生,隔膜不明显。分生孢子圆筒形至倒棍棒形,直或略弯,无色至近无色,1~5个隔膜,15~55μm×2~3.5μm。

寄生于大叶黄杨,引起叶斑病。病原菌以菌丝体或子座在病叶或病落叶中越冬。第二年春天越冬病菌产生分生孢子,分生孢子经风雨传播,经气孔或直接穿透角质层侵入植株,病部产生的分生孢子可发生多次再侵染。主要侵害寄主叶片,病斑多从叶尖、叶缘开始发生。发病初期,染病叶上产生黄色或褐色小点,以后逐渐扩展成近圆形或不规则形的病斑,病斑直径达1.5cm,灰褐色,边缘有较宽的褐色隆起,在隆起的边缘之外有黄色晕圈,中心黄褐色或灰褐色。后期病斑上面密布黑色绒毛状小点,即该菌的分生孢子梗及分生孢子。

分布:洛阳、安阳、登封、西华、郑州、开封、南阳。

【京梨尾孢】

***Cercospora iteodaphnes*(Thüm.) Sacc.**, Syll. Fung. 4:464(1886)

Helminthosporium iteodaphnes Thüm., (1880) In: Saccardo, Sylloge Fungorum 4:464(1886)

分生孢子梗丛生在黑褐色的小子座上,大小13~20μm×2~3μm,有1~3个分隔。分生孢子倒棒状,大小13~41μm×2~4μm,具3~4个隔膜,无色。

寄生于猕猴桃,引起褐斑病。以菌丝在寄主叶片病部或病残组织中越冬。主要侵害寄主叶片,嫩叶、老叶染病初在叶片正面出现褐色小圆点,大小约1mm,四周有绿色晕圈,后扩展至3~5mm,轮纹不明显,多个病斑可融合成大病斑。后期病斑上有黑色小霉点,即病原菌的子座。

分布:西峡、内乡、信阳。

【柿尾孢】

***Cercospora kaki* Ellis & Everh.**, J. Mycol. 3(2):17(1887)

分生孢子梗基部菌丝集结成块,半球形或扁球形,暗橄榄色,大小17~50μm×22~66μm。分生孢子梗短杆状,大小7~23μm×3.3~5μm,不分枝,稍弯曲,尖端较细,不分隔,淡褐色,其上着生 1 个分生孢子。分生孢子棍棒状，大小 15 ~ 77.5μm × 2.5 ~ 5μm，直或稍弯曲，上端稍细，基部宽，无色或淡黄色，有 0 ~ 8 个隔膜。在马铃薯琼脂培养基上的菌落，近圆形，中央隆起，基底黑色表面黑褐色。

寄生于柿，引起角斑病。以菌丝体在柿的病蒂和病叶上越冬，柿的病蒂能残留在树上 2 ~ 3 年，病菌在病蒂内可以存活 3 年。越冬菌丝体在适宜条件下产生分生孢子，行初次侵染。病斑上产生的分生孢子可进行再侵染。主要侵害柿树的叶片及果蒂。叶片被害，开始时在叶正面出现黄绿色或淡褐色不规则形病斑，没有明显的边缘，病斑内的叶脉变褐色。病斑进一步扩展，颜色逐渐加深，四周受叶脉所阻，边缘逐渐明显，最后形成多角形病斑，病斑大小 2 ~ 8mm，中部黑色，边缘深褐色，上面密生黑色绒状小粒点，即病菌分生孢于梗基部的菌丝块。病斑背面开始时呈淡黄色，后颜色逐渐加深，最后成褐色或黑褐色，其上也长有黑色绒状小粒点，但比正面的细小。柿蒂染病时，病斑发生在蒂的四角，呈褐色至深褐色，有黑色边缘或无明显边缘。病斑大小不定，由蒂的尖端向内扩展。病蒂两面都可产生黑色小粒点。

分布：河南省柿产区。

【楝尾孢】

***Cercospora meliae* Ellis & Everh.** ，J. Mycol. 3(2)：16(1887)

分生孢子梗成束生于子座，淡黄色，不分枝，无隔膜，大小为 17 ~ 30μm × 3 ~ 4μm。分生孢子线形，大小为 27 ~ 58μm × 2.7 ~ 3.4μm，顶端尖，有 1 ~ 3 个隔膜。

寄生于楝树，引起叶斑病。以菌丝体在病落叶上越冬。6 月上旬子座上产生新的分生孢子，借气流传播，进行初次侵染。病斑上产生的分生孢子可进行多次再侵染。染病叶上先出现褐绿色圆斑，以后病斑中心变灰白色至白色，边缘褐色似蛇眼状，后期病斑穿孔，其外围有一黄褐色晕圈。小病斑直径 1 ~ 5mm，大病斑可达 10mm。天气潮湿时，病斑两面密生许多黑色小霉点，以叶背面的小霉点为多，为该菌的子座。

寄生于楝树，引起叶斑病。

分布：河南各地。

【悬铃木尾孢菌】

***Cercospora platanicola* Ellis & Everh.** ，(1887) In：Saccardo，Sylloge Fungorum 10：652(1892)

Pseudocercospora platanicola (Ellis & Everh.) U. Braun，In：Braun & Mel'nik，Trudy Botanicheskogo Instituta im. V. L. Komarova 20：80(1997)

分生孢子梗圆柱形，大小 14 ~ 20μm × 3.6 ~ 6μm，褐色，0 ~ 1 个隔膜，多为 13 ~ 22 根丛生。有尾孢型和蛹孢型两种类型的分生孢子，并有许多中间类型的分生孢子。尾孢型的分生孢子细长，大小 30 ~ 69μm × 3.5 ~ 6μm，多弯曲，一端稍细，淡褐色，具 4 ~ 6 个隔膜。蛹孢型的分生孢子粗短而直，长椭圆形，大小 16 ~ 28μm × 7 ~ 10μm，深褐色，具 1 ~ 4 个隔膜。中间型的分生孢子大多与尾孢型分生孢子相似，但较粗，大小 36 ~ 48μm × 6 ~ 7.23μm，暗褐至褐色，略弯曲，有 4 ~ 6 个隔膜。这几种类型的孢子可随着季节的变化而相继出现。

寄生于法桐，引起霉斑病。主要以蛹孢型的分生孢子在病叶上越冬。以实生幼苗受害严重，插条育苗和幼树受害轻，大树上尚未见感染此病。主要侵害寄主的叶片。受侵叶片在背面生灰褐色至黑褐色的霉斑，有大小两种类型。小型的霉斑直径 0.5 ~ 1mm，大型的达 2 ~ 5mm，呈胶着状；在相对应的叶片正面，出现大小不一的近圆形褐色斑点。

分布:信阳、潢川、光山、汝南、西华、太康、郑州。

【石榴生尾孢】

***Cercospora punicae* Henn.** ,Bot. Jb. 37:165(1906)

Pseudocercospora punicae (Henn.)Deighton,Mycol. Pap. 140:151(1976)

子座深褐色,球形至半球形,直径 10 ~ 60μm,其上密布分生孢子梗。分生孢子梗较短,褐色,具隔膜,直立不分枝,顶端钝圆。分生孢子顶生,淡橄榄色,直或弯曲,倒棍棒形或鞭形,大小 18.5 ~ 27.5μm × 2.5 ~ 3.5μm,具分隔。

寄生于石榴,引起叶斑病。以分生孢子梗和分生孢子在叶片病组织上越冬,翌年 4 月中旬至 5 月上旬,越冬分生孢子或新生分生孢子借风雨溅到石榴新梢叶片上萌发侵染,此后进行重复侵染。主要侵害寄主叶片和果皮,初期病斑在叶面为一针眼状小黑点,后不断扩大,发展成圆形至多角状不规则病斑,大小 0.4 ~ 3.5mm。后期病斑深褐色或黑褐色至黑色,边缘常呈黑线状。石榴果皮受侵害,出现黑色多角形病斑,病斑呈微凹状。后期病斑上产生灰色颗粒。

分布:嵩县、延津、荥阳。

【槐尾孢】

***Cercospora sophorae* T. S. Ramakr. & K. Ramakr.** ,Proc. Indian Acad. Sci. ,Pl. Sci. 32:213(1950)

Cercospora sophorae Sawada & Katsuki,Special Publication College of Agriculture,National Taiwan University 8:226(1959)

子座生于寄主的气孔下,球形。分生孢子梗青黄褐色,长 150.0 ~ 450.0μm,宽 6.5μm,分枝稀少,直立、弯曲或波状,不呈曲膝状,顶部圆至圆锥形,有时稍平截,0 ~ 3 个隔膜。分生孢子无色,针形。

寄生于刺槐,引起角斑病。

分布:信阳、南召、郑州、中牟、太康、尉氏、洛宁、林县。

【茶尾孢】

***Cercospora theae* Breda de Haan**,In:Chupp,:561(1900)In:Saccardo,Sylloge Fungorum 18:598(1906)

Cercoseptoria ocellata Deighton,Mycol. Pap. 151:2(1983)

分生孢子梗丛生在寄主表皮下的菌丝块上,每丛有十多根,孢子梗大小 29 ~ 43μm × 3 ~ 4μm,单胞无色,直或顶端略弯曲,顶端着生分生孢子。分生孢子鞭状,大小 42 ~ 106μm × 2.5 ~ 3.5μm,由基部向上渐细且弯曲,无色或灰色,具 4 ~ 6 个分隔。

寄生于茶树,引起圆赤星病。以菌丝块在茶树上病叶及落叶中越冬,翌春条件适宜产生分生孢子,借风雨传播,侵染嫩叶、成叶、幼茎,产生新病斑后,又形成分生孢子,进行多次重复侵染。叶片染病初生褐色小点,后扩展成灰白色中间凹陷的圆形病斑,病斑大小 0.8 ~ 3.5mm,边缘具暗褐色或紫褐色隆起线,中央红褐色,后期病斑中间散生黑色小点,即病原菌的菌丝块,湿度大时,上生灰色霉层。也可以腐生方式栖居于茶树芽、叶、枝等器官。

分布:信阳。

【蔷薇钉孢霉】

***Passalora rosae*(Fuckel)U. Braun**,Mycotaxon 55:234(1995)

Cercospora rosae (Fuckel) Höhn., Annls Mycol. 1(5):412(1903)

Exosporium rosae Fuckel, Jb. Nassau. Ver. Naturk. 23 ~ 24:373(1870)

子座亚球形,直径 70μm,淡褐色,由少数褐色细胞组成,分生孢子梗密集成束,淡橄榄褐色,偶有隔膜,不分枝,无屈曲,直或稍弯,大小 5 ~ 40μm × 2 ~ 4μm。分生孢子近无色,圆筒形,大小为 15 ~ 50μm × 2 ~ 4μm,直立或几乎不弯曲,两端圆或基部亚平切状,0 ~ 5 个隔膜,多数为 1 个隔膜。

寄生于月季,引起灰斑病。随病残体落入土中越冬。受侵染的月季叶上散生不规则形病斑,病斑多发生于叶缘,暗褐色,有时中部变为灰褐色而边缘紫红色,后期可在叶两面病斑上产生淡黑色霉层。

分布:郑州。

讨论:该菌在国内文献上的名称多为蔷薇尾孢 Cercospora rosae (Fuckel.) Hohn. Passalora rosae 以前没有汉语译名,作者将其译为蔷薇钉孢霉。

【针枯钉孢霉】

***Passalora sequoiae* (Ellis & Everh.) Y. L. Guo & W. H. Hsieh**, In: Guo, Liu & Hsieh, Fl. Fung. Sinicorum 20: 120(2003)

Asperisporium sequoiae (Ellis & Everh.) B. Sutton & Hodges, Mycologia 82(3):314(1990)

Cercospora sequoiae Ellis & Everh. [as '*sequojae*'], J. Mycol. 3(2):13(1887)

Cercosporidium sequoiae (Ellis & Everh.) W. A. Baker & Partr., In: Baker, Partridge & Morgan-Jones, Mycotaxon 76:250(2000)

子座半埋生于寄主组织中,褐色。分生孢子梗丛生于子座上,稍弯曲,黄褐色,分生孢子梗产生数个分生孢子后,便呈曲膝状,有 1 ~ 2 个分隔,不分枝,大小为 31 ~ 88μm × 4 ~ 5μm。分生孢子倒棍棒状,大小为 32 ~ 79μm × 5 ~ 8μm,直或稍弯,淡褐色,一般 3 ~ 5 个分隔,少数 9 ~ 11 个分隔,分隔处微缢缩。表面有微小的刺状突起。在柳杉上春,秋季产生的分生孢子互有差异。春季分生孢子分隔少,分隔处缢缩不明显;秋季分生孢子分隔多,孢壁较厚,色较暗,分隔处缢缩较明显,表面的刺状突起也较明显。

寄生于柳杉,引起赤枯病。以菌丝体和子座在病株枝叶组织内越冬。翌年产生分生孢子进行初次侵染时期。以后产生的分生孢子可进行多次重复侵染。主要侵害 1 ~ 6 年生的柳杉幼树。除侵害叶、枝外,还可侵害绿色主茎。针叶染病初生褐色小斑点,以后斑点不断扩大,最后可致全叶暗褐色枯死。病叶上可生墨绿色霉状物,冬季为小黑点状,即病原菌的子实体。枝上染病,产生褐色小溃疡斑,当病斑环绕小枝一周时,其上部枝叶便呈赤褐色枯死。主茎染病,产生溃疡斑。溃疡斑可随着幼树的生长而扩展,重者引起病株枯死,轻者形成沟状病斑,称之沟腐病。该菌由寄主皮层向木质部深入,引起木质部呈菊花状或不规则形腐朽。

分布:信阳、罗山、新县、潢川、商城。

讨论:该菌在国内文献上的名称多为针枯尾孢 Cercospora sequoiae Ell. et Ev. Passalora sequoiae,以前没有汉语译名,作者将其译为针枯钉孢霉。

【枇杷假尾孢】

***Pseudocercospora eriobotryae* (Enjoji) Y. L. Guo & X. J. Liu**, Mycosystema (2):234(1989)

Cercospora eriobotryae (Enjoji) Sawada, Report of the Department of Agriculture, Government Research Institute of Formosa 61:94(1933)

Cercosporina eriobotryae Enjoji, Byochu-gai Zasshi, [Journal of Plant Protection, Tokyo] 18(5):332(1931)

Pseudocercospora eriobotryae(Enjoji) Goh & W. H. Hsieh, Trans. Mycol. Soc. Rep. China 2(2):135(1987)

子座球形至近球形,暗褐色或黑色,大小 35 ~ 71μm。分生孢子梗暗褐色,密集生,不分枝,大小 6 ~ 19μm × 2 ~ 2.5μm,无隔膜,无膝状节,顶端圆锥形或圆形,有孢痕但不明显。分生孢子鞭形或针形,大小 20 ~ 80μm × 2 ~ 2.5μm,无色至浅榄褐色,具隔膜 2 ~ 8 个,但隔膜不明显,直或弯曲,基部近截形。

寄生于石楠,引起褐斑病。多在寄主枯叶上越冬,翌春分生孢子借气流传播进行初侵染和再侵染。主要侵害寄主叶片。叶上产生圆形至不规则形病斑,病斑中央有的灰色,边缘暗红色,后期在病斑上生许多黑色小点。

分布:信阳、商水、南阳、确山。

【木槿假尾孢】

***Pseudocercospora hibiscina*(Ellis & Everh.) Y. L. Guo & X. J. Liu**, Mycosystema (2):235(1989)

Cercospora hibiscina Ellis & Everh., Proc. Acad. Nat. Sci. Philad. 47:38(1895)

无子座。分生孢子梗 2 ~ 5 根从寄主气孔伸出,青黄褐色,多分枝,930μm × 4 ~ 5.4μm。分生孢子倒棍棒形至圆柱形,大小 20 ~ 70μm × 4.3 ~ 5.4μm,近无色,直立或弯曲,具隔膜 1 ~ 4 个,多为 3 个,顶部宽圆至钝,基部倒圆锥形平截。

寄生于木槿,引起褐斑病。主要为害木槿叶片。受侵叶片在叶面产生多角形、暗褐色,病斑大小 3 ~ 10mm。湿度大时,叶背生有暗褐色绒状物,即病原菌分生孢子梗和分生孢子。

分布:河南。

注:作者未见到该菌,关于该菌在河南省的分布是依据《中国真菌总汇》(戴芳澜,1979,科学出版社)。

【泡桐假尾孢】

***Pseudocercospora paulowniae* Goh & W. H. Hsieh**, In: Hsieh & Goh, Cercospora and Similar Fungi from Taiwan:307(1990)

子座小或无,暗褐色。分生孢子梗 3 ~ 12 根丛生,细长,直立或成屈膝状,大小 25 ~ 60μm × 3 ~ 5μm,褐色,具 1 ~ 4 个隔膜。分生孢子窄倒棍棒形,大小 30 ~ 165μm × 3 ~ 4μm,近无色至浅青黄色,略弯曲,有 3 ~ 16 个隔膜。

寄生于泡桐,引起褐斑病。主要为害叶片,病斑褐色,近圆形至不规则形,小病斑直径约 1mm,扩展后可达 3 ~ 6mm,大的超过 2cm,后期变为黑褐色,有不明显的轮纹,边缘近黑色。湿度大时,病斑背面长出不明显的灰色霉层。以菌丝体在病叶或枝梢内越冬,翌春气温回升,降雨后产生分生孢子,借风雨传播,侵染叶片,病部产生的分生孢子可进行多次再侵染。

分布:南阳、息县、兰考、中牟、西华、太康、洛宁、林县、鄢陵、禹州、洛阳、许昌、商丘、民权。

【球形假尾孢】

***Pseudocercospora sphaeriiformis*(Cooke) Y. L. Guo & X. J. Liu**, Mycosystema (5):107(1992)

Cercospora sphaeriiformis Cooke[as '*sphaeriaeformis*'], Grevillea 6(40):140(1878)

子座球形,褐色至暗褐色,直径 20.0 ~ 65.0μm。分生孢子梗紧密簇生,青黄色,色泽均匀,直立或稍弯曲,4.0 ~ 35.0μm × 2.5 ~ 4.0μm,不分枝,宽度不规则,不呈曲膝状,顶部圆至圆锥形,0 ~1 个隔膜。分生孢子圆柱形至倒棍棒形,30.0 ~88.5μm×2.5 ~4.0μm,浅青黄色,直立至中度弯曲,顶部钝,基部倒圆锥形平截至近平截,2 ~10 个隔膜。

寄生于榆树,引起叶斑病。病斑生于叶的正背两面,近圆形至不规则形,宽 2.0 ~5.0mm,常相互愈合,叶面斑点浅褐色至暗红褐色,叶背斑点褐色。

分布:内乡、登封、新郑。

【楝筒形假尾孢】

***Pseudocercospora subsessilis*(Syd. & P. Syd.)Deighton**,Mycol. Pap. 140:154(1976)

Cercospora subsessilis Syd.,Annls Mycol. 11:329(1913)

Cercosporina subsessilis(Syd.)Sacc.,Syll. Fung. 25:911(1931)

子座球形至扁球形,淡橄榄色至深褐色,直径 34 ~68μm。分生孢子梗密集丛生,淡黄褐色,不分枝,无分隔。分生孢子近无色至淡橄榄色,细圆筒形,先端稍尖削,基部钝圆或平截,直或微弯,有 1 ~9 个隔膜。

寄生于楝树,引起叶斑病。以菌丝在落叶上越冬。主要侵害楝树苗木和幼树的叶片,染病叶上形成圆形至近圆形的病斑,病斑直径 1 ~8mm,有时有轮纹,轮纹和边缘均为紫褐色至深褐色,外围稍隆起。病斑中部大多数为灰白色,也有黄褐色至淡褐色,病斑两面密生灰绿色至黑褐色霉点。

分布:广泛分布于河南各地。

【黑座假尾孢】

***Pseudocercospora variicolor*(G. Winter)Y. L. Guo & X. J. Liu**,真菌学报 12(1):32(1993)

Cercospora variicolor G. Winter,Hedwigia 24:205(1885)

子座球形,黑褐色至黑色,直径 25 ~58μm。分生孢子梗淡榄褐色至淡黑色,大小 44 ~115μm×3 ~4μm,10 ~25 根密集簇生,0 ~2 个隔膜,罕见膝状节,顶端圆锥形,孢痕小,不明显,产孢细胞合轴生。分生孢子倒棒形至圆筒形,大小 23 ~64μm×2.0 ~2.6μm,无色至淡榄色,明显弯曲,具 2 ~8 个隔膜,以 3 个隔膜居多,基部常呈圆锥形,先端钝尖。

寄生于牡丹,引起叶斑病。以菌丝体在寄主的病组织中越冬,第二年条件适宜时,产生分生孢子,分生孢子借气流传播进行侵染危害。染病部位长出的分生孢子可进行再侵染。主要侵害寄主叶片。染病叶片上生圆形或近圆形病斑,病斑直径 4 ~10mm,淡褐色至灰白色,边缘褐色,老病斑有明显的同心轮纹,病斑中央生灰黑色霉状物,即病菌的子实体。

分布:郑州。

【杨生壳针孢】

***Septoria populicola* Peck**,Ann. Rep. N. Y. St. Mus. Nat. Hist. 40:59(1887)

分生孢子器生于寄主叶表皮下,黑褐色,近球形,直径 115 ~140μm。分生孢子细长,大小 32 ~48μm×3 ~5.5μm,微弯曲,无色,有 3 ~5 个隔膜。10 月份以后,病斑内混生小型性孢子器,小型性孢子器位于叶表皮下,近球形,黑褐色,直径 60 ~71μm。性孢子单胞无色,椭圆形,4.5 ~6μm×2.5 ~3μm。有性型在我国尚未发现。

寄生于杨树,引起斑枯病。主要危害叶片。在毛白杨叶片正面出现褐色近圆形小斑点,直径 0.5 ~1mm,以后病斑扩大成多角形,直径 2 ~10mm,中央灰白色或浅褐色,边缘深褐色。斑内散生或轮生许多小黑点。叶背有叶毛的叶片，病斑不明显，无叶毛的叶片，叶背也可见病斑和小黑点。在病落叶内越冬。以分生孢子器在落叶上越冬，寄主生长季节产生的分生孢子可引起再侵染。

分布：邓州、汝南、平顶山、西华、郑州、济源、林县、汝阳、卢氏、南阳。

【桑旋孢霉】

***Sirosporium mori*（Syd. & P. Syd.）M. B. Ellis**，Mycol. Pap. 87：7（1963）

Clasterosporium mori Syd. & P. Syd.，（1900）In：Saccardo，Sylloge Fungorum 16：1060（1902）

菌丝匍匐于寄主叶背面，以吸盘附在叶上，从气孔侵入到叶组织内吸取营养。分生孢子梗褐色，多从匍匐菌丝上或气孔中长出，直立或丛生，圆筒形，大小 33～56μm×4～6μm，顶端生数个小突起，且多在近基部生隔膜 2～3 个，在每个小突起上产生分生孢子，也可从菌丝上直接产生分生孢子。分生孢子褐色，形状不一，基部大，端部细，着生在分生孢子梗上的有倒棍棒状的，也有圆筒状的，具隔膜 2～7 个，大小 25～37μm×4～6μm。着生在菌丝上的分生孢子基部细，端部粗，呈棍棒形，具隔膜 4～7 个，大小 45～65μm×3～5.5μm。

寄生于桑树，引起污叶病。主要以菌丝或分生孢子在病叶组织上越冬，翌年夏秋两季在越冬菌丝上产生分生孢子，借风雨传播，引起初侵染，新病斑上产生的分生孢子可进行再侵染。该菌主要为害较老的叶片，在较老桑叶背面初生小块煤粉状黑斑，随病情扩展，在对应的叶表面也产生同样大小的灰黄色至暗褐色变色斑，严重时病斑融合或布满叶背，造成整叶变色。

分布：西平、杞县、许昌、开封、兰考、西华、淮阳、太康、嵩县。

【桃穿孔小点霉】

***Stigmina carpophila*（Lév.）M. B. Ellis**，Mycol. Pap. 72：56（1959）

Asterula beijerinckii（Vuill.）Sacc.，Syll. Fung. 9：376（1891）

Clasterosporium amygdalearum（Pass.）Sacc.，Michelia 2（8）：557（1882）

Clasterosporium carpophilum（Lév.）Aderh.，Landwirtschaftliche Jahrbucher 30：815（1901）

Coryneum beijerinckii Oudem.，Hedwigia 22：115（1883）

Coryneum beyerinckii Oudem.，Hedwigia 22：115（1883）

Coryneum carpophilum（Lév.）Jauch，Int. Bull. Pl. Prot. 14：99（1940）

Coryneum laurocerasi Prill. & Delacr.，Bull. Soc. Mycol. Fr. 6：179（1890）

Helminthosporium carpophilum Lév.，Annls Sci. Nat.，Bot.，Sér. 2，19：215（1843）

Helminthosporium cerasorum（Thüm.）Berl. & Voglino，Syll. Fung.，Addit. 1～4：382（1886）

Helminthosporium rhabdiferum（Berk.）Berk.，In：Berk. & Broome，Ann. Mag. Nat. Hist.，Ser. 3，15：403（1865）

Macrosporium rhabdiferum Berk.，Gard. Chron.，London：938（1864）

Napicladium brunaudii（Sacc.）Sacc.，Syll. Fung. 4：482（1886）

Passalora brunaudii Sacc.，Michelia 1（5）：537（1879）

Sciniatosporium carpophilum（Lév.）Morgan-Jones，Can. J. Bot. 49（6）：995（1971）

Septosporium cerasorum Thüm.，Ost. Wbl.：259（1884）

Sporidesmium amygdalearum Pass.，Boln Comiz. Agr. Parmense（1875）

Sporocadus carpophilus（Lév.）Arx，Gen. Fungi Sporul. Cult.，Edn 3：224（1981）

Stigmella briosiana（Farneti）E. Bald. & Cif.，Atti Ist. Bot. Univ. Lab. crittog. Pavia，Ser. 4，10：71（1937）

Stigmina briosiana Farneti，Atti Ist. Bot. R. Univ. Pavia，Sér. 2，7：23（1902）

Thyrostroma carpophilum(Lév.)B. Sutton, Arnoldia 14:34(1997)

Wilsonomyces carpophilus(Lév.)Adask. ,J. M. Ogawa & E. E. Butler, Mycotaxon 37:283(1990)

分生孢子梗有分隔,暗色. 分生孢子梭形、椭圆形或纺锤形,有3~6个分隔,稍弯曲,淡褐色,大小16~28.5μm×9~10.5μm。

寄生于杏、桃、碧桃、李,引起霉斑穿孔病。以菌丝体和分生孢子在寄主的病梢或芽鳞内越冬。次春温暖潮湿时长出分生孢子,通过风雨传播进行侵染。寄主叶片染病后出现褐色、圆形或不定形病斑,潮湿时病斑背面长出灰黑色霉层,最后病部脱落穿孔。枝梢受害出现长椭圆形黑褐色病斑,边缘紫褐色,并龟裂和流胶。果实受害出现褐色斑点,边缘红色,中间略凹陷。

分布:郑州、杞县、嵩县、汝南。

5.1.2　座囊菌目(无性)Anamorphic Dothideales

5.1.2.1　痂囊腔菌科(无性)Anamorphic Elsinoaceae

【石榴痂圆孢】

***Sphaceloma punicae* Bitanc. & Jenkins**, Proc. Amer. sci Congr. ,1940, Washington:163(1942)

分生孢子盘暗色,近圆形,大小54~120μm,略凸起。分生孢子梗紧密排列于分生孢子盘上,无色透明,瓶梗型,大小8.4~25μm×2.3~2.8μm。分生孢子顶生,卵形至椭圆形,大小2.8~7.8μm×2.3~5μm,单胞,无色,透明,两端各生1个透明油点。

寄生于石榴,引起疮痂病。主要为害果实和花萼,病斑初呈水湿状,渐变为红褐色、紫褐色直至黑褐色,单个病斑圆形至椭圆形,直径2~5mm,后期多斑融合成不规则疮痂状,表面粗糙。以菌丝体在病组织中越冬,春季产生分生孢子借风雨或昆虫传播侵染。寄主生长季节产生的分生孢子可引起再侵染。

分布:延津、荥阳、开封。

5.1.3　格孢腔菌目 Pleosporales

5.1.3.1　棒孢腔菌科(无性)Anamorphic Corynesporascaceae

【山扁豆生棒孢】

***Corynespora cassiicola*(Berk. & M. A. Curtis)C. T. Wei**, Mycol. Pap. 34:5(1950)

Cercospora melonis Cooke, Gard. Chron. , London 20:271(1896)

Cercospora vignicola E. Kawam. , Kin-rui(Fungi)1(2):20(1931)

Corynespora melonis (Cooke)Sacc. , Syll. Fung. 22:1435(1913)

Corynespora vignicola(E. Kawam.)Goto, Ann. phytopath. Soc. Japan 15:35(1950)

Helminthosporium cassiicola Berk. & M. A. Curtis[as '*cassiaecola*'], In: Berkeley, J. Linn. Soc. , Bot. 10(46):361(1868)

Helminthosporium papayae Syd. , Annls Mycol. 21(1/2):105(1923)

Helminthosporium vignae L. S. Olive, In: Olive, Bain & Lefebvre, Phytopathology 35:830(1945)

Helminthosporium vignicola(E. Kawam.)L. S. Olive, Mycologia 41(3):355(1949)

分生孢子梗大小为45.5~385.0μm×7~10.5μm,单生或数根束生,直立或分枝,褐色,具1~20个隔膜,基部细胞膨大。分生孢子单生或2~6个串生,圆筒形至棍棒形,淡褐色,直或微弯,脐部明显,平截形,大小变异很大,42~210μm×7~14μm,有3~15个隔膜,孢壁较厚。在老的培养物里可形成近球形、无色的厚垣孢子,大小16~30μm×14~20μm。

寄生于忍冬金银花,引起灰斑病;寄生于大豆,引起轮斑病。以菌丝体或分生孢子在病株残体上越冬,也可在休闲地的土壤里存活二年以上。侵害寄主的叶、叶柄、茎以及荚和种子。叶染病,生圆形至不规则形病斑,病斑浅红褐色,大小 10~15mm,病斑四周多具浅黄绿色晕圈,大病斑上常有轮纹。叶柄、茎染病,生长条形暗褐色斑。荚染病,病斑圆形,稍凹陷,中间暗紫色,四周褐色。

分布:郑州、周口。

【蔓荆子棒孢女贞专化型】

***Corynespora viticis* Guo f. sp. *ligustri* Zhang**,见:张猛,武海燕,裴洲洋等. 河南农业大学学报. 42(2):220~222(2008)

菌丝体多数生于寄主叶片内,湿度大时,部分表生,浅褐色,具隔膜,无子座。分生孢子梗单生或 2~5 根簇生于寄主叶斑两面,圆柱形,110.0~600.0μm ×6.0~8.0μm,直立或略弯,褐色,具数个分隔,层出梗 0~3 个,基部细胞膨大成球形。分生孢子圆柱形,90.0~370.0μm ×5.0~11.0μm,基部平截处宽 4.0~7.0μm,单生或 2~3 个链生,先在分生孢子梗顶端长出,后在层出梗上长出,表面光滑,浅褐色,直立或稍弯曲,顶部钝圆至圆锥形,基部倒圆锥形平截,假隔膜 8~26 个。

寄生于女贞,引起叶斑病。病斑初为褐色小点,后扩大为直径 2~10mm 的近圆形病斑,后期病斑多具轮纹,暗褐色。

分布:郑州。

5.1.3.2 小球腔菌科(无性)Anamorphic Leptosphaeriaceae

【橄榄色盾壳霉】

***Coniothyrium olivaceum* Bonord.**,In:Fuckel,Symbolae mycologicae:377(1869)

Microsphaeropsis olivacea(Bonord.)Höhn. [as '*olivaceus*'],Hedwigia 59:267(1917)

分生孢子器球形,大小 78~220μm,暗褐色,初埋生,后突破寄主表皮外露。分生孢子球形至近卵形,大小 6~11μm×5~6μm ,橄榄色,单胞。

寄生于漆树、枣,引起叶斑病。寄生于酸枣,引起白腐病。

分布:嵩县。

5.1.3.3 格孢腔菌科(无性)Anamorphic Pleosporaceae

【链格孢】

***Alternaria alternata*(Fr.)Keissl.**,Beih. Bot. Zbl.,Abt. 2,29:434(1912)

Alternaria fasciculata(Cooke & Ellis)L. R. Jones & Grout,Bull. Torrey Bot. Club 24(5):257(1897)

Alternaria tenuis Nees,Syst. Pilze:72(1816)

Macrosporium fasciculatum Cooke & Ellis,Grevillea 6(37):6(1877)

Torula alternata Fr.,Syst. Mycol. 3(2):500(1832)

分生孢子梗直立,褐色,有屈曲,顶部常扩大而具孢痕,大小 5~125μm×3~6μm。分生孢子链生,深褐色,有横隔 1~9 个,纵隔 0~6 个,大小 7~70.5μm ,有喙,喙大小 1~58.5μm×1.5~7.5μm(图版 071)。

寄生于刺槐、杨树、大豆、荞麦、小麦、忍冬金银花、棉花、花生,引起黑斑病、叶枯病、拟黑斑病。寄生于烟草,引起赤星病;寄生于浙贝母、玉竹,引起黑斑病。以菌丝体在植株残体上越冬。翌年产生分生孢子,借气流传播进行初侵染,病部长出分生孢子进行再侵染。该菌可产生毒素。也分离自小麦种子。

分布:河南各地均有分布。

【樱桃链格孢】

***Alternaria cerasi* Potebnia**, Annls Mycol. 5(1):22(1907)

分生孢子梗丛生,曲膝状,,具分枝和分隔,黄褐色,下部色深,顶端略尖,大小 40. 9 ~ 79. 9μm ×4. 5 ~6. 3μm ,其上有明显孢痕。分生孢子倒棍棒状,大小 24. 2 ~50. 3μm ×8. 7 ~ 13. 7μm ,浅黄色,具纵隔膜 1 ~2 个,横隔膜 0 ~6 个,分隔处略溢缩,顶端有喙。

寄生于桃,引起黑斑病。是一种弱寄生菌,主要以分生孢子在病叶等病残体上越冬,翌年春季气温回升,分生孢子借风雨传播进行初侵染,初侵染后产生的分生孢子可进行再侵染。主要侵染寄主的叶片。受侵染叶片上初生褐色、圆形至不规则形小病斑,病斑后变为茶褐色,轮纹状,直径 10mm 左右,上生黑色霉层,即病原菌分生孢子梗和分生孢子。

分布:河南。

注:作者未见到该菌,关于该菌在河南省的分布是依据《中国真菌总汇》(戴芳澜,1979,科学出版社)。

【菊池链格孢】

***Alternaria kikuchiana* S. Tanaka**, Memoirs of the Coll. Agric. Kyoto Imper. Univers. , Phytopathol. Ser. 28(6)(1933)

分生孢子梗丛生。分生孢子短棍棒形,深褐色,2 ~3 个串生,具 4 ~11 个横隔膜,0 ~9 个纵隔膜,大小 10 ~70μm ×6 ~22μm。在 PDA 培养基上菌落呈黑色绒毛状。

寄生于梨,引起黑斑病。以分生孢子及菌丝体在病枝梢、病芽、病果上越冬,翌年春从病组织上产生新的分生孢子,靠风雨传播。孢子萌发后,通过梨树皮孔、气孔侵入或直接穿透寄主表皮侵入。

分布:河南省梨产区均有分布。

【苹果链格孢】

***Alternaria mali Roberts*, J. Agric. Res.** , Washington 2:58(1914)

Alternariamali Roberts, J. Agric. Res. , Washington 27:699(1924)

分生孢子梗从寄主植物气孔中伸出,束状,暗褐色,弯曲,多胞,大小为 168 ~65μm ×4. 8 ~ 5. 2μm。分生孢子顶生,短棒锤形,暗褐色,有 2 ~5 个横隔,1 ~3 个纵隔,大小为 36 ~46μm × 9 ~13. 7μm,具短柄。

寄生于苹果,引起斑点病、轮斑病。以菌丝在病叶中越冬,翌春形成分生孢子,随风雨传播侵染。在苹果产生较大的病斑,病斑圆形或半圆形,边缘清晰整齐,暗褐色,有明显的轮纹。天气潮湿时,病斑背面产生黑色霉状物。轮斑病有时也侵染苹果果实,在果实上在成熟后产生病斑,果实上的病斑暗黑色,最后果实中心软化腐烂。

分布:河南省各苹果产区均普遍发生。

【极细链格孢菌】

***Alternaria tenuissima* (Kunze) Wiltshire**, Trans. Br. Mycol. Soc. 18(2):157(1933)

Clasterosporium tenuissimum(Nees & T. Nees)Sacc. ,Syll. Fung. 4:393(1886)

Helminthosporium tenuissimum Kunze,In:Saccardo,Sylloge Fungorum 3:39(1884)

Macrosporium tenuissimum(Kunze)Fr. ,:374(1832)In:Saccardo,Sylloge Fungorum 4:393(1886)

分生孢子梗暗褐色、弯曲,具1~7个隔膜,大小25~89μm×3.5~5μm。分生孢子2~4个串生,卵形至纺锤形或倒棒状,暗褐色,具1~6个横隔,0~5个纵隔,壁光滑或具小圆瘤。

栖生于豫南茶树的叶、芽、枝等器官。寄生于茶树、番茄、菜豆、堇菜,引起叶斑病;寄生于烟草,引起赤星病。以菌丝体和分生孢子随病残体遗落土中越冬。翌年产生分生孢子借气流或雨水溅射传播,进行初侵染和再侵染。主要侵染寄主植物的叶片,在叶尖或叶缘生褐色不规则形叶斑,后在病斑表面上长出微细黑色霉层,即病菌分生孢子梗和分生孢子。是食用菌菌袋的污染杂菌。分离自小麦种子,属于种子内生真菌。

分布:广泛分布于河南各地。

5.1.3.4 黑星菌科(无性)Anamorphic Venturiaceae

【山杨黑星孢】

***Fusicladium tremulae* A. B. Frank**,(1883)In:Saccardo,Sylloge Fungorum 4:482(1886)

Napicladium tremulae(A. B. Frank)Sacc. ,Syll. Fung. 4:482(1886)

分生孢子梗1.8~2.0μm×5.1μm。分生孢子梭形,褐色,有1隔,基平截,大小20~22.5μm×5.0~5.75μm。

寄生于杨树,引起黑星病。

分布:郑州、卢氏、栾川、开封。

5.1.3.5 科未确定 Incertae sedis for family

【紫荆生茎点霉】

***Phoma cercidicola* Henn.** ,Hdew. P219,(1903)

分生孢子器埋生寄主组织内部或者外露,近炭质地,椭球型。分生孢子小,长18.5~25.1μm,宽6.4~8.1μm。在培养基上生长迅速,产生黑色的孢子堆,孢子堆聚集,坚硬。菌丝较粗,灰白色,后期分泌色素,渐变为灰褐色至黑色,呈直角状分枝。平板背面为墨绿色。分生孢子小球状。

寄生于紫荆,引起枝枯病。

分布:河南。

注:作者未见到该菌,关于该菌在河南省的分布是依据《中国真菌总汇》(戴芳澜,1979,科学出版社)。

【楸子茎点霉】

***Phoma pomorum* var. *pomorum* Thüm.** ,Fungi pomicoli:105(1879)

Coniothyrium pyrinum(Sacc.)J. Sheld. ,Torreya 7:143(1907)

Depazea prunicola Sacc. ,Mycotheca veneti:no. 193(1873)

Peyronellaea pomorum(Thüm.)Aveskamp,Gruyter & Verkley,Stud. Mycol. 65:33(2010)

Phoma prunicola(Sacc.)Wollenw. & Hochapfel,Zentbl. Bakt. ParasitKde,Abt. 2,8:595(1936)

Phomopsis cichoracearum(Sacc.)Sandu,Nova Hedwigia 19(1~2):319(1970)

Phyllosticta prunicola Opiz:Sacc. ,Michelia 1(2):157(1878)

Phyllosticta pyrina Sacc. ,Michelia 1(2):134(1878)

Sphaceloma prunicola(Sacc.)Jenkins,Archos Inst. Biol. ,S Paulo 39(4):233(1972)

分生孢子器埋生于寄主表皮下,球形或扁球形,直径 96 ~ 163μm,有深褐色乳头状孔口突出于表皮。分生孢子梗极短,无分隔,着生于孢子器内壁的底部和四周。分生孢子无色、单胞,卵圆形或椭圆形,大小为 3. 4 ~6. 9μm ×2. 4 ~4. 5μm,一般为 6. 2μm ×3. 2μm。

寄生于梨、苹果,引起灰斑病。叶片染病,病斑初呈红褐色,圆形或近圆形,直径 2 ~6mm,边缘清晰,后期病斑变为灰色,中央散生小黑点(分生孢子器)。果实染病,形成灰褐色或黄褐色、圆形或不整形稍凹陷病斑,中央散生微细小粒点。枝条染病,病部表面产生小黑粒点;大枝受害,常在芽旁及四周表皮产生块状或条状坏死斑,有的表面也产生小黑粒点。以分菌丝体或生孢子器在病叶活枝干上中越冬。翌年春季环境条件适宜时,产生分生孢子随风、雨传播。寄主生长季节产生的分生孢子可引起再侵染。

分布:广泛于河南各地。

5. 1. 4 葡萄座腔菌目(无性)Anamorphic Botryosphaeriales

5. 1. 4. 1 葡萄座腔菌科(无性)Anamorphic Botryosphaeriaceae

【正木色二孢】

***Diplodia ramulicola* Desm.** ,Annls Sci. Nat. ,Bot. ,Sér. 3,11:113(1849)

Botryodiplodia ramulicola(Desm.)Petr. ,Hedwigia 65:254(1925)

Metadiplodia ramulicola(Desm.)Zambett. ,Bull. Trimest. Soc. Mycol. Fr. 70:292(1955)

分生孢子器密而散生于寄主叶片两面,埋于基物内或外露,黑色,球形或稍扁,直径 200 ~ 300μm,分生孢子器壁厚,暗褐色,由薄壁细胞组成。分生孢子椭圆形、卵形或长方形,初期无色。后变为褐色或黑褐色,最后形成一横隔膜,18 ~25μm × 8 ~11. 5μm。分生孢子梗短,圆柱形,15 ~20μm × 4 ~4. 5μm(图版 072)。

生于大叶黄杨的枯叶上。

分布:洛阳。

【肿瘤壳色二孢】

***Diplodia tumefaciens*(Shear)Zalasky**,Canad. J. Bot. 42:1050(1964)

Macrophoma tumefaciens Shear,In:Hubert,Phytopathology 5:183(1915)

分生孢子器扁球形,近球形到陀螺形,320 ~380μm ×213 ~277μm,黑褐色到黑色,孔口乳头状突起。分生孢子器单生于寄主的病瘤上,较大,在病健交界处最多,埋于病组织中,孔口外露。分生孢子梗无色,不分枝,表面光滑,圆柱形。产孢细胞圆柱形,无色,光滑,有限生长,全壁芽生式产孢。分生孢子大小为 18 ~35μm ×5 ~12μm,壁厚,初期无色,成熟后变深褐色,有一隔。

寄生于杨树,引起枝瘤病。侵害杨树的大小枝条和树干的光皮部位,主要为害皮层,生病的皮层肿起,木质部稍肿起或不肿起,新梢受害后,从分叉处开始,形成一个扁平的瘤,新梢不再生长,有时在瘤上沿枝条形成一串一个比一个小的瘤,好似白塔。一年生枝条受害,先形成纺锤形的瘤,以后长成扁球形,有时一个枝条上连续生长几个或几十个大小相等的瘤。二年生以上枝条发病,多产生纺锤形的瘤,瘤的表面纵裂出许多裂缝,表面生有许多小黑点(分生孢子器),在瘤与健部交界处最多。10cm 以上的大枝和树干光皮部位生病,形成扁圆形肿起的块斑,比健皮厚2~3倍,表面也有裂缝。病枝生长衰弱,不久枯死。由该菌引起的杨树枝瘤病与于1915年首先在美国发现,我国于1959年首次报道于河南省伊川县。

分布:伊川。

【菜豆壳球孢】

***Macrophomina phaseolina*(Tassi) Goid.**, Annali Sper. Agr., N. S. 1(3):457(1947)

Botryodiplodia phaseoli (Maubl.) Thirum., Phytopathology 43:610(1953)

Dothiorella cajani(Syd., P. Syd. & E. J. Butler) Syd., P. Syd. & E. J. Butler, In: Petrak & Sydow, Annls Mycol. 23(3/6):227(1925)

Dothiorella philippinensis(Petr.) Petr., In: Petrak & Sydow, Feddes Repert. Spec. Nov. Regni Veg., Beih. 42:248(1927)

Fusicoccum cajani (Syd., P. Syd. & E. J. Butler) Samuels & B. B. Singh, Trans. Br. Mycol. Soc. 86(2):297(1986)

Macrophoma cajani Syd., P. Syd. & E. J. Butler, Annls Mycol. 14(3/4):187(1916)

Macrophoma phaseoli Maubl., Bull. Soc. Mycol. Fr. 21(1):90(1905)

Macrophoma phaseolina Tassi, Bulletin Labor. Orto Bot. de R. Univ. Siena 4:9(1901)

Macrophomina phaseoli(Maubl.) S. F. Ashby, Trans. Br. Mycol. Soc. 12(2~3):145(1927)

Macrophomina philippinensis Petr., Annls Mycol. 21(3/4):314(1923)

Rhizoctonia bataticola(Taubenh.) E. J. Butler, In: Briton-Jones, Bulletin of the Minist. Agric. Egypt, Bot. Sect. 49:65(1925)

Rhizoctonia lamellifera W. Small, Trans. Br. Mycol. Soc. 9:165(1924)

Sclerotium bataticola Taubenh., Phytopathology 3(3):164(1913)

Tiarosporella phaseoli(Maubl.) Aa, Verh. K. ned. Akad. Wet., 2 Sectie 68:4(1977)

Tiarosporella phaseolina(Tassi) Aa, In: Von Arx, Gen. Fungi Sporul. Cult., Edn 3:208(1981)

该菌在芝麻、豆科植物上形成分生孢子器,在其他寄主上仅形成小菌核。分生孢子器位于寄主表皮角质层下,椭圆形至近球形,深褐色,大小112~224μm×112~200μm。分生孢子椭圆形,18~29μm×7~10μm,单胞,无色,内含油球。菌核球形至不规则形,大小48~112μm×48~96μm,深褐色。菌丝生长适温30~32℃。

寄生于柳杉、松树、落羽杉、侧柏,引起苗木茎腐病。染病苗木茎基部初生黑褐色病斑,叶片失绿,稍下垂,随后病斑扩大包围茎基,病部皮层皱缩坏死,易剥离。顶芽枯死,叶子自上而下相继萎垂,苗枯死。病菌继续上下扩展,使茎基部和根部皮层解体碎裂,皮层内及木质部上生有许多粉末状黑色小菌核。该菌是一种腐生性强的土壤习居菌,以菌丝和菌核在病苗和土壤里越冬,无寄主时在土壤中营腐生生活,适宜条件下自寄主伤口侵入危害。

寄生于银杏、菜豆、芝麻,引起茎腐病、茎点枯病;寄生于大豆、花生,引起炭腐病。

分布:嵩县、汝南、嵩县、博爱、邓州、太康、开封、杞县、郑州、南阳、方城、新野、汝阳、确山、新蔡、西平、平舆、遂平、信阳、新县、息县。

注:该菌仅产生小菌核、不产生分生孢子器时,常以甘薯小菌核菌 *Sclerotium bataticola* Taub. 为名。

【核果穿孔叶点霉】

***Phyllosticta circumscissa* Cooke**, Grevillea 11(60):150(1883)

分生孢子器散生。分生孢子椭圆形,大小 6 ~ 7μm × 3.5 ~ 4μm 。

寄生于桃,引起点穿孔病。主要为害叶片,病斑圆形,茶褐色,后变为灰褐色,上生黑色小点,后期形成穿孔。以菌丝体和分生孢子器在落叶上越冬。翌春产生分生孢子,借风雨传播进行初侵染和再侵染。

分布:河南。

注:作者未见到该菌,关于该菌在河南省的分布是依据《中国真菌总汇》(戴芳澜,1979,科学出版社)。

【斑点叶点霉】

***Phyllosticta commonsii* Ellis & Everh.** ,J. Mycol. 5(3):146(1889)

分生孢子器近球形,直径 65 ~ 85μm,器壁褐色,膜质。分生孢子长圆形至近圆形,大小 5 ~ 7μm × 2 ~ 3μm ,单胞,无色。在人工培养基上菌落黄褐色,气生菌丝少,中间颜色较深,边缘菌落颜色较浅,背面深褐色。产孢细胞瓶形,大小为 4.0 ~ 8.0μm × 3.5 ~ 4.5μm,单胞,无色。

寄生于牡丹,引起黄斑病。主要为害寄主的叶片,病斑圆形或近圆形,浅黄褐色至黄褐色,边缘紫红色,大小 3 ~ 5mm,后期病斑上散生小黑点(分生孢子器)。以菌丝体或分生孢子器在病残体上越冬,翌年春季产生分生孢子借雨水传播蔓延,有多次再侵染。

分布:洛阳。

【枇杷叶点霉】

***Phyllosticta eriobotryae* Thüm.** ,(1877),In:Saccardo,Sylloge Fungorum 3:5(1884)

分生孢子器球形或扁球形,黑色,埋生于寄主表皮下,有孔口突出寄主表皮外。分生孢子无色,椭圆形,单胞。

寄生于枇杷,引起斑点病。主要为害叶片,病斑初期为赤褐色小斑点,近圆形,逐渐扩大,中央变为灰黄色,有赤褐色外缘,多数病斑可连合成不规则形,后期病斑上长出轮纹状排列的黑色小点(分生孢子器)。以分生孢子器和菌丝体在病叶上越冬。翌年 3 ~ 4 月产生分生孢子,借雨水传播,引起初次侵染。寄主生长季节产生的分生孢子可引起再侵染。

分布:郑州。

【茶芽枯叶点霉】

***Phyllosticta gemmiphilae* X. F. Chen & H. Ji Hu**,Journal of Tea Science 6(2):31(1986)

在人工培养基上菌落初为白色,后转为灰褐色或黑褐色,后期产生分生孢子器及分生孢子。分生孢子椭圆形或卵圆形,1.60 ~ 3.92μm × 2.41 ~ 6.50μm,平均 2.30μm × 4.53μm,无色单胞,内有 1 ~ 2 个油球。

寄生于茶树,引起芽枯病。主要危害茶树幼芽及嫩叶,发病初期,幼叶叶缘或叶尖产生褐色病斑,以后病斑不断扩大,边缘有一深褐色隆起线,,后期呈现黑褐色枯焦,病斑上散生细小黑色粒点。也可以腐生方式栖生于茶树芽及叶上。

分布:信阳。

【木兰叶点霉】

***Phyllosticta magnoliae* Sacc.** ,Michelia 1(2):139(1878)

分生孢子器黑褐色,初埋生在寄主的表皮下,后外露,扁球形至烧瓶状,大小 86 ~ 118μm × 81 ~ 108μm,具较大的孔口。分生孢子圆形或近圆形至椭圆形. 单胞无色, 大小 9.5 ~ 14.9μm × 6.8 ~ 8.1μm。

寄生于辛夷,引起叶点病。主要为害叶片,染病叶上初生黄色至褐色圆点,随着病情的发展,病斑扩展后为圆形或不规则形大斑,有明显的深褐色边缘,中央灰白色,并且着生许多黑色小点(分生孢子器)。病斑可相互融合成不定形的大型斑。以菌丝体或分生孢子器在病残物上越冬,翌年温湿度适宜时,产生分生孢子,借风雨传播进行初侵染,寄主生长季节产生的分生孢子可引起再侵染。

分布:河南。

注:作者未见到该菌,关于该菌在河南省的分布是依据《中国真菌总汇》(戴芳澜,1979,科学出版社)。

【木犀叶点霉】

***Phyllosticta osmanthi* Tassi**, Bulletin Labor. Orto Bot. de R. Univ. Siena 2:142(1899)

分生孢子器生于叶面上,球形或扁球形,内壁形成产孢细胞。产孢细胞瓶形,单孢,无色,上面生分生孢子。分生孢子大小为 5 ~ 6μm × 3 ~ 4μm。在人工培养基上菌落土黄色,绒毛状,反面暗褐色,菌丝细,有不明显分隔,菌丝生长较快,呈圆形形向四周扩展,产孢较慢。

寄生于桂花,引起叶枯病(枯斑病)。病害多发生在叶尖或叶缘处,病部开始出现淡褐色小点,后逐渐扩展呈圆形或不规则形大斑,直径可达 25mm,病斑灰褐色,边缘色深。病斑相互联合可导致叶片大面积干枯。后期病部表面散生黑色小粒点。以菌丝体或分生孢子器越冬。翌年条件适宜时,产生分生孢子进行初侵染。寄主生长季节产生的分生孢子可引起再侵染。

分布:郑州、南阳。

【孤生叶点霉】

***Phyllosticta solitaria* Ellis & Everh.**, Proc. Acad. Nat. Sci. Philad. 47:430(1895)

分生孢子器埋生于寄主表皮下,椭圆形或近球形,直径 90 ~ 192μm,上端具 1 孔口,深褐色。分生孢子卵形或椭圆形,大小 7 ~ 11μm × 6 ~ 8.5μm,单胞,无色,内具透明状油点。

寄生于苹果,引起圆斑病。叶片染病初生黄绿色至褐色、边缘清晰的圆斑,病斑直径 4 ~ 5mm,病健交界处略呈紫色,中央具一黑色小粒点(分生孢子器),形如鸡眼状。叶柄、枝条染病,生淡褐色或紫色卵圆形稍凹陷的病斑。果实染病,果面产生不规则或呈放射状、稍突起的暗褐色污斑,病斑上具黑色小粒点。病菌以菌丝体或分生孢子器在病枝上越冬。翌年产生分生孢子,借风雨传播蔓延进行初侵染。寄主生长季节产生的分生孢子可引起再侵染。

分布:广泛分布于河南省苹果产区。

【茶生叶点霉】

***Phyllosticta theicola* Curzi**, Atti Ist. Bot. R. Univ. Pavia, Sér. 3, 3:63(1926)

在人工培养基上菌落初为白色,后转为灰色。后期产生黑色分生孢子器,分生孢子器有孔口。分生孢子椭圆形,单胞,无色,内有 1 ~ 2 个油球。

寄生于茶树,引起赤叶斑病。主要发生在成叶及老叶上,发病初期从叶缘或叶尖开始形成淡褐色病斑,以后病斑变成赤褐色,形状不规则,边缘有深褐色隆起线,病健部分界明显,后期病斑上形成黑色稍突起的细小粒点。

分布:信阳。

5.2 散囊菌纲(无性)Anamorphic Eurotiomycetes

5.2.1 刺盾炱目(无性)Anamorphic Chaetothyriales

5.2.1.1 科未确定 Incertae sedis for family

【橄榄链脱菌】

***Sirodesmium olivaceum*(Link) Tubaki**,J. Hattori Bot. Lab. 20:171(1958)

Coniosporium olivaceum Link, Mag. Gesell. Naturf. Freunde, Berlin 3(1~2):8(1809)

分生孢子座垫状,中央橄榄褐色至淡黄色,边缘近黑色。分生孢子梗着生于子座表面,不分枝,52μm×2~4μm,淡色至淡褐色,表面光滑或具小瘤。分生孢子长链生,椭圆形、梨形、近球形,15~63μm×10~34μm,淡褐色至褐色,具纵、横隔膜,表面光滑(图版073)。

腐生于枯木上。

分布:洛阳。

讨论:该菌在国内文献上的名称多为橄榄砖格梨孢 *Coniosporium olivaceum* Link 。Sirodesmium 属以前没有汉语译名,作者暂译为链脱菌属,并将 *Sirodesmium olivaceum* 译为橄榄链脱菌。

【竹秆砖格梨孢(竹秆条假黑粉)】

***Coniosporium shiraianum*(Syd.) Bubák**

菌丝很少。分生孢子暗色,大多扁圆形,平面近圆形,单细胞。分生孢子梗很短,与菌丝细胞无明显区分。孢子堆初期埋生在隆起的寄主表皮下,后期寄主表皮纵向开裂露出黑粉状的孢子堆。分生孢子暗青褐色,直径6.5~10μm(图版074)。

生于枯竹秆上。

分布:洛阳。

5.2.2 散囊菌目(无性)Anamorphic Eurotiales

5.2.2.1 发菌科(无性)Anamorphic Trichocomaceae

【黑曲霉】

***Aspergillus niger* var. *niger* Tiegh.**, Annls Sci. Nat., Bot., Sér. 5, 8:240(1867)

Aspergillus niger Tiegh., Annls Sci. Nat., Bot., Sér. 5, 8:240(1867)

Rhopalocystis nigra(Tiegh.) Grove, J. Econ. Biol. 6:41(1911)

分生孢子穗灰黑色至黑色,圆形,放射状,大小0.3~1mm;分生孢子梗大小200~400μm×7~10μm;顶囊球形至近球形,表生两层小梗;分生孢子球形,初光滑,后变粗糙,有色物质沉积成环状或瘤状,大小2.5~4μm,有时产生菌核。

寄生于枣、石榴,引起曲霉病;寄生于花生,引起冠腐病;寄生于栎树,引起栎实曲霉病。腐生于多种基物上,空气中漂浮有大量的该菌孢子。

分布:内黄、郑州、开封、杞县、兰考、商丘、信阳、固始、嵩县。

【扩展青霉】

***Penicillium expansum* Link**, Mag. Gesell. Naturf. Freunde, Berlin 3(1～2):54(1809)

Penicillium crustaceum Link, Mag. Gesell. Naturf. Freunde, Berlin 3(1～2):16(1809)

Penicillium crustaceum var. *crustaceum* Link, Mag. Gesell. Naturf. Freunde, Berlin 3(1～2):16(1809)

菌落粒状,粉层较薄,灰绿色,背面无色,白色边缘宽2～2.5 mm 。帚状枝不对称。分生孢子梗直立,具分隔,顶端1～2次分枝,小梗细长,瓶状。分生孢子念珠状串生。分生孢子无色,单胞,圆形或扁圆形,集结时呈青绿色。

寄生于板栗、梨、苹果,引起青霉病。腐生在各种有机物上,产生大量分生孢子漂浮在空气中。

分布:广泛分布于河南各地。

【光孢青霉】

***Penicillium glabrum* (Wehmer) Westling**, Arch. Für Botanik 11(1):131(1911)

Penicillium frequentans Westling, Ark. Bot. 11(1):133(1912)

Penicillium terlikowskii K. M. Zalessky, Bull. Acad. Polon. Sci., Sci. Nat., Sér. B., :203(1927)

菌落青绿色,地毯状,有时色淡。分生孢子球形和亚球形,分生孢子梗从菌丝垂直生出,无足细胞。小梗7～9μm×3～3.5μm,分生孢子直径大约2.3～3.1μm,表面光滑。

寄生于山楂,引起青霉病。腐生在各种有机物上,产生大量分生孢子漂浮在空气中。

分布:广泛分布于河南各地。

5.3　锤舌菌纲(无性) Anamorphic Leotiomycetes

5.3.1　柔膜菌目(无性) Anamorphic Helotiales

5.3.1.1　皮盘菌科(无性) Anamorphic Dermateaceae

【花椒盘二孢】

***Marssonina zanthoxyli* Chona & Munjal**, Indian Phytopath. 8(2):193(1956)

分生孢子盘生寄主植物的角质层下,直径285～495μm。分生孢子梗棒状,大小为18～20μm×2.4μm。分生孢子倒卵形或长卵形,双细胞,无色,大小为15.6～23μm×8.4μm,下端的细胞小而尖。

寄生于花椒,引起黑斑病。

分布:许昌、新郑、郑州、林县。

5.3.1.2　核盘菌科(无性) Anamorphic Sclerotiniaceae

【灰葡萄孢】

***Botrytis cinerea* Pers.**, Ann. Bot. 1:32(1794)

分生孢子梗细长,有分隔和分枝,灰至灰褐色,成丛从寄主表皮长出,大小为280～550μm×12～24μm。分生孢子近球形或卵形,单细胞、淡色,大小为9～15μm×6.5～10μm。可产生黑褐色、不规则形的菌核(图版075～076)。

寄生于桃、月季、栀子、猕猴桃、草莓、番茄、甘薯、黄瓜、辣椒、棉花、葡萄、莴苣、西葫芦、仙客来、芫荽、一品红,引起灰霉病;寄生于蚕豆,引起赤斑病。主要以菌丝体或微菌核随病残体或遗留在土壤中越冬。在塑料大棚、温室、小拱棚等保护设施内可连续侵染，分生孢子通过风雨、昆虫及农事操作而传播，条件适宜时即萌发，多从伤口或衰老、坏死组织侵入。初侵染发病后又长出大量新的分生孢子，通过传播可不断进行再侵染。果实发病一般先从残留的花瓣、花托等处开始，出现湿润状，灰褐色不定形的病斑，逐渐发展成湿腐，可使果实腐烂，病部长出一层鼠灰色茸毛状的霉层，为病菌的分生孢子梗和分生孢子。寄主叶片染病多从叶尖或叶缘开始，发生不定形的湿润状、灰褐色病斑，可造成叶片湿腐凋萎。茎部染病产生长椭圆形或不定形的长条状、灰褐色病斑，潮湿时亦长出灰色霉层，严重的可引致病斑以上的茎、叶枯死。分离自小麦种子，属于种子内生真菌。

分布：河南各地都有分布。

【牡丹葡萄孢】

***Botrytis paeoniae* Oudem.**，Rév. Champ. Pays-Bas 2：464（1897）

Phymatotrichum paeoniae（Oudem.）Oudem.，Verh. K. Ned. Akad. Wet.，Afd. Natuurkunde，Tweede Reeks 11：493（1904）

分生孢子梗直立，浅褐色，有隔膜。分生孢子聚集成头状，卵圆形至近矩圆形；无色至浅褐色，单胞，大小9～16μm×6～9μm。菌核黑色，大小1～1.5mm（图版077）。

寄生于牡丹，引起灰霉病。以菌核随病残体或在土壤中越冬，病部产生的分生孢子可进行再侵染。主要侵染叶、叶柄、茎及花。叶片染病初在叶尖或叶缘生近圆形至不规则形水渍状斑，后病斑扩展，病斑褐色至灰褐色或紫褐色。湿度大时病部长出灰色霉层。叶柄和茎部染病生水浸状暗绿色长条斑，后凹陷褐变软腐，造成病部以上倒折。花染病花瓣变褐腐烂，产生灰色霉层，在病组织里形成黑色小菌核。

分布：洛阳、新安、郑州。

5.4　粪壳菌纲（无性）Anamorphic Sordariomycetes

5.4.1　肉座菌目（无性）Anamorphic Hypocreales

5.4.1.1　肉座菌科（无性）Anamorphic Hypocreaceae

【绿色木霉】

***Trichoderma viride* Pers.**，Neues Mag. Bot. 1：92（1794）

Hypocrea contorta（Schwein.）Berk. & M. A. Curtis，Grevillea 4（29）：14（1875）

Hypocrea rufa（Pers.）Fr.，Summa veg. Scand.，Section Post.（Stockholm）：383（1849）

Hypocrea rufa f. *sterilis* Rifai & J. Webster，Trans. Br. mycol. Soc. 49（2）：294（1966）

Hypocrea rufa var. *rufa*（Pers.）Fr.，Summa veg. Scand.，Section Post.（Stockholm）：383（1849）

Pyrenium lignorum var. *lignorum* Tode，Fung. mecklenb. sel.（Lüneburg）1：33（1790）

Pyrenium lignorum Tode，Fung. mecklenb. sel.（Lüneburg）1：33（1790）

Sphaeria contorta Schwein.，Syn. Fung. Amer. bor.：no. 1224（1832）

Sphaeria rufa Pers.，Observ. mycol.（Lipsiae）1：20（1796）

Trichoderma lignorum（Tode）Harz，Linig. Hyph.：29（1872）[1871]

Trichoderma viride Schumach.，Enum. pl.（Kjbenhavn）2：235（1803）

菌丝白色，纤细，宽度为1.5～2.4μm。厚垣孢子有或无。分生孢子梗的主枝侧生于菌丝上，主枝上对称或互生分枝，形成二级和三级分枝，分枝角度为锐角或近于直角，在分枝末端形成瓶状小梗,瓶状小梗端部尖削,微弯,尖端簇生分生孢子团,每个分生孢子团含分生孢子4~12个。分生孢子卵圆形至球形,2.5~4.5μm×2~4μm。无色或绿色。该菌产生分生孢子后菌落外观多呈深绿或蓝绿色,故名绿色木霉(图版078)。

常见于林下及其他土壤中、枯枝落叶上,也常见于木材上。该菌及木霉属的其他种类能产生多种具有生物活性的酶系,如:纤维素酶、几丁质酶、木聚糖酶等,是林业和其他生态系统中重要的分解菌。绿色木霉还能寄生于多种其他真菌,在植物病害的生物防治上,特别是土传植物病害的生物防治上有重要的开发潜能。

分布:广泛分布于各地。

5.4.1.2 丛赤壳科(无性)Anamorphic Nectriaceae

【茶叶斑小尾孢霉】

***Calonectria theae* Loos**,Trans. Br. Mycol. Soc. 33(1~2):17(1950)

Candelospora theae(Petch)Wakef.:Gadd,Monographs on Tea Production in Ceylon:59(1949)

Cercosporella theae Petch,Ann. R. Bot. Gdns Peradeniya 6:246(1917)

Cylindrocladium theae(Petch)Subram.,In:Alfieri et al.,Phytopathology 62(6):650(1972)

有发达的暗色子座,直径53.4~104.13μm。分生孢子及分生孢子梗常突破寄主的表皮而生出。分生孢子梗短,不分枝或短分枝,无色,大小为4.01~5.34μm×9.35~20.03μm。分生孢子圆筒状、线形,直或稍弯曲,无色,有1~3分隔,大小为50.43~73.80μm×4.01~5.34μm。

兼性寄生菌,栖生于茶树枝上。

分布:信阳。

【弯角镰孢菌】

***Fusarium camptoceras* Wollenw. & Reinking**,Phytopathology 15:158(1925)

大型分生孢大多数正直,但亦有稍弯曲的,长圆形,基部较圆,顶部较尖,最大宽度在离基部的2/5处。1~3个分隔,无足胞,3隔孢子的尺度为7.5~28.8μm×4.5~5.0μm。小型分生孢子大量产生,长圆形至椭圆形,单胞或双胞。单胞孢子的尺度为6.3~12.5μm×2.5~4.0μm,双胞孢子尺度为11.3~17.5μm×3.3~5.0μm。

寄生于苹果、桃,引起圆斑根腐病。

分布:洛阳、新乡、焦作、郑州、荥阳、新郑、孟津、孟县。

【尖孢镰刀菌】

***Fusarium oxysporum* Schltdl.**,Fl. Berol. 2:139(1824)

Fusarium bulbigenum Cooke & Massee,Grevillea 16(78):49(1887)

分生孢子梗丛生,呈帚状分枝,分枝顶端生轮状排列的瓶状小梗,其上着生分生孢子。分生孢子有大小两型:大型分生孢子镰刀形,无色,具3~5个隔膜,3个隔膜的居多,大小19~50μm×2.5~5μm。小型分生孢子卵形至肾形,单胞或双胞,无色,大小5~26μm×2~4.5μm。可产生厚壁孢子,厚壁孢子顶生或间生,球形,壁厚,直径5~15μm(图版079)。

寄生于桃、地黄、绿豆,引起根腐病;寄生于花生、马铃薯,引起枯萎病;寄生于松树,引起松苗立枯病;还寄生于多种植物,有多个致病专化型。分离自小麦种子,属于种子内生真菌。该菌分多个专化型。专化型间形态相似,差异是对寄主的寄生专化性。

分布:广泛分布于河南各地。

5.4.1.3　科未确定 Incertae sedis for family

【粉红单端孢】

***Trichothecium roseum* (Pers.) Link**, Mag. Gesell. Naturf. Freunde, Berlin 3(1 ~ 2):18(1809)

Cephalothecium roseum Corda, Icon. Fung. 2:14(1838)

Hyphelia rosea (Pers.) Fr., Syst. Orb. Veg. 1:149(1825)

Hyphoderma roseum (Pers.) Fr., Summa Veg. Scand., Section Post.:447(1849)

Hypolyssus roseus (Pers.) Kuntze, Revis. Gen. Pl. 3:488(1898)

Hypomyces roseus (Pers.) Sacc., Symbolae Mycologicae 1:182(1870)

Sphaeria rosea Pers., Syn. meth. Fung. 1:18(1801)

Trichoderma roseum Pers., Neues Mag. Bot. 1:92(1794)

菌落初白色,后渐变粉红色。分生孢子梗直立,不分枝,无色,顶端有时稍大,大小162.5 ~ 200μm × 2.5 ~ 4.5μm。分生孢子顶生,单独形成,多聚集成头状,浅橙红色,倒洋梨形,无色或半透明,成熟时具1隔膜,隔膜处略缢缩,大小15 ~ 28μm × 8 ~ 15.5μm(图版080)。

寄生于梨,引起红腐病;寄生于栎树,引起栎实红粉病;寄生于棉花、板栗、核桃,引起红粉病;寄生于苹果,引起霉心病。以菌丝体随病残体留在土壤中越冬,翌春条件适宜时产生分生孢子,传播到寄主上,由伤口侵入。发病后,病部产生的分生孢子借风雨或灌溉水传播蔓延,进行再侵染。也可以腐生方式栖居于茶树叶及枝上。

分布:河南各地均有分布。

5.4.2　间座壳目(无性) Anamorphic Diaporthales

5.4.2.1　间座壳科(无性) Anamorphic Diaporthaceae

【福士拟茎点霉】

***Phomopsis fukushii* S. Endǒ & Tanaka**, In:Jap. Journ. Bot. 4(1):1(1928)

分生孢子器生于寄主表皮下,扁球形,直径336 ~ 366μm,分生孢子具α和β两种类型,α型分生孢子近椭圆形,大小8.7 ~ 10μm × 2 ~ 3μm,β型分生孢子钩状,大小17.5 ~ 33.1μm × 1.5 ~ 2.5μm。两种孢子均无色,单胞。

寄生于梨,引起干枯病。主要危害枝干,病斑多发生在伤口或枝干分杈处,椭圆形,黑褐色,边缘红褐色。病部凹陷与健全组织裂开,四周与健部界线明显,上生黑色小点(分生孢子器)。以菌丝体及分生孢子器在被害枝干上越冬,翌年产生分生孢子进行初侵染,梨树生长季节产生的分生孢子可进行再侵染。

分布:广泛分布于河南省梨产区。

【葡萄生壳梭孢】

***Phomopsis viticola* (Sacc.) Sacc.**, Annls Mycol. 13(2):118(1915)

Cryptosporella viticola Shear, Phytopathology, 1:119, (1911)

Diplodia viticola Desm., Annls Sci. Nat., Bot., Sér. 2, 10:311(1838)

Fusicoccum viticola Reddick, Bull. Cornell Univ. Agric. Exp. Stn 263:331(1909)

Macrophoma viticola (Cooke) Berl. & Voglino, Atti Soc. Veneto-Trent. Sci. Nat. 10(1):192(1886)

Metadiplodia subsolitaria f. *viticola*(Desm.)Zambett.,Bull. Soc. Mycol. Fr. 70(3):290(1954~1955)
Phoma viticola Sacc.,Michelia 2(6):92(1880)
Phoma viticola(Cooke)Sacc.,Syll. Fung. 3:110(1884)
Phoma vitis Bonord.,Abh. Mykol. 1:14(1864)
Sphaeropsis viticola Cooke,Grevillea 12(61):22(1883)

分生孢子器黑褐色,烧瓶状,埋生在子座中,单生。自然条件下产生无色、单胞、梭形分生孢子,大小9.99μm×3.41μm;人工培养产生无色、单胞、线状分生孢子,大小14.94~23.24μm×0.83~1.16μm。有性阶段不多见。

寄生于山楂,引起枯梢病;寄生于葡萄,引起蔓割病。主要以菌丝体和分生孢子器在寄主上越冬。山楂果桩染病,变黑,干枯,缢缩,病健界限处有明显界限。发病后期,病部表皮下出现黑色粒状突起物,即病分生孢子器和分生孢子座;表皮纵向开裂。春季病斑向下蔓延,严重时新梢枯死。葡萄蔓染病,病斑红褐色,略凹陷,后扩大成黑褐色大斑。秋天病蔓表皮纵裂为丝状,易折断,病部表面产生黑色小粒点。新梢染病,叶色变黄,叶缘卷曲,新梢枯萎,叶脉、叶柄及卷须常生黑色条斑。

分布:辉县、林县、郑州、开封、民权、濮阳、商丘、周口、孟县、汝南。

5.4.3　目末确定 Incertae sedis for order

5.4.3.1　小丛壳科(无性)Anamorphic Glomerellaceae

【木兰炭疽菌】

***Colletotrichum magnoliae* Sousa da Câmara, Myc. Novi myco. Lusitan.**,in Revista Agronom.,Lisboa:8,(1920)

分生孢子盘初埋生于寄主表皮下,后突破表皮,枕状,黑褐色,大小98~336μm。分生孢子盘中散生少量刚毛,刚毛有1~4个隔膜,大小28~80μm×3.5~6μm。分生孢子梗圆筒形,大小7~21μm×3~5.9μm,无色,无隔。分生孢子圆柱形,大小8~18μm×3~6μm,单胞,无色,两端较圆。

寄生于玉兰,引起炭疽病。以菌丝寄主病组织中越冬。染病寄主叶片上生近圆形或不规则形病斑,病斑灰白色,边缘暗褐色,其上密生许多黑色小粒点(分生孢子盘)。

分布:郑州、开封、洛阳。

讨论:炭疽菌属(*Colletotrichum*)真菌统称为炭疽菌,引起的植物病害称为炭疽病,其典型特点是:分生孢子盘生于寄主植物角质层下或表皮下,无色至深褐色,不规则开裂。人工培养时可出现菌核。分生孢子盘上有时出现褐色至暗渴色刚毛,刚毛表面光滑,有隔膜,顶端渐尖。分生孢子梗无色至褐色,有隔,光滑,仅基部分枝。产孢细胞圆柱形,无色,光滑。分生孢子无色,单胞(将要萌发时除外),短圆柱形或镰刀形,薄壁,表面光滑,有时具油球,端部钝,个别种孢子顶端延伸成一附属丝。孢子萌发产生附着胞,附着胞褐色,形态较复杂,是重要的分类特征。有性态是小丛壳属(*Glomerella*)、球座菌属(*Guignardia*)及囊孢壳属(*Physalospora*)。引起植物炭疽病的真菌过去被划分为3个属:刺盘孢属(*Colletotrichum*)、丛刺盘孢属(*Vermicularia*)和盘圆孢属(*Gloeosporium*)。目前倾向于以炭疽菌属(*Colletotrichum*)作为炭疽菌的合法属名。

5.4.4 炭角菌目(无性) Anamorphic Xylariales

5.4.4.1 圆孔壳科(无性) Anamorphic Amphisphaeriaceae

【茶双毛壳孢】

***Discosia theae* Cavara**, (1889) In: Saccardo, Sylloge Fungorum 10:427(1892)

在人工培养基上菌落褐色,,分生孢子器基部厚,淡褐色,上部壁薄,暗褐色。分生孢子圆柱形,4 个细胞,无色至淡褐色,直或稍弯,大小为 21 ~ 25μm × 3 ~ 3.5μm,顶细胞和基细胞各有一个不分枝的纤细纤毛,纤毛长为 6 ~ 12μm。

寄生于茶树,引起叶斑病。染病叶上生不规则形病斑,病斑灰色,边缘有一条较细的紫褐色线纹,病健部分界限明显,后期病斑上形成灰黑色、细小而较平的小粒点。也可以腐生方式栖生于茶树叶上。

分布:信阳。

【厚盘单毛孢】

***Monochaetia pachyspora* Bubák**, Esterr. Bot. Zeitschu. :185(1904)

Hyaloceras pachysporum (Bubák) Bubák, Annls Mycol. 14(3/4):154(1914)

分生孢子盘直径 92 ~307μm。分生孢子纺锤形, 20 ~ 30μm × 5 ~ 8μm,中间细胞黄褐色,两端细胞无色,顶生 1 ~ 2 根附属丝。

寄生于板栗,引起褐斑病;寄生于石榴,引起叶枯病。主要为害寄主的叶片,染病叶片上产生圆形至近圆形病斑,病斑直径 8 ~ 10mm,褐色至茶褐色,后期病斑上生出黑色小粒点(分生孢子盘)。以分生孢子盘或菌丝体在寄主病组织中越冬,翌年产生分生孢子,借风雨传播,进行初侵染,寄主生长季节产生的分生孢子可引起多次再侵染。

分布:确山、光山、嵩县、延津、开封。

【柿拟盘多毛孢】

***Pestalotiopsis diospyri* (Syd. & P. Syd.) X. A. Sun & Q. X. Ge**, Acta Agriculturae Universitatis Zhejiangensis, Supplement 2,16:148(1990)

Pestalotia diospyri Syd. & P. Syd., Annls Mycol. 11(2):117(1913)

Pestalotiopsis diospyri (Syd. & P. Syd.) Rib. Souza, Rodriguésia 37(63):22(1985)

分生孢子梗集结于分生孢子盘内,孢子梗无色,细短。分生孢子为倒卵形或纺锤形,大小为 16 ~ 21.6μm × 6.6 ~ 8.3μm,有 4 个隔膜。两端的细胞无色,中间的细胞褐色,孢子的顶端有 2 ~ 3 根纤毛,纤毛无色,大小为 10 ~ 16.6μm × 1 ~ 1.5μm。

寄生于柿,引起叶枯病。主要为害叶片,其次为枝条和果实。叶片上的病斑初期为近圆形或多角形,直径 0.5 ~ 1cm,浓褐色,后逐渐发展成为灰褐色或灰白色,边缘深褐色,直径 1 ~ 2cm,并有轮纹。后期叶片正面病斑上生出黑色小粒点(分生孢子盘)。果实上病斑暗褐色星状开裂,后期也生出黑色小粒点。以菌丝或分生孢子盘在感病组织内越冬。翌年 7 月中旬生出分生孢子。分生孢子经风雨传播为害,从寄主伤口入侵。

分布:洛阳、郑州、荥阳、汝南。

【槲树拟盘多毛孢】

***Pestalotiopsis flagellata* Earle.**

Pestalotia flagellata Earle,(1897)Bull. Torr. Bot. C Ⅰ:30,1897

分生孢子盘垫状,初埋生在寄主表皮下,后外露,大小为 179.5 ~ 253.5μm × 109.5 ~ 205.0μm。分生孢子梗圆锥形,不分枝,较短。分生孢子纺锤形,大小为 20.0 ~ 27.5μm × 7.5 ~ 10.0μm,有 4 个横隔,中间 3 个细胞为褐色至暗褐色,两端细胞无色。孢子顶端有 2 ~ 3 根纤毛,长 18.0 ~ 23.5μm,另一端有一根尾状纤毛,长 9.5 ~ 15.0μm,纤毛均无色透明。

寄生于栎树,引起叶斑病。发病初期,寄主叶片上产生红褐色小斑点,后扩大为圆形或椭圆形褐色斑,病斑直径数毫米,外围有暗褐色晕圈。发病后期,病斑中央产生黑色小粒点(分生孢子盘)。该菌以分生孢子盘在落地病叶上越冬,翌年春季产生分生孢子,借助风雨传播为害。

分布:南阳。

【枯斑拟盘多毛孢】

***Pestalotiopsis funerea*(Desm.)Steyaert**,Bull. Jard. Bot. État Brux. 19(3):340(1949)

Pestalotia funerea Desm.,Annls Sci. Nat.,Bot.,Sér. 2,19:33(1843)

分生孢子盘黑色,初埋生于寄主表皮下,后外露,直径约 100 ~ 200μm。分生孢子梭形或椭圆形,大小 15 ~ 25μm × 7 ~ 10μm,5 个细胞,分隔处缢缩,中间 3 个细胞褐色,两端细胞圆锥形,无色。分生孢子顶端有 2 ~ 4 根无色纤毛,纤毛长约 10 ~ 19μm,基部有 1 根附属丝。分生孢子梗短。

寄生于水杉、落羽杉、松树,引起赤枯病。主要侵害寄主叶,染病叶初现褐黄色或淡黄棕色段斑,病斑后变淡棕红色,最后呈浅灰色或暗灰色,病斑边缘褐色。病部散生圆形或广椭圆形,由白膜包裹的黑色小点(分生孢子盘)。以分生孢子和菌丝体在树上病叶中越冬。

分布:息县、信阳、鲁山、西华、中牟、博爱、新县、巩义。

【长刚毛拟盘多毛孢】

***Pestalotiopsis longiseta*(Speg.)H. T. Sun & R. B. Cao,Acta Agriculturae Universitatis Zhejiangensis**,Supplement 2,16:152(1990)

Pestalotia longiseta Speg.,In:Saccardo,Michelia 1(5):478(1879)

分生孢子纺锤形,21.7 ~ 26.2μm × 6.4 ~ 8.4μm,中间 3 个细胞褐色,其中下面的一个细胞色浅。附属丝长 16.7 ~ 30.9μm,无结状膨大,基部小柄末端不膨大。该菌在 PDA 培养基上形成白色气生菌丝,厚绒状,上生浓黑色孢子堆。

寄生于柿,引起叶枯病。主要为害寄主的叶片,也可为害果实。染病叶片上产生多角形或不规则形病斑,病斑灰褐色至灰白色,边缘红褐色,严重时造成早期落叶。果实受害时产生黑色星状开裂。以菌丝或分生孢子盘在感病组织内越冬。翌年 7 月中旬生出分生孢子。分生孢子经风雨传播为害,从寄主伤口入侵。也可以腐生方式栖生于茶树芽体。

分布:信阳、洛阳、郑州、荥阳、汝南。

【牡丹拟盘多毛孢】

***Pestalotiopsis paeoniae*(Servazzi)Steyaert**,Bull. Jard. Bot. État Brux. 14:312(1949)

Pestalotia paeoniae Servazzi,(1938)In:Petrak,F. Petrak's Lists 8:73(1936 - 1939)

分生孢子盘生在寄主叶面。分生孢子梭形,具 5 个细胞,中间 3 个细胞褐色,两端细胞无色,顶端细胞着生 3 根无色纤毛,个别分生孢子着生 2 根纤毛。

寄生于牡丹,引起轮纹点斑病。主要为害牡丹叶片。病斑圆形或近圆形,灰褐色,较大,直径 5 ~22mm,有明显的同心轮纹,中部有呈轮纹状排列的黑色小点,后期病斑易穿孔。以菌丝体或分生孢子盘在病部或遗落在土面的病组织中越冬。翌年条件适宜时产生分生孢子,借风雨传播,在水滴中萌发,从寄主伤口或衰弱的部位侵入,病斑上形成的分生孢子可进行多次再侵染。

分布:洛阳、郑州、鄢陵。

【卫矛拟盘多毛孢】

***Pestalotiopsis planimi*(Vize)Steyaert**, Bull. Jard. Bot. État Brux. 19:325(1949)

Pestalotia planimi Vize

分生孢子盘生于寄主叶两面,扁球形,直径 175 ~350μm,量大,聚生,初埋于寄主表皮下,成熟后突破表皮,呈黑色霉状。分生孢子长纺锤形,基部圆锥形,直立,分隔处缢缩;中部 3 细胞淡褐色,两端细胞无色;顶细胞长圆筒形,具 2 ~3 根纤毛,基细胞长,圆锥形,附属丝 1 根。

寄生于大叶黄杨,引起叶枯病。染病叶片产生的病斑初为褐色,近圆形或不规则形,扩大后形状不规则,灰白色,多生于叶尖或叶缘。生在叶面上的病斑大小不一,直径 0. 4 ~2. 1cm。灰白色病斑上,散生黑色粒点(分生孢子盘),湿度大,溢出黑色胶质物(分生孢子团)。以菌丝体和分生孢子器在病组织内和病落叶上越冬。翌年产生分生孢子借气流、水滴溅射传播后进行初侵染和再侵染。

分布:南阳、郑州。

【中国拟盘多毛孢】

***Pestalotiopsis sinensis*(C. I. Chen)P. L. Zhu**, Q. X. Ge & T. Xu,真菌学报 10(4):276(1991)

Pestalotia sinensis C. I. Chen,(1932)In:Petrak,F. Petrak's Lists 7:964(1932 - 35)

分生孢子盘初埋生在寄主表皮下,后突破表皮外露,大小 100 ~180μm,聚生,黑色。分生孢子 5 胞,弯曲纺锤形,大小 15 ~24μm ×7 ~9μm,分隔处略缢缩或不缢缩,中间的细胞为褐色,两端的细胞无色。顶端细胞圆锥形,具 2 ~3 根纤毛,纤毛长 8 ~16μm。下端细胞圆锥形,柄线形,长 2 ~3μm,有时脱落。

寄生于银杏,引起叶枯病。主要为害银杏叶片。染病叶片初生红褐色有暗色边缘的圆形病斑,病斑沿脉扩展,许多小病斑可融合成不规则的大斑。病斑两面散生黑色小粒点(分生孢子盘)。以菌丝体及分生孢子盘在病落叶中越冬,翌春分生孢子借风雨传播,在水滴中萌发后侵入叶片。

分布:西华。

【茶拟盘多毛孢】

***Pestalotiopsis theae*(Sawada)Steyaert**, Bull. Jard. Bot. État Brux. 19(3):327(1949)

Pestalotia theae Sawada, Spec. Report Agric. Exp. Station Formosa 11:113(1915)

分生孢子盘初埋生在寄主表皮下,后突破表皮外露,直径 120 ~180μm。分生孢子梗丛生,圆柱形。分生孢子纺锤形,大小 20 ~30μm ×6 ~8μm,具 4 个隔膜,孢子顶部细胞具 3 根附属丝,附属丝基部粗,向上渐细,顶端结状膨大。在人工培养基上菌落白色,后期稍呈淡粉红色，菌苔厚，具轮纹。菌丝无色，粗细不匀，后期可形成浅褐色厚壁孢子，并产生黑色黏液状分生孢子堆。分生孢子纺锤形，大小为25.5 ~ 35.5μm ×6.5 ~7.5μm，平均32.0μm ×7.0μm，中间3个细胞褐色，两端2个细胞无色，分隔处有缢缩，基部有小柄，小柄无色，长5.0 ~ 7.5μm，平均6.5μm，孢子顶端多具3根附属丝，附属丝长25.0 ~30.5μm，平均27.5μm，附属丝顶端有节结状膨大。

寄生于茶树、黄连木，引起轮斑病。主要为害寄主叶片，染病叶片先在叶尖或叶缘上生出黄绿色小病斑。后扩展为圆形至椭圆形或不规则形褐色大病斑，成叶和老叶上的病斑具明显的同心轮纹，后期病斑中间变成灰白色，湿度大时出现呈轮纹状排列的黑色小粒点。也可侵染嫩梢。以菌丝体或分生孢子盘在病叶或病梢上越冬，翌春条件适宜时产生分生孢子，从寄主伤口入侵，生长季节产生的分生孢子可进行多次再侵染。也可已腐生方式栖生于茶树芽、叶、枝等部位。

分布：信阳、南阳、西峡、新县。

【异色拟盘多毛孢】

***Pestalotiopsis versicolor*（Speg.）Steyaert**，Bull. Jard. Bot. État Brux. 14（3）：336（1949）

Pestalotia versicolor Speg.，Michelia 1（5）：479（1879）

在人工培养基上菌落白色，后期呈淡黄色，并出现大量黑色黏液状分生孢子堆。分生孢子大小为19.0 ~ 24.0μm ×6.5 ~9.0μm，平均21.5μm ×7.5μm，附属丝长度为15.0 ~28.0μm，平均22.0μm，顶端无节状膨大。

寄生于茶树，与茶拟盘多毛孢菌［*Pestalotiopsis theae*（Sawada）Steyaert］同为茶轮斑病的病原。也可以腐生方式栖居于茶树芽、叶、枝等部位。

分布：信阳。

5.5　纲未确定 Incertae sedis for class

5.5.1　目未确定 Incertae sedis for order

5.5.1.1　科未确定 Incertae sedis for family

【镶孢霉】

***Coniothecium effusum* Corda**，Icon. Fung. 1：2（1837）

菌丝及分生孢子梗不明显，分生孢子暗色，由多数细胞组成不规则的立方体，分生孢子往往互相连接在一起。分生孢子近球形或不规则形，无柄，暗褐色，半透明或暗而不透明，10 ~ 30μm ×9 ~20μm，由3 ~30个细胞组成，每个细胞的直径4 ~5μm，用显微镜观察时需较强的光线才能看清分生孢子的结构，光线弱时只能看到黑色的颗粒状结构。

生于腐木上，分生孢子往往连结成团，在腐木上呈黑块状。

分布：洛阳。

【仁果黏壳孢】

***Gloeodes pomigena*（Schwein.）Colby**，Trans. Ill. St. Acad. Sci. 13：157（1920）

Dothidea pomigena Schwein.，Trans. Am. phil. Soc.，New Series 4（2）：232（1832）

Phyllachora pomigena（Schwein.）Sacc.，Syll. Fung. 2：622（1883）

分生孢子器半球形，直径 66 ~ 175μm，高 20 ~ 40μm，分生孢子椭圆形至圆筒形，直或稍弯，大小 10 ~ 12μm × 2 ~ 3μm，无色，成熟时双细胞，两端尖，壁厚。

附生于梨、苹果的果实表面，引起煤污病。菌丝附生于梨、苹果的果实表面后在果面产生棕褐色或深褐色边缘不明显的污斑，似煤斑，污斑主要为菌丝形成的薄膜，菌丝层很薄用手易擦去。后期薄膜上生黑点，即病菌的分生孢子器或小菌核，有时菌丝细胞可分裂成厚垣孢子状。

分布：全省苹果、梨产区普遍发生。

【柿单枝孢】

Hormocladium kaki **(Hori & Yoshino) Höhn.**, Zentbl. Bakt. ParasitKde, Abt. 2, 60: 6 (1923)

Fusicladium kaki Hori & Yoshino, Bot. Mag. Tokyo 19: 220, (1905)

分生孢子梗线形，十多根丛生，稍屈曲，暗色，具 1 ~ 2 个隔膜，大小 18 ~ 63μm × 4 ~ 6μm。分生孢子长椭圆形或纺锤形，分生孢子褐色，大小 12 ~ 32μm × 4 ~ 6μm。

寄生于柿，引起黑星病。主要以菌丝体在病残体上越冬，成为初侵染主要来源，翌年环境适宜时菌丝体产生分生孢子，分生孢子可进行多次再侵染。染病叶片上生黑色近圆形病斑，病斑逐渐扩大，中部呈褐色，边缘为黑褐色，并且有黄色晕圈，叶背面产生黑色霉状物。染病新梢产生黑色、梭形或椭圆形病斑，病斑中央凹陷龟裂。果实上的病斑多发生于蒂部，呈黑色，近圆形，略凹陷。

分布：栾川、信阳、鲁山、泌阳、太康、西华、密县。

讨论：在国内文献中，该菌的名称多为柿黑星孢 *Fusicladium kaki* Hori et Yosh.。*Hormocladium* 属以前没有汉语译名，作者暂译为单枝孢属，并将 *Hormocladium kaki* 译为柿单枝孢。

【仁果球壳孢】

Sphaeropsis pomorum **(Schwein.) Cooke** In: Saccardo, Sylloge Fungorum 11: 511 (1895)

Sphaeria pomorum Schwein., Trans. Amer. Philos. Soc. 4(2): 219 (1832)

分生孢子器群生于寄主叶片两面，埋在寄主表皮下，顶端外露，近球形至圆锥形，250 ~ 400μm × 220 ~ 380μm。分生孢子器壁暗褐色，由薄壁细胞组成。分生孢子椭圆形或长方形，初期无色。后变为褐色或黑褐色，20 ~ 28μm × 9 ~ 14μm，有颗粒状内含物。分生孢子梗短，圆柱形，7 ~ 12μm × 2.5μm（图版 081）。

生于大叶黄杨等植物的枯叶上。

分布：洛阳。

【松球壳孢】

Sphaeropsis sapinea **(Fr.) Dyko & B. Sutton**, In: Sutton, The Coelomycetes: 120 (1980)

Botryodiplodia pinea (Desm.) Petr., Annls Mycol. 20(5/6): 308 (1922)

Coniothyrium pinastri (Lév.) Tassi, Bulletin Labor. Orto Bot. de R. Univ. Siena 5: 25 (1902)

Diplodia conigena Desm., Bot. Notiser: 69 (1846)

Diplodia pinastri Grove, J. Bot., Lond. 54: 193 (1916)

Diplodia pinastri (Lév.) Desm., Annls Sci. Nat., Bot., Sér. 3, 11: 281 (1849)

Diplodia pinea (Desm.) J. Kickx f., Fl. Crypt. Flandres 1: 397 (1867)

Diplodia sapinea (Fr.) Fuckel, Jb. Nassau. Ver. Naturk.: 23 ~ 24 (1870)

Granulodiplodia pinea(Desm.)Zambett., Bull. Trimest. Soc. Mycol. Fr. 70:331(1955)

Granulodiplodia sapinea (Fr.) M. Morelet & Lanier, Annales de la Société des Sciences Naturelles et d'Archéologie de Toulon et du Var 203:12(1973)

Macrophoma pinea(Desm.)Petr. & Syd., Feddes Repert., Beih. 42:116(1926)

Macrophoma sapinea(Fr.)Petr., Sydowia 15(1~6):311(1962)

Macroplodia ellisii(Sacc.)Kuntze, Revis. Gen. Pl. 3:492(1898)

Macroplodia pinastri(Lév.)Kuntze, Revis. Gen. Pl. 3:492(1898)

Sphaeria pinea Desm., Annls Sci. Nat., Bot., Sér. 2, 15:14(1842)

Sphaeria sapinea Fr., Syst. Mycol. 2(2):491(1823)

Sphaeropsis ellisii Sacc., Syll. Fung. 3:300(1884)

Sphaeropsis pinastri(Lév.)Sacc., Syll. Fung. 3:300(1884)

分生孢子器半埋生在寄主组织内,黑色,近圆形或椭圆形,212~350μm×150~338μm。分生孢子初时单细胞,无色,卵形,成熟后淡褐色,长椭圆至棍棒状,单细胞或双细胞,多数在萌发过程中变为双细胞,28.5~39.9μm×14~17μm。

寄生于松树,引起枯梢病。以菌丝或分生孢子器在病梢或病叶上越冬。症状有梢枯、溃疡斑和枯针三种类型。嫩梢染病,出现溃疡斑,皮层开裂流出松脂,其附近针叶死亡。枝干染病生溃疡斑,溃疡斑扩大后,病部长期流脂。对幼树或嫩梢,病菌能直接侵入无伤松树组织。对较老树木,导致梢枯与溃疡斑后,边材发生蓝变,并在死亡组织表面,产生黑点,即分生孢子器。

分布:方城。

6　担子菌门 Basidiomycota

6.1　伞菌纲 Agaricomycetes

6.1.1　伞菌目 Agaricales

6.1.1.1　伞菌科 Agaricaceae

【野蘑菇】

***Agaricus arvensis* Schaeff.**, Fung. Bavar. Palat. 4:310(1774)

Agaricus arvensis var. *exquisitus*(Vittad.) Cetto[as '*exquisita*'], Enzyklopädie der Pilze, Band 3:69(1988)

Agaricus exquisitus Vittad., Descr. Fung. Mang.:146(1835)

Agaricus fissuratus(F. H. Møller) F. H. Møller, Friesia 4:204(1952)

Agaricus leucotrichus(F. H. Møller) F. H. Møller, Friesia 4:204(1952)

Fungus arvensis(Schaeff.) Kuntze, Revis. Gen. Pl. 3:479(1898)

Phaeomarasmius chiliotrichi Singer, Sydowia 5(3~6):475(1951)

Phaeomarasmius exquisitus(Berk.) Raithelh., Metrodiana, Sonderheft 4:14(1990)

Pratella arvensis(Schaeff.) Gillet, Les Hyménomycètes ou Description de Tous les Champignons(Fungi) qui Croissent en France:563(1878)

Psalliota arvensis(Schaeff.) Gillet, Les Hyménomycètes ou Description de Tous les Champignons(Fungi) qui Croissent en France:139(1878)

Psalliota fissurata F. H. Møller, Friesia 4:165(1952)

Psalliota leucotricha F. H. Møller, Friesia 4:159(1952)

子实体伞形,中等至大型。菌盖直径6~20cm,初半球形,后扁半球形至平展,近白色,中部污白色,表面光滑,边缘常开裂,有时出现纵沟和细纤毛。菌肉白色,较厚。菌褶初期粉红色,后变褐色至黑褐色,较密,离生,不等长。菌柄近圆柱形,长4~12cm,粗1.5~3cm,与菌盖同色,初期实心,后变空心,伤不变色,有时基部略膨大。菌环生菌柄上部,双层,白色,膜质,较厚,大,易脱落。孢子印深褐色。担孢子褐色,椭圆形至卵圆形,7~9.5μm×4.5~6μm,表面光滑。褶缘囊状体多单生,淡黄色,近纺锤形,25~37.8μm×5~7μm,较稀疏。

子实体夏秋季单生于林缘或林下草地上。可食用,味鲜美且质地细嫩,在西欧已大量人工栽培。还可用菌丝体发酵培养。可药用。试验抗癌,对小白鼠肉瘤180和艾氏癌的抑制率高达100%。

分布:栾川、辉县。

【白鳞蘑菇】

***Agaricus bernardii* Quél.**, Clavis Syn. Hymen. Europ.:89(1878)

Agaricus campestris subsp. *bernardii*(Quél.) Konrad & Maubl., Icon. Select. Fung. 6:60(1937)

Agaricus ingratus(F. H. Møller)Pilát, Enum. Pl. 2:304(1951)
Agaricus maleolens F. H. Møller, Friesia 4:203(1952)
Fungus bernardii(Quél.)Kuntze, Revis. Gen. Pl. 3:479(1898)
Pratella bernardii(Quél.)Quél., Fl. Mycol. France :73(1888)
Psalliota bernardii(Quél.)Quél. [as '*bernardi*'], Bull. Soc. Bot. Fr. 25:288(1879)
Psalliota ingrata F. H. Møller, Friesia 4:17(1950)

子实体伞状,大型。菌盖初期半球形,后期平展,直径7.5~15cm,白色或淡黄褐色,表面有块状多角形鳞片,菌盖中部鳞片较大且厚,多龟裂,常反卷,边缘多纵裂,有时附着有菌幕残片。菌肉厚,坚实,白色,受伤后变蓝紫粉色,在菌柄与菌盖联接处的变色更明显,幼时有鱼腥味。菌褶离生,较密,窄,不等长,初期白色,后期变粉红色至黑褐色。菌柄近圆柱形,长5~7cm,粗2~4cm,向下渐细,常呈纺锤形,坚实,有时略带粉灰紫色,菌环以下有赭石色鳞片。菌环膜质,单层,较窄,白色,生菌柄上部或中部。孢子印深褐色。担孢子卵圆形,广椭圆形,6~8μm×5~6μm,褐色,表面光滑。

夏秋季子实体丛生或散生于林缘或林下草地上,据报道可食用,但子实体老后较坚韧,食后不易消化。也有的资料提到可能有毒。

分布:新安。

【大肥蘑菇】

***Agaricus bitorquis*(Quél.)Sacc.**, Syll. Fung. 5:998(1887)
Agaricus bitorquis var. *validus*(F. H. Møller)Bon & Cappelli, Docums Mycol. 13(52):16(1983)
Agaricus campestris var. *edulis* Vittad., Descr. Fung. Mang. :41(1832)
Agaricus edulis var. *validus*(F. H. Møller)F. H. Møller, Friesia 4:203(1952)
Agaricus rodmanii Peck[as '*rodmani*'], Ann. Rep. N. Y. St. Mus. Nat. Hist. 36:45(1884)
Fungus bitorquis(Quél.)Kuntze, Revis. Gen. Pl. 3:479(1898)
Fungus rodmanii(Peck)Kuntze, Revis. Gen. Pl. 3:480(1898)
Pratella bitorquis(Quél.)Quél., Fl. Mycol. France:72(1888)
Pratella peronata(Roze)Quél., Fl. Mycol. France:72(1888)
Psalliota bitorquis Quél., Compt. Rend. Assoc. Franç. Avancem. Sci. 12:500(1884)
Psalliota edulis(Vittad.)Jul. Schäff. & F. H. Møller, Annls Mycol. 36(1):75(1938)
Psalliota edulis var. *valida* F. H. Møller, Friesia 4:14(1950)
Psalliota peronata Roze, Fl. Champ. Com. Ven. :44(1888)
Psalliota rodmanii(Peck)Kauffman, Yearb. Agric. Sylvicult. Scienc. Poznań 26:235(1918)

子实体伞状。菌盖初期半球形,后期扁半球形,直径6~20cm,顶部平或略下凹,白色,后变为暗黄色、淡粉灰色至深蛋壳色,中部色较深,边缘内卷,边缘的表皮超越菌褶,无鳞片。菌肉白色,厚,紧密,伤后略变淡红色,变色较慢。菌褶初期白色,后期变粉红色至黑褐色,稠密,窄,离生,不等长。菌柄短,粗壮,长4.5~9cm,粗1.5~3.5cm,白色,内实,近圆柱形。菌环双层,白色,膜质,生菌柄中部。孢子印深褐色。担孢子广椭圆形至近球形,6~7.5μm×5.5~6μm,褐色,表面光滑。具褶缘囊状体,囊状体棒状,14~20μm×6~7μm,无色,透明。

夏秋季子实体散生或单生于林缘或林下草地上。可食用,菌肉厚,味鲜美,可人工栽培。

分布:辉县。

【蘑菇】

***Agaricus campestris* var. *campestris* L.** ,Sp. Pl. 2:1173(1753)

Agaricus campestris L. [as ‘*campester*’],Sp. Pl. 2:1173(1753)

Agaricus campestris var. *fuscopilosellus* F. H. Møller,Friesia 4:204(1952)

Agaricus campestris var. *squamulosus*(Rea)Pilát,Sb. nár. Mus. Praze 7B(1):14(1951)

Fungus campestris(L.)Kuntze,Revis. Gen. Pl. 3:478(1898)

Pluteus campestris(L.)Fr. ,Anteckn. Sver. Ätl. Svamp. :34(1836)

Pratella campestris(L.)Gray,Nat. Arr. Brit. Pl. 1:626(1821)

Psalliota campestris(L.)Quél. ,Mém. Soc. Émul. Montbéliard,Sér. 2,5:140(1872)

Psalliota campestris var. *squamulosa* Rea,Trans. Br. Mycol. Soc. 17(1~2):37(1932)

Psalliota flocculosa Rea,Trans. Br. Mycol. Soc. 17(1~2):37(1932)

子实体伞状。菌盖初期扁半球形,后渐平展,有时中部下凹,直径 3~13cm,白色至乳白色,表面光滑,后期有丛毛状鳞片,干燥时边缘易开裂。菌肉厚,白色。菌褶离生,较密,不等长,初期粉红色,后期变为褐色至黑褐色。菌柄圆柱形,较短,基部一般不膨大,长 1~9cm,粗 0.5~2cm,往往稍弯曲,表面近光滑或略有纤毛,白色,实心。菌环膜质,单层,白色,着生于菌柄中部,易脱落。孢子印褐色。担孢子椭圆形至广椭圆形,6.5~10μm×5~6.5μm,褐色,表面光滑。

春季至秋季子实体单生或群生于树林下、草地、田野、路旁等处,可食用,是一种优良的野生食用菌。具药用价值,经常食用可预防毛细血管破裂、牙床及腹腔出血,皮肤粗糙、贫血等症,另外对脚气病、食欲不振、消化不良以及妇女在哺乳期乳汁分泌少等症也有一定疗效。子实体提取物质对小白鼠肉瘤 180 和艾氏腹水癌的抑制率达 80%。

分布:信阳。

【小白蘑菇】

***Agaricus comtulus* Fr.** ,Epicr. Syst. Mycol. :215(1838)

Agaricus comtulus var. *comtulus* Fr. ,Epicr. Syst. Mycol. :215(1838)

Agaricus huijsmanii Courtec. ,Docums Mycol. 34(135~136):52(2008)

Agaricus niveolutescens Huijsman,Persoonia 1(3):321(1960)

Fungus comtulus(Fr.)Kuntze,Revis. Gen. Pl. 3:479(1898)

Pratella comtula(Fr.)Gillet,Champignons de France. Tableaux Analytiques des Hyménomycétes:130(1884)

Psalliota comtula(Fr.)Quél. [as ‘*comtulus*’],Mém. Soc. Émul. Montbéliard,Sér. 2,5:140(1872)

子实体伞状。菌盖扁半球形,直径 2.5~3.5cm,白色,中部略带黄色,光滑或稍有微细鳞片。菌肉薄,白色。菌柄圆柱状,2.5~3cm×0.7cm,基部稍膨大,白色。菌环白色,膜质,伸展,着生于菌柄的中部。担孢子广椭圆形,4.5~5.5μm×3.5~4.5μm,光滑,内含 1 个油滴。

夏秋季子实体散生于稀疏林中的草地上。可食用。

分布:汝阳、卢氏。

【甜蘑菇】

***Agaricus dulcidulus* Schulzer**,In:Kalchbrenner,Icon. Sel. Hymenomyc. Hung. :29(1874)

Agaricus purpurellus(F. H. Møller)F. H. Møller,Friesia 4:204(1952)

Agaricus rubelloides Bon,Docums Mycol. 15(60):22(1985)

Agaricus rubellus(Gillet)Sacc. ,Syll. Fung. 5:1007(1887)

Fungus dulcidulus(Schulzer)Kuntze,Revis. Gen. Pl. 3:479(1898)

Pratella rubella Gillet,Les Hyménomycètes ou Description de Tous les Champignons(Fungi)qui Croissent en France:565(1878)

Psalliota pallens(J. E. Lange)Rea,Trans. Br. Mycol. Soc. 17(1~2):37(1932)

Psalliota purpurella F. H. Møller,Friesia 4:193(1952)

Psalliota rubella(Gillet)Rea,Brit. Basidiomyc. :90(1922)

Psalliota rubella f. *pallens* J. E. Lange,Dansk Bot. Ark. 4(12):8(1926)

子实体伞状。菌盖初期近球形,后期半球形至近平展,直径2.5~3.5cm,紫褐色,有放射状分布的小鳞片。菌肉近白色。菌褶较密,不等长,离生,初期白色,后变粉灰色至紫黑色。菌柄圆柱形,长3~4cm,浅褐黄色,表面近光滑,内部松软,基部膨大,基部的菌肉变黄色。菌环膜质,脆。孢子印黑褐色。担孢子宽椭圆形,3.1~4.2μm×2~4μm,表面光滑,淡褐色。

夏秋季子实体单生或散生于针叶林中地上。此菌食毒尚不明,调查时分布地有人讲可食用,也有人讲有毒。

分布:卢氏、灵宝、陕县。

讨论:国内文献上多以小紫蘑菇 *Agaricus purpurellus*(Moeller)Moeller 作为该菌的名称。

【灰褐蘑菇】

***Agaricus halophilus* Peck**,Bull. N. York St. Mus. 94:36(1905)

子实体伞状。菌盖半球形至近平展,直径5~12cm,淡褐色,表面有点状平伏小鳞片,干时中部龟裂。菌肉白色。菌褶离生,密,不等长,粉红至黑褐色。菌柄长5~8cm,粗1~2cm,白色,表面光滑,后期变空心。菌环膜质,双层,生菌柄之中部,白色,不易脱落。担孢子紫褐色,近球形至椭圆形,5.5~6.5μm×4.5~5.5μm,表面光滑。子实层中具囊状体,囊状体棒状,19.8~27μm×6.3~8.1μm(图版082~083)。

秋季子实体单生于针叶林中地上,可食用。

分布:信阳。

【雀斑蘑菇】

***Agaricus micromegethus* Peck**,Bull. N. Y. St. Mus. 94:36(1905)

子实体伞状,小型或中等大。菌盖初期扁半球形,后期平展,直径2~8cm,白色,具浅棕灰色至浅灰色纤毛状鳞片,中部颜色较深,老时边缘开裂。菌肉污白色,受伤后不变色。菌褶离生,不等长,密,初期污白色,后期渐变粉色、紫褐色至黑褐色。菌柄柱形,长2~6cm,粗0.7~1cm,向上渐细,基部有时膨大。菌环膜质,单层,白色,生柄的上部,易脱落。孢子印深褐色。担孢子椭圆形,4.5~6.5μm×3.5~4μm,褐色,表面光滑(图版084)。

夏秋季子实体单生或群生于林缘或林下草地上。可食用。

分布:新安、汝阳、卢氏。

【细鳞蘑菇】

***Agaricus moelleri* Wasser**,Nov. Sist. Niz. Rast. 13:77(1976)

Agaricus meleagris(Jul. Schäff.)Pilát,Acta Mus. Nat. Prag. 7B(1):106(1951)

Agaricus meleagris var. *obscuratus*(Maire)Heinem. ,Bull. Trimest. Soc. Mycol. Fr. 81:397(1965)

Agaricus meleagris var. *terricolor*(F. H. Møller) F. H. Møller, Friesia 4:208(1952)

Agaricus moelleri var. *terricolor*(F. H. Møller) P. Roux & Guy Garcia, In: Roux, Mille et Un Champignons: 13 (2006)

Agaricus placomyces var. *meleagris*(Jul. Schäff.) M. M. Moser, In: Gams, Kl. Krypt. -Fl., Edn 3, 2b/2:193(1967)

Agaricus placomyces var. *meleagris*(Jul. Schäff.) R. Pascual, Bolets de Catalunya 6: no. 251(1987)

Agaricus praeclaresquamosus A. E. Freeman, Mycotaxon 8(1):90(1979)

Agaricus praeclaresquamosus var. *obscuratus*(Maire) Quadr. & Lunghini, Quad. Acad. Naz. Lincei 264:103(1990)

Agaricus praeclaresquamosus var. *terricolor*(F. H. Møller) Bon & Cappelli, Docums Mycol. 13(52):16(1983)

Agaricus xanthodermus var. *obscuratus* Maire, Bull. Soc. Mycol. Fr. 26:192(1911)

Psalliota meleagris Jul. Schäff., Z. Pilzk. 4(2):28(1925)

Psalliota meleagris var. *obscurata*(Maire) F. H. Møller, Friesia 4:173(1952)

Psalliota meleagris var. *terricolor* F. H. Møller, Friesia 4:208(1952)

子实体伞状。菌盖初期半球形,后渐平展,直径5～10cm,有的中部稍凸起,表面污白色,有褐色、黑褐色的纤毛状小鳞片,中部的鳞片灰黑色,菌盖边缘有少量菌幕残留物。菌肉较厚,白色。菌褶离生,不等长,较密,初期灰白色至粉红色,最后变成黑褐色。菌柄污白色,表面平滑或有白色的短细小纤毛,圆柱形,基部膨大,长6～12cm,粗0.8～1cm,伤处变黄色,内部松软。菌环膜质,双层,生于菌柄上部,薄,白色,上面有褶纹,下面有白色短纤毛。孢子印黑色。担孢子椭圆形至卵圆形,5～7μm×3.5～4μm。有褶缘囊状体,囊状体泡囊状。

夏秋季子实体群生于林中地上。有毒,误食后引起呕吐、腹泻等症状。

分布:卢氏、灵宝、陕县。

讨论:国内文献上多以 *Agaricus praeclaresquamosus* Freeman 作为该菌的学名。

【双环林地蘑菇】

***Agaricus placomyces* var. *placomyces* Peck**, Ann. Rep. N. Y. St. Mus. Nat. Hist. 29:40(1878)

Agaricus placomyces Peck, Ann. Rep. N. Y. St. Mus. Nat. Hist. 29:40(1878)

Fungus placomyces(Peck) Kuntze, Revis. Gen. Pl. 3:480(1898)

Psalliota placomyces(Peck) Lloyd, Mycol. Writ. 1:27(1899)

子实体伞状,中等至稍大。菌盖初期扁半球形,后平展,直径3～14cm,近白色,中部淡褐色至灰褐色,覆有纤毛组成的褐色鳞片,边缘有时纵裂或有不明显的纵沟。菌肉白色,较薄,具有双孢蘑菇气味。菌褶初期近白色,很快变为粉红色,后呈褐色至黑褐色,稠密,离生,不等长。菌柄长4～10cm,粗0.4～1.5cm,白色,表面光滑,内部松软,后期变中空,基部稍膨大,伤后变淡黄色,后又恢复原状。菌环边缘双层,白色,后渐变为淡黄色,膜质,表面光滑,下面略呈海绵状,生菌柄中上部,干后有时附着在菌柄上,易脱落。孢子印深褐色。担孢子椭圆形至广椭圆形,5～6.5μm×3.5～5μm,褐色,表面光滑。具褶缘囊状体,囊状体丛生,棒状,18.8～31μm×8～14μm,无色至淡黄色。

秋季子实体群生及丛生于林缘或林下地上,也常单生于杨树根部。此菌食毒尚不明,有文献记载有毒,误食后引起头痛、腹泻等反应;也有文献记载可食用,味道较鲜美。

分布:信阳。

【林地蘑菇】

***Agaricus silvaticus* Schaeff.**, In: Saccardo, P. A., Sylloge Fungorum V:1000(1887)

Agaricus haemorrhoidarius Schulzer, In: Kalchbrenner, Icon. Sel. Hymenomyc. Hung. :29(1874)

Agaricus haemorrhoidarius f. *fagetorum*(Pilát) Wasser, Ukr. Bot. Zh. 35(5):516(1978)

Agaricus haemorrhoidarius var. *silvaticoides* Pilát, Acta Mus. Nat. Prag. 7B(1):71(1951)

Agaricus sanguinarius P. Karst., Hattsvampar 37:232(1882)

Agaricus silvaticus var. *pallens* Pilát, Sb. Nár. Mus. Praze 7B(1):67(1951)

Agaricus silvaticus var. *pallidus*(F. H. Møller) F. H. Møller, Friesia 4:203(1952)

Agaricus silvaticus var. *vinosobrunneus*(P. D. Orton) Heinem., Sydowia 30(1~6):7(1978)

Agaricus vinosobrunneus P. D. Orton, Trans. Br. Mycol. Soc. 43(2):183(1960)

Fungus haemorrhoidarius(Schulzer) Kuntze[as '*haemorhodarius*'], Revis. Gen. Pl. 3:480(1898)

Fungus sanguinarius(P. Karst.) Kuntze, Revis. Gen. Pl. 3:480(1898)

Fungus silvaticus(Schaeff.) Kuntze, Revis. Gen. Pl. 3:480(1898)

Pratella haemorrhoidaria(Kalchbr.) Gillet, Les Hyménomycètes ou Description de Tous les Champignons(Fungi) qui Croissent en France:563(1878)

Pratella silvatica(Schaeff.) Gillet, Les Hyménomycètes ou Description de Tous les Champignons(Fungi) qui Croissent en France:564(1878)

Psalliota haemorrhoidaria(Schulzer) Richon & Roze, Fl. Champ. Com. Ven. :49(1888)

Psalliota sanguinaria(P. Karst.) J. E. Lange, Dansk Bot. Ark. 4(12):12(1926)

Psalliota silvatica(Schaeff.) P. Kumm., Führ. Pilzk. :73(1871)

Psalliota silvatica var. *pallida* F. H. Møller, Friesia 4:38(1950)

子实体伞状。菌盖初期扁半球形,后渐平展,直径6.5~11cm,白色或淡黄色,有时中部浅褐色,有平伏的丝状纤毛,边缘往往开裂。菌肉较厚,白色。菌褶离生,密集,不等长,初期白色,后渐变粉红色、褐色、黑褐色。菌柄近圆柱形,基部稍膨大,长7~15cm,粗0.6~1.5cm,污白色,内部松软至中空,受伤后变黄色,尤其基部变色更明显。菌环膜质,单层,白色,生菌柄上部或中部,易脱离。孢子印深褐色。担孢子椭圆形至卵圆形,5~8μm×3~4.5μm,暗褐色,多数有一个油滴,表面光滑。有褶缘囊状体,囊状体近洋梨形。

夏秋季子实体单生或群生于阔叶林或针阔叶混交林中地上。可食用,菌肉厚,味道较好。可以人工栽培,但栽培技术目前尚不成熟,未广泛推广。

分布:辉县、信阳。

【白林地蘑菇】

***Agaricus silvicola* var. *silvicola*(Vittad.) Peck**, Ann. Rep. Reg. St. N. Y. 23:97(1872)

Agaricus campestris var. *silvicola* Vittad., Trans. & Proc. Roy. Soc. Queensland:213(1832)

Agaricus essettei Bon, Docums Mycol. 13(49):56(1983)

Agaricus flavescens(Gillet) Sacc., Syll. Fung. 5:1000(1887)

Agaricus silvicola(Vittad.) Peck, Ann. Rep. Reg. St. N. Y. 23:97(1872)

Fungus flavescens(Gillet) Kuntze, Revis. Gen. Pl. 3:480(1898)

Fungus silvicola(Vittad.) Kuntze, Revis. Gen. Pl. 3:480(1898)

Pratella campestris var. *silvicola*(Vittad.) Gillet, Les Hyménomycètes ou Description de Tous les Champignons(Fungi) qui Croissent en France:562(1878)

Pratella flavescens Gillet, Les Hyménomycètes ou Description de Tous les Champignons(Fungi) qui Croissent en France:564(1878)

Psalliota campestris var. *silvicola*(Vittad.) P. Kumm., Mém. Soc. Émul. Montbéliard, Sér. 2, 5:140(1872)

Psalliota silvicola(Vittad.) Richon & Roze, Fl. Champ. Com. Ven. :Pl. :7(1885)

子实体伞状。菌盖初期扁半球形，后渐平展，直径6.5～11cm，白色或淡黄色，有时中部浅褐色，有平伏的丝状纤毛，边缘往往开裂。菌肉较厚，白色。菌褶离生，密集，不等长，初期白色，后渐变粉红色、褐色、黑褐色。菌柄近圆柱形，基部稍膨大，长7～15cm，粗0.6～1.5cm，污白色，内部松软至中空，受伤后变黄色，尤其基部变色更明显。菌环膜质，单层，白色，生菌柄上部或中部，易脱离。孢子印深褐色。担孢子椭圆形至卵圆形，5～8μm×3～4.5μm，暗褐色，光滑，多数有一个油滴。有褶缘囊状体，囊状体近洋梨形。

夏秋季子实体单生或群生于阔叶或针阔叶混交林中地上。可食用，菌肉厚，味道较好。

分布：汝阳、卢氏。

【赭鳞蘑菇】

***Agaricus subrufescens* Peck**, Ann. Rep. N. Y. St. Mus. 46:25(1894)

Agaricus rufotegulis Nauta, Persoonia 17(2):230(1999)

Fungus subrufescens Kuntze, Revis. Gen. Pl. 3:480(1898)

Psalliota subrufescens(Kuntze) Kauffman, Publications Mich. Geol. Biol. Surv., Biol. Ser. 5, 26:239(1918)

子实体伞状。菌盖半球形、扁球形至近平展，直径7～20cm，幼时表面有带紫褐色的纤维，随菌盖开展表皮裂成鳞片并露出白色至淡红色的菌肉，中部暗紫褐色没有鳞片，菌盖表面遇氢氧化钾溶液会变绿色。菌肉白色，成熟后稍带紫褐色，较厚。菌褶离生，狭，密集，初白色，后粉红色，最终黑褐色。菌柄白色，上部略带淡红色，9～20cm×1～2cm，向下渐粗。菌环生于菌柄中上部，大，白色，下面有棉屑状鳞片。担孢子椭圆形，5.5～6.5μm×3～3.5μm。

秋季子实体单生、群生或近丛生于林下地上。此菌食毒尚不明，调查时分布地有人讲可食用，也有人讲有毒。

分布：卢氏、灵宝、陕县、新县、商城。

【黄斑蘑菇】

***Agaricus xanthodermus* Genev.**, Bull. Soc. Bot. Fr. 23:28(1876)

Agaricus meleagris var. *grisea*(A. Pearson) Wasser, Ukr. Bot. Zh. 35(5):516(1978)

Agaricus pseudocretaceus Bon, Docums Mycol. 15(60):34(1985)

Agaricus xanthodermus var. *griseus*(A. Pearson) Bon & Cappelli, Docums Mycol. 13(52):16(1983)

Agaricus xanthodermus var. *lepiotoides* Maire, Bull. Soc. Mycol. Fr. 24:LVIII(1910)

Fungus xanthodermus(Genev.) Kuntze, Revis. Gen. Pl. 3:480(1898)

Pratella xanthoderma(Genev.) Gillet, Champignons de France. Tableaux Analytiques des Hyménomycétes:129(1884)

Psalliota grisea(A. Pearson) Essette, Psalliotes:tab. 42(1964)

Psalliota xanthoderma(Genev.) Richon & Roze, Fl. Champ. Com. Ven. :53(1885)

Psalliota xanthoderma var. *grisea* A. Pearson, Trans. Br. Mycol. Soc. 29(4):204(1946)

Psalliota xanthoderma var. *lepiotoides*(Maire) Rea, Brit. Basidiomyc. :85(1922)

子实体伞状，较大。菌盖初期扁半球形，开伞后平展，直径6～13cm，白色，表面光滑，受伤部位变金黄色，菌盖边缘无条棱。菌肉白色，较厚。菌褶离生，不等长，初期白色渐变成黑色。菌柄较长，圆柱形，长7～12cm，粗1.5～2.5cm，白色，伤后变金黄色，基部稍膨大。菌环膜质，生菌柄上部。孢子印紫褐黑色。担孢子紫椭圆形或近球形，5～8μm×3.5～5μm，褐色，表面光滑。有褶缘囊状体。

夏秋季子实体单生或群生于林中地上或草地上。有毒,含胃肠道刺激物,误食后引起头痛及腹泻等症。

分布:卢氏、灵宝、陕县。

【头状马勃】

***Calvatia craniiformis*(Schwein.)Fr.**,Summa Veg. Scand.,Section Post.:442(1849)

Bovista craniiformis Schwein.,Trans. Amer. Philos. Soc. 4(2):256(1832)

子实体头状、倒卵形、陀螺形至长梨形,直径3.5~15cm,高可达20cm,多数高约7~8cm,上半部常有深皱褶,有较发达的不育基部,以根状菌索固着在地上。表面有很薄的纸质、平滑、无光泽至具微细粉末状的鳞片,外层榛色至暗褐色,成熟时粉末状的鳞片脱落后显露出内包被。内包被薄且脆,成熟时黄褐色,上半部破裂成小片,脱落后露出蜜黄色的孢体。孢丝具少数横隔和分枝,粗2~6μm,淡绿色、黄色,壁稍增厚且具大的圆形凹坑。担孢子球圆形,直径2.5~4μm,表面平滑或有细疣,淡黄绿色,有一残余的小柄(图版085~086)。

夏秋季子实体单生或群生于林中地上和草地上。幼时可食。成熟后具药用价值。

分布:卢氏、灵宝、渑池。

【杯形秃马勃】

***Calvatia cyathiformis*(Bosc)Morgan**,J. Cincinnati Soc. Nat. Hist. 12(4):168(1890)

Lycoperdon cyathiforme Bosc,Mag. Gesell. Naturf. Freunde 5:87(1811)

子实体较大,扁球形至陀螺形,直径4~12cm,不孕基部发达。初期白色后呈淡紫色,上部有细小的鳞片,成熟后表皮破裂散出孢粉。内部初期灰白带紫色,后呈暗紫灰色。孢粉散了后往往遗留似杯状的基部,上面呈紫色,具细微的小疣。孢丝浅褐色,粗3~4μm。

夏秋季子实体生于林中草地上。子实体幼时可以食用。孢粉可药用,有消肿、止血、解毒的作用。

分布:内乡、南召、嵩县、商城、新县、桐柏、卢氏、林州、济源、登封。

【大马勃】

***Calvatia gigantea*(Batsch)Lloyd**,Mycol. Writ. 1:166(1904)

Bovista gigantea(Batsch)Gray,Nat. Arr. Brit. Pl. 1:583(1821)

Calvatia gigantea(Batsch)G. Cunn.,Trans. & Proc. New Zealand Inst. 57:192(1926)

Langermannia gigantea(Batsch)Rostk.,In:Sturm,Deutschl. Fl.,3 Abt. 3:23(1839)

Lasiosphaera gigantea(Batsch)F. Šmarda,Fl. ČSR,Gasteromycet.:308(1958)

Lycoperdon giganteum Batsch,Elench. Fung.,Cont. Prim.:237(1786)

子实体球形或近球形,直径15~40cm,不育基部不发达或没有。包被早期白色,后变为淡黄色或淡黄绿色,薄而易碎,常不规则地片状脱落,外表有微小的绒毛。孢体初期黄色,后变为橄榄色,孢丝橄榄色,较长,不分枝或很少分枝,有横隔,粗2.5~6μm。担孢子橄榄色,球形,直径2.5~6μm,表面平滑或具细微小疣(图版087)。

夏秋季子实体生于林缘或林下草地上。子实体幼嫩时可食用。老子实体干后有止血、消炎、消肿之功效。

分布:中牟、泌阳、罗山、信阳、卢氏、灵宝、渑池。

讨论:作者曾在河南信阳鸡公山采到一个重大230多克的该菌子实体。有文献指出,如此大小的一个子实体内约有7×10^{12}个担孢子,若每个担孢子都能萌发,并且每两个担孢子最终产生这样大小的一个子实体,则这些子实体将是地球的400多倍。当然,这样的情况在自然界并不会发生,大量的孢子因不能遇到适宜的条件而不能萌发;能萌发形成菌丝体的,也仅有很少的能遇到适宜条件而形成子实体。许多真菌就是靠产生大量的孢子来保证物种在不利的环境中而不灭绝。

【紫色秃马勃】

***Calvatia lilacina*(Berk. & Mont.) Henn.** ,Hedwigia 43:205(1904)

Bovista lilacina Mont. & Berk. ,London J. Bot. 4:64(1845)

Lycoperdon lilacinum(Mont. & Berk.) Speg. ,Anal. Mus. Nac. B. Aires,Ser. 3, 12:252(1881)

子实体球形或陀螺形,直径5~10cm,不育基部发达。外包被薄,污褐色,表面光滑或有斑纹,两层,上部表面常裂成小块并逐渐脱落,内部紫灰色。担孢子及孢丝失散后留下的子实体不育基部呈杯状。孢丝长,有分枝和隔膜,相互交织,色淡,粗2~5μm。担孢子球形或近球形,4~5.7μm×4.3~5.7μm,表面有小刺(图版088)。

夏秋季子实体单生或群生于林缘或林下草地上。子实体幼嫩时可食,成熟后可药用,有消炎、止血、解毒的作用。

分布:新县、商城、南召、桐柏、卢氏、内乡、嵩县、林州、济源、登封、信阳。

【大青褶伞】

***Chlorophyllum molybdites*(G. Mey.) Massee**,Bull. Misc. Inf. ,Kew:136(1898)

Agaricus molybdites G. Mey. ,Prim. Fl. Esseq. :300(1818)

Chlorophyllum esculentum Massee,Bull. Misc. Inf. ,Kew:136(1898)

Lepiota molybdites(G. Mey.) Sacc. ,Syll. Fung. 5:30(1887)

Macrolepiota molybdites(G. Mey.) G. Moreno,Bañares & Heykoop,Mycotaxon 55:467(1995)

Mastocephalus molybdites(G. Mey.) Kuntze,Revis. Gen. Pl. 2:860(1891)

子实体伞状,大型,白色。菌盖半球形、扁半球形,后期近平展,直径5~25cm,中部稍凸起,幼时表皮暗褐色或浅褐色,逐渐裂而产生鳞片,顶部鳞片大而厚,呈褐色,边缘鳞片渐少,易脱落。菌肉松软,白色或带浅粉红色。菌褶离生,宽,不等长,初期污白色,后期浅绿至青褐色,褶缘有粉粒。菌柄圆柱形,长10~28cm,粗1~2.5cm,污白色至浅灰褐色,纤维质,菌环以上表面光滑,菌环以下有白色纤毛,基部稍膨大,内部空心,伤处变褐色,干时有香气。菌环生菌柄之上部,膜质。担孢子宽卵圆形至宽椭圆形,8~12μm×6~8μm,表面光滑,具明显的发芽孔。孢子印带青黄褐色,后呈浅土黄色。有褶缘囊状体,囊状体棒状或近纺缍状,25~45μm×2~8μm,无色(图版088)。

夏秋季子实体群生或散生于林中或林缘草地上,有毒。

分布:汝阳、信阳。

【粗鳞青褶伞】

***Chlorophyllum rhacodes*(Vittad.) Vellinga**[as '*rachodes*'],Mycotaxon 83:416(2002)

Agaricus procerus var. *rhacodes*(Vittad.) Rabenh. ,Rabenh. Krypt. -Fl. ,Edn 2,1:574(1844)

Agaricus rhacodes Vittad. [as '*rachodes*'],Descr. Fung. Mang. :158(1835)

Lepiota procera var. *rhacodes*(Vittad.)Massee,Brit. Fung.-Fl. 3:234(1893)

Lepiota rhacodes(Vittad.)Quél. [as '*rachodes*'],Mém. Soc. Émul. Montbéliard,Sér. 2,5:70(1872)

Lepiotophyllum rhacodes(Vittad.)Locq.,Bull. Mens. Soc. linn. Lyon 11:40(1942)

Leucocoprinus rhacodes(Vittad.)Pat.,Essai Tax. Hyménomyc.:171(1900)

Macrolepiota rhacodes(Vittad.)Singer,Lilloa 22:417(1951)

Macrolepiota rhacodes var. *venenata* (Bon) Gminder, Die Großpilze Baden-Württembergs, 4. Ständerpilze: Blätterpilze II:443(2003)

Macrolepiota venenata Bon,Docums Mycol. 9(35):13(1979)

子实体伞状。菌盖初期球形,后变为钟形至扁半球形,最后平展,直径7~10cm,初期表皮锈褐色,伸展后表皮开裂而产生大鳞片,向边缘逐渐变为白色,中部多为易脱落的锈褐色鳞片,干时有的鳞片上翘而反卷。菌肉白色,暴露在空气中可变为红色。菌褶离生,不等长,稍密,宽,白色,或略带淡红色。菌柄污白色,光滑,伤后变淡红色,长7~15cm,粗0.8~2cm,基部膨大。菌环白色至淡褐色,生菌柄的上部,厚,双层,后期与柄分离,能上下移动。孢子印白色。担孢子椭圆形至卵圆形,9~12.5μm×6~8.5μm,表面光滑,无色,透明。有褶缘囊状体,囊状体丛生,近棒状,17.2~35μm×14.1~15.7μm,淡黄色。

夏秋季子实体单生或散生于林中地上。为树木的外生菌根,与松、栎等形成外生菌根。可食用,个体大,味较好。

分布:信阳。

讨论:国内文献上多以"粗鳞大环柄菇 *Macrolepiota rachodes*(Vitt.)Sing."作为该菌的名称。

【光头鬼伞】

***Coprinus fuscescens*(Schaeff.)Fr.**,Epicr. Syst. Mycol.:244(1838)

Agaricus fuscescens Schaeff.,Fung. Bavar. Palat. 1:tab. 17(1762)

子实体帽状、伞状,中等大小。菌盖直径5~8cm,初期卵圆形至钟形,铅灰色至灰黄色,中部色较深,边缘渐浅,有时略有细纤毛。菌肉白色,较薄。菌褶密,离生,不等长,初期黄白色,渐变为玫瑰色、紫黑色、黑色,最后与菌盖同时溶为墨汁状。菌柄长6~12cm,粗0.5~0.9cm,略弯曲,上下等粗,白色,较脆,内部松软至中空,表面具丝光泽。孢子印黑色。担孢子黑褐色,长椭圆形至卵圆形,7.5~11μm×5~6μm,表面光滑。有褶侧囊状体。

秋季子实体丛生于腐木桩上。幼嫩时可食,但与酒同吃易中毒。

分布:辉县。

【小射纹鬼伞】

***Coprinus patouillardii* f. *patouillardii* Quél.**,Tabl. Analyt. Fung. France 1:107(1884)

Coprinus patouillardii Quél.,Tabl. Analyt. Fung. France 1:107(1884)

子实体伞状,小型。菌盖半球形至扁平,直径1~2.3cm,很薄,表面污白色或带浅黄褐色,有绒絮状鳞片及明显的放射状条棱。菌褶稀,初期污白色,后渐变黑色,最终液化。菌柄柱状,长3~5cm,粗约2mm,似半透明,常常弯曲。担孢子近五角形,6.5~8μm×6~9μm,黑色,光滑。

子实体群生于林中潮湿落叶层上。

分布:洛阳、汝阳。

【林生鬼伞】

***Coprinus silvaticus* Peck**, Ann. Rep. N. Y. St. Mus. 24:7(1872)

Coprinellus tardus(P. Karst.)P. Karst., Meddn Soc. Fauna Flora Fenn. 5:34(1879)

Coprinus tardus P. Karst., Hattsvampar 32:543(1879)

Coprinusella silvatica(Peck)Zerov, In:Zerov & Peresipkin, Viznachnik Ukraïnï 5 Basidiomycetes:406(1979)

子实体伞状,小型。菌盖卵圆型、锥形至稍开展,直径1~3cm,淡黄褐色,顶部赭黄色,有长条棱。菌肉白色,薄。菌褶浅灰黄色至黑褐色。菌柄柱状,长4~8cm,粗0.3~0.5cm,初期白色,后变至浅黄褐色,质脆。担孢子近卵圆形,11~14.5μm×0.8~1μm,表面光滑。

秋季子实体丛生或簇生于腐木上。

分布:新安、汝阳、卢氏。

【隆纹黑蛋巢菌】

***Cyathus striatus*(Huds.)Willd.**, Fl. Berol. Prodr.:399(1787)

Nidularia striata(Huds.)With., Bot. Arr. Brit. Pl., Edn 2, 2(3):446(1792)

Peziza striata Huds., Fl. Angl., Edn 2, 2:634(1778)

子实体杯状,高7~15mm,杯口宽6~18mm,由栗褐色的菌丝垫固着于基物上。包被三层,成熟前顶部有膜质盖。子实体外表面覆盖有一层粗毛,早期棕黄色,后色渐深,毛脱落后上部露出明显纵褶。内表面灰色至褐色,光滑,有明显的纵纹。杯状子实体内有小包,小包扁圆形,直径1.5~2mm,黑色,由菌索固定于杯内。担孢子长椭圆形或卵圆形,16~22μm×6~8μm(图版089~090)。

夏秋季子实体群生于林中落枝及枯叶层上,具药用价值。

分布:信阳。

【皱盖囊皮菌】

***Cystoderma amianthinum*(Scop.)Fayod**, Annls Sci. Nat., Bot., Sér. 7, 9:351(1889)

Agaricus amianthinus Scop., Fl. Carniol., Edn 2, 2:434(1772)

Agaricus rugosoreticulatum F. Lorinser, Öst. Bot. Z. 29:23(1879)

Armillaria rugosoreticulata(F. Lorinser)Zeller[as '*rugoso-reticulata*'], Mycologia 25:378(1933)

Cystoderma amianthinum(Scop.)Konrad & Maubl., Icon. Select. Fung. 6(3):238(1927)

Cystoderma amianthinum f. *album*(Maire)A. H. Sm. & Singer, Pap. Mich. Acad. Sci. 30:112(1945)

Cystoderma amianthinum f. *rugosoreticulatum*(F. Lorinser)A. H. Sm. & Singer, Pap. Mich. Acad. Sci. 30:110(1945)

Cystoderma amianthinum f. *rugulosoreticulatum*(F. Lorinser)Bon, Bull. Yrimest. Soc. Mycol. Fr. 86(1):99(1970)

Cystoderma amianthinum var. *rugosoreticulatum*(F. Lorinser)Bon, Docums Mycol. 29(115):34(1999)

Cystoderma longisporum f. *rugosoreticulatum*(F. Lorinser)Heinem. & Thoen[as '*rugoso-reticulatum*'], Bull. Trimest. Soc. Mycol. Fr. 89(1):3(1973)

Cystoderma rugosoreticulatum(F. Lorinser)Wasser, Ukr. Bot. Zh. 35(5):516(1978)

Lepiota amianthina(Scop.)P. Karst., Hattsvampar 32:15(1879)

Lepiota amianthina var. *alba* Maire, In:Rea, Brit. Basidiomyc.:76(1922)

Lepiota granulosa var. *amianthina*(Scop.)P. Kumm. ,Führ. Pilzk. :136(1871)

Lepiota rugosoreticulata(F. Lorinser)Sacc. [as '*rugoso-reticulata*'],Syll. Fung. 9:10(1891)

子实体伞状。菌盖扁半球形至近平展,直径 2 ~ 5cm,黄褐色至橙黄色,中部色深,密被颗粒状鳞片和放射状皱纹,边缘有菌幕残片。菌肉白色或带黄色。菌褶近直生,不等长,密,白色带淡黄色。菌柄圆柱形,长 2 ~ 6cm,粗 0.2 ~ 0.6cm,菌环以上白色或带黄色,近光滑,菌环以下同菌盖色,具小疣,内部松软,基部稍膨大。菌环膜质,生菌柄的上部,易脱落。孢子印白色。担孢子椭圆至卵圆形,6.2 ~ 8.3μm × 3.5 ~ 4.1μm,表面光滑,无色或带淡黄色。

夏秋季子实体单生或散生,有时丛生于针叶林中地上。可食用。

分布:辉县。

【黄绿卷毛菇】

***Floccularia luteovirens* f. *luteovirens*(Alb. & Schwein.)Pouzar**,Česká Mykol. 11:50(1957)

Agaricus luteovirens Alb. & Schwein. ,Consp. Fung. :168(1805)

Agaricus stramineus Krombh. ,Naturgetr. Abbild. Beschr. Schwämme 4:12(1836)

Armillaria luteovirens(Alb. & Schwein.)Sacc. ,Syll. Fung. 5:75(1887)

Floccularia luteovirens(Alb. & Schwein.)Pouzar,Česká Mykol. 11:50(1957)

Floccularia straminea(Krombh.)Pouzar,Česká Mykol. 11:49(1957)

Floccularia straminea var. *americana*(Mitchel & A. H. Sm.)Bon,Docums Mycol. 20(79):57(1990)

子实体伞状,中等大小。菌盖扁半球形至平展,直径 5 ~ 11cm,厚,肉质,硫黄色,干后近白色,幼时具絮毛状鳞片或表皮龟裂,边缘内卷。菌肉白色,厚。菌褶近似菌盖色,稍密,弯生,不等长。菌柄柱形,长 3.5 ~ 10cm,粗 1.2 ~ 2.5cm,白色或带黄色,内实,菌环以下具黄色鳞片,基部往往膨大。菌环黄色,生柄的上部。孢子印白色。担孢子椭圆形,6 ~ 7.2μm × 4 ~ 4.5μm,表面光滑,无色。

夏秋季子实体生于山坡、林缘或林下草地上。可食用,是一种优质野生食用菌。

分布:信阳。

讨论:国内文献上,多以黄绿蜜环菌 *Armillaria luteovirens*(Aalb. et Schw.)Sacc. 作为该菌的名称。李海波等(2008)基于 ITS 的系统发育分析表明该菌与口蘑科内其他属间物种的系统发育关系较远;基于 IGS-1 的系统发育分析表明该菌与蜜环菌属内的其他种序列差异较大,系统发育关系较远,而与 *Lepiota* 属内的部分种具有较近的系统发育关系。

【锐鳞环柄菇】

***Lepiota aspera*(Pers.)Quél.** ,Enchir. Fung. :5(1886)

Agaricus acutesquamosus Weinm. ,Syll. Pl. Nov. Ratisb. 1:70(1824)

Agaricus asper Pers. ,In:Hoffmann,Naturgetr. Abbild. Beschr. Schwämme 3:tab. 21(1793)

Agaricus elvensis Berk. & Broome,Ann. Mag. Nat. Hist. ,Ser. 3, 15:316(1865)

Agaricus friesii Lasch,Linnaea 3:155(1828)

Agaricus mariae Klotzsch,Linnaea 7:196(1832)

Amanita aspera(Pers.)Pers. ,Observ. Mycol. 2:38(1800)

Amplariella aspera(Vittad.)E. -J. Gilbert,Iconogr. Mycol. 27(Suppl. 1):78(1941)

Cystolepiota acutesquamosa(Weinm.)Bon,Docums Mycol. 7(27 ~ 28):11(1977)

Cystolepiota aspera(Pers.)Bon,Bot. Tidsskr. 73:129(1978)

Cystolepiota friesii (Lasch) Bon, Docums Mycol. 7(27~28):12(1977)

Echinoderma acutesquamosum(Weinm.) Bon, Docums Mycol. 22(88):28(1993)

Echinoderma friesii(Lasch) Bon, Docums Mycol. 22(88):28(1993)

Fungus elvensis (Berk.) Kuntze, Revis. Gen. Pl. 3:479(1898)

Lepiota acutesquamosa(Weinm.) P. Kumm., Führ. Pilzk.:136(1871)

Lepiota acutesquamosa var. *furcata* Kühner, Bull. Trimest. Soc. Mycol. Fr. 52:210(1936)

Lepiota aspera var. *acutesquamosa*(Weinm.) Singer, Persoonia 2(1):9(1961)

Lepiota friesii(Lasch) Quél., Mém. Soc. Émul. Montbéliard, Sér. 2, 5:72(1872)

Lepiota friesii var. *acutesquamosa*(Weinm.) Quél., Mém. Soc. Émul. Montbéliard, Sér. 2, 5:72(1872)

子实体伞状。菌盖初期半球形,后近平展,直径4~10cm,中部稍凸起,表面干,黄褐色、浅茶褐色至淡褐红色,具直立或颗粒状尖鳞片,中部的鳞片密,后期鳞片易脱落,边缘内卷并常附絮状白色菌幕。菌肉白色,稍厚。菌褶离生,密或稍密,不等长,污白色,边缘粗糙似齿状。菌柄圆柱形,长4~10cm,粗0.5~1.5cm,基部往往膨大,颜色与菌盖色同,表面有与菌盖上类似的小鳞片,鳞片易脱落,菌环以上污白色,菌环以下褐色,内部松软至空心。菌环膜质,上面污白色,下面与菌盖色同,粗糙,易破碎。孢子印白色。担孢子椭圆形,5~8.6μm×3.6~4μm,表面光滑,无色。有褶缘囊状体,囊状体近粗棒状或近纺锤状。

夏秋季子实体散生、群生于杉、松或阔叶林中地上。可食用。

分布:信阳。

【肉褐鳞环柄菇】

***Lepiota brunneoincarnata* Chodat & C. Martín**, Bull. Soc. Bot. Genève, sér. 2, 5:222(1889)

Lepiota barlae Pat., Bull. Soc. Mycol. Fr. 19:117(1905)

Lepiota barlaeana Pat., Compt. Rend. Congr. Soc. Savantes:248(1909)

Lepiota patouillardii Sacc. & Trotter[as '*patouillardi*'], Syll. Fung. 21:17(1912)

子实体伞状。菌盖初期半球形,开伞后平展,直径2~4cm,表面具红褐色或暗紫褐色鳞片,中部鳞片密集色深,边缘有短条棱。菌肉粉白色,近表皮处带肉粉色。菌褶离生,稍密,不等长,白色带粉色,受伤变暗红色。菌柄长3~6cm,粗0.3~0.7cm,菌环以下具环带状排列的小鳞片,内部松软至空心。菌环生柄之上部,往往只留有痕迹。有较多的褶缘囊状体,囊状体棒状,20~26μm×7.5~10μm。孢子印白色。担孢子卵圆形至宽椭圆形,7.8~8.8μm×4~5μm,表面光滑,无色。

夏秋季子实体群生或单生于林下、路边、房屋周围的草地上。极毒,含毒肽和毒伞肽,误食中毒后初期表现肠胃炎症状,然后肝、肾受害,烦燥、抽搐、昏迷,死亡率高。国内出现过多次因误食该菌而发生的中毒事件。

分布:信阳。

【细环柄菇】

***Lepiota clypeolaria*(Bull.) P. Kumm.**, Führ. Pilzk.:137(1871)

Agaricus clypeolarius Bull., Herb. Fr. 9:tab. 405(1789)

Agaricus colubrinus Pers., Syn. Meth. Fung. 2:258(1801)

Agaricus columbinus Bull., Herb. Fr. 9:tab. 413, fig. 1(1789)

Lepiota colubrina(Pers.) Gray, Nat. Arr. Brit. Pl. 1:601(1821)

Lepiota ochraceosulfurescens(Locq.)Bon,Docums Mycol. 11(43):33(1981)

子实体伞状。菌盖初期半球形,开伞后中部凸起,直径3~7cm,表面白色,有红褐色鳞片,中部鳞片稠密,边缘往往絮状。菌肉白色。菌褶离生,稍密,不等长,白色。菌柄圆柱形,长4~8cm,粗0.3~0.6cm,白色,菌环以下具棉毛状鳞片,实心,质脆。菌环生柄之上部,易脱落。担孢子近球形,10~18μm×4.5~6μm,表面光滑,无色。

夏秋季子实体散生或群生于林中地上。在分布地区调查时,有人说可食,也有人说有毒。

分布:信阳。

【冠状环柄菇】

***Lepiota cristata*(Bolton)P. Kumm.**,Führ. Pilzk.:137(1871)

Agaricus colubrinus var. *cristatus*(Bolton)Pers.,Syn. Meth. Fung. 2:259(1801)

Agaricus cristatus Bolton,Hist. Fung. Halifax 1:7(1788)

Agaricus granulatus Schaeff.,Fung. Bavar. Palat. 4:tab. 21(1774)

Lepiota colubrina var. *cristata*(Bolton)Gray,Nat. Arr. Brit. Pl. 1:602(1821)

Lepiota cristata var. *felinoides* Bon,Docums Mycol. 1143):34(1981)

Lepiota cristata var. *pallidior* Bon,Docums Mycol. 11(43):34(1981)

Lepiota felinoides(Bon)P. D. Orton,Notes R. Bot. Gdn Edinb. 41(3):591(1984)

Lepiota subfelinoides Bon & P. D. Orton,In:Orton,Docums Mycol. 14(56):56(1985)

Lepiotula cristata(Bolton)Locq. ex E. Horak,Beitr. Kryptfl. Schweiz 13:338(1968)

Tricholoma granulatum(Schaeff.)P. Kumm.,Führ. Pilzk.:132(1871)

子实体伞状,小而细弱。菌盖圆形,直径2~4cm,白色,中部至边缘有红褐色鳞片,边沿近齿状。菌肉薄,白色。菌褶离生,密,不等长,白色。菌柄柱形,细长,长3~6cm,粗0.2~0.6cm,空心,表面光滑,基部稍膨大。孢子印白色。担孢子卵圆形、椭圆形、长椭圆形或近似角形,5.5~8μm×3~4.5μm,表面光滑,无色。有褶缘囊状体。

夏秋季子实体群生或单生于林中腐叶层、草丛或苔藓间。有毒。

分布:信阳。

【貂皮环柄菇】

***Lepiota erminea*(Fr.)Gillet**,Les Hyménomycètes ou Description de Tous les Champignons(Fungi)qui Croissent en France:73(1874)

Agaricus ermineus Fr.,Syst. Mycol. 1:22(1821)

Lepiota alba(Bres.)Sacc.,Syll. Fung. 5:37(1887)

Lepiota clypeolaria var. *alba* Bres.,Fung. Trident. 1:15(1882)

子实体伞状。菌盖初期半球形,开伞后伸展,直径3~7cm,中部突起,表面白色,老后淡黄色,具纤维状丛生鳞片,后期鳞片更明显。菌褶不等长,较密,较宽,白色。菌柄圆柱形,细长,向下渐粗,一般长5~7cm,粗0.4~0.6cm,白色,菌环以上光滑,菌环以下初期有白色粉末,后变光滑,实心至空心。菌环白色,易消失。孢子印白色。担孢子椭圆形,10~12μm×7~7.3μm,含一油滴,表面平滑,无色。有褶缘囊状体。

夏秋季子实体群生于林地腐殖层上或草地上。踞记载可食用。

分布:卢氏、灵宝、陕县。

讨论:国内文献上多以"白环柄菇 *Lepiota alba*(Bres.)Fr."作为该菌的名称。

【褐鳞环柄菇】

***Lepiota helveola* Bres.** ,Fung. Trident. 1(1):15(1882)

子实体伞状。菌盖初期扁半球形,开伞后平展,中部稍凸起,直径 1 ~ 4cm 左右,表面密被红褐色或褐色小鳞片,中部鳞片较多,往往呈环带状排列。菌肉白色。菌褶离生,较密,不等长,白色或带污黄色。菌柄细弱,长 2 ~ 6cm,粗 0.3 ~ 0.7cm,白色稍带粉红色,内部空心,基部稍膨大。菌环生柄的上部,白色,小而易脱落。孢子印白色。担孢子椭圆形,5 ~ 9μm × 3.5 ~ 5μm,表面光滑,无色。

春季至秋季子实体单生或群生于林中、林缘草地上。极毒,含毒肽及毒伞肽类毒素,中毒后初期多表现急性肠胃炎症状,而后出现烦燥不安、昏迷、抽风、皮下出血、肝脏肿大等症,死亡率高。国内曾发生过多次因误食该菌而导致的中毒事例。

分布:信阳。

【粉褶白环蘑】

***Leucoagaricus leucothites* (Vittad.) Wasser**, Ukr. Bot. Zh. 34(3):308(1977)

Agaricus holosericeus Fr. ,Epicr. Syst. Mycol. :16(1836)

Agaricus leucothites Vittad. ,Descr. Fung. Mang. :310(1835)

Agaricus levis Krombh. ,Naturgetr. Abbild. Beschr. Schwämme 1:tab. 26(1831)

Agaricus naucinus Fr. ,Epicr. Syst. Mycol. :16(1838)

Annularia levis(Krombh.)Gillet,Champignons de France. Tableaux Analytiques des Hyménomycétes:389(1876)

Lepiota leucothites(Vittad.)P. D. Orton,Trans. Br. Mycol. Soc. 43(2):177(1960)

Lepiota naucina(Fr.)P. Kumm. ,Führ. Pilzk. :136(1871)

Lepiota naucina var. *leucothites* (Vittad.)Sacc. ,Syll. Fung. 5:43(1887)

Leucoagaricus carneifolius var. *leucothites*(Vittad.)Bon,Docums Mycol. 7(27 ~ 28):21(1977)

Leucoagaricus holosericeus(Gillet)M. M. Moser,In:Gams,Kl. Krypt. -Fl. ,Edn 3,2b(2):185(1967)

Leucoagaricus leucothites(Vittad.)M. M. Moser ex Bon,Docums Mycol. 7(27 ~ 28):21(1977)

Leucoagaricus naucinus(Fr.)Singer,Lilloa 22:418(1951)

Leucocoprinus holosericeus(Gillet)Locq. ,Bull. Mens. Soc. Linn. Lyon 12:95(1943)

子实体伞状,中等大小。菌盖扁半球形至平展,直径 5 ~ 10cm,表面光滑,有时有龟裂纹。菌肉较厚,白色。菌褶较密,略宽,长短不一,初期白色后呈淡粉红色。菌柄圆柱形,细长,长 6 ~ 15cm,粗 0.5 ~ 2cm,内部松软至空心,基部膨大。菌环生菌柄的上部,膜质,不易脱落,后期与菌柄分离而能上下移动。担孢子椭圆形至卵圆形,7.5 ~ 10μm × 5.5 ~ 7μm,表面光滑,无色。孢子印淡粉红色。有褶缘囊状体,囊状体丛生,棒状,26.7 ~ 36μm × 6 ~ 8μm。

夏秋季子实体单生或散生于林缘、田野草地上。有文献记载可食,但也有人认为有毒。

分布:信阳。

讨论:国内文献上多以"粉褶蘑菇 *Agaricus naucinus* Fr. 或同丝环柄菇 *Lepiota holosericea* Fr. "作为该菌的名称。

【天鹅白鬼伞】

***Leucocoprinus cygneus* (J. E. Lange) Bon**, Docums Mycol. 8(30 ~ 31):70(1978)

Cystolepiota cygnea(J. E. Lange)M. M. Moser,In:Gams,Kl. Krypt. -Fl. ,Bd II b/2,ed. 4,2b/2:236(1978)

Lepiota cygnea J. E. Lange, Fl. Agaric. Danic. 5: V(1940)

Pseudobaeospora cygnea(J. E. Lange) Locq., Bull. Trimest. Soc. Mycol. Fr. 68: 169(1952)

Sericeomyces cygneus(J. E. Lange) Heinem., Bull. Jard. Bot. Nat. Belg. 48(3~4): 405(1978)

子实体伞状,小型,全体白色。菌盖圆形,直径1.5~3cm,表面有丝状光泽,纤维质。菌褶离生,密集。菌柄柱状,向上渐细,中空,菌环着生在菌柄中部。担孢子椭圆形,6~7μm×3~4μm。

夏秋季子实体单生于林下草地上。有毒。

分布:卢氏、灵宝、陕县。

讨论:国内文献上多以"白色小环柄菇 *Lepiota cygnea* J. Lange."作为该菌的名称。

【易碎白鬼伞】

***Leucocoprinus fragilissimus*(Berk. & M. A. Curtis) Pat.**, Essai Tax. Hyménomyc.: 171(1900)

Agaricus flammula Alb. & Schwein., Consp. Fung.: 149(1805)

Agaricus licmophorus Berk. & Broome, Ann. Mag. Nat. Hist., Ser. 5, 12: 370(1883)

Hiatula fragilissima Ravenel & Berk., Ann. Mag. Nat. Hist., Ser. 2, 12: 422(1853)

Lepiota flammula(Alb. & Schwein.) Gillet, Les Hyménomycètes ou Description de Tous les Champignons(Fungi) qui Croissent en France: 63(1874)

Lepiota licmophora(Berk. & Broome) Sacc., Syll. Fung. 5: 44(1887)

子实体伞状。菌盖薄膜质,初期卵圆形,后平展,中部凹,直径2~4cm,有白色辐射状条纹,条纹上覆淡黄色细粉状易脱落的鳞片。菌柄中空,黄色,长4~8cm,粗0.2~0.3cm,基部膨大,表面具黄色纤毛。菌环黄色,膜质,易脱落。担孢子柠檬形,9~12.5μm×7~9μm,具明显发芽孔。

夏秋季子实体单生或散生于阔叶林或竹林落叶层中。

分布:信阳。

【粒皮马勃】

***Lycoperdon asperum*(Lév.) Speg.**, (1881), In: Saccardo, P. A. Sylloge Fungorum VII: 109(1888)

子实体梨形或陀螺形,高2~8cm,宽2.5~6cm,有较发达的不孕基部,蜜黄色,茶色至浅烟色,外包被粉粒状,不易脱落,老熟后局部脱落,内包被光滑。孢体青黄色,后期变栗色。孢丝长,有少数分枝,粗3~7μm,黄褐色。担孢子球形,直径4~6μm,初期青黄色,后期变褐色,有短柄,表面有小刺。

夏秋季子实体单生于林中地上。可药用,有止血作用。

分布:济源、嵩县、桐柏。

【黑紫马勃】

***Lycoperdon atropurpureum* Vittad.**, Monograph Lyc. 2: 42(1842)

Lycoperdon molle var. *atropurpureum*(Vittad.) F. Šmarda, Fl. ČSR, Gasteromycet.: 350(1958)

子实体近陀螺形、近倒卵形,宽2~5cm,不孕基部发达呈海绵状,由白色菌丝束固着在基物上。外包被上有许多细刺,顶端的细刺成丛聚合在一起,细刺脱落后露出光滑、茶灰色至淡烟色、膜质的内包被。孢体深肝色。担孢子球形,直径5~7μm,紫色,背面具明显小疣。孢丝长,粗3.5~5.5μm,分枝少,颜色与担孢子色同。

夏秋季子实体单生于林中地上。幼时可食用,老熟后可药用,有止血作用。

分布:辉县。

【长刺马勃】

***Lycoperdon echinatum* Pers.** ,Ann. Bot. 1:147(1794)

Lycoperdon hoylei Berk. & Broome,Ann. Mag. Nat. Hist. ,Ser. 4 ,7:430(1871)

子实体近梨形,宽 2 ~2. 5cm,不育基部很短或几乎无,浅青色。外包被上布满粗壮的暗褐色长刺,刺成丛生长且顶部聚集在一起,后期刺脱落使包被上呈现网状斑纹。孢体紫褐色。担孢子球形,直径 5 ~6μm 左右,褐色,表面有明显小疣,有易脱落的小柄。孢丝有色,分枝少,粗 5μm 左右。

夏秋季子实体生于阔叶林中地上。

分布:新县、商城、卢氏、灵宝、渑池。

【长柄马勃】

***Lycoperdon excipuliforme*(Scop.)Pers.** ,Syn. Meth. Fung. 1:143(1801)

Calvatia excipuliformis(Scop.)Perdeck,Blumea 6:490(1950)

Calvatia excipuliformis f. *elata*(Massee)Kreisel,Reprium Nov. Spec. Regni Veg. 64:172(1962)

Calvatia saccata(Vahl)Morgan,Gasterom. Ung. :89(1904)

Handkea excipuliformis(Scop.)Kreisel,Nova Hedwigia 48(3 ~4):283(1989)

Lycoperdon boletiforme Batsch,Elench. Fung. :149(1783)

Lycoperdon bovista var. *excipuliforme*(Scop.)Huds. ,Fl. Angl. ,Edn 2,2:642(1778)

Lycoperdon elatum Massee,J. Roy. Microscop. Soc. :710(1887)

Lycoperdon excipuliforme f. *flavescens* Quél. ,Mém. Soc. Émul. Montbéliard,Sér. 2,5:368(1872)

Lycoperdon excipuliforme var. *flavescens*(Quél.)Rea,Brit. Basidiomyc. :31(1922)

Lycoperdon polymorphum var. *excipuliforme* Scop. ,Fl. Carniol. ,Edn 2,2:488(1772)

Lycoperdon saccatum Vahl,Fl. Danic. 7:tab. 1139(1794)

子实体陀螺形,高 3 ~9cm,宽 2. 5 ~7. 5cm,不孕基部发达。包被淡褐色或茶褐色至酱色,两层,膜质,薄而紧贴,初期有细绒毛或细粉末,渐光滑,成熟时破裂成片,散落蜜黄色孢体。担孢子近球形,直径 3 ~4μm,青黄色,表面近光滑或有微细小疣。孢丝粗 2 ~4μm。有少数分枝或横隔。

夏秋季子实体生林中地上。幼时可食用。

分布:汝阳、嵩县、卢氏。

【褐皮马勃】

***Lycoperdon fuscum* Bonord.** ,Botan. Zeit. :626,(1859)

子实体梨形或宽陀螺形,宽 2 ~4cm,不育基部短。包被两层,外包被上有许多暗褐色至黑色、易脱落的刺,刺长 0. 5mm。内包被膜质,深烟色或淡烟色。孢体烟色。孢丝线形,褐色,有稀疏的分枝,无隔,壁厚,粗 3. 5 ~4μm,向顶端渐狭细。担孢子褐绿色,圆球形,直径 4 ~4. 8μm,表面稍粗糙,有一易脱落的短柄。

夏秋季子实体生于林中地上,常见于苔藓丛中。幼时可食用,老熟后可药用,用于外伤止血。

分布:卢氏、灵宝、渑池。

【小柄马勃】

Lycoperdon pedicellatum **Peck**, Bulletin of the Buffalo Society of Natural History 1:63(1873)

子实体近球形或梨形,宽2~3cm,深肉桂色,表面有粗壮的刺,刺长0.5~1mm,刺脱落后露出淡青色的内包被,并在刺脱落处出现明显的凹点。不孕基部较小。担孢子球形或近似卵圆形,直径4μm,带浅黄色,表面光滑或粗糙,有透明的小柄,小柄长10~25μm。孢丝线形,分枝少,粗达6μm,颜色与担孢子色同(图版091)。

子实体生于阔叶林中的腐枝落叶层上。幼时可食用。

分布:汝阳、栾川、卢氏、灵宝、渑池。

【网纹马勃】

Lycoperdon perlatum **Pers.**, Observ. Mycol. 1:145(1796)

Lycoperdon gemmatum Batsch, Elench. Fung.:147(1783)

Lycoperdon gemmatum var. *perlatum*(Pers.)Fr., Syst. Mycol. 3(1):37(1829)

子实体倒卵形、近球形、陀螺形或梨形,高2.5~7cm,宽2~4cm,初白色,后为灰黄色至黄褐色,不育基部发达,有时伸长如柄。外包被上布满小疣,小疣间混生有较大且易于脱落的长刺,刺脱落后出现淡色、平滑的斑点。孢体青黄色,后变为褐色,有时稍带紫色。孢丝长,局部平直或不规则状,有稀疏分枝,无隔,粗5.5μm,淡褐色,橄榄色或栗褐色。担孢子球形,直径3.5~5μm,橄榄色,表面有细而密的小疣(图版091)。

夏秋季子实体单生或群生于林中地上,偶见于腐木上。幼嫩时可食。具药用价值。

分布:济源、嵩县、内乡、栾川、南召、新县、商城、汝阳、卢氏、信阳、灵宝、渑池。

【草地马勃】

Lycoperdon pratense **Pers.**, Tent. Disp. Meth. Fung.:7(1797)

Calvatia depressa(Bonord.)Zeller & A. H. Sm., Lloydia 27:171(1964)

Calvatia subpratensis(Lloyd)Coker & Zeller, Mycologia 39(3):305(1947)

Lycoperdon depressum Bonord., Bot. Ztg. 15:611(1857)

Lycoperdon hiemale Bull., Herb. Fr. 2:148(1782)

Vascellum depressum(Bonord.)F. Šmarda, Bull. Int. Acad. Pol. Sci. Lett. 1:305(1958)

Vascellum pratense(Pers.)Kreisel, Feddes Repert. 64:159(1962)

Vascellum subpratense(Lloyd)P. Ponce de León, Fieldiana, Bot. 32(9):113(1970)

子实体宽陀螺形或近扁球形,直径2~5cm,高1~4cm,初期白色或污白色,成熟后灰褐色或茶褐色。不育基部发达且粗壮。成熟后顶部破裂成孔口。外孢被由白色小疣状短刺组成,后期小疣状短刺脱落,露出光滑的内包被。内部孢粉幼时白色,后期黄白色,成熟后茶褐色。孢丝无色或近无色至褐色,厚壁,有隔膜,表面有附属物。担孢子球形,直径3.5~4.5μm,有小刺疣,浅黄色。

夏秋季子实体单生、散生、群生于林缘或林下草地上。幼时可食。

分布:济源、林州、嵩县。

讨论:国内文献上,多以草地横膜马勃 *Vascellum pratense*(Pers.)Kreisel 作为该菌的名称。该菌子实体不育基部与产孢部分之间有一明显的横膜隔离,这是该菌与马勃属(*Lycoperdon*)其他一些近似种的主要区别，名称中的"横膜"二字也由此而来。

【梨形马勃】

Lycoperdon pyriforme **Schaeff.**, Fung. Bavar. Palat. 4:128(1774)

Lycoperdon pyriforme β tessellatum Pers., Syn. Meth. Fung. 1:148(1801)

Morganella pyriformis(Schaeff.) Kreisel & D. Krüger[as '*pyriforme*'], In: Krüger & Kreisel, Mycotaxon 86:175 (2003)

子实体梨形至近球形，高2～3.5cm，有发达的不孕基部，由白色菌丝束固着于基物上。包被初期色淡，后期呈茶褐色至浅烟色，外包被上有微细颗粒状小疣，内部橄榄色，后变为褐色。担孢子橄榄色，球形，直径3.5～4.5μm，表面平滑。孢丝青色，线形，分枝少，无隔膜，粗3.5～5.2μm，末梢部粗约2μm(图版092)。

夏秋季子实体丛生、散生或群生于林中地上或腐木桩基部，幼时可食，老后可药用。

分布：卢氏、内乡、栾川、嵩县、商城、辉县。

【长柄梨形马勃】

Lycoperdon pyriforme **var.** ***excipuliforme*** **Desm.**, Pl. Crypt. Nord France: no. 1152(1843)

子实体近圆筒形，高可达4～5cm，不孕基部比梨形马勃更发达，长3～4cm，其他特征同梨形马勃(图版093～094)。

夏秋季子实体群生于林中腐木上，幼嫩时可以食用。

分布：信阳、栾川。

【白刺马勃】

Lycoperdon wrightii **Berk. & M. A. Curtis**, Grevillea 2(16):50(1873)

子实体较小，高0.5～2cm，直径0.5～2.5cm，外包被上有密集的白色小刺，小刺的尖端成丛聚合呈角锥形，后期小刺脱落，露出淡色的内包被。孢子体青黄色，不孕的基部小或无。担孢子球形，直径3～4.5μm，浅黄色，稍粗糙。含有一大油滴。孢丝线形，近无色，分枝少，壁薄，有横隔(图版095)。

秋季子实体丛生于林地上。可药用，有止血、消炎、解毒功效。

分布：汝阳、栾川、卢氏、信阳。

【裂皮大环柄菇】

Macrolepiota excoriata **(Schaeff.) Wasser**, Ukr. Bot. Zh. 35(5):516(1978)

Agaricus excoriatus Schaeff., Fung. Bavar. Palat. 4:10(1774)

Agaricus procerus var. *excoriatus*(Schaeff.) Pers., Syn. Meth. Fung. 2:257(1801)

Agaricus vulneratus Batsch, Elench. Fung. :53(1783)

Lepiota excoriata(Schaeff.) P. Kumm., Führ. Pilzk. :135(1871)

Lepiota heimii Locq., In: Kühner & Romagnesi, Fl. Analyt. Champ. Supér. :400(1981)

Lepiota procera β excoriata(Schaeff.) Gray, Nat. Arr. Brit. Pl. 1:601(1821)

Lepiotophyllum excoriatum(Schaeff.) Locq., Bull. Mens. Soc. Linn. Lyon 11:40(1942)

Leucoagaricus excoriatus(Schaeff.) Singer, Sydowia 2(1～6):35(1948)

Leucocoprinus excoriatus(Schaeff.) Pat., Essai Tax. Hyménomyc. :171(1900)

Leucocoprinus heimii Locq. ,Revue Mycol. ,Paris 17:63(1952)

Macrolepiota excoriata(Schaeff.)M. M. Moser,In:Gams,Kl. Krypt. -Fl. ,Edn 2,2b:130(1955)

Macrolepiota heimii (Locq.)Bon,Docums Mycol. 11(43):73(1981)

子实体伞状。菌盖初期球形后平展,直径4~11cm,白色,中部有时呈浅褐色,表面常龟裂为淡黄褐色斑状细鳞。菌肉白色。菌褶离生,不等长,密,白色。菌柄圆柱形,长4~1.2cm,粗1~1.2cm,白色,空心,上部细,向基部渐膨大。菌环生菌柄的上部,膜质,白色,后期与能上下活动。孢子印白色。担孢子椭圆形,14~17μm×7.5~10μm,表面光滑,无色。

夏秋季子实体群生或散生于林缘或林下草地上,可食用。

分布:信阳。

【红顶大环柄菇】

***Macrolepiota gracilenta*(Krombh.)Wasser**,Ukr. Bot. Zh. 35(5):516(1978)

Agaricus gracilentus Krombh. ,Naturgetr. Abbild. Beschr. Schwämme 4:8(1836)

Lepiota gracilenta(Krombh.)Quél. ,Mém. Soc. Émul. Montbéliard,Sér. 2,5:71(1872)

Lepiota procera f. *gracilenta*(Krombh.)Rick,Lilloa 1:318(1937)

Leucocoprinus gracilentus(Krombh.)Locq. ,Bull. Soc. Linn. Lyon 12:95(1943)

子实体伞状。菌盖初期钟形至半球形,后平展,中部凸起,直径6~13cm,表面有浅褐色的块状鳞片,向外鳞片逐渐稀少并变小,中部浅朽叶色,边缘白色。菌肉白色。菌褶离生,不等长,白色。菌柄圆柱形,长6~18cm,粗0.5~1cm,表面有白色纤毛状鳞片,内部松软到中空,基部膨大呈球形。菌环白色,膜质,生菌柄的上部,后与菌柄分离能上下移动。孢子印白色。担孢子宽椭圆形至卵圆形,12.6~18.5μm×9.1~11μm,无色。

夏秋季子实体单生或散生于林中草地上或空旷处的地上。可食用。

分布:信阳。

【高大环柄菇】

***Macrolepiota procera* var. *procera*(Scop.)Singer**,Pap. Mich. Acad. Sci. 32:141(1948)

Agaricus annulatus Lightf. ,Fl. Scot. 2:1025(1777)

Agaricus antiquatus Batsch,Elench. Fung. :55(1783)

Agaricus colubrinus Bull. ,Herb. Fr. 2:tab. 78(1782)

Agaricus procerus Scop. ,Fl. Carniol. ,Edn 2, 2:418(1772)

Amanita procera(Scop.)Fr. ,Anteckn. Sver. Ätl. Svamp. :33(1836)

Lepiota procera(Scop.)Gray,Nat. Arr. Brit. Pl. 1:601(1821)

Lepiotophyllum procerum(Scop.)Locq. ,Bull. Mens. Soc. Linn. Lyon 11:40(1942)

Macrolepiota procera(Scop.)Singer,Pap. Mich. Acad. Sci. 32:141(1948)

Mastocephalus procerus(Scop.)Pat. ,Essai Tax. Hyménomyc. :171(1900)

子实体伞状。菌盖初期卵形,后期平展且中部凸起,直径6~30cm,中部褐色,有锈褐色棉絮状鳞片,边缘污白色。菌肉较厚,白色。菌褶离生,密,不等长,白色。菌柄圆柱形,长12~39cm,粗0.6~1.5cm,基部膨大呈球状,初期内部松软,后渐变空心,颜色与菌盖相同,表面有土褐色至暗褐色的细小鳞片。菌环较厚,常与菌柄分离而能上下活动,上面白色,下面与菌柄同色。孢子印白色。担孢子椭圆形,10.5~12.6μm×11~14μm,无色,表面光滑,具明显发芽孔(图版096)。

夏秋季子实体单生、散生、群生于混交林中地上的腐叶层中。

分布:信阳。

【白绒蛋巢菌】

***Nidula niveotomentosa*(Henn.)Lloyd**, Mycol. Writ. 3:455(1910)

Cyathus niveotomentosus Henn., Hedwigia 37:274(1898)

子实体杯状,高约4~6mm,宽4~5mm,白色至淡黄色,外侧被绒毛。子实体内(杯体内)有多个小包,小包扁圆形,宽约1mm,红褐色,干时表面有皱纹。小包内含担孢子,担孢子近卵形或阔椭圆形,光滑,6.5~8μm×4.5~6μm(图版097~100)。

夏秋季子实体散生或群生于枯枝、腐木上,为木材腐朽菌。

分布:卢氏。

【金盖鳞伞】

***Phaeolepiota aurea*(Matt.)Maire**, Icones Selectae Fungorum, Texte General 6:111(1928)

Agaricus aureus Matt., Résult. Voy. Belgica, Lich.:331(1777)

Agaricus aureus var. *herefordensis* Renny, In: Cooke, Handb. Brit. Fungi, 2nd Edn:140(1883)

Agaricus aureus var. *vahlii*(Schumach.)Cooke, Handb. Brit. Fungi, 2nd Edn:140(1884)

Agaricus spectabilis Fr., Elench. Fung. 1:28(1828)

Agaricus vahlii Schumach., Enum. Pl. 2:258(1803)

Cystoderma aureum(Matt.)Kühner & Romagn., Fl. Analyt. Champ. Supér.:393(1953)

Fulvidula spectabilis(Fr.)Romagn., Revue Mycol. 2:191(1937)

Gymnopilus spectabilis(Fr.)Singer, Nov. Holland. Pl. Spec.:471(1951)

Lepiota pyrenaea Quél., Compt. Rend. Assoc. Franç. Avancem. Sci. 16:1(1887)

Pholiota aurea(Matt.)Sacc., Syll. Fung. 5:736(1887)

Pholiota spectabilis(Fr.)P. Kumm., Führ. Pilzk.:84(1871)

Togaria aurea(Matt.)W. G. Sm., Syn. Brit. Basidiomyc.:122(1908)

子实体伞状。菌盖初期半球形,扁半球形,后期稍平展,直径5~15cm,金黄色、橘黄色,后期中部凸起或有皱,表面密布粉粒状颗粒,老后边缘有不明显的条纹。菌肉厚,白色带黄色。菌褶直生,不等长,较密,褶皱状或有小锯齿,初期白色带黄色,后变黄褐色。菌柄细长,圆柱形,长5~15cm,粗1.5~3cm,基部膨大,有橘黄色至黄褐色纵向排列的颗粒状鳞片。菌环膜质,大,上表面光滑近白色,下表面有颗粒,不易脱落。孢子印黄褐色。担孢子长纺锤形,11~14μm×4~6μm,表面光滑或有疣。

夏秋季子实体散生、群生,有时近丛生于针叶林或针阔混交林中地上。为树木的外生菌根菌,与松树形成外生菌根。有文献记载可食用,也有文献记载有毒。

分布:信阳。

【枣红马勃】

***Lycoperdon spadiceum* Schaeff.**, Fung. Bavar. Palat. 4:129(1774)

Pisocarpium spadiceum(Schaeff.)Link, Mag. Gesell. Naturf. Freunde 8:44(1816)

Scleroderma aurantium var. *spadiceum*(Schaeff.)Šebek, Sydowia 7(1~4):171(1953)

Scleroderma spadiceum(Schaeff.)Pers., Syn. Meth. Fung. 1:155(1801)

Scleroderma verrucosum var. *spadiceum*(Schaeff.)Fr. ,Syst. Mycol. 3(1):49(1829)

Scleroderma vulgare var. *spadiceum*(Schaeff.)Sacc. ,In:Berlese,De Toni & Fischer,Syll. Fung. 7:135(1888)

子实体球形至扁球形,直径2.5~12cm,黄色,橙黄色或黄褐色,表面龟裂成鳞片,皮层厚,内部初期带灰白色,后期变成紫蓝灰色至近黑色粉末(孢体),最后从顶部开口并散发出黑色粉末。孢丝有分枝,壁厚,粗3.5~6μm,具锁状联合。担孢子球形,直径8~12μm,表面具网纹及小突起,黑褐色。

夏秋季子实体生于林中地上。为树木的外生菌根菌。据国外报导有毒,食后引起胃肠炎反应。老熟干后可药用,具消炎效果。

分布:河南。

注:作者未见到该菌,关于该菌在河南省的分布是依据文献《中国真菌总汇》(戴芳澜,1979)。

6.1.1.2 鹅膏菌科 Amanitaceae

【片鳞鹅膏菌】

***Amanita agglutinata*(Berk. & M. A. Curtis) Lloyd**,In:Saccardo,P. A. Sylloge Fungorum IX:2(1891)

子实体伞状,中等大小,初期污白色,后变土黄色至土褐色。菌盖初期扁半球形,后期近平展,直轻5~8cm,表面附有大片粉质鳞片,中部稍下凹,边缘有不明显的短条棱。菌肉白色。菌褶初期白色,后变污白色至带褐色,离生,不等长,小菌褶似切刀状,褶缘似有粉粒。菌柄细长,圆柱形,长5~11cm,粗可达0.8~1cm,表面似有细粉末,实心,基部膨大。无菌环。菌托苞状,较大。孢子印白色。担孢子无色,宽椭圆形至卵圆形,8~12.7μm×6~8.8μm,内含颗粒状物,糊性反应。

夏秋季子实体散生或单生于阔叶林中地上。是树木的外生菌根菌,与栎、栗等形成外生菌根。为毒菌,含有毒肽(phallotoxins)类毒素及毒蝇碱(muscarine)等。可药用,但因有毒,不可单独入药。

分布:信阳、栾川、内乡。

【橙红鹅膏菌】

***Amanita bingensis*(Beeli) R. Heim**,Revue Mycol. ,Paris 5:22(1940)

Amanitopsis bingensis Beeli,In:Petrak,F. Petrak's Lists 5:175(1930)

子实体伞状,橘红色,较小。菌盖初期半球形,开伞后近平展,直径1~5.5cm,表面有微小的橙黄色粉末或小疣,边缘色浅并有明显的条棱。菌肉橘红色。菌褶白色,稍密,离生,不等长。菌柄长2~8cm,粗0.5~0.8cm,顶部白色,向下浅柠檬黄色,边缘开裂且被粉末。菌托呈粉粒。孢子印白色。担孢子卵圆形至宽椭圆形,6~8μm×5~6μm,无色,糊性反应。

夏季子实体生于阔叶林或混交林中地上。有毒,食后引起胃肠道反应,中毒严重时可致死。为树木的外生菌根菌。

分布:信阳、栾川、内乡。

【橙盖鹅膏】

***Amanita caesarea*(Scop.) Pers.** ,Syn. Meth. Fung. 2:252(1801)

Agaricus aurantiacus Bull. ,Herb. Fr. 3:666,tab. 120(1783)

Agaricus aurantius Bull. ,Herb. Fr. 3:tab. 120(1783)

Agaricus aureus Batsch, Elench. Fung. :57(1783)

Agaricus caesareus Scop. , Fl. Carniol. , Edn 2, 2:419(1772)

Agaricus caesareus Schaeff. , Fung. Bavar. Palat. 4:64(1774)

Amanita aurantia(Bull.) Lam. , In: Lamarck & Poiret, Encycl. Méth. Bot. 1:111(1783)

Fungus caesareus(Schaeff.) Kuntze, Revis. Gen. Pl. 3:479(1898)

Venenarius caesareus(Scop.) Murrill, Mycologia 5(2):73(1913)

Volvoamanita caesarea(Scop.) E. Horak, Pilz- und Kräuterfreund 10:230(1968)

子实体伞状。菌盖初期卵圆形至钟形,后渐平展,直径5.5~20cm,中部稍凸起,橘红色,表面光滑,稍黏,边缘有较明显的条纹。菌肉白色。菌褶离生,不等长,较厚,黄色。菌柄圆柱状,长8~25cm,粗1~2cm,淡黄色,常有橙黄色花纹或鳞片,内部较松软至空心。菌环膜质,下垂,淡黄色,上面有细条纹,生在菌柄的上部。菌托苞状,较大,白色。有时外菌幕破裂后的残片附着在菌盖表面。孢子印白色。担孢子宽椭圆形至卵圆形,10~12.6μm×6~8.5μm,无色,表面光滑(图版101)。

夏秋季子实体单生或散生于林中地上。可食用,味道鲜美,是著名的野生食用菌之一。为树木的外生菌根菌。

分布:信阳、栾川、内乡。

【橙盖鹅膏白色变种】

***Amanita caesarea* var. *alba* Gillet**, Les Hyménomycètes ou Description de Tous les Champignons(Fungi) qui Croissent en France:34(1874)

子实体伞状,大型。菌盖初期卵圆形至钟形,后渐平展,直径7~20cm,白色至乳白色,往往中部凸起并带淡土黄色,表面光滑,边缘具明显条纹。菌肉白色至乳白色。菌褶白色,宽,稍密,离生,不等长。菌柄圆柱形,长8~18cm,粗1~2cm,白色,光滑或具纤毛状鳞片,内部松软至空心。菌环白色,下垂,上面有细条纹,生菌柄的上部,易脱落。菌托大,苞状,有时外包被破裂成鳞片附着在菌盖表面。孢子印白色。担孢子宽椭圆形至卵圆形,11~126μm × 8.7~10μm,表面光滑,无色,非糊性反应。

夏秋季子实体单生、散生或群生于林中地上。为树木的外生菌根菌。可食用,味道较好,但与剧毒的白毒伞、鳞柄白毒伞比较相似,其主要区别是后两种子实体较细弱,菌盖边缘无条纹,菌托及担孢子均较小。采食时要特别注意。

分布:信阳、栾川、内乡。

【圈托鹅膏菌】

***Amanita ceciliae*(Berk. & Broome) Bas**, Persoonia 12(2):192(1984)

Agaricus ceciliae Berk. & Broome, Ann. Mag. Nat. Hist. , Ser. 2 , 13:396(1854)

Amanita inaurata Secr. ex Gillet, Les Hyménomycètes ou Description de Tous les Champignons(Fungi) qui Croissent en France:41(1874)

Amanitopsis ceciliae (Berk. & Broome) Wasser, Flora Gribov Ukrainy, Bazidiomitsety. Amanital'nye Griby: 144 (1992)

Amanitopsis inaurata(Secr. ex Gillet) Fayod, Annls Sci. Nat. , Bot. , Sér. 7, 9:317(1889)

子实体伞状,中等大小。菌盖初期钟形,后半球形至平展,直径5~13cm,淡土黄色至灰褐色,具灰褐色至灰黑色易脱落的粉质颗粒,表面稍黏,边缘具明显条纹。菌肉白色,薄。菌褶白色或稍带灰色,较密,离生,不等长。菌柄细长,圆柱形,长 11 ~ 18cm,粗 1 ~ 2cm,上部白色,下部带灰色,具深色纤毛状小鳞片,鳞片往往排列成花纹,内部松软至空心,基部稍膨大。菌托由 2 ~ 3 圈深灰色粉质环带组成。孢子印白色。担孢子近球形,12 ~ 15μm × 10 ~ 12μm,表面光滑,无色,非糊性反应。

夏秋季子实体单生或散生于林中地上。可食用。

分布:信阳。

【橙黄鹅膏菌】

***Amanita citrina* var. *citrina*(Pers.)Pers.**,Tent. Disp. Meth. Fung.:70(1797)

Agaricus mappa Batsch,Elench. Fung.:57(1783)

Agaricus mappa Willd.,Fl. Berol. Prodr.:381(1787)

Amanita bulbosa var. *citrina*(Pers.)Gillet,Les Hyménomycètes ou Description de Tous les Champignons(Fungi) qui Croissent en France:36(1874)

Amanita citrina Pers.,Tent. Disp. Meth. Fung.:70(1797)

Amanita citrina var. *mappa*(Batsch)Pers.,Syn. Meth. Fung. 2:251(1801)

Amanita citrina β mappalis Gray,Nat. Arr. Brit. Pl. 1:599(1821)

Amanita mappa(Batsch)Bertill.,In:Dechambre,Dict. Encyclop. Sci. Medic.,Sér. 1,3:500(1866)

Amanita mappa var. *citrina*(Pers.)Rea,Brit. Basidiomyc.:100(1922)

Amanitina citrina(Pers.)E.-J. Gilbert,In:Bresadola,Iconogr. Mycol. 27(Suppl. 1):78(1941)

子实体伞状,中等大小,硫黄色至橙黄色或柠檬黄色。菌盖幼时半球形至近扁半球形,开伞后平展,直径 6 ~ 10cm,边缘具不明显的条棱,表面有斑块或近似颗粒状鳞片,后期鳞片易脱落。褶髓细胞呈倒羽状排列。菌柄细长圆柱形,长 5 ~ 12cm,粗 0.9 ~ 1.5cm,内部松软且后期变空心,白色带黄色。菌托与膨大的菌柄基部结合,似浅杯状。孢子印白色。担孢子宽椭圆形至球形,6 ~ 10μm,表面光滑,无色,糊性反应。

夏秋季子实体单生或散生于林中地上。菌肉具臭味。在分布地调查,有人讲无毒可食,另有人讲有剧毒。是树木外生菌根菌,与云杉、冷杉、松、栎等形成菌根。

分布:卢氏、灵宝、陕县、栾川、内乡。

【柯克氏鹅膏】

***Amanita cokeri* f. *roseotincta* Nagas. & Hongo**,Trans. Mycol. Soc. Japan 25(4):373(1984)

子实体伞状。菌盖近白色,成熟后中央淡鲑红色,直径 4 ~ 8cm,扁半球形至几乎平展,表面有多数角锥状的小疣。菌盖中央的小疣大,边缘的小疣小。菌肉白色,坚实。菌褶几乎离生,白色至淡黄白色,密集,缘部粉状。菌柄近白色,11 ~ 15cm × 1 ~ 1.3cm,基部纺锤状膨大,中实,下部有轮状排列的反翘的小鳞片,上部的翘鳞小。菌环顶生,厚膜质,宿存,上面有条纹,下面有纤维状至胶带状的附属物与菌柄相连。担孢子椭圆形至阔卵形,8 ~ 12μm × 6 ~ 8μm(图版 102)。

夏秋季子实体单生于赤松、枹栎、枞树、米槠等林中地上。

分布:信阳。

【块鳞青鹅膏】

***Amanita excelsa* var. *excelsa*(Fr.)P. Kumm.**,Führ. Pilzk.:138(1871)

Agaricus cariosus(Fr.)Fr.,Hymenomyc. Eur.:24(1874)

Agaricus excelsus Fr. ,Syst. Mycol. 1:17(1821)
Agaricus validus Fr. ,Epicr. Syst. Mycol. :7(1838)
Amanita ampla Pers. ,Syn. Meth. Fung. 2:255(1801)
Amanita cariosa(Fr.)Quél. ,Bull. Soc. Amis Sci. Nat. Rouen,Série II 15:153(1880)
Amanita excelsa(Fr.)P. Kumm. ,Führ. Pilzk. :138(1871)
Amanita excelsa var. *valida* (Fr.)Wasser,Flora Gribov Ukrainy,Bazidiomitsety. Amanital'nye Griby:134(1992)
Amanita spissa var. *ampla*(Pers.)Veselý,Annls Mycol. 31(4):268(1933)
Amanita spissa var. *cariosa*(Fr.)Veselý,Annls Mycol. 31(4):269(1933)
Amanita spissa var. *cariosa*(Fr.)Cetto,Enzyklopädie der Pilze,Band 2:685(1987)
Amanita spissa var. *excelsa*(Fr.)Dörfelt & I. L. Roth,Schriftenreihe Vogtlandmuseum Plauen 49:24(1982)
Amanita spissa var. *valida*(Fr.)E. -J. Gilbert,Le Genre Amanita Persoon:112(1918)
Venenarius excelsus(Fr.)Murrill,Lloydia 11:101(1948)

子实体伞状,中等大小。菌盖幼时扁半球形,开伞后平展,直径可达10cm,瓦灰色至浅青褐色,有深棕色易脱落的块状鳞片,边缘无条棱,潮湿时表面黏。菌肉白色。菌褶离生,不等长。菌柄细长,圆柱形,近白色,长12~16cm,粗1~2.5cm,下部有灰色鳞片,基部膨大呈球形。菌托由灰色环带粉状物组成,易脱落。孢子印白色。担孢子椭圆形,9~11μm×6~8μm,表面光滑,无色,糊性反应。有褶缘囊状体,囊状体无色,泡囊状。

秋季子实体单生于阔叶林中地上。据报道有毒,为极毒蘑菇。为树木的外生菌根菌,与云杉、松等形成外生菌根。

分布:卢氏、灵宝、陕县、栾川、内乡。

【块鳞灰毒鹅膏】

***Amanita excelsa* var. *spissa*(Fr.)Neville & Poumarat**,Fungi Europ. 9:721(2004)
Agaricus spissus Fr. ,Epicr. Syst. Mycol. :9(1838)
Amanita spissa (Fr.)P. Kumm. ,Führ. Pilzk. :114(1871)

子实体伞状,灰色,中等大小。菌盖初期扁半球形,开伞后平展,直径5~14cm,湿润时稍黏,棕灰色,具深灰色易脱落的鳞片,边缘无条棱。菌肉白色。菌褶白色,稍密,离生,不等长。菌柄长7~13cm,粗0.7~2.5cm,污白色,菌环以下有环形灰色鳞片,基部膨大呈球形,直径可达1~3cm。菌托由灰色颗粒环带组成,易消失。担孢子椭圆形,9~11μm×6~8μm,表面光滑,无色,糊性反应。有褶缘囊状体,囊状体泡囊状,无色。

夏秋季子实体散生或群生于针叶林、阔叶林中地上。为树木的外生菌根菌,与马尾松及一些栎类等树木形成外生菌根。有毒。

分布:信阳。

【小托柄鹅膏】

***Amanita farinosa* Schwein.** ,Schr. Naturf. Ges. Leipzig 1:79(1822)

子实体伞状,较小。菌盖初期扁半球形,后渐平展,直径2~6cm,棕灰色至深灰色或近白色,有灰褐色粉质粒状鳞片,边缘有较明显的棱纹。菌肉薄,白色。菌褶白色,离生,宽,不等长。菌柄圆柱形,长3~4cm,粗0.25~0.7cm,白色,向下稍黄,初期内部松软,后变空心,基部膨大呈球形。菌托较小。孢子印白色。担孢子近球形,7~9μm×5~7μm。

夏秋季子实体单生或群生于松林中地上。

分布:信阳。

【黄毒蝇鹅膏】

***Amanita flavoconia* G. F. Atk.** ,J. Mycol. 8:110(1902)

Amplariella flavoconia(G. F. Atk.)E. -J. Gilbert,Iconogr. Mycol. 27(Suppl. 1):79(1941)

Venenarius flavoconius(G. F. Atk.)Murrill,Lloydia 11:101(1948)

子实体伞状,黄色,较大。菌盖幼时扁半球形,后渐平展,直径5~10cm,中部稍凸起,橙黄色或稍浅,湿时黏,具黄色至黄白色鳞片,鳞片易脱落,菌盖边缘具不太明显的短条纹。菌肉较薄,白色至淡黄色。菌褶离生,乳白色至淡黄色,较密,稍宽,不等长。菌柄圆柱形,长5~10cm,粗0.8~1cm,基部膨大呈近球形至棍棒状,内部松软至空心,白色至淡黄色。菌环膜质,薄,生菌柄上部。外菌幕破裂后呈粉粒或棉绒状附在盖顶部形成鳞片,也附着在柄基部呈现出明显的黄色粉末状菌托残迹。菌柄上往往也附有黄色粉末。担孢子卵圆形,8~10.7μm×5~7.6μm,白色,表面光滑,糊性反应。

夏秋季子实体群生于针阔混交林地上。为外生菌根菌。有毒,对蝇类有明显的毒杀作用。

分布:卢氏、灵宝、陕县。

【褐托柄鹅膏】

***Amanita fulva* Fr.** ,Observ. Mycol. 1:2(1815)

Agaricus fulvus Schaeff. ,Fung. Bavar. Palat. 4:41(1774)

Amanita vaginata var. *fulva*(Fr.)Gillet,Les Hyménomycètes ou Description de Tous les Champignons(Fungi) qui Croissent en France:51(1874)

Amanitopsis vaginata var. *fulva* Sacc. ,Syll. Fung. 5:21(1887)

子实体伞状。菌盖初期卵圆形至钟形,后渐平展,直径6~11cm,中部稍凸起,表面光滑,黏,边缘有较明显的条纹,常附着有外菌幕残片。菌肉较薄,白色或乳白色。菌褶离生,较密,不等长,白色至乳白色,褶缘较粗糙。菌柄圆柱形,细长,9~18.5cm×0.9~2cm,颜色比菌盖的颜色淡,光滑或有粉质鳞片,质脆,内部松软至空心。菌托苞状,较大,浅土黄色。孢子印白色。担孢子球形至近卵圆形,10~12.4μm×9~10.5μm,无色,表面光滑(图版103)。

夏秋季子实体单生或散生于阔叶林中地上。可食用,属于味道较好的一种野生食用菌。

分布:信阳、栾川、内乡。

【黄盖鹅膏】

***Amanita gemmata*(Fr.)Bertill.** ,Essai Crypt. Exot. 3:496(1866)

Agaricus adnatus W. G. Sm. , In: Saund. & Sm. , Suom. Elain-ja Kasvit. Seuran Van. Tiedon. Pöytäkirjat: Pl. 21 (1870)

Agaricus gemmatus Fr. ,Epicr. Syst. Mycol. :28(1838)

Amanita adnata(W. G. Sm.)Sacc. ,Syll. Fung. 23:5(1925)

Amanita gemmata(Fr.)Gillet,Les Hyménomycètes ou Description de Tous les Champignons(Fungi) qui Croissent en France:52(1874)

Amanita junquillea Quél. ,Bull. Soc. Bot. Fr. 23:324(1876)

Amanita junquillea var. *exannulata* J. E. Lange,Fl. Agaric. Danic. 1:14(1935)

Amanita muscaria var. *gemmata*(Fr.)Quél. ,Enchir. Fung. :3(1886)

Amanitaria gemmata(Fr.)E. -J. Gilbert,Iconogr. Mycol. 27(Suppl. 1):77(1941)

Amanitopsis adnata(W. G. Sm.)Sacc. ,Syll. Fung. 5:24(1887)

Amanitopsis gemmata(Fr.)Sacc. ,Syll. Fung. 5:25(1887)

Venenarius gemmatus(Fr.)Murrill,Lloydia 11:102(1948)

子实体伞状。菌盖扁半球形至平展,直径6~9cm,淡黄色,湿时黏,中央蛋壳色,边缘有明显的条纹。菌褶离生,较薄,白色至乳黄色。菌柄长11cm,粗1.2cm,白色或近白色,基部常膨大成球形,菌环以上的部分有纵纹。菌环膜质,较大,生于菌柄的上部,不易脱落。菌托上部易消失,下部紧贴在菌柄的球状基部上。担孢子广椭圆形至近球形,8~10μm×6~8μm(图版104)。

夏秋季子实体单生于混交林中地上。为外生菌根菌。

分布:信阳。

【花柄橙红鹅膏】

***Amanita hemibapha*(Berk. & Broome)Sacc.** ,Syll. Fung. 5:13(1887)

Agaricus hemibaphus Berk. & Broome,Trans. Linn. Soc. (1868)

子实体伞状,大小中等至大型。菌盖初期近卵圆形至近钟形,后期近平展,直径5~15cm或更大,中央有小凸起,红色,橙红色,亮红色,边缘色淡且有明显长条棱,表面光滑,湿时黏。菌肉黄白色,中部较厚。菌褶离生,不等长,白色略带黄色。菌柄圆柱形,长11~16cm,粗0.5~2cm,表面黄色且有橙红色花纹,内部松软至空心。菌环较大,膜质,黄色。菌托大而厚,苞状,纯白色。孢子印白色。担孢子宽椭圆形,9~12μm×7.5~10μm,表面光滑,无色。

夏秋季子实体单生或散生于林中地上。可食用。为树木的外生菌根菌。

分布:卢氏、灵宝、陕县、渑池。

【长条棱鹅膏】

***Amanita longistriata* S. Imai**,J. Coll. Agric. ,Hokkaido Imp. Univ. 43:11(1938)

子实体伞状,小型至中等大小。菌盖幼时近卵圆形至近钟形,后期近平展,直径2~8cm,灰褐色或淡褐色带浅粉红色,中部往往下凹且中央稍凸,边缘有放射状长条棱。菌肉薄,污白色,近表皮处色暗。菌褶污白色至微带粉红色,离生,较密,不等长,短菌褶似切刀状。菌柄细长圆柱形,长4~8cm,粗0.4~0.7cm,污白色,内部松软至中空,表面平滑。菌环膜质,污白色,生菌柄上部。菌托苞状,污白色。孢子印白色。担孢子卵圆形至近球形,10.5~14μm×7.5~9.5μm,无色,表面光滑。

夏秋季子实体散生或群生于阔叶林、针叶林或针阔混交林中地上。为树木的外生菌根菌。据日本报道为毒菌。

分布:卢氏、灵宝、陕县。

【雪白鹅膏】

***Amanita nivalis* Grev.** ,In:Saccardo,P. A. Sylloge Fungorum XV:44(1900)

Amanita vaginata f. *nivalis*(Grev.)Veselý,Annls Mycol. 31(4):279(1933)

Amanita vaginata var. *nivalis*(Grev.)E. -J. Gilbert,Le Genre Amanita Persoon:141(1918)

Amanitina nivalis(Grev.)E. -J. Gilbert,In:Bresadola,Iconogr. Mycol. 27(Suppl. 1):78(1941)

Amanitopsis nivalis(Grev.)Sacc. ,Syll. Fung. 5:22(1887)

子实体伞状,白色,中等大小。菌盖初期卵形至钟形,后期渐平展,直径 5 ~ 12cm,有时中部凸起且带淡土黄色,边缘具明显条纹。菌肉白色,较薄。菌褶白色,稍密,离生,不等长。菌柄细长,圆柱形,长 12 ~ 20cm,粗 1.5 ~ 2cm,白色,初期内部松软后变至空心,基部稍膨大。菌托白色,较大,苞状。孢子印白色。担孢子近球形至卵圆形,8.1 ~ 13μm × 8 ~ 12μm,表面光滑,无色,非糊性反应。

夏秋季子实体生于针叶林中地上。是外生菌根菌,与马尾松等树木形成外生菌根。可食用,但同极毒的白毒鹅膏菌比较相似,白毒鹅膏菌的菌盖边缘无条纹,有菌环,菌托较小。采食时要特别注意。

分布:信阳、栾川、内乡。

【卵孢鹅膏】

***Amanita ovalispora* Boedijn**, Sydowia 5(3 ~ 6):320(1951)

子实体小伞状,菌盖幼时扁半球形,后期扁平,中央有时稍凸,直径 4 ~ 7cm,灰色至暗灰色,边缘有长条棱纹,表面平滑或偶有白色菌幕残片。菌褶离生,白色。菌柄白色至浅灰色,近圆柱形,长 6 ~ 10cm,粗 0.6 ~ 1.5cm,表面常有白色粉状鳞片。无菌环。菌托杯状,高 2 ~ 4cm,宽 1.2 ~ 2.5cm,膜质,外侧白色,内侧白色至灰色。担孢子宽椭圆形至椭圆形,有时近球形,8.5 ~ 12μm × 7 ~ 9.5μm。

夏秋季子实体生于阔叶或针叶林中地上,为树木的外生菌根菌。

分布:汝阳、卢氏。

【豹斑毒鹅膏】

***Amanita pantherina* (DC.) Krombh.**, Naturgetr. Abbild. Beschr. Schwämme:29(1846)

Agaricus pantherinus DC., In: de Candolle & Lamarck, Fl. Franç., Edn 3, 5 ~ 6:52(1815)

Amanita pantherina f. *robusta* A. Pearson, Trans. Br. Mycol. Soc. 29(4):191(1946)

Amanitaria pantherina (DC.) E.-J. Gilbert, Icon. Mycol. 27:70, 76(1941)

子实体伞状,大小中等。菌盖初期扁半球形,后渐平展,直径 7.5 ~ 14cm,表面褐色或棕褐色,有时污白色,散布有白色至污白色的小斑块或颗粒状鳞片,老后部分斑块或鳞片脱落,湿润时表面黏,菌盖边缘有明显的条棱。菌肉白色。菌褶离生,不等长,白色。菌柄圆柱形,长 5 ~ 17cm,粗 0.8 ~ 2.5cm,表面有小鳞片,内部松软至空心,基部膨大且有几圈环带状的菌托。菌环一般生长在菌柄的中下部。孢子印白色。担孢子宽椭圆形,10 ~ 12.5μm × 7.2 ~ 9.3μm,表面光滑,无色。

夏秋季子实体群生于阔叶林或针叶林中地上。是树木的外生菌根菌,与云杉、雪松、冷杉、黄杉、栗、栎、鹅耳枥、椴等树木形成外生菌根。为毒菌,食后半小时至 6 小时之间发病,主要表现为副交感神经兴奋,呕吐、腹泻、大量出汗、流泪、流涎、瞳孔缩小、感光消失、脉搏减慢、呼吸障碍、体温下降,四肢发冷等。中毒严重时出现幻视、谵语、抽搐、昏迷,甚至有肝损害和出血等表现。可用来毒杀苍蝇等昆虫。

分布:卢氏、灵宝、陕县、栾川、内乡。

【毒鹅膏菌】

***Amanita phalloides* (Vaill. ex Fr.) Link**, Handbuck zur Erkennung der Nutzbarsten und am Häufigsten Vorkommenden Gewächse 3:272(1833)

Agaricus phalloides Vaill. ex Fr. ,Syst. Mycol. 1:13(1821)

Agaricus phalloides Bull. ,Hist. Champ. France:577(1792)

Amanita phalloides var. *alba* Costantin & L. M. Dufour,Nouv. Fl. Champ. ,Edn 2:256(1895)

Amanita viridis Pers. ,Tent. Disp. Meth. Fung. :67(1797)

Amanitina phalloides(Vaill. ex Fr.)E. -J. Gilbert,In:Bresadola,Iconogr. Mycol. 27(Suppl. 1):78(1941)

Fungus phalloides Vaill. ,Bot. Paris. :74(1727)

子实体伞状,中等大小。菌盖初期近卵圆形至钟形,开伞后近平展,直径4~13cm,表面光滑,灰褐绿色、烟灰褐色至暗绿灰色,中部往往有放射状条纹,边缘无条纹。菌肉白色。菌褶白色,离生,稍密,不等长。菌柄白色,细长,圆柱形,长5~18cm,粗0.6~2cm,表面光滑或稍有纤毛状鳞片及花纹,基部膨大成球形,内部松软至空心。菌托较大,厚,苞状,白色。菌环白色,生菌柄上部。孢子印白色。担孢子近球形或卵圆形,7.8~11.7μm×6.5~7.8μm,无色,糊性反应。

夏秋季子实体单生或群生于林地上,特别是橡树林或山毛榉树林里。是树木的外生菌根菌,与松、云杉、栎、山毛榉、栗等形成外生菌根。极毒,含有毒肽(phallotoxins)和毒伞肽(amatoxins)两大类毒素,中毒后潜伏期长达24小时左右。发病初期以胃肠道病症为主,恶心,呕吐,腹痛,腹泻,此后一、两天似乎病愈,实际上毒素进一步损害肝、肾、心脏、肺、大脑中枢神经系统,接着病情很快恶化,死亡率高达50%以上。子实体的提取液对大白鼠吉田肉瘤有抑制作用和免疫活性。可用于提取应用性毒素。

分布:信阳、栾川、内乡。

【赭盖鹅膏】

***Amanita rubescens* var. *rubescens* Pers.** ,Tent. Disp. Meth. Fung. :71(1797)

Agaricus rubescens(Pers.)Fr. ,Syst. Mycol. 1:18(1821)

Amanita rubescens Pers. ,Tent. Disp. Meth. Fung. :71(1797)

Amplariella rubescens(Pers.)E. -J. Gilbert,Iconogr. Mycol. 27(Suppl. 1):79(1941)

Limacium rubescens(Pers.)J. Schröt. ,In:Cohn,Krypt. -Fl. Schlesien 3. 1(33~40):531(1889)

子实体伞状,中等大小。菌盖扁半球形至平展,直径3.5~8cm,浅土黄色或浅红褐色,具块状和近疣状鳞片,边缘有不明显的条纹。菌肉薄,初期白色,后变红褐色。菌褶白色至近白色,渐变红褐色,离生,稍密,不等长。菌柄圆柱形,长6~12cm,粗0.5~1cm,与菌盖同色,具纤毛状鳞片,初期内部松软后变空心,菌柄上部有花纹,基部膨大。菌环膜质,下垂,上面白色,下面灰褐色,生菌柄的上部,易脱落。菌托由灰褐色絮状鳞片组成。孢子印白色。担孢子宽椭圆形至近卵圆形,8.3~9.3μm×6.2~7μm,无色,糊性反应。

夏秋季子实体单生或散生于林中地上。是树木的外生菌根菌,可与松、云杉、高山栎、山毛榉、榛等树木形成菌根。据报道有毒,含溶血物质。

分布:河南。

注:作者未见到该菌,关于该菌在河南省的分布是依据文献《中国真菌总汇》(戴芳澜,1979)。

【角鳞白伞】

***Amanita solitaria*(Bull.)Fr.** ,Anteckn. Sver. Ätl. Svamp. :33(1836)

Agaricus solitarius Bull. ,Herb. Fr. 1:tab. 48(1781)

Venenarius solitarius(Bull.) Murrill, Mycologia 4(5):240(1912)

子实体伞状。菌盖初期球形至半球形,后渐平展,直径 5～25cm,白色,表面有明显的角锥形鳞片。菌肉白色。菌褶离生,稠密。菌柄圆柱形,高 9～22cm,粗 1～3cm,实心,有厚鳞片,基部膨大,直径 2.5～5.3cm,往往呈假根状向下伸长。菌环下垂,生于菌柄的上部。担孢子广椭圆形,9～10μm×6.5～7μm,表面光滑,无色。

夏秋季子实体单生于阔叶林下地上。有毒。为树木的外生菌根菌。

分布:信阳、栾川、内乡。

【角鳞灰鹅膏】

***Amanita spissacea* S. Imai**, Bot. Mag. , Tokyo 47:427(1933)

子实体灰色至灰褐色,中等大小。菌盖直径可达 3～11cm,湿时稍黏,表面具有黑褐色角锥状或颗粒状鳞片,鳞片往往呈环带状分布,菌盖边缘平滑或有不明显的条棱。菌肉白色。菌褶白色,离生,较密,不等长。菌柄长 4～10cm,粗 1～2cm,顶部色深,菌环以下灰色并有深灰色花纹及鳞片,基部膨大。菌托由 4 至 7 圈黑褐色颗粒状鳞片组成。菌环膜质,上面白色,下面灰色,边缘灰黑色,生菌柄上部。孢子印白色。担孢子宽椭圆形,7.5～8.9μm×5.6～7.6μm,表面平滑,无色,糊性反应(图版 105)。

春季至秋季子实体单生或群生于马尾松或针阔混交林中地上。为树木的外生菌根菌,与松、栎等形成外生菌根。据报道有毒,食后产生恶心、头晕、腿脚疼痛、神志不清、昏睡不醒、产生幻觉等症。

分布:信阳。

【条缘鹅膏菌】

***Amanita spreta*(Peck) Sacc.** , Syll. Fung. 5:12(1887)

Agaricus spretus Peck, Ann. Rep. N. Y. St. Mus. Nat. Hist. 32:24(1880)

子实体白色,中等大小。菌盖初期半球形,后逐渐平展,直径 4～8cm,表面黏,光滑,边缘上翘并有条纹。菌肉稍厚,白色,伤后不变色,无明显气味。菌褶白色,或带黄白色,离生,不等长,褶缘粗糙有粉粒。菌柄细长,柱形,长 6～16cm,粗 0.6～1.2cm,白色,纤维质,空心,基部膨大。菌托较大,白色,苞状,菌环膜质,单层,下垂,白色,生柄之上部,易破碎而脱落。担孢子卵圆形至球形,7～12μm×5～9μm,表面光滑,无色,非糊性反应。

夏秋季子实体散生于林中地上。是树木的外生菌根菌。有毒。

分布:信阳、栾川、内乡。

【灰鹅膏】

***Amanita vaginata*(Bull.) Lam.** , Encycl. Méth. Bot. 1:109(1783)

Agaricus plumbeus Schaeff. , Fung. Bavar. Palat. 4:37(1774)

Agaricus vaginatus Bull. , Herb. Fr. 3:tab. 98(1783)

Amanita vaginata f. *grisea*(DC.) E. -J. Gilbert, Le Genre Amanita Persoon:139(1918)

Amanita vaginata f. *grisea*(DC.) Veselý, Annls Mycol. 31(4):279(1933)

Amanita vaginata f. *livida*(Pers.) E. -J. Gilbert, Le Genre Amanita Persoon:139(1918)

Amanita vaginata f. *plumbea*(Schaeff.) E. -J. Gilbert, Le Genre Amanita Persoon:138(1918)

Amanita vaginata f. *plumbea* (Schaeff.) L. Maire, Bull. Soc. Mycol. Fr. 26:253(1910)

Amanita vaginata f. *violacea*(Jacz.)Veselý,Annls Mycol. 31(4):280(1933)

Amanita vaginata subsp. *plumbea*(Schaeff.)Konrad & Maubl. ,Icon. Select. Fung. 6:33(1924)

Amanita vaginata var. *grisea*(DC.)Quél. & Bataille,Voy. Rech. Pérouse:42(1902)

Amanita vaginata var. *livida*(Pers.)Gillet,Les Hyménomycètes ou Description de Tous les Champignons(Fungi) qui Croissent en France:51(1874)

Amanita vaginata var. *plumbea*(Schaeff.)Quél. & Bataille,Voy. Rech. Pérouse:42(1902)

Amanita violacea Jacz. ,Compendium Hymenomycetum,Amanita. Fascicle 13:277(1923)

Amanitopsis plumbea(Schaeff.)J. Schröt. ,In:Cohn,Krypt. -Fl. Schlesien 3. 1(41):676(1889)

Amanitopsis vaginata(Bull.)Roze[as '*vaginatus*'],Bull. Soc. Bot. Fr. 23:111(1876)

Amanitopsis vaginata var. *plumbea*(Schaeff.)Konrad & Maubl. ,Icon. Select. Fung. 6:33(1924)

Amanitopsis vaginata var. *violacea*(Jacz.)E. -J. Gilbert,Iconogr. Mycol. 53:75(1941)

Fungus phalloides Bull. ,Herb. Fr. 1:tab. 2(1781)

Vaginata livida(Pers.)Gray,Nat. Arr. Brit. Pl. 1:601(1821)

子实体伞状。菌盖扁半球形至平展,直径7~11.5cm,淡棕灰色至鼠灰色,或淡青灰色,表面有时有大块污白色外菌幕残片覆盖,边缘薄,有明显条纹。菌肉白色。菌褶白色,离生,密集,不等长。菌柄近圆柱形,长8~17cm,粗0.4~2.4cm,白色,空心,肉质,脆,表面有鳞片。菌托苞状,白色。孢子印白色。担孢子近球形,10~12μm×8~10μm。

春季至秋季子实体单生或群生于针叶、阔叶或混交林中地上。是树木的外生菌根菌,与云杉、落叶松、冷杉、铁杉、高山松、马尾松、赤松、黄松、桦、鹅耳枥、山毛榉、高山栎、榛、杨、柳等形成外生菌根。有毒。

分布:信阳、栾川、内乡。

【白毒鹅膏】

***Amanita verna*(Bull.)Lam.** ,Encycl. Méth. Bot. 1:113(1783)

Agaricus bulbosus f. *vernus* Bull. ,Herb. Fr. 2:tab. 108(1780)

Agaricus vernus Bull. ,Herb. Fr. 3:tab. 108(1783)

Agaricus virosus var. *vernus*(Bull.)Fr. ,Epicr. Syst. Mycol. :4(1838)

Amanita phalloides var. *verna* (Bull.)Lanzi,Bull. Soc. Hist. Nat. Afr. N. 7:145(1916)

Amanitina verna(Bull.)E. -J. Gilbert,In:Bresadola,Iconogr. Mycol. 27(Suppl. 1):78(1941)

Venenarius vernus(Bull.)Murrill,Lloydia 11:104(1948)

子实体伞状,中等大小,纯白色。菌盖初期卵圆形,开伞后近平展,直径7~12cm,表面光滑。菌肉白色。菌褶离生,稍密,不等长。菌柄细长,圆柱形,长9~12cm,粗2~2.5cm,基部膨大呈球形,实心或松软。菌托肥厚,近苞状或浅杯状。菌环生菌柄上部。孢子印白色。担孢子近球形,8~12μm×6.2~10μm,表面光滑,无色,糊性反应(图版106)。

夏秋季子实体散生于林中地上。为树木的外生菌根菌。极毒,中毒症状主要以肝损害型为主,死亡率很高。

分布:汝阳、嵩县、栾川、洛宁、内乡、信阳。

【鳞柄白毒伞】

***Amanita virosa*(Fr.)Bertill.** ,Essai Crypt. Exot. 3:497(1866)

Agaricus virosus Fr. ,Epicr. Syst. Mycol. :3(1838)

子实体伞状。菌盖初期圆锥形至钟形,后期平展,直径6~15cm,中央凸起,湿时表面有黏性,干时有光泽,白色,有时中央略带黄色。菌肉白色。菌褶离生,密集,白色。菌柄近柱形,长8~14cm,粗1~1.2cm,白色,表面有显著的鳞片,基部膨大呈球状。菌环生在柄的上部,白色,膜质,下垂,不易脱落。菌托白色,苞状。孢子印白色。担孢子无色,近球形,直径7~10μm,表面平滑。

夏秋季子实体单生至散生于杂木林及板栗树下地上。极毒。

分布:信阳、栾川、内乡。

6.1.1.3 珊瑚菌科 Clavariaceae

【烟色珊瑚菌】

***Clavaria fumosa* Pers.**, Observ. Mycol. 1:31(1796)

子实体细长,近棒状、扁平棒状,或近梭形,多弯曲,表面有纵沟纹,不分枝或顶端偶有小分枝,高4~6cm,粗0.1~0.6cm,灰褐色至烟黑色,顶端尖或钝且色浅或呈棕色,往往数枚簇生或丛生在一起。菌肉带黄褐色。菌丝无锁状联合。担子细长,具4小梗。担孢子椭圆形,5.2~7μm×3.3~4μm,表面光滑,无色。

夏秋季子实体成群地丛生于阔叶林腐枝落叶层及朽木或草地上。据报道可食用。

分布:卢氏。

【豆芽菌】

***Clavaria vermicularis* Batsch**, Elench. Fung. :135(1783)

子实体豆芽状,白色,老后变浅黄白色,不分枝,圆柱形至长梭形,稍弯曲,后期稍扁平且具沟槽,顶端钝,柄不明显,高2.5~12cm,粗2~3mm,质脆。担子棒状,30~45μm×6~8μm。担孢子椭圆形,5~7μm×3~4μm,平滑,无色,有一弯尖(图版107)。

夏秋季子实体丛生于阔叶林中地上。可食用,但因个体细小,不易采集,利用价值不大。

分布:南召、嵩县、卢氏、渑池、陕县。

【怡人拟锁瑚菌】

***Clavulinopsis amoena* (Zoll. & Moritzi) Corner**, Monograph of Clavaria and Allied Genera (Annals of Botany Memoirs No. 1):352(1950)

Clavaria amoena Zoll. & Moritzi, Natuur-Geneesk. Arch. Ned. -Indië 1:380(1844)

Clavaria cardinalis Boud. & Pat. , J. Bot. , Paris 2:341(1888)

Clavaria subargillacea S. Ito & S. Imai, Trans. Sapporo Nat. Hist. Soc. 15:55(1937)

Clavulinopsis aurantiocinnabarina f. *amoena* (Zoll. & Moritzi) R. H. Petersen, Mycol. Mem. 2:25(1968)

子实体黄色至橙色,梭形至长纺锤形或披针形,细长,不分枝,高1.5~8cm,粗2~6mm,后期往往变为中空,扁平或有纵皱纹,有时扭曲,顶端尖锐,基部白色有细毛。担子棍棒状,35~45μm×9~11μm,基部有锁状联合,顶端具4个小梗。担孢子近球形至宽椭圆形,5~7.5μm×4.5~6.5μm,近无色,内含一大油滴,具小尖。

夏秋季子实体单生或丛生于云杉、冷杉等针叶林、阔叶林及竹林地上。可食用。

分布:林州、内乡、新县、商城、信阳。

【角拟锁瑚菌】

***Clavulinopsis corniculata* (Schaeff.) Corner**, Monograph of Clavaria and Allied Genera (Annals of Botany

Memoirs No. 1):362(1950)
Clavaria corniculata Schaeff. ,Fung. Bavar. Palat. 4:117(1774)
Clavaria fastigiata L. ,Sp. Pl. 2:1183(1753)
Clavaria muscoides Sowerby,Col. Fig. Engl. Fung. Mushr. 2:1183(1798)
Clavaria muscoides Willd. ,Fl. Berol. Prodr. . :407(1787)
Clavaria pratensis Pers. ,Comm. Fung. Clav. :51(1797)
Clavulinopsis corniculata f. *bispora* Corner ex Pilát,Sb. Nár. Mus. Praze 25:fig. 18(1955)
Corallium pratense(Pers.)Hahn,Pilzsammler:73(1883)
Donkella corniculata(Schaeff.)Doty,Lloydia 13:14(1950)
Merisma corniculatum(Schaeff.)Spreng. ,Syst. Veg. ,Edn 16,4(1):495(1827)
Merisma pratense(Pers.)Spreng. ,Syst. Veg. ,Edn 16,4(1):497(1827)
Ramaria corniculata(Schaeff.)Gray,Nat. Arr. Brit. Pl. 1:655(1821)
Ramaria fastigiata(L.)Holmsk. ,Beata Ruris Otia Fungis Danicis 1:90(1790)
Ramaria pratensis(Pers.)Gray,Nat. Arr. Brit. Pl. 1:655(1821)
Ramariopsis corniculata(Schaeff.)R. H. Petersen,Mycologia 70(3):668(1978)

子实体树枝状,高 6 ~9cm,上端枝丛整体阔 3 ~3.5cm。主枝多不增粗,肉质,表面光滑,暗赭色,顶端的分枝向上呈辐射状,微扁,或有细沟纹。分枝高 4 ~5cm,阔 0.3cm。分枝稀疏,近等粗。枝末渐尖。担子短柱形,长 4 ~10μm,阔 6 ~8μm。担孢子近圆形,4 ~7μm,具一明显的喙突,喙突长 1 ~1.2μm,内含一油滴。菌肉的菌丝粗 1.8 ~4μm,粗细不等,有锁状联合(图版 107)。

子实体近丛生于壳斗科林下地上。可食用。

分布:嵩县。

【梭形黄拟锁瑚菌】

***Clavulinopsis fusiformis*(Sowerby)Corner**,Ann. Bot. Mem. 1:367(1950)
Clavaria ceranoides Pers. ,Syn. Meth. Fung. 2:594(1801)
Clavaria compressa Schwein. ,Trans. Am. Phil. Soc. ,New Series 4(2):182(1832)
Clavaria fusiformis Sowerby,Col. Fig. Engl. Fung. Mushr. 2:98(1799)
Clavaria fusiformis var. *ceranoides* W. G. Sm. ,Brit. Basid. :434(1908)
Clavaria inaequalis var. *fusiformis*(Sowerby)Fr. ,Elench. Fung. 1:231(1828)
Clavaria platyclada Peck,Bull. Torrey Bot. Club 23:419(1896)
Ramaria ceranoides(Pers.)Gray,Nat. Arr. Brit. Pl. 1:655(1821)
Ramariopsis fusiformis(Sowerby)R. H. Petersen,Mycologia 70(3):668(1978)

子实体近长梭形,细长,不分枝,高 5 ~15cm,粗 0.2 ~1cm,有时上部稍粗,鲜黄色,表面光滑,初期实心,后期变空心,基部有白色毛。菌肉黄色。担子细长,棒状。孢子印白色带黄色。担孢子球形至宽卵圆形,5 ~9μm ×4 ~9μm。

夏秋季子实体丛生于林中草地上。可食用。

分布:卢氏、渑池、陕县。

【白色拟枝瑚菌】

***Ramariopsis kunzei*(Fr.)Corner**,Monograph of Clavaria and Allied Genera(Annals of Botany Memoirs No. 1):640(1950)

Clavaria asperula G. F. Atk. ,Annls Mycol. 6(1):54(1908)

Clavaria asperulans G. F. Atk. ,Annls Mycol. 6(1):55(1908)

Clavaria chionea Bull. ,Mycol. Eur. 1:161(1822)

Clavaria elongata Britzelm. ,Revisione Hymenomycetes de France 1:221(1898)

Clavaria favreae(Quél.)Sacc. & Traverso,Syll. Fung. 21:429(1912)

Clavaria krombholzii Fr. ,Epicr. Syst. Mycol. :572(1838)

Clavaria kunzei Fr. ,Syst. Mycol. 1:474(1821)

Clavaria lentofragilis G. F. Atk. ,Annls Mycol. 6(1):57(1908)

Clavaria subcaespitosa Peck,Ann. Rep. N. Y. St. Mus. 66:39(1913)

Clavaria subcorticalis Schwein. ,Trans. Am. Phil. Soc. ,New Series 4(2):182(1832)

Clavulina kunzei(Fr.)J. Schröt. ,In:Cohn,Krypt. -Fl. Schlesien 3. 1(25~32):442(1888)

Clavulinopsis kunzei(Fr.)Jülich,Int. J. Mycol. Lichenol. 2(1):120(1985)

Lachnocladium subcorticale(Schwein.)Burt,Ann. Mo. Bot. Gdn 9(1):66(1922)

Ramaria favreae Quél. ,Compt. Rend. Assoc. Franç. Avancem. Sci. 22:489(1894)

Ramaria kunzei(Fr.)Quél. ,Fl. Mycol. France:464(1888)

Ramariopsis kunzei var. *bispora* Schild,Westfälische Pilzbriefe 8(2):30(1970)

Ramariopsis kunzei var. *subasperata* Corner,Monograph of Clavaria and Allied Genera(Annals of Botany Memoirs No. 1):700(1950)

子实体树枝状,多分枝,整体高 2~6.5cm,乳白色至象牙白色。柄长 5~10mm,粗 2~3mm,有细微绒毛。主枝 3~5 个,其上再 3~6 次叉状分枝,小枝直立,圆柱形,顶端尖锐。担孢子广椭圆形,3~6μm×3~4μm,表面有小疣而显得粗糙,无色。

夏秋季子实体群生或丛生于阔叶林中的枯枝落叶层上。可食用。

分布:卢氏、渑池、陕县。

6. 1. 1. 4 丝膜菌科 Cortinariaceae

【烟灰褐丝膜菌】

***Cortinarius anomalus*(Pers.)Fr.** ,Epicr. Syst. Mycol. :286(1838)

Agaricus anomalus Pers. ,Observ. Mycol. 1:55(1796)

Agaricus petaloides var. *spathulatus*(Pers.)Fr. ,Syst. Mycol. 1:183(1821)

Cortinarius anomalus f. *azureovelatus*(P. D. Orton)Nespiak,Flora Polska,Grzyby(Mycota),7,Basidiomycetes,Agaricales,Cortinartaccae,Cortinarius 1:35(1975)

Cortinarius anomalus f. *lepidopus*(Cooke)Konrad & Maubl. ,Flora Polska,Grzyby(Mycota):66(1975)

Cortinarius anomalus var. *azureus*(Fr.)Krieglst. ,Beitr. Kenntn. Pilze Mitteleur. 7:64(1991)

Cortinarius anomalus var. *lepidopus*(Cooke)J. E. Lange,Fl. Agaric. Danic. 5(Taxon. Consp.):ll(1940)

Cortinarius azureovelatus P. D. Orton,In:Bidaud,Henry,Moënne-Loccoz & Reumaux,Naturalist,Leeds(Suppl.):147(1958)

Cortinarius azureus Fr. ,Epicr. Syst. Mycol. :286(1838)

Cortinarius caninus f. *epsomiensis*(P. D. Orton)Nespiak,Flora Polska,Grzyby(Mycota),7,Basidiomycetes,Agaricales,Cortinartaccae,Cortinarius 1:36(1975)

Cortinarius epsomiensis P. D. Orton,Naturalist,Leeds(Suppl.):147(1958)

Cortinarius lepidopus Cooke,Grevillea 16(78):43(1887)

Dermocybe azurea(Fr.)Ricken,Die Blätterpilze:157(1915)

子实体伞状,较小。菌盖扁半球形至扁平,直径 2 ~4.5cm,中部凸起且颜色较深,黄褐色至浅土黄色,边缘色浅且平滑。菌肉与菌盖色同。菌褶直生又弯曲,较密,不等长,灰紫色至褐黄色或褐锈色。菌柄细长,柱形,土黄白色,弯曲,基部近棒状,有纤毛,上部带紫色。担孢子近球形、宽椭圆形,6.5 ~8μm ×5.5 ~6.5μm,粗糙。

秋季子实体群生或散生于阔叶林下地上,与树木形成外生菌根。

分布:卢氏。

【蓝赭丝膜菌】

Cortinarius livido-ochraceus (**Berk.**) **Berk.**, Outl. Brit. Fung.: 186(1860)

Agaricus elatus Pers., Syn. Meth. Fung. 2: 332(1801)

Agaricus livido-ochraceus Berk., In: Smith, Engl. Fl., Fungi(Edn 2) 5(2): 89(1836)

Cortinarius elatior Fr., Epicr. Syst. Mycol.: 274(1838)

子实体伞状,中等大小。菌盖直径 7 ~9cm,初期近球形或钟形,后渐平展成盘状,中部凸起,污黄色至黄褐色,中部色较深,表面黏,有放射状沟纹,边缘有丝膜。菌肉薄,污黄色。菌褶弯生,不等长,中部较宽,锈褐色。菌柄长 6 ~8cm,粗 0.8 ~2cm,顶部及基部白色,中部带蓝紫色,中间较粗,表面有细纵纹,黏。孢子印黄褐色。担孢子近椭圆形,12 ~15μm ×7.5 ~10μm,表面有疣,淡黄褐色。有褶缘囊状体,囊状体近倒梨形,26 ~40μm ×12 ~15μm,无色。

秋季子实体单生、散生或群生于林地上,为树木的外生菌根菌,与松、柳等形成外生菌根。可食用。试验中有抗癌作用,对小白鼠肉瘤 180 的抑制率为 70%,对艾氏癌的抑制率为 80%。

分布:辉县。

【细柄丝膜菌】

Cortinarius tenuipes(**Hongo**)**Hongo**, J. Jap. Bot. 54(10): 305(1979)

Cortinarius claricolor var. *tenuipes* Hongo, J. Jap. Bot. 44: 232(1969)

子实体伞状,中等大小。菌盖扁平至近平展,直径 4 ~10cm,橙红色至浅土黄红色,湿时黏,中部稍凸,暗黄褐色,边缘常具白色丝状菌膜。菌肉浅黄色。菌褶直生又弯生,密,不等长,污白色至米黄色及肉桂色。菌柄长 5 ~10cm,粗 0.7 ~1cm,弯曲,表面白色至浅黄褐色。担孢子椭圆形,7 ~10μm ×3.5 ~5μm,近光滑。

秋季子实体群生或丛生于针阔混交林地上。可食用。

分布:卢氏。

【绒柄褐金钱菌】

Phaeocollybia christinae(**Fr.**)**R. Heim**, Index of Fungi-Petrak's Supplement: 117(1931)

子实体伞状。菌盖圆锥形或斗笠形,后期稍扁平且中部凸起,直径 2 ~4.5cm,红褐色至深褐色,表面平滑,湿润,黏,无明显条纹,边缘稍内卷。菌肉浅黄褐色。菌褶近直生,不等长,褐锈色。菌柄柱形,长 8 ~15cm,粗 0.4 ~0.8cm,浅红褐色或淡土褐色,表面平滑或似细绒状,近软骨质,基部延伸呈根状。担孢子椭圆形,7.5 ~12μm ×4.2 ~6.9μm,锈褐色,表面有疣状饰纹。囊状体棍棒状。

夏秋季子实体群生或散生于林中地上。

分布:卢氏。

6.1.1.5 挂钟菌科 Cyphellaceae

【紫色胶革菌】

***Chondrostereum purpureum* (Pers.) Pouzar**, Česká Mykol. 13(1):17(1959)
Auricularia persistens Sowerby, Col. Fig. Engl. Fung. Mushr. 3:pl. 388:1(1803)
Corticium nyssae Berk. & M. A. Curtis, Grevillea 1(11):166(1873)
Phylacteria micheneri (Berk. & M. A. Curtis) Pat., Essai Tax. Hyménomyc.:119(1900)
Stereum ardoisiacum Lloyd, Mycol. Writ. 7:1197(1923)
Stereum argentinum Speg., Anal. Mus. Nac. Hist. Nat. B. Aires 6:180(1898)
Stereum atrozonatum Speg., Anal. Soc. Cient. Argent. 9:166(1880)
Stereum lilacinum var. *vorticosum* (Fr.) Quél., Fl. Mycol.:8(1888)
Stereum micheneri Berk. & M. A. Curtis, Grevillea 1(11):162(1873)
Stereum nipponicum Lloyd, Mycol. Erit. 7:1273(1924)
Stereum pergameneum Speg., Anal. Soc. Cient. Argent. 10(3):81(1880)
Stereum purpureum Pers., Neues Mag. Bot. 1:110(1794)
Stereum rugosiusculum Berk. & M. A. Curtis, Grevillea 1(11):162(1873)
Stereum vorticosum (Fr.) Fr., Epicr. Syst. Mycol.:548(1838)
Terana nyssae (Berk. & M. A. Curtis) Kuntze, Revis. Gen. Pl. 2:872(1891)
Thelephora purpurea (Pers.) Pers., Syn. Meth. Fung. 2:571(1801)
Thelephora vorticosa Fr., Observ. Mycol. 2:275(1818)

子实体覆瓦状着生,软革质,平伏而反卷成檐状,反卷部分长0.4~2cm,宽1.5~4cm,往往相互连接。上表面浅肉色至浅土黄色,具绒毛,干燥时边缘皱缩并内卷。子实层体平滑,初期藕粉色,后呈灰褐色。子实层基有泡状体,泡状体大小15~25μm×12~20μm。担孢子近椭圆形,光滑,5~7μm×2~3μm,一侧扁平。子实层上偶然有细而弯曲的突起毛状物。

生于杨、柳、冬青、栎等阔叶树木桩上,常见于栽培木耳的段木上;可寄生于苹果树,引起银叶病。苹果银叶病的症状主要表现在叶片上和枝上,使叶片表皮和叶肉组织分离,间隙充满空气。由于光线的反射作用,致使叶片呈淡灰色,略带银白色光泽,故称银叶病。染病枝干木质部变为褐色,较干燥,有腥味,但组织不腐烂。病死的树干上可产生复瓦状子实体。

分布:嵩县、西华、扶沟、周口、民权、郑州、通许、林州、洛阳、南阳、许昌、尉氏。

6.1.1.6 赤褶菇科 Entolomataceae

【丛生斜盖伞】

***Clitopilus caespitosus* Peck**, In:Saccardo, P. A. Sylloge Fungorum IX:86(1891)

子实体伞状至高脚杯状,白色。菌盖半球形至平展,中部常下凹,直径5~8.5cm,表面光滑,白色至乳白色,干后纯白色且具丝光泽,边缘初期内卷,伸展后常呈瓣状并开裂。菌肉薄,白色。菌褶直生至延生,不等长,白色、粉红色,较密,往往边缘具小锯齿。菌柄长3~7cm,粗0.4~1cm,上部有细小鳞片,内部松软,易纵向开裂。孢子印粉红色。担孢子宽椭圆形,4.5~5μm×3~4μm,表面光滑,无色。

夏秋季子实体丛生于林中地上。可食用,味鲜美。

分布:信阳。

【赤褶菇】

***Entoloma rhodopolium* (Fr.) P. Kumm.**, Führ. Pilzk.:98(1871)

Agaricus nidorosus Fr. ,Epicr. Syst. Mycol. :148(1838)

Agaricus rhodopolius Fr. ,Observ. Mycol. 2:103(1818)

Entoloma nidorosum(Fr.)Quél. ,Mém. Soc. Émul. Montbéliard,Sér. 2,5:119(1872)

Entoloma rhodopolium f. *nidorosum*(Fr.)Noordel. ,Beitr. Kenntn. Pilze Mitteleur. 5:43(1989)

Entoloma rhodopolium var. *nidorosum*(Fr.)Krieglst. ,Beitr. Kenntn. Pilze Mitteleur. 7:65(1991)

Rhodophyllus nidorosus(Fr.)Quél. ,Enchir. Fung. :59(1886)

子实体伞状,中等大小。菌盖直径 3 ~ 7cm,开伞后中部凸起且边缘上拱,浅黄褐色、污白色,或带灰色,湿时水渍状,边缘有不太明显的条纹,表皮易剥离。菌肉白色,具有强烈的臭味。菌褶直生至近离生,粉色,不等长。菌柄柱状,长 4.5 ~ 9cm,粗 0.3 ~ 1cm,白色至污白色,具纵条纹,内部空心,顶部有白色粉末。担孢子角形,7 ~ 10μm × 6 ~ 7.5μm,带粉色(图版 108)。

夏秋季子实体群生于阔叶林或针叶林下地上,为树木的外生菌根菌。据记载有毒,试验中有抗癌作用,子实体提取物对小白鼠肉瘤 180 的抑制率为 60%,对艾氏腹水癌的抑制率为 70%。

分布:卢氏。

【淡黄褐赤褶菇】

***Entoloma saundersii*(Fr.)Sacc.** ,Syll. Fung. 5:689(1887)

Agaricus saundersii Fr. ,Hymenomyc. Eur. :192(1874)

Rhodophyllus saundersii(Fr.)Sacc. ,见:卯晓岚,中国大型真菌:293(2000)

Rhodophyllus saundersii(Fr.)Romagn. ,Bull. Trimest. Soc. Mycol. Fr. 63:195(1947)

子实体伞状,小型或中等大小。菌盖钟形至扁平,直径 5 ~ 12cm,中部凸起,浅黄褐色至灰褐色,表面平滑。菌肉白色,较厚。菌褶粉红色至肉色,较宽。菌柄柱状,长 3 ~ 5cm,粗 1 ~ 2.3cm,污白色,内部松软,基部略膨大。担孢子角形至近球形,9 ~ 12μm × 7.5 ~ 10μm。

夏秋季子实体单生或散生于阔叶树下地上。可食用。

分布:汝阳。

【毒粉褶菌】

***Entoloma sinuatum*(Bull.)P. Kumm.** ,Führ. Pilzk. :23,97(1871)

Agaricus lividus Bull. ,Herb. Fr. 8:tab. 382(1788)

Agaricus sinuatus Pers. ,Syn. Meth. Fung. 2:329(1801)

Entoloma eulividum Noordel. ,Persoonia 12(4):457(1985)

Entoloma lividum(Bull.)Quél. ,Mém. Soc. Émul. Montbéliard,Sér. 2,5:116(1872)

Rhodophyllus lividus(Bull.)Quél. ,Enchir. Fung. :57(1886)

Rhodophyllus sinuatus(Bull.)Quél. ,Enchir. Fung. :179(1888)

Rhodophyllus sinuatus Singer,Lilloa 22:622(1951)

子实体伞状。菌盖初期扁半球形,后期近平展,直径 5 ~ 20cm,中部稍凸起,边缘波状,常开裂,表面有丝光泽,污白色至黄白色,有时带黄褐色。菌肉白色,稍厚。菌褶直生至近弯生,稍稀,边缘近波状,长短不一,初期污白色,老后粉色或粉肉色。菌柄白色至污白色,往往较粗壮,长 9 ~ 11cm,粗 1.5 ~ 3.8cm,上部有白粉末,表面具纵条纹,基部有时膨大。孢子印粉红色。担孢子多角,8 ~ 11μm × 6.5 ~ 8μm。

夏秋季子实体群生、丛生或单生于混交林地上。为树木外生菌根菌,与栎、榉、枥等树木形成外生菌根。有毒,误食中毒后,潜伏期短的约半小时,有时长达6小时,发病后出现强烈恶心、呕吐,腹痛、腹泻、心跳减慢、呼吸困难、尿中带血。具药用价值,子实体提取物对小白鼠肉瘤180的抑制率为100%,对艾氏癌的抑制率为100%。

分布:信阳。

6.1.1.7　牛舌菌科 Fistulinaceae

【牛舌菌】

***Fistulina hepatica*(Schaeff.) With.**, Bot. Arr. Brit. Pl., Edn 2, 2:405(1792)

Agaricocarnis lingua-bovis Paulet, Traité Champ., Atlas 2:98(1793)

Boletus buglossum Retz., K. svenska Vetensk-Akad. Handl. 30:253(1769)

Boletus bulliardii J. F. Gmel., Systema Naturae 2(2):1436(1792)

Boletus hepaticus Schaeff., Fung. Bavar. Palat. 4:82(1774)

Ceriomyces hepaticus Sacc., Syll. Fung. 6:388(1888)

Confistulina hepatica(Sacc.) Stalpers, In: Stalpers & Vlug, Can. J. Bot. 61(6):1660(1983)

Fistulina buglossum(Retz.) Pers., Neues Mag. Bot. 1:109(1794)

Fistulina endoxantha Speg., Fungi Fuegiani 25:87(1921)

Fistulina hepatica var. *endoxantha*(Speg.) J. E. Wright, Boln Soc. Argent. Bot. 9:225(1961)

Fistulina sarcoides St. -Amans, Fl. Agen.:547(1821)

Hypodrys hepaticus(Schaeff.) Pers., Mycol. Eur. 2:148(1825)

Ptychogaster hepaticus(Sacc.) Lloyd, Mycol. Writ. 3(polyporoid issue 2):32(1909)

子实体舌状、匙状,有柄,肉质,软而多汁,暗红色至红褐色。菌盖(前端)半圆形,黏,有辐射状条纹及短柔毛,宽9~10cm。菌肉厚,剖面可见条纹。菌管互相分离,无共同管壁,密集排列在菌盖下面。管口初期土黄色,后变为褐色。担子近棒状,具4小梗,20~25μm×5.5~7μm。担孢子无色,光滑,近球形,4~5μm×3.5~4.5μm,含一油滴。

夏秋季子实体生于栎树树桩上及其他阔叶树干上。与大多数木腐真菌降低木材的经济价值不同,该菌能提高木材的经济价值,因为在牛舌菌侵染的早期,能改善木材的色泽,而这种棕色的橡材(栎树的木材)比普通的橡材有更高的利用价值。在侵染的后期,该菌导致明显的心腐,但作用缓慢,通常只有老朽的,过熟的木材才受到严重的危害。这是一种很有开发前途的应用真菌。可食用,已人工栽培成功。子实休提取物对小白鼠肉癌180抑制率80%~95%,对艾氏癌抑制率90%。

分布:信阳。

6.1.1.8　轴腹菌科 Hydnangiaceae

【双色蜡蘑】

***Laccaria bicolor*(Maire) P. D. Orton**, Trans. Br. Mycol. Soc. 43(2):280(1960)

Laccaria laccata var. *bicolor* Maire, Publ. Inst. Bot. Barcelona 3(4):84(1937)

Laccaria proxima var. *bicolor*(Maire) Kühner & Romagn., Fl. Analyt. Champ. Supér.:131(1953)

子实体小伞状,菌盖初期扁平球状,后期稍平展,中部平或稍下凹,直径4~4.5cm,浅赭色或暗粉褐色至皮革褐色,干燥时色变浅,表面平滑或稍粗糙,边缘内卷,有条纹。菌肉污白色或浅粉褐色。菌褶等长,直生至稍延生,厚,宽,边缘稍呈波状,浅紫色至暗色,干后色变浅。菌柄柱形,长6~15cm,粗0.3~1cm,常扭曲,颜色同菌盖色,表面具长的条纹和纤毛,带浅紫色,基部稍粗且有淡紫色绒毛,内部松软,个别菌柄空心。担孢子近卵圆形,7～10μm×6～7.8μm(图版109)。

秋季子实体群生或散生于针阔混交林地上,可食用。

分布:栾川、信阳。

【红蜡蘑】

***Laccaria laccata*(Scop.)Cooke**,Grevillea 12(63):70(1884)

Agaricus amethysteus Bull.,Herb. Fr. 5:tab. 198(1785)

Agaricus farinaceus Huds.,Fl. Angl.,Edn 2,2:616(1778)

Agaricus farinaceus var. *rosellus* Pers.,Syn. Meth. Fung. 2:453(1801)

Agaricus laccatus Scop.,Fl. Carniol.,Edn 2,2:448(1772)

Agaricus rosellus Batsch,Elench. Fung.,Cont. Prim.:121(1786)

Agaricus roseus Bull.,Hist. Champ. France 1:473(1792)

Agaricus roseus var. *janthinus*(Batsch)Pers.,Syn. Meth. Fung. 2:339(1801)

Camarophyllus laccatus(Scop.)P. Karst.,Hattsvampar:231(1882)

Clitocybe laccata(Scop.)P. Kumm.,Führ. Pilzk.:122(1871)

Clitocybe laccata var. *pallidifolia* Peck,Ann. Rep. N. Y. St. Mus. 43:38(1890)

Collybia laccata(Scop.)Quél.,Flore Mycologique de la France et des Pays Limitrophes:237(1888)

Laccaria affinis(Singer)Bon,Docums Mycol. 13(51):49(1983)

Laccaria amethystea(Bull.)Murrill,N. Amer. Fl. 10(1):1(1914)

Laccaria anglica(Singer)Bon & Haluwyn,Docums Mycol. 11(44):22(1981)

Laccaria bicolor var. *subalpina*(Singer)Pázmány,Notulae Botanicae,Horti Agrobotanici Cluj-Napoca 20～21:14(1991)

Laccaria farinacea(Huds.)Singer,In:Singer & Moser,Beih. Sydowia 7:8(1973)

Laccaria laccata var. *affinis* Singer,Bull. Trimest. Soc. Mycol. Fr. 83:111(1967)

Laccaria laccata var. *anglica* Singer,Bull. Trimest. Soc. Mycol. Fr. 83:110(1967)

Laccaria laccata var. *moelleri* Singer,Beih. Sydowia 7:9(1973)

Laccaria laccata var. *pallidifolia*(Peck)Peck,Bull. N. Y. St. Mus. 157:92(1912)

Laccaria laccata var. *rosella*(Batsch)Singer,Annls Mycol. 41(1～3):17(1943)

Laccaria laccata var. *subalpina* Singer,Pl. Syst. Evol. 126:365(1977)

Laccaria scotica(Singer)Bon & Haluwyn,Docums Mycol. 11(44):23(1981)

Laccaria scotica(Singer)Contu,Mycotheca Veneti 1(2):7(1985)

Laccaria tetraspora var. *scotica* Singer,Bull. Trimest. Soc. Mycol. Fr. 83:114(1967)

Omphalia amethystea(Bull.)Gray,Nat. Arr. Brit. Pl. 1:614(1821)

Omphalia farinacea(Huds.)Gray,Nat. Arr. Brit. Pl. 1:616(1821)

Omphalia laccata(Scop.)Quél.,Enchir. Fung.:26(1886)

Omphalia rosella(Batsch)Gray,Nat. Arr. Brit. Pl. 1:613(1821)

Russuliopsis laccata(Scop.)J. Schröt.,In:Cohn,Krypt. - Fl. Schlesien 3. 1(33～40):622(1889)

子实体伞状。菌盖扁半球形至平展,直径1～6cm,中部凹,灰紫色、蓝紫色或藕粉色,湿润时似蜡质,干燥时白色带紫色,光滑,边缘波状并具有粗条纹。菌肉薄,与菌盖同色。菌褶直生或近弯生,稀,宽,与菌盖同色。菌柄圆柱形,长3～10cm,粗0.2～1cm,常弯曲,与菌盖同色,表面具白色绒毛,纤维质,实心。担孢子卵形,8.7～12.8μm×8.5～11.5μm,无色,表面密布小刺。

夏秋季子实体单生或群生于林中地上。为树木的外生菌根菌,与栎属树木形成外生菌根。可食用,但肉薄味淡,食用价值不大。具药用价值。

分布:卢氏、陕县、灵宝、信阳。

【条柄蜡蘑】

***Laccaria proxima*(Boud.)Pat.**, Hyménomyc. Eur. :97(1887)

Clitocybe proxima Boud., Bull. Soc. Bot. Fr. 28:91(1881)

Laccaria laccata var. *proxima*(Boud.)Maire, Bull. Trimest. Soc. Mycol. Fr. 24:LV(1933)

Laccaria procera G. M. Taylor & P. K. Buchanan, New Zealand Botanical Society Newsletter 13:11(1988)

Laccaria proximella Singer, Mycopath. Mycol. Appl. 26:146(1965)

子实体伞状。菌盖扁半球形至近平展,直径 2~6cm,中部稍下凹,淡土红色,表面具细小鳞片,湿润时水渍状,边缘近波状,并具细条纹。菌肉薄,淡肉红色。菌褶直生至延生,不等长,稀,宽,厚,淡肉红色。菌柄细柱形,长 8~12cm,粗 0.2~0.9cm,颜色与菌盖色同或棕黄色,表面有纤维状纵条纹,具丝光泽,往往扭曲,内部松软,基部色浅并有白色绒毛。担孢子近卵圆形至近球形,7.6~9.5μm×6.3~8.1μm,无色,具细小刺。

夏秋季子实体单生或群生于林中地上。为树木的外生菌根菌,与杨、杉等形成外生菌根。可食用。子实体提取物对小白鼠肉瘤 180 的抑制率为 60%,对艾氏癌的抑制率为 70%。

分布:辉县。

6.1.1.9 蜡伞科 Hygrophoraceae

【鸡油湿伞】

***Hygrocybe cantharellus*(Schwein.)Murrill**, Mycologia 3(4):196(1911)

Agaricus cantharellus Schwein., Schr. Naturf. Ges. Leipzig 1:88(1822)

Camarophyllus cantharellus(Schwein.)Murrill, N. Amer. Fl. 9(6):388(1916)

Craterellus cantharellus(Schwein.)Fr., Epicr. Syst. Mycol. :532(1838)

Hygrocybe lepida Arnolds, Persoonia 13(2):139(1986)

Hygrophorus cantharellus(Schwein.)Fr., Epicr. Syst. Mycol. :329(1838)

Hygrophorus turundus var. *lepidus* Boud., Bull. Soc. Mycol. Fr. 13:12(1897)

Pseudohygrocybe cantharella(Schwein.)Kovalenko[as '*cantharellus*'], Mikol. Fitopatol. 22(3):208(1988)

Trombetta cantharella(Schwein.)Kuntze, Revis. Gen. Pl. 2:873(1891)

子实体小伞状。菌盖扁半球形至平展,后期中部下凹呈近漏斗形,直径 2~4.5cm,质脆,土黄色、橘黄色至橘红色,表面具细小鳞片。菌肉薄,黄色。菌褶延生,不等长,厚,稀,橘黄色。菌柄圆柱形,长 5~12cm,粗 0.3~0.9cm,往往稍扁或扭曲,表面光滑,橘黄色,基部白色至淡黄色,内部松软至中空。担孢子椭圆形,6.5~10μm×5~6μm,表面光滑,无色。

夏秋季子实体单生或群生于林中地上。为树木的外生菌根菌,与云杉、冷杉等形成外生菌根。可食用。

分布:信阳。

【硫黄湿伞】

***Hygrocybe chlorophana*(Fr.)Wünsche**, Die Pilze:112(1877)

Agaricus chlorophanus Fr. ,Syst. Mycol. 1:103(1821)

Godfrinia chlorophana(Fr.)Herink,Sb. severočeského Musea,Historia Naturalis 1:69(1958)

Hygrocybe chlorophana var. *aurantiaca* Bon,Docums Mycol. 6(24):42(1976)

Hygrocybe euroflavescens Kühner,Bull. Trimest. Soc. Mycol. Fr. 92:436(1976)

Hygrophorus chlorophanus(Fr.)Fr. ,Epicr. Syst. Mycol. :332(1838)

Hygrophorus euroflavescens(Kühner)Dennis,Fungi of the Hebrides:47(1986)

子实体伞状。菌盖初期半球形到钟形,后平展,直径 2 ~5cm,硫黄色至金黄色,表面光滑,黏,边缘有细条纹,常开裂。菌肉薄,淡黄色,质脆。菌褶直生到弯生,稍稀,薄,颜色与菌盖色同或稍浅。菌柄圆柱形,长 4 ~8cm,粗 3 ~8mm,稍弯曲,颜色与菌盖色同,表面平滑,黏,往往有纵裂纹。孢子印白色。担孢子椭圆形,6 ~8μm ×4.5 ~5μm,表面光滑,无色。

夏秋季子实体群生于林中或林缘地上。可食用。

分布:卢氏、陕县、灵宝。

【变黑湿伞】

***Hygrocybe conica*(Schaeff.)P. Kumm.** ,Führ. Pilzk. :111(1871)

Agaricus conicus Schaeff. ,Fung. Bavar. Palat. 4:2(1774)

Agaricus tristis Pers. ,Observ. Mycol. 2:42(1800)

Godfrinia conica(Schaeff.)Maire,Bull. Soc. Mycol. Fr. 18(suppl.):116(1902)

Hygrocybe chloroides(Malençon)Kovalenko,Opredelitel' Gribov SSSR:73(1989)

Hygrocybe cinereifolia Courtec. & Priou,In:Courtecuisse,Docums Mycol. 22(86):69(1992)

Hygrocybe conica f. *pseudoconica*(J. E. Lange)Arnolds,Persoonia 12(4):476(1985)

Hygrocybe conica var. *chloroides*(Malençon)Bon,Docums Mycol. 15(59):52(1985)

Hygrocybe conica var. *olivaceonigra*(P. D. Orton)Arnolds,Taxon:122(1974)

Hygrocybe conica var. *tristis*(Pers.)Heinem. ,Bull. Jard. Bot. État Brux. 33:432(1963)

Hygrocybe olivaceonigra(P. D. Orton)M. M. Moser,In:Gams,Kl. Krypt. -Fl. ,Edn 3, 2b/2:66(1967)

Hygrocybe pseudoconica J. E. Lange,Dansk Bot. Ark. 4(4):24(1923)

Hygrocybe tristis(Pers.)F. H. Møller[as '*trista*'],Fungi Faeroes 1(1):140(1945)

Hygrophorus conicus(Schaeff.)Fr. ,Epicr. Syst. Mycol. :331(1838)

Hygrophorus conicus var. *chloroides* Malençon,Champignon Supérieurs du Maroc 2:496(1975)

Hygrophorus conicus var. *olivaceoniger*(P. D. Orton)Arnolds,Persoonia 8(1):103(1974)

Hygrophorus olivaceoniger P. D. Orton,Trans. Br. Mycol. Soc. 43(2):263(1960)

Hygrophorus tristis(Pers.)Bres. ,Iconogr. Mycol. 7:349(1928)

子实体伞状,受伤处易变黑色。菌盖初期圆锥形,后呈斗笠形,直径 2 ~6cm,或更小,橙红色、橙黄色或鲜红色,从顶部向四面分散出许多深色条纹,边缘常开裂。菌褶浅黄色。菌肉浅黄色。菌柄长 4 ~12cm,粗 0.5 ~1.2cm,表面带橙色并有纵条纹,后期内部变空心。孢子印白色。担子细长,长度可达担孢子长度的 5 倍。担孢子椭圆形,10 ~12μm ×7.5 ~8.7μm,表面光滑,带黄色。

夏秋季子实体群生或散生于林中地上。据记载有毒,中毒后潜伏期较长,发病后剧烈吐泻,严重的可致死亡。

分布:信阳。

【凸顶橙红湿伞】

***Hygrocybe cuspidata*(Peck) Roody**, Mushrooms of West Virginia and the Central Appalachians: 174(2003)

Hydrocybe cuspidata(Peck) Murrill, N. Amer. Fl. 9(6): 379(1916)

Hygrocybe acutoconica var. *cuspidata*(Peck) Arnolds, Persoonia 12(4): 475(1985)

Hygrocybe persistens var. *cuspidata*(Peck) Arnolds, Persoonia 13(2): 143(1986)

Hygrophorus acutoconicus var. *cuspidatus*(Peck) Arnolds, Persoonia 8(1): 103(1974)

Hygrophorus cuspidatus Peck, Bull. Torrey Bot. Club 24: 141(1897)

子实体伞状。菌盖锥形、钟形至斗笠形,后期近平展,中部凸尖,直径2~5cm,橙红至橙黄色,表面有丝状条纹,边缘常裂为瓣状,湿时黏。菌肉黄白色,近表皮下呈红色。菌褶离生,稀而宽,黄色。菌柄柱形,长3~8 cm,粗0.4~1cm,内部松软至空心。担孢子椭圆形,9~12μm×4.5~7μm,表面光滑(图版110)。

夏秋季子实体群生于林中地上。

分布:汝阳。

【小红湿伞】

***Hygrocybe miniata*(Fr.) P. Kumm.**, Führ. Pilzk.: 112(1871)

Agaricus miniatus Fr., Syst. Mycol. 1: 105(1821)

Hygrocybe strangulata(P. D. Orton) Svrček, Česká Mykol. 16: 167(1962)

Hygrophorus miniatus(Fr.) Fr., Epicr. Syst. Mycol.: 330(1838)

Hygrophorus strangulatus P. D. Orton, Trans. Br. Mycol. Soc. 43(2): 266(1960)

子实体小伞状。菌盖扁半球形,直径2~4cm,后期中部脐状,表面干,有微细鳞片或近光滑,橘红色至朱红色。菌肉薄,黄色。菌褶直生至近延生,鲜黄色。菌柄圆柱形,长5~5cm,粗0.2~0.4cm,初期内实后变中空,表面光滑,橘黄色。担孢子椭圆形,7~7.9μm×4.5~6μm,表面光滑至近光滑,无色。

夏秋季子实体群生于林缘地上。可食用,但因子实体小,水分多,食用价值不大。

分布:信阳。

【青绿湿伞】

***Hygrocybe psittacina* var. *psittacina*(Schaeff.) P. Kumm.**, Führ. Pilzk.: 112(1871)

Agaricus cameleon Bull. & Vent., Hist. Champ. France: 562, tab. 545: 1(1812)

Agaricus psittacinus Schaeff., Fung. Bavar. Palat. 4: 70(1774)

Gliophorus psittacinus(Schaeff.) Herink, Sb. Severočeského Musea, Historia Naturalis 1: 82(1958)

Hygrocybe psittacina(Schaeff.) P. Kumm., Führ. Pilzk.: 112(1871)

Hygrophorus psittacinus(Schaeff.) Fr., Epicr. Syst. Mycol.: 332(1838)

子实体小伞状。菌盖半球形至扁半球形,直径1~4cm,中部往往稍凸起,幼时暗绿色,后变至带红色或黄色,湿时表面黏,初期边缘有细条纹。菌肉薄,颜色与菌盖色近似,质脆。菌褶直生,稍稀,不等长,带绿色,后期带红色或黄色。菌柄近圆柱形,长3~8cm,粗2~5cm,稍弯曲,表面光滑,幼时暗绿色,很快变至黄色或橙黄色,老时变红,基部色淡,表面黏。孢子印白色。担孢子椭圆形,6~8μm×4.5~5μm,表面光滑,无色。

夏秋季子实体群生或散生于林中地上或草地上。可食用。

分布:卢氏、陕县、灵宝。

【红湿伞】

***Hygrocybe punicea*(Fr.)P. Kumm.** ,Führ. Pilzk. :112(1871)

Agaricus puniceus Fr. ,Syst. Mycol. 1:104(1821)

Godfrinia acutopunicea(R. Haller Aar. & F. H. Møller)Herink,Sb. severočeského Musea,Historia Naturalis 1:65(1958)

Godfrinia punicea(Fr.)Herink,Sb. severočeského Musea,Historia Naturalis 1:68(1958)

Hygrocybe acutopunicea R. Haller Aar. & F. H. Møller,Schweiz. Z. Pilzk. 34:66(1956)

Hygrophorus puniceus(Fr.)Fr. ,Epicr. Syst. Mycol. :331(1838)

Pseudohygrocybe punicea(Fr.)Kovalenko,Mikol. Fitopatol. 22(3):208(1988)

子实体伞状。菌盖圆锥形或钟形至近平展,直径4～7cm,鲜红色至朱红色,表面光滑,黏,边缘波浪状或花瓣状。菌肉薄,橙黄色。菌褶弯生至近离生,宽,中部膨大,厚,稀,褶间有横脉,黄色。孢子印白色。担孢子椭圆形,7～9μm×5～5.5μm,表面光滑,无色。

夏秋季子实体单生或群生于林中地上。可食用。

分布:信阳。

【白蜡伞】

***Hygrophorus eburneus*(Bull.)Fr.** ,Epicr. Syst. Mycol. :321(1838)

Agaricus eburneus Bull. ,Herb. Fr. 3:tab. 118,tab. 551,fig. 2(1783)

Gymnopus eburneus(Bull.)Gray,Nat. Arr. Brit. Pl. 1:610(1821)

子实体伞状。菌盖扁半球形至平展,直径2～8cm,白色,后期带黄色,也有时带粉红色,表面光滑,黏,湿时更黏。菌肉白色,中部稍厚。菌褶近延生,稀,不等长。菌柄白色,细长,近柱形,长5～13cm,粗0.3～1.5cm,下部渐细,表面光滑,顶部有鳞片。担子细长。孢子印白色。担孢子椭圆形,6～9.5μm×3～5μm,表面光滑,无色。

夏秋季子实体群生或丛生于阔叶林或混交林中地上。

分布:信阳。

【美丽蜡伞】

***Hygrophorus speciosus* Peck**,Ann. Rep. N. Y. St. Mus. Nat. Hist. 29:43(1878)

Hygrophorus lucorum var. *speciosus* (Peck) Kricglst. , In: Krieglsteiner, Ahnert, Endt, Enderle & Ostrow, Beitr. Kenntn. Pilze Mitteleur. 13:33(2000)

子实体伞状。菌盖扁半球形至近平展,直径2～5cm,有时中部稍凸起,橘黄色,橘红色至金黄色,中部往往色较深,表面光滑,黏,边缘内卷。菌肉白色或带黄色。菌褶直生至延生,不等长,较稀,白色或淡黄色。菌柄近圆柱形,长4.5～10cm,粗0.4～1.2cm,内实,表面黏,带白色或淡黄色至浅橘黄色,具小纤毛。孢子印白色。担孢子椭圆形,7～11μm×4～6μm,表面光滑。

夏秋季子实体生林中地上。可食用。

分布:卢氏、陕县、灵宝。

6.1.1.10 丝盖伞科 Inocybaceae

【毛靴耳】

***Crepidotus epibryus*(Fr.)Quél.** ,Fl. Mycol. France:107(1888)

Agaricus epibryus Fr. ,Syst. Mycol. 1:278(1821)

Agaricus herbarum Peck,Bull. Buffalo Soc. Nat. Sci. 1:53(1873)

Agaricus hypnophilus(Pers.)Berk. ,Outl. Brit. Fung. :139(1860)

Agaricus variabilis f *hypnophilus* Pers. ,Mycol. Eur. 3:28(1828)

Crepidotus commixtus Bres. ,In:Krieger,Fung. Saxon. Exsicc. ,Pilze Sachsen's:nos 1766 & 1767(1912)

Crepidotus herbarum(Peck)Sacc. ,Syll. Fung. 5:888(1887)

Crepidotus hypnophilus(Pers.)Nordstein,Syn. Fung. 2:78(1990)

Dendrosarcus hypnophilus(Pers.)Kuntze,Revis. Gen. Pl. 3:464(1898)

Dochmiopus commixtus(Bres.)Singer,Beih. Bot. Cbl. ,Abt. B 56:146(1936)

Pleurotellus epibryus(Fr.)Zmitr. ,In:Zmitrovich,Malysheva,Malysheva & Spirin,Folia Cryptogamica Petropolitana 1:34(2004)

Pleurotellus graminicola Fayod,Annali Accad. Agric. Torino:90(1893)

Pleurotellus herbarum(Peck)Singer,Lilloa 13:84(1947)

Pleurotellus hypnophilus(Pers.)Fayod[as '*hypnophilum*'],Annls Sci. Nat. ,Bot. ,Sér. 7, 9:339(1889)

Pleurotus commixtus(Bres.)Bres. ,Iconogr. Mycol. 6:298(1928)

Pleurotus graminicola(Fayod)Sacc. & D. Sacc. ,Syll. Fung. 17:26(1905)

Pleurotus hypnophilus(Pers.)Berk. ,Syll. Fung. 5:384(1887)

菌盖直径0.4~1.0cm,近平伏,有绒毛,基部有较长的柔毛。无柄。菌肉白色,薄。菌褶白色,后变为淡锈色,较稀。担孢子椭圆形,6.5~7.5μm×4μm。褶缘有棒状或近柱状的不孕细胞,20~36μm×4~8μm。

夏秋季子实体群生于枯枝上或草本植物的枯秆上。

分布:卢氏。

【软靴耳】

***Crepidotus mollis*(Schaeff.)Staude**,Schwämme Mitteldeutschl. 25:71(1857)

Agaricus gelatinosus J. F. Gmel. ,Systema Naturae,Edn 13,2(2):1429(1792)

Agaricus mollis Schrad. ,Spicil. Fl. Germ. 1:133(1794)

Agaricus mollis Schaeff. ,Fung. Bavar. Palat. 4:49(1774)

Agaricus ralfsii Berk. & Broome,Ann. Mag. Nat. Hist. ,Ser. 5 ,12:372(1883)

Crepidopus mollis(Schaeff.)Gray,Nat. Arr. Brit. Pl. 1:616(1821)

Crepidotus ralfsii(Berk. & Broome)Sacc. ,Syll. Fung. 5:881(1887)

子实体较小。菌盖直径1~5cm,半圆形至扇形,水浸后半透明,黏,干后纯白色,光滑,基部有毛,初期边缘内卷。菌肉薄。菌褶稍密,延生,初白色,后变为褐色。孢子印褐色。担孢子椭圆形或卵形,淡锈色,有内含物,6~9.5μm×4~5μm。有的有褶缘囊状体。

子实体叠生于腐木上。可食用,但个体较小,食用意义不大。

分布:河南。

注:作者未见到该菌,关于该菌在河南省的分布是依据文献《中国真菌总汇》(戴芳澜,1979)。

【褐丝盖伞】

***Inocybe brunnea* Quél.** ,Bull. Soc. Amis Sci. Nat. Rouen,Série II,15:162(1880)

子实体伞状。菌盖初期钟形,后平展,直径3～5.5cm,褐色,中部脐状突起,表面具绢丝状纤毛,边缘常开裂。菌柄基部膨大。菌肉无色,致密。菌褶凹生有时近离生,长短不一,密,初期乳黄色后变赭土色,褶缘小锯齿状。菌柄圆柱形,长3～6cm,粗0.3～0.5cm,表面有纤维状条纹,上部被白粉末。有褶侧囊状体,囊状体纺锤形,36～52μm×13～18μm。孢子印锈色。担孢子椭圆形,9～12μm×5.5～7.3μm,表面光滑,褐色。

夏秋季生林中地上。据记载有毒。

分布:信阳。

【浅黄丝盖伞】

***Inocybe fastigiata* f. *subcandida* Malençon**, In: Malençon & Bertault, Champignon Supérieurs du Maroc 1:361 (1970)

子实体伞状。菌盖圆锥形,斗笠形至近平展,直径2～4cm,顶部凸尖,表面有平伏纤毛及丝光泽,污白色,象牙白色至淡黄褐色,边缘常撕裂。菌肉污白色。菌褶直生至弯生,窄,污白色或灰橄榄色到浅褐色,边缘白色。菌柄长4.5～9cm,粗0.3～0.5cm,向下渐粗,白色,上部有白色粉粒。担孢子椭圆形、肾形,11～14μm×5.5～7μm,表面光滑。有褶缘囊状体,囊状体棒状。

子实体群生于林中地上。有毒。

分布:卢氏。

【淡紫丝盖伞】

***Inocybe geophylla* var. *lilacina* Gillet**, Hyménomycètes:520(1876)

Agaricus geophyllus Sowerby, Col. Fig. Engl. Fung. Mushr. 2: pl. 124(1799)

Agaricus geophyllus var. lilacinus Peck, Ann. Rep. N. Y. St. Mus. Nat. Hist. 26:90(1874)

Agaricus geophyllus var. violaceus Pat. ,Tabl. analyt. Fung. France 6:21(1886)

Inocybe geophylla var. violacea(Pat.)Sacc. ,Syll. Fung. 5:785(1887)

Inocybe lilacina(Peck)Kauffman, Publications Mich. Geol. Biol. Surv. ,Biol. Ser. 5 ,26:466(1918)

子实体伞状。菌盖幼时锥形或钟形,开伞后近平展,直径1.5～3.5cm,中部凸起,表面光滑或有丝状纤毛,淡紫色,后期变紫褐色,顶部浅土黄色,边缘有不明显条棱,有时开裂。菌肉淡紫色。菌褶弯生,不等长,紫色,后变灰褐色至褐锈色。菌柄较细长,基部稍膨大,长4～6cm,粗0.2～0.5cm,扭曲,质脆,表面污白色至淡紫色,老后空心。菌柄上有丝膜。孢子印锈色。有褶缘囊状体,囊状体棍棒状至袋状,20～50μm×7～12μm,丛生。担孢子椭圆形、卵圆形或近肾形,8.5～11μm×5.5～7.5μm,表面光滑,淡锈色。

夏秋季子实体群生或丛生于云杉林地上。有毒,含毒蝇碱,食后产生精神错乱等症状。

分布:卢氏。

【土黄丝盖伞】

***Inocybe godeyi* Gillet**, Les Hyménomycètes ou Description de Tous les Champignons(Fungi) qui Croissent en France:517(1874)

Agaricus trinii var. *rubescens*(Gillet) Pat. ,Champignons de France. Tableaux Analytiques des Hyménomycétes 1:

156(1884)

Astrosporina boltonii(R. Heim)A. Pearson,Trans. Br. Mycol. Soc. 26(1~2):46(1943)

Inocybe godeyi var. *rufescens* Cooke,Trans. Br. Mycol. Soc. 3(2):110(1909)

Inocybe rickenii R. Heim,Encyclop. Mycol. 1:348(1931)

Inocybe rubescens Gillet,Revue Mycol. ,Toulouse 5(17):31(1883)

子实体伞状,小型。菌盖锥形、笠形至近扁平,直径2~5cm,中央凸起,乳黄褐色至浅赭黄色,部分带红色,平滑至有丝状纹及纤毛,边缘多开裂。菌肉污白黄色或带红色,中部较厚。菌褶直生,较密,不等长,污白色至肉桂黄色。菌柄柱状,长4~6.3cm,粗0.3~0.3cm,污白色至带赤红色,基部膨大成近球形,内部松软。担孢子近杏仁形,9~11.5μm×5.6~7.2μm,带黄色,光滑。

秋季子实体生于阔叶林中地上。有毒。

分布:汝阳、卢氏。

【裂丝盖伞】

***Inocybe rimosa*(Bull.)P. Kumm.** ,Führ. Pilzk. :78(1871)

Agaricus fastigiatus Schaeff. ,Fung. Bavar. Palat. 4:13(1774)

Agaricus rimosus Bull. ,Herb. Fr. 9:tab. 388(1789)

Agaricus schistus Cooke & W. G. Sm. ,Forsch. PflKr. ,Tokyo:154(1883)

Gymnopus rimosus(Bull.)Gray,Nat. Arr. Brit. Pl. 1:604(1821)

Inocybe fastigiata(Schaeff.)Quél. ,Mém. Soc. Émul. Montbéliard,Sér. 2,5:180(1872)

Inocybe fastigiata f. *alpina* R. Heim,Encyclop. Mycol. ,1 Le Genre Inocybe:185(1931)

Inocybe fastigiata f. *argentata* Kühner,Bull. Trimest. Soc. Mycol. Fr. 71:169(1956)

Inocybe fastigiata f. *umbrinella*(Bres.)Nespiak,Flora Polska. Grzyby(Mycota). Podstawczaki(Basidiomycetes), Bedłkowe(Agaricales),Zasłonakowate(Cortinariaceae),Strzępiak(Inocybe)19:35(1990)

Inocybe fastigiata subsp. *umbrinella*(Bres.)Dermek & J. Veselský,Česká Mykol. 31(4):191(1977)

Inocybe fastigiata var. *umbrinella*(Bres.)R. Heim,Encyclop. Mycol. ,1 Le Genre Inocybe:188(1931)

Inocybe obsoleta Romagn. ,Bull. Trimest. Soc. Mycol. Fr. 74:145(1958)

Inocybe pseudofastigiata Rea,Trans. Br. Mycol. Soc. 12(2~3):210(1927)

Inocybe rimosa f. *alpina*(R. Heim)Esteve-Rav. ,V. González & Arenal,Boln Soc. Micol. Madrid 22:178(1997)

Inocybe rimosa f. *argentata*(Kühner)Courtec. ,Docums Mycol. 18(72):50(1988)

Inocybe rimosa var. *argentata* (Kühner)Cetto,I Funghi dal Vero 7:197(1993)

Inocybe rimosa var. *obsoleta* Quadr. & Lunghini,Quad. Acad. Naz. Lincei 264:109(1990)

Inocybe rimosa var. *umbrinella*(Bres.)Bizio & M. Marchetti,Boll. Gruppo Micol.'G. Bresadola' 41(2):138(1998)

Inocybe schista(Cooke & W. G. Sm.)Sacc. ,Syll. Fung. 5:774(1887)

Inocybe umbrinella Bres. ,Annls Mycol. 3(2):161(1905)

子实体伞状,小型。菌盖近锥形至钟形或斗笠形,直径3~5cm,淡乳黄色至黄褐色,中部色较深,表面密被纤毛状或丝状条纹,干燥时有龟裂纹,边缘常放射状开裂。菌肉白色。菌褶凹生、近离生,较密,不等长,淡乳白色或褐黄色。菌柄圆柱形,长2.5~6cm,粗0.5~1.5cm,上部白色且有小颗粒,下部污白色至浅褐色并有纤毛状鳞片,常扭曲和纵裂,实心,基部稍膨大。有褶侧囊状体,囊状体瓶状,顶端有结晶。担孢子椭圆形或近肾形,10~12.6μm×5~7.5μm,表面光滑,锈色。孢子印锈色。

夏秋季子实体单生或群生于林中地上，与多种树木形成外生菌根。有毒，中毒后潜伏期约半小时至2小时，症状主要表现为出大汗、流涎、发冷发热、牙关紧闭、视力减弱、小便后尿道刺痛、四肢痉挛等。有的出现精神错乱，也有的因大量出汗引起虚脱而死亡。

分布：汝阳、商城。

6.1.1.11　离褶伞科 Lyophyllaceae

【星孢寄生菇】

Asterophora lycoperdoides **(Bull.) Ditmar**, J. Bot. (Schrader) 3:56(1809)

Agaricus lycoperdoides Bull. [as '*lycoperdonoides*'], Herb. Fr. 4(37～48): tab. 186(1784)

Artotrogus asterophora Fr., Summa Veg. Scand., Section Post.: 497(1849)

Artotrogus lycoperdoides (Bull.) Kuntze, Revis. Gen. Pl. 3(2): 443(1898)

Asterophora agaricicola Corda, Icon. Fung. 4: 8(1840)

Asterophora agaricoides Fr., Symb. Gasteromyc. 1: 3(1817)

Asterophora lycoperdoides Fr., Symb. Gasteromyc. 1: 8(1817)

Asterophora lycoperdoides (Sowerby) Fr., Symb. Gasteromyc. 1: 8(1817)

Hypolyssus lycoperdoides (Bull.) Kuntze [as '*lycoperdodes*'], Revis. Gen. Pl. 3: 488(1898)

Merulius lycoperdoides (Bull.) Lam. & DC., Fl. franç., Edn 3, 2: 128(1805)

Nyctalis agaricoides (Fr.) Bon & Courtec., In: Bon, Migliozzi & Cherubini, Docums Mycol. 19(76): 74(1989)

Nyctalis asterophora Fr., Epicr. Syst. Mycol.: 371(1838)

子实体伞状，较小。菌盖最初近球形，后渐平展，直径5～30mm，白色，盖面上常产生粉末状、土黄色或浅茶褐色的厚垣孢子。厚垣孢子近球形，直径12～20μm，有一稍长的柄，黄色，表面有刺。菌肉白色。菌柄圆柱形，长1～2cm，粗2～4.5mm，白色，基部有纤毛状菌丝。菌褶稀疏，直生，有分叉，白色，较厚。担孢子椭圆形，5～6.5μm×3～3.5μm，无色（图版111）。

夏秋季寄生于林中稀褶黑菇等伞菌的子实体上，是真菌生态多样性的一个典型代表。

分布：汝阳、卢氏、灵宝、陕县、信阳。

【香杏丽蘑】

Calocybe gambosa **(Fr.) Donk**, Nova Hedwigia, Beih. 5: 43(1962)

Agaricus albellus DC., In: de Candolle & Lamarck, Fl. Franç., Edn 3, 5～6(1815)

Agaricus gambosus Fr., Syst. Mycol. 1: 50(1821)

Agaricus georgii L., Sp. Pl. 2: 1173(1753)

Calocybe gambosa (Fr.) Singer [as '*gambosum*'], Lilloa 22: 168(1951)

Calocybe georgii var. *aromatica* (Roques) Pilát, Česká Mykol. 19: 215(1965)

Calocybe georgii var. *gambosa* (Fr.) Kalamees, Z. Mykol. 60(2): 360(1994)

Lyophyllum gambosum (Fr.) Singer, Annls Mycol. 41(1～3): 96(1943)

Tricholoma gambosum (Fr.) P. Kummer, Führ. Pilzk.: 131(1871)

Tricholoma georgii (L.) Quél., Mém. Soc. Émul. Montbéliard, Sér. 2, 5: 44(1872)

子实体伞状。菌盖半球形至平展，直径6～12cm，表面光滑，不黏，白色或淡土黄色至淡土红色，边缘内卷。菌肉白色，肥厚。菌褶弯生，不等长，窄，密，白色，或稍带黄色。菌柄长3.5～10cm，粗1.5～3.5cm，白色，或稍带黄色，表面具条纹，内实。孢子印白色。担孢子椭圆形，5～6.2μm×3～4μm，表面光滑，无色。

夏秋季子实体群生、丛生于林缘或林下草地上，可形成蘑菇圈。可食用，菌肉肥厚，味鲜美。具药用价值。

分布：辉县。

【紫皮丽蘑】

***Calocybe ionides*(Bull.) Donk**, Nova Hedwigia, Beih. 5:43(1962)

Agaricus ionides Bull., Herb. Fr. 12: tab. 533, fig. 3(1792)

Agaricus purpureus var. *ionides*(Bull.) Pers., Mycol. Eur. 3:225(1828)

Calocybe ionides(Bull.) Kühner, Bull. Mens. Soc. Linn. Lyon 7:211(1938)

Lyophyllum ionides(Bull.) Kühner & Romagn., Fl. Analyt. Champ. Supér.:162(1953)

Melanoleuca ionides (Bull.) Fr., N. Amer. Fl. 10(1):17(1914)

Rugosomyces ionides(Bull.) Bon, Docums Mycol., Mém. Hors Sér. 21(82):66(1991)

Tricholoma ionides(Bull.) P. Kumm., Führ. Pilzk.:132(1871)

子实体伞状，小型。菌盖扁半球形至平展，宽2~5cm，湿润时呈半透明状，表面光滑，灰紫蓝色。菌肉白色或带紫蓝色。菌褶弯生，不等长，稠密，白色。菌柄圆柱形，长2~5cm，粗0.3~0.5cm，与菌盖同色，内部松软。担孢子短椭圆形至近球形，4~5μm×3~3.5μm，表面光滑或近光滑，无色。

秋季子实体生于针叶林或阔叶林中地上。可食用，但个体较小，菌肉薄，利用价值有限。

分布：辉县。

【腐木生硬柄菇】

***Ossicaulis lignatilis*(Pers.) Redhead & Ginns**, Trans. Mycol. Soc. Japan 26(3):362(1985)

Agaricus circinatus Fr., Epicr. Syst. Mycol.:132(1838)

Agaricus lignatilis Pers., Syn. Meth. Fung. 2:368(1801)

Amanita rubescens var. *circinata*(Pers.) Sacc., Syll. Fung. 5:16(1887)

Clitocybe lignatilis(Pers.) P. Karst., Bidr. Känn. Finl. Nat. Folk 32:86(1879)

Dendrosarcus circinatus(Fr.) Kuntze, Revis. Gen. Pl. 3:463(1898)

Dendrosarcus lignatilis(Fr.) Kuntze, Revis. Gen. Pl. 3:464(1898)

Hypsizygus circinatus(Fr.) Singer, Lilloa 22:180(1951)

Nothopanus lignatilis(Pers.) Bon, Docums Mycol. 1765):53(1986)

Pleurocybella lignatilis(Pers.) Singer, Mycologia 39(1):82(1947)

Pleurotus circinatus(Fr.) Sacc., Syll. Fung. 5:344(1887)

Pleurotus lignatilis(Pers.) P. Kumm., Führ. Pilzk.:105(1871)

Pleurotus lignatilis var. *tephrocephalis* Sacc. [as '*tephrocephalus*'], Syll. Fung. 5:344(1887)

子实体扇状或不规则伞状。菌盖初期扁半球形，后期渐扁平至近扇形，中部稍下凹，直径3~5cm，表面平滑，白色或中部灰色，初期边缘内卷。菌肉白色。菌褶延生，稠密，窄，长短不一。菌柄偏生，近圆柱形，长2~5cm，粗0.3~0.6cm，白色，常弯曲，内实或松软至变空心。孢子印白色。担孢子卵圆形，5~6μm×3.5~4μm，表面光滑，无色。

夏秋季子实体群生至近丛生于阔叶树腐木上。引起木材白色腐朽。可食用。

分布：卢氏、陕县、灵宝。

【条纹白蚁伞】

***Termitomyces striatus*(Beeli) R. Heim**[as '*striata*'], Mém. Acad., Sci. 44:72(1942)

Schulzeria striata Beeli, Bull. Jard. Bot. État Brux. 15(1):29(1938)

子实体伞状。菌盖直径4～14cm,最大可达25cm,开伞后中部明显凸起,浅黄褐色至黄褐色,老后色较浅,顶部色深,表面黏,具辐射状纤细条纹,边缘可开裂,并向上翘起。菌肉较厚,纯白色。菌褶离生,边缘细锯齿状,较密,不等长,初期白色,后带黄色。菌柄近柱形,长8～14cm,有的可达25cm,粗0.6～2.5cm,白色带黄色,表面平滑,纤维质,内部实心至松软,上部有菌幕残迹,具纵条纹,基部稍膨大,并向土中延伸成10cm左右的假根。担孢子无色,宽椭圆至卵圆形,5～8μm×4～5.4μm。子实层中有褶缘囊状体,囊状体无色,近棒状,28～38μm×6.3～13μm(图版112～115)。

夏季子实体群生于阔叶林中地上,其假根与地下的白蚁巢相连。可食用,味鲜美。

分布:洛阳。

6.1.1.12 小皮伞科 Marasmiaceae

【脉褶菌】

***Campanella junghuhnii*(Mont.) Singer**, Lloydia 8(3):192(1945)

Cantharellus junghuhnii Mont., In: Léveillé, Annls Sci. Nat., Bot., Sér. 2, 16:318(1841)

Favolaschia celebensis(Pat.) Kuntze, Revis. Gen. Pl. 3(2):476(1898)

Laschia celebensis Pat., J. Bot., Paris 1:227(1887)

菌盖极薄,膜质,直径0.5～2.5cm,白色,有网状皱纹。菌褶白色,网棱状,略呈放射状由基部伸出,有横向分枝状的小菌褶连结成网格状。菌柄侧生,极短或无。担孢子椭圆形,7.5～9μm×4～5μm,表面光滑。

夏秋季子实体丛生或群生于枯竹竿上。

分布:卢氏、灵宝、陕县。

【堆裸伞】

***Gymnopus acervatus*(Fr.) Murrill**, N. Amer. Fl. 9(5):362(1916)

Agaricus acervatus Fr., Syst. Mycol. 1:122(1821)

Agaricus erythropus var. *acervatus*(Fr.) Pers., Mycol. Eur. 3:132(1828)

Collybia acervata(Fr.) P. Kumm., Führ. Pilzk.:114(1871)

Marasmius acervatus(Fr.) P. Karst., Bidr. Känn. Finl. Nat. Folk 48:103(1889)

子实体伞状。菌盖半球形至近平展,直径2～7cm,中部稍凸起,成熟后边缘常向上反卷,浅土黄色至深土黄色,薄,表面光滑,湿润时具不明显的条纹。菌肉薄,白色。菌褶直生至近离生,较密,不等长,白色。菌柄圆柱形,细长,长3～6.5 cm,粗0.2～0.7cm,有时扁圆或扭曲,浅褐色至黑褐色,纤维质,空心,基部具白色绒毛。孢子印白色。担孢子椭圆形,5.6～7.7μm×2.6～3.4μm,表面光滑,无色。

夏秋季子实体丛生或群生于阔叶林中的落叶层或腐木上。可食用。

分布:信阳。

【绒柄裸伞】

***Gymnopus confluens* (Pers.) Antonín**, Halling & Noordel., Mycotaxon 63:364(1997)

Agaricus archyropus Pers. ,Mycol. Eur. 3:135(1828)

Agaricus confluens Pers. ,Observ. Mycol. 1:8(1796)

Agaricus ingratus Schumach. ,Enum. Pl. 2:304(1803)

Chamaeceras archyropus(Pers.)Kuntze,Revis. Gen. Pl. 3:455(1898)

Collybia confluens(Pers.)P. Kumm. ,Führ. Pilzk. :117(1871)

Collybia ingrata(Schumach.)Quél. ,Mém. Soc. Émul. Montbéliard,Sér. 2,5:318(1872)

Marasmius archyropus(Pers.)Fr. ,Epicr. Syst. Mycol. :378(1838)

Marasmius confluens(Pers.)P. Karst. ,Bidr. Känn. Finl. Nat. Folk 48:102(1889)

Marasmius ingratus(Schumach.)Quél. ,Flore Mycologique de la France et des Pays Limitrophes:320(1888)

子实体伞状。菌盖半球形至扁平,直径 2 ~4. 5cm,新鲜时粉红色,干后土黄色,中部色较深,幼时边缘内卷,湿润时有短条纹。菌肉甚薄,颜色与菌盖色同。菌褶弯生至离生,稍密至稠密,窄,不等长。菌柄细长,脆骨质,中空,长 5 ~12cm,粗 0. 3 ~0. 5cm,表面密被污白色细绒毛。孢子印白色。担孢子椭圆形,7. 6 ~8μm ×3 ~4μm,表面光滑,无色。

夏秋季子实体群生或近丛生于林中落叶层上。可食用,子实体虽然小,但因往往成群或成丛生,采集比较方便。

分布:信阳。

【栎裸伞】

***Gymnopus dryophilus*(Bull.)Murrill**,N. Amer. Fl. 9(5):362(1916)

Agaricus dryophilus Bull. ,Herb. Fr. 10:tab. 434(1790)

Collybia aquosa var. *dryophila* (Bull.) Krieglst. , In: Krieglsteiner, Ahnert, Endt, Enderle & Ostrow, Beitr. Kenntn. Pilze Mitteleur. 13:36(2000)

Collybia dryophila(Bull.)P. Kumm. ,Führ. Pilzk. :115(1871)

Collybia dryophila var. *alvearis* Cooke,Trans. Br. Mycol. Soc. 3(2):110(1909)

Collybia dryophila var. *aurata* Quél. ,Enchir. Fung. :31(1886)

Marasmius dryophilus(Bull.)P. Karst. ,Bidr. Känn. Finl. Nat. Folk 48:103(1889)

Marasmius dryophilus var. *auratus*(Quél.)Rea,Brit. Basidiomyc. :524(1922)

Omphalia dryophila(Bull.)Gray,Nat. Arr. Brit. Pl. 1:612(1821)

子实体小伞形。菌盖圆形,直径 2. 5 ~6cm,乳黄色,黄褐色或带紫红褐色,表面光滑。菌褶窄,密。菌柄长 4 ~8cm,粗 0. 3 ~0. 5cm,上部白色或浅黄色,下部黄褐色至红褐色。担孢子椭圆形,5 ~7μm ×3 ~3. 5μm,无色,表面光滑。孢子印白色。

子实体群生或丛生于阔叶林或针叶林中地上。在分布地区调查时,有人反映可食,但有人反映有毒。

分布:辉县、信阳、汝阳、卢氏、灵宝、陕县。

【红柄裸伞】

***Gymnopus erythropus*(Pers.)Antonín**,Halling & Noordel. ,Mycotaxon 63:364(1997)

Agaricus erythropus Pers. ,Syn. Meth. Fung. 2:367(1801)

Agaricus marasmioides Britzelm. ,Bot. Zbl. 73(5):208(1893)

Chamaeceras erythropus(Pers.)Kuntze,Revis. Gen. Pl. 3:456(1898)

Collybia erythropus(Pers.)P. Kumm. ,Führ. Pilzk. :115(1871)

Collybia kuehneriana Singer, Persoonia 2(1):24(1961)

Collybia marasmioides(Sacc.)Bresinsky & Stangl, Z. Pilzk. 35(1~2):67(1970)

Marasmius bresadolae Kühner & Romagn., Fl. Analyt. Champ. Supér.:88(1953)

Marasmius erythropus(Pers.)Quél., Mém. Soc. Émul. Montbéliard, Sér. 2, 5:221(1871)

Mycena marasmioides Sacc., Syll. Fung. 11:23(1895)

子实体伞状。菌盖半球形至扁半球形,后期稍扁平,直径1~4cm,光滑或稍有皱纹,浅黄褐色,中部褐黄色,边缘色浅。菌肉薄,近无色。菌褶近直生,不等长,密,窄,白色至浅黄褐色。菌柄近柱形或扁,长4~7.5cm,粗0.2~0.35cm,深红褐色,顶部色浅而向下色深,基部有暗红色绒毛。孢子印白色。担孢子椭圆形或卵圆形,6~8.1μm×3.5~4.5μm,表面光滑,无色。

夏季子实体群生或近丛生于阔叶林中地上。可食用,子实体虽小,但往往成群、成丛生,野生量大,采集比较方便。

分布:嵩县、信阳。

【枝生微皮伞】

***Marasmiellus ramealis*(Bull.)Singer**, Pap. Mich. Acad. Sci. 32:130(1946)

Agaricus amadelphus Bull., Herb. Fr. 12:tab. 550, fig. 3(1792)

Agaricus ramealis Bull., Herb. Fr. 7:tab. 336(1788)

Chamaeceras amadelphus(Bull.)Kuntze, Revis. Gen. Pl. 3:455(1898)

Chamaeceras ramealis(Bull.)Kuntze, Revis. Gen. Pl. 3:457(1898)

Gymnopus ramealis(Bull.)J. L. Mata & R. H. Petersen, In: Mata, Hughes & Petersen, Mycoscience 45(3):221(2004)

Gymnopus ramealis(Bull.)Gray, Nat. Arr. Brit. Pl. 1:611(1821)

Marasmiellus amadelphus(Bull.)Singer, In: Gams, Kl. Krypt.-Fl., Edn 3, 2b/2:118(1967)

Marasmius amadelphus(Bull.)Fr., Epicr. Syst. Mycol.:380(1838)

Micromphale amadelphum (Bull.)Honrubia[as '*amadelphus*'], Cryptog. Mycol. 5(1):57(1984)

Micromphale rameale(Bull.)Kühner[as '*ramealis*'], Bull. Mens. Soc. Linn. Lyon, Num. Spéc. 49:896(1980)

子实体伞状。菌盖幼时扁半球形,后渐平展,直径0.5~1.5cm,中部往往稍下凹,浅肉色至淡黄褐色,边缘初期内卷,后期有沟条纹。菌肉薄,近白色。菌褶近延生,不等长,较稀,带白色。菌柄细,短,长1~1.5cm,粗0.1~0.3cm,弯曲,色浅或淡黄肉色,表面有粉状小鳞片,下部往往色暗,基部有绒毛,实心。担孢子披针形至椭圆形,8~9μm×2.5~3.5μm。囊状体袋形,30~51μm×5~6.3μm,顶端具小突起。

秋季子实体生于枯枝或枯草茎上。可食用,但因子实体小,利用价值不大。子实体提取物对小白鼠肉瘤180和艾氏癌的抑制率分别为100%和90%。

分布:信阳。

【安络小皮伞】

***Marasmius androsaceus*(L.)Fr.**, Epicr. Syst. Mycol.:385(1838)

Agaricus androsaceus L., Sp. Pl. 2:1175(1753)

Androsaceus androsaceus(L.)Rea, Brit. Basidiomyc.:531(1922)

Chamaeceras androsaceus(L.)Kuntze, Revis. Gen. Pl. 3:478(1898)

Gymnopus androsaceus(L.)J. L. Mata & R. H. Petersen, In: Mata, Hughes & Petersen, Mycoscience 45(3):220

(2004)

Merulius androsaceus(L.) With., Arr. Brit. Pl., Edn 3, 4:148(1796)

Setulipes androsaceus(L.) Antonín, Česká Mykol. 41(2):86(1987)

子实体伞状,小型,有发达的菌索。此菌最常见的是菌索,子实体较少见。菌索软骨质,黑褐色至黑色,表面平滑,粗0.5~1mm,长度可达150cm,分枝或不分枝,似细铁丝或马鬃。菌盖初半球形,后平展,直径0.5~1.5cm,具辐射状折皱,中部有脐突,膜质,韧,干时收缩,潮湿时恢复原状,灰褐色,红褐色、茶褐色至带紫色,边缘色较浅。菌褶直生至离生,稀疏,不等长,白色。菌柄中生,平滑,软骨质,黑褐色至黑色,上部色浅,长3~5cm,粗1mm,中空。孢子印白色。担孢子近卵形,5~7.5μm×3~4.5μm,无色透明。

夏秋季子实体群生至散生于朽木、落枝、落叶、树皮或朽竹枝上,产生子实体的环境往往是位于深山密林的阴湿处。可食用,但因子实体小,食用价值不大。可药用,能活血,祛风,通络,止痛。国内已利用该菌研制出"安络痛"商品药物,有止痛等作用,用于治疗跌打损伤、三叉神经痛、偏头痛、骨折疼痛、坐骨神经痛及风湿性关节炎等症。

分布:信阳。

【脐顶小皮伞】

***Marasmius chordalis* Fr.**, Epicr. Syst. Mycol.:383(1838)

Chamaeceras chordalis(Fr.) Kuntze, Revis. Gen. Pl. 3:455(1898)

子实体伞状。菌盖扁半球形,后渐平展,中部脐状,直径1.5~3cm,米黄色,边缘有条棱。菌肉膜质。菌褶直生至近延生,稀,不等长。菌柄细长,近圆柱形,长7~10cm,粗1~2mm,被灰色细绒毛,内部松软至空心。孢子印白色。担孢子近梭形,8~10μm×6~7μm,无色,光滑,含1油滴。

夏季子实体群生于阔叶林中的腐叶层上。

分布:信阳。

【深山小皮伞】

***Marasmius cohaerens*(Alb. & Schwein.) Cooke & Quél.**, Clavis Syn. Hymen. Europ. (1878)

Agaricus balaninus Berk., Mag. Zool. Bot. 1:509(1837)

Agaricus ceratopus Pers., Mycol. Eur. 3:214(1828)

Agaricus cohaerens Pers., Syn. Meth. Fung. 2:306(1801)

Marasmius ceratopus(Pers.) Quél., Fl. Mycol. France:319(1888)

Mycena balanina(Berk.) P. Karst., In: Saccardo, Syll. Fung. 5:252(1887)

Mycena cohaerens(Pers.) Gillet, Hyménomycètes:275(1876)

子实体伞状。菌盖初期圆锥形,后渐平展且中部凸起,直径1~3.5cm,表面淡肉桂色,中部色深,在放大镜下观察有微毛。菌褶几乎离生,较稀疏,白色至浅褐色。菌柄7~9cm×0.15~3cm,角质,下部暗褐色,上部几乎白色,空心,基部有白色棉毛状的菌丝。担孢子椭圆形,或梨的种子形,9.5μm×4~5μm。有缘生囊状体和侧生囊状体,囊状体纺锤形,70~95μm×13~16μm,先端尖,褐色,壁厚。

夏秋季子实体群生、散生于林下充满落叶的地上。

分布:卢氏、灵宝、陕县。

【硬柄皮伞】

***Marasmius oreades*(Bolton)Fr.** ,Anteckn. Sver. Ätl. Svamp. :52(1836)

Agaricus coriaceus Lightf. ,Fl. Scot. 2:1020(1777)

Agaricus oreades Bolton,Hist. Fung. Halifax,App. :151(1792)

Agaricus pratensis Huds. ,Fl. Angl. ,Edn 2,2:616(1778)

Collybia oreades(Bolton)P. Kumm. ,Führ. Pilzk. :116(1871)

子实体伞状。菌盖扁平球形至平展,中部平或稍凸,直径 3 ~5cm,浅肉色至深土黄色,表面光滑,边缘湿时稍显出条纹。菌肉薄,近白色。菌褶离生,不等长,宽,稀,白色。菌柄圆柱形,长 4 ~6cm,粗 0. 2 ~0. 4cm,表面光滑,内实。孢子印白色。担孢子椭圆形,8 ~10. 4μm × 4 ~6. 2μm,表面光滑,无色。

夏秋季子实体群生于草地上、林中地上,常形成蘑菇圈(图版 116)。可食用,味美。可药用,用于治疗腰腿疼痛、手足麻木、筋络不通等症。

分布:信阳。

【纯白微皮伞】

***Marasmius pulcherripes* Peck**,In:Saccardo,P. A. Sylloge Fungorum 5:555(1887)

子实体小伞状,纯白色。菌盖扁平,直径 0. 6 ~3cm,边缘波状,有稀疏的条纹。菌肉很薄。菌褶近直生,稀,不等长,白色。菌柄长 0. 8 ~2cm,白色,下部色暗。担孢子无色,长椭圆形,12 ~17μm ×4 ~5μm,表面光滑。

夏秋季子实体生枯枝上。

分布:信阳、栾川。

【琥珀小皮伞】

***Marasmius siccus*(Schwein.)Fr.** ,Schr. Naturf. Ges. Leipzig 1:no. 677(1822)

Agaricus siccus Schwein. ,Schr. Naturf. Ges. Leipzig 1:84(1822)

子实体伞状。菌盖扁半球形至钟形,直径 7 ~10mm,膜质,韧,干,光滑,深肉桂色至琥珀褐色,中部色较深,有稀疏的辐射状褶纹。菌褶白色,离生,稀疏。菌柄细,长 4 ~7cm,粗 1 ~1. 5mm,光滑,空心,有光泽,深烟色,顶部近白色,基部有白毛。担孢子长形,14 ~23μm × 3. 5 ~4. 5μm,基部尖(图版 117)。

夏秋季子实体群生于阔叶树的枯枝落叶层上,能分解落叶。

分布:新安、汝阳、栾川、嵩县、信阳。

【宽褶大金钱菌】

***Megacollybia platyphylla*(Pers.)Kotl. & Pouzar**,Česká Mykol. 26:220(1972)

Agaricus grammocephalus Bull. ,Herb. Fr. 13:tab. 594(1793)

Agaricus platyphyllus Pers. ,Observ. Mycol. 1:47(1796)

Agaricus platyphyllus var. *repens* Fr. ,Epicr. Syst. Mycol. :82(1838)

Agaricus repens Fr. ,Observ. Mycol. 1:14(1815)

Agaricus tenuiceps Cooke & Massee,Forsch. PflKr. ,Tokyo:398(1891)

Clitocybula platyphylla(Pers.)E. Ludw. ,Pilzkompendium 1(2):58(2001)

Clitocybula platyphylla(Pers.)Malençon & Bertault,Trav. Inst. Sci. Cherifien,Ser. Bot. 33:398(1975)

Collybia grammocephala(Bull.)Quél. ,Fl. Mycol. France:228(1888)

Collybia platyphylla(Pers.)P. Kumm. ,Führ. Pilzk. :117(1871)

Gymnopus platyphyllus(Pers.)Murrill,N. Amer. Fl. 9(5):367(1916)

Hydropus platyphyllus(Pers.)Kühner,Bull. Mens. Soc. Linn. Lyon,Num. Spéc. 49:895(1980)

Oudemansiella platyphylla(Pers.)M. M. Moser,In:Gams,Kl. Krypt. -Fl. ,Rev. Edn 5, 2b/2:156(1983)

Tricholoma tenuiceps(Cooke & Massee)Massee,Syll. Fung. 20:1011(1911)

Tricholomopsis platyphylla(Pers.)Singer,Schweiz. Z. Pilzk. 17:13(1939)

子实体伞状。菌盖扁半球形至平展,直径 5 ~ 12cm,灰白色至灰褐色,湿润时水渍状,表面光滑,具深色细条纹,成熟后边缘常开裂。菌肉薄,白色。菌褶初期直生,后期近弯生或离生,不等长,宽,稀,白色。菌柄长 5 ~ 12cm,粗 1 ~ 15cm,白色至灰褐色,表面具纤毛和纤维状长条纹,表面脆骨质,里面纤维质,基部膨大,有白色根状菌索。有褶缘囊状体,囊状体袋状或棒状,30 ~ 55μm × 5 ~ 10μm。孢子印白色。担孢子卵圆形至宽椭圆形,7. 7 ~ 10μm × 6. 2 ~ 8μm,表面光滑,无色。

夏秋季子实体单生或丛生于林中腐木桩或埋于土中的腐木上。可食用,味道鲜美。子实体可入药。

分布:信阳。

【污黄微菇】

***Mycetinis epidryas*(Kühner)Antonín & Noordel.** ,Czech Mycol. 60(1):26(2008)

Marasmius epidryas Kühner,Bull. Soc. Linn. Lyon 79:115(1936)

子实体伞状。菌盖半球形,直径 0. 5 ~ 1. 5cm,初期中部略下凹,后期平展,浅黄白色,中央红褐色。菌肉很薄,乳黄色。菌褶直生,浅乳黄色至乳白色。菌柄柱状,细长,长 2 ~ 4cm,粗 0. 05 ~ 0. 15cm,直立,暗褐色或黑褐色,内部空心。担孢子椭圆形,7 ~ 9μm × 4. 3 ~ 6. 5μm,光滑。

夏季子实体单生或群生于山区林缘或林下草地上。

分布:卢氏、灵宝、陕县。

【蒜头状微菇】

***Mycetinis scorodonius*(Fr.)A. W. Wilson**,Mycologia 97(3):678(2005)

Agaricus scorodonius Fr. ,Observ. Mycol. 1:29(1815)

Chamaeceras scorodenius(Fr.)Kuntze,Revis. Gen. Pl. 3:457(1898)

Gymnopus scorodonius(Fr.)J. L. Mata & R. H. Petersen,In:Mata,Hughes & Petersen,Mycoscience 45(3):221(2004)

Marasmius scorodonius(Fr.)Fr. ,Anteckn. Sver. Ätl. Svamp. :53(1836)

子实体伞状,有葱蒜味。菌盖扁半球形至平展,直径 0. 5 ~ 3cm,初期边缘内卷,后伸展,表面干,光滑至波状,带红色或浅黄褐色至淡黄色。菌肉薄。菌褶直生至近离生,密至稀,不等长,浅粉黄色至白色。菌柄圆柱形或扁压,长 1. 5 ~ 6cm,粗 0. 05 ~ 0. 3cm,浅黄色、白色至褐色,下部渐细,干,光滑,质脆至硬。孢子印白色。担孢子椭圆形,7 ~ 10μm × 3 ~ 5μm,表面光滑,无色。

夏秋季子实体散生或群生于阔叶树的枯枝上,能分解枯枝落叶。可食用。

分布:卢氏、灵宝、陕县。

6.1.1.13 小菇科 Mycenaceae

【杏黄小菇】

***Mycena crocata*(Schrad.)P. Kumm.**,Führ. Pilzk.:108(1871)

Agaricus crocatus Schrad.,Spicil. Fl. Germ. 1:126(1794)

Agaricus croceus var. *crocatus*(Schrad.)Pers.,Mycol. Eur. 3:130(1828)

子实体伞状。菌盖初期圆锥形,开展后成钟形,直径 1 ~ 3cm,中部突起呈丘状,淡褐色或灰色,有时带橄榄绿色,因流出乳汁而染成橙红色。菌肉薄,番红色。菌褶白色,受伤流出乳汁而染成橙红色,贴生。菌柄长 4 ~ 8cm,粗 2 ~ 3cm,顶端柠檬黄色至白色,基部番红色,折断时流出橙红色乳汁而染成橙色,基部有白色绒毛。孢子印白色至淡褐色。担孢子椭圆形,8 ~ 10μm × 5 ~ 6μm。

夏秋季雨后子实体群生于林中的落叶层中,能分解落叶。可食用。

分布:卢氏、灵宝、陕县。

【盔盖小菇】

***Mycena galericulata*(Scop.)Gray**,Nat. Arr. Brit. Pl. 1:619(1821)

Agaricus conicus Huds.,Fl. Angl.,Edn 2,2:620(1778)

Agaricus crispus Batsch,Elench. Fung.:67(1783)

Agaricus galericulatus Scop.,Fl. Carniol.,Edn 2,2:455(1772)

Agaricus galericulatus var. *albidus* Pers.,Syn. Meth. Fung. 2:377(1801)

Agaricus radicatellus Peck,Ann. Rep. N. Y. St. Mus. Nat. Hist. 31:32(1878)

Agaricus rugosus Fr.,Epicr. Syst. Mycol.:106(1838)

Collybia rugulosiceps Kauffman,Pap. Mich. Acad. Sci. 5:126(1926)

Mycena berkeleyi Massee,Brit. Fung.-Fl. 3:104(1893)

Mycena radicatella(Peck)Sacc.,Syll. Fung. 5:275(1887)

Mycena rugosa(Fr.)Quél.,Mém. Soc. Émul. Montbéliard,Sér. 2,5:69(1872)

Mycena rugulosiceps(Kauffman)A. H. Sm.,Mycologia 29(3):342(1937)

Prunulus galericulatus(Scop.)Murrill,N. Amer. Fl. 9(5):336(1916)

Prunulus radicatellus(Peck)Murrill,N. Amer. Fl. 9(5):323(1916)

子实体伞状。菌盖钟形或盔帽状,边缘稍伸展,直径 2 ~ 4cm,表面稍干燥,灰黄色至浅灰褐色,往往出现深色污斑,光滑且有稍明显的细条棱。菌肉白色至污白色,较薄。菌褶直生或稍延生,较宽,密,不等长,褶间有横脉,初期污白色,后浅灰黄色至带粉肉色,褶缘平滑或钝锯齿状。菌柄细长,圆柱形,长 8 ~ 12cm,粗 0.2 ~ 0.5cm,常弯曲,脆骨质,污白色,表面光滑,内部空心,基部有白色绒毛。孢子印白色。担孢子椭圆形或近卵圆形,7.8 ~ 11.4μm × 6.4 ~ 8.1μm,表面光滑,无色。囊状体近梭形,48 ~ 56μm × 6.3 ~ 10.2μm,顶部钝圆或尖。

夏秋季子实体单生、散生或群生于混交林中腐枝落叶层或腐朽的木桩处。可食用。子实体提取物对小白鼠肉瘤 180 抑制率为 70%,对艾氏癌抑制率为 60%。

分布:卢氏、灵宝、陕县。

【洁小菇】

***Mycena pura*(Pers.)P. Kumm.**,Führ. Pilzk.:107(1871)

Agaricus ianthinus Fr. ,Syst. Mycol. 1:147(1821)

Agaricus pseudopurus Cooke,Grevillea 10(56):147(1882)

Agaricus purpureus Bolton,Hist. Fung. Halifax 1:41(1788)

Agaricus purus Pers. ,Neues Mag. Bot. 1:101(1794)

Agaricus purus var. *purpureus* Pers. ,Syn. Meth. Fung. 2:339(1801)

Gymnopus purus(Pers.)Gray,Nat. Arr. Brit. Pl. 1:608(1821)

Mycena ianthina(Fr.)P. Kumm. [as '*janthina*'],Führ. Pilzk. :110(1871)

Mycena pseudopura(Cooke)Sacc. ,Syll. Fung. 5:257(1887)

Mycena pura f. *alba*(Gillet)Arnolds,Biblthca Mycol. 90:414(1982)

Mycena pura f. *ianthina* (Gillet) Maas Geest. , Proc. K. Ned. Akad. Wet. , Ser. C, Biol. Med. Sci. 92 (4): 497 (1989)

Mycena pura f. *lutea* (Gillet)Arnolds,Biblthca Mycol. 90:415(1982)

Mycena pura f. *purpurea* (Gillet) Maas Geest. , Proc. K. Ned. Akad. Wet. , Ser. C, Biol. Med. Sci. 92 (4): 498 (1989)

Mycena pura f. *roseoviolacea*(Gillet)Maas Geest. ,Proc. K. Ned. Akad. Wet. ,Ser. C,Biol. Med. Sci. 92(4):498 (1989)

Mycena pura f. *violacea* (Gillet) Maas Geest. , Proc. K. Ned. Akad. Wet. , Ser. C, Biol. Med. Sci. 92 (4): 498 (1989)

Mycena pura var. *alba* Gillet,Hyménomycètes:283(1876)

Mycena pura var. *carnea* Rea,Brit. Basidiomyc. :377(1922)

Mycena pura var. *ianthina* Gillet,Hyménomycètes:283(1876)

Mycena pura var. *lutea* Gillet,Hyménomycètes:283(1876)

Mycena pura var. *multicolor* Bres. ,Fung. Trident. 2:9(1892)

Mycena pura var. *purpurea* Gillet,Hyménomycètes:283(1876)

Mycena pura var. *roseoviolacea* Gillet,Les Hyménomycètes ou Description de Tous les champignons(Fungi)qui Croissent en France(1874)

Mycena pura var. *violacea* Gillet,Hyménomycètes:283(1876)

Poromycena pseudopura(Cooke)Singer,Lloydia 8:219(1945)

Prunulus purus(Pers.)Murrill,N. Amer. Fl. 9(5):332(1916)

子实体伞状,小型。菌盖初期扁半球形,后期略伸展,直径2~4cm,淡紫色或淡紫红色至丁香紫色,湿润,边缘有条纹。菌肉较薄,淡紫色。菌褶直生或近弯生,不等长,较密,淡紫色,往往褶间具横脉。菌柄近柱形,长3~5cm,粗0.3~0.7cm,与菌盖同色或颜色较淡,光滑,空心,基部往往具绒毛。孢子印白色。担孢子椭圆形,6.4~7.5μm×3.5~4.5μm,无色,光滑。子实层中有囊状体,囊状体近梭形至瓶状,46~55μm×10~16μm,顶端钝。

夏秋季子实体丛生、群生或单生于林中地上、腐殖层上或腐木上。

分布:卢氏。

【鳞皮扇菇】

***Panellus stipticus*(Bull.)P. Karst.** ,Hattsvampar 14:fig. 172(1879)

Agaricus farinaceus Schumach. ,Enum. Pl. 2:365(1803)

Agaricus lateralis Schaeff. ,Fung. Bavar. Palat. 4:tab. 72(1774)

Agaricus semipetiolatus Lightf. ,Fl. Scot. 2:1030(1777)

Agaricus stipticus Bull. [as '*stypticus*'],Herb. Fr. 3:tab. 140(1783)

Crepidopus stipticus(Bull.)Gray[as '*stypticus*'],Nat. Arr. Brit. Pl. 1:616(1821)

Lentinus farinaceus(Schumach.)Henn.,In:Engler & Prantl,Nat. Pflanzenfam.,Teil. I:224(1898)

Lentinus stipticus(Bull.)J. Schröt.,In:Cohn,Krypt. -Fl. Schlesien 3. 1(33 ~40):554(1889)

Panellus farinaceus(Schumach.)P. Karst.,Hattsvampar 1:96(1879)

Panellus stipticus var. *albidotomentosus*(Rea)Z. S. Bi,In:Bi,Zheng & Li,微生物学报(增刊1):285(1987)

Panellus stipticus var. *farinaceus*(Schumach.)Rea,Brit. Basidiomyc.:536(1922)

Panellus stipticus var. *occidentalis* Lib. -Barnes,Systematics of Tectella,Panellus,Hohenbuehelia and Resupinatus (Tricholomataceae) in the Pacific Northwest[Ph. D. dissertation,University of Washington]:146(1981)

Panus farinaceus(Schumach.)Fr.,Epicr. Syst. Mycol.:399(1838)

Panus farinaceus var. *albidotomentosus* Cooke & Massee,Grevillea 15(76):107(1887)

Panus stipticus(Bull.)Fr.,Epicr. Syst. Mycol.:399(1838)

Panus stipticus var. *albidotomentosus*(Cooke & Massee)Rea,Brit. Basidiomyc.:536(1922)

Panus stipticus var. *farinaceus*(Schumach.)Rea,Brit. Basidiomyc.:536(1922)

Pleurotus stipticus(Bull.)P. Kumm.,Führ. Pilzk.:105(1871)

Pocillaria stiptica(Bull.)Kuntze,Revis. Gen. Pl. 3(2):506(1898)

Rhipidium stipticum(Bull.)Wallr.,Fl. Cript. Germ. 2:742(1833)

子实体扇状,具短柄,菌柄侧生,质地韧,干燥时收缩,潮湿时恢复原状。菌盖扇形,宽1~3cm,浅土黄色,表面有麸皮状小鳞片。菌肉薄,味辛辣。菌褶窄而密。孢子印白色。担孢子短圆柱状,4~6μm×2~2.5μm,表面光滑,无色。有褶缘囊状体,囊状体披针形,25~50μm×2.5~5μm。

子实体群生长于阔叶树腐木上或树桩上。为木材腐朽菌。有毒。可药用,具增进机体健康、抵抗疾病的作用。子实体提取物对小白鼠肉瘤180的抑制率为80%,对艾氏癌的抑制率为70%。

分布:新县、商城。

【黄干脐菇】

***Xeromphalina campanella*(Batsch)Maire**,Icones Selectae Fungorum 6:236(1934)

Agaricus campanella Batsch,Elench. Fung.:73(1783)

Omphalia campanella(Batsch)P. Kumm.,Führ. Pilzk.:107(1871)

Omphalina campanella(Batsch)Quél.,Enchir. Fung.:45(1886)

子实体伞状、近喇叭状。菌盖初期半球形,中部下凹成脐状,后期边缘展开近似漏斗状,直径1~2.5cm,最大不超过3cm,表面湿润,光滑,橙黄色至橘黄色,边缘具明显的条纹。菌肉很薄,膜质,黄色。菌褶直生至明显延生,密至稍稀,不等长,稍宽,褶间有横脉相连,初期黄白色,后期污黄色。菌柄圆柱形,长1~3.5cm,粗0.2~0.3cm,往往上部稍粗呈黄色,下部暗褐色至黑褐色,基部有浅色毛,内部松软至空心。囊状体棒状或瓶状,30~35μm×8.9~10.2μm,无色。担孢子椭圆形,5.8~7.6μm×2~3.3μm,表面光滑,无色,非淀粉反应。

夏秋季子实体群生于林中朽木上。据记载可食用,但因子实体小,食用价值不大。子实体提取物对小白鼠肉瘤180的抑制率为70%,对艾氏癌的抑制率为70%。

分布:卢氏、灵宝、陕县。

6.1.1.14 膨瑚菌科 Physalacriaceae

【蜜环菌】

***Armillaria mellea*(Vahl)P. Kumm.**,Führ. Pilzk.:134(1871)

Armillaria mellea var. *maxima* Barla,Bull. Soc. Mycol. Fr. 3:143(1887)

Armillaria mellea var. *minor* Barla,Bull. Soc. Mycol. Fr. 3:143(1887)

Armillaria mellea var. *sulphurea*(Weinm.)Fr.,Hattsvampar:22(1879)

Armillariella mellea(Vahl)P. Karst.,Acta Soc. Fauna Flora Fenn. 2(1):4(1881)

Clitocybe mellea(Vahl)Ricken,Die Blätterpilze:362(1915)

Lepiota mellea(Vahl)J. E. Lange,Dansk Bot. Ark. 2(3):31(1915)

子实体伞状。菌盖初期扁半球形,后平展,宽4~14cm,淡土黄色、蜜黄色至浅黄褐色,表面有暗色小鳞片,边缘有条纹。菌肉白色至近白色。菌褶直生至延生,稍稀,近白色,老后常有褐色斑点。菌柄细长,圆柱形,稍弯曲,长5~13cm,粗0.6~1.8cm,淡土黄色,表面有纵条纹和毛状小鳞片,纤维质,初期内部松软后中空,基部稍膨大。菌环上位,白色,有暗色斑点,较厚,有时为双环,或薄而脆,易消失。孢子印白色。担孢子椭圆形或近卵圆形,7~11.3μm×5~5.7μm,无色或稍带黄色,表面光滑。

夏秋季子实体丛生于多种阔叶树及针叶树的基部、朽木及伐木桩上,能引起活立木根朽病。子实体可食用,并具药用价值。可进行人工栽培。菌丝体能发光,往往形成大量的菌索。是栽培天麻、猪苓必不可缺少的共生菌。栽培天麻时,一般是先把该菌接种在埋在土中的木材(称为"菌材")上,待该菌形成大量的菌索后,再把作种子的小天麻块放置在"菌材"上(图版015~018)。

分布:栾川、辉县、信阳、商城。

【假蜜环菌】

***Armillaria tabescens*(Scop.)Emel**,Le Genre Armillaria(Strasbourg):50(1921)

Agaricus monadelphus Morgan,J. Cincinnati Soc. Nat. Hist. 6:69(1883)

Agaricus tabescens Scop.,Fl. Carniol.,Edn 2, 2:446(1772)

Armillaria mellea var. *tabescens* (Scop.)Rea & Ramsb.,Trans. Br. Mycol. Soc. 5(3):352(1917)

Armillariella tabescens(Scop.)Singer,Annls Mycol. 41(1~3):19(1943)

Clitocybe monadelpha(Morgan)Sacc.,Syll. Fung. 5:164(1887)

Clitocybe tabescens(Scop.)Bres.,Fung. Trident. 2:85(1900)

Collybia tabescens(Scop.)Sacc.,Syll. Fung. 5:206(1887)

Fungus tabescens(Scop.)Kuntze,Revis. Gen. Pl. 3:480(1898)

Lentinus caespitosus Berk.,J. Bot.,Lond. 6:317(1847)

Monodelphus caespitosus(Berk.)Murrill,Mycologia 3(4):192(1911)

Pleurotus caespitosus(Berk.)Sacc.,Syll. Fung. 5:352(1887)

Pocillaria caespitosa(Berk.)Kuntze,Revis. Gen. Pl. 2:865(1891)

子实体伞状。菌盖幼时扁半球形,后渐平展,直径2.8~8.5cm,蜜黄色或黄褐色,老后锈褐色,有时边缘稍翻起,中部往往色深并有纤毛状小鳞片。菌肉白色或带乳黄色。菌褶近延生,稍稀,不等长,白色至污白色。菌柄长2~3cm,粗0.3~0.9cm,上部污白色,中部以下灰褐色至黑褐色,有时扭曲,表面具平伏丝状纤毛,内部松软至空心。无菌环。孢子印近白色。担孢子无色,宽椭圆形至近卵圆形,7.5~10μm×5.3~7.5μm,表面光滑(图版118~119)。

夏秋季子实体丛生于树干基部或根部，引起苹果、梨等多种树木的根腐病。子实体可食用，并具药用价值。

分布：辉县、孟津、郑州、西华、扶沟、开封、信阳。

【金针菇】

***Flammulina velutipes* var. *velutipes* (Curtis) Singer**, Lilloa 22:307(1951)

Agaricus velutipes Curtis, Fl. Londin. 2:tab. 213(1782)

Collybia eriocephala Rea, In:Smith & Rea, Trans. Br. Mycol. Soc. 3(1):46(1908)

Collybia veluticeps Rea, Trans. Br. Mycol. Soc. 1(4):157(1901)

Collybia velutipes (Curtis) P. Kumm., Führ. Pilzk.:116(1871)

Flammulina velutipes (Curtis) Singer, Lilloa 22:307(1951)

Gymnopus velutipes (Curtis) Gray, Nat. Arr. Brit. Pl. 1:605(1821)

Myxocollybia velutipes (Curtis) Singer, Annls Mycol. 41(1～3):116(1943)

Myxocollybia velutipes (Curtis) Singer, Schweiz. Z. Pilzk. 17:72(1939)

Pleurotus velutipes (Curtis) Quél., Fl. Mycol. France:334(1888)

子实体伞状。菌盖初期球形至半球形，后渐平展，直径1.5～7cm，黄褐色或淡黄褐色，中部肉桂色，边缘乳黄色并有细条纹，较黏，湿润时黏滑。菌肉较薄，中央厚，白色或略带黄色。菌褶白色至乳白色或微带肉粉色，弯生，稍密，不等长。菌柄稍硬，长2～8cm，粗粗0.2～1cm，上部白色至淡黄色，下部暗褐色且密被黑褐色绒毛，纤维质，后期中空。孢子印白色。担孢子无色，圆柱形，7～11μm×3～4μm，表面平滑（图版120～122）。

秋末至春初子实体丛生于构、朴、柳、杨、榆、桑、槭及枫杨等阔叶树的枯木上，偶见于活立木上，引起木质白色腐朽。可食用，为著名的食用菌之一，已广泛进行人工栽培，栽培品种中除黄色子实体类型外，还有纯白色子实体类型。具药用价值。子实体热水提取物对小白鼠肉瘤180的抑制率达81.1%～100%，对艾氏癌的抑制率为80%。

分布：洛阳、新安、栾川、辉县、信阳。

【污白松果伞】

***Strobilurus trullisatus* (Murrill) Lennox**, Mycotaxon 9(1):179(1979)

Gymnopus trullisatus Murrill, N. Amer. Fl. 9:367(1916)

子实体伞状，小型。菌盖扁半球形至平展，直径0.5～2cm，初期边缘内卷，干燥，近光滑或有细小鳞片。菌肉很薄。菌褶直生，白色至粉白黄色。菌柄柱状，长2.5～5cm，粗0.01～0.15cm，白色至黄褐色。担孢子椭圆形，3～5μm×1.5～3μm。

夏秋季子实体生于地面腐朽的松树果上。

分布：卢氏。

【黄绒干菌】

***Xerula pudens* (Pers.) Singer**, Lilloa 22:289(1951)

Agaricus longipes Bull., Herb. Fr. 5:tab. 232(1785)

Agaricus pudens (Pers.) Pers., Mycol. Eur. 3:140(1828)

Agaricus radicatus ß *pudens* Pers., Syn. Meth. Fung. 2:313(1801)

Collybia badia Quél. & Le Bret., Compt. Rend. Assoc. Franç. Avancem. Sci. 30(2):494(1902)

Collybia longipes P. Kumm. ,Führ. Pilzk. :117(1871)
Collybia longipes var. *badia* Quél. ,Bull. Soc. Amis Sci. Nat. Rouen,Série II 15:154(1880)
Collybia radicata var. *longipes*(P. Kumm.)Rick,Lilloa 2:265(1938)
Gymnopus pudens(Pers.)Gray,Nat. Arr. Brit. Pl. 1:605(1821)
Marasmius longipes(P. Kumm.)Quél. ,Flore Mycologique de la France et des Pays Limitrophes:321(1888)
Mucidula longipes(P. Kumm.)Boursier,Bull. Trimest. Soc. Mycol. Fr. 40:333(1924)
Oudemansiella longipes(P. Kumm.)M. M. Moser,In:Gams,Kl. Krypt. -Fl. ,Rev. Edn 5, 2b/2:156(1983)
Oudemansiella pudens (Pers.)Pegler & T. W. K. Young,Trans. Br. Mycol. Soc. 87(4):590(1987)
Xerula longipes(P. Kumm.)Maire,Mus. barcin. Scient. Nat. Op. 15:66(1933)

子实体伞状。菌盖扁半球形,伸展后中部稍凸起,直径 2 ~ 5cm,褐色至深棕褐色,表面具短绒毛,不黏。菌肉薄,白色。菌褶近离生,较稀,不等长,白色。菌柄圆柱形,长 7 ~ 12cm,粗 0. 4 ~ 0. 8cm,土褐色,上部色较淡,表面密被短绒毛,后期具纵条沟,基部稍膨大并向基质中延伸成假根,假根向下渐细。有褶侧囊状体,囊状体梭形,75 ~ 68μm × 23 ~ 15μm,顶端钝圆。孢子印白色。担孢子近球形,10 ~ 13. 6μm × 10 ~ 12. 6μm,表面光滑,无色。

夏秋季子实体单生于林中地上,以假根着生于土中腐木上。可食用,味道较好。

分布:信阳。

【长根干蘑】

***Xerula radicata*(Relhan)Dörfelt**,Veröff. Mus. Stadt Gera,Naturwissenschaftliche Reihe 2 ~ 3:67(1975)
Agaricus radicatus Relhan,Fl. cantab. ,Suppl. :28(1786)
Collybia radicans P. Kumm. ,Führ. Pilzk. :117(1871)
Collybia radicata(Relhan)Quél. ,Mém. Soc. Émul. Montbéliard,Sér. 2,5:92(1871)
Gymnopus radicatus(Relhan)Gray,Nat. Arr. Brit. Pl. 1:605(1821)
Mucidula radicata(Relhan)Boursier,Bull. Trimest. Soc. Mycol. Fr. 40:332(1924)
Mucidula radicata f. *marginata* Konrad & Maubl. ,Icon. Select. Fung. 2:pl. 199(1931)
Oudemansiella radicata(Relhan)Singer,Annls Mycol. 34(4 ~ 5):333(1936)
Oudemansiella radicata var. *marginata*(Konrad & Maubl.)Bon & Dennis,In:Bon,Docums Mycol. 15(59):51 (1985)
Xerula radicata f. *marginata*(Konrad & Maubl.)R. H. Petersen,Mycoscience 49(1):30(2008)

子实体伞状。菌盖初期半球形,后渐平展,直径 2. 5 ~ 11. 5cm,中部凸起或似脐状,浅褐色或深褐色至暗褐色,有深色辐射状条纹,表面光滑,湿润,黏。菌肉薄,白色。菌褶弯生,较宽,较密,不等长,白色。菌柄近柱形,长 5 ~ 18cm,粗 0. 3 ~ 1cm,浅褐色,近光滑,有纵条纹,往往扭曲,表皮脆骨质,内部纤维质且松软,基部稍膨大且向下延生成假根。担孢子卵圆形至宽圆形,13 ~ 18μm × 10 ~ 15μm,表面光滑,无色。有褶侧囊状体和褶缘囊状体,囊状体近棱形,75 ~ 175μm × 10 ~ 29μm,无色。

夏秋季子实体单生或群生于阔叶林中地上,其假根着生在地下腐木上。可食用。可进行人工栽培。有药用价值,发酵液及子实体中含有长根菇素(Oudemine),有降血压作用。

分布:卢氏、灵宝、陕县、信阳。

6. 1. 1. 15　侧耳科 Pleurotaceae

【勺状亚侧耳】

***Hohenbuehelia petaloides* (Bull.) Schulzer**, In: Schulzer, Kanitz & Knapp, Verh. zool. -Bot. Ges. Wien 16

(Abh.):45(1866)

Acanthocystis geogenius(DC.) Kühner, Botaniste 17:111(1926)

Acanthocystis petaloides(Bull.) Kühner, Botaniste 17:111(1926)

Agaricus geogenius DC., In: Fries, Epicr. Syst. Mycol.:134(1838)

Agaricus petaloides Bull. [as '*petalodes*'], Herb. Fr. 5: tab. 226(1785)

Dendrosarcus geogenius (DC.) Kuntze, Revis. Gen. Pl. 3:464(1898)

Dendrosarcus petaloides(Bull.) Kuntze[as '*petalodes*'], Revis. Gen. Pl. 3:464(1898)

Geopetalum geogenium(DC.) Pat., Hyménomyc. Eur.:127(1887)

Geopetalum geogenium var. *queletii* Kühner, Bull. Soc. Nat. Oyonnax 8:74(1954)

Geopetalum petaloides(Bull.) Pat., Hyménomyc. Eur.:127(1887)

Hohenbuehelia carbonaria(Cooke & Massee) Pegler, Aust. J. Bot. 13:327(1965)

Hohenbuehelia geogenia(DC.) Singer[as '*geogenius*'], Lilloa 22:255(1951)

Hohenbuehelia geogenia var. *queletii* Kühner, Fl. Analyt. Champ. Supér. (1953)

Hohenbuehelia geogenia var. *queletii*(Kühner ex Kühner) Courtec. & P. Roux, Docums Mycol. 34(135 ~ 136):50(2008)

Panus carbonarius Cooke & Massee, Grevillea 15(75):94(1887)

Pleurotus geogenius(DC.) Gillet, Hyménomycètes:339(1876)

Pleurotus petaloides(Bull.) Quél., Mém. Soc. Émul. Montbéliard, Sér. 2,5:226(1872)

Pleurotus petaloides var. *geogenius*(DC.) Pilát, Atlas Champ. l'Europe, II: Pleurotus Fries:91(1935)

Pocillaria carbonaria(Cooke & Massee) Kuntze, Revis. Gen. Pl. 3(2):506(1898)

Resupinatus petaloides(Bull.) Kühner, Bull. Mens. Soc. Linn. Lyon, Num. Spéc. 49:895(1980)

菌盖勺形或扇形,直径3~7cm,向柄部渐细,无后沿,表面光滑,稍黏,水渍状,初期白色,后呈淡粉灰色至浅褐色,边缘有条纹。菌褶延生,不等长,稠密,窄,白色。菌柄侧生,污白色,表面有细绒毛,长1~3cm,粗0.5~1cm。担孢子近椭圆形,4.5~6μm×3~4.6μm,壁薄,表面光滑,无色,有内含物。囊状体梭形,35~85μm×10~20μm,无色至浅黄色,壁厚。

夏季子实体群生或丛生于腐木上或从埋于地下的腐木上生出。可食用。

分布:信阳。

【肾形亚侧耳】

***Hohenbuehelia reniformis*(G. Mey.) Singer**, Lilloa 22:255(1951)

Acanthocystis reniformis(G. Mey.) Konrad & Maubl., Encyclop. Mycol. 14:424(1949)

Agaricus reniformis G. Mey., Prim. Fl. Essep.:302(1818)

Dendrosarcus reniformis(Fr.) Kuntze, Revis. Gen. Pl. 3:464(1898)

Lentinus reniformis(G. Mey.) Fr., Epicr. Syst. Mycol.:396(1838)

Pleurotus reniformis(G. Mey.) P. Karst., Hattsvampar 37:90(1879)

Pocillaria reniformis(G. Mey.) Kuntze, Revis. Gen. Pl. 2:866(1891)

子实体生于腐木上。

分布:河南。

注:作者未见到该菌,关于该菌在河南省的分布是依据文献《中国真菌总汇》(戴芳澜,1979)。

【赛尔维纳亚侧耳】

***Hohenbuehelia silvana*(Sacc.) O. K. Mill.**, La Famiglia delle Tricholomataceae, Atti del Convegno Internazionale di Micologia del 10 ~ 15 Settembre 1984 25:131(1986)

Acanthocystis silvana(Sacc.) Konrad & Maubl., Icon. Select. Fung. 6:309(1937)

Agaricus silvanus Sacc., Michelia 1(1):1(1877)

Dendrosarcus silvanus(Sacc.) Kuntze, Revis. Gen. Pl. 3:464(1898)

Geopetalum silvanum(Sacc.) Kühner & Romagn., Fl. Analyt. Champ. Supér.:68(1953)

Pleurotus silvanus(Sacc.) Sacc., Syll. Fung. 5:379(1887)

Resupinatus silvanus(Sacc.) Singer, Lilloa 22:253(1951)

子实体无柄,杯状、碟状,直径0.3~1.5cm,以背部着生于基质上,半膜质,有弹性,深灰色至近黑色,带有蓝色的色调,干时色浅,背面生细绒毛,基部有较长软毛。边缘薄,具条纹。菌肉灰色至灰黑色,胶质。菌褶稍稀,由中央或稍偏放射状发出,长短相间,与菌盖色相似,褶缘色较浅。孢子印白色。担孢子为不等边椭圆形,5~8.7×3.8~5μm,光滑,近无色,内含一个油滴。

子实体夏秋季群生于阔叶树的枯枝、枯木和木板等上。

分布:河南。

注:作者未见到该菌,关于该菌在河南省的分布是依据文献《中国真菌总汇》(戴芳澜,1979)。

讨论:国内文献上,该菌的名称多为"亚伏褶菌 *Resupinatus silvanus*(Sacc.) Sing.","*Hohenbuehelia silvana*"过去没有汉语译名,作者暂译为赛尔维纳亚侧耳。

【大幕侧耳】

***Pleurotus calyptratus*(Lindblad) Sacc.**, Syll. Fung. 5:341(1887)

Agaricus calyptratus Lindblad, Monogr. Hymenomyc. Suec. 1:238(1857)

Dendrosarcus calyptratus(Lindblad) Kuntze, Revis. Gen. Pl. 3:463(1898)

Pleurotus djamor f. *calyptratus*(Lindblad ex Fr.) R. H. Petersen, In: Albertó, Petersen, Hughes & Lechner, Persoonia 18(1):238(2002)

子实体无柄,菌盖半圆形或近肾脏形,直径3~14cm,平展,表面平滑,烟灰色至灰白色,湿润时稍黏,边缘薄且内卷,往往附有白色菌幕残片。菌肉白色,稍厚。菌褶白色,密至稍密,不等长,后期菌褶渐变淡污黄色。菌幕白色,薄,黏性,随菌盖伸展而破碎。担孢子近圆柱形至长椭圆形,9~14.5μm×4.8~5.4μm,无色。

子实体初夏群生于杨树干或倒木枝干上,为木腐菌,可食用。

分布:新安。

讨论:该菌因具菌幕,而与多数侧耳属(*Pleurotus*)真菌不同,被怀疑与具有菌幕的幕扇菇属(*Tectella*)亲缘关系较近。有学者(李雪玲,2005)基于rDNA大亚基(nrDNA-LSU)和内转录间隔区(ITS)序列分析了该菌的系统发育地位,发现其与幕扇菇属的亲缘关系较远,而与侧耳属成员关系密切。侧耳属中的栎侧耳 *Pleurotus levis* 也能产生菌幕,但该菌与栎侧耳的亲缘关系并不密切,而与不产生菌幕的红侧耳关系最近。

【金顶侧耳】

***Pleurotus citrinopileatus* Singer**, Annls Mycol. 40:149(1943)

Pleurotus cornucopiae subsp. *citrinopileatus*(Singer) O. Hilber, Mitteilungen der Versuchsanstalt für Pilzanbau der Landwirtschaftskammer Rheinland Krefeld-Grosshüttenhof 16:62(1993)

Pleurotus cornucopiae var. *citrinopileatus*(Singer) Ohira, In: Imazeki & Hongo, Colored Illustrations of Mushrooms of Japan:28(1987)

子实体扇形、漏斗型、贝壳形，中等大。菌盖漏斗型，直径3～10cm，草黄色至鲜黄色，表面光滑，边缘常内卷。菌肉白色。菌褶延生，密，不等长，白色或略带浅粉红色。菌柄偏生，白色，长2～10cm，粗0.5～1.5cm，内实，往往多个菌柄基部相连。担孢子圆柱形，7.5～9.5μm×2～4μm，表面光滑，无色，有囊状体(图版123)。

秋季子实体丛生于榆、栎等阔叶树倒木上。引起木材白色腐朽。可食用，已人工栽培。可药用。

分布：栾川、嵩县。

【白黄侧耳】

***Pleurotus cornucopiae*(Paulet) Rolland**, Acta Phytogeogr. Suec. : pl. 44, fig. 36(1910)

Agaricus cornucopiae(Paulet) Pers., Mycol. Eur. 3:37(1828)

Agaricus dimidiatus Bull., Herb. Fr. 11: tab. 519(1791)

Crepidotus cornucopiae(Paulet) Murrill, N. Amer. Fl. 9(5):305(1916)

Dendrosarcus cornucopiae Paulet, Traité Champ., Atlas 2:119(1793)

Lentinus cornucopioides Klotzsch, Linnaea 10:123(1835)

Pleurotus ostreatus f. *cornucopiae*(Paulet) Quél., Enchir. Fung. 1:148(1886)

Pleurotus ostreatus var. *cornucopiae*(Paulet) Pilát, Atlas Champ. l'Europe, II: Pleurotus Fries: 121(1935)

Pocillaria cornucopioides(Klotzsch) Kuntze, Revis. Gen. Pl. 2:866(1891)

子实体近扇状、不规则漏斗状。菌盖初期扁半球形，伸展后中部下凹，直径5～13cm，表面光滑，幼时铅灰色，后渐呈灰白色至近白色，有时稍带浅褐色，边缘薄，平滑，幼时内卷，后期常呈波状。菌肉白色，稍厚。菌褶延生，并在柄上交织，宽，稍密，白色至近白色。菌柄短，长2～5cm，粗0.6～2.5cm，扁生或侧生，内实，表面光滑，往往基部相连。孢子印淡紫色。担孢子长方椭圆形，7～11μm×3.5～4.5μm，表面光滑，无色。

春季至秋季子实体近覆瓦状丛生于阔叶树树干上。引起木材白色腐朽。可食用，已大量栽培。具药用价值，子实体提取物对小白鼠肉瘤180的抑制率为60%～80%，对艾氏癌的抑制率为60%～70%。

分布：新县、商城。

【栎生侧耳】

***Pleurotus dryinus*(Pers.) P. Kumm.**, Führ. Pilzk. :101(1871)

Agaricus acerinus Fr., Epicr. Syst. Mycol. :134(1838)

Agaricus corticatus Fr., Observ. Mycol. 1:92(1815)

Agaricus dryinus Pers., Comm. Schaeff. Icon. Pict. :96(1800)

Agaricus spongiosus With., Arr. Brit. Pl., Edn 3, 4:200(1796)

Armillaria dryina(Pers.) J. Schröt., In: Cohn, Krypt. -Fl. Schlesien 3. 1(33～40):513(1889)

Dendrosarcus acerinus(Fr.) Kuntze, Revis. Gen. Pl. 3:463(1898)

Dendrosarcus albertinii(Fr.) Kuntze, Revis. Gen. Pl. 3:463(1898)

Dendrosarcus corticatus(Fr.) Kuntze, Revis. Gen. Pl. 3:463(1898)

Dendrosarcus spongiosus(Fr.) Kuntze, Revis. Gen. Pl. 3:464(1898)

Lentinus integer Reichert, Engler's Bot. Jahrb., Biebl. 56:702(1921)

Lentinus underwoodii Peck, Bull. Torrey Bot. Club 23:414(1896)

Lentodiopsis dryina(Pers.)Kreisel,Handbuch für Pilzfreunde,Edn 2,3:72(1977)
Pleurotus acerinus(Fr.)Gillet,Hyménomycètes:345(1876)
Pleurotus corticatus(Fr.)P. Kumm.,Führ. Pilzk. 1:101(1871)
Pleurotus spongiosus(Fr.)Sacc.,Syll. Fung. 5:340(1887)
Pleurotus tephrotrichus Fr.,Hymenomyc. Eur.:166(1874)

子实体近扇状、不规则漏斗状。菌盖初期扁半球形,伸展后中部渐下凹,宽5~15cm,白色至灰色,有时变为浅黄色。菌褶延生,稍密至稍稀,初期极狭窄,后期变宽,在柄部的菌褶交织。菌柄偏生至几乎侧生,长3~8cm,粗1.3~2cm,内实,颜色与菌盖颜色相同,表面有时有纤毛。担孢子圆柱形至长方椭圆形,11~13μm×3.5~4.5μm。

秋季子实体单生至丛生于杨树的腐木上。引起木材白色腐朽。幼嫩时可食用。具药用价值。

分布:辉县。

【糙皮侧耳】

***Pleurotus ostreatus*(Jacq.)P. Kumm.**,Führ. Pilzk.:24,104(1871)
Agaricus opuntiae Durieu & Lév.,In:Bory de St. Vincent & Durieu de Maisonneuve,Atlas de la Flore d'Algérie ou Illustrations d'un Grand Nombre de Plantes Nouvelles ou Rares de ce Pays,Botanique:15(1850)
Agaricus ostreatus Jacq.,Fl. austriac. 2:3(1774)
Agaricus revolutus J. Kickx f.,Fl. Crypt. Flandres 1:158(1867)
Agaricus salignus Pers.,Syn. Meth. Fung. 2:478(1801)
Crepidopus ostreatus(Jacq.)Gray,Nat. Arr. Brit. Pl. 1:616(1821)
Crepidopus ostreatus β atroalbus Gray,Nat. Arr. Brit. Pl. 1:616(1821)
Dendrosarcus opuntiae(Lév.)Kuntze,Revis. Gen. Pl. 3:464(1898)
Dendrosarcus ostreatus(Jacq.)Kuntze,Revis. Gen. Pl. 3(2):464(1898)
Dendrosarcus revolutus(J. Kickx f.)Kuntze,Revis. Gen. Pl. 3:464(1898)
Panellus opuntiae(Durieu & Lév.)Z. S. Bi,In:Bi,Zheng & Li,微生物学报(增刊1):286(1987)
Pleurotus opuntiae(Durieu & Lév.)Sacc.,Syll. Fung. 5:363(1887)
Pleurotus ostreatus f. *salignus*(Pers.)Pilát,Atlas Champ. l'Europe,II:Pleurotus Fries:119(1935)
Pleurotus ostreatus subsp. *opuntiae*(Lév.)A. Ortega & Vizoso,Docums Mycol. 22(86):35(1992)
Pleurotus revolutus(J. Kickx f.)Gillet,Hyménomycètes:347(1876)
Pleurotus salignus(Schrad.)P. Kumm.,Führ. Pilzk.:105(1871)

子实体扇状或不规则伞状。菌盖初半球形,后成扇形、肾形至浅喇叭形,有后沿,直径5~21cm,表面光滑,有时下凹部分有白色绒毛,因菌株不同色泽有较大变化,蓝黑色、灰白色至白色。此外,颜色也与子实体生长时期的温度有关,一般低温条件下产生的子实体颜色较深。菌肉白色,肥厚。菌褶延生,稍密,不等长,白色,有的在菌柄上交织成网。菌柄侧生或偏生,白色,长1~3cm,粗1~2cm,基部常有白色绒毛,有时无菌柄。孢子印白色。担孢子长椭圆形,7~10μm×2.5~3.6μm,表面光滑,无色(图版124~126)。

冬春季子实体覆瓦状丛生于杨、柳、胡桃、桦、榆、栎等阔叶树的枯木、倒木、伐桩及活立木的死亡部分或虫孔处。引起木材白色腐朽。可食用,味道鲜美,已广泛进行人工栽培,是我国人工栽培平菇的最主要种类。具药用价值。子实体热水提取物对小白鼠肉瘤180的抑制率为75%,对艾氏腹水癌的抑制率为60%。

分布:洛阳、新安、栾川、信阳。

【美味侧耳】

***Pleurotus sapidus*(Schulzer)Sacc.**,Syll. Fung. 5:348(1887)

Agaricus sapidus Schulzer,In:Kalchbrenner,Icones Selectae 1:17(1873)

Dendrosarcus sapidus(Schulzer)Kuntze,Revis. Gen. Pl. 3:464(1898)

子实体扇状或不规则伞状。菌柄偏生或侧生,内实,表面光滑,长 2 ~ 5cm,粗 0.6 ~ 2.5cm,基部往往互连。菌盖初扁半球形,伸展后扇形,近菌柄部下凹,宽 5 ~ 13cm,表面光滑,幼时铅灰色,后渐呈灰白色,有时稍带浅褐色,边缘薄,幼时内卷,后期常呈波状。菌肉白色。菌褶延生,有时在菌柄上交织成网,稍密,不等长,白色至近白色。孢子印淡紫色。担孢子长椭圆形,无色。

春秋季子实体近覆瓦状丛生于多种阔叶树的枯干上。引起木材白色腐朽。可食用,味美,已广泛进行人工栽培。具药用价值。

分布:辉县、信阳。

【长柄侧耳】

***Pleurotus spodoleucus*(Fr.)Quél.**,Mém. Soc. Émul. Montbéliard,Sér. 2,5:112(1872)

Agaricus spodoleucus Fr.,Observ. Mycol. 1:93(1815)

子实体近扇形。菌盖初期圆形,扁平球形,后渐平展,直径 3 ~ 9 cm,表面光滑,白色,中部浅黄色。菌肉厚,白色。菌褶延生,白色。菌柄偏生至近侧生,长 4 ~ 11cm,粗 0.8 ~ 1.8cm,实心,白色。担孢子圆柱形,8 ~ 10.5μm × 3 ~ 4μm,表面光滑,无色。

秋季子实体丛生于阔叶树的枯干上。引起木材白色腐朽。可食用,已人工栽培。具药用价值。子实体的水提取液对小白鼠肿瘤的抑制率为 72%。

分布:信阳。

6.1.1.16 光柄菇科 Pluteaceae

【灰光柄菇】

***Pluteus cervinus*(Schaeff.)P. Kumm.**,Führ. Pilzk.:99(1871)

Agaricus atricapillus Batsch,Elench. Fung.,Cont. Prim.:77(1786)

Agaricus cervinus Schaeff.,Fung. Bavar. Palat. 4:6(1774)

Agaricus cervinus var. *eximius* W. Saunders & W. G. Sm.,Mycological illustrations:pl. 38(1870)

Agaricus curtisii Berk. & Broome,Hooker's J. Bot. Kew Gard. Misc. 1:98(1849)

Agaricus pluteus Batsch,Elench. Fung.:79(1783)

Agaricus pluteus β rigens Pers.,Syn. Meth. Fung. 2:357(1801)

Pluteus atricapillus(Batsch)Fayod,Annls Sci. Nat.,Bot.,Sér. 7,9:364(1889)

Pluteus cervinus subsp. *eximius* (W. Saunders & W. G. Sm.)Sacc.,Syll. Fung. 5:666(1887)

Pluteus cervinus var. *eximius*(W. Saunders & W. G. Sm.)Sacc.,Syll. Fung. 20:464(1911)

Pluteus curtisii Berk.,Syll. Fung. 5:675(1887)

Pluteus eximius(W. Saunders & W. G. Sm.)Sacc.,Syll. Fung. 5:666(1887)

Rhodosporus cervinus(Schaeff.)J. Schröt.,In:Cohn, Krypt. -Fl. Schlesien 3. 1(33 ~ 40):620(1889)

子实体伞状。菌盖初期近半球形,后渐平展,直径 5 ~ 11cm,较黏,灰褐色至暗褐色,近光滑或具深色纤毛状鳞片,中部的鳞片较多。菌肉薄,白色。菌褶离生,稍密,不等长,白色至粉红色。菌柄圆柱形,长 7 ~ 9 cm,粗 0.4 ~ 1cm,上部白色,其余部分与菌盖同色,有毛,质脆,内部充实或松软。孢子印粉红色。担孢子近卵圆形、椭圆形,6～8μm×4.5～6.2μm,无色,光滑。囊状体梭形,52～83μm×12～16.6μm,顶部有3～5个犄角。

春季至秋季子实体单生、散生或群生于林中腐木上。可食用,但品质差,有腥味。

分布:信阳。

【狮黄光柄菇】

***Pluteus leoninus*(Schaeff.)P. Kumm.**,Führ. Pilzk.:98(1871)

Agaricus chrysolithus Batsch,Elench. Fung.:81(1783)

Agaricus leoninus Schaeff.,Fung. Bavar. Palat. 4:21(1774)

Agaricus sororiatus P. Karst.,Not. Sällsk. Fauna et Fl. Fenn. Förh. 9:339(1868)

Pluteus sororiatus(P. Karst.)P. Karst.,Hattsvampar 32:254(1879)

子实体伞状。菌盖初期钟形至扁半球形,后渐平展,直径2～6cm,鲜黄色,表面平滑,有时近中部有皱纹,湿润时边缘有条纹。菌肉黄色至淡黄色,较薄。菌褶离生,初期白色,后期肉红色。菌柄圆柱状,3～7cm×0.3～1.2cm,上下等粗或向上渐细,表面黄白色,纤维状,下部有暗色细的纤维状花纹或鳞片,实心或空心。孢子印肉红色。担孢子近球形,5.5～6.5μm×4.5～5.5μm。有褶侧囊状体,囊状体纺锤形,46～62μm×15～22μm,圆头。

夏秋季子实体群生或丛生于阔叶树枯干或木屑堆上。可食用,但因子实体小,采集不易。

分布:卢氏、陕县、灵宝、渑池。

【黏盖草菇】

***Volvariella gloiocephala*(DC.)Boekhout & Enderle**,Beitr. Kenntn. Pilze Mitteleur. 2:78(1986)

Agaricus gloiocephalus DC.,In:de Candolle & Lamarck,Fl. Franç.,Edn 3, 5～6:52(1815)

Agaricus speciosus Fr.,Observ. Mycol. 2:1(1818)

Amanita speciosa Fr.,Observ. Mycol. 2:1(1818)

Pluteus speciosus(Fr.)Fr.,Anteckn. Sver. Ätl. Svamp.:34(1836)

Volvaria gloiocephala(Fr.)Gillet,Hyménomycètes:388(1876)

Volvaria speciosa(Fr.)P. Kumm.,Führ. Pilzk.:99(1871)

Volvaria speciosa f. *gloiocephala*(DC.)Konrad & Maubl.,Icon. Select. Fung. 6:52(1924)

Volvaria speciosa var. *gloiocephala*(DC.)R. Heim,Revue Mycol.,Paris 1(Suppl.):89(1936)

Volvariella gloiocephala(DC.)Wasser,Ukr. Bot. Zh. 45(6):78(1988)

Volvariella gloiocephala var. *gloiocephala*(DC.)Boekhout & Enderle,Beitr. Kenntn. Pilze Mitteleur. 2:78(1986)

Volvariella gloiocephala var. *speciosa*(Fr.)Bon,Docums Mycol. 22(88):40(1993)

Volvariella speciosa(Fr.)Singer,Lilloa 22:401(1951)

Volvariella speciosa f. *gloiocephala*(DC.)Courtec.,Bull. Sem. Soc. Mycol. Nord 34:16(1984)

Volvariella speciosa f. *speciosa*(Fr.)Singer,Lilloa 22:401(1951)

Volvariella speciosa var. *gloiocephala*(DC.)Singer,Lilloa 22:401(1951)

Volvariella speciosa var. *speciosa*(Fr.)Singer,Lilloa 22:401(1951)

Volvariopsis gloiocephala(DC.)Murrill,N. Amer. Fl. 10(2)(1917)

Volvariopsis speciosa(Fr.)Murrill,N. Amer. Fl. 10(2)(1918)

子实体幼时(菌蕾)卵形,成熟时包被裂开,菌柄连同菌盖从包被中伸出,包被遗留在基部成为菌托。成熟的子实体伞状。菌盖初期钟形,开展后中部凸起,直径3～10cm,表面光滑,黏,白色至污白色,边缘具长条棱。菌肉白色至污白色。菌褶离生,不等长,稍密,白色或粉肉色至粉红色。菌柄圆柱形,细长,长 6 ~ 13cm,粗 0.8 ~ 1.2cm,白色,内部实心至松软,基部膨大。菌托白色,近苞状至杯状。孢子印粉红色。有褶侧囊状体和褶缘囊状体,囊状体梭形或棒状,74 ~ 84μm × 20 ~ 28μm。担孢子椭圆形,9.5 ~ 15.5μm × 7 ~ 8.5μm,浅粉红色,含一大油滴,表面光滑。

夏秋季子实体单生或群生于草地上或阔叶林中地上。有记载可食用,也有记载是毒菌。

分布:卢氏、灵宝。

6.1.1.17 脆柄菇科 Psathyrellaceae

【白小鬼伞】

***Coprinellus disseminatus*(Pers.) J. E. Lange**[as '*disseminata*'], Dansk Bot. Ark. 9(6):93(1938)

Agaricus disseminatus Pers., Syn. Meth. Fung. 2:403(1801)

Coprinarius disseminatus(Pers.) P. Kumm., Führ. Pilzk.:68(1871)

Coprinus disseminatus(Pers.) Gray, Nat. Arr. Brit. Pl. 1:634(1821)

Psathyrella disseminata(Pers.) Quél., Mém. Soc. Émul. Montbéliard, Sér. 2, 5:123(1872)

Pseudocoprinus disseminatus(Pers.) Kühner, Le Botaniste 20:156(1928)

子实体伞状,小型,纤弱。菌盖初卵形、钟形,后稍平展,直径 1cm 左右,膜质,表面白色至灰褐色,有时中部淡黄色。菌肉白色,薄。菌褶初白色,渐灰色,老熟黑色,离生,较稀,不液化。菌柄中生,2 ~ 3cm × 0.1 ~ 0.2cm,表面白色,中空,基部有白色绒毛。孢子印黑褐色;担孢子椭圆形,6 ~ 10μm × 4 ~ 5μm,黑褐色,光滑(图版 127)。

夏秋季子实体群生、丛生于腐朽的倒木和树桩上,为木材分解菌。

分布:新安、洛阳、汝阳、卢氏。

【家园小鬼伞】

***Coprinellus domesticus*(Bolton) Vilgalys**, Hopple & Jacq. Johnson, In: Redhead, Vilgalys, Moncalvo, Johnson & Hopple, Taxon 50(1):233(2001)

Agaricus domesticus Bolton, Hist. Fung. Halifax 1:26(1788)

Coprinus domesticus (Bolton) Gray, Nat. Arr. Brit. Pl. 1:635(1821)

子实体伞状、帽状,较小。菌盖初期钟形到卵圆形,扩展后近平展,直径 2 ~ 3cm,初期淡黄色,表面具污白色颗粒,后期黄褐色,中部色较深,有时表皮不规则地开裂成麸皮状、黄褐色的鳞片,边缘色较浅,有条纹,有时形成波浪状沟纹、瓣裂。菌肉薄,白色到污白色。菌褶初期白色、淡黄色、粉红色到黑色,密,离生,不等长,最后与菌盖同时自溶成墨汁状。菌柄圆柱形,长 3 ~ 5cm,粗 0.3 ~ 0.5cm,白色,具丝光泽,有时表皮可破裂而反卷。孢子印黑色。担孢子长椭圆形,7 ~ 9.5μm × 5 ~ 6μm,表面光滑,黑褐色。有褶缘囊状体,囊状体椭圆形到近球形,23.6 ~ 42.4μm × 15.7 ~ 28.3μm,表面光滑,无色。

春季至秋季子实体丛生于阔叶林中地上,树根部地上。幼嫩时可食,但与酒同吃易中毒。

分布:信阳。

【晶粒小鬼伞】

***Coprinellus micaceus*(Bull.) Vilgalys**, Hopple & Jacq. Johnson, In: Redhead, Vilgalys, Moncalvo, Johnson & Hopple, Taxon 50(1):234(2001)

Agaricus micaceus Bull. ,Herb. Fr. 6:tab. 246(1786)

Coprinus micaceus(Bull.)Fr. ,Epicr. Syst. Mycol. :247(1838)

子实体帽状、伞状。菌盖直径2~4cm或稍大,初期卵圆形,钟形,半球形,斗笠形,污黄色至黄褐色,表面有白色颗粒状晶体,中部红褐色,边缘有显著的条纹或棱纹,后期可平展而反卷,有时边缘瓣裂。菌肉薄,白色。菌褶离生、密、窄,不等长,初期黄白色,后变黑色,最后与菌盖同时自溶为墨汁状。菌柄圆柱形,长2~11cm,粗0.3~0.5cm,白色,表面具丝光泽,较韧,中空。孢子印黑色。担孢子卵圆形至椭圆形,7~10μm×5~5.5μm,表面光滑,黑褐色。有褶侧和褶缘囊状体,囊状体短圆柱形,有时呈卵圆形,61~115μm×40~49μm,无色,透明。

春至秋季子实体丛生于树根部地上。幼时可食用,但与酒同吃易中毒。试验中有抗癌作用,子实体提取物对小白鼠肉瘤180的抑制率为70%,对艾氏癌的抑制率为80%。。

分布:洛阳、新安、卢氏、灵宝、陕县、渑池。

【墨汁拟鬼伞】

***Coprinopsis atramentaria*(Bull.)Redhead**, Vilgalys & Moncalvo, In: Redhead, Vilgalys, Moncalvo, Johnson & Hopple, Taxon 50(1):226(2001)

Agaricus atramentarius Bull. ,Herb. Fr. :tab. 164(1786)

Agaricus luridus Bolton, Hist. Fung. Halifax 1:25(1788)

Agaricus plicatus Pers. ,Tent. Disp. Meth. Fung. :62(1797)

Agaricus sobolifer Hoffm. ,Nomencl. Fung. 1:216(1789)

Coprinus atramentarius(Bull.)Fr. ,Epicr. Syst. Mycol. :243(1838)

Coprinus atramentarius var. *soboliferus*(Fr.)Rea, Brit. Basidiomyc. :502(1922)

Coprinus luridus(Bolton)Fr. ,Epicr. Syst. Mycol. :243(1838)

Coprinus plicatus(Pers.)Gray, Nat. Arr. Brit. Pl. 1:634(1821)

Coprinus sobolifer Fr. ,Epicr. Syst. Mycol. :243(1838)

Pselliophora atramentaria(Bull.)Fr. ,Bidr. Känn. Finl. Nat. Folk 32:528(1879)

子实体伞状。菌盖初期卵形至钟形,开伞后直径4cm或更大,边缘灰白色具有条沟棱。菌肉初期白色,后期变为灰白色。菌褶离生,很密,不等长,初期灰白色至灰粉色,后期液化成汁液。菌柄柱状,长5~15cm,粗1~2.2cm,向下渐粗,菌环以下又渐变细,污白色,表面光滑,内部空心。孢子印黑色。担孢子椭圆形至阔椭圆形,7~10μm×5~6μm,黑褐色,表面光滑。子实层中有许多囊状体,囊状体细圆柱形。

春季至秋季子实体从地下有腐木的地方生出,往往群生。据记载幼时可食,但有人食后中毒,特别是与酒同食更易引起中毒。中毒的症状为精神不安、心跳加快、耳鸣、发冷、四肢麻木、脸色苍白等。具药用价值。

分布:广泛分布于河南各地。

【垂齿菌】

***Lacrymaria lacrymabunda*(Bull.)Pat.** ,Hyménomyc. Eur. :123(1887)

Agaricus areolatus Klotzsch, In: Smith, Engl. Fl. ,Fungi(Edn 2) 5(2):112(1836)

Agaricus lacrymabundus Bull. ,Herb. Fr. 5:tab. 194(1785)

Agaricus lacrymabundus var. *velutinus*(Pers.)Fr. ,Syst. Mycol. 1:288(1821)

Agaricus lacrymabundus β velutinus(Pers.)Fr. ,Syst. Mycol. 1:288(1821)

Agaricus velutinus Pers. ,Syn. Meth. Fung. 2:409(1801)

Coprinus velutinus(Pers.)Gray,Nat. Arr. Brit. Pl. 1:633(1821)

Drosophila velutina(Pers.)Kühner & Romagn. ,Fl. Analyt. Champ. Supér. :371(1953)

Hypholoma lacrymabundum(Bull.)Sacc. [as '*lacrimabundum*'],Syll. Fung. 5:1033(1887)

Hypholoma velutinum(Pers.)P. Kumm. ,Führ. Pilzk. :72(1871)

Lacrymaria lacrymabunda f. *gracillima* J. E. Lange,Fl. Agaric. Danic. 4:72(1939)

Lacrymaria lacrymabunda f. *lacrymabunda*(Bull.)Pat. ,Hyménomyc. Eur. :123(1887)

Lacrymaria lacrymabunda var. *lacrymabunda*(Bull.)Pat. ,Hyménomyc. Eur. :123(1887)

Lacrymaria lacrymabunda var. *velutina*(Pers.)J. E. Lange,Fl. Agaric. Danic. 4:72(1939)

Lacrymaria velutina(Pers.)Konrad & Maubl. ,Revisione Hymenomycetes de France:90(1925)

Psathyra lacrymabunda(Bull.)P. Kumm. ,Führ. Pilzk. :71(1871)

Psathyrella lacrymabunda(Bull.)M. M. Moser[as '*lacrimabunda*'],In:Gams,Kl. Krypt. -Fl. Mitteleuropa - Die Blätter- und Baupilze(Agaricales und Gastromycetes)2:207(1953)

Psathyrella lacrymabunda(Bull.)M. M. Moser ex A. H. Sm. [as '*lacrimabunda*'],Mem. N. Y. Bot. Gdn 24:53 (1972)

Psathyrella velutina(Pers.)Singer,Lilloa 22:446(1951)

Psilocybe areolata(Klotzsch)Sacc. ,Syll. Fung. 5:1043(1887)

Psilocybe cernua var. *areolata*(Klotzsch)Bres. ,Iconogr. Mycol. 18:861(1931)

子实体伞状。菌盖初期钟形,渐变为近斗笠形,后平展,直径3~6cm,暗黄色、土褐色,中部浅朽叶色到黄褐色,初期表面密被平伏的毛状鳞片,渐变光滑,具辐射状皱纹,顶部具密短毛,近边缘具灰褐色长毛,并常挂有白色菌幕残片。菌肉薄,近白色,质脆。菌褶直生到离生,密,窄,不等长,污黄色、浅灰褐色至灰黑色,边缘色较浅。菌柄圆柱形,长3~9cm,粗0.3~0.7cm,颜色与菌盖色相似,表面有毛状鳞片,上部色较浅,质脆,中空,基部有时稍膨大。无菌环,仅在菌柄上部留有黑褐色的菌幕痕迹。孢子印紫褐色到黑褐色。担孢子近卵圆形至椭圆形,9~12.3μm×6~7.4μm,浅黑褐色,具明显的小疣。有较稀疏的褶缘囊状体,囊状体近梭形,8~25μm×4~11μm,无色,透明。

春夏季子实体群生于林中地上或肥沃的地上。可食用。

分布:卢氏、内乡、南召、罗山、信阳。

【褶纹近地伞】

***Parasola plicatilis*(Curtis)Redhead**,Vilgalys & Hopple,In:Redhead,Vilgalys,Moncalvo,Johnson & Hopple,Taxon 50(1):235(2001)

Agaricus plicatilis Curtis,Fl. Londin. 5:57(1787)

Coprinus plicatilis (Curtis)Fr. ,Epicr. Syst. Mycol. :252(1838)

Parasola plicatilis var. *plicatilis*(Curtis)Redhead,Vilgalys & Hopple,Taxon 50(1):235(2001)

子实体帽状、伞状。菌盖直径0.8~2.5cm,初期扁半球形,后平展,膜质,表面光滑,褐色,浅棕灰色,中部近栗色,有明显的辐射状长条棱。菌肉很薄,白色。菌褶离生,较稀,狭窄。菌柄圆柱形,长3~7.5cm,粗2~3mm,白色,中空、表面有光泽,脆,基部稍膨大。担孢子宽卵圆形8~13μm×6~10μm,表面光滑,黑色。有褶侧和褶缘囊状体。

春季至秋季子实体单生或群生于林地上。幼时可食用,但因子实体小,食用意义不大,且与酒同吃易中毒。试验中有抗癌作用,子实体提取物对小白鼠肉瘤180的抑制率为100%,对艾氏癌的抑制率为90%。

分布:卢氏、灵宝、陕县、渑池。

【黄盖小脆柄菇】

***Psathyrella candolleana*(Fr.) Maire**,Bull. Soc. Mycol. Fr. 29:185(1913)

Agaricus appendiculatus Bull. ,Herb. Fr. 9:tab. 392(1789)

Agaricus appendiculatus var. *lanatus* Berk. & Broome,Ann. Mag. Nat. Hist. ,Ser. 5 ,7(1881)

Agaricus candolleanus Fr. ,Observ. Mycol. 2:182(1818)

Agaricus catarius Fr. ,Hymenomyc. Eur. :296(1874)

Agaricus egenulus Berk. & Broome,Ann. Mag. Nat. Hist. ,Ser. 3 ,7:375(1861)

Agaricus felinus Pass. ,Nuovo Giorn. Bot. Ital. 4:82(1872)

Agaricus stipatus var. *appendiculatus*(Bull.) Pers. ,Syn. Meth. Fung. 2:423(1801)

Drosophila candolleana(Fr.) Quél. ,Enchir. Fung. :115(1886)

Hypholoma appendiculatum(Bull.) Quél. ,Mém. Soc. Émul. Montbéliard,Sér. 2,5:146(1872)

Hypholoma candolleanum (Fr.) Quél. ,Mém. Soc. Émul. Montbéliard,Sér. 2,5:146(1872)

Hypholoma catarium(Fr.) Massee,Brit. Fung. -Fl. 1:393(1892)

Hypholoma egenulum(Berk. & Broome) Sacc. ,Syll. Fung. 5:1040(1887)

Hypholoma felinum Pass. ,Syll. Fung. 5:1040(1887)

Psathyra appendiculata(Bull.) G. Bertrand,Bull. Soc. Mycol. Fr. 17:278(1901)

Psathyra candolleana(Fr.) G. Bertrand,Bull. Soc. Mycol. Fr. 17:278(1901)

Psathyra corrugis var. *vinosa*(Corda) Rea,Brit. Basidiomyc. :414(1922)

Psathyrella appendiculata(Bull.) Maire & Werner,Mém. Soc. Sci. Nat. Maroc. 45:112(1938)

Psathyrella corrugis var. *vinosa* (Corda) Berk. & Broome, Illustrations of British Fungi (Hymenomycetes) 4:612 (1886)

Psathyrella egenula (Berk. & Broome) M. M. Moser, In: Gams, Kl. Krypt. -Fl. Mitteleuropa - Die Blätter- und Baupilze(Agaricales und Gastromycetes)2:206(1953)

Psathyrella microlepidota P. D. Orton,Trans. Br. Mycol. Soc. 43(2):375(1960)

子实体伞状。菌盖初期钟形后平展,宽3~7cm,表面淡灰褐色,中央顶部黄褐色,菌肉白色,质脆,湿润时半透明状,老熟时辐射状开裂,边缘垂掛白色菌幕残片。菌褶直生,密,紫褐色。菌柄圆柱形,细,白色,中空,表面具平伏的丝状纤维毛。担孢子椭圆形, 6.5~8μm×3.5~5μm,表面光滑,紫褐色,顶端具明显的发芽孔。褶缘囊状体27~45μm×11~16.5μm。

子实体生于腐朽的枯枝上。可食。

分布:登封、南召、商城、内乡、信阳。

【珠芽小脆柄菇】

***Psathyrella piluliformis*(Bull.) P. D. Orton**,Notes R. Bot. Gdn Edinb. 29:116(1969)

Agaricus hydrophilus Bull. ,Herb. Fr. 11:tab. 511(1791)

Agaricus piluliformis Bull. ,Herb. Fr. 3:tab. 112(1783)

*Drosophila appendiculata*var. *piluliformis*(Bull.) Kühner & Romagn. [as '*pilulaeformis*'], Fl. Analyt. Champ. Supér. :365(1953)

Drosophila hydrophila(Bull.) Quél. ,Enchir. Fung. :116(1886)

Drosophila hydrophila var. *piluliformis*(Bull.) Quél. ,Enchir. Fung. :116(1886)

Drosophila piluliformis(Bull.) Quél. ,Enchir. Fung. :116(1886)

Drosophila subpapillata(P. Karst.) Kühner & Romagn. ,Fl. Analyt. Champ. Supér. :366(1953)

Hypholoma hydrophilum(Bull.) Quél. ,Mém. Soc. Émul. Montbéliard,Sér. 2,5:146(1872)

Hypholoma piluliforme(Bull.) Gillet[as '*pilulaeforme*'],Les Hyménomycètes ou Description de Tous les Champignons(Fungi) qui Croissent en France:571(1878)

Hypholoma subpapillatum P. Karst. ,Meddn Soc. Fauna Flora Fenn. 5:31(1879)

Psathyrella appendiculata var. *piluliformis*(Bull.) Svrček & Kubička,Česká Mykol. 18:173(1964)

Psathyrella hydrophila(Bull.) Maire,Mém. Soc. Sci. Nat. Maroc. 45:113(1937)

Psathyrella subpapillata(P. Karst.) Schulm. ,Karstenia 3:28(1955)

Psathyrella subpapillata(P. Karst.) Romagn. ,Bull. Trimest. Soc. Mycol. Fr. 98(1):21(1982)

子实体小伞状。菌盖湿时褐色至黄褐色,干后黄褐色,直径 2.5 ~ 5cm,表面有吸水性,边沿常附着有菌幕残片。菌褶初期灰褐色,后期变为暗褐色。菌柄白色,长 3 ~ 6cm。担孢子淡紫褐色。

夏秋季子实体群生于阔叶树的腐木上或枯树桩基周围的地上。

分布:卢氏、灵宝、陕县、渑池。

6.1.1.18　羽瑚菌科 Pterulaceae

【大羽须瑚菌】

***Pterula grandis* Syd.** ,Engler's Bot. Jahrb. ,Biebl. 54:252(1916)

子实体树枝状,多分枝,枝细小,弯曲纤维状,整丛高 5 ~ 7cm,宽 2 ~ 4.5cm,上半部灰白色至灰黄褐色,向下颜色渐深呈褐色至黑褐色。菌柄长 0.5 ~ 1.8cm,粗 0.7 ~ 2cm,多为双叉重复分枝,部分 3 叉或多叉分枝。分叉处常扁平。菌柄基部常弯曲从基物中伸出,且常与树叶或其他植物残体连结,分枝直立或略弯曲,向顶部变细。担孢子近球形,4 ~ 6μm × 3.5 ~ 5μm,无色,略粗糙。

夏秋季子实体群生于阔叶林中地上。

分布:卢氏。

6.1.1.19　裂褶菌科 Schizophyllaceae

【裂褶菌】

***Schizophyllum commune* Fr.** [as '*Schizophyllus communis*'],Observ. Mycol. 1:103(1815)

Agaricus alneus L. ,Fl. Suec. :1242(1755)

Agaricus alneus Reichard,Sp. Pl. ,Edn 4:605(1780)

Agaricus multifidus Batsch,Elench. Fung. ,Cont. Prim. :173(1786)

Apus alneus(L.) Gray,Nat. Arr. Brit. Pl. 1:617(1821)

Daedalea commune(Fr.) P. Kumm. ,Führ. Pilzk. :53(1871)

Merulius alneus(L.) J. F. Gmel. ,Syst. Nat. 2(2):1431(1792)

Merulius alneus(Reichard) Schumach. ,Enum. Pl. 2:370(1803)

Merulius communis(Fr.) Spirin & Zmitr. ,Nov. sist. Niz. Rast. 37:182(2004)

Schizophyllum alneum (L.) J. Schröt. ,Kryptogamenflora der Schweiz 3(1):553(1888)

Schizophyllum alneum(Reichard) Kuntze,Revis. Gen. Pl. 3(2):516(1898)

Schizophyllum alneus(L.) Kuntze,Revis. Gen. Pl. 3:478(1898)

Schizophyllum multifidum(Batsch)Fr. ,J. Linn. Soc. ,Bot. 14:46(1875)

子实体无柄,菌盖初期杯状或盘状,后变为扇形或肾形,宽1~3cm,有一狭窄的基部与基质相连。菌盖表面密生绒毛,白色、灰白色至黄棕色。边缘内卷,多瓣裂,干时卷缩。菌褶从基部辐射伸出,不等长,沿菌褶边缘纵裂向外反卷,切面呈"人"字形。孢子印白色。担孢子无色,圆柱形,5~5.5μm×2μm,双核(图版128~131)。

子实体覆瓦状丛生或散生于多种阔叶树和针叶树的树干、树枝及朽木上,能引起木材海绵状白色腐朽。亦可寄生于活树上,可导致树木枝干死亡。该菌子实体在干燥条件下可以保持相当长时间仍有生命力,Ainsurath(1965)把保存52年后的干标本湿润时,子实体释放出了担孢子;我们将已在实验室保存了22年的裂褶菌干标本再度湿润时,也得到了同样的结果。可食用。具药用价值,深层发酵提取物裂褶多糖具抗肿瘤作用。偶有裂褶菌担孢子侵染人的呼吸道,引起人体疾病的报道。

分布:广泛分布于河南各地。

6.1.1.20 球盖菇科 Strophariaceae

【沼生田头菇】

***Agrocybe paludosa*(J. E. Lange)Kühner & Romagn. ex Bon**,Docums Mycol. 18(69):37(1987)

Pholiota paludosa(J. E. Lange)S. Lundell,In:Lundell & Nannfeldt,Fungi Exsiccati Suecici 49~50(Sched.):41(1957)

Pholiota praecox var. *paludosa* J. E. Lange,Dansk Bot. Ark. 2(11):7(1921)

子实体伞状,较小。菌盖扁半球形至近平展,直径2.5~4cm,表面光滑,土黄色,中部色深且稍突起。菌肉较薄。菌褶褐锈色,不等长,直生至弯生。菌柄细长,圆柱形,污白色至淡土黄色,长8~10cm,粗0.3~0.4cm,基部色淡且膨大。菌环膜质,生菌柄上部。担孢子大小8.9~11.4μm×5.1~7.9μm,表面光滑,淡褐锈色。具褶侧和褶缘囊状体,囊状体近纺锤形或棒形,顶端钝圆。

夏秋季子实体群生于林缘或林下草地上。据报道有抗癌作用,子实体提取物对小白鼠肉瘤180的抑制率达90%,对艾氏癌的抑制率达100%。

分布:卢氏、陕县、灵宝。

【田头菇】

***Agrocybe praecox*(Pers.)Fayod**,Annls Sci. Nat. ,Bot. ,Sér. 7, 9:358(1889)

Agaricus gibberosus Fr. ,Epicr. Syst. Mycol. :163(1838)

Agaricus praecox Pers. ,Comm. Schaeff. Icon. Pict. :89(1800)

Agaricus togularis Bull. ex Pers. ,Syn. Meth. Fung. 2:262(1801)

Agrocybe gibberosa(Fr.)Fayod,Annls Sci. Nat. ,Bot. ,Sér. 7,9:358(1889)

Hylophila togularis (Bull.)Quél. ,Compt. Rend. Assoc. Franç. Avancem. Sci. 22(2):485(1894)

Pholiota praecox (Pers.)P. Kumm. ,Führ. Pilzk. :85(1871)

Togaria praecox(Pers.)W. G. Sm. ,Syn. Brit. Basidiomyc. :124(1908)

子实体伞状。菌盖初期扁半球形,后期渐平展,直径2~8cm,乳白色至淡黄色,边缘平滑,初期内卷,常有菌幕残片,较黏,干后常龟裂。菌肉较厚,白色。菌褶直生或近弯生,不等长,锈褐色。菌柄圆柱形,长3.5~8.5cm,粗0.3~1cm,白色,后期变污白色,有粉末状鳞片,基部略膨大,并有白色绒毛。菌环膜质,白色,生菌柄的上部,易脱落。孢子印暗褐色。担孢子椭圆形,锈色,往往一端平截,表面光滑。有褶缘囊状体和褶侧囊状体,褶缘囊状体较稀少,棒形或顶端较细,10 ~ 55μm × 10 ~ 13μm,无色。褶侧囊状体纺锤状,45 ~ 66.5μm × 15 ~ 17μm(图版132)。

春季至秋季子实体散生或近丛生于稀疏的林中地上,也见于田野、路边草地上。可食用,是一种味道较好的野生食用菌,并具药用价值。子实体提取物对小白鼠肉瘤 180 和艾氏癌的抑制率均达 100%。

【绿褐裸伞】

***Gymnopilus aeruginosus*(Peck) Singer**, Lilloa 22:560(1951)

Pholiota aeruginosa Peck, Ann. Rep. N. Y. St. Mus. 43:81(1890)

子实体伞状,中等大。菌盖扁半球形至近平展,直径 3 ~ 11cm,边缘常附有菌幕残片,后期菌幕残片脱落。菌盖的颜色以褐色为主,常有不均匀分布的紫褐、墨绿色泽,并有褐色鳞片。菌肉较厚,淡黄色,味苦。菌褶直生至弯生,不等长,初期淡黄绿色,后期有锈色斑点。菌柄常弯曲,长 1 ~ 8cm,粗 0.3 ~ 2.3cm,实心,表面有纵条纹,上部有膜质菌环,菌环以上因附有担孢子而呈锈色。菌环以下褐色至紫褐色。孢子印锈色。担孢子卵圆形至椭圆形,6.5 ~ 7.8μm × 4.4 ~ 5.2μm,浅锈褐色,具麻点。褶缘囊状体近瓶状,25 ~ 30μm × 5 ~ 6.5μm,顶部钝圆。

夏秋季子实体单生或丛生于针叶树腐木或树皮上,引起木材腐朽。有毒,食后会引起头晕、恶心、神志不清等中毒反应。

分布:河南。

注:作者未见到该菌,关于该菌在河南省的分布是依据文献《中国真菌总汇》(戴芳澜,1979)。

【毒滑锈伞】

***Hebeloma fastibile*(Pers.) P. Kumm.** [as '*fastibilis*'], Führ. Pilzk.:80(1871)

Agaricus fastibilis Pers., Syn. Meth. Fung. 2:326(1801)

Hebeloma fastibile f. *fastibile*(Pers.) P. Kumm., Führ. Pilzk.:80(1871)

Hebeloma fastibile var. *elegans* Massee, Brit. Fung. -Fl. 2:171(1893)

Hebeloma fastibile var. *fastibile*(Pers.) P. Kumm., Führ. Pilzk.:80(1871)

子实体伞状。菌盖初期扁半球形,后平展,直径 4 ~ 7cm,浅黄色,光滑,黏,边缘内卷。菌肉白色。菌褶弯生,稍密,不等长,初期近白色,后变土黄色。菌柄圆柱形,长 4 ~ 6cm,粗0.5 ~ 1cm,白色,表面具毛状鳞片,实心,上部有白色粉粒,基部稍膨大。孢子印锈色。担孢子淡褐色,椭圆形,8 ~ 10μm × 4 ~ 5.5μm,表面光滑,内含一油滴。有褶缘囊状体,囊状体无色,近柱形。

夏秋季子实体单生或群生于林地上。为树木的外生菌根菌,与松树等形成外生菌根。有毒,含毒蝇碱等毒素,误食后产生胃肠炎等症状。

分布:信阳。

【芥味滑锈伞】

***Hebeloma sinapizans*(Fr.) Sacc.**, Syll. Fung. 5:799(1887)

Agaricus sinapizans Fr., Epicr. Syst. Mycol.:180(1838)

Hypophyllum sinapizans Paulet, Traité sur les Champignons Comestibles 2:82(1793)

子实体伞状。菌盖初期扁半球形,后期平展中部稍凸起,直径 5 ~ 12cm,表面光滑,黏,深蛋壳色至深肉桂色。菌肉白色,厚,质地紧密。菌褶弯生或离生,不等长,稍密,淡锈色或咖啡色。有褶缘囊状体。菌柄圆柱形,长 6 ~ 11.5cm,粗 0.8 ~ 2cm,污白色或较盖色稍浅的颜色,表面平滑,内部松软至空心。担孢子椭圆形,11 ~ 15μm × 5.5 ~ 7.5μm,淡锈色,具细微麻点。

夏秋季子实体群生或单生于混交林中地上。为树木的外生菌根菌。味道很辣,有强烈芥菜气味或萝卜气味。调查中有人说有毒,误食后产生胃肠炎中毒症状,也有人说可食用。

分布:信阳。

【荷叶滑锈伞】

***Hebeloma sinuosum*(Fr.)Quél.** ,Mém. Soc. Émul. Montbéliard,Sér. 2 ,5:345(1873)

Agaricus sinuosus Fr. ,Epicr. Syst. Mycol. :178(1838)

Inocybe sinuosa (Fr.)P. Karst. ,Bidr. Känn. Finl. Nat. Folk 32:466(1879)

子实体伞状,中等或较大。菌盖初期扁半球形,后期平展,直径 7 ~ 14cm,光滑,浅赭色,中部略有凸起且色深,边缘近白色呈波状。菌褶弯生,较密,不等长,初期污白色,后期变为锈褐色。菌柄圆柱形,长 5 ~ 15cm,粗 1.5 ~ 2cm,白色,上部有白色小鳞片,下部有条纹,基部略膨大,空心。孢子印黄锈色。担孢子卵圆形,10 ~ 15μm × 6 ~ 7μm,淡锈色,具小麻点。有褶缘囊状体,囊状体近棒状,40 ~ 50μm × 2 ~ 3μm,无色,顶部膨大(图版 133)。

秋季子实体群生或散生于针叶林或阔叶林内的地上,与树木形成外生菌根。

分布:卢氏。

【簇生垂暮菇】

***Hypholoma fasciculare* var. *fasciculare*(Huds.)P. Kumm.** ,Führ. Pilzk. :21,72(1871)

Agaricus fascicularis Huds. ,Fl. Angl. ,Edn 2,2:615(1778)

Agaricus sadleri Berk. & Broome,Ann. Mag. Nat. Hist. ,Ser. 5 ,3:203(1879)

Clitocybe sadleri (Berk. & Broome)Sacc. ,Syll. Fung. 5:163(1887)

Dryophila fascicularis(Huds.)Quél. ,Fl. Mycol. France:154(1888)

Geophila fascicularis(Huds.)Quél. ,Enchir. Fung. :113(1886)

Hypholoma fasciculare(Huds.)P. Kumm. ,Führ. Pilzk. :21,72(1871)

Hypholoma sulphureum G. M. Taylor & P. K. Buchanan,New Zealand Botanical Society Newsletter 13:11(1988)

Naematoloma fasciculare(Huds.)P. Karst. ,Bidr. Känn. Finl. Nat. Folk 32:496(1880)

Pratella fascicularis(Huds.)Gray,Nat. Arr. Brit. Pl. 1:627(1821)

Psilocybe fascicularis(Huds.)Kühner,Bull. Mens. Soc. Linn. Lyon,Num. Spéc. 49:899(1980)

子实体伞状,黄色。菌盖初期半球形,开伞后平展,直径 3 ~ 5cm,表面硫黄色或玉米黄色,中部锈褐色至红褐色。菌褶直生至弯生,密,不等长,青褐色。菌环呈蛛网状。菌柄黄色,下部黄褐色,纤维质,长可达 12cm,粗可达 1cm,表面附纤毛,内部实心至松软。有褶侧囊状体和褶缘囊状体,囊状体金黄色,近梭形,25 ~ 49μm × 7 ~ 12μm,顶端较细,往往有金黄色内含物。孢子印紫褐色。担孢子椭圆形至卵圆形,6 ~ 9μm × 4 ~ 5μm,表面光滑,淡紫褐色。

夏秋季子实体丛生或簇生于腐木桩旁,也见于栽培木耳、香菇的段木上,被视为“杂菌”。子实体味苦,有毒。据记载用水浸泡或煮后浸水多次后可食用。曾发生过因食该菌中毒的事件,中毒后主要引起呕吐、恶心、腹泻等胃肠道病症,严重者可致死亡。子实体提取物对小白鼠肉瘤 180 抑制率为 80%,对艾氏癌的抑制率为 90%。

分布:信阳。

【砖红垂暮菇】

Hypholoma lateritium **(Schaeff.) P. Kumm.** , Führ. Pilzk. :72(1871)

Agaricus carneolus Batsch, Elench. Fung. :83(1783)

Agaricus lateritius Schaeff. , Fung. Bavar. Palat. 4:22(1774)

Agaricus lateritius var. *pomposus*(Bolton) Pers. , Syn. Meth. Fung. 2:421(1801)

Agaricus pomposus Schumach. , Enum. Pl. 2:251(1803)

Agaricus pomposus Bolton, Hist. Fung. Halifax 1:5, pl. 5(1788)

Agaricus sublateritius Schaeff. , Fung. Bavar. Palat. 4: tab. 49, figs 6~7(1774)

Agaricus sublateritius var. *schaefferi* Berk. & Broome, Ann. Mag. Nat. Hist. , Ser. 5, 3:206(1879)

Agaricus sublateritius var. *squamosus* Cooke, Illustrations of British Fungi(Hymenomycetes)4:573(1886)

Cortinarius schaefferi (Berk. & Broome) Rob. Henry, Bull. Trimest. Soc. Mycol. Fr. 97(3):214(1981)

Dryophila sublateritia(Schaeff.) Quél. , Fl. Mycol. France (1888)

Geophila sublateritia (Schaeff.) Quél. , Enchir. Fung. :113(1886)

Hypholoma lateritium var. *pomposum* (Bolton) P. Roux & Guy Garcia, In: Roux, Mille et Un Champignons: 13 (2006)

Hypholoma sublateritium(Schaeff.) Quél. , Mém. Soc. Émul. Montbéliard, Sér. 2, 5:113(1873)

Hypholoma sublateritium f. *pomposum*(Bolton) Massee, Brit. Fung. -Fl. 1:381(1892)

Hypholoma sublateritium f. *vulgaris* Massee, Brit. Fung. -Fl. 1:381(1892)

Hypholoma sublateritium var. *pomposum* (Bolton) Rea, Brit. Basidiomyc. :261(1922)

Hypholoma sublateritium var. *schaefferi* (Berk. & Broome) Sacc. , Syll. Fung. 5:1028(1887)

Hypholoma sublateritium var. *squamosum*(Cooke) Sacc. , Syll. Fung. 5:1028(1887)

Naematoloma sublateritium(Schaeff.) P. Karst. , Bidr. Känn. Finl. Nat. Folk 32:495(1879)

Pratella lateritia(Schaeff.) Gray, Nat. Arr. Brit. Pl. 1:627(1821)

Psilocybe lateritia (Schaeff.) Noordel. , Persoonia 16(1):129(1995)

子实体伞状。菌盖扁半球形,后渐平展,直径5~15cm,中部深肉桂色至暗红褐色,或近砖红色,有时具裂缝,边缘色渐淡,呈米黄色,光滑,不黏。菌肉污白色至淡黄色,较厚。菌褶直生至近延生,不等长,较密,宽,暗黄色、烟色、紫灰色、青褐色到栗褐色。菌柄圆柱形,长5~13cm,粗0.5~1.2cm,深肉桂色至暗红褐色,上部色较浅,具纤毛状鳞片,质地较坚硬。孢子印暗褐色。担孢子卵圆形到椭圆形,6.5~8μm×4.5~5.5μm,表面光滑,褐色。有稀疏的褶侧囊状体和丛生的褶缘囊状体。褶侧囊状体淡黄色,棒状至纺锤形,31.6~47.4μm×7.9~9.5μm,顶端有乳头状突起。褶缘囊状体淡黄色,棒状,18.9~23.7μm×3.5~6.5μm,顶端有时有乳头状突起。

秋季子实体丛生于混交林及桦树木桩上。可食。但菌柄较坚韧,食后不易消化。也有文献记载该菌有毒。子实体提取物对小白鼠肉瘤180抑制率为60%,对艾氏癌的抑制率为70%。

分布:卢氏。

【黄伞】

Pholiota adiposa **(Batsch) P. Kumm.** , Führ. Pilzk. :84(1871)

Agaricus adiposus Batsch, Elench. Fung. , Cont. Prim. :147(1786)

Dryophila adiposa(Batsch) Quél. , Enchir. Fung. :68(1886)

Hypodendrum adiposum (Batsch) Overh. , N. Amer. Fl. 10(5):279(1932)

子实体伞状。菌盖初期扁半球形,边缘内卷,后渐平展,直径 3~12cm,表面很黏,谷黄色、污黄色或黄褐色,有褐色近平伏的鳞片,中央的鳞片较密。菌肉白色或淡黄色。菌褶直生或近弯生,稍密,不等长,黄色至锈褐色。菌柄圆柱形,长 5~15cm,粗 0.5~3cm,下部常弯曲,纤维质,实心,与菌盖同色,有褐色反卷的鳞片,黏或稍黏。菌环膜质,淡黄色,生于菌柄上部,易脱落。囊状体棒状,30~42μm×6.3~7.5μm,不超出子实层,无色或淡褐色。孢子印锈色。担孢子椭圆形或长椭圆形,7.5~9.5μm×5~6.3μm,锈褐色,表面光滑(图版 134)。

秋季子实体单生或丛生于杨、柳、桦等的树干上,可食用,并具药用价值,已进行人工栽培。

分布:洛阳、新安、辉县、卢氏。

【黄鳞环锈伞】

***Pholiota flammans*(Batsch)P. Kumm.**,Führ. Pilzk.:84(1871)

Agaricus flammans Batsch,Elench. Fung.:87(1783)

Dryophila flammans(Batsch)Quél.,Enchir. Fung.:68(1886)

子实体伞状。菌盖初期扁半球形,后期近平展,中部稍凸起,直径 2~7cm,表面干燥,亮黄色、柠檬色或橙黄色,具黄色毛状鳞片,盖缘常有菌幕残片。菌肉稍厚,边缘薄,黄色。菌褶直生,不等长,密,窄,初期黄色,后变锈色。菌柄细长,近圆柱形,长 5~13cm,粗 0.4~0.8cm,同盖色,菌环以下有反卷丛毛状鳞片,内实至变空心,下部往往弯曲。菌环似棉絮状纤毛,生柄的上部,易消失。孢子印锈色。担孢子椭圆形,3~5.5μm×2.5~3μm,表面光滑,黄褐色。有许多褶侧囊状体,囊状体近纺锤形或近棒形,无色或带黄褐色。

夏末至秋季子实体丛生于针叶树腐木上。为木材腐朽菌;有文献记载可食用,也有文献记载有毒。具药用价值,子实体提取物对小白鼠肉瘤 180 的抑制率为 90%,对艾氏癌的抑制率为 100%。

分布:信阳。

【光滑环锈伞】

***Pholiota nameko*(T. Itô)S. Ito & S. Imai,Bot. Mag.**,Tokyo 47:388(1933)

Collybia nameko T. Itô,:145(1929)In:Petrak,F. Petrak's Lists 7:845(1932 - 35)

Kuehneromyces nameko(T. Itô)S. Ito,Mycol. Fl. Japan 2(5):355(1959)

子实体伞状。菌盖初期扁半球形,后近扁平,直径 3~10cm,表面平滑,有黏液,初期红褐色,后期黄褐色至浅黄褐色,中部色深,边缘初期内卷,有菌幕残片。菌肉黄白色至较深的色泽,近表皮下带红褐色,软、嫩,中部厚。菌褶直生又延生,黄色至锈色,密,宽,不等长,边缘常呈波状。菌柄近柱形,长 2.5~8cm,粗 0.4~1.5cm,向下渐粗,菌环以上污白色至浅黄色,菌环以下同菌盖色,表面近光滑,黏,实心至空心。菌环膜质,生菌柄上部,黏,易脱落。有褶缘囊状体,囊状体近棒状,25~35μm×5.6~6.5μm,无色。孢子印深锈褐色。担孢子宽椭圆形,卵圆形,5.8~6.4μm×2.8~4μm,表面光滑,浅黄色。

秋季子实体丛生、群生于阔叶树倒木、树桩上。可食用,可人工栽培。具药用价值。

分布:新县、商城。

【地毛柄环锈伞】

***Pholiota terrigena*(Fr.)P. Karst.**,Bidr. Känn. Finl. Nat. Folk 32:292(1879)

Agaricus terrigenus Fr. ,Öfvers. K. VetenskAkad. Forh. :46(1851)

子实体伞状。菌盖初期扁半球形,后扁平,直径 2 ~4cm,污黄色至黄褐色,边缘色较浅,有翘起的鳞片。菌肉污白色至淡黄色,质地紧密。菌褶直生,较稀,中部较宽,污黄色到污锈黄色。菌柄长 1 ~4cm,粗 0. 4 ~0. 8cm,上下等粗或基部稍膨大,污黄色,肉质到纤维质,有毛状鳞片,中空。菌环易脱落,常留有环痕。有褶缘囊状体,囊状体棒形或近球形,27. 5 ~52μm ×15 ~27. 5μm,无色。孢子印锈褐色。担孢子椭圆形,10. 5 ~12μm ×5. 5 ~6. 5μm,表面平滑,淡锈色。

夏秋季子实体散生或丛生于杨树林或其他林中地上。可食用。

分布:信阳。

6. 1. 1. 21　口蘑科 Tricholomataceae

【亚白杯伞】

***Clitocybe catinus*(Fr.)Quél.** ,Mém. Soc. Émul. Montbéliard,Sér. 2, 5:215(1872)

Agaricus catinus Fr. ,Hymenomyc. Eur. :99(1874)

Clitocybe infundibuliformis var. catinus(Fr.)Konrad & Maubl. ,Icon. Select. Fung. 6:333(1937)

Infundibulicybe catinus(Fr.)Harmaja,Ann. Bot. Fenn. 40(3):216(2003)

子实体伞状至高脚杯状。菌盖初期近平展,后期中部下凹呈漏斗形,直径 3 ~5cm,近白色至浅棕灰色,软韧,干,表面光滑,边缘薄,波浪状。菌肉薄,白色。菌褶延生,白色,较密。菌柄圆柱形,长 3 ~5cm,粗 4 ~6mm,近白色,初期内部松软,后期中空,质韧,基部有绒毛。担孢子椭圆形或卵形,4 ~5μm ×3 ~4μm,表面光滑,无色。

秋季子实体散生至群生于混交林中的落叶层上。可食用。

分布:信阳。

【杯伞】

***Clitocybe infundibuliformis* (Schaeff.)Quél.** ,Mém. Soc. Émul. Montbéliard,Sér. 2 ,5:88(1872)

Agaricus infundibuliformis Schaeff. ,Fung. Bavar. Palat. 4:49(1774)

子实体伞状至高脚杯状。菌盖幼时往往中央具小突尖,成熟后中部下凹至漏斗状,宽 5 ~10cm,薄,表面干燥,浅黄褐色或肉色,微有丝状柔毛,后期变光滑,边缘平滑波状。菌肉薄,白色。菌褶延生,不等长,白色,稍密,薄,窄。菌柄圆柱形,长 4 ~7cm,粗 0. 5 ~1. 2cm,白色或近似菌盖色,表面光滑,内部松软,基部膨大且有白色绒毛。孢子印白色。担孢子近卵圆形,5. 6 ~7. 5μm ×3 ~4. 5μm,表面光滑,无色。

秋季子实体单生或群生于林中地上、腐枝落叶层上、草地上。可食用。试验中有抗癌作用,对小白鼠肉瘤 180 的抑制率为 70% ,对艾氏癌的抑制率为 80% 。

分布:辉县。

【赭杯伞】

***Clitocybe sinopica*(Fr.)P. Kumm.** ,Führ. Pilzk. :123(1871)

Agaricus sinopicus Fr. ,Observ. Mycol. 2:197(1818)

Clitocybe subsinopica Harmaja,Karstenia 18(1):29(1978)

子实体伞状至高脚杯状,较小。菌盖中间下凹呈漏斗状,直径 5 ~7cm,表面干燥,无光泽,土红色至砖红色,干后浅朽叶色至朽叶色,中部色深且具有细小鳞片,后期变光滑。菌肉薄,白色。菌褶延生，稠密，不等长，白色，渐变黄色。菌柄圆柱形，长 5 ~ 8cm，粗 0.5 ~ 0.7cm，近似菌盖色，内部松软。担孢子倒卵圆形或近椭圆形，7.5 ~ 9.5μm × 5.5 ~ 7μm，表面光滑，无色。

夏秋季子实体单生或散生于林中地上。可食用。

分布：信阳。

【黄白香蘑】

***Lepista flaccida*（Sowerby）Pat.**，Hyménomyc. Eur.：96（1887）

Agaricus fimbriatus var. *lobatus* Fr.，Syst. Mycol. 1：94（1821）

Agaricus flaccidus Sowerby，Col. Fig. Engl. Fung. Mushr. 2：pl. 185（1799）

Agaricus gilvus Pers.，Syn. Meth. Fung. 2：448（1801）

Agaricus gilvus var. *flaccidus*（Sowerby）Pers.，Syn. Meth. Fung. 2：448（1801）

Agaricus gilvus var. *splendens*（Pers.）Fr.，Epicr. Syst. Mycol.：70（1838）

Agaricus inversus Scop.，Fl. Carniol.，Edn 2，2：445（1772）

Agaricus lentiginosus Fr.，Epicr. Syst. Mycol.：69（1838）

Agaricus lobatus Sowerby，Col. Fig. Engl. Fung. Mushr. 2：pl. 186（1799）

Agaricus splendens Pers.，Syn. Meth. Fung. 2：452（1801）

Clitocybe flaccida（Sowerby）P. Kumm.，Führ. Pilzk.：124（1871）

Clitocybe flaccida var. *lobata*（Sowerby）Romagn. & Bon，Docums Mycol. 17（67）：11（1987）

Clitocybe gilva（Pers.）P. Kumm.，Führ. Pilzk.：124（1871）

Clitocybe gilva var. *splendens*（Pers.）P. Kumm.，Führ. Pilzk.：124（1871）

Clitocybe inversa（Scop.）Quél.［as '*inversus*'］，Mém. Soc. Émul. Montbéliard，Sér. 2，5：235（1872）

Clitocybe splendens（Pers.）Gillet，Les Hyménomycètes ou Description de Tous les Champignons（Fungi）qui Croissent en France：139（1874）

Lepista flaccida f. *gilva*（Pers.）Krieglst.，Beitr. Kenntn. Pilze Mitteleur. 7：71（1991）

Lepista flaccida var. *inversa*（Scop.）Chiari，Riv. Micol. 44（2）：131（2001）

Lepista inversa（Scop.）Pat.，Hyménomyc. Eur.：96（1887）

Lepista splendens（Pers.）Konrad，Bull. Trimest. Soc. Mycol. Fr. 43：186（1927）

Omphalia gilva（Pers.）Gray，Nat. Arr. Brit. Pl. 1：612（1821）

Omphalia lobata（Sowerby）Gray，Nat. Arr. Brit. Pl. 1：612（1821）

Paralepista gilva（Pers.）Raithelh.，Metrodiana 23（3）：117（1993）

子实体伞状至高脚杯状。菌盖中部下凹呈近漏斗状，直径 4 ~ 8.5cm，朽叶色或红色至褐色，表面光滑，边缘薄且内卷。菌肉薄，白色。菌褶直生至延生，不等长，白色，稍密。菌柄近白色，扭曲，长 4 ~ 10cm，粗 0.6 ~ 1.2cm，表面有绒毛。孢子印白色。担孢子椭圆形、宽椭圆形或近球形，4 ~ 5.1μm × 3.5 ~ 4.5μm，表面微粗糙，无色。

秋季子实体丛生或群生于林中地上。可食用。味道较好。

分布：信阳。

【灰褐香蘑】

***Lepista luscina*（Fr.）Singer**，Lilloa 22：192（1951）

Agaricus luscinus Fr.，Observ. Mycol. 2：108（1818）

Austroclitocybe luscina（Fr.）Raithelh.，Metrodiana 18（1 ~ 2）：44（1990）

Clitocybe luscina（Fr.）Sacc.，Syll. Fung. 5：145（1887）

Melanoleuca luscina (Fr.) Métrod, Bull. Trimest. Soc. Mycol. Fr. 64:154(1948)

子实体伞状。菌盖半球形至近平展,有时中部下凹,直径6~10cm,灰白色、浅棕灰色或中部浅灰黑色至灰褐色,边缘色淡,表面往往有深色斑点,光滑,有时边缘有条纹。菌肉灰白色。菌褶直生至近离生,不等长,密,白色带肉色。菌柄长3~8cm,粗1.2~2cm,颜色与菌盖色相似,表面具纵条纹,基部稍膨大。孢子印粉红色。担孢子椭圆形或卵圆形,5~5.6μm×3.8~4μm,无色,表面粗糙,有时近光滑。

夏秋季子实体群生或丛生于林缘草地或稀疏的林中地上,常形成蘑菇圈。可食用。子实体提取物对小白鼠腺癌755有抑制作用。

分布:辉县。

【紫丁香蘑】

***Lepista nuda* (Bull.) Cooke**, Handb. Brit. Fungi 1:192(1871)

Agaricus nudus Bull., Herb. Fr. 10:tab. 439(1790)

Agaricus nudus var. *majus* Cooke, Handb. Brit. Fungi, 2nd Edn:41(1883)

Clitocybe nuda (Fr.) H. E. Bigelow & A. H. Sm., Brittonia 21(1):52(1969)

Cortinarius nudus (Bull.) Gray, Nat. Arr. Brit. Pl. 1:628(1821)

Lepista nuda f. *gracilis* Noordel. & Kuyper, Flora Agaricina Neerlandica, vol. 3. A. General Part; B. Taxonomic Part:Tricholomataceae(2)3:72(1995)

Lepista nuda var. *pruinosa* (Bon) Bon ex Courtec., Docums Mycol. 14(56):56(1985)

Lepista nuda var. *pruinosa* Poisy, Bull. Trimest. Féd. Mycol. Dauphiné-Savoie 23(92):18(1984)

Rhodopaxillus nudus var. *pruinosus* Bon, Docums Mycol. 5(17):39(1975)

Tricholoma nudum (Bull.) P. Kumm., Führ. Pilzk.:132(1871)

Tricholoma nudum var. *majus* Cooke, Handb. Brit. Fungi 1:41(1871)

Tricholoma personatum var. *nudum* (Bull.) Rick, In:Rambo(Ed.), Iheringia, Sér. Bot. 8:303(1961)

子实体伞状,中等大,菌盖半球形至平展,直径4~10cm,较厚,有时中部下凹,紫色或丁香紫色,后期变紫褐色,光滑,湿润。菌褶直生至稍延生,密集,不等长,紫色,边缘往往呈小锯齿状。菌柄圆柱形,长4~9cm,粗0.5~2cm,与菌盖同色,上部有絮状粉末,下部光滑或具纵条纹,实心,基部稍膨大。孢子印肉粉色。担孢子椭圆形,5~7.5μm×3~5μm,无色,近光滑或有小麻点。

夏秋季子实体单生、丛生或群生于林中地上,也见于果园或农田。可食用,菌肉较厚,味鲜美,是一种优良的野用食用菌,可以进行人工栽培。具药用价值,对小白鼠肉瘤180、艾氏腹水癌的抑制率高达90%以上,还含有维生素B_1,经常食用能调节机体的糖代谢,促进神经传导,还可预防脚气病。

分布:新安、卢氏。

【林缘香蘑】

***Lepista panaeolus* (Fr.) P. Karst.**, Hattsvampar:481(1879)

Agaricus calceolus Fr., Mag. Gesell. Naturf. Freunde, Berlin 1:73(1873)

Agaricus panaeolus Fr., Epicr. Syst. Mycol.:49(1838)

Gyrophila panaeola (Fr.) Quél., Enchir. Fung.:17(1886)

Lepista panaeola (Fr.) P. Karst., Bidr. Känn. Finl. Nat. Folk 32:481(1879)

Paxillus lepista Fr. ,Epicr. Syst. Mycol. :316(1838)

Rhodopaxillus lepista(Fr.)Singer,Annls Mycol. 41(1 ~3):91(1943)

Rhodopaxillus panaeolus(Fr.)Maire,Annls Mycol. 11(4):338(1913)

Tricholoma panaeolum(Fr.)Quél. ,Mém. Soc. Émul. Montbéliard,Sér. 2,5:82(1872)

Tricholoma panaeolum subsp. *calceolus*(Fr.)Starbäck,Syll. Fung. 5:132(1887)

子实体伞状。菌盖半球形至近平展,直径 6 ~10cm,有时中部下凹,灰白色、浅棕灰色或中部浅灰黑色至灰褐色,边缘色淡,往往有深色斑点,光滑,有时具条纹。菌肉灰白色。菌褶直生至近离生,密,不等长,白色带肉色。菌柄长 3 ~8cm,粗 1. 2 ~2cm,颜色与菌盖颜色相似,表面具纵条纹,基部稍膨大。孢子印粉红色。担孢子椭圆形或卵圆形,5 ~5. 6μm ×3. 8 ~4μm,表面粗糙,有时近光滑,无色。

夏秋季子实体群生或丛生于林缘草地或稀疏的林中地上,可形成蘑菇圈。可食用。

分布:卢氏、灵宝、陕县。

【粉紫香蘑】

***Lepista personata*(Fr.)Cooke**,Handb. Brit. Fungi 1:193(1871)

Agaricus personatus Fr. ,Observ. Mycol. 2:89(1818)

Agaricus personatus var. *anserinus* *Fr.* ,Observ. Mycol. 2:91(1818)

Agaricus personatus β saevus Fr. ,Epicr. Syst. Mycol. :48(1838)

Clitocybe saeva(Fr.)H. E. Bigelow & A. H. Sm. ,Brittonia 21:169(1969)

Lepista saeva(Fr.)P. D. Orton,Trans. Br. Mycol. Soc. 43(2):177(1960)

Lepista saeva var. *anserina*(Fr.)Kalamees & A. I. Ivanov,Folia cryptog. Estonica 30:29(1992)

Rhodopaxillus personatus(Fr.)Singer,Annls Mycol. 41(1 ~3):92(1943)

Rhodopaxillus saevus(Fr.)Maire,Annls Mycol. 11(4):338(1913)

Tricholoma anserinum(Fr.)Sacc. ,Syll. Fung. 11:8(1895)

Tricholoma personatum(Fr.)P. Kumm. ,Führ. Pilzk. :132(1871)

Tricholoma personatum var. *anserina* (Fr.)Sacc. ,Syll. Fung. 5:130(1887)

Tricholoma personatum var. *saevum*(Fr.)Dumée,Nouv. Fl. Champ. France(1905)

Tricholoma saevum(Fr.)Gillet,Annls Mycol. 18(1 ~3):65(1920)

子实体伞状。菌盖半球形至近平展,直径 5 ~10cm,藕粉色或淡紫色,很容易褪色成污白色或蛋壳色,幼时边缘有絮状物。菌肉较厚,白色带紫色,有明显的淀粉气味。菌褶弯生,不等长,密,淡粉紫色。菌柄圆柱形,4 ~7cm ×0. 3 ~5cm,紫色或淡青紫色,有纵条纹,上部色淡,有白色絮状鳞片,实心或内部松软,基部稍膨大。孢子印淡粉红色。担孢子椭圆形,7. 5 ~8. 2μm ×4. 2 ~5μm,无色,有小麻点。

夏秋季子实体群生于林中地上。可食用,肉厚,味道鲜美。

分布:汝阳。

【花脸香蘑】

***Lepista sordida*(Schumach.)Singer**,Lilloa 22:193(1951)

Agaricus sordidus Schumach. ,Enum. Pl. 2:341(1803)

Gyrophila nuda var. *lilacea* Quél. ,Fl. Mycol. France:271(1888)

Lepista nuda var. *sordida*(Schumach.)Maire,Étude Synth. Genre Tricholoma(1916)

Lepista sordida var. *ianthina* Bon, Docums Mycol. 10(37～38):91(1979)
Lepista sordida var. *lilacea*(Quél.) Bon, Docums Mycol. 10(37～38):91(1980)
Lepista sordida var. *obscurata*(Bon) Bon, Docums Mycol. 10(37～38):91(1980)
Melanoleuca sordida(Schumach.) Murrill, Mycologia 6(1):3(1914)
Rhodopaxillus sordidus(Schumach.) Maire, Annls Mycol. 11(4):338(1913)
Rhodopaxillus sordidus f. *obscuratus* Bon, Bull. Trimest. Soc. Mycol. Fr. 86(1):158(1970)
Tricholoma sordidum(Schumach.) P. Kumm., Führ. Pilzk.:134(1871)

子实体伞状。菌盖薄,扁半球形至平展,直径3～7.5cm,有时中部稍下凹,湿润时半透明至水渍状,紫色,边缘内卷且具不明显的条纹,常呈波状或瓣状。菌肉薄,带淡紫色。菌褶直生或弯生,有时稍延生,不等长,稍稀,淡蓝紫色。菌柄长3～6.5cm,粗0.2～1cm,颜色与菌盖色同,靠近基部常弯曲,内实。孢子印带粉红色。担孢子椭圆形至近卵圆形,6.2～9.8μm×3.2～5μm,无色,表面具麻点至粗糙(图版135)。

夏秋季子实体群生或近丛生于山坡、林缘或林下草地、村庄路旁等处,常形成蘑菇圈。可食用,味道鲜美。

分布:信阳。

【球根白丝膜菌】

***Leucocortinarius bulbiger*(Alb. & Schwein.) Singer**, Lloydia 8:141(1945)
Agaricus bulbiger Alb. & Schwein., Consp. Fung.:150(1805)
Armillaria bulbigera(Alb. & Schwein.) P. Kumm., Führ. Pilzk.:135(1871)
Cortinarius bulbiger (Alb. & Schwein.) J. E. Lange, Dansk Bot. Ark. 8(7):13(1935)

子实体伞状。菌盖初期半球形,后渐平展,顶部稍突起,直径6～9cm,大的可达12cm,表面光滑,淡赭色,中部深色,边缘往往有丝状菌幕残片。菌肉较厚,白色。菌褶近直生至近弯生,不等长,较密,近白色,后变褐色。菌柄近柱形,长5.5～12cm,粗0.7～1cm,污白色或带浅黄褐色,幼时具白色丝膜状菌环,内实,表面具纤毛,基部明显膨大呈球形或块茎状。孢子印近白色或奶油色,后变浅赭色。担孢子卵圆形至椭圆形,6.4～10μm×4.6～6μm,壁厚,表面光滑,无色。

秋季子实体单生或散生于针叶林地上。是树木的外生菌根菌。可食用,干品具香气。

分布:卢氏。

【纯白桩菇】

***Leucopaxillus albissimus*(Peck) Singer**, Ann. Mycol., Berl. 41:59(1943)

子实体伞状。菌盖半球形或扁半球形,渐平展或呈浅漏斗状,直径2～8cm,白色,表面干燥,边缘平滑。菌肉白色,稍厚。菌褶直生至延生,不等长,较密,白色。菌柄圆柱形,短粗,长2～6cm,粗0.6～2.5cm,白色,内部实心至松软,下部稍膨大。孢子印白色。担孢子椭圆形至卵圆形,7.6～8.1μm×5～5.6μm,表面粗糙具麻点。

夏秋季子实体群生于云杉等针叶林中地上。可食用。

分布:卢氏、灵宝、陕县。

【大白桩菇】

***Leucopaxillus giganteus*(Sowerby) Singer**, Schweiz. Z. Pilzk 17:14(1939)

Agaricus giganteus Sowerby, Col. Fig. Engl. Fung. Mushr. 1: pl. 244(1795)

Aspropaxillus giganteus(Sowerby) Kühner & Maire, Bull. Trimest. Soc. Mycol. Fr. 50:13(1934)

Clitocybe gigantea(Sowerby) Quél., Mém. Soc. Émul. Montbéliard, Sér. 2, 5:88(1872)

Omphalia geotropa var. *gigantea*(Sowerby) Quél., Enchir. Fung.: 23(1886)

Paxillus giganteus(Sowerby) Fr., Hymenomyc. Eur.: 401(1874)

子实体伞状。菌盖扁半球形至近平展,直径 7 ~ 36cm,中部下凹至漏斗状,污白色、青白色或略带灰黄色,表面光滑,边缘内卷至渐伸展。菌肉厚,白色。菌褶延生,稠密,窄,不等长,白色至污白色,老后呈青褐色。菌柄较粗,长 5 ~ 13cm,粗 2 ~ 5cm,肉质,光滑,白色至青白色,基部膨大粗可达 6cm。孢子印白色。担孢子椭圆形,6 ~ 8μm × 4 ~ 6μm,无色,光滑。有褶缘囊状体,囊状体棍棒状,30 ~ 33μm × 5.6 ~ 7μm。

夏秋季子实体单生或群生于林缘或林下草地上,常形成蘑菇圈。可食用,子实体大,肉肥厚,味道鲜,具较大的开发利用价值。可入药。产生的杯伞素(Clitocybin)有抗肺结核病的作用。

分布:卢氏、灵宝、陕县。

【黄白铦囊蘑】

***Melanoleuca alboflavida*(Peck) Murrill**, N. Amer. Fl. 10(1): 6(1914)

子实体伞状。菌盖初期阔半球形,后渐平展,直径 3 ~ 10cm,中部下凹并且中央有一个丘状凸起,菌盖边缘初内卷,淡黄褐色到浅黄白色,中央的凸丘色较深,光滑,干或湿。菌肉白色,较硬。菌褶浅白色,弯生,密集,狭窄。菌柄细长,3 ~ 10μm × 0.4 ~ 1cm,浅白色,软骨质,有纵条纹和细毛,基部球状。孢子印白色。担孢子椭圆形,7 ~ 9.9μm × 4 ~ 5.5μm,表面有小疣。

夏秋季子实体单生或群生于阔叶林或混交林中地上。可食用。

分布:卢氏。

【条柄铦囊蘑】

***Melanoleuca grammopodia*(Bull.) Murrill**, N. Amer. Fl. 10(1): 7(1914)

Agaricus grammopodiuull., Herb. Fr. 12: tab. 548(1792)

Melanoleuca grammopodia f. *macrocarpa* Boekhout, Persoonia 13(4): 407(1988)

Melanoleuca grammopodia f. *subbrevipes*(Métrod) Kühner, Bull. Mens. Soc. Linn. Lyon 47(1): 26(1978)

Melanoleuca grammopodia var. *obscura* Bon, Docums Mycol. 20(79): 60(1990)

Melanoleuca grammopodia var. *subbrevipes*(Métrod) Kühner & Romagn., Fl. Analyt. Champ. Supér.: 147(1953)

Melanoleuca subbrevipes Métrod, Revue Mycol., Paris 7(2 ~ 4): 90(1942)

Tricholoma grammopodium(Bull.) Quél., Mém. Soc. Émul. Montbéliard, Sér. 2, 5: 83(1872)

Tricholoma melaleucum var. *grammopodium*(Bull.) Maire, Bull. Soc. Hist. Nat. Afr. N. 7: 28(1916)

子实体伞状。菌盖扁半球形至平展,直径 6 ~ 16cm,中部有凸起,幼时边缘内卷,污白色至暗褐色,中部色深,水渍状,光滑。菌肉白色至污白色,近表皮处淡褐色。菌褶直生至延生,老后近弯生,不等长,密,白色至污白色,边缘波状至齿状。菌柄圆柱形,长 7 ~ 12cm,粗 0.6 ~ 1.7cm,具褐色至黑褐色纵条纹,扭曲,内实,基部膨大。囊状体细长呈针状,33.7 ~ 51μm × 2.5 ~ 4μm,微带黄色,基部明显膨大,顶端成细尖或稍钝,有时有附属物。孢子印白色。担孢子椭圆形至宽椭圆形,8 ~ 9.5μm × 5 ~ 6.3μm,无色,具麻点。

夏秋季子实体群生于林中空地或林缘草地上。可食用。

分布:信阳。

【黑白铦囊蘑】

***Melanoleuca melaleuca*(Pers.)Murrill**,Mycologia 3(3):167(1911)

Agaricus melaleucus Pers.,Syn. Meth. Fung. 2:355(1801)

Boletopsis melaleuca(Pers.)Fayod,Malpighia 3:72(1889)

Gyrophila melaleuca(Pers.)Quél.,Flore Mycologique de la France et des Pays Limitrophes:267(1888)

Tricholoma melaleucum(Pers.)P. Kumm.,Führ. Pilzk.:133(1871)

子实体伞状。菌盖初期扁半球形,后渐平展,直径2~8cm,有时中部稍有凸起,灰褐色、烟褐色至黑褐色,干后黄褐色至米黄色,光滑,湿时黏。菌肉较薄,白色。菌褶弯生,密集,白色、棕黄色或浅粉黄褐色。菌柄近圆柱形,长3.5~13cm,粗0.3~1.8cm,上部白色,下部颜色比菌盖的颜色浅,有纵条纹及白色短绒毛,实心,基部稍膨大。有褶缘囊状体和褶侧囊状体,囊状体梨形至纺锤形,30~70μm×7~15μm,顶端钝,有时有结晶。担子细棒状,20~32μm×7~16μm。担孢子椭圆形,6.5~10μm×4.5~6μm,无色,有麻点。

夏秋季子实体单生或群生于林中地上。可食用。

分布:信阳。

【近条柄铦囊蘑】

***Melanoleuca substrictipes* Kühner**,Bull. Mens. Soc. Linn. Lyon 47(1):52(1978)

子实体伞状,较小。菌盖初期扁球形,后期扁平,直径2~7cm,边缘往往拱起,中央有一小凸起,表面光滑,初期白色,后期变乳黄褐色,中部色较深。菌肉白色,中部较厚,有香味。菌褶直生,密,不等长,白色、乳白色或带粉色,有时具褐斑。菌柄圆柱形,长3~7cm,粗0.4~0.8cm,白色,后期带黄褐色,具长条纹,受伤后变粉褐色,基部略膨大。内部实心或松软。担孢子椭圆形,8~10μm×5~6.5μm,无色,具麻点。有褶侧囊状体,囊状体棱形,3.5~4.5μm×5~6.5μm,顶端有附属物,中部往往有隔膜。

夏秋季子实体群生于山区林缘或林下草地上。可食用,品质较好。

分布:卢氏。

【白脐伞】

***Omphalia subpellucida* Berk. & M. A. Curtis**,In:Saccardo,P. A. Sylloge Fungorum 5:334(1887)

子实体伞状。菌盖扁半球形,中部脐状,直径1~2.5cm,薄,白色,中部渐变为暗灰色,边缘有棱纹。菌褶直生至延生,稀,宽,白色。菌柄长2~6cm,白色,细,表面光滑,中空,基部有绒毛。担孢子椭圆形,4.5~5.5μm×2.5~3μm,表面光滑,无色。

夏秋季子实体丛生于林中的倒木上。

分布:信阳。

【油口蘑】

***Tricholoma equestre* var. *equestre*(L.)P. Kumm.**,Führ. Pilzk.:130(1871)

Agaricus auratus Paulet,Traité sur les Champignons Comestibles 2:137(1793)

Agaricus equestris L.,Sp. Pl. 2:1173(1753)

Agaricus flavovirens Pers.,In:Hoffmann,Naturgetr. Abbild. Beschr. Schwämme 3:tab. 24(1793)

Gyrophila equestris(L.) Quél. ,Enchir. Fung. :10(1886)

Melanoleuca equestris(L.) Murrill, N. Amer. Fl. 10(1):24(1914)

Tricholoma auratum(Paulet) Gillet, Les Hyménomycètes ou Description de Tous les Champignons(Fungi) qui Croissent en France:92(1874)

Tricholoma equestre(L.) P. Kumm. ,Führ. Pilzk. :130(1871)

Tricholoma flavovirens(Pers.) S. Lundell, In: Lundell & Nannfeldt, Fungi Exsiccati Suecici 23 ~ 24: no. 1102 (1942)

子实体伞状。菌盖扁半球形至平展,直径 5 ~ 10cm,顶部稍凸起,淡黄色、柠檬黄色,表面黏,具褐色鳞片,边缘平滑易开裂。菌肉白色至带淡黄色,稍厚。菌褶弯生,稍密,不等长,边缘锯齿状,淡黄色至柠檬黄色。菌柄圆柱形,长 4.5 ~ 7cm,粗 0.8 ~ 2cm,淡黄色,表面具纤毛状小鳞片,实心,内部松软,基部稍膨大。孢子印白色。担孢子无色,卵圆形至宽椭圆形,6 ~ 7.5μm × 4 ~ 5μm。

夏秋季子实体单生或群生于林中地上,属树木外生菌根菌,与栎、榛、松等形成外生菌根。可食用,为味道鲜美的野生食用菌。具药用价值。子实体提取物对小白鼠肉瘤 180 抑制率为 60%,对艾氏癌的抑制为 70%。

分布:信阳

【鳞盖口蘑】

***Tricholoma imbricatum* (Fr.) P. Kumm.** ,Führ. Pilzk. :133(1871)

Agaricus imbricatus Fr. ,Observ. Mycol. 1:27(1815)

Agaricus vaccinus subsp. *imbricatus*(Fr.) Pers. ,Mycol. Eur. 3:184(1828)

Cortinellus imbricatus(Fr.) Raithelh. ,Metrodiana 1(1):4(1970)

Gyrophila imbricata(Fr.) Quél. ,Enchir. Fung. :12(1886)

子实体伞状。菌盖扁半球形至近平展,宽 5 ~ 8cm,中部稍凸起,浅朽叶色至淡褐色,具平伏的褐色纤毛状鳞片,不黏,边缘初期内卷,具有细纤毛。菌肉白色变红色或有红色斑点,较厚。菌褶弯生,不等长,稍密,较厚,近白色。菌柄圆柱形或近圆柱形,长 5 ~ 9cm,粗 1 ~ 1.5cm,顶部白色,下部渐褐色,基部膨大且再向下渐细。孢子印白色。担孢子宽椭圆形,6.2 ~ 7μm × 3.5 ~ 5μm,表面光滑,无色。

秋季子实体群生于林中地上。为树木的外生菌根菌,与杉、松等树木形成外生菌根。可食用,但味道一般。

分布:信阳。

【棕灰口蘑】

***Tricholoma myomyces*(Pers.) J. E. Lange**, Dansk Bot. Ark. 83:21(1933)

Agaricus myomyces Pers. ,Neues Mag. Bot. 1:100(1794)

Agaricus myomyces subsp. *myomyces* Pers. ,Neues Mag. Bot. 1:100(1794)

Agaricus pullus Batsch, Elench. Fung. :47(1783)

Agaricus terreus Schaeff. ,Fung. Bavar. Palat. 1:tab. 28(1762)

Agaricus terreus var. terreus Schaeff. ,Fung. Bavar. Palat. 1:tab. 28(1762)

Gymnopus myomyces(Pers.) Gray, Nat. Arr. Brit. Pl. 1:608(1821)

Tricholoma bisporigerum J. E. Lange, Dansk Bot. Ark. 8(3):20(1933)

Tricholoma myomyces f. *bisporigerum*(J. E. Lange) Bon, Docums Mycol. 5(18):131(1975)

Tricholoma terreum(Schaeff.) P. Kumm., Führ. Pilzk.:134(1871)

子实体伞状。菌盖半球形至平展,直径2~9cm,中部稍凸起,灰褐色,干燥,具暗灰褐色纤毛状小鳞片,老后边缘开裂。菌肉白色,稍厚,无明显气味。菌褶弯生,不等长,稍密,白色后变灰色。菌柄柱形,长2.5~8cm,粗1~2cm,白色至污白色,表面具细软毛,内部松软至中空,基部稍膨大。孢子印白色。担孢子椭圆形,6.2~8μm×4.7~5μm,表面光滑,无色。

夏秋季子实体群生或散生于松林或混交林中地上。为树木的外生菌根菌,与松、杉、山毛榉等多种树木形成外生菌根。可食用,味道较好。

分布:辉县、信阳。

【锈色口蘑】

***Tricholoma pessundatum*(Fr.) Quél.**, Mém. Soc. Émul. Montbéliard, Sér. 2, 5:77(1872)

Agaricus pessundatus Fr., Syst. Mycol. 1:38(1821)

Gyrophila equestris var. *pessundata*(Fr.) Quél., (1886)

Gyrophila pessundata(Fr.) Quél., Flore Mycologique de la France et des Pays Limitrophes:289(1888)

子实体伞状。菌盖扁半球形至平展,直径4~14cm,表面黏滑,锈褐色至栗褐色,中部色较深。菌肉较厚,白色。菌褶弯生,密,不等长,白色或带土褐色,有锈色小斑点。菌柄圆柱形,长3.5~10cm,粗0.8~2.7cm,有的长可达15cm,上部具颗粒状小点,中部以下有锈褐色纤毛状鳞片,实心至空心,基部稍膨大。孢子印白色。担孢子椭圆形,6~6.6μm×4~4.5μm,表面光滑,无色。

夏秋季子实体群生、近丛生于林中地上。为树木的外生菌根菌,与杉、松等树木形成外生菌根。子实体味略苦,有记载经水煮浸泡后可食用,也有记载有毒,四川曾发生过因食用该菌导致的中毒事件。

分布:信阳。

【粗壮口蘑】

***Tricholoma robustum*(Alb. & Schwein.) Ricken**, Die Blätterpilze:332(1915)

Agaricus robustus Alb. & Schwein., Consp. Fung.:147(1805)

Armillaria robusta(Alb. & Schwein.) Gillet, Les Hyménomycètes ou Description de Tous les Champignons(Fungi) qui Croissent en France:81(1874)

子实体伞状。菌盖幼时半球形,后渐平展,直径5~10cm,表面干燥,褐色至深褐色,有深褐色至茶褐色细鳞片,边缘内卷并往往附丝棉状菌膜。菌肉白色,厚。菌褶初期近直生,后变弯生,稍密,白色。菌柄长3~9cm,粗1~1.5cm,菌环以上白色并有粉末,菌环以下与菌盖颜色相同且有鳞片,内实,基部向下变细,有时弯曲。菌环生菌柄上部,膜质,上面白色,下面与菌盖颜色相同。孢子印白色。担孢子宽椭圆形至卵圆形,5.3~7μm×4~5μm,表面光滑,无色。

秋季子实体单生或群生于林中地上。为树木的外生菌根菌,与松和一些阔叶树形成外生菌根。可食用,味道好。子实体提取物对小白鼠肉瘤180抑制率和艾氏癌的抑制率均为100%。

分布:辉县、信阳。

【土黄拟口蘑】

***Tricholomopsis sasae* Hongo**, J. Jap. Bot. ,35:85(1960)

子实体小伞状。菌盖扁半球形至扁平或平展,直径1~5cm,中央稍凸或稍低,褐土黄色、土黄色至浅土黄色,表面有毛状小鳞片,中部鳞片密。菌肉带黄色,薄。菌褶近弯生,较密,不等长,白色带黄色,边缘白粉末状。菌柄为弯曲的柱形,长2~4cm,粗0.3~0.6cm,较菌盖的颜色浅,空心。担孢子无色,宽椭圆形或近球形,5~6.5μm×4~5.3μm。有褶缘囊状体,囊状体柱形至棒状(图版136)。

夏秋季子实体近丛生于林中腐殖质层及草地上。

分布:信阳、汝阳、栾川。

6.1.1.22　核瑚菌科 Typhulaceae

【仙仗核瑚菌】

***Typhula uncialis*(Grev.)Berthier**, Bull. Mens. Soc. Linn. Lyon 45:83(1976)

Clavaria typhuloides Peck, Ann. Rep. N. Y. St. Mus. Nat. Hist. 30:49(1878)

Clavaria uncialis Grev. ,Scott. Cript. Fl. 2(fasc. 20):pl. 98(1824)

Gliocoryne uncialis(Grev.)Maire, Bull. Soc. Bot. Fr. 55:120(1908)

Pistillaria typhuloides(Peck)Burt, Ann. Mo. Bot. Gdn 9(1):69(1922)

Pistillaria uncialis(Grev.)Costantin & L. M. Dufour, Fl. Champ. Supér. France:177(1921)

Typhula falcata P. Karst. ,Hedwigia 20:178(1881)

子实体小棒状,高3~7mm,初期白色,后期浅黄色至橙色。头部稍膨大,粗1~1.5mm,顶端略尖或钝圆,实心。下部(菌柄)细,圆柱形。菌肉韧,湿时近胶质,干后角质。担孢子椭圆形,6.5~10μm×2.5~3.5μm。

夏秋季子实体散生于林中草本植物的枯死茎秆上。

分布:嵩县。

6.1.1.23　科未确定 Incertae sedis for order

【黄褐花褶伞】

***Panaeolina foenisecii* (Pers.)Maire**, Trab. Mus. Ciènc. Nat. Barcelona, Sèr. Bot. 15(2):109(1933)

Agaricus foenisecii Pers. ,Icon. Desc. Fung. Min. Cognit. 2:42(1800)

Coprinarius foenisecii(Pers.)J. Schröt. ,In:Cohn, Krypt. - Fl. Schlesien 3. 1(33~40):565(1889)

Drosophila foenisecii (Pers.)Quél. ,Enchir. Fung. :117(1886)

Panaeolus foenisecii (Pers.)J. Schröt. ,Le Botaniste 17:187(1926)

Prunulus foenisecii(Pers.)Gray, Nat. Arr. Brit. Pl. 1:631(1821)

Psathyra foenisecii(Pers.)G. Bertrand, Bull. Soc. Mycol. Fr. 17:277(1901)

Psathyrella foenisecii(Pers.)A. H. Sm. ,Mem. N. Y. Bot. Gdn 24:32(1972)

Psilocybe foenisecii (Pers.)Quél. ,Mém. Soc. Émul. Montbéliard, Sér. 2,5:147(1872)

子实体伞状,小型。菌盖钟形或半球形,直径2~3cm,近平滑,黄褐色至暗褐色,有时边缘色较暗。菌肉污白色。菌褶直生,灰白色、黑色,有斑纹。菌柄柱状,细长,长6~8cm,粗0.2~0.3cm,灰黄色或污白黄色,下部颜色渐变暗,近平滑,向下略粗。担孢子椭圆形或近似柠檬形,暗黑色,表面光滑。

秋季子实体散生或群生于林缘或林下草地上。可能有毒。

分布:新安、汝阳、卢氏。

6.1.2　阿太菌目 Atheliales

6.1.2.1　阿太菌科 Atheliaceae

【罗氏阿太菌】

***Athelia rolfsii*(Curzi) C. C. Tu & Kimbr.** ,Bot. Gaz. 139(4):460(1978)

Botryobasidium rolfsii(Curzi) Venkatar. ,Indian Phytopath. 3(1):82(1950)

Corticium centrifugum(Lév.) Bres. ,Annls Mycol. 1(1):96(1903)

Corticium rolfsii Curzi,Boll. R. Staz. Patalog. Veget. Roma 2(11):306(1932)

Fibularhizoctonia centrifuga(Lév.) G. C. Adams & Kropp,Mycologia 88(3):466(1996)

Hypochnus centrifugus(Weinm.) Lév. ,Select. Fung. Carpol. 1:115(1861)

Pellicularia rolfsii(Curzi) E. West,Phytopathology 37:69(1947)

Rhizoctonia centrifuga Lév. ,Annls Sci. Nat. ,Bot. ,Sér. 2,20:225(1843)

Sclerotium rolfsii Sacc. ,Annls Mycol. 9(3):257(1911)

菌丝无色,具隔膜。菌核由菌丝构成,初白色,紧贴于寄主上,老熟后黄褐色,圆形或椭圆形,直径 0.5 ~ 3mm,表面平滑且有光泽,内部灰白色,紧密,细胞呈多角球形,大小 6 ~ 8μm,边缘细胞褐色,较小。有性态不常见,多在高温高湿条件下产生,担子无色,单胞,棍棒状,大小 16μm × 6.6μm。担孢子球形至洋梨形,大小 4.5 ~ 6.7μm × 3.5 ~ 4.5μm,无色。

寄生于苹果、刺槐、黄花菜、梨、牡丹、泡桐、桃、西瓜、芝麻、绿豆等,引起白绢病。主要为害寄主的根和茎部,病部长出白色疏松或线状菌丝体,后期在菌丝体上形成白色至褐色或黑褐色油菜籽状小菌核,小菌核散生或聚生。以菌核或菌丝遗留在土中或病残体上越冬。

分布:河南各地均有分布。

讨论:该菌是多种植物白绢病的病原,无性时期为齐整小核菌 *Sclerotium rolfsii* Sacc. ,有性世代罕见。有性态最早命名为 *Corticium centrifugum*(Lév.) Bers. ,后又改为 *Corticium rolfsii* Curzi,而后又命名为 *Athelia rolfsii*(Curzi) Tu et Kimbrough ,汉语名为罗氏阿太菌,现以 *Athelia rolfsii*(Curzi) Tu et Kimbrough 这个学名为大家公认。

6.1.3　牛肝菌目 Boletales

6.1.3.1　牛肝菌科 Boletaceae

【小条孢牛肝菌】

***Boletellus shichianus*(Teng & L. Ling) Teng**,邓叔群. 中国的真菌:759(1964)

Daedalea shichiana Teng & L. Ling,Contribution from the Biological Laboratory of the Scientific Society of China, Botanical Series 8:99(1932)

子实体伞状,较小。菌盖初期扁半球形,逐渐平展,直径 1.5 ~ 2.5cm,表面干,有小鳞片,深肉桂色至浅茶褐色。菌肉薄,色淡。菌柄柱形,平滑或有丝状条纹,上部同菌盖色,下部黄色,长 4 ~ 6cm,粗 3 ~ 5cm,内部松软。孢子印褐色。担孢子椭圆形至近球形,8 ~ 12μm × 7 ~ 8.5μm,黄色,表面有细疣,内含 1 ~ 2 个油球。

子实体生于林中地上。有记载可食用。

分布:信阳。

【铜色牛肝菌】

***Boletus aereus* Bull.**, Herb. Fr. 9: tab. 385(1789)

Boletus edulis f. *aereus*(Bull.) Vassilkov, Outline of a Geographical Invesitigation of the Cap-fungi in the USSR: 32(1955)

Tubiporus edulis subsp. *aereus*(Bull.) Maire, Mém. Soc. Sci. Nat. Maroc. 45: 87(1937)

子实体伞状,中等至较大。菌盖半球形至扁半球形,直径3～12cm,表面灰褐色至深栗褐色或煤烟色,具微细绒毛或光滑,不黏。菌肉近白色,较厚,受伤处有时带红色或淡黄色。菌管白色至带粉红色,近直生至近离生。管口圆形,直径0.5～1mm,灰白色,长4～8mm。菌柄圆柱形,一般上部较细,有时中下部膨大,或上下等粗,长4～9cm,粗1.5～5cm,近似菌盖色或上部色浅,表面有深褐色粗糙网纹,实心。担孢子长椭圆形、近梭形,表面光滑。有管侧囊状体,囊状体近纺锤形。

夏秋季子实体生于栎等林中地上。为树木的外生菌根菌。可食用,味道好。

分布:信阳、栾川、内乡。

【栗色牛肝菌】

***Boletus badius*(Fr.) Fr.**, Trans. Am. Phil. Soc. 2(4): 155(1832)

Boletus castaneus β badius Fr., Observ. Mycol. 2: 247(1818)

Ixocomus badius(Fr.) Quél., Fl. Mycol. France: 412(1888)

子实体伞状。菌盖初期扁半球形,后期近平展,直径6～18cm,褐色,受伤后变蓝色,中部色深呈酱色或茶褐色,湿时黏,表面具细绒毛。菌肉白色至黄白色。菌柄圆柱形,长4～8cm,粗1～2.5cm,稍弯曲,淡黄褐色,上部色浅。菌管凹生,多角形,每毫米1～2个管孔,黄色后变黄绿色。担孢子长椭圆形,11～15μm×4～5.5μm,含一油滴,表面光滑,青褐色。有稀少的管侧囊状体。

夏秋季子实体群生、近丛生或单生于林地上。为树木的外生菌根菌,与杉、松、栗、栎等树木形成外生菌根。有人反映可食用,但也有人反映食后引起腹泻。还有人说将剥去菌管层或晒干后的子实体可食用。

分布:信阳、嵩县、栾川。

【褐盖牛肝菌】

***Boletus brunneissimus* W. F. Chiu**, Mycologia 40(2): 228(1948)

子实体伞状,中等大小。菌盖半球形或扁半球形,直径3～10cm,表面有小绒毛,不黏,茶褐色或土褐色,干时色较淡,有时表皮龟裂。菌管延生或离生,黄色,渐变为棕色,长约1cm,管孔微小,每厘米15～20个管孔,初期暗肝褐色,渐成为褐色,最后为土橙色或土黄色。菌肉黄色,较厚,伤处变蓝色。菌柄近柱形,长4～9cm,粗1～2.5cm,有的向下渐细,浅肉桂色,后期呈甘草黄色,上部有密集分布的深褐色小粒及纤维状物,但顶部光滑,基部粉红色,伤处变蓝色。担孢子椭圆形,9～12μm×4～5μm,多为11μm×5μm,浅橄榄色。

夏秋季子实体生于混交林中地上。为树木的外生菌根菌。可食用。

分布:信阳、栾川、内乡。

【丽柄牛肝菌】

***Boletus calopus* Pers.**, Syn. Meth. Fung. 2: 513(1801)

Boletus lapidum J. F. Gmel. ,Systema Naturae,Edn 13,2(2):1434(1792)
Boletus olivaceus Schaeff. ,Fung. Bavar. Palat. 4:77(1774)
Boletus pachypus var. *olivaceus*(Schaeff.)Pers. ,Mycol. Eur. 2:130(1825)
Boletus subtomentosus subsp. *calopus*(Pers.)Pers. ,Mycol. Eur. 2:139(1825)

子实体伞状,中等大小。菌盖扁半球形至近平展,直径4~8.5cm,土褐色,表面具龟裂状鳞片,受伤处变蓝色。菌肉浅黄色,味苦。菌管层淡黄色,靠近菌柄处凹陷,管口小,每毫米3~4个。菌柄较粗壮,长4.5~10cm,粗1.2~2.6cm,实心,表面玫瑰红色并具十分清晰、美观的网纹,故名丽柄牛肝菌。担孢子椭圆形,12.7~16.4μm×5.5~5.8μm,表面光滑,浅褐色。有管缘囊状体,囊状体近梭形。

夏秋季子实体生于林中地上。为树木的外生菌根菌。据报道有毒。

分布:卢氏、陕县。

【红牛肝菌】

***Boletus chrysenteron* Bull.** ,Histoire des Champignons:328(1791)
Boletus communis Bull. ,Herb. Fr. 9:tab. 393(1789)
Ceriomyces communis(Bull.)Murrill,Mycologia 1(4):155(1909)
Versipellis chrysenteron(Bull.)Quél. ,Enchir. Fung. :157(1886)
Xerocomellus chrysenteron(Bull.)Šutara,Czech Mycol. 60(1):49(2008)
Xerocomus chrysenteron(Bull.)Quél. ,Fl. Mycol. France:418(1888)
Xerocomus communis(Bull.)Bon,Docums Mycol. 14(56):16(1985)

子实体伞状。菌盖半球形,有时中部下凹,直径3.5~9cm,暗红色或红褐色,后呈污褐色或土黄色,干燥,表面被绒毛,常有细小龟裂。菌肉黄白色,受伤后变蓝色。菌管直生或近柄处凹陷。管口角形,宽1~2mm,管面不整齐。菌柄圆柱形,长2~5cm,粗0.8~1.5cm,上下略等粗或基部稍粗,上部带黄色,其他部分有红色小点或条纹,无网纹,内实。有管侧囊状体,囊状体近纺锤形,38~42μm×6~10μm,顶端圆钝或稍尖,无色。孢子印橄榄褐色。担孢子椭圆形或纺锤形,10.4~14.3μm×5~5.5μm,表面平滑,带淡黄褐色。

夏秋季子实体散生或群生于林中地上。为树木的外生菌根菌,与栗、山杨、柳、榛、栎等形成外生菌根。可食用。

分布:嵩县、栾川、林州、辉县、内乡、商城、新县、南召、信阳、嵩县、栾川。

【美味牛肝菌】

***Boletus edulis* Bull.** ,Herb. Fr. 2:tab. 60(1782)
*Boletus edulis*f. *arcticus* Vassilkov,Bekyi Grib:16(1966)
Boletus edulis f. *laevipes*(Massee)Vassilkov,Bekyi Grib:13(1966)
Boletus edulis subsp. *trisporus* Watling,Notes R. Bot. Gdn Edinb. 33(2):326(1974)
Boletus edulis var. *arcticus* (Vassilkov)Hlaváček,Mykologický Sborník 71(1):9(1994)
Boletus edulis var. *laevipes* Massee,Brit. Fung. -Fl. 1:284(1892)
Boletus solidus Sowerby,Col. Fig. Engl. Fung. Mushr. 3:pl. 419(1809)
Leccinum edule(Bull.)Gray,Nat. Arr. Brit. Pl. 1:647(1821)

子实体伞状,中等至较大。菌盖扁半球形或稍平展,直径4~15cm,黄褐色、土褐色或赤褐色,表面光滑,不黏,边缘钝。菌肉白色,厚,受伤不变色。菌管初期白色,后呈淡黄色,直生或近弯生,或在柄之周围凹陷。管口圆形,每毫米 2 ~ 3 个。柄长 5 ~ 12cm,粗 2 ~ 3cm,近圆柱形或基部稍膨大,淡褐色或淡黄褐色,内实,表面全部有网纹或网纹占柄长的三分之二。孢子印橄榄褐色。担孢子近纺锤形或长椭圆形,10 ~ 15.2μm × 4.5 ~ 5.7μm,表面平滑,淡黄色。有管侧囊状体,囊状体无色,棒状,34 ~ 38μm × 13 ~ 14μm,顶端圆钝或稍尖。

夏秋季子实体单生或散生于林中地上。为树木的外生菌根菌,与多种树木形成外生菌根。可食用,为优良的野生食菌,其菌肉厚而细软,味道鲜美,故名美味牛肝菌。具药用价值。子实体的水提取物对小白鼠肉瘤 180 的抑制率为 100%,对艾氏癌的抑制率为 90%。

分布:卢氏、南召、嵩县、新县、信阳、栾川、内乡。

【锈褐牛肝菌】

Boletus ferrugineus **Schaeff.**, Fung. Bavar. Palat. 1:85, tab. 4(1762)

Boletus citrinovirens Watling, Notes R. Bot. Gdn Edinb. 29(2):266(1969)

Xerocomus ferrugineus(Boud.) Bon, Boletus Dill. ex L.:282(1985)

Xerocomus spadiceus(Fr.) Quél., Fl. Mycol. France:417(1888)

Xerocomus spadiceus(Schaeff.) Konrad & Maubl., Les Agaricales II(Encyl. Mycol. 21):121(1952)

Xerocomus subtomentosus var. *ferrugineus*(Schaeff.) Krieglst., Beitr. Kenntn. Pilze Mitteleur. 7:77(1991)

子实体伞状。菌盖半球形至扁平,直径 8 ~ 19cm,土红色或砖红色,表面被绒毛,有时龟裂。菌肉厚达 2cm,淡白色或黄白色,受伤后变蓝色。菌管直生至延生,初期淡黄色,后期暗黄色,受伤后变蓝色。管口角形,宽 0.5 ~ 2mm,复式。菌柄圆柱形,长 6 ~ 11cm,粗 2.5 ~ 5.5cm,上下略等粗或基部稍膨大,深玫瑰红色或暗紫红色,顶端有网纹,下部被绒毛,内实。有管侧囊状体,囊状体纺锤形或长颈瓶状,35 ~ 55μm × 10 ~ 14μm,无色。孢子印橄榄褐色。担孢子长椭圆形或近纺锤形,10.4 ~ 13μm × 3.9 ~ 5.2μm,带绿褐色。

夏秋季子实体单生或群生于林中地上,为树木的外生菌根菌。可食用。

分布:辉县、嵩县、栾川。

【黄褐牛肝菌】

Boletus impolitus **Fr.**, Epicr. Syst. Mycol.:421(1838)

Boletus suspectus Krombh., Naturgetr. Abbild. Beschr. Schwämme 5:tab. 7(1836)

Hemileccinum impolitum(Fr.) Šutara, Czech Mycol. 60(1):55(2008)

Leccinum impolitum(Fr.) Bertault, Bull. Trimest. Soc. Mycol. Fr. 96(3):287(1980)

Tubiporus impolitus(Fr.) P. Karst., Bidr. Känn. Finl. Nat. Folk 37:6(1882)

Xerocomus impolitus(Fr.) Quél., Flore Mycologique de la France et des Pays Limitrophes:418(1888)

子实体伞状,中等至较大。菌盖初期半球形,后近扁平,直径 5 ~ 13cm,淡黄褐色、黄褐色或橙褐色,边缘内卷。菌肉污白色,表皮下淡黄色,伤不变色。菌管淡黄色到黄色,离生或几乎离生。管口鲜黄色,近圆形,每毫米 2 ~ 3 个。菌柄长 4 ~ 13cm,粗 1.8 ~ 2.5cm,上下略等粗或下部稍膨大,内实,淡黄白色,表面无网纹。孢子印淡橄榄褐色。担孢子近椭圆形或近纺锤形,10.4 ~ 13.3μm × 4.5 ~ 5.5μm,带淡黄色或带淡黄绿色。有管侧囊状体,囊状体瓶状或近纺锤形,35 ~ 60μm × 8 ~ 10μm,顶端狭细,无色。

夏秋季子实体散生或丛生于杂木林中地上。为树木的外生菌根菌,与马尾松、柞树等形成外生菌根。可食用。

分布:信阳、栾川、内乡。

【红网牛肝菌】

***Boletus luridus* Schaeff.** ,Fung. Bavar. Palat. 4:78(1774)

Leccinum luridum(Schaeff.)Gray,Nat. Arr. Brit. Pl. 1:648(1821)

Suillellus luridus(Schaeff.)Murrill,Mycologia 1(1):17(1909)

子实体伞状,因菌柄具红色网纹,故名红网牛肝菌。菌盖扁半球形,直径6~17cm,浅土褐色或浅茶褐色,表面干燥,具平伏的细绒毛,常龟裂成小斑块。菌肉与菌管接触面带红色。菌管离生,黄色,受伤处变蓝色,管口圆形至角形,橘红色。菌柄粗壮,圆柱形,长可达10cm以上,粗1.3~2.2cm,肉质,上部橘黄色至紫红色,下部紫红褐色,基部色更深。有管侧囊状体,囊状体近梭形或近柱形,35~60μm×5~9μm,近无色。孢子印青褐色。担孢子椭圆形,11~14μm×5~6μm,表面光滑,淡黄色。

夏秋季子实体群生或散生于阔叶林或混交林中地上。为树木的外生菌根菌,与松、桦、鹅耳枥、山毛榉、栎等树木形成外生菌根。据报道有毒,中毒后主要出现神经系统及胃肠道病症。

分布:嵩县、内乡、济源、辉县。

【大台原牛肝菌】

***Boletus odaiensis* Hongo**,Memoirs of Shiga University 23:39(1973)

子实体伞状。菌盖直径7~10cm,带红褐色至黄褐色。菌肉黄色,损伤时稍变蓝色。菌管初期淡黄色,后期橄榄褐色,伤时变蓝色。菌柄近柱形或向上渐细,6~10 cm×1.5~3.8cm,上部带红色,下部带黄色,表面有不明显的红色网纹(图版137)。

夏秋季子实体散生于针叶林或针阔混交林中地上。为树木的外生菌根菌。

分布:卢氏、陕县。

【泽生牛肝菌】

***Boletus paluster* Peck**,Ann. Rep. Reg. St. N. Y. 23:132(1872)

Boletinellus paluster(Peck)Murrill,Mycologia 1(1):8(1909)

Boletinus paluster(Peck)Peck,Rep. (Ann.)N. Y. St. Mus. Nat. Hist. 42:78(1889)

Fuscoboletinus paluster(Peck)Pomerl. & A. H. Sm. ,Mycologia 56:708(1964)

Suillus paluster(Peck)Kretzer & T. D. Bruns,In:Kretzer,Li,Szaro & Bruns,Mycologia 88(5):784(1996)

子实体伞状。菌盖直径2~7cm,凸出形,后平展,表面有纤毛状至绵毛状的小鳞片,淡紫红色、淡紫褐色、玫瑰红色或紫红色,盖缘有菌幕与菌柄上端相连。菌肉乳黄色,近柄处微红色。菌管短,黄色,近迷路状排列,管孔黄色至污褐色,大型,孔径1~2mm,多角形。菌柄细柱形,4~5cm×0.4~0.7cm,上端黄色,表面具网纹,下部具绒毛或小鳞片,在近菌环处有红点连成的线状纹。担孢子长椭圆形,6~8μm×3~4μm,表面有近透明的鞘膜(图版136)。

夏末至秋末子实体散生于针叶林中地上。为暗针叶林和松属树木的外生菌根菌。可食用。

分布:汝阳、信阳。

讨论:国内文献中,多以*Boletinus paluster*(Peck)Peck作为该菌的学名,而把*Boletus paluster* Peck作为异名。

【粉被牛肝菌】

***Boletus pulverulentus* Opat.** ,Vergl. Morph. Biol. Pilze 2:27(1836)

Tubiporus pulverulentus(Opat.)S. Imai,Trans. Mycol. Soc. Japan 8(3):113(1968)

Xerocomus pulverulentus(Opat.)E. -J. Gilbert,Skrifter Udgivet af Videskabsselskabet i Christiania:116(1931)

子实体伞状。菌盖初期半球形,后近平展,直径 4 ~ 10cm,表面干燥,具绒毛或被粉质物,后期光滑,暗赭色、肉桂褐色或黑褐色。菌肉海绵质,黄色,伤后变绿。菌管贴生,近下延,长 6 ~ 10mm,黄色;孔径约 1mm。菌柄为上下等粗的圆柱形,4 ~ 8cm × 1 ~ 3cm,实心,上端呈黄色或橘黄色,较明亮,向下渐转成污红色,有不具明显网纹,基部深褐色。担孢子腹鼓状,11 ~ 14μm × 4.5 ~ 6μm。子实层中有囊状体,囊状体纺锤形,32 ~ 46μm × 8 ~ 16μm(图版 138)。

夏秋季子实体生于潮湿的针阔混交林中地上,可食用。

分布:汝阳、栾川、信阳、嵩县。

【紫红牛肝菌】

***Boletus purpureus* Fr.** ,Boleti,Fungorum Generis,Illustratio:11(1835)

子实体伞状,中等至较大,受伤处变蓝色。菌盖半球形至扁半球形,直径 6 ~ 15cm,紫红色或小豆色,有时褪为浅茶褐色,表面不黏,具平伏绒毛,常裂成小斑块。菌肉厚,浅黄色。菌柄近圆柱形,长 5 ~ 10cm,粗 1 ~ 4cm,黄色或部分呈紫红色,上部有紫红色网纹,基部膨大,内实。菌管黄色,凹生至近离生,管口直径 0.5 ~ 1mm,红色,后渐变为污黄色或黄绿色。担孢子近梭形至长椭圆形,9 ~ 12μm × 4 ~ 5μm,表面光滑,淡黄色。有管侧囊状体,囊状体梭形,35 ~ 60μm × 10 ~ 12μm。

夏秋季子实体生于阔叶林中地上。为树木的外生菌根菌,与栎、栗等形成外生菌根。据报道有毒。

分布:卢氏、嵩县、栾川、内乡。

【削脚牛肝菌】

***Boletus queletii* Schulzer**,Hedwigia 24:143(1885)

Boletus queletii var. *lateritius*(Bres. & Schulzer)E. -J. Gilbert,Skrifter Udgivet af Videskabsselskabet i Christiania:118(1931)

Boletus queletii var. *rubicundus* Maire,Bull. Soc. Mycol. Fr. 26:195(1910)

Tubiporus queletii (Schulzer)Imler ex S. Ahmad,Biologia,Lahore 8(2):125(1962)

子实体伞状,大型。菌盖初期扁半球形至扁平,后平展,直径 11 ~ 19cm,污黄色或黄褐色,后呈褐色,表面有绒毛。菌肉带黄色,受伤处变蓝色。菌管黄色或黄绿色,直生或近延生,在菌柄周围凹陷。管口每毫米 1 ~ 2 个。菌柄长 5.5 ~ 8cm,粗 2 ~ 2.2cm,向下渐细,内实,上部黄色,下部带紫红色,受伤处变蓝色。孢子印橄榄褐色。担孢子椭圆形或近纺锤形,10.4 ~ 12μm × 5 ~ 6μm,表面平滑,微带黄褐色。有管侧囊状体,囊状体棒状,30 ~ 60μm × 7 ~ 13μm,无色、淡黄色至淡褐色,顶端有时稍尖。

夏秋季子实体群生或丛生于林中地上。为树木的外生菌根菌,与桦、杨等树木形成外生菌根。可食用。

分布:辉县、林州、卢氏、栾川、内乡。

【朱红牛肝菌】

Boletus rubellus **Krombh.** ,Naturgetr. Abbild. Beschr. Schwämme 5:4(1836)

Boletus sanguineus With. ,Bot. Arr. Brit. Pl. ,Edn 2,4:414(1792)

Boletus versicolor Rostk. ,In:Sturm,Deutschl. Fl. ,3 Abt. 5:55(1844)

Leucobolites rubellus(Krombh.)Beck,Z. Pilzk. 2:142(1923)

Suillus rubellus(Krombh.)Henn. ,In:Engler & Prantl,Nat. Pflanzenfam. ,Teil. I:190(1898)

Tubiporus rubellus(Krombh.)S. Imai,Trans. Mycol. Soc. Japan 8(3):113(1968)

Xerocomellus rubellus(Krombh.)Šutara,Czech Mycol. 60(1):50(2008)

Xerocomus rubellus(Krombh.)Quél. ,Compt. Rend. Assoc. Franç. Avancem. Sci. 24(2):620(1896)

子实体伞状,中等大小。菌盖扁半球形至稍平展,直径4~10cm,血红色至紫红褐色,表面有细绒毛,有时龟裂,初期边缘内卷。菌肉白色至带黄色,靠近表皮下带红色,伤处变蓝绿色。菌管直生或稍延生,黄色,老后变暗,伤处变蓝绿色,管口角形或近圆形,直径0.5~1mm。菌柄近柱形,长3~6cm,粗0.6~1.6cm,黄色,下部红褐色,基部稍膨大,黑褐色,顶部有网纹,内实。孢子印黄褐色。担孢子长椭圆形,10.5~13μm×4~4.5μm,表面平滑,淡黄色。有管侧囊状体,囊状体梭形,30~55μm×7~9.5μm。

夏秋季子实体群生于阔叶林或混交林地上。为树木的外生菌根菌,与云杉、松、栎等树木形成外生菌根。可食用。子实体提取物对小白鼠肉瘤和艾氏癌的抑制率均为80%。

分布:信阳、内乡。

【细绒牛肝菌】

Boletus subtomentosus **L.** ,Sp. Pl. 2:1178(1753)

Boletus lanatus Rostk. ,In:Sturm,Deutschl. Fl. ,3 Abt. 5:77(1844)

Boletus leguei Boud. ,Bull. Soc. Mycol. Fr. 10(1):62(1894)

Boletus striipes Fr. ,Hymenomyc. Eur. :502(1874)

Boletus subtomentosus f. *leguei* (Boud.) Vassilkov, In: Novin (Ed.), Ecologiya i Biologiya Rastenii Vo. vtochnoevropeskot Lesotundry Pt. 1:57(1970)

Boletus subtomentosus var. *lanatus*(Rostk.)Smotl. ,Sitzungsber. Königl. Böhm. Ges. Wiss. ,1911:38(1912)

Boletus subtomentosus var. *marginalis* Boud. ,Icon. Mycol. 2:pl. 72(1907)

Boletus xanthus(E. -J. Gilbert)Merlo,I Nostri Funghi,I Boleti,Edn 2:50(1980)

Ceriomyces subtomentosus(L.)Murrill,Mycologia 1(4):153(1909)

Leccinum subtomentosum(L.)Gray,Nat. Arr. Brit. Pl. 1:647(1821)

Rostkovites subtomentosus (L.)P. Karst. ,Revue Mycol. ,Toulouse 3(9):16(1881)

Versipellis subtomentosus(L.)Quél. ,Enchir. Fung. :158(1886)

Xerocomopsis subtomentosus(L.)Reichert,Palest. J. Bot. ,Rehovot Ser. 3:229(1940)

Xerocomus ferrugineus var. *leguei* (Boud.)Bon,Docums Mycol. 24(93):50(1994)

Xerocomus lanatus (Rostk.)Singer,Farlowia 2:296(1946)

Xerocomus leguei(Boud.)Montegut ex Bon,Docums Mycol. 14(56):16(1985)

Xerocomus subtomentosus(L.)Quél. ,Fl. Mycol. France:418(1888)

Xerocomus subtomentosus f. *xanthus* E. -J. Gilbert,Bull. Trimest. Soc. Mycol. Fr. 47:142(1931)

Xerocomus subtomentosus var. *leguei* (Boud.)Maire,Fungi Catalaunici:Contributions à l'étude de la Flore Mycologique de la Catalogne:41(1933)

Xerocomus xanthus(E. -J. Gilbert)Curreli,Riv. Micol. 32(1~2):31(1989)

子实体伞状。菌盖扁半球形至近扁平,直径4.2~10.5cm,黄褐色、土黄色或深土褐色,老后呈猪肝色,干燥,表面被绒毛,有时龟裂。菌肉淡白色至带黄色,受伤后不变色。菌管直生或在近柄处稍凹陷,有时近延生,黄绿色或淡硫黄色。管口角形,宽1~3mm。菌柄圆柱形,长5~8cm,粗1~1.2cm,上下略等粗或向基部渐粗,表面一般无网纹,但顶部有时有不明显的网纹或由菌管下延而成的棱纹,内实,淡黄色或淡黄褐色。有管缘囊状体,囊状体纺锤形或棒形,35~67μm×10~18μm,无色。孢子印黄褐色。担孢子椭圆形或近纺锤形,11~14μm×4.5~5.2μm,表面平滑,带淡黄褐色。

夏秋季子实体散生于阔叶林或杂木林中地上。为树木的外生菌根菌,与松、栗、榛、山毛榉、栎、杨、柳、杉、椴等形成外生菌根。可食用。

分布:信阳、商城、新县、栾川、嵩县、栾川。

【黄皮疣柄牛肝菌】

Leccinellum crocipodium (**Letell.**) **Bresinsky & Manfr. Binder**, In: Bresinsky & Besl, Regensb. Mykol. Schr. 11:233(2003)

Boletus crocipodius Letell., Hist. Champ. France: tab. 666(1838)

Boletus nigrescens Richon & Roze, Fl. champ. Com. Ven.:191(1888)

Boletus tessellatus Gillet, Les Hyménomycètes ou Description de Tous les Champignons(Fungi) qui Croissent en France:636(1874)

Krombholzia crocipodia(Letell.) E.-J. Gilbert, Bolets:177(1931)

Krombholziella crocipodia(Letell.) Maire, Publ. Inst. Bot. Barcelona 3(4):47(1937)

Krombholziella nigrescens(Richon & Roze) Šutara, Českú Mykol. 36(2):81(1982)

Leccinellum nigrescens(Richon & Roze) Bresinsky & Manfr. Binder, Regensb. Mykol. Schr. 11:232(2003)

Leccinum crocipodium(Letell.) Watling, Trans. & Proc. Bot. Soc. Edinb. 39(2):200(1961)

Leccinum nigrescens(Richon & Roze) Singer, Am. Midl. Nat. 37:116(1947)

Trachypus crocipodius(Letell.) Romagn., Revue Mycol., Paris 4:141(1939)

子实体伞状。菌盖扁半球形,直径4~7.5cm,初期中部凸起,后期微平展,幼时边缘微内卷,表面无黏液,但有脂状感,土黄色、橘黄色、褐黄色,后期多具龟裂状花纹。菌肉淡黄色、乳黄色,伤后变成酒红色,近柄处变色明显,遇 $FeSO_4$ 液变绿色,遇 KOH 液呈橘褐色。菌管长约10mm,管口直径1.2~2mm,淡黄褐色,橄榄褐色,干后呈黄色。菌柄长5~7cm,粗2~4.5cm,上端有较浓的金黄色或暗红色小粒点,少数柄基具易脱落的麸皮状鳞片。具管侧囊状体和管缘囊状体,管侧囊状体长纺锤形,38~60μm×9~15μm,透明;管缘囊状体腹鼓状、棒状,18~36μm×6~12μm。孢子印蜜黄色。担孢子纺锤状,14~20μm×6~9μm,表面光滑,遇 KOH 液呈褐黄色,遇梅氏(Melzer)液呈锈褐色。担子短棍棒形,20~27μm×9~12μm。

夏秋季子实体生于阔叶林下地上。可食用。

分布:信阳。

【裂皮疣柄牛肝菌】

Leccinum extremiorientale(**Lar. N. Vassiljeva**) **Singer**, 见:卯晓岚,中国大型真菌:336(2000)

Krombholzia extremiorientalis Lj. N. Vassiljeva, In: Not. Syst. Crypt. Inst. Acod. Sci. URSS, 6:101(1950)

子实体伞状。菌盖幼时近球盖形,盖缘紧贴菌柄,后扁半球形至垫状,直径4.5~22cm,杏黄色、土黄色、棕黄色,肉质,被绒毛,气候干燥时表皮易龟裂,特别是盖缘部分龟裂更为显著。

菌肉初期致密,老后松软,白色,但在菌管上方呈黄色。菌管橙黄色,老后橄榄黄色,于菌柄周围凹陷;管孔与菌管同色,每毫米 3 ~4 个。菌柄杏黄色、褐黄色或深褐色,圆柱形,7 ~14cm × 1. 3 ~3. 5cm,表面有赭色小鳞片。担孢子稍带黄褐色,近梭形至长椭圆形, 10. 5 ~14. 5μm × 3. 6 ~10(图版 139)。

夏秋季子实体单生或群生于阔叶林、混交林中地上,可食用。

分布:信阳。

【皱盖疣柄牛肝菌】

***Leccinum rugosiceps*(Peck) Singer**, Mycologia 37(6):799(1945)

Boletus rugosiceps Peck, Bull. N. Y. St. Mus. 94:20(1904)

子实体伞状。菌盖扁半球形,有的初期中央凸起,后平展,直径 5. 5 ~14cm,大的直径可达 20cm,杏黄色,赭土褐色或土黄色,表面被绒毛,多皱,易龟裂并裂成淡褐色的鳞片。菌肉白色至淡黄色,有香味。菌管弯生,在柄周围凹陷,有时近离生,金黄色或淡黄绿色。管口近圆形,每毫米 3 ~4 个。菌柄近圆柱形,长 7 ~14cm,粗 2 ~3cm,杏黄色、金黄色或褐黄色,表面有颗粒状小点或小鳞片,基部稍膨大。具管侧囊状体,囊状体近纺锤形或棒状,26 ~43μm ×4 ~9μm,无色。孢子印橄榄褐色。担孢子长圆形或椭圆形,15. 5 ~21μm ×5 ~5. 5μm,微带黄褐色。

夏秋季子实体单生或群生于木林中地上。为树木的外生菌根菌。可食用。

分布:卢氏、内乡。

【褐疣柄牛肝菌】

***Leccinum scabrum*(Bull.) Gray**, Nat. Arr. Brit. Pl. 1:646(1821)

Boletus avellaneus J. Blum, Bull. Trimest. Soc. Mycol. Fr. 85(4):560(1970)

Boletus melaneus(Smotl.) Hlaváček, Mykologický Sborník 66(1):7(1989)

Boletus murinaceus J. Blum, Bull. Trimest. Soc. Mycol. Fr. 85(4):560(1970)

Boletus scaber Bull. , Herb. Fr. 3:tab. 132(1783)

Boletus scaber var. *melaneus* Smotl. , C. C. H. 28(1 ~3):70(1951)

Ceriomyces scaber (Bull.) Murrill, Mycologia 1(4):146(1909)

Gyroporus scaber(Bull.) Quél. , Enchir. Fung. :162(1886)

Krombholziella avellanea(J. Blum) Courtec. , Clé de Determination Macroscopique des Champignons Superieurs des Regions du Nord de la France:119(1986)

Krombholziella avellanea(J. Blum) Alessio, Boletus Dill. ex L. :458(1985)

Krombholziella avellanea(J. Blum) Bon, Docums Mycol. 16(62):66(1986)

Krombholziella melanea(Smotl.) Šutara, Česká Mykol. 36(2):81(1982)

Krombholziella mollis Bon[as '*molle*'], Docums Mycol. 14(56):22(1985)

Krombholziella murinacea(J. Blum) Alessio, Boletus Dill. ex L. :458(1985)

Krombholziella murinacea(J. Blum) Bon, Docums Mycol. 16(62):66(1986)

Krombholziella scabra(Bull.) Maire, Fungi Cat. , Series Altera 1937 3(4):46(1937)

Krombholziella subcinnamomea(Pilát & Dermek) Alessio, Boletus Dill. ex L. :458(1985)

Leccinum avellaneum(J. Blum) Bon, Docums Mycol. 9(35):41(1979)

Leccinum melaneum(Smotl.) Pilát & Dermek, Hribovité Huby:145(1974)

Leccinum molle(Bon) Bon, Docums Mycol. 19(75):58(1989)
Leccinum murinaceum(J. Blum) Bon, Docums Mycol. 9(35):41(1979)
Leccinum olivaceosum Lannoy & Estadès, Docums Mycol. 24(94):10(1994)
Leccinum scabrum var. *avellaneum*(J. Blum) J. A. Muñoz, Fungi europ. 2:485(2005)
Leccinum scabrum var. *melaneum*(Smotl.) Dermek, Fungorum Rariorum Icones Coloratae 16:17(1987)
Leccinum scabrum var. *scabrum*(Bull.) Gray, Nat. Arr. Brit. Pl. 1:646(1821)
Leccinum subcinnamomeum Pilát & Dermek, Hribovité Huby:144(1974)

子实体伞状。菌盖扁半球形,直径3~13.5cm,淡灰褐色,红褐色或栗褐色,表面光滑或有短绒毛,湿时稍黏。菌肉白色,伤时不变色或稍变粉黄色。菌管近离生,初期白色,渐变为淡褐色,管口圆形,每毫米1~2个。菌柄近圆柱形,长4~11cm,粗1~3.5cm,向下渐粗,下部淡灰色,表面有纵棱纹及红褐色小疣。孢子印淡褐色或褐色。担孢子长椭圆形或近纺锤形,15~18μm×5~6μm,表面平滑,无色至微带黄褐色。有管侧囊状体和管缘囊状体,囊状体纺锤状或棒状,17~55μm×8.7~10μm,近无色。

夏秋季子实体单生或散生于阔叶林中地上。为树木的外生菌根菌,与桦、榉、杨、柳、椴、榛、松等形成外生菌根。可食用,味鲜美,是优良的野生食用菌。

分布:内乡、嵩县、栾川、商城、新县、信阳。

【亚疣柄牛肝菌】

***Leccinum subglabripes*(Peck) Singer**, Mycologia 37(6):799(1945)

子实体伞状。菌盖初期半球形,后扁平至近平展,直径6~10cm,表面近光滑,湿时黏,芥子黄色或樱草黄色,后期色变得较暗。菌肉淡琥珀黄色,伤处不变色。菌管在菌柄处凹生至离生,颜色与菌盖色同,有的后期呈棕蜜色,管长3~6mm,管口多角形,直径0.5~1mm。菌柄圆柱形,长7~10cm,粗1~2cm,颜色与菌盖色同,表面光滑,受伤处不变色。有管缘囊状体,囊状体近棒状或近梭形。担孢子长椭圆形或近卵圆形,9~12μm×5~6μm,表面光滑,淡棕色。

夏秋季子实体群生、散生于阔叶林中地上。为树木的外生菌根菌。据记载可以食用。

分布:信阳、嵩县、栾川。

【红黄褶孔牛肝菌】

***Phylloporus rhodoxanthus*(Schwein.) Bres.**, Fung. Trident. 2(14):95(1900)

Agaricus rhodoxanthus Schwein., Syn. Fung. Carol. Sup.:83(1822)
Flammula rhodoxanthus(Schwein.) Lloyd, Mycol. Notes 1(3):17(1889)
Xerocomus rhodoxanthus(Schwein.) Bresinsky & Manfr. Binder, In: Bresinsky & Besl, Regensb. Mykol. Schr. 11:233(2003)

子实体伞状。菌盖扁半球形,后平展,中部稍下凹,直径3~11cm,土黄色、褐色或淡栗色,表面被绒毛或后期变光滑。菌肉厚,淡黄色。菌褶延生,较稀,不等长,褶间具横脉,有时形成褶孔,橘黄色。菌柄圆柱形,长3~5cm,粗0.7~1.4cm,上下略等粗或基部稍细,土黄色或橘黄色,上部有脉纹。孢子印淡黄褐色。担孢子椭圆形或近纺锤形,10.4~13μm×4.4~5.2μm,带淡黄色。有褶侧囊状体,囊状体棒状,50~81μm×7~12μm,无色,常有黄色内含物,顶端常较细。

夏秋季子实体群生或散生于林中地上。为树木的外生菌根菌。可食用,味较好。

分布:商城、新县、信阳、嵩县、栾川。

【黄粉牛肝菌】

***Pulveroboletus ravenelii*(Berk. & M. A. Curtis) Murrill**, Mycologia 1(1):9(1909)

子实体伞状,受伤处变蓝色。菌盖近半球形,直径 4 ~6. 5cm,覆有柠檬黄色的粉末,湿时稍黏。菌肉白色至带黄色。菌管层浅黄色至暗褐色,靠近菌柄的周围凹陷。管口多角形,每毫米约 2 个。菌柄近圆柱形,长 6 ~7cm,粗 1 ~1. 5cm,常弯曲,实心,靠近上部有菌环,往往因散落有担孢子而呈青褐色。担孢子带褐色,椭圆形至长椭圆形,8 ~ 14. 5μm ×6 ~6. 2μm。管侧囊状体近纺锤状。

夏秋季子实体单生或群生于林中地上。为树木的外生菌根菌,与松树等形成外生菌根。有毒,误食后主要引起头晕、恶心、呕吐等病症。

分布:嵩县、栾川、内乡、信阳。

【粉网柄牛肝菌】

***Retiboletus retipes*(Berk. & M. A. Curtis) Manfr. Binder & Bresinsky**, Feddes Repert. 113(1 ~ 2):37(2002)

Boletus retipes Berk. & M. A. Curtis, Grevillea 1(3):36(1872)

Ceriomyces retipes(Berk. & M. A. Curtis) Murrill, Mycologia 1(4):151(1909)

Pulveroboletus retipes(Berk. & M. A. Curtis) Singer, Am. Midl. Nat. 37:9(1947)

子实体伞状,较大。菌盖直径 3. 5 ~9. 5cm。菌柄近圆柱形,粗 1 ~2. 3cm,上下略等粗或基部稍细,黄色或柠檬黄色,上部有网纹或全部有网纹,被淡黄色粉末,内实。孢子印淡褐色至褐色。担孢子淡黄色或带褐色,近椭圆形至近纺锤形,10 ~14. 5μm ×4 ~4. 5μm,表面平滑。有管侧囊状体,囊状体近棒状或近纺锤状,26 ~35μm ×8. 7 ~10. 4μm,无色至带黄褐色,顶端多无色。

夏秋季子实体单生或群生于林中地上。为树木的外生菌根菌,与松树等形成外生菌根。可食用。

分布:嵩县、栾川、内乡、卢氏、信阳。

【玉红牛肝菌】

***Rubinoboletus ballouii*(Peck) Heinem. & Rammeloo**, Bull. Jard. Bot. Nat. Belg. 53(1 ~2):295(1983)

Gyrodon ballouii(Peck) Snell, Mycologia 33(4):422(1941)

Tylopilus ballouii (Peck) Singer, Am. Midl. Nat. 37:104(1947)

子实体伞状。菌盖初期半球形至扁半球形,后期近平展,直径一般 4 ~ 10cm,大的可达 15cm,表面近平滑并略有茸毛,土黄色或黄褐红色,湿时黏,边缘波状。菌肉白色,较厚,近表皮下带黄色,伤处微变暗色,有苦味。菌管直生至稍延生,长 4 ~10mm,初期白色,后变浅黄褐色且带粉红色,管口近多角形,直径 0. 5 ~1mm,管缘有齿状裂口,伤处变污褐色。菌柄近圆柱形,中部稍粗或向下渐细,长 2. 5 ~ 12cm,粗 0. 7 ~2. 5cm,表面平滑,浅土黄色或橙黄色,部分带红色,靠上部色浅有网纹,基部色浅至白色,实心。孢子印浅土黄色。担孢子近卵圆形或宽椭圆形,5 ~11μm ×3 ~5μm。管缘囊状体近梭形或纺锤形,40 ~80μm ×7. 5 ~12μm。

夏秋季子实体散生或群生于针阔叶混交林中地上。为树木的外生菌根菌。可食用。

分布:信阳。

【混淆松塔牛肝菌】

***Strobilomyces confusus* Singer**, Farlowia 2:108(1945)

子实体伞状。菌盖扁半球形,老后平展,直径 3 ~ 9.5cm,茶褐色至黑色,表面具小块状鳞片,中部的鳞片较密且直立。菌肉白色,伤后变红色。菌管直生至稍延生,并于柄四周稍凹陷,灰白色至灰色,后变为浅黑色,管长 4 ~ 18mm。管口多角形,孔径 1 ~ 1.5mm。菌柄长 4.2 ~ 7.8cm,粗 1 ~ 2cm,实心,向下渐细,罕等粗,白色,伤时变红色,后变黑灰色,上部有网纹。菌幕薄,脱落后残片残留在菌盖边缘。孢子印黑色。担孢子椭圆形至近球形,10.5 ~ 12.5μm × 9.7 ~ 10.2μm,污褐色,表面具小刺至鸡冠状突起。

夏秋季子实体单生或散生于阔叶林或混交林中地上。为树木的外生菌根菌。可食用。

分布:卢氏、陕县。

【半裸松塔牛肝菌】

***Strobilomyces seminudus* Hongo**, Trans. Mycol. Soc. Japan 23(3):197(1983)

子实体伞状,较小或中等大小。菌盖半球形,后近平展,直径 3 ~ 8cm,表面有厚绒毛,常裂为灰褐色至暗灰褐色鳞片。菌肉灰白色,伤处变红褐色至黑色。菌管层灰白色,伤变色,管口多角形。菌柄圆柱形,多弯曲,长 5 ~ 15cm,粗 0.5 ~ 0.8cm。实心,上部有絮状绒毛且有网纹,下部暗灰色、黑褐色,有粗糙花纹。担孢子近球形,表面有突疣及不完整的网纹(图版 140)。

秋季子实体生于阔叶林中地上,为树木的外生菌根菌。

分布:汝阳、栾川、信阳。

【松塔牛肝菌】

***Strobilomyces strobilaceus*(Scop.)Berk.**, Hooker's J. Bot. Kew Gard. Misc. 3:78(1851)

Boletus cinereus Pers., Syn. Meth. Fung. 2:504(1801)

Boletus floccopus Pers., Observ. Mycol. 1:145(1796)

Boletus strobilaceus Scop., Fl. Carniol., Edn 2, 4(4):148(1772)

Boletus strobiliformis Vill., Hist. Pl. Dauphiné 3:1039(1789)

Strobilomyces floccopus(Vahl)P. Karst., Bidr. Känn. Finl. Nat. Folk 37:16(1882)

Strobilomyces strobiliformis Beck, Z. Pilzk. 2:148(1923)

子实体伞状。菌盖初期半球形,后期平展,直径 2 ~ 15cm,黑褐色至黑色或紫褐色,表面有粗糙、毡毛状、直立、反卷的鳞片。内菌幕脱落后残留在菌盖边缘。菌管直生或稍延生,长 1 ~ 1.5mm,管口多角形,每毫米 0.6 ~ 1 个管孔,污白色或灰色,后渐变褐色或淡黑色。菌柄长 4.5 ~ 13.5cm,粗 0.6 ~ 2cm,与菌盖同色,上下略等粗或基部稍膨大,顶端有网棱,下部有鳞片和绒毛。担孢子淡褐色至暗褐色,近球形或略呈椭圆形,表面有网纹或棱纹(图版 140)。

夏秋季子实体单生或散生于阔叶林或混交林中地上。为树木的外生菌根菌,与栗、松、栎等形成外生菌根。可食用,但有木材气味。

分布:济源、林州、嵩县、栾川、卢氏、内乡、南召、信阳、商城、新县。

【黑盖粉孢牛肝菌】

***Tylopilus alboater*(Schwein.)Murrill**, Mycologia 1(1):16(1909)

Boletus alboater Schwein., Schr. Naturf. Ges. Leipzig 1:95(1822)

子实体伞状。菌盖扁半球形至平展,直径 3.5 ~ 12cm,深灰色、暗青灰色或近黑色,表面具短绒毛。菌肉初期白色,后变淡粉紫色,最后近黑色。菌管直生或稍延生,初期白色,后呈淡紫褐色。管口每毫米1～3个。菌柄近圆柱形,长5.5～11cm,粗1.5～3cm,下部稍膨大而色较深,上部色较浅并具网纹,有的上下都具网纹,灰青色或近黑色,内实。有管侧囊状体和管缘囊状体,管侧囊状体纺锤形,36～50μm×10～16μm;管缘囊状体长颈瓶状,26～47μm×10.4μm。孢子印淡粉褐色。担孢子长圆形、椭圆形或宽椭圆形,7～12μm×3.5～5μm,表面平滑,无色或近无色。

夏秋季子实体单生、群生或丛生于林中地上。是树木的外生菌根菌。可食用,但品质一般。

分布:商城、新县、信阳。

【超群粉孢牛肝菌】

***Tylopilus eximius*(Peck) Singer**, Am. Midl. Nat. 37:109(1947)

Boletus eximius Peck, J. Mycol. 3(5):54(1887)

子实体伞状。菌盖初期半球形后平展,直径2.5～12cm,表面略被绒毛或光滑,不黏或湿时略黏,褐色或带紫色,菌盖边缘下无菌管。菌肉苍白色至粉灰色或带浅紫色。菌管凹生或近离生,暗褐紫色,管孔近圆形,每毫米2～3个,管壁厚,初期管孔被充塞,受伤后不变色,但老后变黑色。菌柄柱形,上下略等粗,长2～10cm,粗1～3cm,紫灰色、紫褐色或深栗褐色,表面有暗紫褐色小颗粒。担子棒状,23～30μm×7～9μm。囊状体散生,近梭形,27～42μm×8～12μm,无色。担孢子长椭圆形或近梭形,11.5～17μm,不等边,有下凹的脐,孢壁较厚,表面光滑,带黄褐色。

夏秋季子实体单生于杉林等林中地上。为树木的外生菌根菌。可食用。

分布:嵩县、栾川、信阳。

【苦粉孢牛肝菌】

***Tylopilus felleus*(Bull.) P. Karst.**, Revue Mycol., Toulouse 3(9):16(1881)

Boletus alutarius Fr., Observ. Mycol. 1:115(1815)

Boletus felleus Bull., Herb. Fr. 8:tab. 379(1788)

Boletus felleus var. *minor* Coker & Beers, The Boletaceae of North Carolina:17(1943)

Tylopilus alutarius(Fr.) Henn., In: Engler & Prantl, Nat. Pflanzenfam., Teil. I 1:190(1898)

Tylopilus felleus var. *alutarius*(Fr.) P. Karst., Hattsvampar 37:2(1882)

Tylopilus felleus var. *felleus*(Bull.) P. Karst., Revue Mycol., Toulouse 3:16(1881)

Tylopilus felleus var. *uliginosus* A. H. Sm. & Thiers, Boletes of Michigan:114(1971)

子实体伞状。菌盖扁半球形,后平展,直径3～15cm,豆沙色、浅褐色、朽叶色或灰紫褐色,幼时具绒毛,老后近光滑。菌肉白色,受伤后变色不明显,味很苦。菌管近凹生。菌柄较粗壮,长3～10cm,粗1.5～2cm,基部略膨大,上部色浅,下部深褐色,有明显或不很明显的网纹,实心。有管缘囊状体,囊状体近梭形或披针形,25～75μm×3.5～5μm,淡黄色。孢子印肉粉色。担孢子长椭圆形或近纺锤形,8.7～11μm×3.8～4.5μm,表面平滑,近无色或带肉色。

夏秋季子实体单生或群生于松林或混交林中地上。为树木的外生菌根菌,与松、栎等形成外生菌根。子实体味很苦,据报道有毒。

分布:嵩县、栾川、内乡、信阳、商城、新县。

【红盖粉孢牛肝菌】

***Tylopilus roseolus*(W. F. Chiu) F. L. Tai**, Syll. Fung. Sinicorum: 758(1979)

Boletus roseolus W. F. Chiu, Mycologia 40(2): 208(1948)

子实体伞状。菌盖半球形至扁半球形,直径 2~3cm,表面被细绒毛,深鲑橙色至淡褐红色,有的色很淡。菌肉稍厚,淡黄色。菌管直生至近凹生,长 3~5mm,肉红色,管口直径小于 1mm。菌柄长 4.5~7cm,粗 5~10cm,上部淡黄色,基部黄色,有时中部至基部带红色,表面有微毛。担孢子椭圆形,9~14μm×5~6μm,表面光滑,淡橄榄色。

夏秋季子实体生于松林等林地上。可能为树木的外生菌根菌。据记载可食用。

分布:信阳。

【绒点绒盖牛肝菌】

***Xerocomus punctilifer* (W. F. Chiu) F. L. Tai**, Syll. Fung. Sinicorum: 814(1979)

Boletus punctilifer W. F. Chiu, Mycologia 40(2): 216(1948)

子实体伞状。菌盖初期近弧形,后期平展,直径 3~8cm,暗黄褐色或肝褐色,以至红褐色至肉桂橙黄色,表面由小绒毛集成的斑块,中央的绒毛浓密,向盖缘渐稀疏。菌管凹生,土黄色,管孔多角形,宽约 1mm,孔口近红黄色,伤后变蓝色。菌柄长 4~7cm,粗 7~10mm,近等粗,中部略膨大,上部粉肉桂色,下部黄色,上部有小绒点,或有不规则的纤丝,表面微粗糙,少数光滑,内实。有管侧囊状体,囊状体纺锤形,25~35μm×8~11μm。孢子印橄榄褐色。担孢子宽纺锤形,7~10μm×4.5~5.5μm,内含油滴。

夏秋季子实体生于针阔混交林地上。为树木的外生菌根菌。可食用。

分布:信阳。

6.1.3.2 复囊菌科 Diplocystidiaceae

【硬皮地星】

***Astraeus hygrometricus*(Pers.) Morgan**, J. Cincinnati Soc. Nat. Hist. 12: 20(1889)

Astraeus hygrometricus f. *hygrometricus*(Pers.) Morgan, J. Cincinnati Soc. Nat. Hist. 12: 20(1889)

Astraeus hygrometricus var. *hygrometricus*(Pers.) Morgan, J. Cincinnati Soc. Nat. Hist. 12: 20(1889)

Geastrum hygrometricum Pers. [as '*Geaster*'], Syn. Meth. Fung. 1: 135(1801)

Geastrum hygrometricum β anglicum Pers., Syn. Meth. Fung. 1: 135(1801)

Geastrum stellatum(Scop.) Wettst. [as '*Geaster stellatus*'], Verh. Zool.-Bot. Ges. Wien(1885)

Geastrum vulgaris Corda [as '*Geaster*'], Icon. Fung. 5: 64(1842)

Lycoperdon stellatus Scop., Fl. Carniol., Edn 2, 2: 489(1772)

子实体幼时球形,成熟时外包被开裂成 6~18 瓣,裂瓣潮湿时外翻,干时内卷。外表面灰色至灰褐色,内侧褐色。内包被薄膜质,扁球形,直径 2~2.8cm,灰色至褐色。

夏秋季子实体生于林内砂土地上。孢体有止血功效,可将担孢子粉敷于伤口处,治外伤出血。因外包被开裂成的裂瓣随空气湿度大小外翻或内卷,可以指示空气湿度状况,有"森林干湿计"之称。

分布:信阳。

6.1.3.3　铆钉菇科 Gomphidiaceae

【血红铆钉菇】

***Gomphidius viscidus* (L.) Fr.**, Epicr. Syst. Mycol.: 319(1838)

Agaricus viscidus L., Sp. Pl. 2: 1173(1753)

Agaricus viscidus var. *viscidus* L., Sp. Pl. 2: 1173(1753)

Cortinarius viscidus(L.) Gray[as '*Cortinaria viscida*'], Nat. Arr. Brit. Pl. 1: 629(1821)

Gomphus viscidus(L.) P. Kumm., Führ. Pilzk.: 93(1871)

子实体伞状、铆钉状。菌盖初期钟形或近圆锥形，后平展中部凸起，直径3～8cm，浅棠梨色至咖啡褐色，表面光滑，湿时黏，干时有光泽。菌肉带红色，干后淡紫红色，近菌柄处带黄色。菌褶延生，不等长，稀，初期青黄色，后变至紫褐色。菌柄长6～10cm，粗1.5～2.5cm，圆柱形且向下渐细，稍黏，与菌盖颜色相近，基部带黄色，实心。菌环生菌柄的上部，易消失。孢子印绿褐色。担孢子近纺锤形18～22μm×6～7.5μm，表面光滑，青褐色。有褶缘囊状体和褶侧囊状体，囊状体近圆柱形，100～135μm×12～15μm，无色。

夏秋季子实体单生或群生于松林地上。是针叶树木的外生菌根菌。可食用，味道较好，是重要的野生食菌。具药用价值，可用于治疗神经性皮炎。

分布：栾川、内乡、信阳。

6.1.3.4　圆孢牛肝菌科 Gyroporaceae

【褐圆孢牛肝菌】

***Gyroporus castaneus*(Bull.) Quél.**, Enchir. Fung.: 161(1886)

Boletus castaneus Bull., Herb. Fr. 7: tab. 328(1788)

Boletus cyanescens var. *fulvidus* (Fr.) Fr., Syst. Mycol. 1: 395(1821)

Boletus fulvidus Fr., Observ. Mycol. 2: 247(1818)

Leucobolites castaneus(Bull.) Beck, Z. Pilzk. 2: 142(1923)

Leucobolites fulvidus(Fr.) Beck, Z. Pilzk. 2: 142(1923)

Suillus castaneus (Bull.) P. Karst., Bidr. Känn. Finl. Nat. Folk 37: 1(1882)

Suillus fulvidus(Fr.) Henn., In: Engler & Prantl, Nat. Pflanzenfam., Teil. I: 190(1898)

子实体伞状。菌盖扁半球形，后渐平展至下凹，直径2～8cm，干，表面有细微的绒毛，淡红褐色至深咖啡色。菌肉白色，伤不变色。菌管离生或近离生，白色，后变淡黄色。管口每毫米1～2个。菌柄近柱形，长2～8cm，粗0.5～2cm，与菌盖同色，表面有微绒毛，上下略等粗，中空。孢子印淡黄色。担孢子椭圆形或广椭圆形，7～13μm×5～6μm，表面平滑，近无色。囊状体棒形或近纺锤形，25～35μm×7～8μm，顶端略圆钝或有长细颈，无色。

夏秋季子实体单生、散生至群生于栎林或针阔混交林中地上，为树木的外生菌根菌。调查中有人说可食用，也有人说有毒，国外也有有毒的记载。子实体提取物对小白鼠瘤180的抑制率为80%，对艾氏癌的抑制率为70%。

分布：嵩县、栾川、内乡、信阳、商城、新县。

【蓝圆孢牛肝菌】

***Gyroporus cyanescens*(Bull.) Quél.**, Enchir. Fung.: 161(1886)

Boletus constrictus Pers., Syn. Meth. Fung. 2: 508(1801)

Boletus cyanescens Bull., Herb. Fr. 8: tab. 369(1788)

Boletus cyanescens var. *cyanescens* Bull. ,Herb. Fr. 8:tab. 369(1788)
Boletus lacteus Lév. ,Annls Sci. Nat. ,Bot. ,Sér. 3,9:124(1848)
Gyroporus lacteus(Lév.)Quél. ,Enchir. Fung. :161(1886)
Leccinum constrictum(Pers.)Gray,Nat. Arr. Brit. Pl. 1:647(1821)
Leucoconius cyanescens(Bull.)Beck,Z. Pilzk. 2:142(1923)
Suillus cyanescens(Bull.)P. Karst. ,Bidr. Känn. Finl. Nat. Folk 37:1(1882)

子实体伞状。菌盖宽凸形至扁平,直径6~8cm,淡稻草黄色到黄色,表面有粗糙小鳞片。菌肉白色,伤后很快变蓝色。菌管淡黄色,伤后变蓝色,在柄周围凹陷。管口圆形,每毫米2~3个。菌柄长6~11cm,粗1~1.5cm,与菌盖同色,伤后变蓝色,中空。孢子印淡黄色。担孢子近椭圆形,7.5~10μm×4~4.5μm,表面平滑,近无色至近淡黄色。囊状体棒形,24~43μm×6~10μm,有的稍弯曲,顶端圆钝或稍尖细,无色。

夏秋季子实体单生、散生或群生于林中地上。为树木的外生菌根菌,与松、山毛榉、榛等形成外生菌根。可食用。

分布:信阳。

6.1.3.5 网褶菌科 Paxillaceae

【卷边网褶菌】

***Paxillus involutus*(Batsch)Fr.** ,Epicr. Syst. Mycol. :317(1838)
Agaricus adscendibus Bolton,Hist. Fung. Halifax 2:55(1788)
Agaricus contiguus Bull. ,Herb. Fr. 5:tab. 240(1785)
Agaricus involutus Batsch,Elench. Fung. ,Cont. Prim. :39(1786)
Agaricus involutus var. *involutus* Batsch,Elench. Fung. ,Cont. Prim. :39(1786)
Omphalia involuta(Batsch)Gray,Nat. Arr. Brit. Pl. 1:611(1821)
Omphalia involuta var. *involuta*(Batsch)Gray,Nat. Arr. Brit. Pl. 1:611(1821)

子实体不规则伞状、扁漏斗状。浅土黄色至青褐色。菌盖初期扁半球形,后渐平展,中部下凹呈漏斗状,宽5~15cm,最大达20cm,边缘内卷,湿润时稍黏,表面具绒毛,老后绒毛减少至近光滑。菌肉浅黄色,较厚。菌褶延生,不等长,较密,有横脉,靠近菌柄部分的菌褶间连接成网状,浅黄绿色、青褐色,受伤后变暗褐色。菌柄往往偏生,长4~8cm,粗1~2.7cm,颜色与菌盖色同,实心,基部稍膨大。有褶侧囊状体,囊状体棒状,23~30μm ×8.5~11μm,黄色。担孢子椭圆形,6~10μm×4.5~7μm,表面光滑,锈褐色。

春末至秋季子实体群生,丛生或散生于杨树林等林地上。为树木的外生菌根菌,与杨、柳、松、杉、桦、榉、栎等树木形成外生菌根。在分布区调查时,有人反映可食用,也有人说有毒。具药用价值,对腰腿疼痛、手足麻木、筋络不舒有一定的疗效。

分布:济源、内乡。

6.1.3.6 须腹菌科 Rhizopogonaceae

【黑根须腹菌】

***Rhizopogon piceus* Berk. & M. A. Curtis**,Proc. Amer. Acad. Arts & Sci. 4:124(1860)
Alpova piceus(Berk. & M. A. Curtis)Trappe,Beih. Nova Hedwigia 51:302(1975)

子实体不规则球状,直径1.5~4cm,新鲜时表面白色、污白色,干时浅烟色或变至黑色。子实体上部有贴附于表面的菌索,这些菌索因贴附于子实体上而不明显,子实体下部有明显的根状菌索。包被单层,厚 220 ~ 250μm,紧密。内部深肉桂色,孢体腔圆形迷路状,中空。腔壁白色,厚约 65 ~ 120μm。担子棒形,13 ~ 17μm × 6 ~ 8μm。担孢子成堆时黄色,单个担孢子无色,长椭圆形,5 ~ 7μm × 2.5 ~ 3μm,常含有两个油滴,表面光滑。

春季至秋季子实体生于混交林中地上。为树木的外生菌根菌,与松树等形成外生菌根。可食用,味美。可药用,有止血作用,可将干子实体研制成粉末撒在伤口上,治疗外伤出血。

分布:卢氏。

6.1.3.7 硬皮马勃科 Sclerodermataceae

【彩色豆马勃】

***Pisolithus arhizus*(Scop.) Rauschert**, Z. Pilzk. 25(2):50(1959)

Lycoperdodes arrhizon(Scop.) Kuntze, Revis. Gen. Pl. 2(1891)

Lycoperdodes capsuliferum(Sowerby) Kuntze, Revis. Gen. Pl. 2(1891)

Lycoperdon arrizon Scop., Delic. Fl. Faun. Insubr. 1:40(1786)

Lycoperdon capsuliferum Sowerby, Col. Fig. Engl. Fung. Mushr. 3:pl. 425 a ~ b(1809)

Pisocarpium arhizum(Scop.) Link, Mag. Gesell. Naturf. Freunde, Berlin 8:44(1816)

Pisolithus arenarius Alb. & Schwein., Consp. Fung.:82(1805)

Pisolithus tinctorius(Pers.) Coker & Couch, Gasteromycetes E. U. S. Canada:170(1928)

Pisolithus tinctorius f. *olivaceus*(Fr.) Pilát, Fl. ČSR, Gasteromycet.:582(1958)

Pisolithus tinctorius f. *pisocarpium*(Fr.) Pilát, Fl. ČSR, Gasteromycet.:581(1958)

Polypera arenaria(Alb. & Schwein.) Pers., Traité sur les Champignons Comestibles:116(1818)

Polysaccum olivaceum Fr., Syst. Mycol. 3(1):54(1829)

Polysaccum pisocarpium Fr., Syst. Mycol. 3(1):54(1829)

Scleroderma arhizum(Scop.) Pers., Syn. Meth. Fung. 1:152(1801)

Scleroderma tinctorium Pers., Syn. Meth. Fung. 1:152(1801)

子实体头状或近球形,直径 2.5 ~ 18cm,下部往往缩小成柄状基部,柄长 1.5 ~ 5cm,粗 1 ~ 3.5cm。包被膜质,易碎,初期米黄色,后变淡锈色至青褐色,成熟时上部片状脱落,内部有许多小包。小包埋藏于黑色胶状物质中,初期柠檬黄色,后变褐色,不规则多角形,直径 1 ~ 4mm,内含担孢子,小包暴露于空气后,包壁逐渐消解,散出担孢子。担孢子球形,直径 8 ~ 12μm,表面有刺,成堆时咖啡色(图版 141 ~ 143)。

夏秋季子实体单生或群生于林中的沙砾地上,是很著名且重要的外生菌根菌,有“菌根皇后”之美名,与松、杉、栎、桉等树木形成外生菌根。子实体具药用价值,还可用作黄色染料。幼嫩时可食用。

分布:汝阳、信阳。

【光硬皮马勃】

***Scleroderma cepa* Pers.**, Syn. Meth. Fung. 1:155(1801)

Scleroderma cepioides Gray, Nat. Arr. Brit. Pl. 1:582(1821)

Scleroderma verrucosum var. *cepa*(Pers.) Maire, Fungi Catalaunici: Contributions à l'étude de la Flore Mycologique de la Catalogne:112(1933)

Scleroderma vulgare var. *cepa*(Pers.) W. G. Sm., Syn. Brit. Basidiomyc.:480(1908)

子实体近球形或扁球形,宽 1.5 ~ 5cm,无柄,由一团菌丝束固定于地上。包被初期白色,干后薄,土黄色、浅青褐色,后期暗红褐色,表面光滑,有时顶端具细班纹。担孢子球形,直径 8～11μm,深褐色或紫褐色,表面具尖锐的刺,刺长约 1μm。

夏秋季子实体生于林中地上。为树木的外生菌根菌。幼时可食用。成熟后孢粉具药用价值,有止血、消肿、解毒作用。

分布:信阳。

【橙黄硬皮马勃】

***Scleroderma citrinum* Pers.** ,Syn. Meth. Fung. 1:153(1801)

Scleroderma vulgare Hornem. ,Fl. Danic. :tab. 1969,fig. 2(1829)

子实体近球形或扁圆形,直径 2～13cm,土黄色或近橙黄色,表面初期近平滑,渐形成龟裂状鳞片,皮层厚,剖面带红色,成熟后色变浅。内部孢体初期灰紫色,后呈黑褐紫色,最后破裂散出孢粉。孢丝壁厚,褐色,多分枝,有锁状联合,宽 2.5～5.5μm。担孢子球形,直径 9～12μm,褐色,表面具网纹突起。

夏秋季子实体群生或单生于松及阔叶林中的砂地上。为树木的外生菌根菌。有微毒,但有些地区有采食该菌幼子实体的习惯。孢粉有消炎作用。

分布:信阳。

【多根硬皮马勃】

***Scleroderma polyrhizum*(J. F. Gmel.)Pers.** ,Syn. Meth. Fung. 1:156(1801)

Lycoperdon polyrhizum J. F. Gmel. ,Systema Naturae,Edn 13,2(2):1464(1792)

Sclerangium polyrhizon(J. F. Gmel.)Lév. [as '*polyrhiza*'],Annls Sci. Nat. ,Bot. ,Sér. 3,9:130(1848)

Sclerangium polyrhizum(Gmelin)Lév. ,Annls Sci. Nat. ,Bot. ,Sér. 3,9:132(1848)

Scleroderma geaster Fr. ,Syst. Mycol. 3(1):46(1829)

子实体近球形,有时不正形,未开裂前宽 4～8cm。包被厚而坚硬,初期浅黄白色,后浅土黄色,表面常有龟裂纹或斑状鳞片,成熟时呈星状开裂,裂片反卷。孢体成熟后暗褐色。担孢子球形,直径 6.5～12μm,褐色,表面有小疣,常相连成不完整的网纹。

夏秋季子实体单生或群生于林间空旷地、草丛中等处。为树木的外生菌根菌,与松树等形成外生菌根,菌根幼时为白色,老后褐色。子实体幼时可食用。老后可药用,有消肿、止血作用,用于治疗外伤出血、冻疮流液。

分布:信阳。

【薄硬皮马勃】

***Scleroderma tenerum* Berk. & M. A. Curtis**,In:Berkeley,J. Linn. Soc. ,Bot. 10(46):346(1868)

子实体扁球形,直径 1～2.5cm,有的有柄状基部,基部连有许多菌丝束。包被薄,浅土黄色,其上有细小、暗褐色、紧贴的鳞片,成熟时顶端不规则开裂。担孢子球形,直径 7～10μm,深褐色,表面具刺,刺长约 1μm。

子实体群生于林中地上。为树木的外生菌根菌。可药用。

分布:信阳。

【疣硬皮马勃】

***Scleroderma verrucosum*(Bull.)Pers.** ,Syn. Meth. Fung. 1:154(1801)

Lycoperdon verrucosum Bull. ,Hist. Champ. France 1:24(1791)

子实体近球形,直径3~5cm或稍大,高2.5~6cm,土黄色或黄褐色,表面有暗色细疣状颗粒,稀平滑,成熟后不规则开裂。担孢子球形,直径7.6~13.2μm,暗褐色,表面有刺(图版144~147)。

夏秋季子实体生于林间砂地上。据记载与树木形成外生菌根。可用作止血药。

分布:卢氏、陕县、灵宝、渑池。

6.1.3.8 黏盖牛肝菌科 Suillaceae

【白柄黏盖牛肝菌】

***Suillus albidipes*(Peck)Singer**,Farlowia 2(1):45(1945)

Boletus albidipes Peck,N. Y. State Mus. Bull. :58,106(1912)

子实体伞状。菌盖半球形,直径1.5~4cm,表面黏,白色,淡白色或带黄褐色,老后呈红褐色,幼时边缘有残留菌幕。菌肉白色,后渐变淡黄色。菌管直生或弯生,白色。管口小,近圆形,每毫米3~4个。菌柄柱形,长4~4cm,粗0.8~1.5cm,基部稍膨大,内实,初白色,后与菌盖同色,表面有腺眼。孢子印污肉桂色。担孢子长椭圆形到圆柱形,6~9μm×3~3.2cm,近无色。有丛生的管缘囊状体和管侧囊状体,囊状体棒状或顶端稍细,32~55μm×5~10μm,无色到褐色。

夏秋季子实体单生或群生于松林中地上。为树木的外生菌根菌,与松等形成菌根。可食用。

分布:辉县。

【黏盖牛肝菌】

***Suillus bovinus*(Pers.)Roussel**,Fl. Calvados,Edn 2:34(1806)

Agaricus bovinus(L.)Lam. ,Encycl. Méth. Bot. 1(1):52(1783)

Boletus bovinus L. ,Sp. Pl. 2:1177(1753)

Ixocomus bovinus(L.)Quél. ,Fl. Mycol. France:413(1888)

Mariaella bovina(L.)Šutara,Česká Mykol. 41(2):76(1987)

子实体伞状。菌盖半球形,后平展,直径3~10cm,土黄色、淡黄褐色,干后呈肉桂色,表面光滑,湿时很黏,干时有光泽,边缘薄,初内卷,后波状。菌肉淡黄色。菌管延生,不易与菌肉分离,淡黄褐色。管口复式,角形,宽0.7~1.3mm,常呈齿状,放射状排列。菌柄近圆柱形,长2.5~7cm,粗0.5~1.2cm,有时基部稍细,表面光滑,无腺点,通常上部比菌盖色浅,下部呈黄褐色。孢子印黄褐色。担孢子长椭圆形、椭圆形,7.8~9.1μm×3~4.5μm,表面平滑,淡黄色。有簇生的管缘囊状体,囊状体大小15.6~26μm×5.2μm,无色或淡黄色、淡褐色。

夏秋季子实体丛生或群生于林中地上。为树木的外生菌根菌,与栎、松、杉等形成外生菌根。可食用。子实体提取物对小白鼠肉瘤180的抑制率为90%,对艾氏癌的抑制率为100%。

分布:嵩县、栾川、信阳。

【黄黏盖牛肝菌】

***Suillus flavidus*(Fr.)J. Presl**,Wšobecný rostl. 2:1917(1846)

Boletopsis flavidus(Fr.)Henn. ,In:Engler & Prantl,Nat. Pflanzenfam. ,Teil. I:195(1898)

Boletopsis pulchella(Fr.)Henn. ,In:Engler & Prantl,Nat. Pflanzenfam. ,Teil. I:195(1898)

Boletus elegans var. *pulchellus* (Fr.) Rea, Brit. Basidiomyc.: 559 (1922)

Boletus flavidus Fr., Observ. Mycol. 1: 110 (1815)

Boletus pulchellus Fr., Hymenomyc. Eur.: 497 (1874)

Ixocomus flavidus (Fr.) Quél., Fl. Mycol. France: 415 (1888)

Suillus grevillei var. *pulchellus* (Fr.) Rea, Brit. Basidiomyc.: 559 (1922)

子实体伞状。菌盖初期扁半球形,后期扁平且中部稍凸起,直径3~6cm,表面黄色,黏,光滑。菌肉淡黄色,稍厚,伤后不变色。菌管直生或稍延生,蜜黄色或橙黄色。管口较大,角形,直径2mm左右。菌柄近圆柱形,长3~6cm,粗0.5~1cm,黄白色至淡黄色,顶部有细网纹,密布暗褐色腺点,内部松软至变空心,基部稍膨大,其上部有易脱落的淡黄色膜质菌环。担孢子不正形、椭圆形,8.9~13μm×3.3~5μm,表面光滑,浅黄色。有管缘和管侧囊状体,囊状体大小为26~70μm×4.5~5.1μm。

夏秋季子实体群生或散生于杉、松等针叶林及混交林地上。为树木的外生菌根菌,与松等针叶树形成外生菌根。可食用。

分布:嵩县、栾川、卢氏、内乡、南召、信阳。

【点柄黏盖牛肝菌】

***Suillus granulatus* (L.) Roussel**, Fl. Calvados, Edn 2: 34 (1806)

Agaricus granulatus (L.) Lam., Encycl. Méth. Bot. 1(1): 51 (1783)

Boletus circinans var. *lactifluus* (With.) Pers., Syn. Meth. Fung. 2: 506 (1801)

Boletus circinans var. *lactifluus* (With.) Pers., Mycol. Eur. 2: 127 (1825)

Boletus granulatus L., Sp. Pl. 2: 1177 (1753)

Boletus granulatus var. *lactifluus* (With.) J. Blum, Bull. Trimest. Soc. Mycol. Fr. 81: 484 (1965)

Boletus lactifluus (With.) J. Blum, Bull. Trimest. Soc. Mycol. Fr. 85: 43 (1969)

Boletus lactifluus Sowerby, Col. Fig. Engl. Fung. Mushr. 3: pl. 420 (top) (1809)

Boletus lactifluus With., Arr. Brit. Pl., Edn 3, 4: 320 (1796)

Ixocomus granulatus (L.) Quél., Fl. Mycol. France: 412 (1888)

Leccinum lactifluum (With.) Gray, Nat. Arr. Brit. Pl. 1: 647 (1821)

Rostkovites granulatus (L.) P. Karst., Revue Mycol., Toulouse 3(9): 16 (1881)

Suillus lactifluus (With.) A. H. Sm. & Thiers, Michigan Bot. 7: 16 (1968)

子实体伞状。菌盖扁半球形或近扁平,直径4.5~11cm,淡黄色或黄褐色,表面平滑,湿润时黏,干后有光泽。菌肉淡黄色,伤后不变色。菌管直生或近延生,长约10mm,初期苍白色,后期变为淡黄色至污黄色,伤后不变色,管孔角形,孔径0.5~1mm,初期浅蜜黄色,后期具淡褐色腺点,伤时变污肉桂色,幼嫩时孔口具小乳滴。菌柄近柱形,长2.5~7cm,粗0.8~1.2cm,淡黄褐色,上部(通常不超过柄的一半)具腺点。孢子印肉桂色或污肉桂色。有管侧囊状体、管缘囊状体和柄生囊状体,管侧囊状体和管缘囊状体相同,均为棒状或近柱形,31~35μm×5.5~8μm,成束着生,被有褐色结晶物。柄生囊状体棒状,近梭形至柱形,40~70μm×7~10μm,大多数具有色内含物。担子棒状,18~30μm×6~9μm。担孢子长方形至椭圆形,6.5~9.1μm×2.5~3.5μm,无色到淡黄色。

夏秋季子实体散生、群生或丛生于松林或混交林中地上。为树木的外生菌根菌,与多种树木形成外生菌根。可食用。子实体提取物对小白鼠肉瘤的抑制率为80%,对艾氏癌的抑制率为70%。

分布:嵩县、栾川、信阳、商城、新县。

【厚环黏盖牛肝菌】

***Suillus grevillei*(Klotzsch) Singer**, Farlowia 2:259(1945)

Boletinus grevillei (Klotzsch) Pomerl. , Naturaliste Can. 107:303(1980)

Boletopsis elegans (Schumach.) Henn. , In: Engler & Prantl, Nat. Pflanzenfam. , Teil. I:195(1898)

Boletus annularius Bolton, Hist. Fung. Halifax, App. :169(1792)

Boletus cortinatus Pers. , Syn. Meth. Fung. 2:503(1801)

Boletus elegans Schumach. , Enum. Pl. 2:374(1803)

Boletus grevillei Klotzsch, Linnaea 7:198(1832)

Ixocomus elegans f. *badius* Singer, Revue Mycol. , Paris 3(1):40(1938)

Ixocomus flavus var. *elegans*(Schumach.) Quél. , Fl. Mycol. France:415(1888)

Suillus elegans(Schumach.) Snell, Lloydia 7:27(1944)

Suillus grevillei f. *badius*(Singer) Singer, Pilze Mitteleuropas 5(1):66(1965)

子实体伞状。菌盖扁半球形,中央稍隆起,直径 4 ~ 8cm,表面光滑,黏,栗褐色,往往有一狭窄的黄色边缘。菌肉淡黄色,受伤后不变色。菌管直生,金黄色,管口多角形。菌柄近圆柱状,或向上渐细,长 7 ~ 10cm,粗 1 ~ 2cm,金黄色,后变浅栗褐色,上部具不明显的网纹,中实。菌环着生于菌柄上部,厚而明显。孢子印青褐色至污肉桂色。担孢子浅青褐色,长方形至近梭形,光滑,8 ~ 10. 4μm × 3 ~ 4μm。担子大多为近柱形,20 ~ 25μm × 6 ~ 8μm,具 2 ~ 4 个担孢子。侧生囊状体散生或簇生,近柱形至棒状,有的梭形中央腹鼓,30 ~ 60μm × 5 ~ 8μm,基部被有褐色结晶物。管缘囊状体成束生,近柱形,棒状,30 ~ 40μm × 5 ~ 8μm。柄生囊状体位于菌柄的顶端,近柱形,棒状,25 ~ 50μm × 5 ~ 15μm(图版 148)。

夏秋季子实体群生于林中地上,与树木形成外生菌根。可食用,品质一般。

分布:卢氏。

【褐环黏盖牛肝菌】

***Suillus luteus*(L.) Roussel**, Fl. Calvados, Edn 2:34(1806)

Boletopsis lutea(L.) Henn. , In: Engler & Prantl, Nat. Pflanzenfam. , Teil. I:195(1898)

Boletus luteus L. , Sp. Pl. 2:1177(1753)

Boletus volvatus Batsch, Elench. Fung. :99(1783)

Cricunopus luteus(L.) P. Karst. , Revue Mycol. , Toulouse 3(9):16(1881)

Ixocomus luteus(L.) Quél. , Fl. Mycol. France:414(1888)

Viscipellis luteus(L.) Quél. , Enchir. Fung. :155(1886)

子实体伞状。菌盖扁半球形或凸形至扁平,直径 3 ~ 10cm,淡褐色、黄褐色、红褐色或深肉桂色,表面光滑,很黏。菌肉白色或稍黄,厚或较薄,伤后不变色。菌管直生或稍下延,或在柄周围有凹陷,米黄色或芥黄色,管口角形,每毫米 2 ~ 3 个,有腺点。菌柄近柱形,长 3 ~ 8cm,粗 1 ~ 2. 5cm,有的基部稍膨大,蜡黄色或淡褐色,有散生小腺点,顶端有网纹。菌环在柄的上部,薄,膜质,初黄白色,后呈褐色。有丛生的管缘囊状体,囊状体无色到淡褐色,棒状,22 ~ 38μm × 5 ~ 8μm。担孢子近纺锤形,7 ~ 10μm × 3 ~ 3. 5μm,表面平滑,带黄色。

夏秋季子实体单生或群生于松林或混交林中地上。为树木的外生菌根菌,与松树等形成外生菌根。可食用。子实体提取物对小白鼠肉瘤 180 和艾氏癌的抑制率分别为 90% 和 80% 。

分布：嵩县、栾川、辉县、南召、卢氏、信阳、商城、新县。

【黄白黏盖牛肝菌】

***Suillus placidus*(Bonord.) Singer**, Farlowia 2:42(1945)

Boletus placidus Bonord., Beitr. Mykol. 19:204(1861)

Ixocomus placidus(Bonord.) E.-J. Gilbert, Bolets:134(1931)

子实体伞状。菌盖初期扁半球形，后期近平展，直径 6～9cm，幼时黄白色至鹅黄色，老后变污黄褐色，湿时很黏滑，干后有光泽。菌肉白色至黄白色，受伤处不变色。菌管直生至延生，放射状排列，管口黄色至污黄色，角形，每毫米 1～2 个。菌柄近圆柱形，长 3～5cm，粗 0.7～1.4cm，实心，表面初期散布乳白色至淡黄色小腺点，后期这些小腺点变为黑褐色小点。有丛生的管缘囊状体，囊状体淡黄色至暗褐色，长棒形至圆柱形，22.7～70μm×5～10μm。孢子印青褐色。担孢子长椭圆形，7.5～11μm×3.5～4.5μm，表面光滑，内含大油滴。

夏秋季子实体群生或丛生于松林或栎林中地上。为树木的外生菌根菌，与松树等形成外生菌根。据记载直接食后往往引起腹泻，经浸泡、煮沸、淘洗后可食用，属于条件食用菌。

分布：信阳、商城、新县。

【亚黄黏盖牛肝菌】

***Suillus subaureus*(Peck) Snell**, Lloydia 7:30(1944)

子实体伞状。菌盖初期扁半球形，后期平展，直径 4～10cm，有的可达 14cm，黄色，表面光滑，湿时很黏。菌肉淡黄色，受伤后不变色。菌管直生至延生，管口角形，复式，宽 0.6～1.5mm，米黄色，干后变暗色，有腺点。菌柄长 4～8cm，粗 0.5～1.5cm，表面有腺点，干后变黑色，上下等粗，有时下部略膨大。孢子印褐锈色。担孢子长椭圆形至近纺锤形，7～10.5μm×3.5～4μm，无色至带黄色。有管缘囊状体，囊状体大都为棒形，28～43μm×5～9μm，无色，顶端钝圆。

夏秋季子实体散生、群生于针叶林，混交林中地上。为树木的外生菌根菌，与松等树木形成外生菌根。可食用。

分布：辉县。

【灰乳牛肝菌】

***Suillus viscidus*(L.) Roussel**, Fl. Calvados, Edn 2:34(1806)

Boletopsis viscida(L.) Henn., In: Engler & Prantl, Nat. Pflanzenfam., Teil. I:195(1898)

Boletus aeruginascens Secr., Mycogr. Suisse 3:6(1833)

Boletus laricinus Berk., In: Smith, Engl. Fl., Fungi(Edn 2)5(2):248(1836)

Boletus viscidus L., Sp. Pl. 2:1177(1753)

Fuscoboletinus aeruginascens(Secr. ex Snell) Pomerl. & A. H. Sm., Brittonia 14:167(1962)

Fuscoboletinus laricinus(Berk.) Bessette, Roody & A. R. Bessette, North American Boletes, A Color Guide to the Fleshy Pored Mushrooms:177(2000)

Fuscoboletinus viscidus(L.) Grund & K. A. Harrison, Biblthca Mycol. 47:134(1976)

Ixocomus viscidus(Fr. & Hök) Quél., Fl. Mycol. France:416(1888)

Suillus aeruginascens Secr. ex Snell, In: Slipp & Snell, Lloydia 7:25(1944)

Suillus laricinus(Berk.) Kuntze, Revis. Gen. Pl. 3(2):535(1898)

子实体伞状。菌盖初期半球形,后渐平展,直径 3 ~ 10cm,污白色、乳黄色、黄褐色或淡褐色,表面黏。菌肉近白色至淡黄色,伤时微变蓝色或基本不变色。菌管直生至近延生,污白色或藕色。管孔较大(复式管孔),多角形或近辐射状,损伤时微变蓝色。菌柄圆柱形或基部稍膨大,3 ~ 10cm × 1 ~ 2cm,与菌盖同色或泛白色,顶端具网纹,内菌幕很薄,有菌环。孢子印淡灰褐色至锈褐色。有管缘囊状体,囊状体棒状,31 ~ 46μm × 7 ~ 10μm,无色至淡黄褐色。担孢子长椭圆形或近菱形,9. 1 ~ 13μm × 4 ~ 5μm,淡黄色。

夏秋季子实体散生、群生于松林中地上。为树木的外生菌根菌,与落叶松等树木形成外生菌根。可食用。子实体提取物对小白鼠肉瘤 180 的抑制率为 100%,对艾氏癌的抑制率为 90%。

分布:卢氏、陕县。

6. 1. 3. 9　桩菇科 Tapinellaceae

【波纹假皱孔菌】

***Pseudomerulius curtisii*(Berk.)Redhead & Ginns**,Trans. Mycol. Soc. Japan 26(3):372(1985)

Meiorganum curtisii (Berk.)Singer,J. García & L. D. Gómez,Beih. Nova Hedwigia 98:63(1990)

Paxillus curtisii Berk. ,In:Berkeley & Curtis,Ann. Mag. Nat. Hist. ,Ser. 2,12:423(1853)

子实体无柄,半圆形至扇形,宽 2 ~ 15cm,新鲜时黄色至硫黄色,老后变为茶灰色,表面光滑或具细绒毛,边缘内卷。菌肉黄色,具腥臭味。菌褶波纹状且分叉,基部交织成网状,长短不一,密,狭窄,新鲜时边缘硫黄色,基部锈褐色,干后黑褐色。孢子印锈色。担孢子椭圆形,3 ~ 4μm × 2 ~ 2. 5μm,表面光滑,浅褐色。

夏秋季子实体覆瓦状叠生于针叶树的倒木上。据记载有毒。

分布:汝阳、信阳、新县、商城。

【黑毛桩菇】

***Tapinella atrotomentosa*(Batsch)Šutara**,Česká Mykol. 46(1 ~ 2):50(1992)

Agaricus atrotomentosus Batsch,Elench. Fung. :89(1783)

Agaricus atrotomentosus var. *atrotomentosus* Batsch,Elench. Fung. :89(1783)

Paxillus atrotomentosus(Batsch)Fr. ,Epicr. Syst. Mycol. :317(1838)

Paxillus atrotomentosus var. *atrotomentosus*(Batsch)Fr. ,Epicr. Syst. Mycol. :317(1838)

Sarcopaxillus atrotomentosus(Batsch)Zmitr. ,Malysheva & E. F. Malysheva,In:Zmitrovich,Malysheva,Malysheva & Spirin,Folia Cryptogamica Petropolitana 1:53(2004)

子实体伞状、铆钉状。菌盖初期半球形,后平展且中部下凹,直径 5 ~ 10cm,污黄褐色、锈褐色至烟灰色,表面具细绒毛,边缘内卷。菌肉污白色,稍厚。菌褶延生,长短不一,褶间有横脉连接成网状,浅黄褐色,后变褐黄色至青褐色,菌褶与菌柄接连处往往部分白色。菌柄偏生,粗壮,长 3 ~ 5cm,最长可达 10cm,粗 1 ~ 3cm,表面具栗褐色至黑紫褐色绒毛,肉质。担孢子卵圆形或宽椭圆形,4. 5 ~ 7. 5μm × 3 ~ 5μm,内含 1 油滴,表面光滑,黄色至锈黄色,壁厚。

子实体生于针叶树上或伐根上,也见于针叶林或竹林中地上。有毒。

分布:新县、商城、信阳。

6.1.4　地星目 Geastrales

6.1.4.1　地星科 Geastraceae

【毛嘴地星】

***Geastrum fimbriatum* Fr.** ,Syst. Mycol. 3(1):16(1829)

Geastrum rufescens var. *minor* Pers. ,Syn. Meth. Fung. 1:134(1801)

Geastrum sessile(Sowerby)Pouzar,Folia Geobot. Phytotax. Bohemoslov. 6:95(1971)

Geastrum tunicatum Vittad. [as ‘*Geaster tunicatus*’],Monogr. Lycoperd. :18(1842)

Lycoperdon sessile Sowerby,Col. Fig. Engl. Fung. Mushr. 3:pl. 401(1809)

子实体较小,未开裂之前近球形,顶部具尖,浅红褐色。开裂后外包被反卷,基部呈浅袋状,上半部裂为 5 ~9 瓣。外层薄,部分脱落。内层肉质,灰白色至褐色,与中层紧贴在一起,干时开裂并常剥落。内包被球形,直径 1 ~2cm,灰色,嘴部突出。担孢子球形,直径 2. 5 ~4μm,略显粗糙,褐色。孢丝细长,粗 4 ~7μm,浅褐色(图版 149 ~150)。

夏末秋初子实体散生、近群生、单生于林中腐枝落叶较多的地上。可药用,孢粉有消炎、止血、解毒作用。

分布:汝阳、嵩县、卢氏。

【粉红地星】

***Geastrum rufescens* Pers.** [as ‘*Geaster*’],Syn. Meth. Fung. 1:134(1801)

Geastrum schaefferi Vittad. [as ‘*Geaster*’],Monograph Lyc. :22(1842)

Geastrum vulgatum Vittad. [as ‘*Geaster*’],Monograph Lyc. :20(1842)

子实体开裂前埋于土中或地面基物下,近球形,顶端的嘴部不明显。成熟后外包被开裂为 6 ~9 瓣,开裂瓣反卷,开裂瓣张开时菌体总直径可达 5 ~8cm。外包被的外层松软常与砂黏结成片状剥离,中层纤维质,干后外表呈蛋壳色,内侧菱色。内层肉质,新鲜时很厚,常裂成块状脱落,干后变成棕灰色至灰褐色的薄膜。内包被膜质,肉粉灰色,直径 1. 5 ~3cm,粗糙至绒状,顶部不定形或撕裂成口。孢丝管状,壁厚,褐色,不分枝,粗 3 ~6. 5μm 或更粗。担孢子球形,直径 3. 5 ~5. 5μm,表面具小疣,褐色。

秋季子实体群生或散生于林间地上。可药用。

分布:林州。

【袋形地星】

***Geastrum saccatum* Fr.** ,Syst. Mycol. 3(1):16(1829)

子实体初期近球形,顶部具尖嘴,后期外包被上半部裂为 6 ~8 个尖瓣,外表光滑,蛋壳色,内侧肉质,干后变薄,浅肉桂色或灰色。开裂瓣张开时菌体总直径可达 5 ~7cm。内包被无柄,球形,浅棕灰色,直径 10 ~13mm。嘴部明显,色较浅,圆锥形,周围凹陷,有光泽。孢丝浅褐色,厚壁,粗 4 ~6μm。担孢子褐色,球形,直径 3. 5 ~5μm,有小疣。

夏秋季子实体生于阔叶林或混交林中地上。可药用,用于外伤止血。

分布:卢氏。

【尖顶地星】

***Geastrum triplex* Jungh.** [as ‘*Geaster*’],Tijdschr. Nat. Gesch. Physiol. 7:287(1840)

Geastrum michelianum W. G. Sm. [as '*Geaster*'], Gard. Chron. , London 18:608(1873)

Geastrum tunicatum var. *michelianum* (W. G. Sm.) Sacc. [as '*Geaster tunicatus* var. *michelianus*'], Erb. Critt. Ital. :no. 879(1862)

子实体幼时球形,直径 3 ~ 4cm,有突出的尖嘴。成熟后外包被基部浅袋形,上部裂成 5 ~ 8 个尖瓣,瓣片反卷,外表光滑,深蛋壳色至褐色,内层肉质,干后变薄,栗褐色,常与纤维质的中层分离而部分脱落,仅基部留存。内包被无柄,球形,粉灰色至烟灰色,直径 1.7 ~ 3.5cm。嘴部明显,突起成宽圆锥形,有辐射状纵沟,基部有明显凹陷。担孢子球形,直径 3.5 ~ 5μm,褐色,表面有小疣。孢丝浅褐色,不分枝,粗可达 7μm。

夏秋季子实体群生于林内地上。可药用。

分布:嵩县、栾川、卢氏、林州、济源、南召、内乡、新县、商城。

6.1.5 钉菇目 Gomphales

6.1.5.1 棒瑚菌科 Clavariadelphaceae

【棒瑚菌】

***Clavariadelphus pistillaris*(L.) Donk**, Meded. Bot. Mus. Herb. Rijks Univ. Utrecht 9:72(1933)

Clavaria herculeana Lightf. , Fl. Scot. 2:1056(1777)

Clavaria pistillaris L. , Sp. Pl. 2:1182(1753)

子实体棒状,不分枝,高 7 ~ 30cm,粗 2 ~ 3cm,直或弯曲,顶部钝圆,表面幼时光滑,后期渐显纵条纹或纵皱纹,向基部渐变细,土黄色,后期赭色或带红褐色,向下颜色渐变浅。菌肉白色,松软,有苦味。菌体分菌柄和子实层体两部分,子实层着生于棒状体的上部表面,即棒状体的上部为子实层体部分。柄部(未着生子实层的部分)细,污白色。孢子印白色至带乳黄色。担孢子椭圆形,11 ~ 14μm × 6 ~ 8μm,无色,表面光滑。

夏秋季子实体单生、群生或近丛生于阔叶林中地上。据报道可以食用,但微带苦味,也有人反映有毒。

分布:卢氏、渑池、陕县、信阳。

6.1.5.2 钉菇科 Gomphaceae

【变绿枝瑚菌】

***Ramaria abietina* (Pers.) Quél.** , Fl. Mycol. France:467(1888)

Clavaria abietina Pers. , Neues Mag. Bot. 1:117(1794)

Clavaria abietina f. *abietina* Pers. , Neues Mag. Bot. 1:117(1794)

Clavaria ochraceovirens Jungh. , Linnaea 5:407(1830)

Clavaria virescens Gramberg, Pilz- u. Kräuterfreund 5:57(1921)

Clavariella abietina(Pers.) J. Schröt. , In:Cohn, Krypt. -Fl. Schlesien 3. 1(25 ~ 32):448(1888)

Hydnum abietinum(Pers.) Duby, Bot. Gall. , Edn 2, 2:778(1830)

Merisma abietinum (Pers.) Spreng. , Syst. Veg. , Edn 16, 4(1):495(1827)

Ramaria ochraceovirens(Jungh.) Donk, Rev. Niederl. Homob. Aphyll. 2:112(1933)

Ramaria virescens(Gramberg) Henning, Führ. Pilzk. 3:f. 320. (1927)

子实体多分枝,树枝状,灰黄色,带黄褐色至肉桂色,高 4 ~ 10cm,宽达 3 ~ 4cm,基部有白色绒毛,受伤处及其附近枝变青绿色。柄短或几乎无,长 1.5 ~ 2.5cm,粗 0.3 ~ 0.8cm,1 ~ 3 次分叉,枝细长,不规则,直立,密集,稍内弯,质脆,柔软。担子细长,50 ~ 60μm × 5.5 ~ 6.5μm,

具4小梗。担孢子椭圆形,6～9μm×3.5～5μm,淡锈色,表面具疣。

夏秋季子实体群生于云杉、冷杉等针叶林地腐枝层上。可食用,但稍有苦味。

分布:栾川、卢氏、内乡。

【葡萄色顶枝瑚菌】

***Ramaria botrytis*(Pers.)Ricken**,Vadem. Pilzfr.:253(1918)

Clavaria botrytis Pers.,Comm. Fung. Clav.:42(1797)

Clavaria botrytis var. *alba* A. Pearson,Trans. Br. Mycol. Soc. 29(4):209(1946)

Corallium botrytis(Pers.)Hahn,Pilzsammler:72(1883)

子实体树枝状,多次分枝。高5～10cm,宽3～7cm,茶褐色、浅赭褐色或略带紫色的茶褐色,枝端桃红色至淡紫色,后期色暗。菌柄粗0.5～2cm,有时更粗,基部污黄白色且往往有白色绒毛。从柄上分出许多主枝,然后再分出较多的叉枝。分枝圆柱形或稍偏平或有纵纹,表面似有一层细粉末。菌肉白色,质脆,无明显气味。担子长棒状,无色,60～80μm×6～10μm,基部有锁状联合。担孢子长椭圆形,10～14μm×4～6μm,表面粗糙,无色或带浅黄色。

夏秋季子实体成群丛生或簇生于针叶林中腐朽的枯枝落叶层上。可食用,但微苦。具药用价值。子实体提取物对小白鼠肉瘤180和艾氏癌的抑制率均达80%。

分布:卢氏、渑池。

【红顶枝瑚菌】

***Ramaria botrytoides*(Peck)Corner**,Monograph of Clavaria and Allied Genera(Annals of Botany Memoirs No. 1):562(1950)

子实体树枝状,多次分枝。高6～10cm,基部白色,粗短,从基部开始多次分枝,主枝直立,肉色。顶部分枝多,顶尖的分枝成丛,粉红色。菌肉质脆。担子棒状,40～60μm×8～8.5μm,具4小梗。孢子印锈褐色。担孢子椭圆形,7～10.4μm×3.6～4.5μm,近无色至淡黄色,稍粗糙。

夏秋季子实体丛生于阔叶林中地上。据报道可食用。具药用价值。

分布:卢氏、渑池。

【小孢密枝瑚菌】

***Ramaria bourdotiana* Maire**,Clav. USSR 2(4):32(1937)

子实体树枝状,小型,整丛高3～6cm,双叉分枝,小枝极多,直立,细而密,顶端细齿状,淡黄色,后期呈浅锈色。菌肉污白色。菌柄长1～1.5cm,粗0.2～0.3cm,近柱形,基部有白色菌丝束。担孢子椭圆形,浅锈色,表面微粗糙(图版151)。

夏秋季子实体群生于阔叶树的腐木上,有文献记载可食用。

分布:卢氏。

【小孢白枝瑚菌】

***Ramaria flaccida*(Fr.)Bourdot**,Rev. Sci. du Bourb. 11:235(1898)

Clavaria flaccida Fr.,Syst. Mycol. 1:471(1821)

Clavariella flaccida(Fr.)P. Karst.,Revue Mycol.,Toulouse 3(9):21(1881)

子实体树枝状,细弱,常1～3次分枝,分枝密集。整丛1.5～5.0cm×0.6～4cm,米黄色、浅褐色或淡奶油色至赭黄色，后期可变为赭褐色或肉桂色。分枝向内弯曲，粗0.3～0.5cm，顶端尖。菌肉白色，向上渐呈淡黄色，坚韧，有弹性，柔软。担子细长棍棒状，55～60μm×6.5～8μm，具4小梗。担孢子椭圆形，5～8μm×3～4μm，浅黄色，有小疣。

夏秋季子实体群生于针叶林中地上的落叶层或枯枝、落果上。

分布：卢氏、渑池。

【疣孢黄枝瑚菌】

***Ramaria flava*(Schaeff.) Quél.**, Fl. Mycol.: 466(1888)

Clavaria flava Schaeff., Fung. Bavar. Palat. 2: tab. 175(1763)

Corallium flavum (Schaeff.) Hahn, Pilzsammler: 72(1883)

Coralloides flavus Tourn. ex Battarra, Fungorum Agri Ariminensis Historia: 22(1755)

子实体树枝状，多分枝，似珊瑚，表面黄色，干燥后青褐色，高10～15cm，宽5～15cm。菌柄较短，长4～6cm，粗1.5～2.5cm，靠近基部近污白色。小枝密集，稍扁，分叉间的距离较长。担子棒状，40～55μm×7～10μm，具4个小梗。担孢子椭圆形，10～13μm×4.5～5μm，浅黄色，表面具小疣，内含油滴。

子实体群生于阔叶林中地上。据记载可食用，味较好，但也有记载有毒，食后引起呕吐、腹痛、腹泻等中毒反应。子实体提取物对小白鼠肉瘤180和艾氏癌的抑制率达60%。有记载与冷杉、山毛榉、栎等树木形成菌根。

分布：嵩县、内乡、栾川、南召、辉县、卢氏、渑池。

【棕黄枝瑚菌】

***Ramaria flavobrunnescens*(G. F. Atk.) Corner**, Monograph of Clavaria and Allied Genera (Annals of Botany Memoirs No. 1): 581(1950)

Clavaria flavobrunnescens G. F. Atk., Annls Mycol. 7(4): 367(1909)

子实体树枝状，多分枝，高4～12cm，宽4～8cm，质脆，浅橘黄色，干后深蛋壳色，基部色浅至近白色。菌肉污白色带黄色。柄短，其上分出数个主枝，每个主枝再不规则数次分枝，顶尖的分枝常细弱。柄基部往往有细短的小枝。担子细长，55～68μm×7.5～9μm。担孢子椭圆形至长椭圆形，7～11.4μm×3.5～4.8μm，色淡或近无色，表面稍粗糙。

夏秋季子实体散生或群生于混交林中地上。可食用。

分布：信阳。

【粉红枝瑚菌】

***Ramaria formosa*(Pers.) Quél.**, Fl. Mycol. France: 466(1888)

Clavaria formosa Pers., Comm. Fung. Clav.: 41(1797)

Corallium formosum(Pers.) Hahn, Pilzsammler: 72(1883)

Merisma formosum(Pers.) Lenz, Nütz. Schädl. Schwämme: 95(1831)

子实体树枝状，从基部分出许多分枝，每个分枝又多次分叉，小枝顶端叉状或齿状，整体类似珊瑚，浅粉红色或肉粉色，干燥后呈浅粉灰色，高10～15cm，宽5～10cm。菌肉白色，受伤后先变为红褐色，后变浅黑色，味苦，质脆。担子具4小梗。担孢子椭圆形，8～15μm×4～6μm，赭石色，具1～3个小油滴，表面粗糙，也有的表面光滑。

夏秋季子实体成群丛生于阔叶林中地上。与山毛榉等阔叶树木形成外生菌根。有毒，中毒后产生比较严重的腹痛,腹泻等胃肠炎症状。也有记载经煮沸浸泡冲洗后可食用,但仍有中毒的危险。具药用价值。子实体提取物对小白鼠肉瘤 180 的抑制率为 80%,对艾氏癌的抑制率为 70%;

分布:卢氏、内乡、栾川、嵩县、南召、信阳。

【暗灰枝瑚菌】

Ramaria fumigata (**Peck**) **Corner**, Monograph of Clavaria and Allied Genera (Annals of Botany Memoirs No. 1): 591 (1950)

Clavaria fumigata Peck, Ann. Rep. N. Y. St. Mus. Nat. Hist. 31:38 (1878)

Ramaria fennica var. *fumigata* (Peck) Schild, Z. Mykol. 61 (2): 149 (1995)

子实体树枝状,多分枝,由数个主干组成一丛分枝,整体高 5 ~ 15cm,宽 4 ~ 13cm。主枝基部粗壮或膨大,上部多次分枝,小枝直立,顶端钝,带灰紫色、铅灰色或暗灰棕色至深棕灰色,基部近白色。菌肉白色,不变色。担子棍棒状,60 ~ 80μm × 8.5 ~ 11μm,无色,具 4 小梗。担孢子近椭圆形,9.5 ~ 13μm × 4 ~ 5.5μm,内含大油滴,表面粗糙,淡黄色,基部有弯尖。

夏秋季子实体单生或群生于冷杉、云杉林、针阔混交林中地上。

分布:栾川、嵩县、卢氏、渑池。

【紫丁香枝瑚菌】

Ramaria mairei **Donk**, Rev. Niederl. Homob. Aphyll. 2:106 (1933)

子实体树枝状,多分枝,紫色,丁香紫色,整体高达 6 ~ 15cm,宽 4 ~ 8cm,柄短粗,基部近白色。菌肉白色。担子长棒状,50 ~ 62μm × 7.5 ~ 10μm,具 4 小梗。孢子印浅土黄色。担孢子近无色,椭圆形至长椭圆形,9 ~ 12.7μm × 4.5 ~ 6.5μm,稍粗糙。

夏秋季子实体散生、群生于阔叶林中地上。在分布地区调查时,有人说幼嫩时可食用,也有说有毒不宜食用。

分布:卢氏、渑池。

【米黄丛枝菌】

Ramaria obtusissima (**Peck**) **Corner**, Monograph of Clavaria and Allied Genera (Annals of Botany Memoirs No. 1): 609 (1950)

Clavaria obtusissima Peck, Ann. Rep. N. Y. St. Mus. 66:39 (1913)

子实体树枝状,多分枝,整体高 5 ~ 13cm,米黄色,基部白色,短而粗,向下渐细,主枝粗壮,每主枝再行数次不规则的分枝,形成多分枝的菌冠,小枝顶端钝,有 2 ~ 3 小齿。菌肉白色,内实。担子长棍棒状,55 ~ 70μm × 9 ~ 11μm,具 4 小梗。孢子印黄色。担孢子近长方椭圆形至短圆柱形,9.1 ~ 13.5μm × 3.5 ~ 5μm,表面光滑,无色。

夏秋季子实体群生或散生于阔叶或针叶林中地上。可食用。

分布:信阳。

【多脚枝瑚菌】

Ramaria polypus **Corner**, Monograph of Clavaria and Allied Genera (Annals of Botany Memoirs No. 1): 700 (1950)

子实体树枝状、帚状,整体高 2 ~ 5cm,浅粉红色,干后浅粉灰色。菌柄短,且从菌柄基部即着生分枝，小枝弯曲向上，下部3～4叉分枝，上部双叉分枝，分枝顶端细、尖。菌肉白色，质韧。担孢子广椭圆形，6～9μm×4～5μm，浅锈色，表面有皱疣。

夏秋季子实体群生或从生于阔叶林的腐木上。

分布：南召、内乡。

【红枝瑚菌】

***Ramaria rufescens*(Schaeff.) Corner**, Monograph of Clavaria and Allied Genera (Annals of Botany Memoirs No. 1): 618 (1950)

Clavaria rufescens Schaeff., Fung. Bavar. Palat. 3: tab. 288 (1770)

子实体树枝状，分枝很多，整体高7～12cm，淡黄色，顶尖粉红色。菌柄粗壮，长3～6cm，粗1.5～3cm，分枝多而密集。担子棒状，40～55μm×6～8μm，具4小梗。担孢子长方椭圆形，8～10μm×3.6～4.5μm，表面近光滑，淡色，有歪尖。

夏秋季子实体群生、丛生于林中地上。据记载可食用，但老熟后食用会引起腹泻反应。

分布：卢氏、渑池。

【偏白枝瑚菌】

***Ramaria secunda* (Berk.) Corner**, Monograph of Clavaria and Allied Genera (Annals of Botany Memoirs No. 1): 620 (1950)

Clavaria crassipes Peck, Ann. Rep. N. Y. St. Mus. 67: 27 (1903)

Clavaria secunda Berk., Grevillea 2(13): 7 (1873)

Ramaria crassipes (Peck) R. H. Petersen, Trans. Br. Mycol. Soc. 50(4): 645 (1967)

子实体树枝状，多分枝，整体高6～12cm，宽3～6cm，米黄色。柄短而粗壮，向上分为多个主枝，然后在再分枝，分枝顶端钝或稍尖。菌肉近白色，肉实，质脆。担子棒状，40～65μm×6.5～10μm，几乎无色。担孢子椭圆形，8～15μm×4～6μm，色淡，表面往往粗糙，罕近光滑，往往具小尖。

夏末至秋季子实体群生于阔叶林为主的针阔混交林地上及腐叶层上。

分布：内乡、南召。

【密枝瑚菌】

***Ramaria stricta*(Pers.) Quél.**, Fl. Mycol.: 464 (1888)

Clavaria condensata Fr., Epicr. Syst. Mycol.: 575 (1838)

Clavaria kewensis Massee, J. Bot., Lond. 34: 153 (1896)

Clavaria pruinella Ces., In: Rabenhorst, Fungi Europ. Extra-Eur. Exsicc.: 414 (1861)

Clavaria stricta Pers., Comm. Fung. Clav.: 33 (1797)

Clavaria syringarum Pers., Mycol. Eur. 1: 164 (1822)

Clavariella condensata (Fr.) P. Karst., Hattsvampar 37: 184 (1882)

Clavariella stricta (Pers.) P. Karst., Bidr. Känn. Finl. Nat. Folk 37: 188 (1882)

Corallium stricta (Pers.) C. Hahn, Pilzsammler (1883)

Lachnocladium odoratum G. F. Atk., Annls Mycol. 6(1): 58 (1908)

Merisma strictum (Pers.) Spreng., Syst. Veg., Edn 16, 4(1): 495 (1827)

Ramaria condensata (Fr.) Quél., Fl. Mycol. France (1888)

Ramaria stricta var. *condensata* (Fr.) Nannf. & L. Holm, In: Lundell, Nannfeldt & Holm, Publications from the Herbarium, University of Uppsala, Sweden 17:14(1985)

子实体树枝状,多分枝,整体高4~8cm。菌柄长1~6cm,直径0.5~1cm,二叉状分枝数次,有许多直立、细且密的小枝,小枝末端有2~3个小齿。淡黄色或皮革色至土黄色,有时带肉色,后期变为褐黄色,菌柄和顶端色略浅,基部有白色菌丝团或根状菌索。菌肉白色或淡黄色。担子棒状,25~39μm×8~9μm,具4个小梗。担孢子椭圆形,7~9.6μm×4~5μm,无色(图版152)。

夏秋季子实体生群生于阔叶树的腐朽木材上。可食用,具芳香气味,但味微苦。

分布:南召、嵩县、内乡、辉县。

6.1.5.3 木须菌科 Lentariaceae

【微黄木瑚菌(小木须菌)】

***Lentaria byssiseda* Corner**, Ann. Bot. Mem. 1:439(1950)

子实体树枝状,整体高0.5~2.5cm,乳黄色至粉红色。菌柄较短,着生于绒状的白色菌丝层上,下部2~4叉分枝,上部双叉分枝,分枝顶端短而尖,乳白色。担孢子圆柱形至长方形,往往略呈"S"状,10~13μm×3.5~5μm。

夏秋季子实体群生或丛生于阔叶林或混交林中的枯枝落叶层上。

分布:卢氏、嵩县。

6.1.6 鬼笔目 Phallales

6.1.6.1 鬼笔科 Phallaceae

【红笼头菌】

***Clathrus ruber* P. Micheli ex Pers.**, Syn. Meth. Fung. 2:241(1801)

Clathrus cancellatus Tourn. ex Fr., Syst. Mycol. 2(2):288(1823)

子实体幼时近球形,白色,是由外菌幕包裹着的菌体。成熟后外菌幕破裂,从中伸出表面由许多网格组成的笼头状、中空、近球形、红色菌体,菌体直径5~25cm,每个网格近五角形,网棱近海绵状,外侧较平滑,内侧有暗青褐色带腥臭气味的黏液即孢体,往往招引苍蝇。在菌体的基部有白色菌托包裹。担孢子近圆柱形,4~6μm×1.5~2μm,表面光滑,无色。

春季至秋季子实体生于林中空地、草地上。据报道为外生菌根菌,与杨树形成外生菌根。

分布:信阳。

【短裙竹荪】

***Dictyophora duplicata* (Bosc) E. Fisch.**, In: Berlese, De Toni & Fischer, Syll. Fung. 7:6(1888)

Phallus duplicatus Bosc, Mag. Gesell. Naturf. Freunde, Berlin 5:86(1811)

子实体幼时(菌蕾)卵形,成熟时包被裂开,菌柄连同菌盖外露并伸长,包被遗留在基部成为菌托。菌托下部具白色绳状菌索1至数条。成熟的子实体高12~18cm。菌盖钟形,高宽各3.5~5cm,有显著的网络状凹穴,网格中有臭的绿褐色黏液,菌盖顶部平,有1孔。菌托粉灰色,直径4~5cm。菌裙白色,从菌盖下垂3~5cm,网眼圆形,网眼直径1~4mm。菌柄白色,中空,海绵状。担子长棒状,每个担子上着生4~6枚担孢子。担孢子为不规则的棒状、长肾状或长卵状,微弯曲。

夏秋季子实体单生或群生于竹林或竹子与阔叶树的混交林中地上。可食用，为著名的食用菌，食用时需除去菌盖和菌托，并把沾在其他部位的担孢子洗净，菌柄和菌裙均可食用。具药用价值。

分布：信阳。现已人工栽培。

【长裙竹荪】

***Dictyophora indusiata*(Vent.)Desv.**, In: Seaver & Chardón, J. Bot., Paris 2: 92(1809)

Phallus indusiatus Vent., (1798) In: Saccardo, P. A. Sylloge Fungorum 7: 3(1888)

子实体幼时(菌蕾)卵球形，白色至浅灰色褐色，成熟时包被裂开，菌柄连同菌盖外露并伸长，包被遗留在基部成为菌托。菌托下部具白色绳状菌索1至数条。成熟的子实体高12～20cm，菌托白色或淡紫色，直径约3～5.5cm。菌盖钟形，高宽各3～5cm，有显著的网络状凹穴，网格中具臭的暗绿色黏液，菌盖顶端平，有1穿孔。菌群裙白色，从菌盖下垂达10cm以上，网眼多角形，网眼宽5～10mm。菌柄白色，中空，海绵状，基部粗2～3cm，向上渐细。担孢子椭圆形，3.5～4.5μm×1.7～2.3μm。

夏秋季子实体群生或单生于竹林中地上。可食用，味美，为著名的食用菌，食用时需除去菌盖和菌托，并把沾在其他部位的担孢子洗净，菌柄和菌裙均可食用。具药用价值，民间用于治疗痢疾。据报道，对高血压、高胆固醇及腹壁脂肪过厚等有较好的疗效。子实体提取物对小白鼠肉瘤180的抑制率为60%，对艾氏癌的抑制率为70%。

分布：博爱、信阳。现已人工栽培。

【黄裙竹荪】

***Dictyophora multicolor* Berk. & Broome**, Trans. Linn. Soc. London, Bot., Ser. 2, 2: 65(1882)

Phallus multicolor(Berk. & Broome) Cooke, Grevillea 11(58): 57(1882)

子实体幼时(菌蕾)卵球形，成熟时包被裂开，菌柄连同菌盖外露并伸长，包被遗留在基部成为菌托。菌托下部具白色绳状菌索1至数条。成熟的子实体高8～18cm。

菌盖钟形，高2.2～2.8cm，宽1.9～2.2cm，有显著的网络状凹穴，网格中具臭的暗青褐色或青褐色黏液，菌盖顶端平，有1孔口。菌裙柠檬黄色至橘黄色，从菌盖边沿下垂6.5～11cm，下缘直径8～13cm，网眼多角形，网眼孔直径约2～5 mm。菌柄白色或浅黄色，海绵状，中空，长7～15cm，粗1.6～3cm。菌托苞状，2.5～4cm×2～3.5cm，带淡紫色。担孢子椭圆形，3.5～4.5μm×1.5～2μm。壁光滑，透明。

夏季子实体散生于竹林或阔叶林地上。有毒。具药用价值。据记载，浸泡有该菌子实体的70%酒精可作为治疗脚癣的外涂药。

分布：信阳。

【棱柱散尾菌】

***Lysurus mokusin*(L.)Fr.**, Syst. Mycol. 2(2): 288(1823)

Lysurus mokusin f. *mokusin*(L.) Fr., Syst. Mycol. 2(2): 288(1823)

Lysurus mokusin var. *mokusin*(L.) Fr., Syst. Mycol. 2(2): 288(1823)

Phallus mokusin L., Suppl. Pl.: 514(1782)

菌蕾卵形至椭圆形，高2～4cm，宽1.5～2.5cm，白色，基部有数条白色具分枝的根状菌索。成熟子实体高 5～10cm。孢托角柱状，向下渐细，海绵质，中空，粗 1～2cm，粉红色，表面呈凸凹不平的泡状，具 4～5 条显著纵棱及相间的纵槽。孢托上端角锥形，分裂为 4～5 个指爪状裂片，裂片长 2～3cm，顶端尖并愈合在一起，红褐色或深橙红色，指状裂片外侧有纵槽相连。孢体着生在指状裂片上的纵槽内，暗褐色，黏，有恶臭。菌托白色，苞状。造孢组织暗橄榄绿褐色，极臭。担孢子半透明，椭圆形，3.5～5μm×1.5～2μm（图版 153）。

夏秋季子实体单生或群生于林中、草地、庭园或竹林中阴湿处地上。可食用，食用时需去除头部及菌托。可药用，能解毒，消肿，止血。子实体提取物对小白鼠肉瘤 180 及艾氏癌的抑制率分别为 70% 和 80%。

分布：洛阳、新安、卢氏、灵宝、信阳。

【棱柱散尾菌中华变型】

***Lysurus mokusin* f. *sinensis*（Lloyd）Kobayasi**，In：Nakai & Hindo，Nova Japonica part2：53（1938）

子实体由头部、菌柄、菌托三部分组成，高 3～12cm。菌柄海绵质，脆，直径 1～1.5cm，通常 5 棱，断面呈星状，中空，表面淡红色。头部有爪形托臂 5 枚，托臂的顶端结合在一起成尖细嘴状突（棱柱散尾菌没有尖细的嘴状突），底色为红色。托臂内侧互相连接，附有暗褐色、具恶臭味的造孢组织。菌托苞状，白色。担孢子淡黄白色，纺锤形，4～4.5μm×1.5～2μm（图版 154～155）。

夏季多雨时子实体单生或群生于竹林、房前屋后等处。

分布：洛阳、新安、卢氏、灵宝。

【竹林蛇头菌】

***Mutinus bambusinus*（Zoll.）E. Fisch.**，Ann. Jard. Bot. Buitenzorg 6：30（1886）

Aedycia bambusina（Zoll.）Kuntze，Revis. Gen. Pl. 3：441（1898）

Cynophallus bambusinus（Zoll.）Rea［as '*Cyanophallus*'］，Brit. Basidiomyc.：23（1922）

Phallus bambusinus Zoll.，Sowie der aus Japan Empfangenen Pflanzen. 1：11（1854）

子实体幼时（菌蕾）卵形或球形，包被三层，中层胶质，成熟时包被裂开，孢托伸长并外露，包被遗留在孢托的基部成为菌托。成熟子实体无菌盖，高 8～15cm。菌托白色至米黄色，卵圆形至椭圆形，高 3.5～4.5cm，宽 1.2～2cm。孢托圆柱形，粗 1～1.5cm，中空，壁海绵状，上部粉红色，下部橙红色略带白色。产孢组织在孢托顶端部分，长 1.5～2cm，鲜红色至紫红色，具疣状皱纹，顶端穿孔，上有黏稠、恶臭、暗青色至暗绿色的孢体。担孢子近圆筒形，淡青绿色（图版 156～158）。

夏秋季子实体散生至群生于竹林、阔叶林地上。具药用价值，外用能解毒消肿。

分布：卢氏、信阳。

【蛇头菌】

***Mutinus caninus*（Huds.）Fr.**，Summa Veg. Scand.，Section Post.：434（1849）

Aedycia canina（Huds.）Kuntze，Revis. Gen. Pl. 3：441（1898）

Cynophallus caninus（Huds.）Fr.，Outl. Brit. Fung.：298（1860）

Ithyphallus inodorus Gray，Nat. Arr. Brit. Pl. 1：675（1821）

Phallus caninus Huds.，Fl. Angl.，Edn 2，2：630（1778）

Phallus caninus var. *caninus* Huds.，Lich. Jap.，3，Gen. Usnea 2：630（1778）

Phallus inodorus Sowerby, Col. Fig. Engl. Fung. Mushr. 3: pl. 330(1801)

子实体蛇头状，较小，高 6～8cm。菌托白色，卵圆形或近椭圆形，高 2～3cm，粗 1～1.5cm。菌柄圆柱形，似海绵状，中空，粗 0.8～1cm，上部粉红色，向下渐呈白色。菌盖鲜红色，圆锥状，顶端具小孔，长 1～2cm，表面近平滑或有疣状凸起，其上有暗绿色黏稠具腥臭味的孢体，菌盖与柄连接处在外形上无明显变化。担孢子长椭圆形，3.5～4.5μm×1.5～2μm，无色。

秋季子实体单生、散生，或群生于林中地上。据记载有毒。

分布：信阳。

【香鬼笔】

***Phallus fragrans* M. Zhang**, In: Zhang & Ji, 微生物学报 4(2): 113(1985)

子实体中等大小，菌盖圆锥形或钟形，高 3.5～5cm，宽 2.5～3.5cm，淡黄色，表面呈网格状，顶端平截或呈圆圈状，中央具孔，产孢层黑褐色或橄榄褐色，具有与丁香花近似的浓香气味。菌柄圆柱形，高 10～24cm，粗 2～4cm，海绵质，白色，表面具小孔。菌托较大，苞状，包被中层胶质，厚 0.5～1.9cm。菌托基部具明显的白色根状菌索。担孢子狭椭圆形，2.5～3.7μm×0.8～1.7μm，直或弯曲，透明或微具橄榄绿色（图版 159）。

夏秋季子实体单生或群生于落叶松、云杉林下。

分布：卢氏。

讨论：鬼笔类真菌的子实体大都具有恶臭味，此种则具有浓郁的丁香花香气味，是大型真菌多样性的一个典型代表，有研究应用价值。过去报道的该菌分布地区为西藏、云南、湖南等地，我们在河南卢氏发现了该菌，这是目前发现的该菌最北分布地区。

【白鬼笔】

***Phallus impudicus* L.**, Sp. Pl. 2: 1178(1753)

Ithyphallus impudicus(L.) Fr., Lich. Mexique 4: 42(1886)

Morellus impudicus(Pers.) Eaton, Man. Bot., Edn 2: 324(1818)

子实体幼期（菌蕾）球形或卵形，地上生或半埋伏，粉灰色至粉白色，包被三层，中层胶质，成熟时包被顶端开裂，伸出圆筒形或纺锤形的孢托，包被遗留于基部成为菌托。成熟子实体粗毛笔状，高 10～17cm，菌托苞状，厚，有弹性。菌盖钟形，高 3.5～5cm，宽 3.5～4cm，成熟后顶平，有穿孔，表面有大而深的网格，生有暗绿色黏且臭的黏液。菌柄近圆筒形，长 8～10.5cm，粗 1.5～2.5cm，白色，海绵状，中空。担孢子椭圆形，3.5～4.5μm×2～2.5μm，平滑。

夏秋季子实体群生或单生于林中地上。把菌盖和菌托去掉后可食用，也可煎汁作为食品短期储藏的防腐剂。可药用。

分布：信阳。

【红鬼笔】

***Phallus rubicundus*(Bosc) Fr.**, (1826) In: Saccardo, P. A. Sylloge Fungorum 7: 11(1888)

Satyrus rubicundus Bosc, Mag. Gesell. Naturf. Freunde, Berlin 5(1811)

子实体幼期（菌蕾）球形或卵形，白色至淡褐色，直径约 2.5cm，基部有白色菌索。包被三层，中层胶质，成熟时包被顶端开裂，伸出圆筒形或纺锤形的孢托，包被遗留于基部成为菌托。成熟子实体毛笔状，高 10～23cm 或更高，顶部有钟形或圆锥形菌盖。菌盖高 1.5～4cm，宽1～

1.7cm,表面浅红色至橘红色,具网纹格,有青褐色、黏液状孢体,具恶臭味。菌盖顶端有圆环状小孔口,红色。菌柄中空,疏松,脆弱,海绵状,圆柱形,长8～18cm,粗1～1.5cm,向下渐变粗,上部橘红色至深红色,向下渐变淡橘红色至白色。菌托鞘状,厚,白色,有时略带粉红色,有弹性,长2.5～3cm,粗1.5～2cm。担孢子椭圆形,3.5～4.5μm×2～2.3μm,无色或近无色(图版160)。

夏秋季子实体群生或散生于竹林、针阔叶林中地上、田野及草丛中,多生长在腐殖质多的地方。具药用价值。

分布:汝阳、辉县、卢氏、陕县。

【细黄鬼笔】

***Phallus tenuis*(E. Fisch.) Kuntze**, In: Saccardo, P. A. Sylloge Fungorum 7:9(1888)

Ithyphallus tenuis E. Fisch., Ann. Du Jardin Bot. de Buitenzorg 6:4(1886)

子实体幼期(菌蕾)球形或卵形,包被三层,中层胶质,成熟时包被顶端开裂,伸出圆筒形或纺锤形的孢托,包被遗留于基部成为菌托。成熟子实体高7～10cm。菌盖钟形,高2～25.5cm,黄色,表面有明显的小网格,有黏而臭、青褐色的黏液,顶端平,具一小穿孔。菌柄细长,海绵状,淡黄色,长5～7cm,粗0.8～1.0cm,内部空心,向上渐尖细。菌托白色。担孢子椭圆形,2.5～3μm×1.5μm。

子实体生于朽木上。

分布:信阳。

【红色四叉鬼笔】

***Pseudocolus fusiformis*(E. Fisch.) Lloyd**, Mycol. Writ. (7):53(1909)

Anthurus javanicus(Penz.) G. Cunn., Proc. Linn. Soc. N. S. W.:186(1931)

Anthurus rothae(E. Fisch.) G. Cunn., Proc. R. Soc. N. S. W. 56:188(1931)

Colus fusiformis E. Fisch., Neue Denkschr. Allg. Schweiz. Ges. Gesammten Naturwiss. 32(1):64(1890)

Colus javanicus Penz., Ann. Jard. Bot. Buitenzorg 16:160(1899)

Pseudocolus javanicus(Penz.) Lloyd, Mycol. Notes 2:358(1907)

Pseudocolus rothae(E. Fisch.) Yasuda, Bot. Mag., Tokyo 30:298(1916)

Pseudocolus rothae Lloyd, Phall. Austr.:20(1907)

子实体较小,幼时外菌幕包裹着的菌体呈卵圆形,高约1.5～2cm,直径约1～1.5cm,污白色。成熟后包被破裂,孢托伸出,高4～8cm,粗可达4～5cm,圆柱形,中空,近白色至粉红色,上部分成3～4个角状分枝,橘红色,初期分枝顶端连接一起,后期分离,内侧有纵向皱褶且附有暗褐色具臭气味的孢体。担孢子椭圆形,4～5μm×1.5～2.5μm,表面光滑,无色,透明。

夏秋季子实体生于林中腐殖质多的地上或朽木上。因子实体色彩艳丽、形如佛手状而十分引人注意,但经济意义不明。

分布:卢氏、新县、商城。

【黄柄笼头菌】

***Simblum gracile* Berk.**, Hocker London Journal of Botany 5:535(1846)

子实体幼时(菌蕾)卵形,成熟时包被裂开,菌柄连同菌盖外露并伸长,包被遗留在基部成为菌托。菌托下部具白色绳状菌索。菌盖近球形,窗格状,橘黄色,直径2～4cm,具有12～18

格孔。格孔径 3～10mm。孢体暗色，有臭味，产生在格孔的内侧。菌柄黄色，海绵质，长 6～10cm，中空，顶端开口，向下渐细，基部尖削。菌托白色，高、宽约 3cm。担孢子椭圆形，4.5～5.1μm×1.9～2μm，表面光滑，无色。

子实体生于林中地上、田地上。具药用价值。

分布：信阳。

【球盖柄笼头菌】

***Simblum sphaerocephalum* Schltdl.**，Linnaea 31：154（1861）

子实体幼时近球形，白色，是由外菌幕包裹着的菌体。成熟后外菌幕破裂，从中伸出菌柄和菌盖，破裂的外菌幕成为菌托留在菌柄基部，这时整个菌体明显地分为菌托、菌柄和菌盖三部分，整个菌体高 8～9cm，菌托白色，高 3cm，宽 2.5cm。菌柄长 5～7cm，粗 1.5～2cm，红色或带粉红色，海绵状，内部中空。菌盖红色，近球形，窗格状，格径 4cm，有 10 个左右的格状体。孢体暗褐色，产生在格的内侧。担孢子椭圆形。

夏秋季子实体生林中或林缘等处地上。

分布：洛阳、信阳。

6.1.7　木耳目 Auriculariales

6.1.7.1　木耳科 Auriculariaceae

【木耳】

***Auricularia auricula-judae*（Bull.）Quél.**，Enchir. Fung.：207（1886）

Auricularia auricula（L.）Underw.，Mem. Torrey Bot. Club 12：15（1902）

Auricularia auricula-judae f. *auricula-judae*（Bull.）Quél.，Enchir. Fung.：207（1886）

Auricularia auricula-judae var. *auricula-judae*（Bull.）Quél.，Enchir. Fung.：207（1886）

Auricularia auricula-judae var. *lactea* Quél.，Enchir. Fung.：207（1886）

Auricularia auricularis（Gray）G. W. Martin，Am. Midl. Nat. 30：81（1943）

Auricularia lactea（Quél.）Bigeard & H. Guill.，Fl. Champ. sup. France 2（1913）

Auricularia sambuci Pers.，Mycol. Eur. 1：97（1822）

Exidia auricula-judae（Bull.）Fr.，Syst. Mycol. 2（1）：221（1822）

Gyraria auricularis Gray，Nat. Arr. Brit. Pl. 1：594（1821）

Hirneola auricula（L.）H. Karst.，Deutschl. Fl.，3 Abt.：93（1880）

Hirneola auricula-judae（Bull.）Berk.，Outl. Brit. Fung.：289（1860）

Hirneola auricula-judae var. *auricula-judae*（Bull.）Berk.，Outl. Brit. Fung.：289（1860）

Hirneola auricula-judae var. *lactea*（Quél.）D. A. Reid，Trans. Br. Mycol. Soc. 55（3）：440（1970）

Hirneola auricularis（Gray）Donk，Bull. Bot. Gdns Buitenz. 18：89（1949）

Peziza auricula（L.）Lightf.，Fl. Scot. 2：801（1777）

Peziza auricula-judae（Bull.）Bolton，Hist. Fung. Halifax 3：tab. 107（1790）

Tremella auricula L.，Sp. Pl. 2：1157（1753）

Tremella auricula-judae Bull.，Herb. Fr. 9：tab. 427，fig. 2（1789）

子实体胶质，幼时浅圆盘状，长大后耳状、花瓣状或不规则形，宽 2～12cm，新鲜时软，干后硬且收缩。背面为不孕面，暗青褐色，有短毛，毛不分隔，多弯曲，向顶端渐尖削，毛长 40～150μm，粗 4.5～6.5μm，基部膨大，粗可达 10μm。腹面为子实层面，光滑或稍有皱纹，红褐色或棕褐色,成熟时可见白色霜状物。担子大小为 50～62μm×3～5.5μm。担孢子无色,光滑,常弯曲,腊肠形,9～16μm×5～7.5μm(图版 161)。

夏秋季子实体单生、群生或簇生于多种阔叶树的枯木上。为著名的食用菌,营养丰富,其营养是米、面、蔬菜所不能比拟的,含钙量是肉类的数倍,并具药用价值,尤适合作为化纤、棉、麻、毛纺织工人的保健食品。在我国已有近千年的人工栽培历史。子实体热水提取物为酸性异葡聚糖,对小白鼠肉瘤 180 的抑制率为 42.5%～70%,对艾氏腹水癌的抑制率为 80%。

分布:辉县、信阳。

【角质木耳】

***Auricularia cornea* Ehrenb.**, Horae Phys. Berol.:91(1820)

Exidia cornea(Ehrenb.)Fr., Syst. Mycol. 2(1):222(1822)

子实体革质至胶质,杯状或浅杯状,有细脉纹或棱,无柄或近有柄,新鲜时红褐色,干时黄褐色或暗绿褐色,直径可达 15cm,厚 0.8～1.2mm。背面有毛,毛长 180～220μm,粗 5～7μm,顶端圆。子实层表面光滑,厚约 80～90μm。担子棒状,45～55μm×4～5μm,具三横隔。担孢子腊肠形,13～16μm×5～6μm,表面光滑,无色。

春季至夏季子实体群生或单生于阔叶树枯木上。可食用。

分布:卢氏、渑池、陕县。

【肠膜状木耳】

***Auricularia mesenterica*(Dicks.)Pers.**, Mycol. Eur. 1:97(1822)

Auricularia corrugata Sowerby, Col. Fig. Engl. Fung. Mushr. 3:pl. 290(1800)

Auricularia lobata Sommerf., Mag. Naturvididensk. 6:295～299(1826)

Auricularia tremelloides Bull., Herb. Fr. 7:tab. 290(1787)

Auricularia tremelloides var. *tremelloides* Bull., Herb. Fr. 7:tab. 290(1787)

Gyraria violacea(Relhan)Gray, Nat. Arr. Brit. Pl. 1:594(1821)

Helvella mesenterica Dicks., Fasc. Pl. Cript. Brit. 1:20(1785)

Merulius mesentericus(Dicks.)Schrad., Spicil. Fl. Germ. 1:138(1794)

Patila mesenterica(Dicks.)Kuntze, Revis. Gen. Pl. 2:864(1891)

Phlebia mesenterica(Dicks.)Fr., Elench. Fung. 1:154(1828)

Thelephora mesenterica J. F. Gmel., Systema Naturae, Edn 13, 2(2):1440(1792)

Thelephora tremelloides(Bull.)Lam. & DC., Fl. Gén. Env. Paris 1:92(1826)

Tremella corrugata Schwein., Syn. Fung. Amer. Bor.:no. 1112(1832)

Tremella violacea Relhan, Fl. Cantab.:442(1785)

子实体平伏或半平伏,常覆瓦状叠生,半圆形、贝壳形至不规则形,直径 5～15cm,厚 1.5～4mm,半胶质,坚硬;边缘波状,稍有浅裂。表面松软,黏,有蛋壳色、灰白色、深褐色相间的同心环纹,有厚约 1mm 的绒毛层;绒毛无隔,无色,基部淡黄色,相互交织成非胶质层。子实层面胶质,暗褐色至紫褐色,平滑,有脉纹或网状皱纹。担孢子卵形,基部尖,无色,大小 14～15μm×6～7μm。

生于栎、杨、榆等阔叶树的腐木上。子实体具抗肿瘤作用。子实体的热水提取物对小白鼠肉瘤 180 抑制率为 42.6%～60%,对艾氏腹水癌的抑制率为 60%。

分布:河南。

注:作者未见到该菌,关于该菌在河南省的分布是依据文献《中国真菌总汇》(戴芳澜,1979)。

【毛木耳】

***Auricularia polytricha*(Mont.)Sacc.** ,Atti Inst. Veneto Sci. lett. ,ed Arti,Sér. 6,3:722(1885)

Auricularia auricula-judae var. *polytricha*(Mont.)Rick,In:Rambo(Ed.),Iheringia,Sér. Bot. 2:22(1958)

Exidia polytricha Mont. ,Voy. Indes Or. ,Bot. 2:154(1834)

Hirneola polytricha(Mont.)Fr. ,(1848),In:Saccardo,P. A. Sylloge Fungorum 6:766(1888)

子实体初期杯状,渐变为耳状、叶状或不规则形,宽 2 ~ 15cm,基部往往有皱褶,韧胶质,干后收缩并呈软骨质。初期红褐色,成熟后子实层面变紫灰色至黑色,较光滑。不孕面密生绒毛,青褐色、浅茶褐色至瓦灰色,毛大小 50 ~ 600μm × 45 ~ 65μm,基部膨大处粗 10μm。担子 52 ~ 62μm × 3 ~ 3.5μm。担孢子肾形,13 ~ 15μm × 6μm,表面光滑,无色(图版 162 ~ 163)。

夏秋季子实体生于洋槐、榆、柳、桑、构等多种阔叶树枯干及腐木上。可食用,是著名的食用菌,有木头海蜇皮之称。具有药用价值。与木耳相比,毛木耳食用时口感脆,适合作凉拌菜。现已大量人工栽培,人工栽培比木耳更容易。具药用价值。

分布:辉县、信阳。

【黑胶耳】

***Exidia glandulosa*(Bull.)Fr.** ,Syst. Mycol. 2(1):224(1822)

Exidia spiculosa(Pers.)Sommerf. ,Suppl. Fl. lapp. :1 ~ 333(1826)

Gyraria spiculosa (Pers.)Gray,Nat. Arr. Brit. Pl. 1:594(1821)

Tremella atra O. F. Müll. ,Fl. Danic. 5:tab. 884(1782)

Tremella glandulosa Bull. ,Herb. Fr. 9:tab. 420,fig. 1(1789)

Tremella nigricans var. *glandulosa*(Bull.)Bull. ,Hist. Champ. France 1:217(1791)

Tremella rubra J. F. Gmel. ,Systema Naturae,Edn 13,2(2):1448(1792)

Tremella spiculosa Pers. ,Observ. Mycol. 1:99(1796)

子实体为扭曲的片状结构,直径 1.5 ~ 3cm,高 1.5 ~ 4cm,黑色,胶质,初期具小瘤,表面有细小的疣点,常沿着树皮裂缝平伏生长又互相连接。担子卵形,13 ~ 15μm × 9 ~ 11μm。担孢子腊肠形,12 ~ 15μm × 3.5 ~ 5μm。

春季至秋季子实体群生于杨、柳等树皮上。据记载有毒。也见于栽培木耳、香菇的段木上,被视为“杂菌”。

分布:信阳。

【中国刺皮菌】

***Heterochaete sinensis* Teng**,Sinensia 7:530(1936)

子实体平状,薄,蜡质至膜质,厚 200 ~ 350μm,初期散生,圆形,直径 3 ~ 4mm,后期互相愈合而长达 10cm,宽 2cm,易脱落。子实层初期米黄色,后来变为浅肉色至浅土黄色,上面有密生的小刺。小刺散生,圆柱形,120 ~ 200μm × 30 ~ 50μm,突出部分达 100μm,由平行的、粗 2 ~ 2.5μm 的菌丝组成。担子无色,倒卵形,有纵隔膜,14 ~ 20μm × 8 ~ 10μm。担孢子圆柱形,稍弯曲,9 ~ 12μm × 4.5 ~ 6μm,无色,表面平滑。

子实体生于枯枝上

分布:河南。

注:作者未见到该菌,关于该菌在河南省的分布是依据文献《中国真菌总汇》(戴芳澜,1979)。

6.1.7.2 科未确定 Incertae sedis for family

【胡桃纵隔担孔菌】

***Elmerina caryae*(Schwein.) D. A. Reid**, Persoonia 14(4):471(1992)

Aporpium canescens(P. Karst.) Bondartsev & Singer, In: Singer, Mycologia 36(1):67(1944)

Aporpium caryae(Schwein.) Teixeira & D. P. Rogers, Mycologia 47(3):410(1955)

Aporpium pilatii (Bourdot) Bondartsev & Singer ex Bondartsev [as '*pilati*'], Trut. Grib Evrop. Chasti SSSR Kavkaza: 159(1953)

Microporus fendleri (Berk. & M. A. Curtis) Kuntze, Revis. Gen. Pl. 3:496(1898)

Microporus fendzleri(Berk. & M. A. Curtis) Kuntze, Revis. Gen. Pl. 3(2):496(1898)

Polyporus argillaceus Cooke, Grevillea 7(41):1(1878)

Polyporus caryae Schwein., Trans. Am. Phil. Soc., New Series 4(2):159(1832)

Polyporus fendzleri Berk. & M. A. Curtis, J. Linn. Soc., Bot. 10(45):317(1868)

Polystictus fendzleri(Berk. & M. A. Curtis) Sacc., Syll. Fung. 6:291(1888)

Poria argillacea (Cooke) Sacc., Syll. Fung. 6:321(1888)

Poria canescens P. Karst., Revue Mycol., Toulouse 9:10(1887)

Poria caryae(Schwein.) Sacc., Syll. Fung. 6:306(1888)

Poria cordylines G. Cunn. [as '*cordylina*'], Bull. N. Z. Dept. Sci. Industr. Res., Pl. Dis. Div. 72:39(1947)

Poria fendzleri (Berk. & M. A. Curtis) J. Lowe, Lloydia 10:50(1947)

Poria pilatii Bourdot, Bull. Trimest. Soc. Mycol. Fr. 48:230(1932)

Protomerulius caryae(Schwein.) Ryvarden, Syn. Fung. 5:212(1991)

子实体平状于基质上，新鲜时肉革质，干后木栓质，大小可达18cm×5cm，厚可达2mm。孔口表面新鲜时浅灰色至灰色。不育边缘明显，奶油色至浅灰色，宽可达2mm。孔口近圆形，每毫米6~8个。菌管与孔口表面同色，干后木栓质，长约1.5mm。菌肉灰褐色，新鲜时革质，干后木栓质，厚约0.2mm。构成子实体的菌丝为二系菌丝。子实层中有拟囊状体，拟囊状体梭形或瓶状，9~15μm×3.8~5μm，薄壁。担子卵球形，8.2~12μm×5.2~8μm，纵向四分隔，顶部具4个小梗，基部具一锁状联合。拟担子在子实层中占多数，形状与担子相似，纵向四分隔，但略小。担孢子香肠形，5~6μm×1.9~2.9μm，无色，表面光滑。

子实体见于多种阔叶树的枯木上，一年生，偶可存活至第二年，造成木材白色腐朽。

分布：内乡。

【焰耳】

***Guepinia helvelloides*(DC.) Fr.**, Elench. Fung. 2:30(1828)

Guepinia rufa(Jacq.) Beck, Lich. Pl. Nov. Zemlya(1884)

Gyrocephalus helvelloides(DC.) Keissl., Beih. Bot. Zbl., Abt. 2, 31:461(1914)

Gyrocephalus rufus (Jacq.) Bref., Unters. Gesammtgeb. Mykol. 7:131(1888)

Phlogiotis helvelloides(DC.) G. W. Martin, Am. J. Bot. 23:628(1936)

Phlogiotis rufa(Jacq.) Quél., Enchir. Fung.:202(1886)

Tremella helvelloides DC., In: Lamarck & de Candolle, Fl. franç., Edn 3, 2:93(1805)

Tremella rufa Jacq., Misc. austriac. 1:143(1778)

Tremiscus helvelloides (DC.) Donk, Taxon 7:164(1958)

子实体硬胶质，新鲜时淡红色、红色或红褐色，干后颜色变淡，有时褪为污白色，直立，有柄,高达5cm。菌盖匙状或扇状。子实层生于下侧,子实层体平滑,上侧表面有脉络。菌柄有沟或干后扭曲。原担子近球形,直径10 ~ 12.5μm,后生担子变为卵形,有十字形纵隔,14 ~ 21μm×9 ~ 13μm。小梗近圆柱形,25μm×4μm。担孢子卵形或椭圆形,10 ~ 12μm×6 ~ 8μm,可重复萌发(图版164)。

夏秋季子实体从林中埋在地下的腐木上生出,单生,可食用。

分布:卢氏。

讨论:国内文献中,多以 *Phlogiotis helvelloides*(DC.)G. W. Martin 作为该菌的学名。

6.1.8 鸡油菌目 Cantharellales

6.1.8.1 鸡油菌科 Cantharellaceae

【鸡油菌】

Cantharellus cibarius **Fr.**,Syst. Mycol. 1:318(1821)

Agaricus alectorolophoides Schaeff.,Fung. Bavar. Palat. 4:46(1774)

Agaricus chantarellus L.,Sp. Pl. 2:1171(1753)

Agaricus chantarellus Bolton,Hist. Fung. Halifax 2:62(1788)

Cantharellus alborufescens(Malençon)Papetti & S. Alberti,Bollettino del Circolo Micologico ‘Giovanni Carini’ 36:26(1999)

Cantharellus cibarius f. *neglectus* M. Souché,Bull. Soc. Mycol. Fr. 20:39(1904)

Cantharellus cibarius subsp. *flavipes* R. Heim,Revue Mycol.,Paris 25:224(1960)

Cantharellus cibarius subsp. *nanus* R. Heim,Revue Mycol.,Paris 25:225(1960)

Cantharellus cibarius subsp. *umbrinus* R. Heim,Revue Mycol.,Paris 25:225(1960)

Cantharellus cibarius var. *albidus* Maire,Publ. Inst. Bot. Barcelona 3(4):49(1937)

Cantharellus cibarius var. *alborufescens* Malençon,Travaux de l'Institut Scientifique Cherefien et de la Faculté des Sciences de Rabat,Série Botanique et Biologie Vegetale 33:520(1975)

Cantharellus cibarius var. *albus* Fr.,Publ. Inst. Bot. Barcelona:49(1937)

Cantharellus cibarius var. *bicolor* Maire,Publ. Inst. Bot. Barcelona 3(4):49(1937)

Cantharellus cibarius var. *cibarius* Fr.,Syst. Mycol. 1:318(1821)

Cantharellus cibarius var. *flavipes* R. Heim ex Eyssart. & Buyck,Bulletin de la Société Mycologique du Limousin 116(2):107(2000)

Cantharellus cibarius var. *flavipes*(R. Heim)Corner,Monogr. Cantharelloid Fungi:41(1966)

Cantharellus cibarius var. *nanus*(R. Heim)Corner,Monogr. Cantharelloid Fungi:41(1966)

Cantharellus cibarius var. *neglectus*(M. Souché)Sacc.,Syll. Fung. 17:34(1905)

Cantharellus cibarius var. *salmoneus* L. Corb.,Mém. Soc. Imp. Sci. Nat. Cherbourg 40:123(1929)

Cantharellus cibarius var. *umbrinus*(R. Heim)Corner,Monogr. Cantharelloid Fungi:42(1966)

Cantharellus edulis Sacc.,Fl. ital. Cript.,Hymeniales:456(1916)

Cantharellus neglectus(M. Souché)Eyssart. & Buyck,Bulletin de la Société Mycologique du Limousin 116(2):121(2000)

Cantharellus pallens Pilát,Omagiu lui Traian Savulescu:600(1959)

Cantharellus rufipes Gillet,Les Hyménomycètes ou Description de Tous les Champignons(Fungi)qui Croissent en France:13(1874)

Cantharellus vulgaris Gray,Nat. Arr. Brit. Pl. 1:636(1821)

Chanterel alectorolophoides(Schaeff.)Murrill,N. Amer. Fl. 9(3):169(1910)

Chanterel chantarellus(L.) Murrill, N. Amer. Fl. 9(3):169(1910)
Craterellus cibarius(Fr.) Quél., Fl. Mycol. France:37(1888)
Merulius alectorolophoides(Schaeff.) J. F. Gmel., Syst. Nat. 2(2):1430(1792)
Merulius chantarellus(L.) Scop., Fl. Carniol., Edn 2, 2:461(1772)
Merulius cibarius(Fr.) Westend., Herb. Cript. Belg.: no. 340(1857)

子实体喇叭形,肉质,中等大小,杏黄色至蛋黄色。菌盖直径 3~10cm,高 7~12cm,最初盖扁平,后渐下凹,边缘伸展成波状或瓣状向内卷。菌肉稍厚,蛋黄色。喇叭形子实体的外表面具棱褶,棱褶窄而分叉或有横脉相连,延生至菌柄部。菌柄长 2~8cm,粗 0.5~1.8cm,杏黄色,向下渐细,表面光滑,内实。担孢子椭圆形,7~10μm×5~6.5μm,表面光滑,无色。

夏秋季子实体散生或群生于林中地上。为树木外生菌根菌,与云杉、冷杉、铁杉、栎、栗、山毛榉、鹅耳枥等形成外生菌根。可食用,味道鲜美,具浓郁的水果香味。具药用价值,可用于治疗维生素 A 缺乏症,还可抗某些呼吸道及消化道感染疾病。对小白兔肉瘤 180 有抑制作用。

分布:信阳。

【红鸡油菌】

***Cantharellus cinnabarinus*(Schwein.) Schwein.**, Trans. Am. Phil. Soc., New Series 4(2):153(1832)
Agaricus cinnabarinus Schwein., Schr. Naturf. Ges. Leipzig 1:73(1822)
Chanterel cinnabarinus(Schwein.) Murrill, Mycologia 5(5):258(1913)

子实体喇叭形,较小。菌盖最初扁平,后中部下凹,近似喇叭状,直径 1.5~5.5cm,薄,表面光滑,初期近朱红色,老后退色,边缘内卷,波状至瓣裂状,无条纹。菌肉近白色,近表皮处红色。菌褶稀,狭窄,延生,分叉,有横脉连接。菌柄与菌盖同色,近圆柱形,长 2~4cm,粗 0.3~1.0cm,常弯曲,表面光滑,实心。担孢子宽椭圆形,6~10μm×4~6μm,表面光滑,无色。

夏秋季子实体散生、群生或单生于林中地上。是树木的外生菌根菌。可食用,味鲜美。

分布:卢氏、陕县。

【薄黄鸡油菌】

***Cantharellus lateritius*(Berk.) Singer**, Lilloa 22:729(1949)
Craterellus lateritius Berk., Grevillea 1(10):147(1873)

子实体喇叭形。菌盖近喇叭状,直径 3~10cm,较薄,橘黄色至黄色,似蜡质,边缘延伸且后期向内卷,表面光滑。菌肉较薄,橘黄色,靠近菌柄部菌肉近黄白色,具有水果香气。菌柄橘黄色,长 2.5~10cm,粗 0.5~2cm,有时上部粗,内部白色,空心,子实层体近平滑或呈低的条棱或浅沟纹,橘黄色,后期带浅粉红色。孢子印粉黄色。担孢子椭圆形,7.5~12μm×4~6.5μm,表面光滑,无色。

秋季子实体生于林中地上。是树木的外生菌根菌。可食用,味鲜美。

分布:卢氏、陕县。

【小鸡油菌】

***Cantharellus minor* Peck**, Ann. Rep. Reg. St. N. Y. 23:122(1872)
Merulius minor(Peck) Kuntze, Revis. Gen. Pl. 2:862(1891)

子实体喇叭形,较小。菌盖初期中部扁平,后期中部下凹,宽 1~3cm,橙黄色,边缘不规则波状,内卷。菌肉很薄。菌褶较稀疏,延生,有分叉。菌柄橙黄色,上粗下细,长 1~2cm,粗

0.2～0.6cm。担孢子椭圆形，6～8μm×4.5～5.5μm，表面光滑，无色。

夏秋季子实体群生或丛生于混交林中地上。为树木的外生菌根菌。可食用，味鲜美。具药用价值，含有维生素 A，对皮肤干燥、夜盲症、眼炎等有医疗作用。

分布：辉县、信阳。

【金黄喇叭菌】

***Craterellus aureus* Berk. & M. A. Curtis**, Proc. Amer. Acad. Arts & Sci. 4:123(1860)

Cantharellus aureus(Berk. & M. A. Curtis) Bres., Hedwigia 53:46(1913)

Cantharellus diamesus(Ricker) Pat., Annals Cryptog. Exot. 1:18(1928)

Craterellus laetus Pat. & Har., Bull. Soc. Mycol. Fr. 28:282(1912)

Thelephora diamesa Ricker, Philipp. J. Sci., C, Bot. 1:284(1906)

Trombetta aurea(Berk. & M. A. Curtis) Kuntze, Revis. Gen. Pl. 2:873(1891)

子实体喇叭状，金黄色，高7～12cm。菌盖直径2～5.5cm，中间下凹至柄部，高3～6.5cm，边缘往往呈波状，内卷或向上伸展，近光滑，有蜡质感。子实层面平滑，无褶棱。菌柄偏生，与菌盖相连形成筒状，长2～6cm，粗0.3～0.8cm，向基部渐细。担子细长，具4小梗。担孢子椭圆形，7.5～10μm×6～7.5μm，表面光滑，无色。

夏秋季子实体群生或丛生于栎等壳斗科及其他阔叶树的林地上。为树木的外生菌根菌，与一些阔叶树形成外生菌根。可食用，味道鲜美，具浓郁的水果香气。

分布：信阳。

【灰黑喇叭菌】

***Craterellus cornucopioides*(L.) Pers.**, Mycol. Eur. 2:5(1825)

Cantharellus cornucopioides (L.) Fr., Syst. Mycol. 1:321(1821)

Craterella cornucopioides(L.) Pers., Tent. Disp. Meth. Fung.:71(1797)

Craterellus ochrosporus Burt, Ann. Mo. Bot. Gdn 1:334(1914)

Dendrosarcus cornucopioides(Pers.) Kuntze[as '*cornucopiodes*'], Revis. Gen. Pl. 3:463(1898)

Helvella cornucopioides(L.) Bull., Hist. Champ. France 1:291, tab. 150; 498:3(1791)

Merulius cornucopioides(L.) With., Bot. Arr. Brit. Pl., Edn 2, 3:281(1792)

Merulius cornucopioides(L.) Pers., Syn. Meth. Fung. 2:491(1801)

Merulius purpureus With., Bot. Arr. Brit. Pl., Edn 2, 3:280(1792)

Octospora cornucopioides(L.) Timm, Fl. Megapol. Prodr.:262(1788)

Pezicula cornucopioides(L.) Paulet, Tab. Pl. Fung. (1791)

Peziza cornucopioides L., Sp. Pl. 2:1181(1753)

Pleurotus cornucopioides(Pers.) Gillet, Hyménomycètes:345(1876)

子实体喇叭状，很薄，半膜质，柔软，灰褐色至灰黑色，高3～8cm。菌盖从中央凹陷达基部，直径2～5cm，表面有灰褐色细小鳞片，边缘呈波状或瓣状向下卷曲。着生子实层的一面(子实层体)淡灰紫色或浅灰白色，近平滑或稍有皱纹，菌柄高1～3cm，与着生子实层的部分不易区分。担孢子卵圆形至椭圆形，8～13μm×5.6～8μm，表面光滑，无色。

夏秋季子实体群生、丛生于阔叶林下地上。为树木的外生菌根菌，与山毛榉、栎等树木形成外生菌根。可食用。

分布：信阳。

【管形喇叭菌】

***Craterellus tubaeformis*(Schaeff.) Quél.**, Fl. Mycol. :36(1888)

Agaricus aurora Batsch, Elench. Fung. :93(1783)

Agaricus cantharelloides Sowerby, Col. Fig. Engl. Fung. Mushr. 1:pl. 47(1797)

Agaricus cantharelloides Bull., Hist. Champ. France:tab. 505(1792)

Cantharellus aurora (Batsch) Kuyper, Riv. Micol. 33(3):249(1991)

Cantharellus cantharelloides Quél., Compt. Rend. Assoc. Franç. Avancem. Sci. :5(1895)

Cantharellus infundibuliformis(Scop.) Fr., Epicr. Syst. Mycol. :366(1838)

Cantharellus infundibuliformis var. *subramosus* Bres., Fung. Trident. 1:tab. 97(1881)

Cantharellus infundibuliformis var. *tubiformis*(Schaeff.) Maire, Fungi Catalaunici: Contributions à l'étude de la Flore Mycologique de la Catalogne:44(1933)

Cantharellus lutescens Fr., Syst. Mycol. 1:320(1821)

Cantharellus lutescens f. *lutescens* Fr., Syst. Mycol. 1:320(1821)

Cantharellus lutescens var. *lutescens* Fr., Syst. Mycol. 1:320(1821)

Cantharellus tubaeformis Fr., Syst. Mycol. 1:319(1821)

Cantharellus tubaeformis var. *lutescens* Fr., Epicr. Syst. Mycol. :366(1838)

Cantharellus tubaeformis var. *subramosus*(Bres.) Cetto, Enzyklopädie der Pilze, Band 1: Leistlinge, Korallen, Porlinge, Röhrlinge, Kremplinge u. a. :135(1987)

Cantharellus tubaeformis var. *tubaeformis* Fr., Syst. Mycol. 1:319(1821)

Cantharellus xanthopus(Pers.) Duby, Bot. Gall., Edn 2,2:799(1830)

Craterellus lutescens(Fr.) Fr., Epicr. Syst. Mycol. :532(1838)

Helvella cantharelloides Bull., Hist. Champ. France 10:tab. 473, fig. 3(1790)

Helvella tubaeformis Schaeff. [as '*Elvela*'], Fung. Bavar. Palat. 2:tab. 157(1763)

Merulius cantharelloides(Bull.) J. F. Gmel., Syst. Nat. 2(2):1430(1792)

Merulius fuligineus Pers., Syn. Meth. Fung. 2:490(1801)

Merulius fuligineus var. *fuligineus* Pers., Syn. Meth. Fung. 2:490(1801)

Merulius hydrolips var. *fuligineus*(Pers.) Mérat, Nouv. Fl. Environs Paris:48(1821)

Merulius infundibuliformis Scop., Fl. Carniol., Edn 2,2:462(1772)

Merulius lutescens Pers., Syn. Meth. Fung. 2:489(1801)

Merulius tubaeformis(Schaeff.) Pers., Comm. Schaeff. Icon. Pict. :62(1800)

Merulius tubiformis var. *lutescens*(Pers.) Pers., Mycol. Eur. 2:17(1825)

Merulius xanthopus Pers., Mycol. Eur. 2:19(1825)

Peziza undulata Bolton, Hist. Fung. Halifax 3:105(1790)

Trombetta lutescens(Pers.) Kuntze, Revis. Gen. Pl. 2:873(1891)

子实体喇叭形。菌盖初期稍凸,后渐伸展且中部下凹呈喇叭状,直径 2 ~ 6cm 或稍大,表面具微细的毛状小鳞片,边缘薄而波状或反卷,或不规则浅裂。菌肉薄,柔软,黄色。菌褶狭窄呈条棱状,稍密,多次分叉并有横脉交织,明显延伸至菌柄部。菌柄近柱形,稍弯曲,长 2 ~ 5cm,粗 0.3 ~ 0.8cm,有的基部稍细,表面近光滑,内部实。孢子印白色。担孢子椭圆至宽椭圆形,8 ~ 9.5μm × 4 ~ 7μm,表面光滑,无色。

夏秋季子实体散生或群生于松树林或混交林中地上。是树木的外生菌根菌。可食用,且味道鲜美,是优质美味的野生食用菌。

分布:信阳。

【波假喇叭菌】

Pseudocraterellus undulatus **(Pers.) Rauschert**, Feddes Repert. Spec. Nov. Regni Veg. 98 (11 ~ 12) : 661 (1987)

Cantharellus pusillus(Fr.)Fr. ,Syst. Mycol. 1:319(1821)

Cantharellus sinuosus Fr. ,Syst. Mycol. 1:319(1821)

Cantharellus undulatus(Pers.)Fr. ,Syst. Mycol. 1:321(1821)

Craterella crispa(Bull.)Pers. ,Observ. Mycol. 1:30(1796)

Craterellus crispus(Bull.)Berk. ,Outl. Brit. Fung. :266(1860)

Craterellus pusillus(Fr.)Fr. ,Epicr. Syst. Mycol. :533(1838)

Craterellus sinuosus(Fr.)Fr. ,Epicr. Syst. Mycol. :533(1838)

Craterellus sinuosus var. *crispus*(Bull.)Quél. ,Fl. Mycol. France:35(1888)

Helvella crispa Sowerby,Col. Fig. Engl. Fung. Mushr. 2:pl. 14(1798)

Helvella crispa Bull. ,Herb. Fr. 10:tab. 465,fig. 1(1790)

Merulius crispus(Bull.)J. F. Gmel. ,Systema Naturae 2(2):1430(1792)

Merulius pusillus Fr. ,Observ. Mycol. 2:234(1818)

Merulius sinuosus(Fr.)Pers. ,Mycol. Eur. 2:18(1825)

Merulius tubiformis var. *crispus*(Bull.)L. Marchand,Bijdr. Natuurk. Wetensch. 3:272(1828)

Merulius tubiformis var. *sinuosus*(Fr.)Pers. ,Mycol. Eur. 2:17(1825)

Merulius undulatus Pers. ,Syn. Meth. Fung. 2:492(1801)

Merulius undulatus subsp. *undulatus* Pers. ,Syn. Meth. Fung. 2:492(1801)

Pseudocraterellus sinuosus(Fr.)Corner,Beih. Sydowia 1:268(1958)

Pseudocraterellus sinuosus var. *pusillus*(Fr.)Courtec. ,Clé de determination macroscopique des Champignons superieurs des regions du Nord de la France(Roubaix):104(1986)

Pseudocraterellus undulatus var. *crispus*(Bull.)Courtec. ,Docums Mycol. 23(92):62(1994)

Pseudocraterellus undulatus var. *sinuosus*(Fr.)Bon,Docums Mycol. 22(88):37(1993)

Pseudocraterellus undulatus var. *undulatus*(Pers.)Courtec. ,Feddes Repert. Spec. Nov. Regni Veg. 98(11 ~12): 661(1987)

Thelephora undulata(Sw.)Fr. ,Elench. Fung. (1828)

Trombetta pusilla(Fr.)Kuntze,Revis. Gen. Pl. 2:873(1891)

Trombetta sinuosa(Fr.)Kuntze,Revis. Gen. Pl. 2:873(1891)

子实体喇叭状,浅棕灰色至暗灰色,高 1.5 ~3.5cm。菌盖较薄,直径 2 ~3.5cm,近半膜质,表面有细绒毛,边缘波浪状。子实层体平滑或有皱纹,浅烟灰色,干后变为淡粉灰色。菌肉很薄。菌柄圆柱形,长 1 ~3.5cm,粗 0.2 ~0.4cm,内部松软。孢子印带黄色。担孢子椭圆形,8 ~11μm ×6 ~7μm,表面光滑,淡黄色。

子实体丛生至群生于阔叶林中地上。据报道可食用。

分布:辉县。

6.1.8.2 角担子菌科 Ceratobasidiaceae

【瓜亡革菌】

Thanatephorus cucumeris **(A. B. Frank) Donk**,Reinwardtia 3:376(1956)

Botryobasidium solani(Prill. & Delacr.)Donk,Bull. Trimest. Soc. Mycol. Fr. 27:248(1931)

Ceratobasidium filamentosum(Pat.)L. S. Olive,Am. J. Bot. 44(5):431(1957)

Ceratobasidium praticola(Kotila)L. S. Olive,Am. J. Bot. 44(5):431(1957)
Ceratobasidium solani (Prill. & Delacr.)Pilát,Česká Mykol. 11:81(1957)
Corticium areolatum Stahel,Phytopathology 30(2):129(1940)
Corticium praticola Kotila,Phytopathology 19:1065(1929)
Corticium sasakii(Shirai)H. Matsumoto,Trans. Sapporo Nat. Hist. Soc. 13(2~3):119(1934)
Corticium solani(Prill. & Delacr.)Bourdot & Galzin,Bull. Soc. Mycol. Fr. 27(2):248(1911)
Corticium vagum subsp. *solani*(Prill. & Delacr.)Bourdot & Galzin,Hyménomyc. de France:242(1928)
Corticium vagum var. *solani* Burt,Science,N. Y. 18:729(1903)
Hypochnus cucumeris A. B. Frank,Ber. dt. Bot. Ges. 1:62(1883)
Hypochnus filamentosus Pat. ,Bull. Soc. Mycol. Fr. 7:163(1891)
Hypochnus sasakii Shirai,Bot. Mag. ,Tokyo 20:319(1906)
Hypochnus solani Prill. & Delacr. ,Bull. Soc. Mycol. Fr. 7:220(1891)
Moniliopsis aderholdii Ruhland,Arb. k. Biol. Aust. (Aust. -Reichsanst.)Berl. 6:76(1908)
Moniliopsis solani (J. G. Kühn)R. T. Moore,Mycotaxon 29:95(1987)
Pachysterigma griseum Racib. [as '*grisea*'],Parasit. Alg. Pilze Java's:30(1900)
Pellicularia filamentosa(Pat.)D. P. Rogers,Farlowia 1(1):113(1943)
Pellicularia filamentosa f. *filamentosa*(Pat.)D. P. Rogers,Farlowia 1(1):113(1943)
Pellicularia filamentosa f. sp. *sasakii* Exner,Mycologia 45:717(1953)
Pellicularia praticola(Kotila)Flentje,Trans. Br. Mycol. Soc. 39(3):353(1956)
Pellicularia sasakii(Shirai)S. Ito,Mycol. Fl. Japan 2(4):107(1955)
Pellicularia solani (J. G. Kühn)Exner,Mycologia 45:717(1953)
Rhizoctonia aderholdii (Ruhland)Marchion. ,Revta Fac. Agron. Vet. Univ. Nac. La Plata 26:4(1946)
Rhizoctonia betae Eidam,Jber. schles. Ges. vaterl. Kultur 65:261(1887)
Rhizoctonia borealis J. T. Curtis,Am. J. Bot. 26:393(1939)
Rhizoctonia dimorpha Matz,J. Dept. Agric. Porto Rico 5:20(1921)
Rhizoctonia fusca Rostr. ,Sygdomme hos Llandbrugsplanter Foraarsagede af Snyltesvampe:125(1893)
Rhizoctonia gossypii Forsten. ,Phytopath. Z. 3:385(1931)
Rhizoctonia gossypii var. *aegyptiaca* Forsten. ,Phytopath. Z. 3:386(1931)
Rhizoctonia macrosclerotia Matz,J. Dept. Agric. Porto Rico 5:19(1921)
Rhizoctonia melongenae Matz,J. Dept. Agric. Porto Rico 5:29(1921)
Rhizoctonia potomacensis Wollenw. ,Ber. dt. Bot. Ges. 31:17~34(1913)
Rhizoctonia solani J. G. Kühn,Krankh. Kulturgew. :224(1858)
Rhizoctonia solani var. *hortensis* R. Schulz,Arb. Biol. Reichsanst. Land-u. Forstw. 22:30(1936)
Rhizoctonia solani var. *lycopersici* Schultz,Arb. Biol. Reichsanst. Land-u. Forstw. 22:30(1936)
Rhizoctonia solani var. *typica* Sneh,Burpee & Ogoshi,Identification of Rhizoctonia Species(St. Paul):67(1991)
Thanatephorus corchori C. C. Tu,Y. H. Cheng & Kimbr. ,Mycologia 69(2):411(1977)
Thanatephorus praticola(Kotila)Flentje,Aust. J. Bot. 16:451(1963)
Thanatephorus sasakii (Shirai)C. C. Tu & Kimbr. ,Bot. Gaz. 139:457(1978)
Tulasnella grisea(Racib.)Sacc. & P. Syd. ,Syll. Fung. 16:203(1902)

自然情况下,主要以菌丝和菌核存在。菌丝初无色,后呈褐色,分枝近直角,在分枝处稍缢缩,距分枝不远处有隔膜,菌丝粗 8~14μm。老菌丝常呈一连串桶形细胞。菌核近球形或不定形,菌核内外均为褐色,表面粗糙,不规则形。有性世代在自然条件下不易见到,在土壤中形成薄层蜡状或白粉色网状至网膜状子实层。担子桶形或亚圆筒形，上具2～5个小梗，小梗上着生担孢子。担孢子椭圆形至宽棒状，大小6～12μm×4.5～7μm，基部较宽。担孢子能重复萌发形成2次担孢子。

寄生于小麦、水稻、玉米、高粱、谷子、地黄，引起纹枯病；寄生于白椿、白术、侧柏、刺槐、松树、大白菜、冬瓜、番茄、红麻、花生、辣椒、马铃薯、猕猴桃棉花、泡桐、葡萄、茄子、山药、山楂、水稻、西瓜、辛夷、烟草、银杏、圆柏、水杉、田七、苹果、柳杉、甘蓝、芝麻、玄参等，引起幼苗立枯病；寄生于油菜，引起根腐病；寄生于橘梗，引起茎基腐病。以菌丝和菌核在病残体或在土壤中越冬。翌春条件适宜，菌核萌发产生菌丝侵入寄主，后病部产生气生菌丝，在病组织附近不断扩展。寄生于香石竹，引起茎腐病。

分布：广泛分布于河南各地。

6.1.8.3 锁瑚菌科 Clavulinaceae

【灰色锁瑚菌】

Clavulina cinerea **(Bull.) J. Schröt.**, In: Cohn, Krypt. -Fl. Schlesien 3. 1(25～32): 443(1888)

Clavaria cinerea Bull., Herb. Fr. 8: tab. 354(1788)

Clavaria cinerea var. *gracilis* Rea, Trans. Br. Mycol. Soc. 6(1): 62(1918)

Clavaria fuliginea Pers., Mycol. Eur. 1: 166(1822)

Clavaria grisea Pers., Comm. Fung. Clav.: 44(1797)

Clavulina cinerea f. *cinerea* (Bull.) J. Schröt., In: Cohn, Krypt. -Fl. Schlesien 3. 1(25～32): 443(1888)

Clavulina cinerea var. *gracilis* (Rea) Corner, Monograph of Clavaria and Allied Genera (Annals of Botany Memoirs No. 1): 309(1950)

Corallium cinereum (Bull.) Hahn, Pilzsammler: 73(1883)

Merisma cinereum (Bull.) Spreng., Syst. Veg., Edn 16, 4(1): 497(1827)

Ramaria cinerea (Bull.) Gray, Nat. Arr. Brit. Pl. 1: 655(1821)

子实体树枝状，多分枝，高3～9cm，灰色，有柄，分枝顶端呈齿状。担子细长，具2小梗。担孢子近球形，6.5～10μm，无色，表面光滑，有小尖，内含1个大油滴。

夏秋季子实体群生或丛生于阔叶林地上。

分布：信阳。

【冠锁瑚菌】

Clavulina coralloides **(L.) J. Schröt.**, In: Cohn, Krypt. -Fl. Schlesien 3. 1(25～32): 443(1888)

Clavaria coralloides L., Sp. Pl. 2: 1182(1753)

Clavulina coralloides f. *cristata* (Holmsk.) Franchi & M. Marchetti, Bollettino del Circolo Micologico 'Giovanni Carini' 39: 21(2000)

Clavulina coralloides f. *subrugosa* (Corner) Franchi & M. Marchetti, Bollettino del Circolo Micologico 'Giovanni Carini' 39: 30(2000)

Clavulina cristata (Holmsk.) J. Schröt., In: Cohn, Krypt. -Fl. Schlesien 3. 1(25～32): 442(1888)

Clavulina cristata f. *subcinerea* Donk, Meded. Bot. Mus. Herb. Rijks Univ. Utrecht 9: 19(1933)

Clavulina cristata var. *coralloides* Corner, Monograph of Clavaria and Allied Genera (Annals of Botany Memoirs No. 1): 693(1950)

Clavulina cristata var. *incarnata* Corner, Ann. Bot. Mem. 1: 692(1950)

Clavulina cristata var. *lappa* P. Karst. ,Hattsvampar 2:168(1882)

Clavulina cristata var. *subrugosa* Corner,Ann. Bot. Mem. 1:693(1950)

Ramaria cristata Holmsk. ,Beata Ruris Otia Fungis Danicis 1:92(1790)

Stichoramaria cristata(Holmsk.)Ulbr. ,Krypt. -Fl. Anfäng. (1928)

子实体树枝状,多分枝,白色、淡粉红色或灰白色,高3~6cm,基部有柄,上端有密集、尖细的小枝。菌肉白色。担孢子近球形,直径7~9.5μm,无色,内含1个大油滴,表面光滑,有一小尖(图版165)。

夏秋季子实体群生于阔叶林中充满落叶层的地上,可食用。

分布:内乡、嵩县。

【皱锁瑚菌】

***Clavulina rugosa*(Bull.)J. Schröt.** ,In:Cohn,Krypt. -Fl. Schlesien 3.1(25~32):442(1888)

Clavaria canaliculata Fr. ,Observ. Mycol. 2:294(1818)

Clavaria grossa Pers. ,Comm. Fung. Clav. :50(1797)

Clavaria herveyi Peck,Ann. Rep. N. Y. St. Mus. 45:84(1893)

Clavaria rugosa Bull. ,Herb. Fr. 10:tab. 448,fig. 2(1790)

Clavaria rugosa var. *fuliginea* Fr. ,Hymenomyc. Eur. :669(1874)

Clavulina herveyi(Peck)R. H. Petersen,Mycologia 59(1):42(1967)

Clavulina rugosa var. *alcyonaria* Corner,Monograph of Clavaria and Allied Genera(Annals of Botany Memoirs No. 1):693(1950)

Clavulina rugosa var. *canaliculata*(Fr.)Corner,Monograph of Clavaria and Allied Genera(Annals of Botany Memoirs No. 1):338(1950)

Clavulina rugosa var. *fuliginea*(Fr.)Gillet,Les Hyménomycètes ou Description de Tous les Champignons(Fungi) qui Croissent en France:66(1874)

Ramaria rugosa(Bull.)Gray,Nat. Arr. Brit. Pl. 1:655(1821)

子实体枝状,不分枝或有极少数不规则的分枝,高4~8.5cm,粗3~7cm,白色,干后谷黄色,表面平滑或有皱纹,实心。菌肉白色。担孢子近球形,直径7~10μm,有小尖,无色,表面光滑,内含1个大油滴。

春季至夏季雨后子实体散生或群生于阔叶林中落叶层间地上。可食用,味道较好,但因个体小,不易采集。

分布:嵩县、内乡、南召、信阳、新县。

【洁多枝瑚菌】

***Multiclavula clara*(Berk. & M. A. Curtis)R. H. Petersen**,Am. Midl. Nat. 77:217(1967)

Clavaria clara Berk. & M. A. Curtis,J. Linn. Soc. ,Bot. 10(46):338(1868)

Clavaria flavella Berk. & M. A. Curtis,J. Linn. Soc. ,Bot. 10(46):338(1868)

Clavulinopsis flavella(Berk. & M. A. Curtis)Corner,Monograph of Clavaria and Allied Genera(Annals of Botany Memoirs No. 1):365(1950)

子实体单根直立,高约3cm,细棒状,新鲜时浅橘黄色,干后褐橙色,基部微红。菌肉的菌丝平行排列,壁较厚。担子较短,往往从菌丝上有锁状联合的上端生出。营养菌丝近双叉分枝,尖部多膨大呈球形。担孢子椭圆形,6.5~8μm×3.5~45μm,壁光滑,具较钝的弯尖头。

春季至秋季子实体群生于林下近木桩处的地上，与藻类相伴生，为山坡荒地的先锋生物，环境污染严重的地区不能生长，故可作为监测空气污染的指示生物。

分布：卢氏、渑池、陕县。

6.1.8.4 齿菌科 Hydnaceae

【变红齿菌】

Hydnum repandum **L.**，Sp. Pl. 2:1178(1753)

Dentinum repandum(L.)Gray，Nat. Arr. Brit. Pl. 1:650(1821)

Dentinum rufescens(Schaeff.)Gray，Nat. Arr. Brit. Pl. 1:650(1821)

Fungus erinaceus Vaill.，Bot. Pars.:58(1723)

Hydnum album Pers.，Traité sur les Champignons Comestibles:249(1818)

Hydnum aurantium Raf.，J. Bot. 1:237(1813)

Hydnum bicolor Raddi，Mem. Mat. Fis. Soc. Ital. Sci. Modena，Pt. Mem. Fis. 13:353(1807)

Hydnum bulbosum Raddi，Mem. Mat. Fis. Soc. Ital. Sci. Modena，Pt. Mem. Fis. 13:353(1807)

Hydnum clandestinum Batsch，Elench. Fung.:113(1783)

Hydnum diffractum Berk.，J. Bot.，Lond. 6:323(1847)

Hydnum flavidum Schaeff.，Fung. Bavar. Palat. 4:99(1774)

Hydnum medium Pers.，Observ. Mycol. 2:97(1800)

Hydnum pallidum Raddi，Mem. Mat. Fis. Soc. Ital. Sci. Modena，Pt. Mem. Fis. 13:353(1807)

Hydnum repandum subsp. *repandum* L.，Sp. Pl. 2:1178(1753)

Hydnum rufescens Schaeff.，Fung. Bavar. Palat. 4:95(1774)

Hydnum washingtonianum Ellis & Everh.，Proc. Acad. Nat. Sci. Philad. 46:323(1894)

Sarcodon abietinus R. Heim[as '*abietinum*']，Revue Mycol.，Paris 8:10(1943)

Sarcodon repandus(L.)Quél.，Enchir. Fung.:189(1886)

Tyrodon repandus(L.)P. Karst.，Revue Mycol.，Toulouse 3(9):19(1881)

子实体较小，肉质。菌盖半球形至稍平展，有时中部略显下凹，浅橘黄色、黄褐色，边缘色较浅且波状并内卷。菌肉较厚，带浅黄色。子实层体为众多的软肉刺，着生于菌盖下面。担子棒状，细长。担孢子宽卵圆形至近球形，无色，表面光滑(图版 166)。

夏秋季子实体散生或群生于冷杉、云杉等针叶林中的地上，为树木的外生菌根菌。可食用，味道较好。

分布：汝阳。

【白卷缘齿菌】

Hydnum repandum **var.** ***albidum*****(Quél.)Rea**，Brit. Basidiomyc.:630(1922)

子实体伞状，白色至乳白色。菌盖扁半球形至近平展，直径 2～6cm，中部稍下凹，初期边缘内卷，后期有的开裂。菌盖下面着生密齿，齿白色，延生，直锥状，很脆。菌肉白色。菌柄偏生或中央生，圆柱形，长 3～5cm，粗 6～10cm，中空。担子着生于齿的表面，30～35μm×5～8μm。担孢子近球形，直径 3.5～5.8μm，无色。

春季至秋季子实体单生或群生于林中地上。可食用，味美。

分布：信阳。

6.1.9 伏革菌目 Corticiales

6.1.9.1 伏革菌科 Corticiaceae

【紫红伏革菌】

***Corticium roseocarneum*(Schwein.) Hjortstam**, Windahlia 23:2(1998)

Corticium lilacinofuscum Berk. & M. A. Curtis, Grevillea 1(12):180(1873)

Corticium subrepandum Berk. & Cooke, Grevillea 6(39):81(1878)

Dendrocorticium roseocarneum (Schwein.) M. J. Larsen & Gilb., Norw. Jl Bot. 24:115(1977)

Laeticorticium roseocarneum(Schwein.) Boidin, Revue Mycol., Paris 26:479(1961)

Laxitextum roseocarneum(Schwein.) Lentz, U. S. Dept. Agric. Monogr. 24:22(1955)

Stereum lilacinofuscum(Berk. & M. A. Curtis) Lloyd, Mycol. Writ. 5(Letter 68):8(1918)

Stereum roseocarneum(Schwein.) Fr., Nova Acta R. Soc. Scient. Upsal., Ser. 3, 1:112(1851)

Stereum sendaiense Lloyd, Mycol. Writ. 5(Mycol. Notes 48):680(1917)

Terana lilacinofusca(Berk. & M. A. Curtis) Kuntze, Revis. Gen. Pl. 2:872(1891)

Terana subrepanda(Berk. & Cooke) Kuntze, Revis. Gen. Pl. 2:873(1891)

Thelephora roseocarnea Schwein., Schr. Naturf. Ges. Leipzig 1:107(1822)

Vararia roseocarnea(Schwein.) Teng, 中国的真菌:763(1963)

子实体片状，薄，平伏，枯枝杆下面背着生，边缘有窄的菌盖。菌盖表面灰白色，有密集的短毛。子实层体初期淡紫色到紫色，后渐呈灰褐色或近褐黄色，近平滑。菌丝鹿角状分枝。担孢子椭圆形或卵圆形，6～9μm×3.8～15μm，无色，光滑。

子实体生于阔叶树枯枝上，引起木材白色腐朽。

分布：新安、汝阳、卢氏。

6.1.10 褐褶菌目 Gloeophyllales

6.1.10.1 褐褶菌科 Gloeophyllaceae

【深褐褶菌】

***Gloeophyllum sepiarium*(Wulfen) P. Karst.** [as '*Gleophyllum*'], Bidr. Känn. Finl. Nat. Folk 37:79(1882)

Agaricus asserculorum Batsch, Elench. Fung.:95(1783)

Agaricus boletiformis Sowerby, Col. Fig. Engl. Fung. Mushr. 3:pl. 418(1809)

Agaricus sepiarius Wulfen, In: Jacquin, Collnea Bot. 1:339(1786)

Agaricus sepiarius var. *sepiarius* Wulfen, In: Jacquin, Collnea Bot. 1:339(1786)

Agaricus undulatus Hoffm., Veg. Herc. Subterr. 2:7(1797)

Daedalea sepiaria(Wulfen) Fr., Syst. Mycol. 1:333(1821)

Daedalea sepiaria subsp. *sepiaria* (Wulfen) Fr., Syst. Mycol. 1:333(1821)

Daedalea sepiaria var. *undulata*(Hoffm.) Pers., Mycol. Eur. 3:11(1828)

Daedalea ungulata Lloyd, Mycol. Writ. 4(Letter 60):15(1915)

Gloeophyllum ungulatum(Lloyd) Imazeki, Bull. Tokyo Sci. Mus. 6:75(1943)

Lenzites argentina Speg., Anal. Mus. Nac. Hist. Nat. B. Aires 6:114(1898)

Lenzites sepiaria(Wulfen) Fr., Kritisk Öfversigt af Finlands Basidsvampar, (Basisiomycetes; Gastero- & Hymenomycetes) (Helsingfors) 43:337(1889)

Merulius sepiarius(Wulfen) Schrank, Baier. Fl. 2:575(1789)

Merulius sepiarius var. *sepiarius*(Wulfen) Schrank, Baier. Fl. 2:575(1789)

子实体木栓质，无柄，长扁半球形，长条形，平伏而反卷，中等至大型。菌盖宽 2 ~ 12cm，厚 0.3 ~ 1cm，表面深褐色，老组织带黑色，有粗绒毛及宽环带，边缘薄而锐，波浪状。菌褶锈褐色到深咖啡色，极少相互交织，初期厚，渐变薄，波浪状。担子棒状，具 4 小梗。担孢子圆柱形，7.5 ~ 10μm × 3 ~ 4.5μm，无色，光滑。

子实体群生于云杉、落叶松的倒木上，引起心材褐色块状腐朽。偶尔也生于阔叶树腐木上。子实体可药用，有抑癌作用，对小白鼠肉瘤 180 和艾氏癌的抑制率均为 60%。

分布：栾川、嵩县。

6.1.11 刺革菌目 Hymenochaetales

6.1.11.1 刺革菌科 Hymenochaetaceae

【丝光钹孔菌】

***Coltricia cinnamomea* (Jacq.) Murrill**, Bull. Torrey Bot. Club 31(6):343(1904)

Boletus cinnamomeus Jacq., Collnea Bot. 1:116(1787)

Coltricia oblectans (Berk.) G. Cunn., Bull. N. Z. Dept. Sci. Industr. Res., Pl. Dis. Div. 77:3(1948)

Coltricia parvula (Klotzsch) Murrill, Bull. Torrey Bot. Club 31(6):345(1904)

Coltricia perennis f. *casimiri* (Velen.) Pilát, Atlas Champ. l'Europe, Polyporaceae 3(1):581(1942)

Microporus bulbipes (Fr.) Kuntze, Revis. Gen. Pl. 3(2):495(1898)

Microporus cinnamomeus (Jacq.) Kuntze, Revis. Gen. Pl. 3(2):495(1898)

Microporus oblectans (Berk.) Kuntze, Revis. Gen. Pl. 3(2):496(1898)

Microporus parvulus (Klotzsch) Kuntze, Revis. Gen. Pl. 3(2):496(1898)

Pelloporus cinnamomeus (Jacq.) Quél., Fl. Mycol.:402(1888)

Pelloporus fimbriatus var. *cinnamomeus* (Jacq.) Quél., Fl. Mycol.:402(1888)

Polyporus baudysii Kavina, České Houby 4 ~ 5:681(1922)

Polyporus bulbipes Fr., In: Lehmann, Pl. Preiss. 2:135(1847)

Polyporus bulbipes var. *cladonia* (Berk.) Sacc., Syll. Fung. 6:211(1888)

Polyporus casimiri Velen., České Houby 4 ~ 5:681(1922)

Polyporus cinnamomeus (Jacq.) Pers., Mycol. Eur. 2:41(1825)

Polyporus cladonia Berk., J. Bot., Lond. 4:51(1845)

Polyporus oblectans Berk., J. Bot., Lond. 4:51(1845)

Polyporus parvulus Klotzsch, Linnaea 8:483(1833)

Polyporus splendens Peck, Ann. Rep. N. Y. St. Mus. Nat. Hist. 26:68(1874)

Polyporus subsericeus Peck, Ann. Rep. N. Y. St. Mus. Nat. Hist. 33:37(1883)

Polystictus bulbipes (Fr.) Fr., Nova Acta R. Soc. Scient. Upsal., Ser. 3, 1:72(1851)

Polystictus cinnamomeus (Jacq.) Sacc., Syll. Fung. 6:210(1888)

Polystictus cladonia (Berk.) Sacc., Syll. Fung. 6:211(1888)

Polystictus oblectans (Berk.) Cooke, Grevillea 14(71):77(1886)

Polystictus parvulus (Klotzsch) Fr., Nova Acta R. Soc. Scient. Upsal., Ser. 3, 1:71(1851)

Polystictus perennis f. *casimiri* (Velen.) Pilát, Atlas Champ. l'Europe, Polyporaceae 3(1):581(1942)

Polystictus perennis f. *cinnamomeus* (Jacq.) Pilát, Atlas Champ. l'Europe 3:582(1940)

Strilia cinnamomea (Jacq.) Gray, Nat. Arr. Brit. Pl. 1:645(1821)

Strilia cinnamomeus (Jacq.) Gray, Nat. Arr. Brit. Pl. 1(1821)

Xanthochrous bulbipes (Fr.) Pat., Essai Tax. Hyménomyc.:100(1900)

Xanthochrous cinnamomeus(Jacq.)Pat.,Essai Tax. Hyménomyc.:100(1900)
Xanthochrous oblectans(Berk.)Pat.,Bulletin du Muséum National d'Histoire Naturelle,Paris 27:376(1921)
Xanthochrous parvulus(Klotzsch)Pat.,Essai Tax. Hyménomyc.:100(1900)
Xanthochrous splendens (Peck)Pat.,Essai Tax. Hyménomyc.:100(1900)

子实体伞状至漏斗状。菌盖圆形,直径 2 ~4cm,中部脐状或漏斗状,革质,肉桂色或咖啡色,表面有光泽和环带。菌柄中生,长 2 ~3cm,粗 1.5 ~3mm,表面有绒毛。管口多角形,每毫米 2 ~4 个。担孢子椭圆形,6 ~8μm ×4 ~5μm,表面光滑,带褐色。

夏秋季子实体群生于林地上。

分布:卢氏、陕县、灵宝、内乡。

【多年生集毛菌】

***Coltricia perennis*(L.)Murrill**,J. Mycol. 9(2):91(1903)
Boletus confluens Schumach.,Enum. Pl. 2:378(1803)
Boletus cyathiformis Vill.,Hist. Pl. Dauphiné 3:1040(1789)
Boletus fimbriatus Roth,Catalecta botanica 1:240(1797)
Boletus infundibulum Roth,Catalecta botanica 1:244(1797)
Boletus lejeunii L. Marchand,Bijdr. Natuurk. Wetensch. 1:413(1826)
Boletus leucoporus Holmsk.,Beata Ruris Otia Fungis Danicis 1:57(1790)
Boletus perennis L.,Sp. Pl. 2:1177(1753)
Boletus perfosssus L. Marchand,Bijdr. Natuurk. Wetensch. 1:414(1826)
Boletus subtomentosus Bolton[as '*subtomentosum*'],Hist. Fung. Halifax 2:87(1788)
Coltricia connata Gray,Nat. Arr. Brit. Pl. 1:644(1821)
Microporus perennis(L.)Kuntze,Revis. Gen. Pl. 3(2):494(1898)
Ochroporus perennis(L.)J. Schröt.,Kryptogamenflora der Schweiz 3(1):488(1888)
Pelloporus parvulus Lázaro Ibiza,Revta R. Acad. Cienc. Exact. Fis. Nat. Madr. 14:110(1916)
Pelloporus perennis(L.)Quél.,Enchir. Fung.:166(1886)
Polyporus parvulus Lázaro Ibiza,Revta R. Acad. Cienc. Exact. Fis. Nat. Madr. 14:99(1916)
Polyporus perennis(L.)Fr.,Syst. Mycol. 1:350(1821)
Polyporus perennis var. *perennis*(L.)Fr.,Syst. Mycol. 1:350(1821)
Polyporus scutellatus I. G. Borshch.,Reise Sibir. 1:144(1856)
Polystictus decurrens Lloyd,Mycol. Writ. 3:12(1908)
Polystictus perennis(L.)Fr.,Meddn Soc. Fauna Flora Fenn. 5:39(1879)
Polystictus prolifer Lloyd,Mycol. Writ. 3:8(1908)
Trametes perennis(L.)Fr.,Summa Veg. Scand.,Section Post.:323(1849)
Xanthochrous perennis(L.)Pat.,Essai Tax. Hyménomyc.:100(1900)

子实体伞状至漏斗状。菌盖圆形,中部脐状或下凹,宽 2 ~6.5cm,厚 1 ~2mm,土黄色至锈褐色,渐变为灰色,革质,薄,表面有微细绒毛及同心环纹,有时有辐射状条纹,边缘薄而锐。菌柄中生,锈褐色至咖啡色,长 2 ~3cm,粗 1.5 ~5mm,表面有细绒毛,基部常膨大。菌肉褐色,厚 0.5mm。菌管长 1 ~1.5mm,管口与菌柄同色,多角形,每毫米 2 ~4 个。担孢子长椭圆形或近长方形,6 ~7.5μm ×4 ~5μm,表面光滑。

夏秋季子实体散生、群生于阔叶林中地上。

分布:卢氏、陕县、灵宝、嵩县。

【红锈刺革菌】

***Hymenochaete mougeotii*(Fr.)Cooke**,J. Linn. Soc.,Bot. 27:111(1890)

Corticium mougeotii(Fr.)Fr.,Epicr. Syst. Mycol.:558(1838)

Corticium nespori Velen.,České Houby 4~5:757(1922)

Hymenochaete sphaeriaecola Lloyd,Mycol. Writ. 7:1338(1925)

Merulius mougeotii(Fr.)Pat.,Revue Mycol.,Toulouse 12:133(1890)

Stereum mougeotii(Fr.)Quél.,Hooker's J. Bot. Kew Gard. Misc. 6:170(1854)

Thelephora mougeotii Fr.,Elench. Fung. 1:188(1828)

子实体片状,平伏,贴基物生长,不易剥离,新鲜时革质,干后较硬,形状不规则,多为长方圆形、椭圆形,3~5μm×4~6cm,有时可更大,边缘往往反卷,其反卷部分的背面暗锈褐色至琥珀色,似有细绒毛,边缘很窄,红褐色。子实层体紫红色或暗血红色,后期或干时呈土褐红色或豆沙色。剖面厚200~600μm,可分为刚毛层、中间层及边缘带。刚毛红褐色,向上渐细,顶端尖锐,直或略显弯曲,60~100μm×5~8μm。中间层由粗2~3.5μm的菌丝纵列组成。担孢子长椭圆形或长方椭圆形,5~7μm×2~3μm,无色,平滑。

子实体见于云杉、冷杉和栎、柳、杜鹃等阔叶树的枯立木、枯枝、倒木上,也见于栽培食用菌的段木上。为木材腐朽菌,引起白色腐朽。

分布:新安、汝阳、卢氏。

【薄皮纤孔菌】

***Inonotus cuticularis*(Bull.)P. Karst.**,Meddn Soc. Fauna Flora Fenn. 5:39(1879)

Boletus cuticularis Bull.,Herb. Fr. 10:tab. 462(1789)

Inonotus perplexus(Peck)Murrill,Bull. Torrey Bot. Club 31(11):596(1904)

Polyporus cuticularis(Bull.)Fr.,Syst. Mycol. 1:363(1821)

Polyporus fuscovelutinus(Pat.)Sacc. & Trotter,Syll. Fung. 21:269(1912)

Polyporus perplexus Peck,Ann. Rep. N. Y. St. Mus. 49:19(1897)

Polystictoides cuticularis(Bull.)Lázaro Ibiza,Revta R. Acad. Cienc. Exact. Fis. Nat. Madr. 14:754(1916)

Xanthochrous cuticularis(Bull.)Pat.,Essai Tax. Hyménomyc.:100(1900)

Xanthochrous fuscovelutinus Pat.,Bull. Soc. Mycol. Fr. 24:6(1908)

子实体无柄。菌盖半圆形或扇形,2~10cm×3~20cm,厚3~20mm,软肉质,干后硬,基部狭窄,常呈覆瓦状着生,有时左右相连,琥珀褐色至栗色,表面有粗绒毛,渐变为纤毛状或近光滑,往往有环带。盖缘暗灰色,薄锐,常内卷。菌肉近似菌盖色,厚1~10mm,纤维质。菌管长2~10mm。管口多角形,每毫米2~5个,管壁薄而渐裂为齿状,初期近白色,后变至菌盖色。子实层中有少数褐色刚毛,刚毛锥形,13~30μm×5~7μm。担孢子近球形至宽椭圆形,4~8μm×3.5~5.5μm,黄褐色,表面光滑。

子实体生于栎、桦等阔叶树腐木上,一年生。可药用,子实体提取物对小白鼠肉瘤180的抑制率为90%,对艾氏癌的抑制率为100%。也常见于栽培香菇、木耳的段木上,为食用菌段木生产中的有害"杂菌"。

分布:内乡。

【辐射状针孔菌】

***Inonotus radiatus*(Sowerby)P. Karst.** ,Revue Mycol. ,Toulouse 3(9):19(1881)

Boletus radiatus Sowerby,Col. Fig. Engl. Fung. Mushr. 2:83(1799)

Fomes variegatus Secr. ,Mycogr. Suisse:no. 45(1833)

Inoderma radiatum(Sowerby)Fr. ,Meddn Soc. Fauna Flora Fenn. 5:39(1880)

Inodermus radiatus(Sowerby)Quél. ,Enchir. Fung. :174(1886)

Mensularia radiata(Sowerby)Lázaro Ibiza,Revta R. Acad. Cienc. Exact. Fis. Nat. Madr. 14:736(1916)

Microporus aureonitens(Pat.)Kuntze,Revis. Gen. Pl. 3(2):495(1898)

Microporus radiatus(Sowerby)Kuntze,Revis. Gen. Pl. 3(2):497(1898)

Ochroporus radiatus(Sowerby)J. Schröt. ,Kryptogamenflora der Schweiz 3(1):485(1888)

Polyporus aureonitens Pat. ,Rep. (Ann.)N. Y. St. Mus. Nat. Hist. 42:121(1889)

Polyporus coffeaceus Velen. ,České Houby 4~5:684(1922)

Polyporus radiatus(Sowerby)Fr. ,Syst. Mycol. 1:369(1821)

Polyporus radiatus subsp. *radiatus*(Sowerby)Fr. ,Syst. Mycol. 1:369(1821)

Polystictus aureonitens(Pat.)Sacc. ,Syll. Fung. 9:183(1891)

Polystictus radiatus(Sowerby)Fr. ,Grevillea 14(71):82(1886)

Trametes radiata(Sowerby)Fr. ,Summa Veg. Scand. ,Section Post. :323(1849)

Xanthochrous aureonitens(Pat.)Pat. ,Essai Tax. Hyménomyc. :100(1900)

Xanthochrous radiatus (Sowerby)Pat. ,Essai Tax. Hyménomyc. :100(1900)

子实体无柄,菌肉褐色,薄,纤毛质,管孔小,圆形。构成子实体的菌丝为单系菌丝,子实体层中有刚毛。

子实体生于阔叶树枯木上,也见于活栎树上。

分布:内乡。

【中国木层孔菌】

***Phellinus chinensis* Pilát**,见:戴玉成,菌物学报,28(3):322(2009)

子实体生于阔叶树枯木、落枝上。

分布:内乡。

【贝状木层孔菌】

***Phellinus conchatus* (Pers.)Quél.** ,Enchir. Fung. :173(1886)

Boletus conchatus Pers. ,Observ. Mycol. 1:24(1796)

Boletus salicinus Pers. ,In:Gmelin,Systema Naturae,Edn 13,2:1437(1792)

Cryptoderma cercidiphyllum Imazeki,Bull. Govt Forest Exp. Stn Meguro 42:2(1949)

Fomes conchatus (Pers.)Gillet,Hyménomycètes:685(1878)

Fomes densus Lloyd,Mycol. Writ. 4(Synopsis of the Genus Fomes):245(1915)

Fomes densus Lloyd ex Overh. ,Mycologia 23(2):127(1931)

Fomes loricatus(Pers.)Cooke,Grevillea 14(69):20(1885)

Fomes salicinus(Pers.)Gillet,Hyménomycètes:684(1878)

Mucronoporus conchatus(Pers.)Ellis & Everh. ,J. Mycol. 5(1):29(1889)

Mucronoporus salicinus(Pers.)Ellis & Everh. ,J. Mycol. 5(1):29(1889)

Ochroporus conchatus(Pers.)J. Schröt. ,In:Cohn,Krypt. -Fl. Schlesien 3. 1(25~32):486(1888)

Ochroporus salicinus(Pers.)J. Schröt. ,Kryptogamenflora der Schweiz 3(1):485(1888)
Phellinus salicinus(Pers.)Quél. ,Enchir. Fung. :173(1886)
Physisporus salicinus(Pers.)Chevall. ,Fl. Gén. Env. Paris 1:262(1826)
Placodes conchatus(Pers.)Ricken,Vadem. Pilzfr. :224(1918)
Placodes salicinus(Pers.)Ricken,Vadem. Pilzfr. :225(1918)
Polyporus conchatus(Pers.)Fr. ,Syst. Mycol. 1:376(1821)
Polyporus fuscolutescens Fuckel,Annls Mycol. 14(3 ~4):224(1916)
Polyporus loricatus Pers. ,Mycol. Eur. 2:86(1825)
Polyporus plicatus Pers. ,Mycol. Eur. 2:212(1825)
Polyporus salicinus (Pers.)Fr. ,Observ. Mycol. 1:129(1815)
Poria fuscolutescens(Fuckel)Cooke,Grevillea 14(72):111(1886)
Porodaedalea cercidiphyllum(Imazeki)Imazeki,Colored Illustrations of Mushrooms of Japan,Vol. 2:191(1989)
Porodaedalea conchata(Pers.)Fiasson & Niemelä,Karstenia 24(1):25(1984)
Pyropolyporus conchatus(Pers.)Murrill,Bull. Torrey Bot. Club 30(2):117(1903)
Scindalma conchatum(Pers.)Kuntze,Revis. Gen. Pl. 3(2):518(1898)
Scindalma loricatum(Pers.)Kuntze,Revis. Gen. Pl. 3(2):519(1898)
Scindalma salicinum(Pers.)Kuntze,Revis. Gen. Pl. 3(2):519(1898)
Trametes conchata(Pers.)Fr. ,Summa Veg. Scand. ,Section Post. :323(1849)
Xanthochrous conchatus(Pers.)Pat. ,Cat. Rais. Pl. Cellul. Tunisie:52(1897)

子实体无菌柄,硬木质。菌盖平状而反卷,半圆形,贝壳状,反卷部分 1 ~8cm ×3 ~12cm,厚 5 ~15mm,咖啡色至酱色,后期近黑色,或褪为深棕灰色,具同心环纹和环棱。菌盖边缘锐,波浪状,有绒毛。菌肉锈褐色,厚 1.5 ~3mm。菌管与菌肉同色,多层,但层次不明显,每层厚 1.5 ~2.5mm。管口圆形,每毫米 5 ~7 个。刚毛顶端尖锐,长 22 ~32μm,基部膨大处粗 4 ~10μm。担子棒状,12 ~18μm ×3.8 ~4μm,具 4 小梗。担孢子近球形,4 ~5μm,无色。

子实体生于柳、李、漆等阔叶树腐木上,多年生。属木腐菌。具药用价值,据记载,有活血、化积解毒等作用。

分布:内乡。

【铁木层孔菌】

***Phellinus ferreus*(Pers.)Bourdot & Galzin**,Hyménomyc. de France:627(1928)
Fomitiporia cylindrospora(Lloyd)Murrill[as ‘*cylindrispora*’],Mycologia 12(1):17(1920)
Fuscoporia ferrea(Pers.)G. Cunn. ,Bull. N. Z. Dept. Sci. Industr. Res. ,Pl. Dis. Div. 73:7(1948)
Fuscoporia fulvida(Ellis & Everh.)Murrill,N. Amer. Fl. 9(1):5(1907)
Mucronoporus fulvidus Ellis & Everh. ,Proc. Acad. Nat. Sci. Philad. 46:323(1894)
Ochroporus ferreus(Pers.)Donk,Meded. Bot. Mus. Herb. Rijks Univ. Utrecht 9:255(1933)
Polyporus ferreus Pers. ,Mycol. Eur. 2:89(1825)
Poria cinnamomea Rick,Brotéria,Sér. Ci. Nat. 6:128(1937)
Poria cylindrospora Lloyd[as ‘*cylindrispora*’],Mycol. Writ. 5(Letter 65):8(1917)
Poria ferrea(Pers.)Bourdot & Galzin,Bull. Trimest. Soc. Mycol. Fr. 41:247(1925)
Poria subcanescens Rick,In:Rambo(Ed.),Iheringia,Sér. Bot. 7:286(1960)
Poria subfuscoflavida var. *tenuissima* Rick,In:Rambo(Ed.),Iheringia,Sér. Bot. 7:282(1960)
Poria usambarensis Henn. ,Bot. Jb. 38:108(1905)

Poria vestita Rick, In: Rambo (Ed.), Iheringia, Sér. Bot. 7:288(1960)
Scindalma fulvidum (Ellis & Everh.) Kuntze, Revis. Gen. Pl. 3(2):518(1898)

子实体平状于基质上,不易剥离,新鲜时革质,干后木栓质,大小可达 16cm×5cm,厚可达 5mm。孔口表面浅黄色、黄褐色至暗褐色,孔口圆形,每毫米 5~7 个。菌管黄褐色,比孔口表面颜色浅,木栓质,分层明显,菌管长可达 4mm。菌肉暗褐色,木栓质,厚可达 0.5mm。构成子实体的菌丝为二系菌丝。子实层中有许多刚毛,刚毛锥形,27~37μm×5~7μm,暗褐色,厚壁。偶有拟囊状体,拟囊状体纺锤形,无色,薄壁,有时被结晶体。担子短棍棒状,10~12μm×4.8~6.4μm,具 4 个小梗。拟担子在子实层中占多数,形状与担子相似,但略小。担孢子圆柱形,5.5~7.6μm×2~2.6μm,无色,表面平滑。

子实体见于多种阔叶树的枯木上,一年生或二年生,造成木材白色腐朽。

分布:内乡。

【淡黄木层孔菌】

***Phellinus gilvus* (Schwein.) Pat.**, Essai Tax. Hyménomyc.:82(1900)
Boletus gilvus Schwein., Schr. Naturf. Ges. Leipzig 1:96(1822)
Boudiera fucata (Quél.) Lázaro Ibiza, Los poliporaceos de la flora Espanola:147(1917)
Cerrena vittata (Ellis & T. Macbr.) Zmitr., Mycena 1(1):92(2001)
Coriolopsis vittata (Ellis & T. Macbr.) Murrill, N. Amer. Fl. 9(2):76(1908)
Coriolus bonplandianus (Lév.) Pat., Essai Tax. Hyménomyc.:94(1900)
Coriolus delectans Murrill, N. Amer. Fl. 9(1):20(1907)
Coriolus flabellum (Mont.) Murrill, Bull. Torrey Bot. Club 32(12):648(1905)
Coriolus ilicincola (Berk. & M. A. Curtis) Murrill, Bull. Torrey Bot. Club 32(12):647(1905)
Coriolus pertenuis Murrill, Mycologia 2(4):187(1910)
Fomes calvescens (Berk.) Cooke, Grevillea 14(69):20(1885)
Fomes carneofulvus (Berk. ex Fr.) F. M. Bailey, (1890)
Fomes endozonus (Fr.) G. Cunn., Bull. N. Z. Dept. Sci. Industr. Res., Pl. Dis. Div. 79:13(1948)
Fomes fucatus (Quél.) Sacc., Syll. Fung. 9:180(1891)
Fomes gilvus (Schwein.) Speg., Anal. Mus. Nac. Hist. Nat. B. Aires 6:165(1898)
Fomes gilvus (Schwein.) Lloyd, Mycol. Writ. 4(Letter 42):6(1912)
Fomes holosclerus (Berk.) Cooke, Grevillea 14(69):20(1885)
Fomes omalopilus (Mont.) Cooke, Grevillea 14 69):21(1885)
Fomes rubiginosus (Berk.) Berk. ex Cooke, Grevillea 14(69):20(1885)
Fomes scruposus (Fr.) G. Cunn., Bull. N. Z. Dept. Sci. Industr. Res., Pl. Dis. Div. 79:11(1948)
Fomes stabulorum (Pat.) Sacc. & Trotter, Syll. Fung. 21:286(1912)
Fomes tenuissimus (Murrill) Lloyd, Mycol. Writ. 4(Synopsis of the Genus Fomes):239(1915)
Fomes trachodes (Lév.) Cooke, Grevillea 14(69):18(1885)
Fomitiporella demetrionis Murrill, N. Amer. Fl. 9(1):12(1907)
Fuscoporia gilva (Schwein.) T. Wagner & M. Fisch., Mycologia 94(6):1013(2002)
Ganoderma ramosii (Murrill) Sacc. & Trotter, Syll. Fung. 21:305(1912)
Hapalopilus gilvus (Schwein.) Murrill, Bull. Torrey Bot. Club 31(8):418(1904)
Hapalopilus licnoides (Mont.) Murrill, Bull. Torrey Bot. Club 31(8):417(1904)
Hapalopilus ramosii Murrill, Bull. Torrey Bot. Club 35:400(1908)

Hapalopilus sublilacinus(Ellis & Everh.)Murrill,Bull. Torrey Bot. Club 31(8):417(1904)
Hexagonia vittata Ellis & T. Macbr.,Bull. Lab. Nat. Hist. Iowa State Univ. 3(4):192(1896)
Microporellus unguicularis(Fr.)Murrill,N. Amer. Fl. 9(1):53(1907)
Microporus aggrediens(Berk.)Kuntze,Revis. Gen. Pl. 3(2):495(1898)
Microporus balansae(Speg.)Kuntze,Revis. Gen. Pl. 3(2):495(1898)
Microporus bonplandianus(Lév.)Kuntze,Revis. Gen. Pl. 3(2):495(1898)
Microporus breviporus(Cooke)Kuntze,Revis. Gen. Pl. 3(2):495(1898)
Microporus connexus(Lév.)Kuntze,Revis. Gen. Pl. 3(2):495(1898)
Microporus flabellum(Mont.)Kuntze,Revis. Gen. Pl. 3(2):496(1898)
Microporus ilicicola(Berk. & M. A. Curtis)Kuntze,Revis. Gen. Pl. 3:496(1898)
Microporus ilicincola(Berk. & M. A. Curtis)Kuntze,Revis. Gen. Pl. 3(2):496(1898)
Microporus licnoides(Mont.)Kuntze,Revis. Gen. Pl. 3(2):496(1898)
Microporus proditor(Speg.)Kuntze,Revis. Gen. Pl. 3(2):495(1898)
Microporus purpureofuscus(Cooke)Kuntze,Revis. Gen. Pl. 3(2):497(1898)
Microporus spurcus(Lév.)Kuntze,Revis. Gen. Pl. 3(2):497(1898)
Microporus subtropicalis(Speg.)Kuntze,Revis. Gen. Pl. 3(2):497(1898)
Microporus unguicularis(Fr.)Kuntze,Revis. Gen. Pl. 3(2):497(1898)
Mucronoporus balansae(Speg.)Ellis & Everh.,J. Mycol. 5(1):29(1889)
Mucronoporus gilvus(Schwein.)Ellis & Everh.,J. Mycol. 5(1):28(1889)
Mucronoporus isidioides(Berk.)Ellis & Everh.,J. Mycol. 5(1):29(1889)
Mucronoporus sublilacinus Ellis & Everh.,Bull. Torrey Bot. Club 27:50(1900)
Phellinus bolaris Pat.,Bull. Trimest. Soc. Mycol. Fr. 43:29(1927)
Phellinus gilvus var. *licnoides*(Mont.)Teng,Fungi of China:340(1996)
Phellinus gilvus var. *scruposus*(Fr.)S. Ahmad,Basidiomyc. W. Pakist.:59(1972)
Phellinus illicicola(Henn.)Teng,中国的真菌:762(1963)
Phellinus licnoides(Mont.)Pat.,Essai Tax. Hyménomyc.:97(1900)
Phellinus scruposus(Fr.)Pat.,In:Duss,Enum. Champ. Guadeloupe:32(1903)
Phellinus stabulorum Pat.,Bull. Soc. Mycol. Fr. 23:74(1907)
Placodes fucatus Quél.,Compt. Rend. Assoc. Franç. Avancem. Sci. 15(2):487(1887)
Polyporus aggrediens Berk.,Vidensk. Selsk. Kjøbenhavn Meddel. 80:32(1880)
Polyporus aureomarginatus Henn.,Bot. Jb. 22:72(1895)
Polyporus balansae Speg.,Anal. Soc. Cient. Argent. 16:42(1883)
Polyporus bonplandianus Lév.,Annls Sci. Nat.,Bot.,Sér. 3, 5:301(1846)
Polyporus breviporus Cooke,Grevillea 12(61):17(1883)
Polyporus caesiellus Ces.,Atti Accad. Sci. Fis. Mat. Napoli 8(8):6(1879)
Polyporus calvescens Berk.,Ann. Mag. Nat. Hist.,Ser. 1, 3:390(1839)
Polyporus carneofulvus Berk.,Nova Acta R. Soc. Scient. Upsal.,Ser. 3,1:68(1851)
Polyporus chrysellus Bres.,Annls Mycol. 18(1~3):33(1920)
Polyporus connexus Lév.,Annls Sci. Nat.,Bot.,Sér. 3,5:135(1846)
Polyporus endozonus Fr.,Nova Acta R. Soc. Scient. Upsal.,Ser. 3, 1:54(1851)
Polyporus flabellum Mont.,Annls Sci. Nat.,Bot.,Sér. 2, 17:126(1842)
Polyporus gilvoides Henn.,Hedwigia 36:201(1897)
Polyporus gilvus(Schwein.)Fr.,Elench. Fung. 1:104(1828)

Polyporus gilvus var. *scruposus*(Fr.)Bres., Hedwigia 56(4,5):292(1915)

Polyporus gilvus var. *sublicnoides* Rick, Brotéria, Sér. Ci. Nat. 5:91(1935)

Polyporus holosclerus Berk., J. Bot., Lond. 6:501(1847)

Polyporus ilicincola Berk. & M. A. Curtis, Grevillea 1(4):52(1872)

Polyporus illicicola Henn., Bot. Jb. 32:39(1902)

Polyporus isidioides Berk., London J. Bot. 2:515(1843)

Polyporus licnoides Mont., Annls Sci. Nat., Bot., Sér. 2, 13:204(1840)

Polyporus licnoides var. *sublilacinus*(Ellis & Everh.)Overh., Polyporaceae of the United States, Alaska and Canada:404(1953)

Polyporus marcuccianus Lloyd, Mycol. Writ. 4(Syn. Apus):348(1915)

Polyporus omalopilus Mont., Annls Sci. Nat., Bot., Sér. 2, 17:128(1842)

Polyporus pseudogilvus Lloyd, Mycol. Writ. 6:940(1920)

Polyporus ramosii(Murrill)Sacc. & Trotter, Mycol. Notes 65:1078(1921)

Polyporus rubiginosus Berk., Ann. Mag. Nat. Hist., Ser. 1, 3:324(1839)

Polyporus scruposus Fr., Epicr. Syst. Mycol.:473(1838)

Polyporus spurcus Lév., Annls Sci. Nat., Bot., Sér. 3, 5:135(1846)

Polyporus stabulorum(Pat.)Lloyd, Mycol. Writ. 4(Syn. Apus):348(1915)

Polyporus subgilvus Speg., Mycol. Writ. 4(Syn. Apus):387(1915)

Polyporus subgilvus Bres., Annls Mycol. 18(1 ~ 3):34(1920)

Polyporus subradiatus Bres., In: Sydow, Bot. Jb., Biebl. 54:247(1916)

Polyporus subtropicalis Speg., Anal. Soc. Cient. Argent. 17(2):45(1884)

Polyporus trachodes Lév., Annls Sci. Nat., Bot., Sér. 3, 2:192(1844)

Polyporus ursinulus Lloyd, Mycol. Writ. 7:1143(1922)

Polystictus aggrediens(Berk.)Cooke, Grevillea 14(71):87(1886)

Polystictus balansae(Speg.)Sacc., Syll. Fung. 6:277(1888)

Polystictus bonplandianus(Lév.)Cooke, Grevillea 14(71):85(1886)

Polystictus breviporus(Cooke)Cooke, Grevillea 14(71):87(1886)

Polystictus connexus(Lév.)Cooke, Grevillea 14(71):85(1886)

Polystictus delectans(Murrill)Sacc. & Trotter, Syll. Fung. 21:314(1912)

Polystictus flabellum(Mont.)Fr., Nova Acta R. Soc. Scient. Upsal., Ser. 3, 1:77(1851)

Polystictus hybridus Speg., Anal. Mus. Nac. Hist. Nat. B. Aires 6:166(1898)

Polystictus ilicincola(Berk. & M. A. Curtis)Cooke, Grevillea 14(71):80(1886)

Polystictus licnoides(Mont.)Fr., Nova Acta R. Soc. Scient. Upsal., Ser. 3, 1:92(1851)

Polystictus pertenuis(Murrill)Sacc. & Trotter, Syll. Fung. 21:316(1912)

Polystictus proditor Speg., Fungi Fuegiani 11:443(1889)

Polystictus purpureofuscus Cooke, Grevillea 15(73):24(1886)

Polystictus ramosii(Murrill)P. W. Graff, Bull. Torrey Bot. Club 48(1921)

Polystictus spurcus(Lév.)Cooke, Grevillea 14(71):86(1886)

Polystictus subglaber Ellis & T. Macbr., Bull. Lab. Nat. Hist. Iowa State Univ. 3(4):192(1896)

Polystictus subtropicalis(Speg.)Sacc., Syll. Fung. 6:272(1888)

Polystictus unguicularis Fr., Nova Acta R. Soc. Scient. Upsal., Ser. 3, 1:76(1851)

Poria demetrionis(Murrill)Sacc. & Trotter, Syll. Fung. 21:330(1912)

Pyropolyporus tenuissimus Murrill, Bull. Torrey Bot. Club 35:413(1908)

Scindalma calvescens(Berk.)Kuntze,Revis. Gen. Pl. 3(2):518(1898)
Scindalma fucatum(Quél.)Kuntze,Revis. Gen. Pl. 3(2):518(1898)
Scindalma holosclerum(Berk.)Kuntze,Revis. Gen. Pl. 3(2):518(1898)
Scindalma rubiginosum(Berk.)Kuntze,Revis. Gen. Pl. 3(2):519(1898)
Scindalma trachodes (Lév.)Kuntze,Revis. Gen. Pl. 3(2):519(1898)
Trametes keetii Van der Byl,S. Afr. J. Sci. 18:283(1922)
Trametes pertusa Fr. ,Summa Veg. Scand. ,Section Post. :130(1849)
Trametes petersii Berk. & M. A. Curtis,Grevillea 1(5):66(1872)
Xanthochrous fucatus(Quél.)Pat. ,Essai Tax. Hyménomyc. :100(1900)

子实体无菌柄,木栓质。菌盖平状而反卷,半圆形,1~4cm×1.5~10cm,厚2~15mm,复瓦状着生,锈褐色,浅朽叶色至浅栗色,表面有粗毛或粗糙,无环带,边缘薄锐,常呈黄色。菌肉浅锈黄色至锈褐色,厚3~10mm。菌管长2~6.5mm,罕有2~3层。管口咖啡色至浅烟色,每毫米6~8个。刚毛多,褐色,锥形,15~35μm×4.5~6μm。菌丝有色,不分枝或稀分枝,有横隔,无锁状连合,粗25~3μm。担孢子宽椭圆形至近球形,4~5μm×3.5~4μm,表面光滑,无色。

子实体生于柳、栎、女真等阔叶树及柳杉等针叶树的腐木上,也见寄生于化香,引起木腐病。属木腐菌,引起木材白色腐朽。也常见于栽培木耳、香菇的段木上,被视为“杂菌”。具药用价值。子实体提取物对小白鼠肉瘤180的抑制率为90%,对艾氏癌的抑制率为60%。

分布:新县、商城、内乡。

【火木层孔菌(裂蹄针层孔菌)】

Phellinus igniarius **(L.)Quél.** ,Enchir. Fung. :177(1886)
Agaricus igniarius(L.)E. H. L. Krause,Basidiomycetum Rostochiensium,Suppl. 4:142(1932)
Boletus fomentarius var. *ungulatus*(Schaeff.)Pers. ,Syn. Meth. Fung. 2:537(1801)
Boletus igniarius L. ,Sp. Pl. 2:1176(1753)
Boletus nigricans(Fr.)Spreng. ,Syst. Veg. ,Edn 16,4(1827)
Fomes igniarius(L.)Cooke,Grevillea 14(69):18(1885)
Fomes igniarius f. *alni* Bondartsev,Trudy Lesn. Opytn. Delu Rossii 37:20(1935)
Fomes igniarius f. *nigricans* Bondartsev,Acta Inst. Bot. Acad. Sci. USSR Plant. Crypt. ,Ser. 2, 2:495(1935)
Fomes igniarius var. *nigricans*(Fr.)Rick,Egatea 10:257(1925)
Fomes igniarius var. *trivialis*(Bres.)Killerm. ,In:Engler & Prantl,Nat. Pflanzenfam. ,Edn 2,6:192(1928)
Fomes nigricans(Fr.)Gillet,Hyménomycètes:685(1878)
Fomes nigricans var. *nigricans*(Fr.)Gillet,Hyménomycètes:685(1878)
Fomes trivialis(Fr.)Bres. ,Icon. Mycol. 20:995(1931)
Mucronoporus igniarius(L.)Ellis & Everh. ,J. Mycol. 5(2):91(1889)
Mucronoporus nigricans(Fr.)Ellis & Everh. ,J. Mycol. 5(1):29(1889)
Ochroporus alni(Bondartsev)Fiasson & Niemelä,Karstenia 24(1):26(1984)
Ochroporus igniarius(L.)J. Schröt. ,In:Cohn,Krypt. -Fl. Schlesien 3. 1(25~32):487(1888)
*Ochroporus igniarius*var. *trivialis*(Bres.)Niemelä,Naturaliste Can. 112(4):460(1985)
Phellinus alni(Bondartsev)Parmasto,Eesti NSV Tead. Akad. Toim. ,Biol. Seer 25:318(1976)
Phellinus igniarius f. *alni*(Bondartsev)Cetto,I Funghi dal Vero 5:493(1987)
Phellinus igniarius subsp. *nigricans* (Fr.)Bourdot & Galzin,Bull. Trimest. Soc. Mycol. Fr. 41:189(1925)

Phellinus igniarius var. *alni*(Bondartsev)Niemelä,Acta Bot. Fenn. 12:120(1975)

Phellinus igniarius var. *igniarius*(L.)Quél.,Enchir. Fung.:177(1886)

Phellinus igniarius var. *trivialis*(Bres. ex Killerm.)Niemelä,Acta Bot. Fenn. 12(3):109(1975)

Phellinus nigricans(Fr.)P. Karst.,Finl. Basidsvamp. 46(11):134(1899)

Phellinus nigricans var. *alni*(Bondartsev)Zmitr. & Malysheva,Nov. sist. Niz. Rast. 40:129(2006)

Phellinus trivialis(Bres.)Kreisel,Reprium Nov. Spec. Regni Veg. 69:212(1964)

Placodes igniarius(L.)Quél.,Fl. Mycol.:399(1888)

Placodes nigricans(Fr.)Quél.,Fl. Mycol.:398(1888)

Polyporus igniarius(L.)Fr.,Syst. Mycol. 1:375(1821)

Polyporus igniarius var. *nigricans* (Fr.)Jørst.,Kgl. norske vidensk. Selsk. Skr. 10:33(1937)

Polyporus nigricans Fr.,Syst. Mycol. 1:374(1821)

Pseudofomes nigricans(Fr.)Lázaro Ibiza,Revta R. Acad. Cienc. Exact. Fis. Nat. Madr. 14:583(1916)

Pyropolyporus igniarius(L.)Murrill,Bull. Torrey Bot. Club 30(2):110(1903)

Scindalma igniarium(L.)Kuntze,Revis. Gen. Pl. 3(2):517(1898)

Scindalma nigricans(Fr.)Kuntze,Revis. Gen. Pl. 3(2):519(1898)

子实体无柄,菌盖扁半球形或马蹄形,2~12cm×3~21cm,厚1.5~10cm,木质,浅肝褐色至暗灰色或黑色,老时常龟裂,表面无皮壳,初期有细微绒毛,后变无毛,有同心环棱。边缘钝,深肉桂色至浅咖啡色,下侧无子实层。菌肉深咖啡色,硬木质。菌管与菌肉近同色,多层,但层次不明显,年老的菌管层充满白色菌丝。管口锈褐色至酱色,圆形,每毫米4~5个。担孢子近球形,5~6μm×3~4μm,表面光滑,无色。刚毛顶端尖锐,基部膨大,10~25μm×5~7μm。菌丝不分枝,无横隔,直径3~5μm。

生于杨、柳、桦、栎、杜鹃等阔叶树干上,多年生,造成白色腐朽,也见寄生于山茱萸,引起木腐病。子实体可入药。对小白鼠180肉瘤的抑制率为96.7%,用于治疗各种癌症、肺结核、肝炎等症,在日本、韩国备受推崇,价格昂贵。

分布:嵩县。

讨论:中药上称该菌的子实体为"桑黄"。"桑黄"是我国的传统著名中药,应用历史悠久,古代文献上多有记载,但关于古代文献上的"桑黄"究竟是那种真菌,今人有不同的认识。目前,有多种真菌的子实体被称为"桑黄"。

【裂蹄木层孔菌(裂蹄针层孔菌)】

***Phellinus linteus*(Berk. & M. A. Curtis)Teng**,中国的真菌:762(1963)

Fomes linteus(Berk. & M. A. Curtis)Cooke,Grevillea 14(69):20(1885)

Fomes microcystideus(Har. & Pat.)Sacc. & Trotter,Syll. Fung. 21:286(1912)

Fomes yucatanensis(Murrill)Sacc. & D. Sacc.,Syll. Fung. 17:116(1905)

Fulvifomes linteus(Berk. & M. A. Curtis)Murrill,Tropical Polypores:83(1915)

Fulvifomes yucatanensis(Murrill)Murrill,Tropical Polypores:85(1915)

Inonotus linteus(Berk. & M. A. Curtis)Teixeira,Revista Brasileira de Botânica 15(2):126(1992)

Phellinus microcystideus Har. & Pat.,Bulletin du Muséum National d'Histoire Naturelle,Paris 15:90(1909)

Phellinus yucatanensis(Murrill)Imazeki[as '*yucatensis*'],Bull. Tokyo Sci. Mus. 6:105(1943)

Polyporus linteus Berk. & M. A. Curtis,Proc. Amer. Acad. Arts & Sci. 4:122(1860)

Polyporus rudis(Pat.)Sacc. & Trotter,Syll. Fung. 21:269(1912)

Pyropolyporus linteus (Berk. & M. A. Curtis)Murrill,Bull. Torrey Bot. Club 30(2):119(1903)

Pyropolyporus yucatanensis Murrill[as '*yucatensis*'],Bull. Torrey Bot. Club 30(2):119(1903)
Scindalma linteum(Berk. & M. A. Curtis)Kuntze,Revis. Gen. Pl. 3(2):519(1898)
Xanthochrous rudis Pat. ,Bull. Soc. Mycol. Fr. 23:83(1907)

菌盖半圆形或马蹄形,深烟色至黑色,有同心纹和环棱,初期有细绒毛,后变光滑和龟裂,硬木质,2~10cm×4~17cm,厚1.5~7cm,边缘锐或钝且其下侧无子实层。菌肉锈褐色或浅咖啡色,厚2~7mm。菌管颜色与菌肉色相似,多层,每层厚2~5mm。管口同色,圆形,每毫米6~8个。刚毛圆锥形,13~35μm×5~10μm。担孢子近球形,3.5~4.5μm×3μm,黄褐色,表面光滑。

生于杨、栎、漆、丁香等树木的枯立木及树干上,属木腐菌,对树木有危害。可药用,中药桑黄主要是指该菌,有多种功效,被认为可以抗癌。子实体热水提取对小白鼠肉瘤180的抑制率为96.7%。

分布:河南。

注:作者未见到该菌,关于该菌在河南省的分布是依据文献《中国真菌总汇》(戴芳澜,1979)。

讨论:中药上称该菌的子实体为"桑黄"。刘波在《中国药用真菌》中指出,真正桑黄是指生于桑树上的尤卡坦层孔菌 *Phellinus yucatensis*(Murr.)Imaz.(为裂蹄木层孔菌 *Phellinus linteus* 的异名,该菌在日本最初被发现于尤卡坦半岛,于是以该岛名称命种名 yucatensis。);清刘善述《草木便方》(赵素云等整理本)亦持上述意见。国外一些学者也按照我国的认识,认为唯桑树上的桑黄才是正品桑黄。由于桑树所含的白色树脂不利于真菌生长,故桑树桑黄,货源少,价格昂贵。也有人根据生长的树种,称为不同的"桑黄"。比较著名的有:桑树桑黄:指寄生于桑树上的裂蹄木层孔菌(学名为 *Phellinus linteus*),生于野生老桑树枯木之上,在我国有零星分布,数量极为有限,是桑黄之中的极品。特点是颜色特别鲜黄,呈蛋黄色,质较重;杨树桑黄:指生于山杨树上的裂蹄木层孔菌,与桑树桑黄属于同一个菌种,但其子实体有效成分的含量低于桑树桑黄,价格也相差悬殊;黑桦树桑黄:指生于黑桦树上的钢青褐层孔菌(学名为 *Pyropolyporus adamantinus*)。也有文献称寄生于桦树活立木伤处的桦褐孔菌(学名为 *Fusocopria oblique*)的块状菌核为桦树桑黄。

【苹果木层孔菌】

***Phellinus pomaceus*(Pers.)Maire**,Mus. barcin. Scient. Nat. Op. ,Ser. Bot. 15:37(1933)
Boletus fomentarius var. *pomaceus*(Pers.)Pers. ,Syn. Meth. Fung. 2:538(1801)
Boletus pomaceus Pers. ,Observ. Mycol. 2:5(1800)
Boletus scutiformis Tratt. ,Fungi austr. :49(1804)
Boletus tuberculosus Baumg. ,Fl. Lips. :635(1790)
Boudiera scalaria Lázaro Ibiza,Revta R. Acad. Cienc. Exact. Fis. Nat. Madr. 14:836(1916)
Fomes fuscus(Lázaro Ibiza)Sacc. & Trotter,Syll. Fung. 23:396(1925)
Fomes pomaceus(Pers.)Lloyd,Mycol. Writ. 3:469(1910)
Fomes pomaceus var. *fulvus* Rea,Brit. Basidiomyc. :594(1922)
Fomes prunicola Lázaro Ibiza,Revta R. Acad. Cienc. Exact. Fis. Nat. Madr. 14:665(1916)
Fomes prunicola(Lázaro Ibiza)Sacc. & Trotter,Syll. Fung. 23:389(1925)
Fomes prunorum(Lázaro Ibiza)Sacc. & Trotter,Syll. Fung. 23:390(1925)
Fomes scalarius(Lázaro Ibiza)Sacc. & Trotter,Syll. Fung. 23:396(1925)
Hemidiscia prunorum Lázaro Ibiza,Revta R. Acad. Cienc. Exact. Fis. Nat. Madr. 14:581(1916)

Ochroporus pomaceus(Pers.)Donk,Meded. Bot. Mus. Herb. Rijks Univ. Utrecht 9:250(1933)
Ochroporus tuberculosus(Baumg.)Fiasson & Niemelä,Karstenia 24(1):26(1984)
Phellinus igniarius subsp. *pomaceus*(Pers.)Quél. ,Enchir. Fung. :173(1886)
Phellinus tuberculosus(Baumg.)Niemelä,Karstenia 22(1):12(1982)
Polyporus corni Velen. ,Mykologia 2:97(1925)
Polyporus igniarius var. *effusoreflexus* Velen. ,České Houby 4 ~ 5:677(1922)
Polyporus pomaceus(Pers.)Pers. ,Mycol. Eur. 2:84(1825)
Polyporus sorbi Velen. ,České Houby 4 ~ 5:687(1922)
Pseudofomes prunicola Lázaro Ibiza,Revta R. Acad. Cienc. Exact. Fis. Nat. Madr. 14:585(1916)
Scalaria fusca Lázaro Ibiza,Revista Real Acad. Ci. Madrid 14:741(1916)

子实体马蹄形,扁半圆形,较小,有时平状,偶尔呈覆瓦状,木质。菌盖半圆形,剖面近三角形,直径 2 ~ 8cm,表面初期锈褐色,有细绒毛,渐变光滑,浅粉灰色,深棕色,有时有棱纹,边缘厚。菌肉锈褐色,菌管与菌肉同色,多层,后期有的菌管内充塞白色菌丝体,管孔面浅茶褐色,孔口近圆形或多角形,每毫米 4 ~ 5 个,担孢子近球形,卵圆形,4. 5 ~ 6μm × 4 ~ 5μm,基部有尖突。刚毛基部膨大,顶端渐尖。

子实体常生于李、苹果、桃的腐木上,多年生,引起心材白色腐朽。可寄生,引起木腐病。

分布:睢县、杞县、南阳、内乡。

【斑点针层孔菌】

***Phellinus punctatus*(Fr.)Pilát**,Atlas Champ. l'Europe,Polyporaceae 3(1):530(1942)
Fomes platincola Speg. ,Fungi Fuegiani 28:358(1926)
Fomes robustus f. *juniperinus*(Murrill)D. V. Baxter,Pap. Mich. Acad. Sci. 37:103(1952)
Fomitiporella punctata(Fr.)Teixeira,Revista Brasileira de Botânica 15(2):126(1992)
Fomitiporia dryophila Murrill,N. Amer. Fl. 9(1):8(1907)
Fomitiporia earleae Murrill,N. Amer. Fl. 9(1):9(1907)
Fomitiporia jamaicensis Murrill,N. Amer. Fl. 9(1):11(1907)
Fomitiporia laminata Murrill,N. Amer. Fl. 9(1):11(1907)
Fomitiporia langloisii Murrill,N. Amer. Fl. 9(1):9(1907)
Fomitiporia lloydii Murrill,N. Amer. Fl. 9(1):10(1907)
Fomitiporia maxonii Murrill[as '*maxoni*'],N. Amer. Fl. 9(1):11(1907)
Fomitiporia obliquiformis Murrill,N. Amer. Fl. 9(1):9(1907)
Fomitiporia tsugina Murrill,N. Amer. Fl. 9(1):9(1907)
Fuscoporella costaricensis Murrill,N. Amer. Fl. 9(1):7(1907)
Fuscoporia dryophila(Murrill)G. Cunn. ,Bull. N. Z. Dept. Sci. Industr. Res. ,Pl. Dis. Div. 73:11(1948)
Fuscoporia juniperina Murrill,N. Amer. Fl. 9(1):4(1907)
Phellinus friesianus(Bres.)Bourdot & Galzin,Hyménomyc. de France:623(1928)
Phellinus maxonii(Murrill)D. A. Reid,In:Reid,Pegler & Spooner,Kew Bull. 35(4):867(1981)
Polyporus maxonii(Murrill)Singer,Farlowia 2:279(1945)
Polyporus punctatus Fr. ,Hymenomyc. Eur. :572(1874)
Poria costaricensis(Murrill)Sacc. & Trotter,Syll. Fung. 21:337(1912)
Poria dryophila(Murrill)Sacc. & Trotter,Syll. Fung. 21:334(1912)
Poria earleae(Murrill)Sacc. & Trotter,Syll. Fung. 21:330(1912)

Poria friesiana Bres. ,Annls Mycol. 6(1):40(1908)
Poria jamaicensis(Murrill) Sacc. & Trotter,Syll. Fung. 21:332(1912)
Poria juniperina(Murrill) Sacc. & Trotter,Syll. Fung. 21:338(1912)
Poria laminata(Murrill) Sacc. & Trotter,Syll. Fung. 21:336(1912)
Poria langloisii (Murrill) Sacc. & Trotter,Syll. Fung. 21:334(1912)
Poria lloydii(Murrill) Sacc. & Trotter,Syll. Fung. 21:335(1912)
Poria maxonii(Murrill) Sacc. & Trotter[as '*maxoni*'],Syll. Fung. 21:332(1912)
Poria obliquiformis(Murrill) Sacc. & Trotter,Syll. Fung. 21:336(1912)
Poria punctata(Fr.) P. Karst. ,Bidr. Känn. Finl. Nat. Folk 37:83(1882)
Poria tsugina(Murrill) Sacc. & Trotter,Syll. Fung. 21:332(1912)
Poria viticola Lázaro Ibiza,Revta R. Acad. Cienc. Exact. Fis. Nat. Madr. 15:370(1917)

子实体多年生,平伏,不易与基物剥离,硬木质,平伏面长 3 ~ 20cm 或更长,菌管多层,每层厚 2 ~ 3mm,并逐年缩小,形成扁半球形的子实体,其总厚度达 15mm,管孔表面初期锈褐色,后期由于被灰色菌丝所充塞而变为淡烟色至棕灰色,子实体的边缘灰黑色,管孔壁厚,完整,管口圆形,每毫米 6 ~ 8 个。担子短棒状,10 ~ 4.5μm × 8 ~ 9μm,具 4 小梗。担孢子球形或近球形,直径 5 ~ 8μm,无色,光滑。无刚毛。

子实体紧贴生于栎、槭等阔叶树的树皮上或腐木上。

分布:内乡。

【瓦尼木层孔菌】

***Phellinus vaninii* Ljub.** ,Botanicheskie Materialy 15:115(1962)
Inonotus vaninii (Ljub.) T. Wagner & M. Fisch. ,Mycologia 94(6):1009(2002)

子实体木栓质至木质。菌盖蹄形,大小可达 12cm 长,7cm 宽,5cm 厚,表面红褐色至灰褐色,略粗糙,后期光滑且形成一层黑色的薄壳,有不明显的同心环带,边缘钝。孔口面黄褐色至暗褐色,管口近圆形至多角形,每毫米 6 ~ 8 个。菌肉鲜黄色至黄褐色,木栓质,厚可达 3cm。菌管多层,且分层明显,菌管层长达 2cm。构成子实体的菌丝为二系菌丝系统,无锁状联合。生殖菌丝不常见,无色,壁薄,偶尔分枝,通常简单分隔。骨架菌丝占多数,金黄色至黄褐色,壁厚,很少分枝。子实层中有大量刚毛,刚毛锥形,25 ~ 36μm × 6 ~ 9μm,黑褐色,壁厚。担子棍棒形,8 ~ 11μm × 4.5 ~ 8.5μm,基部有 简单分隔,顶部着生 4 个小梗。子实层中有形状不规则的结晶体。担孢子卵形至广椭圆形,3.8 ~ 4.4μm × 2.8 ~ 3.7μm,淡黄色,壁厚,表面光滑。

子实体生于阔叶树枯木上,也常见于杨树活立木上,多年生。可药用,其药用价值近几年才被认识到,其入药方式主要是将子实体泡酒。因常见于杨树上,且子实层面为黄色,故在东北被称为杨黄。

分布:内乡。

【葡萄木层孔菌】

***Phellinus viticola*(Schwein.) Donk**,Persoonia 4(3):342(1966)
Antrodia isabellina(Fr.) P. Karst. ,Meddn Soc. Fauna Flora Fenn. 5:40(1879)
Boletus superficialis Schwein. ,Schr. Naturf. Ges. Leipzig 1:99(1822)
Cerrenella ravenelii(Berk.) Murrill,N. Amer. Fl. 9(2):73(1908)
Daedalea ravenelii Berk. ,Grevillea 1(5):68(1872)

Fomes tenuis P. Karst. ,Meddn Soc. Fauna Flora Fenn. 14:81(1887)

Fomes viticola(Schwein.)J. Lowe,Tech. Publ. N. Y. State Univ. Coll. Forestry 80:45(1957)

Fuscoporia viticola(Schwein.)Murrill,N. Amer. Fl. 9(1):4(1907)

Hydnochaete ravenelii(Berk.)Pat. ,Essai Tax. Hyménomyc. :99(1900)

Mucronoporus tenuis(P. Karst.)Kuntze,Revis. Gen. Pl. 3(2)(1898)

Mucronoporus tenuis(P. Karst.)Ellis & Everh. ,J. Mycol. 5(1):29(1889)

Phellinus isabellinus(Fr.)Bourdot & Galzin[as '*isabellinum*'],Bull. Trimest. Soc. Mycol. Fr. 41:193(1925)

Physisporus isabellinus(Fr.)P. Karst. ,Bidr. Känn. Finl. Nat. Folk 37:64(1882)

Polyporus isabellinus(Fr.)Romell,Svenska Flora(Krypt.),Edn 2:283(1917)

Polyporus tenuis(P. Karst.)Romell,Ark. Bot. 11(3):24(1911)

Polyporus viticola Schwein. ,Elench. Fung. 1:115(1828)

Polyporus viticola var. *superficialis* (Schwein.)Fr. ,Elench. Fung. 1:115(1828)

Poria isabellina(Fr.)Overh. ,Bull. Pa Agric. Exp. Stn 418:57(1942)

Poria superficialis(Schwein.)Cooke,Grevillea 14(72):113(1886)

Scindalma tenue(P. Karst.)Kuntze,Revis. Gen. Pl. 3(2):519(1898)

Striglia ravenelii(Berk.)Kuntze,Revis. Gen. Pl. 2:871(1891)

Trametes isabellina Fr. ,Hymenomyc. Eur. :585(1874)

Trametes setosa Weir,Journal of Agricultural Research 2:164(1914)

子实体片状,平伏帖生于基物上,有时边缘反卷。菌盖长0.5~1.7cm,宽0.4~0.8cm,厚0.5~1.5mm,常相互连接成大片。菌肉极薄,褐色。菌管管口褐色至暗褐色,多角形,每毫米2~3个,管长约0.5mm,后期菌管常破裂成齿状或迷路状。子实层中有刚毛,刚毛锥形,48~60μm×9~10μm,暗褐色。担孢子椭圆形,5~5.2μm×3~3.1μm,近无色,光滑。

子实体生于阔叶树枯干、枯枝或倒木上,为木材腐朽菌。

分布:卢氏。

【褐黄木层孔菌】

***Phellinus xeranticus*(Berk.)Pegler**,Kew Bull. 21(1):44(1967)

Cryptoderma citrinum Imazeki,Bull. Tokyo Sci. Mus. 6:107(1943)

Cyclomyces xeranticus(Berk.)Y. C. Dai & Niemelä,Ann. Bot. Fenn. 32(4):213(1995)

Inonotus melleomarginatus Bondartsev & Ljub. ,Botanicheskie Materialy 16:130(1963)

Inonotus xeranticus(Berk.)Imazeki & Aoshima,Flora of eastern Himalaya:622(1966)

Microporus xeranticus(Berk.)Kuntze,Revis. Gen. Pl. 3(2):497(1898)

Phellinus cereus(Berk.)Ryvarden,Norw. Jl Bot. 19:234(1972)

Polyporus cereus Berk. ,Hooker's J. Bot. Kew Gard. Misc. 6:163(1854)

Polyporus illicicola Yasuda,Bot. Mag. ,Tokyo 27:339(1913)

Polyporus xeranticus Berk. ,Hooker's J. Bot. Kew Gard. Misc. 6:161(1854)

Polystictus xeranticus(Berk.)Cooke,Grevillea 14(71):85(1886)

Poria cerea(Berk.)Sacc. ,Syll. Fung. 6:320(1888)

Xanthochrous cereus(Berk.)Trotter[as '*cereo*'],Syll. Fung. 27:744(1972)

子实体片状,革质,柔软,中等大小,无菌柄。菌盖半圆形,直径3~10cm,多数叠生在一起。菌盖表面黄褐色并有短毛及环纹,边缘亮黄色。菌管层黄褐色,管口鲜黄色至黄褐色,管孔小,每毫米4~5个,管长2~3mm。菌肉薄,柔软,革质,分上下两层。子实层中有许多刚毛,刚毛褐色,壁厚,30 ~ 60μm × 5 ~ 9μm。担孢子长椭圆形,2. 5 ~ 4μm × 1. 2 ~ 1. 7μm,无色。

子实体见于阔叶树的枯木、树桩上,也见于栽培食用菌的段木上,为木材腐朽菌,在食用菌段木生产上为污染杂菌。

分布:卢氏、内乡。

【射纹皱芝】

***Polystictus radiatorugosus*(Berk.)Cooke**,Grevillea 14(71):80(1886)

Polyporus radiatorugosus Berk. ,Ann. Mag. Nat. Hist. ,Ser. 1,3:323(1839)

菌盖半圆形或肾形,直径 3. 5 ~ 7cm,厚约 4mm,乳黄色,表面光滑,有浅土黄色斑块,并有辐射状皱纹及同心环棱,边缘薄。菌肉白色,薄。菌管长 2mm,壁厚而完整,管口圆形,浅肉色或色稍深,每毫米 3 ~ 4 个。担孢子无色,近圆柱形,6. 5 ~ 7. 5μm × 3 ~ 3. 2μm,表面光滑(图版 167)。

子实体生于腐木上。

分布:信阳。

【厚盖拟纤孔菌】

***Pseudoinonotus dryadeus*(Pers.)T. Wagner & M. Fisch.** ,Mycol. Res. 105(7):781(2001)

Boletus dryadeus Pers. ,Observ. Mycol. 2:3(1800)

*Boletus fomentarius*var. *dryadeus* (Pers.)Pers. ,Syn. Meth. Fung. 2:537(1801)

Fomes dryadeus (Pers.)Gillot & Lucand,Bulletin de la Société d'Histoire Naturelle d'Autun 3:165(1890)

Fomitiporia dryadea(Pers.)Y. C. Dai,Acta Bot. Fenn. 166:27(1999)

Inonotus dryadeus(Pers.)Murrill,N. Amer. Fl. 9(2):86(1908)

Ischnoderma dryadeum(Pers.)P. Karst. ,Meddn Soc. Fauna Flora Fenn. 5:38(1879)

Phellinus dryadeus(Pers.)Pat. ,Essai Tax. Hyménomyc. :97(1900)

Placodes dryadeus(Pers.)Quél. ,Enchir. Fung. :170(1886)

Polyporus dryadeus(Pers.)Fr. ,Syst. Mycol. 1:374(1821)

Ungularia dryadea(Pers.)Lázaro Ibiza,Revta R. Acad. Cienc. Exact. Fis. Nat. Madr. 14:671(1916)

Xanthochrous dryadeus (Pers.)Z. Igmándy,Erdész. Faip. Egyet. Tud. Közl. ,1965:213(1966)

子实体无柄,菌盖半圆形、近圆形,直径 6 ~ 16cm,宽 2 ~ 5cm,初期蛋壳色,后变浅咖啡色或锈褐色,最后呈暗灰色,常覆瓦状着生,表面不平滑,无表皮或有很薄的表皮,干时粗糙或龟裂,边缘钝而厚,完整或波状。菌肉浅咖啡色,软木栓质,干后甚脆,厚达 3cm。菌管似菌肉色,脆,管口初期近白色、褐色,每毫米 3 ~ 4 个。担孢子无色或淡黄色,近球形,6 ~ 8μm,表面光滑。

子实体生于栎或多种针叶树干基部,导致心材、边材,特别是根部腐朽。

分布:栾川。

6. 1. 11. 2　裂孔菌科 Schizoporaceae

【舌状产丝齿菌】

***Hyphodontia radula*(Pers.)Langer & Vesterh.** ,In:Knudsen & Hansen,Nordic Jl Bot. 16(2):212(1996)

Boletus radula(Pers.)Pers. ,Syn. Meth. Fung. 2:547(1801)

Chaetoporus radula(Pers.)Bondartsev & Singer,Annls Mycol. 39(1):51(1941)

Coriolus cerasi(Pers.) Pat. ,Essai Tax. Hyménomyc. :94(1900)
Corticium hydnans(Schwein.) Burt,Ann. Mo. Bot. Gdn 13(3):233(1926)
Hydnum cerasi(Pers.) DC. ,In:de Candolle & Lamarck,Fl. franç. ,Edn 3,5 ~ 6:36(1815)
Kneiffiella radula(Pers.) Zmitr. & Malysheva,Pyatnadtsataya Komi Respublikanskaya Molodezhnaya Nauchnaya Konferentsiya 2. Odinnadtsataya Molodezhnaya Nauchnaya Konferentsiya Instituta Biologii Komu NTs UrO RAN,'Aktual' nye Problemy Biologii i Ekologii'(Materialy Dokladov),19 ~ 23 Aprelya 2004 g. Syktyvkar, Respublika Komi,Rossiya:103(2004)
Odontia cerasi Pers. ,Observ. Mycol. 2:16(1800)
Odontia macroverruca H. Furuk. ,Bull. Govt Forest Exp. Stn Meguro 261:41(1974)
Physisporus radula(Pers.) Chevall. ,Fl. Gén. Env. Paris 1:262(1826)
Polyporus cerasi(Pers.) Fr. ,Syst. Mycol. 1:382(1821)
Polyporus radula(Pers.) Fr. ,Syst. Mycol. 1:383(1821)
Poria eyrei Bres. ,Trans. Br. Mycol. Soc. 3(4):264(1911)
Poria radula Ravenel,Grevillea 14(72):111(1886)
Poria radula Pers. ,Observ. Mycol. 2:14(1800)
Radulum hydnans Schwein. ,Trans. Am. Phil. Soc. ,Ser. 2 ,4(2):164(1832)
Schizopora radula(Pers.) Hallenb. ,Mycotaxon 18(2):308(1983)
Sistotrema cerasi (Pers.) Pers. ,Syn. Meth. Fung. 2:552(1801)
Sistotrema laevigatum Pers. ,Mycol. Eur. 2:195(1825)
Sistotrema leucoplaca Pers. ,Mycol. Eur. 2:196(1825)
Xylodon cerasi(Pers.) Fr. ,Observ. Mycol. 2:267(1818)

子实体平状于基质上,不易剥离,新鲜时革质,干后软木栓质,大小可达 6cm × 2cm,厚可达 1mm。孔口表面初期奶油色,触摸后变为浅黄色,后期乳黄色至淡黄褐色,干后浅黄褐色至黄褐色,孔口多角形,每毫米 2 ~ 4 个。菌管黄褐色,干后软木栓质,长约 0. 9mm。菌肉干后黄褐色,很薄,厚约 0. 1mm。构成子实体的菌丝为二系菌丝。子实层中有拟囊状体,拟囊状体无色,薄壁,大小为 10 ~ 18μm × 3. 8 ~ 4μm。担子棍棒状,7. 5 ~ 17. 4μm × 4 ~ 4. 5μm,顶部具 4 个小梗,基部具一锁状联合。拟担子与担子相似,但略小。担孢子广椭圆形至卵圆形,4. 6 ~ 5. 5μm × 3 ~ 3. 6μm,无色,表面平滑。

子实体见于多种阔叶树的枯木、落枝上,一年生,造成木材白色腐朽。

分布:内乡。

【淡黄裂孔菌】

***Schizopora flavipora*(Berk. & M. A. Curtis ex Cooke) Ryvarden**,Mycotaxon 23:186(1985)
Aporpium confusum(Bres.) Bondartsev,Trut. Grib Evrop. Chasti SSSR Kavkaza:164(1953)
Hyphodontia flavipora(Berk. & M. A. Curtis ex Cooke) Sheng H. Wu,Mycotaxon 76:54(2000)
Hyphodontia nongravis(Lloyd) Sheng H. Wu,Mycotaxon 76:59(2000)
Hyphodontia subiculoides(Lloyd) Sheng H. Wu,Mycotaxon 76:65(2000)
Kneiffiella flavipora(Berk. & M. A. Curtis ex Cooke) Zmitr. & Malysheva,In:Malysheva,Malysheva & Zmitrovich,Nov. Sist. Niz. Rast. 41:146(2008)
Polyporus acaciae Van der Byl,S. Afr. J. Sci. 22:168(1925)
Polyporus lignicola Murrill,Mycologia 12(6):307(1920)
Polyporus nongravis Lloyd,Mycol. Writ. 6:891(1919)

Polyporus trichiliae Van der Byl, S. Afr. J. Sci. 18(3 ~ 4):262(1922)

Polystictus subiculoides Lloyd, Mycol. Writ. 7:1331(1924)

Poria confusa Bres., Atti Acad. Agiato Rovereto 3:87(1897)

Poria flavipora Berk. & M. A. Curtis ex Cooke, Grevillea 15(73):25(1886)

Poria hypolateritia Berk. ex Cooke, Grevillea 15(73):24(1886)

Poria jalapensis Murrill, Mycologia 13(3):177(1921)

Poria lignicola Murrill, Mycologia 12(6):307(1920)

Schizopora hypolateritia(Berk. ex Cooke) Parmasto, Consp. System. Corticiac.:175(1968)

Schizopora subiculoides(Lloyd) Ryvarden, Norw. Jl Bot. 19(3 ~ 4):236(1972)

Schizopora trichiliae(Van der Byl) Ryvarden, In: Ryvarden & Johansen, Prelim. Polyp. Fl. E. Afr.:553(1980)

Tyromyces hypolateritius (Berk. ex Cooke) Ryvarden, In: Ryvarden & Johansen, Prelim. Polyp. Fl. E. Afr.:608 (1980)

Xylodon versiporus var. *microporus* Komarova, Botan. Mater. Otdela Sporovykh Rastenii, Bot. Inst. Akad. Nauk SSSR 12:252(1959)

子实体平状于基质上，不易剥离，新鲜时肉革质，干后软木栓质，大小可达 20cm × 6cm，厚可达 1mm，通常中部稍厚，向边缘渐薄。孔口表面新鲜时奶油色、浅黄色、浅黄褐色、粉红褐色、酒红褐色，干后浅黄色、肉色或浅黄褐色，孔口多角形至圆形，每毫米 3 ~ 6 个。菌管浅黄色，软木质，长可达 0. 9mm。菌肉浅黄色，干后软木栓质，很薄，厚约 0. 1mm。构成子实体的菌丝为二系菌丝。子实层中有囊状体，囊状体头状，12 ~ 40μm × 2. 8 ~ 4. 8μm，无色，薄壁或厚壁，表面光滑。担子棍棒状，9 ~ 14μm × 4 ~ 5μm，顶部具 4 个小梗，基部具一锁状联合。拟担子与担子相似，但略小。担孢子广椭圆形至卵圆形，3. 5 ~ 4. 2μm × 2. 5 ~ 3. 1μm，无色，表面光滑。

子实体见于多种针、阔叶树的枯木、落枝上，通常一年生，偶可存活到翌年，造成木材白色腐朽。

分布：内乡。

【近光彩裂孔菌】

***Schizopora paradoxa*(Schrad.) Donk**, Persoonia 5(1):76(1967)

Agaricus versiporus(Pers.) E. H. L. Krause, Basidiomycetum Rostochiensium, Suppl. 4:143(1932)

Coriolus obliquus(Schrad.) Pat., Essai Tax. Hyménomyc.:94(1900)

Daedalea mollis Velen., České Houby 4 ~ 5:690(1922)

Hydnum obliquum Schrad., Spicil. Fl. Germ. 1:179(1794)

Hydnum paradoxum Schrad., Spicil. Fl. Germ. 1:179(1794)

Hyphodontia paradoxa(Schrad.) Langer & Vesterh., In: Knudsen & Hansen, Nordic Jl Bot. 16(2):211(1996)

Irpex daedaleaeformis Velen., České Houby 4 ~ 5:743(1922)

Irpex decumbens Rick, Egatea 17:211(1932)

Irpex deformis Fr., Elench. Fung. 1:147(1828)

Irpex obliquus(Schrad.) Fr., Elench. Fung. 1:147(1828)

Irpex paradoxus(Schrad.) Fr., Epicr. Syst. Mycol.:522(1838)

Irpex porosolamellatus Rick, In: Rambo(Ed.), Iheringia, Sér. Bot. 5:187(1959)

Kneiffiella paradoxa(Schrad.) Zmitr. & Malysheva, Pyatnadtsataya Komi Respublikanskaya Molodezhnaya Nauchnaya Konferentsiya 2. Odinnadtsataya Molodezhnaya Nauchnaya Konferentsiya Instituta Biologii Komu NTs UrO RAN, 'Aktual' nye Problemy Biologii i Ekologii'(Materialy Dokladov), 19 ~ 23 Aprelya 2004 g. Syktyvkar,

Respublika Komi, Rossiya: 103(2004)

Lenzites paradoxa(Schrad.) Pat., J. Micrographie 9: 23(1885)

Polyporus laciniatus Velen. [as '*lacinatus*'], České Houby 4~5: 638(1922)

Polyporus obliquus(Schrad.) E. H. L. Krause, Mecklenburgs Basidiomyceten: 17(1934)

Polyporus versiporus Pers., Mycol. Eur. 2: 105(1825)

Polyporus versiporus subsp. *versiporus* Pers., Mycol. Eur. 2: 105(1825)

Polyporus versiporus var. *versiporus* Pers., Mycol. Eur. 2: 105(1825)

Poria albofulva Rick, In: Rambo(Ed.), Iheringia, Sér. Bot. 7: 282(1960)

Poria membranicincta var. *megalospora* Rick, In: Rambo(Ed.), Iheringia, Sér. Bot. 7: 278(1960)

Poria versipora(Pers.) Sacc., Syll. Fung. 6: 311(1888)

Poria versipora f. *obliqua*(Schrad.) Kreisel, Öst. Z. Pilzk.: 154(1961)

Schizopora versipora(Pers.) Teixeira, Revista Brasileira de Botânica 9(1): 44(1986)

Sistotrema obliquum(Schrad.) Alb. & Schwein., Consp. Fung.: 263(1805)

Sistotrema paradoxum(Schrad.) Pers., Syn. Meth. Fung. 1: 225(1801)

Xylodon deformis(Fr.) P. Karst., Bidr. Känn. Finl. Nat. Folk 37: 66(1882)

Xylodon obliquus(Schrad.) P. Karst., Acta Soc. Fauna Flora Fenn. 2(1): 31(1881)

Xylodon paradoxus(Schrad.) Chevall., Fl. gén. env. Paris 1: 274(1826)

Xylodon versiporus(Pers.) Bondartsev, Trut. Grib Evrop. Chasti SSSR Kavkaza: 128(1953)

Xylodon versiporus f. *obliquus*(Schrad.) Domański, Grzyby(Fungi): Podstawczaki(Basidiomycetes), Bezblaszkowe(Aphyllophorales), Zagwiowate I(Polyporaceae I), Szczecinkowate I(Mucronoporaceae I): 51(1965)

Xylodon versiporus f. *paradoxus*(Schrad.) Domański, Grzyby(Fungi): Podstawczaki(Basidiomycetes), Bezblaszkowe(Aphyllophorales), Zagwiowate I(Polyporaceae I), Szczecinkowate I(Mucronoporaceae I): 51(1965)

子实体平状于基质上，不易剥离，新鲜时革质，干后软木栓质，大小可达 16cm×5cm，厚可达 5mm。子实层体幼时孔状，成熟后多为齿状至不规则状，新鲜时奶油色、浅黄褐色，干后黄褐色，孔口极端撕裂状，无明显孔口形状，通常为不规则菌齿，每毫米 2~5 个。菌管或菌齿浅黄褐色，干后木栓质，长约 3mm。菌肉浅黄褐色，厚约 1mm。构成子实体的菌丝为二系菌丝。子实层中有囊状体，囊状体头状，8.3~24μm×3~5μm，无色，薄壁至稍厚壁。担子棍棒状，12~17μm×4.2~5.1μm，顶部具 4 个小梗，基部具一锁状联合。拟担子与担子相似，但略小。担孢子广椭圆形，5~6.2μm×3.9~4.5μm，无色，表面光滑。

子实体见于多种阔叶树枯木上，一年生，造成木材白色腐朽。

分布：内乡。

6.1.12 多孔菌目 Polyporales

6.1.12.1 拟层孔菌科 Fomitopsidaceae

【白薄孔菌】

***Antrodia albida*(Fr.) Donk**, Persoonia 4(3): 339(1966)

Agaricus serpens(Fr.) E. H. L. Krause, Basidiomycetum Rostochiensium, Suppl. 4: 143(1932)

Antrodia serpens (Fr.) P. Karst., Meddn Soc. Fauna Flora Fenn. 5: 40(1879)

Cellularia albida(Fr.) Kuntze, Revis. Gen. Pl. 3(2): 451(1898)

Coriolellus albidus(Fr.) Bondartsev, Trut. Grib Evrop. Chasti SSSR Kavkaza: 504(1953)

Coriolellus sepium(Berk.) Murrill, Bull. Torrey Bot. Club 32(9): 481(1905)

Coriolellus serpens(Fr.) Bondartsev, Trut. Grib Evrop. Chasti SSSR Kavkaza: 513(1953)

Daedalea albida Schwein. ,Obs. 1:107(1822)

Daedalea albida Fr. ,Observ. Mycol. 1:107(1815)

Daedalea sepium(Berk.)Ravenel,Fung. Carol. Exs. 1:no. 21(1855)

Daedalea serpens(Fr.)Fr. ,Syst. Mycol. 1:340(1821)

Lenzites albida(Fr.)Fr. ,Epicr. Syst. Mycol. :405(1838)

Physisporus serpens(Fr.)P. Karst. ,Acta Soc. Fauna Flora Fenn. 2(1):31(1881)

Polyporus sepium(Berk.)G. Cunn. ,Bull. N. Z. Dept. Sci. Industr. Res. ,Pl. Dis. Div. 74:33(1948)

Polyporus serpens Fr. ,Observ. Mycol. 2:265(1818)

Polyporus stephensii Berk. & Broome,Ann. Mag. Nat. Hist. ,Ser. 2,2:264(1848)

Trametes albida(Fr.)Fr. ,Summa Veg. Scand. ,Section Post. :324(1849)

Trametes albida(Fr.)Bourdot & Galzin,Bull. Trimest. Soc. Mycol. Fr. 41:167(1925)

Trametes sepium Berk. ,J. Bot. ,Lond. 6:322(1847)

Trametes serpens(Fr.)Fr. ,Hymenomyc. Eur. :586(1874)

Trametes serpens subsp. *albida*(Fr.)Bourdot & Galzin,Bull. Trimest. Soc. Mycol. Fr. 41:167(1925)

Trametes subcervina Bres. ,Mycologia 17(2):74(1925)

Tyromyces sepium(Berk.)G. Cunn. ,Bull. N. Z. Dept. Sci. Industr. Res. ,Pl. Dis. Div. 164:137(1965)

子实体无柄。菌盖半圆形或平伏而反卷,0.4~2cm×1~4cm,厚0.2~0.7cm,常左右相连呈覆瓦状,革质,表面白色,有不明显同心环棱或无环纹,或有微细绒毛,边缘薄而锐。菌肉白色,厚0.1cm。菌管长1~5mm,近白色,管口多角形至稍弯曲或近褶状。担子棒状,无色,具4小梗。担孢子长椭圆形至圆柱形,有的近纺锤形,6~15μm×4~6μm。

子实体生于阔叶树腐木上,也生于松木上。为木材腐朽菌,引起褐色腐朽。具药用价值。子实体提取物对小白鼠肉瘤180的抑制率为70%~80%,对艾氏癌的抑制率为98%。

分布:嵩县、栾川、内乡、信阳。

【棉絮薄孔菌】

***Antrodia gossypium* (Speg.)Ryvarden**,Norw. Jl Bot. 20:8(1973)

Fibroporia gossypium (Speg.)Parmasto,Consp. System. Corticiac. :207(1968)

Leptoporus resupinatus Bourdot & Galzin ex Pilát,Bull. Trimest. Soc. Mycol. Fr. 48(1):9(1932)

Poria gossypium Speg. ,Anal. Mus. Nac. Hist. Nat. B. Aires 6:169(1898)

Tyromyces resupinatus(Bourdot & Galzin)Bondartsev & Singer,Annls Mycol. 39(1):52(1941)

子实体平状于基质上,易剥离,有时形成假菌盖,假菌盖表面乳灰色,新鲜时柔软,蜡质,干后软木栓质,脆,大小可达50cm×20cm,中部厚可达10mm。孔口表面新鲜时乳白色至奶油色,触摸后变为污黄色,干后淡黄色。不育边缘明显,乳白色至奶油色,通常有菌丝束,菌丝束奶油色,棉絮状。孔口圆形至多角形,每毫米4~6个。菌管新鲜时奶油色,蜡质,干后浅棕黄色,脆,长可达9mm。菌肉白色或奶油色,软木栓质至脆质,厚约1mm。构成子实体的菌丝为二系菌丝(构成菌管的菌丝为单系菌丝)。子实层中无囊状体和拟囊状体。担子棍棒状,20~27μm×4.5~6.2μm,顶部具4个小梗,基部具一锁状联合。拟担子与担子相似,但略小。担孢子广椭圆形,4.4~5.8μm×2.2~3μm,无色,通常有一液泡,表面光滑。

子实体生于松树腐木上,一年生,造成木材白色腐朽。

分布:内乡。

【兴安薄孔菌】

***Antrodia hingganensis* Y. C. Dai & Pentillä**, Ann. Bot. Fenn. 43:87(2006)

子实体平状于基质上,不易剥离,新鲜时革质至软木栓质,干后木栓质,大小可达 25cm × 6cm,中部厚可达 2mm。孔口表面新鲜时奶油色,后期浅黄色至浅黄褐色,干后木材色至浅褐色,孔口多为圆形,有时多角形,每毫米 3 ~5 个。菌管与孔口表面同色,木栓质至硬纤维质,长可达 1.5mm。菌肉奶油色至浅黄色,木栓质,一般厚度不到 0.5mm。构成子实体的菌丝为二系菌丝。子实层中无囊状体,偶有拟囊状体,拟囊状体锥形,12 ~16μm ×3.5 ~4.5μm,无色,薄壁,顶端尖锐。担子棍棒状,14 ~25μm ×4 ~5μm,顶部具 4 个小梗,基部具一锁状联合。拟担子与担子相似,但略小。担孢子圆柱形或香肠形,4 ~5.4μm ×1.1 ~1.5μm,无色,表面光滑。

子实体生于松树落枝上,通常一年生,偶可存活到翌年。

分布:内乡。

【苹果生薄孔菌】

***Antrodia malicola*(Berk. & M. A. Curtis) Donk**, Persoonia 4(3):339(1966)

Coriolellus malicola(Berk. & M. A. Curtis) Murrill, Mycologia 12(1):20(1920)

Daedalea malicola(Berk. & M. A. Curtis) Aoshima, Trans. Mycol. Soc. Japan 8:2(1967)

Trametes jamaicensis Murrill, Mycologia 2(4):191(1910)

Trametes malicola Berk. & M. A. Curtis, J. Acad. Nat. Sci. Philad., N. S. 3:209(1856)

子实体为无菌柄的菌盖,有时平状于基质上或平状反卷,单生或覆瓦状叠生,新鲜时木栓质,干后硬木质。菌盖半圆形,大小可达 2cm ×3cm,厚可达 7mm。平状的子实体大小可达 40cm ×6cm。菌盖表面新鲜时淡黄色至黄褐色,干后土黄色至黄褐色;边缘锐,淡黄色至黄褐色。孔口表面淡黄褐色至黄褐色。不育边缘宽可达 5mm,奶油至淡黄褐色。孔口不规则形、圆形、近圆形至多角形,每毫米 2 ~3 个。老的子实层体有时变为齿裂状。菌管单层,淡黄褐色,新鲜时木栓质,干后木质,长可达 7mm。菌肉奶油色至浅黄褐色,木栓质,厚约 1 ~2mm。构成子实体的菌丝为二系菌丝。子实层中无囊状体和拟囊状体。担子棍棒状,18.9 ~29μm × 5.5 ~7.8μm,顶部具 4 个小梗,基部具一锁状联合。拟担子与担子相似,但略小。担孢子圆柱形至椭圆形,7 ~8.5μm ×3 ~4μm,无色,表面光滑。

子实体生于阔叶树腐木上,一年生,造成木材褐色腐朽。

分布:内乡。

【狭檐薄孔菌】

***Antrodia serialis*(Fr.) Donk**, Persoonia 4(3):340(1966)

Boletus serialis(Fr.) Spreng., Syst. Veg., Edn 16, 4(1827)

Coriolellus callosus(Fr.) M. P. Christ., Dansk Bot. Ark. 19(2):369(1960)

Coriolellus serialis(Fr.) Murrill, N. Amer. Fl. 9(1):29(1907)

Coriolellus serialis f. *callosus* (Fr.) Domański, Grzyby (Fungi): Podstawczaki (Basidiomycetes), Bezblaszkowe (Aphyllophorales), Zagwiowate I(Polyporaceae I), Szczecinkowate I(Mucronoporaceae I):179(1965)

Coriolus serialis(Fr.) Komarova, Opredelitel' trutovykh gribov Belorussii:142(1964)

Daedalea serialis(Fr.) Aoshima, Trans. Mycol. Soc. Japan 8(1):2(1967)

Fomitopsis serialis(Fr.) P. Karst., Revue Mycol., Toulouse 3(9):18(1881)

Physisporus callosus(Fr.)P. Karst. ,Revue Mycol. ,Toulouse 3(9):18(1881)
Polyporus callosus Fr. ,Syst. Mycol. 1:381(1821)
Polyporus echinatus(Hoffm.)Pers. ,Mycol. Eur. 2:102(1825)
Polyporus favogineus(Hoffm. ex Harz)Wettst. ,Verh. zool. -Bot. Ges. Wein 38:181(1888)
Polyporus fechtneri Velen. ,České Houby 4 ~ 5:659(1922)
Polyporus pallidissimus Velen. ,České Houby 4 ~ 5:639(1922)
Polyporus pseudoannosus Velen. ,České Houby 4 ~ 5:659(1922)
Polyporus serialis Fr. ,Syst. Mycol. 1:370(1821)
Polyporus vaporarius var. *favogineus* Hoffm. ex Harz,Bot. Zbl. 36:379(1888)
Polystictus serialis(Fr.)Cooke,Grevillea 14(71):81(1886)
Poria callosa(Fr.)Quél. ,Grevillea 14(72):110(1886)
Poria echinata Hoffm. ,Veg. Herc. Subterr. :12(1811)
Pycnoporus serialis(Fr.)P. Karst. ,Bidr. Känn. Finl. Nat. Folk 48:308(1889)
Trametes contigua Wettst. ,Verh. zool. -Bot. Ges. Wein 38:180(1888)
Trametes serialis(Fr.)Fr. ,Hymenomyc. Eur. :584(1874)

子实体平状于基质上,有时平状反卷,形成真正的菌盖,菌盖覆瓦状叠生或左右连生,新鲜时韧革质,干后硬木栓质。单个菌盖一般很窄,大小可达 0. 5cm × 10cm,厚可达 4mm。菌盖表面奶油色至赭色,光滑,有时有同心环纹,边缘锐。平状的子实体大小可达 50cm × 10cm。孔口表面新鲜时奶油色,干后乳黄色至木材色,不育边缘不明显至几乎无。孔口多角形,每毫米2 ~ 4 个。菌管奶油色,木栓质,长可达 2. 5mm。菌肉奶油色,硬木栓质,厚可达 1. 5mm。构成子实体的菌丝为二系菌丝。子实层中无囊状体和拟囊状体。担子棍棒状,10 ~ 16μm × 4. 8 ~ 6μm,顶部具 4 个小梗,基部具一锁状联合。拟担子较多,形状与担子相似,但略小。担孢子近纺锤形至圆柱形,6. 3 ~ 8μm × 2. 2 ~ 3. 3μm,无色,表面光滑。

子实体生于针叶树腐木上,一年生至多年生,,造成木材褐色腐朽。

分布:嵩县、栾川、内乡。

【肉色迷孔菌】

***Daedalea dickinsii* Yasuda,Bot. Mag.** ,Tokyo 36:127(1923)
Daedaleopsis dickinsii(Berk. ex Cooke)Bondartsev,Botanicheskie Materialy 16:125(1963)
Trametes dickinsii Berk. ex Cooke,Grevillea 19(92):100(1891)

子实体木栓质到木质,无柄。菌盖侧生于基质上,单生、群生或覆瓦状排列,半圆形,贝壳状,扁平或其他形状,1 ~ 14cm × 2 ~ 25cm,厚 9 ~ 30mm,表面初期浅肉色,后变浅肉褐色或棕灰色、褐色、古铜钱色。初期菌盖表面具细微绒毛,后变光滑,具同心环纹和不明显的辐射状条纹。菌盖基部有小疣和瘤,边缘钝,有时较厚,完整,下侧无菌管。菌肉肉色至浅粉褐色,厚2 ~ 20mm,遇 KOH 溶液变深褐色到黑色。菌管与菌肉同色,一层或多层,长 5 ~ 12mm。孔面淡黄褐色到淡褐色、污褐色、暗褐色或深褐色。管口略圆形、多角形、不规则形到迷宫状,每毫米1 ~ 3 个。担孢子圆柱形,5. 8 ~ 7. 5μm × 2 ~ 3μm,表面平滑,透明。子实体由三种菌丝构成,生殖菌丝透明,直径 2. 3 ~ 4. 5μm,壁薄,具少数锁状联合;骨干菌丝无色,厚壁到近实心,有时微带黄色,直径 2. 5 ~ 5μm;联络菌丝无色,厚壁,弯曲,分枝,直径 1. 5 ~ 2. 5μm。

子实体生于阔叶树腐木上,一年生到多年生,引起木材褐色腐朽。也常见于栽培香菇、木耳的段木上,是香菇、木耳段木栽培上的杂菌。子实体的热水提取物对小白鼠肉瘤 180 的抑制率为 80%,氨水提取物对小白鼠肉瘤 180 的抑制率为 41%。

分布:嵩县、栾川、济源、卢氏、灵宝、信阳、南阳、内乡。

【粉肉拟层孔菌】

***Fomitopsis cajanderi* (P. Karst.) Kotl. & Pouzar**, Česká Mykol. 11(3):157(1957)

Fomes cajanderi P. Karst., Finl. Basidsvamp. 46(11):8(1904)

Fomes subroseus(Weir) Overh., Bulletin of the Penn. State College 316:11(1935)

Fomitopsis roseozonata(Lloyd) S. Ito, Mycol. Fl. Japan 2(4):309(1955)

Fomitopsis subrosea(Weir) Bondartsev & Singer, Annls Mycol. 39(1):55(1941)

Polystictus mimicus(P. Karst.) Sacc. & Trotter, Syll. Fung. 21:322(1912)

Pycnoporus mimicus P. Karst., Trudy Troitsk. Otd. imp. russk. geogr. obsc. 8:62(1906)

Trametes roseozonata Lloyd, Mycol. Writ. 7:1144(1922)

Trametes subrosea Weir, Rhodora 25:217(1923)

Ungulina subrosea(Weir) Murashk., Trudy omsk. sel'sk Chozj. Kirova 17:86(1939)

菌盖半圆形,1~6.5cm,厚 5~16cm,平伏而反卷,往往覆瓦状或左右相连,有皱褶和紧密的细绒毛,淡赭色,后期灰色至黑色。菌肉初期粉红色,渐变为浅赭色至菱色,厚 2~5mm。菌管粉红色,多层,每层厚 1~3mm,担孢子无色,光滑,长方形,6μm×2μm。

腐生于针叶树的倒木上,为木材分解菌。

分布:河南。

注:作者未见到该菌,关于该菌在河南省的分布是依据文献《中国真菌总汇》(戴芳澜,1979)。

【松生拟层孔菌】

***Fomitopsis pinicola*(Sw.) P. Karst.**, Meddn Soc. Fauna Flora Fenn. 6:9(1881)

Antrodia serpens var. *tuber* P. Karst., Bidr. Känn. Finl. Nat. Folk 48:324(1889)

Antrodia tuber (P. Karst.) P. Karst., Finl. Basidsvamp. (11):17(1898)

Boletus fulvus Schaeff., Fung. Bavar. Palat. 4:89(1774)

Boletus marginatus Pers., Neues Mag. Bot. 1:108(1794)

Boletus pinicola Sw., Svenska Vet. Acad. hand., 1852 31:88(1810)

Boletus semiovatus Schaeff., Fung. Bavar. Palat. 4:92(1774)

Boletus ungulatus Schaeff., Fung. Bavar. Palat. 4:88(1774)

Coriolus helveolus(Rostk.) Quél., Compt. Rend. Assoc. Franç. Avancem. Sci. 18(2):512(1890)

Favolus pinihalepensis Pat., Tabl. analyt. Fung. France(7):49(1897)

Fomes albus(Lázaro Ibiza) Sacc. & Trotter, Syll. Fung. 23:398(1925)

Fomes cinnamomeus(Trog) Sacc., Hyménomycètes:683(1888)

Fomes lychneus Lázaro Ibiza, Revta R. Acad. Cienc. Exact. Fis. Nat. Madr. 14:666(1916)

Fomes marginatus (Pers.) Fr., Hymenomyc. Eur.:683(1874)

Fomes pinicola(Sw.) Cooke, Grevillea 14(69):17(1885)

Fomes pinicola var. *marginatus*(Pers.) Overh., Polyporaceae of the United States, Alaska and Canada:44(1953)

Fomes pini-halepensis Pat., Cat. Rais. Pl. Cellul. Tunisie:49(1897)

Fomes subungulatus Murrill, Bull. Torrey Bot. Club 35:410(1908)

Fomes thomsonii (Berk.) Cooke, Grevillea 14(69):17(1885)

Fomes ungulatus (Schaeff.) Sacc., Michelia 1(5):539(1879)

Fomitopsis subungulata (Murrill) Imazeki, Bull. Tokyo Sci. Mus. 6:92(1943)
Friesia rubra Lázaro Ibiza, Revta R. Acad. Cienc. Exact. Fis. Nat. Madr. 14:590(1916)
Ganoderma rubrum(Lázaro Ibiza) Sacc. & Trotter, Syll. Fung. 23:402(1925)
Ischnoderma helveolum(Rostk.) P. Karst., Meddn Soc. Fauna Flora Fenn. 5:38(1879)
Mensularia alba Lázaro Ibiza, Revta R. Acad. Cienc. Exact. Fis. Nat. Madr. 14:738(1916)
Mensularia marginata(Pers.) Lázaro Ibiza, Revta R. Acad. Cienc. Exact. Fis. Nat. Madr. 14:738(1916)
Piptoporus helveolus(Rostk.) P. Karst., Bidr. Känn. Finl. Nat. Folk 37:45(1882)
Placodes helveolus(Rostk.) Quél., Enchir. Fung.:170(1886)
Placodes marginatus(Pers.) Quél., Enchir. Fung.:171(1886)
Placodes pinicola(Sw.) Pat., Hyménomyc. Eur.:139(1887)
Polyporus cinnamomeus Trog, Flora, Jena 15:556(1832)
Polyporus helveolus Rostk., In: Sturm, Deutschl. Fl., 3 Abt. 4:73(1838)
Polyporus marginatus Fr., Epicr. Syst. Mycol.:468(1838)
Polyporus marginatus(Pers.) Fr., Syst. Mycol. 1:372(1821)
Polyporus parvulus(Lázaro Ibiza) Sacc. & Trotter, Syll. Fung. 23:369(1925)
Polyporus pinicola (Sw.) Fr., Syst. Mycol. 1:372(1821)
Polyporus pinicola var. *pinicola*(Sw.) Fr., Syst. Mycol. 1:372(1821)
Polyporus ponderosus H. Schrenk, Bulletin of the U. S. Department of Agriculture, Bureau Plant Industry 36:30 (1903)
Polyporus semiovatus (Schaeff.) Britzelm., Ber. naturw. -lichen Ver. Schwaben und Neuburg 29:279(1887)
Polyporus thomsonii Berk., Hooker's J. Bot. Kew Gard. Misc. 6:142(1854)
Pseudofomes pinicola(Sw.) Lázaro Ibiza, Revta R. Acad. Cienc. Exact. Fis. Nat. Madr. 14:584(1916)
Scindalma cinnamomeum(Trog) Kuntze, Revis. Gen. Pl. 3(2):518(1898)
Scindalma semiovatum(Schaeff.) Kuntze, Revis. Gen. Pl. 3(2):517(1898)
Scindalma thomsonii(Berk.) Kuntze, Revis. Gen. Pl. 3(2):519(1898)
Scindalma ungulatum(Schaeff.) Kuntze, Revis. Gen. Pl. 3(2):519(1898)
Trametes pinicola(Sw.) P. Karst., Bidr. Känn. Finl. Nat. Folk 37:46(1882)
Ungularia parvula Lázaro Ibiza, Revta R. Acad. Cienc. Exact. Fis. Nat. Madr. 14:671(1916)
Ungulina marginata(Fr.) Pat., Essai Tax. Hyménomyc.:103(1900)
Ungulina marginata(Pers.) Bourdot & Galzin, Hyménomyc. de France:601(1928)
Ungulina pinicola(Sw.) Singer, Beih. Bot. Zbl., Abt. 2, 44:79(1929)

子实体马蹄状、半球形，有的平伏而反卷，木质，大型。菌盖直径 2 ~ 46cm，初期表面有红色、黄红色胶状皮壳，后期表面变为灰色至黑色，有宽的棱带，边缘钝，常保留橙色到红色，边缘下侧无子实层。菌肉近白色至木材色，木栓质，有环纹。管口圆形，每毫米 3 ~ 5 个，白色至乳白色。担子棒状，12.5 ~ 24μm × 6.5 ~ 8μm，近无色。担孢子卵形、椭圆形，5 ~ 7.5μm × 3 ~ 4.5μm，表面光滑，无色（图版 168）。

子实体生于松、杉、桦树的倒木、枯立木、伐木桩或原木上。是危害木材的一种木腐菌，引起褐色块状腐朽。子实体提取物对小白鼠肉瘤 180 的抑制率 70%，对艾氏癌抑制率为 80%。

分布：卢氏、陕县、灵宝。

【朱红硫黄菌】

***Laetiporus miniatus*(Jungh.) Overeem**, Icon. Fung. Malay. 12:1(1925)

Laetiporus sulphureus var. *miniatus*(Jungh.)Imazeki,Bull. Tokyo Sci. Mus. 6:88(1943)
Polyporellus miniatus(Jungh.)P. Karst.,Meddn Soc. Fauna Flora Fenn. 5:38(1879)
Polyporus miniatus Jungh.,Praem. Fl. Crypt. Javae:68(1838)
Trametes miniatus(Jungh.)Teng,中国的真菌:763(1963)
Tyromyces miniatus(Jungh.)Teng,中国的真菌:763(1963)

子实体鲜朱红色或带黄的朱红色,肉质,干后脆。菌盖扇形至半圆形,有放射状条棱,多数重叠生长,直径可达30~40cm,单个菌盖5~20cm,厚1~2cm。菌肉带肉色,幼时肉质有弹性,干后变白且酥脆。菌盖下面淡肉色至淡黄褐色。管孔长2~10mm,管口圆形至不正形。担子短棒状,具4小梗。担孢子椭圆形,无色,光滑,6~8μm×4~5μm。

子实体常生于松等针叶树干基部,有时也生在栎等阔叶树干基部,引起木材块状褐色腐朽。子实体幼时可食用,味道比较好。

分布:卢氏、陕县、灵宝。

【硫黄菌】

***Laetiporus sulphureus*(Bull.)Murrill**,Annls Mycol. 18(1~3):51(1920)
Agarico-carnis flammula Paulet,Traité Champ.,Atlas 2:100(1793)
Agarico-pulpa styptica Paulet,Traité Champ.,Atlas 2:101(1793)
Agaricus speciosus Battarra,Fung. arim. Hist.:68(1755)
Boletus caudicinus Scop.,Fl. Carniol.,Edn 2,2:469(1772)
Boletus caudicinus Schaeff.,Fung. Bavar. Palat. 2:tab. 131,132(1763)
Boletus citrinus Lumn.,Fl. poson.:525(1791)
Boletus coriaceus Huds.,Fl. Angl.,Edn 2,2:625(1778)
Boletus imbricatus Bull.,Herb. Fr. 8:366(1788)
Boletus lingua-cervina Schrank,Baier. Fl. 2:618(1789)
Boletus ramosus Bull.,Hist. Champ. France 9:349(1791)
Boletus sulphureus Bull.,Herb. Fr. 9:tab. 429(1789)
Boletus tenax Bolton,Hist. Fung. Halifax 2:75(1788)
Boletus tenax Lightf.,Fl. Scot. 2:1031(1777)
Calvatia versispora Lloyd[as '*versipora*'],Mycol. Writ. 4(40):7(1915)
Ceriomyces aurantiacus(Pat.)Sacc.,Syll. Fung. 6:386(1888)
Ceriomyces neumanii Bres.,Annls Mycol. 18(1~3):41(1920)
Cladomeris casearius(Fr.)Quél.,Enchir. Fung.:168(1886)
Cladomeris imbricatus(Bull.)Quél.,Enchir. Fung.:169(1886)
Cladoporus ramosus(Bull.)Pers.,Traité sur les Champignons Comestibles:43(1818)
Cladoporus sulphureus(Bull.)Teixeira,Revista Brasileira de Botânica 9(1):43(1986)
Daedalea imbricata(Bull.)Purton,Appendix Midl. Fl.:251(1821)
Grifola sulphurea(Bull.)Pilát,Beih. Bot. Zbl.,Abt. 2,52:39(1934)
Grifola sulphurea f. *conglobata* Pilát,Beih. Bot. Cbl.,Abt. B 56:53(1936)
Laetiporus cincinnatus(Morgan)Burds.,Banik & T. J. Volk,In:Banik,Burdsall & Volk,Folia cryptog. Estonica 33:13(1998)
Laetiporus speciosus Battarra ex Murrill,Bull. Torrey Bot. Club 31(11):607(1904)
Laetiporus sulphureus f. *albolabyrinthiporus*(Rea)Bondartsev,Trut. Grib Evrop. Chasti SSSR Kavkaza:185

(1953)

Laetiporus sulphureus f. *aporus* (Bourdot & Galzin) Bondartsev, Trut. Grib Evrop. Chasti SSSR Kavkaza: 185 (1953)

Laetiporus sulphureus f. *aurantiacus*(Pat.) Bondartsev, Trut. Grib Evrop. Chasti SSSR Kavkaza:185(1953)

Laetiporus sulphureus f. *conglobatus*(Pilát) Bondartsev, Trut. Grib Evrop. Chasti SSSR Kavkaza:185(1953)

Laetiporus sulphureus f. *imbricatus* Domański, Trut. Grib Evrop. Chasti SSSR Kavkaza:185(1953)

Laetiporus sulphureus f. *ramosus*(Quél.) Bondartsev, Trut. Grib Evrop. Chasti SSSR Kavkaza:185(1953)

Laetiporus sulphureus f. *sulphureus*(Bull.) Murrill, Annls Mycol. 18(1 ~ 3):51(1920)

Laetiporus sulphureus f. *zerovae* Bondartseva, Nov. sist. Niz. Rast. 9:137(1972)

Laetiporus sulphureus var. *sulphureus*(Bull.) Murrill, Annls Mycol. 18(1 ~ 3):51(1920)

Laetiporus versisporus(Lloyd) Imazeki, Bull. Tokyo Sci. Mus. 6:88(1943)

Leptoporus casearius(Fr.) Quél., Fl. Mycol.:387(1888)

Leptoporus imbricatus (Bull.) Quél., Fl. Mycol.:387(1888)

Leptoporus ramosus(Bull.) Quél., Fl. Mycol.:387(1888)

Leptoporus sulphureus (Bull.) Quél., Fl. Mycol.:386(1888)

Merisma imbricatum(Bull.) Gillet, Hyménomycètes:690(1878)

Merisma sulphureum(Bull.) Gillet, Hyménomycètes:691(1878)

Polypilus casearius(Fr.) P. Karst., Bidr. Känn. Finl. Nat. Folk 37:26(1882)

Polypilus caudicinus (Schaeff.) P. Karst., Bidr. Känn. Finl. Nat. Folk 48:289(1889)

Polypilus imbricatus (Bull.) P. Karst., Bidr. Känn. Finl. Nat. Folk 37:27(1882)

Polypilus sulphureus (Bull.) P. Karst., Acta Soc. Fauna Flora Fenn. 2(1):29(1881)

Polyporellus caudicinus (Scop.) P. Karst. ex Sacc., Syll. Fung. 21:267(1912)

Polyporellus rubricus(Berk.) P. Karst., Meddn Soc. Fauna Flora Fenn. 5:38(1879)

Polyporus casearius Fr., Epicr. Syst. Mycol.:449(1838)

Polyporus caudicinus(Schaeff.) J. Schröt., In: Cohn, Krypt.-Fl. Schlesien 3. 1(25 – 32):471(1888)

Polyporus cincinnatus Morgan, J. Cincinnati Soc. Nat. Hist. 8:97(1885)

Polyporus imbricatus(Bull.) Fr., Syst. Mycol. 1:357(1821)

Polyporus ramosus (Bull.) Gray, Nat. Arr. Brit. Pl. 1:645(1821)

Polyporus rostafinskii Błoński, Hedwigia 27:280(1888)

Polyporus rubricus Berk., Hooker's J. Bot. Kew Gard. Misc. 3:81(1851)

Polyporus sulphureus(Bull.) Fr., Syst. Mycol. 1:357(1821)

Polyporus sulphureus var. *albolabyrinthiporus* Rea, Brit. Basidiomyc.:581(1922)

Polyporus todari Inzenga, Giorn. Sci. Nat. econ. Palermo 2:98(1866)

Ptychogaster aurantiacus Pat., Revue Mycol., Toulouse 7:28(1885)

Ptychogaster aureus Lloyd, Mycol. Writ. 6:1063(1921)

Ptychogaster versisporus (Lloyd) Lloyd, Mycol. Writ. 6:1005(1920)

Sistotrema sulphureum(Bull.) Rebent., Prodr. Fl. Neomarch.:376(1804)

Sporotrichum versisporum (Lloyd) Stalpers, Stud. Mycol. 24:25(1984)

Stereum speciosum Fr., Giorn. Sci. Nat. econ. Palermo 7:158(1871)

Sulphurina sulphurea(Quél.) Pilát, Atlas Champ. l'Europe, Polyporaceae 3(1):473(1942)

Tyromyces sulphureus(Bull.) Donk, Meded. Bot. Mus. Herb. Rijks Univ. Utrecht 9:145(1933)

子实体硫黄色至鲜橙色，肉质，多汁，干后脆，初期瘤状、脑髓状，后期菌盖覆瓦状排列。菌盖宽 8 ~ 30cm，厚 1 ~ 2cm，表面有细绒毛或无绒毛，有皱纹，无环带，边缘薄而锐，波浪状至瓣裂。菌肉白色或浅黄色,管孔硫黄色,干后褪色,孔口多角形,平均每毫米 3 ~4 个。担孢子卵形,近球形,4. 5 ~7μm ×4 ~5μm,表面光滑,无色。

子实体生于胡桃、栎、柳、云杉等活立木树干上或枯立木上,引起木材褐色腐朽。也常生长在栽培香菇、木耳的段木上,是香菇、木耳段木栽培上的杂菌。子实体幼时可食用,味道较好。可药用。子实体提取物对小白鼠肉瘤 180 和艾氏癌抑制率分别为 80% 和 90% 。

分布:嵩县、栾川、辉县、内乡、信阳。

【苦白蹄】

Laricifomes officinalis **(Vill.) Kotl. & Pouzar**,Česká Mykol. 11(3):158(1957)

Agaricum officinale (Vill.) Donk,Proc. K. Ned. Akad. Wet. ,Ser. C,Biol. Med. Sci. 74(1):26(1971)

Boletus agaricum Pollini,Flora veronensis,3:613(1824)

Boletus laricis F. Rubel,In:Jacquin,Miscell. austriac. 1:172(1778)

Boletus officinalis Vill. ,Hist. pl. Dauphiné 3:1041(1788)

Boletus purgans J. F. Gmel. ,Systema Naturae 2(2):1436(1792)

Cladomeris officinalis(Vill.) Quél. ,Enchir. Fung. :168(1886)

Fomes fuscatus Lázaro Ibiza,Revta R. Acad. Cienc. Exact. Fis. Nat. Madr. 14:666(1916)

Fomes officinalis(Vill.) Bres. ,Iconogr. Mycol. 20:CMLXXXIX(1931)

Fomitopsis officinalis (Vill.) Bondartsev & Singer,Annls Mycol. 39(1):55(1941)

Piptoporus officinalis(Vill.) P. Karst. ,Bidr. Känn. Finl. Nat. Folk 37:45(1882)

Polyporus officinalis(Vill.) Fr. ,Syst. Mycol. 1:365(1821)

Ungulina officinalis (Vill.) Pat. ,Essai Tax. Hyménomyc. :103(1900)

子实体马蹄状至近圆锥形,大型。菌盖宽 2 ~25cm,初期表面具光滑的薄皮,后期表面龟裂变粗糙,白色至淡黄色,后期呈灰白色,有同心环带。菌肉白色,近白色,老时易碎,味甚苦。菌管多层,同色,管口圆形,白色,有时边缘带乳黄色,平均每毫米 3 ~4 个。担孢子卵形,4. 5 ~6μm ×3 ~4. 5μm,表面光滑,无色。

子实体生于松树等针叶树干上,引起褐色块状腐朽。具药用价值,为民间传统药材。子实体提取物对小白鼠肉瘤 180 和艾氏癌的抑制率均为 80%

分布:卢氏、陕县、灵宝。

【桦剥管菌】

Piptoporus betulinus **(Bull.) P. Karst.** ,Revue Mycol. ,Toulouse 3:9(1881)

Agarico-pulpa pseudoagaricon Paulet,Traité Champ. ,Atlas 2:105(1793)

Boletus betulinus Bull. ,Herb. Fr. 7:tab. 312(1788)

Boletus suberosus Wulfen,In:Jacquin,Collnea Bot. 1:344(1786)

Fomes betulinus (Bull.) Fr. ,Bull. soc. Hist. Nat. Autun 3:165(1890)

Placodes betulinus(Bull.) Quél. ,Fl. Mycol. :396(1888)

Polyporus betulinus(Bull.) Fr. ,Observ. Mycol. 1:127(1815)

Ungularia betulina(Bull.) Lázaro Ibiza,Revta R. Acad. Cienc. Exact. Fis. Nat. Madr. 14:668(1916)

Ungulina betulina(Bull.) Pat. ,Essai Tax. Hyménomyc. :103(1900)

子实体中等至较大,无柄或几乎无柄,菌盖近肉质至木栓质,扁半球形,近基部常凸起,4 ~24cm ×5 ~35cm,厚 2 ~10cm,表面光滑,初期污白褐色,后呈褐色,有一层薄的表皮可剥离,表皮剥离后露出白色菌肉,边缘内卷。菌肉很厚,近肉质,柔韧,干后比较轻,木栓质。菌管层色稍深,菌管长2.5~8mm,易与菌肉分离,管口小而密,近圆形或近多角形,每毫米3~4个,靠近菌盖边缘有一圈不孕带。担孢子圆筒形或腊肠形,4~7μm×1.5~2μm,无色,表面平滑。

子实体生于桦木树干上,一年生,引起褐色腐朽。子实体幼嫩时可食用。

分布:嵩县、栾川、信阳。

【赤杨泊氏孔菌】

***Postia alni* Niemelä & Vampola**,Karstenia 41(1):7(2001)

Oligoporus alni (Niemelä & Vampola) Piątek,Polish Botanical Journal 48(1):17(2003)

子实体为无菌柄的菌盖,一般单生,偶有覆瓦状叠生,新鲜时肉质,软,干后硬垩质、木栓质,易碎。单个菌盖大小可达3cm×6cm,从基部向边缘逐渐变薄,基部厚可达1cm。菌盖表面新鲜时白色至奶油色,具短绒毛,有的有疣状突起,后期乳灰色、蓝灰色、淡灰褐色,干后稻草色。边缘锐或钝,波状,干后内卷。孔口表面初期乳白色、奶油色,触摸后变为暗灰色,后期渐呈灰色、淡灰蓝色、灰蓝色,不育边缘不明显至几乎无。孔口近圆形至不规则形,每毫米4~5个。菌管干后纤维质,灰蓝色,长可达4mm。菌肉新鲜时肉质,奶油色,干后软木栓质、垩质,脆,厚可达6mm。构成子实体的菌丝为单系菌丝,隔膜处均有锁状联合。子实层中无囊状体和拟囊状体。担子短棍棒状,10~14μm×3.2~4.3μm,顶部具4个小梗,基部具一锁状联合。拟担子与担子相似,但略小。担孢子圆柱形、香肠形,3.5~4μm×1~1.1μm,无色,表面光滑。

子实体生于阔叶树枯木、落枝上,一年生,造成木材褐色腐朽。

分布:内乡。

【灰蓝波斯特孔菌】

***Postia caesia* (Schrad.) P. Karst.**,Revue Mycol.,Toulouse 3(9):360(1881)

Bjerkandera caesia (Schrad.) P. Karst.,Acta Soc. Fauna Flora Fenn. 2(1):29(1881)

Bjerkandera ciliatula P. Karst.,Meddn Soc. Fauna Flora Fenn. 14:80(1887)

Boletus caesius Schrad.,Spicil. Fl. Germ. 1:167(1794)

Boletus caesius var. *caesius* Schrad.,Spicil. Fl. Germ. 1:167(1794)

Boletus candidus Roth,Catalecta botanica 1:244(1797)

Corticium caesium Pers.,Observ. Mycol. 1:15(1796)

Hypochnus caesius (Pers.) Bres.,Annls Mycol. 1(2):107(1903)

Leptoporus caesius (Schrad.) Quél.,Enchir. Fung.:176(1886)

Leptoporus candidus (Roth) Quél.,Enchir. Fung.:177(1886)

Leptoporus lacteus f. *ciliatulus* (P. Karst.) Pilát,In:Kavina & Pilát,Atlas Champ. l'Europe 3:188(1938)

Meripilus candidus (Roth) P. Karst.,Bidr. Känn. Finl. Nat. Folk 37:34(1882)

Oligoporus caesius (Schrad.) Gilb. & Ryvarden,Mycotaxon 22(2):365(1985)

Peniophora caesia (Pers.) Höhn. & Litsch.,Sber. Akad. Wiss. Wien,Math.-naturw. Kl.,Abt. 1,115:1587(1906)

Polyporus alni Velen.,České Houby 4~5:650(1922)

Polyporus caesiocoloratus Britzelm.,Bot. Zbl. 54(4):103(1893)

Polyporus caesius (Schrad.) Fr.,Syst. Mycol. 1:360(1821)

Polyporus candidus (Roth) Fr.,Epicr. Syst. Mycol.:449(1838)

Polyporus ciliatulus(P. Karst.)Sacc.,Syll. Fung. 6:127(1888)

Polyporus gossypinus Lév.,Annls Sci. Nat.,Bot.,Sér. 3,9:124(1848)

Polyporus lacteus var. *candidus*(Roth)Pers.,Mycol. Eur. 2:63(1825)

Polystictus caesius(Schrad.)Bigeard & H. Guill.,Fl. Champ. sup. France 2:373(1913)

Prillieuxia caesia(Pers.)Park. -Rhodes,Trans. Br. Mycol. Soc. 37(4):327(1954)

Sebacina laciniata subsp. *caesia*(Pers.)Bourdot & Galzin,(1928)

Spongiporus caesius(Schrad.)A. David,Bull. Mens. Soc. Linn. Lyon 49(1):10(1980)

Thelephora caesia (Pers.)Pers.,Syn. Meth. Fung. 2:579(1801)

Tomentella caesia(Pers.)Höhn. & Litsch.,Sber. Akad. Wiss. Wien,Math. -naturw. Kl.,Abt. 1,115:1570(1906)

Tyromyces caesius(Schrad.)Murrill,N. Amer. Fl. 9(1):34(1907)

子实体半圆形,无柄。菌盖1~4cm×2~6cm,厚3~15mm,剖面往往呈三角形,软而多汁,干后松软,白色或灰白色,有绒毛,基部毛较粗,后期近光滑,无环带,边缘薄而锐,干时内卷。菌肉白色,有香味,厚2~10mm。菌管初期白色,渐变为灰蓝色,长2~8mm,壁薄,渐开裂;管口多角形,每毫米3~4个。担孢子圆柱形或腊肠形,3~5μm×1~1.5μm,光滑,在显微镜下无色,成堆时淡灰蓝色。菌丝粗4~7μm,无色,不分枝或少分枝,壁厚,有横隔和锁状联合。

夏秋季子实体单生或群生于阔叶树及针叶树的腐木上,也常见于栽培食用菌的段木上。

分布:嵩县、内乡。

【灰白波斯特孔菌】

***Postia tephroleuca*(Fr.)Jülich**,Persoonia 11(4):424(1982)

Bjerkandera adusta f. *cinerata*(P. Karst.)Domański,Orloś & Skirg.,Flora Polska. Grzyby,2:118(1967)

Bjerkandera cinerata P. Karst.,Meddn Soc. Fauna Flora Fenn. 16:103(1890)

Bjerkandera melina P. Karst.,Meddn Soc. Fauna Flora Fenn. 14:80(1887)

Bjerkandera simulans P. Karst.,Revue Mycol.,Toulouse 10:73(1888)

Leptoporus tephroleucus(Fr.)Quél.,Enchir. Fung.:176(1886)

Oligoporus tephroleucus(Fr.)Gilb. & Ryvarden,Mycotaxon 22(2):365(1985)

Piptoporus elatinus (Berk.)Teng,中国的真菌:762(1963)

Polyporus elatinus Berk.,Hooker's J. Bot. Kew Gard. Misc. 6:140(1854)

Polyporus linearisporus Velen.,České Houby 4~5:654(1922)

Polyporus melinus(P. Karst.)Sacc.,Syll. Fung. 6:134(1888)

Polyporus tephroleucus Fr.,Syst. Mycol. 1:360(1821)

Polyporus tokyoensis Lloyd[as '*tokyvensis*'],Mycol. Writ. 4(Syn. Apus):302(1915)

Polystictus tephroleucus(Fr.)Bigeard & H. Guill.,Fl. Champ. sup. France 2:374(1913)

Spongiporus tephroleucus(Fr.)A. David,Bull. Mens. Soc. Linn. Lyon 49(1):37(1980)

Tyromyces elatinus(Berk.)S. Ahmad,Basidiomyc. W. Pakist.:97(1972)

Tyromyces melinus(P. Karst.)Bondartsev & Singer,Annls Mycol. 39(1):52(1941)

Tyromyces tephroleucus(Fr.)Donk,Meddn Bot. Mus. Herb. Rijhs Universit. Utrecht. 9:151(1933)

子实体无菌柄,菌盖近马蹄形,半肉质,2~2.5cm×2~4.5cm,厚1~2.5cm(干标本),纯白色,后期或干时变为淡黄色,表面无环带,有细绒毛,边缘薄而锐且内卷。菌肉白色,软,干后易碎,厚7~15mm。菌管与菌肉同色,干标本的菌管长3~10mm;管口白色,干后变为淡黄色,多角形,每毫米3~5个,管壁薄,渐开裂。担孢子无色,腊肠形,3.5~5μm×1~1.5μm;构成子实体的菌丝无色,少分枝,有横隔和锁状联合,粗3.5~5.5μm。

夏秋季子实体单生、群生于阔叶树的腐木上，偶尔也生于松木上，为木材分解菌。

分布：汝阳、栾川、卢氏。

6.1.12.2　灵芝科 Ganodermataceae

【树舌灵芝】

***Ganoderma applanatum*(Pers.) Pat.**, Hyménomyc. Eur. :143(1887)

Agaricus lipsiensis(Batsch) E. H. L. Krause, Basidiomycetum Rostochiensium, Suppl. 4:142(1932)

Boletus applanatus Pers., Observ. Mycol. 2:2(1800)

Boletus fomentarius var. *applanatus* (Pers.) Pers., Syn. Meth. Fung. 2:536(1801)

Boletus lipsiensis Batsch, Elench. Fung., Cont. Prim. :183(1786)

Elfvingia applanata(Pers.) P. Karst., Bidr. Känn. Finl. Nat. Folk 48:334(1889)

Elfvingia megaloma(Lév.) Murrill, Bull. Torrey Bot. Club 30(5):300(1903)

Fomes applanatus(Pers.) Gillet, Hyménomycètes:685(1878)

Fomes gelsicola Berl., Malpighia 3:373(1889)

Fomes incrassatus(Berk.) Cooke, Grevillea 14(69):21(1885)

Fomes leucophaeus(Mont.) Cooke, Grevillea 14(69):18(1885)

Fomes longoporus Lloyd, Mycol. Writ. 6:940(1920)

Fomes megaloma (Lév.) Cooke, Grevillea 14(69):18(1885)

Fomes stevenii(Lév.) P. Karst., Bidr. Känn. Finl. Nat. Folk 37:75(1882)

Friesia applanata(Pers.) Lázaro Ibiza, Revta R. Acad. Cienc. Exact. Fis. Nat. Madr. 14:587(1916)

Ganoderma flabelliforme Murrill, J. Mycol. 9(2):94(1903)

Ganoderma gelsicola(Berl.) Sacc., Fl. ital. Cript., Fungi:1010(1916)

Ganoderma incrassatum(Berk.) Bres., Hedwigia 56(4,5):295(1915)

Ganoderma leucophaeum(Mont.) Pat., Bull. Soc. Mycol. Fr. 5(2,3):73(1889)

Ganoderma lipsiense(Batsch) G. F. Atk., Annls Mycol. 6(3):189(1908)

Ganoderma megaloma(Lév.) Bres., Hedwigia 53:54(1912)

Phaeoporus applanatus(Pers.) J. Schröt., In: Cohn, Krypt. -Fl. Schlesien 3. 1(25 ~ 32):490(1888)

Placodes applanatus(Pers.) Quél., Enchir. Fung. :171(1886)

Polyporus applanatus(Pers.) Wallr., Fl. Cript. Germ. 2:591(1833)

Polyporus concentricus Cooke, Grevillea 9(49):13(1880)

Polyporus incrassatus Berk., J. Linn. Soc., Bot. 16:41(1878)

Polyporus leucophaeus Mont. [as '*leucophaeum*'], Syll. Gen. Sp. Cript. :157(1856)

Polyporus lipsiensis(Batsch) E. H. L. Krause, Basidiomycetum Rostochiensium:54(1928)

Polyporus megaloma Lév., Annls Sci. Nat., Bot., Sér. 3,5:128(1846)

Polyporus merismoides Corda, In: Sturm, Deutschl. Fl., 3 Abt. 4:139(1837)

Polyporus stevenii Lév., Annls Sci. Nat., Bot., Sér. 3,2:91(1844)

Polyporus subganodermicus(Lázaro Ibiza) Sacc. & Trotter, Syll. Fung. 23:369(1925)

Scindalma gelsicola(Berl.) Kuntze, Revis. Gen. Pl. 3(2):518(1898)

Scindalma incrassatum(Berk.) Kuntze, Revis. Gen. Pl. 3(2):518(1898)

Scindalma leucophaeum (Mont.) Kuntze, Revis. Gen. Pl. 3(2):519(1898)

Scindalma lipsiense(Batsch) Kuntze, Revis. Gen. Pl. 3(2):518(1898)

Scindalma megaloma(Lév.) Kuntze, Revis. Gen. Pl. 3(2):519(1898)

Scindalma stevenii(Lév.)Kuntze,Revis. Gen. Pl. 3(2):519(1898)

Ungularia subganodermica Lázaro Ibiza,Revta R. Acad. Cienc. Exact. Fis. Nat. Madr. 14:674(1916)

子实体扁块状,无菌柄,木质。菌盖半圆形、近扇形或不规则形,5~35cm×10~50cm,厚3~12cm,或更大,剖面扁半球形或扁平,表面灰色,渐变锈褐色,有同心环状棱纹,有时有疣或瘤,皮壳脆角质。边缘薄或圆钝。菌肉浅栗色,厚30~80mm。菌管显著多层,浅栗褐色,管层间有时由菌肉分开。管口圆形,每毫米4~5个,污白色、灰褐色、近污黄色。担孢子淡褐色或褐色,卵形或顶端平截,7~9μm×4.3~6.3μm,双层壁,外壁无色,平滑,内壁有小刺。

子实体多年生,见于多种阔叶树的腐木上,还可从伤口侵染寄生于活树上,引起木质部白色腐朽。该菌产生担孢子的量很大,有人推算,在英国一个该菌的大型子实体于5~9月份的5~6个月间,每分钟可释放担孢子2000万个,每天300亿,一年可释放54000亿个担孢子。子实体具药用价值。子实体提取物对小白鼠肉瘤180的抑制率为64.9%。在大型菌盖的管口面上绘画可制成工艺品。

分布:栾川、济源、南召、内乡、信阳。

讨论:该菌分布很广泛,在我国俗称树舌,有人指出树舌的拉丁名称应为 *Ganoderma lipsiense* (Batsch) G. F. Atk. ,因为 *Ganoderma applanatum*(Pers.)Pat . 是 Persoon 1799 年以 *Boletus applanatum* Pers. 发表的,而 *Boletus lipsiense* 是 Batsch 1786 年发表的,这两个名称描述了同一真菌,且产地均为德国。根据新的植物命名法规,*Boletus lipsiense* Batsch 为合法名称,Atkjnson 于 1908 年将其组合为 *Ganoderma lipsiense*。

【南方灵芝】

***Ganoderma australe*(Fr.)Pat.** ,Bull. Soc. Mycol. Fr. 5:65(1890)

Elfvingia australis(Fr.)G. Cunn. ,Bull. N. Z. Dept. Sci. Industr. Res. ,Pl. Dis. Div. 164:256(1965)

Elfvingia tornata(Pers.)Murrill,Bull. Torrey Bot. Club 30(5):301(1903)

Fomes annularis Lloyd,Mycol. Writ. 4(Letter 40):6(1912)

Fomes applanatus var. *australis*(Fr.)Cleland & Cheel,Proc. R. Soc. N. S. W. 51:518(1917)

Fomes australis(Fr.)Cooke,Grevillea 14(69):18(1885)

Fomes polyzonus Lloyd,Mycol. Writ. 4(Synopsis of the Genus Fomes):269(1915)

Fomes pseudoaustralis Lloyd,Mycol. Writ. 4(Synopsis of the Genus Fomes):269(1915)

Fomes scansilis(Berk.)Cooke,Grevillea 13(68):119(1885)

Fomes undatus Lázaro Ibiza,Revta R. Acad. Cienc. Exact. Fis. Nat. Madr. 14:661(1916)

Ganoderma annulare(Lloyd)Boedijn,Bull. Jard. Bot. Buitenz,3 Sér. 16(4):391(1940)

Ganoderma applanatum f. *australe*(Fr.)Bourdot & Galzin,Bull. Trimest. Soc. Mycol. Fr. 41:184(1925)

Ganoderma applanatum subsp. *australe*(Fr.)Bourdot & Galzin,Bull. Trimest. Soc. Mycol. Fr. 41:184(1925)

Ganoderma applanatum var. *tornatum*(Pers.)C. J. Humphrey & Leus-Palo,Philipp. J. Sci. ,C,Bot. 45(4):543(1931)

Ganoderma tornatum(Pers.)Bres. ,Hedwigia 53:55(1912)

Ganoderma tornatum var. *tornatum*(Pers.)Bres. ,Hedwigia 53:55(1912)

Polyporus australis Fr. ,Elench. Fung. 1:108(1828)

Polyporus scansilis Berk. ,J. Linn. Soc. ,Bot. 16:53(1878)

Polyporus tornatus Pers. ,In:Gaudichaud-Beaupré in Freycinet,Voy. Uranie. Bot. 5:173(1827)

Scindalma scansile(Berk.)Kuntze,Revis. Gen. Pl. 3(2):519(1898)

Scindalma tornatum(Pers.) Kuntze, Revis. Gen. Pl. 3(2):517(1898)

子实体无柄,一年生,木栓质或木质。菌盖直径 5 ~ 13cm,厚约 4cm,半圆或扇形,表面暗褐色或灰褐色或带红褐色,无光泽,有明显环带,有时龟裂,边缘钝。菌肉棕褐色或肉桂色,硬,有黑色龟壳质层。管口褐色或黄褐色,近圆形,每毫米 4 ~ 5 个。担孢子顶端平截,卵形、宽随圆形,7.5 ~ 13μm × 5.8 ~ 7.7μm。

子实体生于腐木上,引起木材白色腐朽。可药用。

分布:信阳。

【喜热灵芝】

***Ganoderma calidophilum* J. D. Zhao**, L. W. Hsu & X. Q. Zhang, 微生物学报 19(3):270(1979)

子实体近匙形,木栓质。菌盖近圆形,半圆形或肾形,有时不规则形,直径 1.3 ~ 5.5cm,厚 0.4 ~ 1.5cm,红褐色、暗红褐色、紫褐色或黑褐色,有时带橙色,表面有漆样光泽,具同心环沟和环纹及辐射状皱纹,边缘钝或厚呈截形。菌肉双层,上层木材色至漆褐色。近菌管处呈淡褐色至暗褐色,厚 0.1 ~ 0.3cm,菌丝无色至黄褐色,菌管长 0.3 ~ 0.5cm,褐色,管口近圆形,白色,每毫米 4 ~ 6 个。菌柄背侧生或背生,长 5 ~ 12cm,粗 0.4 ~ 0.9cm,常粗细不等和弯曲,紫褐色或紫黑色,光亮。担孢子卵形,10 ~ 12μm × 6.5 ~ 9μm,少数顶端平截,双层壁,外壁无色,平滑,内壁有小刺,淡褐色至褐色。

子实体一年生,生于阔叶树的腐木上。可药用。

分布:卢氏、陕县、灵宝。

【密环树舌】

***Ganoderma densizonatum* J. D. Zhao & X. Q. Zhang**, In: Zhao, Zhang & Xu, 微生物学报 5(2):86(1986)

子实体无柄,菌盖扇形或半圆形,13 ~ 16cm × 21 ~ 27cm,厚 1 ~ 1.5cm,基部厚达 5cm,表面红褐色、褐色至黑褐色,有光泽,并有同心环纹或瘤状物及纵皱,边缘钝,菌肉上层木材色,下层褐色,厚 0.4 ~ 0.5cm。菌管长约 1cm,菌孔面褐色,每毫米 4 ~ 5 个管口。担孢子卵圆形,或一端平截,7.5 ~ 9μm × 4.5 ~ 6μm,内壁褐色,具微刺(图版 169)。

子实体生于阔叶树腐木上。

分布:信阳。

【有柄灵芝】

***Ganoderma gibbosum*(Blume & T. Nees) Pat.** , Ann. Jard. Bot. Buitenzorg 8:114(1897)

Polyporus gibbosus Blume & T. Nees, Nova Acta Acad. Caes. Leop. -Carol. 13:19(1826)

子实体有柄,木栓质到木质。菌盖半圆形或近扇形,4 ~ 10cm × 5 ~ 9cm,厚达 2cm,上表面锈褐色、污黄褐色或土黄色,具较稠密的同心环带,皮壳较薄,用手指压即可碎,有时有龟裂,无光泽,边缘圆钝。菌肉深褐色或深棕褐色,厚 0.5 ~ 1cm。菌管深褐色,长 0.5 ~ 1cm。管口污白色或褐色,近圆形,每毫米 4 ~ 5 个。菌柄侧生,短而粗,长 4 ~ 8cm,粗 1 ~ 3cm,基部更粗,与菌盖同色。皮壳由透明、薄壁的生殖菌丝和厚壁、褐色的骨架菌丝胶黏在一起而成,菌丝间不易分离。担孢子卵圆形,6.9 ~ 8.7μm × 5 ~ 5.2μm,有时顶端平截,双层壁,外壁无色透明,平滑,内壁有小刺,淡褐色。

子实体生于阔叶树的腐木上。可药用。

分布:信阳。

讨论:在许多文献上,该菌被作为树舌灵芝[*Ganoderma applanatum*(Pers.)Pat]下的一个变种——树舌灵芝有柄变种[*Ganoderma applanatum* var. *gibbosum*(Bl. & Nees)Teng],赵继鼎等(1983)根据对子实体菌丝系统的研究把该菌作为一个独立的物种。

【裂迭灵芝】

***Ganoderma lobatum*(Schwein.)G. F. Atk.** ,Annls Mycol. 6(3):190(1908)

Elfvingia lobata(Schwein.)Murrill,N. Amer. Fl. 9(2):114(1908)

Fomes lobatus(Schwein.)Cooke,Grevillea 14(69):18(1885)

Polyporus lobatus Schwein. ,Trans. Am. Phil. Soc. ,New Series 4(2):157(1832)

Scindalma lobatum(Schwein.)Kuntze,Revis. Gen. Pl. 3(2):519(1898)

子实体无柄,层迭生长,新菌盖生在上年老菌盖的下侧。菌盖扁,长5~3cm,个别可长达一米左右,灰色或浅褐色,有同心环带,基部厚,剖面呈楔形。皮壳薄而脆。菌肉浅褐色,软木栓质。菌管单层,管口圆形,每毫米4~5个,白色至浅黄色,受伤后变浅褐色。担孢子卵形,6~9μm×4.5~6μm,褐色。与树舌灵芝的主要区别是子实体层迭生长,菌管单层。而树舌灵芝的子实体不迭生,菌管多层。

子实体生于阔叶树的枯立木,倒木或伐桩上,引起木材腐朽。可药用。

分布:辉县。

【灵芝】

***Ganoderma lucidum*(Curtis)P. Karst.** ,Revue Mycol. ,Toulouse 3(9):17(1881)

Agaricoigniarium trulla Paulet,Traité Champ. ,Atlas 2:95(1793)

Agaricus lignosus Lam. ,Encycl. Méth. Bot. 1:51(1783)

Agaricus pseudoboletus Jacq. ,Miscell. austriac. 1:26,tab. 41(1778)

Boletus castaneus Weber,Suppl. Fl. hols. :13(1787)

Boletus crustatus J. J. Planer,Ind. Pl. Erfurt. Fung. Add. :23(1788)

Boletus dimidiatus Thunb. ,Flora japonica:348(1784)

Boletus flabelliformis Leyss. ,Florae halensis:219(1761)

Boletus laccatus Timm,Fl. Megapol. Prodr. :269(1788)

Boletus lucidus Curtis,Fl. Londin. 1:72(1781)

Boletus ramulosum var. *flabelliformis*(Leyss.)J. F. Gmel. ,Systema Naturae,Edn 13,2(2):1435(1792)

Boletus rugosus Jacq. ,Fl. austriac. 2:44(1774)

Boletus supinus var. *castaneus*(Weber)J. F. Gmel. ,Systema Naturae,Edn 13,2(2):1433(1792)

Boletus verniceus Brot. ,Fl. Lusit. 2:468(1804)

Fomes japonicus(Fr.)Sacc. ,Syll. Fung. 6:156(1888)

Fomes lucidus (Curtis)Cooke,Nov. Symb. Myc. :61(1851)

Ganoderma japonicum(Fr.)Sawada,Rep. Govt Res. Inst. Dep. Agric. ,Formosa 51:76(1931)

Ganoderma mongolicum Pilát,Annls Mycol. 38(1):78(1940)

Ganoderma nitens Lázaro Ibiza,Revta R. Acad. Cienc. Exact. Fis. Nat. Madr. 14:104(1916)

Ganoderma ostreatum Lázaro Ibiza,Revta R. Acad. Cienc. Exact. Fis. Nat. Madr. 14:110(1916)

Ganoderma pseudoboletus(Jacq.)Murrill,Bull. Torrey Bot. Club 29:602(1902)

Grifola lucida(Curtis)Gray,Nat. Arr. Brit. Pl. 1:644(1821)

Phaeoporus lucidus(Curtis)J. Schröt. ,Kryptogamenflora der Schweiz 3(1):491(1888)
Placodes lucidus (Curtis)Quél. ,Fl. Mycol. :399(1888)
Polyporus japonicus Fr. ,Epicr. Syst. Mycol. :442(1838)
Polyporus laccatus (Timm)Pers. ,Mycol. Eur. 2:54(1825)
Polyporus laccatus subsp. *laccatus* (Timm)Pers. ,Mycol. Eur. 2:54(1825)
Polyporus lucidus (Curtis)Fr. ,Syst. Mycol. 1:353(1821)
Scindalma japonicum(Fr.)Kuntze,Revis. Gen. Pl. 3(2):518(1898)

子实体包括菌盖和菌柄两大部分,木栓质。菌盖肾形、半圆形,罕近圆形,宽 4 ~ 20cm,厚 0. 5 ~ 2cm,盖面初黄色,渐变红褐色,有环状棱纹和辐射状皱纹,皮壳有漆样光泽。边缘薄或平截,常稍内卷。菌肉淡木材色或木材色,近菌管处色渐深,味苦。管口初白色,后期淡褐色、褐色,平均每毫米 3 ~ 5 个。菌柄侧生,罕偏生,长 5 ~ 19cm,粗达 1 ~ 3cm,与菌盖同色或呈紫褐色。担孢子褐色,卵形或顶端平截,9 ~ 12μm × 4. 5 ~ 7. 5μm,双层壁,外壁透明,平滑,内壁淡褐色或近褐色,有小刺(图版 170 ~ 172)。

子实体一年生,夏秋季单生、群生或丛生于栎类等多种阔叶树干基部,罕生于针叶树上,引起木材海绵状白色腐朽。已大量进行人工栽培(段木栽培或代料栽培)。可药用,含灵芝多糖、灵芝三萜类化合物、有机锗等生理活性成分。子实体提取物对小白鼠肉瘤 180 和艾氏癌的抑制率为 70% ~ 80%。目前市场上有多种用该菌加工制成的保健或药用产品。据报道,有机锗为灵芝所含的重要药用成分之一,以孢子中的含量较高,故灵芝孢子比子实体有更高的药用价值,但灵芝孢子具有坚实的孢子壁,致使孢子中的有机锗几乎不能被人体吸收利用,利用现代技术将灵芝孢子破壁后(图版 173),孢子中的有机锗便可以被人体吸收利用。

分布:新安、汝阳、栾川、汝州、南召、信阳、商城、西峡、内乡。

【奇异灵芝】

***Ganoderma mirabile*(Lloyd)C. J. Humphrey**,Mycologia 30(3):332(1938)
Fomes fuscopallens Bres. ,Hedwigia 56(4,5):294(1915)
Fomes mirabilis Lloyd,In:Saccardo,P. A. Sylloge Fungorum 23:389(1925)
Ganoderma bakeri Pat. ,Philipp. J. Sci. ,C,Bot. 10:96(1915)

子实体大型,无柄。菌盖一般 20 ~ 40cm × 30 ~ 50cm,厚 20 ~ 30cm,灰褐色至污褐色,多年生,木栓质,皮壳为拟毛状结构,边缘厚而钝,白黄色,多个菌盖往往相互连接在一起。担孢子 7 ~ 9μm × 4. 5 ~ 7. 5μm。

子实体生于木桩基部地上。

分布:嵩县。

【三明树舌灵芝】

***Ganoderma sanmingense* J. D. Zhao & X. Q. Zhang**,微生物学报 6(1):2(1987)

子实体无菌柄。菌盖直径 4 ~ 8cm,厚 0. 5 ~ 0. 8cm,半圆形或扇形,黑褐色,具较宽的淡褐色到褐色同心环带,表面凹凸不平,光滑或有纵皱,无光泽,边缘有一条深沟。菌肉淡黄褐色,硬,厚 0. 2 ~ 0. 5cm。菌管长 0. 2 ~ 0. 3cm。管口黄褐色,近圆形或略呈多角形,每毫米 6 ~ 7 个。担孢子宽椭圆形至近球形,6. 5 ~ 10. 5μm × 4 ~ 9μm,双层壁,外壁透明,内壁有刺或刺不明显。

子实体生阔叶树腐木上,引起木材白色腐朽。可药用。

分布:卢氏。

【紫灵芝】

Ganoderma sinense **J. D. Zhao, L. W. Hsu & X. Q. Zhang**,微生物学报 19(3):272(1979)

子实体包括菌盖和菌柄两大部分,木栓质。菌盖半圆形至肾形,少数近圆形,大型个体长宽可达 20cm,一般个体 4.7cm ×4cm,小型个体 2cm ×1.4cm,表面黑色,具漆样光泽,有环形同心棱纹及辐射状棱纹。菌肉锈褐色。管口与菌肉同色,圆形,每毫米 5 个。菌柄侧生,长可达 15cm,直径约 2cm,黑色,有漆样光泽。担孢子广卵圆形,10 ~ 12.5μm ×7 ~ 8.5μm,双层壁,外壁透明,内壁有显著小疣。

子实体生于阔叶树腐木上或木桩旁地上,也见于针叶树朽木上,引起木材白色腐朽。可药用。早期对灵芝属真菌的利用,主要是紫灵芝和灵芝。

分布:信阳。

6.1.12.3　薄孔菌科 Meripilaceae

【灰树花】

Grifola frondosa **(Dicks.) Gray**, Nat. Arr. Brit. Pl. 1:643(1821)

Agaricus frondosus (Dicks.) Schrank, Baiersche Flora München 2:982(1786)

Boletus cristatus Gouan, Hortus Monsp.:462(1762)

Boletus frondosus Schrank, Baier. Fl. 2:616(1789)

Boletus frondosus Pers., Comm. Schaeff. Icon. Pict.:49(1800)

Boletus frondosus Dicks., Fasc. Pl. Cript. Brit. 1:18(1785)

Boletus intybaceus Baumg., Fl. Lips. 2:631(1790)

Caloporus frondosus (Dicks.) Quél., Fl. Mycol.:406(1888)

Cladodendron frondosum (Dicks.) Lázaro Ibiza, Revta R. Acad. Cienc. Exact. Fis. Nat. Madr. 14:864(1916)

Cladomeris frondosa (Dicks.) Quél., Enchir. Fung.:168(1886)

Fungus squamatin-incumbens Paulet, Traité Champ., Atlas 2:121(1793)

Grifola albicans Imazeki, J. Jap. Bot. 19:386(1943)

Grifola frondosa f. *frondosa* (Dicks.) Gray, Nat. Arr. Brit. Pl. 1:643(1821)

Grifola frondosa f. *intybacea* (Fr.) Pilát, In: Kavina & Pilát, Atlas Champ. l'Europe 3:35(1936)

Grifola frondosa var. *frondosa* (Dicks.) Gray, Nat. Arr. Brit. Pl. 1:643(1821)

Grifola frondosa var. *intybacea* (Fr.) Cetto, Enzyklopädie der Pilze, Band 1: Leistlinge, Korallen, Porlinge, Röhrlinge, Kremplinge u. a.:317(1987)

Grifola intybacea (Fr.) Imazeki, Bull. Tokyo Sci. Mus. 6:98(1943)

Merisma frondosum (Dicks.) Gillet, Hyménomycètes:692(1878)

Merisma intybaceum (Fr.) Gillet, Hyménomycètes:692(1878)

Polypilus frondosus (Dicks.) P. Karst., Bidr. Känn. Finl. Nat. Folk 37:25(1882)

Polypilus intybaceus (Fr.) P. Karst., Bidr. Känn. Finl. Nat. Folk 37:25(1882)

Polyporus albicans (Imazeki) Teng, 中国的真菌:762(1963)

Polyporus barrelieri Viv., I Funghi d'Italia: tab. 28(1834)

Polyporus frondosus (Dicks.) Fr., Syst. Mycol. 1:355(1821)

Polyporus intybaceus Fr., Epicr. Syst. Mycol.:446(1838)

子实体似莲花状,肉质,有柄,多分枝,分枝末端生扇形或匙形菌盖。整个成丛菌体直径可达40～60cm，菌盖叠生。菌盖直径2～8cm，扇形、匙形、掌状、叶状，灰色至淡褐色，表面有细绒毛，干后硬，老后光滑，有放射状条纹，边缘波状，薄，内卷。菌肉白色。担子棒状，20～26μm×6～9μm，具4小梗。担孢子卵圆形至椭圆形，5～7.5μm×3～3.5μm，表面光滑，无色。

子实体生于栎等阔叶树木桩周围，引起木材白色腐朽。可食用，味鲜美，已人工栽培。具药用价值，子实体提取物对小白鼠肉瘤180抑制率100%，对艾氏癌的抑制率90%。

分布：卢氏。

【巨盖孔菌】

Meripilus giganteus **(Pers.) P. Karst.**, Bidr. Känn. Finl. Nat. Folk 37:33(1882)

Agaricus aequivocus (Holmsk.) E. H. L. Krause, Basidiomycetum Rostochiensium, Suppl. 4:141(1932)

Agaricus multiplex Dill., Cat. Pl. Giss.:23(1719)

Boletus acanthoides Bull., Herb. Fr.:tab. 486(1791)

Boletus giganteus Pers., Neues Mag. Bot. 1:108(1794)

Boletus giganteus Schumach., Enum. Pl. 2:383(1803)

Caloporus acanthoides (Bull.) Quél., Fl. Mycol.:406(1888)

Cladomeris acanthoides (Bull.) Quél., Enchir. Fung.:168(1886)

Cladomeris giganteus (Pers.) Quél., Enchir. Fung.:168(1886)

Clavaria aequivoca Holmsk., Beata Ruris Otia Fungis Danicis 1:32(1790)

Flabellopilus giganteus (Pers.) Kotl. & Pouzar, Česká Mykol. 11(3):155(1957)

Grifola acanthoides (Bull.) Pilát, Beih. Bot. Zbl., Abt. 2, 52:53(1934)

Grifola gigantea (Pers.) Pilát, Beih. Bot. Zbl., Abt. 2, 52:35(1934)

Grifola lentifrondosa Murrill, Bulletin of the New York Botanical Garden 8:144(1904)

Meripilus lentifrondosus (Murrill) M. J. Larsen & Lombard[as 'lentifrondosa'], Mycologia 80(5):618(1988)

Merisma acanthoides (Bull.) Gillet, Hyménomycètes:690(1878)

Merisma giganteum (Pers.) Gillet, Hyménomycètes:689(1878)

Polypilus frondosus var. *intybaceus* (Fr.) Bondartsev, Trut. Grib Evrop. Chasti SSSR Kavkaza:605(1953)

Polypilus giganteus (Pers.) Donk, Meded. Bot. Mus. Herb. Rijks Univ. Utrecht 9:122(1933)

Polyporus acanthoides (Bull.) Fr., Epicr. Syst. Mycol.:448(1838)

Polyporus acanthoides Rostk., In: Sturm, Deutschl. Fl., 3 Abt. (Pilze Deutschl.)[7](27～28):37(1848)

Polyporus aequivocus (Holmsk.) E. H. L. Krausc, Mecklenburgs Basidiomyceten:13(1934)

Polyporus frondosus Fr., Epicr. Syst. Mycol.:446(1838)

Polyporus giganteus (Pers.) Fr., Observ. Mycol. 1:124(1815)

Polyporus lentifrondosus (Murrill) Murrill, Bulletin of the New York Botanical Garden 8:153(1912)

子实体由许多菌盖与一共同的菌柄形成一丛，似莲花状，菌盖近圆形，直径10～20cm，厚达1cm以上。整丛直径可达15～50cm或更大。菌盖表面黄褐色、茶褐色，有放射状条纹和深色环纹，表皮上有细微颗粒或绒毛状小鳞片。菌管延生，短，管口小，近圆形。菌柄短粗，实心。担子粗棒状，20～46μm×5.5～9.2μm，具4个小梗。担孢子卵圆形、宽椭圆形，4.5～7μm×3.5～5.5μm(图版174)。

秋季子实体生于阔叶林中地上，常发生于树根部位。可食用，味道较好。子实体的水提取物对小白鼠肉瘤180及艾氏癌的抑制率分别为80%和90%。

分布：新安、卢氏、陕县、灵宝。

【小孔硬孔菌】

***Rigidoporus microporus*(Sw.) Overeem**, Icon. Fung. Malay. 5:1(1924)

Boletus microporus Sw., Fl. Ind. Occid. 3:1925(1806)

Coriolus hondurensis Murrill, N. Amer. Fl. 9(1):22(1907)

Coriolus limitatus (Berk. & M. A. Curtis) Murrill, N. Amer. Fl. 9(1):20(1907)

Fomes auberianus(Mont.) Murrill, Bull. Torrey Bot. Club 32(9):491(1905)

Fomes auriformis(Mont.) Sacc., Grevillea 14(69):19(1885)

Fomes lignosus(Klotzsch) Bres., 4(39):519(1912)

Fomes microporus(Sw.) Fr., Grevillea 14(69):20(1885)

Fomes semitostus(Berk.) Cooke, Grevillea 14(69):21(1885)

Fomes sepiater (Cooke) Cooke, Grevillea 14(69):21(1885)

Fomitopsis semitosta (Berk.) Ryvarden, Norw. Jl Bot. 19:231(1972)

Leptoporus armatus Pat., Philipp. J. Sci., C, Bot. 10:91(1915)

Leptoporus bakeri Pat., Philipp. J. Sci., C, Bot. 10:91(1915)

Leptoporus concrescens(Mont.) Pat., In: Duss, Enum. Champ. Guadeloupe:26(1903)

Leptoporus contractus(Berk.) Pat., Essai Tax. Hyménomyc.:85(1900)

Leptoporus evolutus(Berk. & M. A. Curtis) Pat., In: Duss, Enum. Champ. Guadeloupe:27(1903)

Leptoporus lignosus (Klotzsch) R. Heim, Annals Cryptog. Exot. 7:22(1934)

Microporus concrescens(Mont.) Kuntze, Revis. Gen. Pl. 3(2):495(1898)

Microporus petalodes (Berk.) Kuntze, Revis. Gen. Pl. 3(2):497(1898)

Microporus unguiformis(Lév.) Kuntze, Revis. Gen. Pl. 3(2):497(1898)

Oxyporus auberianus(Mont.) Kreisel, Monografias, Ciencias, Univ. Habana, Ser. 4, 16:83(1971)

Oxyporus lignosus(Klotzsch) A. Roy & A. B. De, Mycotaxon 67:406(1998)

Polyporus armatus(Pat.) Sacc. & Trotter, Syll. Fung. 23:372(1925)

Polyporus auberianus Mont., Annls Sci. Nat., Bot., Sér. 2, 17:127(1842)

Polyporus auriformis Mont., Annls Sci. Nat., Bot., Sér. 4, 1:128(1854)

Polyporus bakeri(Pat.) Sacc. & Trotter, Syll. Fung. 23:372(1925)

Polyporus concrescens Mont., Annls Sci. Nat., Bot., Sér. 2, 3:350(1835)

Polyporus contractus Berk., J. Bot., Lond. 6:503(1847)

Polyporus evolutus Berk. & M. A. Curtis, J. Linn. Soc., Bot. 10(45):308(1868)

Polyporus lignosus Klotzsch, Linnaea 8:485(1833)

Polyporus microporus(Sw.) Fr., Syst. Mycol. 1:376(1821)

Polyporus minutodurus Lloyd, Mycol. Writ. 7:1109(1922)

Polyporus petalodes Berk., Hooker's J. Bot. Kew Gard. Misc. 8:198(1856)

Polyporus phlebeius Berk., J. Bot., Lond.:179(1855)

Polyporus semitostus Berk., Hooker's J. Bot. Kew Gard. Misc. 6:143(1854)

Polyporus sepiater Cooke, Grevillea 9(51):100(1881)

Polyporus unguiformis Lév., Annls Sci. Nat., Bot., Sér. 3, 5:138(1846)

Polystictus concrescens (Mont.) Cooke, Grevillea 14(71):82(1886)

Polystictus hondurensis(Murrill) Sacc. & Trotter, Syll. Fung. 21:315(1912)

Polystictus petalodes(Berk.) Cooke, Grevillea 14(71):80(1886)

Polystictus unguiformis(Lév.) Cooke, Grevillea 14(71):84(1886)

Rigidoporus concrescens(Mont.) Rajchenb., Boln Soc. Argent. Bot. 28(1~4):165(1992)

Rigidoporus lignosus(Klotzsch) Imazeki, Bull. Govt Forest Exp. Stn Meguro 57:118(1952)

Scindalma auriforme(Mont.) Kuntze, Revis. Gen. Pl. 3(2):518(1898)

Scindalma microporum(Sw.) Kuntze, Revis. Gen. Pl. 3(2):519(1898)

Scindalma semitostum(Berk.) Kuntze, Revis. Gen. Pl. 3(2):519(1898)

Scindalma sepiatrum(Cooke) Kuntze, Revis. Gen. Pl. 3(2):519(1898)

Trametes evolutus(Berk. & M. A. Curtis) Murrill, N. Amer. Fl. 9(1):45(1907)

Trametes limitata Berk. & M. A. Curtis, Grevillea 1(5):66(1872)

Trametes semitosta(Berk.) Corner, Beih. Nova Hedwigia 97:160(1989)

Ungulina auberiana(Mont.) Pat., Essai Tax. Hyménomyc.:103(1900)

Ungulina contracta(Berk.) Pat., Essai Tax. Hyménomyc.:103(1900)

Ungulina semitosta(Berk.) Pat., Essai Tax. Hyménomyc.:103(1900)

子实体为无菌柄的菌盖，或平伏反卷，一般覆瓦状叠生，新鲜时革质至软木栓质，干后硬木栓质。菌盖半圆形至扇形，大小可达6cm×8cm，基部厚可达1.7cm。菌盖表面新鲜时乳白色，后期黄褐色至红褐色，光滑，有同心环纹，边缘锐或钝，干后内卷。孔口表面新鲜时乳白色、奶油色，干后灰褐色。不育边缘明显，奶油色，宽可达3mm。孔口圆形，每毫米8~11个。菌管新鲜时奶油色，干后灰褐色木质至硬纤维质，多层，分层明显，菌管层长可达12mm。菌肉新鲜时革质，乳黄色，干后硬木质至骨质，木材色，厚可达5mm。构成子实体的菌丝为单系菌丝，无锁状联合。子实层有时有囊状体，囊状体从菌髓伸至子实层外，棍棒状，厚壁，顶端被结晶体，70~110μm×7~10μm。子实层中偶有拟囊状体，拟囊状体纺锤形，薄壁，12~17μm×4~5.5μm。担子短筒形或亚球形10~15μm×7~9μm，顶部具4个小梗。拟担子与担子相似，但略小。担孢子近球形，4.5~5.5μm×4.2~5.1μm，无色，薄壁至略厚壁，中间通常有一液泡。

子实体生于阔叶树枯木上，多年生，造成木材白色腐朽。

分布：内乡。

【榆硬孔菌】

***Rigidoporus ulmarius*(Sowerby) Imazeki**, Bull. Gov. Forest Exp. St. Tokyo 57:119(1952)

Boletus ulmarius Sowerby, Col. Fig. Engl. Fung. Mushr. 1:39(1797)

Coriolus actinobolus(Mont.) Pat., In: Duss, Enum. Champ. Guadeloupe:32(1903)

Fomes geotropus(Cooke) Cooke, Grevillea 13(68):119(1885)

Fomes ulmarius Fr., Hymenomyc. Eur.:683(1874)

Fomes ulmarius(Sowerby) Gillet, Les Hyménomycètes ou Description de Tous les Champignons(Fungi) qui Croissent en France:683(1878)

Fomitopsis ulmaria(Sowerby) Bondartsev & Singer, Annls Mycol. 39(1):55(1941)

Haploporus cytisinus(Berk.) Domański, Fungi, Polyporaceae 2, Mucronoporaceae 2, Revised transl. Ed.:204(1973)

Leucofomes ulmarius(Sowerby) Kotl. & Pouzar, Česká Mykol. 11(3):157(1957)

Mensularia ulmaria(Sowerby) Lázaro Ibiza, Revta R. Acad. Cienc. Exact. Fis. Nat. Madr. 14:737(1916)

Microporus actinobolus(Mont.) Kuntze, Revis. Gen. Pl. 3(2):495(1898)

Placodes incanus Quél., Enchir. Fung.:172(1886)

Placodes ulmarius(Sowerby) Quél., Enchir. Fung.:172(1886)

Polyporus actinobolus Mont., Annls Sci. Nat., Bot., Sér. 4, 1:129(1854)

Polyporus cytisinus Berk., In: Smith, Engl. Fl., Fungi(Edn 2) 5(2):142(1836)

Polyporus fraxineus Lloyd, Mycol. Writ. 4(Synopsis of the Genus Fomes):230(1915)

Polyporus geotropus Cooke, Grevillea 13(66):32(1884)

Polyporus ulmarius(Sowerby) Fr., Syst. Mycol. 1:365(1821)

Polystictus actinobolus(Mont.) Cooke, Grevillea 14(71):81(1886)

Rigidoporus geotropus(Cooke) Dhanda, In: Thind & Dhanda, Indian Phytopath. 33(3):386(1981)

Rigidoporus geotropus(Cooke) Imazeki, In: Ito, Mycol. Fl. Japan 2(4):314(1955)

Scindalma cytisinum(Berk.) Kuntze, Revis. Gen. Pl. 3(2):518(1898)

Scindalma geotropum(Cooke) Kuntze, Revis. Gen. Pl. 3(2):518(1898)

Scindalma ulmarium(Sowerby) Kuntze, Revis. Gen. Pl. 3(2):519(1898)

Ungulina cytisina (Berk.) Murashk., Trut. Grib Evrop. Chasti SSSR Kavkaza:9(1940)

Ungulina incana(Quél.) Pat., Essai Tax. Hyménomyc.:102(1900)

Ungulina ulmaria(Sowerby) Pat., Essai Tax. Hyménomyc.:103(1900)

子实体大,多年生,木栓质,无柄,菌盖半圆形,较厚,最大直径可达30cm,表面白色至土黄色,光滑,无环纹和环沟,表面密生不规则的扁瘤,无皮壳,边缘直,有时向下稍内曲。菌管多层,层间有白色的薄菌肉。菌管长3~8mm,白色至浅褐色,管口圆形,管壁厚,全缘,每毫米4~5个。担孢子无色,近球形,直径5~7μm。

子实体生于枯木上,也可寄生于榆树,引起木腐病。子实体水提取液对小白鼠肉瘤180的抑制率44.8%。

分布:嵩县。

【二年残孔菌】

***Abortiporus biennis*(Bull.) Singer**, Mycologia 36(1):68(1944)

Abortiporus biennis f. *biennis*(Bull.) Singer, Mycologia 36(1):68(1944)

Abortiporus biennis f. *distortus*(Schwein.) Bondartsev, Trut. Grib Evrop. Chasti SSSR Kavkaza:541(1953)

Abortiporus biennis f. *pulvinatus* (Bourdot & Galzin) Domański, Orloś & Skirg., Flora Polska. Grzyby (Mycota). Podstawczaki (Basidiomycetes), Bezblaszkowce (Aphyllophorales), Skórnikowate (Stereaceae), Pucharkowate (Podoscyphaceae):103(1967)

Abortiporus biennis f. *thelephoroideus* (Pilát) Domański, Orloś & Skirg., Flora Polska. Grzyby (Mycota). Podstawczaki (Basidiomycetes), Bezblaszkowce (Aphyllophorales), Skórnikowate (Stereaceae), Pucharkowate (Podoscyphaceae):104(1967)

Abortiporus biennis var. *biennis* (Bull.) Singer, Mycologia 36(1):68(1944)

Abortiporus biennis var. *sowerbyi* (Fr.) Bondartsev, Trut. Grib Evrop. Chasti SSSR Kavkaza:540(1953)

Abortiporus distortus(Schwein.) Murrill, Bull. Torrey Bot. Club 31(8):422(1904)

Bjerkandera puberula(Berk. & M. A. Curtis) Murrill, N. Amer. Fl. 9(1):41(1907)

Boletus biennis Bull., Herb. Fr. 10: tab. 449(1789)

Boletus distortus Schwein., Schr. Naturf. Ges. Leipzig 1:97(1822)

Ceriomyces alveolatus(Boud.) Sacc., Syll. Fung. 9:201(1891)

Daedalea biennis (Bull.) Fr., Syst. Mycol. 1:332(1821)

Daedalea biennis f. *pulvinata* Bourdot & Galzin, Hyménomyc. de France:576(1928)

Daedalea biennis β sowerbyi Fr., Syst. Mycol. 1:332(1821)

Daedalea bonariensis Speg., Anal. Mus. Nac. Hist. Nat. B. Aires 8:52(1902)

Daedalea distorta(Schwein.) Pat., Essai Tax. Hyménomyc.:96(1900)

Daedalea heteropora(Fr.)Pat.,Essai Tax. Hyménomyc.:96(1900)

Daedalea pampeana Speg.,Anal. Mus. Nac. Hist. Nat. B. Aires 6:175(1898)

Daedalea polymorpha Schulzer,Öst. Bot. Z. 30:144(1880)

Daedalea puberula Berk. & M. A. Curtis,Grevillea 1(5):67(1872)

Daedalea sericella (Sacc.)Pat.,Essai Tax. Hyménomyc.:96(1900)

Grifola biennis(Bull.)Zmitr. & Malysheva,In:Zmitrovich,Malysheva & Spirin,Mycena 6:21(2006)

Heteroporus biennis(Bull.)Lázaro Ibiza,Rev. Acad. Ci. Madrid 15:119(1916)

Heteroporus biennis f. *mesopodus*(Rick)O. Fidalgo[as '*mesopoda*'],Rickia 4:162(1969)

Heteroporus distortus(Schwein.)Bondartsev & Singer,Annls Mycol. 39(1):62(1941)

Irpex hydniformis Velen.,České Houby 4~5:741(1922)

Irpicium ulmicola Bref.,Unters. Gesammtgeb. Mykol. 15:143(1912)

Lentinus bostonensis Lloyd,Mycol. Writ. 7:1274(1924)

Lentinus hispidosus Fr.,Epicr. Syst. Mycol.:389(1838)

Lentinus lusitanicus Kalchbr.,Contrib. Flor. Mycol. Lusitan. 1:14(1878)

Merisma heteroporum(Fr.)Gillet,Hyménomycètes:690(1878)

Phaeolus biennis(Bull.)Pilát,Beih. Bot. Zbl.,Abt. 2,52:69(1934)

Phylacteria biennis(Bull.)Bigeard & H. Guill.,Fl. Champ. Sup. France 2:452(1913)

Polyporus biennis(Bull.)Fr.,Epicr. Syst. Mycol.:433(1838)

Polyporus biennis var. *distortus*(Schwein.)P. W. Graff,Mycologia 31(4):480(1939)

Polyporus biennis var. *sowerbyi* (Fr.)P. W. Graff,Mycologia 31(4):472(1939)

Polyporus distortus(Schwein.)Fr.,Elench. Fung. 1:79(1828)

Polyporus distortus f. *mesopodus* Rick,Brotéria,Sér. Bot. 6:601(1907)

Polyporus heteroporus Fr.,In:Quélet,Mém. Soc. Émul. Montbéliard,Sér. 2,5:274(1872)

Polyporus occultus Lasch,In:Klotzsch,Klotzschii Herb. Viv. Mycol.,Edn 2:no. 617(1858)

Polyporus proteiporus Cooke,Grevillea 12(61):15(1883)

Polyporus rufescens Pers.,Syn. Meth. Fung. 2:550(1801)

Polyporus sericellus Sacc.,Nuovo Giorn. Bot. Ital. 8(2):163(1876)

Polystictus rufescens(Pers.)P. Karst.,Bidr. Känn. Finl. Nat. Folk 37:69(1882)

Ptychogaster alveolatus Boud.,Bull. Soc. Mycol. Fr. 4:53(1888)

Sistotrema bienne(Bull.)Pers.,Syn. Meth. Fung. 2:550(1801)

Sistotrema lobatum Desm.,Catal. des plantes omis.:19(1823)

Sistotrema rufescens Pers.,Syn. Meth. Fung. 2:550(1801)

Sistotrema rufescens subsp. *bienne* (Bull.)Pers.,Mycol. Eur. 2:207(1825)

Sistotrema rufescens subsp. *rufescens* Pers.,Syn. Meth. Fung. 2:550(1801)

Sistotrema rufescens var. *rufescens* Pers.,Syn. Meth. Fung. 2:550(1801)

Striglia puberula(Berk. & M. A. Curtis)Kuntze,Revis. Gen. Pl. 2:871(1891)

Thelephora biennis(Bull.)Fr.,Syst. Mycol. 1:449(1821)

Tomentella biennis (Bull.)A. M. Rogers,Mycologia 40(5):634(1948)

子实体近喇叭状,近革质至革质。菌盖半圆形,3~7cm×3~12cm,厚1~2mm,米黄色至浅肉色,表面无环带,或有不明显的环纹,有黄褐色绒毛,边缘薄、锐且波浪状至瓣裂。菌肉白色至近白色,厚2~7mm,上层松软,下层木栓质。无菌柄或有侧生或近中生的菌柄,菌柄长可达5cm。管孔多角形或迷路状至渐裂为锯齿状,白色,孔深2~4mm,孔径0.3~1mm。囊状体近棒状。担子棒状,具 4 个小梗。担孢子椭圆形、卵圆形至近球形,4.5 ~ 6.5μm × 3.5 ~ 4.5μm,表面光滑,无色。

子实体一年生,生于栎、山杨、枫香及苹果等阔叶树的腐木上,有时生松树腐木上。引起木材白色腐朽。子实体提取物对小白鼠肉瘤 180 有抑制作用。

分布:嵩县、栾川、信阳、新县、商城、南召。

【黑管菌】

Bjerkandera adusta **(Willd.) P. Karst.**, Meddn Soc. Fauna Flora Fenn. 5:38(1879)

Agaricus crispus (Pers.) E. H. L. Krause, Basidiomycetum Rostochiensium, Suppl. 4:142(1932)

Bjerkandera adusta f. *resupinata* (Bourdot & Galzin) Domański, Orloś & Skirg., Flora Polska. Grzyby (Mycota). Podstawczaki (Basidiomycetes), Bezblaszkowce (Aphyllophorales), Skórnikowate (Stereaceae), Pucharkowate (Podoscyphaceae):114(1967)

Bjerkandera adusta f. *solubilis* (Velen.) Bondartsev, Trut. Grib Evrop. Chasti SSSR Kavkaza:239(1953)

Bjerkandera adusta f. *tegumentosa* (Velen.) Bondartsev, Trut. Grib Evrop. Chasti SSSR Kavkaza:240(1953)

Bjerkandera scanica (Fr.) P. Karst., Bidr. Känn. Finl. Nat. Folk 37:38(1882)

Boletus adustus Willd., Fl. Berol. Prodr.:392(1787)

Boletus adustus var. *crispus* (Pers.) Pers., Syn. Meth. Fung. 2:529(1801)

Boletus carpineus Sowerby, Col. Fig. Engl. Fung. Mushr. 2:pl. 231(1799)

Boletus concentricus Schumach., Enum. Pl. 2:387(1803)

Boletus crispus Pers., Observ. Mycol. 2:8(1800)

Boletus fuscoporus J. J. Planer, Ind. Pl. Erfurt. Fung. Add.:26(1788)

Boletus isabellinus Schwein., Schr. Naturf. Ges. Leipzig 1:96(1822)

Coriolus alabamensis Murrill, N. Amer. Fl. 9(1):19(1907)

Daedalea fennica (P. Karst.) P. Karst., Trudy Troitsk. Otd. Imp. Russk. Geogr. Obsc. 8:62(1906)

Daedalea oudemansii var. *fennica* P. Karst., Meddn Soc. Fauna Flora Fenn. 9:69(1882)

Daedalea solubilis Velen., Mykologia 3:102(1926)

Gloeoporus adustus (Willd.) Pilát, In: Kavina & Pilát, Atlas Champ. l'Europe 3:137(1937)

Gloeoporus adustus f. *atropileus* (Velen.) Pilát, In: Kavina & Pilát, Atlas Champ. l'Europe 3:160(1937)

Gloeoporus adustus f. *excavatus* (Velen.) Pilát, In: Kavina & Pilát, Atlas Champ. l'Europe 3:159(1937)

Gloeoporus adustus f. *tegumentosus* (Velen.) Pilát, In: Kavina & Pilát, Atlas Champ. l'Europe 3:160(1937)

Gloeoporus crispus (Pers.) G. Cunn., Bull. N. Z. Dept. Sci. Industr. Res., Pl. Dis. Div. 164:113(1965)

Grifola adusta (Willd.) Zmitr. & Malysheva, In: Zmitrovich, Malysheva & Spirin, Mycena 6:21(2006)

Leptoporus adustus (Willd.) Quél., Enchir. Fung.:177(1886)

Leptoporus adustus f. *resupinatus* Bourdot & Galzin, Hyménomyc. de France:552(1928)

Leptoporus crispus (Pers.) Quél., Enchir. Fung.:177(1886)

Leptoporus nigrellus Pat., In: Duss, Enum. Champ. Guadeloupe:29(1903)

Microporus gloeoporoides (Speg.) Kuntze, Revis. Gen. Pl. 3(2):496(1898)

Microporus lindheimeri (Berk. & M. A. Curtis) Kuntze, Revis. Gen. Pl. 3(2):496(1898)

Polyporus adustus (Willd.) Fr., Syst. Mycol. 1:363(1821)

Polyporus adustus f. *resupinata* Bres., Denkschr. Königl.-Baier. Bot. Ges. Regensburg 15:72(1922)

Polyporus adustus var. *ater* Velen., České Houby 4 ~ 5:648(1922)

Polyporus adustus var. *carpineus* (Sowerby) Fr., Hymenomyc. Eur.:550(1874)

Polyporus amesii Lloyd, Mycol. Writ. 4(Syn. Apus): 309(1915)
Polyporus atropileus Velen., Mykologia 2: 74(1925)
Polyporus burtii Peck, Bull. Torrey Bot. Club 24: 146(1897)
Polyporus carpineus (Sowerby) Fr., Observ. Mycol. 2: 257(1818)
Polyporus cinerascens Velen., České Houby 4 ~ 5: 642(1922)
Polyporus crispus(Pers.) Fr., Syst. Mycol. 1: 363(1821)
Polyporus curreyanus Berk. ex Cooke, Grevillea 15(73): 20(1886)
Polyporus digitalis Berk., Hooker's J. Bot. Kew Gard. Misc. 6: 139(1854)
Polyporus dissitus Berk. & Broome, J. Linn. Soc., Bot. 14(2): 48(1875)
Polyporus excavatus Velen., České Houby 4 ~ 5: 641(1922)
Polyporus fumosogriseus Cooke & Ellis, Grevillea 9(51): 103(1881)
Polyporus halesiae Berk. & M. A. Curtis, Ann. Mag. Nat. Hist., Ser. 2, 12: 434(1853)
Polyporus lindheimeri Berk. & M. A. Curtis, Grevillea 1(4): 50(1872)
Polyporus macrosporus Britzelm., Ber. naturw. -lichen Ver. Schwaben und Neuburg 31: 174(1894)
Polyporus murinus Rostk., In: Sturm, Deutschl. Fl., 3 Abt. 4: 117(1838)
Polyporus nigrellus(Pat.) Sacc. & D. Sacc., Syll. Fung. 17: 116(1905)
Polyporus ochraceocinereus Britzelm., Bot. Zbl. 62: 311(1895)
Polyporus scanicus Fr., Monogr. Hymenomyc. Suec. 2(2): 269(1863)
Polyporus secernibilis Berk., J. Bot., Lond. 6: 500(1847)
Polyporus subcinereus Berk., Ann. Mag. Nat. Hist., Ser. 1, 3: 391(1839)
Polyporus tegumentosus Velen., Mykologia 2: 74(1925)
Polystictus adustus(Willd.) Gillot & Lucand, Bulletin de la Société d'Histoire Naturelle d'Autun 3: 173(1890)
Polystictus alabamensis(Murrill) Sacc. & Trotter, Syll. Fung. 21: 312(1912)
Polystictus carpineus(Sowerby) Konrad, Bull. Soc. Mycol. Fr. 39: 40(1923)
Polystictus gloeoporoides Speg., Fungi Fuegiani 11: 451(1889)
Polystictus puberulus Bres., Annls Mycol. 18(1 ~ 3): 35(1920)
Poria curreyana(Berk. ex Cooke) G. Cunn., Bull. N. Z. Dept. Sci. Industr. Res., Pl. Dis. Div. 72: 16(1947)
Tyromyces adustus(Willd.) Pouzar, Folia Geobot. Phytotax. 1: 370(1966)

子实体平伏而反卷，贝壳状，群体呈覆瓦状，菌盖 1 ~ 6cm × 1.5 ~ 8cm，厚 1 ~ 5mm，上表面有绒毛，浅灰色，常有皱纹和不明显的环纹，边缘干后变为黑色，薄而锐，边缘的下侧常无子实层。菌肉木栓质，白色至近白色，厚 1 ~ 3mm。菌管长 0.5 ~ 2mm，暗灰色至褐色，管口多角形，每毫米 4 ~ 7 个，灰色至近黑色。担孢子椭圆形，4 ~ 5μm × 2μm，无色。

子实体生于杨、柳、栎等倒木、树桩上。为木材分解菌。

分布：栾川、信阳、内乡。

【烟色烟管菌】

***Bjerkandera fumosa*(Pers.) P. Karst.**, Meddn Soc. Fauna Flora Fenn. 5: 38(1879)
Agaricus imberbis(Bull.) E. H. L. Krause, Basidiomycetum Rostochiensium, Suppl. 4: 141(1932)
Bjerkandera fragrans(Peck) Murrill, Bull. Torrey Bot. Club 32(12): 636(1905)
Bjerkandera holmiensis (Fr.) P. Karst., Bidr. Känn. Finl. Nat. Folk 48: 296(1889)
Bjerkandera pallescens(Fr.) P. Karst., Acta Soc. Fauna Flora Fenn. 2(1): 29(1881)
Boletus fumosus Pers., Syn. Meth. Fung. 2: 530(1801)

Boletus imberbis Bull. ,Hist. Champ. France 10:339(1791)
Cladomeris alligata(Fr.)Bigeard & H. Guill. ,Fl. Champ. sup. France 1:410(1909)
Cladomeris imberbis(Bull.)Quél. ,Enchir. Fung. :169(1886)
Cladomeris saligna(Fr.)Quél. ,Enchir. Fung. :169(1886)
Daedalea saligna Fr. ,Observ. Mycol. 2:241(1818)
Gloeoporus fumosus(Pers.)Pilát,In:Kavina & Pilát,Atlas Champ. l'Europe 3:149(1937)
Grifola fumosa(Pers.)Zmitr. & Malysheva,Mycena 6:21(2006)
Grifola funosa(Pers.)Zmitr. & Malysheva,In:Zmitrovich,Malysheva & Spirin,Mycena 6:21(2006)
Leptoporus fumosus(Pers.)Pat. ,In:Duss,Enum. Champ. Guadeloupe:26(1903)
Leptoporus imberbis(Bull.)Quél. ,Fl. Mycol. :388(1888)
Meripilus salignus(Fr.)P. Karst. ,Bidr. Känn. Finl. Nat. Folk 37:34(1882)
Merisma imberbis(Bull.)Gillet,Hyménomycètes:689(1878)
Merisma salignum(Fr.)Gillet,Hyménomycètes:689(1878)
Polypilus alligatus (Fr.)P. Karst. ,Bidr. Känn. Finl. Nat. Folk 37:27(1882)
Polyporus aberrans Velen. ,Mykologia 2:73(1925)
Polyporus alligatus Fr. ,Elench. Fung. 1:78(1828)
Polyporus decurrens Velen. ,České Houby 4~5:657(1922)
Polyporus demissus Berk. ,London J. Bot. 52:345(1845)
Polyporus emergens Velen. ,České Houby 4~5:657(1922)
Polyporus eminens Velen. ,České Houby 4~5:639(1922)
Polyporus fragrans Peck,Ann. Rep. N. Y. St. Mus. Nat. Hist. 30:45(1878)
Polyporus fumosus(Pers.)Fr. ,Observ. Mycol. 2:257(1818)
Polyporus fumosus var. *fragrans*(Peck)Rea,Brit. Basidiomyc. :587(1922)
Polyporus hederae Ade,Mitt. Bayer. Bot. Ges. 2:371(1911)
Polyporus imberbis(Bull.)Fr. ,Epicr. Syst. Mycol. :451(1838)
Polyporus pallescens Fr. ,Observ. Mycol. 2:256(1818)
Polyporus robiniae Velen. ,České Houby 4~5:658(1922)
Polyporus salignus(Fr.)Fr. ,Epicr. Syst. Mycol. :452(1838)
Polyporus salignus var. *holmiensis* Fr. ,Hymenomyc. Eur. :544(1874)
Polyporus tyttlianus Velen. ,České Houby 4~5:686(1922)
Polystictoides fumosus(Pers.)Teixeira,Revista Brasileira de Botânica 9(1):43(1986)
Polystictoides pallescens(Fr.)Lázaro Ibiza,Revta R. Acad. Cienc. Exact. Fis. Nat. Madr. 14:833(1916)
Polystictus pallescens(Fr.)Bigeard & H. Guill. ,Fl. Champ. Sup. France 2:374(1913)
Tyromyces fumosus(Pers.)Pouzar,Folia Geobot. Phytotax. Bohemoslov. 1:370(1966)

子实体平伏而反卷,呈贝壳状,常呈覆瓦状聚生。菌盖2~4cm×3~6cm,厚4~10mm,表面有微细绒毛,无环带或有不明显的环带,白色至淡黄色或浅灰色。边缘往往厚而钝,也有的薄而锐。菌肉白色或近白色,木栓质,厚2~7mm。菌管长1.5~2.5mm,与菌肉色相似,干后颜色稍暗,在显微镜下近无色,菌管层与菌肉之间有一黑色条纹。管口多角形,每毫米3~5个,近白色至灰褐色,有时受伤处变黑色。担孢子长方形至椭圆形,5μm×3μm,光滑,无色。菌丝壁薄,粗3~5μm,有明显的横隔和锁状联合。

子实体常年见于阔叶树的倒木上,导致木材腐朽。

分布:新安、汝阳、卢氏。

6.1.12.4　皱孔菌科 Meruliaceae

【紫半胶菌】

***Gloeoporus dichrous*(Fr.) Bres.**, Hedwigia 53:74(1913)

Bjerkandera dichroa(Fr.) P. Karst., Meddn Soc. Fauna Flora Fenn. 5:38(1879)

Boletus dichrous(Fr.) Spreng., Syst. Veg., Edn 16, 4(1827)

Caloporus dichrous(Fr.) Ryvarden, J. Mus. Godeffroy 1:109(1976)

Gloeoporus candidus Speg., Anal. Soc. Cient. Argent. 9:284(1880)

Leptoporus dichrous(Fr.) Quél., Enchir. Fung.:177(1888)

Polyporus dichrous Fr., Observ. Mycol. 1:125(1815)

Polystictus dichrous(Fr.) Gillot & Lucand, Bulletin de la Société d'Histoire Naturelle d'Autun 3:174(1890)

Poria subviridis Rick, Brotéria, Sér. Ci. Nat. 6:151(1937)

Stereum dichroides Lloyd, Mycol. Writ. 7:1271(1924)

子实体无菌柄,菌盖半圆形或贝壳状,0.5~2.5cm×1~4cm,厚0.1~0.3cm,污白色或乳白色,革质,平伏而反卷,表面有微细绒毛,无环纹,边缘薄,边缘下侧无子实层。菌肉污白色。菌管暗紫红或紫褐色,胶质,管口圆形,每毫米5~6个。担孢子近肾形且弯曲,4~5μm×1~1.5μm,无色,表面光滑。

子实体群生于多种阔叶树枯枝或枯木上,引起木材白色腐朽。

分布:内乡。

【鲑贝耙齿菌】

***Irpex consors* Berk.**, J. Linn. Soc., Bot. 16:51(1877)

Cerrena consors(Berk.) K. S. Ko & H. S. Jung, FEMS Microbiol. Lett. 170(1):185(1999)

Coriolus consors(Berk.) Imazeki, Bull. Tokyo Sci. Mus. 6:80(1943)

Irpiciporus consors(Berk.) Murrill, Mycologia 1(4):166(1909)

Polyporus consors(Berk.) Teng, Sinensia, Shanghai 5:178(1934)

Polystictus consors(Berk.) Teng, 中国的真菌:762(1963)

Trametes consors(Berk.) A. Mitra, Int. J. Mycol. Lichenol. 4(1~2):24(1989)

Xylodon consors(Berk.) Kuntze, Revis. Gen. Pl. 3(2):541(1898)

子实体片状,无柄,菌盖为小薄片,3cm×5cm,厚0.6cm,略呈半圆形,革质,群生呈覆瓦状,新鲜时表面浅橘红色、鲑肉色,褪色后近白色,无毛,有不明显的环带,边缘薄而锐。菌肉厚0.5~1mm,白色。菌管长5mm,每毫米有1~3个管口,菌管常裂为齿状。担孢子椭圆形,4.5~6.5μm×2~3.5μm,表面光滑,无色。

子实体群生于阔叶树的腐木上,也生在松树腐木上。还见于栽培食用菌的段木上。具药用价值,对艾氏腹水癌及小白鼠白血病L-1210显示抗癌作用。对小白鼠肉瘤180的抑制率为80%。

分布:嵩县、栾川、信阳。

【乳白耙菌】

***Irpex lacteus*(Fr.) Fr.**, Elench. Fung. 1:142(1828)

Boletus cinerascens Schwein., Schr. Naturf. Ges. Leipzig 1:99(1822)

Boletus tulipiferae Schwein. ,Schr. Naturf. Ges. Leipzig 1:100(1822)
Coriolus lacteus (Fr.)Pat. ,Essai Tax. Hyménomyc. :94(1900)
Coriolus tulipiferae(Schwein.)Pat. ,Essai Tax. Hyménomyc. :94(1900)
Daedalea diabolica Speg. ,Fungi Fuegiani 11:441(1889)
Hirschioporus lacteus(Fr.)Teng,中国的真菌:761(1963)
Hydnum lacteum(Fr.)Fr. ,Syst. Mycol. 2(2):412(1823)
Irpex bresadolae Schulzer,Hedwigia 24:146(1885)
Irpex cinerascens(Schwein.)Schwein. ,Trans. Am. Phil. Soc. ,New Series 4(2):164(1832)
Irpex diabolicus(Speg.)Bres. ,Boln Acad. Nac. Cienc. Córdoba 23:428(1919)
Irpex hirsutus Kalchbr. ,Értek. termész. Köréb. Magy. tudom. Akad. 8:17(1878)
Irpex lacteus f. *sinuosus*(Fr.)Nikol. ,Trudy Bot. Inst. Akad. Nauk SSSR,Ser. 2,Sporov. Rast. 8:186(1953)
Irpex pallescens Fr. ,Epicr. Syst. Mycol. :522(1838)
Irpex sinuosus Fr. ,Elench. Fung. 1:145(1828)
Irpiciporus lacteus(Fr.)Murrill,N. Amer. Fl. 9(1):15(1907)
Irpiciporus tulipiferae(Schwein.)Murrill,Bull. Torrey Bot. Club 32(9):472(1905)
Microporus chartaceus(Berk. & M. A. Curtis)Kuntze,Revis. Gen. Pl. 3(2):495(1898)
Microporus cinerascens(Schwein.)Kuntze,Revis. Gen. Pl. 3(2):495(1898)
Microporus cinerescens(Schwein.)Kuntze,Revis. Gen. Pl. 3:495(1898)
Polyporus chartaceus Berk. & M. A. Curtis,Hooker's J. Bot. Kew Gard. Misc. 1:103(1849)
Polyporus corticola f. *tulipiferae*(Schwein.)Fr. ,Elench. Fung. 1:124(1828)
Polyporus tulipiferae(Schwein.)Overh. [as '*tulipiferus*'],Wash. Univ. Stud. 1:29(1915)
Polystictus bresadolae(Schulzer)Sacc. ,Syll. Fung. 6:257(1888)
Polystictus chartaceus(Berk. & M. A. Curtis)Cooke,Grevillea 14(71):84(1886)
Polystictus cinerascens(Schwein.)Cooke,Grevillea 14(71):86(1886)
Poria cincinnati Berk. ex Cooke,Grevillea 15(73):27(1886)
Poria tulipiferae(Schwein.)Cooke,Syll. Fung. 6:312(1888)
Sistotrema lacteum Fr. ,Observ. Mycol. 2:266(1818)
Steccherinum lacteum(Fr.)Krieglst. ,Beitr. Kenntn. Pilze Mitteleur. 12:45(1999)
Trametes lactea(Fr.)Pilát,Atlas Champ. l'Europe 3:322(1940)
Xylodon bresadolae(Schulzer)Kuntze,Revis. Gen. Pl. 3(2):541(1898)
Xylodon hirsutus(Kalchbr.)Kuntze,Revis. Gen. Pl. 3(2):541(1898)
Xylodon lacteus(Fr.)Kuntze,Revis. Gen. Pl. 3(2):541(1898)
Xylodon pallescens(Fr.)Kuntze,Revis. Gen. Pl. 3(2):541(1898)
Xylodon sinuosus(Fr.)Kuntze,Revis. Gen. Pl. 3(2):541(1898)

子实体片状,平伏于基物表面,或平伏而边缘反卷,反卷部分大小0.8~1.5cm×0.5~3.5cm,宽1.0~3mm。表面白色,密被短绒毛,有不明显的环纹,边缘薄,波状。子实层面白色或乳白色,管孔裂为粗糙的齿状突起。菌肉白色,革质,韧,干后硬。囊状体梭形至纺锤形,突出子实层外,顶端常有结晶。担子棒状,近无色,具4小梗。担孢子椭圆形,4.5~6μm×2.5~3μm,无色透明,表面平滑。

子实体成片生于樱桃等阔叶树的树皮及木材上,导致木材白色腐朽。也生于栽培香菇、木耳的段木上,为香菇、木耳段木栽培中的杂菌。可药用,对慢性肾炎有一定的疗效。

分布:嵩县、栾川、郑州、信阳、内乡。

【光亮容氏孔菌】

Junghuhnia nitida **(Pers.) Ryvarden**, Persoonia 7(1):18(1972)

Boletus nitidus (Pers.) Pers. , Syn. Meth. Fung. 2:547(1801)

Boletus nitidus var. *nitidus* (Pers.) Pers. , Syn. Meth. Fung. 2:547(1801)

Chaetoporus euporus (P. Karst.) P. Karst. , Finl. Basidsvamp. :136(1899)

Chaetoporus nitidus (Pers.) Donk, Persoonia 5(1):100(1967)

Chaetoporus tenuis P. Karst. , Hedwigia 29:148(1890)

Irpex nitidus (Pers.) Saaren. & Kotir. , In: Kotiranta & Saarenoksa, Polish Botanical Journal 47(2):105(2002)

Physisporus euporus (P. Karst.) P. Karst. , Revue Mycol. , Toulouse 3(9):18(1881)

Physisporus nitidus (Pers.) Chevall. , Fl. Gén. Env. Paris 1:261(1826)

Polyporus euporus P. Karst. , Not. Sällsk. Fauna et Fl. Fenn. Förh. 9:360(1868)

Polyporus nitidus (Pers.) Fr. , Observ. Mycol. 2:262(1818)

Polyporus nitidus subsp. *nitidus* (Pers.) Fr. , Observ. Mycol. 2:262(1818)

Polyporus nitidus var. *nitidus* (Pers.) Fr. , Observ. Mycol. 2:262(1818)

Poria eupora (P. Karst.) Cooke, Grevillea 14(72):110(1886)

Poria nitida Pers. , Observ. Mycol. 2:15(1800)

Steccherinum nitidum (Pers.) Vesterh. , In: Knudsen & Hansen, Nordic Jl Bot. 16(2):216(1996)

子实体扁平形,质硬。子实层表面干草色,或略带粉红色,边缘色较淡。孔口角形,每毫米约6~8孔。孔管长约500μm。构成子实体的菌丝为双系菌丝系统,生殖菌丝具锁状联合,无色,径宽2~3μm,薄壁。骨干菌丝淡黄色或无色,径宽2~3μm,稀有分枝。菌肉薄,厚约100μm,组织致密。担子棒状,10~14μm×4~5μm。担孢子广椭圆形,3.8~4.8μm×2.5~3μm,表面平滑,薄壁。

子实体生于阔叶树枯木、落枝上。

分布:内乡。

【维纽柄杯菌】

Podoscypha venustula **(Speg.) D. A. Reid**, Beih. Nova Hedwigia 18:260(1965)

Lloydella affinis (Lév.) Bres. , Hedwigia 51:322(1912)

Podoscypha flabellata (Pat.) Pat. , In: : Duss, Enum. Champ. Guadeloupe:21(1903)

Podoscypha venustula f. *malabarensis* (Lloyd) D. A. Reid, Beih. Nova Hedwigia 18:272(1965)

Stereum affine Lév. , Annls Sci. Nat. , Bot. , Sér. 3, 2:210(1844)

Stereum flabellatum Pat. , Bull. Soc. Mycol. Fr. 16:179(1901)

Stereum malabarense Lloyd, Mycol. Writ. 4:39(1913)

Stereum translucens Lloyd, Mycol. Writ. 7:1334(1925)

Stereum venustulum (Speg.) Lloyd, Mycol. Writ. 4:36(1913)

Thelephora venustula Speg. , Anal. Soc. Cient. Argent. 17(2):76(1884)

Thelephora zollingeri Sacc. , Syll. Fung. 6:530(1888)

子实体小型,菌盖厚200~400μm,干时浅栗色,革质,光滑,有辐射状条纹和环带,边缘薄,呈不规则锯齿状。子实层体淡粉灰色,常有辐射状皱纹。菌柄长0.1~2cm,粗0.1~0.15mm,表面有微细绒毛,基部呈绒垫状。菌丝无色,直径2.5~3.5μm。有油囊体。

子实体散生或群生于腐木上。

分布:新安、汝阳、卢氏。

【松软肉齿菌】

***Sarcodontia spumea*(Sowerby) Spirin**, Mycena 1(1):64 ~ 71(2001)
Bjerkandera spumea(Sowerby) P. Karst., Bidr. Känn. Finl. Nat. Folk 37:40(1882)
Boletus spumeus Sowerby, Col. Fig. Engl. Fung. Mushr. 2:89(1799)
Inodermus spumeus(Sowerby) Quél., Enchir. Fung.:174(1886)
Leptoporus foetidus(Velen.) Pilát, In: Kavina & Pilát, Atlas Champ. l'Europe 3:244(1938)
Leptoporus spumeus(Sowerby) Pilát, In: Kavina & Pilát, Atlas Champ. l'Europe 3:237(1938)
Polyporus foetidus Velen., Mykologia 4:12(1927)
Polyporus occidentalis(Murrill) Sacc. & Trotter, Syll. Fung. 21:266(1912)
Polyporus spumeus(Sowerby) Fr., Syst. Mycol. 1:358(1821)
Polyporus spumeus var. *spumeus*(Sowerby) Fr., Syst. Mycol. 1:358(1821)
Polystictus spumeus(Sowerby) Bigeard & H. Guill., Fl. Champ. sup. France 2:374(1913)
Spongipellis foetidus(Velen.) Kotl. & Pouzar, Česká Mykol. 19:77(1965)
Spongipellis occidentalis Murrill, N. Amer. Fl. 9(1):38(1907)
Spongipellis spumeus(Sowerby) Pat., Essai Tax. Hyménomyc.:84(1900)
Tyromyces spumeus(Sowerby) Imazeki, Bull. Tokyo Sci. Mus. 6:84(1943)
Tyromyces spumeus var. *spumeus*(Sowerby) Imazeki, Bull. Tokyo Sci. Mus. 6:84(1943)

子实体无柄,海绵质,软而多汁,白色,干后硬而易碎,表面米黄色,具一层疏松的淡褐色粗毛,后期近光滑,5 ~ 14cm × 5 ~ 22cm,厚 2 ~ 5cm。菌肉白色带黄色,干后浅土黄色,厚 1 ~ 3cm。菌管长 1 ~ 1.5cm,浅黄色,管壁薄。管口浅黄色,多角形,每毫米 2 ~ 5 个,干后裂为齿状。担子棒状,26 ~ 35μm × 5.5 ~ 8μm,无色。担孢子椭圆形至近球形,5 ~ 8μm × 4 ~ 6μm,无色,表面光滑,内含油滴。

子实体单生或群生于榆、杨、椴、槭等立木、枯木或木桩上,引起白色腐朽。

分布:内乡。

【绒盖齿菌】

***Steccherinum ochraceum*(Pers.) Gray**, Nat. Arr. Brit. Pl. 1:651(1821)
Acia denticulata (Pers.) P. Karst., Meddn Soc. Fauna Flora Fenn. 5:42(1879)
Acia uda subsp. *denticulata*(Pers.) Bourdot & Galzin, Bull. Soc. Mycol. Fr. 30(2):255(1914)
Climacodon ochraceus(Pers.) P. Karst., Bidr. Känn. Finl. Nat. Folk 37:98(1882)
Gloiodon pudorinus(Fr.) P. Karst., Meddn Soc. Fauna Flora Fenn. 5:42(1879)
Hydnum daviesii Sowerby, Col. Fig. Engl. Fung. Mushr. 1:pl. 15(1796)
Hydnum decurrens Berk. & M. A. Curtis, J. Linn. Soc., Bot. 10(46):325(1868)
Hydnum denticulatum Pers., Mycol. Eur. 2:181(1825)
Hydnum dichroum Pers., Mycol. Eur. 2:213(1825)
Hydnum ochraceum Pers., In: Gmelin, Systema Naturae, Edn 13, 2(2):1440(1792)
Hydnum ochraceum var. *ochraceum* Pers., In: Gmelin, Systema Naturae, Edn 13, 2(2):1440(1792)
Hydnum pudorinum Fr., Elench. Fung. 1:133(1828)
Hydnum rhois Schwein., Schr. Naturf. Ges. Leipzig 1:103(1822)
Irpex ochraceus(Pers.) Kotir. & Saaren., Polish Botanical Journal 47(2):105(2002)

Irpex rhois(Schwein.)Saaren. & Kotir. ,In:Kotiranta & Saarenoksa,Polish Botanical Journal 47(2):106(2002)
Leptodon ochraceus(Pers.)Quél. ,Fl. Mycol. :441(1888)
Mycoacia denticulata(Pers.)Parmasto,Eesti NSV Tead. Akad. Toim. ,Biol. Seer 16:386(1967)
Mycoleptodon decurrens(Berk. & M. A. Curtis)Pat. ,Essai Tax. Hyménomyc. :117(1900)
Mycoleptodon dichrous(Pers.)Bourdot & Galzin[as '*dichroum*'],Bull. Soc. Mycol. Fr. 30:276(1914)
Mycoleptodon ochraceus(Pers.)Bourdot & Galzin[as '*ochraceum*'],Essai Tax. Hyménomyc. :116(1900)
Mycoleptodon pudorinus(Fr.)Pat. [as '*pudorinum*'],Cat. Rais. Pl. Cellul. Tunisie:54(1897)
Mycoleptodon rhois(Schwein.)Nikol. ,Flora Plantarum Cryptogamarum URSS 6,Fungi:143(1961)
Odontia denticulata (Pers.)Pat. ,Hyménomyc. Eur. :147(1887)
Odontina denticulata(Pers.)Pat. ,Champ. parasit. des insects:147(1887)
Sarcodontia denticulata(Pers.)Nikol. ,Flora Plantarum Cryptogamarum URSS 6,Fungi:185(1961)
Steccherinum rhois (Schwein.)Banker,Mem. Torrey Bot. Club 12:126(1906)

子实体革质,初期半平状,后期形成菌盖呈半圆形或贝壳状,往往覆瓦状叠生和左右相连,薄,直径 1 ~3cm,表面密生短绒毛,有环纹,白色或浅黄色,老后呈灰黑色,边缘色浅,有绒毛,内卷。菌肉白色,韧,厚约 1mm。子实层体刺状。刺密,长 1 ~2cm,常扁平,锥形或柱形,肉色。担孢子卵圆形,3 ~4μm ×2 ~2. 5μm,无色,表面平滑。囊状体多,棍棒状,20 ~ 100μm ×4 ~10μm,壁厚,突越子实体外,顶部有明显的结晶物。

子实体生于阔叶树枯立木或枯枝上,引起木材白色腐朽。也可寄生于柳树,引起木腐病。还常见于栽培香菇、木耳的段木上,是危害香菇、木耳段木栽培的杂菌。

分布:郑州、中牟、内黄、西华、民权、洛阳、开封、登封、南召、信阳。

【小斗硬革菌】

***Stereopsis burtiana*(Peck)D. A. Reid**,Beih. Nova Hedwigia 18:292(1965)
Podoscypha burtiana(Peck)S. Ito,Mycol. Fl. Japan 2(4):151(1955)
Stereum burtianum Peck,Ann. Rep. N. Y. St. Mus. 67:21(1904)

子实体有柄,不规则漏斗形,常互相连接,高 1 ~3cm,宽 1 ~2cm,革质。菌盖表面淡褐色,有平伏纤毛,形成辐射状棱纹,边缘割裂成瓣状或齿状。菌柄圆柱形,长 5 ~15cm ,粗 1mm,与菌盖同色,表面光滑,实心。子实层体平滑或有辐射状棱纹,近白色至淡粉灰色。子实层中无囊状体。担孢子球形,直径 3 ~4μm,表面光滑,无色。

夏秋季子实体丛生于阔叶林中地上或树桩附近。为木材腐朽菌。

分布:卢氏。

6. 1. 12. 5 原毛平革菌科 Phanerochaetaceae

【白黄小薄孔菌】

***Antrodiella albocinnamomea* Y. C. Dai & Niemelä**,Mycotaxon 64:70(1997)

子实体平伏,孔面初期白色,后期棕黄色,构成子实体的菌丝为二系菌丝系统,生殖菌丝有锁状联合,子实层中有囊状体,担孢子长椭圆形,3. 7 ~5. 0μm ×2. 1 ~2. 9μm,薄壁,表面光滑。

子实体生于阔叶树腐木上,造成边材白色腐朽。

分布:内乡。

【木垫蜡孔菌】

***Ceriporia xylostromatoides*(Berk.) Ryvarden**, In:Ryvarden & Johansen, Prelim. Polyp. Fl. E. Afr. :276(1980)

Merulius xylostromatoides(Berk.) Rick, Brotéria 7(34):10(1938)

Physisporinus xylostromatoides(Berk.) Y. C. Dai, Ann. Bot. Fenn. 35(2):147(1998)

Polyporus interruptus Berk. & Broome, J. Linn. Soc., Bot. 14(2):55(1875)

Polyporus submollusca Murrill, Mycologia 12(6):306(1920)

Polyporus xylostromatoides Berk., J. Linn. Soc., Bot. 2:637(1873)

Poria aquosa Petch, Ann. R. Bot. Gdns Peradeniya 6:2(1916)

Poria corioliformis Murrill, Mycologia 12(2):86(1920)

Poria cremeicolor Murrill, Mycologia 12(2):85(1920)

Poria interrupta(Berk. & Broome) Sacc., Syll. Fung. 6:323(1888)

Poria subambigua Bres., Annls Mycol. 9(3):268(1911)

Poria subcollapsa Murrill, Mycologia 12(2):90(1920)

Poria subcorticola Murrill, Mycologia 12(2):88(1920)

Poria submollusca Murrill, Mycologia 12(6):306(1920)

Poria velata Rick, Brotéria, Sér. Ci. Nat. 6:148(1937)

Poria xylostromatoides(Berk.) Cooke, Grevillea 14(72):114(1886)

Rigidoporus xylostromatoides(Berk.) Ryvarden, Kew Bull. 31(1):100(1976)

子实体平状于基质上,不易剥离,中部稍厚,向边缘渐薄,新鲜时软,干后软木栓质,大小可达20cm×5cm,厚可达1mm。孔口表面初期白色、奶油色、灰白色,后呈浅黄色,干后浅黄色至棕黄色。不育边缘不明显或几乎无。孔口多角形或不规则形,每毫米4~5个。菌管比孔口表面颜色略浅,新鲜时软革质,干后木栓质,长可达1mm。菌肉奶油色,新鲜时棉质,干后软木栓质,极薄至几乎无,厚度不到0.1mm。构成子实体的菌丝为单系菌丝。子实层中无囊状体和拟囊状体。担子短棍棒状,13~16μm×6.5~7.5μm,顶部具4个小梗。拟担子在子实层中占多数,形状与担子相似,但略小。担孢子近球形,4~5μm×3~4.5μm,无色,通常有一大液泡,表面光滑。

子实体见于多种阔叶树和针叶树的枯木、落枝上,一年生,造成木材白色腐朽。

分布:内乡。

【浅黄拟蜡孔菌】

***Ceriporiopsis gilvescens*(Bres.) Domański**, Acta Soc. Bot. Pol. 32:731(1963)

Poria gilvescens Bres., Annls Mycol. 6(1):40(1908)

Tyromyces gilvescens(Bres.) Ryvarden, Norw. Jl Bot. 20:10(1973)

子实体平状于基质上,不易剥离,中部稍厚,向边缘渐薄,新鲜时蜡质、棉质至软革质,白色、奶油色、酒红色、肉红色,干后革质至脆质,浅褐色、红褐色,大小可达15cm×4cm,厚可达4mm。孔口表面新鲜时白色、奶油色、粉红色至浅肉红色,触摸后变为暗褐色,干后稻草色、黄褐色至浅褐色。不育边缘不明显或几乎无,奶油色至乳灰色,绒毛状,宽约0.2mm。孔口圆形或多角形,每毫米5~6个,个别孔口较大,每毫米3~4个。菌管与孔口表面几乎同色,胶革质,干后木栓质,长可达4mm。菌肉软革质,极薄,厚度约0.1mm。构成子实体的菌丝为单系菌丝。子实层中无囊状体和拟囊状体。担子棍棒状,10~15μm×3.9~5μm,顶部具4个小梗,基部具一锁状联合。拟担子在子实层中占多数,形状与担子相似,但略小。担孢子长椭圆形,4.1～4.8μm×1.8～2μm,无色,表面光滑。

子实体见于多种阔叶树枯木、落枝上,一年生,造成木材白色腐朽。

分布:内乡。

【蓝伏革菌】

***Terana caerulea*(Lam.)Kuntze**,Revis. Gen. Pl. 2:872(1891)

Athelia caerulea(Lam.)Chevall.,Fl. gén. env. Paris 1:85(1826)

Athelia coerulea(Lam.)Chevall.,Fl. gén. env. Paris 1:85(1826)

Auricularia phosphorea Sowerby,Col. Fig. Engl. Fung. Mushr. 3:pl. 350(1815)

Byssus caerulea Lam.,Fl. franç. 1:(103)(1779)

Byssus phosphorea L.,Sp. pl.,Edn 2,2:614(1764)

Corticium caeruleum(Lam.)Fr.,Epicr. Syst. Mycol.:562(1838)

Corticium coeruleum(Lam.)Fr.,Epicr. Syst. Mycol.:562(1838)

Dematium violaceum Pers.,Syn. Meth. Fung. 2:697(1801)

Pulcherricium caeruleum(Lam.)Parmasto[as '*coeruleum*'],Consp. System. Corticiac.:132(1968)

Thelephora caerulea(Lam.)Schrad. ex DC.,In:Lamarck & de Candolle,Fl. Franç.,Edn 3,2:107(1805)

Thelephora coerulea(Lam.)Schrad. ex DC.,In:Lamarck & de Candolle,Fl. Franç.,Edn 3,2:107(1805)

Thelephora indigo Schwein.,Schr. Naturf. Ges. Leipzig 1:107(1822)

子实体膜质,薄膜状,平伏于基物上,潮湿时易与基物分离,深景泰蓝色,剖面厚200～500μm,边缘渐薄,与子实层同色。菌丝壁厚,有锁状联合,直径3～4.5μm。担孢子6～10μm×4.5～5μm。

夏秋季子实体生于阔叶树的枯干、枯枝上。

分布:新安、汝阳、卢氏。

6.1.12.6 多孔菌科 Polyporaceae

【单色齿毛芝】

***Cerrena unicolor*(Bull.)Murrill**,J. Mycol. 9(2):91(1903)

Agaricus cinereus(Pers.)E. H. L. Krause,Basidiomycetum Rostochiensium,Suppl. 5:164(1933)

Antrodia incana(P. Karst.)P. Karst.,Trudy Troitsk. Otd. Imp. Russk. Geogr. Obsc. 12:110(1911)

Boletus unicolor Bull.,Herb. Fr. 9:tab. 408(1785)

Bulliardia grisea Lázaro Ibiza,Revta R. Acad. Cienc. Exact. Fis. Nat. Madr. 14:841(1916)

Bulliardia nigrozonata Lázaro Ibiza,Revta R. Acad. Cienc. Exact. Fis. Nat. Madr. 14:843(1916)

Bulliardia unicolor(Bull.)Lázaro Ibiza,Revta R. Acad. Cienc. Exact. Fis. Nat. Madr. 14:840(1916)

Cerrena cinerea(Pers.)Gray,Nat. Arr. Brit. Pl. 1:649(1821)

Daedalea cinerea Pers.,Syn. Meth. Fung. 2:500(1801)

Daedalea cinerea Fr.,Observ. Mycol. 1:105(1815)

Daedalea grisea(Lázaro Ibiza)Sacc. & Trotter,Syll. Fung. 23:449(1925)

Daedalea incana(P. Karst.)Sacc. & D. Sacc.,Syll. Fung. 17:139(1905)

Daedalea latissima(Fr.)Fr.,Syst. Mycol. 1:340(1821)

Daedalea lobata Velen.,České Houby 4～5:692(1922)

Daedalea nigrozonata(Lázaro Ibiza)Sacc. & Trotter,Syll. Fung. 23:450(1925)

Daedalea unicolor(Bull.)Fr.,Syst. Mycol. 1:336(1821)

Daedaleopsis incana P. Karst. ,Finl. Basidsvamp. 46(11):4(1904)
Lenzites cinerea(Pers.)Quél. ,Fl. Mycol. :367(1888)
Lenzites unicolor(Bull.)G. Cunn. ,Bull. N. Z. Dept. Sci. Industr. Res. ,Pl. Dis. Div. 81:21(1949)
Phyllodontia magnusii P. Karst. ,Hedwigia 22:163(1883)
Phyllodontia unicolor(Bull.)Bondartsev & Singer,Annls Mycol. 39(1):59(1941)
Physisporus latissimus(Fr.)P. Karst. ,Bidr. Känn. Finl. Nat. Folk 37:63(1882)
Polyporus latissimus Fr. ,Observ. Mycol. 1:128(1815)
Sistotrema cinereum (Fr.)Secr. ,Mycogr. Suisse 2:500(1833)
Sistotrema cinereum Pers. ,Neues Mag. Bot. 1:109(1794)
Sistotrema cinereum var. *cinereum*(Fr.)Secr. ,Mycogr. Suisse 2:500(1833)
Sistotrema unicolor(Bull.)Secr. ,Mycogr. Suisse 2:498(1833)
Striglia cinerea(Pers.)Kuntze,Revis. Gen. Pl. 2:871(1891)
Striglia unicolor(Bull.)Kuntze,Revis. Gen. Pl. 2:871(1891)
Trametes latissima(Fr.)Quél. ,Fl. Mycol. :371(1888)
Trametes unicolor(Bull.)Pilát,In:Kavina & Pilát,Atlas Champ. l'Europe 3:279(1939)
Trametes unicolor f. *latissima*(Fr.)Pilát,In:Kavina & Pilát,Atlas Champ. l'Europe 3:281(1939)

子实体无柄,革质。菌盖半圆形至扇形或平伏而反卷,0.5~5cm×2~8cm,厚0.1~0.2cm,往往侧面相连,覆瓦状着生于基质上,表面白色至灰色或浅褐色,有同心环带,边缘薄而锐,波浪状或瓣裂,边缘的下面无子实层。菌肉白色或近白色,厚0.1cm。菌管近白色、灰色至暗灰色。管口最初迷路状,很快裂为齿状,平均每毫米2个。担孢子近长方形,4~6.5μm×2.5~4μm,表面光滑,无色。

子实体生于桦、栎、柳、杨等阔叶树枯立木、倒木、伐桩上,导致木材白色腐朽。偶尔也生在活立木上,引起木腐病。也常出现在栽培木耳和香菇的段木上,影响木耳和香菇的产量。可药用,含有抗癌物质。对小白鼠艾氏癌以及腹水癌有抑制作用。

分布:洛阳、汝阳、嵩县、栾川、卢氏、南召、内乡、鲁山、济源、郑州、中牟、内黄、西华、民权、开封、登封、信阳、新县、商城。

【林氏灰孔菌】

***Cinereomyces lindbladii* (Berk.)Jülich**,Biblthca Mycol. 85:400(1982)
Antrodia lindbladii(Berk.)Ryvarden,Mycotaxon 22(2):364(1985)
Coriolus cinerascens(Bres.)Komarova,Opredelitel' trutovykh Gribov Belorussii:143(1964)
Coriolus lindbladii (Berk.)Pat. ,Essai Tax. Hyménomyc. :94(1900)
Diplomitoporus lindbladii(Berk.)Gilb. & Ryvarden,Mycotaxon 22(2):364(1985)
Fabisporus lindbladii(Berk.)Zmitr. ,Mycena 1(1):93(2001)
Polyporus cinerascens Bres. ,Verh. zool. -Bot. Ges. Wien 1:54(1872)
Polyporus lindbladii Berk. ,Grevillea 1(4):54(1872)
Polystictus lindbladii (Berk.)Cooke,Grevillea 14(71):82(1886)
Poria cinerescens (Bres.)Sacc. & P. Syd. ,Syll. Fung. 16:161(1902)
Poria lindbladii (Berk.)Cooke,Grevillea 14(72):111(1886)
Poria subavellanea Murrill,Mycologia 12(2):88(1920)
Tyromyces cinerascens(Bres.)Bondartsev & Singer,Annls Mycol. 39(1):52(1941)

子实体平状于基质上,不易剥离,新鲜时革质至软木栓质,干后硬木栓质,大小可达

18cm×6cm,中部厚可达6mm。孔口表面灰色、浅灰褐色、蓝灰色,有时近黄色。不育边缘明显,近白色至奶油色。孔口圆形或近圆形,每毫米3~5个。菌管单层或多层,与孔口表面同色或略浅,木栓质,长可达5mm。菌肉奶油色至灰黄色,软木栓质,厚约1mm。构成子实体的菌丝为二系菌丝,生殖菌丝具锁状联合。子实层中无囊状体和拟囊状体。担子棍棒状,15~23μm×4~6.7μm,顶部具4个小梗,基部具一锁状联合。拟担子在子实层中占多数,形状与担子相似,但略小。担孢子香肠形,4~5μm×1.5~2μm,无色,表面光滑。

子实体见于多种阔叶树枯木上,一年生到多年生,造成木材白色腐朽。

分布:内乡。

【膨大革孔菌】

***Coriolopsis strumosa*(Fr.) Ryvarden**, Kew Bull. 31(1):95(1976)

Coltricia acupunctata(Berk.) G. Cunn., Proc. Linn. Soc. N. S. W. 75:216(1950)

Coriolopsis lata(Berk.) Ryvarden[as '*latus*'], Norw. Jl Bot. 19:230(1972)

Coriolopsis serpens(Pers.) Teng, 中国的真菌:760(1963)

Inoderma strumosum(Fr.) P. Karst., Meddn Soc. Fauna Flora Fenn. 5:39(1879)

Microporus aratus(Berk.) Kuntze, Revis. Gen. Pl. 3(2):495(1898)

Microporus latus(Berk.) Kuntze, Revis. Gen. Pl. 3(2):496(1898)

Nigroporus aratus(Berk.) Teng, 中国的真菌:762(1963)

Osmoporus latus(Berk.) G. Cunn., Bull. N. Z. Dept. Sci. Industr. Res., Pl. Dis. Div. 164:245(1965)

Polyporus aratus Berk., J. Linn. Soc., Bot. 16:53(1878)

Polyporus latus Berk., Ann. Mag. Nat. Hist., Ser. 1, 3:325(1839)

Polyporus strumosus Fr., Epicr. Syst. Mycol.:462(1838)

Polystictus aratus(Berk.) Cooke, Grevillea 14(71):86(1886)

Polystictus strumosus(Fr.) Fr., Nova Acta R. Soc. Scient. Upsal., Ser. 3, 1:80(1851)

Trametes acupunctata Berk., J. Linn. Soc., Bot. 13:164(1872)

Trametes acuta Lév., Annls Sci. Nat., Bot., Sér. 3 2:196(1844)

子实体为无菌柄的菌盖,有时基部膨胀形成类似短柄的结构,菌盖单生或覆瓦状叠生,新鲜时革质,干后硬木栓质。菌盖半圆形,大小可达6cm×10cm,中部厚可达1cm。菌盖表面新鲜时棕褐色至赭色,后变为灰褐色,粗糙,有明显的同心环沟,近基部有瘤状突起,边缘钝,黄褐色。孔口表面初期奶油色至乳灰色,后变为深灰褐色、橄榄褐色,触摸后变为灰褐色,干后不变色。不育边缘明显,比孔口表面颜色稍浅,宽可达3mm。孔口圆形,每毫米约6~7个。菌管暗褐色,比孔口表面颜色稍深,木栓质,长可达1mm。菌肉黄褐色至橄榄褐色,木栓质,厚可达9mm。构成子实体的菌丝为三系菌丝,生殖菌丝具锁状联合。子实层中无囊状体和拟囊状体,具菌丝钉。担子棍棒状,20~25μm×6.5~7.5μm,顶部具4个小梗,基部具一锁状联合。拟担子在子实层中占多数,形状与担子相似,但略小。担孢子圆柱形,8~10μm×3.5~4μm,无色,表面光滑。

子实体见于多种阔叶树枯木、落枝上,一年生,造成木材白色腐朽。

分布:内乡。

【隐孔菌】

***Cryptoporus volvatus*(Peck) Shear**, Bull. Torrey Bot. Club 29:450(1902)

Cryptoporus volvatus var. *pleurostoma*(Pat.)Sacc. ,Bull. Soc. Mycol. Fr. 23(1):74(1907)
Cryptoporus volvatus var. *torreyi* (W. R. Gerard)Shear,Bull. Torrey Bot. Club 29:450(1902)
Cryptoporus volvatus var. *volvatus*(Peck)Shear,Bull. Torrey Bot. Club 29:450(1902)
Fomes volvatus(Peck)Cooke,Grevillea 13(68):119(1885)
Fomes volvatus var. *pleurostoma*(Pat.)Sacc. & Traverso,Syll. Fung. 19:718(1910)
Fomes volvatus var. *torreyi* (W. R. Gerard)Sacc. ,Syll. Fung. 6:166(1888)
Polyporus volvatus Peck,Ann. Rep. N. Y. St. Mus. Nat. Hist. 27:98(1875)
Scindalma volvatum(Peck)Kuntze,Revis. Gen. Pl. 3(2):519(1898)
Ungulina volvata(Peck)Pat. ,Essai Tax. Hyménomyc. :102(1900)
Ungulina volvata var. *pleurostoma* Pat. ,Bull. Soc. Mycol. Fr. 23:74(1907)

子实体无柄或偶尔有柄,一般侧生于基物上,木栓质,扁球形或近球形,1.5 ~ 3.5cm × 2 ~ 4.5cm,厚 1 ~ 3cm,菌盖表面光滑,浅土黄色或深蛋壳色,老后淡红褐色。边缘纯、滑而厚,与菌幕相连。菌幕白色至污白色,与菌盖色调明显不同,厚约 1mm。菌管层由菌幕包盖,初期完全被菌幕封闭,后期菌幕逐渐在靠近基部出现一个圆形或近圆形的孔口,偶有两个孔口,孔径2 ~ 4.5mm。菌肉纯白色至污白色,软木栓质,厚 2 ~ 8mm。菌管同菌肉色,管口面浅粉灰色或带褐色,长 2 ~ 5mm,管口圆形至近多角形,每毫米 3 ~ 5 个,壁厚,管口边缘完整。担孢子长椭圆形,10 ~ 13μm × 4 ~ 6μm,表面光滑,无色。

子实体群生于松树干上,也生于衰老的冷杉、云杉的树干或枯立木上。为木材腐朽菌,引起木材白色腐朽。含芳香物质,云南有些地方民间将此菌存放在室内起香料的作用。具药用价值。子实体提取物对小白鼠肉瘤 180 和艾氏瘤的抑制率分别为 80% 和 90% 。

分布:新县、商城、嵩县、栾川。

【裂拟迷孔菌】

***Daedaleopsis confragosa*(Bolton)J. Schröt.** ,In:Cohn,Krypt. -Fl. Schlesien 3. 1(25 ~ 32):492(1888)
Agaricus confragosus(Bolton)Murrill,Bull. Torrey Bot. Club 32(2):86(1905)
Agaricus sepiarius var. *tricolor*(Bull.)Pers. ,Syn. Meth. Fung. 2:487(1801)
Agaricus tricolor Bull. ,Hist. Champ. France 15:541(1791)
Amauroderma confragosum(Van der Byl)D. A. Reid,Jl S. Afr. Bot. 39(2):156(1973)
Boletus confragosus Bolton,Hist. Fung. Halifax,App. :160(1792)
Cellularia tricolor(Bull.)Kuntze,Revis. Gen. Pl. 3(2):452(1898)
Daedalea bulliardii Fr. ,Syst. Mycol. 1:335(1821)
Daedalea confragosa(Bolton)Pers. ,Syn. Meth. Fung. 2:501(1801)
Daedalea confragosa f. *bulliardii*(Fr.)Domański,Orloś & Skirg. ,Flora Polska. Grzyby 2:249(1967)
Daedalea confragosa f. *rubescens* (Alb. & Schwein.) Domański, Orloś & Skirg. , Flora Polska. Grzyby 2: 249 (1967)
Daedalea confragosa var. *tricolor*(Bull.)Domański,Orloś & Skirg. ,Flora Polska. Grzyby(Mycota). Podstawczaki (Basidiomycetes),Bezblaszkowce(Aphyllophorales),Skórnikowate(Stereaceae),Pucharkowate(Podoscyphaceae):250(1967)
Daedalea rubescens Alb. & Schwein. ,Consp. Fung. :238(1805)
Daedalea sepiaria subsp. *tricolor*(Bull.)Pers. ,Mycol. Eur. 3:12(1828)
Daedalea sepiaria var. *tricolor*(Bull.)Fr. ,Syst. Mycol. 3(1):83(1829)
Daedalea tricolor(Bull.)Fr. ,Mycol. Eur. 3:12(1828)

Daedaleopsis confragosa f. *confragosa* (Bolton) J. Schröt., In: Cohn, Krypt. -Fl. Schlesien 3. 1 (25 ~ 32): 492 (1888)

Daedaleopsis confragosa f. *sibirica* (P. Karst.) Bondartsev, Trut. Grib Evrop. Chasti SSSR Kavkaza: 571 (1953)

Daedaleopsis confragosa var. *bulliardii* (Fr.) Ljub., In: Lyubarskiĭ & Vasil'eva, Derevorazrushayushchie Griby Dal'nega Vostoka: 140 (1975)

Daedaleopsis confragosa var. *confragosa* (Bolton) J. Schröt., In: Cohn, Krypt. -Fl. Schlesien 3. 1 (25 ~ 32): 492 (1888)

Daedaleopsis confragosa var. *rubescens* (Alb. & Schwein.) Ljub., In: Lyubarskiĭ & Vasil'eva, Derevorazrushayushchie Griby Dal'nega Vostoka: 140 (1975)

Daedaleopsis confragosa var. *tricolor* (Bull.) Bondartsev & Singer, Trut. Grib Evrop. Chasti SSSR Kavkaza: 571 (1953)

Daedaleopsis rubescens (Alb. & Schwein.) Imazeki, Acta Phytotax. Geobot., Kyoto 13: 251 (1943)

Daedaleopsis tricolor (Bull.) Bondartsev & Singer, Annls Mycol. 39(1): 64 (1941)

Ischnoderma confragosum (Bolton) Zmitr. [as '*confragosa*'], Mycena 1(1): 92 (2001)

Ischnoderma tricolor (Bull.) Zmitr., Mycena 1(1): 93 (2001)

Lenzites confragosa (Bolton) Pat., Essai Tax. Hyménomyc.: 89 (1900)

Lenzites sibirica P. Karst., Finl. Basidsvamp. 46(11): 3 (1904)

Lenzites tricolor (Bull.) Fr., Epicr. Syst. Mycol.: 406 (1838)

Lenzites tricolor var. *rubescens* (Alb. & Schwein.) Teng, Fungi of China: 394 (1996)

Polyporus bulliardii (Fr.) Pers., Mycol. Eur. 2: 69 (1825)

Polyporus bulliardii (Fr.) P. Kumm., Führ. Pilzk.: 59 (1871)

Polyporus confragosus (Bolton) P. Kumm., Führ. Pilzk.: 59 (1871)

Polyporus confragosus Van der Byl, S. Afr. J. Sci. 24: 225 (1927)

Polyporus rubescens (Alb. & Schwein.) P. Kumm., Führ. Pilzk.: 59 (1871)

Striglia confragosa (Bolton) Kuntze, Revis. Gen. Pl. 2: 871 (1891)

Trametes bulliardii (Fr.) Fr. [as '*bulliardi*'], Epicr. Syst. Mycol.: 491 (1838)

Trametes confragosa (Bolton) Jørst., Atlas Champ. l'Europe 3: 286 (1939)

Trametes confragosa f. *confragosa* (Bolton) Jørst., Atlas Champ. l'Europe 3: 286 (1939)

Trametes confragosa f. *rubescens* (Alb. & Schwein.) Pilát, In: Kavina & Pilát, Atlas Champ. l'Europe 3: 228 (1938)

Trametes rubescens (Alb. & Schwein.) Fr., Epicr. Syst. Mycol.: 492 (1838)

Trametes rubescens var. *tricolor* (Bull.) Pilát, Bull. Trimest. Soc. Mycol. Fr. 48(1): 20 (1932)

Trametes tricolor (Bull.) Lloyd, Mycol. Writ. 6: 998 (1920)

子实体半圆形，扁平，1 ~ 5cm × 1. 5 ~ 8cm，厚 2 ~ 10cm，无柄或基部狭小，有时左右相连，革质至木栓质。菌盖表面初期有细绒毛，后期变光滑，有环纹和辐射状皱纹，枯叶色至肝紫色，后期渐变为浅茶褐色或肉桂色，最后往往呈灰白色，边缘波浪状，薄而锐。菌肉色淡，厚 0. 1 ~ 0. 2cm。菌褶间距 0. 5 ~ 1mm，往往分叉，并于后侧相互交织，褶缘波浪状，有时略呈锯齿状。担孢子圆柱形，6. 2 ~ 9μm × 1. 5 ~ 3μm，表面光滑，无色。

子实体侧生或覆瓦状叠生于阔叶树的枯枝干上，有时也见于松等针叶树枯立木或倒木上，引起白色腐朽。也常生长在栽培香菇、木耳的段木上，是香菇、木耳段木栽培上的杂菌。子实体热水提取液对小白鼠肉瘤 180 和艾氏癌的抑制率分别为 36. 5% 和 90%。

分布：嵩县、栾川、信阳、内乡。

【日本拟迷孔菌】

***Daedaleopsis nipponica* Imazeki**, Bull. Tokyo Sci. Mus. 6:78(1943)

Daedaleopsis purpurea(Cooke) Imazeki & Aoshima, Flora of eastern Himalaya:619(1966)

Trametes purpurea Cooke, Grevillea 10(56):121(1882)

子实体较大。菌盖半圆形,扁平,4.5 ~ 16cm × 3 ~ 6cm,厚 0.5 ~ 1.5cm,表面有明显的黑褐色、茶色、暗褐色、灰褐色环纹及沟条纹,初期有微细毛,后期变得近平滑,边缘钝。菌肉淡褐黄色或木材色。菌管层与菌盖颜色相近,管壁厚,孔口圆形到多角形,每毫米 1 ~ 2 个,孔缘锯齿状。担孢子长椭圆形,5.6 ~ 8μm × 2 ~ 3μm,无色,平滑。

子实体群生于阔叶树枯木、立木上,引起木材白色腐朽。

分布:卢氏。

【中国拟迷孔菌】

***Daedaleopsis sinensis*(Lloyd) Y. C. Dai**, Fungal Science, Taipei 11(3 ~ 4):90(1996)

Daedalea sinensis Lloyd, Mycol. Writ. 7:1112(1922)

Trametes sinensis(Lloyd) Ryvarden, Mycotaxon 35(2):231(1989)

子实体无柄,菌盖表面暗色,粗糙,微粉状。菌肉和菌孔古铜色。管孔薄,迷路状。子实层存留,由一层无色的担子组成。担孢子球形,无色,直径 4μm。

子实体生于腐木上。

分布:河南。

注:作者未见到该菌,关于该菌在河南省的分布是依据文献《中国真菌总汇》(戴芳澜,1979)。

【软异薄孔菌】

***Datronia mollis*(Sommerf.) Donk**, Persoonia 4(3):338(1966)

Antrodia mollis(Sommerf.) P. Karst., Meddn Soc. Fauna Flora Fenn. 5:40(1879)

Cerrena mollis(Sommerf.) Zmitr., Mycena 1(1):91(2001)

Daedalea lassbergii Allesch., Ber. Bot. Ver. Landshut 11:23(1889)

Daedalea mollis Sommerf., Suppl. Fl. lapp.:271(1826)

Daedalea mollis var. *mollis* Sommerf., Suppl. Fl. lapp.:271(1826)

Daedaleopsis mollis(Sommerf.) P. Karst., Finl. Basidsvamp. (11):135(1899)

Polyporus mollis(Sommerf.) P. Karst., Bidr. Känn. Finl. Nat. Folk 25:280(1876)

Polyporus sommerfeltii P. Karst., Meddn Soc. Fauna Flora Fenn. 5:53(1879)

Trametes mollis(Sommerf.) Fr., Hymenomyc. Eur.:585(1874)

Trametes serpens Fr., Summa Veg. Scand., Section Post.:324(1849)

子实体在基质上平状反卷,易与基质剥离,一般单生,新鲜时软木栓质,干后木栓质。菌盖半圆形、近贝壳形,单个菌盖大小可达 5cm × 8cm,厚可达 6mm。菌盖表面初期被绒毛,后期变光滑,深褐色至近黑色,具同心环带,边缘锐,干后稍内卷。平状的子实体大小可达 40cm × 5cm,厚可达 4mm。孔口表面浅灰褐色、浅褐色、暗灰褐色、污褐色,不育边缘明显,宽可达 1.5mm。孔口形状变化较大,可表现为近圆形、多角形、不规则形、裂齿形,每毫米 1 ~ 2 个。菌管单层,浅灰褐色,木栓质,长可达 3mm。菌肉淡褐色或浅黄褐色,木栓质或硬纤维质,异质,上层为绒毛层,下层为菌肉层,厚可达 1mm,绒毛层与菌肉层之间有一黑线。构成子实体的菌丝为二系菌丝，生殖菌丝具锁状联合。子实层中无囊状体，有拟囊状体，拟囊状体细长棒状，22～30μm×4～6μm，顶端稍细，无色，薄壁。子实层中有时有树状分枝菌丝，树状分枝菌丝无色至浅黄褐色，薄壁，直径1.2～2.8μm。担子棍棒状，24.6～34.6μm×5～7.2μm，顶部具4个小梗，基部具一锁状联合。拟担子在子实层中占多数，形状与担子相似，但略小。担孢子圆柱形，6.5～9μm×2.5～3.5μm，无色，表面光滑。

子实体见于阔叶树腐木上，一年生，造成木材白色腐朽。

分布：汝阳。

【黄二丝孔菌】

***Diplomitoporus flavescens*(Bres.) Domański**, Acta Soc. Bot. Pol. 39:191(1970)

Antrodia flavescens(Bres.) Ryvarden, Norw. Jl Bot. 20:8(1973)

Coriolellus flavescens(Bres.) Bondartsev & Singer, Annls Mycol. 39(1):60(1941)

Daedalea flavescens(Bres.) Aoshima, Trans. Mycol. Soc. Japan 8:2(1967)

Fabisporus flavescens(Bres.) Zmitr., Mycena 1(1):93(2001)

Polyporus winogradowii Bondartsev[as '*winogradowi*'], Trudy Lesn. Opytn. Delu Rossii 37:9(1912)

Trametes flavescens Bres., Annls Mycol. 1(1):81(1903)

子实体一年生，平伏，鲜黄色，厚可达5mm，生在松树枯枝上，造成白色腐朽，喜光，是生态系统中的初级降解菌，通常生长在林内郁密度较小的林分，以前仅发现在长白山自然保护区和黑龙江的丰林自然保护区，是濒危种。

分布：内乡。

【大孔菌】

***Favolus alveolarius*(Bosc) Quél.**, Syst. Orb. Veg.:185(1886)

子实体有侧生或偏生的短柄，菌盖肾形、扇形至圆形，偶呈漏斗状，3～6cm×1～10cm，厚0.2～0.7cm，新鲜时韧肉质，干后变硬，表面无环纹，初期浅朽叶色，有由纤毛组成的小鳞片，后期近白色，光滑。边缘薄且常内卷。菌肉白色，厚0.1～0.2cm。菌管长1～5mm，近白色至浅黄色。管口辐射状排列，长1～3mm，宽0.5～2.5 m m，管壁薄，常呈锯齿状。担孢子圆柱形，9～12μm×3～4.5μm。有菌丝柱，菌丝柱无色，30～75μm×15～25μm。

子实体生于阔叶树的枯枝上，引起木材白色腐朽。子实体的乙醇加热水提取物对小白鼠肉瘤180的抑制率为70%，对艾氏癌抑制率为60%。

分布：嵩县、栾川、信阳。

【漏斗大孔菌】

***Favolus arcularius*(Batsch) Fr.**, Annls Mycol. 11(3):241(1913)

子实体伞状、漏斗状。菌盖扁平，直径1.5～8.5cm，中部脐状，后期边缘平展或翘起，似漏斗状，薄，褐色、黄褐色至深褐色，有深色鳞片，无环带，边缘有长毛，新鲜时韧肉质，柔软，干后变硬且边缘内卷。菌肉薄，厚度小于1mm，白色或污白色。菌管延生，长1～4mm，白色，干时呈草黄色，管口近长方形、圆形，直径1～3mm，辐射状排列。菌柄圆柱形，长2～8cm，粗1～5mm，中生，颜色与菌盖色同，表面往往有深色鳞片，基部有污白色粗绒毛。担孢子长椭圆形，6.5～9μm×2～3μm，表面平滑，无色。

子实体生于多种倒木及枯树上，也见于栽培木耳、香菇的段木上，被视为“杂菌”。子实体幼嫩时可以食用。子实体提取物对小白鼠肉瘤 180 抑制率为 90%，对艾氏癌的抑制率为 100%。

分布：信阳、内乡、嵩县、栾川。

【略薄棱孔菌】

***Favolus tenuiculus* P. Beauv.**, Fl. Oware 1(8):74(1806)

Daedalea brasiliensis Fr., Syst. Mycol. 1:332(1821)

Favolus alutaceus Berk. & Mont., Annls Sci. Nat., Bot., Sér. 3, 11:240(1849)

Favolus brasiliensis(Fr.) Fr., Linnaea 5:511(1830)

Favolus brasiliensis f. *fimbriatus*(Speg.) Bres., Annls Mycol. 14(3~4):230(1916)

Favolus brasiliensis var. *fimbriatus*(Speg.) Rick, In: Rambo(Ed.), Iheringia, Sér. Bot. 7:264(1960)

Favolus bresadolanus Speg. [as '*bresadolianus*'], Fungi Fuegiani 28:353(1926)

Favolus caespitosus Lloyd, Mycol. Writ. 5:821(1919)

Favolus daedaleiformis(Murrill) Murrill, Bulletin of the New York Botanical Garden 8:153(1912)

Favolus daedaleus(Link) Fr., Syst. orb. Veg. 1:76(1825)

Favolus fimbriatus Speg., Anal. Soc. Cient. Argent. 17(2):72(1884)

Favolus fissus Lév., Annls Sci. Nat., Bot., Sér. 3, 2:201(1844)

Favolus flaccidus Fr., Linnaea 5:511(1830)

Favolus floridanus(Murrill) Sacc. & D. Sacc., Syll. Fung. 17:143(1905)

Favolus fragilis(Murrill) Sacc. & D. Sacc., Syll. Fung. 17:143(1905)

Favolus giganteus Mont., Annls Sci. Nat., Bot., Sér. 4, 1:135(1854)

Favolus guarapiensis Roum., Revue Mycol., Toulouse 9:146(1887)

Favolus hepaticus Klotzsch, Linnaea 7:197(1832)

Favolus hispidulus Berk. & M. A. Curtis, J. Linn. Soc., Bot. 10(46):321(1868)

Favolus lutescens Lloyd, Mycol. Writ. 7:1272(1924)

Favolus mollis Lloyd, Mycol. Writ. 7:1330(1924)

Favolus motzorongensis(Murrill) Murrill, Bulletin of the New York Botanical Garden 8:153(1912)

Favolus paraguayensis Speg., Anal. Soc. Cient. Argent. 17(2):71(1884)

Favolus peltatus Lév., Annls Sci. Nat., Bot., Sér. 3, 2:202(1844)

Favolus reniformis(Murrill) Sacc. & Trotter, Syll. Fung. 21:356(1912)

Favolus roseus Lloyd, Mycol. Writ. 7:1157(1922)

Favolus scaber Berk. & Broome, J. Linn. Soc., Bot. 14(2):57(1875)

Favolus speciosus Speg., Anal. Soc. Cient. Argent. 17(2):71(1884)

Favolus subcaperatus(Murrill) Sacc. & Traverso, Syll. Fung. 21:355(1912)

Favolus subpurpurascens(Murrill) Sacc. & Trotter, Syll. Fung. 21:357(1912)

Favolus sulfureus(Murrill) Murrill, Bulletin of the New York Botanical Garden 8:153(1912)

Favolus sundaicus Fr., Nova Acta R. Soc. Scient. Upsal., Ser. 3, 1:103(1851)

Favolus tessellatus Mont., Annls Sci. Nat., Bot., Sér. 2, 20:365(1843)

Favolus wilsonii(Murrill) Sacc. & D. Sacc., Syll. Fung. 17:143(1905)

Hexagonia daedalea(Link) Murrill, Bull. Torrey Bot. Club 31(6):328(1904)

Hexagonia daedaleiformis Murrill, Bulletin of the New York Botanical Garden 8:145(1912)

Hexagonia floridana Murrill, Bull. Torrey Bot. Club 31(6):330(1904)
Hexagonia fragilis Murrill, Bull. Torrey Bot. Club 31(6):329(1904)
Hexagonia hispidula(Berk. & M. A. Curtis) Murrill, Bull. Torrey Bot. Club 31(6):329(1904)
Hexagonia motzorongensis Murrill, Bulletin of the New York Botanical Garden 8:145(1912)
Hexagonia reniformis Murrill, N. Amer. Fl. 9(1):50(1907)
Hexagonia rhombipora Mont., Annls Sci. Nat., Bot., Sér. 4, 14:370(1857)
Hexagonia subcaperata Murrill, N. Amer. Fl. 9(1):50(1907)
Hexagonia subpurpurascens Murrill, N. Amer. Fl. 9(1):51(1907)
Hexagonia sulphurea Murrill, Bulletin of the New York Botanical Garden 8:145(1912)
Hexagonia wilsonii Murrill, Bull. Torrey Bot. Club 31(6):329(1904)
Merulius daedaleus Link, Flora gött. Spec.:37(1789)
Polyporus arcularioides A. David & Rajchenb., Mycotaxon 22(2):306(1985)
Polyporus brasiliensis(Fr.) Corner, Beih. Nova Hedwigia 78:58(1984)
Polyporus bresadolanus(Speg.) Popoff & J. E. Wright[as '*bresadolianus*'], Mycotaxon 67:336(1998)
Polyporus dermoporus Pers., In: Gaudichaud-Beaupré in Freycinet, Voy. Uranie. Bot. 5(1827)
Polyporus lenzitoides Berk., Vidensk. Selsk. Kjøbenhavn Meddel. 80:34(1880)
Polyporus palensis Murrill, Bull. Torrey Bot. Club 34:472(1907)
Polyporus spegazzinianus Bres., Annls Mycol. 18(1~3):32(1920)
Polyporus subcaperatus(Murrill) Singer, Lilloa 22:269(1951)
Polyporus subpurpurascens(Murrill) Ryvarden, Mycotaxon 23:181(1985)
Polyporus tenuiculus(P. Beauv.) Fr., Syst. Mycol. 1:344(1821)
Polyporus tessellatus(Mont.) Singer, Annls Mycol. 40:151(1943)
Scenidium rhombiporum(Mont.) Kuntze, Revis. Gen. Pl. 3(2):516(1898)

子实体较小，白色至近白色。菌盖近圆形、半圆形，直径2~9cm，厚1~3mm，鲜时韧肉质，干后硬，无环纹，平滑，初期白色而干后变米黄色至乳黄色。菌盖边缘薄，锐，完整或波浪状至瓣裂。菌肉白色，厚0.5~1mm。菌柄短，与菌盖同色，长3~6mm，粗1~2mm。菌管层白色至淡黄白色，管口大，近长方形，长0.5~3mm，宽0.2~1.2mm，放射状排列，菌管延生至柄上，管壁薄，后期破裂为齿状，管长1.5~2.5mm。担孢子长椭圆形至近圆筒状，稍弯曲，无色透明，平滑，8~12μm×3.8~5μm。

子实体生于阔叶树枯枝干上，也可寄生于柳树，引起木腐病。

分布：洛阳、郑州、中牟、内黄、西华、民权、开封、登封、内乡、南召、信阳。

【木蹄层孔菌】

***Fomes fomentarius*(L.) J. Kickx f.**, Fl. Crypt. Flandres 2:237(1867)
Agaricus fomentarius(L.) Lam., Encycl. Méth. Bot. 1(1):50(1783)
Boletus fomentarius L., Sp. Pl. 2:1176(1753)
Elfvingia fomentaria(L.) Murrill, Bull. Torrey Bot. Club 30(5):298(1903)
Ochroporus fomentarius(L.) J. Schröt., In: Cohn, Krypt. -Fl. Schlesien 3. 1(25~32):486(1888)
Placodes fomentarius(L.) Quél., Enchir. Fung.:171(1886)
Polyporus fomentarius(L.) Fr., Syst. Mycol. 1:374(1821)
Pyropolyporus fomentarius(L.) Teng, 中国的真菌:763(1963)
Scindalma fomentarium(L.) Kuntze, Revis. Gen. Pl. 3(2)(1898)

Ungulina fomentaria(L.)Pat.,Essai Tax. Hyménomyc.:102(1900)

子实体无柄。菌盖马蹄形,8～42cm×10～64cm,厚5～20cm,灰色、灰褐色、浅褐色至黑色,有一层厚的角质皮壳及明显的环带,边缘钝。菌管锈褐色,多层,管层很明显,每屋厚3～5mm,管口圆形,每毫米3～4个,灰色至浅褐色。菌肉锈褐色,软木栓质,厚0.5～5cm。担孢子无色,长椭圆形,14～18μm×5～6μm,表面光滑(图版175)。

子实体生于阔叶树上或木桩上,多年生,引起木材白色腐朽,具药用价值。

分布:栾川、嵩县、内乡。

【彩孔菌】

***Hapalopilus nidulans*(Fr.)P. Karst.**,Revue Mycol.,Toulouse 3(9):18(1881)

Agaricus nidulans(Fr.)E. H. L. Krause,Basidiomycetum Rostochiensium,Suppl. 5:163(1933)

Boletus nidulans(Fr.)Spreng.,Syst. Veg.,Edn 16,4(1827)

Inonotus nidulans(Fr.)P. Karst.,Acta Soc. Fauna Flora Fenn. 2(1):32(1881)

Phaeolus nidulans(Fr.)Pat.,Essai Tax. Hyménomyc.:86(1900)

Polyporus nidulans Fr.,Syst. Mycol. 1:362(1821)

Polystictus nidulans(Fr.)Gillot & Lucand,Cat. Champ. sup. Saône-et-Loire:348(1890)

子实体无柄,菌盖半圆形,1.5～3.5cm×2～7.5cm,厚5～15mm,菌盖半背面着生,新鲜时软,海绵质,干后脆,木栓质,无光泽,无毛,无环带,浅土黄色至浅茶褐色,遇氢氧化钾溶液变为紫色。菌肉的颜色与菌盖的颜色相同,厚2～8mm。菌管长2～7mm,每毫米3～4个,管口多角形或不规则形。担孢子近球形,3～4μm×2～3μm,无色,表面光滑。菌丝直径4～8μm,无色,分枝,壁薄。

子实体见于栎等阔叶树的枯木上,一年生,为木材分解菌。

分布:新安、汝阳。

【香味全缘孔菌】

***Haploporus odorus*(Sommerf.)Bondartsev & Singer**,In:Singer,Mycologia 36(1):68(1944)

Fomitopsis odora(Sommerf.)P. Karst.,Revue Mycol.,Toulouse 3:191(1881)

Polyporus odorus Sommerf.,Suppl. Fl. Lapp.:275(1826)

Trametes odora (Sommerf.)Fr.,Epicr. Syst. Mycol.:491(1838)

子实体无柄。菌盖马蹄形,灰色、灰褐色、浅褐色至黑色,表面有一层厚的角质皮壳及明显的环带,边缘钝。菌管多层,管孔面为白色,管口圆形。担孢子无色,长椭圆形,表面有疣状纹。该菌的宏观形态与木蹄层孔菌非常相似,但管孔面为白色,担孢子表面有疣状纹,而木蹄层孔菌的管孔面为灰色至浅褐色,担孢子表面光滑,因此显微镜下很容易与木蹄层孔菌区别,新鲜时有强烈的芳香气味也是识别特点之一。

子实体生于阔叶树枯木上,引起木材白色腐朽。可用于提取香料。

分布:内乡。

【薄蜂窝菌】

***Hexagonia tenuis*(Hook.)Fr.**,Epicr. Syst. Mycol.:498(1838)

Boletus tenuis Hook.,In:Kunth,Syn. Pl. 1:10(1822)

Daedaleopsis tenuis(Hook.)Imazeki,Bull. Tokyo Sci. Mus. 6:78(1943)

Polyporus tenuis(Hook.)Berk.,Ann. Mag. Nat. Hist.,Ser. 1,3:382(1839)

Pseudofavolus tenuis(Hook.)G. Cunn.,Bull. N. Z. Dept. Sci. Industr. Res.,Pl. Dis. Div. 164:185(1965)

Scenidium tenue(Hook.)Kuntze,Revis. Gen. Pl. 3(2):516(1898)

Trametes tenuis(Hook.)Corner,Beih. Nova Hedwigia 97:170(1989)

子实体小型或中等大小,无柄。菌盖半圆形、肾形或贝壳状,3 ~ 6.5cm × 4 ~ 11cm,厚1.5 ~ 2cm,革质,淡褐色至锈褐色,有同心环纹,表面光滑,边缘很薄。菌肉色淡,厚约1mm。菌管圆形,很浅,每厘米10 ~ 12个。担孢子椭圆形,7 ~ 12.5μm × 3.5 ~ 5μm,无色,光滑。

子实体生于阔叶树腐木上,为木材腐朽菌。

分布:信阳。

【雷丸】

***Laccocephalum mylittae*(Cooke & Massee)Núñez & Ryvarden**,Syn. Fung. 10:31(1995)

Polyporus mylittae Cooke & Massee,Grevillea 21(98):37(1892)

Polyporus mylittae Sacc.,Hedwigia 32:56(1893)

该菌易见到的是菌核,子实体难见到。菌核形态多样,球形、扁圆形、卵形或不规则形,大小不一,直径0.8 ~ 3.5cm,罕达5cm,表面褐色、紫褐色至暗褐色,稍平滑或有细皱纹,干后坚硬,有时在凹处具有菌索。内部白色至灰白色,有时橙色。据记载,菌盖肉质,较薄,2.5 ~ 5mm厚,圆形,中央脐凹,表面浅褐色,直径1.5 ~ 4.2cm。菌褶白色,稍延生。菌柄长1.4 ~ 5.1cm,粗0.3 ~ 0.8cm。孢子印白色。担孢子球形(图版176)。

该菌为兼性弱寄生菌,多生于衰败的竹林中竹根上或老竹兜下面,也生于棕榈、枫香、泡桐和其他一些朽树桩的根际。通透性良好的砂砾性土壤有利于雷丸生长,菌核通常分布在离地面10 ~ 20cm深的土层中。有毒。可药用,为传统中药,据《神农本草》记载"杀三虫,逐毒气,胃中热",能消积,杀虫、除热。对绦虫的驱杀作用最为显著,对钩虫、蛔虫、脑囊虫和丝虫也有效。因为有毒,所以,作药用时要在医生指导下使用。

分布:信阳。

讨论:在国内文献上,该菌的学名多为 *Polyporus mylittae* Cook et Mass.。我们仅鉴定了该菌的菌核,未见到子实体。关于该菌的系统分类地位,目前尚有争议,有研究指出,雷丸应属于伞菌目亚脐菇属的 *Omphalia lapidescens* Schroet.。

【粗毛韧伞】

***Lentinus strigosus* Fr.**,Epicr. Syst. Mycol.:388(1838)

Agaricus crinitus Schwein.,Schr. Naturf. Ges. Leipzig 1:89(1822)

Agaricus hirtus Secr.,Mycogr. Suisse 2:452(1833)

Agaricus macrosporus Mont.,Annls Sci. Nat.,Bot.,Sér. 2,8:370(1837)

Agaricus sainsonii Lév.,In:Demidov,Voyage dans la Russie Meridionale et la Crimeé,par la Hongrie,la Valachie et la Moldavie 2:85(1842)

Agaricus strigopus Pers.,In:Gaudichaud-Beaupré in Freycinet,Voy. Uranie. Bot. 5:167(1827)

Agaricus strigosus Schwein.,Schr. Naturf. Ges. Leipzig 1:89(1822)

Agaricus strigosus subsp. *strigosus* Schwein.,Schr. Naturf. Ges. Leipzig 1:89(1822)

Lentinus capronatus Fr.,Epicr. Syst. Mycol.:389(1838)

Lentinus chaetophorus Lév.,Annls Sci. Nat.,Bot.,Sér. 3,2:177(1844)

Lentinus lamyanus(Mont.) Henn. , In: Engler & Prantl, Nat. Pflanzenfam. , Teil. I: 224(1898)
Lentinus rudis(Fr.) Henn. , In: Engler & Prantl, Nat. Pflanzenfam. , Teil. I: 224(1898)
Lentinus sparsibarbis Berk. & M. A. Curtis, J. Linn. Soc. , Bot. 10(45): 301(1868)
Lentinus strigopus(Pers.) Fr. , Syn. Generis Lentinus: 6(1836)
Lentinus substrigosus Henn. & Shirai, Bot. Jb. 28: 270(1900)
Panus fragilis O. K. Mill. , Mycologia 57(6): 943(1965)
Panus hoffmannii Fr. [as '*hoffmanni*'], Icon. Sel. Hymenomyc. 4: 94(1865)
Panus lamyanus Mont. , Syll. Gen. Sp. Cript. : 147(1856)
Panus rudis Fr. , Epicr. Syst. Mycol. : 398(1838)
Panus rudis f. *sainsonii*(Lév.) Malk. , Annls Mycol. 30: 41(1932)
Pleurotus rudis(Fr.) Pilát, Atlas Champ. l'Europe, II: Pleurotus Fries: 162(1935)
Pocillaria chaetophora(Lév.) Kuntze, Revis. Gen. Pl. 2: 865(1891)
Pocillaria lamyana(Mont.) Kuntze, Revis. Gen. Pl. 3(2): 506(1898)
Pocillaria rudis(Fr.) Kuntze, Revis. Gen. Pl. 3(2): 506(1898)
Pocillaria sparsibarbis(Berk. & M. A. Curtis) Kuntze, Revis. Gen. Pl. 2: 866(1891)
Pocillaria strigosa(Fr.) Kuntze, Revis. Gen. Pl. 2: 866(1891)

子实体不规则伞状或扇状。菌盖圆形、扇形、中部下凹呈偏漏斗形,初期浅黄色,后期深土黄色、茶色至锈褐色,表面有粗毛,边缘内卷。菌肉薄,色淡,味苦,初柔软,后变革质。菌褶延生,密,窄,不等长,初期白色至浅粉红色,干后浅土黄色。菌柄偏生或近侧生,长 0.5 ~2cm,粗 0.2 ~1cm,表面有粗毛,内实,与菌盖同色。囊状体棒状,23 ~56μm ×7 ~14μm,无色。孢子印白色。担孢子椭圆形,3.6 ~6μm ×2 ~3μm,表面光滑,无色(图版 177)。

子实体丛生于柳、杨、桦、栎等阔叶树的腐木上,引起木材海绵状白色腐朽。也见于栽培香菇、木耳的段木上,为香菇、木耳段木栽培中的杂菌之一。子实体幼时可食,烘干粉碎可制成调味品。可药用。子实体水提取物对小白鼠肉瘤 180 及艾氏腹水癌具抑制活性。

分布:新安、汝阳、辉县、卢氏、信阳。

讨论:国内文献上,该菌的名称多为"革耳 *Panus rudis* Fr. "。

【桦褶孔菌】

***Lenzites betulina*(L.) Fr.** , Epicr. Syst. Mycol. : 405(1838)
Agaricus betulinus L. , Sp. Pl. 2: 1176(1753)
Agaricus coriaceus Bull. , Herb. Fr. 12: tab. 537(1792)
Agaricus flaccidus Bull. , Hist. Champ. France 8: tab. 394(1788)
Agaricus hirsutus Schaeff. , Fung. Bavar. Palat. 4: 33(1774)
Agaricus tomentosus Lam. , Pl. Crypt. Nord France, Edn 1: 118(1778)
Apus coriaceus(Bull.) Gray, Nat. Arr. Brit. Pl. 1: 617(1821)
Boletus versicolor Vent. , Hist. Champ. France: tab. 86(1812)
Cellularia betulina(L.) Kuntze, Revis. Gen. Pl. 3(2): 451(1898)
Cellularia cinnamomea(Fr.) Kuntze, Revis. Gen. Pl. 3(2): 452(1898)
Cellularia flaccida(Bull.) Kuntze, Revis. Gen. Pl. 3(2): 452(1898)
Cellularia hirsuta(Schaeff.) Kuntze, Revis. Gen. Pl. 3(2): 451(1898)
Cellularia interrupta(Fr.) Kuntze, Revis. Gen. Pl. 3(2): 452(1898)
Cellularia junghuhnii(Lév.) Kuntze, Revis. Gen. Pl. 3(2): 452(1898)

Cellularia pinastri(Kalchbr.) Kuntze, Revis. Gen. Pl. 3(2):452(1898)
Cellularia sorbina(P. Karst.) Kuntze, Revis. Gen. Pl. 3(2):452(1898)
Cellularia umbrina(Fr.) Kuntze, Revis. Gen. Pl. 3(2):452(1898)
Daedalea betulina(L.) Rebent., Prodr. Fl. Neomarch.:371(1804)
Daedalea cinnamomea(Fr.) E. H. L. Krause, Basidiomycetum Rostochiensium:55(1928)
Daedalea coriacea(Bull.) Pers., Traité sur les Champignons Comestibles:98(1818)
Daedalea flaccida(Bull.) E. H. L. Krause, Basidiomycetum Rostochiensium:55(1928)
Daedalea interrupta Fr., Elench. Fung. 1:67(1828)
Daedalea variegata Fr., Observ. Mycol. 2:240(1818)
Gloeophyllum cinnamomeum(Fr.) P. Karst. [as '*Gleophyllum*'], Bidr. Känn. Finl. Nat. Folk 37:80(1882)
Gloeophyllum hirsutum(Schaeff.) Murrill, J. Mycol. 9(2):94(1903)
Lenzites berkeleyi Lév., Annls Sci. Nat., Bot., Sér. 3, 5:122(1846)
Lenzites betulina f. *flaccida*(Fr.) Bres., Hedwigia 53:50(1912)
Lenzites betulina f. *variegata*(Fr.) Donk, Meded. Bot. Mus. Herb. Rijks Univ. Utrecht 9:200(1933)
Lenzites betulina subsp. *flaccida*(Bull.) Bourdot & Galzin, Bull. Trimest. Soc. Mycol. Fr. 41:156(1925)
Lenzites betulina subsp. *variegata*(Fr.) Bourdot & Galzin, Bull. Trimest. Soc. Mycol. Fr. 41:156(1925)
Lenzites betulina var. *berkeleyi* (Lév.) Rick, In: Rambo(Ed.), Iheringia, Sér. Bot. 8:374(1961)
Lenzites betuliniformis Murrill, N. Amer. Fl. 9(2):128(1908)
Lenzites cinnamomea Fr., Nova Acta R. Soc. Scient. Upsal., Ser. 3, 1:45(1851)
Lenzites connata Lázaro Ibiza, Revta R. Acad. Cienc. Exact. Fis. Nat. Madr. 14:850(1916)
Lenzites cyclogramma Pat., Bull. Soc. Mycol. Fr. 23:73(1907)
Lenzites flaccida(Bull.) Fr., Epicr. Syst. Mycol.:406(1838)
Lenzites flaccida var. *nitens* Speg., Fungi Fuegiani 11:408(1889)
Lenzites hispida Lázaro Ibiza, Revta R. Acad. Cienc. Exact. Fis. Nat. Madr. 14:847(1916)
Lenzites isabellina Lloyd, Mycol. Writ. 7:1156(1922)
Lenzites junghuhnii Lév., Annls Sci. Nat., Bot., Sér. 3, 2:180(1844)
Lenzites ochracea Lloyd, Mycol. Writ. 7:1106(1922)
Lenzites pertenuis Lloyd, Mycol. Writ. 7:1106(1922)
Lenzites pinastri Kalchbr., In: Fries, Hymenomyc. Eur.:495(1874)
Lenzites sorbina P. Karst., Acta Soc. Fauna Flora Fenn. 2(1):15(1881)
Lenzites subbetulina Murrill, Bulletin of the New York Botanical Garden 8:153(1912)
Lenzites umbrina Fr., Epicr. Syst. Mycol.:405(1838)
Lenzites variegata(Fr.) Fr., Epicr. Syst. Mycol.:406(1838)
Merulius betulinus(L.) Wulfen, In: Jacquin, Collnea Bot. 1:338(1786)
Merulius squamosus Schrad., In: Gmelin, Systema Naturae, Edn 13, 2(2):1431(1792)
Sesia hirsuta(Schaeff.) Murrill, J. Mycol. 9(2):88(1903)

子实体无柄。菌盖半圆形或近扇形,5～7cm×10cm,厚0.6～1.5cm,革质或硬革质,表面有细绒毛,新鲜时初期浅褐色,有密的环纹和环带,后期黄褐色、深褐色或棕褐色,甚至深肉桂色,老时变灰白色至灰褐色。菌肉白色或近白色,干后浅土黄色至土黄色,厚0.5～1.5mm。菌褶薄,锐或钝,有少量分叉,菌褶间距1～1.5mm,有时部分相互交织呈孔状,干后波状弯曲,初期近白色,后期土黄色,褶缘后期稍呈锯齿状。担孢子近球形至椭圆形,4～6μm×2～3.5μm,表面平滑,无色(图版178)。

子实体一年生，覆瓦状生于阔叶树的枯木上，偶见于针叶树枯木上，引起木材白色腐朽。也可寄生于栎、桦等树的活立木上。具药用价值。子实体甲醇提取物对小白鼠肉瘤180抑制率为23.2%～38%，对艾氏癌的抑制率为80%。

分布：嵩县、栾川、信阳、南召。

【大褶孔菌】

***Lenzites vespacea*(Pers.) Pat.**，Essai Tax. Hyménomyc.：91(1900)

Elmeria vespacea(Pers.) Bres.，Hedwigia 51：319(1912)

Elmerina vespacea(Pers.) Bres.，Hedwigia 53：70(1913)

Hexagonia vespacea(Pers.) Fr.，Epicr. Syst. Mycol.：497(1838)

Lenzites vespacea(Pers.) Ryvarden，Norw. Jl Bot. 19(3～4)：232(1972)

Polyporus vespaceus Pers.，In：Gaudichaud-Beaupré in Freycinet，Voy. Uranie. Bot. 5：170(1827)

Pseudofavolus vespaceus(Pers.) G. Cunn.，Bull. N. Z. Dept. Sci. Industr. Res.，Pl. Dis. Div. 164：183(1965)

Scenidium vespaceum(Pers.) Kuntze，Revis. Gen. Pl. 3(2)：516(1898)

子实体为无菌柄的菌盖，单生或数个叠生，新鲜时韧革质，干后硬革质。菌盖扇形、半圆形至圆形，直径可达8cm，从基部向边缘渐薄，基部厚可达1cm。菌盖表面新鲜时白色、奶油色、浅稻草色至赭石色，被灰色或褐色绒毛，具颜色和宽度不一的同心环纹与环沟，干后菌盖表面灰褐色，边缘锐，波浪状。子实层体褶状，菌褶革质，呈放射状排列，平直或弯曲呈波浪状，厚约0.2mm，新鲜时白色、奶油色，干后灰褐色至浅黄褐色。菌肉新鲜时白色，干后奶油色，木栓质，厚可达1.5mm。构成子实体的菌丝为三系菌丝，生殖菌丝具锁状联合。子实层中无囊状体，具大量由骨架菌丝末端突出形成的类囊状体，类囊状体锥形，20～40μm×2.5～6μm。担子圆柱形，8～10μm×3～4μm，顶部具4个小梗，基部具一锁状联合。拟担子在子实层中占多数，形状与担子相似，但略小。担孢子宽椭圆形，5.1～6.1μm×2.4～3.1μm，无色，表面光滑。

子实体见于多种阔叶树枯木、落枝上，一年生，造成木材白色腐朽。

分布：内乡。

【褐扇小孔菌】

***Microporus vernicipes*(Berk.) Kuntze**，Revis. Gen. Pl. 3(2)：497(1898)

Coriolus langbianensis Har. & Pat.，Bulletin du Muséum National d'Histoire Naturelle，Paris 20：152(1914)

Coriolus subvernicipes Murrill，Bull. Torrey Bot. Club 35：397(1908)

Coriolus vernicipes(Berk.) Murrill，Bull. Torrey Bot. Club 34：468(1907)

Leucoporus vernicipes(Berk.) Pat.，Philipp. J. Sci.，C，Bot. 10：90(1915)

Microporus makuensis(Cooke) Kuntze，Revis. Gen. Pl. 3(2)：496(1898)

Polyporus vernicipes Berk.，J. Linn. Soc.，Bot. 16：50(1878)

Polystictus makuensis Cooke，Grevillea 16(78)：25(1887)

Polystictus subvernicipes(Murrill) Sacc. & Trotter，Syll. Fung. 21：320(1912)

Polystictus vernicipes(Berk.) Cooke，Grevillea 14(71)：78(1886)

菌盖扇形、肾形，3～7cm×2.5～5cm，厚0.2～0.35cm，黄白色、黄褐色至深栗褐色，有光泽，硬革质，表面有辐射皱纹和环纹，边缘薄且下侧无子实层。菌肉白色。菌管面近白色，每毫米8～9个孔口。菌柄长0.2～2cm，粗0.2～0.4cm，同盖色，表面平滑，基部似吸盘状。担孢子长椭圆形，4～5μm×1.5～2μm，无色，表面光滑。

子实体群生或单生于阔叶树枯枝上，导致木材白色腐朽。

分布：内乡。

【紫革耳】

***Panus conchatus*(Bull.)Fr.**, Epicr. Syst. Mycol.:396(1838)

Agaricus carneotomentosus L., Sp. Pl. 2:1171(1753)

Agaricus carnosus Bolton, Hist. Fung. Halifax, App.:146(1792)

Agaricus conchatus Bull., Herb. Fr. 7:tab. 298(1787)

Agaricus conchatus var. *conchatus* Bull., Herb. Fr. 7:tab. 298(1787)

Agaricus conchatus var. *inconstans*(Pers.)Fr., Elench. Fung. 1:23(1828)

Agaricus conchatus var. *torulosus*(Pers.)Fr., Elench. Fung. 1:23(1828)

Agaricus flabellatus J. F. Gmel., Systema Naturae, Edn 13, 2(2):1410(1792)

Agaricus flabelliformis Schaeff., Fung. Bavar. Palat. 4:20(1774)

Agaricus fornicatus Pers., Syn. Meth. Fung. 2:475(1801)

Agaricus fornicatus subsp. *fornicatus* Pers., Syn. Meth. Fung. 2:475(1801)

Agaricus inconstans Pers., Comm. Schaeff. Icon. Pict.:17(1800)

Agaricus inconstans var. *conchatus*(Bull.)Pers., Syn. Meth. Fung. 2:476(1801)

Agaricus inconstans var. *inconstans* Pers., Comm. Schaeff. Icon. Pict.:17(1800)

Agaricus mesentericus Batsch, Elench. Fung.:91(1783)

Agaricus torulosus Pers., Syn. Meth. Fung. 2:475(1801)

Lentinopanus conchatus(Bull.)Pilát, Annls Mycol. 39(1):73(1941)

Lentinus bresadolae Schulzer, Hedwigia 24:141(1885)

Lentinus conchatus Mont., Annls Sci. Nat., Bot., Sér. 4, 5:333～374(1857)

Lentinus conchatus(Bull.)J. Schröt., In:Cohn, Krypt. -Fl. Schlesien 3. 1(33～40):555(1889)

Lentinus inconstans(Pers.)Fr., Syn. Generis Lentinus:12(1836)

Lentinus obconicus Peck, Bull. Torrey Bot. Club 33:215(1906)

Lentinus percomis Berk. & Broome, J. Linn. Soc., Bot. 14(2):42(1875)

Lentinus torulosus(Pers.)Lloyd, Mycol. Writ. 4(lettr 47):13(1913)

Lentinus vaporarius(Bagl.)Henn., In:Engler & Prantl, Nat. Pflanzenfam., Teil. 1:224(1898)

Panus flabelliformis(Schaeff.)Quél., Fl. Mycol. France:325(1888)

Panus monticola Berk., Hooker's J. Bot. Kew Gard. Misc. 3:46(1851)

Panus torulosus(Pers.)Fr., Epicr. Syst. Mycol.:397(1838)

Panus torulosus var. *conchatus*(Bull.)Kauffman, The Agaricaceae of Michigan:47(1918)

Panus torulosus var. *torulosus*(Pers.)Fr., Epicr. Syst. Mycol.:397(1838)

Panus vaporarius Bagl., Comm. Soc. Crittog. Ital. 2(2):264(1865)

Pleuropus inconstans(Pers.)Gray, Nat. Arr. Brit. Pl. 1:616(1821)

Pocillaria conchata(Bull.)Kuntze, Revis. Gen. Pl. 2:866(1891)

Pocillaria percomis(Berk. & Broome)Kuntze, Revis. Gen. Pl. 2:866(1891)

Pocillaria vaporaria(Bagl.)Kuntze, Revis. Gen. Pl. 3(2):506(1898)

子实体不规则伞状、扇状或扁漏斗状。菌盖扁漏斗形至近圆形，宽4～13cm，半肉质至革质，初期表面有细绒毛或小鳞片，后变光滑并具有不明显的辐射状条纹，紫灰色至菱色，边缘内卷且往往呈波浪状。菌肉近白色，稍厚。菌褶延生，窄，稍密至较稀，近白色至淡紫色。菌柄扁生或侧生,长1~4cm,粗0.5~2cm,内实,质韧,表面有淡紫色至淡灰色绒毛。孢子印白色。担孢子椭圆形,6~7μm×3μm,表面光滑,无色。囊状体棒形,30~40μm×7~7.5μm,无色。

子实体丛生于阔叶树的腐木上。也见于栽培香菇、木耳的段木上,是食用菌段木生产上的杂菌之一。幼时可食。可药用。子实体提取物对小白鼠肉瘤180和艾氏癌的抑制率均达100%。

分布:新安、辉县。

【白蜡多年卧孔菌】

***Perenniporia fraxinea*(Bull.) Ryvarden**, Grundr. Krauterk. 2:307(1978)

Boletus fraxineus Bull., Herb. Fr. 10:tab. 433, fig. 2(1790)

Fomes fraxineus(Bull.) Cooke, Grevillea 14(69):21(1885)

Fomes ganodermicus Lázaro Ibiza, Revta R. Acad. Cienc. Exact. Fis. Nat. Madr. 14:664(1916)

Fomitella fraxinea(Bull.) Imazeki, Colored Illustrations of Mushrooms of Japan 2:166(1989)

Haploporus fraxineus(Bull.) Bondartseva, Mikol. Fitopatol. 17(4):280(1983)

Ischnoderma fraxineum(Bull.) P. Karst., Bidr. Känn. Finl. Nat. Folk 48:328(1889)

Placodes fraxineus(Bull.) Quél., Enchir. Fung.:172(1886)

Polyporus fraxineus(Bull.) Fr., Syst. Mycol. 1:374(1821)

Polystictoides leucomelas Lázaro Ibiza, Revta R. Acad. Cienc. Exact. Fis. Nat. Madr. 14:833(1916)

Polystictus leucomelas(Lázaro Ibiza) Sacc. & Trotter, Syll. Fung. 23:411(1925)

Poria fraxinea(Bull.) Ginns, Mycotaxon 21:331(1984)

Scindalma fraxineum(Bull.) Kuntze, Revis. Gen. Pl. 3(2):518(1898)

Trametes fraxinea(Bull.) P. Karst., Bidr. Känn. Finl. Nat. Folk 37:48(1882)

Ungulina fraxinea(Bull.) Bourdot & Galzin, Bull. Trimest. Soc. Mycol. Fr. 41:175(1925)

Vanderbylia fraxinea(Bull.) D. A. Reid, S. Afr. J. Bot. 39(2):166(1973)

子实体无菌柄,菌盖半圆形,扁平,直径6~18cm,厚0.5~1.6cm,基部下凹,黄白色或蛋黄色,最后呈黑褐色,表面凹凸不平,有不明显的环纹。菌肉污白黄色,后呈灰褐色至暗褐色。菌管同菌盖色,管口圆形,每毫米6~7个。担孢子无色,卵圆形,5~7μm×4.5~6μm(图版179)。

子实体生林中树桩上,导致木材腐朽。

分布:信阳。

【骨质多年卧孔菌】

***Perenniporia minutissima*(Yasuda) T. Hatt. & Ryvarden**, Mycotaxon 50:37(1994)

Trametes minutissima Yasuda, Bot. Mag., Tokyo 34:29(1920)

子实体无菌柄。菌盖半圆形,直径5~18cm,基部厚,半背着生,表面红褐色,有宽的乳白色边缘,表面平滑或有不规则凸起。菌肉白色,木质。菌管面白色。担孢子无色,近卵圆形,表面平滑(图版180)。

子实体生腐木桩上,属木材白色腐朽菌。

分布:内乡。

【白赭多年卧孔菌】

***Perenniporia ochroleuca*(Berk.) Ryvarden**, Norw. Jl Bot. 19:233(1972)

Fomes compressus(Berk.)Sacc.,Syll. Fung. 6:198(1888)
Fomes ochroleucus(Berk.)Lloyd,Mycol. Writ. 5:714(1917)
Fomes turbinatus(Pat.)Murrill,Tropical Polypores:75(1915)
Fomitopsis ochroleuca(Berk.)G. Cunn.,New Zealand Department of Scientific and Industrial Research Bulletin 76:5(1948)
Fomitopsis ochroleuca(Berk.)Imazeki,Bull. Tokyo Sci. Mus. 6:92(1943)
Heterobasidion ochroleucum(Berk.)G. Cunn.,Bull. N. Z. Dept. Sci. Industr. Res.,Pl. Dis. Div. 164:145(1965)
Hexagonia coriacea Berk. & Cooke,J. Linn. Soc.,Bot. 15:386(1877)
Polyporus ascoboloides Berk.,J. Linn. Soc.,Bot. 13:162(1872)
Polyporus compressus Berk.,J. Bot.,Lond. 4:53(1845)
Polyporus graciosus Beeli,Bull. Soc. R. Bot. Belg. 62:63(1929)
Polyporus junctus Lloyd,Mycol. Writ. 7:1317(1924)
Polyporus ochroleucus Berk.,Hooker's J. Bot. 4:53(1845)
Polyporus turbinatus Pat.,Revue Mycol.,Toulouse 13:137(1891)
Polyporus zonifer Lloyd,Mycol. Writ. 7:1192(1923)
Poria ochroleuca(Berk.)Kotl. & Pouzar,Česká Mykol. 13(1):33(1959)
Scenidium coriaceum(Berk. & Cooke)Kuntze,Revis. Gen. Pl. 3(2):516(1898)
Scindalma compressum(Berk.)Kuntze,Revis. Gen. Pl. 3(2):518(1898)
Trametes ochroleuca(Berk.)Cooke,Grevillea 19(92):98(1891)
Trametes scrobiculata Berk.,Grevillea 6(38):70(1877)
Truncospora ochroleuca(Berk.)Pilát,Sb. Nár. Mus. v Praze,Rada B,Prír. Vedy 9(2):108(1953)
Ungulina ochroleuca (Berk.)Pat.,Essai Tax. Hyménomyc.:102(1900)
Xanthochrous turbinatus(Pat.)Pat.,Essai Tax. Hyménomyc.:100(1900)

子实体为无菌柄的菌盖,通常左右连生或覆瓦状叠生,新鲜时革质,干后木栓质。菌盖近圆形或马蹄状,大小可达1.5cm×2cm,厚可达1cm。菌盖表面新鲜时奶油色、乳褐色、赭色至黄褐色,有明显的同心环带,边缘钝,色浅。孔口表面新鲜时乳白色,后期土黄色,不育边缘较窄,宽约0.5mm。孔口近圆形,每毫米5~6个。菌管与孔口表面同色,干后木栓质,长可达6mm。菌肉土黄褐色,新鲜时革质,干后木栓质,厚约4mm。构成子实体的菌丝为二系菌丝,生殖菌丝具锁状联合。子实层中无囊状体,具拟囊状体,拟囊状体梭形,12~17μm×4~7.5μm,无色,薄壁。担子卵球形,17~24μm×8~13μm,顶部具4个小梗,基部具一锁状联合。拟担子在子实层中占多数,形状与担子相似,但略小。担孢子椭圆形,9~12μm×5.5~7.9μm,无色,厚壁,表面光滑,顶部平截。

子实体见于多种阔叶树和针叶树枯木、落枝上,一年生至多年生,造成木材白色腐朽。

分布:内乡。

【黄白多年卧孔菌】

***Perenniporia subacida*(Peck)Donk**,Persoonia 5(1):76(1967)
Chaetoporus subacidus(Peck)Bondartsev & Singer,Annls Mycol. 39(1):51(1941)
Oxyporus subacidus(Peck)Komarova,Mycoth. Eston. 3:13(1961)
Polyporus subacidus Peck,Ann. Rep. N. Y. St. Mus. Nat. Hist. 38:92(1885)
Poria colorea Overh. & Englerth,Bull. Yale Univ. School For. 50:21(1942)
Poria fuscomarginata Berk. ex Cooke,Grevillea 15(73):24(1886)

Poria subacida (Peck) Sacc. ,Syll. Fung. 6:325(1888)
Poria subaurantia Berk. ex Cooke,Grevillea 15(73):27(1886)

子实体平伏于基质上,不易剥离,新鲜时软革质,干后木栓质,长可达数米,宽可达70cm,厚可达2cm。孔口表面白色、奶油色、浅黄色至棕黄色,不育边缘绒毛状,白色至浅黄色,后期黄色,宽可达2mm。孔口近圆形至多角形,每毫米4~6个。菌管比孔口表面颜色浅,通常2~5层,但分层不明显,长可达19mm。菌肉新鲜时革质,干后软木栓质,浅黄色,厚可达1mm。构成子实体的菌丝为二系菌丝,生殖菌丝具锁状联合。子实层中无囊状体,偶有拟囊状体,拟囊状体近纺锤形,薄壁,基部具一锁状联合。担子长筒形,11~20μm×7~9μm,顶部具4个小梗,基部具一锁状联合。拟担子在子实层中占多数,近球形至长筒形。子实层细胞间有大量菱形结晶体。担孢子未成熟时卵圆形,成熟后广椭圆形,4.3~5.4μm×3.2~4.1μm,无色,中部常有一油滴,表面光滑,壁略厚。

子实体见于多种阔叶树和针叶树枯木上,一年生至多年生,造成木材白色腐朽。

分布:内乡。

【冬生多孔菌】

***Polyporus brumalis*(Pers.)Fr.** ,Observ. Mycol. 2:255(1818)
Boletus brumalis Pers. ,Neues Mag. Bot. 1:107(1794)
Boletus brumalis var. *brumalis* Pers. ,Neues Mag. Bot. 1:107(1794)
Boletus brumalis var. *fasciculatus*(Schrad. ex J. F. Gmel.)Pers. ,Syn. Meth. Fung. 2:517(1801)
Boletus fasciculatus Schrad. ,In:Gmelin,Systema Naturae,Edn 13,2(2):1433(1792)
Boletus fuscidulus Schrad. ,In:Gmelin,Systema Naturae,Edn 13,2(2):1433(1792)
Boletus hypocrateriformis Schrank,Baier. Fl. :621(1789)
Boletus umbilicatus Schrank,Baier. Fl. :621(1789)
Favolus apiahynus Speg. ,Boletín de la Academia Nacional de Ciencias de Córdoba 23(3~4):407~408(1919)
Leucoporus brumalis(Pers.)Sacc. ex Trotter,Syll. Fung. 26:715(1972)
Leucoporus brumalis(Pers.)Speg. ,Fungi Fuegiani 28:367(1926)
Leucoporus vernalis(Fr.)Pat. ,Essai Tax. Hyménomyc. :82(1900)
Microporus substriatus(Rostk.)Kuntze,Revis. Gen. Pl. 3(2):497(1898)
Polyporellus brumalis(Pers.)P. Karst. ,Meddn Soc. Fauna Flora Fenn. 5:37(1879)
Polyporellus fuscidulus (Schrad.)P. Karst. ,Meddn Soc. Fauna Flora Fenn. 5:37(1879)
Polyporus brumalis f. *subarcularius* Donk,Medded. Nedl. Mycol. Ver. 18~20:133(1933)
Polyporus cyathoides Quél. ,Mém. Soc. Émul. Montbéliard,Sér. 2,5:270(1872)
Polyporus fuscidulus(Schrad.)Fr. ,Epicr. Syst. Mycol. :431(1838)
Polyporus luridus Berk. & M. A. Curtis,N. Amer. Fung. :no. 117(1872)
Polyporus nanus F. Brig. ,Atti R. Ist. Incoragg. Sci. Nat. Napoli 6:151(1840)
Polyporus pauperculus Speg. ,Fungi Fuegiani 11:435(1889)
Polyporus subarcularius(Donk)Bondartsev,Trut. Grib Evrop. Chasti SSSR Kavkaza:470(1953)
Polyporus substriatus Rostk. ,In:Sturm,Deutschl. Fl. ,3 Abt. 4:21(1838)
Polyporus tucumanensis Speg. ,Anal. Mus. Nac. Hist. Nat. B. Aires 6:162(1898)
Polystictus substriatus(Rostk.)Cooke,Grevillea 14(71):77(1886)

子实体小或中等大。菌柄长1.5~3cm,粗0.3~0.5cm,初期有微细刚毛,后期毛脱落。菌盖直径2~6cm,扁半球形至平展或扁平,新鲜时韧肉质,干时变硬,中部稍呈脐状,表面褐色、黄褐色、黄灰色至暗灰色，干时土黄色，初期有微细刚毛，刚毛渐脱落致使表面变粗糙或光滑。菌盖边缘薄且具毛，干时内卷，其下无子实层。菌肉白色。菌管延生，黄白色，长 0.1～0.2cm，管口色较深，圆形至多角形，边缘完整，每毫米 3～4 个。担孢子圆柱形，稍弯曲，7～8μm×2～3μm，表面光滑，无色。

生针叶或阔叶树枯立木或倒木上，属木腐菌。子实体幼嫩时可食用。

分布：栾川、嵩县。

【硬多孔菌】

***Polyporus durus*(Timm) Kreisel**, Boletus, SchrReihe 1:30(1984)

Boletus durus Timm, Fl. Megapol. Prodr. :271(1788)

Boletus perennis Batsch, Elench. Fung. :103(1783)

Favolus trachypus Berk. & Mont. , Syll. Gen. Sp. Cript. :154(1856)

Leucoporus picipes(Fr.) Quél. , Enchir. Fung. :165(1886)

Melanopus picipes(Fr.) Pat. , Hyménomyc. Eur. :137(1887)

Polyporellus picipes(Fr.) P. Karst. , Meddn Soc. Fauna Flora Fenn. 5:37(1879)

Polyporus dibaphus Berk. & M. A. Curtis, Grevillea 1(3):36(1872)

Polyporus picipes Fr. , Epicr. Syst. Mycol. :440(1838)

Polyporus trachypus Berk. & Mont. , Syll. Gen. Sp. Cript. :482(1856)

子实体不规则伞状或漏斗状。菌盖扇形、肾形、近圆形至圆形，稍凸至平展，中部常下凹，直径 4～16cm，厚 2～3.5mm，栗褐色，中部色较深，有时表面全呈黑褐色，光滑，边缘薄而锐，波浪状至瓣裂。菌柄侧生或偏生，长 2～5mm，粗 0.3～1.3cm，黑色或基部黑色，初期具细绒毛后变光滑。菌肉白色或近白色，厚 0.5～2mm。菌管延生，长 0.5～1.5mm，与菌肉色相似，干后呈淡粉灰色。管口角形至近圆形，每毫米 5～7 个。子实层中菌丝体无色透明，菌丝粗 1.2～2μm。担孢子椭圆形至长椭圆形，5.8～7.5μm×2.8～3.5μm，表面平滑，无色透明，一端尖狭。

子实体生于阔叶树腐木上，有时也生于针叶树腐木上。引起木材白色腐朽。

分布：嵩县、济源、林州、内乡、商城、新县、卢氏、陕县、灵宝。

【柳叶状多孔菌】

***Polyporus leptocephalus*(Jacq.) Fr.** , Syst. Mycol. 1:349(1821)

Boletus leptocephalus Jacq. , Miscell. austriac. 1:142(1778)

Boletus nigripes With. , Arr. Brit. Pl. , Edn 3, 4:316(1796)

Coltricia leptocephala(Jacq.) Gray, Nat. Arr. Brit. Pl. 1:645(1821)

Leucoporus leptocephalus(Jacq.) Quél. , Enchir. Fung. :166(1886)

Melanopus elegans(Bull.) Pat. , Essai Tax. Hyménomyc. :80(1900)

Polyporellus elegans(Bull.) P. Karst. , Meddn Soc. Fauna Flora Fenn. 5:37(1879)

Polyporellus leptocephalus(Jacq.) P. Karst. , Meddn Soc. Fauna Flora Fenn. 5:38(1879)

Polyporus elegans Bull. , Herb. Fr. 3:tab. 46(1780)

Polyporus leptocephalus f. *nummularius*(Bull.) Courtec. , Docums Mycol. 23(92):62(1994)

Polyporus varius f. *nummularius*(Bull.) Courtec. , Docums Mycol. 18(72):50(1988)

Polyporus varius subsp. *elegans*(Bull.) Donk, Meded. Bot. Mus. Herb. Rijks Univ. Utrecht 9:139(1933)

Polyporus varius var. *elegans*(Bull.) Gillot & Lucand, Cat. Champ. Sup. Saône-et-Loire:327(1890)

Polyporus varius var. *nummularius*(Bull.)Fr.,Syst. Mycol. 1:353(1821)

子实体主要有菌盖和菌柄两部分。菌盖扇形,近圆形至肾形或漏斗状,宽3~9cm,厚2~8mm,新鲜时柔软,干时硬,表面光滑,蛋壳色至深肉桂色,常有辐射状细条纹。菌肉薄,白色至近白色,厚1~6mm。菌管延生,长1~3mm,管口多角形至近圆形,每毫米4~5个,近白色或稍暗。菌柄偏生或侧生,长0.5~5cm,粗3~7mm,表面光滑,上部同菌盖色,下部尤其基部近黑色。担孢子圆柱形,6.8~10.4μm×2.5~3.8μm,表面光滑,无色。

夏秋季子实体散生或群生于阔叶树腐木及枯树枝上。具药用价值。

分布:嵩县、栾川、信阳。

【黑柄多孔菌】

***Polyporus melanopus*(Pers.)Fr.**,Syst. Mycol. 1:347(1821)

Boletus infundibuliformis var. *melanopus*(Pers.)Pers.,Syn. Meth. Fung. 2:517(1801)

Boletus melanopus Pers.,Tent. Disp. Meth. Fung.:70(1797)

Boletus melanopus var. *cyathoides* Sw.,K. Vetensk-Acad. Nya Handl. 31:10(1810)

Leucoporus melanopus(Pers.)Quél.,Enchir. Fung.:165(1886)

Melanopus varius subsp. *melanopus*(Pers.)Bourdot & Galzin,Bull. Trimest. Soc. Mycol. Fr. 41:112(1925)

Pelloporus melanopus(Pers.)Lázaro Ibiza,Revta R. Acad. Cienc. Exact. Fis. Nat. Madr. 15:118(1916)

Polyporellus fissus(Berk.)P. Karst.,Meddn Soc. Fauna Flora Fenn. 5:38(1879)

Polyporellus melanopus(Pers.)P. Karst.,Meddn Soc. Fauna Flora Fenn. 5:37(1879)

Polyporus fissus Berk.,J. Bot.,Lond. 6:318(1847)

Polyporus flavescens Rostk.,In:Sturm,Deutschl. Fl.,3 Abt.(27~28):45(1848)

Polyporus groenlandicus M. Lange & L. Hansen,Meddr Grønland,Biosc. 148(2):55(1957)

Polyporus subradicatus(Murrill)Sacc. & D. Sacc.,Lilloa 22:269(1951)

Scutiger subradicatus Murrill,Bull. Torrey Bot. Club 30(8):430(1903)

一年生,有柄,半肉质,干后硬而脆。菌柄近中生或偏生,近圆柱形,长2~6cm,粗0.3~1cm,稍弯曲,内实,渐变硬,表面有绒毛,暗褐色至黑色,内部白色,基部稍膨大。菌盖扁平至浅漏斗形或中部下凹呈脐状,直径3~10cm,初期白色、污白黄色变黄褐色,后期茶褐色,表面平滑,无环带,边缘波状。菌管白色,长约1mm,在柄的一侧延生。孔口多角形,每毫米4个,边缘锯齿状。担孢子椭圆形至长椭圆形或近圆柱状,7.5~9μm×2~4.5μm,无色,表面光滑。

子实体单生或群生于桦、杨等阔叶树腐木桩上,或生于地上,但与埋藏在地下的腐木相连,为木材白色腐朽菌。幼嫩时可食用。可药用,试验抗癌,对小白鼠肉瘤180和艾氏癌的抑制率为60%。

分布:洛宁、内乡。

【宽鳞大孔菌】

***Polyporus squamosus*(Huds.)Fr.**,Syst. Mycol. 1:343(1821)

Agaricopulpa ulmi Paulet,Traité Champ.,Atlas 2:102(1793)

Boletus cellulosus Lightf.,Fl. Scot. 2:1032(1777)

Boletus juglandis Schaeff.,Fung. Bavar. Palat. 4:tab. 101,fig. 102(1774)

Boletus maximus Schumach.,Enum. Pl. 2:381(1803)

Boletus michelii(Fr.)Pollini,Flora veronensis,3:618(1824)

Boletus polymorphus Bull. ,Hist. Champ. France 3:345(1791)
Boletus rangiferinus Bolton,Hist. Fung. Halifax 3:138(1790)
Boletus squamosus Huds. ,Fl. Angl. ,Edn 2,2:626(1778)
Bresadolia caucasica Shestunov,In:Magnus,Hedwigia 49:101(1910)
Bresadolia paradoxa Speg. ,Anal. Soc. Cient. Argent. 16:277(1883)
Bresadolia squamosa(Huds.)Teixeira,Revista Brasileira de Botânica 9(1):43(1986)
Cerioporus michelii(Fr.)Quél. ,Enchir. Fung. :167(1886)
Cerioporus rostkowii(Fr.)Quél. ,Enchir. Fung. :167(1886)
Cerioporus squamosus(Huds.)Quél. ,Enchir. Fung. :167(1886)
Favolus squamosus(Huds.)Ames,Annls Mycol. 11(3):241(1913)
Melanopus squamosus(Huds.)Pat. ,Essai Tax. Hyménomyc. :80(1900)
Polyporellus rostkowii(Fr.)P. Karst. ,Meddn Soc. Fauna Flora Fenn. 5:38(1879)
Polyporellus squamatus(Lloyd)Pilát,Beih. Bot. Cbl. ,Abt. B 56:55(1936)
Polyporellus squamosus(Huds.)P. Karst. ,Meddn Soc. Fauna Flora Fenn. 5:38(1879)
Polyporellus squamosus f. *rostkowii*(Fr.)Pilát,Beih. Bot. Cbl. ,Abt. B 56:53(1936)
Polyporus alpinus Saut. ,Hedwigia 15(3):33(1876)
Polyporus caudicinus Murrill,J. Mycol. 9(2):89(1903)
Polyporus dissectus Letell. ,Hist. Champ. France:48(1826)
Polyporus flabelliformis Pers. ,Mycol. Eur. 2:53(1825)
Polyporus flabelliformis subsp. *flabelliformis* Pers. ,Mycol. Eur. 2:53(1825)
Polyporus infundibuliformis Rostk. ,In:Sturm,Deutschl. Fl. ,3 Abt. 4:37(1838)
Polyporus juglandis(Schaeff.)Pers. ,Mycol. Eur. 2:38(1825)
Polyporus juglandis var. *juglandis*(Schaeff.)Pers. ,Mycol. Eur. 2:38(1825)
Polyporus michelii Fr. ,Syst. Mycol. 1:343(1821)
Polyporus pallidus Schulzer,Hymenomyc. Eur. :533(1874)
Polyporus retirugus(Bres.)Ryvarden,In:Ryvarden & Johansen,Prelim. Polyp. Fl. E. Afr. :502(1980)
Polyporus rostkowii Fr. ,Epicr. Syst. Mycol. :439(1838)
Polyporus squamatus Lloyd,Mycol. Writ. 3(Syn. Ovinus):84(1911)
Polyporus squamosus f. *michelii*(Fr.)Bondartsev,Trut. Grib Evrop. Chasti SSSR Kavkaza:441(1953)
Polyporus squamosus f. *rostkowii*(Fr.)Bondartsev,Trut. Grib Evrop. Chasti SSSR Kavkaza:440(1953)
Polyporus squamosus var. *maculatus* Velen. ,České Houby 4 ~ 5:664(1922)
Polyporus squamosus var. *polymorphus*(Bull.)P. W. Graff,Mycologia 28(2):163(1936)
Polyporus westii Murrill,Bull. Torrey Bot. Club 65:651(1938)
Trametes retirugus Bres. ,Atti Acad. Agiato Rovereto:6(1893)

子实体具短柄或近无柄。菌盖扇形,5.5 ~ 26 cm × 4 ~ 20cm,厚 1 ~ 3cm,黄褐色,有暗褐色鳞片。菌柄侧生,偶尔近中生,长 2 ~ 6cm,粗 1.5 ~ 4cm,基部黑色,干后色变浅。菌管延生,白色。管口近长方形,长 2.5 ~ 5mm,宽 2mm。担孢子无色,9.7 ~ 16.6μm × 5.2 ~ 7μm,表面光滑(图版 181 ~ 182)。

子实体生于多种阔叶树的树干上或枯树桩基部,引起木材白色腐朽。子实体幼时可食。子实体提取物对小白鼠肉瘤 180 抑制率为 60%。

分布:洛阳、嵩县、栾川、信阳。

【猪苓多孔菌】

***Polyporus umbellatus*(Pers.) Fr.** ,Syst. Mycol. 1:354(1821)

Boletus ramosissimus Scop. ,Fl. Carniol. ,Edn 2,2:470(1772)

Boletus umbellatus Pers. ,Syn. Meth. Fung. 2:519(1801)

Cerioporus umbellatus(Pers.)Quél. ,Fl. Mycol. :409(1888)

Cladodendron umbellatum(Pers.)Lázaro Ibiza,Revta R. Acad. Cienc. Exact. Fis. Nat. Madr. 14:865(1916)

Cladomeris umbellata(Pers.)Quél. ,Enchir. Fung. :167(1886)

Dendropolyporus umbellatus(Pers.)Jülich,Biblthca Mycol. 85(6):400(1982)

Fungus ramosissimus(Scop.)Paulet,Traité Champ. ,Atlas 2:120(1793)

Grifola ramosissima(Scop.)Murrill,Bull. Torrey Bot. Club 31(6):336(1904)

Grifola umbellata(Pers.)Pilát,Beih. Bot. Zbl. ,Abt. 2,52:25(1934)

Merisma umbellatum(Pers.)Gillet,Hyménomycètes:691(1878)

Pocillaria umbellata (Pers.)Kuntze,Revis. Gen. Pl. 2:866(1891)

Polypilus ramosissimus (Scop.)Bondartsev & Singer,Annls Mycol. 39(1):47(1941)

Polypilus umbellatus(Pers.)P. Karst. ,Bidr. Känn. Finl. Nat. Folk 37:24(1882)

Polyporus chuling Shirai,Bot. Mag. ,Tokyo 19:92(1905)

Polyporus ramosissimus(Scop.)J. Schröt. ,Kryptogamenflora der Schweiz 3(1):481(1888)

菌核埋生于地下,不规则块状,表面有凹凸不平的皱纹,并有许多瘤状突起,黑褐色,有油漆样光泽,干后带淡褐色,坚硬。子实体多数从地下菌核生出,俗称"猪苓花"。菌柄白色,较软,有短的主柄,主柄多次分枝形成丛生的子实体,每丛可达 10 ~ 100 枝,分枝顶端着生菌盖。菌盖肉质,圆形,近白色至浅褐色,有淡黄褐色纤维状鳞片,中部脐状,边缘薄而锐,常内卷。菌肉薄,白色。菌管与菌肉同色。孢子印白色;担孢子无色,光滑,圆筒形,一端圆形,7 ~ 10μm × 3 ~ 4. 2μm,一端具歪尖(图版 183)。

生于桦、栎、槭、柳、椴等树木的根际。幼嫩子实体可食用,且味道十分鲜美。中药"猪苓"是指猪苓的菌核,是珍贵的中药材。利用猪苓菌种和蜜环菌菌种接种段木,进行猪苓窖式栽培已初步获得成功。

分布:栾川、嵩县、汝阳、卢氏、济源。

【变形多孔菌】

***Polyporus varius*(Pers.) Fr.** ,Syst. Mycol. 1:352(1821)

Boletus lateralis Bolton,Hist. Fung. Halifax 2:83(1788)

Boletus nummularius Bull. ,Herb. Fr. 3:tab. 124(1783)

Boletus ramulosum J. F. Gmel. ,Systema Naturae,Edn 13,2(2):1435(1792)

Boletus varius Pers. ,Observ. Mycol. 1:85(1796)

Coltricia nummularia(Bull.)Gray,Nat. Arr. Brit. Pl. 1:644(1821)

Grifola varia(Pers.)Gray,Nat. Arr. Brit. Pl. 1:644(1821)

Leucoporus petaloides(Fr.)Pat. ,Essai Tax. Hyménomyc. :82(1900)

Melanopus noackianus Pat. ,Annls Mycol. 5(4):365(1907)

Melanopus varius(Pers.)Pat. ,Hyménomyc. Eur. :137(1887)

Melanopus varius subsp. *nummularius*(Bull.)Bourdot & Galzin,Bull. Trimest. Soc. Mycol. Fr. 41:109(1925)

Petaloides petaloides(Fr.)Torrend,Brotéria,Sér. Bot. (1920)

Polyporellus elegans f. *nummularius*(Bull.)Pilát,Bull. Trimest. Soc. Mycol. Fr. 51(3 ~4):354(1936)

Polyporellus petaloides(Fr.)P. Karst. ,Meddn Soc. Fauna Flora Fenn. 5:38(1880)
Polyporellus varius(Pers.)P. Karst. ,Meddn Soc. Fauna Flora Fenn. 5:37(1879)
Polyporus boltonii Rostk. ,In:Sturm,Deutschl. Fl. ,3 Abt. (27 ~28):47(1848)
Polyporus elegans subsp. *minimus*(Fr.)Sacc. ,Syll. Fung. 6:85(1888)
Polyporus elegans subsp. *nummularius*(Bull.)Fr. ,Hymenomyc. Eur. :441(1874)
Polyporus elegans var. *minimus*(Fr.)Fr. ,Epicr. Syst. Mycol. :557(1838)
Polyporus elegans var. *nummularius*(Bull.)Fr. ,Syst. Mycol. 1:381(1821)
Polyporus gintlianus Velen. ,České Houby 4 ~5:687(1922)
Polyporus leprodes Rostk. ,In:Sturm,Deutschl. Fl. ,3 Abt. 4:33(1838)
Polyporus magnovarius Lloyd,Mycol. Writ. 7:1192(1923)
Polyporus minimus(Fr.)Mussat,In:Saccardo,Syll. Fung. 15:303(1900)
Polyporus noackianus(Pat.)Sacc. & Trotter,Syll. Fung. 21:264(1912)
Polyporus nummularius(Bull.)Fr. ,Observ. Mycol. 1:123(1815)
Polyporus nummularius β minimus Fr. ,Observ. Mycol. 1:123(1815)
Polyporus petaloides Fr. [as '*petalodes*'],Epicr. Syst. Mycol. :444(1838)
Polyporus varius f. *petaloides*(Fr.)Domański,Orłoś & Skirg. ,Flora Polska. Grzyby II 2:64(1967)
Polyporus varius var. *minimus*(Fr.)Fr. ,Syst. Mycol. 1:353(1821)
Polyporus varius var. *montanus* Velen. ,České Houby 4 ~5:667(1922)

子实体不规则漏斗形或近扇形。菌盖肾形或近扇形,稍平展且靠近基部处下凹,5 ~12cm ×3 ~8cm,厚0. 3 ~1cm,浅黄褐色至栗褐色,表面近平滑,边缘薄且呈波浪状或瓣状裂。菌肉稍厚,白色或污白色。菌柄侧生或偏生,长0. 7 ~4cm,粗0. 3 ~1cm,黑色,表面有微细绒毛,后期变光滑。菌管长2 ~3mm,管口圆形至多角形,每毫米3 ~5 个。担子棒状,15 ~25μm ×5 ~8μm,具4 小梗。担孢子长椭圆形,8. 5 ~11μm ×3. 5 ~4μm,无色,表面光滑。

子实体生于杨、桦等阔叶树腐木上,引起阔叶树木材白色腐朽。具药用价值。

分布:内乡、嵩县、栾川。

【朱红密孔菌】

***Pycnoporus cinnabarinus*(Jacq.)P. Karst.** ,Revue Mycol. ,Toulouse 3(9):18(1881)
Boletus cinnabarinus Jacq. ,Fl. austriac. 4:2(1776)
Boletus miniatus Libosch. ,Mém. Soc. Imp. Nat. Moscou 5:83(1817)
Coriolus cinnabarinus(Jacq.)G. Cunn. ,Bull. N. Z. Dept. Sci. Industr. Res. ,Pl. Dis. Div. 75:8(1948)
Fabisporus cinnabarinus(Jacq.)Zmitr. ,Mycena 1(1):93(2001)
Hapalopilus cinnabarinus(Jacq.)P. Karst. ,Finl. Basidsvamp. (11):133(1899)
Leptoporus cinnabarinus(Jacq.)Quél. ,Enchir. Fung. :176(1886)
Phellinus cinnabarinus(Jacq.)Quél. ,Fl. Mycol. :395(1888)
Polyporus cinnabarinus(Jacq.)Fr. ,Syst. Mycol. 1:371(1821)
Polyporus miniatus(Libosch.)Fr. ,Syst. Mycol. 3(1):60(1829)
Polystictus cinnabarinus(Jacq.)Cooke,Grevillea 14(71):82(1886)
Pycnoporus cinnabarinus var. *cinnabarinus*(Jacq.)P. Karst. ,Revue Mycol. ,Toulouse 3:18(1881)
Pycnoporus cinnabarinus var. *osorninus* Burgos,In:Burgos & Ortiz,Boletín Micológico,Valparaíso 3(4):229(1988)
Trametes cinnabarina(Jacq.)Fr. ,Hymenomyc. Eur. :583(1874)

Trametes cinnabarina f. *cinnabarina*(Jacq.)Fr.,Hymenomyc. Eur.:583(1874)

Trametes cinnabarina var. *cinnabarina*(Jacq.)Fr.,Hymenomyc. Eur.:583(1874)

Trametes cinnabarinus(Jacq.)Fr.,Summa Veg. Scand.,Section Post.:323(1849)

子实体无菌柄。菌盖扁半球形至扇形,木栓质,长径3~11cm,短径2~7cm,厚5~20mm,盖面橙红色至朱红色,干后色浅,表面无环带,稍有皱纹。菌肉橙红色,厚3~6mm。菌管长2~4mm,管口朱红色,每毫米2~4个。担子棒状,具4小梗。担孢子椭圆形,4.5~6μm×1.5~3μm,有的逗点形,具一端尖并弯曲,无色(图版184)。

子实体群生或单生于栎、杨、柳、榆、白桦、椴等阔叶树枯木上,引起木材腐朽,木材被侵害处开始呈橙色,后期为白色腐朽。是食用菌段木栽培生产上的杂菌。具药用价值,有清热除湿、消炎、解毒作用。子实体提取物对小白鼠肉瘤180和艾氏癌的抑制率均为90%。

分布:新安、嵩县、栾川、渑池、卢氏、陕县、灵宝、鲁山、济源、确山、信阳、新县、商城、桐柏、罗山。

【血红密孔菌】

***Pycnoporus sanguineus*(L.)Murrill**,Bull. Torrey Bot. Club 31(8):421(1904)

Boletus ruber Lam.,Encycl. Méth. Bot. 1:50(1783)

Boletus sanguineus L.,Sp. Pl.,Edn 2,2:1646(1763)

Coriolus sanguineus(L.)G. Cunn.,Bull. N. Z. Dept. Sci. Industr. Res.,Pl. Dis. Div. 81:17(1949)

Fabisporus sanguineus(L.)Zmitr.,Mycena 1(1):93(2001)

Microporus sanguineus(L.)Pat.,Essai Tax. Hyménomyc.:83(1900)

Polyporus sanguineus(L.)Fr.,Syst. Mycol. 1:371(1821)

Polystictus sanguineus(L.)G. Mey.,Nova Acta R. Soc. Scient. Upsal.,Ser. 1,1:75(1818)

Trametes cinnabarina var. *sanguinea*(L.)Pilát,In:Kavina & Pilát,Atlas Champ. l'Europe 3:319(1939)

Trametes sanguinea(L.)Lloyd,Mycol. Writ. 7:1291(1924)

在国内文献上,该菌的学名多为 *Trametes sanguinea* var. *sanguinea*(L.)Lloyd,即作为朱红栓菌 *Trametes cinnabarina*(Jacq.)Fr. 的一个变种,其与原变种的不同之处是,菌盖比原变种薄;厚度2~6mm,菌管口小,密,每毫米有管孔5~7个。根据命名法规,早在1904年即发表的 *Pycnoporus sanguineus*(L.)Murrill 为该菌的合法学名。

子实体生于阔叶树枯木上。

分布:新安、渑池、内乡。

【白干皮孔菌】

***Skeletocutis nivea*(Jungh.)Jean Keller**,Persoonia 10(3):353(1979)

Incrustoporia nivea(Jungh.)Ryvarden,Norw. Jl Bot. 19:232(1972)

Incrustoporia semipileata(Peck)Domański,Norw. Jl Bot.:232(1972)

Leptoporus semipileatus(Peck)Pilát,In:Kavina & Pilát,Atlas Champ. l'Europe 3:183(1938)

Leptotrimitus semipileatus(Peck)Pouzar,Česká Mykol. 20:175(1966)

Microporus niveus(Jungh.)Kuntze,Revis. Gen. Pl. 3(2):496(1898)

Polyporus hymeniicola Murrill,Mycologia 12(6):305(1920)

Polyporus niveus Jungh.,Verh. Batav. Genootsch. Kunst. Wet. 17:48(1839)

Polyporus semipileatus Peck,Ann. Rep. N. Y. St. Mus. Nat. Hist. 34:43(1883)

Polystictus niveus(Jungh.)Cooke,Grevillea 14(71):87(1886)
Trametes nivea(Jungh.)Corner,Beih. Nova Hedwigia 97:40(1989)
Tyromyces semipileatus(Peck)Murrill,N. Amer. Fl. 9(1):35(1907)

子实体平状于基质上,或平状反卷、盖状,单生或覆瓦状叠生,新鲜时软木栓质,干后木栓质。平状的子实体大小可达6cm×3cm,厚可达3mm。菌盖状的子实体半圆形至窄半圆形,单个菌盖大小可达1.5cm×5cm,中部厚可达4mm。菌盖表面新鲜时乳白色,后期奶油色至浅黄色,光滑,无同心环纹,边缘钝。孔口表面初期乳白色,后变为奶油色,有的灰色或黑色,干后浅黄色至黄褐色,不育边缘明显,奶油色,宽可达2mm。孔口多角形,每毫米7~8个。菌管与空口表面同色,木栓质,长可达1mm。菌肉乳白色,新鲜时软木栓质,干后木栓质,厚可达3mm。构成子实体的菌丝为二系菌丝,生殖菌丝具锁状联合。子实层中无囊状体,具拟囊状体,拟囊状体纺锤形,9~12μm×3~4μm,无色,薄壁。担子棍棒状,9~11μm×3.8~4.5μm,顶部具4个小梗,基部具一锁状联合。拟担子在子实层中占多数,形状与担子相似,但略小。担孢子细圆柱形至腊肠形,3~3.8μm×0.5~0.8μm,无色,厚壁,表面光滑。

子实体生于阔叶树枯木、落枝上,一年生,造成木材白色腐朽。

分布:内乡。

【浅囊状栓菌】

***Trametes gibbosa*(Pers.)Fr.**,Epicr. Syst. Mycol.:492(1838)
Agarico-suber scalptum Paulet,Traité Champ.,Atlas 2:76(1793)
Bulliardia virescens Lázaro Ibiza,Revta R. Acad. Cienc. Exact. Fis. Nat. Madr. 14:843(1916)
Daedalea gibbosa(Pers.)Pers.,Syn. Meth. Fung. 2:501(1801)
Daedalea gibbosa subsp. *gibbosa*(Pers.)Pers.,Syn. Meth. Fung. 2:501(1801)
Daedalea gibbosa var. *gibbosa*(Pers.)Pers.,Syn. Meth. Fung. 2:501(1801)
Daedalea virescens(Lázaro Ibiza)Sacc. & Trotter,Syll. Fung. 23:449(1925)
Lenzites gibbosa(Pers.)Hemmi,Ann. phytopath. Soc. Japan 9:12(1939)
Merulius gibbosus Pers.,Ann. Bot. 15:21(1795)
Polyporus gibbosus(Pers.)P. Kumm.,Führ. Pilzk.:59(1871)
Polystictus kalchbrenneri(Fr.)Cooke,Grevillea 14(71):77(1886)
Pseudotrametes gibbosa(Pers.)Bondartsev & Singer,In:Singer,Mycologia 36(1):68(1944)
Trametes crenulata Berk.,Hooker's J. Bot. Kew Gard. Misc. 6:164(1854)
Trametes gibbosa f. *gibbosa*(Pers.)Fr.,Epicr. Syst. Mycol.:492(1838)
Trametes gibbosa f. *tenuis* Pilát,Atlas Champ. l'Europe 3:290(1940)
Trametes gibbosa var. *gibbosa*(Pers.)Fr.,Epicr. Syst. Mycol.:492(1838)
Trametes kalchbrenneri Fr.,Math. Természettud. Közl. Magg. Tudom. Akad. 5:264(1868)
Trametes nigrescens Lázaro Ibiza,Revta R. Acad. Cienc. Exact. Fis. Nat. Madr. 14:523(1916)

子实体木栓质,无柄。菌盖侧生于基质上,单生或叠生,往往左右相连,多为半圆形,扁平,5~14cm×7~25cm,厚0.5~2.5cm,基部厚达4~5cm,表面密被绒毛,浅灰色,灰白色,近基部色深呈肉桂色,后期毛脱落,具较宽的同心环纹及棱纹。菌盖边缘完整,较薄,钝或波状,下侧无子实层。菌肉白色,厚3~25mm。菌管同菌肉色,长3~10mm,壁厚,管口木材白色,长方形,宽约1mm,放射状排列或迷路状,有时局部呈短褶状。担孢子偏椭圆形,4~6μm×2~3μm,无色,表面光滑。

子实体一年生，生于柞、榆、椴等树木的枯木、倒木、木桩上，引起木材海绵状白色腐朽。也常见于栽培香菇、木耳的段木上，对香菇、木耳生产有不良影响。含抗癌物质，子实体热水提取物和乙醇提取物对小白鼠肉瘤 180 抑制率为 49%，对艾氏癌抑制率为 80%。

分布：内乡、栾川、嵩县。

【毛栓菌】

***Trametes hirsuta*(Wulfen) Lloyd**, Mycol. Writ. 7:1319(1924)

Boletus hirsutus Wulfen, In: Jacquin, Collnea Bot. 2:149(1788)

Boletus nigromarginatus Schwein., Schr. Naturf. Ges. Leipzig 1:98(1822)

Boletus velutinus J. J. Planer, Ind. Pl. erfurt. Fung. Add.:26(1788)

Boletus wulfenii Humb., Fl. Friberg. Spec.:96(1793)

Coriolus hirsutus(Wulfen) Pat., Cat. Rais. Pl. Cellul. Tunisie:47(1897)

Coriolus hirsutus f. *hirsutus*(Wulfen) Pat., Cat. Rais. Pl. Cellul. Tunisie:47(1897)

Coriolus hirsutus var. *hirsutus*(Wulfen) Pat., Cat. Rais. Pl. Cellul. Tunisie:47(1897)

Coriolus nigromarginatus(Schwein.) Murrill, Bull. Torrey Bot. Club 32(12):649(1905)

Coriolus vellereus(Berk.) Pat., Bulletin du Muséum National d'Histoire Naturelle, Paris 27:376(1921)

Coriolus velutinus P. Karst., Trudy Troitsk. Otd. imp. russk. geogr. obsc. 8:61(1906)

Fomes gourliei(Berk.) Cooke, Grevillea 14(69):20(1885)

Hansenia hirsuta(Wulfen) P. Karst., Meddn Soc. Fauna Flora Fenn. 5:40(1879)

Hansenia vellerea (Berk.) P. Karst., Meddn Soc. Fauna Flora Fenn. 5:40(1879)

Microporus galbanatus(Berk.) Kuntze, Revis. Gen. Pl. 3(2):496(1898)

Microporus hirsutus(Wulfen) Kuntze, Revis. Gen. Pl. 3(2):496(1898)

Microporus nigromarginatus(Schwein.) Kuntze, Revis. Gen. Pl. 3(2):496(1898)

Microporus vellereus(Berk.) Kuntze, Revis. Gen. Pl. 3(2):497(1898)

Polyporus cinerescens Lév., Annls Sci. Nat., Bot., Sér. 3, 2:184(1844)

Polyporus cinereus Lév., Annls Sci. Nat., Bot., Sér. 3, 5:140(1846)

Polyporus fagicola Velen., České Houby 4~5:654(1922)

Polyporus galbanatus Berk., Ann. Mag. Nat. Hist., Ser. 1, 10:377(1843)

Polyporus gourliei Berk., Botany of the Antarctic Voyage. III Flora Tasmaniae. 2:253(1860)

Polyporus hirsutus(Wulfen) Fr., Syst. Mycol. 1:265(1821)

Polyporus hirsutus f. *hirsutus*(Wulfen) Fr., Syst. Mycol. 1:265(1821)

Polyporus hirsutus var. *hirsutus*(Wulfen) Fr., Syst. Mycol. 1:265(1821)

Polyporus vellereus Berk., J. Bot., Lond. 1:455(1842)

Polystictoides hirsutus(Wulfen) Lázaro Ibiza, Revta R. Acad. Cienc. Exact. Fis. Nat. Madr. 14:756(1916)

Polystictus cinerescens(Lév.) Sacc., Syll. Fung. 6:223(1888)

Polystictus galbanatus(Berk.) Cooke, Grevillea 14(71):83(1886)

Polystictus hirsutus(Wulfen) Fr., Syst. Mycol. 1:367(1821)

Polystictus hirsutus f. *hirsutus*(Wulfen) Fr., Syst. Mycol. 1:367(1821)

Polystictus hirsutus var. *hirsutus*(Wulfen) Fr., Syst. Mycol. 1:367(1821)

Polystictus nigromarginatus(Schwein.) P. W. Graff, Bull. Torrey Bot. Club 48(1921)

Polystictus vellereus(Berk.) Fr., Nova Acta R. Soc. Scient. Upsal., Ser. 3, 1:87(1851)

Scindalma gourliei(Berk.) Kuntze, Revis. Gen. Pl. 3(2):518(1898)

Trametes hirsuta(Wulfen) Pilát, In: Kavina & Pilát, Atlas Champ. l'Europe 3:265(1939)

Trametes hirsuta f. *hirsuta*(Wulfen) Pilát, In: Kavina & Pilát, Atlas Champ. l'Europe 3:265(1939)

Trametes porioides Lázaro Ibiza, Los poliporaceos de la flora Espanola:372(1917)

子实体无柄,扁平片状,半圆形、贝壳形或扇形,软木栓质,1~7cm×1.5~10cm,厚0.2~1cm,边缘薄而锐,完整或波浪状。表面有粗毛或纤毛和同心环棱,浅黄色、灰白色至浅褐色,有时由于藻类附生而呈绿色。菌肉厚0.1~8cm,白色至淡黄色。菌管长1~4mm,管口圆形至多角形,每毫米1~2个,管壁完整,白色、浅黄色、灰白色,有时变为暗灰色。担孢子圆柱形至腊肠形,6~7μm×1.8~2.7μm,表面光滑,无色。

子实体单生、群生于阔叶树腐木上,引起木材海绵状白色腐朽。也可寄生于板栗、栎树、柳树,引起木腐病。具药用价值。子实体水提取液对小白鼠肉瘤180的抑制率为65%。

分布:鲁山、济源、确山、信阳、新县、罗山。郑州、中牟、内黄、西华、民权、洛阳、嵩县、栾川、开封、登封、南召、内乡。

【大白栓菌】

***Trametes lactinea*(Berk.) Sacc.**, Syll. Fung. 6:343(1888)

Coriolus lactineus(Berk.) G. Cunn., Proc. Linn. Soc. N. S. W. 75:229(1950)

Polyporus lactineus Berk., Ann. Mag. Nat. Hist., Ser. 1, 10:373(1843)

Trametes levis Berk., J. Bot., Lond. 6:507(1847)

子实体无柄。菌盖半圆形,平展,4~15cm×6~25cm,厚8~25mm,可相互连接,木栓质。表面初期近白色,有微细绒毛,渐变为浅肉色、光滑,有较明显同心棱纹,常有小瘤,边缘锐或钝,波浪状至瓣裂。菌肉白色至米黄色,厚2~10mm;菌管白色至米黄色,长5~12mm,壁薄。管口白色至米黄色,棱形,最大的宽1.5~2mm。构成子实体的菌丝为三系菌丝系统。生殖菌丝无色透明,直径1~4μm,在干标本中不易看到;骨架菌丝多,无色透明,淡白黄色、黄色,直径10μm;联络菌丝也较多,无色透明,淡黄白色,树枝状,直径1~7μm。担孢子广椭圆形,4~7.5μm×2.2~3μm,表面光滑,无色。无囊状体。

子实体生于阔叶树枯木上,也见于桦树生势弱的活立木上。

分布:内乡。

【灰硬栓菌】

***Trametes nivosa*(Berk.) Murrill**, N. Amer. Fl. 9(1):42(1907)

Coriolus hollickii Murrill, Mycologia 2(4):187(1910)

Fomitopsis nivosa(Berk.) Gilb. & Ryvarden, N. Amer. Polyp., Vol. 1 Abortiporus - Lindtneri:275(1986)

Hapalopilus fulvitinctus(Berk. & M. A. Curtis) Murrill, Bull. Torrey Bot. Club 31(8):419(1904)

Leptoporus nivosus(Berk.) Pat., Essai Tax. Hyménomyc.:84(1900)

Microporus fulvitinctus(Berk. & M. A. Curtis) Kuntze, Revis. Gen. Pl. 3:496(1898)

Pilatoporus nivosus(Berk.) Kotl. & Pouzar, Cryptog. Mycol. 14(3):218(1993)

Polyporus fulvitinctus Berk. & M. A. Curtis, J. Linn. Soc., Bot. 10(45):313(1868)

Polyporus griseodurus Lloyd, Mycol. Writ. 5(Letter 68):12(1918)

Polyporus nivosellus(Murrill) Sacc. & Trotter, Syll. Fung. 21:280(1912)

Polyporus nivosus Berk., Hooker's J. Bot. Kew Gard. Misc. 8:196(1856)

Polyporus palmarum(Murrill) Sacc. & Trotter, Syll. Fung. 21:279(1912)

Polyporus ungulatus(Berk.)Sacc.,Syll. Fung. 6:142(1888)
Polystictus fulvitinctus(Berk. & M. A. Curtis)Cooke[as '*fulvi-tinctus*'],Grevillea 14(71):86(1886)
Polystictus hollickii(Murrill)Sacc. & Trotter,Syll. Fung. 21:315(1912)
Trametes griseodurus(Lloyd)Teng,中国的真菌:763(1963)
Trametes ungulata Berk.,J. Linn. Soc.,Bot. 13:165(1872)
Tyromyces fulvitinctus(Berk. & M. A. Curtis)Murrill,N. Amer. Fl. 9(1):36(1907)
Tyromyces nivosellus Murrill,N. Amer. Fl. 9(1):32(1907)
Tyromyces palmarum Murrill,N. Amer. Fl. 9(1):32(1907)

子实体半圆形,无柄,菌盖扁平,4~13cm×7~26cm,厚6~27mm,质硬,表面常有瘤状突起,无环带,米黄色或淡青灰色至浅棕灰色或烟灰色,初期有绒毛,后渐变光滑,边缘锐或稍钝。菌肉厚3~13mm,木栓质,白色。管口圆形或近多角形,平均每毫米3个,壁薄或厚,完整,初期白色,后渐变为浅土黄色。担孢子大小为5~7μm×3μm,无色,光滑。构成子实体的菌丝粗2.5~5.5μm,壁厚,少分枝,无横隔和锁状联合。

子实体常见于阔叶树的枯木上。

分布:卢氏、陕县、灵宝、嵩县、栾川。

【浅黄褐栓菌】

Trametes ochracea **(Pers.) Gilb. & Ryvarden**, N. Amer. Polyp., Vol. 2 Megasporoporia - Wrightoporia:752(1987)
Agaricus multicolor(Schaeff.)E. H. L. Krause,Basidiomycetum Rostochiensium,Suppl. 4:142(1932)
Bjerkandera zonata(Nees)P. Karst.,Acta Soc. Fauna Flora Fenn. 2(1):30(1881)
Boletus multicolor Schaeff.,Fung. Bavar. Palat. 4:91(1774)
Boletus ochraceus Pers.,Ann. Bot. 11:29(1794)
Boletus zonatus Nees,Syst. Pilze:221(1816)
Bulliardia rufescens Lázaro Ibiza,Revta R. Acad. Cienc. Exact. Fis. Nat. Madr. 14:844(1916)
Coriolus concentricus Murrill,N. Amer. Fl. 9(1):23(1907)
Coriolus lloydii Murrill,N. Amer. Fl. 9(1):23(1907)
Coriolus zonatus (Nees)Quél.,Enchir. Fung.:175(1886)
Daedalea rufescens(Lázaro Ibiza)Sacc. & Trotter,Syll. Fung. 23:450(1925)
Hansenia zonata(Nees)P. Karst.,Meddn Soc. Fauna Flora Fenn. 5:40(1879)
Microporus multicolor (Schaeff.)Kuntze,Revis. Gen. Pl. 3(2):495(1898)
Polyporus aculeatus Velen.,České Houby 4~5:646(1922)
Polyporus lloydii(Murrill)Overh.,Ann. Mo. Bot. Gdn 1:95(1914)
Polyporus versicolor var. *ochraceus*(Pers.)Pers.,Mycol. Eur. 2:72(1825)
Polyporus versicolor var. *zonatus*(Nees)Jørst.,Kgl. norske vidensk. Selsk. Skr. 10:44(1937)
Polystictus concentricus(Murrill)Sacc. & Trotter,Syll. Fung. 21:313(1912)
Polystictus lloydii(Murrill)Sacc. & Trotter,Syll. Fung. 21:316(1912)
Polystictus zonatus(Nees)Fr.,Nova Acta R. Soc. Scient. Upsal.,Ser. 3,1:86(1851)
Trametes multicolor(Schaeff.)Jülich,Persoonia 11(4):427(1982)
Trametes zonata(Nees)Pilát,In:Kavina & Pilát,Atlas Champ. l'Europe 3:263(1939)
Trametes zonatella Ryvarden,Grundr. Krauterk. 2:436(1978)

子实体为无菌柄的菌盖,一般呈覆瓦状叠生,新鲜时韧革质,干后木栓质。菌盖半圆形、扇形,单个菌盖大小可达3cm×4cm,中部厚可达1.5cm。菌盖表面新鲜时奶油色,后变为浅黄色、黄褐色、红褐色,被细绒毛,有明显或不明显的同心环带,老后光滑。边缘钝,奶油色。孔口表面初期奶油色,后期浅黄色至灰褐色,干后色深。不育边缘明显,比孔口表面颜色稍浅,宽可达2mm。孔口圆形,每毫米约3~5个。菌管与孔口表面同色,木栓质,长可达5mm。菌肉乳白色,木栓质,厚可达1cm。构成子实体的菌丝为三系菌丝,生殖菌丝具锁状联合。子实层中无囊状体和拟囊状体。担子棍棒状,15~18μm×5.5~6.5μm,顶部具4个小梗,基部具一锁状联合。拟担子在子实层中占多数,形状与担子相似,但略小。担孢子圆柱形,5.5~6.5μm×2~2.5μm,无色,表面光滑。

子实体见于多种阔叶树枯木、落枝上,一年生至二年生,造成木材白色腐朽。

分布:内乡。

【东方栓菌】

***Trametes orientalis*(Yasuda) Imazeki**, Bull. Tokyo Sci. Mus. 6:73(1943)

Polystictus orientalis Yasuda, Bot. Mag., Tokyo 32:135(1918)

子实体木栓质,无柄。菌盖基部缩小成圆形或近贝壳状,3~12cm×4~20cm,表面有微细绒毛或无毛,米黄色,常有浅棕灰色至深灰色的环纹和宽的同心环带,还有辐射状皱纹,边缘锐或稍钝。菌肉厚2~6mm,白色。菌管与菌肉同色,长2~4mm,壁厚,管口圆形,平均每毫米3个,白色至淡锈色。担孢子5.5~7.5μm×2.5~3μm,表面光滑,无色。构成子实体的菌丝粗2.5~5μm,少分枝,无横隔或锁状联合(图版185~186)。

子实体群生于阔叶树的倒木上。为木材腐朽菌。

分布:卢氏、陕县、灵宝、嵩县、栾川。

【绒毛栓菌】

***Trametes pubescens*(Schumach.) Pilát**, In: Kavina & Pilát, Atlas Champ. l'Europe 3:268(1939)

Bjerkandera pubescens(Schumach.) P. Karst., Bidr. Känn. Finl. Nat. Folk 37:41(1882)

Bjerkandera velutinus(Pers.) P. Karst., Acta Soc. Fauna Flora Fenn. 2(1):30(1881)

Boletus pubescens Schumach., Enum. pl. 2:384(1803)

Boletus velutinus Pers., Ann. Bot. 11:29(1794)

Boletus velutinus var. *velutinus* Pers., Ann. Bot. 11:29(1794)

Coriolus applanatus P. Karst., Finl. Basidsvamp. 46(11):3(1904)

Coriolus pubescens(Schumach.) Quél., Fl. Mycol., 3. Cortinariales-A.:391(1888)

Coriolus pubescens f. *pubescens*(Schumach.) Quél., Fl. Mycol., 3. Cortinariales-A.:391(1888)

Coriolus pubescens f. *velutinus*(Pers.) Pilát, Bull. Trimest. Soc. Mycol. Fr. 51(3~4):364(1936)

Coriolus pubescens var. *pubescens*(Schumach.) Quél., Fl. Mycol., 3. Cortinariales-A.:391(1888)

Coriolus sullivantii(Mont.) Murrill, Bull. Torrey Bot. Club 32(12):650(1905)

Coriolus velutinus(Pers.) Pat., Essai Tax. Hyménomyc.:94(1900)

Hansenia imitata P. Karst., Meddn Soc. Fauna Flora Fenn. 13:161(1886)

Hansenia pubescens(Schumach.) P. Karst., Bidr. Känn. Finl. Nat. Folk 48:304(1889)

Hansenia velutina(Pers.) P. Karst., Meddn Soc. Fauna Flora Fenn. 5:40(1879)

Leptoporus pubescens(Schumach.) Pat., Essai Tax. Hyménomyc.:84(1900)

Microporus imitatus(P. Karst.) Kuntze, Revis. Gen. Pl. 3(2):496(1898)

Microporus molliusculus(Berk.)Kuntze,Revis. Gen. Pl. 3(2):496(1898)
Microporus sullivantii(Mont.)Kuntze,Revis. Gen. Pl. 3(2):497(1898)
Microporus velutinus(Pers.)Kuntze,Revis. Gen. Pl. 3(2):497(1898)
Polyporus molliusculus Berk. ,J. Bot. ,Lond. 6:320(1847)
Polyporus pubescens(Schumach.)Fr. ,Observ. Mycol. 1:124(1815)
Polyporus pubescens var. *pubescens*(Schumach.)Fr. ,Observ. Mycol. 1:124(1815)
Polyporus sullivantii Mont. ,Annls Sci. Nat. ,Bot. ,Sér. 2,18(1842)
Polyporus velutinus Pers. ,Ann. Bot. 11:29(1794)
Polystictus applanatus(P. Karst.)Sacc. & D. Sacc. ,Syll. Fung. 17:129(1905)
Polystictus imitatus(P. Karst.)Sacc. ,Syll. Fung. 6:259(1888)
Polystictus pubescens(Schumach.)Gillot & Lucand,Cat. Champ. Sup. Saône-et-Loire:351(1890)
Polystictus sullivantii(Mont.)Cooke,Grevillea 14(71):81(1886)
Polystictus velutinus(Pers.)Sacc. ,Syll. Fung. 6:258(1888)
Trametes velutina(Pers.)G. Cunn. ,Bull. N. Z. Dept. Sci. Industr. Res. ,Pl. Dis. Div. 164:173(1965)
Tyromyces pubescens(Schumach.)Imazeki,Bull. Tokyo Sci. Mus. 6:84(1943)

子实体半圆形至扇形、贝壳形,无柄。菌盖木栓质,2～4cm×3～8cm,厚3～6mm,表面白色至灰白色,有密而细的绒毛和不明显的环带。边缘波浪状,干后常内卷。菌肉白色,厚1～4mm。菌管长2～5mm,管口圆形,白色,后期变为灰白色,每毫米3～4个,壁薄,管口边缘常呈锯齿状。构成子实体的菌丝壁厚,无横隔和锁状联合,直径3～6.5μm。担孢子近圆柱形,6～10μm×2～3μm,略显弯曲,表面光滑,无色。

子实体覆瓦状群生于杨、柳、桦、栎、赤杨等阔叶树倒木或伐木桩上,也常见于栽培食用菌的段木上。为分解能力强的木材腐朽菌,引起木材白色腐朽。

分布:嵩县、栾川、内乡、西华、商水、登封、郑州、信阳。

【香栓菌】

***Trametes suaveolens*(L.)Fr.** ,Epicr. Syst. Mycol. :491(1838)
Agarico-pulpa suaveolens(L.)Paulet,Traité Champ. ,Atlas 2:106(1793)
Boletus suaveolens L. ,Sp. Pl. 2:1177(1753)
Boletus suaveolens var. *suaveolens* L. ,Sp. Pl. 2:1177(1753)
Boletus suberosus Bolton,Hist. Fungusses,Append. :162(1792)
Daedalea suaveolens(L.)Pers. ,Syn. Meth. Fung. 2:502(1801)
Fomitopsis odoratissima Bondartsev,Botanicheskiĭ Zhurnal 35:76(1950)
Haploporus suaveolens(L.)Donk,Proc. K. Ned. Akad. Wet. ,Ser. C,Biol. Med. Sci. 74(1):20(1971)
Polyporus itoi Lloyd,Mycol. Writ. 7:1274(1924)
Polyporus suaveolens(L.)Fr. ,Syst. Mycol. 1:366(1821)
Polyporus suaveolens subsp. *suaveolens*(L.)Fr. ,Syst. Mycol. 1:366(1821)
Trametes suaveolens f. *indora*(L.)Pilát,Bull. Soc. Franç. Mycol. Médic. 49:264(1933)

子实体无菌柄。菌盖半圆形,垫状,3～9mm×4.5～16mm,厚1～3.5cm,新鲜时软木栓质,干时坚硬,白色至浅灰色或浅黄白色,浅黄色,有的有明显的同心环带和轮纹,表面被细绒毛,后变近光滑,边缘钝或稍薄。菌管长10mm,管口白色或灰色,圆形至近多角形,每毫米1～3个,通常为2个。担孢子长椭圆形或短圆柱形,无色透明,表面平滑。

主要生于杨、柳树上,有时也生桦树活立木、枯立木及伐桩上。为木材腐朽菌,引起心材或边材白色腐朽。因常见于杨、柳上，引起典型的白色腐朽，故俗称杨柳白腐菌。又因新鲜时有香气味，故名香栓菌。

分布：卢氏、陕县、灵宝、内乡。

【硬毛栓菌】

***Trametes trogii* Berk.**，In：Trog，Hist. Nat. Iles Canar. 2：52（1850）

Cerrena trogii（Berk.）Zmitr.，Mycena 1（1）：92（2001）

Coriolopsis trogii（Berk.）Domański，Mała Flora Grzybów，I Basidiomycetes（Podstawczaki），Aphyllophorales（Bezblaszkowce）.（5）Corticiaceae 1：230（1974）

Coriolus maritimus（Quél.）Quél.，Fl. Mycol.：391（1888）

Daedalea trametes Speg.，Anal. Soc. Cient. Argent. 9（4）：166（1880）

Funalia trogii（Berk.）Bondartsev & Singer，Annls Mycol. 39（1）：62（1941）

Funalia trogii var. *rhodostoma*（Forq. ex Quél.）Bondartsev，Trut. Grib Evrop. Chasti SSSR Kavkaza：532（1953）

Inodermus maritimus Quél.，Compt. Rend. Assoc. Franç. Avancem. Sci. 15（2）：487（1887）

Microporus ozonioides（Berk.）Kuntze［as '*ozoniodes*'］，Revis. Gen. Pl. 3：496（1898）

Microporus ozonoides（Berk.）Kuntze，Revis. Gen. Pl. 3（2）：496（1898）

Polyporus maritimus（Quél.）Sacc.，Syll. Fung. 9：172（1891）

Polyporus ozonoides Berk.，Hooker's J. Bot. Kew Gard. Misc. 3：82（1851）

Polystictoides maritimus（Quél.）Lázaro Ibiza，Revta R. Acad. Cienc. Exact. Fis. Nat. Madr. 14：834（1916）

Polystictus ozonioides（Berk.）Cooke，Grevillea 14（71）：80（1886）

Striglia trametes（Speg.）Kuntze，Revis. Gen. Pl. 2：871（1891）

Trametella trogii（Berk.）Domański，Acta Soc. Bot. Pol. 37（1）：126（1968）

Trametella trogii var. *rhodostoma*（Forq. ex Quél.）Domański，Orloś & Skirg.，Fungi，Polyporaceae 2，Mucronoporaceae 2，Revised transl. Ed.：221（1973）

Trametes favus var. *trogii*（Berk.）Bres.，Annls Mycol. 6（1）：39（1908）

Trametes gallica f. *trogii*（Berk.）Pilát，In：Kavina & Pilát，Atlas Champ. l'Europe 3：285（1939）

Trametes gallica var. *trogii*（Berk.）Sacc.，Syll. Fung. 23：442（1925）

Trametes hispida subsp. *trogii*（Berk.）Bourdot & Galzin，Bull. Trimest. Soc. Mycol. Fr. 41：163（1925）

Trametes hispida var. *rhodostoma* Forq. ex Quél.，Fl. Mycol.：372（1888）

Trametes lutescens f. *trogii*（Berk.）Bres.，Atti Acad. Agiato Rovereto 3：89（1897）

Trametes maritima（Quél.）Pat.，Essai Tax. Hyménomyc.：92（1900）

Trametes trogii f. *trogii* Berk.，In：Trog，Hist. Nat. Iles Canar. 2：52（1850）

Trametes tucumanensis Speg.，Anal. Mus. Nac. Hist. Nat. B. Aires 6：174（1898）

子实体一年生，无柄，侧生，木栓质。菌盖半圆形，扁平，近薄片状，1.5～7.5cm×2～13.5cm，厚5～25mm，表面密被黄白色、黄褐色或深栗褐色粗毛束，有同心环带，老时褪为灰白色或浅灰褐色，边缘较薄而锐。菌肉白色，木材色至浅黄褐色，干时变轻，厚2.5～10mm。菌管一层，与菌肉同色同质，长2.5～15mm，管孔较大，圆形或广椭圆形，有时多弯曲不正形，每毫米2～3个管口。担子短棒状，15～20μm×5～6μm，具4小梗。担孢子长椭圆形或圆筒形，8.5～12.5μm×2.8～4μm，无色，透明，表面平滑。

生于杨树、柳树、刺槐、泡桐的活立木、枯立木或伐木桩上，引起白色腐朽。

分布：郑州、开封、睢县、中牟、商水、登封、内黄、西华、民权、洛阳、嵩县、尉氏、南召、内乡、鲁山、舞阳、信阳。

讨论：该菌在国内文献上曾被记述为 *Funalia gallica*(Fr.) Bondartsev&Singer[= *Funalia gallica*(*Fr.*) Pat. 粗毛盖菌]，2009 年余长军等在文献中称此前报道的 *Funalia gallica*(Fr.) Bondartsev&Singer 所依据的标本实际上都是 *Funalia trogii*(Berk.) Bondartsev&Singer(硬毛栓孔菌)，进一步的研究确定 2008 年采集自海南省的标本是 *Funalia gallica*(Fr.) Bondartsev&Singer(粗毛盖菌)，并以中国多孔菌一新纪录种发表。

【云芝栓菌】

***Trametes versicolor*(L.) Lloyd**, Mycol. Notes 65:1045(1921)

Agarico-suber versicolor(L.) Paulet, Traité Champ., Atlas 2(1793)

Agaricus versicolor(L.) Lam., Encycl. Méth. Bot. 1:50(1783)

Bjerkandera versicolor(L.) P. Karst., Acta Soc. Fauna Flora Fenn. 2(1):30(1881)

Boletus versicolor L., Sp. Pl. 2:1176(1753)

Boletus versicolor var. *versicolor* L., Sp. Pl. 2:1176(1753)

Coriolus versicolor(L.) Quél., Enchir. Fung.:175(1886)

Hansenia versicolor(L.) P. Karst., Meddn Soc. Fauna Flora Fenn. 5:40(1879)

Microporus fuscatus(Fr.) Kuntze, Revis. Gen. Pl. 3(2):496(1898)

Microporus nigricans(Lasch) Kuntze, Revis. Gen. Pl. 3(2):496(1898)

Microporus versicolor(L.) Kuntze, Revis. Gen. Pl. 3(2):497(1898)

Ochroporus nigricans(Fr.) Fiasson & Niemelä, Karstenia 24(1):26(1984)

Polyporus fuscatus Fr., Observ. Mycol. 2:259(1818)

Polyporus nigricans Lasch, In: Rabenhorst, Fungi europ. exsicc. 4: no. 15(1859)

Polyporus versicolor(L.) Fr., Observ. Mycol. 2:260(1818)

Polyporus versicolor var. *fuscatus*(Fr.) Fr., Syst. Mycol. 1:369(1821)

Polyporus versicolor var. *nigricans* Fr., Hymenomyc. Eur.:568(1874)

Polystictus fuscatus(Fr.) Cooke, Grevillea 14(71):83(1886)

Polystictus nigricans(Lasch) Cooke, Grevillea 11(59):92(1883)

Polystictus versicolor(L.) Fr., Nov. Symb. Myc.:86(1851)

Polystictus versicolor var. *fuscatus*(Fr.) Rea, Brit. Basidiomyc.:609(1922)

Polystictus versicolor var. *nigricans*(Lasch) Rea, Brit. Basidiomyc.:609(1922)

Poria versicolor(L.) Scop., Fl. Carniol., Edn 2, 2:468, 592(1772)

Sistotrema versicolor (L.) Tratt., Fungi austr. 2:55(1830)

Trametes versicolor(L.) Pilát, In: Kavina & Pilát, Atlas Champ. l'Europe 3:261(1939)

Trametes versicolor f. *fuscata*(Fr.) Domański, Orloś & Skirg., Flora Polska. Grzyby 2:221(1967)

Xerocomus versicolor(Kuntze) E.-J. Gilbert, Skrifter udgivet af Videskabsselskabet i Christiania:138(1931)

子实体片状，无菌柄。菌盖半圆形至贝壳状，革质，长径 1～10cm，短径 1～6cm，厚 1～3mm，表面有细绒毛，颜色多样，以蓝灰色较常见，有同心环带。边缘薄，完整或波状。菌肉白色，厚 0.5～1.5mm。菌管长 0.5～3mm，管口白色、浅黄色或灰色。子实体往往相互连接，覆瓦状排列或平伏而反卷。担孢子长椭圆形，4.5～7.2μm×1.8～2.7μm，表面光滑，无色(图版 187～188)。

子实体一年生，生于杨、柳、槭、栎、榛、桦、梓、榆、樟、木荷、枫杨、李、桃、苹果、紫丁香等多种阔叶树的枯立木、倒木和伐木桩上，引起木材白色腐朽。亦偶见于松树的树干上。可药用，用于治疗慢性气管炎、乙型肝炎、慢性活动性肝炎、肝硬化、肾炎、类风湿、风湿及消化道肿瘤、肺癌、乳腺癌等症。

分布:广泛分布于河南各地。

【淡黄拟栓菌】

***Trametopsis cervina*(Schwein.) Tomšovský**, Czech Mycol. 60(1):8(2008)

Antrodia cervina(Schwein.) Kotl. & Pouzar, Česká Mykol. 37(1):50(1983)

Boletus cervinus Schwein., Schr. Naturf. Ges. Leipzig 1:96(1822)

Coriolellus cervinus(Schwein.) Kotl. & Pouzar, Česká Mykol. 11(3):161(1957)

Coriolus cervinus(Schwein.) Bondartsev, Trut. Grib Evrop. Chasti SSSR Kavkaza:493(1953)

Coriolus orizabensis Murrill, Bulletin of the New York Botanical Garden 8:141(1912)

Coriolus populinus(Bres.) Murrill, Lloydia 10:258(1947)

Davidia cervina(Schwein.) M. Pieri & B. Rivoire, Bull. Soc. Mycol. Fr. 123(1):56(2008)

Diplomitoporus cervinus(Schwein.) Spirin & Zmitr., Nov. sist. Niz. Rast. 41:164(2008)

Funalia cervina(Schwein.) Y. C. Dai, Fungal Science, Taipei 11(3~4):91(1996)

Microporus cervinus(Schwein.) Kuntze, Revis. Gen. Pl. 3(2):495(1898)

Microporus scarrosus(Berk. & M. A. Curtis) Kuntze, Revis. Gen. Pl. 3(2):497(1898)

Polyporus candidulus Lév., Annls Sci. Nat., Bot., Sér. 3, 5:301(1846)

Polyporus caroliniensis Berk. & M. A. Curtis, Hooker's J. Bot. Kew Gard. Misc. 1:102(1849)

Polyporus cervinus(Schwein.) Fr., Linnaea 6:486(1833)

Polyporus mali Velen., České Houby 4-5:656(1922)

Polyporus scarrosus Berk. & M. A. Curtis, Grevillea 1(4):52(1872)

Polyporus squarrosus Berk. & M. A. Curtis, Grevillea 1(4):52(1872)

Polystictus cervinus(Schwein.) Cooke, Grevillea 14(71):81(1886)

Polystictus orizabensis(Murrill) Murrill, Bulletin of the New York Botanical Garden 8:153(1912)

Polystictus scarrosus(Berk. & M. A. Curtis) Cooke, Grevillea 14(71):81(1886)

Trametes cervina(Schwein.) Bres., Annls Mycol. 1(1):81(1903)

Trametes populina Bres., Malpighia 10:262(1896)

Tyromyces candidulus(Lév.) S. Ahmad, Basidiomyc. W. Pakist.:97(1972)

子实体为无菌柄的菌盖,单生、左右连生或覆瓦状叠生,有的平状反卷,新鲜时革质或软木栓质,干后木栓质。菌盖半圆形、近贝壳形,单个菌盖大小可达5cm×7cm,中部厚可达1cm。菌盖表面蛋壳色或淡黄褐色,被粗硬毛,有同心环带,常有放射状条纹,有时具小疣。边缘锐,新鲜时奶油色,干后稍内卷。孔口表面初期近白色,触摸后变为黄褐色,后期变为淡黄褐色、黄褐色或暗褐色。不育边缘明显,奶油色,宽可达2mm。孔口不规则,幼时孔状,圆形或近圆形至多角形,成熟的子实层体为裂齿状,每毫米约0.5~3个。管口边缘薄,裂齿状。菌管比孔口表面色浅,木栓质,长可达9mm。菌肉浅黄色,木栓质,厚可达5mm。构成子实体的菌丝为二系菌丝,生殖菌丝具锁状联合。子实层中无囊状体和拟囊状体。担子棍棒状,17~27μm×4.2~7.5μm,顶部具4个小梗,基部具一锁状联合。拟担子在子实层中占多数,形状与担子相似,但略小。担孢子香肠形至圆柱形,5.6~6.9μm×2~3μm,无色,表面光滑。

子实体见于多种阔叶树枯木、落枝上,一年生,造成木材白色腐朽。

分布:内乡。

【冷杉囊孔菌】

***Trichaptum abietinum*(Dicks.)Ryvarden**,Norw. Jl Bot. 19:237(1972)

Boletus abietinus Dicks.,Fasc. Pl. Cript. Brit. 3:21(1793)

Boletus purpurascens Pers.,Observ. Mycol. 1:24(1796)

Coriolus abietinus(Dicks.)Quél.,Enchir. Fung.:175(1886)

Coriolus dentiporus(Pers.)Bondartsev & Singer,Annls Mycol. 39(1):60(1941)

Hirschioporus abietinus(Pers.)Donk,Meded. Bot. Mus. Herb. Rijks Univ. Utrecht 9:168(1933)

Hydnum parasiticum Pers.,Icon. Desc. Fung. Min. Cognit. 2:55(1800)

Microporus pusio(Sacc. & Cub.)Kuntze,Revis. Gen. Pl. 3(2):497(1898)

Physisporus caesioalbus P. Karst.,Hedwigia 22:177(1883)

Polyporus abietinus(Dicks.)Fr.,Syst. Mycol. 1:370(1821)

Polyporus dentiporus Pers.,Mycol. Eur. 2:104(1825)

Polyporus favillaceus Berk. & M. A. Curtis,Grevillea 1(4):53(1872)

Polyporus parvulus Schwein.,Trans. Am. Phil. Soc.,New Series 4(2):157(1832)

Polystictus abietinus(Dicks.)Fr.,Grevillea 14(71):84(1886)

Polystictus parvulus(Schwein.)Cooke,Grevillea 14(71):77(1886)

Poria dentipora(Pers.)Cooke,Grevillea 14(72):112(1886)

Poria favillacea(Berk. & M. A. Curtis)Sacc.,Syll. Fung. 6:305(1888)

Trametes abietina(Dicks.)Pilát,In:Kavina & Pilát,Atlas Champ. l'Europe 3:273(1939)

Trametes abietina var. *abietina*(Dicks.)Pilát,In:Kavina & Pilát,Atlas Champ. l'Europe 3:273(1939)

子实体半圆形或贝壳形,无柄。菌盖革质,0.5～3.5cm×1～4cm,厚1～2mm,白色至灰色,表面有细软长毛及环纹,有时因有藻类附生而呈绿色,边缘薄,波浪状至瓣裂,干后内卷。菌肉白色至灰色,膜质。菌管每毫米2～3个,渐裂为齿状,往往带紫色。子实层中有囊状体,囊状体突越子实层10～15μm,粗5～6μm,无色,顶端有结晶体。

子实体生于松、杉等针叶树的腐木上。为木材分解菌,引起木材白色腐朽。可药用,子实体提取物对小白鼠肉瘤180和艾氏癌抑制率达100%。

分布:嵩县、栾川、卢氏、陕县、灵宝、内乡、南召、信阳、新县、商城。

【附毛囊孔菌】

***Trichaptum biforme*(Fr.)Ryvarden**[as '*biformis*'],Norw. Jl Bot. 19(3～4):237(1972)

Bjerkandera biformis(Fr.)P. Karst.,Bidr. Känn. Finl. Nat. Folk 37:44(1882)

Coriolus biformis(Fr.)Pat.,Tabl. analyt. Fung. France(7):48(1897)

Coriolus elongatus(Berk.)Pat.,Essai Tax. Hyménomyc.:94(1900)

Coriolus friesii(Klotzsch)Pat.,Essai Tax. Hyménomyc.:94(1900)

Coriolus laceratus(Berk.)Pat.,Essai Tax. Hyménomyc.:94(1900)

Coriolus pargamenus(Fr.)G. Cunn.,Proc. Linn. Soc. N. S. W. 75:235(1950)

Coriolus prolificans(Fr.)Murrill,N. Amer. Fl. 9(1):27(1907)

Coriolus sartwellii(Berk. & M. A. Curtis)Murrill,Bull. Torrey Bot. Club 32(12):646(1905)

Coriolus sublimitatus Murrill,Bull. Torrey Bot. Club 65:658(1938)

Heteroporus pargamenus(Fr.)Bondartsev & Singer,Annls Mycol. 39(1):63(1941)

Heteroporus pergamenus(Fr.)Bondartsev & Singer,Annls Mycol. 39(1):63(1941)

Hirschioporus elongatus(Berk.)Teng,中国的真菌:761(1963)

Hirschioporus friesii(Klotzsch)D. A. Reid, Contr. Bolus Herb. 7:59(1975)
Hirschioporus pargamenus(Fr.)Bondartsev & Singer, Annls Mycol. 39(1):63(1941)
Irpex elongatus(Berk.)Lloyd, Mycol. Writ. 7:1231(1923)
Microporellus friesii(Klotzsch)Ryvarden, Norw. Jl Bot. 19:232(1972)
Microporus biformis(Fr.)Kuntze, Revis. Gen. Pl. 3(2):495(1898)
Microporus candicans(Lév.)Kuntze, Revis. Gen. Pl. 3(2):495(1898)
Microporus elongatus(Berk.)Kuntze, Revis. Gen. Pl. 3(2):496(1898)
Microporus evolvens(Berk.)Kuntze, Revis. Gen. Pl. 3(2):496(1898)
Microporus friesii(Klotzsch)Kuntze, Revis. Gen. Pl. 3:496(1898)
Microporus inquinatus(Lév.)Kuntze, Revis. Gen. Pl. 3(2):496(1898)
Microporus laceratus(Berk.)Kuntze, Revis. Gen. Pl. 3(2):496(1898)
Microporus pargamenus(Fr.)Kuntze, Revis. Gen. Pl. 3(2):496(1898)
Microporus pergamenus(Fr.)Kuntze, Revis. Gen. Pl. 3(2):496(1898)
Microporus prolificans(Fr.)Kuntze, Revis. Gen. Pl. 3(2):497(1898)
Microporus sartwellii(Berk. & M. A. Curtis)Kuntze, Revis. Gen. Pl. 3(2):497(1898)
Polyporus biformis Fr., In: Klotzsch, Linnaea 8:486(1833)
Polyporus candicans Lév., Annls Sci. Nat., Bot., Sér. 4, 20:285(1863)
Polyporus ehretiae Bres., Stud. Trent., ser. 2, 7:56(1926)
Polyporus elongatus Berk., J. Bot., Lond. 1(3):149(1842)
Polyporus evolvens Berk., Hooker's J. Bot. Kew Gard. Misc. 8:235(1856)
Polyporus friesii Klotzsch, Linnaea 8:487(1833)
Polyporus inquinatus Lév., Annls Sci. Nat., Bot., Sér. 3, 5:140(1846)
Polyporus laceratus Berk., Ann. Mag. Nat. Hist., Ser. 1, 3:392(1839)
Polyporus menandianus Mont., Annls Sci. Nat., Bot., Sér. 2, 20:362(1843)
Polyporus pargamenus Fr., Epicr. Syst. Mycol.:480(1838)
Polyporus pargamenus var. *elongatus*(Berk.)G. Cunn., (1965)
Polyporus pergamenus Fr., Epicr. Syst. Mycol.:480(1838)
Polyporus prolificans Fr., Epicr. Syst. Mycol.:443(1838)
Polyporus pseudopargamenus Thüm., Mycoth. Univ. (1878)
Polyporus sartwellii Berk. & M. A. Curtis, Grevillea 1(4):51(1872)
Polystictus biformis(Fr.)Fr., Nova Acta R. Soc. Scient. Upsal., Ser. 3, 1:84(1851)
Polystictus candicans(Lév.)Cooke, Grevillea 14(71):82(1886)
Polystictus elongatus(Berk.)Fr., Nova Acta R. Soc. Scient. Upsal., Ser. 3, 1:78(1851)
Polystictus friesii(Klotzsch)Cooke, Grevillea 14(71):80(1886)
Polystictus inquinatus(Lév.)Cooke, Grevillea 14(71):84(1886)
Polystictus pargamenus(Fr.)Fr., Epicr. Syst. Mycol.:480(1838)
Polystictus pargamenus subsp. *pseudopargamenus*(Thüm.)Sacc., Syll. Fung. 6:242(1888)
Polystictus pergamenus(Fr.)Cooke, Nova Acta R. Soc. Scient. Upsal., Ser. 3, 1:69(1851)
Polystictus prolificans(Fr.)Fr., Nova Acta R. Soc. Scient. Upsal., Ser. 3, 1:77(1851)
Polystictus sartwellii(Berk. & M. A. Curtis)Cooke, Grevillea 14(71):84(1886)
Polystictus sublimitatus(Murrill)Murrill, Bull. Torrey Bot. Club 65:661(1938)
Spongipellis laceratus(Berk.)Pat., Essai Tax. Hyménomyc.:84(1900)
Trametes biformis(Fr.)Pilát, In: Kavina & Pilát, Atlas Champ. l'Europe 3:277(1939)

Trametes friesii(Klotzsch)G. Cunn. ,Bull. N. Z. Dept. Sci. Industr. Res. ,Pl. Dis. Div. 164:171(1965)
Trametes pargamena(Fr.)Kotl. & Pouzar,Česká Mykol. 11(3):159(1957)
Trametes pergamena(Fr.)Kotl. & Pouzar,Česká Mykol. 11:159(1957)
Trichaptum pargamenum(Fr.)G. Cunn. ,Bull. N. Z. Dept. Sci. Industr. Res. ,Pl. Dis. Div. 164:100(1965)

子实体半圆形,扇形或贝壳状,1 ~ 7cm × 0. 8 ~ 5. 8cm,厚 1 ~ 4mm,无柄,往往基部狭缩似柄,覆瓦状着生于基质上。革质,柔韧,干时硬,表面白色至灰白色,有时稍带淡褐色,密被细长毛或绒毛,有同心环带和环纹,边缘薄而锐,卷曲,波浪状或裂为片状。菌肉白色,厚 0. 5 ~ 1mm。菌管短,长度 0. 5 ~ 2mm,管口堇紫色、紫褐色至褐色,每毫米 2 ~ 3 个,初期椭圆形至多角形,后期往往裂成齿状。囊状体多,不明显,顶端有结晶,无色透明,突出子实层外,8 ~ 10μm × 4 ~ 5μm。担孢子长椭圆形至近腊肠形,5. 5 ~ 6. 5μm × 2 ~ 2. 5μm,无色,表面平滑。

子实体生于枯木上,引起木材白色腐朽。子实体提取物对小白鼠肉瘤 180 的抑制率为 70%,对艾氏癌的抑制率为 60%。。

分布:嵩县、汝阳、栾川、卢氏、内乡、信阳。

【长毛囊孔菌】

***Trichaptum byssogenum*(Jungh.)Ryvarden**[as '*byssogenus*'],Norw. Jl Bot. 19(3 ~ 4):237(1972)
Coriolus bowmanii(Berk.)G. Cunn. [as 'bowmani'],Proc. Linn. Soc. N. S. W. 75:219(1950)
Coriolus venustus(Berk.)Pat. ,Essai Tax. Hyménomyc. :94(1900)
Daedalea bowmanii Berk. ,J. Linn. Soc. ,Bot. 13:166(1872)
Daedalea pendula Berk. ,In:Hooker,Fl. Nov. -zel. :180(1855)
Funalia bouei Pat. ,Bull. Soc. Mycol. Fr. 23:81(1907)
Funalia cladotricha(Berk. & M. A. Curtis)Murrill,Bull. Torrey Bot. Club 32(7):357(1905)
Hexagonia ciliata Klotzsch,Nova Acta Acad. Caes. Leop. -Carol. 19:235(1843)
Inoderma venustum(Berk.)P. Karst. ,Meddn Soc. Fauna Flora Fenn. 5:39(1879)
Microporus cladotrichus(Berk. & M. A. Curtis)Kuntze,Revis. Gen. Pl. 3(2):495(1898)
Microporus hariotianus(Speg.)Kuntze,Revis. Gen. Pl. 3(2):495(1898)
Microporus venustus(Berk.)Kuntze,Revis. Gen. Pl. 3(2):497(1898)
Polyporus byssogenus Jungh. ,Praem. Fl. Crypt. Javae:43(1838)
Polyporus cladotrichus Berk. & M. A. Curtis,J. Linn. Soc. ,Bot. 10(45):309(1868)
Polyporus phytoderma Speg. ,Anal. Soc. Cient. Argent. 17(2):47(1884)
Polyporus venustus Berk. ,Hooker's J. Bot. 4:55(1845)
Polyporus zollingerianus Lév. ,Annls Sci. Nat. ,Bot. ,Sér. 3,5:131(1846)
Polystictus bouei (Pat.)Sacc. ,Syll. Fung. 21:321(1912)
Polystictus cladotrichus(Berk. & M. A. Curtis)Cooke,Grevillea 14(71):81(1886)
Polystictus hariotianus Speg. ,Revue Mycol. ,Toulouse 11:94(1889)
Polystictus venustus(Berk.)Fr. ,Nova Acta R. Soc. Scient. Upsal. ,Ser. 3 ,1:80(1851)
Poria byssogena(Jungh.)Cooke,Syll. Fung. 6:329(1888)
Poria phytoderma(Speg.)Sacc. ,Syll. Fung. 6:308(1888)
Scenidium ciliatum(Klotzsch)Kuntze,Revis. Gen. Pl. 3(2):516(1898)
Striglia bowmanii(Berk.)Kuntze,Revis. Gen. Pl. 2:871(1891)
Striglia pendula(Berk.)Kuntze,Revis. Gen. Pl. 2:871(1891)
Trametes iodes Pat. [as '*jodes*'],Bull. Soc. Mycol. Fr. 30(3):341(1914)

Trametes rubricosa Bres. ,Mycologia 17(2):74(1925)

Trametes zollingeriana(Lév.)Sacc. ,Syll. Fung. 6:347(1888)

Trichaptum venustum(Berk.)G. Cunn. ,Bull. N. Z. Dept. Sci. Industr. Res. ,Pl. Dis. Div. 164:97(1965)

子实体革质,片状,平伏而反卷,覆瓦状着生,3 ~ 7cm × 4 ~ 10cm,厚 2 ~ 3mm,表面有长毛,灰色至浅褐色,边缘薄而锐。菌肉近白色,厚 2 ~ 3mm。菌管长达 7mm,壁薄,管口直径 0.5 ~ 1.5mm,多角形、长形至迷路状等,灰色至浅褐色,往往带紫色。囊状体近棱形,15 ~ 22μm × 4.5 ~ 5.5μm,壁厚。担子棒状,具 4 个小梗。担孢子长椭圆形,6 ~ 8μm × 2 ~ 3.8μm,表面光滑,无色。

子实体生腐木上,引起木材白色腐朽。子实体提取物对小白鼠肉瘤 180 和艾氏癌的抑制率均为 70%。

分布:卢氏、陕县、灵宝、内乡、嵩县、栾川。

【薄白干酪菌】

***Tyromyces chioneus*(Fr.)P. Karst.** ,Revue Mycol. ,Toulouse 3(9):17(1881)

Bjerkandera chionea(Fr.)P. Karst. ,Acta Soc. Fauna Flora Fenn. 2(1):29(1881)

Boletus candidus Pers. ,Syn. Meth. Fung. 2:524(1801)

Leptoporus albellus(Peck)Bourdot & L. Maire,Bull. Soc. Mycol. Fr. 36:83(1920)

Leptoporus albellus subsp. *chioneus*(Fr.)Bourdot & Galzin,Bull. Trimest. Soc. Mycol. Fr. 41:125(1925)

Leptoporus chioneus(Fr.)Quél. ,Enchir. Fung. :176(1886)

Leptoporus lacteus f. *albellus*(Peck)Pilát,In:Kavina & Pilát,Atlas Champ. l'Europe 3:188(1938)

Polyporus albellus Peck,Ann. Rep. N. Y. St. Mus. Nat. Hist. 30:45(1878)

Polyporus chioneus Fr. ,Observ. Mycol. 1:125(1815)

Polystictus chioneus(Fr.)Gillot & Lucand,Bulletin de la Société d'Histoire Naturelle d'Autun 3:172(1890)

Tyromyces albellus(Peck)Bondartsev & Singer,Annls Mycol. 39(1):52(1941)

Ungularia chionea(Fr.)Lázaro Ibiza,Revta R. Acad. Cienc. Exact. Fis. Nat. Madr. 14:670(1916)

子实体无菌柄,菌盖不规则半圆形,扁平,直径 1 ~ 9cm,厚 0.5 ~ 0.9cm,新鲜时软而多汁,干时硬,白色,后变污白色至淡黄色,表面光滑或近光滑,有薄的表皮层。菌肉白色,较薄。菌管长 2 ~ 3mm,管口多角形,每毫米 4 ~ 5 个。担孢子圆柱形至腊肠形,4.2 ~ 5μm × 1.5 ~ 2μm。

子实体生于阔叶树枯木上。

分布:内乡。

【蹄形干酪菌】

***Tyromyces lacteus*(Fr.)Murrill**,N. Amer. Fl. ,Ser. 2 9(1):36(1907)

Bjerkandera lactea(Fr.)P. Karst. ,Acta Soc. Fauna Flora Fenn. 2(1):29(1881)

Hemidiscia lactea(Fr.)Lázaro Ibiza,Revta R. Acad. Cienc. Exact. Fis. Nat. Madr. 14:575(1916)

Leptoporus lacteus(Fr.)Pat. ,In:Duss,Enum. Champ. Guadeloupe:26(1903)

Oligoporus lacteus(Fr.)Gilb. & Ryvarden,Mycotaxon 22(2):365(1985)

Polyporus lacteus Fr. ,Syst. Mycol. 1:359(1821)

Polyporus lacteus subsp. *lacteus* Fr. ,Syst. Mycol. 1:359(1821)

Polyporus lacteus var. *lacteus* Fr. ,Syst. Mycol. 1:359(1821)

Polystictus lacteus(Fr.)Bigeard & H. Guill. ,Fl. Champ. Sup. France 2:372(1913)

Postia lactea(Fr.)P. Karst.,Revue Mycol.,Toulouse 3(9):17(1881)

Spongiporus lacteus(Fr.)Aoshima,Rep. Tottori Mycol. Inst. 5:44(1966)

子实体无菌柄,菌盖近马蹄形,2~3.5cm×2~4.5cm,厚1~2.5cm,剖面三角形。新鲜时半肉质,干时硬,白色,后期或干后变淡黄色,表面无环纹而有细绒毛,边缘锐,内卷。菌肉质软,干后易碎,厚约7~15mm。菌管白色,干后长3~10mm,孔口白色,干后变淡黄色,多角形,每毫米3~5个。担孢子腊肠形,3.5~5μm×1~1.5μm,无色。

子实体生于阔叶树枯木、落枝上,,一年生,造成木材褐色腐朽。

分布:内乡。

【茯苓】

***Wolfiporia extensa*(Peck)Ginns**,Mycotaxon 21:332(1984)

Daedalea extensa Peck,Ann. Rep. N. Y. St. Mus. 44:21(1891)

Macrohyporia cocos(Schwein.)I. Johans. & Ryvarden,Trans. Br. Mycol. Soc. 72(2):192(1979)

Macrohyporia extensa(Peck)Ginns & J. Lowe,Can. J. Bot. 61(6):1673(1983)

Pachyma cocos Fr.,Syst. Mycol. 2(1):242(1822)

Poria cocos F. A. Wolf,J. Elisha Mitchell scient. Soc. 38:134(1922)

Sclerotium cocos Schwein.,Schr. Naturf. Ges. Leipzig 1:56(1822)

Wolfiporia cocos(F. A. Wolf)Ryvarden & Gilb.,Mycotaxon 19:141(1984)

该菌最明显的是菌核,子实体不常见。菌核球形、长圆形、卵圆形至不规则形,长径10~30cm,或更大,新鲜时稍软有弹性,干后坚硬,表面粗糙多皱或瘤状,有深褐色、多皱的皮壳。内部粉状,白色或淡粉红色。子实体生于菌核表面,平伏,厚0.3~1cm(偶有双层子实体,厚可达1~3cm。),初期白色,老后或干后变淡褐色,管口多角形至不规则形,孔径0.5~2mm,壁薄,深2~8mm,孔口边缘渐变齿状。菌丝系统为二系菌丝系统,生殖菌丝直径3~8μm,多核;骨架菌丝直径不超过7μm。子实层厚度20~30μm,无囊状体。担子细棒状,14~30μm×6~9μm。孢子印白色。担孢子近圆柱形、梭形或倒圆柱形,6~11μm×2.5~3.5μm,表面光滑,无色,有一弯曲的喙尖,非淀粉质(图版189)。

生于松树根部,引起木腐、根朽。菌核可药用,为著名的传统中药,也可添加到食品中食用。古人称茯苓为"四时神药",因为它功效非常广泛,不分四季,将它与各种药物配伍,对寒、温、风、湿诸疾,都能发挥独特的治疗功效。中药"茯苓"是指茯苓的菌核,是珍贵的中药材。中药上对茯苓菌核有多种称呼,刚采挖出的菌核约含40%~50%的水分,称为"潮苓";干燥的茯苓菌核称为"个苓"。中药处方上还有"白茯苓"、"茯苓皮"、"赤茯苓"、"茯神"等称谓,也都是茯苓的加工品,如茯苓菌核内部白色部分切成的薄片或小方块即为白茯苓(图版190);削下来的黑色外皮部分即为茯苓皮;带有松根的部分即为茯神。现已有大量的人工栽培。

分布:栾川、新县、商城、南召、信阳。

6.1.13　红菇目 Russulales

6.1.13.1　地花菌科 Albatrellaceae

【毛地花菌】

***Albatrellus cristatus*(Schaeff.)Kotl. & Pouzar**,Česká Mykol. 11(3):154(1957)

Boletus cristatus Schaeff.,Fung. Bavar. Palat. 4:316(1774)

Boletus cristatus var. *cristatus* Schaeff.,Fung. Bavar. Palat. 4:316(1774)

Caloporus cristatus(Schaeff.)Quél. ,Fl. Mycol. :406(1888)
Grifola cristata(Schaeff.)Gray,Nat. Arr. Brit. Pl. 1:643(1821)
Grifola cristatiformis Murrill,Lloydia 6:227(1943)
Grifola poripes(Fr.)Murrill,Bull. Torrey Bot. Club 31(6):335(1904)
Laeticutis cristata(Schaeff.)Audet,Mycotaxon 111:442(2010)
Polypilus poripes(Fr.)Bondartsev & Singer,Annls Mycol. 39(1):47(1941)
Polyporus agilis Viv. ,I Funghi d'Italia:tab. 42(1834)
Polyporus cristatiformis(Murrill)Murrill,Lloydia 6:228(1943)
Polyporus cristatus(Schaeff.)Fr. ,Syst. Mycol. 1:356(1821)
Polyporus flavovirens Berk. & Ravenel,Ann. Mag. Nat. Hist. ,Ser. 2,12:431(1853)
Polyporus poripes Fr. ,Nova Acta R. Soc. Scient. Upsal. ,Ser. 3,1:48(1851)
Polyporus virellus Fr. ,Epicr. Syst. Mycol. :429(1838)
Scutiger cristatus(Schaeff.)Bondartsev & Singer,Annls Mycol. 39(1):47(1941)

子实体近漏斗状,新鲜时肉质,多汁,柔软,干后硬而脆。菌盖近圆形,直径1~16cm,厚0.5~1.3cm,中部下凹,浅黄色至黄绿色,表面有细毛或细鳞片,边缘薄且呈波状,干后内卷。菌肉白色,厚0.2~0.5cm。菌管延生,乳白色,长0.2~0.4cm,管口与菌管同色,干后污白色至淡黄色,多角形至不规则形,管口边缘齿状,每毫米约两个。菌柄偏生,往往几个基部相连,长2~5cm,粗0.8~1.4cm,表面具毡毛,实心。担孢子卵圆形,5.4~7μm×3.8~5.1μm,表面平滑,无色,氢氧化钾中带黄色。

夏秋季子实体群生或丛生长于林中地上,幼嫩时可食用。

分布:内乡、嵩县、栾川。

【绵地花菌】

***Albatrellus ovinus*(Schaeff.)Kotl. & Pouzar**,Česká Mykol. 11(3):154(1957)
Albatrellus albidus(Pers.)Gray,Nat. Arr. Brit. Pl. 1:645(1821)
Boletus carinthiacus Pers. ,Syn. Meth. Fung. 2:514(1801)
Boletus fragilis Pers. ,Observ. Mycol. 1:84(1796)
Boletus ovinus Schaeff. ,Fung. Bavar. Palat. 4:83(1774)
Caloporus ovinus(Schaeff.)Quél. ,Enchir. Fung. :164(1886)
Polyporus limonius Velen. ,České Houby 4~5:668(1922)
Polyporus lutescens Velen. ,České Houby 4~5:669(1922)
Polyporus ovinus(Schaeff.)Fr. ,Syst. Mycol. 1:346(1821)
Polyporus subsquamosus var. *luteolus* Beck,Verh. Zool. -Bot. Ges. Wein 36:469(1886)
Scutiger ovinus(Schaeff.)Murrill,Mycologia 12(1):20(1920)

子实体近伞状。菌盖中部平至下凹成漏斗状,直径3~12cm,边缘初期内卷,表面干燥,白色至黄色,具黄褐色或褐色鳞片。菌肉近白色,较厚,肉质,柔软,微有香气。管口延生,近圆形至不正形,较密,近白色。菌柄中生或偏生,长2~6cm,粗0.5~1.5cm,上下等粗或向下渐变细,近黄白色,实心。菌柄和菌管部分受伤后变红色。孢子印白色。担孢子宽卵圆形,5.5~6.5μm×3.3~3.5μm,无色。

秋季子实体群生于针叶林中地上,幼时可食用,味道比较好。为树木的外生菌根菌,与针叶树形成外生菌根。

分布:内乡。

【杨氏毛孔菌】

***Jahnoporus hirtus*(Cooke)Nuss**,Hoppea 39:176(1980)

Albatrellus hirtus(Cooke)Donk,Proc. K. Ned. Akad. Wet. ,Ser. C,Biol. Med. Sci. 74:4(1971)

Cerioporus hirtus(Cooke)Quél. ,Enchir. Fung. :167(1886)

Cerioporus lucienqueletii(Teixeira)Teixeira,Rickia 13:142(1986)

Favolus hirtus(Cooke)Imazeki,Bull. Tokyo Sci. Mus. 6:95(1943)

Fomes hirtus Cooke,Grevillea 13(68):118(1885)

Leucoporus hirtus(Cooke)Pat. ,Essai Tax. Hyménomyc. :82(1900)

Piptoporus hirtus(Cooke)Bondartsev & Ljub. ,Botanicheskie Materialy 15:123(1962)

Polyporellus hirtus(Cooke)Pilát,In:Kavina & Pilát,Atlas Champ. l'Europe 3:81(1936)

Polyporus hirtus Quél. ,Mém. Soc. Émul. Montbéliard,Sér. 2,5:356(1873)

Polyporus hispidellus Peck,Bull. N. Y. St. Mus. 25:649(1899)

Polyporus lucienqueletii Teixeira[as '*luciengueletii*'],Revista Brasileira de Botânica 9(1):43(1986)

Scutiger hispidellus(Peck)Murrill,Western Polypores(5):16(1915)

子实体近扇形。菌盖匙形至圆形,直径3~6cm,厚0.2~0.6cm,表面灰色至淡褐色,有绒毛,后期光滑。菌柄侧生、偏生至中生,颜色与菌盖色同或稍浅,管口近白色。

子实体生于林中地上,一般在腐木桩附近。

分布:卢氏、陕县、灵宝。

6.1.13.2　耳匙菌科 Auriscalpiaceae

【小密瑚菌】

***Artomyces colensoi* (Berk.)Jülich**,Biblthca Mycol. 85:399(1982)

Clavaria colensoi Berk. ,In:Hooker,Fl. Nov. -zel. :186(1855)

Clavicorona colensoi(Berk.)Corner,Ann. Bot. Mem. 1:287(1950)

子实体多分枝,整体如帚状,高2~5cm,多次伞状分枝。主枝扁平,每次分出3~5个小枝。担孢子近球形至椭圆形,4~5μm×3~4.5μm,无色,表面光滑或微粗糙。无囊状体。

夏秋季子实体群生于腐木上。

分布:卢氏、商城、内乡。

【囊盖密瑚菌】

***Artomyces pyxidatus*(Pers.)Jülich**,Biblthca Mycol. 85:399(1982)

Clavaria coronata Schwein. ,Trans. Am. Phil. Soc. ,New Series 4(2):182(1832)

Clavaria petersii Berk. & M. A. Curtis,Grevillea 2(13):7(1873)

Clavaria pyxidata Pers. ,Neues Mag. Bot. 1:117(1794)

Clavicorona coronata(Schwein.)Doty,Lloydia 10:42(1947)

Clavicorona pyxidata(Pers.)Doty,Lloydia 10:43(1947)

Merisma pyxidatum(Pers.)Spreng. ,Syst. Veg. ,Edn 16,4(1):496(1827)

子实体树枝状,多分枝,高3~13cm,淡黄色或粉红色,老或伤后变为暗土黄色。柄纤细,粗1.5~2.5mm,向上膨大,顶端杯状,由顶端分出一轮小枝,从下向上再多次分枝,上层分枝形状呈杯状。菌肉白色或色淡。孢子印白色。担孢子椭圆形,3.5~4.5μm×2~2.5μm,表面光滑,内含油球。囊状体梭形,18~45μm×4~7μm,无色。

子实体群生或丛生于林中腐木上,常见于杨、柳的腐木上。可食用,其味较好,鲜时质脆。具药用价值。

分布:辉县、卢氏。

【耳匙菌】

***Auriscalpium vulgare* Gray**,Nat. Arr. Brit. Pl. 1:650(1821)

Auriscalpium auriscalpium(L.)Kuntze,Revis. Gen. Pl. 3(2):446(1898)

Auriscalpium fechtneri (Velen.)Nikol.,Nov. sist. Niz. Rast.,1964:171(1964)

Hydnum atrotomentosum Schwalb,Buch der Pilze:171(1891)

Hydnum auriscalpium L.,Sp. Pl. 2:1178(1753)

Hydnum auriscalpium var. *auriscalpium* L.,Sp. Pl. 2:1178(1753)

Hydnum fechtneri Velen.,České Houby 4~5:746(1922)

Leptodon auriscalpium(L.)Quél.,Enchir. Fung.:192(1886)

Pleurodon auriscalpium(L.)P. Karst.,Revue Mycol.,Toulouse 3(9):20(1881)

Pleurodon fechtneri(Velen.)Cejp,Fauna Flora Cechoslov.,II,Hydnaceae:86(1928)

子实体耳匙状,革质,全体被褐色粗绒毛。菌盖扁平,肾形,宽1~2cm,棕褐色至黑褐色。菌柄侧生,常稍弯曲,与菌盖同色,下部稍粗且松软。菌盖下面密布刺状子实层体,刺锥形,细长,顶端尖锐。担孢子倒卵形,4.5~5μm×3.5~4μm,无色,表面有小刺(图版191)。

夏秋季子实体常见于林中腐朽的松果上。

分布:信阳、卢氏。

6.1.13.3 刺(瘤)孢多孔菌科 Bondarzewiaceae

【伯克利瘤孢多孔菌】

***Bondarzewia berkeleyi*(Fr.)Bondartsev & Singer**,Annls Mycol. 39(1):47(1941)

Bondarzewia berkeleyi var. *berkeleyi*(Fr.)Bondartsev & Singer,Annls Mycol. 39(1):47(1941)

Bondarzewia berkeleyi var. *dimidiata* Corner,Beih. Nova Hedwigia 78:214(1984)

Bondarzewia berkeleyi var. *skeletigera* Corner,Beih. Nova Hedwigia 78:217(1984)

Bondarzewia berkeleyi var. *villosior* Corner,Beih. Nova Hedwigia 78:218(1984)

Grifola berkeleyi(Fr.)Murrill,Bull. Torrey Bot. Club 31(6):337(1904)

Polyporus berkeleyi Fr.,Nov. Symb. Myc.:56(1851)

Polyporus proprius Lloyd,Mycol. Writ. 7:1328(1924)

Polyporus retiporus Cooke,Grevillea 12(61):15(1883)

菌盖圆形至扇形,直径6~13cm,厚1~1.5cm,幼时半肉质,黄白色,逐渐变为浅土黄色至浅黄褐色,表面有微细绒毛,边缘钝。菌肉白色。菌管污白色或黄白色,伤处色变深,管口近角形,近基部处渐呈迷路状或近褶状。菌柄近扁平或近柱形,长2.5~5cm,粗1~2cm,侧生,颜色同菌盖色。担子具2~4个小梗。担孢子宽椭圆形或近球形,6~7μm×5~6μm,表面具小瘤。

子实体生于山毛榉科树木的基部或根部,形成大型、复瓦状、叠生的子实体,俗称“大菌”。幼嫩时可食用,菌肉肥厚,味道鲜美。

分布:内乡。

6. 1. 13. 4 木齿菌科 Echinodontiaceae

【沟状劳氏革菌】

***Laurilia sulcata*(Burt) Pouzar**[as 'sulcatum'],Česká Mykol. 13:14(1959)

Echinodontium sulcatum(Burt) H. L. Gross,Mycopath. Mycol. Appl. 24(24):8(1964)

Lloydella sulcata(Burt) Lloyd,Mycol. Writ. 5:619(1916)

Lopharia cheesmanii(Wakef.) G. Cunn. ,Bull. N. Z. Dept. Sci. Industr. Res. ,Pl. Dis. Div. 145:195(1963)

Peniophora cheesmanii Wakef. [as '*cheesmani*'],Bull. Misc. Inf. ,Kew 8:371(1915)

Stereum sulcatum Burt,Ann. Rep. Reg. St. N. Y. 54:154(1901)

子实体片状,质硬,平伏而反卷,反卷部分 2~12cm,表面栗褐色至暗灰色,光滑,有同心棱纹。子实层体不平,米黄色至浅肉色。从剖面上可分出多个层次,分别是子实层、中间层和深褐色的边缘带。中间层由粗 3μm、近无色的菌丝密织而成。子实层中有囊状体,囊状体 35~50μm×8~13μm,无色,有结晶体,突越子实层 20μm。担孢子近球形,4~6μm×3~5μm,无色,平滑。

子实体常见于腐木和枯死的树皮上。引起木材腐朽。

分布:新安、汝阳、栾川、嵩县、渑池、卢氏、鲁山。

6. 1. 13. 5 猴头菌科 Hericiaceae

【猴头菌】

***Hericium erinaceus*(Bull.) Pers.** ,Comm. Fung. Clav. :27(1797)

Clavaria conferta Paulet,Traité Champ. ,Atlas 2:427,index(1793)

Clavaria erinaceus(Bull.) Paulet,Traité Champ. ,Atlas 2:index(1793)

Dryodon caput-medusae(Bull.) Quél. ,Enchir. Fung. :193(1886)

Dryodon erinaceus(Bull.) P. Karst. ,Bidr. Känn. Finl. Nat. Folk 37:92(1882)

Dryodon juranus Quél. ,Compt. Rend. Assoc. Franç. Avancem. Sci. 30(2):496(1902)

Hericium caput-medusae(Bull.) Pers. ,Comm. Fung. Clav. :26(1797)

Hericium echinus (Scop.) Pers. ,Comm. Fung. Clav. :28(1797)

Hericium erinaceus f. *caput-medusae*(Bull.) Nikol. ,Acta Inst. Bot. Acad. Sci. USSR Plant. Crypt. ,Ser. 2 ,5:340 (1950)

Hericium erinaceus var. *erinaceus*(Bull.) Pers. ,Comm. Fung. Clav. :27(1797)

Hericium grande Raf. ,J. Bot. 1:237(1813)

Hericium hystrix Pers. ,Comm. Fung. Clav. :27(1797)

Hydnum caput-medusae Bull. ,Herb. Fr. 9:tab. 412(1780)

Hydnum echinus(Scop.) Fr. ,Syst. Mycol. 1:410(1821)

Hydnum erinaceus Bull. ,Herb. Fr. 1:tab. 34(1781)

Hydnum grande(Raf.) Steud. ,Nomencl. Bot. :204(1824)

Hydnum hystricinum Batsch,Elench. Fung. :113(1783)

Hydnum hystrix(Pers.) Fr. ,Syst. Mycol. 1:410(1821)

Hydnum juranum(Quél.) Sacc. & D. Sacc. ,Syll. Fung. 17:150(1905)

Hydnum omasum Panizzi,Comm. Soc. Crittog. Ital. 1:175(1862)

Hydnum unguiculatum(Pers.) Streinz,Nomencl. Fung. (1862)

Manina cordiformis Scop. ,Diss. sci. Nat. ,Edn 1 ,2:97(1772)
Martella echinus Scop. ,Fl. Carniol. ,Edn 2,4(4):151(1772)
Martella hystricinum(Batsch)Kuntze,Revis. Gen. Pl. 3(2):492(1898)
Martella hystrix (Pers.)Lloyd,Mycol. Writ. 3:457(1910)
Merisma caput-medusae(Bull.)Spreng. ,Syst. Veg. ,Edn 16,4(1):496(1827)
Merisma hystrix(Pers.)Spreng. ,Syst. Veg. ,Edn 16 ,4(1):496(1827)
Steccherinum quercinum Gray,Nat. Arr. Brit. Pl. 1:651(1821)

子实体头状,宽10~25cm或更大,以狭窄或短小似柄的基部着生并悬垂于腐木表面,外形似猴脑袋,故名。子实体除基部外,表面密布肉质针状长刺,刺长1~1.5cm,末端尖锐,初期白色,干后乳白色、淡黄色或淡褐色。菌肉白色,嫩脆肥厚。孢子印白色。担孢子无色,光滑,球形或近球形,6.2~7.0μm×5.4~6.2μm(图版192)。

夏秋季子实体单生于栎、核桃等阔叶树的腐木上,引起木材白色腐朽。为我国著名食用菌之一,现已广泛进行人工栽培。可药用,含多肽及多糖等活性物质,有提高人体免疫力的作用。

分布:栾川、嵩县、卢氏、辉县、鲁山。

6.1.13.6　红菇科 Russulaceae

【橘色乳菇】

***Lactarius aurantiacus*(Pers.)Gray**,Nat. Arr. Brit. Pl. 1:624(1821)
Agaricus aurantiacus(Pers.)Pers. ,Syn. Meth. Fung. 2:432(1801)
Agaricus mitissimus Fr. ,Syst. Mycol. 1:69(1821)
Agaricus testaceus[unranked] *aurantiacus* Pers. [as '*aurantiacus*'],Syn. Meth. Fung. 2:432(1801)
Galorrheus mitissimus(Fr.)P. Kumm. ,Führ. Pilzk. :128(1871)
Lactarius aurantiacus var. *aurantiacus*(Pers.)Gray,Nat. Arr. Brit. Pl. 1:624(1821)
Lactarius aurantiacus var. *mitissimus*(Fr.)J. E. Lange,Dansk Bot. Ark. 5(5):37(1928)
Lactarius aurantiofulvus J. Blum,Revue Mycol. ,Paris 29:112(1964)
Lactarius aurantiofulvus J. Blum ex Bon,Docums Mycol. 16(61):16(1985)
Lactarius mitissimus (Fr.)Fr. ,Epicr. Syst. Mycol. :345(1838)
Lactarius subdulcis var. *mitissimus*(Fr.)Bataille,Fl. Monogr. Astérosporales:43(1908)
Lactifluus aurantiacus(Pers.)Kuntze,Revis. Gen. Pl. 2:856(1891)
Lactifluus mitissimus(Fr.)Kuntze,Revis. Gen. Pl. 2:857(1891)

子实体伞状。菌盖初期扁半球形,后期平展,直径2~6cm,中部下凹且常有一小突起,橘黄色或橙褐色,边缘薄,内卷。菌肉初期密实,后期松软,色浅。乳汁白色。菌褶直生至延生,密,不等长,有时在菌柄处有分叉,颜色比菌盖的颜色浅。菌柄近柱形,长2.5~5cm,粗0.5~0.8cm,有时中部略细,颜色与菌盖相同或较浅,初期实心,后期中空。有褶侧囊状体,囊状体近梭形,31~50μm×5.5~7.3μm,无色,顶端细。孢子印乳黄色。担孢子近球形,7.3~9.5μm×6.7~8.6μm,无色,表面有小刺和棱纹(图版193)。

夏秋季子实体群生于林中地上。为树木的外生菌根菌。可食用。

分布:辉县。

【香乳菇】

***Lactarius camphoratus* (Bull.)Fr.** ,Epicr. Syst. Mycol. :346(1838)

Agaricus camphoratus Bull. ,Herb. Fr. Champ. ,Histoire des Champignons 1(1):493(1793)

Agaricus cimicarius Batsch,Elench. Fung. ,Cont. Prim. :59(1786)

Agaricus subdulcis var. *camphoratus*(Bull.)Fr. ,Syst. Mycol. 1:70(1821)

Agaricus subdulcis var. *cimicarius*(Batsch)Pers. ,Syn. Meth. Fung. 2:434(1801)

Agaricus subdulcis β camphoratus(Bull.)Fr. ,Syst. Mycol. 1:70(1821)

Lactarius camphoratus var. *cimicarius*(Batsch)Cooke,Handb. Brit. Fungi,2nd Edn:318(1883)

Lactarius camphoratus var. *terryi* (Berk. & Broome)Cooke,Handb. Brit. Fungi,2nd Edn:317(1883)

Lactarius cimicarius(Batsch)Gillet,Hyménomycètes:221(1876)

Lactarius terryi Berk. & Broome[as 'terreii'],Ann. Mag. Nat. Hist. ,Ser. 5 ,1:22(1878)

Lactifluus camphoratus (Bull.)Kuntze,Revis. Gen. Pl. 2:856(1891)

Lactifluus terryi (Berk. & Broome)Kuntze[as '*terreii*'],Revis. Gen. Pl. 3:857(1891)

子实体伞状。菌盖初期扁球形,后期中部渐下凹,往往有小突起,直径2~5cm,深肉桂色至棠梨色,不黏。菌肉比菌盖色浅。乳汁白色。菌褶直生至稍下延,密,白色至淡黄色,老后与菌盖色近似。菌柄近柱形,长2~5cm,粗0.4~0.8cm,颜色与菌盖相似,初期内部松软,后期中空。孢子印乳白色。有褶侧囊状体,囊状体梭形,60~90μm×7.3~10.9μm,具尖。担孢子近球形,7.3~9μm×6.4~8μm,无色,表面有疣和网纹。

夏秋季子实体散生或群生于林中地上。为树木的外生菌根菌,与山毛榉、栎等形成外生菌根。可食用,味香。子实体提取物对小白鼠肉瘤180和艾氏癌的抑制率均为70%。

分布:信阳。

【皱皮乳菇】

***Lactarius corrugis* Peck**,Ann. Rep. N. Y. St. Mus. Nat. Hist. 32:31(1880)

Lactifluus corrugis(Peck)Kuntze,Revis. Gen. Pl. 2:856(1891)

子实体伞状。菌盖扁半球形,伸展后中部下凹至近漏斗形,直径5~12cm,浅栗褐色,表面多皱,不黏,有细绒毛,无环带。菌肉厚,白色。乳汁多,乳汁白色。菌褶直生至延生,稠密,往往分叉,淡肉桂黄色,伤后变浅褐色。菌柄近柱形,长4~6cm,粗1.5~3cm,色浅于菌盖或污黄色,中实,表面稍有细绒毛。孢子印白色。担孢子近球形,6.9~9.1μm×6.4~7.3μm,无色,表面有小刺和细网纹。有稀少的褶侧囊状体,囊状体梭形,51~73μm×5.5~8.5μm。

夏秋季子实体单生或群生于阔叶林中地上,为树木的外生菌根菌。可食用。

分布:信阳、商城、新县。

【松乳菇】

***Lactarius deliciosus*(L.)Gray**,Nat. Arr. Brit. Pl. 1:624(1821)

Agaricus deliciosus L. ,Sp. Pl. 2:1172(1753)

Galorrheus deliciosus(L.)P. Kumm. ,Führ. Pilzk. :126(1871)

Lactifluus deliciosus (L.)Kuntze,Revis. Gen. Pl. 2:856(1891)

子实体伞状。菌盖扁半球形,伸展后中部下凹,直径4~10cm,边缘最初内卷,后平展,湿时黏,无毛,虾仁色、胡萝卜黄色或深橙色,后期色变淡,受伤后变绿色,特别是菌盖边缘部分变绿较显著。菌肉初期带白色,后期胡萝卜黄色。乳汁少,橘红色,最后变绿色。菌褶直生或稍延生,稍密,近柄处分叉,褶间具横脉,颜色与菌盖色同,受伤或老后变绿色。菌柄近圆柱形,长2~5cm,粗0.7~2cm,有的向基部渐细,有时具暗橙色凹窝,颜色与菌褶色同或更浅,受伤后变绿色,初期内部松软,后期中空,切面先变橙红色,后变暗红色。有稀少的褶侧囊状体,囊状体近梭形,40 ~ 65μm × 4. 7 ~ 7μm。孢子印近米黄色。担孢子广椭圆形,8 ~ 10μm × 7 ~ 8μm,无色,表面有疣和网纹。

夏秋季子实体单生或群生于林中地上。为树木的外生菌根菌,与松、杉及多种阔叶树形成外生菌根。可食用。味道稍辛辣。

分布:信阳、商城、新县、固始、罗山、辉县。

【脆香乳菇】

***Lactarius fragilis*(Burl.)Hesler & A. H. Sm.** ,North American Species of Lactarius:503(1979)

Lactarius camphoratus subsp. *fragilis* Burl. ,Mem. Torrey Bot. Club 14:99(1908)

子实体伞状。菌盖直径 2. 5 ~ 7cm,扁半球形或近扁平到浅漏斗形,中部下凹且有时具小凸起,亮橘黄色到土红黄色,有时红褐色,中部色深,无环纹,表面干,湿时黏,边缘波状起伏并有短沟条。菌肉薄,质脆,受伤时流白色乳汁。菌褶直生到延生,密,不等长,浅黄红色或黄色,较菌盖色浅。菌柄柱形,长 4. 5 ~ 8cm,粗 0. 4 ~ 1cm,与菌盖色近似,质脆,后期变空心,基部有毛。担孢子近球形,6 ~ 9μm,表面有小疣和网脊(图版 194)。

夏秋季子实体群生或散生于针叶林地上,属树木外生菌根菌。可食用。

分布:汝阳。

【暗褐乳菇】

***Lactarius fuliginosus*(Fr.)Fr.** ,Epicr. Syst. Mycol. :348(1838)

Agaricus fuliginosus Fr. ,Syst. Mycol. 1:73(1821)

Galorrheus fuliginosus(Krapf)P. Kumm. ,Führ. Pilzk. :127(1871)

Lactifluus fuliginosus(Fr.)Kuntze,Revis. Gen. Pl. 2:856(1891)

子实体伞状。菌盖初期扁平,中部后期下凹,直径 5 ~ 10cm,边缘内卷,表面平滑,不黏,无环带,有微细绒毛,后期光滑,暗青褐色至暗褐色。菌肉白色,受伤处渐变粉红色,乳汁白色。菌褶直生至稍延生,稍密,近白色至蛋壳色。菌柄近圆柱形,长 2 ~ 8cm,粗 0. 4 ~ 1. 5cm,颜色与菌盖色近似,内部松软至空心。有褶侧囊状体,囊状体梭形,40 ~ 50μm × 8 ~ 10μm,壁薄,无色。担孢子球形,直径 7. 5 ~ 10μm,淡黄色,表面有小刺。

子实体群生或散生于针阔叶林中地上。为树木的外生菌根菌,与松、栎等形成外生菌根。可食用。

分布:卢氏、陕县。

【红汁乳菇】

***Lactarius hatsudake* Nobuj. Tanaka**,Bot. Mag. ,Tokyo 4:393(1890)

子实体伞状,中等大小。菌盖扁半球形至扁平下凹或中央脐状,直径 4 ~ 10cm,肉色、淡土黄色或杏黄色,有较深色的同心环带,表面光滑,湿时黏,受伤处渐变蓝绿色。菌肉粉红色,乳汁橘红色,在空气中渐变为蓝绿色。菌褶延生,较密,分叉,橙黄色或杏黄色,伤后变蓝绿色。菌柄圆柱形,长 2. 5 ~ 6cm,粗 1 ~ 3cm,向下渐细并略弯曲,颜色与菌盖相同,内部中空。有褶侧和褶缘囊状体,囊状体长棱形或近柱状,35 ~ 45μm × 6 ~ 10. 5μm。担孢子广椭圆形,7. 7 ~ 9. 1μm × 6 ~ 8μm,表面有网纹,无色。

夏秋季子实体生松林中地上。为树木的外生菌根菌，与松等树木形成外生菌根。可食用，味美。子实体提取物对小白鼠肉瘤 180 及艾氏癌的抑制率分别为 100% 和 90%。

分布：信阳、商城、新县、固始、罗山。

【稀褶乳菇】

***Lactarius hygrophoroides* Berk. & M. A. Curtis**, Ann. Mag. Nat. Hist., Ser. 3, 4:293(1859)

子实体伞状，中等大小。菌盖初期扁半球形，后期平展，直径 2.5 ~ 9cm，中部下凹至近漏斗形，表面光滑或稍有细绒毛，有时中部有皱纹，边缘初内卷后伸展，无环带，虾仁色，蛋壳色至橙红色。菌肉白色。菌褶直生至稍下延，稀疏，不等长，褶间有横脉，初白色，后乳黄色至淡黄色。菌柄长 2 ~ 5cm，粗 0.7 ~ 1.5cm，中实或松软，圆锥形或向下渐细，蛋壳色或浅橘黄色或略浅于菌盖色。无囊状体。孢子印白色。担孢子近球形或广椭圆形，8.5 ~ 9.8μm × 7.3 ~ 7.9μm，表面有微细小刺和棱纹。

夏秋季子实体单生或群生于林中地上。为树木的外生菌根菌，与槠、栲、松等树木形成外生菌根。可食用。子实体提取物对小白鼠肉瘤 180 和艾氏癌的抑制率均为 70%。

分布：新县、林州、内乡、辉县。

【鲜红乳菇】

***Lactarius hysginus*(Fr.) Fr.**, Epicr. Syst. Mycol.:337(1838)

Agaricus hysginus Fr., Observ. Mycol. 2:192(1818)

Lactifluus hysginus(Fr.) Kuntze, Revis. Gen. Pl. 2:857(1891)

子实体伞状。菌盖初期扁半球形，后平展且中部下凹稍呈漏斗形，直径 4 ~ 6cm，浅土黄色至茶褐色，表面光滑，湿时黏。菌肉较厚，白色。乳汁白色，不变色，味苦。菌褶直生至延生，白色至浅黄色，较密，不等长。菌柄近圆柱形，长 3 ~ 5cm，粗 0.8 ~ 1.5cm，内部松软或中空。孢子印白色。担孢子近球形，5 ~ 7μm × 5 ~ 6.5μm。囊状体梭形，60 ~ 75μm × 8 ~ 10μm。

夏秋季子实体单生或散生于阔叶林地上，为树木的外生菌根菌。

分布：林州、济源、商城、内乡、南召、嵩县。

【劣味乳菇】

***Lactarius insulsus*(Fr.) Fr.**, Epicr. Syst. Mycol.:336(1838)

Agaricus insulsus Fr., Syst. Mycol. 1:68(1821)

子实体伞状。菌盖直径 3 ~ 16cm，初期半球形，中部脐状，后期中部明显下凹，表面光滑，黏。菌盖深肉桂色，有同心环带，边缘内卷。菌肉白色，味麻、辣、苦。乳汁白色。菌褶直生或至延生，较密，长短不一，靠近菌柄处往往分叉，厚，白色，后变黄色。菌柄短粗，长 1.5 ~ 3cm，粗 0.6 ~ 1.8cm，近白色至浅肉色，表面光滑，内部松软至中空。无囊状体。担孢子近球形，6.5 ~ 11.5μm × 7.8 ~ 10.4μm，表面有小刺及网纹，无色或带浅黄色。

夏秋季子实体单生或群生于阔叶林地上。为树木的外生菌根菌，与榆、桦木等形成外生菌根。子实体味辛辣、苦，有毒。具药用价值。

分布：林州、济源、辉县、信阳。

【黑褐乳菇】

***Lactarius lignyotus* Fr.**, Monogr. Lact. Suec.:25(1857)

子实体伞状。菌盖初期扁半球形，后渐平展，直径 4～10cm，褐色至黑褐色，中部稍下凹，表面干，具黑褐色网纹。菌肉白色，较厚，受伤处略变红色。菌褶延生，宽，稀，不等长，白色。菌柄近柱形，长 3～10cm，粗 0.4～1.5cm，颜色与菌盖色同，基部有时具绒毛，内实。有褶侧囊状体，囊状体梭形，51～80μm×6.3～8μm。担孢子球形至近球形，9～13μm×9～11μm，表面具刺网棱。

夏秋季子实体散生于林中地上。为树木的外生菌根菌。在分布地区调查时，有人说有毒，也有人说可食用。

分布：信阳、商城、新县。

【乳黄色乳菇】

***Lactarius musteus* Fr.**, Epicr. Syst. Mycol.: 337(1838)

Lactifluus musteus (Fr.) Kuntze, Revis. Gen. Pl. 2: 857(1891)

子实体伞状，中等大小。菌盖扁半球形至扁平，直径 3～10cm，中部下凹，污白色至浅皮革色或淡乳黄色，厚而硬，边缘内卷，表面湿时黏。菌肉污白色，厚，乳汁白色渐变暗。菌褶密而窄，略延生。菌柄柱状，长 3～7cm，粗 1～3cm，颜色与菌盖相同，表面平滑或有凹坑，基部往往变细，内部空心。担孢子椭圆形，8～9μm×6.5～7μm，表面有疣。

夏秋季子实体生于林中地上，为树木的外生菌根菌。可食用。

分布：卢氏。

【苍白乳菇】

***Lactarius pallidus* Pers.**, Tent. Disp. Meth. Fung.: 64(1797)

Galorrheus pallidus (Pers.) P. Kumm., Führ. Pilzk.: 126(1871)

Lactarius pallidus W. Saunders & W. G. Sm., Mycological illustrations: pl. 16(1870)

Lactarius pallidus f. *pallidus* Pers., Tent. Disp. Meth. Fung.: 64(1797)

Lactifluus pallidus (Pers.) Kuntze, Revis. Gen. Pl. 2: 857(1891)

子实体伞状。菌盖直径 7～12cm，初扁半球形，伸展后中部下凹并呈脐状，近漏斗状，表面黏，无毛，浅肉桂色，浅土黄色或略带浅黄褐色，边缘初期内卷，后平展至上翘。菌肉苍白色或带极浅的黄褐色，厚，致密。乳汁白色，流出后不变色。菌褶直生或近延生，密集，不等长，近柄处有少数分叉，初期带白色，后期与菌盖同色。菌柄圆柱形，3～6cm×1～2.5cm，初期内部松软，后期中空，颜色浅于菌盖或与菌盖同色。孢子印乳黄色。担孢子近球形或近椭圆形，6.1～7.9μm×5.9～7μm，表面有小疣，无色。有褶侧囊状体和褶缘囊状体，囊状体大小 30～100μm×7.5～11.5μm，顶端乳头状。

夏秋季子实体群生于林中地上。可食用。子实体提取物对小白鼠肉瘤 180 和艾氏癌的抑制率均为 80%。

分布：林州、济源、卢氏、栾川、辉县。

【白乳菇】

***Lactarius piperatus* (L.) Pers.**, Tent. Disp. Meth. Fung.: 64(1797)

Agaricus piperatus L., Sp. Pl. 2: 1173(1753)

Lactifluus piperatus (L.) Kuntze, Revis. Gen. Pl. 2: 857(1891)

子实体伞状，白色。菌盖初期扁半球形，然后中央下凹，后期呈漏斗状，直径 5～18cm，表面光滑,不黏,边缘初期内卷,后期平展。菌肉厚,白色,受伤后变色不明显或变为淡黄色。乳汁白色,不变色,味辣。菌褶延生,窄,很密,有分叉,白色。菌柄短柱状,长 2 ~ 6cm,粗 1 ~ 3cm,等粗或向下渐细,实心。孢子印白色。担孢子近球形,6.5 ~ 8.5μm × 5 ~ 6.5μm,无色,表面粗糙。有褶侧囊状体和褶缘囊状体,囊状体纺缍状或梭形至近柱形,26 ~ 65μm × 5.5 ~ 10μm,顶部钝或锐(图版 195)。

夏秋季子实体散生或群生于针、阔混交林中地上,为树木的外生菌根菌。属于条件食用菌,需煮沸、浸泡加工后才可食用。有人食后引起呕吐反应。可入药。子实体提取物对小白鼠肉瘤 180、艾氏腹水癌和小白鼠 Lewis 肺腺癌有抑制作用。

分布:广泛分布于河南省山区。

【窝柄黄乳菇】

***Lactarius scrobiculatus*(Scop.)Fr.**,Epicr. Syst. Mycol.:334(1838)

Agaricus intermedius Fr.,Observ. Mycol. 1:57(1815)

Agaricus scrobiculatus Scop.,Fl. Carniol.,Edn 2,2:450(1772)

Galorrheus scrobiculatus(Scop.)P. Kumm.,Führ. Pilzk.:125(1871)

Lactifluus scrobiculatus(Scop.)Kuntze,Revis. Gen. Pl. 2:857(1891)

子实体伞状。菌盖直径 5 ~ 12cm,或更大,初期中部脐状,后呈漏斗状,橙黄色,表面具软毛及不明显的环纹,边缘内卷,湿润时黏。菌肉白色,受伤后变浅黄褐色。乳汁多,由白色变硫黄色,味苦辣。菌褶直生或稍延生,密,不等长,靠近菌柄处往往分叉,污白色至带黄色。菌柄黄色,粗壮,长 4 ~ 7cm,粗 1.2 ~ 3cm,表面有凹窝,基部具绒毛,稍黏,实心至中空。有褶侧囊状体,囊状体近梭形,43 ~ 63μm × 5 ~ 10μm。孢子印白色。担孢子近球形或广椭圆形,8.8 ~ 11μm × 7.5 ~ 8.5μm,表面有细疣及不完整的网纹。

夏秋季子实体群生或散生于混交林或针叶林地上。为树木的外生菌根菌,与松、杉等形成外生菌根。味苦辣,有毒。

分布:内乡、南召、嵩县。

【尖顶乳菇】

***Lactarius subdulcis*(Pers.)Gray**,Nat. Arr. Brit. Pl. 1:625(1821)

Agaricus subdulcis Pers.,Syn. Meth. Fung. 2:433(1801)

Galorrheus subdulcis(Pers.)P. Kumm.,Führ. Pilzk.:129(1871)

Lactifluus subdulcis(Pers.)Kuntze,Revis. Gen. Pl. 2:857(1891)

子实体伞状。菌盖初期扁半球形,后期中部下凹,边缘伸展呈浅漏斗状,直径 1.5 ~ 4.5cm,中央具一小凸起,表面无毛,近光滑,浅枯叶色、深棠梨色或琥珀褐色,不黏,无环带。菌肉污白色带粉红色,中部较厚。菌褶直生至延生,较密,不等长,有时分叉,狭窄,宽约 2mm,颜色较菌盖色浅。菌柄近圆柱形,长 2.5 ~ 7cm,粗 0.3 ~ 0.5cm,颜色同菌盖色,表面平滑,基部常有软毛,内部松软至空心。受伤处流汁液,不变色。有褶侧囊状体,囊状体棱形,40 ~ 85μm × 8 ~ 10μm。担孢子球形,直径 7 ~ 9μm,表面有小刺。

夏秋季子实体散生、群生于混交林中地上。为树木的外生菌根菌。可食用。

分布:广泛分布于河南省山区。

【香亚环乳菇】

***Lactarius subzonarius* Hongo**, J. Jap. Bot. 32:213(1957)

子实体伞状。菌盖初期近扁平,中部下凹,呈脐状,后渐呈漏斗状,直径2～4cm,表面平滑,不黏,淡褐红色,有明显的肉桂褐色同心环纹或环带。菌肉较厚,带浅褐色,干后具芳香气味。乳汁白色,不变色。菌褶稍延生至延生,密,不等长,有时分叉,浅肉色至淡红褐色,受伤处稍变褐色。菌柄近圆柱形,有的稍扁,长2.5～3.5cm,粗0.5～1cm,表面有皱纹和白粉,基部褐色有白色细毛,内部空心。孢子印乳黄色。有褶缘囊状体,囊状体近圆柱形,25～45μm×4.5～6μm,无色,上部常缢缩,顶端细或稍尖。担孢子近球形,6.5～9.3μm×5.8～8.5μm,无色,表面具刺和小疣,有不完全的网纹。

夏秋季子实体散生、群生或近丛生于针阔混交林中地上。为树木的外生菌根菌。可食用,具芳香味。

分布:卢氏、陕县。

【毛头乳菇】

***Lactarius torminosus*(Schaeff.) Gray**, Nat. Arr. Brit. Pl. 1:623(1821)

Agaricus torminosus Schaeff., Fung. Bavar. Palat. 4:7(1774)

Galorrheus torminosus(Schaeff.) P. Kumm., Führ. Pilzk.:125(1871)

Lactarius torminosus f. *torminosus*(Schaeff.) Gray, Nat. Arr. Brit. Pl. 1:623(1821)

Lactarius torminosus var. *sublateritius* Kühner & Romagn., Bull. Trimest. Soc. Mycol. Fr. 69:364(1954)

Lactifluus torminosus(Schaeff.) Kuntze, Revis. Gen. Pl. 2:857(1891)

子实体伞状。菌盖扁半球形,后期中部下凹呈漏斗状,直径4～11cm,边缘内卷。深蛋壳色至暗土黄色,具同心环纹,边缘有白色长绒毛。乳汁白色,不变色,味苦。菌肉白色,受伤后不变色。菌褶直生至延生,较密,白色,后期浅粉红色。有褶侧囊状体,囊状体披针状,50～60μm×8～10μm。担孢子宽椭圆形,8～10μm×6～8μm,无色,表面有小刺(图版196)。

夏秋季子实体单生或散生于林中地上。为树木的外生菌根菌,与栎、桦等树木形成外生菌根。在分布地区调查时,有人说有毒,但也有人说可食用。有文献记载该菌有毒,食后引起胃肠炎或产生四肢末端剧烈疼痛等症。

分布:内乡、南召、嵩县。

【绒白乳菇】

***Lactarius vellereus*(Fr.) Fr.**, Epicr. Syst. Mycol.:340(1838)

Agaricus vellereus Fr., Syst. Mycol. 1:76(1821)

Agaricus vellereus var. *vellereus* Fr., Syst. Mycol. 1:76(1821)

Galorrheus vellereus(Fr.) P. Kumm., Führ. Pilzk.:125(1871)

Lactarius albivellus Romagn., Bull. Trimest. Soc. Mycol. Fr. 96(1):92(1980)

Lactarius vellereus var. *vellereus* (Fr.) Fr., Epicr. Syst. Mycol.:340(1838)

Lactarius vellereus var. *velutinus*(Bertill.) Bataille, Bull. Soc. Hist. Nat. Doubs:35(1908)

Lactifluus vellereus(Fr.) Kuntze, Revis. Gen. Pl. 2:857(1891)

子实体伞状。菌盖初期扁半球形,后期中央下凹呈漏斗状,直径6～19cm(最大可达30cm),初期白色,老后米黄色,表面干燥,密被细绒毛,边缘初期内卷,后伸展。菌肉厚,白色,味苦。乳汁较少,白色,不变色。菌褶直生至稍延生,厚,稀、不等长,有时分叉,新鲜时白色,干时黄色。菌柄圆柱形,较粗短,3～5cm×1.5～2.5cm,实心,白色,表面有绒毛。孢子印白色。有褶缘囊状体和褶侧囊状体,囊状体近圆柱形或披针形,40～100μm×5～9μm。担孢子近球形或阔椭圆形,7～9.5μm×6～7.5μm,无色,表面具小疣和联线(图版197)。

夏秋季子实体群生、散生于阔叶林或混交林中地上。为树木的外生菌根菌。据记载有毒,但经过加工处理后可食用。具药用价值。子实体提取物对小白鼠肉瘤180及艾氏癌的抑制率均为60%。

分布:广泛分布于河南省山区。

【多汁乳菇】

***Lactarius volemus*(Fr.)Fr.**,Epicr. Syst. Mycol.:344(1838)

Agaricus ichoratus Batsch,Elench. Fung.,Cont. Prim.:fig. 60(1786)

Agaricus lactifluus L.,Sp. Pl. 2:pl. 1641(1753)

Agaricus oedematopus Scop.,Fl. Carniol.,Edn 2,2:453(1772)

Agaricus volemus Fr.,Syst. Mycol. 1:69(1821)

Agaricus volemus var. *volemus* Fr.,Syst. Mycol. 1:69(1821)

Galorrheus camphoratus (Bull.)P. Kumm.,Führ. Pilzk.:127(1871)

Galorrheus ichoratus(Batsch)P. Kumm.,Führ. Pilzk.:128(1871)

Galorrheus volemus(Fr.)P. Kumm.,Führ. Pilzk.:127(1871)

Lactarius ichoratus(Batsch)Fr.,Epicr. Syst. Mycol.:345(1838)

Lactarius lactifluus(L.)Quél.,Enchir. Fung.:131(1886)

Lactarius lactifluus(L.)Burl.,Mem. Torrey Bot. Club 14:90(1908)

Lactarius volemus var. *oedematopus* (Fr.)Fr.,Epicr. Syst. Mycol.:345(1838)

Lactarius volemus var. *subrugatus* Neuhoff,Pilze Mitteleuropas:188(1956)

Lactifluus ichoratus(Batsch)Kuntze,Revis. Gen. Pl. 2:857(1891)

Lactifluus oedematopus (Scop.)Kuntze,Revis. Gen. Pl. 2:857(1891)

Lactifluus volemus(Fr.)Kuntze,Revis. Gen. Pl. 2:857(1891)

子实体伞状。菌盖幼时扁半球形,中部下凹呈脐状,伸展后似漏斗状,直径4～12cm,琥珀褐色至深棠梨色,或暗土红色,表面平滑,边缘内卷。菌肉白色,伤处渐变褐色,乳汁白色。菌褶直生至延生,不等长,稍密,有分叉,白色或带黄色,伤处变褐黄色。菌柄近圆柱形,长3～8cm,粗1.2～3cm,颜色与菌盖色相同,表面近光滑,实心。孢子印白色。担孢子近球形,8.5～11.5μm×8.3～10μm,表面具小疣和网棱。子实层中有许多褶侧囊状体,囊状体近圆柱形、棱形,35～100μm×8～12.5μm,淡黄色,壁厚(图版198)。

夏秋季子实体散生、群生或单生于针阔叶林中地上。为树木的外生菌根菌。可食用。

分布:嵩县、卢氏、内乡、南召、信阳。

【烟色红菇】

***Russula adusta*(Pers.)Fr.**,Epicr. Syst. Mycol.:350(1838)

Agaricus adustus Pers.,Syn. Meth. Fung. 2:459(1801)

Omphalia adusta(Pers.)Gray,Nat. Arr. Brit. Pl. 1:614(1821)

Omphalia adusta var. *adusta*(Pers.)Gray,Nat. Arr. Brit. Pl. 1:614(1821)

Russula nigricans var. *adusta*(Pers.)Barbier,So. Sci. Nat. Sâon. 33(2):91(1907)

子实体伞状至浅漏斗状。菌盖初期扁半球形，后期中部下凹，直径 9.5～11cm，表面平滑，不黏或潮湿时稍黏，初期近白色，后变淡烟色、棕灰色至深棕灰色，受伤处灰黑色。菌肉较厚，白色，受伤时变灰色或灰褐色，最后呈黑色。味道柔和，无特殊气味。菌褶直生或稍延生，不等长，稍密，窄，白色，受伤变黑色。菌柄近圆柱形，长 1.5～6.5cm，粗 1～2.8cm，肉质，中实，白色，老后与菌盖同色，伤处变暗。孢子印白色。担孢子近球形，6.9～9.1μm×5.8～7.3μm，无色，表面有小疣和不完整网纹。有褶侧囊状体，囊状体近梭形，52～100μm×7.3～10.9μm，顶端常呈乳头状。

夏秋季子实体单生或群生于林中地上。为树木的外生菌根菌，与松、栎等树木形成菌根。可食用。子实体提取物对小白鼠肉瘤 180 和艾氏癌的抑制率为 80%。

分布：嵩县、卢氏、内乡、辉县、济源、林州、商城、新县。

【铜绿红菇】

***Russula aeruginea* Fr.**，Monogr. Hymenomyc. Suec. 2(2)：198(1863)

子实体伞状至浅漏斗状。菌盖扁半球形或平展，直径 4～8cm，中央部分稍下凹，边缘有条纹，湿时黏，暗铜绿色、深葡萄绿色至暗灰绿色，中部颜色较深，表皮易剥离。菌肉白色，中部较厚，味道柔和，无特殊气味。菌褶直生，较密，等长或有少量小菌褶，基部稍有分叉，具横脉，初白色，后淡黄白色，老后变污。菌柄白色，光滑，等粗或向下稍细或稍粗，内部松软，后变中空，3～8cm×0.8～2cm。囊状体梭形，58～95μm×6.5～12.7μm。孢子印淡黄色。担孢子近球形或近卵圆形，6.4～8.7μm×5.5～7.3μm，无色，表面有小疣。

夏秋季子实体单生或群生于松林或混交林中地上。为树木的外生菌根菌。在分布地区调查时，有人说可食用，也有人说有毒。

分布：信阳、商城、新县。

【小白菇】

***Russula albida* Peck**，Bulletin of the New York Botanical Garden：10(1905)

子实体伞状至浅漏斗状。菌盖初期扁半球形，后期扁平，直径 2.5～6cm，中部下凹，边缘平滑或有不明显的条纹，表皮黏，白色。菌肉白色，质脆。菌褶直生或凹生，较密，等长，具横脉，白色。菌柄圆柱形，长 2.2～6cm，粗 0.5～1cm，白色，内部松软。孢子印白色。有褶缘囊状体，囊状体梭形，42～50μm×7～10μm。担孢子近球形，直径 8～9μm，表面有小刺。

夏秋季子实体单生或群生于林中地上。为树木的外生菌根菌。具记载可食用。

分布：嵩县、栾川、内乡、南召、西峡、信阳。

【白黑红菇】

***Russula albonigra* (Krombh.) Fr.**，Hymenomyc. Eur.：440(1874)

Agaricus alboniger Krombh.，Naturgetr. Abbild. Beschr. Schwämme 9：27(1845)

Russula adusta var. *albonigra* (Krombh.) Massee，Brit. Fung. -Fl. 3：52(1893)

Russula albonigra f. *albonigra* (Krombh.) Fr.，Hymenomyc. Eur.：440(1874)

Russula albonigra var. *albonigra* (Krombh.) Fr.，Hymenomyc. Eur.：440(1874)

Russula nigricans var. *albonigra* (Krombh.) Cooke & Quél.，Clavis syn. Hymen. Europ.：143(1878)

子实体伞状至浅漏斗状。菌盖初期扁半球形至平展，后期中部下凹或深凹呈漏斗状，直径

5.5~15cm,初期白色或污白色,然后变灰褐色,最后为黑色,稍黏,边缘初期内卷,无条纹。菌肉白色,老后或伤后很快变成黑色,味道柔和或稍辛辣。菌褶延生,密而窄,带白色,后浅灰色,最终黑色。菌柄近柱形或向下略细,长2.5~6.5cm,粗1~4cm,初期白色,后浅灰色,很快又变为浅黑色。孢子印白色。担孢子近球形,6.7~8μm×5.8~7μm,无色,表面的小疣联成微细不完整网纹。有褶侧囊状体,囊状体近梭形,55~118μm×7.3~9.8μm,有的顶端乳突状。

夏秋季子实体生于混交林中地上。为树木的外生菌根菌。可食用,但味道一般。

分布:信阳。

【大红菇】

***Russula alutacea*(Fr.)Fr.**,Epicr. Syst. Mycol.:362(1838)

Agaricus alutaceus Fr.,Syst. Mycol. 1:55(1821)

Russula alutacea f. *alutacea* (Fr.)Fr.,Epicr. Syst. Mycol.:362(1838)

Russula alutacea subsp. *alutacea*(Fr.)Fr.,Epicr. Syst. Mycol.:362(1838)

Russula alutacea var. *alutacea*(Fr.)Fr.,Epicr. Syst. Mycol.:362(1838)

子实体伞状至浅漏斗状。菌盖初期扁半球形,后平展而中部下凹,直径6~16cm,湿时黏,深苋菜红色、鲜紫红色或暗紫红色,边缘平滑或有不明显条纹。菌肉白色,味道柔和。菌褶直生或近延生,等长或几乎等长,少数在基部分叉,褶间有横脉,初期乳白色后变淡赭黄色,褶缘常带红色。菌柄近圆柱形,长3.5~13cm,粗1.5~3.5cm,白色,常于上部或一侧带粉红色,或全部粉红色而向下色渐淡。有褶侧囊状体,囊状体近梭形,67~123μm×9~15μm。孢子印黄色。担孢子近球形,8~10.9μm×7~9.7μm,淡黄色,表面有小刺或疣组成的棱纹或网。

夏秋季子实体散生于林中地上。树木的外生菌根菌。可食用。具药用价值。

分布:林州、辉县、内乡、南召、商城、新县、西峡。

【黑紫红菇】

***Russula atropurpurea*(Krombh.)Britzelm.**,Bot. Zbl. 54:99(1893)

Agaricus atropurpureus Krombh.,Naturgetr. Abbild. Beschr. Schwämme 9:6(1845)

Russula atropurpurea var. *krombholzii* Singer,Beih. Bot. Cbl. 49(2):301(1932)

Russula depallens var. *atropurpurea*(Krombh.)Melzer & Zvára,Arch. P? írodov. Výzk. Čech. 17(4):10(1927)

Russula krombholzii Shaffer,Lloydia 33:82(1970)

Russula undulata Velen.,České Houby 1:131(1920)

子实体伞状至浅漏斗状。菌盖初期半球形,后平展,最后中部下凹,直径4~10cm,湿时黏,干后光滑,紫红色、紫色或暗紫色,中部色更暗,边缘色浅,常常褪色,边缘薄,平滑。菌肉白色,表皮下淡紫红色,味道柔和,稍辛辣。菌褶直生,等长,基部窄,前端宽,初期白色,后稍带乳黄色。菌柄圆柱形,长2~8cm,粗0.8~3cm,白色,有时中部粉红色,基部稍带赭石色,老后变灰色,初期中实,后期中空。有褶侧囊状体,囊状体近梭形,55~94μm×7.3~12μm。孢子印白色。担孢子近球形,7.3~9.7μm×6.1~7.5μm,无色,表面有小疣或小刺。

夏秋季子实体单生或群生于林中地上。为树木的外生菌根菌,与松、栎、山毛榉等树木形成菌根。可食用,但味道一般。

分布:栾川、信阳、商城、新县。

【黄斑红菇】

***Russula aurea* Pers.**,Observ. Mycol. 1:101(1796)

Agaricus auratus With.,Bot. Arr. Brit. Pl.,Edn 4,4:184(1801)

Agaricus aureus(Pers.)Pers.,Syn. Meth. Fung. 2:442(1801)

Russula aurata Fr.,Epicr. Syst. Mycol.:360(1838)

子实体伞状至浅漏斗状。菌盖初期扁半球形,后平展至中部稍下凹,直径 5 ~ 8cm,橘红色至橘黄色,中部往往色较深或带黄色,老后边缘有条纹或不明显条纹。菌肉白色,近表皮处橘红色或黄色。味道柔和或微辛辣。菌褶直生至几乎离生,等长,有时不等长,稍密,褶间具横脉,近菌柄处往往分叉,淡黄色。菌柄圆柱形,长 3.5 ~ 7cm,粗 1 ~ 1.8cm,淡黄色、白色或部分黄色,肉质,内部松软后变中空。有少量的褶侧囊状体,囊状体棱形,40 ~ 90μm × 9 ~ 10μm,几乎无色。孢子印黄色。担孢子大小为 7.3 ~ 10.9μm × 6.7 ~ 9.1μm,淡黄色,表面有小刺或棱,小刺或棱可相联而呈近网状。

夏秋季子实体单生或群生于混交林中地上。为树木的外生菌根菌。可食用,味较好。子实体提取物对小白鼠肉瘤 180 的抑制率为 70%,对艾氏癌的抑制率 80%。

分布:嵩县、卢氏、林州、信阳。

【橙红菇】

***Russula aurora*(Krombh.)Bres.**,Fung. Trident. 2:93(1892)

Agaricus aurora Krombh.,Naturgetr. Abbild. Beschr. Schwämme 4:11,tab. 66(1836)

Russula rosea Quél.,Fl. Mycol. France:349(1888)

Russula velutipes Velen.,České Houby 1:133(1920)

子实体伞状,一般中等大小。菌盖扁半球形到近平展,直径 5 ~ 8cm,中部下凹,粉红色、红色至灰紫红色,中部颜色往往较深,表面有绒毛,湿时黏,边缘平滑,干时有白色粉末。菌肉白色,味不明显。菌褶近直生,等长,白色。菌柄圆柱形或近棒状,长 5 ~ 9cm,粗 0.7 ~ 2.5cm,基部略膨大,白色或带粉紫色,表面绒状或有条纹。担孢子近球形或球形,7 ~ 9.5μm × 6 ~ 8μm,表面有刺及网纹。有褶侧囊状体及褶缘囊状体,囊状体梭形,顶部尖细。

夏秋季子实体单生或散生于阔叶林中地上,为树木的外生菌根菌。可食用。

分布:汝阳、卢氏。

【葡紫红菇】

***Russula azurea* Bres.**,Fung. Trident. 1(1):20(1881)

子实体伞状至浅漏斗状。菌盖初期扁半球形,后平展,中部稍下凹,直径 2.5 ~ 6cm,表面有粉或微细颗粒,边缘没有条纹,丁香紫色、浅葡萄紫色或紫褐色。菌肉白色,味道柔和或略不适口,无气味或有生淀粉气味。菌褶直生或稍延生,等长,分叉,白色。菌柄白色,中部略膨大或向下渐细,长 2.5 ~ 6cm,粗 0.5 ~ 1.2cm,内部松软。有褶侧囊状体,囊状体近梭形至棒状,45 ~ 60μm × 6.4 ~ 9.1μm。孢子印近白色。担孢子近梭形,7.3 ~ 9.1μm × 6.3 ~ 7.3μm,无色,表面有小疣。

夏秋季子实体生于针叶林或针阔混交林中地上。为树木的外生菌根菌。可食用。

分布:信阳。

【壳状红菇】

***Russula crustosa* Peck**, In: Saccardo, P. A. Sylloge Fungorum 9:61(1891)

子实体伞状至浅漏斗状。菌盖扁半球形,伸展后中部下凹,直径5～10cm,浅土黄色或浅黄褐色,中部色略深,除中部外表面有斑状龟裂,幼时或湿时黏,老后边沿有条纹。菌肉白色,味道柔和,无特殊气味。菌褶直生或凹生,前缘宽,近柄处窄,少数分叉,白色,老后变为暗乳黄色。菌柄近柱形或中部膨大,长3～6cm,粗1.5～2.5cm,内部松软,白色。有褶侧囊状体,囊状体近梭形,47～66μm×7.3～9.1μm。孢子印白色。担孢子近球形,6.1～8.4μm×5.8～6.9μm,表面有小疣。

夏秋季子实体散生或群生于阔叶林中地上。为树木的外生菌根菌。可食用。子实体提取物对小白鼠肉瘤180和艾氏癌的抑制率为70%。

分布:内乡、南召、林州、信阳、新县。

【花盖红菇】

***Russula cyanoxantha*(Schaeff.)Fr.**, Monogr. Hymenomyc. Suec. 2(2):194(1863)

Agaricus cyanoxanthus Schaeff., Fung. Bavar. Palat. 4:40(1774)

Russula cutefracta Cooke, Grevillea 10(54):46(1881)

Russula cyanoxantha f. *cutefracta*(Cooke)Sarnari, Boll. Assoc. Micol. Ecol. Romana 10(28):35(1993)

Russula cyanoxantha f. *pallida* Singer, Z. Pilzk. 2(1):4(1923)

Russula cyanoxantha f. *peltereaui* Singer, Z. Pilzk. 5(1):15(1925)

Russula cyanoxantha var. *cutefracta*(Cooke)Sarnari, Boll. Assoc. Micol. Ecol. Romana 9(27):38(1992)

子实体伞状至浅漏斗状。菌盖初期扁半球形,后期中部下凹,直径5～12cm,颜色多样,常呈暗紫灰色、紫褐色或紫灰色带绿色,成熟后往往为淡青褐色、绿灰色,常各色混杂,表皮薄,黏,易从边缘剥离,边缘平滑,有时具不明显的条纹。菌肉白色,近表皮处淡红色或淡紫色。菌褶近直生,稠密,有分叉,褶间有横脉,不等长,后期会出现锈色斑点。菌柄圆锥形,长4.5～9cm,粗1.3～3cm,白色,肉质,内部松软。有褶侧囊状体,囊状体近棒状或梭形,54～93μm×5～9μm。孢子印白色。担孢子近球形,7.3～9μm×6.1～7.3μm,表面有疣点。

夏秋季子实体散生或群生于阔叶林中地上。为树木的外生菌根菌。可食用,味道较好。具药用价值,子实体提取物对小白鼠肉瘤180和艾氏癌的抑制率分别为70%和60%。

分布:嵩县、卢氏、内乡、南召、西峡、信阳、商城、新县。

【褪色红菇】

***Russula decolorans*(Fr.)Fr.**, Epicr. Syst. Mycol.:361(1838)

Agaricus decolorans Fr., Syst. Mycol. 1:56(1821)

Myxacium decolorans(Fr.)P. Kumm., Führ. Pilzk.:91(1871)

子实体伞状至浅漏斗状。菌盖初半球形,后平展,中部下凹,直径4.5～12cm,浅红色、橙红色或橙褐色,部分可变为深蛋壳色或蛋壳色,有时为土黄色或肉桂色,表面黏,边缘薄,平滑,老后有短条纹。菌肉白色,老后或伤后变灰色、灰黑色,菌柄的菌肉老后杂有黑色点,味道柔和,气味不明显。菌褶弯生至离生,近菌柄处有分叉,具横脉,初白色,后乳黄色至浅黄赭色,也可变灰黑色,或褶缘黑色。菌柄近圆柱形,长4.5～10cm,粗1～2.5cm,向上渐细,基部近棒状,初期白色,后变为浅灰色,初期实心,后期内部松软。有褶侧囊状体,囊状体梭形,50～80μm×7.3～13.7μm。孢子印乳黄色至浅赭石色。担孢子椭圆形或倒卵圆形,9.1～

11.8μm×7.4~9.6μm，近无色，表面有小刺。

夏秋季子实体单生或散生于松林中地上。为树木的外生菌根菌。可食用。

分布：信阳。

【大白菇】

***Russula delica* Fr.**，Epicr. Syst. Mycol.：350(1838)

Agaricus exsuccus(Pers.)Sacc.，Syll. Fung. 5：437(1887)

Agaricus piperatus var. *exsuccus*(Pers.)Pers.，Syn. Meth. Fung. 2：429(1801)

Agaricus vellereus var. exsuccus(Pers.)Fr.，Syst. Mycol. 1：77(1821)

Lactarius exsuccus(Pers.)W. G. Sm.，J. Bot.，Lond. 11：336(1873)

Lactarius piperatus β exsuccus Pers.，Observ. Mycol. 2：41(1800)

Lactarius vellereus var. *exsuccus*(Pers.)Cooke，Handb. Brit. Fungi 1：212(1871)

Lactarius vellereus β exsuccus(Pers.)Fr.，Syst. Mycol. 1：77(1821)

Lactifluus exsuccus(J. Otto)Kuntze，Revis. Gen. Pl. 2：856(1891)

子实体伞状至浅漏斗状。菌盖初扁半球形，中央脐状，伸展后中部下凹至漏斗形，直径3~14cm，污白色，后变为米黄色或蛋壳色，有时具锈褐色斑点，表面无毛或具细绒毛，不黏，边缘初内卷后伸展，无条纹。菌肉白色或近白色，受伤不变色。菌褶近延生，不等长，密度中等，白色或近白色，褶缘常带淡绿色。菌柄圆柱形或向下渐细，长1~4cm，粗1~2.5cm，内实，伤不变色，表面光滑或上部具微细绒毛。有许多褶侧囊状体，囊状体梭形，49~112μm×7.3~10.9μm。孢子印白色。担孢子近球形，7.6~10.6μm×6.9~8.8μm，无色，表面有显著的小刺，稍有网纹。

夏秋季子实体单生、散生，有时群生于针叶林或混交林中地上。为树木的外生菌根菌，与杉、松、榉、栎、杨等树木形成外生菌根。可食用，味较好。具药用价值，对多种病原菌有明显抵抗作用。子实体提取物对小白鼠肉瘤180和艾氏癌的抑制率均达100%。

分布：信阳、商城、新县。

【密褶黑菇】

***Russula densifolia* Secr. ex Gillet**，Hyménomycètes：231(1876)

子实体伞状至浅漏斗状。菌盖扁半球形，中部脐状，伸展后呈漏斗状，直径5~10cm，初期污白色，后呈灰褐色至暗褐色，受伤处先变红色后变黑色，边缘无条纹。菌褶直生至近延生，长短不一，窄，很密，初期污白色后变至暗褐色。菌柄较短粗，颜色与菌盖色同，长2~5cm，粗1~2cm，实心，往往基部渐细。有褶侧囊状体，囊状体近梭形，45~50μm×7~8μm。孢子印白色。担孢子近球形，7~10μm×6~9μm，表面具小疣及网状棱纹。

夏秋季子实体群生于阔叶林中地上。为树木的外生菌根菌，与栎、山毛榉、栗等树木形成外生菌根。有毒，哺乳期的母亲食该菌中毒后，吸母奶的婴儿也可中毒。也有人食后无中毒反应。可药用。

分布：栾川、济源、林州、卢氏、内乡、南召、西峡、信阳、商城。

【紫红菇】

***Russula depallens* Fr.**，In：Saccardo，P. A. Sylloge Fungorum 5：458(1887)

子实体伞状至浅漏斗状。菌盖半球形，渐平展，后中部下凹，直径6~12cm，边缘平滑或有短条棱,浅苋菜红色,中央枣红色,干时色变暗或变青黄色。菌肉薄,白色,质脆。菌褶近凹生,长短一致,稍密,褶间有横脉,白色,后变灰色。菌柄近圆柱形,长 4 ~ 10cm,粗 1 ~ 2.5cm,白色,后变灰色,内部松软。有褶侧囊状体,囊状体梭形,50 ~ 68μm × 8 ~ 15μm。孢子印白色。担孢子近球形,7.8 ~ 9μm × 7 ~ 8μm,无色,表面有小刺。

夏秋季子实体单生、散生或群生于针叶林或混交林中地上。为树木的外生菌根菌。可食用,味道较好。

分布:信阳。

【毒红菇】

***Russula emetica*(Schaeff.) Pers.**, Observ. Mycol. 1:100(1796)

Agaricus emeticus Schaeff., Fung. Bavar. Palat. 4:9(1774)

Agaricus emeticus var. *emeticus* Schaeff., Fung. Bavar. Palat. 4:9(1774)

Agaricus linnaei var. *emeticus*(Schaeff.) Fr., Observ. Mycol. 1:67(1815)

Russula emetica var. *gregaria* Kauffman, Publications Mich. Geol. Biol. Surv., Biol. Ser. 5,26:152(1918)

Russula gregaria(Kauffman) Moënne-Locc. & Reumaux, Les Russules Émétiques, Prolégomènes à Une Monographie des Emeticinae d'Europe et d'Amérique du Nord:237(2003)

子实体伞状至浅漏斗状。菌盖扁球形或近平展,直径 3 ~ 6cm,中部下凹,红色或玫瑰红色,表面干,平滑或有绒毛,边缘延伸或稍内卷且有条棱。菌肉白色,伤处不变色。菌褶直生,有横脉,等长,白色或稍带黄色。菌柄圆柱形,长 3.5 ~ 7cm,粗 1 ~ 1.5cm,白色,内部松软,后变空心。担孢子近球形,6 ~ 8μm × 6 ~ 7.8μm,无色(图版 199)。

夏秋季子实体单生或散生于林中地上。为树木的外生菌根菌,与多种树木形成外生菌根。有毒,食后主要引起胃肠炎症,表现为剧烈恶心、呕吐、腹痛、腹泻,严重者可致死亡。据记载子实体提取物对小白鼠肉瘤 180 的抑制高达 100%,对艾氏癌的抑制率达 90%。

分布:嵩县、栾川、济源、林州、卢氏、内乡、南召、西峡、信阳、商城、新县。

【非白红菇】

***Russula exalbicans*(Pers.) Melzer & Zvára**, Arch. P? írodov. Výzk. Čech. 17(4):97(1927)

Agaricus exalbicans(Pers.) J. Otto, Versuch:27(1816)

Agaricus rosaceus β exalbicans Pers., Syn. Meth. Fung. 2:439(1801)

Russula nauseosa var. *pulchella* (I. G. Borshch.) Killerm., Denkschr. Bayer. Botan. Ges. in Regensb. 20: 43 (1936)

Russula pulchella I. G. Borshch., In: Saccardo, P. A. Sylloge Fungorum 5:480(1887)

子实体伞状至浅漏斗状。菌盖初期半球形,后渐平展,中部下凹,直径 6 ~ 12cm,表面湿时黏,浅苋菜红色至暗血红色,边缘平滑或具短条。菌肉白色,质脆。菌褶近弯生至离生,等长,较密,褶间有横脉,白色至灰白色。菌柄近圆柱形,长 4 ~ 7cm,粗 1 ~ 2cm,白色或灰白色,下部有皱纹,内部松软。有褶侧囊状体,囊状体梭形,55 ~ 70μm × 8 ~ 15μm。孢子印白色至乳白色。担孢子近球形,直径 8 ~ 9μm,无色,表面有小刺(图版 200 ~ 201)。

夏秋季子实体散生或群生于针叶林或混交林地上。为树木的外生菌根菌。可食用。

分布:信阳。

【臭黄红菇】

***Russula foetens*(Pers.)Pers.** ,Observ. Mycol. 1:102(1796)

Agaricus foetens Pers. ,Observ. Mycol. 1:102(1796)

子实体伞状至浅漏斗状。菌盖初期半球形,后平展,中部下凹呈浅杯状,直径4.5~12cm,表面污黄色至黄土褐色,湿时稍黏,边缘有放射状条纹。菌肉近白色。菌褶直生或弯生,等长,密,少数分叉,褶间有横脉。菌柄白色,圆柱状或基部渐狭细而弯曲,长3~9cm,直径1.4~2.5cm,内部松软,后变中空。孢子印奶油色。担孢子近球形,直径8~10μm,透明,无色,表面有刺。囊状体披针形,突出于子实层,长34~54μm,直径9~14μm,有黄色颗粒状内含物(图版202)。

夏秋季子实体散生或群生于针叶林或针阔混交林中地上。有毒,误食后一般半小时左右发病,主要症状为剧烈恶心、呕吐、腹痛、腹泻,有的还出现精神错乱。严重者面部抽搐,牙关紧闭,视力减弱,昏睡等。可入药,但因毒性大需谨慎使用,且不可单用。子实体提取物对小白鼠肉瘤180和艾氏癌有抑制作用。

分布:济源、林州、内乡、南召、卢氏、陕县、商城、新县。

【脆红菇】

***Russula fragilis* Fr.** ,Epicr. Syst. Mycol. :359(1838)

子实体伞状至浅漏斗状。菌盖初期扁半球形,后期平展,中部下凹,直径5~6cm,深粉红色,老后褪色,黏,表皮易脱落,边缘薄,具粗条棱。菌肉薄,白色,味苦。菌褶弯生,较密,长短不一,少数分叉,白色至淡黄色。菌柄圆柱形,长2~5cm,粗0.6~1.5cm,白色,内部松软。孢子印白色。担孢子球形至近球形,7.9~11μm×6.3~9μm,表面有小刺。有褶侧囊状体,囊状体近梭形,45~89μm×5.1~10μm,顶端呈小头状。

夏秋季子实体散生于林中地上。是树木的外生菌根菌。有毒,含胃肠道刺激物,也有人认为晒干煮洗后可食用。

分布:嵩县、栾川、济源、林州、卢氏、内乡、信阳、新县。

【黏绿红菇】

***Russula furcata*(Pers.)Fr.** ,Epicr. Syst. Mycol. :352(1838)

Agaricus furcatus Pers. ,In:Saccardo,P. A. Sylloge Fungorum 5:456(1887)

子实体伞状至浅漏斗状。菌盖扁半球形,渐伸展后中部下凹,直径5~12cm,乳黄色,浅草绿色、褐绿色至橄榄绿色,湿时黏,干后有龟裂,边缘有条棱。菌肉白色,表皮处同菌盖色,致密。菌褶直生至凹生,少数有分叉,等长,密至稍密。菌柄圆柱形或下部稍粗,长3.5~8cm,粗0.8~2.3cm,白色,内部松软。孢子印白色。有褶侧囊状体,囊状体近梭形,60~70μm×8~10μm。担孢子近球形,6~8.5μm×5~7μm,表面有小疣。

夏秋季子实体群生或散生于林中地上。为树木的外生菌根菌,与云杉、山毛榉、栎等树木形成外生菌根。可食用。

分布:嵩县、卢氏、商城。

【绵粒红菇】

***Russula granulata* Peck**,In:Saccardo,P. A. Sylloge Fungorum 16:1112(1902)

子实体伞状至浅漏斗状。菌盖初期扁半球形,平展后中部下凹至脐状,直径 3 ~ 7cm,较薄,边缘初内卷,老后开裂并具长而粗的条纹,很黏,带白色或米黄色,中部土黄色,边缘有淡黄色绵绒状颗粒,中部的颗粒较密集且颜色也较深。菌肉白色,较薄,味道柔和,有香味。菌褶直生,密,近柄处分叉,具横脉,白色,后乳黄色。菌柄近柱形,长 3 ~ 5.5cm,粗 0.8 ~ 1.5cm,内部松软后中空,白色,基部带暗褐色,上部被微柔毛。有较多的褶侧囊状体,囊状体近梭形,44 ~ 62μm × 7.3 ~ 10.5μm,有褐色内含物。孢子印乳黄色。担孢子宽卵圆形或近球形,7.3 ~ 8.5μm × 6.1 ~ 7.3μm,无色。

夏秋季子实体单生或群生于阔叶林中草地上。为树木的外生菌根菌,与栎、栗等树木形成外生菌根。可食用。

分布:信阳、商城、新县、内乡。

【可爱红菇】

***Russula grata* Britzelm.**, Ber. naturhist. Augsburg 9:239(1898)

Russula foetens subsp. *laurocerasi*(Melzer)J. Schaeffer, Z. Pilzk. 17(2):51(1933)

Russula foetens var. *grata*(Britzelm.)Singer, Beih. Bot. Zbl., Abt. 2, 49(2):320(1932)

Russula foetens var. *laurocerasi*(Melzer)Singer, Annls Mycol. 40:73(1942)

Russula grata var. *laurocerasi*(Melzer)Rauschert, Česká Mykol. 43(4):198(1989)

Russula laurocerasi Melzer, In: Petrak, F. Petrak's Lists 6:221(1931)

Russula subfoetens var. *grata*(Britzelm.)Romagn., Russules d'Europe Afr. Nord, Essai sur la Valeur Taxinomique et Spécifique des Charactères des Spores et des Revêtements:340(1967)

子实体伞状至浅漏斗状。菌盖初期扁半球形,后渐平展且中央下凹呈浅漏斗状,直径 3 ~ 15cm,浅黄色、土黄色或污黄褐色至草黄色,表面黏滑,边缘有明显的由颗粒或疣组成的条棱。菌肉污白色。菌褶直生至近离生,稍密或稍稀,污白色,往往有污褐色或浅赭色斑点。菌柄近圆柱形,长 3 ~ 14cm,粗 1 ~ 1.5cm,中空,表面污白色至浅黄色或浅土黄色。有褶侧囊状体,囊状体圆锥状,44 ~ 89μm × 7.5 ~ 10.5μm。担孢子近球形,8.5 ~ 13.5μm × 7.5 ~ 10μm,表面具刺棱,近无色。

夏秋季子实体群生或单生于阔叶林中地上。为树木的外生菌根菌。味辛辣,具臭味,据记载有毒,经煮沸浸泡后可食用。子实体提取物对小白鼠肉瘤 180 的抑制率为 90%,对艾氏癌的抑制率为 80%。

分布:新县、商城。

【叶绿红菇】

***Russula heterophylla*(Fr.)Fr.**, Epicr. Syst. Mycol.:352(1838)

Agaricus furcatus β heterophyllus Fr., Syst. Mycol. 1:59(1821)

Agaricus heterophyllus(Fr.)Sacc., Syll. Fung. 5:446(1887)

Agaricus lividus Pers., Syn. Meth. Fung. 2:446(1801)

Russula furcata var. *heterophylla*(Fr.)P. Kumm., Führ. Pilzk.:102(1871)

Russula heterophylla f. *adusta* J. E. Lange, Fl. Agaric. Danic. 5:71(1940)

Russula heterophylla var. *livida*(Pers.)Gillet, Hyménomycètes:241(1876)

Russula livida J. Schröt., In: Cohn, Krypt. -Fl. Schlesien 3-1(5):546(1889)

子实体伞状至浅漏斗状。菌盖扁半球形,后平展至中部下凹,直径 5 ~ 12cm,绿色,但色调深浅多变，表现为微蓝绿色、淡黄绿色或灰绿色，老时中部带淡黄色或淡橄榄褐色，湿时黏，边缘平滑，边缘处的表皮可剥离。菌肉白色，味道柔和，无特殊气味。菌褶近延生，密，等长，有时具小褶片，近柄处有分叉，白色。菌柄长3～8cm，粗1～3cm，白色，等粗或向下略粗。有褶侧囊状体，囊状体梭形或近梭形，45～80μm×5.5～11μm。孢子印白色。担孢子近球形，5.8～7.6μm×5.3～6.4μm，无色，表面有小疣。

夏秋季子实体单生或群生于杂木林中地上，为树木的外生菌根菌。可食用。

分布：信阳、商城、新县、内乡。

【变色红菇】

***Russula integra*(L.)Fr.**, Epicr. Syst. Mycol. :360(1838)

Agaricus integer L., Sp. Pl. 2:1171(1753)

子实体伞状至浅漏斗状。菌盖扁半球形，后平展且中部稍下凹，直径5～12cm，湿时黏，颜色变异大，红色至红褐色、栗褐色、淡紫色至紫红色等，有时部分褪色为深蛋壳色，表皮可部分地剥离，边缘薄，初平滑后有棱纹。菌肉白色，表皮下呈葡萄酒色。菌褶直生至几乎离生，稍密，褶间有横脉，常在基部分叉，白色，后期渐变淡黄色至谷黄色。菌柄近柱形，长3～8cm，白色，基部偶带红色，内部松软后中空。有褶侧囊状体，囊状体近梭形，56～94μm×7～12.7μm。孢子印黄色。担孢子近球形至广椭圆形，7.7～10.9μm×7～9.2μm，淡黄色，表面有小刺。

夏秋季子实体单生或群生于林中地上。为树木的外生菌根菌。可食用。具药用价值。

分布：卢氏、陕县。

【小红菇】

***Russula kansaiensis* Hongo**, J. Jap. Bot. 54(10):305(1979)

子实体伞状至浅漏斗状。菌盖初期扁半球形，后期平展，中部下凹，最后呈漏斗形，直径1～2cm，湿时表面黏，紫红色或酒红色，中部颜色常较深，老后褪为近白色，边缘有放射状沟纹。菌肉薄，质脆，白色，无味。菌褶近离生，稍稀，褶间有横脉，白色至淡黄色。菌柄上下等粗或向下渐粗呈棍棒状，1～2cm×0.2～0.4cm，表面稍有纵皱，白色，后带黄色，内部海绵状至中空。孢子印淡奶油色。担孢子阔椭圆形，7.5～9.5μm×6～7.5μm，表面有刺状突起。有褶侧囊状体，囊状体棍棒形40～47μm×8.5～14μm，先端有小突起。

夏秋季子实体散生于栎树林下的地上。

分布：卢氏、陕县。

【淡紫红菇】

***Russula lilacea* Quél.**, Bull. Soc. Bot. Fr. 24(1876)

Russula carnicolor(Bres.)Rea, Brit. Basidiomyc. :477(1922)

Russula lilacea var. *carnicolor* Bres., Fung. Trident. 2(8～10):23(1892)

子实体伞状至浅漏斗状。菌盖扁半球形后平展至中部下凹，直径2.5～6cm，湿时黏，浅丁香紫色或粉紫色，中部色较深并有微颗粒或绒毛，边缘具条纹。菌肉白色。菌褶直生，有分叉及横脉，不等长，白色。菌柄圆柱形，长3～6cm，粗0.4～1cm，白色，基部稍带浅紫色，内部松软或中空。有褶侧囊状体，囊状体梭形或近梭形，47～67μm×8～14μm。孢子印白色。担孢子近球形，8.1～9.5μm×7.2～8.1μm，表面有分散或个别相联的小刺。

夏秋季子实体单生或群生于混交林中地上。是树木的外生菌根菌。可食用。子实体提取物对小白鼠肉瘤的抑制率为60%,对艾氏癌的抑制率为70%。

分布:信阳。

【黄红菇】

***Russula lutea*(Huds.)Gray**,Nat. Arr. Brit. Pl. 1:618(1821)

Agaricus luteus Huds.,Fl. Angl.,Edn 2,2:611(1778)

子实体伞状至很浅的漏斗状。菌盖扁半球形,后平展至中部下凹,直径3~9.5cm,芥黄色至琥珀黄色,表面黏,无毛,边缘平滑且后期有不明显的条纹。菌肉薄,白色,质脆。菌褶几乎离生,等长,少数基部分叉,稍密至稍稀,褶间有横脉,黄色。菌柄圆柱形,长4~5.5cm,粗0.7~1.4cm,白色,内部松软。有褶侧囊状体,囊状体梭形至棒状,74~89μm×10~11μm。孢子印黄色。担孢子近球形,7.1~8.8μm×6.7~7.1μm,黄色,表面有小刺。

夏秋季子实体散生或群生于林中地上。为树木的外生菌根菌,与松、栎、山毛榉等形成外生菌根。可食用。

分布:信阳、商城、新县、内乡。

【绒紫红菇】

***Russula mariae* Peck**,Trans. & Proc. Roy. Soc. S. Australia 43:275(1919)

子实体伞状至浅漏斗状。菌盖初期扁半球形,后期平展至中部下凹,直径3.5~9cm,玫瑰红色或玫瑰紫红色,中部色较深,有微细绒毛,边缘幼时内卷,老后有不明显条纹。菌肉白色,有时表皮下为淡红色,菌盖中部的菌肉厚,边缘的菌肉薄。菌褶直生或稍下延,稍密,等长,有横脉,靠近菌柄处有分叉,初期白色,后期污黄色。菌柄近圆柱形或向下渐细,长2.5~5cm,粗1~2cm,粉红色至暗紫红色,有的基部白色,实心,后期内部松软。子实层中具许多囊状体,囊状体近梭形,60~127μm×7.5~13μm。孢子印淡乳黄色。担孢子球形或近球形,7~9.1μm×7~7.6μm,无色,表面有小刺和网纹(图版203~205)。

夏秋季子实体单生或群生于阔叶林中地上。为树木的外生菌根菌。可食用。

分布:信阳、商城、新县、内乡。

【赭盖红菇】

***Russula mustelina* Fr.**,Epicr. Syst. Mycol.:351(1838)

子实体伞状至浅漏斗状。菌盖初扁半球形,后平展且中部下凹,直径5~12cm,谷黄色,深肉桂色至深棠梨色,黏,无毛,边缘平滑或老后有不明显的短条纹。菌肉白色,后趋于变黄,最终变褐色。菌褶直生至弯生,密至稍稀,分叉,褶间具横脉,初白色,后米黄色。菌柄圆柱形,长3~8cm,粗1.2~2.2cm,内部松软,白色,略带黄色,后变淡褐色或与菌盖色相近。有褶侧囊状体,囊状体近梭形,55~82μm×8~12μm。孢子印乳黄色。担孢子近球形,8.2~9.1μm×7.3~8.7μm,无色,表面有小刺,部分小刺相联成近网状。

夏秋季子实体散生至群生于林中地上。为树木的外生菌根菌,与杉、松等树木形成外生菌根。可食用。

分布:嵩县、信阳、商城、新县、内乡。

【稀褶黑菇】

***Russula nigricans* Fr.**, Epicr. Syst. Mycol. :350(1838)

Agaricus adustus var. *elephantinus* Pers. , Syn. Meth. Fung. 2:459(1801)

Agaricus elephantinus Sowerby, Col. Fig. Engl. Fung. Mushr. 1:pl. 28(1795)

Agaricus gangraenosus var. *nigrescens*(Lasch) Cooke, Handb. Brit. Fungi, 2nd Edn:46(1884)

Agaricus nigrescens Lasch, Linnaea 4:521(1829)

Agaricus nigricans Bull. , Herb. Fr. 5:tab. 212(1785)

Omphalia adusta var. *elephantinus*(Pers.) Gray, Nat. Arr. Brit. Pl. 1:612(1821)

Omphalia adusta β elephantinus(Bolton) Gray, Nat. Arr. Brit. Pl. 1:614(1821)

Russula elephantina(Bolton) Fr. , Epicr. Syst. Mycol. :350(1838)

子实体伞状至浅漏斗状,初期污白色,后变黑褐色。菌盖扁半球形,中部下凹,直径可达15cm,表面平滑,老后边缘有不明显的条纹。菌肉较厚,污白色,受伤处开始变红色,后变黑色。菌褶直生,后期近凹生,稀而薄,不等长,褶间有横脉,污白色。菌柄粗壮,长3~8cm,粗1~2.5cm,初期污白色,后变黑褐色,实心,质脆。有褶侧囊状体,囊状体棒状,37~56μm×5~9μm。担孢子近球形,7.5~8.7μm×6.3~7.5μm,表面具疣及网纹。

夏秋季子实体成群或分散生于阔叶林或混交林中地上。为树木的外生菌根菌,与杉、栎、山毛榉等树木形成外生菌根。有中毒纪录,中毒后表现恶心、呕吐、腹部剧痛、流唾液、筋骨痛或全身发麻,神志不清等,严重者有肝肿大、黄疸等,导致死亡。具药用价值。子实体提取物对小白鼠肉瘤180和艾氏癌的抑制率均为60%。

分布:信阳、商城、新县。

【沼泽红菇】

***Russula paludosa* Britzelm.**, In:Saccardo, P. A. Sylloge Fungorum 11:30(1895)

Russula integra var. *paludosa*(Britzelm.) Singer, Z. Pilzk. , N. F. 2(1):7(1923)

子实体伞状至浅漏斗状。菌盖初期扁半球形,后期平展且中部下凹,直径5~11cm,红色或橘红色,有的色淡呈红黄色,边缘平滑,老后有短条纹。菌肉白色,表皮下稍带淡红色,味道柔和,或具不显著的辛辣味。菌褶直生,等长,很密,常有分叉,褶间有横脉,初期白色,后变乳黄色,边缘常带红色。菌柄近圆柱形,长6~14cm,粗2~3cm,向上略细,白色,有时带粉红色,初期实心,后渐变松软,最后中空。有近梭形的褶侧囊状体。孢子印深乳黄色。担孢子近球形,8~10μm×7.3~9μm,表面有小刺,小刺可相联成脊或网。

夏秋季子实体散生或群生于针叶林或混交林中地上。为树木的外生菌根菌。可食用。

分布:信阳。

【篦边红菇】

***Russula pectinata*(Bull.) Fr.**, Epicr. Syst. Mycol. :358(1838)

Agaricus ochroleucus Schumach. , Enum. pl. 2:245(1803)

Agaricus pectinaceus Bull. , Herb. Fr. 11:tab. 509(1791)

Agaricus pectinatus Bull. , Herb. Fr. :tab. 509(1791)

Russula consobrina var. *pectinata*(Bull.) Singer, Hedwigia 66:206(1926)

子实体伞状至浅漏斗状。菌盖初期扁半球形,后平展且中部稍下凹,直径3~9cm,米黄色或黄褐色,老后似栗褐色,表面湿时黏,平滑或有微细鳞片,边缘有长而显著的条棱,条棱由疣状小点组成。菌肉薄,白色,稍致密。菌褶直生又弯生至近离生,稍密,稍宽,基本等长,有少量分叉,褶间有横脉,白色至污白色,老后常有深色斑点。菌柄圆柱形,长 3 ~ 7cm,粗 0.6 ~ 1.5cm,白色至污白色,下部常有红褐色斑点,内部松软至空心。有褶侧囊状体,囊状体梭形,50 ~ 80μm × 7 ~ 10μm。孢子印污白色。担孢子近球形,8 ~ 10μm × 7.5 ~ 8μm,无色,表面有小刺。

子实体群生或散生于林中地上。为树木的外生菌根菌,与栎、栗、松等树木形成外生菌根。可食用,但有辛辣味。

分布:信阳、商城、新县、内乡。

【紫薇红菇】

***Russula puellaris* Fr.** ,Epicr. Syst. Mycol. :362(1838)

Russula puellaris var. *leprosa* Bres. ,Fung. Trident. 1:58(1881)

子实体伞状至浅漏斗状。菌盖扁半球形,渐开展后中部下凹,直径 3 ~ 5cm,淡紫褐色至深紫薇色,中央色深,边缘有条棱,表面平滑无毛,黏。菌肉白色,中部稍厚。菌褶凹生,不等长,稍密,褶间有横脉,白色,后变为淡黄色。菌柄近圆柱形,长 3 ~ 6cm,粗 0.5 ~ 1.4cm,白色,内部松软至空心。有褶侧囊状体,囊状体棒状至近梭形,55 ~ 66μm × 8 ~ 12μm。孢子印乳黄色。担孢子近球形,6.5 ~ 8μm × 6 ~ 7μm,淡黄色,表面有小刺。

夏秋季子实体单生、散生于林中地上。为树木的外生菌根菌。可食用。

分布:内乡、南召。

【鸡冠红菇】

***Russula risigallina* (Batsch) Sacc.** ,Fl. ital. Cript. ,Hymeniales 1:430(1915)

Agaricus risigallinus Batsch,Elench. Fung. ,Cont. Prim. :67,tab. 15:72(1786)

Agaricus vitellinus Pers. ,Syn. Meth. Fung. 2:442(1801)

Bolbitius titubans var. *vitellinus*(Pers.)Courtec. ,Docums Mycol. 34(135 ~ 136):49(2008)

Russula armeniaca Cooke,Illustrations of British Fungi(Hymenomycetes)7:pl. 1045(1064)(1888)

Russula chamaeleontina(Lasch)Fr. ,Epicr. Syst. Mycol. :363(1838)

Russula lutea var. armeniaca(Cooke)Rea,Brit. Basidiomyc. :478(1922)

Russula lutea var. *chamaeleontina*(Lasch)Singer,Annls Mycol. 33(5 ~ 6):297(1935)

Russula lutea var. *ochracea* Singer,Annls Mycol. 33(5 ~ 6):298(1935)

Russula risigallina f. *chamaeleontina*(Lasch)Bon,Docums Mycol. 18(70 ~ 71):108(1988)

Russula vitellina(Pers.)Gray,Nat. Arr. Brit. Pl. 1:618(1821)

子实体伞状至浅漏斗状。菌盖初期扁半球形,后期平展至中部下凹,直径 2 ~ 6cm,初期黏,后期干燥,边缘初平滑,钝,后有条纹或不明显条纹,颜色多变化,大多为红色、紫色,中部可褪至淡黄色、黄色,边缘粉红色或红色,有时全部白色,表皮可剥离。菌肉薄,白色,味道柔和,无特殊气味。菌褶直生,等长,分叉,褶间具横脉,窄,密,淡黄色至浅黄褐色。菌柄圆柱形或向下稍粗,长 3 ~ 4.2cm,粗 0.3 ~ 1.2cm,肉质,白色,内部松软至中空。孢子印黄色。担孢子近球形,7 ~ 8.8μm × 6.7 ~ 7μm,表面有小刺。有褶侧囊状体,囊状体梭形,52 ~ 88μm × 7.5 ~ 9.1μm。

夏秋季子实体散生或群生于林中地上。为树木的外生菌根菌。可食用。

分布:栾川、新县。

【红色红菇】

***Russula rosea* Pers.** ,Observ. Mycol. 1:100(1796)

Agaricus lacteus Pers. ,Syn. Meth. Fung. 2:439(1801)

Russula lactea(Pers.)Fr. ,Epicr. Syst. Mycol. :355(1838)

Russula lactea var. *lactea* (Pers.)Fr. ,Epicr. Syst. Mycol. :355(1838)

Russula lepida Fr. ,Anteckn. Sver. Ätl. Svamp. :50(1836)

Russula lepida var. *alba* Rea,Assoc. Franç. Avancem. Sci. ,Congr. Blois 13:280(1885)

子实体伞状至浅漏斗状。菌盖扁半球形,后平展至中部下凹,直径4~9cm,表面不黏,无光泽或绒状,中部有时被白粉,颜色鲜艳,珊瑚红色,可带苋菜红色,边缘有时为杏黄色,部分或全部褪至粉肉桂色或淡白色,边缘无条纹。菌肉厚,白色,常有虫食而产生的洞,嚼后有点辛辣味或薄荷味。菌褶稍密至稍稀,常有分叉,褶间具横脉,白色,老后变为乳黄色,近菌盖边缘处可带红色。菌柄圆柱形或向下渐细,长3.5~5cm,粗0.5~2cm,白色,一侧或基部带浅珊瑚红色,中实或松软。有褶侧囊状体,囊状体近梭形,51~85μm×8~13μm。孢子印浅乳黄色。担孢子近球形,7.5~9μm×7.3~8.1μm,无色,表面有小疣。

夏秋季子实体群生或单生于林中地上。是树木的外生菌根菌,与松、栎、山毛榉、鹅耳枥、桦、栗等形成外生菌根。可食用,但有辛辣味。子实体提取物对小白鼠肉瘤180抑制率为100%,对艾氏癌的抑制率为90%。

分布:信阳、新县、罗山、内乡。

【大朱菇】

***Russula rubra*(Fr.)Fr.** ,Epicr. Syst. Mycol. :354(1838)

子实体伞状至浅漏斗状。菌盖初半球形,后平展且中部稍下凹,直径4~10cm,表面不黏,红色,老后色变暗,边缘粉红色或带白色,有微细绒毛,后变光滑,边缘平滑或有不明显的条纹。菌肉白色,表皮下粉红色,有辛辣味。菌褶离生或略延生,密,具横脉,通常基部分叉,白色,后浅赭黄色。菌柄长3.5~8cm,粗1~2.5cm,等粗或向下稍细,白色,偶尔在基部或一侧带粉红色,中实后变中空。有褶侧囊状体,囊状体梭形,69~100μm×9~10.9μm。孢子印黄色。担孢子近球形,8~9μm×7~8μm,表面有疣或微刺,疣间罕有联线。

夏秋季子实体单生、散生于林中地上。是树木的外生菌根菌。可食用,味较好。

分布:信阳。

【血红菇】

***Russula sanguinea*(Bull.)Fr.** ,Epicr. Syst. Mycol. :351(1838)

子实体伞状至浅漏斗状。菌盖扁半球形,平展至中部下凹,直径3~10cm,大红色,干后带紫色,老后往往局部或成片状褪色。菌肉白色,不变色,味辛辣。菌褶延生,稍密,等长,白色,老后变为乳黄色。菌柄近圆柱形或近棒状,长4~8cm,粗1~2cm,通常珊瑚红色,罕为白色,老后或触摸处带橙黄色,内实。孢子印淡黄色。担孢子球形至近球形,7~8.5μm×6.1~7.3μm,无色,表面有小疣,疣间有联线,但不形成网纹。有很多褶侧囊状体,囊状体大多呈梭形,有的圆柱形或棒状,54~107μm×8~18μm,有内含物,内含物在KOH溶液中呈淡黄褐色。

子实体散生或群生于松林地上。可食用。子实体提取物对小白鼠肉瘤180和艾氏癌的抑制率均为90%。

分布：栾川、新县、商城。

【点柄黄红菇】

***Russula senecis* S. Imai**, J. Coll. Agric., Hokkaido Imp. Univ. 43:344(1938)

子实体伞状至浅漏斗状，具腥臭味及辣味。菌盖初期半球形，后平展且中部下凹，直径3～10cm，表面黄褐色，黏，边缘有明显的放射状条纹。菌褶离生，黄白色，褶缘色深且粗糙。菌柄圆柱形，长8～10cm，粗0.6～1.5cm，污黄色，内部松软至中空，质脆，表面有褐色的细小斑点。有褶侧囊状体，囊状体近梭形，45～55μm×8.7～10μm，带黄色。孢子印白色。担孢子近球形，9～11μm×8.7～10μm，淡黄色，表面具明显刺棱（图版206）。

夏秋季子实体单生于林中地上。为树木的外生菌根菌。有毒，食后主要表现为恶心、呕吐、腹痛、腹泻等胃肠炎症状。子实体提取物对小白鼠肉瘤180的抑制率为80%，对艾氏癌的抑制率为70%。

分布：济源、林州、内乡、南召、信阳、商城、新县。

【粉红菇】

***Russula subdepallens* Peck**, Bull. Torrey Bot. Club 23:412(1896)

子实体伞状至浅漏斗状。菌盖初期扁半球形，后期平展，中部下凹，直径5～11cm，老后边缘上翘，粉红色，幼时中部暗红色，老后中部色淡，部分米黄色，黏，边缘有条纹。菌肉薄，白色，老后变灰色，无特殊气味。菌褶直生，等长，较稀，褶间具横脉，白色。菌柄近圆柱形，长4～8cm，粗1～3cm，白色，内部松软。孢子印白色。担孢子近球形，7.5～10μm×6.5～9μm，表面有小刺。有褶侧囊状体，囊状体梭形，52～80μm×7.5～11μm，顶端渐尖（图版207）。

夏秋季子实体群生于混交林中地上。为树木的外生菌根菌。可食用。

分布：商城、新县、辉县、西峡。

【亚稀褶黑菇】

***Russula subnigricans* Hongo**, J. Jap. Bot. 30(3):79(1955)

子实体伞状至浅漏斗状。菌盖扁半球形，中部下凹呈漏斗状，直径6～11.8cm，浅灰色至煤灰黑色，表面干燥，有微细绒毛，边缘色浅而内卷，无条棱。菌肉白色，受伤处变红色。菌褶直生或近延生，稍稀疏，不等长，不分叉，往往有横脉，厚，浅黄白色，伤变红色，质脆。菌柄圆柱形，长3～6cm，粗1～2.5cm，较菌盖色浅，内部实心或松软。有褶侧囊状体和褶缘囊状体，囊状体披针形或近梭形，53～88μm×9.5～12μm。担孢子近球形，7～9μm×6～7μm，无色，表面有疣和网纹。

夏秋季子实体散生或群生于阔叶林中或混交林中地上。为树木的外生菌根菌。有毒，中毒严重者可致死亡。

分布：卢氏、陕县。

【菱红菇】

***Russula vesca* Fr.**, Anteckn. Sver. Ätl. Svamp.:51(1836)

Russula mitis Rea, Brit. Basidiomyc.:463(1922)

子实体伞状至浅漏斗状。菌盖初期近圆形,后扁半球形,最后平展且中部下凹,直径3.5~11cm,颜色变化多,酒褐色、浅红褐色、浅褐色或菱色等,边缘老时具短条纹,有微皱或平滑。菌肉白色,趋于变污,淡黄色。菌褶直生,密,基部常分叉,褶间具横脉,白色,或稍带乳黄色,褶缘常有锈褐色斑点。菌柄圆柱形或基部略细,长2~6.6cm,粗1~2.8cm,中实后松软,白色,基部常略变黄色或变褐色。有褶侧囊状体,囊状体近梭形,54~80μm×6~11μm。孢子印白色。担孢子近球形,6.4~8.5μm×4.9~6.7μm,无色,表面有小疣。

夏秋季子实体单生或散生于阔叶林中地上。为树木的外生菌根菌,与栎、栗、桦、山毛榉、松等树木形成外生菌根。可食用,但味不佳。子实体提取物对小白鼠肉瘤180和艾氏癌的抑制率为90%。

分布:新县、商城。

【正红菇】

***Russula vinosa* Lindblad**, Fl. Crypt. Cell. Toulouse:57(1901)

Russula decolorans var. *obscura* Romell, Öfvers. K. Förh. Kongl. Svenska Vetensk. -Akad. 48(3):179(1891)

Russula obscura(Romell)Peck, Naturaliste, 2e Série 105:94(1906)

子实体伞状至浅漏斗状。菌盖初扁半球形,后平展且中部下凹,直径5~12cm,不黏,大红色带紫色,中部暗紫黑色,边缘平滑。菌肉白色,近表皮处淡红色,或浅紫红色。菌褶直生,不等长,具横脉,白色至乳黄色,干后变灰色,边缘浅紫红色。菌柄长4.5~10cm,粗1.5~2.5cm,白色或杂有红色斑或全部为淡粉红色至粉红色,内部松软。有较多的褶侧囊状体,囊状体梭形,75~127μm×9~13.6μm。孢子印干后呈淡乳黄色。担孢子近球形,8.5~11.8μm×7.3~10.6μm,表面有小刺。

夏秋季子实体群生于阔叶林中地上。为树木的外生菌根菌。可食,味好。具药用价值。

分布:西峡。

【微紫柄红菇】

***Russula violeipes* Quél.**, Compt. Rend. Assoc. Franç. Avancem. Sci. 26(2):450(1898)

Russula amoena var. *violeipes*(Quél.)Singer, Beih. Bot. Zbl., Abt. 2, 49(2):354(1932)

Russula heterophylla var. *chlora* Gillet, Hyménomycètes:241(1876)

Russula olivascens var. *citrinus* Quél., Enchir. Fung.:132(1886)

Russula punctata f. *citrina*(Quél.)Maire, Bull. Soc. Mycol. Fr. 26:118(1910)

Russula punctata f. *violeipes*(Quél.)Maire, Bull. Soc. Mycol. Fr. 26:118(1910)

Russula violeipes f. *violeipes* Quél., Compt. Rend. Assoc. Franç. Avancem. Sci. 26(2):450(1898)

Russula xerampelina var. *citrina*(Quél.)Quél., Fl. Mycol. France:342(1888)

子实体伞状。菌盖半球形或扁平至平展,直径4~8cm,中部下凹,灰黄色、橄榄色或局部呈红色至紫色,边缘平整,可开裂。菌肉白色。菌褶离生,稍密,等长,浅黄色。菌柄长4.5~10cm,粗1~2.6cm,表面似有粉末,白色或污黄色且部分紫红色,基部往往变细。担孢子近球形,6.5~10μm×6~8.5μm,表面有疣和网纹。子实层中有褶侧囊状体(图版208)。

夏秋季生针阔混交林中地上,属树木外生菌根菌,可食用。

分布:汝阳、信阳。

【变绿红菇】

***Russula virescens*(Schaeff.)Fr.** ,Anteckn. Sver. Ätl. Svamp. :50(1836)

Agaricus virescens Schaeff. ,Fung. Bavar. Palat. 4:40(1774)

子实体伞状至浅漏斗状。菌盖初球形,后扁半球形至平展,中部稍下凹,宽3~12cm,不黏,绿色至灰绿色,易龟裂,常具铜绿色斑点,边缘有棱纹。菌肉白色。菌褶近直生或离生,较密,等长,具横脉,有少数分叉,白色。菌柄圆柱形,长2~9.5cm,粗0.8~3.5cm,表面平滑,白色,中实或松软。孢子印白色。担孢子近球形至卵圆形或近卵圆形,6.1~8.2μm×5.1~6.7μm,无色,表面有小疣,小疣可连成微细、不完整的网纹。

夏秋季子实体单生或群生于阔叶林或混交林内地上。为树木的外生菌根菌,与栎、桦等树木形成外生菌根。可食用,味鲜美。具药用价值。子实体热水提取物对小白鼠肉瘤180和艾氏腹水癌的抑制率均为60%~70%。

分布:信阳、商城、新县、内乡。

【黄孢红菇】

***Russula xerampelina*(Schaeff.)Fr.** ,Epicr. Syst. Mycol. :356(1838)

Agaricus esculentus var. *xerampelinus*(Schaeff.)Pers. ,Syn. Meth. Fung. 2:441(1801)

Agaricus rubellus Batsch,Elench. Fung. :39(1783)

Agaricus xerampelinus Schaeff. ,Fung. Bavar. Palat. 3:tab. 214(1770)

Russula alutacea var. *erythropus* Fr. ,Hymenomyc. Eur. :453(1874)

Russula erythropus Fr. ex Pelt. ,Bull. Soc. Mycol. Fr. 24:118(1908)

Russula erythropus var. *ochracea* J. Blum,Bull. Trimest. Soc. Mycol. Fr. 77:162(1961)

Russula xerampelina var. *xerampelina*(Schaeff.)Fr. ,Epicr. Syst. Mycol. :356(1838)

子实体伞状至浅漏斗状。菌盖扁半球形,平展后中部下凹,直径4~13cm,不黏或湿时稍黏,边缘平滑,老后可有不明显条纹,表皮不易剥离,深褐紫色或暗紫红色,中部色深。菌肉白色,后变淡黄色或黄色,有蟹味。菌褶直生,等长,稍密至稍稀,少有分叉,褶间具横脉,初淡乳黄色,后变淡黄褐色。菌柄长5~8cm,粗1.5~2.6cm,中实,后松软,白色或部分或全部为粉红色,伤变黄褐色,菌柄基部伤后变色尤明显。有褶侧囊状体,囊状体梭形,64~100μm×8~12.7μm。孢子印深乳黄色或浅赭色。担孢子近球形,8.5~10.6μm×7.6~8.8μm,淡黄色,表面有小疣(图版209)。

夏秋季子实体单生或群生于林中地上。为树木的外生菌根菌,与杉、松、栎、杨、榛等树木形成外生菌根。可食用。子实体提取物对小白鼠肉瘤180的抑制率为70%,对艾氏癌的抑制率为80%。

分布:新县、商城。

6.1.13.7 韧革菌科 Stereaceae

【烟色韧革菌】

***Stereum gausapatum*(Fr.)Fr.** ,Hymenomyc. Eur. :638(1874)

Cladoderris gausapata(Fr.)Fr. ,Summa Veg. Scand. ,Section Post. :142(1849)

Haematostereum gausapatum(Fr.)Pouzar,Česká Mykol. 13:13(1959)

Stereum cristulatum Quél. ,Mém. Soc. Émul. Montbéliard,Sér. 2,5:15(1875)

Stereum hirsutum var. *cristulatum* Quél. ,Mém. Soc. Émul. Montbéliard,Sér. 2,5:tab. 1(1872)

Stereum quercinum Potter, Lich. Suec. Exs. :7(1901)

Thelephora gausapata Fr., Elench. Fung. 1:171(1828)

子实体革质，平伏而反卷，反卷部分长 1 ~ 2cm，覆瓦状丛生，常相互连接，表面有细长毛或粗毛，烟色，多少可见辐射状皱褶。子实层淡粉灰色至浅粉灰色，受伤处流汁液，以后色变污。剖面无毛层厚 400 ~ 750μm，中间层与绒毛层之间有紧密有色的边缘带。担子长圆柱状，具 4 小梗。子实层上有许多色汁导管，色汁导管大小为 75 ~ 100μm × 5μm。担孢子长椭圆形，5 ~ 8μm × 2.5 ~ 3.5μm，无色，表面平滑。

子实体生于栎、栲等腐木上，引起木材腐朽。也见于栽培香菇、木耳的段木上，为香菇、木耳段木生产上的"杂菌"。

分布：登封、南召。

【扁韧革菌】

***Stereum ostrea*(Blume & T. Nees) Fr.**, Epicr. Syst. Mycol. :547(1838)

Haematostereum australe(Lloyd) Z. T. Guo, Bull. Bot. Res., Harbin 7(2):55(1987)

Stereum australe Lloyd, Mycol. Writ. 4:10(1913)

Stereum boryanum(Fr.) Sacc., Syll. Fung. 6:576(1888)

Stereum concolor Berk., Botany of the Antarctic Voyage. III Flora Tasmaniae. 2:259(1860)

Stereum fasciatum(Schwein.) Fr., Epicr. Syst. Mycol. :546(1838)

Stereum hirsutum f. *fasciatum*(Schwein.) Pilát, Glasnik(Bull.) Soc. Scient. Skoplje 18:186(1938)

Stereum leichhardtianum(Lév.) Sacc. [as '*leichkardtianum*'], Syll. Fung. 6:559(1888)

Stereum perlatum Berk., J. Bot., Lond. 1(3):153(1842)

Stereum pictum Berk., J. Linn. Soc., Bot. 27:185(1889)

Stereum sprucei Berk., In: Berkeley & Curtis, J. Linn. Soc., Bot. 10(46):331(1868)

Stereum zebra R. Heim & Malençon, Annals Cryptog. Exot. 1:61(1928)

Thelephora boryana Fr., Linnaea 5:528(1830)

Thelephora fasciata Schwein., Schr. Naturf. Ges. Leipzig 1:106(1822)

Thelephora leichhardtiana Lév., Annls Sci. Nat., Bot., Sér. 3, 5:148(1846)

Thelephora ostrea Blume & T. Nees, Nova Acta Phys. -Med. Acad. Caes. Leop. -Carol. Nat. Cur. 13:13(1826)

Thelephora versicolor var. *fasciata*(Schwein.) Fr., Elench. Fung. 1:175(1828)

子实体无柄，有时具短柄，菌盖半圆形，扇形，1.5 ~ 7.5cm × 2 ~ 12cm，薄，覆瓦状叠生，往往相互连接，干时向下卷曲，有蛋壳色至浅茶褐色短绒毛，渐褪色为烟灰色，同心轮纹明显，剖面厚 500 ~ 750μm，包括子实层、中间层及紧密呈褐色的边缘带，子实层面平滑，浅肉色至藕色。菌盖边缘有绒毛，绒毛粗 5 ~ 7μm。子实层中有囊状体和刚毛。担孢子椭圆形或卵圆形，5 ~ 6.5μm × 2 ~ 3.5μm，无色，表面平滑。

子实体群生于阔叶树枯立木、倒木和木桩上，引起木材白色腐朽。也见于栽培香菇、木耳的段木上，为香菇、木耳段木生产上的"杂菌"。

分布：卢氏、陕县。

【金丝韧革菌】

***Xylobolus spectabilis*(Klotzsch) Boidin**, Revue Mycol., Paris 23:341(1958)

Haematostereum spectabile(Klotzsch) Z. T. Guo, Bull. Bot. Res., Harbin 7(2):60(1987)

Stereogloeocystidium radiatofissum (Berk. & Broome) Rick [as ' *radiosofissum* '], Brotéria, Sér. Ci. Nat. 9: 81 (1940)

Stereum radiatofissum Berk. & Broome, Trans. Linn. Soc. London, Bot. , Ser. 2 , 2:63(1882)

Stereum spectabile Klotzsch, Revue Mycol. , Paris 23:341(1958)

子实体革质,片状,长达2.5cm,厚140～250μm,无柄,基部凸起而狭窄,前端宽达2.5cm,密集重叠,上表面锈褐色,有平伏的丝状纤毛,具光泽,并有辐射状皱褶和不明显的同心环带,边缘往往瓣裂,干时左右两缘常内卷。子实层淡粉灰色或棕灰色。子实层中有侧丝,侧丝上部有小刺,状似瓶刷(图版210)。

夏秋季子实体群生、叠生于阔叶树的枯干皮上,也见于香菇段木上,为食用菌段木栽培的害菌之一。

分布:栾川。

6.1.14　革菌目 Thelephorales

6.1.14.1　烟白齿菌科 Bankeraceae

【翘鳞肉齿菌】

***Sarcodon imbricatus*(L.) P. Karst.** , Revue Mycol. , Toulouse 3(9):20(1881)

Bankera infundibulum(Sw.) Pouzar, Česká Mykol. 9:96(1955)

Fungus imbricatus(L.) Paulet, Traité Champ. , Atlas 2:127(1793)

Hydnum adpressum Lloyd, Mycol. Writ. 4:552(1916)

Hydnum aspratum Berk. , Grevillea 10(56):121(1882)

Hydnum badium Pers. , Mycol. Eur. 2:155(1825)

Hydnum badium subsp. *badium* Pers. , Mycol. Eur. 2:155(1825)

Hydnum badium var. *badium* Pers. , Mycol. Eur. 2:155(1825)

Hydnum imbricatum L. , Sp. Pl. 2:1178(1753)

Hydnum imbricatum var. *imbricatum* L. , Sp. Pl. 2:1178(1753)

Hydnum infundibulum Sw. , K. Vetensk-Acad. Nya Handl. 31:244(1810)

Phaeodon imbricatus(L.) J. Schröt. , In: Cohn, Krypt. -Fl. Schlesien 3. 1(25～32):460(1888)

Sarcodon aspratus(Berk.) S. Ito, Mycol. Fl. Japan 2(4):183(1955)

子实体伞状。菌盖初期中部突起,后扁平,直径6～10cm,中部脐状或下凹,有时呈浅漏斗状,浅粉灰色,表面有暗灰色到黑褐色大鳞片,鳞片厚,覆瓦状,向中央的鳞片更大并翘起,呈同心环状排列。菌肉近白色。菌盖下面密布刺,刺延生,锥形,长可达1～1.5cm,初期灰白色,后变浓褐色。菌柄中生或稍偏生,粗0.7～3cm,有时短粗或较细长,上下等粗或基部膨大,中实、表面平滑,淡白色,后期变淡褐色。

子实体生于针叶林中地上,尤以杉林中生长多。为树木的外生菌根菌。可食用,新鲜时味道很好,菌肉厚,水分少,但老后或雨水浸湿者带苦味。具药用价值,有降低血液中胆固醇的作用。

分布:信阳。

6.1.14.2　革菌科 Thelephoraceae

【黄革菌】

***Thelephora aurantiotincta* Corner**, Beih. Nova Hedwigia 27:44(1968)

子实体由许多片状结构组成，整体高 3 ~ 8cm，阔 5 ~ 10cm，由基部的短柄上向四周生出宽扇形的菌盖，整体呈重花瓣状。菌盖表面不平，有放射状皱纹，淡黄色、淡茶褐色。菌肉柔软革质，淡肉红色，干后有中药香味。菌盖的下表面布满乳头状小疣，边缘色浅，里面色深。担孢子多角形，6.5 ~ 9μm × 6 ~ 8μm，淡灰褐色，表面有瘤状小疣。

夏秋季子实体生于混有杂木的松林中地上。为外生菌根菌。

分布：卢氏、陕县。

【多瓣革菌】

***Thelephora multipartita* Schwein.**, In: Fries, Elench. Fung. 1:166(1828)

Phylacteria multipartita(Schwein.) Pat., Essai Tax. Hyménomyc.:119(1900)

Thelephora regularis var. *multipartita*(Schwein.) Corner, Beih. Nova Hedwigia 27:83(1968)

子实体瓣片状，直立，高 1.5 ~ 3cm，群生，韧革质，青灰褐色，干时色变淡。从基部向上不均匀地深裂为多数裂片。子实层黄色至深棕色。担孢子淡褐色，6 ~ 8μm × 5 ~ 6μm，表面有小瘤。

夏秋季子实体群生于阔叶林中地上，为树木的外生菌根菌。

分布：嵩县。

【掌状革菌 】

***Thelephora palmata*(Scop.) Fr.**, Syst. Mycol. 1:432(1821)

Clavaria palmata Scop., Fl. Carniol., Edn 2, 2:483(1772)

Merisma foetidum Pers., Tent. Disp. Meth. Fung.:93(1797)

Merisma foetidum var. *foetidum* Pers., Tent. Disp. Meth. Fung.:93(1797)

Merisma palmatum(Scop.) Pers., Mycol. Eur. 1:157(1822)

Phylacteria palmata(Scop.) Pat., Essai Tax. Hyménomyc.:119(1900)

Ramaria palmata(Scop.) Holmsk., Beata Ruris Otia Fungis Danicis 1:106(1790)

子实体多分枝，分枝直立，上部由扁平的裂片组成，高 2 ~ 8cm，灰紫褐色或紫褐色至暗褐色，顶部往往色浅呈蓝灰白色，且具有深浅不同的环带，具较浓的海藻气味，干时整体呈锈褐色。菌柄较短，幼时近白色，后呈暗灰色至紫褐色。菌肉近纤维质或革质，菌丝有锁状连合。担子柱状，70 ~ 80μm × 9 ~ 12μm，具 4 小梗。担孢子角形，8 ~ 10μm × 6 ~ 9μm，浅黄褐色，具刺状凸起。

夏秋季子实体丛生和群生于松林或阔叶林中地上。可能与松等形成外生菌根。

分布：卢氏、陕县。

6.1.15　目未确定 Incertae sedis for order

6.1.15.1　科未确定 Incertae sedis for family

【皮生锐孔菌】

***Oxyporus corticola*(Fr.) Ryvarden**, Persoonia 7(1):19(1972)

Chaetoporus corticola(Fr.) Bondartsev & Singer, Annls Mycol. 39(1):51(1941)

Chaetoporus corticola f. *rostafinskii* (P. Karst.) Bondartsev, Trut. Grib Evrop. Chasti SSSR Kavkaza:178(1953)

Coriolus corticola(Fr.) Pat., Essai Tax. Hyménomyc.:94(1900)

Muciporus corticola(Fr.) Juel, Bih. K. svenska VetenskAkad. Handl., Afd. 3 23(10):23(1897)

Physisporus corticola(Fr.)Gillet,Hyménomycètes:696(1878)
Physisporus rostafinskii(P. Karst.)P. Karst. ,Revue Mycol. ,Toulouse 3(9):18(1881)
Physisporus tener Har. & P. Karst. ,Revue Mycol. ,Toulouse 12:128(1890)
Polyporus corticola Fr. ,Syst. Mycol. 1:385(1821)
Polyporus corticola f. *corticola* Fr. ,Syst. Mycol. 1:385(1821)
Polyporus corticola var. *corticola* Fr. ,Syst. Mycol. 1:385(1821)
Polyporus reticulatus var. *corticola*(Fr.)P. Kumm. ,Führ. Pilzk. :59(1871)
Polyporus rostafinskii P. Karst. ,Bidr. Känn. Finl. Nat. Folk 25:274(1876)
Polyporus salviae Berk. & M. A. Curtis,Grevillea 1(4):54(1872)
Polyporus separans Murrill,Mycologia 12(6):305(1920)
Poria corticola(Fr.)Sacc. ,Grevillea 14(72):113(1886)
Poria salviae(Berk. & M. A. Curtis)Sacc. ,Syll. Fung. 6:311(1888)
Poria separans Murrill,Mycologia 12(6):305(1920)
Poria vicina Bres. ,Mycologia 17(2):76(1925)
Rigidoporus corticola(Fr.)Pouzar,Česká Mykol. 1:368(1966)

子实体平状于基质上,或为无菌柄的菌盖,覆瓦状叠生,新鲜时软肉质,干后脆革质。平状的子实体大小可达 30cm×9cm,厚可达 2mm。菌盖一般为扇形、半圆形、窄半圆形,大小可达 3cm×6cm,基部厚可达 3mm。菌盖表面新鲜时奶油色至浅灰褐色,具绒毛,后期光滑或粗糙,有环沟和同心环带,边缘锐,色浅,干后内卷。孔口表面新鲜时奶油色至乳黄色,干后黄褐色。不育边缘明显,奶油色,有的棉絮状,宽约 2~3mm。孔口圆形,每毫米 2~4 个。菌管干后淡黄褐色,长约 1mm。菌肉新鲜时乳白色,肉质,干后淡黄色,木栓质,厚约 1~2mm。构成子实体的菌丝为单系菌丝。子实层中有两种囊状体,其一为腹鼓形,17~26μm×8~10μm,厚壁,顶端一般有结晶,另一种为纺锤形,9~13μm×5~8μm,壁稍厚。担子短棍棒状,16~19μm×4~4.9μm,顶部具 4 个小梗,基部具一简单分隔。拟担子与担子相似,但略小。担孢子椭圆形,4.7~6.2μm×3.2~4.1μm,无色,表面光滑。

子实体见于多种阔叶树枯木上,一年至多年生,造成木材白色腐朽。

分布:内乡。

【宽边锐孔菌】

***Oxyporus latemarginatus*(Durieu & Mont.)Donk**,Persoonia 4(3):342(1966)
Chaetoporus ambiguus(Bres.)Bondartsev & Singer,Annls Mycol. 39(1):51(1941)
Emmia latemarginata(Durieu & Mont.)Zmitr. ,Spirin & Malysheva,In:Zmitrovich,Malysheva & Spirin,Mycena 6:33(2006)
Irpex concrescens Lloyd,Mycol. Writ. 4(Letter 60):9(1915)
Polyporus cokeri Murrill,Mycologia 12(6):306(1920)
Polyporus latemarginatus Durieu & Mont. ,Syll. Gen. Sp. Cript. :163(1856)
Polyporus roseitingens Murrill,Mycologia 12(6):305(1920)
Poria ambigua Bres. ,Atti Acad. Agiato Rovereto 3(1):84(1897)
Poria cokeri Murrill,Mycologia 12(6):306(1920)
Poria excurrens var. *macrostoma* Speg. ,Anal. Mus. Nac. Hist. Nat. B. Aires 6:170(1898)
Poria geoderma Speg. ,Anal. Mus. Nac. Hist. Nat. B. Aires 6:171(1898)
Poria lacerata Murrill,Mycologia 12(2):91(1920)

Poria latemarginata(Durieu & Mont.)Cooke, Grevillea 14(72):112(1886)
Poria roseitingens Murrill, Mycologia 12(6):305(1920)
Poria salicina Murrill, Mycologia 12(6):304(1920)
Rigidoporus latemarginatus(Durieu & Mont.)Pouzar, Česká Mykol. 1:368(1966)
Trametes latemarginata(Durieu & Mont.)Pat. , Bull. soc. Hist. Nat. Autun 17:146(1904)

子实体平状于基质上,不易剥离,新鲜时软革质,干后硬木栓质,大小可达30cm×10cm,厚可达5mm。孔口表面新鲜时奶油色、浅肉色至浅黄褐色,干后浅污黄色、黄褐色。不育边缘明显,奶油色至浅黄色,宽可达2mm。孔口多角形,每毫米1~3个。菌管奶油色,不分层,干后木栓质至纤维质,长可达3mm。菌肉干后奶油色,软木栓质,厚约1mm。构成子实体的菌丝为单系菌丝。子实层中无囊状体,偶有拟囊状体,拟囊状体梨形,薄壁。担子棍棒状,14~23μm×5~6μm,顶部具4个小梗,基部具一简单分隔。拟担子与担子相似,但略小。髓层和子实层中有时有大量不规则形的结晶体。担孢子宽椭圆形,5~7μm×3~4μm,无色,表面光滑。

子实体见于阔叶树和针叶树枯木上,一年生,造成木材白色腐朽。

分布:内乡。

【杨锐孔菌】

***Oxyporus populinus*(Schumach.)Donk**, Meddn Bot. Mus. Herb. Rijhs Universit. Utrecht. 9:204(1933)
Boletus populinus Schumach. , Enum. Pl. 2:384(1803)
Boudiera connata(Weinm.)Lázaro Ibiza, Revta R. Acad. Cienc. Exact. Fis. Nat. Madr. 14:835(1916)
Coriolus connatus(Weinm.)Quél. , Fl. Mycol. :391(1888)
Flaviporus connatus(Weinm.)G. Cunn. , Bull. N. Z. Dept. Sci. Industr. Res. , Pl. Dis. Div. 164:149(1965)
Fomes connatus(Weinm.)Gillet, Hyménomycètes:684(1878)
Fomes populinus(Schumach.)Cooke, Grevillea 14(69):20(1885)
Leptoporus connatus(Weinm.)Quél. , Enchir. Fung. :177(1886)
Polyporus connatus Schwein. , Trans. Am. Phil. Soc. , New Series 4(2):154(1832)
Polyporus connatus Weinm. , Syll. Pl. Nov. Ratisb. 2:102(1826)
Polyporus cremeus Bres. ex Lloyd, Mycol. Writ. 4(Polyp. sect. Apus):311(1915)
Polyporus neesii var. *connatus*(Weinm.)Fr. , Elench. Fung. 1:92(1828)
Polyporus populinus(Schumach.)Fr. , Syst. Mycol. 1:367(1821)
Polyporus suaveolens subsp. *populinus*(Schumach.)Pers. , Mycol. Eur. 2:66(1825)
Rigidoporus populinus(Schumach.)Pouzar, Česká Mykol. 1:368(1966)
Rigidoporus populinus(Schumach.)Teixeira, Revista Brasileira de Botânica 15(2):127(1992)
Scindalma connatum(Weinm.)Kuntze, Revis. Gen. Pl. 3(2):518(1898)
Scindalma populinum(Schumach.)Kuntze, Revis. Gen. Pl. 3(2):519(1898)
Trametes connata(Weinm.)Fr. , Summa Veg. Scand. , Section Post. :323(1849)
Trametes populina(Schumach.)Fr. , Summa Veg. Scand. , Section Post. :323(1849)
Trametes secretanii G. H. Otth, Mitt. Naturf. Ges. Bern:157(1866)
Xanthochrous connatus(Schwein.)Pat. , Essai Tax. Hyménomyc. :100(1900)

子实体无柄。菌盖半圆形,剖面扁半球形,3~25cm×2~15cm,厚0.5~3.5cm,白色至浅黄色,成熟后灰色,初期有细绒毛,后期光滑,无环带。菌肉白色或淡黄色,软木栓质,厚0.3~1.2cm。菌管同菌肉色,多层,每层厚0.2~0.7cm。管口圆形或多角形,每毫米4~6个。囊状体近圆柱形,13~23μm×7.5~11μm,顶部有结晶。担孢子近球形,4~5μm×3~4.5μm,无色，表面光滑。

子实体生于杨、栎、桦、榆、槭等阔叶树的树干基部，属于木腐菌，导致木材白色腐朽。

分布：内乡、栾川、嵩县。

6.2 花耳纲 Dacrymycetes

6.2.1 花耳目 Dacrymycetales

6.2.1.1 花耳科 Dacrymycetaceae

【胶角菌】

***Calocera cornea*(Batsch) Fr.** ,Stirp. Agri. Femison. 5:67(1827)

Calocera cornes(Batsch) Fr. ,Stirp. Agri. Femison. 5:67(1827)

Calocera palmata(Schumach.) Fr. ,Epicr. Syst. Mycol. :581(1838)

Clavaria aculeiformis Bull. ,Hist. Champ. France 10(1785)

Clavaria cornea Batsch,Elench. Fung. :139(1783)

Clavaria cornea var. *aculeiformis*(Bull.) Pers. ,Syn. Meth. Fung. 2:596(1801)

Clavaria medullaris Holmsk. ,Beata Ruris Otia Fungis Danicis 1:80(1790)

Corynoides cornea(Batsch) Gray,Nat. Arr. Brit. Pl. 1:654(1821)

Tremella aculeiformis(Bull.) Pers. ,Mycol. Eur. 1:106(1822)

Tremella palmata Schumach. ,Enum. pl. 2:442(1803)

子实体圆柱形，胶质，较小，橙黄色，一般几枝丛生一起，直立或稍弯曲，高0.5～3cm。子实层生于表面。担子顶端二分叉，带黄色。担孢子椭圆形且呈肾形或长方椭圆形，7.8～10.5μm×3～4.5μm，无色，表面光滑。

春季至秋季子实体散生、群生或簇生于阔叶树或针叶树的倒木、伐木桩上。可食用，此菌子实体虽小，但往往在腐木上大量生长，便于采集，并含类胡萝卜素。也见于栽培香菇、木耳的段木上，为香菇、木耳段栽培中的杂菌。

分布：卢氏、陕县。

【鹿胶角菌】

***Calocera viscosa*(Pers.) Fr.** ,Syst. Mycol. 1:486(1821)

Calocera cavarae Bres. & Cavara,In:Cavara,Staz. Sperim. Arg. Ital. 29:14(1896)

Calocera flammea Fr. ,Fl. Cript. Germ. 2:535(1833)

Calocera viscosa var. *cavarae*(Bres.) McNabb,N. Z. Jl Bot. 3:40(1965)

Clavaria viscosa Pers. ,Neues Mag. Bot. 1:117(1794)

Merisma viscosum(Pers.) Spreng. ,Syst. Veg. ,Edn 16,4(1):496(1827)

子实体小，下部偏圆柱形，上部二至三叉状分枝，似鹿角，高4～8cm，粗0.3～0.6cm，胶质，黏，平滑，干后软骨质，橙黄色，顶部往往色深。子实层生于表面。担子叉状，淡黄色。担孢子光滑，椭圆形或肾形，8～10μm×3.8～5.1μm，浅黄色，稍弯曲，后期形成一横隔。

夏秋季子实体丛生或簇生于倒腐木或木桩上，基部往往伸入树皮和木材裂缝间。可食用。含类胡萝卜素等物质。

分布：信阳。

【桂花耳】

***Dacryopinax spathularia*(Schwein.)G. W. Martin**, Lloydia 11:116(1948)

Cantharellus spathularius(Schwein.)Schwein., Trans. Am. Phil. Soc., New Series 4(2):153(1832)

Dacryopinax spathularia f. *agariciformis*(Lloyd)D. A. Reid, Jl S. Afr. Bot. 39(2):178(1973)

Guepinia agariciformis Lloyd, Ann. Univ. Stellenbosch, Reeks A 1(1):4(1923)

Guepinia spathularia(Schwein.)Fr., Elench. Fung. 2:32(1828)

Guepiniopsis spathularia(Schwein.)Pat., Essai Tax. Hyménomyc.:30(1900)

Masseeola spathulata(Schwein.)Kuntze, Revis. Gen. Pl. 2:859(1891)

Merulius spathularius Schwein., Schr. Naturf. Ges. Leipzig 1:92(1822)

子实体匙形,有偏生短柄,上部常深裂为扁平、不规则的瓣片,呈桂花状,高0.5～1.5cm,直径0.7cm,新鲜时鲜黄色、黄色、橙黄色,干后橙黄色至红褐色,胶质,干后角质。子实层生于子实体的下侧。菌柄光滑,湿润时有纵皱纹,干后有明显的棱脉。担孢子椭圆形至长方形,常弯曲,无色,初时无隔,后期产生1～3个横隔,7.8～12μm×3～4.5μm(图版211)。

春季至秋季子实体群生或丛生于针叶树、阔叶树的腐木上,多从树皮裂缝内长出。可食用,但因子实体小,食用价值不大。具药用价值。

分布:新安、栾川、嵩县、汝阳、信阳。

讨论:国内文献中,多以 *Guepinia spathularia*(Schw.)Fr. 作为该菌的学名。

【胶盘耳】

***Guepiniopsis buccina*(Pers.)L. L. Kenn.**, Mycologia 50(6):888(1959)

Calycina buccina(Pers.)Kuntze, Revis. Gen. Pl. 3:448(1898)

Campanella merulina(Pers.)Singer, Persoonia 2(1):33(1961)

Ditiola merulina(Pers.)Rea, Brit. Basidiomyc.:743(1922)

Guepinia merulina(Pers.)Quél., Compt. Rend. Assoc. Franç. Avancem. Sci. 12:507(1884)

Guepinia peziza Tul., Annls Sci. Nat., Bot., Sér. 3, 19:224(1853)

Guepiniopsis merulina(Pers.)Pat., Hyménomyc. Eur.:159(1887)

Helotium buccina(Pers.)Fr., Summa Veg. Scand., Section Post.:355(1849)

Hymenoscyphus exaratus(Berk.)Kuntze, Revis. Gen. Pl. 3:485(1898)

Peziza buccina Pers., Syn. Meth. Fung. 2:659(1801)

Peziza exarata Berk., Grevillea 3(28):160(1875)

Phialea exarata(Berk.)Sacc., Syll. Fung. 8:268(1889)

Phialea merulina Pers., Mycol. Eur. 1:279(1822)

子实体匙形或鹿角形,较小,上部常不规则裂成叉状,表面光滑,橙黄色,干后橙红色,不孕部分色浅。子实体高0.6～1.5cm,柄下部粗0.2～0.3cm,有细绒毛,基部栗褐色至黑褐色,延伸入腐木裂缝中。担子叉状,28～38μm×2.4～2.6μm,具担孢子两个。担孢子椭圆形、近肾形,表面光滑,无色,初期无隔,后期形成1～2个横隔,即成为2～3个细胞,8.9～12.8μm×3～4μm。

春季至秋季子实体丛生于倒腐木或木桩上。可食用。

分布:信阳。

讨论:国内文献中,多以盘状桂花耳 *Guepinia peziza* Tul. 作为该菌的名称。

6.3 银耳纲 Tremellomycetes

6.3.1 银耳目 Tremellales

6.3.1.1 链担耳科 Sirobasidiaceae

【大链担耳】

***Sirobasidium magnum* Boedijn**, Bull. Jard. Bot. Buitenz, 3 Sér. 13:266(1934)

子实体幼时近脑髓状,胶质,表面多皱褶,长大后由丛生的曲折瓣片组成,长 1~8cm,宽 1~6cm,高 1~3.5cm,鲜时红褐色或棕褐色,干后棕褐色至棕黑色。子实层生于表面,厚 50~70μm。下担子近球形、梭形或纺锤形,4~8 个成链着生,基部有锁状联合。每个下担子具纵分隔或斜分隔,偶有横分隔,分成 2~4 个细胞,以 2 个细胞的居多,黄褐色,11~27.5μm×6.3~11.5μm。上担子纺锤形,常早落,10~25μm×4~8μm。担孢子球形或近球形,有小尖,6~9.5μm×6~9μm,无色,萌发产生再生孢子。

夏秋季子实体群生于阔叶林中栲栎类的腐木上,为木材腐朽菌。

分布:信阳。

6.3.1.2 银耳科 Tremellaceae

【金色银耳】

***Tremella aurantialba* Bandoni & M. Zang**, Mycologia 82(2):270(1990)

子实体脑状或瓣裂状,整体高 8~15cm,宽 7~11cm,新鲜时金黄色或橙黄色,胶质,干后坚硬,浸泡后可恢复原状。构成子实体的菌丝有锁状连合。原担子圆形至卵圆形,成熟时下担子纵裂为四,上担子长达 125μm,下担子阔约 10μm。担孢子近圆形,椭圆形,3~5μm×2~3μm。

夏秋季子实体生于栎等阔叶树的腐木上,有时也见于冷杉等的腐木上,为木材腐朽菌。文献记载该菌与韧革菌(*Stereum hirsutum*)等有寄生或共生关系。可食用,现已人工栽培。具药用价值。

分布:信阳。

【茶银耳】

***Tremella foliacea* Pers.**, Observ. Mycol. 2:98(1800)

Exidia foliacea(Pers.)P. Karst., Bidr. Känn. Finl. Nat. Folk 48:449(1889)

Gyraria foliacea(Pers.)Gray, Nat. Arr. Brit. Pl. 1:594(1821)

Phaeotremella pseudofoliacea Rea, Trans. Br. Mycol. Soc. 3(5):377(1912)

Tremella fimbriata Pers., Observ. Mycol. 2:97(1800)

Tremella foliacea var. *fimbriata*(Pers.)S. Lundell, Fungi Exsiccati Suecici: no. 940(1941)

Tremella foliacea var. *succinea*(Pers.)Neuhoff, Z. Pilzk. 10(3):73(1931)

Tremella nigrescens Fr., Summa Veg. Scand., Section Post.:341(1849)

Tremella succinea Pers., Mycol. Eur. 1:101(1822)

Ulocolla foliacea(Pers.)Bref., Unters. Gesammtgeb. Mykol. 7:98(1888)

子实体鲜时软胶质,红褐色至肉桂褐色,由曲折的叶状瓣片组成,整体宽 3~12cm,高达 6cm,瓣片厚 1.5~2mm,干后角质,暗褐色至黑褐色。子实层生于瓣片的两面。构成子实体的菌丝有锁状连合。原担子近球形或广椭圆形,成熟时下担子卵形至椭圆形,10. 5 ~ 16. 5μm × 9 ~ 14. 5μm,十字形纵分隔。上担子圆柱形,85μm × 4μm。担孢子近卵形至球形,8 ~ 12μm × 7 ~ 10μm,萌发产生再生孢子(图版 211)。

夏秋季子实体群生于阔叶树的腐木上。可食用。具药用价值。

分布:信阳。

【银耳】

***Tremella fuciformis* Berk.** ,Hooker's J. Bot. Kew Gard. Misc. 8:277(1856)

子实体由许多薄而卷曲的瓣片组成。瓣片不分叉或顶部分叉,呈菊花状或鸡冠状,乳白色或微带黄色,半透明,胶质,整体宽 5 ~ 10cm,大者达 15cm 以上,基部黄褐色,干后强烈收缩,脆角质,暗白色或微带黄色,遇水后可恢复原来形状。担子卵形或近球形,十字形垂直或稍斜分割成 4 个细胞,每一个细胞上生一枚细长的柄——上担子,每一枚上担子生一枚担子梗,其上生一枚担孢子。担孢子无色透明(成堆时白色),卵球形或卵形,罕瓜子形,5 ~ 7. 5μm × 4 ~ 6μm。萌发产生再生孢子或芽管(图版 212)。

夏秋季子实体生长在栎等阔叶树的枯木上,是一种弱性腐生菌,其生长发育需要有伴生菌提供养分。。可食用,为著名的食用菌之一。具药用价值。现已广泛进行人工栽培。银耳的伴生菌俗称香灰菌,而且不至只一个种,产区群众依形态不同分为“新香灰”和“老香灰”。在湿润状态下,新香灰常发生在老香灰的黑色子座上。经鉴定香灰菌是子囊菌中 2 个属的 3 ~4 个种,其中之一是阿切尔炭团菌 *Hypoxylon archeri* Berk. 。

分布:鲁山、卢氏。

【金黄银耳】

***Tremella mesenterica* Schaeff.** ,Fung. Bavar. Palat. 4:tab. 168(1774)

Hormomyces aurantiacus Bonord. ,Handb. Allgem. Mykol. :150(1851)

Tremella lutescens Pers. ,Icon. Desc. Fung. Min. Cognit. 2:33(1798)

Tremella mesenterica β lutescens(Pers.)Pers. ,Mycol. Eur. 1:100(1822)

子实体由脑状皱褶至叶状瓣片组成,胶质,橘黄色至橘红色,新鲜时整体宽 1 ~ 6cm,高1 ~ 2. 5cm,干后色较深。下担子分布于子实体的较深层,卵形至近球形,稀椭圆形,16 ~ 23μm × 10. 5 ~ 18μm,十字形纵分隔,也有稍斜分隔的。上担子长 50 ~ 100μm 或以上,直径 2 ~ 4μm,上部稍膨大至 5μm 左右。担孢子近球形至卵形,10 ~ 14. 5μm × 7. 5 ~ 12. 5μm,萌发产生再生孢子或萌发管。再生孢子近球形至卵形,2. 5 ~ 5μm × 2. 5 ~ 3. 6μm(图版 213)。

夏秋季子实体单生或群生于栎等阔叶树的朽木上,往往从树干裂缝中长出。可食用。具药用价值。

分布:信阳。

6. 4　柄锈菌纲 Pucciniomycetes

6. 4. 1　卷担菌目 Helicobasidiales

6. 4. 1. 1　卷担菌科 Helicobasidiaceae

【桑卷担菌】

***Helicobasidium mompa* Nobuj. Tanaka**,Journal of the Coll. of Sci. ,Imp. Univ. Japan:193 ~ 201(1891)

Septobasidium mompa(Tanaka) Racib. ,Bull. Int. Acad. Sci. Lett. Cracovie,Cl. Sci. Math. Nat. Sér. B,Sci. Nat. 3:365(1909)

该菌最明显的是菌丝集合形成的菌丝束,其菌丝有两种类型,侵入寄主皮层的称营养菌丝,附着在寄主表面的称为生殖菌丝。营养菌丝黄褐色,直径 5～10μm,粗细不一,生殖菌丝为紫色。生殖菌丝在寄主表面形成深褐色、绒毯状的菌丝层,此菌丝层由网络状排列的菌丝束构成,并可在其上产生担子。担子圆筒形或棍棒形,25～40μm×6～7μm,无色,卷曲,有 3 个横隔膜分成 4 个细胞,每一细胞侧生 1 个小梗。小梗无色,圆锥形,12～15μm×2.5～3.5μm,小梗顶端着生担孢子。担孢子卵圆形,10～25μm×5～8μm,无色,顶端圆,基部尖。常产生菌索和扁球形菌核。

该菌为植物寄生菌,寄生性较弱,寄主范围很广,常发生于梨、苹果、牡丹、侧柏、刺槐、杨树、泡桐、甘薯、大豆、地黄、黄芪等多种植物的地下部和近地面部分,引起紫纹羽病。以菌丝体、菌索或菌核在病组织上和土壤中越冬。

分布:河南各地均有分布。

6.4.2　柄锈菌目 Pucciniales

6.4.2.1　鞘锈菌科 Coleosporiaceae

【紫菀鞘锈菌】

***Coleosporium asterum*(Dietel) Syd. & P. Syd.** ,Annls Mycol. 12(2):109(1914)

Coleosporium solidaginis(Schwein.) Thüm. ,Bull. Torrey Bot. Club 6:216(1878)

Stichopsora asterum Dietel,Am. J. Trop. Med. 27:565(1899)

Uredo solidaginis Schwein. ,Schr. Naturf. Ges. Leipzig 1:70(1822)

该菌性孢子和锈孢子阶段寄生在松树的松针上,夏孢型锈孢子和冬孢子阶段寄生于紫菀等转主寄主上。

性孢子器生于松针叶的两面,初为黄色,后呈褐色,在寄主表皮下散生或数个排列成行,成熟时突破表皮,呈缝状开口。性孢子球形,单胞无色,直径 1.5～4.5μm。锈孢子器散生或数个连生,黄褐色,舌状,长 0.8～3.8mm,宽 0.2～0.9mm,高 0.5～1.3mm。包被白色,由单层细胞构成,卵形至长方形,大小 44.6～59.4μm×24.1～27.5μm,外壁平滑,极薄,内壁密生细疣,厚 10～8μm,内含物无色,多有空泡。锈孢子单胞,橘黄色,串生,椭圆形至卵形,大小 17.2～24.1μm×13.7～27.5μm,表面密生疣突。细胞壁厚 3.4～3.8μm。

夏孢型锈孢子堆一般于 5 月上中旬在转主寄主上开始出现,初生于叶背表皮层下,后突破表皮外露,无包被,呈粉状,初为橘红色,后为橙黄色,大小 0.1～0.9mm×0.2～1.5mm。孢子单胞,橙黄色,长椭圆形,圆形,串生在梗上,大小为 20.6～34.2μm×13.7～17.2μm,外壁无色,极薄,表面有刺状突起。

冬孢子堆一般 5～6 月初开始出现于转主植物叶片表皮细胞下,微隆起,红褐色,蜡质,疮痂状,直径 0.1～1.0mm。冬孢子单胞,圆柱形,单层排列,大小 42.2～66.3μm×8.6～13.5μm。冬孢子细胞壁平滑,薄而无色,顶部常变厚,内含物黄褐色。成熟的冬孢子萌发时产生 3 个分隔,使其变成四个细胞的担子,每个担子侧生一无色细长的小梗,小梗顶端生一椭圆形、卵形,黄褐色的担孢子。

在转主寄主上产生的担孢子,一般于 8 月下旬重新侵染松针,生出淡绿斑,形成初生菌丝过冬。染病松针一般于 3～4 月先出现黄色段状病斑,接着产生蜜黄色小点,为性子器,常常数个性子器在松针上紧密排列在一起。4～5月，病斑上产生橙黄色扁平舌状的锈孢子器，往往数个锈孢子器相连排成一列，此时病斑呈黄褐色。锈孢子器成熟时不规则开裂，散出黄色粉末。

寄生于松树、白头翁、一枝黄花，引起锈病。

分布：信阳、商城、新县、确山、方城、西峡、灵宝。

讨论：鞘锈菌属 *Coleosporium* 的几种锈菌形态相似，其差异主要是转主寄主不同，均为全生活史型，性孢器和锈孢子器（0、Ⅰ）在马尾松等松树的针叶上，夏孢子堆和冬孢子堆（Ⅱ、Ⅲ）在转主植物（如橘梗、白头翁、一枝黄花）上。

【铁线莲鞘锈菌】

***Coleosporium clematidis* Barclay**, Journal of the Asiatic Society of Bengal 59(2):89(1890)

性孢子和锈孢子阶段生在松针上。夏孢型锈孢子和冬孢子阶段生在转主寄主铁线莲上。形态与生活习性与紫菀鞘锈菌 *Coleosporium asterum*(Diet.) Syd. 类似。

在河南仅发现寄生于铁线莲上的夏孢型锈孢子和冬孢子阶段，引起锈病。

分布：新县、嵩县。

【凤行菊鞘锈菌】

***Coleosporium saussureae* Thüm.**, Bull. Soc. Imp. Nat. Moscou 55:212(1880)

性孢子和锈孢子阶段生在松针上。夏孢型锈孢子和冬孢子阶段生转主寄主白头翁上。形态与生活习性与紫菀鞘锈菌 *Coleosporium asterum*(Diet.) Syd. 类似。

寄生于松树、白头翁，引起锈病。

分布：信阳、商城、新县、确山、巩义、方城、西峡、灵宝。

【款冬鞘锈菌】

***Coleosporium tussilaginis*(Pers.) Lév.**, In: Orbigny, Dict. Univ. Hist. Nat. 12:786(1849)

Caeoma campanularum Link, In: Willdenow, Willd., Sp. Pl., Edn 4, 6(2):16(1825)

Caeoma compransor Schltdl., Fl. Berol. 2:119(1824)

Coleosporium cacaliae G. H. Otth, Mitt. Naturf. Ges. Bern:179(1865)

Coleosporium campanulae(Pers.) Lév., Fl. Crypt. Flandres 2:54(1867)

Coleosporium compransor(Schltdl.) Lév., Annls Sci. Nat., Bot., Sér. 3, 8:373(1847)

Coleosporium euphrasiae (Schumach.) G. Winter, Rabenh. Krypt. -Fl., Edn 2, 1. 1:246(1881)

Coleosporium melampyri(Rebent.) P. Karst., Annls Sci. Nat., Bot., Sér. 4, 4:136(1854)

Coleosporium narcissi Grove, J. Bot., Lond. 60:121(1922)

Coleosporium petasitis de Bary, Microscopic Fungi:213(1865)

Coleosporium senecionis(Pers.) Fr., Fl. Crypt. Flandres 2:53(1867)

Coleosporium sonchi Lév., Annls Sci. Nat., Bot., Sér. 4, 4(2):190(1854)

Coleosporium sonchi-arvensis Lév., Outl. Brit. Fung.:333(1860)

Coleosporium synantherarum Fr., Summa Veg. Scand., Section Post.:512(1849)

Coleosporium tropaeoli Palm, Svensk Bot. Tidskr. 11:271(1917)

Coleosporium tussilaginis f. sp. *melampyri* Boerema & Verh., Neth. Jl Pl. Path. 78(Suppl. 1):8(1972)

Lindrothia calendulae(McAlpine) Syd., Annls Mycol. 20(3～4):119(1922)

Peridermium plowrightii Kleb. ,Z. PflKrankh. PflPath. PflSchutz 2:268(1892)
Puccinia sonchi-arvensis Tokun. & Kawai,Annls Sci. Nat. ,Bot. ,Sér. 10,11(4):235(1931)
Uredo campanulae Pers. ,Syn. Meth. Fung. 1:217(1801)
Uredo euphrasiae Schumach. ,Enum. Pl. 2:230(1803)
Uredo farinosa β senecionis Pers. ,Syn. Meth. Fung. 1:218(1801)
Uredo melampyri Rebent. ,Prodr. Fl. Neomarch. :355(1804)
Uredo petasitidis DC. ,In:Lamarck & de Candolle,Fl. franç. ,Edn 3,2:236(1805)
Uredo rhinanthacearum DC. ,Encycl. Méth. Bot. 8:229(1808)
Uredo rhinanthearum Link,Mag. Gesell. Naturf. Freunde,Berlin 8:28(1816)
Uredo tremellosa var. *campanulae* F. Strauss,Ann. Wetter. Gesellsch. Ges. Naturk. 2:90(1810)
Uredo tremellosa var. *sonchi* F. Strauss,Ann. Wetter. Gesellsch. Ges. Naturk. 2:90(1810)
Uredo tropaeoli Desm. ,Annls Sci. Nat. ,Bot. ,Sér. 2,6:243(1836)
Uredo tussilaginis Pers. ,Syn. Meth. Fung. 1:218(1801)
Uromyces rhinanthacearum(DC.)Lév. ,Annls Sci. Nat. ,Bot. ,Sér. 3,8:371(1847)

性孢子和锈孢子阶段生在松针上。夏孢型锈孢子和冬孢子阶段生转主寄主橘梗、白头翁上。形态与生活习性与紫菀鞘锈菌 *Coleosporium asterum*(Diet.)Syd. 类似。

寄生于松树、白头翁、橘梗,引起锈病。

分布:信阳、商城、新县、确山、方城、西峡、灵宝。

【白头翁鞘锈菌】

***Coleosporium tussilaginis* f. sp. *pulsatillae* Boerema & Verh.** ,Neth. Jl Pl. Path. 78(Suppl. 1):7(1972)
Coleosporium pulsatillae(F. Strauss)Fr. ,Symbolae mycologicae:43(1869)

性孢子和锈孢子阶段生在松针上。夏孢型锈孢子和冬孢子阶段生转主寄主白头翁上。形态与生活习性与紫菀鞘锈菌 *Coleosporium asterum*(Diet.)Syd. 类似。

寄生于松树、白头翁,引起锈病。

分布:信阳、商城、新县、确山、方城、西峡、灵宝。

【花椒鞘锈菌】

***Coleosporium zanthoxyli* Dietel & P. Syd.** [as '*xanthoxyli*'],In:Dietel,Hedwigia 37:217(1898)

在花椒叶上产生夏孢子和冬孢子两个阶段。夏孢子堆直径 240 ~ 520μm。夏孢子串生,圆形,椭圆形或矩形,橘黄色,大小 22 ~ 35μm × 20 ~ 25μm,壁有粗疣。冬孢子堆位于叶表皮下,直径 660 ~ 1200μm。冬孢子棒状,顶端圆,向下渐窄,成栅状排列,淡黄色,大小 52 ~ 108μm × 21 ~ 25μm,顶端壁厚 10 ~ 18μm。冬孢子萌发时先形成 3 个横隔膜,将冬孢子分成 4 个细胞,每个细胞伸出一个小梗,小梗上形成一个担孢子。

寄生于花椒,引起叶锈病。转主寄主不详,夏孢子阶段可以重复侵染。主要侵害花椒叶片。在叶背面生橘黄色近圆形的夏孢子堆,破裂后露出粉状物。有的夏孢子堆散生,有的成同心环状排列,环的直径 4 ~ 9mm。秋季在叶背面出现橙红色胶质的冬孢子堆,冬孢子堆微凸起,不破裂,圆形或长圆形,散生或排列成同心环状。

分布:嵩县、栾川、济源、新县、鲁山、杞县、新郑、林州、内乡、镇平、南阳。

6.4.2.2 柱锈菌科 Cronartiaceae

【松芍柱锈菌】

***Cronartium flaccidum* (Alb. & Schwein.) G. Winter**, Hedwigia 19:55(1880)

Cronartium asclepiadeum (Willd.) Fr., Observ. Mycol. 1:220(1815)

Cronartium paeoniae Castagne, Cat. Pl. Mars.:217(1845)

Erineum asclepiadeum Willd., Ann. Sper. agr., N. S.:145(1806)

Peridermium cornui Rostr. & Kleb., Hedwigia 29:29(1890)

Peridermium pini f. *corticola* Mussat, In: Saccardo, Syll. Fung. 15:240(1900)

Sphaeria flaccida Alb. & Schwein., Consp. Fung.:31(1805)

Sphaeria flaccida var. *flaccida* Alb. & Schwein., Consp. Fung.:31(1805)

该菌的生活史为长循环型转主寄生菌。性孢子和锈孢子阶段产生在松树枝干上,夏孢子和冬孢子阶段产生在转主寄主植物的叶片上以及嫩茎、萼片、果实上。据资料记载,转主寄主有很多种,分属于芍药科、玄参科、毛茛科、马鞭草科、龙胆科、凤仙花科、萝藦科、爵床科、旱金莲科等。我国报道的转主寄主有芍药科的芍药和赤芍,玄参科的阴行草、腺毛阴行草和松蒿,毛茛科的滇北翠雀花等。

性孢子器着生于松树枝干的皮层下,扁平,性孢子梗成排直立,顶端着生性孢子。性孢子单胞,无色,梨形,1.9~3.8μm×1.4~2.5μm。锈孢子器产生于性孢子器下部的寄主皮层,并突破树皮成橘黄色扁平柱状或不规则疱囊状,高2~6mm,直径2~3mm,包被白色,由几层梭形细胞组成。锈孢子在锈孢子器中呈串珠状排列,单个锈孢子黄色,卵形或椭圆形,21.3~34.2μm×14.0~25.5μm。

夏孢子堆着生于转主寄主植物的叶背、嫩茎、萼片及果实上,橘黄色。单个夏孢子鲜黄色,卵形至椭圆形,18.2~26.6μm×11.4~19.0μm。冬孢子柱红褐色,毛状,直立或弯曲,散生或聚生于夏孢子堆中或周围,400~1254μm×26.6~135.4μm。冬孢子淡褐色,光滑,梭形,28.5~61.6μm×11.4~19.0μm。冬孢子成熟后即萌发产生膝形担子,担孢子球形,直径7.4~11.4μm。

以菌丝体在松属植物上越冬。4~6月间,在松树上越冬的菌丝产生性孢子和锈孢子。锈孢子借风力传播到转主寄主叶片上,萌发侵入后在叶背产生黄褐色夏孢子堆。夏孢子堆可多次重复产生,重复侵染转主寄主叶片。后期转主寄主的病斑上产生冬孢子堆,冬孢子萌发后产生担孢子,随风传播到松树上,侵染松树枝干。秋季该菌可随气流传播侵入松针,并从松针向枝干皮部蔓延。

该菌引起的松树锈病称为松疱锈病或松干锈病。病害发生在松树针叶及枝干的皮部。针叶被侵染后出现褪绿点斑,并逐渐变为红褐色。枝干初病时,皮部松软且略显粗肿,秋季从病皮溢出橘黄色至橘红色的蜜滴,内中混有大量的性孢子。蜜滴消失后剥皮可见红褐色血迹状斑。翌年4月上中旬,病皮产生裂缝,露出扁平柱状或不规则形的黄白色至橘黄色疱囊,即锈孢子器。2~5天后疱囊便破裂,散放出大量的黄色锈孢子。连年发病的枝干,病皮表面粗糙,并具有不同程度的流脂现象。6月以后,在转主寄主植物的叶片以及嫩茎、萼片、果实上,产生橘黄色疱状夏孢子堆,7月初至9月中旬,在夏孢子堆中或周围,长出红褐色毛状的冬孢子柱。

在河南发现寄生于松树、牡丹。

分布:信阳、西峡、泌阳、商城。

【松栎柱锈菌】

***Cronartium quercuum*(Berk.) Miyabe ex Shirai**, Bot. Mag., Tokyo 13:74(1899)

Cronartium asclepiadeum var. *quercuum* Berk. [as '*quercium*'], Grevillea 3(26):59(1874)

Cronartium fusiforme Hedgc. & N. R. Hunt ex Cummins, Mycologia 48(4):603(1956)

Cronartium fusiforme Hedgc. & N. R. Hunt, Phytopathology 8:316(1918)

Cronartium quercus(Brond.) J. Schröt. ex Arthur, N. Amer. Fl. 7(2):122(1907)

Dicaeoma quercus(G. H. Otth) Kuntze, Revis. Gen. Pl. 3:470(1898)

Melampsora quercus(Brond.) J. Schröt., Michelia 2(7):308(1881)

Peridermium cerebrum Peck, Bull. Buffalo Soc. Nat. Sci. 1:68(1873)

Peridermium fusiforme Arthur & F. Kern, Bull. Torrey Bot. Club 33:421(1906)

Peridermium mexicanum Arthur & F. Kern, Bull. Torrey Bot. Club 33:422(1906)

Uredo quercus Brond., In: Duby, Bot. Gall. 2:893(1830)

Uromyces quercus(Brond.) Lév., Annls Sci. Nat., Bot., Sér. 3, 8:376(1847)

性孢子和锈孢子阶段产生在松树病瘤上，锈孢子球形或椭圆形，23 ~ 32μm × 16 ~ 23μm。夏孢子和冬孢子阶段产生于转主寄主栎的叶背面，夏孢子圆形或卵圆形，20 ~ 32μm × 14 ~ 22μm，外壁上有锥形小刺。冬孢子长椭圆形或纺锤形，30 ~ 40μm × 14 ~ 20μm，互相结合成冬孢子柱。

寄生于松树，引起松瘤锈病；寄生于板栗，引起叶锈病；寄生于栎树，引起毛锈病。转主寄主栎等叶上的冬孢子在秋季成熟后产生担孢子，担孢子传到松针上萌发自气孔侵入，以菌丝状态越冬，以后延伸入枝、干皮层中，经 2 ~ 3 年形成病瘤，病瘤近圆形，直径 5 ~ 60cm 不等。每年 2 月间，从病瘤裂皮层缝处溢出黄色蜜状性孢子。4 月在皮下产生黄色疱状锈孢子器，散出黄粉状锈孢子。5 月锈孢子随风传播，侵染转主栎等树木，在叶背面，产生黄色小点状夏孢子堆，夏孢子可重复侵染，秋季在夏孢子堆处产生毛发状褐色冬孢子柱。

分布：泌阳、商城、信阳、新县、方城、南阳、洛阳、商城。

【茶藨生柱锈菌】

***Cronartium ribicola* J. C. Fisch.**, Hedwigia 11:182(1872)

Cronartium ribicola A. Dietr., In: Rabenhorst, Fungi europ. exsicc.: no. 1595(1856)

Peridermium indicum Colley & M. W. Taylor, Journal of Agricultural Research 34(4):329(1927)

Peridermium kurilense Dietel, Bot. Jb., Biebl. 37:107(1905)

Peridermium strobi Kleb., Hedwigia 27:119(1888)

该菌是长循环型转主寄生菌。性孢子及锈孢子阶段产生于松树枝干皮部，夏孢子和冬孢子在转主寄主的叶片上产生。性孢子器扁平，埋生在松树枝干皮层中。性孢子鸭梨形，2.4 ~ 4.2μm × 1.8 ~ 2.4μm，无色。锈孢子器疱囊状，橘黄色，直径 3 ~ 5mm，长 4 ~ 40mm，包被囊状，白色，由多层细胞组成，最外层细胞为梭形。锈孢子单胞，球形至卵形，22.8 ~ 33.6μm × 14.2 ~ 28.8μm，鲜黄色，成堆时橘黄色，表面有平顶形的粗疣。夏孢子堆初为有光泽的橘红丘疹状，破裂后呈橘红褐色粉状堆。夏孢子球形至椭圆形，表面有细刺，鲜黄色，大小为 15.6 ~ 30.0μm × 13.1 ~ 20.6μm。冬孢子堆柱形，密生于叶背，赤褐色，初直立，后扭曲，直径 8.7 ~ 16.5μm，长 50 ~ 1900μm。单个冬孢子略呈棱形，36.0 ~ 59.0μm × 13.0 ~ 13.5μm，褐色，成熟后在低温多湿条件下萌发产生担子及担孢子，此时的冬孢子柱外观上有一层白粉。担孢子球形，直径 10 ~ 12μm，浅黄色，有一嘴状突起。

寄生于松树，引起松疱锈病。秋季，在转主寄主叶片上的冬孢子成熟后，产生担子及担孢子，担孢子经风传播，落到松针上萌发产生芽管，大多由气孔侵入松针并在其中生长菌丝。经3～7年才能在小枝、侧枝、干皮上产生性孢子器，产生性孢子器后的下一年春季才能产生锈孢子器。锈孢子借风力传播到转主寄主上，在多湿冷凉气候条件下产生芽管由气孔侵入叶片，经10～11天便产生夏孢子堆，并进行再侵染。秋天在转主寄主上产生冬孢子堆。

分布：卢氏、栾川。

6.4.2.3 栅锈菌科 Melampsoraceae

【拟鞘锈栅锈菌】

***Melampsora coleosporioides* Dietel**, Bot. Jb. 32:50(1903)

该菌是转主寄生的长循环型锈菌，在紫堇上产生性孢子和锈孢子，在垂柳上产生夏孢子、冬孢子和担孢子。性孢子器扁平或球形，18.6～43.5μm×11.4～21μm，埋生于寄主表皮下。性孢子椭圆形或球形，1.7～2.3μm×1～2μm，无色。锈孢子堆橘黄色、裸生。锈孢子串生，近球形，14.2～26.0μm×14.3～24.7μm，橘黄色，表面有疣。夏孢子堆生于寄主叶片两面，以叶背为多，橘黄色。初生的夏孢子堆单生，圆形，直径0.1～0.5mm。后期夏孢子堆多数聚生，直径1.5～2.5mm。夏孢子多数长卵形，少数卵形、椭圆形，20.1～28μm×13.2～18.2μm，橘黄色，表面有刺，壁厚1.7～2.3μm。夏孢子堆中混生有头状侧丝，侧丝长33.8～65μm，头部宽9.1～15.6μm，柄粗3.6～5.7μm，顶壁厚2.0～6.6μm，侧壁厚1.0～2.3μm。冬孢子堆生于寄主叶片两面，以叶背为多，散生或聚生，红褐色、圆形，直径0.1～0.5mm。冬孢子圆筒形，黄色，大小29.9～58.5μm×8.3～14.9μm，壁厚0.9～1.3μm，顶壁厚2.3～3.3μm。担孢子球形，直径6.5～10.4μm，淡黄色，有一小突起。

寄生于垂柳，引起锈病。

分布：西华、民权、郑州、开封、许昌、中牟、杞县、信阳、镇平、汝南。

【松杨栅锈菌】

***Melampsora laricis-populina* Kleb.**, Z. PflKrankh. PflPath. PflSchutz 12:43(1902)

Melampsora populi(Sowerby) M. Morelet, Cryptog. Mycol. 6(2):107(1985)

Phoma populi(Sowerby) Fr., Syst. Mycol. 2(2):547(1823)

Sphaeria populi Sowerby, Col. Fig. Engl. Fung. Mushr. 3:157(1803)

该菌是转主寄生的长循环型锈菌，性孢子和锈孢子阶段在落叶松上，夏孢子和冬孢子阶段在杨树上，担孢子产生于由冬孢子萌发长出的担子上。性孢子很小，圆形。锈孢子球形，黄色，表面有小刺。夏孢子椭圆形，28～36μm×16～24μm，黄色，表面有刺。侧丝棍棒状，顶端膨大，无色透明。冬孢子长筒形，20～47μm×9～10μm，棕褐色，呈栅栏排列于寄主叶的表皮下。担孢子球形。

寄生于落叶松，引起落叶松锈病（或叫黄粉病）；寄生于杨树，引起杨叶锈病（或叫黄粉病）。落叶松染病，先在针叶上出现短段淡绿斑，病斑渐变黄绿色，并有肿起的小疱。叶斑下表面长出黄色粉堆。杨树染病，先在叶背出现不明显的黄粉堆，几天后黄粉堆扩大，重时粉堆连片，叶背全部被黄粉覆盖，后在叶正面出现多角形的锈红色斑，为该菌的冬孢子堆，有时锈斑连结成片。早春湿度大时，杨树病落叶上的冬孢子萌发产生担子和担孢子，担孢子由气流传播到落叶松上产生芽管由气孔侵入，发展后产生性孢子和锈孢子，锈孢子不侵染落叶松，由气流传播到转方寄生杨树叶上萌发,由气孔侵入叶内,潜育后在杨树叶正面产生黄绿色斑点,然后在叶背形成黄色夏孢子堆,夏孢子可以反复多次侵染杨树。秋季在杨树病叶上形成冬孢子堆。冬孢子随病叶落地越冬。

分布:郑州、商丘、卢氏、民权、开封。

注:据河南《经济植物病害志》报道,该菌的夏孢子和冬孢子阶段也发生在黄花柳上,引起黄花柳锈病,分布于信阳和卢氏。

【马格栅锈菌】

Melampsora magnusiana **G. H. Wagner**, Öst. Bot. Z. 46:273(1896)

夏孢子堆黄色,散生或聚生。夏孢子圆形或椭圆形,大小22~23μm×19~25μm,橘黄色,外壁无色,密生刺状突起,侧丝头状,淡黄色或无色。冬孢子堆生于寄主表皮下,大小为40~55μm×9~12μm,冬孢子近柱形。

寄生于杨树,引起毛白杨锈病。杨树展叶期易被该菌侵染,染病杨树叶片上产生黄色、具有光泽的小斑点,斑点扩大后,背面散生黄粉堆,即夏孢子堆。受害严重的杨树病芽干枯。染病幼叶皱缩、畸形,甚至枯死。病斑表面密生许多针头大小的黄色小点。受害叶柄和嫩梢上生椭圆形病斑,也产生黄粉。据报道,病落叶在翌年春季有时可生褐色疤状小点,为该菌的冬孢子堆。该菌的转主寄主在我国尚不清楚。以菌丝体在冬芽中或嫩梢内越冬。春季在病冬芽上形成夏孢子堆,成为初侵染的中心。该病菌属于转寄主病菌,可在桧柏上形成冬孢子,翌年春季冬孢子萌发产生担孢子,担孢子随风雨传播到杨树上侵染叶片。附近有桧柏林的杨树发病严重。

分布:广泛分布于河南各地。

6.4.2.4 层锈菌科 Phakopsoraceae

【枣层锈菌】

Phakopsora ziziphi-vulgaris **Dietel**, Annls Mycol. 8(3):469(1910)

仅发现夏孢子和冬孢子阶段。夏孢子球形、卵圆形或椭圆形,13~24μm×13~18μm,表面密生短刺,单胞,淡黄色至黄褐色。冬孢子单胞,长椭圆形或多角形,大小8~20μm×6~20μm,壁光滑,顶端壁厚,上部栗褐色,下部色淡,在寄主表皮下互相结合成多层。

寄生于枣、马甲子,引起锈病。只为害寄主叶片,发病初期,叶背面散生淡绿色小点,以后长出暗黄褐色、不规则形的小突起(夏孢子堆),夏孢子堆直径0.5~1mm,埋生于表皮下,成熟后破裂,散出黄粉状物(夏孢子)。叶正面与夏孢子堆相对应处,出现黄绿色褪色斑点或枯斑。落叶前后,在夏孢子堆的边缘长出黑褐色稍突起的小点(冬孢子堆),冬孢子堆不突破表皮,直径0.2~0.5mm。

分布:河南各枣产区均有分布。

6.4.2.5 多胞锈菌科 Phragmidiaceae

【短尖多孢锈菌】

Phragmidium mucronatum **(Pers.) Schltdl.**, Fl. Berol. 2:156(1824)

Aregma disciflora Arthur, Proc. Indiana Acad. Sci. :179(1899)

Aregma mucronatum (Pers.) Fr., Syst. Mycol. 3(2):497(1832)

Aregma phragmidium Fr. ,Syst. Mycol. 3(2):496(1832)
Aregma phragmidium subsp. *mucronatum*(Pers.)Fr. ,Syst. Mycol. 3(2):497(1832)
Ascophora disciflora Tode,Fung. mecklenb. sel. (Lüneburg)1:16(1790)
Caeoma rosae var. *miniatum*(Pers.)Link,In:Willdenow,Willd. ,Sp. Pl. ,Edn 4,6(2):30(1825)
Coleosporium miniatum Bonord. ,Kenntniss Gattungen Coniomyceten und Cryptomyceten:20(1860)
Coleosporium pingue Lév. ,Annls Sci. Nat. ,Bot. ,Sér. 3,8:373(1847)
Lecythea rosae Lév. ,Annls Sci. Nat. ,Bot. ,Sér. 3 8:374(1847)
Lycoperdon subcorticium Schrank,Hoppe's Botanisches Taschenbuch:68(1793)
Phragmidium bullatum Westend. ,Bull. Soc. R. Bot. Belg. 30:11(1863)
Phragmidium disciflorum(Tode)J. James,Contr. U. S. natnl. Herb. 3(4):276(1895)
Phragmidium incrassatum var. *mucronatum*(Pers.)Link,In:Willdenow,Willd. ,Sp. Pl. ,Edn 4,6(2):85(1825)
Phragmidium mucronatum var. *bullatum*(Westend.)J. Kickx f. ,Fl. Crypt. Flandres 2:69(1867)
Phragmidium rosae(Pers.)Rostr. ,Plantepatologi:277(1902)
Phragmidium rosarum Fuckel,Jb. nassau. Ver. Naturk. 23 ~ 24:47(1870)
Phragmidium subcorticium(Schrank)G. Winter,Rabenh. Krypt. -Fl. ,Edn 2,1. 1:228(1881)
Puccinia mucronata Pers. ,Neues Mag. Bot. 1:118(1794)
Uredo aurea Purton,Bot. Descr. Brit. Pl. 3:725(1821)

为同主寄生锈菌。性孢子器生于寄主叶背面角质层下,黑色,半圆形。锈孢子器生于寄主叶背面和茎上,橘黄色,近圆形,直径 0. 5 ~ 1. 0mm。锈孢子淡黄色,卵圆形,20. 0 ~ 29. 5μm × 15. 0 ~ 20. 0μm,壁厚 1. 0 ~ 2. 0μm,表面有细疣。夏孢子堆生于寄主叶背面,橙黄色,近圆形,直径 0. 2 ~ 0. 5mm。夏孢子橙黄色,近圆形,18 ~ 23μm × 15 ~ 20μm,壁厚 1. 8 ~ 2. 5μm,表面有细刺,芽孔不明显。冬孢子堆生于寄主叶背面,褐色,黑褐色,近圆形。冬孢子褐色,圆筒形,近圆柱形,82. 5 ~ 105. 0μm × 27. 5 ~ 30. 0μm,具 6 ~ 8 个隔膜,隔膜处不缢缩,顶端有淡黄色至无色的圆锥形突起,孢壁上密生细疣,每个细胞有芽孔 2 ~ 3 个。冬孢子的柄几乎无色,上端淡黄色,长 105 ~ 130μm,下部膨大,不脱落。

寄生于玫瑰,引起锈病。

分布:郑州、开封、周口。

【悬钩子多孢锈菌】

***Phragmidium pauciloculare* Syd. & P. Syd.** ,Monogr. Uredin. 3(1):138(1912)
Phragmidium barnardii var. *paucilocalare* Dietel,Bot. Jb. 32:49(1902)
Phragmotelium pauciloculare(P. Syd. & Syd.)Syd. ,Annls Mycol. 19(1 ~ 2):167(1921)

为同主寄生锈菌。性孢子器不明显。锈孢子器淡黄色,无孢被。锈孢子黄色,串生,圆形、椭圆形,壁上有细疣。夏孢子堆生于寄主叶背面,橘黄色,近圆形,直径 0. 1 ~ 0. 3mm。夏孢子淡黄色,近圆形,17. 5 ~ 19. 0μm × 15. 0 ~ 17. 5μm,壁上有微刺,芽孔不明显。冬孢子堆生于寄主叶背面,散生,黑褐色,圆形,直径 0. 1 ~ 0. 5mm。冬孢子淡黄褐色,圆筒形,65. 0 ~ 95. 0μm × 23. 5 ~ 27. 5μm,具 3 ~ 6 个隔膜,隔膜处缢缩,两端圆形,表面平滑。冬孢子柄无色,长 75 ~ 100μm,基部不膨大,不脱落。

寄生于山莓。

分布:南召、信阳。

【蔷薇多胞锈菌】

***Phragmidium rosae-multiflorae* Dietel**, Hedwigia 44:132(1905)

锈子器橙黄色。锈孢子卵形至椭圆形,22 ~ 27μm × 15 ~ 19μm,壁无色,表面有细瘤,内含物橙黄色。夏孢子堆早期破裂,橙黄色,周围侧丝多。侧丝无色,圆筒形至棍棒形,38 ~ 52μm × 14 ~ 19μm。夏孢子球形至广椭圆形,18 ~ 24μm × 15 ~ 20μm,黄色,壁无色,表面有细瘤,内含物橙黄色。冬孢子堆早期破裂,黑色。冬孢子圆筒形,65 ~ 118μm × 20 ~ 26μm,隔膜 4 ~ 9 个,分隔处不缢缩,深褐色,表面密生细瘤,顶端有黄褐色的圆锥状突起,突起部分高 5 ~ 7μm,大的可达 10μm。柄不脱落,长 75 ~ 140μm,上部黄褐色,下部无色且膨大,直径达 18 ~ 24μm(图版 214)。

寄生于月季,引起锈病。寄主的地上部分均可受害,主要危害叶和芽。春天新芽上布满鲜黄色的粉状物,叶片正面有褪绿的黄色小斑点,叶背面有黄色粉堆,后变为黑色粉堆。以菌丝在芽内越冬。

分布:郑州、开封、洛阳、信阳、嵩县、栾川。

6.4.2.6 帽孢锈菌科 Pileolariaceae

【黄栌帽孢锈菌】

***Pileolaria cotini-coggygriae* F. L. Tai & C. C. Cheo**[as '*cotini-coggyriae*'], Bull. Chinese Bot. 3:59(1937)

该菌为长生活史型单主寄生锈菌。性孢子器生于寄主叶的两面和嫩枝等寄主徒长部分的角质层下,圆锥形,50 ~ 100μm × 33 ~ 40μm,性孢子椭圆形,4.5 ~ 6μm × 3 ~ 3.5μm,无色。锈孢子器初生于寄主叶背、嫩枝等寄主徒长部分的表皮下,后突破表皮外露,可互相愈合连成大片,粉状,褐色。锈孢子卵圆形或梨形,淡褐色,26 ~ 36μm × 20 ~ 26μm。夏孢子堆主要生于寄主叶背面,初在表皮下,后外露,小黑点状。夏孢子褐色,长圆梭形,19 ~ 22μm × 24 ~ 27μm,壁具小疣状细点。冬孢子堆生于寄主叶正面,初在表皮下,后外露,棕褐色。冬孢子扁球形,30 ~ 36μm × 26 ~ 36μm,壁暗褐色有小疣。担孢子无色,卵形或近球形,7 ~ 9.5μm × 6.5 ~ 7μm。

寄生于黄栌,引起锈病。

分布:嵩县。

【黄连木粗柄帽孢锈菌】

***Pileolaria pistaciae* F. L. Tai & C. T. Wei**, Sinensia, Shanghai 4:108(1933)

Pileolaria clemensiae Cummins, Annls Mycol. 35(2):103(1937)

性孢子器生于寄主叶片两面角质层下,黑色,直径 70 ~ 100μm,常和夏孢子堆混生。夏孢子堆生于寄主叶两面,暗褐色,圆形,直径 2 ~ 3mm。夏孢子黄褐色,梭形、椭圆梭形,27.5 ~ 45μm × 15 ~ 18.5μm,孢壁表面有细疣,顶端尖突,厚 5 ~ 10μm,大多不等边或弯,中部具 4 个芽孔。冬孢子堆生于寄主叶两面,以叶正面较多,深褐色,近圆形,直径 0.2 ~ 1.0mm。冬孢子深褐色,扁圆形,25.0 ~ 32.5μm × 20 ~ 25μm,孢壁上有不明显的网纹,顶端有乳头状小突起。冬孢子柄长,无色,下端粗糙,不脱落。

寄生于黄连木。

分布:新县。

6. 4. 2. 7　柄锈菌科 Pucciniaceae

【亚洲胶锈菌】

***Gymnosporangium asiaticum* Miyabe: G. Yamada**, Shokubutse Byorigaku (Pl. Path) Tokyo Hakubunkwan 37 (9):304 ~ 306(1904)

Gymnosporangium chinense Long, J. Agric. Res. , Washington 1(4):354(1914)

Gymnosporangium haraeanum Syd. & P. Syd. , Annls Mycol. 10(4):405(1912)

Gymnosporangium japonicum Dietel & P. Syd. , Hedwigia 38:141(1899)

Gymnosporangium photiniae F. Kern, Bulletin of the New York Botanical Garden 7:443(1911)

Gymnosporangium spiniferum Syd. & P. Syd. , Annls Mycol. 10(1):78(1912)

Roestelia koreensis Henn. [as '*koreaënsis*'], In: Warburg, Monsunia 1:5(1899)

性孢子器生寄主叶正面,扁球形,性孢子椭圆形或纺锤形,大小 5 ~ 12μm × 2. 5 ~ 3. 5μm。锈孢子器生在寄主叶背面,毛状,数根成丛。锈孢子近圆形,单细胞,黄色或浅褐色,大小 19 ~ 24μm × 18 ~ 20μm。冬孢子双细胞,柄长。该菌无夏孢子阶段。

该菌为转主寄生菌,在桧柏上越冬,翌年 3 ~ 4 月份产生米粒大小红褐色冬孢子堆,冬孢子堆遇雨水后膨大呈褐色胶状物(图版 215),其中的冬孢子萌发产生担孢子,担孢子借风传播到山楂、梨、木瓜上进行侵染。在山楂、梨、木瓜上,主要侵染叶片、叶柄、嫩枝及幼果。叶片染病初在叶面出现枯黄色小点(性孢子器),后扩大成圆形斑,后期病部组织增厚且向叶背隆起,在隆起处长出灰褐色毛状物,即锈子器,锈子器破裂后散出铁锈色粉末,即锈孢子。新梢、幼果染病病症同上。锈孢子器中散出的锈孢子随风飘落在桧柏上,侵入后在桧柏上越冬。

分布:河南省山楂、梨、木瓜产区多有分布。

【山田胶锈菌】

***Gymnosporangium yamadae* Miyabe ex G. Yamada**, Shokubutse Byorigaku (Pl. Path) Tokyo Hakubunkwan 379:306 ~ 308(1904)

冬孢子双细胞,椭圆形,32. 6 ~ 53. 7μm × 20. 5 ~ 25. 6μm,分隔处稍缢缩,具长柄。性孢子器埋生在苹果等寄主病斑表皮下。性孢子单胞,无色,纺锤形。锈孢子器一般生在叶背面,呈圆筒状。锈孢子球形或多角形,19. 2 ~ 25. 6μm × 16. 6 ~ 24. 3μm,单胞,栗褐色,膜厚,表面有疣状突起。担孢子卵形,13 ~ 16μm × 7 ~ 9μm,无色,单胞(图版 216 ~ 218)。

该菌为转主寄生菌,以菌丝体在桧柏枝上的菌瘿中越冬,翌春形成褐色的冬孢子角。冬孢子角遇水后膨大成褐色胶状物,其中的冬孢子萌发产生担孢子,担孢子借风传播到苹果、海棠树上,侵染叶片、新梢和果实。苹果、海棠叶片受侵染后先出现橙黄色、油亮的小圆病斑。病斑扩展后中央色变深,并长出许多小黑点(性孢子器),溢出透明液滴(含大量性孢子的黏液)。此后液滴干燥,性孢子变黑,病部组织增厚、肿胀。叶背面长出黄褐色丛毛状物(锈孢子器),内含大量褐色粉末(锈孢子)。侵染苹果、海棠的果实时,先在萼洼附近出现橙黄色的圆斑(性孢子器),病斑扩展后直径可达 1cm 左右,后变褐色,病斑四周长出黄褐色丛毛状物(锈孢子器),内含大量褐色粉末(锈孢子)。病果生长停滞,病部坚硬,多呈畸形。秋季,锈孢子成熟后双随风传播到桧柏,侵染桧柏后以菌丝体在桧柏病部越冬。

分布:河南省苹果产区多有分布。

【禾冠柄锈菌】

***Puccinia coronata* Corda**, Icon. Fung. 1:6(1837)

Aecidium crassum Pers. ,Syn. Meth. Fung. 1:208(1801)
Aecidium rhamni J. F. Gmel. ,Syst. Nat. 2(2):1472(1792)
Caeoma crassatum Link,In:Willdenow,Willd. ,Sp. Pl. ,Edn 4,6(2):60(1825)
Dicaeoma rhamni(J. F. Gmel.)Kuntze,Revis. Gen. Pl. 3:467(1898)
Puccinia calamagrostidis P. Syd. ,Ured. Exsic. 13～15:no. 662(1892)
Puccinia coronata f. *agrostidis* Erikss. ,Bull. Inst. Bot. Univ. Belgrade 12:321(1894)
Puccinia coronata f. sp. *alopecuri* P. Syd. & Syd. ,Monogr. Uredin. 1(4):705(1903)
Puccinia coronata f. sp. *avenae* P. Syd. & Syd. ,Monogr. Uredin. 1(4):705(1903)
Puccinia coronata f. sp. *festucae* P. Syd. & Syd. ,Monogr. Uredin. 1(4):705(1903)
Puccinia coronata f. sp. *holci* P. Syd. & Syd. ,Monogr. Uredin. 1(4):705(1903)
Puccinia coronata f. sp. *lolii* P. Syd. & Syd. ,Monogr. Uredin. 1(4):705(1903)
Puccinia coronata var. *calamagrostis* W. P. Fraser & Ledingham,Sci. Agric. 13:316(1933)
Solenodonta coronata(Corda)Syd. ,Annls Mycol. 19(1～2):174(1921)

为转主寄生锈菌,性孢子和锈孢子阶段生于鼠李属植物上,夏孢子和冬孢子阶段生于冰草属、剪股颖属、看麦娘属、燕麦草属、燕麦属、雀麦属、拂子茅属、单蕊草属、发草属、披碱草属、羊茅属、甜茅属、赖草属、绒毛草属、黑麦草属、虉草属、早熟禾属、雀稗属、三毛草属等禾本科植物上(河南常见于高羊茅等草坪草上)。在鼠李属植物上,性孢子生于叶面,锈孢子器生于叶背。夏孢子堆多生于禾本科植物叶背,椭圆形至长条形,大小1.2～2.0mm×0.8～1.2mm。夏孢子浅黄色,球形或近球形,大小18.8～25μm×15～21.3μm,壁外具细刺,无侧丝。冬孢子堆生在叶背,椭圆形,大小0.6～1.1mm,包被不破裂。冬孢子深褐色,双细胞,棍棒状,大小33～62μm×14～25μm,顶端具指状突起3～7个,状似皇冠,故称为冠锈菌(图版219)。

性孢子和锈孢子阶段寄生于鼠李、总状勾儿茶,引起锈病,在河南省发现于栾川、卢氏、洛宁、巩义。夏孢子和冬孢子阶段生于高羊茅等禾本科植物上。

分布:广泛分布于河南各地。

【刚竹柄锈菌】

***Puccinia phyllostachydis* Kusano**,Bull. Agric. College Tokyo 8:38(1908)

寄生于竹类植物,引起叶锈病。主要为害叶片,在叶背面生有铁锈色至黑褐色粉状物,即夏孢子堆和冬孢子堆。发病初期产生由寄主表皮覆盖的泡状斑点,寄主表皮破裂后,散出黄褐色粉状夏孢子。病部产生的夏孢子可通过气流传播蔓延,进行多次重复侵染,

分布:信阳。

【皮下硬层锈菌】

***Stereostratum corticioides*(Berk. & Broome)H. Magn.** ,Ber. dt. Bot. Ges. 17:181(1899)
Dicaeoma corticioides(Berk. & Broome)Kuntze[as '*corticiodes*'],Revis. Gen. Pl. 3:468(1898)
Puccinia corticioides Berk. & Broome,Fungi of Challenger Exped. :52(1877)

冬孢子双细胞,椭圆形,两端圆,淡黄色,成熟冬孢子的大小为27.0～32.4μm×19.8～23.4μm,有细长的柄。柄无色,长达200～400μm。夏孢子近球形或卵形,大小为23.4～28.8μm×19.8～23.4μm,近无色或淡黄色,表面具小刺突。冬孢子萌发产生棍棒状担子。担子直立或向一方弯曲。担孢子无色,瓜子形或一侧平直,大小9.0～11.7μm×4.5～6.3μm(图版220)。

寄生于竹类植物，引起杆锈病。主要侵害竹杆下部，重病竹林上部小枝也会发病。病部最初产生梭形褪色黄斑，11～12月至翌年春2～3月间，在病部产生冬孢子堆。冬孢子堆突破寄主表皮外露，土红色至橙黄色，圆形或椭圆形，直径1～2mm，厚0.5～1.0mm，常密集连片，紧密结成毡状。夏孢子堆在冬孢子堆下发育，一般于5月初开始，雨后冬孢子堆吸水翘裂剥落，夏孢子堆即显露出来。夏孢子堆初呈紫灰褐色，不久变成黄褐色，粉质。夏孢子堆脱落后，病斑表面呈暗褐色。翌年，在老病斑的四周又先后产生新的冬孢子堆和夏孢子堆。以菌丝体和不成熟的冬孢子越冬，菌丝体在寄主活组织中可存活多年。夏孢子通过风力传播，使病害蔓延扩展。

分布：洛宁、博爱、信阳、罗山。

【茎单胞锈菌】

***Uromyces truncicola* Henn. & Shirai**, Bot. Jb. 28：260（1900）

夏孢子近球形，卵形或椭圆形，10～22μm，淡黄色，表面有小刺。冬孢子椭圆形或卵形，30～46μm×22～27μm，褐色，具细小疣，顶端壁厚5～7μm，柄长65μm，近无色。

寄生于槐树，引起瘤锈病。主要发生在枝条上，叶片和叶柄亦可受害。感病枝条病部形成纺锤形的瘿瘤，表面粗糙，密布纵裂纹，秋天在裂纹中散生大量黑色粉状物（冬孢子）。染病叶片的叶背和叶脉、叶柄等处产生黄褐色粉状的夏孢子堆和黑色粉状的冬孢子堆。据报道，在叶正面褪色的病斑上曾发现有蜜黄色小点状的性孢子器。该菌在病瘤内可存活多年，病瘤枯死前可以每年产生大量的冬孢子。夏秋病部产生夏孢子和冬孢子，借风雨传播，侵染枝叶。

分布：开封、郑州、信阳。

6.4.2.8 伞锈菌科 Raveneliaceae

【香椿刺壁三胞锈菌】

***Nyssopsora cedrelae*（Hori）Tranzschel**, Zhurnal russk. Bot. Obshch. 8：129（1925）

Oplophora cedrelae（Hori）Syd.，Annls Mycol. 19（1～2）：170（1921）

Triphragmium cedrelae Hori, In：Yatabe, Icon. Flor. Japan, I, 2：150（1892）

夏孢子堆生于寄主叶片两面，以叶背为多，散生或群生，常扩展至全叶，裸露，橙黄色，直径0.2～0.5mm。夏孢子球形或卵形，14～18μm×10～14μm，表面有细瘤，几乎无色，壁厚2～2.5μm，芽孔不明显。冬孢子堆直径0.2～2mm，多产生于叶背的不规则病斑上，散生或丛生，裸露，黑色。冬孢子由三个细胞排成倒“品”字形，分隔处稍缢缩，整体呈亚球形或球状三角形，长径30～449μm，暗褐色，每个细胞有2～3个芽孔。冬孢子表面有22～30根突起的刚刺，刚刺尖端有1～2回分枝。冬孢子柄无色，不脱落，40～65μm×10～12μm，表面粗糙。

寄生于香椿，引起锈病。染病的叶片最初出现黄色小点，后在叶背面出现疱状突起（夏孢子堆），破裂后散出金黄色的粉状物（夏孢子）。秋季多在叶背产生黑色疱状突起（冬孢子堆），疱状突起散生或群生，可互相愈合，破裂后散出许多黑色粉状物（冬孢子）。该菌为单主寄生菌，夏孢子多于晚春开始形成，以后重复产生，借气流传播，进行多次再侵染。性孢子器和锈孢子器阶段尚不清楚。

分布：鲁山。

【日本伞锈菌】

***Ravenelia japonica* Dietel & P. Syd.**，In：Saccardo, P. A. Sylloge Fungorum 14：366（1899）

夏孢子堆近圆形,直径 0.3 ~ 1.0mm。夏孢子椭圆形或卵形,17 ~ 23μm × 12 ~ 18μm,淡褐色,表面有短刺,壁厚 2 ~ 2.5μm,有 4 个发芽孔。冬孢子堆球状、凸镜形,初无色,后深褐色,直径 50 ~ 110μm,表面平滑,每一冬孢子球径上有孢子 5 ~ 10 个。冬孢子在侧面互相连接,顶壁厚 6 ~ 10μm,孢子下方生有无色透明的卵圆形囊体;柄无色,长 90 ~ 105μm,直径 15 ~ 20μm,易脱落(图版 221)。

寄生于合欢,引起锈病。主要发生在枝干、叶柄上,也可发生在叶片和荚果上。枝梢、叶柄上的病斑近圆形、椭圆形或梭形,直径 2 ~ 5mm。嫩梢及叶柄因发病而扭曲畸形,重者枯死。幼树主干病斑梭形下陷,长径 2.8 ~ 4.5cm,横径 2.0 ~ 2.5cm,呈典型溃疡斑。荚果上病斑扁圆形,直径 0.5 ~ 1.0mm。叶上病斑近圆形,直径 0.3 ~ 1.0mm,所有病斑前期均产生黄褐色粉状物(夏孢子堆),后期产生密集的漆黑色小粒状物(冬孢子堆)。冬孢子堆甚至可以蔓延至病斑以外的寄主体表面。

分布:开封、桐柏。

6.4.2.9 肥柄锈菌科 Uropyxidaceae

【桃不休双胞锈菌】

***Leucotelium pruni-persicae*(Hori) Tranzschel**, Sovetska Bot. 4:83(1935)

Puccinia pruni-persicae Hori, Phytopathology 2:144(1912)

夏孢子堆在寄主叶的反面形成,圆形,淡褐色或肉桂色,散生或群生,粉状。夏孢子宽椭圆形或近球形,18 ~ 29μm × 14 ~ 20μm,浅黄褐色,细胞壁薄,表面密布细刺,萌芽孔不明显。冬孢子长纺锤形或棍棒状,32 ~ 44μm × 12 ~ 14μm,双孢,顶部细,底部平,无色,表面平滑。孢子萌发时上下 2 个细胞同时长出芽管,或其中 1 个细胞长出芽管。从芽管长出先菌丝,先菌丝有 4 个细胞,顶端细胞生成小突起,称为小生子。小生子为倒卵形,大小 7 ~ 9μm × 6 ~ 7μm,无色。

寄生于桃,引起锈病。在寄主叶表面先出现浅绿色至淡黄色小斑点,斑点多角形至不整形,直径约 1mm,后期变为鲜黄色。病斑反面出现稍隆起、突破表皮的浅褐色粉状夏孢子堆。秋天,叶反面长出雪白色、黏质和隆起的冬孢子堆。冬孢子堆和夏孢子堆可以混生,也可以各自在另外的叶片出现。除了桃外,也可寄生于梅和杏等核果类果树,转主寄主为天葵。该菌在转主寄主天葵病叶上过冬。6 ~ 7 月份在天葵病叶上产生孢子并传到桃树上。

分布:辉县。

【异色疣双胞锈菌】

***Tranzschelia discolor*(Fuckel) Tranzschel & M. A. Litv.**, J. Bot., Paris 24(3):248(1939)

Aecidium punctatum Pers., Ann. Bot. 20:135(1796)

Aecidium quadrifidum DC., In: de Candolle & Lamarck, Fl. franç., Edn 3, 5 ~ 6:239(1815)

Caeoma punctatum(Pers.) Link, In: Willdenow, Willd., Sp. Pl., Edn 4, 6(2):56(1825)

Caeoma quadrifidum(DC.) Link, In: Willdenow, Willd., Sp. Pl., Edn 4, 6(2):55(1825)

Puccinia discolor Fuckel, Fungi rhenani exsic. 7(2101 ~ 2200): no. 2121(1868)

Tranzschelia pruni-spinosae var. *discolor*(Fuckel) Dunegan, Phytopathology 28:424(1938)

夏孢子堆发生于寄主叶背面或枝上,散生或群生,圆形,粉状,褐色至肉桂色,直径约 0.5mm。夏孢子长椭圆形或倒卵形,25 ~ 42μm × 14 ~ 23μm,顶端细胞壁厚,平滑,其他部分有细刺，孢子中央最宽部位有 3～4 个萌芽孔。孢子堆内有与夏孢子混生的丝状体，丝状体头状，无色，顶端附近细胞壁稍厚，大小 45～60μm×12μm。

寄生于杏、李，引起锈病。染病叶片于叶背出现小圆形褐色疱疹状斑点，斑点稍隆起，破裂后散出黄褐色粉末。在病斑相应的叶正面，发生红黄色、周缘不明显的病斑。后期在叶背褐色斑点间，出现深栗色或黑褐色斑点。

该菌为完全型转主寄生锈菌，其转主寄主为毛茛科的白头翁和唐松草，在转主寄主叶正反面均产生病斑，正面着生性子器，背面产生锈孢子器，成熟后开裂为四瓣。以冬孢子在杏、李等的落叶上越冬，也可以菌丝体在白头翁和唐松草的宿根或天葵的病叶上越冬。

分布：洛阳、南阳、镇平。

6.4.2.10 科未确定（柄锈菌无性阶段）Incertae sedis for family

【胡颓子锈孢锈菌】

Aecidium elaeagni **Dietel**, Hedwigia 37：212（1898）

性孢子器生于寄主叶正面，淡黄色，干后近黑色，圆形，直径 82～123μm。锈孢子器生于寄主叶背面，淡黄色，杯状、短圆柱状，直径 205～267μm。锈孢子近无色，近六角形，20～25μm×12.5～20μm，壁上密生细疣。锈孢子器包被的细胞无色，多角形，30～40.5μm×16～28μm，内侧壁有细疣，外侧壁有条纹。

寄生于胡颓子、木半夏，引起锈病。

分布：信阳、商城、桐柏。

【女贞锈孢锈菌】

Aecidium klugkistianum **Dietel**, Hedwigia 37：212（1898）

锈孢子器生于寄主叶背面和叶柄上，杯状至圆柱状。锈孢子亚球形，有棱角，淡色，表面密生细瘤，18～25μm×17～20μm。性孢子器生于寄主病斑上。

寄生于女贞叶部，引起锈病，在寄主叶正面形成黄褐色圆形病斑。

分布：信阳。

【桑锈孢锈菌】

Aecidium mori **Barclay**, **Addit**. Ured. of Simla：225（1891）

该菌只有锈孢子阶段，锈孢子器生于寄主叶的两面和其他发病部位的表面，橙黄色，杯状，直径 0.15～0.22mm。锈孢子串生，幼时无色，成熟后为球形或椭圆形，12～16μm×11～14μm，淡橙黄色，表面有细小的短刺。

寄生于桑树的叶片、叶柄、新梢和嫩枝上。叶部被害初产生淡黄色点状斑，叶脉被害沿叶脉变色肿大，后变为橙黄色。病部产生鲜橙色粉末状物，即病菌的锈孢子。锈孢子飞散后，病部留下黑色下陷的疤痕。芽、嫩梢或尚未完全伸展的嫩叶被害，可造成局部肥大弯曲，表面也产生鲜橙色粉末状物。

分布：信阳。

6.4.3 隔担菌目 Septobasidiales

6.4.3.1 隔担菌科 Septobasidiaceae

【茂物隔担耳】

***Septobasidium bogoriense* Pat.**, In: Hennings in Warburg, Monsunia 1:138(1899)

担子果平伏,棕灰色至浅灰色,边缘初期近白色,海绵状,其上具直立的菌丝柱,菌丝柱粗50~110μm。原担子球形至近球形或卵形,直径8.4~10μm,其上生扭曲的担子。担子具3个隔膜,大小25~35μm×5.3~6μm。担孢子腊肠形,14~18μm×3~4μm,无色,表面光滑。

寄生于核桃、栎树、猕猴桃、山茱萸、鼠李、杨树、竹类植物,引起膏药病。主要为害老枝干。多在枝干上形成圆形至不规则形的菌膜,似膏药状。菌膜初为茶色,后逐渐变为鼠灰色至黑褐色,后期发生龟裂。以菌膜在枝干上越冬,翌年5、6月份形成孢子进行传播,孢子有时依附于介壳虫虫体传到健枝或健株上为害。

分布:嵩县、洛宁、巩义、卢氏、灵宝、确山、西峡、内乡、桐柏、信阳、光山。

6.5 外担菌纲 Exobasidiomycetes

6.5.1 外担菌目 Exobasidiales

6.5.1.1 外担菌科 Exobasidiaceae

【细丽外担菌】

***Exobasidium gracile* (Shirai) Syd. & P. Syd.**, Annls Mycol. 10(3):277(1912)

Exobasidium camelliae var. *gracile* Shirai, Bot. Mag., Tokyo 10:51(1896)

外担子层长在受侵染后变形肥大的寄主植物组织表面,成熟后呈灰白色。担子球棒状,无色,大小为15~173μm×5~10μm,担子上端有4个小梗,每小梗着生1个担孢子。担孢子椭圆形或倒卵形,2~5.9μm×14.8~16.5μm,无色,单胞,成熟后有1~3分隔,色淡。

寄生于油茶,引起叶肿病,又称茶饼病、茶苞病。是活体寄生菌,以菌丝体在植株组织内潜伏越冬、越夏。主要侵害寄主的花芽、叶芽、嫩叶和幼果,病部变形肥大。由于发病的器官和时间不同,症状表现略有差异。叶芽或嫩叶受害可整体变形成肥耳状,表面常为浅红棕色或淡玫瑰紫色,间有黄绿色,待一定时间后,病部表皮开裂脱落,露出灰白色的外担子层,孢子飞散。最后外担子层被霉菌污染而变成暗黑色,病部干缩,长期(约1年)悬挂枝头而不脱落。染病叶片上也可生直径1cm左右的圆形斑块,病部肥厚,紫红色或浅绿色,背面微凸起,表面稍凹陷,粉黄色或烟灰色。最后斑块干枯变黑。子房及幼果染病膨大成桃形,一般直径5~8cm,最大的直径达12.5cm。

分布:信阳、新县、商城。

【日本外担菌】

***Exobasidium japonicum* Shirai**, Bot. Mag., Tokyo 10:52(1896)

Exobasidium caucasicum Woron., Monit. Jard. Bot. Tiflis 51:3(1921)

Exobasidium vaccinii var. *japonicum* (Shirai) McNabb, Trans. Roy. Soc. New Zealand, N. S., Bot. 1(20):267(1962)

担子在寄主叶片角质层下形成,直接从寄主表面或气孔伸出,棍棒形或圆柱形,32~

100μm ×4 ~8μm,顶端着生 3 ~5 个担孢子。担孢子无色,单细胞,圆筒形,10. 0 ~ 18. 0μm × 3. 5 ~5. 0μm。

寄生于杜鹃、蓖麻,引起饼病,又称叶肿病、瘿瘤病。是活体寄生菌,以菌丝体在植株组织内潜伏越冬。主要侵害寄主嫩梢、嫩叶和幼芽。染病叶片表面先出现淡绿色、半透明、略凹陷的近圆形斑,病斑渐变淡红色至暗褐色,病部叶片逐渐加厚,正面隆起呈球形至不规则形,直径 3 ~12mm,病斑相连,严重时全叶肿大。病部表面覆盖一层灰白色粉层,此即担子层。粉层飞散后,病部变深褐色至黑褐色。

分布:新县、信阳。

【坏损外担菌】

Exobasidium vexans **Massee**, Bull. Misc. Inf. , Kew:111(1898)

担子圆筒形或棍棒形,单细胞,无色,49 ~ 150μm ×3. 5 ~6μm,顶生 2 ~4 个小梗,每个小梗上生一个担孢子。担孢子肾形,长椭圆形,9 ~ 16μm ×3 ~6μm,无色,成熟时产生一隔膜变成双胞。

寄生于茶树,引起茶饼病。以菌丝体潜伏于病叶的活组织中越冬和越夏。嫩叶初发病产生淡黄色或红棕色半透明小点,小点渐扩大并下陷成淡黄褐色或紫红色的圆形病斑,病斑直径 2 ~10mm,叶背病斑呈饼状突起,并生有灰白色粉状物,此粉状物为病菌的子实层。最后病斑变为黑褐色溃疡状,偶尔也有在叶正面呈饼状突起、叶背面下陷的病斑。叶柄及嫩梢染病后,膨肿并扭曲。

分布:信阳。

6. 5. 2 微座孢菌目 Microstromatales

6. 5. 2. 1 微座孢菌科 Microstromataceae

【核桃微座孢菌】

Microstroma juglandis **(Berenger) Sacc.** , Syll. Fung. 4:9(1886)

Ascomyces juglandis Berk. , Outl. Brit. Fung. :376(1860)

Fusidium juglandis Berenger, Plantæ rariores Carinthiacæ:7(1847)

菌丝体生于寄主叶肉细胞间,在气孔下室形成子座。子座圆形或圆锥形,45 ~60μm × 25 ~35μm,结构疏松,由许多平行的菌丝构成。分生孢子梗密集成丛,自气孔突出寄主表面,棒状,12 ~18μm ×5 ~7μm,无色。分生孢子 2 ~6 个着生在分生孢子梗顶端,长椭圆形,6. 5 ~ 8. 2μm ×3. 3 ~4. 0μm,无色,单细胞。

寄生于枫杨,引起丛枝病;寄生于核桃,引起粉霉病。枫杨丛枝病一般先发生在侧枝上,后来主干上的萌蘖条上也有发生。病枝的腋芽和不定芽大量萌发成许多小枝,小枝垂直向上生长,如扫帚状。病枝上部分小枝在冬季受冻枯死,多数小枝第二年发芽生长,使枝丛继续扩大。在病害发展过程中,病枝的基部逐渐肿大成球形。数年之后,整个树冠变成许多大小不等的簇生丛枝,染病树逐渐枯死。病枝上的叶片(小叶)较正常的叶小,边缘微向背面卷曲,初生的新叶略带红色。病害发展后,在病叶背面出现霜霉状白色粉状斑,为该菌的子实体。叶正面相应部分略为褪色。后期,整个病叶背面完全为白粉覆盖。有时叶正面也有小部分产生白粉,但白粉不如叶背面浓密。有些初发病的枝条不表现丛生症状,叶形也正常,但叶背有白粉产生,这种枝条上到晚秋会形成较多的侧芽,翌年侧芽萌发,表现丛枝症状。

寄生在核桃和核桃楸上时,不引起丛枝症状。只在叶片上产生粉霉状症状,具体的表现是,在被害叶片的正面产生不规则的黄色褪绿斑,在其相应的背面出现灰白色的粉状物(分生孢子梗和分生孢子)。

分布:信阳、新县、郑州、许昌、栾川。

6.7 黑粉菌纲 Ustilaginomycetes

6.7.1 黑粉菌目 Ustilaginales

6.7.1.1 黑粉菌科 Ustilaginaceae

【白井黑粉菌】

***Ustilago shiraiana* Henn.** ,Bot. Jb. 28:260(1900)

冬孢子(厚垣孢子)堆初期呈半胶结状,以后随着孢子的成熟逐渐疏松飞散。冬孢子暗褐色,单胞,一般为圆球形,直径5.4~11.0μm,外壁有细微刺痕,在电镜下有明显的网状斑痕微突。成熟的冬孢子无休眠期,可立即萌发,萌发时不产生明显的担子,只形成一个很短的芽管,然后从芽管上连续地以芽殖方式产生担孢子。担孢子椭圆形至长椭圆形。

寄生于竹类植物、石槲,引起黑粉病。染病竹类植物的症状主要表现在新枝梢上,也出现在笋上。春天(4~5月间)竹子新枝生长期,嫩枝顶端稍肥大,外部包着的叶鞘带淡紫色,以后随着新枝梢的伸长,叶鞘开裂,露出黑粉。发病部逐渐向下扩展,使整个新梢(或芽)布满黑粉并枯死。病株每年在春梢上出现一次症状,但第二次萌发的新梢(6月后)多不发病,所以有的文献上表述为每年只发生一次。连年发病的植株小枝呈丛生状。在染病笋上的表现是顶端数节密生黑粉,可致笋枯死。该病的侵染规律尚未完全清楚,因病株(或笋)常成簇出现,相近病株之间往往有竹鞭相连,跳鞭或浅鞭上的笋发病较多,故推测病菌可能从幼小的笋芽或鞭芽侵入,为系统侵染性病害。

分布:信阳、商城、镇平、汝南、舞阳、郑州、洛宁、安阳。

真菌汉语名称索引

Chinese Name Index of Fungi

Z

真菌拉丁学名索引

Scientific Name Index of Fungi

参考文献

References

1. Carroll GC, 1986. The biology of endophytism in plants with particular reference to woody plants. In: Fokkema NJ, van den Heuvel J eds. Microbiology of the Phyllosphere[M]. Cambridge, U. K.: Cambridge University Press. 205 ~ 222.
2. Carroll GC. 1992. Fungal mutualism. In: Carroll GC & Wicklow DT eds. The fungal community. Its organization and role in ecosystem[M]. New York: Dekker. 327 ~ 354.
3. CAVALIER-SMITH T. 1998. A revised six ~ kingdom system of life[J]. Biol. Rev. Camb. Philo. Soc., 73(3): 203 ~ 266.
4. De Bary A. 1866. Morphologie und physiologie der pilze, flechten und myxomyceten[M]. Engelmann, Leipzig.
5. HAWKSWORTH DL, KIRK PM, SUTTON BC, et al. 1995. Ainsworth & Bisby's dictionary of the fungi. 8th.[M]. CAB Bioscience, CAB international.
6. HAWKSWORTH DL. 1991. The fungal dimention of biodiversity: Magnitude, significance, and conservation[J]. Mycol. Res., 95: 641 ~ 655.
7. KIRK PM, CANNON PF, DAVID JC, et al. 2001. Ainsworth & Bisby's dictionary of the fungi. 9th. [M]. CAB Bioscience, CAB international.
8. KIRK PM, CANNON PF, MINTER DW, et al. 2008. Ainsworth & Bisby's dictionary of the fungi. 10th. [M]. CAB Bioscience, CAB international.
9. LI J, ZHOU XS, DAI YC. 2009. Polypores from Baotianman nature reserve in Henan Province[J]. Guizhou Science, 27(1): 71 ~ 76.
10. Petrini O. 1991. Fungal endophytes of three leaves. In: Andrews JH, Hirano SS eds. Microbial Ecology of Leaves [M]. New York: Springer-Verlag. 179 ~ 197.
11. Sinclair JB, Cerkauskas. 1996. Latent infection vs. endophytic colonization by fungi. In: Redlin SC, Crriis L M eds. Endophytic fungi in grsasses and woody plants: systematics, ecology, and evolution[M]. St. Paul, Minnesota: APS Press. 3 ~ 29.
12. Tapia-Hernάndez A, Bustillos-Cristales M R, Jimέnez-Salgado T, et al., 2000. Natural endophytic occurrence of *Acetobacter diazotrophiccus* in pineapple plants[J]. Microb Ecol, 39: 49 ~ 55.
13. Zheng R-y, Jiang H. 1995. Rhizomucor endophyticus sp. nov., an endophytic zygomycetes from higher plants [J]. Mycotaxon, 56: 455 ~ 466.
14. 崔波，何广恩. 1995. 河南的马勃目资源研究[J]. 河南科学，13(4)：343 ~ 348.
15. 崔波，李良晨. 1998. 河南的红菇科真菌资源研究 I[J]. 河南科学，16(2)：193 ~ 198.
16. 崔波，李良晨. 1998. 河南的红菇科真菌资源研究 II[J]. 河南科学，16(3)：323 ~ 329.
17. 崔波，李良晨. 1998. 河南的红菇科真菌资源研究 III[J]. 河南科学，16(4)：474 ~ 479.
18. 崔波，刘清江. 1997. 河南的牛肝菌目资源研究 II[J]. 河南科学，15(4)：451 ~ 456.
19. 戴芳澜. 1979. 中国真菌总汇[M]. 北京：科学出版社.
20. 戴玉成，周丽伟，杨祝良，等. 2010. 中国食用菌名录[J]. 菌物学报，29(1)：1 ~ 21.

21. 邓叔群. 1963. 中国的真菌[M]. 北京：科学出版社.
22. 葛起新，孙小桉. 1993. 山茶灰斑病病原菌斑污拟盘多毛孢的研究[J]. 真菌学报，12(3)：200～204.
23. 贺文同. 1990. 鸡公山野生食用菌资源[J]. 中国食用菌，9(4)：29～30.
24. 侯成林. 2000. 杉木五种斑痣盘菌科病菌的识别及学名商榷[J]. 森林病虫通讯，(1)：3～5.
25. 黄龙花，吴清平，杨小兵，等. 2009. 基于ITS序列分析探讨我国栽培凤尾菇的分类地位[J]. 食用菌学报，16(2)：30～35.
26. 贾身茂，高义田. 1992. 博爱竹林野生竹荪考察初报[J]. 食用菌，14(2)：5～6.
27. 乐涛，梁丁，陈廷国，等. 2001. 信阳野生食药用真菌资源调查[J]. 中国食用菌，20(4)：24～26.
28. 李发启，韩书亮. 1995. 鸡公山自然保护区药用食用大型真菌资源调查[J]. 河南师范大学学报(自然科学版)，23(4)：69～71.
29. 李雪玲. 2005. 贝盖侧耳的系统发育地位——基于nrDNA-LSU和ITS序列分析的研究[J]. 北京林业大学学报，27(3)：67～71.
30. 李忠民，杜适普，贺德先，等. 2007. 三门峡市野生真菌资源调查与生态区划研究[J]. 河南农业大学学报，41(5)：550～555.
31. 林晓民，李振岐，侯军. 2005. 中国大型真菌的多样性[M]. 北京：中国农业出版社.
32. 林晓民，李振岐，侯军，等. 2007. 中国菌物[M]. 北京：中国农业出版社.
33. 林晓民，姚占芳. 1994. 河南省药用真菌资源调查初报[J]. 河南农业科学，(1)：27～30.
34. 林英任，侯成林. 1994. 杉木球果及针叶上舟皮盘菌属一新组合[J]. 真菌学报，13(3)：178～180.
35. 刘润进，李晓林. 2000. 丛枝菌根及其应用[M]. 北京：科学出版社.
36. 卢东升，王金平，谢正萍. 2008. 豫南茶树叶部真菌病害及病原鉴定[J]. 河南农业科学，(8)：95～98.
37. 卢东升，吴小芹. 2004. 豫南茶园树栖真菌分类研究[J]. 茶叶科学，24(4)：243～248.
38. 卢东升，吴小芹. 2005. 豫南茶园VA菌根真菌种类研究[J]. 南京林业大学学报(自然科学版)，29(3)：33～36.
39. 卢东升，吴小芹. 2005. 豫南茶园树栖真菌群落结构研究[J]. 生态学杂志，24(10)：1151～1154.
40. 卢东升，吴小芹. 2006. 豫南茶园芽及叶栖真菌种群的演替[J]. 南京林业大学学报(自然科学版)，30(1)：41～44.
41. 卢东升. 1994. 信阳地区白粉菌的研究(I)[J]. 信阳师范学院学报(自然科学版)，7(1)：79～83.
42. 申进文，关园园，麻兵继，等. 2010. 伏牛山大型真菌资源Ⅳ[J]. 食用菌，32(3)：9～11.
43. 申进文，决超，徐柯，等. 2011. 伏牛山大型真菌资源Ⅴ[J]. 食用菌，33(1)：12～13.
44. 中进文，王根茂，张玉亭，等. 2011. 伏牛山大型真菌资源Ⅵ[J]. 食用菌，33(3)：13～14.
45. 申进文，徐柯，麻兵继，等. 2010. 伏牛山大型真菌资源Ⅲ[J]. 食用菌，32(2)：17～19.
46. 申进文，张彪，麻兵继，等. 2009. 伏牛山大型真菌资源Ⅱ[J]. 食用菌，31(5)：18～19.
47. 石旺鹏，张龙，闫跃英，等. 2003. 蝗虫微孢子虫病对东亚飞蝗聚集行为的影响[J]. 生态学报，29(9)：1924～1928.
48. 唐明，叶文雨，杨肫一，等. 2006. 豫西黄土高原主要造林树种VA菌根真菌研究[J]. 西北林学院学报，21(2)：117～120.
49. 万永继，沈佐锐. 2005. 微孢子虫归类于真菌的评论[J]. 菌物学报，24(3)：486～471.
50. 王法云，李良晨. 1998. 河南的鹅膏菌属毒菌及毒素与中毒类型[J]. 河南科学，16(1)：86～92.
51. 王法云，李良晨. 1999. 河南的鬼伞科真菌资源研究[J]. 河南科学，17(1)：63～68.
52. 王法云，马杰. 1996. 河南的牛肝菌目资源研究Ⅰ[J]. 河南科学，14(3)：314～320.
53. 王法云，杨宗亮. 1997. 河南的珊瑚菌科食用菌资源研究及开发利用[J]. 河南科学，15(1)：57～64.
54. 王磊. 2009. 肺孢子菌的分类及治疗进展[J]. 中国热带医学，9(8)：1616～1618.
55. 王守正，等. 1994. 河南经济植物病害志[M]. 郑州：河南科学技术出版社.

56. 王鸣歧 . 1950. 河南植物病害名录[J]. 华北农业科学研究所研究专刊，(2)：1 ~ 23.
57. 王振河，袁桂荣. 1993. 辉县市野生食用菌资源调查初报[J]. 河南职业技术师范学院学报，21(3)：70 ~ 71.
58. 魏高明，董万先. 1996. 栾川县食药用蕈菌野生资源调查初报[J]. 河南大学学报：自然科学版，26(3)：78 ~ 78.
59. 向恒，潘国庆，陶美林，等 . 2010. 家蚕微孢子虫全基因组分析支持微孢子虫与真菌的亲缘关系[J]. 蚕业科学，36(3)：442 ~ 336.
60. 薛金鼎，和严然. 1991. 河南的鬼笔目资源研究[J]. 河南科学，9(3)：80 ~ 93.
61. 薛金鼎，贾景元，余质堂 . 1991. 豫皖金刚台自然保护区大型真菌资源调查[J]. 食用菌，(6)：6 ~ 7.
62. 杨相甫，李发启，韩书亮，等. 2005. 河南大别山药用大型真菌资源研究[J]. 武汉植物学研究，23(4)：393 ~ 397.
63. 尹健，周巍，熊建伟. 2004. 鸡公山自然保护区药用植物资源保护与利用[J]. 时珍国医国药，15(1)：63 ~ 64.
64. 余长军，戴玉成. 2009. 中国多孔菌一新纪录种——法国粗毛盖孔菌[J]. 贵州科学，27(1)：37 ~ 39.
65. 余海尤，麻兵继，张彪，等. 2009. 伏牛山大型真菌资源 I [J]. 食用菌，31(4)：12 ~ 13.
66. 喻璋，任国兰. 1999. 河南锈菌新记录 I [J]. 河南农业大学学报，33(1)：35 ~ 39.
67. 喻璋，任国兰. 1999. 河南省锈菌新记录 II [J]. 河南农业大学学报，33(2)：198 ~ 201.
68. 喻璋，任国兰 . 2006. 河南丝孢菌新记录种[J]. 河南农业大学学报，40(1)：62 ~ 65.
69. 张海燕，万淼，费晨，等 . 2007. 微孢子虫起源和进化研究进展[J]. 江西农业学报，19(1)：154 ~ 158.
70. 张猛，武海燕，裴洲洋，等 . 2008. 河南省金叶女贞一新病害[J]. 河南农业大学学报，42(2)：220 ~ 222.
71. 张天宇，郭英兰 . 1998. 中国链格孢属的研究[J]. 菌物系统，17(1)：11 ~ 14.
72. 赵继鼎，徐连旺，张小青. 1983. 中国灵芝科的分类研究 II [J]. 真菌学报，2(3)：159 ~ 167.
73. 郑儒永，余永年 . 1987. 中国真菌志 · 第一卷白粉菌目[M]. 北京：科学出版社 .
74. 中国农业科学院果树研究所 . 1960. 中国果树病虫害志——病害部分[M]. 北京：农业出版社 .
75. 周洪炳，张丽莉，周巍 . 1992. 豫南大别——桐柏山区野生大型真菌生境考察初报[J]. 信阳师范学院学报(自然科学版)，5(1)：94 ~ 100.
76. 朱勃，沈中元，曹喜涛 . 2007. 微孢子虫起源和进化研究进展[J]. 江西农业学报，19(1)：154 ~ 158.